4桁の原子量表（2024）

（元素の原子量は，質量数12の炭素（^{12}C）を12とし，これに対する相対値とする．）

本表は実用上の便宜を考えて，国際純正・応用化学連合（IUPAC）で承認された最新の原子量に基づき，日本化学会原子量専門委員会が独自に作成したものである．本来，同位体存在度の不確定さは，自然に，あるいは人為的に起こりうる変動や実験誤差のために，元素ごとに異なる．したがって，個々の原子量の値は，正確度が保証された有効数字の桁数が大きく異なる．本表の原子量を引用する際には，このことに注意を喚起することが望ましい．

なお，本表の原子量の信頼性はリチウム，亜鉛の場合を除き有効数字の4桁目で±1以内である（両元素については脚注参照）．また，安定同位体がなく，天然で特定の同位体組成を示さない元素については，その元素の放射性同位体の質量数の一例を（ ）内に示した．したがって，その値を原子量として扱うことはできない．

原子番号	元素名	元素記号	原子量	原子番号	元素名	元素記号	原子量
1	水素	H	1.008	60	ネオジム	Nd	144.2
2	ヘリウム	He	4.003	61	プロメチウム	Pm	(145)
3	リチウム	Li	6.94†	62	サマリウム	Sm	150.4
4	ベリリウム	Be	9.012	63	ユウロピウム	Eu	152.0
5	ホウ素	B	10.81	64	ガドリニウム	Gd	157.3
6	炭素	C	12.01	65	テルビウム	Tb	158.9
7	窒素	N	14.01	66	ジスプロシウム	Dy	162.5
8	酸素	O	16.00	67	ホルミウム	Ho	164.9
9	フッ素	F	19.00	68	エルビウム	Er	167.3
10	ネオン	Ne	20.18	69	ツリウム	Tm	168.9
11	ナトリウム	Na	22.99	70	イッテルビウム	Yb	173.0
12	マグネシウム	Mg	24.31	71	ルテチウム	Lu	175.0
13	アルミニウム	Al	26.98	72	ハフニウム	Hf	178.5
14	ケイ素	Si	28.09	73	タンタル	Ta	180.9
15	リン	P	30.97	74	タングステン	W	183.8
16	硫黄	S	32.07	75	レニウム	Re	186.2
17	塩素	Cl	35.45	76	オスミウム	Os	190.2
18	アルゴン	Ar	39.95	77	イリジウム	Ir	192.2
19	カリウム	K	39.10	78	白金	Pt	195.1
20	カルシウム	Ca	40.08	79	金	Au	197.0
21	スカンジウム	Sc	44.96	80	水銀	Hg	200.6
22	チタン	Ti	47.87	81	タリウム	Tl	204.4
23	バナジウム	V	50.94	82	鉛	Pb	207.2
24	クロム	Cr	52.00	83	ビスマス	Bi	209.0
25	マンガン	Mn	54.94	84	ポロニウム	Po	(210)
26	鉄	Fe	55.85	85	アスタチン	At	(210)
27	コバルト	Co	58.93	86	ラドン	Rn	(222)
28	ニッケル	Ni	58.69	87	フランシウム	Fr	(223)
29	銅	Cu	63.55	88	ラジウム	Ra	(226)
30	亜鉛	Zn	65.38*	89	アクチニウム	Ac	(227)
31	ガリウム	Ga	69.72	90	トリウム	Th	232.0
32	ゲルマニウム	Ge	72.63	91	プロトアクチニウム	Pa	231.0
33	ヒ素	As	74.92	92	ウラン	U	238.0
34	セレン	Se	78.97	93	ネプツニウム	Np	(237)
35	臭素	Br	79.90	94	プルトニウム	Pu	(239)
36	クリプトン	Kr	83.80	95	アメリシウム	Am	(243)
37	ルビジウム	Rb	85.47	96	キュリウム	Cm	(247)
38	ストロンチウム	Sr	87.62	97	バークリウム	Bk	(247)
39	イットリウム	Y	88.91	98	カリホルニウム	Cf	(252)
40	ジルコニウム	Zr	91.22	99	アインスタイニウム	Es	(252)
41	ニオブ	Nb	92.91	100	フェルミウム	Fm	(257)
42	モリブデン	Mo	95.95	101	メンデレビウム	Md	(258)
43	テクネチウム	Tc	(99)	102	ノーベリウム	No	(259)
44	ルテニウム	Ru	101.1	103	ローレンシウム	Lr	(262)
45	ロジウム	Rh	102.9	104	ラザホージウム	Rf	(267)
46	パラジウム	Pd	106.4	105	ドブニウム	Db	(268)
47	銀	Ag	107.9	106	シーボーギウム	Sg	(271)
48	カドミウム	Cd	112.4	107	ボーリウム	Bh	(272)
49	インジウム	In	114.8	108	ハッシウム	Hs	(277)
50	スズ	Sn	118.7	109	マイトネリウム	Mt	(276)
51	アンチモン	Sb	121.8	110	ダームスタチウム	Ds	(281)
52	テルル	Te	127.6	111	レントゲニウム	Rg	(280)
53	ヨウ素	I	126.9	112	コペルニシウム	Cn	(285)
54	キセノン	Xe	131.3	113	ニホニウム	Nh	(278)
55	セシウム	Cs	132.9	114	フレロビウム	Fl	(289)
56	バリウム	Ba	137.3	115	モスコビウム	Mc	(289)
57	ランタン	La	138.9	116	リバモリウム	Lv	(293)
58	セリウム	Ce	140.1	117	テネシン	Ts	(293)
59	プラセオジム	Pr	140.9	118	オガネソン	Og	(294)

†：人為的に ^{6}Li が抽出され，リチウム同位体比が大きく変動した物質が存在するために，リチウムの原子量は大きな変動幅をもつ．したがって本表では例外的に3桁の値が与えられている．なお，天然の多くの物質中でのリチウムの原子量は 6.94 に近い．

*：亜鉛に関しては原子量の信頼性は有効数字4桁目で±2である．

© 2024 日本化学会 原子量専門委員会

シュライバー・アトキンス
無機化学（上）
第6版

M. Weller・T. Overton・J. Rourke・F. Armstrong 著
田中勝久・髙橋雅英・安部武志・平尾一之・北川 進 訳

東京化学同人

INORGANIC CHEMISTRY
SIXTH EDITION

Mark Weller
University of Bath

Tina Overton
University of Hull

Jonathan Rourke
University of Warwick

Fraser Armstrong
University of Oxford

© P. W. Atkins, T. L. Overton, J. P. Rourke, M. T. Weller, and F. A. Armstrong 2014

Inorganic Chemistry, Sixth Edition was originally published in English in 2014. This translation is published by arrangement with Oxford University Press.
本書の原著 Inorganic Chemistry, Sixth Edition は 2014 年に英語版で出版された．本訳書は Oxford University Press との契約に基づいて出版された．

序

　この"無機化学 第6版"の目的は，多様で魅力的な無機化学という学問の現在の姿を完全な形で紹介することである．無機化学は周期表のすべての元素の性質を扱う．これらの元素にはナトリウムのように高い反応性を示す金属から，金のような貴金属まである．非金属は固体，液体，気体のいずれの場合もあり，強力な酸化剤であるフッ素からヘリウムのような不活性な気体まで存在する．無機化学のいずれの研究も，このような多様で変化に富む内容で特徴づけられるが，その背景には，この学問に対するわれわれの理解を深め，豊かにしてくれる変化や傾向が存在する．元素とその化合物の反応性，構造，性質におけるこういった傾向を知れば，周期表を眺めるうえでの洞察力が得られ，また，理解を積み重ねるための基礎が築かれる．

　無機化合物は，単純に古典的な静電気学を応用すれば記述できるようなイオン固体から，量子力学に起源を求めなければならないモデルによる記述が最もふさわしい共有結合性の化合物や金属まで幅広く存在する．ほとんどの無機化合物の性質や反応の化学は，量子力学に基礎をおく定性的なモデル —— たとえば原子軌道やそれを用いた分子軌道の形成 —— を使えば合理的に説明でき，解釈できる．結合と反応性の定性的なモデルによりこの学問分野が明確になり体系化されるが，無機化学は本質的には実験科学である．特に，先端的な領域である有機金属化学，材料化学，ナノ化学，生物無機化学などの分野の研究を通じて，新しい無機化合物がつねに合成され，同定されている．こういった新しい無機合成によって，この領域には，構造，結合，反応，性質に新たな見方を与えてくれる化合物がつぎからつぎへと生まれている．

　無機化学はわれわれの毎日の生活と他の科学の分野に多大な影響を及ぼしている．化学工業は無機化学に依存するところが大きい．無機化学は，触媒，半導体，光学素子，エネルギーの創出と貯蔵，超伝導体，先端的なセラミックス材料のような近代的な材料の考案と改良には不可欠である．無機化学が環境科学や生物学に与える影響もきわめて大きい．工業化学，生化学，環境化学の最新の話題が本書の至るところで述べられており，後の方の章ではより完璧な形で展開されている．

　今回の新しい版では，表現方法，構成，図などの視覚的な表示を改良した．本書のほとんどの箇所を書き直して改訂版としたため，完全に新しい題材となっている．執筆に当たっては学生を念頭におき，新たに教育的視点からの特色を取入れ，それ以外の箇所も教育的配慮を強くした．

　第Ⅰ部"基礎"での話題は，数学的な取扱いを多くしながら説明をより定性的にして，読者が理解しやすいように大幅に書き換えた．いくつかの章や節では取扱う内容の範囲を広げた．とりわけ，後ほど環境化学を議論するうえで基礎となる話題に関して，そのような措置を講じた．

　第Ⅱ部"元素と化合物"は大幅に内容を増やした．第Ⅱ部ではまずはじめに，各論を記

述する各章に向けて，周期表に見られる傾向と相互に参照できる事項をまとめた章を新たに設けた．水素に関する章は，水素経済の重要性が増している点などにふれることで内容を充実させた．それにつづく各章では周期表のs-ブロック金属からp-ブロックを経て18族の気体元素までを論じた．各章は二つの項に分けた．総論では元素の基礎的な化学について述べ，各論ではさらに詳細で徹底した説明を行った．その後の一連の章ではd-ブロック元素の魅力的な化学を論じ，最終的にはf-ブロック元素の興味深い化学について議論した．各族の元素と化合物の化学的性質を記述し，最新の応用を述べることで内容を豊富にした．ここに現れる変化や傾向は，第Ⅰ部で導入した原理を引用して合理的に説明した．

　第Ⅲ部"最先端の研究"では，読者はさまざまな分野の最新の研究に関する最先端の知識にふれることになる．第Ⅲ部の章では，化学工業，材料，生物において重要な専門的な課題を詳細に考察している．触媒，固体化学，ナノ材料，金属酵素，医療に用いられる無機化合物がこれらの章に含まれる．

　本書は化学の初学者にとって優れた教科書になると確信している．本書では，無機化学の知識を得て理解するための理論的な基礎的事項を提供している．このことは，ときとして途方にくれてしまいがちな記述的な化学の多様性を合理的に説明するための手助けとなっている．また，学生は無機化学の最新の研究について何度も議論する機会を得ることで，この学問の最先端を知ることができるため，教育プログラムの後半に履修する多くの講義を補足することにもなるであろう．

訳 者 序

　本書は Mark Weller, Tina Overton, Jonathan Rourke, Fraser Armstrong による著書 Inorganic Chemistry, Sixth Edition の訳書であり，日本語版としては，シュライバー無機化学，シュライバー・アトキンス無機化学として著された一連の無機化学の教科書の最新版と位置付けられ，第4版以来の出版となる．日本語訳の第4版に関しては，多くの方々から記述やデータの誤りなどをご指摘いただいた．貴重なコメントに対してこの場を借りて感謝申し上げる．

　本書の全体的な内容や構成は第4版を踏襲しており，大きく3部構成となっている．第Ⅰ部は原子構造，化学結合，分子構造，結晶構造，酸と塩基，酸化と還元，分子の対称性と群論，配位化合物といった無機化学を学ぶうえで重要な基礎的事項が述べられており，第4版では第6章として設けられていた「無機化学における物理的測定技術」が第Ⅰ部の最後に置かれている．

　第Ⅱ部は周期表に並ぶ元素の各論であり，族あるいはブロックごとに一つの章としてまとめられ，元素の特徴や性質が説明されている．これらの章の内容は，すべての元素を扱う学問分野である無機化学の醍醐味の一つである．第Ⅱ部ではいくぶん第4版から変更された点も見られる．まず，第9章として周期律に関する章が新たに設けられ，周期表における族や周期に見られる一般的な傾向や特異な挙動を示す元素の特徴が一つの章として整理された．この章は第Ⅱ部の最初に置かれ，それに続く，水素から始まるさまざまな元素の各論を学ぶうえでの基礎をなしている．また，族やブロックごとにまとめられたそれぞれの章は，大きく2項に分けられており，前半の項で族あるいはブロックに含まれる元素の概要が述べられたあと，後半の項ではその詳細が紹介されている．この様式は第4版から大きく変更された点である．さらに第Ⅱ部では，d-ブロック元素との関連で，錯体の電子構造と反応，有機金属化合物に関する章が設けられているが，この点は第4版と同様である．

　第Ⅲ部は無機化学の新しい研究領域にかかわる解説であり，材料化学，触媒，生物無機化学に関する話題が取上げられている点は第4版と変わらないが，第4版において「固体化学と材料化学」および「ナノ材料，ナノ科学，ナノテクノロジー」として独立していた二つの章が「材料化学とナノ材料」として一つにまとめられ，逆に第4版で一つの章であった「生物無機化学」が，「生物無機化学」と「医学における無機化学」の二つの独立した章に分けられている．材料化学に関する章は共通する内容を整理して一体化することで読みやすくなっており，生物無機化学についての章は基礎的事項と医療への応用を独立させて理解しやすくしたものと思われる．特に第27章の「医学における無機化学」は大きな進展を見せている領域であり，今後，記載の内容が増えることを予想した措置かもしれない．

　以上のように本書の新しい構成は，無機化学を初めて学ぶ大学初級の学生にとって非常に合理的なものとなっている．すなわち，前半で無機化学の一般的な基礎を学習し，それ

に基づいて元素の各論にかかわる知識を得たあと，最先端の無機化学の領域にふれることができる．近年の無機化学では，錯体化学，固体化学，材料化学，触媒，電気化学，有機金属化学，生物無機化学といった分野がとりわけ活況を呈しているが，これらに関する内容が第Ⅱ部，第Ⅲ部を中心にふんだんに盛り込まれている．

　最後に，訳者らの原稿の細部にまで注意を払って読んで下さった，東京化学同人編集部の植村信江氏と杉本夏穂子氏に深く感謝申し上げる．

　2016年7月

訳者を代表して

田　中　勝　久

謝　　辞

　本書では，確実に誤りがないよう注意を払った．これは，現在の知識がすぐに過去のものになってしまうような急速に進展する分野では困難な仕事である．第26章および第27章の多くの図はソフトウエアの PyMOL を用いて作成した〔W. L. DeLano, "The PyMOL Molecular Graphics System", DeLano Scientific, San Carlos, CA, USA (2002)〕．本書を執筆するにあたり，ご尽力と援助をいただいた Oxford University Press 社の旧ならびに現職員である Holly Edmundson, Jonathan Crowe, Alice Mumford, さらには W. H. Freeman 社の旧ならびに現職員である Heidi Bamatter, Jessica Fiorillo, Dave Quinn に感謝する．また，Mark Weller は，本文の執筆と膨大な図の作成に費やすための時間を与えて下さった University of Bath にも感謝申し上げる．また，時間と専門知識を惜しまず多くの章の草稿を注意深く査読して下さった以下の協力者に感謝する．

Mikhail V. Barybin, University of Kansas
Byron L. Bennett, Idaho State University
Stefan Bernhard, Carnegie Mellon University
Wesley H. Bernskoetter, Brown University
Chris Bradley, Texas Tech University
Thomas C. Brunold, University of Wisconsin – Madison
Morris Bullock, Pacific Northwest National Laboratory
Gareth Cave, Nottingham Trent University
David Clark, Los Alamos National Laboratory
William Connick, University of Cincinnati
Sandie Dann, Loughborough University
Marcetta Y. Darensbourg, Texas A & M University
David Evans, University of Hull
Stephen Faulkner, University of Oxford
Bill Feighery, Indiana University – South Bend
Katherine J. Franz, Duke University
Carmen Valdez Gauthier, Florida Southern College
Stephen Z. Goldberg, Adelphi University
Christian R. Goldsmith, Auburn University
Gregory J. Grant, University of Tennessee at Chattanooga
Craig A. Grapperhaus, University of Louisville
P. Shiv Halasyamani, University of Houston
Christopher G. Hamaker, Illinois State University
Allen Hill, University of Oxford
Andy Holland, Idaho State University
Timothy A. Jackson, University of Kansas
Wayne Jones, State University of New York – Binghamton

Deborah Kays, University of Nottingham
Susan Killian VanderKam, Princeton University
Michael J. Knapp, University of Massachusetts – Amherst
Georgios Kyriakou, University of Hull
Christos Lampropoulos, University of North Florida
Simon Lancaster, University of East Anglia
John P. Lee, University of Tennessee at Chattanooga
Ramón López de la Vega, Florida International University
Yi Lu, University of Illinois at Urbana-Champaign
Joel T. Mague, Tulane University
Andrew Marr, Queen's University Belfast
Salah S. Massoud, University of Louisiana at Lafayette
Charles A. Mebi, Arkansas Tech University
Catherine Oertel, Oberlin College
Jason S. Overby, College of Charleston
John R. Owen, University of Southampton
Ted M. Pappenfus, University of Minnesota, Morris
Anna Peacock, University of Birmingham
Carl Redshaw, University of Hull
Laura Rodríguez Raurell, University of Barcelona
Professor Jean-Michel Savéant, Université Paris Diderot – Paris 7
Douglas L. Swartz II, Kutztown University of Pennsylvania
Jesse W. Tye, Ball State University
Derek Wann, University of Edinburgh
Scott Weinert, Oklahoma State University
Nathan West, University of the Sciences
Denyce K. Wicht, Suffolk University

本書について

本書では，読者が無機化学の広範な領域を理解するための手助けとして，多くの教育的な工夫がなされている．また，読者が本書全体を通して系統的に学習したり，自らの研究に関して適切な箇所を拾い上げたりできるように編集されている．さらに本書に関連する Online Resource Centre のウェブには，自主的な学習の手助けとなるような，さらなる参考資料が載せられている[†]．

† 訳注：このウェブサイトは原著に対するものであり，日本語版の読者には利用できない部分もある．

本書は3部に分かれている．それぞれにおいて，内容が論理的かつ系統的に展開されている．第Ⅰ部"基礎"では，無機化学に関する基礎的原理を説明している．これらは，ひき続く第Ⅱ部と第Ⅲ部において基礎をなすものである．第Ⅱ部"元素と化合物"では，記述的化学を"総論"と"各論"に分け，読者がまず反応の背景にある重要な原理の全体を難なく見渡し，その後，それらの詳細を学習できるようにした．第Ⅲ部"最先端の研究"では，無機化学の最先端となっている興味深い学際領域の研究を記述する．

以下の節では，本書ならびに Online Resource Centre を用いて学習するうえでの特徴をさらに詳しく説明する．

情報の整理

(a) 水素型原子のエネルギー準位
要点　結合している電子のエネルギーは主量子数を表し，m_l は軌道角運動量の向きを指定する．
水素型原子についてのシュレーディンガー方程式

要点
要点は，それにひき続く節からつかみ取るべき主旨をまとめたものである．要点に基づいて，読者は本文中に記載されている基本的な考え方に注意を向けることが可能となる．

BOX 1・3　テクネチウム —— 最初の人工
人工元素とは地球上に天然には存在しないが，核により人工的に生成された元素である．最初に合成た人工元素はテクネチウム（Tc, $Z=43$）である．

BOX
BOXでは，無機化学の多様性と，先端的な材料，工業的なプロセス，環境化学，日常生活への無機化学の広範な応用について検証している．

メモ　電子親和力と電子取得エンタルピーを同義語必要である．正の電子親和力は，A^- イオンがA原子意味するからである．

メモ
無機化学の領域には，通常使われている専門用語が混乱を招いたり，古いものであったりする場合がある．これに対応するため，簡潔な"メモ"を設けて読者が一般的な間違いを犯さないようにした．

参 考 書

各章には，より多くの情報が得られるような文献を参考書として列挙した．これらの文献が容易に入手できる題材となるよう努めた．また，それぞれの文献からどのような種類の情報が得られるかを示した．

> **参 考 書**
> H. Aldersey-Williams, "Periodic Tales: The Curious the Elements", Viking (2011). 学術図書ではない

付 録

本書の最後には付録が完備している．ここには群論と分光法に関係するデータと情報の広範な表も含まれている．

> 付 録 1 イ オ ン 半

問 題 を 解 く

実 例

実例によって，読者は本文中で説明されたばかりの式や概念をどのように使えばよいか，また，実験データを正確に扱うにはどうすればよいかを理解できる．

> **実 例** NH_3 を例にとると，その光電子スペクトルの中の 8 個の価電子を収容する分子軌道を組立てる必要個の原子軌道——3 個の H 1s 軌道，1 個の N 2s 軌道組合わせである．これら 7 個の原子軌道から 7 個の分

例題と問題

多くの例題は，議論している題材の応用をより詳細に記述したものである．各例題では，議論している問題の重要な観点を例示している．また，計算や問題を解くための実習となっている．各例題のあとに問題を付けた．読者が理解できたかどうかを確かめることが問題の役割となっている．

> **例 題 1・11** 分極しやすい化学種を識別する
> F^- イオンと I^- イオンではどちらが分極しやすいか
> **解** F^- イオンは小さく，電荷は -1 価である．I^- イ
> **問 題 1・11** Na^+ と Cs^+ ではどちらが分極しやすい

練習問題

各章を通じて多くの問題が設けられており，各章の最後には短い練習問題が載せられている．練習問題の解答は Online Resource Centre にあるが（日本語版では下巻の巻末に収載），別売の "Solutions Manual（解答の手引き）" には完全な回答がまとめられている．理解度を確かめたり，経験を積んだりすることに利用できる．また，化学反応式を導き出したり，構造を予測して描いたり，データを扱ったりするような作業を練習するうえでも使うことができる．

> **練 習 問 題**
> **2・1** ルイス構造を描け．
> (a) NO^+ (b) ClO^- (c) H_2O_2 (d) CCl_4 (e)
> **2・2** CO_3^{2-} の共鳴構造を描け．

演習問題

演習問題は練習問題と比べると内容や解き方に要求が多くなり，研究論文や他の発展的な情報源に基づいていることが多い．演習問題は一般に取り留めのない答えを求めていて唯一の正しい解答があるわけではない．小論文のための出題や教室での議論に利用できる．

> **演 習 問 題**
> **2・1** VB 理論では，超原子価は結合中に d 軌道することにより一般的に説明される．論文 '混成軌割' 〔*J. Chem. Educ.*, **84**, 783 (2007)〕では，著者は必

解答の手引き

本書とは別売の"Solutions Manual"（ISBN：9780198701712）が Alen Hadzovic により作成されており，問題と章末の練習問題に対する完全な解答が掲載されている[†1]．

[†1] 訳注：別売の解答の手引きの日本語版は出版されていない．

Online Resource Centre について

本書の Online Resource Centre には多くの教える側への情報と学ぶ側への情報がある[†2]．これによって本教科書を補足することができる．課金はない．アクセス先は

www.oxfordtextbooks.co.uk/orc/ichem6e/

である．

"Lecturer resources（教師用資料）"は本書に登録してアクセスが許可された者のみが入手可能であることに注意していただきたい（日本語版採用者は利用できない）[†3]．登録するには，単に www.oxfordtextbooks.co.uk/orc/ichem6e/ にアクセスして，リンクを適切にたどればよい．Lecturer resources には下記の資料が含まれる．

[†2] 訳注：Online Resource Centre は，日本語版の読者には利用できない部分がある．

[†3] 訳注：日本語版採用者へは東京化学同人より配布可能．

- **本書の図と表** JPEG 形式および PowerPoint 形式．無料で使用できる（ただし，特別な許可がない限り商用目的に使うことはできない）．
- **テストバンク** 各章ごとに多肢選択式の問題を収録した便利な問題集．学生の評価に使うことができる．

"Student resources（学生への情報）"は登録しなくても誰でも自由にアクセスできる．

Online Resource Centre に含まれている題材

三次元の回転可能な分子構造

番号が振られた構造は対話型三次元構造としてオンラインで見ることができる．ブラウザにつぎの URL を入力し，対応する構造の番号を追加すればよい．URL は www.chemtube3d.com/weller/[章の番号]S[構造の番号]である．たとえば，第 1 章の構造 **10** であれば，www.chemtube3d.com/weller/1S10 と入力する．

説明文にアスタリスク（*）が付けられた図も対話型三次元構造としてオンラインで見ることができる．ブラウザにつぎの URL を入力し，対応する図の番号を追加すればよい．URL は www.chemtube3d.com/weller/[章の番号]F[図の番号]である．たとえば，第 7 章の図 4 であれば，www.chemtube3d.com/weller/7F04 と入力する．

章ごとにまとめられたすべての三次元のリソースについては，www.chemtube3d.com/weller/[章の番号]にアクセスせよ．

問題と練習問題の解答

各章を通して多くの問題が設けられており，章末には簡単な練習問題がある．解答は Online Resource Centre で見ることができる（日本語版では下巻の巻末にも収載）．

化学反応のビデオ
　本書の各章に現れるさまざまな無機化学反応を実演するビデオクリップがある．

分子モデリングの題材
　分子モデリングの題材はほとんどすべての章にあり，人気のあるソフトウエアの Spartan Student^{TM} を用いて計算を行えるようになっているが，ハートリー・フォック法，密度汎関数法，MP2 法を利用できる電子構造計算プログラムであれば何を使っても実行可能である．

ウェブのリンク
　無機化学に関して入手可能な情報には巨大なネットワークがあり，それを使ってウェブ上を動き回ると途方に暮れてしまうほどであろう．ウェブのリンクによって読者は無機化学に関連した一通りのウェブサイトやウェブリソースにアクセスできる．ウェブのリンクは章ごとにまとめられており，目的のサイトに容易に到達できるようになっている．

群論の指標表
　完全な群論の指標表をダウンロードによって入手できる．

主要目次

上　巻

第I部　基　礎
1. 原子構造
2. 分子構造と結合
3. 単純な固体の構造
4. 酸と塩基
5. 酸化と還元
6. 分子の対称性
7. 配位化合物入門
8. 無機化学における物理的測定技術

第II部　元素と化合物
9. 周期性
10. 水　素
11. 1族元素
12. 2族元素
13. 13族元素
14. 14族元素
15. 15族元素

下　巻

第II部　元素と化合物（つづき）
16. 16族元素
17. 17族元素
18. 18族元素
19. d-ブロック元素
20. d金属錯体：電子構造と物性
21. 配位化学：錯体の反応
22. d金属の有機金属化学
23. f-ブロック元素

第III部　最先端の研究
24. 材料化学とナノ材料
25. 触　媒
26. 生物無機化学
27. 医学における無機化学

上巻目次

第 I 部 基　礎

1. 原子構造 …… 3

水素型原子の構造 …… 6
- 1・1　分光学的情報 …… 7
- 1・2　いくつかの量子力学的原理 …… 9
- 1・3　原子軌道 …… 10

多電子原子 …… 16
- 1・4　貫入と遮蔽 …… 16
- 1・5　構成原理 …… 19
- 1・6　元素の分類 …… 22
- 1・7　原子の特性 …… 25

参考書 …… 35
練習問題 …… 36
演習問題 …… 37

2. 分子構造と結合 …… 38

ルイス構造 …… 38
- 2・1　オクテット則 …… 38
- 2・2　共鳴 …… 40
- 2・3　VSEPRモデル …… 41

原子価結合理論 …… 44
- 2・4　水素分子 …… 44
- 2・5　等核二原子分子 …… 45
- 2・6　多原子分子 …… 45

分子軌道理論 …… 48
- 2・7　分子軌道理論入門 …… 48
- 2・8　等核二原子分子 …… 51
- 2・9　異核二原子分子 …… 55
- 2・10　結合特性 …… 57
- 2・11　多原子分子 …… 59
- 2・12　計算的手法 …… 64

構造と結合特性 …… 66
- 2・13　結合長 …… 66
- 2・14　結合の強さ …… 67
- 2・15　電気陰性度と結合エンタルピー …… 68
- 2・16　酸化状態 …… 70

参考書 …… 71
練習問題 …… 71
演習問題 …… 73

3. 単純な固体の構造 …… 74

固体の構造の記述 …… 75
- 3・1　単位格子と結晶構造の記述 …… 75
- 3・2　球の最密充填 …… 78
- 3・3　最密充填構造の間隙 …… 81

金属と合金の構造 …… 83
- 3・4　ポリタイプ …… 84
- 3・5　最密充填でない構造 …… 85
- 3・6　金属の多形 …… 85
- 3・7　金属の原子半径 …… 86
- 3・8　合金と間隙 …… 87

イオン固体 …… 92
- 3・9　イオン固体の特徴的構造 …… 93
- 3・10　構造の理論的説明 …… 101

イオン結合のエネルギー論 …… 106
- 3・11　格子エンタルピーとボルン・ハーバーサイクル …… 106
- 3・12　格子エンタルピーの計算 …… 108
- 3・13　格子エンタルピーの実験値と理論値の比較 …… 111
- 3・14　カプスティンスキー式 …… 113
- 3・15　格子エンタルピーから導かれる結果 …… 114

欠陥と不定比性 …… 118
- 3・16　欠陥の起源と種類 …… 119
- 3・17　不定比化合物と固溶体 …… 123

固体の電子構造····················125
 3・18 無機固体の電気伝導率···············125
 3・19 原子軌道の重なりから生じるバンド構造···126
 3・20 半 導 体·····················129

発展学習：ボルン・マイヤー式··············132
参 考 書··························133
練習問題··························133
演習問題··························135

4. 酸 と 塩 基 ·····················136

ブレンステッド酸性····················136
 4・1 水中でのプロトン移動平衡············137
ブレンステッド酸の特徴·················146
 4・2 アクア酸の強度に見られる周期性········147
 4・3 簡単なオキソ酸·················148
 4・4 無水酸化物····················151
 4・5 ポリオキソ化合物の生成············153
ルイス酸性························154
 4・6 ルイス酸およびルイス塩基の例·········155
 4・7 各族のルイス酸の特徴··············156
ルイス酸塩基の反応と性質···············161
 4・8 基本的な反応···················161

 4・9 ルイス酸とルイス塩基との相互作用に
    影響を及ぼす要因················163
 4・10 熱力学的な酸性度パラメーター········166
非水溶媒·························167
 4・11 溶媒の水平化効果················167
 4・12 酸と塩基の溶媒系での定義···········170
 4・13 酸および塩基としての溶媒···········170
酸・塩基化学の応用···················175
 4・14 超酸と超塩基···················175
 4・15 不均一酸塩基反応················176
参 考 書··························177
練習問題··························178
演習問題··························180

5. 酸 化 と 還 元 ·····················182

還元電位··························183
 5・1 酸化還元半反応·················183
 5・2 標準電位と自発性················185
 5・3 標準電位に見られる傾向············187
 5・4 電気化学系列···················190
 5・5 ネルンスト式···················191
酸化還元安定性·····················193
 5・6 pH の影響·····················193
 5・7 水との反応····················194
 5・8 空気中の酸素による酸化············196
 5・9 不均化反応と均等化反応············197
 5・10 錯形成の影響···················199
 5・11 溶解性と標準電位の関係············200

電位データを図で表す方法···············201
 5・12 ラチマー図····················201
 5・13 フロスト図····················204
 5・14 プールベ図····················208
 5・15 環境化学への適用：天然水··········209
単体の化学的抽出····················210
 5・16 化学的還元····················210
 5・17 化学的酸化····················215
 5・18 電気化学的抽出·················216

参 考 書··························218
練習問題··························218
演習問題··························220

6. 分子の対称性·····················222

対称性解析入門·····················222
 6・1 対称操作, 対称要素と点群···········222
 6・2 指 標 表·····················228
対称性の応用······················230
 6・3 極性分子·····················230
 6・4 キラル分子····················231
 6・5 分子振動·····················232
軌道の対称性······················237
 6・6 対称適合線形結合················237

 6・7 分子軌道を組立てる··············239
 6・8 振動との類似性·················241
表　現·························242
 6・9 表現の簡約···················242
 6・10 射影演算子···················244

参 考 書··························245
練習問題··························245
演習問題··························245

7. 配位化合物入門 ··· 247

- 錯体化学の用語 ··· 248
  - 7・1 代表的な配位子 ··· 248
  - 7・2 命名法 ··· 251
- 構造と立体配置 ··· 253
  - 7・3 低配位数 ··· 253
  - 7・4 中配位数 ··· 254
  - 7・5 高配位数 ··· 256
  - 7・6 多核錯体 ··· 257
- 異性化とキラリティー ··· 258
  - 7・7 平面四角形錯体 ··· 259
  - 7・8 四面体錯体 ··· 260
  - 7・9 三方両錐錯体と四方錐錯体 ··· 260
  - 7・10 八面体錯体 ··· 261
  - 7・11 配位子のキラリティー ··· 264
- 錯体形成の熱力学 ··· 266
  - 7・12 生成定数 ··· 266
  - 7・13 逐次生成定数の傾向 ··· 267
  - 7・14 キレート効果と大環状効果 ··· 269
  - 7・15 立体効果と電子非局在化 ··· 270
- 参考書 ··· 272
- 練習問題 ··· 272
- 演習問題 ··· 273

8. 無機化学における物理的測定技術 ··· 275

- 回折法 ··· 275
  - 8・1 X線回折 ··· 275
  - 8・2 中性子回折 ··· 280
- 吸光および発光分光法 ··· 281
  - 8・3 紫外・可視分光法 ··· 282
  - 8・4 蛍光あるいは発光分光法 ··· 285
  - 8・5 赤外分光法とラマン分光法 ··· 286
- 共鳴法 ··· 289
  - 8・6 核磁気共鳴 ··· 289
  - 8・7 電子常磁性共鳴 ··· 295
  - 8・8 メスバウアー分光法 ··· 297
- イオン化に基づく測定法 ··· 299
  - 8・9 光電子分光法 ··· 299
  - 8・10 X線吸収分光法 ··· 300
  - 8・11 質量分析 ··· 302
- 化学分析 ··· 304
  - 8・12 原子吸光分析 ··· 304
  - 8・13 CHNの分析 ··· 305
  - 8・14 蛍光X線元素分析 ··· 306
  - 8・15 熱分析 ··· 307
- 磁気測定と磁化率 ··· 309
- 電気化学測定 ··· 310
- 顕微鏡法 ··· 312
  - 8・16 走査型プローブ顕微鏡法 ··· 312
  - 8・17 電子顕微鏡法 ··· 314
- 参考書 ··· 314
- 練習問題 ··· 315
- 演習問題 ··· 316

第Ⅱ部　元素と化合物

9. 周期性 ··· 321

- 元素の周期的性質 ··· 321
  - 9・1 価電子の電子配置 ··· 321
  - 9・2 原子パラメーター ··· 322
  - 9・3 産出 ··· 327
  - 9・4 金属性 ··· 329
  - 9・5 酸化状態 ··· 330
- 化合物の周期的性質 ··· 335
  - 9・6 配位数 ··· 335
  - 9・7 結合エンタルピーの傾向 ··· 335
  - 9・8 二元系化合物 ··· 337
  - 9・9 より広い観点から見た周期性の特徴 ··· 340
  - 9・10 族の第一元素の特異性 ··· 344
- 参考書 ··· 346
- 練習問題 ··· 346
- 演習問題 ··· 346

10. 水素 ··· 347

- **A: 総論** ··· 347
  - 10・1 元素 ··· 348
  - 10・2 単純な化合物 ··· 351
- **B: 各論** ··· 353
  - 10・3 原子核の性質 ··· 353
  - 10・4 水素の生成 ··· 355

10・5	水素の反応 …………………… 357	参 考 書 …………………………………… 370
10・6	水素の化合物 …………………… 358	練習問題 …………………………………… 371
10・7	二元系水素化合物合成の一般的手法 …… 369	演習問題 …………………………………… 372

11. 1 族元素 …………………………………………………………………………………… 373

A: 総 論 ………………………………… 373	11・10	水酸化物 ……………………………… 385
11・1	元　素 ……………………………… 373	11・11	オキソ酸の化合物 …………………… 385
11・2	単純な化合物 ……………………… 375	11・12	窒化物と炭化物 ……………………… 387
11・3	リチウムの特異な性質 …………… 376	11・13	溶解度と水和 ………………………… 388
B: 各 論 ………………………………… 377	11・14	液体アンモニアの溶液 ……………… 389
11・4	産出と単離 ………………………… 377	11・15	アルカリ金属を含むジントル相 …… 389
11・5	単体と化合物の用途 ……………… 378	11・16	配位化合物 …………………………… 390
11・6	水素化物 …………………………… 381	11・17	有機金属化合物 ……………………… 391
11・7	ハロゲン化物 ……………………… 381	参 考 書 …………………………………… 392
11・8	酸化物とそれに関連する化合物 …… 383	練習問題 …………………………………… 393
11・9	硫化物, セレン化物, テルル化物 …… 384	演習問題 …………………………………… 393

12. 2 族元素 …………………………………………………………………………………… 394

A: 総 論 ………………………………… 394	12・8	酸化物, 硫化物, 水酸化物 ………… 403
12・1	元　素 ……………………………… 394	12・9	窒化物と炭化物 ……………………… 406
12・2	単純な化合物 ……………………… 396	12・10	オキソ酸塩 …………………………… 406
12・3	ベリリウムの特異な特性 ………… 397	12・11	溶解度, 水和とベリリウム酸塩 …… 409
B: 各 論 ………………………………… 398	12・12	配位化合物 …………………………… 410
12・4	産出と単離 ………………………… 398	12・13	有機金属化合物 ……………………… 411
12・5	単体と化合物の用途 ……………… 399	参 考 書 …………………………………… 413
12・6	水素化物 …………………………… 400	練習問題 …………………………………… 413
12・7	ハロゲン化物 ……………………… 401	演習問題 …………………………………… 413

13. 13 族元素 ………………………………………………………………………………… 415

A: 総 論 ………………………………… 415	13・14	アルミニウム, ガリウム, インジウム, タリウムの三ハロゲン化物 ………… 439
13・1	元　素 ……………………………… 415
13・2	化 合 物 …………………………… 417	13・15	アルミニウム, ガリウム, インジウム, タリウムの低酸化状態のハロゲン化物 …… 440
13・3	ホウ素クラスター ………………… 420
B: 各 論 ………………………………… 421	13・16	アルミニウム, ガリウム, インジウム, タリウムのオキソ化合物 …………… 441
13・4	産出と単離 ………………………… 421
13・5	単体と化合物の用途 ……………… 421	13・17	ガリウム, インジウム, タリウムの硫化物 ………………………………… 441
13・6	ホウ素の単純な水素化物 ………… 422
13・7	三ハロゲン化ホウ素 ……………… 425	13・18	15 族元素との化合物 ………………… 442
13・8	ホウ素と酸素の化合物 …………… 426	13・19	ジントル相 …………………………… 442
13・9	ホウ素と窒素の化合物 …………… 427	13・20	有機金属化合物 ……………………… 442
13・10	金属ホウ化物 ……………………… 430		
13・11	高次のボランおよび水素化ホウ素 …… 430	参 考 書 …………………………………… 444
13・12	メタロボランとカルボラン ……… 436	練習問題 …………………………………… 444
13・13	アルミニウムおよびガリウムの水素化物 …… 439	演習問題 …………………………………… 445

14. 14族元素 ··· 447

A: 総論 ··· 447
14・1 元素 ··· 447
14・2 単純な化合物 ··· 449
14・3 無限構造のケイ素-酸素化合物 ··· 451
B: 各論 ··· 452
14・4 産出と単離 ··· 452
14・5 ダイヤモンドとグラファイト ··· 452
14・6 他の構造の炭素 ··· 455
14・7 水素化物 ··· 458
14・8 ハロゲンとの化合物 ··· 460
14・9 炭素の酸素化合物と硫黄化合物 ··· 462
14・10 ケイ素と酸素の単純な化合物 ··· 465
14・11 ゲルマニウム, スズ, 鉛の酸化物 ··· 466
14・12 窒素との化合物 ··· 467
14・13 炭化物 ··· 468
14・14 ケイ化物 ··· 470
14・15 無限構造のケイ素-酸素化合物 ··· 470
14・16 有機ケイ素化合物と有機ゲルマニウム化合物 ··· 474
14・17 有機金属化合物 ··· 475

参考書 ··· 476
練習問題 ··· 477
演習問題 ··· 478

15. 15族元素 ··· 479

A: 総論 ··· 479
15・1 元素と単体 ··· 479
15・2 単純な化合物 ··· 481
15・3 窒素の酸化物とオキソアニオン ··· 482
B: 各論 ··· 483
15・4 産出と単離 ··· 483
15・5 用途 ··· 484
15・6 窒素の活性化 ··· 486
15・7 窒化物とアジ化物 ··· 488
15・8 リン化物 ··· 489
15・9 ヒ化物, アンチモン化物, ビスマス化物 ··· 489
15・10 水素化物 ··· 489
15・11 ハロゲン化物 ··· 492
15・12 ハロゲン化酸化物 ··· 493
15・13 窒素の酸化物とオキソアニオン ··· 494
15・14 リン, ヒ素, アンチモン, ビスマスの酸化物 ··· 498
15・15 リン, ヒ素, アンチモン, ビスマスのオキソアニオン ··· 499
15・16 縮合リン酸塩 ··· 501
15・17 ホスファゼン ··· 502
15・18 ヒ素, アンチモン, ビスマスの有機金属化合物 ··· 502

参考書 ··· 505
練習問題 ··· 505
演習問題 ··· 506

付録 ··· A1

1. イオン半径 ··· A1
2. 元素の電子的性質 ··· A3
3. 標準電位 ··· A6
4. 指標表 ··· A20
5. 対称適合軌道 ··· A25
6. 田辺・菅野ダイアグラム ··· A29

和文索引 ··· A31
欧文索引 ··· A41
化学式索引 ··· A46

第 I 部

基　　礎

　8章から成る第I部では無機化学の基礎を述べる．はじめの3章は原子，分子，固体の構造の理解を深める．第1章では，量子論に基づく原子の構造を述べ，原子の性質における周期性の重要性を解説する．第2章では，いろいろな分子構造を，ますます洗練されてきた共有結合のモデルを用いて理解する．第3章では，イオン結合，典型的な固体の構造と物性，材料中の欠陥の役割，固体の電子物性について解説する．これに続く二つの章では，2種類の主要な化学反応について解説する．第4章では，酸-塩基の特性がどのように定義されているのかを説明し，その測定方法や広範な化学の領域での利用法を解説する．第5章は酸化と還元について解説し，電気化学的データを用いて分子間の電子移動が関与する反応の結果について予想したり，理解する方法を説明する．第6章では，分子の結合や構造に対して，分子の対称性が果たす役割を系統的に理解し，第8章で紹介するさまざまな測定技術によって得られたデータが無機物質の理解を助けることを学ぶ．第7章では，元素の配位化合物について解説する．錯体の結合，構造，反応について議論し，この重要な化合物における対称性が重要な情報を与えることを理解する．第8章では，無機化学に利用される道具箱，すなわち無機化合物の構造や組成を知るために用いられる測定技術を解説する．

第 1 部

基 礎

原子構造

本章では，すべての無機化合物の物理的・化学的性質に見られる傾向を解釈するための基礎を述べる．分子や固体のふるまいを理解するためには原子について知る必要がある．したがって，無機化学の学習を始めるにあたり，原子の構造と性質を概観しなければならない．まず，太陽系の物質の起源を議論することから始め，つづいて原子構造と原子中の電子のふるまいに対するわれわれの理解の進歩について見ていく．量子論を定性的に導入し，その結果を用いて，原子半径，イオン化エネルギー，電子親和力，電気陰性度などの性質を合理的に説明する．このような性質を理解することで，今日までに知られている110種以上の元素の広範な化学的性質を合理的に解釈することができるようになる．

現在では視覚でとらえることのできる宇宙が，およそ140億年前には一点に寄り集まっていて，それがビッグバン (Big Bang) とよばれるできごとで爆発したのだという今日の考え方は，宇宙が膨張し続けているという観測事実から導かれる．ビッグバンの直後の温度は 10^9 K[†1] 程度と考えられている．この温度では，爆発で生じた基本粒子の運動エネルギーが大きすぎて，今日われわれが知っているような形に粒子が結合することは不可能であった．しかし，宇宙が広がるにつれて温度が下がると，粒子の動きは緩やかになり，まもなく種々の力の作用でくっつき始める．特に，**強い相互作用** (strong interaction)[†2] ── 核子（陽子と中性子）間に働く力で，近距離にしか及ばない強い引力 ── によって，これら粒子が互いに結合して原子核ができる．さらに温度が下がると，電荷間に働く比較的弱いが遠距離まで及ぶ**電磁気力** (electromagnetic force) によって，原子核と電子とが結合し，原子ができる (BOX 1・1)．

宇宙の始まりから数十万年後には，温度が十分に下がって，物質のほとんどがH原子とHe原子との形になっていた (H 89%, He 11%)．図1・1に示すように，HとHeとが相変わらず宇宙で最も豊富な元素であることから見て，それ以後たいした事件は起こらなかったともいえる．しかし，その後いろいろな核反応が起こって，他のさまざまな元素がつくられ，宇宙の物質の種類ははかりしれないほど豊富になったのである．こうして化学の全分野が誕生することになる (BOX 1・2および1・3)．

原子より小さい種々の粒子のうち，化学で考える必要のあるものだけを取上げて，その性質を表1・1にまとめておく．元素は，これらの粒子から成り，それぞれの**原子番号** (atomic number) Z，すなわち，元素の1個の原子核中の陽子（プロトン）の数によって区別される．2012年までに，原子番号114, 116の原子の存在が確認されているが，115や117，あるいは存在が予想されるその他の原子は確認されていない[†3]．たいていの元素には多くの**同位体** (isotope) がある．同位体とは，原子番号は同じだが原子質量の異なる原子であって，**質量数** (mass number)

水素型原子の構造
- 1・1 分光学的情報
- 1・2 いくつかの量子力学的原理
- 1・3 原子軌道

多電子原子
- 1・4 貫入と遮蔽
- 1・5 構成原理
- 1・6 元素の分類
- 1・7 原子の特性

参考書
練習問題
演習問題

[†1] 訳注：宇宙誕生から1分後の温度．　　[†2] 訳注：strong force と同義．
[†3] 訳注：その後，原子番号115, 117ともに存在が確認されている．また，原子番号113も2004年に日本の研究グループにより存在が確認され，2015年に命名権が付与された．

A，すなわち，原子核中の陽子と中性子との総数によって区別される．質量数は**核子数**（nucleon number）とよばれることもあり，この方が適切な名前である．たとえば，水素には3種の同位体があり，どの同位体も $Z=1$ つまり陽子1個を含む原子核をもつ．最も存在量の多い同位体は陽子1個だけの核のもので $A=1$ である．これを ^{1}H と表記する．ジュウテリウム（重水素）は $A=2$ のもので，^{1}H よりはるかに少ない（原子比にして 1/6000）．質量数が 2 であることからわかるように，この核は 1 個の陽子に加えて 1 個の中性子を含んでいる．ジュウテリウムは ^{2}H で表すのが正式であるが，普通は D と書くことが多い．3 番目は，寿命の短い放射性同位体のトリチウム（三重水素）であり，^{3}H または T と書かれる．この原子核は 1 個の陽子と 2 個の中性子とから成る．場合によっては元素の原子番号を表示するのが好都合なことがある．このようなときには，原子番号を元素記号の左下付き添字として表す．したがって，水素の三つの同位体であれば $^1_1$H，$^2_1$H，$^3_1$H となる．

BOX 1・1 元素の原子核合成

H 原子の雲と He 原子の雲とが重力によって凝縮して，星の誕生が始まる．こういう雲が重力によって圧縮されると，その内側の温度と密度とが上昇し，原子核が互いに一緒になるにつれて核融合が始まる．

軽い核が融合して原子番号の大きい元素ができるときにはエネルギーが放出される．原子中で陽子を原子核に結びつけている**強い相互作用**（strong force）は，電子を原子核と結びつけている電磁気的な力よりもはるかに強い．したがって，核反応のエネルギーは通常の化学反応のエネルギーよりもはるかに大きい．典型的な化学反応なら 10^3 kJ mol^{-1} 程度のエネルギーを放出するであろうが，核反応だとその百万倍，10^9 kJ mol^{-1} のエネルギーを放出するのが普通である．

原子番号 26 までの元素は星の内部でつくられる．これらの元素は，"核燃焼" といわれる核融合反応の生成物である．核燃焼（化学的な燃焼と混同しないように）は，H 核と He 核とが関与し C 核によって触媒される複雑な核融合サイクルである．宇宙の進化の最も初期の段階でできた星は C 核がないので，無触媒な H 核燃焼反応を利用していた．核合成反応は 5～10 MK（1 MK = 10^6 K）の温度で速やかに進行する．ここでも核反応と化学反応との対比が見られる．化学反応はこの数万分の一程度の温度で起こる．化学反応は中程度のエネルギーでの衝突で起こりうるが，たいていの核反応過程に求められるエネルギーが得られるのは，きわめて激しい衝突が起こる場合のみである．

水素燃焼が完了して星の芯がつぶれると，芯の密度が 10^8 kg m^{-3}（水の密度の約 10^5 倍）になり温度は 100 MK に上昇する．このころになるとさらに重い元素がかなりの量で生成する．このような極限的状況のもとでは，ヘリウム燃焼が起こるようになる．

宇宙での鉄とニッケルの存在比が大きいことは，これらが全元素中で最も安定な核であることと符合している．核の安定性は，その**結合エネルギー**（binding energy）で表すことができる．核結合エネルギーとは，核そのもののエネルギーと，核をつくっている場合と同数の陽子および中性子がばらばらでいるときのエネルギーとの差である．核結合エネルギーは，原子核とばらばらの陽子および中性子との質量の差の形で表されることが多い．これはアインシュタインの相対性理論によれば，エネルギー E と質量 m とは $E=mc^2$（c は真空中の光速度）の関係にあるためで，原子核の質量とそれをつくっている粒子の質量の総和との差を $\Delta m = m_{構成核子} - m_{原子核}$ とすると，核結合エネルギーは $E_{bind} = (\Delta m)c^2$ である．たとえば，^{56}Fe の核結合エネルギーは，26 個の陽子および 30 個の中性子と 1 個の ^{56}Fe 核とのエネルギー差である．正の結合エネルギーは，原子核がその構

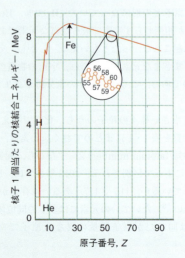

図 B1・1 核結合エネルギー．これが大きいほど核は安定である．原子番号で交互に核が安定化することを挿入図に示している．

成核子に比べてエネルギーが低く（質量も小さい），それだけ安定であることを示す．

図 B1・1 に示したのは，全元素の，核子1個当たりの核結合エネルギー E_{bind}/A（全結合エネルギーを核子数で割った値）である．鉄およびニッケルが曲線の極大値のところにあること，つまりこれらの核子は他の核種の場合よりも強く結合していることがわかる．この図では見にくいが，原子番号が奇数か偶数かによって核結合エネルギーは交互に上下し，偶数原子番号の核種は奇数原子番号の核種よりわずかに安定である．このことに対応して，宇宙における元素の存在比は，偶数原子番号の核種が隣の奇数番号のものより大きくなっている．

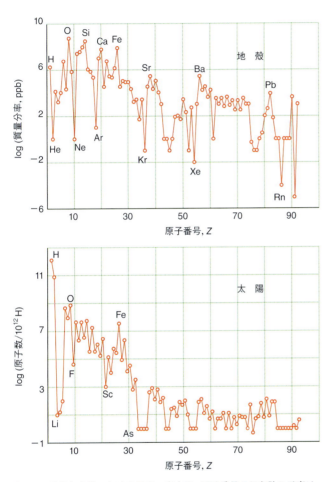

図 1・1　地殻と太陽における元素の存在比．原子番号 Z が奇数の元素は，隣り合う Z が偶数の元素より不安定である．

BOX 1・2　核融合と核分裂

質量数が 56 より小さい二つの原子核が一緒になって新しい原子核を生成し，それが反応物より大きな核結合エネルギー E_{bind}/A（図 B1・1）をもつと，"余った"核結合エネルギーが放出される．この過程は**核融合**（nuclear fusion）とよばれる．たとえば，二つのネオン-20核は融合してカルシウム-40核を生じることができる．

$$2\,^{20}_{10}\text{Ne} \longrightarrow \,^{40}_{20}\text{Ca}$$

Ne の E_{bind}/A の値は約 8.0 MeV である．よって，上式の左辺の核結合エネルギーの総和は $2 \times 20 \times 8.0 = 320$ MeV である．Ca の E_{bind}/A の値は約 8.6 MeV であるから，右辺の総和は $40 \times 8.6 = 344$ MeV となる．したがって，生成物と反応物の核結合エネルギーの差は 24 MeV である．

質量数が 56 より大きい原子核では，より大きな E_{bind}/A をもつ軽い生成物に分裂すると，核結合エネル

ギーの放出が起こりうる．この過程は**核分裂**（nuclear fission）とよばれる．たとえば，ウラン-236 は分裂してキセノン-140 核とストロンチウム-93 核に変わる．

$$^{236}_{92}\text{U} \longrightarrow {}^{140}_{54}\text{Xe} + {}^{93}_{38}\text{Sr} + 3{}^{1}_{0}\text{n}$$

^{236}U, ^{140}Xe, ^{93}Sr 核の E_{bind}/A の値は，それぞれ，7.6, 8.4, 8.7 MeV である．よって，この反応で放出されるエネルギーは ^{236}U 核1個当たり $(140 \times 8.4)+(93 \times 8.7)-(236 \times 7.6)=191.5$ MeV である．

核分裂は重い元素に中性子を衝突させても誘導できる．

$$^{235}_{92}\text{U} + {}^{1}_{0}\text{n} \longrightarrow 核分裂生成物 + 中性子$$

^{235}U からの核分裂生成物の運動エネルギーは約 165 MeV であり，中性子の運動エネルギーは約 5 MeV である．また，発生する γ 線のエネルギーは約 7 MeV である．核分裂生成物はそれ自身が放射性で，β 線，γ 線，X 線を放出して壊変し，約 23 MeV のエネルギーを出す．核分裂に使われなかった中性子は原子炉中で捕獲され，約 10 MeV を放出する．生み出されたエネルギーのうち，約 10 MeV は原子炉からの放射として失われ，約 1 MeV は使用済み核燃料中に残る核分裂生成物として壊変せずに失われる．したがって，1回の核分裂で発生する総エネルギーは約 200 MeV，すなわち，32 pJ である．このことから，約 1 W の原子炉の熱 $(1\,\text{W}=1\,\text{J s}^{-1})$ は1秒間に 3.1×10^{10} 回の核分裂に相当することになる．3 GW の熱を生み出す原子炉は約 1 GW の電力をつくり出す．これは 1 日当たり 3 kg の ^{235}U の核分裂に相当する．

使用済みの核燃料が，長期間にわたり高濃度放射線を放出するリスクに関しては，原子力発電所の利用に関して大きな議論がある．化石燃料の資源が枯渇しつつあるのに対して，ウランは数百年分に相当する資源があることから，原子力発電はとても魅力的である．ウラン鉱石は現在のところ非常に低価格であり，酸化ウランの錠剤一つから生じるエネルギーは，3 バレルの石油あるいは 1 トンの石炭に匹敵する．核燃料の利用は温室効果ガスの放出を大きく低減する．核燃料の環境問題に対する問題は，放射性廃棄物の貯蔵と廃棄に加えて，2011 年の福島に代表される原発事故に対して国民が神経質であることや，原子力発電の利用に対する間違った政治的野心なども含まれる．

表 1・1 化学に関係する原子より小さい粒子の性質

粒子	記号	質量/u[†1]	質量数	(電荷/e)[†2]	スピン
電子	e^-	5.486×10^{-4}	0	-1	$\frac{1}{2}$
陽子	p	1.0073	1	$+1$	$\frac{1}{2}$
中性子	n	1.0087	1	0	$\frac{1}{2}$
光子	γ	0	0	0	1
ニュートリノ	ν	約 0	0	0	$\frac{1}{2}$
陽電子	e^+	5.486×10^{-4}	0	$+1$	$\frac{1}{2}$
α 粒子	α	[${}^{4}_{2}\text{He}^{2+}$ 核]	4	$+2$	0
β 粒子	β	[原子核から放出された電子 e^-]	0	-1	$\frac{1}{2}$
γ 粒子	γ	[原子核からの電磁放射]	0	0	1

[†1] 質量は統一原子質量単位 u で表してある．$1\,\text{u} \approx 1.6605\times10^{-27}$ kg．
[†2] 電気素量 e は 1.602×10^{-19} C．

水素型原子の構造

周期表の構成は，原子の電子構造に現れる周期的な変化を直接反映している．まずはじめに，水素類似原子，すなわち，**水素型原子**（hydrogenic atom）を考察する．水素型原子とは，電子を1個しかもたない原子で，電子-電子反発がないので話は簡単である．水素型原子には水素自身の他に He^+ や C^{5+}（恒星の内部に見いだされる）のようなイオンがある．つぎに，これらの原子の取扱いで導かれる概念を用いて，**多電子原子**（many-electron atom, polyelectron atom）の構造を近似的に描き出す．多電子原子とは，2個以上の電子をもつ原子のことである．

BOX 1・3 テクネチウム —— 最初の人工元素

人工元素とは地球上に天然には存在しないが，核反応により人工的に生成された元素である．最初に合成された人工元素はテクネチウム (Tc, $Z=43$) である．この名前はギリシャ語の"人工的な"という単語に由来する．テクネチウムの発見，もっと正確に言うならば生成は，周期表の空白を埋めるだけではなく，メンデレーエフの周期表により予測された特性も示した．最も寿命の長い同位体 (^{98}Tc) の半減期は 420 万年であり，地球が形成されたときに生じたテクネチウムが完全に崩壊してから相当の年月が経っている．テクネチウムは赤色巨星中で生成するとされている．

最も広く利用されているテクネチウムの同位体は $^{99\text{m}}$Tc である．ここでmは準安定同位体を示す．テクネチウム-99m は高エネルギー γ線を放射しながら，比較的短い (6.01 時間) 半減期で崩壊する．これらの特性は，この同位体の生体内での利用を促進している．生体外でも十分に γ線を検出可能であり，かつ半減期が短いために 24 時間以内にほとんどが崩壊する．そのために，$^{99\text{m}}$Tc は核医学，たとえば，さまざまな臓器 (脳，血液，肺，肝臓，心臓，甲状腺，腎臓など) のイメージング (§27・9) や機能解明を行う放射性医薬品などに広く用いられている．

テクネチウム-99m は原子力発電所の核分裂反応により生成されるが，研究用途には ^{99}Mo から $^{99\text{m}}$Tc への崩壊を利用したテクネチウム発生器が用いられる．^{99}Mo の半減期は 66 時間なので，$^{99\text{m}}$Tc と比べて輸送や貯蔵に適している．ほとんどの汎用発生器は，^{99}Mo を含むモリブデン酸イオン $[\text{MoO}_4]^{2-}$ を酸化アルミニウム Al_2O_3 に吸着させたものが用いられる．$[^{99}\text{MoO}_4]^{2-}$ イオンは，過テクネチウム酸イオン $[^{99\text{m}}\text{TcO}_4]^-$ イオンに崩壊する．過テクネチウム酸イオンは，モリブデン酸イオンアルミナ表面に吸着されにくい．無菌食塩水により ^{99}Mo を固定化したカラムの表面を洗浄することで，$^{99\text{m}}$Tc を回収できる．

1・1 分光学的情報

要点 水素原子の分光学的な観測により，電子はある定まったエネルギー準位のみを占め，電子がこのような準位間で遷移すると，とびとびの振動数をもつ電磁波の放射が起こることが示唆される．

水素ガス中で放電を起こすと電磁波が放出される．この電磁波をプリズムや回折格子に通すと，電磁波が一連の成分から成っていることが明らかとなる．この成分のうち一つは紫外領域，別の一つが可視領域にあり，さらに複数が赤外領域にあって，電磁波のスペクトルを形成している (図 1・2，BOX 1・4)．19 世紀の分光学者である Johann Rydberg は，すべての波長 (λ) が式

$$\frac{1}{\lambda} = R\left(\frac{1}{n_1^2} - \frac{1}{n_2^2}\right) \qquad (1 \cdot 1)$$

によって表されることを見いだした．ここで R は**リュードベリ定数** (Rydberg constant) であり，$1.097 \times 10^7\,\text{m}^{-1}$ の値をもつ経験的な定数である．n は整数で，$n_1 = 1, 2, \cdots$，また，$n_2 = n_1 + 1, n_1 + 2, \cdots$ である．$n_1 = 1$ の系列は**ライマン系列**

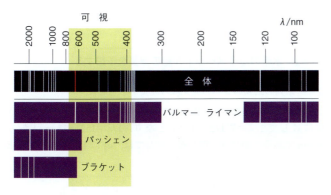

図 1・2 水素原子のスペクトルとその解析で現れる系列

BOX 1・4 ナトリウム街路灯

原子を励起した際に得られる発光は世界中で街路灯として利用されている．広く用いられている黄色い街路灯は，ナトリウム原子を励起して得られる発光である．

低圧ナトリウム (low pressure sodium, LPS) 灯は，インジウムスズ酸化物 (indium tin oxide, ITO) を塗布したガラスチューブでつくられている．インジウムスズ酸化物は，紫外光と赤外光を反射するが可視光は透過する．内部にある二つのガラスチューブには，固体ナトリウムと少量のネオンとアルゴンが封入されている．これは，ネオン灯と同じ混合物である．ランプが点灯されると，ネオンとアルゴンが赤色発光し，ナトリウム金属を加熱する．数分以内に，ナトリウムは気化を始め，放電によりナトリウム原子が励起され，黄色の光に対応したエネルギーを放出する．

他のランプと比べて，このタイプの街路灯の利点は，経年しても発光し続けることである．しかし経年劣化してくると，より多くのエネルギーを必要とするので，環境や経済的な側面からは魅力的とはいえない．

(Lyman series) とよばれ，紫外領域に存在する．$n_1=2$ の系列は可視領域にあり，バルマー系列 (Balmer series) とよばれる．赤外の系列にはパッシェン系列 (Paschen series, $n_1=3$) とブラケット系列 (Brackett series, $n_1=4$) がある．

電子が $-hcR/n_2^2$ のエネルギーの状態から $-hcR/n_1^2$ のエネルギーの状態へ遷移する際に電磁波の放射が起こり，エネルギーの差〔これは $hcR(1/n_1^2-1/n_2^2)$ に等しい〕が hc/λ のエネルギーの光子として放出されると仮定すれば，スペクトルの構造が説明できる[†]．これら二つのエネルギーを等しいとおき，hc を打ち消せば，式 (1・1) が得られる．この式は波数 $\tilde{\nu}$ ($\tilde{\nu}=1/\lambda$) の関数として示されることが多い．波数は任意の距離に存在する波の数である．よって，波数 $1\,\mathrm{cm}^{-1}$ といった場合，波長 $1\,\mathrm{cm}$ の波を意味する．関連する単位として周波数 ν があり，1 秒間に振動する波の数に対応する．周波数は Hz 単位で表される．$1\,\mathrm{Hz}$ は $1\,\mathrm{s}^{-1}$ に対応し，1 秒間に完全に波が 1 周期振動することと対応する．電磁波における波長と周波数の関係は，$\nu=c/\lambda$ で表される．ここで c は光速を表し，$c=2.998\times10^8\,\mathrm{m\,s}^{-1}$ である．

[†] 訳注: h はプランク定数 (Planck constant) で，$h=6.626\times10^{-34}\,\mathrm{J\,s}$ である．

> メモ　波長は一般にナノメートル (nm) かピコメートル (pm) で表されることが多い．一方，波数はセンチメートルの逆数，cm^{-1} で表されることが多い．

このような観測から生じる疑問は，原子中の電子のエネルギーが $-hcR/n^2$ に限られ，R が観測されるような値をとるのはなぜかという点である．これらを説明する最初の試みは，1913 年に Niels Bohr によりなされた．彼は初期の量子論を用い，電子は特定の円軌道においてのみ存在しうると仮定した．Bohr は R の正確な値を得ることができたが，その後，このモデルは 1926 年に Erwin Schrödinger と Werner Heisenberg が発展させた量子論の形式と相いれないことになり，受け入れ難いことが明らかとなった．

例題 1・1　水素の原子スペクトル線の波長を予想する

バルマー系列の最初の 3 本の発光線の波長を予想せよ．

解　バルマー系列では，$n_1=2$, $n_2=3,4,5,6,\cdots$ となるので，式 (1・1) から第 1 線に対して $1/\lambda=R(1/2^2-1/3^2)$ となり，$1/\lambda=1523611\,\mathrm{m}^{-1}$ あるいは $\lambda=656\,\mathrm{nm}$ である．第 2 線，第 3 線に対しては，n_2 に 4 と 5 を用いると λ はそれぞれ，$486\,\mathrm{nm}$ と $434\,\mathrm{nm}$ と計算される．

問題 1・1　パッシェン系列の第 2 線の波数と波長を予想せよ．

1・2 いくつかの量子力学的原理

要点 電子は粒子あるいは波としてふるまうことができる．シュレーディンガー方程式の解は波動関数を与え，波動関数は原子中の電子の位置や性質を記述する．任意の位置に電子を見いだす確率は波動関数の2乗に比例する．一般に波動関数は振幅が正および負になる領域をもち，互いに強め合う干渉と弱め合う干渉を起こす．

1924年にLouis de Broglieは，電磁波の放射が光子とよばれる粒子から構成されると考えられると同時に干渉や回折といった波としての性質も示すことから，同じことが電子でも成り立つという提案を行った．この二重の性質は**波動と粒子の二重性**（wave-particle duality）とよばれる．二重性から，電子（およびすべての粒子）の線形運動量（質量と速度の積）と位置とを同時に知ることは不可能であるという結論がすぐに導かれる．この制限がハイゼンベルクの**不確定性原理**（uncertainty principle）の内容であり，運動量の不確かさと位置の不確かさとの積は，プランク定数の程度（正確には，$\hbar = h/2\pi$ として $\frac{1}{2}\hbar$）より小さくはなりえない．

Schrödingerは，波動と粒子の二重性を考慮した式を定式化し，原子中の電子の運動を説明した．このために，彼は**波動関数**（wave function）ψ を導入した．波動関数は位置座標 x, y, z の数学的な関数である．波動関数がその解となる一次元の電子のふるまいを表す**シュレーディンガー方程式**（Schrödinger equation）は

$$\underbrace{-\frac{\hbar^2}{2m_e}\frac{\mathrm{d}^2\psi}{\mathrm{d}x^2}}_{\text{運動エネルギーの寄与}} + \underbrace{V(x)\psi(x)}_{\text{位置エネルギーの寄与}} = \underbrace{E\psi(x)}_{\text{全エネルギー}} \quad (1\cdot2)$$

である．ここで m_e とは電子の質量，V は原子核の場における電子のポテンシャルエネルギー，E は全エネルギーである．シュレーディンガー方程式は二次微分方程式であり，水素原子のような単純な系では厳密解を得ることができるが，もっと複雑な系（多電子原子や分子）では数値的に解析を行う．しかし，ここでは解の定性的な特徴のみ必要である．式(1・2)を三次元に一般化することは容易であるが，完全に記述される必要はない．

式(1・2)および三次元化した式の重要な性質の一つは，ある種の制約（"境界条件"）のもとで物理的に意味のある解は E の特定の値に対してのみ存在することである．そのため，エネルギーの**量子化**（quantization），すなわち，原子において電子がとびとびの定まったエネルギーしかとりえないという事実は，シュレーディンガー方程式から自然に導かれる．

波動関数は，電子がもちうる動的な情報，つまり，電子がどこに存在し何を行っているかを含んでいる．ハイゼンベルクの不確定性原理は，これらを同時に知ることはできないとしており，空間のある領域中に電子を見つける確率を導くことができる．特に，空間のある領域中に電子を見いだす確率は，その位置での波動関数の2乗 ψ^2 に比例する．この解釈によれば，ψ^2 が大きいところでは電子が見つかる確率が高く，ψ^2 が0のところでは電子が見つからないということになる（図1・3）．ψ^2 は電子の**確率密度**（probability density）とよばれる．この"密度"とは，ψ^2 と微小体積要素 $\mathrm{d}\tau = \mathrm{d}x\,\mathrm{d}y\,\mathrm{d}z$ との積が，この体積中に電子を見いだす確率に比例するという意味である．もし波動関数が"規格化"されていれば，$\psi^2\,\mathrm{d}\tau$ が確率に等しい．規格化とは，空間のどこかに電子を見つける確率を1とすることである．原子上の電子の波動関数は，**原子軌道**（atomic orbital）とよばれる．波動関数の異なる領域にある相対軌道を表すために，異なる符号の記号を濃淡で区別して色をつけたり，＋や－の記号で表したりする．

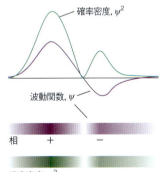

図1・3 ボルンの解釈によれば波動関数の2乗は確率密度を表す．節のところでは確率密度が0になる．下の図では色の濃淡が波動関数の値と確率密度を示す．

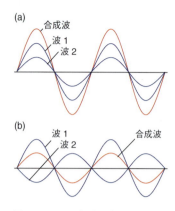

図 1・4 同じ領域に広がっている波動関数は互いに干渉する．(a) 同符号のときは強め合う干渉により，その領域で合成波動関数の振幅は大きくなる．(b) 反対符号のときは弱め合う干渉により，重ね合わせでできる合成波の振幅は小さくなる．

波動関数にも，他の波と同様，一般に振幅が正の領域と負の領域とがある．二つの波動関数が同じ空間領域に広がって相互作用しているときには，波動関数の符号は決定的な重要性をもつ．このとき，一方の波動関数の正の領域と他方の波動関数の正の領域とが重なり合うと振幅の大きな領域ができることがある．このように振幅が増加することを**強め合う干渉**（constructive interference）という（図1・4a）．これが意味するところは，二つの原子が接近した場合のように，二つの波動関数が同じ空間領域に広がっているときにその場所に電子を見いだす確率が著しく高まる場合があるということである．逆に，一方の波動関数の正の領域が他方の波動関数の負の領域によって打ち消されることもある（図1・4b）．波動関数間にこのような**弱め合う干渉**（destructive interference）があると，その空間領域に電子を見いだす確率はずっと小さくなる．後で見るように，波動関数の干渉は化学結合の説明にあたってきわめて重要である．

1・3 原 子 軌 道

水素型原子の電子の波動関数は原子軌道とよばれる．水素型原子の原子軌道は，無機化学の理論のいたるところで中心的役割を果たしているから，ここで，しばらくの間，その形と意義とを述べることにする．

(a) 水素型原子のエネルギー準位

要点 結合している電子のエネルギーは主量子数 n で決まり，l は軌道角運動量を表し，m_l は軌道角運動量の向きを指定する．

水素型原子についてのシュレーディンガー方程式を解いて得られる波動関数は，量子数とよばれる3個の整数によって一意的に決まる．**量子数**（quantum number）は，n, l, m_l で表される．n は**主量子数**（principal quantum number），l は**軌道角運動量量子数**（orbital angular momentum quantum number）または**方位量子数**（azimuthal quantum number），m_l は**磁気量子数**（magnetic quantum number）とよばれる．各量子数は電子の物理的性質を示す目印である．すなわち，n はエネルギーの，l は軌道角運動量の大きさの，m_l はその角運動量の方向の目印である．n の値は軌道の大きさも表しており，低エネルギーの軌道は狭い領域にあり，高エネルギーの軌道はより広がっている．l の値は軌道の角度成分の形も表し，l が増加するとローブ（丸い突出部）の数が増す．m_l の値は軌道の向きも表す．

どんな値のエネルギーが許されるかは主量子数 n だけで決まる．原子番号が Z の水素型原子の電子の場合，その値は，

$$E_n = -\frac{hcRZ^2}{n^2} \qquad n = 1, 2, 3, \cdots \qquad (1\cdot3)$$

および

$$R = \frac{m_e e^4}{8h^3 c\varepsilon_0^2} \qquad (1\cdot4)$$

で与えられる（この式における基本定数は裏見返しに記載されている）．R の計算値は $1.097 \times 10^7 \text{ m}^{-1}$ であり，分光学的に求められた実験値ときわめてよく一致している．今後の参考として，hcR の値は 13.6 eV あるいは 1312.196 kJ mol^{-1} となることを記しておく．

> **メモ** 1 V の電圧によって加速された電子が得る運動エネルギーを1電子ボルト（eV）という．この単位は有用であるが SI 単位系ではないことに留意すること．化学では，1 mol の電子が 1 V の電圧により加速したときに得るエネルギーを 96.485 kJ mol^{-1} と表す．

電子と原子核が十分に離れており静止した状態ではエネルギーが0となる（$n=\infty$に対応）．エネルギーが正の値であれば電子は結合していない状態であり，電子はある速度で移動しておりエネルギーをもっている．式(1・3)で与えられるエネルギーはつねに負であり，このことから，結合状態にある電子のエネルギーは，十分に離れていて静止している電子と原子核より低いことがわかる．最後に，エネルギーは$1/n^2$に比例するので，エネルギーが増加するほど（負の値から0に近づくほど）エネルギー準位は込み合ってくる（図1・5）．

lの値は，$[l(l+1)]^{1/2}\hbar\,(l=0,1,2,\cdots)$により軌道角運動量の大きさを表す．$l$を電子が原子核の周りを回転する速さと見ることができる．すぐ後でわかるように，3番目の量子数m_lは，回転が時計回りか反時計回りかというふうに，この運動量の向きを表す．

(b) 電子殻，副殻，軌道

要点 同じnの値をもつすべての軌道は同じ電子殻に属する．電子殻の軌道のうち同じlの値をもつものは同じ副殻に属し，個々の軌道はm_lの値で区別される．

水素型原子では，nの値が同じ軌道はすべて同じエネルギーである．このように，いくつかの軌道が同じエネルギーであるとき，これらの軌道は**縮退**または**縮重**（degeneracy）しているという．したがって，主量子数により，原子の**電子殻**（electron shell），すなわち，同じnの値と同じエネルギー，また，近似的に同程度の動径方向の広がりをもつ一連の軌道が決まる．$n=1,2,3,\cdots$で表される殻は，たとえばX線分光学などではK, L, M, …殻と表されることもある．

それぞれの電子殻に属する軌道は，lの同じものをまとめることでさらに**副殻**（subshell）に分類できる．主量子数がnのとき，量子数lは，$l=0,1,\cdots,n-1$のn通りの値をとることができる．たとえば，$n=1$の殻には副殻が一つだけ含まれ，$l=0$であり，$n=2$の殻には$l=0$と$l=1$の2個の副殻がある．$n=3$の殻には三つの副殻があり，それぞれ$l=0,1,2$となる．副殻を示すには，つぎのような文字記号を用いるのが普通である．

lの値	0	1	2	3	4	…
軌道の表現	s	p	d	f	g	…

化学においては，s, p, d, fの4種の副殻だけを考えれば大抵の場合十分である[1]．

量子数lの副殻は，$2l+1$個の軌道から成り立っている．これらの軌道を区別するのが**磁気量子数**（magnetic quantum number）m_lである．m_lは$+l$から$-l$までの$2l+1$個の整数の値をとることができる．磁気量子数は，核を通る任意の軸（普通はこれをz軸とする）周りの軌道角運動量成分を決める．たとえば，原子のd副殻（$l=2$）は$m_l=+2,+1,0,-1,-2$によって区別される5個の異なる軌道から成る．f副殻（$l=3$）は，$m_l=+3,+2,+1,0,-1,-2,-3$によって区別される7個の軌道から成る．

> **メモ** m_lが正の値であっても符号は書く．たとえば，$m_l=+2$であって$m_l=2$とは表記しない．

以上の話の結論として化学で実際上大切なのはつぎの点である．s副殻（$l=0$）には，1個の軌道しかない．この軌道は$m_l=0$の軌道で**s軌道**（s orbital）とよばれる．p副殻（$l=1$）には$m_l=+1,0,-1$の3個の軌道があり，**p軌道**（p orbital）とよばれ，d副殻（$l=2$）の5個の軌道は**d軌道**（d orbital）とよばれ，以下同様である（図1・6）．

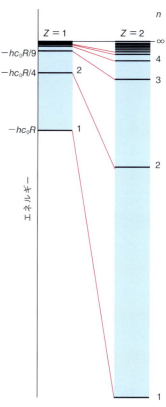

図1・5 H原子（$Z=1$）とHe$^+$イオン（$Z=2$）との量子化されたエネルギー準位．水素型原子のエネルギー準位はZ^2に比例する（$c_0=cZ^2$）．

[1] s, p, d, fの軌道の表現は，原子分光で観測されるスペクトル線の表記に由来する．それぞれ，sharp (s), principal (p), diffuse (d), fundamental (f)に対応する．

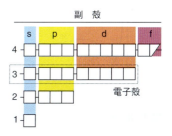

図1・6 副殻（lの値が同じ）と電子殻（nの値が同じ）による軌道の分類

> **例題 1・2 量子数から軌道を決定する**
>
> $n=4$ および $l=1$ で指定される軌道は何か．これにはいくつの軌道が存在するか．
>
> **解** 主量子数 n は電子殻を表す．付随する量子数 l は副殻を決める．$l=1$ である副殻は p 軌道から成る．許される値，$m_l=l, l-1, \cdots, -l$ がこの副殻の軌道の数を与える．この場合，$m_l=+1, 0, -1$ であり，三つの 4p 軌道がある．
>
> **問題 1・2** 量子数 $n=3$ および $l=2$ で指定される軌道は何か．これにはいくつの軌道が存在するか．

(c) 電子スピン

要点 電子自身のスピン角運動量は，二つの量子数 s と m_s とで決まる．水素型原子の電子状態を決めるには 4 個の量子数が必要である．

水素型原子中の電子の状態を完全に記述するためには，電子の空間的分布を決める 3 種の量子数に加えて，さらに 2 種の量子数が必要である．新しい量子数は，電子自身の角運動量すなわち**スピン**（spin）に関係したものである．とかくスピンという名前を聞くと，ちょうど惑星が太陽の周りを公転しながら自転軸の周りを回転しているように，電子が自転による角運動量をもっていると考えられるかのように思いがちであるが，スピンはまったく量子力学的な性質であって，スピンという古典力学的名前から想像されるところとはおよそ違うものである．

スピンは，二つの量子数 s および m_s で記述される．s は軌道運動の l に似たものであるが，つねに $s=\frac{1}{2}$ で変わらない．スピン角運動量の大きさは $[s(s+1)]^{1/2}\hbar$ であり，どのような電子に対しても 1 個の電子についての大きさは $\frac{1}{2}\sqrt{3}\,\hbar$ に固定される．第二の量子数は**スピン磁気量子数**（spin magnetic quantum number）m_s で，これは $+\frac{1}{2}$（上から見たときに反時計方向のスピン）と $-\frac{1}{2}$（時計方向のスピン）との二つの値しかとりえない．この二つの状態は，上向き矢印 ↑（"上向きスピン"，$m_s=+\frac{1}{2}$）と下向き矢印 ↓（"下向きスピン"，$m_s=-\frac{1}{2}$），またはそれぞれをギリシャ文字 α と β で表すことが多い．

原子の状態を完全に指定するには，電子のスピン状態も指定しなければならない．そこで 1 個の水素型原子中の 1 個の電子の状態を定める量子数は n, l, m_l, m_s の 4 種であるというのが普通である（5 番目の量子数である s は $\frac{1}{2}$ と決まっているから）．

(d) 節

要点 波動関数が 0 を横切る点は節とよばれる．一般に化学者は原子軌道の数学的表現よりもむしろ視覚的な描写を用いる方が適切であると考えるが，視覚的な描写の基礎となる数学的表現も知っておく必要がある．

電子が原子核の場で受けるポテンシャルエネルギーは球対称である（Z/r に比例し，核に対する方向によらない）から，軌道を表すには，図 1・7 のような極座標 r, θ, ϕ を用いるのが便利である．この座標系では，すべての軌道はつぎのような形に表される．

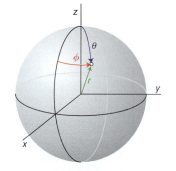

図 1・7 極座標．r は動径，θ は余緯度，ϕ は方位角．

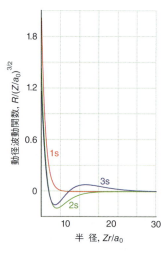

図 1・8 水素型原子の 1s, 2s, 3s 軌道の動径波動関数．動径節の数は，それぞれ 0, 1, 2 であることに注意せよ．核の位置（$r=0$）では，各軌道とも振幅は 0 でない．

$$\psi_{nlm_l} = \overbrace{R_{nl}(r)}^{\text{動径方向の分布}} \times \overbrace{Y_{lm_l}(\theta, \phi)}^{\text{方位の分布}} \quad (1\cdot5)$$

この式の言わんとしていることは単純で，水素型軌道は動径の関数 $R(r)$ と角度座標の関数 $Y(\theta, \phi)$ との積で表せるということである．波動関数のどちらかの成分

が 0 を横切る位置を**節**（node）という．動径波動関数が 0 を通過する点（単に 0 になる点ではない）を**動径節**（radial node）といい，角波動関数が 0 を通過する面を**角節面**（angular node）という．これらの節の数は，エネルギーが増大したり，量子数 n や l が大きくなると増加する．

(e) 原子軌道の動径方向の形

要点 s 軌道は核位置で 0 でない成分をもつ．他のすべての軌道（$l>0$）は核位置で 0 となる．

原子軌道の動径方向の変化を図 1・8 および図 1・9 に示す．たとえば，1s 軌道（$n=1, l=0, m_l=0$）の波動関数は，核からの距離とともに指数関数的に減少するが，0 をよぎることはない．どの軌道でも，核から十分遠いところでは指数関数的に減少するが，核の近くで 0 の上下に振動する軌道もある．

量子数が n と l とである軌道は，一般に $n-l-1$ 個の動径節をもつ．この振動の様子は 2s 軌道，つまり $n=2, l=0, m_l=0$ の波動関数ではっきり見える．この軌道は 1 回 0 をよぎる．つまり，動径節を 1 個もっている．3s 軌道は 2 回 0 をよぎる，つまり動径節が 2 個ある（図 1・10）．2p 軌道（$n=2, l=1$ の 3 個の軌道のどれか）には 0 をよぎる点がない，つまり動径節なしということである．しかし，2p 軌道は核のところで 0 になる．これは s 軌道以外のすべての軌道について同様である．

s 軌道の電子は核のところに存在することがありうるが，s 軌道以外の軌道の電子がそこに存在することは決してない．これは，$l=0$ では軌道角運動量がないということに由来するもので，ごくわずかな差異のように見えるかもしれないが，後でわかるように，周期表を理解するための鍵となる概念の一つである．

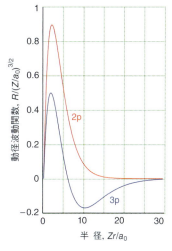

図 1・9 水素型原子の 2p および 3p 軌道の動径波動関数．動径節の数は，それぞれ 0 および 1 であることに注意．核の位置（$r=0$）では，どちらの軌道の振幅も 0 である．

例題 1・3　動径節の数を予想する

3p, 3d, 4f 軌道に動径節はいくつあるか答えよ．

解 それぞれの軌道の n, l の値から，動径節の数が $n-l-1$ で与えられることを用いる必要がある．3p 軌道の場合，$n=3, l=1$ であることから，動径節の数は 1 となる．3d 軌道では，$n=3, l=2$ から，動径節は 0 となる．4f 軌道では，$n=4, l=3$ から，動径節は 0 となる．3d 軌道と 4f 軌道は最初に出現する d と f 軌道であることからも，動径節をもたないことが示される．

問題 1・3 5s 軌道に動径節はいくつあるか．

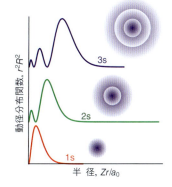

図 1・10 1s, 2s, 3s 軌道の動径節

(f) 動径分布関数

要点 動径分布関数は，核からある距離（方向にかかわりなく）に電子を見いだす確率を与える．

電子を引きつけているクーロン力（静電力）の中心は核のところにある．したがって，核からある距離（方向にかかわりなく）のところに電子を見いだす確率を知ることが重要になってくることが多い．この情報は，電子がどのくらいしっかりとつなぎとめられているかを判断するのに役立つ．半径 r で厚さ dr の球殻中に電子を見いだす全確率は，$\psi^2 d\tau$ を全方向にわたって積分したものである．この積分値は，$P(r) dr$ と書かれることが多い．ここで $P(r)$ は**動径分布関数**（radial distribution function）とよばれる．一般に

$$P(r) = r^2 R(r)^2 \tag{1・6}$$

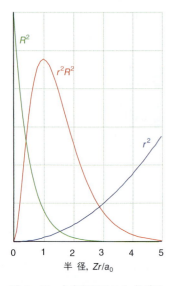

図 1・11 水素型原子の 1s 軌道の動径分布関数 r^2R^2. r^2R^2 は r^2（r とともに増大）と波動関数 ψ の動径成分の 2 乗（図中では R^2 と示されており、指数関数的に減少する）の積である. $r=a_0/Z$ で極大値を示し、極大値を示す距離は核電荷が増大すると小さくなる.

である（s 軌道では，この表現は $P=4\pi r^2\psi^2$ に等しい）．もしある半径 r における P の値がわかれば，その半径で厚さ dr の球殻内のどこかに電子を見いだす確率は，P に dr を掛ければ直ちに求められる．

　1s 軌道では，波動関数は核からの距離とともに指数関数的に減衰し，一方，式 (1・6) の r^2 は増加するから，1s の動径分布関数は極大値をもつ（図 1・11）．それゆえ，電子が存在する可能性が最大になるような距離が存在する．一般に，この距離は核の電荷が大きくなるほど短くなる（電子がいっそう強く核に引きつけられるから）．具体的には，

$$r_{\max} = \frac{a_0}{Z} \qquad (1\cdot 7)$$

である．ここで a_0 はボーア半径（Bohr radius）であり，$a_0=4\pi\varepsilon_0\hbar^2/m_e e^2$ となる．これはボーアの原子模型の式に現れる量であり，52.9 pm の値をとる．電子の存在確率が最大となる距離は n が大きいほど遠くなる．電子のエネルギーが大きいほど，核から離れたところにいる可能性が大きくなるからである．

例題 1・4　動径分布関数を解釈する

　図 1・12 は，2s および 2p 水素型軌道の動径分布関数である．電子が核に近づく確率が高いのはどちらの軌道か．

　解　2p 軌道の動径分布関数の方が，2s 軌道よりも早く核の近くで 0 に近づく．この違いは，2p 軌道が軌道角運動量をもつため核のところで振幅 0 であることの結果である．したがって，2s 電子の方が核に近づく確率は大である．

問題 1・4　3p 軌道と 3d 軌道のうち，電子を核の近くに見いだす確率の高いのはどちらか．

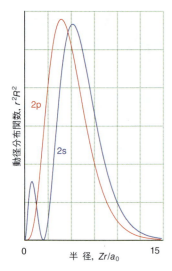

図 1・12 水素型軌道の動径分布関数. 2p 軌道の方が平均としては核に近い（極大の位置に注目せよ）が，2s 軌道には内側の極大があるので，核の近くの確率は 2s 軌道の方が高い．

(g) 原子軌道の角度方向の形

　要点　電子の存在確率の高い領域を示すのが境界面である．量子数 l の軌道には l 個の節面がある．

　角波動関数は核周辺の角度分布を表す．すなわち，電子軌道の角度方向の形状を反映する．s 軌道の振幅は，核からの一定距離の点ではその点の角度座標によらず同じである．つまり，s 軌道は球対称である．そこで，この軌道は，核を中心とする球面で表すのが普通である．この球面を軌道の**境界面**（boundary surface）という．境界面は，その内側で電子を高確率（通常 90％）で見いだす領域を示している．この境界面は化学者が軌道の形を描写するときに用いられる．角波動関数が 0 を通過する面は，**角節面**（angular node）あるいは**節面**（nodal plane）とよばれる．節面では電子が存在しない．節面は核を通り，波動関数の正と負の領域の境界となっている．

　一般に量子数 l の軌道は，l 個の節面をもつ．$l=0$ の軌道は節面をもたず，境界面はいずれも球形である（図 1・13）．

　$l>0$ の軌道ではすべて，振幅が角度および m_l の値 +1, 0, -1 によって変わる．任意の殻の三つの p 軌道の形を示すときに最も普通に使われている図では，核を原点とする 3 本の直交座標軸のそれぞれに平行で同じ形をした 3 組の境界面が描かれており，それぞれの軌道には，核を通る 1 個の角節面がある（図 1・14）．これらの軌道を図に表すと，二つの軌道は異なる色で示されたり（濃淡），あるいは ＋ や － の記号で表されたりする．これらは，正や負の振幅に対応する．p 軌道を p_x,

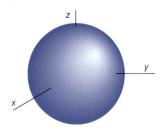

図1・13 s軌道の境界面は球形である．

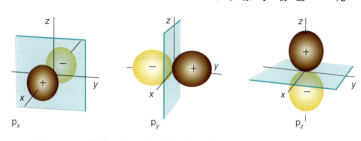

図1・14 p軌道の境界面．各軌道は，核を通る一つの節面をもつ．たとえば，p_z 軌道の節面は，xy 平面である．濃色は正の振幅，淡色は負の振幅を示す．

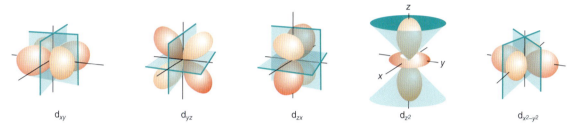

図1・15 d軌道の境界面の表現．四つの軌道は，核を通る直線で交わる二つの互いに垂直な節面をもつ．d_{z^2} の場合，節面は核を頂点とする二つの円錐である．

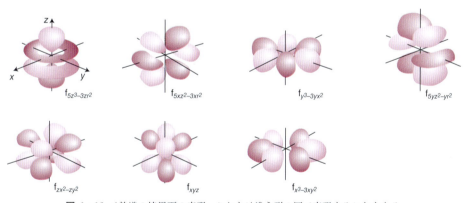

図1・16 f軌道の境界面の表現．これとは違う形の図で表現することもある．

p_y，p_z とよび分けるのは，この形の図に由来しており，m_l による区別に代わるものである．各p軌道には1個の節面がある．

d軌道およびf軌道の境界面を，それぞれ，図1・15および図1・16に示す．また，本書で使う軌道の記号も示してある．d_{z^2} 軌道は他の軌道とは異なった形のように見える．実際，3本の直交座標においては，6種類の二重ダンベル型の軌道の配置が考えられる．それぞれの軸の間に配置する場合 d_{xy}, d_{yz}, d_{zx} と，3本の軸に沿って配置する場合である．しかしながら，実際は五つの軌道だけが存在することから，これらのうちの一つは $d_{x^2-y^2}$ 軌道として，x, y 軸に沿って存在する．残りの軌道は，$d_{2z^2-x^2-y^2}$ であるが，d_{z^2} と単純化される．この軌道は，z 軸と x 軸に沿った軌道と z 軸と y 軸に沿った軌道の重ね合わせと考えられる．ここで，核のところで交わる節面が，d軌道には2枚，f軌道には3枚あることに注意せよ．

多電子原子

本章のはじめに述べたように，"多電子原子"とは2個以上の電子をもつ原子をいう．したがって，He原子（電子2個）でも術語のうえでは多電子原子である．N電子原子のシュレーディンガー方程式の厳密解は，すべての電子の$3N$個の座標の関数である．このように複雑な関数を表現する厳密な式を見つけることはとうてい望みえないが，入手できるソフトウエアも多様になり，直接的な数値計算によってエネルギーと確率密度とを高い精度で求めることができるようになってきた．このようなソフトウエアは，得られた軌道を描画することも可能であり，原子の特性を理解するうえで有用である．無機化学では，ほとんどの場合に**軌道近似法**（orbital approximation）というやり方に頼っている．この近似法では，各電子が水素型原子の軌道と似た原子軌道を占めると考える．電子が原子軌道を"占める"というのは，電子がその軌道の波動関数で記述されるという意味である．

1・4 貫入と遮蔽

> **要点** 基底状態の電子配置とは，最低エネルギー状態にある原子の軌道の占有の仕方である．パウリの排他原理によれば，2個を超える電子が一つの軌道を占めることはできない．一つの電子が感じる核電荷は他の電子による遮蔽の結果，減少する．貫入と遮蔽の両方の効果により，多電子原子の殻のエネルギー準位はs<p<d<fの順となる．

最低エネルギー状態すなわち**基底状態**（ground state）にあるヘリウム原子の電子構造を説明するのは簡単である．軌道近似に従えば，2個の電子は水素型の1sと同じような球形の原子軌道を占めるはずである．ただし，ヘリウムの核電荷は水素の核電荷より大きいので，ヘリウムの電子は水素原子における一つの電子の場合より強く核に引きつけられて核に近づくため，この軌道は小さく引き締められることになる．基底状態にある原子の電子がどの軌道を占めているかということを基底状態の**電子配置**（electron configuration）という．ヘリウムでは，2個の電子が1s軌道にあるから，その基底状態電子配置を$1s^2$（"いちえすに"と読む）のように書き表す．

BOX 1・5 スレーター則

遮蔽定数σは，スレーター則といわれる経験則を用いることで得ることができる．このルールでは，以下に示す方法で原子中の電子の寄与を計算する．

原子の電子配置を書き出し，軌道をグループ分けする．

(1s)(2s2p)(3s3p)(3d)(4s4p)(4d)(4f)(5s5p) など

最外殻の電子が，sあるいはp軌道の場合，以下の係数を乗ずる．

- (ns np) 軌道の他の電子はそれぞれ0.35
- $n-1$殻の電子はそれぞれ0.85
- より低い殻の電子はそれぞれ1.0

最外殻の電子がdあるいはf軌道の場合，以下の係数を乗ずる．

- (nd) 軌道と (nf) 軌道の他の電子にはそれぞれ0.35
- より低い殻の電子には1.0

たとえば，Mgの最外殻電子の遮蔽定数と有効核電荷を計算する場合，適当な電子配置を書き出す．

$$(1s^2)(2s^22p^6)(3s^2)$$

そうすると，$\sigma = (1 \times 0.35) + (8 \times 0.85) + (2 \times 1.0) = 9.15$ となる．よって，$Z_{\rm eff} = Z - \sigma = 12 - 9.15$ となる．この方法で算出した$Z_{\rm eff}$は，表1・2の値と比べると普通は小さくなる．しかし，大きさの傾向はよく一致する．もちろん，この手法ではs軌道とp軌道の違いや電子のスピン相関をまったく無視している．

ところが周期表のつぎの元素リチウム（Z=3）となると，いくつかの重要な新しい状況に出会うことになる．**パウリの排他原理**（Pauli exclusion principle）として知られている自然の基本的性質によって，$1s^3$ の配置は許されない．

- 2個を超える電子が1個の軌道を占めることはできない．もし2個の電子が同じ軌道を占めるときはそれらのスピンは対にならなければならない．

ここで"対になる"とは，一方の電子のスピンが↑（$m_s=+\frac{1}{2}$）なら他方のスピンは↓（$m_s=-\frac{1}{2}$）でなければならないという意味である．つまり，対とは↑↓で表されるものである．原子中の電子の状態を表すのに4種の量子数 n, l, m_l, m_s が必要であることを思い出せば，上の原則は2個の電子の量子数が四つとも同じであることはありえないと言い表すこともできる．パウリの排他原理が導入されたのは，そもそもがヘリウム原子のスペクトルに，ある種の遷移が現れないことを説明するためであった．

$1s^3$ という電子配置はパウリの排他原理に抵触する．したがって，3番目の電子は，すぐ上の電子殻（n=2）の軌道を占めなければならない．そこで問題になるのは，第三の電子が占めるのは 2s なのかそれとも3個の 2p のうちのどれなのかである．この問いに答えるには，これら二つの副殻のエネルギーと同一原子内の他の電子の効果とを調べる必要がある．水素型原子では 2s 軌道のエネルギーと 2p 軌道のエネルギーとが等しいが，スペクトルデータおよび詳細な計算の示すところによると，多電子原子では事情が違う．

軌道近似法では，電子の電荷が核の周りに球状に分布すると仮定して，電子間の反発を近似的に取扱う．すなわち，各電子は，核の引力の場の中で運動すると同時に他の電子からの平均的な反発力も受けると考える．ところで，古典的な静電気学によれば，球形の電荷分布がつくる電場は，分布の中心にある一つの点電荷のつくる電場と等価である（図 1・17）．この負電荷は原子核の実際の電荷を Ze から $Z_{eff}e$ に減少させる．Z_{eff}（もっと厳密には $Z_{eff}e$）を**有効核電荷**（effective nuclear charge）という．電子の核への近づき方は殻によっても副殻によっても違うから，ある電子の感じる有効核電荷は，その電子の n と l との値に依存する．他の電子により有効核電荷が真の核電荷より小さくなることを**遮蔽**（shielding）という．有効核電荷を真の核電荷 Z と経験的な量である**遮蔽定数**（shielding constant）σ を用いて $Z_{eff}=Z-\sigma$ と書き表すことがある．遮蔽定数は数値計算によって得られる軌道に水素型軌道を当てはめることによって決められる．また，**スレーター則**（Slater's rule）として知られる経験則によって近似的に求められる（BOX 1・5）．

電子が核の近くまで入り込めれば入り込めるほど，原子中の他の電子によって反発される度合いが少なくなるから，その電子の感じる Z_{eff} は Z に近くなる．このことを念頭において Li 原子の 2s 電子を考えよう．2s 電子の場合は，それが 1s 殻の内側まで入り込んで核の電荷をそのまま感じる機会がある（図 1・18）．ある一つの電子が他の電子のつくる殻より内側に存在することを**貫入**（penetration）という．2p 軌道の波動関数は核の位置で 0 になるので，2p 電子は内側の電子によって占められた殻である**芯**（core）を通って貫入することはない．このため，2p 電子は芯の方にある電子によって核から強く遮蔽されている．したがって，2s 電子の方が 2p 電子よりエネルギーが低く（強く核に引きつけられている），それゆえ，2s 軌道は 2p 軌道よりも先に電子に占められることになり，Li の基底状態電子配置は $1s^2 2s^1$ であると結論できる．この電子配置は $[He]2s^1$ と書くことが多い．ここで [He] は，ヘリウムのような $1s^2$ の芯を表す．

Li では，2s の方が 2p よりエネルギーが低い．一般に ns は np よりエネルギーが低く，この関係は，多電子原子一般に見られる特徴である．このことは，表 1・2

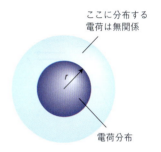

図 1・17 半径 r の位置にある電子は，半径 r の球内に含まれる全電荷からの反発力を感じる．この半径の外側にある電荷は無関係である．

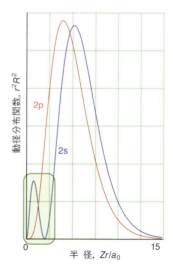

図 1・18 2p 軌道は核において 0 となるので，2s 電子が内側の芯まで貫入する度合いは 2p 電子よりも大きい．したがって，2s 電子は 2p 電子ほど遮蔽されない．

表1・2 有効核電荷, Z_{eff}

	H							He
Z	1							2
1s	1.00							1.69

	Li	Be	B	C	N	O	F	Ne
Z	3	4	5	6	7	8	9	10
1s	2.69	3.68	4.68	5.67	6.66	7.66	8.65	9.64
2s	1.28	1.91	2.58	3.22	3.85	4.49	5.13	5.76
2p			2.42	3.14	3.83	4.45	5.10	5.76

	Na	Mg	Al	Si	P	S	Cl	Ar
Z	11	12	13	14	15	16	17	18
1s	10.63	11.61	12.59	13.57	14.56	15.54	16.52	17.51
2s	6.57	7.39	8.21	9.02	9.82	10.63	11.43	12.23
2p	6.80	7.83	8.96	9.94	10.96	11.98	12.99	14.01
3s	2.51	3.31	4.12	4.90	5.64	6.37	7.07	7.76
3p			4.07	4.29	4.89	5.48	6.12	6.76

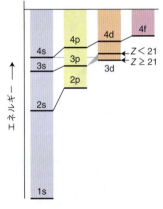

図1・19 $Z<21$(カルシウムまで)の多電子原子のエネルギー準位の模式図. $Z≥21$(スカンジウム以降)では順序の入れ替わりがある. この図の準位にそれぞれ2個までの電子を入れていくのが構成原理である.

にあげたいろいろな原子の基底状態電子配置における原子価殻の原子軌道に対するZ_{eff}の値からも見ることができる. 周期表の各行を左から右に向かって行くに従って有効核電荷が増加するという一般的傾向がある. これは, 核電荷がつぎつぎと大きくなるに従って電子の総数もそれだけ増えるが, ほとんどの場合, 電子の増加分では核電荷の増加を打ち消しきれないからである. また, 最も外側の殻のs電子は, 同じ殻のp電子より遮蔽の程度が小さいことも, この表から確かめられる. たとえば, F原子の2s電子では$Z_{eff}=5.13$なのに対し2p電子ではこれより低く$Z_{eff}=5.10$である. 同様に, np軌道電子の有効核電荷はnd軌道電子より大きい.

このように, 貫入と遮蔽との結果, 多電子原子のエネルギーの典型的な順番はns, np, nd, nfとなる. これは, ある一つの殻の軌道のうち, 最も貫入が著しいのがs軌道であり, 最も貫入の程度の少ないのがf軌道だからである. 貫入と遮蔽との効果が全体としてどういう結果になるかを示したのが, 中性原子のエネルギー準位図(図1・19)である.

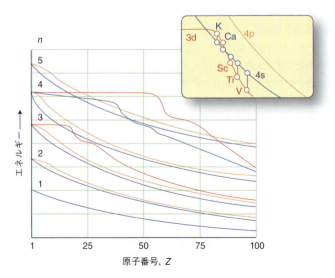

図1・20 周期表における多電子原子のエネルギー準位のより詳細な様子. 挿入図は$Z=20$付近の順序の拡大図. 3d族元素が始まる.

図 1·20 は，周期表全体にわたる軌道エネルギーをまとめたものである．この図からわかるように，貫入・遮蔽の効果はきわめて微妙なもので，軌道の順番は原子中の電子の数によって著しく左右され，イオン化によっても変わりうる．たとえば，4s 軌道の貫入効果は K および Ca できわめて著しく，そのためこれらの原子では 4s 軌道のエネルギーが 3d 軌道よりも低くなる．ところが，Sc から Zn までの中性原子では 3d 軌道が 4s 軌道の少し下に来る．Ga ($Z \geq 31$) から先の元素では，3d 軌道のエネルギーが 4s 軌道よりもずっと低くなるので，当然ながら 4s 副殻と 4p 副殻の電子が最も外側の電子になる．

1·5 構 成 原 理

多電子原子の基底状態の電子配置は，分光学的データから実験的に求められる．その結果は付録 2 に要約してある．これらの電子配置を説明するには，軌道のエネルギーに対する貫入・遮蔽の効果とともにパウリの排他原理の役割を考慮する必要がある．基底状態の電子配置を導き出すには，以下に述べる**構成原理** (building-up principle または Aufbau principle) を用いればまず間違いない．この原理は，つねに正しいとは限らないが，議論の出発点として優れたものであり，後で見るように，周期表の組立てと意味とを理解するための理論的枠組みを与えることができる．

(a) 基底状態の電子配置

要点 原子軌道を電子が占める順序は，1s, 2s, 2p, 3s, 3p, 4s, 3d, 4p, … である．縮退した軌道では一つの軌道を 2 個の電子が占める前に各軌道に 1 個ずつ電子が入る．d 軌道と f 軌道では占有の順序に若干の修正が加えられる．

構成原理では，中性原子の軌道がある部分は主量子数で，また別の部分は貫入と遮蔽で決まる順番に従って電子で占められていくとする．

電子が占める順番：　　1s　2s　2p　3s　3p　4s　3d　4p　…

各軌道には，2 個までの電子を入れることができる．すなわち，p 副殻の 3 個の軌道には 6 個まで，d 副殻の 5 個の軌道には 10 個まで電子を入れることができる．したがって，最初の 5 元素の基底状態電子配置は

　　　H　　　He　　　Li　　　Be　　　B
　　　$1s^1$　　$1s^2$　　$1s^2 2s^1$　$1s^2 2s^2$　$1s^2 2s^2 2p^1$

のようになると予想される．この順番は実験結果と合っている．

電子を受け入れられる軌道が二つ以上あり，それらのエネルギーが同じ場合，たとえば，B と C で 2p 軌道が占められる場合には，つぎの**フントの規則** (Hund's rule)

- 同じエネルギーの軌道が二つ以上あるときは，電子は別々の軌道に入り，このときスピンが平行 (↑↑) になるように入る．

を適用する．なぜ別々の軌道（たとえば，p_x と p_y と）に入るかは，電子間の反発を考えれば理解できる．同じ軌道を占める電子は同じ空間領域を共有することになるが，異なる軌道を占めていれば別々の空間にいるから，その方が反発的相互作用は少なくなる．別々の軌道を占める電子が平行なスピンをもたなければならないのは，スピンが平行な電子は互いになるべく近寄らないでいようとするから互いに反発し合うことが少ないという**スピン相関** (spin correlation) とよばれる量子力学的効果の結果である．

平行なスピンをもつ電子の配置を安定化するもう一つの因子は**交換エネルギー** (exchange energy) である．交換エネルギーは，平行配置 (↑↑) を過剰に安定化させる．それは，これらの電子が区別できないことと交換可能であることによる．もし，平行な配置にある電子対のうち一つが取除かれると，交換エネルギーがなくなることとなる．このことから，縮退した軌道にある電子配置は平行スピンの電子の数だけ安定化されることとなる．最も安定化するのは，最も多くの平行スピンの電子が存在する**半充填殻** (half-filled shell) である．この結果として，半充填殻である d^5 や f^7 電子配置は特に安定であり，これらの電子配置から電子を一つ取除こうとすると，交換エネルギーを超えるエネルギーを投入する必要がある．d^5 電子配置 (↑↑↑↑↑) から，電子を一つ引き抜いて (↑↑↑↑) とした場合，平行スピンをもつ電子対の数は 10 から 6 に減少する．このような半充填殻の一例として，交換エネルギーによる利得を最大限得るために，クロム原子が $4s^23d^4$ 配置よりも，$4s^13d^5$ 配置を基底状態としてとることがあげられる．

3 個の p 軌道は縮退しているから，副殻のどの p 軌道から電子を入れ始めるかは任意であるが，アルファベット順で p_x, p_y, p_z の順に書くのが普通である．そこで構成原理から，C の基底状態の電子配置は $1s^22s^22p_x^12p_y^1$ であることがわかる．これを簡略化すると $1s^22s^22p^2$ である．さらには $1s^2$ がヘリウム型の芯であることに注目し [He]$2s^22p^2$ と短く書ける．つまり，炭素原子は，対になった 2 個の 2s 電子と平行なスピンの 2 個の 2p 電子とが価電子としてヘリウム型の閉じた芯の外側にある電子構造であると考えることができる．第 2 周期の残りの原子の電子配置は，同じように

C	N	O	F	Ne
[He]$2s^22p^2$	[He]$2s^22p^3$	[He]$2s^22p^4$	[He]$2s^22p^5$	[He]$2s^22p^6$

となる．ネオンの電子配置 $2s^22p^6$ も電子が完全に詰まった**閉殻** (closed shell) の一例である．$1s^22s^22p^6$ の電子配置が芯として出てくるときには [Ne] と書く．

例題 1・5　有効核電荷の傾向を説明する

表 1・2 から，2p 電子の Z_{eff} の増え方が C から N に至るときは 0.69 であるのに対して，N から O へ至るときは 0.62 となる．2p 電子の Z_{eff} の増加が，C と N のときよりも N と O の方が小さくなる理由を述べよ．これらの電子配置は上記のとおりである．

解　このような場合，一般的な傾向とそれをくつがえす効果について考える必要がある．この場合，周期に伴って有効核電荷が増加すると考えられている．しかし，C から N へ行くとき新たに加わる電子は，空の 2p 軌道に入る．N から O へ行くときには，つぎの電子が入る 2p 軌道がすでに 1 個の電子で占められている．したがって，このときに加わった電子はより強い反発を受けるので，これが Z_{eff} に影響を及ぼす．

問題 1・5　B から C へ行くときの 2p 電子に対する有効核電荷の増加分の方が，Li から Be へ行くときの 2s 電子に対する有効核電荷の増加分と比べて大きいことを説明せよ．

Na の基底状態の電子配置は，ネオン型の芯にもう一つの電子を加えたもの，すなわち [Ne]$3s^1$ となる．つまり，完全に占められた $1s^22s^22p^6$ の芯の外側に 1 個だけ電子がある形である．ここからまた上と同じ順序で繰返し，アルゴンに至って

3s軌道と3p軌道とが完成する．アルゴンの電子配置は[Ne]$3s^23p^6$で，これを[Ar]と書く．3d軌道のエネルギーはずっと高いので，この電子配置は実際上，閉殻と等しい．さらに，つぎの電子の入る順番は4s軌道になるので，Kの電子配置は，Naと同じく貴ガスの芯の外に1個だけ電子の入った[Ar]$4s^1$である．つぎの電子も4s軌道に入って，Caの電子配置はMgに似た[Ar]$4s^2$となる．ところが，つぎの元素，スカンジウムでは，電子が3d軌道に入り，ここから周期表のd軌道が始まる．

(b) 例 外

図1・19および図1・20のエネルギー準位は，個々の原子軌道のもので，電子間反発を完全に考慮したものではない．分光学的データおよび詳細な計算によって実際の基底状態の電子配置を決定すると，完全に充填されていないd副殻の元素では，むしろ高エネルギー軌道(4s軌道)に電子が入った方が有利であることがわかる．このことは，高エネルギー軌道を占める方が，低エネルギーの3d軌道を占めたときよりも電子間反発が小さくなるからだと説明されている．このように1電子軌道エネルギーだけでなく，電子配置のエネルギーに対する寄与をすべて考慮することが電子の全エネルギーを評価する際には大切である．分光学的データによると，これらの元素の基底状態では，個々の軌道エネルギーは3d軌道の方が低いにもかかわらず，4s軌道が完全に占有されて，たいてい$3d^n4s^2$形の電子配置になっている．

さらに注目すべきはスピン相関と交換エネルギーのもう一つの結果で，s電子1個をd副殻に移すことになっても，それによりd軌道を半分または完全に満たす方が全体のエネルギーが低くなる場合があるということである．そのため半充填されたd副殻では，基底状態電子配置がd^4s^2でなく，d^5s^1(Crのように)となり，完全に充填されたd副殻ではd^9s^2でなく，$d^{10}s^1$(Cuのように)になろうとする．似たような事情が，f軌道に電子が入っていくf軌道が充填されるときにも見られる．すなわち，d電子がf副殻に移ってf^7またf^{14}配置になる方がエネルギーが低くなる場合がある．たとえば，Gdの基底状態電子配置は[Xe]$4f^86s^2$でなく[Xe]$4f^75d^16s^2$である．

3d軌道エネルギーが4s軌道エネルギーよりも十分低くなると，両者の競合はそれほど微妙でなくなるから，軌道エネルギーが必ずしも全エネルギーの手引きにならないというやっかいな状況は解消する．d-ブロック元素のカチオンについても同じことがいえる．このときは電子が取去られるので複雑な電子間反発の効果が減少するから，カチオンはすべてd^n配置をとり，s軌道には電子は存在しない．たとえばFeの電子配置は[Ar]$3d^64s^2$であり，Fe(CO)$_5$は[Ar]$3d^8$，Fe^{2+}は[Ar]$3d^6$である．化学を考えるうえでは，d-ブロックイオンの電子配置の方が中性原子の電子配置よりも重要である．後の章(第19章以降)で，d金属イオンの電子配置の重要性を見ることになる．d金属イオンの化合物の重要な性質は，これらのエネルギーの微妙な変化に根ざしているのである．

例題 1・6 電子配置を導く

(a) Tiおよび(b) Ti^{3+}の基底状態電子配置を示せ．

解 原子軌道に電子を配置していく際には，構成原理とフントの規則に従う必要がある．(a) $Z=22$だから，原子の場合は，同数の電子を上に示した順序に従って，一つの軌道に2個を超えないように入れていく．こうして得られる

電子配置は [Ar]4s²3d² で，2個の3d電子はスピンを平行にして別々のd軌道に入る．しかしながら，Caを過ぎると3d軌道の方が4s軌道より低くなることを考えると，これらの軌道の順序を逆転させる方が実情をよく反映する．したがって，電子配置は $[Ar]3d^24s^2$ となる．(b) カチオンは19個の電子をもっている．上に示した順番で軌道に電子を配置すればよく，このカチオンは d^n 配置となり，s軌道に電子をもたない．したがって，Ti^{3+} の電子配置は $[Ar]3d^1$ である．

問題 1・6 Ni と Ni^{2+} の基底状態電子配置を示せ．

1・6 元素の分類

要点 元素はその物理的・化学的性質に従って，金属，非金属，半金属に大別される．現代の周期表のような形で元素を系統立てて配列したのは Mendeleev の業績であるとみなされる．

元素の大まかな分け方で便利なのは，**金属**（metal）と**非金属**（nonmetal）という分類である．金属元素（鉄，銅など）の単体は通常，光沢・展性・延性に富み，室温付近で電気伝導性の固体である．非金属元素の単体は，気体（酸素），液体（臭素），または電気伝導性に乏しい固体（硫黄）であることが多い．この分け方の化学的意味は，すでに化学の入門で明らかなはずである．すなわち，

- 金属元素は非金属元素と結合して，通常硬くて不揮発性の固体化合物（たとえば塩化ナトリウム）をつくる．
- 非金属元素同士が結合すると，揮発性の分子化合物（たとえば三塩化リン）ができることが多い．
- 金属同士が結合すると（あるいは混合しただけでも），それら金属の物理的特性の大部分をもつ合金になる〔たとえば銅と亜鉛から黄銅（真鍮）ができる〕．

金属あるいは非金属として分類することが難しい性質をもつ元素もある．これらは**半金属**〔メタロイド（metalloid）〕とよばれる．ケイ素，ゲルマニウム，ヒ素，テルルは半金属の例である．

メモ メタロイド（metalloid）のことを"セミメタル"（semimetal）と表記することがある．しかし，セミメタルは，固体物理ではまったく異なる意味となるので使わない（§3・19参照）．

(a) 周期表

さらに，詳しい元素の分類法は，1869年に Dmitri Mendeleev によって導入され，**周期表**（periodic table）としてすべての化学者におなじみのものである．彼は，当時知られていた元素を原子量（モル質量）の順に並べ，化学的性質の似た元素の一群が周期表の一つの族となるように配置した．たとえば，C, Si, Ge, Sn はすべて EH_4 の一般式で表される水素化物を生じるという事実から，これらは同じ族に属する．N, P, As, Sb はすべて EH_3 の一般式をもつ水素化物をつくるため，別の族となる．これらの元素の他の化合物を見ても，CF_4 と SiF_4 とは第一の組，NF_3 と PF_3 とは第二の組というように，やはり同じ類縁関係が見られる．

Mendeleev は化学的性質に注目したが，ほぼ同じころ，ドイツでは Lothar Meyer が元素の物理的性質を調べていて，原子量の順に並べたときに似たような値が周期的に現れることを見いだした．古典的な例を図 1·21 に示す．この図は，1 bar および 298 K における各元素の通常の単体のモル体積（1 mol の原子当たりの体積）を原子番号に対してプロットしたものである．

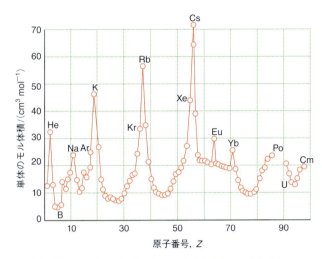

図 1·21　原子番号順に並べた単体のモル体積に見られる周期性

Mendeleev は，彼のつくった周期表の空き間に入るべきガリウムやゲルマニウム，スカンジウムなどの当時未知の元素の一般的な化学的性質——たとえば結合数——を正しく予言して，周期表の有用性を鮮やかに証明した（彼は今日では存在しない，あるいは，否定された元素の存在も予言している．しかし，このような負の業績は静かに忘れ去られている）．今日でも無機化学者は，化合物の物理的・化学的性質の傾向を説明したり，未知化合物の合成法を提案するのに，周期表を使って推測するという同様のやり方をしている．たとえば，炭素とケイ素との親族関係を認めれば，アルケン $R_2C=CR_2$ があるからには $R_2Si=SiR_2$ があっていいはずだということになる．ケイ素-ケイ素二重結合をもつ化合物（ジシレン類）は確かに存在する．もっとも，化学者がこの化合物を単離するのに成功したのは 1981 年になってからであった．元素の特性に関する周期性については，第 9 章でさらに述べる．

(b) 周期表の形式

要点　周期表の各ブロックは，構成原理により最後に充填される軌道の特性を反映している．各周期は価電子殻の主量子数を反映する．族は価電子の数に関連づけられる．

周期表の配置は，原子の電子配置を反映している（図 1·22）．周期表の**ブロック**(block) は，構成原理に従った電子が充填されている副殻を示している．それぞれの**周期**(period)，あるいは横の行は，ある電子殻における，s, p, d, f 副殻の充填を示す．周期の数は構成原理に従い充填している電子殻の主量子数 n を示している．たとえば，第 2 周期では $n=2$ の電子殻において，2s と 2p の副殻への電子の充填に対応している．

縦の列である**族** (group) の数 G は，ある元素における最上位の殻である**価電子殻** (valence shell) の電子の数と対応している．IUPAC は 1〜18 族の番号付けを推奨している．

ブロック:	s	p	d
原子価殻中の電子数:	G	$G-10$	G

このルールから，d-ブロック元素の"価電子殻"は，ns と $(n-1)$d 軌道から構成されることになる．よって，Sc 原子は 3 個の価電子をもち（二つの 4s 電子と一つの 3d 電子），p-ブロックの Se（16 族）の価電子数は，$16-10=6$ であり，その電子配置は s^2p^4 となる．

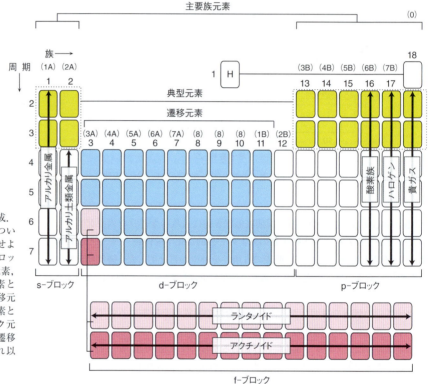

図 1・22 周期表の全体的構成．各ブロックに属する元素名については，見返しの周期表と照合せよ〔訳注：s-ブロックおよび p-ブロックの元素を総称して主要族元素，d-ブロックの元素を遷移元素とよぶ．ただし，12 族元素を遷移元素としない場合は，主要族元素とされる場合もある．f-ブロック元素は遷移元素と分類される．遷移元素を■，■，■の元素，それ以外を典型元素ともいう〕．

例題 1・7 元素を周期表に配置する

$1s^22s^22p^63s^23p^4$ の電子配置をもつ元素は周期表においてどの周期，族，ブロックに属すか．元素名を答えよ．

解 周期数は主量子数 n，族は価電子数，ブロックは最後に充填される軌道の種類により決定する．価電子は $n=3$ である．よって，元素は周期表の第 3 周期に存在する．価電子は 6 個あるから 16 族の元素である．最外殻電子は p 電子であるから，元素は p-ブロックに含まれる．よってこの元素は硫黄である．

問題 1・7 $1s^22s^22p^63s^23p^64s^2$ の電子配置をもつ元素は周期表においてどの周期，族，ブロックに属すか．元素名を答えよ．

1・7 原子の特性

原子の性質のうちいくつかのもの，特に，その半径と電子を取去ったり加えたりする際のエネルギーとは，原子番号とともに周期的に変化する．このような原子の性質は，元素の化学的性質の多くを説明してみる際にきわめて重要であり，第9章でさらに議論する．この変化の様子を知っていれば，各元素のデータ表に頼ることなく，いろいろな観察事実を説明し，どんな反応が起こりそうか，どんな構造になりそうかを予言することができる．

(a) 原子半径およびイオン半径

要点 原子半径は，同じ族では下に行くほど大きくなり，s−およびp−ブロック内では同じ周期で右へ行くほど小さくなる．ランタノイド収縮のために，f−ブロックの後にある元素の原子半径は小さくなる．アニオンはすべて元の原子よりも大きく，カチオンはすべて元の原子より小さい．

元素の性質のうちで最も有用なものの一つは，その原子およびイオンの大きさである．後のいくつかの章でわかるように，幾何学的な考え方は，多くの固体や個々の分子の構造を論じるにあたって中心的な役割を演じる．また，カチオン生成に際して電子を取去るのに要するエネルギーは，電子と原子核との平均の距離と密接な関係をもっている．

原子中の電子の波動関数は，核から遠いところでは距離とともに指数関数的に(急激に)減少するから，原子やイオンの半径のきっちりした値といったものはない．そうは言っても，電子の多い原子は，電子の少ない原子よりも，それなりに大きいはずである．このような考え方に基づいて，化学者は，原子の半径にあたるいろいろな尺度を経験的に提案してきた．

金属元素の**金属結合半径**(metallic radius)は，単体固体中の最近接原子の中心間距離を実験で決め，その値の $\frac{1}{2}$ と定義されている（図1・23a，ただし，これをさらに精密にした定義については§3・7参照）．非金属元素の**共有結合半径**(covalent radius)も同様に，同一元素の分子中における隣接原子間の核間距離の $\frac{1}{2}$ として定義される（図1・23b）．本書では，金属結合半径と共有結合半径とを一緒にして**原子半径**(atomic radius)とよぶことにしよう（表1・3）．金属結合と共有結合との周期的傾向は，表1・3から読みとれる．図1・24は，これを図示したものである．読者は入門的な化学でなじみがあるであろうが，原子は単結合，二重結合，三重結合で結合でき，同じ二つの元素間では多重結合は単結合より短い．元素の**イオン半径**(ionic radius)は，隣り合うカチオンとアニオンの中心間の距離と関係している（図1・23c）．この際，イオン間距離をカチオンとアニオンの半径に割り振るには，

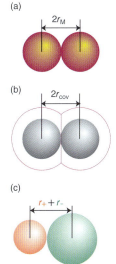

図1・23 (a) 金属結合半径，(b) 共有結合半径，(c) イオン半径の表現

表1・3 原子半径，r/pm[†]

Li 157	Be 112											B 88	C 77	N 74	O 73	F 71
Na 191	Mg 160											Al 143	Si 118	P 110	S 104	Cl 99
K 235	Ca 197	Sc 164	Ti 147	V 135	Cr 129	Mn 137	Fe 126	Co 125	Ni 125	Cu 128	Zn 137	Ga 140	Ge 122	As 122	Se 117	Br 114
Rb 250	Sr 215	Y 182	Zr 160	Nb 147	Mo 140	Tc 135	Ru 134	Rh 134	Pd 137	Ag 144	Cd 152	In 150	Sn 140	Sb 141	Te 135	I 133
Cs 272	Ba 224	La 188	Hf 159	Ta 147	W 141	Re 137	Os 135	Ir 136	Pt 139	Au 144	Hg 155	Tl 155	Pb 154	Bi 152		

[†] 配位数12の場合の値（§3・2参照）．

何か一つ任意に決定する必要がある．多くの提案があるが，普通に行われているのは，O^{2-} の半径を 140 pm とする方法である（表 1・4，この定義をさらに精密化することについては §3・7 を参照）．たとえば，Mg^{2+} のイオン半径は，固体 MgO 中の隣接する Mg^{2+} イオンと O^{2-} イオン間の核間距離から 140 pm を差し引いて求めたものである．

表 1・3 のデータは，同じ族内では下に行くにつれて原子半径が増加し，一つの周期内で左から右へ行くにつれて減少する，という傾向を示している．これらの傾向は，原子の電子構造から容易に解釈できる．同一族内で下に行くほど，価電子は

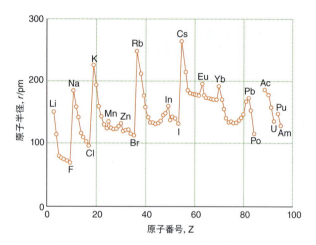

図 1・24 周期表における原子半径の変化．第 6 周期のランタノイド以降の半径の収縮に注意．金属元素については金属結合半径を，非金属元素については共有結合半径を用いた〔訳注：表 1・3 とは出典が異なるために完全に一致はしない〕．

表 1・4 イオン半径，r/pm†

Li^+	**Be^{2+}**	**B^{3+}**		**N^{3-}**	**O^{2-}**	**F^-**
59(4)	27(4)	11(4)		146(4)	135(2)	128(2)
76(6)					138(4)	131(4)
					140(6)	133(6)
					142(8)	
Na^+	**Mg^{2+}**	**Al^{3+}**		**P^{3-}**	**S^{2-}**	**Cl^-**
99(4)	57(4)	39(4)		212	184(6)	181(6)
102(6)	72(6)	54(6)				
118(8)	89(8)					
K^+	**Ca^{2+}**	**Ga^{3+}**		**As^{3-}**	**Se^{2-}**	**Br^-**
138(6)	100(6)	62(6)		222	198(6)	196(6)
151(8)	112(8)					
159(10)	123(10)					
164(12)	134(12)					
Rb^+	**Sr^{2+}**	**In^{3+}**	**Sn^{2+}**	**Sn^{4+}**	**Te^{2-}**	**I^-**
152(6)	118(6)	80(6)	83(6)	69(6)	221(6)	220(6)
161(8)	126(8)	92(8)	93(8)			
172(12)	144(12)					
Cs^+	**Ba^{2+}**	**Tl^+**	**Tl^{3+}**			
167(6)	135(6)	150(6)	89(6)			
174(8)	142(8)					
188(12)	161(12)					

† （ ）内はイオンの配位数．さらなる値については付録 1 参照．

主量子数の高い軌道を占める．同じ族の原子は周期で下に行くほど電子が完全に占有した電子殻の数が増え，このため族の下ほど原子半径は大きくなる．また，一つの周期の中では，価電子は同じ電子殻の軌道に入っているが，有効核電荷は右に行くほど増加するので，電子は核に引き寄せられる．その結果，原子は引き締まってくる．同じ族内では下に行くほど半径が増加し，同じ周期内では右に行くほど半径が減少するという一般的傾向は，いろいろな化学的性質の傾向と関連が深いので，記憶しておくべきである．

上に述べたことは，第5周期までは一般的傾向として成り立つが，第6周期になると興味深くまた重要な違いが現れる．図1・24からわかるように，d-ブロックの3行目の金属結合半径は2行目とほとんど同じで，電子数がはるかに多いことから予想されるほどは大きくならない．たとえば，モリブデン（$Z=42$）の半径は140 pm，タングステン（$Z=74$）は電子が多いのに141 pmである．このように，同じ族内で単純に下方に補外したときに予想されるよりも半径が小さくなるという現象は，**ランタノイド収縮**（lanthanoid contraction）の結果である[†1]．この現象は，名前が示すように，d-ブロックの3行目（第6周期）の元素に先立って，4f軌道に電子が入っていくf-ブロックの1行目の元素，すなわち，ランタノイドが控えていることに起因する．f軌道は遮蔽効果が小さいので，価電子は内殻の電子数から予想されるよりも大きな引力を核電荷から受ける．f軌道に電子が加わっていっても，それらの電子間の反発は核電荷の増加を十分に打ち消しきれず，Z_{eff}は周期表の左から右へ行くにつれて大きくなる．この効果が支配的なため，その結果すべての電子が引き寄せられて小さな原子になるのである．同様の理由でこれと似た収縮が，d-ブロックの後に来る元素にも見られる．たとえば，炭素とケイ素とでは原子半径に相当大きな差がある（C 77 pm，Si 118 pm）のに，ゲルマニウムの原子半径（122 pm）はケイ素より少し大きいだけである．

[†1] 訳注：普通は，ランタノイドのイオン半径・原子半径がほぼ原子番号順に減少することをランタノイド収縮とする．

> **メモ** 4fあるいは5f元素は，ランタノイド（lanthanoid）あるいはアクチノイド（actinoid）として知られている[†2]．古い文献では，これらをランタニド（lanthanide）あるいはアクチニド（actinide）と表記していることがあるが，"ide"という接尾語はアニオン種を表すので用いない．

[†2] 訳注：訳本では，ランタノイド，アクチノイドという用語を，それぞれランタン，アクチニウムを含むものとして使用している．

相対論的効果，特に粒子の速度が光速に近づいたときの質量の増加の効果は，わずかな寄与ではあるが，第6周期以上の元素においては重要である．s軌道やp軌道の電子が大きな電荷をもつ原子核に近づくと大きく加速し，質量の増加と軌道半径の収縮が発現するのに対して，それほど貫入していないd軌道やf軌道は膨張する．このような膨張の結果，d軌道やf軌道の電子は他の電子の遮蔽に有効ではなくなり，最も外側のs電子軌道がさらに収縮する．軽元素では，相対論的効果は無視できるが，重元素ではほぼ20%もの収縮が観測される．

表1・4から明らかな別の一般的特徴として，アニオンはすべてその原子より大きく，カチオンはすべてその原子より小さい（場合によっては著しく）ことがあげられる．原子がアニオンを生成すると半径が増加するのは，電子が加えられることによって電子間反発が大きくなるためである．これに伴ってZ_{eff}の値も減少する．カチオンが原子と比べて小さいのは，電子を失って電子間反発が弱くなるからのみならず，たいていの場合に価電子が無くなってZ_{eff}が増すからである．価電子を失うと，たいていは強く引き締まった閉殻の電子だけが残る．このように原子とイオンとで大きな違いがあることを考慮すれば，イオン半径の周期表中での変化の様子を，原子半径の変化の反映と考えることができる．

原子半径のわずかな変化は一見たいしたことでもなさそうに思われるかもしれな

いが，実際には，後に第9章で示すように原子半径は元素の化学的性質を決めるうえで中心的役割を担っていて，少し違っただけでも重大な結果をもたらしうる．

(b) イオン化エネルギー

要点 第一イオン化エネルギーは，周期表の左下（セシウムの近く）で小さく，右上（ヘリウムの近く）で大きい．一つの化学種のイオン化に必要なエネルギーは，第一より第二というように順に大きくなる．

原子から電子を取去るのがどのくらい易しいかは，イオン化エネルギー（ionization energy）I あるいは $\Delta_{\text{ion}}H$ で判断できる．I は，気相で1個の原子から電子1個を取去る過程

$$\text{A(g)} \longrightarrow \text{A}^+(\text{g}) + \text{e}^-(\text{g}) \qquad I = E(\text{A}^+, \text{g}) - E(\text{A}, \text{g}) \qquad (1\cdot 8)$$

に必要な最小のエネルギーである．**第一イオン化エネルギー**（first ionization energy）I_1 は，中性原子から最も緩く束縛されている電子1個を取去るのに要するエネルギーであり，**第二イオン化エネルギー**（second ionization energy）I_2 はそこで生じたカチオンから最も緩く束縛されている電子を取去るのに要するエネルギーであり，以下同様である．イオン化エネルギーは電子ボルト（eV）単位で表すと都合がよいが，1 eV=96.485 kJ mol^{-1} の関係を用いて，1 mol 当たりのエネルギーに容易に換算することができる．水素原子のイオン化エネルギーは 13.6 eV である．つまり，水素原子1個から電子1個を取去ることは，13.6 V の電位差に逆らって電子1個を動かすことと同じである．

> **メモ** 熱力学計算では，**イオン化エンタルピー**（ionization enthalpy），すなわち，通常は 298 K における式(1・8)の過程の標準反応エンタルピーを用いる方が便利なことが多い．モルイオン化エンタルピーは，イオン化エネルギーより $\frac{5}{2}RT$ だけ大きい．この差は，$T=0$（I では暗黙のうちに仮定）とエンタルピーを考える温度 T（通常は 298 K）との違い，および 1 mol から 2 mol の気体が発生することに起因している．しかし，イオン化エネルギーは $10^2 \sim 10^3$ kJ mol^{-1}（1～10 eV に相当）の桁であるのに対して，RT は室温で 2.5 kJ mol^{-1}（0.026 eV に相当）しかないから，イオン化エネルギーとイオン化エンタルピーとの違いは無視できることが多い．

ある元素の第一イオン化エネルギーは，基底状態の原子の最高被占軌道のエネルギーによって大部分が決まる．第一イオン化エネルギーは，周期表全体にわたって系統的に変化し（表1・5，図1・25），左下（セシウムのあたり）で最小，右上（ヘリウムのあたり）で最大になる．イオン化エネルギーの変化の仕方は有効核電荷のパターンに従っているが，同じ副殻を占める電子同士の反発による微妙な変化を示すところがある（これは Z_{eff} 自身にも見られる）．主量子数が n の殻から電子を取去る場合の有用な近似式は

$$I \propto \frac{Z_{\text{eff}}^2}{n^2}$$

である．イオン化エネルギーは，原子半径とも強い相関を示す．原子半径の小さい元素は概してイオン化エネルギーが大きい．このことは，小さい原子では電子が原子核の近くにあって，強いクーロン引力を感じているから電子を取去りにくいと説明される．したがって，族の下方になるにつれて原子半径が大きくなるほどイオン化エネルギーは下がり，周期を左から右へ進むほど原子半径は小さくなってイオン化エネルギーは徐々に増大する．

表1・5　元素の第一，第二およびいくつかの高次イオン化エネルギー，$I/(\text{kJ mol}^{-1})$

H							He
1312							2373
							5250
Li	**Be**	**B**	**C**	**N**	**O**	**F**	**Ne**
513	899	801	1086	1402	1314	1681	2080
7297	1757	2426	2352	2855	3386	3375	3952
11809	14844	3660	4619	4577	5300	6050	6122
		25018					
Na	**Mg**	**Al**	**Si**	**P**	**S**	**Cl**	**Ar**
495	737	577	786	1011	1000	1251	1520
4562	1476	1816	1577	1903	2251	2296	2665
6911	7732	2744	3231	2911	3361	3826	3928
		11574					
K	**Ca**	**Ga**	**Ge**	**As**	**Se**	**Br**	**Kr**
419	589	579	762	947	941	1139	1351
3051	1145	1979	1537	1798	2044	2103	3314
4410	4910	2963	3302	2734	2974	3500	3565
Rb	**Sr**	**In**	**Sn**	**Sb**	**Te**	**I**	**Xe**
403	549	558	708	834	869	1008	1170
2632	1064	1821	1412	1794	1795	1846	2045
3900	4210	2704	2943	2443	2698	3197	3097
Cs	**Ba**	**Tl**	**Pb**	**Bi**	**Po**	**At**	**Rn**
375	502	590	716	704	812	926	1036
2420	965	1971	1450	1610	1800	1600	
3400	3619	2878	3080	2466	2700	2900	

　イオン化エネルギーの一般的傾向に見られる変則はきわめて容易に説明できる．たとえば，ホウ素の方がベリリウムより核電荷が大きいにもかかわらず，第一イオン化エネルギーはホウ素の方が小さい．このような異常は，つぎのように考えれば容易に説明がつく．すなわち，ベリリウムからホウ素に行くときに一番外側の電子は2p軌道の一つに入る．したがって，もしそれが2sに入ることができたとしたときよりも緩くつながれている．それゆえI_1がベリリウムより小さくなるのである．窒素から酸素へもイオン化エネルギーの減少が見られるが，この場合の説明は少し違う．これらの原子の電子配置は

$$\text{N:} [\text{He}]2s^2 2p_x^1 2p_y^1 2p_z^1 \qquad \text{O:} [\text{He}]2s^2 2p_x^2 2p_y^1 2p_z^1$$

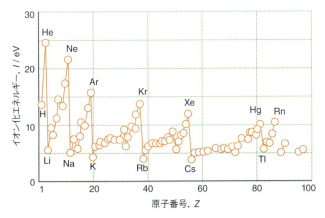

図1・25　第一イオン化エネルギーの周期的な変化

である．Oでは2p軌道の一つに2個の電子が入っていて，これらの電子は強く反発し合うため，その効果が核電荷の増加を上回るからである．この違いのもう一つの理由は，酸素原子から電子を一つ奪ってO^+イオンを生成する際に，イオン化した際の電子は唯一↓スピンをもつために，交換エネルギーを失うことがないことがあげられる．加えて，窒素の半充填されたp軌道はよく安定化されている．すなわち，$2s^2 2p^3$電子配置からイオン化する場合には，多くの交換エネルギーを失う．

第2周期の右側のフッ素とネオンでは新しく加わる電子がすでに半分詰まった軌道に入るから，酸素からネオンまでは同じ傾向が続く．フッ素とネオンとのイオン化エネルギーが大きいのは，Z_{eff}の値が大きいことの反映である．つぎにネオンからナトリウムへ行くと，最も外側の電子は主量子数の大きい（したがって核から遠い）つぎの殻に入るので，I_1は急に小さくなる．

例題 1・8　イオン化エネルギーの変化を説明する

リンから硫黄へ第一イオン化エネルギーが減少することを説明せよ．

解　基底状態の電子配置は

$$P: [Ne]3s^2 3p_x^1 3p_y^1 3p_z^1 \qquad S: [Ne]3s^2 3p_x^2 3p_y^1 3p_z^1$$

である．NとOとの場合と同じく，Sの基底状態では3p軌道の一つに2個の電子がある．これらは互いにごく近いので，その反発が強く，その影響がPからSへ移行したときの核電荷の増加を上回る．さらに，NとOとの場合と同じく，S^+が半分満たされた副殻をもつためにイオンのエネルギーが下がることもイオン化エネルギーの低下に寄与する．

問題 1・8　フッ素と塩素とでは，塩素の第一イオン化エネルギーの方が小さいことを説明せよ．

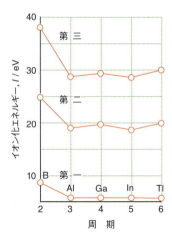

図1・26　13族元素の，第一，第二，第三イオン化エネルギー．イオン化エネルギーは順次増大するが，同族中を下っていく際の明瞭な規則性はない．

イオン化エネルギーの示す傾向で重要なものがもう一つある．それは，イオン化エネルギーは高次のものほど大きいことである（図1・26）．つまり，ある元素Eの第二イオン化エネルギー（カチオンE^+からさらに1個の電子を引き抜くためのエネルギー）は第一イオン化エネルギーより大きく，第三イオン化エネルギー（カチオンE^{2+}から電子を引き抜くためのエネルギー）は第二イオン化エネルギーよりさらに大きい．正に帯電したものから電子を引き抜く場合，正電荷が大きいほど電子を引き抜くために必要なエネルギーが大きくなるからである．さらに，そのような状況では電子を引き抜く際のZ_{eff}は大きく，原子は小さく引き締められている．小さく引き締まったカチオンから電子を取去るのはますます困難である．取除くのが閉殻の電子であると（リチウムおよびその同族元素の第二イオン化エネルギーの場合のように），イオン化エネルギーの差はさらに大きくなる．閉殻は引き締まっていて，原子核と強く相互作用している軌道から電子を引き抜かなければならないからである．たとえば，リチウムの第一イオン化エネルギーは513 kJ mol^{-1}であるのに対し，第二イオン化エネルギーは，10倍以上大きく，7297 kJ mol^{-1}である．

同じ族を下っていくときにイオン化エネルギーが変化する様子は単純ではない．図1・26に13族元素の第一，第二，第三イオン化エネルギーを示す．$I_1 < I_2 < I_3$の順は予想通りだが，それぞれの曲線の形には単純な傾向が見られない．ここで学ぶべき点は，イオン化エネルギーの変化に見られる細かい違いに着目してあれこれ推理を巡らすよりは，実際の数値を見る方がよいということである（§9・2）．

例題 1·9 イオン化エネルギーの値を説明する

つぎに示すホウ素の第一イオン化エネルギーと高次のイオン化エネルギーの値を合理的に説明せよ. $\Delta_{ion}H(N)$ は N 次イオン化エンタルピーである.

N	1	2	3	4	5
$\Delta_{ion}H(N)/(\text{kJ mol}^{-1})$	807	2433	3666	25 033	32 834

解 ホウ素の電子配置は $1s^2 2s^2 2p^1$ である.第一イオン化エネルギーは p 軌道の電子を取去ることに対応する.この電子は芯の 1s 殻と 2s 副殻により核電荷から遮蔽されている.第二イオン化エネルギーは B^+ カチオンから一つ目の 2s 電子を取除くことに対応する.有効核電荷が増加しており s 電子はエネルギーが低いため,この電子を引き抜くのは困難である.この電子を取除くと有効核電荷はさらに増加するので,$\Delta_{ion}H(2)$ から $\Delta_{ion}H(3)$ へ値は増える.$\Delta_{ion}H(3)$ から $\Delta_{ion}H(4)$ への変化では大きな増加がある.これは,1s 電子がほとんど遮蔽のない核電荷の影響を受け,$n=1$ の殻に存在することから,1s 殻のエネルギーが非常に低くなっているためである.除かれる最後の電子は,遮蔽のない核電荷に影響されるため,$\Delta_{ion}H(5)$ は非常に大きく,この値は $hcRZ^2$ で $Z=5$ として与えられ,$(13.6\text{ eV})\times 25 = 340\text{ eV }(32\,800\text{ kJ mol}^{-1})$ に相当する.

問題 1·9 下表に示すある元素のはじめの五つのイオン化エネルギーについて考察し,この元素が周期表のどの族に属しているかを類推せよ.理由も述べよ.

N	1	2	3	4	5
$\Delta_{ion}H(N)/(\text{kJ mol}^{-1})$	1093	2359	4627	6229	37 838

(c) 電子親和力

要点 電子親和力が最も大きいのは,周期表中でフッ素の近くにある元素である.

気相の原子が電子を受け取る反応

$$A(g) + e^-(g) \longrightarrow A^-(g)$$

の標準モルエンタルピー変化を**電子取得エンタルピー**(electron-gain enthalpy)

表 1·6 主要族元素の電子親和力,$E_a/(\text{kJ mol}^{-1})$ [†]

H 72							He −48
Li 60	Be ≤0	B 27	C 122	N −8	O 141 −780	F 328	Ne −116
Na 53	Mg ≤0	Al 43	Si 134	P 72	S 200 −492	Cl 349	Ar −96
K 48	Ca 2	Ga 29	Ge 116	As 78	Se 195	Br 325	Kr −96
Rb 47	Sr 5	In 29	Sn 116	Sb 103	Te 190	I 295	Xe −77

[†] 1番目の値は中性原子からイオン X^- が生成する反応に,2番目の値は X^- から X^{2-} が生成する反応に対応する.

$\Delta_{eg}H^{\ominus}$ という．この過程は，発熱反応のこともあり，吸熱反応のこともある．電子取得エンタルピーは熱力学的には適当な術語であるが，無機化学ではこれと密接な関係のある量である元素の**電子親和力**（electron affinity）E_a（表 1・6）を用いて議論することが多い．電子親和力は $T=0$ での気体状原子と気体状イオンのエネルギーの差である．

$$E_a = E(A, g) - E(A^-, g) \quad (1\cdot 9)$$

正確な関係は $\Delta_{eg}H^{\ominus} = -E_a - \frac{5}{2}RT$ であるが，$\frac{5}{2}RT$ の項は普通無視する．電子親和力が正の値なら，A^- イオンは中性原子 A よりも低エネルギー，つまりより負のエネルギーをもつことになる[2]．はじめの中性原子に 2 番目の電子を加える際のエンタルピー変化である第二電子取得エンタルピーは例外なく正である．これは電子間の反発力が原子核からの引力に打ち勝つからである．

元素の電子親和力をおもに決めるのは，基底状態にある原子の<u>最低空軌道</u>（または，半分空の軌道）のエネルギーである．この軌道は，原子の 2 個の**フロンティア軌道**（frontier orbital）のうちの一つである．もう一つのフロンティア軌道は原子の<u>最高被占軌道</u>である．フロンティア軌道は，結合ができるときにいろいろな電子分布の変化が起こる場所で，その重要性は，本書の先に進むにつれていっそう明らかになっていくだろう．新たに加わる電子が強い有効核電荷を感じる殻に入ることができれば，その元素の電子親和力は大きい．このような元素は，すでに述べたように，周期表の右上の元素であるから，電子親和力の最も高いのはフッ素の近くの元素（特に O と Cl，ただし貴ガスを除く）であると期待される．これらの元素では Z_{eff} が大きく，原子価殻に電子を加えることができる．窒素では，加えられる電子がすでに半分占められた軌道に入るため電子間の反発力が大きくなる．このため窒素の電子親和力は非常に小さい．

[2] 電子親和力を電子取得エンタルピーと同じものとすることがある．この定義の仕方では，電子親和力が正だと A^- の方が A より高エネルギー，すなわちエネルギー的に不利であることを意味するから，"親和力" という名前からみて不合理だが，この定義を使う人もいるので注意を要する．

例題 1・10 電子親和力の変化を説明する

Li から Be に行くところで，核電荷の増加にかかわらず，電子親和力が大きく減少することを説明せよ．

解 電子配置はそれぞれ [He]2s^1 と [He]2s^2 とである．加えた電子は Li では 2s 軌道に入る．これに対し，Be では 2p 軌道に入らなければならないので，核との結びつきははるかに緩やかである．実際，Be の核電荷はきわめてよく遮蔽されているので，電子付加は吸熱的である．

問題 1・10 C から N への電子親和力の減少を説明せよ．

メ モ 電子親和力と電子取得エンタルピーを同義語として用いる場合は注意が必要である．正の電子親和力は，A^- イオンが A 原子よりもより正であることを意味するからである．

(d) 電気陰性度

要点 元素の電気陰性度は，その元素が化合物の一部になっているときに電子を引きつける力を示す量である．一般に，電気陰性度は周期を左から右へ進むと増加し，族を下に行くほど減少する．

化合物中にある元素の原子が自分自身の周りに電子を引きつける力の度合いを，

その元素の**電気陰性度**(electronegativity) χ という．電気陰性度の尺度は，孤立した原子ではなく，常に分子中の原子に基づいている．電子を強く引きつける傾向をもつ原子（フッ素付近の元素など）を電気的陰性であるという．電気陰性度は化学では非常に有用な概念で，多くの応用がある．結合エネルギーや物質の反応形式の合理的な記述，結合や分子の極性の予測などに電気陰性度を利用することができる（第2章）．

電気陰性度の周期的な変化は，化合物中の原子であっても，原子の大きさと電子配置に関係づけることができる．原子が小さく，閉殻に近い電子構造であれば，価電子の少ない大きい原子と比べると電子を引きつける傾向が増す．したがって，元素の電気陰性度は一般に周期を左から右に進むと増加し，族の下に行くほど減少する．

電気陰性度の定量的尺度を定式化することについてはさまざまな試みがなされてきた．最初のものは Linus Pauling による定式化である（この結果の値を表1・7の χ_P）．これは結合生成のエネルギー論に関係する概念から想を得たものである．これについては第2章で取扱う[3]．これに対し，個々の原子の特性に基づいているという意味で本章の趣旨にもっとよく合っているのは，Robert Mulliken が提案した定義である．彼が着目したのは，イオン化エネルギー I が大きく電子親和力 E_a も大きい原子は，化合物の中で電子を失うよりもむしろ獲得しやすい．つまり，電気陰性度が高いはずだということである．逆に，イオン化エネルギーも電子親和力も低い原子は電子を獲得するよりむしろ失いやすく，したがって，電気的陽性のものとして分類できる．このことから，**マリケンの電気陰性度**(Mulliken electronegativity) χ_M を，その元素のイオン化エネルギーと電子親和力との平均値（ともに電子ボルトで表す）によって定義するという考えが出てくる．つまり次式のようになる．

$$\chi_M = \frac{1}{2}(I + E_a) \qquad (1・10)$$

[3] 以下の章ではポーリングの電気陰性度 χ_P をいたるところで用いる．

表1・7 ポーリング χ_P, マリケン χ_M, オールレッド・ロコウ χ_{AR} の電気陰性度

H							He
2.20							
3.06							
2.20							5.50
Li	**Be**	**B**	**C**	**N**	**O**	**F**	**Ne**
0.98	1.57	2.04	2.55	3.04	3.44	3.98	
1.28	1.99	1.83	2.67	3.08	3.22	4.43	4.60
0.97	1.47	2.01	2.50	3.07	3.50	4.10	5.10
Na	**Mg**	**Al**	**Si**	**P**	**S**	**Cl**	**Ar**
0.93	1.31	1.61	1.90	2.19	2.58	3.16	
1.21	1.63	1.37	2.03	2.39	2.65	3.54	3.36
1.01	1.23	1.47	1.74	2.06	2.44	2.83	3.30
K	**Ca**	**Ga**	**Ge**	**As**	**Se**	**Br**	**Kr**
0.82	1.00	1.81	2.01	2.18	2.55	2.96	3.00
1.03	1.30	1.34	1.95	2.26	2.51	3.24	2.98
0.91	1.04	1.82	2.02	2.20	2.48	2.74	3.10
Rb	**Sr**	**In**	**Sn**	**Sb**	**Te**	**I**	**Xe**
0.82	0.95	1.78	1.96	2.05	2.10	2.66	2.60
0.99	1.21	1.30	1.83	2.06	2.34	2.88	2.59
0.89	0.99	1.49	1.72	1.82	2.01	2.21	2.40
Cs	**Ba**	**Tl**	**Pb**	**Bi**			
0.79	0.89	2.04	2.33	2.02			
0.70	0.90	1.80	1.90	1.90			
0.86	0.97	1.44	1.55	1.67			

マリケンの電気陰性度の定義には少し込み入った問題がある．すなわちこの定義に出てくるイオン化エネルギーと電子親和力とは**原子価状態**（valence state）という状態の原子に対応したものである．原子価状態とは，原子が分子の一部をなしているときにとると想像される電子配置のことである．したがって，χ_M を計算するときに使うべきイオン化エネルギーと電子親和力とは，分光学的に観察される原子のいろいろな状態に対応する値の混ざったものなので，その値を求めるには若干の計算が必要である．それについて立ち入る必要はないが，表 1・7 のマリケンの値をポーリングの値と比較してみるとよい（図 1・27）．両者はほぼ同じ値であり，同様の傾向を示す．双方の間の換算式としてかなり信頼のおけるものの一つは，

$$\chi_P = 1.35(\chi_M)^{1/2} - 1.37 \qquad (1 \cdot 11)$$

である．（貴ガス以外の）フッ素の近くの元素は，イオン化エネルギーが高く電子親和力も相当大きい．したがって，このあたりの元素のマリケンの電気陰性度が最も高くなる．χ_M は原子のエネルギー準位——とりわけ最高被占軌道と最低空軌道の位置——に依存するから，2 個のフロンティア軌道のエネルギーが低ければ，マリケンの電気陰性度が高い．

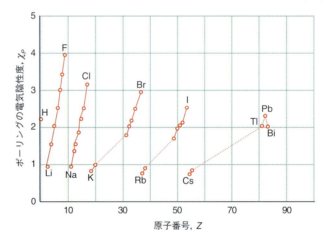

図 1・27　周期表におけるポーリングの電気陰性度の変化

このほかにも，電気陰性度の"原子的"な定義がいろいろ提案されている．広く使われているのは A. L. Allred および E. Rochow が提案したもので，電気陰性度は原子の表面の電場の強さで決まるという見方に基づいている．すでに見たように，原子中の電子は有効核電荷 $Z_{\text{eff}}e$ を感じている．この原子の表面でのクーロンポテンシャルは Z_{eff}/r に比例するから，その電場の強さは Z_{eff}/r^2 に比例する．**オールレッド-ロコウの電気陰性度**（Allred-Rochow electronegativity）χ_{AR} はこの電場に比例するものとして仮定され，r として原子の共有結合半径を用いて

$$\chi_{\text{AR}} = 0.744 + \frac{3590\, Z_{\text{eff}}}{(r/\text{pm})^2} \qquad (1 \cdot 12)$$

で定義される．上式の数値係数は，計算の結果出てくる値がポーリングの電気陰性度と同程度の大きさになるように決めてある．オールレッド-ロコウの定義に従えば，有効核電荷が大きく共有結合半径の小さい元素，すなわち，フッ素の近くの元素が大きな電気陰性度を示す．オールレッド-ロコウの定義による値は，ポーリング電気陰性度の値とよく一致しており，化合物中の電子分布を論じるとき有効である．

(e) 分極率

要点 分極されやすい原子・イオンは，エネルギー間隔が狭いフロンティア軌道をもつ．大きく重い原子・イオンは分極されやすい．

電場（たとえば，隣のイオンの電場）の中に置かれた原子の変形のしやすさを表すのが**分極率**（polarizability）α である．分極率の大きな原子やイオンは容易に変形する．これは，電荷密度と有効核電荷が小さい，イオン半径の大きなアニオンでよく観測される．隣接する原子あるいはイオンの電子分布を変形させる能力を**分極能**（polarizing ability）という．一般に，小さく，電荷が大きく電荷密度の大きなカチオンが高い分極能をもつ（図1・28）．

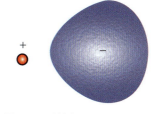

図1・28 隣接するカチオンにより，アニオンの電子雲が分極する様子

§2・15では，結合の性質を議論する際に分極率から導かれる結論を見ることになるが，ここで前もって，分極の程度が増すと共有結合性が大きくなることを認識しておくことは有意義である．分極に影響を及ぼす因子は**ファヤンスの規則**（Fajan's rule）としてまとめられている．

- 高い電荷をもつ小さいカチオンは分極能がある．
- 高い電荷をもつ大きいアニオンは容易に分極する．
- 貴ガスの電子配置と異なる電子構造のカチオンは容易に分極する．

最後の規則はd−ブロック元素において特に重要である．

例題 1・11 分極しやすい化学種を識別する

F^- イオンと I^- イオンではどちらが分極しやすいか．

解 F^- イオンは小さく，電荷は -1 価である．I^- イオンは同じ価数であるが，大きいイオンである．よって，I^- イオンの方が分極しやすいと考えられる．

問題 1・11 Na^+ と Cs^+ ではどちらの分極能が高いか．

参 考 書

H. Aldersey-Williams, "Periodic Tales: The Curious Lives of the Elements", Viking(2011). 学術図書ではないが，多くの元素の利用や発見に関する文化的背景が記されている．

M. Laing, 'The Different Periodic Tables of Dmitrii Mendeleev', *J. Chem. Educ.*, **85**, 63(2008).

M.W. Cronyn, 'The Proper Place for Hydrogen in the Periodic Table', *J. Chem. Educ.*, **80**, 947(2003).

P. A. Cox, "Introduction to Quantum Theory and Atomic Structure", Oxford University Press(1996). 本章の項目に関する入門書．

P. Atkins, J. de Paula, "Physical Chemistry", 10th ed., Oxford University Press and W. H. Freeman & Co.(2014) 〔邦訳："アトキンス物理化学(第10版)", 東京化学同人〕. 第7章と第8章に量子論と原子構造に関する解説がある．

J. Emsley, "Nature's Building Blocks", Oxford University Press(2011). 元素に関する興味深い入門書．

D. M. P. Mingos, "Essential Trends in Inorganic Chemistry", Oxford University Press(1998). 元素の周期性に関して詳しく議論している．

P. A. Cox, "The Elements: Their Origin, Abundance, and Distribution", Oxford University Press(1989). 元素の起源，存在量を左右する因子，地球・太陽系・宇宙における元素の分布を解説している．

N. G. Connelly, T. Danhus, R. M. Hartshoin, A. T. Hutton, "Nomenclature of Inorganic Chemistry: IUPAC Recommendations 2005", Royal Society of Chemistry(2005)〔邦訳：日本化学会 化合物命名法委員会 訳・著, "無機化学命名法", 東京化学同人(2010)〕.
周期表や無機物質に関する決まりごとを概説している．特徴的な赤色の表紙から「赤本」として知られる．

M. J. Winter, "The Orbitron", http://winter.group.shef.ac.uk/orbitron/(2002). 原子や分子軌道の画像データベース〔訳注：2016年6月現在アクセス可能〕.

練 習 問 題

1・1 基底状態の He^+ のエネルギーと基底状態の Be^{3+} イオンのエネルギーの比を算出せよ．

1・2 ボルンの解釈によれば，体積要素 $d\tau$ に電子一つを見つける確率は，$\psi^2 d\tau$ に比例する．
(a) 基底状態の H 原子中に電子を見いだす確率が最も高い場所はどこか．
(b) H 原子核から電子の距離として最も可能性の高い値はどれほどか．また，その値が (a) と異なるのはなぜか述べよ．
(c) 原子核から 2s 電子の，最も可能性の高い距離を求めよ．

1・3 H のイオン化エネルギーは 13.6 eV である．$n=1$ と $n=6$ の準位のエネルギー差を求めよ．

1・4 ルビジウムと銀のイオン化エネルギーは，それぞれ 4.18 eV と 7.57 eV である．これらの原子と同じ最外殻電子配置をもつ H 原子のイオン化エネルギーを計算し，値の違いを説明せよ．

1・5 ヘリウム放電管の 58.4 nm の放射光をクリプトンに照射すると，1.59×10^6 m s^{-1} の速度で電子が放出される．同様の照射により，Rb 原子からは，2.45×10^6 m s^{-1} の速度で電子が放出される．これらの原子のイオン化エネルギー（eV 単位）を算出せよ．

1・6 $n_1=1$ および $n_2=3$ の水素の原子スペクトル線の波長を計算せよ．この遷移によるエネルギー変化はいかほどか．

1・7 水素の原子スペクトルの可視光域における第一遷移の波数（$\tilde{\nu}=1/\lambda$）と波長（λ）を計算せよ．

1・8 式 (1・1) を用いて，つぎの四つのライマン系列の発光線が得られることを示せ．
91.127, 97.202, 102.52, 121.57 nm

1・9 許容される主量子数と角運動量量子数の関係を示せ．

1・10 主量子数 n の殻にいくつの軌道が存在するか述べよ（ヒント：$n=1, 2, 3$ から始めて，周期性が認められるか考察する）．

1・11 以下の表を完成せよ．

n	l	m_l	軌道の表現	軌道の数
2			2p	
3	2			
			4s	
4		$+3, +2, \cdots, -3$		

1・12 5f 軌道を記述する量子数 n, l, m_l を述べよ．

1・13 図を用いて，2s 軌道と 2p 軌道の (a) 動径波動関数，(b) 動径分布関数の違いを説明せよ．

1・14 2p, 3p, および 3d 軌道の動径分布関数を図示し，3p 軌道のエネルギーが 3d 軌道より低い理由を説明せよ．

1・15 4p 軌道にはいくつの節と節面があるか予想せよ．

1・16 xy 平面上の二つの d 軌道の投影図を描け．それぞれ適切な数式で表し，軌道と直交座標を含めて示せ．軌道には正確に $+$，$-$ の符号を付けよ．

1・17 Be を例として用いて，原子中の遮蔽を解説せよ．被遮蔽物は何か．また，何から遮蔽されるのか，何が遮蔽しているのかを述べよ．

1・18 Li から F までの元素の最外殻電子の遮蔽定数を計算せよ．得られた値について解説せよ．

1・19 周期表の左から右に行くに従い，一般にイオン化エネルギーは増大する．しかしながら，Cr の第二イオン化エネルギーが Mn のそれより大きい．その理由を説明せよ．

1・20 Ca と Zn の第一イオン化エネルギーを比較せよ．d 電子増加に伴う遮蔽の効果と核電荷の増大を引用して，第一イオン化エネルギーの違いを議論せよ．

1・21 Sr, Ba, および Ra の第一イオン化エネルギーを比較せよ．非周期性をランタノイド収縮と関連づけて解説せよ．

1・22 いくつかの 第 4 周期元素の第二イオン化エネルギー（kJ mol^{-1}）をつぎに示す．

Ca	Sc	Ti	V	Cr	Mn
1145	1235	1310	1365	1592	1509

どの軌道からイオン化が発現するか述べ，値の傾向を解説せよ．

1・23 つぎの基底状態電子配置を述べよ．
(a) C (b) F (c) Ca (d) Ga^{3+} (e) Bi (f) Pb^{2+}

1・24 つぎの基底状態電子配置を述べよ．
(a) Sc (b) V^{3+} (c) Mn^{2+} (d) Cr^{2+}
(e) Co^{3+} (f) Cr^{6+} (g) Cu (h) Gd^{3+}

1・25 つぎの基底状態電子配置を述べよ．
(a) W (b) Rh^{3+} (c) Eu^{3+} (d) Eu^{2+} (e) V^{5+} (f) Mo^{4+}

1・26 つぎの基底状態電子配置をもつ元素を特定せよ．
(a) $[Ne]3s^2 3p^4$ (b) $[Kr]5s^2$ (c) $[Ar]4s^2 3d^3$
(d) $[Kr]5s^2 4d^5$ (e) $[Kr]5s^2 4d^{10} 5p^1$ (f) $[Xe]6s^2 4f^6$

1・27 資料などを参照することなく，周期表を作成し，族，周期，および s-, p-, d-ブロックを記せ．可能な限り元素名も表記せよ（無機化学の学習が進むに伴って，すべての s-, p-, d-ブロック元素の位置と化学特性を学ぶことになる）．

1・28 第 3 周期の元素について以下の傾向を説明せよ．
(a) イオン化エネルギー
(b) 電子親和力
(c) 電気陰性度

1・29 ニオブ（第5周期）とタンタル（第6周期）の2種類の5族元素に関して，同じ原子半径をもつ理由を説明せよ．

1・30 基底状態の Be 原子のフロンティア軌道を記せ．

1・31 表1・5と表1・6を用いて，マリケンの定義による電気陰性度が，$I+E_a$ に比例することを示せ．

演習問題

1・1 'ボーア・ゾンマーフェルト原子模型は21世紀の学生に何を示すのか？'〔M. Niaz, L. Cardellini, *J. Chem. Educ.*, **88**, 240 (2011)〕という論文中で，著者らは科学の本質を熟慮した模型の展開を行っている．ボーア模型の欠点は何か．ゾンマーフェルトはどのようにボーア模型を洗練させたのか．パウリはどのようにして新しい模型の欠点を解決したのか．これらの進展が科学の本質に何をもたらしたのか議論せよ．

1・2 初期のころと最近の周期表の構成を概説せよ．実用的な二次元に配置したものに加えて，らせん状や円錐状に元素を配置しようとした試みも考慮すること．種々の並べ方の長所や短所を述べよ．

1・3 f-ブロック元素を分類する方法は常に議論されてきた．その方法は，W. B. Jensen により概説されている〔*J. Chem. Educ.*, **59**, 635 (1982)〕．論点と Jensen の着眼点を解説せよ．異なった着眼点は，L. Lavalle〔*J. Chem. Educ.*, **85**, 1482 (2008)〕により報告されている．同様に論点とその根拠を示せ．

1・4 1999年，Cu_2O の d 軌道を実験的に観測したという科学論文がいくつか公開された．Eric Scerri は，論文'軌道は観測できるのか？'〔*J. Chem. Educ.*, **77**, 1494 (2000)〕において，軌道が物理的に観測できるかどうかを議論している．Scerri による議論を簡潔にまとめよ．

1・5 3族の元素として，つぎの2種類の配列がよく用いられる．

(a) Sc, Y, La, Ac　　(b) Sc, Y, Lu, Lr

イオン半径は金属元素の化学特性を強く支配するので，イオン半径は元素の周期的配列の尺度と考えられる．この尺度を用いてどちらの配列がより好ましいか解説せよ．

1・6 d- あるいは f- ブロック元素における，第一イオン化エネルギーと第二イオン化エネルギーの不規則性が，'原子とイオンのイオン化エネルギー'という論文〔P. F. Lang, B. C. Smith, *J. Chem. Educ.*, **80**, 938 (2003)〕で議論されている．このような矛盾を合理的に説明せよ．

1・7 遷移金属の電子配置は，W. H. E. Schwarz による'遷移金属の電子配置の詳細'〔*J. Chem. Educ.*, **87**, 444 (2010)〕に詳述されている．Schwarz は，遷移金属の電子配置を完全に理解するうえで必須の五つの特徴を報告した．これらの五つの特徴をそれぞれ考察し，電子配置を理解する際の重要性をまとめよ．

2 分子構造と結合

ルイス構造
2・1 オクテット則
2・2 共鳴
2・3 VSEPR モデル

原子価結合理論
2・4 水素分子
2・5 等核二原子分子
2・6 多原子分子

分子軌道理論
2・7 分子軌道理論入門
2・8 等核二原子分子
2・9 異核二原子分子
2・10 結合特性
2・11 多原子分子
2・12 計算的手法

構造と結合特性
2・13 結合長
2・14 結合の強さ
2・15 電気陰性度と結合エンタルピー
2・16 酸化状態

参考書
練習問題
演習問題

無機化学における構造および反応の解釈は，半定量的モデルに基づくことが多い．本章では，原子価結合理論と分子軌道理論の概念に基づいて，分子構造モデルがどのように進歩したかについて学ぶ．さらに分子の形を予測するための方法について概観する．本章で導入する概念は，本書全体にわたり，さまざまな種類の化学種の構造と反応を説明するために利用される．本章ではまた，定性的モデル，実験，計算の互いのかかわりの重要性を示す．

ルイス構造

1916 年，物理化学者の G. N. Lewis は，隣り合った 2 個の原子が 1 対の電子を共有すると**共有結合** (covalent bond) ができるという考えを提案した．**単結合** (single bond)，すなわち共有された 1 対の電子 (A:B) を A—B のように表す．同様に，**二重結合** (double bond)，つまり 2 対の共有電子対 (A::B) を A=B，**三重結合** (triple bond) である 3 対の共有電子対 (A:::B) を A≡B と表す．共有されていないで一つの原子上に残っている価電子の対 (A:) を**孤立電子対** (lone pair) という〔**非共有電子対** (unshared electron pair) または**非結合電子対** (nonbonding electron pair) ともいう〕．孤立電子対は，結合に直接寄与しないが，分子の形に強く影響を与え，分子の特性に重要な役割を示す．

2・1 オクテット則

要点 原子は価電子がオクテットになるまで電子対を共有する．

Lewis は，種々さまざまな分子の存在が**オクテット則** (octet rule, 八隅子則) により説明できることを見いだした．すなわち，

- 各原子はその価電子が計 8 個（"オクテット"）になるように隣り合う他の原子と電子を共有する．

§1・5 で見たように，原子価殻の s 副殻および p 副殻に 8 個の電子が入ると貴ガス型の閉殻電子配置ができる．ただし，水素原子は例外で，原子価殻である 1s 軌道を満たすのに 2 電子が入る（"デュプレット"）だけでよい．

オクテット則を使うと，分子中の結合と孤立電子対との様子を示す図式である**ルイス構造** (Lewis structure) を簡単に描くことができる．ルイス構造を組立てるには，ほとんどの場合，つぎの三つの段階を踏めばよい．

1. ルイス構造の中に組入れる電子の数を決める．これには各原子の価電子をすべて加え合わせればよい．

各原子は，すべての価電子を提供する（たとえば，H は 1 個，O は電子配置が [He]$2s^2 2p^4$ だから 6 個）．負電荷をもつイオンでは電荷数の分だけ電子を加え，正電荷のイオンでは電荷数の分だけ減らす．

2. 原子のつながり方に応じて元素記号を書く.

たいていの場合,原子の並び方はわかっているか,さもなければ,合理的に推定できる.CO_2 や SO_4^{2-} のように,電気陰性度の低い原子が分子の中心原子になるのが普通である.しかし,よく知られた例外も多い(H_2O や NH_3 など).

3. 互いに結合している1組の原子の間で1対の電子対が単結合をつくるように電子対を振り分ける.つぎに,各原子がオクテットをもつように,残りの電子対を(孤立電子対または多重結合をつくって)加える.

そのうえで,結合をつくっている電子対(:)をそれぞれ1本の線(−)で表す.多原子イオンの場合,イオン電荷は,特定の個々の原子ではなく,イオン全体がもっているものとする.

例題 2・1 ルイス構造を描く

BF_4^- イオンのルイス構造を描け.

解 全電子数を計算し,つぎに各原子の周りにオクテットをもつように,どのように電子を共有させるかを考える.原子が出す価電子の数は $3+(4\times7)=31$ で,1価のアニオンだから,もう1個の電子がある.したがって,計32個の電子を16対として5個の原子の周りに割り振る.解の一つは **1** である.負電荷は個々の原子にではなく,イオン全体に割り当てる.

問題 2・1 PCl_3 分子のルイス構造を描け.

---

1 BF_4^-

よく知られた分子および多原子イオンのルイス構造の例を表2・1に示す.ルイス構造は,結合と孤立電子対との様子を示すだけで,単純な場合は別にして,分子の形を描くものでない.つまり結合の数を示すが,分子の幾何学的な形を示すものではない.たとえば,BF_4^- イオンは,実際には平面四角形ではなく正四面体形(**2**)であり,PF_3 は三方錐形(**3**)である.

2 BF_4^-

3 PF_3

表2・1 いくつかの単純な分子のルイス構造†

H−H	:N≡N:	:C≡O:
$:\ddot{O}-\ddot{O}=\ddot{O}$	$:\ddot{O}-\ddot{S}=\ddot{O}$	$:\ddot{O}-\ddot{N}=\ddot{O}$
H−N(H)−H	$:\ddot{O}-S(=\ddot{O})=\ddot{O}$	
$[:\ddot{O}-P(\ddot{O}:)(\ddot{O}:)-\ddot{O}:]^{3-}$	$[:\ddot{O}-S(=\ddot{O})(\ddot{O}:)-\ddot{O}:]^{2-}$	$[:\ddot{O}-Cl(=\ddot{O})=\ddot{O}]^-$

† 共鳴構造のうち代表的なものだけをあげた.形が示されているのは二原子分子および三原子分子のみ.

2・2 共　　鳴

要点 いくつかのルイス構造の間の共鳴を考えると，分子エネルギーの計算値が低くなる．共鳴では電子の結合特性を分子全体に振り分けている．ルイス構造がいくつかあって，それらのエネルギーが互いに近いほど，共鳴による安定化が大きくなる．

一つだけのルイス構造では分子を表すのに不十分なことが多い．たとえば，O_3 のルイス構造 (**4**) では，二つの O-O 結合が異なっているような印象を与えるがこれは誤りで，実際には 2 本ともまったく同じ結合長 (128 pm) である．この 128 pm という値は，典型的な O-O 単結合と O=O 二重結合 (それぞれ，148 pm と 121 pm) の中間である．このルイス構造の不都合を克服するために導入されたのが，**共鳴** (resonance) という考え方である．すなわち，与えられた原子の配列に対して描けるルイス構造すべての重ね合わせあるいは平均が実際の分子構造であると考える．

4　O_3

共鳴を示すには下式のように ⟷ が用いられる．

共鳴というのは，いくつかの構造の間を行ったり来たりしているのではなく，それらの構造を混ぜ合わせた一つのものである．量子力学的には，各ルイス構造の電子分布は波動関数で表される．分子の実際の波動関数 ψ は，各ルイス構造の波動関数 ψ の重ね合わせである[1]．

$$\psi = \psi(O-O=O) + \psi(O=O-O)$$

二つのルイス構造はどちらもエネルギーは同じであるから，全体の波動関数はこれらの構造のそれぞれからの同等の寄与を重ね合わせたものとして書かれる．二つ以上のルイス構造を混ぜ合わせた構造を**共鳴混成体** (resonance hybrid) とよぶ．共鳴が起こるのは，電子の割り付け方だけが違う構造の間であることに注意しなければならない．原子自身の位置が違う構造の間では共鳴が起こらない．たとえば，SOO と OSO との間に共鳴は起こらない．

共鳴にはおもにつぎの二つの効果がある．

- 分子中の結合の性質を平均化する．
- 共鳴混成体構造のエネルギーは共鳴に寄与する個々のルイス構造のどれよりも低くなる．

今の例では O_3 の共鳴混成体のエネルギーは，二つの構造のそれぞれのエネルギーより低い．O_3 のように，分子を表す構造がいくつかあって，それぞれが同じエネルギーをもっている場合に，共鳴は最も大きな効果をもつ．こういう場合には，エネルギーの等しい個々の構造はいずれも全体の構造に対して同じ大きさの寄与をする．

エネルギーの違う構造も，程度の差はあれ，共鳴混成体に寄与をするが，一般に，二つのルイス構造のエネルギーの差が大きくなるほど，高エネルギー構造の寄与は小さくなる．BF_3 分子を例にとると，これは **5** に示したような構造の共鳴混成体と考えることもできるが，オクテット則を満たしていないにもかかわらず一つめの構造が支配的になる．したがって，BF_3 はおもに B-F 単結合をもち，それに二重結合性が少し混ざったものとみなすことができる．これに対し，NO_3^- イオン (**6**) では，右側の三つの構造が支配的であるから，このイオンは十分に二重結合性をもつものとして扱われる．

---

[1] 次式の波動関数は規格化 (§1・2) されていない．本書では，波動関数の線形結合の形を見やすくするため，規格化定数を省略する場合が多い．右辺の波動関数は，原子価結合理論で導かれる．この点については後述する．

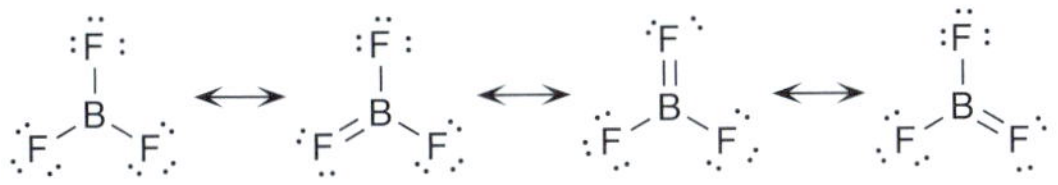

5 BF₃

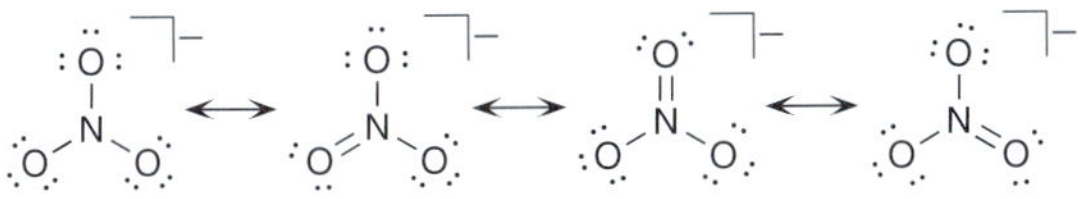

6 NO₃⁻

2・3 VSEPR モデル

単純な分子であっても，その形が対称性によって支配されない限り，結合角の値を予測する簡易方法はない．ところが，分子の形については，静電反発力と孤立電子対の有無に基づいた**原子価殻電子対反発モデル**（valence shell electron pair repulsion model, VSEPR モデル）が驚くほど有用である．

(a) 基本形

要点 VSEPR モデルでは，高電子密度領域が互いにできるだけ離れた位置をとると考える．その結果生じた構造中で原子が占める場所によって分子形が決まる．

VSEPR モデルでは，まず，高電子密度領域——結合をつくっている電子対，孤立電子対，多重結合に伴う電子が集中したところ——は，相互間の反発を最小にするようにできるだけ遠い位置を占めると仮定する．たとえば，4個の高電子密度領域は正四面体の頂点に，5個なら三方両錐の頂点に位置することになる（表2・2）．

表 2・2 VSEPR モデルによる高電子密度領域の基本的配置

高電子密度領域の数	配置
2	直線形
3	平面三角形
4	四面体形
5	三方両錐形
6	八面体形

表 2・3 分子形の表し方

分子形の表現	形	例	分子形の表現	形	例
直線形		HCN, CO_2	平面四角形		XeF_4
折れ線形		H_2O, O_3, NO_2^-	四方錐形		$Sb(Ph)_5$
平面三角形	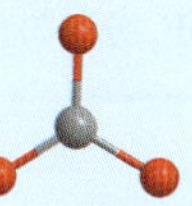	$BF_3, SO_3, NO_3^-, CO_3^{2-}$	三方両錐形		$PCl_5(g), SOF_4^†$
三方錐形		NH_3, SO_3^{2-}			
四面体形		CH_4, SO_4^{2-}	八面体形		$SF_6, PCl_6^-, IO(OH)_5^†$

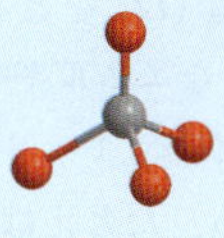

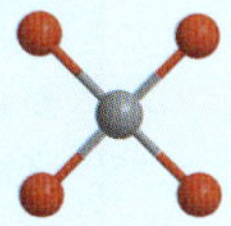

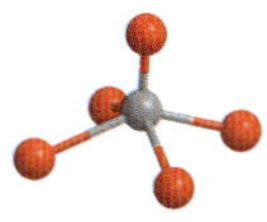

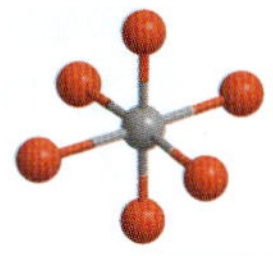

† 近似的な形．

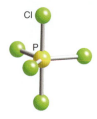

7 PCl₅

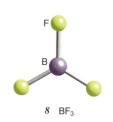

8 BF₃

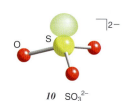

9 SO₃²⁻

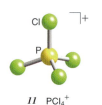

10 SO₃²⁻

11 PCl₄⁺

分子の形を支配しているのは高電子密度領域, つまり結合領域と孤立電子対領域の双方であるが, 分子形の名前を決めるのは, 高電子密度領域ではなく原子の配置である (表 2・3). たとえば, NH₃ 分子は四面体形に配置した 4 個の電子対をもつが, そのうち 1 個は孤立電子対であるから, 分子自体は三方錐形に分類する. 三方錐の頂点の一つが孤立電子対で占められる. H₂O も同じように四面体形配置の電子対をもつが, そのうち 2 個は孤立電子対だから分子形としては折れ線形である.

VSEPR モデルを系統的に適用するにあたり, まず分子あるいはイオンのルイス構造を描き, 中心原子を明らかにする. つぎに原子の数と中心原子がもつ孤立電子対の数を数える. 個々の原子 (その原子と中心原子との間が単結合であっても多重結合であっても) ならびに個々の孤立電子対は高電子密度領域の一つとして数えられるからである. 最低エネルギーを達成するために, これらの領域はできるだけ遠ざかるように配置し, 分子がとる基本的な形を表 2・2 を参考にして決める. 最後に, どの位置が原子に対応するかに着目し, 表 2・3 から分子の形を決定する. たとえば, PCl₅ 分子は 5 本の単結合, 言い換えると五つの高電子密度領域が中心原子の周りにあるから三方両錐形 (**7**), とそれぞれ予想され, 実際にもそうである.

例題 2・2 VSEPR モデルを用いて分子やイオンの形を予測する

(a) BF₃ 分子と, (b) SO₃²⁻ イオン, (c) PCl₄⁺ イオンの形を予測せよ.

解 各分子やイオンについてルイス構造を描き, 結合電子対と孤立電子対の数とそれらがどのように中心原子の周りに配置されるかを考えることから始める. (a) BF₃ のルイス構造を **5** に示す. 中心の B 原子に対して三つの F 原子が結合しているが, 孤立電子対はない. 三つの高電子密度領域の基本的な配置は平面三角形である. それぞれの領域には F 原子があるので, 分子の形も平面三角形 (**8**) である. (b) SO₃²⁻ のルイス構造を **9** に二つ示す. これら二つは, 全体の共鳴構造に寄与する多くの構造の一例である. いずれの場合でも中心の S 原子に三つの原子が結合し, 孤立電子対が一つある. つまり, 四つの高電子密度領域が存在する. これらの領域の基本的な配置は正四面体形である. 原子に対応するのは三つの領域なので, このイオンの形は三方錐形 (**10**) である. この方法で導かれる形は, どの共鳴構造を考えるかには依存しないことに注意しよう. (c) リンは 5 個の価電子をもつ. これらのうち 4 個は四つの Cl 原子との結合に用いられる. 1 個の価電子は取除かれ, +1 の電荷を与える. したがって, P 原子のすべての価電子は結合に使用され孤立電子対はない. 四つの高電子密度領域は四面体形の配置になり, 各領域に Cl 原子があるので, PCl₄⁺ イオンは四面体形 (**11**) である.

問題 2・2 (a) H₂S 分子, (b) XeO₄ 分子, (c) SOF₄ 分子の形を予測せよ.

VSEPR モデルは著しい成功を収めたが, 同じエネルギーをもつ二つ以上の基本構造があるときには困難を生じるときもある. たとえば, 中心原子に五つの高電子密度領域がある場合には, 結合の配置が四方錐形のときのエネルギーが三方両錐形の配置よりわずかに高いだけであるので, 前者の構造 (**12**) をとる例がいくらかある. 同様に高電子密度領域が 7 個のときは, 同じようなエネルギーの配座がたくさんあるという事情もあって他の場合に比べると予想が難しい. しかし, p-ブロック元素では七配位は五方両錐形になる場合が主である. たとえば, IF₇ は五方両錐形であり, 5 個の結合と 2 対の孤立電子対をもつ XeF₅⁻ は平面五角形となる. 重

いp-ブロック元素の場合には，孤立電子対があってもその立体化学的影響は少ない．たとえば，SeF_6^{2-} と $TeCl_6^{2-}$ とは，SeとTeとが1対の孤立電子対をもつにもかかわらず，八面体形のイオンである．分子の形に影響を与えない孤立電子対を**立体化学的に不活性**（stereochemically inert）であるという．また，そのような孤立電子対は方向性をもたないs軌道にある場合が多い．

(b) 基本形の修正

要点　孤立電子対は，結合電子対よりも強く他の電子対と反発する．

高電子密度領域の数から分子の基本形が決まったら，結合電子対と孤立電子対との静電反発力の違いを考慮して少し修正する．これらの反発力の大小はつぎのようになると仮定する．

孤立電子対と孤立電子対 > 孤立電子対と結合領域 > 結合領域と結合領域

初等的な本では，孤立電子対間の反発が強い理由として，孤立電子対の方が結合電子対よりも平均して核の近くにあるから，他の電子対を強く反発するのだろうと説明されているが，本当の理由ははっきりしない．上の順序につけ加えて，もう少し細かくいうと，三方両錐形の場合，1個の孤立電子対がアキシアルかエクアトリアルかどちらかの位置を選べるときには，エクアトリアル位に来る．エクアトリアル位の孤立電子対は90°離れた2対の結合電子対からの反発を受けるが（図2・1），アキシアル位の孤立電子対は90°離れた3対の結合電子対から反発される．基本形が八面体である場合には1対の孤立電子対はどの位置を占めることもできるが，二つめの孤立電子対は一つめに対してトランス（逆）の位置に入り，構造は平面四角形となる．

2対の結合電子対が隣接し，孤立電子対が1対以上ある分子では，結合角はすべての電子対が結合電子対である場合に期待される値よりも小さくなる．このため，NH_3 のHNH結合角は，基本的な形である正四面体の値（109.5°）より小さい値になる．このことは実測されるHNH結合角の107°と矛盾しない．同様に，H_2O のHOH結合角は正四面体の値より小さくなる．これは2対の孤立電子対が離れようとするからである．これは実測のHOH結合角が104.5°であることと整合性がある．しかし，VSEPRでは分子がとる実際の結合角を予測するのに使えないことが欠点となっている[2]．

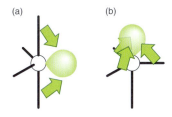

図 2・1　VSEPRモデルでは，(a) 三方両錐形のエクアトリアル位にある孤立電子対は二つの結合電子対と強く相互作用するが，(b) アキシアル位にある場合は，三つの結合電子対と強く相互作用し，前者の方が一般的にエネルギーは低い．

[2] 水素化物とフッ化物ではさらに問題がある．参考書を参照のこと．

例題 2・3　孤立電子対が分子の形に及ぼす影響を説明する

SF_4 分子の形を予想せよ．

解　分子のルイス構造を描き，結合電子対，孤立電子対の数を決める．その後，分子の形を決め，最後に孤立電子対による修正を考える．SF_4 のルイス構造を **13** に示す．中心のS原子は，それと結合している四つのF原子と一つの孤立電子対をもつ．これら五つの高電子密度領域がとる構造は三方両錐形である．1対の孤立電子対がエクアトリアル位を占めシーソーに似た形の分子となる場合にポテンシャルエネルギーは最低となる．この場合，アキシアル位の結合がシーソーの"板"で，エクアトリアル位の結合が"支点"になる．さらにS–F結合は孤立電子対から遠ざかるように曲がる（**14**）．

13 SF_4

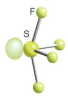

14 SF_4

問題 2・3　(a) XeF_2 分子と (b) ICl_2^+ 分子の形を予想せよ

原子価結合理論

原子価結合理論 (valence-bond theory, VB 理論) は，最初に発展した化学結合の量子力学的理論であった．原子価結合理論では孤立した原子が一緒になって分子を生成する際の原子軌道の相互作用を考察する．VB 理論の数値計算上の技法の大部分は，分子軌道法によって取って代わられたが，言葉遣いの多くは，いくつかの概念とともに生き続け，化学の世界で用いられている．

2・4 水素分子

要点 原子価結合理論では，別々の分子断片の波動関数を重ね合わせて結合電子対の波動関数をつくる．分子のポテンシャルエネルギー曲線は，分子のエネルギーが核間距離とともにどう変化するかを示す．

2 個の H 原子が互いに遠く離れているときには，これらの原子の 2 個の電子の波動関数は $\psi = \chi_A(1)\chi_B(2)$ である．ここで χ_A と χ_B は原子 A と原子 B 上の H 1s 軌道である（χ は電気陰性度に対しても使われるが，内容上，二つの使用で混乱することはない．χ は計算化学で原子軌道を表すのに一般に用いられる）．これらの原子が近づいてくると，電子 1 と電子 2 のどちらが原子 A 上にあるかを知ることは不可能である．したがって，電子 2 が原子 A 上にあり電子 1 が原子 B 上にある状態に対応する波動関数 $\psi = \chi_A(2)\chi_B(1)$ も，上述の波動関数と同じように有効な記述である．これら二つの結果が同程度に確実であるときは，量子力学の示すところによれば，系の状態を正しく記述するには，それぞれの可能性に対応する波動関数を重ね合わせなければならない．そこで，水素分子を記述するには，上の二つの波動関数のそれぞれ単独ではなく，つぎのような二つの状態の線形結合の方がよい．

$$\psi = \chi_A(1)\chi_B(2) + \chi_A(2)\chi_B(1) \tag{2・1}$$

この関数が，H−H 結合の VB 波動関数（規格化していない）である．この結合形成は，2 個の電子が 2 個の核の間の領域に高確率で存在することによって核を結びつけているというように見ることができる（図 2・2）．もっと改まった言い方をすれば，$\chi_A(1)\chi_B(2)$ の波形と $\chi_A(2)\chi_B(1)$ の波形との強め合う干渉によって，核間領域で波動関数の振幅が大きくなっているということである．パウリの排他原理に由来する理由があって，式 (2・1) に書かれた形の波動関数が記述できるのは，スピンが対になった電子に限られる．それゆえ，VB 理論では，電子対だけが結合に寄与する．つまり，結合に寄与する二つの原子軌道の電子の**スピン対** (spin pairing) によって VB 波動関数がつくられると言うことができる．式 (2・1) の波動関数で表される電子分布は **σ 結合** (σ bond) とよばれる．図 2・2 に示すように，σ 結合は，二つの核を結ぶ直線に対して円筒状の対称性であって，σ 結合中の電子の結合軸周りの軌道角運動量は 0 である．

H_2 分子のエネルギーが核間距離によってどう変化するかを示した曲線——**分子ポテンシャルエネルギー曲線** (molecular potential energy curve)——は，核間距離 R を少しずつ変えてエネルギーを計算して求める（図 2・3）．別々の H 原子が，結合のできる距離に近づき，電子が自由に他の原子に移れるようになると，エネルギーはばらばらのときよりも下がってくるが，2 個の核の正電荷間のクーロン（静電）反発が逆にエネルギーを高める．このエネルギーを高める効果は，R の小さいところで強くなる．その結果，分子ポテンシャルエネルギー曲線は，最小点を通った後小さな核間距離のところで急激に上昇する．核間距離 R_e で最小点の深さは D_e で表される．最小点が深いほど，2 個の原子は強く結ばれているわけである．最小

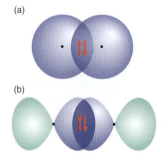

図 2・2 (a) s 軌道，(b) p 軌道の重なりによる σ 結合の形成．σ 結合は原子核を結ぶ軸の周りに円筒状の対称性をもつ．

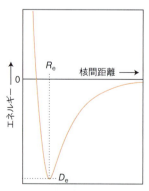

図 2・3 分子ポテンシャルエネルギー曲線．分子の全エネルギーが核間距離によってどう変わるかを示す．

点のところは井戸状になっているが，この井戸の傾斜は，結合が伸び縮みしたときに分子のエネルギーが増加する度合いである．したがって，曲線の傾斜は結合の強さを表し，分子振動の周波数を支配する（§8・5）．

2・5 等核二原子分子

要点 隣り合った原子の原子軌道で対称性の一致したもの同士の電子が対となってσ結合とπ結合とをつくる．

より複雑な分子も同様に記述することができる．まず，**等核二原子分子** (homonuclear diatomic molecule) を考えよう．これは同じ元素の原子から成る二原子分子である（たとえば，二窒素 N_2）．N_2 を VB 理論で扱うには，各原子の価電子配置を考える．§1・5 からわかるように，これは $2s^2 2p_z^1 2p_y^1 2p_x^1$ である．便宜上，2個の核を結ぶ軸を z 軸にとることにすると，各原子の $2p_z$ 軌道は相手の原子の $2p_z$ 軌道の方を向いていて，$2p_x$ 軌道と $2p_y$ 軌道とはこの軸と垂直に向いていることになる．そこで，向き合っている $2p_z$ 軌道の二つの電子でスピン対をつくれば σ 結合が1本できるわけである．この部分の波動関数は，式(2・1)で与えられる．ただし，ここでは χ_A および χ_B は2個の $2p_z$ 軌道の波動関数を表す．σ 結合であることを確認する簡単な方法は，原子核を結ぶ軸の周りに結合を回転させてみることである．もし波動関数が変化しなければ，結合は σ 結合である．

残りの 2p 軌道は，結合軸に関して円筒状の対称性をもたないから，互いに混ざり合っても σ 結合をつくるわけにはいかないが，これらの軌道の電子は一緒になって2本の π 結合（π bond）をつくる．p 軌道が2個横並びに近寄ってその中の電子のスピンが対になると1個の π 結合ができる（図2・4）．この結合が π とよばれるのは，結合軸方向から眺めると p 軌道にある電子対のように見えるからである．もっと精確にいうと，π 結合中の1個の電子は，結合軸周りに1単位の軌道角運動量をもつ．π 結合であることを確認する簡単な方法は，原子核を結ぶ軸の周りに結合を 180° 回転させてみることである．もし軌道のローブ†の符号（塗り色や濃淡などで示してある）が入れ替われば，結合は π 結合と分類できる．

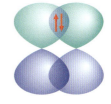

図 2・4 π 結合の形成

N_2 には2個の π 結合がある．一つは隣り合った2個の $2p_x$ 軌道でのスピン対形成，もう一つは隣り合った2個の $2p_y$ 軌道でのスピン対形成によって生じる．そこで，N_2 の全体としての結合の状態は1本の σ 結合と2本の π 結合となる（図2・5）．これは二窒素のルイス構造 :N≡N: とつじつまが合っている．三重結合の全電子密度の解析により，結合は原子核を結ぶ軸の周りに円筒状の対称性をもち，二つの π 結合の4個の電子は中心の σ 結合の周りに環状の電子密度を形成することが示されている．

2・6 多原子分子

要点 多原子分子では，原子核を結ぶ軸の周りに円筒状の対称性をもつ隣接原子軌道中の電子をスピン対にすると1本の σ 結合ができる．適切な対称性をもつ隣接する原子軌道を占めている電子をスピン対にすると π 結合ができる．

多原子分子の導入にあたり H_2O を VB 理論で記述することを考えよう．水素原子の価電子配置は $1s^1$ であり，O 原子の価電子配置は $2s^2 2p_z^2 2p_y^1 2p_x^1$ である．O 2p 軌道にある二つの不対電子は，それぞれ H 1s 軌道の電子と対をつくることができ，その組合わせからそれぞれ1個の σ 結合ができる（各結合は，その O–H 軸に関し

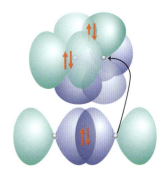

図 2・5 VB 理論による N_2 の記述．2個の電子が σ 結合をつくり，他の2対の電子が二つの π 結合をつくる．直線形分子では，x 方向，y 方向は特定されないので，π 結合の電子密度分布は，結合軸に関して円筒状の対称性をもつ．

---

† 訳注：図2・4のp軌道のように，形状が耳たぶ（ローブ，lobe）に似ていることからこのようによぶ．

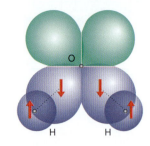

図 2・6 VB 理論による H$_2$O の記述. 2本の σ 結合があり, それぞれは, O 2p 軌道と H 1s 軌道との電子が対になってつくられる. このモデルでは結合角が 90° になる.

て円筒状の対称性をもつ). 2p$_y$ と 2p$_x$ とは互いに 90° になっているから, これら二つの σ 軌道も互いに 90° になる (図 2・6). それゆえ, H$_2$O は折れ線形分子であると予想できるし, 実際そうである. しかし VB 理論から予想される結合角は 90° なのに対し, 実際は 104.5° である. アンモニア分子 NH$_3$ の構造の場合も同様で, 前述した N 原子の価電子配置からみて, 3個の H 原子は, 電子が半分詰まった 3個の 2p 軌道とスピン対を形成して結合していると考える. これら 3個の 2p 軌道は互いに垂直だから, この分子は三方錐形で結合角は 90° と予想される. NH$_3$ 分子はたしかに三方錐形である. しかし, 結合角の実測値は 107° である.

これまでに示してきた VB 理論の別の欠陥は, 炭素が 4価であり, メタン CH$_4$ が PCl$_4^+$ (**11**) のような四面体形を示すように, 4本の結合をつくりやすいことを説明できないということである. C の基底状態電子配置は 2s^{2}2p$_z^1$2p$_y^1$ である. これから考えると, C 原子は, 4本でなく 2本しか結合をつくれなくなってしまう. 明らかに VB 理論には何らかの不備がある.

これら二つの欠陥——結合角および炭素の原子価を説明できないこと——は, 二つの新しい概念, 昇位と混成の導入によって補うことができる.

(a) 昇 位

要点 電子の昇位は, 昇位によって結合の数が増えたり, 結合力が増したり, 全体のエネルギーが低下する場合に起こりうる.

昇位 (promotion) とは, 高エネルギーの軌道に電子を励起して結合を生成することである. 電子の昇位にはエネルギーの投資を必要とするが, 結果としてつくりうる結合の数や強さが大きくて投資した分を上回れば十分引き合うことになる. 昇位というものは, 原子が何らかのやり方で励起され, その後で結合ができるというような"現実"の過程ではなく, 結合形成の際に起こる全体のエネルギー変化に含まれる寄与分である.

炭素の例では, 2s 電子の 1個を 2p 軌道に昇位させれば, 価電子配置は 2s^{1}2p$_z^1$2p$_y^1$2p$_x^1$ となって, 4個の不対電子が別々の軌道に入った形になる. これらの電子は, 他の 4個の原子の軌道 (たとえば分子が CH$_4$ なら 4個の H 1s 軌道) の 4電子と対になって, 4本の σ 結合をつくることができる. 電子の昇位にはエネルギーが必要であるが, このエネルギーは, 昇位されなかった場合の 2本の結合の代わりに 4本の結合ができることで, 十分まかなわれて余りある. 昇位とそれによる 4本の結合の形成は, 炭素および 14族の元素の特徴である (第 14章). これは, 二重に占有されていた ns 軌道から空の np 軌道に電子が移るので基底状態における電子-電子反発が著しく軽減されるため, 昇位に要するエネルギーがごく小さくて済むからである. この電子の昇位は族が下に行くほどエネルギー的には好まれなくなり, スズや鉛では 2価化合物が一般的である (§9・5).

(b) 超原子価

要点 超原子価ならびにオクテット則の拡張を要する共鳴構造は, 第 3周期以下の元素で見られる.

15 PCl$_5$

Li から Ne までの第 2周期元素はオクテット則によく従うが, 第 3周期以降の元素はこれから外れることがある. たとえば, PCl$_5$ の結合では, P 原子は原子価殻に 10個 (各 P–Cl 結合に 1対) の電子をもたなければならない (**15**). 同様に SF$_6$ の F 原子がそれぞれ中心の S 原子と電子対で結合しているなら, S 原子は周りに 12個の電子をもたなければならない (**16**). この種の化学種, つまり周りの電子が 8個ではすまなくなるような原子を少なくとも 1個含む化合物を**超原子価化合物** (hypervalent compound) とよぶ.

16 SF$_6$

超原子価の説明の一つに余分の電子を収容できる空席のある低エネルギーの d 軌道が使えるというものがある．この説明に従えば，P 原子は，空の 3d 軌道を使えば 8 個より多く電子を収容できる．PCl_5 を例にとれば，5 対の結合電子対をもっているので，原子価殻の 3s と 3p から成る四つの軌道に加えて，少なくとも 1 個の 3d 軌道を使わなければならない．そこで，第 2 周期元素の超原子価化合物がめったにないのは，これらの元素の原子価軌道には 2d 軌道がないからだとされる．しかし，第 2 周期で超原子価化合物がまれな理由は，小さな中心原子の周りに 4 個より多くの原子を詰め込むのが難しいからだという幾何学的なことの方が大事であって，d 軌道が使えるかどうかは実際のところほとんど関係がないようである．本章の後で述べるような分子軌道理論は，d 軌道の役割を示さずに，超原子価化合物中の結合について述べている．

(c) 混　成

要点 同じ原子の原子軌道が互いに干渉して混成軌道ができる．それぞれの混成の機構は分子の局所的な構造と対応している．

14 族元素の AB_4 型分子の結合形成についての上記の考え方は，そのままでは不完全である．というのは，4 本の σ 結合のうち 3 本は一つの型（χ_B と $\chi_{A\,2p}$ とからできる），4 本目は明らかに異なる型（χ_B と $\chi_{A\,2s}$ とからできる）となるように見えるからである．実際には，CH_4 の例からわかるように，すべての特徴（結合長，結合の強さ，形）において，4 本の A－B 結合は等価である．

ところで，昇位した原子の電子密度分布は，A 2s 軌道と 3 個の A 2p 軌道との干渉あるいは"混合"で生じた 4 個の**混成軌道**（hybrid orbital）にそれぞれ 1 個の電子が入ったときの電子密度分布と等価である．このことに気づけば上の問題点を解決できる．混成の感じをつかむには，4 個の原子軌道を一つの原子核を中心とする四つの波になぞらえて，湖水の面を一点から広がっていくさざなみを想像するとよい．これらの波は，場所によって強め合ったり打ち消し合ったりして，四つの新しい形をつくり出すであろう．

4 本の同等な混成軌道を与える線形結合の具体的な形は

$$h_1 = s + p_x + p_y + p_z \qquad h_2 = s - p_x - p_y + p_z$$
$$h_3 = s - p_x + p_y - p_z \qquad h_4 = s + p_x - p_y - p_z \qquad (2\cdot2)$$

である．成分となる軌道の干渉の結果，それぞれの混成軌道は，正四面体の頂点方向を指す大きなローブとその反対方向を指す小さなローブをもつ（図 2・7）．混成軌道の軸が互いになす角は，正四面体角 109.47° である．各混成軌道は，1 個の s 軌道と 3 個の p 軌道からつくられるから，**sp^3 混成軌道**（sp^3 hybrid orbital）とよばれる．

ここまで来れば，CH_4 分子が 4 本の同等な C－H 結合をもつ四面体形になることを VB 理論でどう説明するかが容易にわかる．昇位した炭素原子の 4 個の混成軌道には 1 個ずつ不対電子がある．この電子と $\chi_{H\,1s}$ の 1 個の電子とが対をつくれば四面体の頂点方向を向いた σ 結合をつくることができる．sp^3 混成軌道の成分はいずれも同じだから，これら 4 本の σ 結合は，向きの違い以外はまったく同等である．

混成のもう一つの特徴は，混成軌道は核間領域の振幅が強められているという意味で明確な方向性をもつことである．この方向性をもつという特徴は，s 軌道が p 軌道の正符号のローブと干渉して強め合うことに起因する．核間領域の振幅が強められる結果，s 軌道または p 軌道単独のときよりも強い結合ができる．このように個々の結合が強くなることも，昇位エネルギーをまかなうのに役立っている．

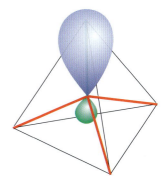

図 2・7＊　4 本の互いに同等な sp^3 混成軌道の一つ．それぞれ正四面体の頂点の方向を指している．

表 2・4 混成軌道の例

配位数	配置	混成軌道の内容
2	直線形	sp, pd, sd
	折れ線形	sd
3	平面三角形	sp^2, p^2d
	非対称平面形	spd
	三方錐形	pd^2
4	正四面体形	sp^3, sd^3
	ゆがんだ四面体形	spd^2, p^3d, pd^3
	平面四角形	p^2d^2, sp^2d
5	三方両錐形	sp^3d, spd^3
	四方錐形	$sp^2d^2, sd^4, pd^4, p^3d^2$
	平面五角形	p^2d^3
6	八面体形	sp^3d^2
	三角柱形	spd^4, pd^5
	三方逆角柱	p^3d^3

いろいろな形の分子をVB理論で記述するために,分子形に応じてさまざまな成分の混成軌道が用いられる.たとえば,BF_3のBやNO_3^-のNのような平面三角形化学種の電子分布を表すにはsp^2混成が,直線形化学種にはsp混成が用いられる.表2・4に,いろいろな形の電子分布に対応する混成軌道を示す.また,d軌道を含む混成についても含まれており,これにより§2・6bで議論した超原子価を説明している.

分子軌道理論

VB理論では単純な分子中の結合を合理的に記述できることを見てきた.しかし,VB理論では多原子分子をエレガントに取扱うことができない.**分子軌道理論**(molecular orbital theory,MO理論)は,結合のより洗練されたモデルで,単純なものから複雑な分子までを同等にうまく取扱うことが可能である.MO理論では,原子軌道による原子の記述をごく自然なやり方で**分子軌道**(molecular orbital)へと拡張する.分子軌道の記述では,電子は分子中の全原子上に広がってそれらを結びつけている.ここでも本章の精神に従って,分子軌道の概念を定性的に扱い,無機化学者がMO理論を用いてどのように分子の電子構造を議論しているかという感じを伝えることにしよう.今日,無機分子およびイオンに対する定性的な議論と計算のほとんどすべてはMO理論の枠内で行われている.

2・7 分子軌道理論入門

まず,同じ元素の原子2個から成る等核二原子分子・イオンを考えよう.そこで導入した概念は,異なる元素の2原子やイオンからできている分子である異核二原子分子にたやすく拡張できる.また,これらの概念は,多原子分子や莫大な数の原子やイオンから成る固体にまでも容易に拡張される.類似の概念は,大きな分子の一部をなしている原子の対にも適用できるから,SF_6分子中のSFやH_2O_2分子中のOOのような分子断片についても本章の一部で説明する.

(a) 分子軌道理論で用いる近似

要点 分子軌道は原子軌道の線形結合によってつくられる．線形結合において係数の大きい原子軌道に電子を見いだす確率は高くなる．各分子軌道は最大で2個の電子によって占められる．

原子の電子構造の記述の場合と同じく，まず**軌道近似** (orbital approximation) を前提として取りかかる．すなわち，分子中にある N_e 個の電子の波動関数 Ψ が N_e 個の一電子波動関数 ψ の積によって表されると仮定する：$\Psi = \psi(1)\psi(2)\cdots\psi(N_e)$．この式は，電子1が波動関数 $\psi(1)$ によって，電子2が波動関数 $\psi(2)$ によって，以下，同様に記述されると解釈できる．これらの一電子波動関数が理論に現れる分子軌道である．原子の場合と同様，一電子波動関数の2乗が，分子におけるその電子の存在確率分布を与える．ある分子軌道にある電子は，軌道の振幅の大きいところに見いだされる確率が高く，いかなる軌道の節にも決して存在しない．

つぎの段階の近似は，ある原子核の側にいる電子の波動関数はその原子の原子軌道とよく似ているはずであるということに立脚する．たとえば，電子が分子中でH原子核の近くにあるなら，その波動関数は水素の1s軌道に近いものであろう．したがって，各原子の原子軌道を重ね合わせれば，十分よい第一近似で分子軌道を組上げることができると考えてもよいだろう．原子軌道からこれが寄与する分子軌道を組立てるモデルは，**原子軌道の線形結合** (linear combination of atomic orbital, LCAO) 近似とよばれる．"線形結合"とは，いくつかの関数を適当な重みをかけて加え合わせたもののことである．簡単に言えば，寄与のある原子の原子軌道を組合わせて，分子全体に広がった分子軌道をつくることになる．

MO理論の最も初歩的な形では，原子軌道として原子価殻軌道だけを使って分子軌道を組立てる．たとえば，H_2 の分子軌道は，二つの水素原子の1s軌道を各原子から一つずつ加え合わせて近似したものである．

$$\psi = c_A\chi_A + c_B\chi_B \tag{2・3}$$

この場合，分子軌道を構成する素材になる原子軌道 χ の組である**基底系** (basis set) は二つのH 1s軌道から成る（水素原子Aから一つ，水素原子Bからも一つ）．より複雑な分子でも原理はまったく同じである．たとえば，メタン分子の基底系は炭素の2s軌道と2p軌道と水素原子の四つの1s軌道から成る．また，線形結合の係数 c は，それぞれの原子軌道が分子軌道に対してどのくらい寄与しているかの割合を示すもので，c の値が大きいほどその原子軌道の分子軌道への寄与が大きいことを意味する．式(2・3)の係数を解釈するためには，c_A^2 は軌道 χ_A 中に電子が見つかる確率を，c_B^2 は軌道 χ_B 中に電子が見つかる確率であることに注意する．両方の原子軌道が分子軌道に寄与するということは振幅が0ではない原子軌道間で干渉があり，その確率分布は

$$\psi^2 = c_A^2\chi_A^2 + 2c_Ac_B\chi_A\chi_B + c_B^2\chi_B^2 \tag{2・4}$$

で与えられることを意味する．$2c_Ac_B\chi_A\chi_B$ の項はこの干渉によって生じる確率密度の寄与を表す．

H_2 は等核二原子分子であるため，電子はどちらの核の近くにも等しい確率で見つかることになる．したがって線形結合のうち最低エネルギーのものは，各1s軌道が等しい寄与をする ($c_A^2 = c_B^2$) ものであり，$c_A = +c_B$ もしくは $c_A = -c_B$ の可能性を残している．したがって，規格化を無視すると二つの分子軌道は，

$$\psi_\pm = \chi_A \pm \chi_B \tag{2・5}$$

である．LCAOの係数の符号の関係は，分子軌道のエネルギーを決めるうえでき

わめて重要な役割を演じる．それは，つぎに述べるように，符号は原子軌道が広がっている同じ場所で強め合う干渉を起こすか弱め合う干渉を起こすかを決め，したがって，その場所で電子密度が増えるか減るかが係数からわかるからである．

あと二つ予備的な注意をしておこう．上の議論から，二つの原子軌道から二つの分子軌道がつくられることがわかる．一般に，N個の原子軌道を基底系とすればN個の分子軌道をつくることができる．この点の重要性は後ではっきりするが，たとえばO_2中の各O原子上にある4個の原子価軌道を用いるなら，全部で8個の原子軌道があるわけだから，8個の分子軌道をつくることができる．さらに，原子のときと同じく，パウリの排他原理により各分子軌道は電子を2個まで受け入れることができ，2個の電子があればそれらのスピンは対になっていなくてはならない．したがって，第2周期の原子2個から成り，電子を入れることのできる8個の分子軌道をもつ二原子分子では，全分子軌道を満たすまでに16個の電子を受け入れることができる．原子軌道に電子を入れていくときに用いた規則（構成原理，§1・5）と同じものを適用して，分子軌道を電子で満たして行く．

N個の原子軌道からできる分子軌道のエネルギーは一般につぎのようになる．分子軌道の一つは，そのもとになった原子軌道のエネルギー準位より下に，もう一つは上にあり，そのほかの分子軌道の準位はこれら二つの間に来る．

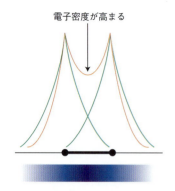

図 2・8　隣り合う原子の原子軌道の強め合う干渉により核間領域の電子密度が高まる．

(b) 結合性軌道と反結合性軌道

　要点　結合性軌道は，隣り合った原子軌道の強め合う干渉によって生じ，反結合性軌道は弱め合う干渉によって生じる．後者には原子間に節面がある．

軌道 ψ_+ は**結合性軌道**（bonding orbital）の一例である．これがそうよばれるのは，この軌道が電子で占められると分子のエネルギーがばらばらの原子のエネルギーよりも下がるからである．ψ_+ が結合性をもつのは，二つの原子軌道の強め合う干渉の結果，原子核の間の空間における波動関数の振幅が高められるからだとされる（図2・8）．ψ_+ を占める電子は，核間領域に見いだされる確率が高く，したがって両方の核と強い相互作用をもつ．このことからわかるように，軌道の重なり，すなわち，一方の軌道が他方の軌道の占める領域にまで広がっていて，その結果，電子が核間領域に見いだされる確率を高めることが結合力の起源であると考えられる．

軌道 ψ_- は**反結合性軌道**（antibonding orbital）の一例である．これがそうよばれるのは，この軌道に電子が入ると，二つの原子が別々のときのエネルギーよりも分子のエネルギーが高くなるからである．このように反結合性軌道の電子エネルギーが高くなるのは，原子軌道が打ち消し合うように干渉することの現れである．すなわち，この干渉のために波動関数の振幅が相殺されて，核の中間に節面が生じることを反映している（図2・9）．そのため，ψ_- を占める電子は，核間領域からほとんど閉め出されてエネルギー的に不利な位置にいるように強いられる．一般に，多原子分子の分子軌道のエネルギーは，核間にある節面が多いほど高くなる．エネルギーが高くなるのは，それだけ完全に電子が核と核との間の領域から閉め出されていることの反映である．反結合性軌道のエネルギー増加分は，対応する結合性軌道のエネルギー減少分より若干大きい．この非対称性は，詳細な電子分布に起因するとともに，核間の反発力が全体のエネルギー準位図を上方にずらすことの結果でもある．後でわかるが，反結合性軌道を占めることによる不安定性は，電子が多い2p元素間で生成する結合の弱さを説明することと特に関係している．

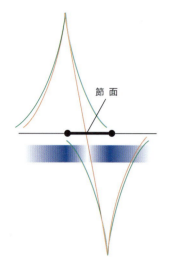

図 2・9　重なり合う原子軌道が逆の位相だと弱め合う干渉が起こり，これにより反結合性分子軌道に節面ができる．

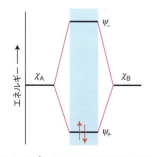

図 2・10*　H_2および類似分子の分子軌道エネルギー準位図

H_2 の二つの分子軌道のエネルギー準位を図2・10に示す．この図は分子軌道の相対的なエネルギーを表す**分子軌道エネルギー準位図**（molecular orbital energy level diagram）の一例である．2個の電子はエネルギーの低い分子軌道を占める．

これら二つの分子軌道間のエネルギー間隔の大きさを示すのは，11.4 eV（紫外部の 109 nm）に現れる H_2 の吸収スペクトルである．これは，結合性軌道と反結合性軌道との間の電子遷移に帰属できる．これに対し，ばらばらの原子に対する結合性軌道のエネルギー位置を示すのは，H_2 の解離エネルギー 4.5 eV（434 kJ mol^{-1}）である．

　パウリの排他原理により，一つの分子軌道に入りうる電子の数は2個までで，また，これら二つの電子のスピンは対（↑↓）になっていなければならない．パウリの排他原理こそ，VB 理論におけるのと同様 MO 理論でも，結合形成における電子対の重要性の根源である．MO 理論からいえば分子を安定にしている一つの軌道を占めることのできる電子の最大数は2個である．たとえば，H_2 分子が2個のばらばらな水素原子より安定なのは，2個の電子が ψ_+ を占めてエネルギーを下げることができるからである（図 2・10 参照）．結合性軌道の電子が1個だけだと結合は弱くなると考えられる．しかし，H_2^+ は気相中で一時的に存在するイオンで，その解離エネルギーは 2.6 eV（250.8 kJ mol^{-1}）である．また，3個になると（たとえば H_2^-），3番目の電子は反結合性軌道 ψ_- に入って分子を不安定化するから，2個のときほど有効でない．電子が4個になると，ψ_+ 中の2個の電子の結合力は，ψ_- を占める2個の電子の反結合効果によって完全に打ち消されてしまうから，結局，結合はできないことになる．したがって，結合に使える軌道として 1s しかない場合には，He_2 のような四電子分子が原子に解離するよりも安定であるとは期待できない．

　これまで，原子軌道の相互作用により，個々の原子よりもエネルギーの低い分子軌道（結合性）とエネルギーの高い分子軌道（反結合性）が生じることを議論してきた．加えて，はじめの原子軌道と同じエネルギーをもつ分子軌道をつくることも可能である．この場合，電子がこの軌道を占有しても分子は安定にも不安定にもならないので，**非結合性軌道**（nonbonding orbital）とよばれる．一般に，非結合性軌道は単一の原子軌道から成る分子軌道である．これは，おそらく，隣接する原子と重なり合うことのできるような適切な対称性をもつ原子軌道が存在しないことによるものである．

2・8 等核二原子分子

　二原子分子の構造は，市販のソフトウエアを使えば楽々と計算できるが，その計算が妥当かどうかは実験データにより確認しなければならない．さらに，実験で得られた情報から，分子構造がわかることが多い．分子の電子構造の姿を最も直接に知る方法の一つは紫外光電子分光法である（§8・9）．紫外光電子分光法では分子中の占有されている軌道から電子が放出され，そのエネルギーを測定する．光電子スペクトルのピークは分子の種々の軌道から放出された電子のさまざまな運動エネルギーに対応するので，スペクトルは分子の分子軌道エネルギー準位の姿をそのまま写し出したものになる（図 2・11）．

(a) 分子軌道

　要点　分子軌道は，原子核を結ぶ軸の周りの回転に関する対称性に従って，σかπかδに分類される．また（中心対称の化学種では），反転に関する対称性に従って g または u に分類される．

　二原子分子の研究に用いられる紫外光電子分光法および他の手法（おもに吸収スペクトル法）によって明らかにされる種々の特徴を，MO 理論がどのように説明するかを見ていこう．主として，内殻電子の軌道ではなく外殻の価電子の軌道に着目する．理論的検討の出発点は，H_2 の場合のように，**最小基底系**（minimal basis

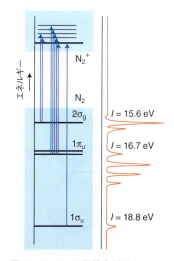

図 2・11　N_2 の紫外光電子スペクトル．スペクトルの微細構造は光電子放射によって生じるカチオンの振動励起状態に起因する．

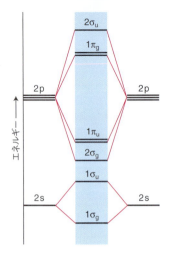

図 2・12* 第 2 周期後半の元素がつくる等核二原子分子で見られる分子軌道エネルギー準位図. この図は O_2 および F_2 に適用される.

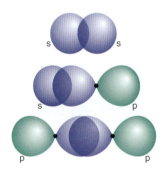

図 2・13 σ 軌道はいろいろなやり方でつくられる. これらは, s, s 重なり, 核を結ぶ軸方向に向いた p 軌道を用いた s, p 重なりと p, p 重なりである.

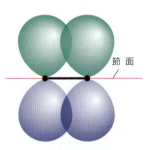

図 2・14 二つの p 軌道は π 軌道をつくるように重なることができる. この軌道には結合軸を通る節面がある. この図は, 節面を真横から見たところ.

set), すなわち分子軌道をつくるのに必要な最小限の原子軌道の組である. 第 2 周期の二原子分子の場合の最小基底系は, 各原子の s 軌道の価電子 1 個と p 軌道の価電子 3 個, 都合 8 個の原子軌道の組である. 8 個の原子価殻の原子軌道 (各原子から 4 個ずつ, 1 個の s と 3 個の p) から成る最小基底系を使ってどのように 8 個の分子軌道がつくられるかを述べ, ついで, パウリの排他原理を用いて基底状態の分子の電子配置を予測しよう.

基底系をつくる上記の原子軌道のエネルギーは O_2 と F_2 に適用される図 2・12 の分子軌道図の両側に示したようになっている. (以前に見たように) 核を結ぶ軸を便宜的に z 軸とし, この軸に対して円筒状の対称性をもつ原子軌道を重ね合わせてできる分子軌道を σ 軌道 (σ orbital) という. σ という記号は軌道が円筒状の対称性をもつという意味である. σ 軌道をつくりうる原子軌道は, 各原子の 2s および $2p_z$ 軌道である (図 2・13). これら 4 個の円筒状の対称性をもつ軌道 (A 原子と B 原子の 2s 軌道および $2p_z$ 軌道) から 4 個の σ 分子軌道をつくることができる. このうち 2 個は主として 2s 軌道の相互作用により生じ, 残りの 2 個は主として $2p_z$ 軌道の相互作用によって生じる. これらの分子軌道は, それぞれ, $1\sigma_g, 1\sigma_u, 2\sigma_g, 2\sigma_u$ と表現される. これらの軌道のエネルギーは図 2・12 に示したようになるが, 真ん中の 2 個の σ 軌道の準位の位置を正確に予想するのは難しい.

各原子に残っている 2 個の 2p 軌道は, z 軸を含む節面をもっている. これらを重ね合わせてできる分子軌道が π 軌道 (π orbital) である (図 2・14). 2 個の $2p_x$ 軌道の重なりおよび 2 個の $2p_y$ 軌道の重なりからそれぞれ結合性 π 軌道と反結合性 π 軌道とがつくられる. この様式の重なり合いから, 図 2・12 に示した 2 組の二重に縮退したエネルギー準位 (二つの準位が同じエネルギーをもつ) が生じる. これらを $1\pi_u$ と $1\pi_g$ で表す.

等核二原子分子の場合には, 分子の中心に関して反転したときにどうふるまうかという点に関して分子軌道の対称性を示しておくと便利 (とりわけスペクトルを論じる際に) なことがある. 反転 (inversion) 操作というのは, 分子中の任意の点から, 分子の中心へ引いた直線に沿って中心に向かって行き, さらに中心の向こう側に同じ距離だけ行くことである. この操作を図 2・15, 図 2・16 中の矢印で示す. 反転しても符号が変わらない分子軌道は g ("偶"を意味するドイツ語 *gerade* から) と称し, 反転したとき符号が逆になる分子軌道を u (*ungerade*, "奇") で表す. たとえば, 結合性 σ 軌道は g, 反結合性 σ 軌道は u である (図 2・15). これに対し, 結合性 π 軌道は u (図 2・15) で反結合性 π 軌道は g である (図 2・16). σ_u 軌道は π 軌道とは別に番号を付けることに注意する.

ここまでたどって来た筋道は, つぎのようにまとめることができる.

1. 各原子について 4 個の原子軌道から成る基底系から 8 個の分子軌道がつくられる.
2. これら 8 個の分子軌道のうち, 4 個は σ 軌道で 4 個は π 軌道である.
3. 4 個の σ 軌道は異なるエネルギーをもつように広がり, 1 個は最も結合性で, もう 1 個は最も反結合性である. これらの二つの準位の間に, 残りの 2 個の σ 軌道の準位がある.
4. 4 個の π 軌道は, 二重に縮退した結合性軌道 1 対と二重に縮退した反結合性軌道 1 対とをつくる.

エネルギー準位の実際の位置を決めるには, 電子遷移を伴う吸収スペクトル, 光電子分光法, もしくは, 詳しい計算を用いる必要がある.

図 2・17 に示した分子軌道エネルギー準位図は, 光電子分光法と詳しい計算 (分子のシュレーディンガー方程式の数値解) によって得られたものである. これでわ

かるように，Li$_2$からN$_2$までは，軌道の並び方が図2・18のようになっているが，O$_2$およびF$_2$では2σ$_g$と1π$_u$との順序が逆転して図2・12に示したようになる．この順序の逆転の由来は，第2周期を右に行くにつれて2s軌道と2p軌道との間隔が開いていくことである．波動関数の結合はエネルギーが近いほど強くなるというのが量子力学の原則である．エネルギーが約1 eV以上異なると波動関数の結合は重要ではない．s, pのエネルギー間隔が小さければ，各σ分子軌道はそれぞれの原子のs軌道とp軌道とが強く混じり合った性格になる．s軌道とp軌道とのエネルギー間隔が大きくなるに従って，それらからつくられるσ分子軌道は，純粋なs軌道，p軌道に近い性格をもつようになる．

たとえばHg$_2^{2+}$や[Cl$_4$ReReCl$_4$]$^{2-}$のようにd-ブロック金属の原子が二つ隣り合っているような錯体を考える場合には，d軌道由来の結合ができる可能性も念頭におかなければならない．d$_{z^2}$軌道は核を結ぶ軸（z軸）に対して円筒状の対称性をもつから，s軌道とp$_z$軌道とからつくられるσ軌道に寄与することができる．また，d$_{yz}$およびd$_{zx}$軌道は，核を結ぶ軸方向から見るとp軌道に似た形をしているから，p$_x$およびp$_y$からつくられるπ軌道に寄与しうる．残りのd$_{x^2-y^2}$軌道とd$_{xy}$軌道とは，今まで論じてきた軌道のどれとも似ていない新しい型のものであるが，これらは，もう一つの原子上の相手になる軌道と重なり合って，二重に縮退した1対の結合性δ軌道（δ orbital）と反結合性δ軌道とをつくることができる（p.54の図2・19）．第19章で見るように，d金属錯体や有機金属化合物中のd-ブロック金属原子間の結合を論じるにあたってδ軌道は重要である．

(b) 分子の構成原理

要点　図2・12や図2・18のような分子軌道の配列に，パウリの排他原理に従って下から順々に電子を入れていく構成原理を用いて，分子の基底状態電子配置を予想することができる．

分子の場合にも原子と同じように，エネルギー準位図とあわせて構成原理を使

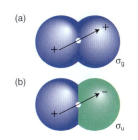

図2・15　(a) 結合性，(b) 反結合性σ相互作用．矢印は反転を示す．

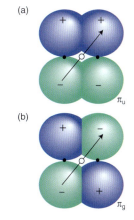

図2・16　(a) 結合性，(b) 反結合性π相互作用．矢印は反転を示す．

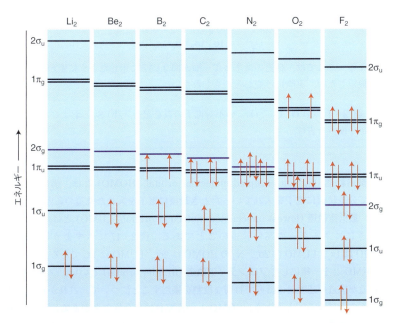

図2・17　Li$_2$からF$_2$までの第2周期元素がつくる等核二原子分子の軌道エネルギーの変化

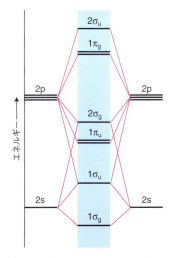

図2・18*　Li$_2$からN$_2$までの第2周期元素がつくる等核二原子分子で見られる分子軌道エネルギー準位図

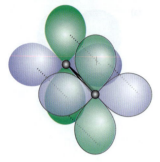

図 2・19 d 軌道の重なり合いでつくられる δ 軌道. 結合軸上で互いに直交する 2 枚の節面がある.

う. 軌道を占める順序は, 図 2・12 や図 2・18 のように描いたエネルギー準位の下から上へ向かってである. 各軌道には二つまでの電子を入れることができる. 同じ準位の軌道が二つ以上ある (p 軌道の対のように, たまたま同じエネルギーをもつ軌道がある) ときには, 電子は別々の軌道に入る. この場合, 半分埋まった軌道では各軌道に一つの電子が入りスピンが平行 (↑↑) になる. これは, 原子の場合にフントの規則に従うのと同じである (§1・5a). 上の規則に従えば, ごく少数の例外を除いて, 第 2 周期の二原子分子の実際の基底状態の電子配置を導くことができる. たとえば, 10 個の価電子をもつ N_2 の電子配置は

$$N_2: \quad 1\sigma_g^2 1\sigma_u^2 1\pi_u^4 2\sigma_g^2$$

となる. このように, 分子軌道の電子配置の書き方は, 原子のときと同じように, 軌道をエネルギーの低い方から順に並べて電子数を上付き数字で示す. ここで π^4 は, 二つの異なる π 軌道が完全に占有されていることを示す略記法である.

例題 2・4 二原子分子の電子配置を予測する

酸素分子 O_2, 超酸化物イオン O_2^- および過酸化物イオン O_2^{2-} の基底状態電子配置を予測せよ.

解 価電子の数を決めて, 構成原理にしたがって電子を分子軌道に割り合てる. O_2 分子は 12 個の価電子をもつ. はじめの 10 個は N_2 の電子配置と同じであるが, $1\pi_u$ と $2\sigma_g$ との順序が逆転する (図 2・17 を参照). $1\pi_u$ のつぎに電子が入る軌道は二重に縮退した $1\pi_g$ 軌道であるから, 残り 2 個の電子は, それぞれ別々にこれらの軌道に入り, スピンは平行になる. したがって, 電子配置は

$$O_2: \quad 1\sigma_g^2 1\sigma_u^2 2\sigma_g^2 1\pi_u^4 1\pi_g^2$$

となる. O_2 の最低エネルギー電子配置は, 2 個の不対電子が別々の π 軌道に入っているという点で興味深い. O_2 が常磁性 (磁場に引き寄せられる性質) なのはこのためである. $1\pi_g$ にはもう 2 個電子が入れるから

$$O_2^-: \quad 1\sigma_g^2 1\sigma_u^2 2\sigma_g^2 1\pi_u^4 1\pi_g^3$$
$$O_2^{2-}: \quad 1\sigma_g^2 1\sigma_u^2 2\sigma_g^2 1\pi_u^4 1\pi_g^4$$

となる. ここでは, 軌道のエネルギー順が図 2・17 に示したように変わらないと仮定したが, 実際には変わるかもしれない.

問題 2・4 (a) O_2, O_2^-, O_2^{2-} の不対電子の数を記せ. (b) S_2^{2-} および Cl_2^- の価電子配置を書け.

最高被占軌道 (highest occupied molecular orbital, HOMO ホモ) とは, 構成原理に従って分子軌道に電子を入れていったとき最後に電子を入れた軌道のことである. また, **最低空軌道** (lowest unoccupied molecular orbital, LUMO ルモ) とは, HOMO のつぎにエネルギーの高い軌道のことである. 図 2・17 に示すように, F_2 の HOMO は $1\pi_g$, LUMO は $2\sigma_u$, N_2 の HOMO は $2\sigma_g$, LUMO は $1\pi_g$ である. HOMO と LUMO とを一緒にして**フロンティア軌道** (frontier orbital) といい, フロンティア軌道が構造や速度論の研究で特別な役割を果たすことについて, これから多く見ていくことになる. ときどき, SOMO という略称に出会うことがある. これは**単電子被占軌道** (singly occupied molecular orbital, 不対電子軌道, 半占軌道) のことで, ラジカル種の性質を左右する重要なものである.

2・9 異核二原子分子

異核二原子分子の分子軌道が等核二原子分子のときと違うのは,各原子軌道の寄与が等しくない点である.それぞれの分子軌道の形は,等核二原子分子のときと同じく

$$\psi = c_A \chi_A + c_B \chi_B + \cdots \quad (2・6)$$

である.この式で書かれていない軌道は,σ結合かπ結合をつくるのに適合した対称性をもっているけれども,今考えている2個の原子価殻軌道に比べて一般に寄与が小さい軌道である.等核二原子分子の場合と異なり,係数 c_A, c_B の大きさは等価である必要はない.もし $c_A{}^2 > c_B{}^2$ なら,分子軌道はおもに χ_A から成り,この分子軌道を占める電子は原子Bよりも原子Aの近くに見いだされる確率が高く,$c_A{}^2 < c_B{}^2$ なら逆になる.異核二原子分子では,電気陰性度の大きい元素は結合性軌道への寄与が大きくなり,電気陰性度の小さい元素は反結合性軌道への寄与が大きくなる.

(a) 異種原子からつくられる分子軌道

要点 異核二原子分子は極性をもち,結合性軌道の電子は電気陰性度の大きい方の原子の近くに,反結合性軌道の電子は電気陰性度の小さい方の原子の近くにいる確率が高い.

結合性分子軌道に大きく寄与するのは,通常,電気陰性度の大きい方の原子である.このため,結合をつくっている電子は電気陰性度の大きい原子の近くにいる確率が高い.その方がエネルギー的に有利だからである.電子対が二つの原子間で不平等に共有されているような極性のある共有結合が極端になってイオン結合になる.電子対が一方の原子によって完全に支配されてしまうのがイオン結合である.電気陰性度の小さい方の原子は,通常,反結合性軌道に大きく寄与する(図2・20).つまり,反結合性軌道の電子は,電気陰性度の小さい方の原子に近いエネルギー的に不利な場所に見いだされる確率が高いということである.

異核二原子分子が等核二原子分子の場合と違う第二点は,二つの原子上の原子軌道のエネルギーが違うことである.すでに注意したように,波動関数のエネルギーが違うと相互作用が弱くなる.エネルギー差に応じて相互作用が異なることは,原子軌道の重なり合いの結果生じるエネルギー低下が,異核二原子分子(このときは異なる原子上の原子軌道である)では等核二原子分子(このときは両方の原子軌道エネルギーが等しい)ほど著しくないということを意味する.ただし,だからといって,A-B結合は必ずしもA-A結合より弱いというわけではない.というのは,他の要因(軌道の大きさ,どのくらい近寄れるか,など)も重要だからである.たとえば,異核分子のCOと等核分子の N_2 とは等電子化合物だが,COの結合エンタルピー(1070 kJ mol^{-1})の方が N_2(946 kJ mol^{-1})より大きい.

(b) フッ化水素

要点 フッ化水素では,結合性軌道の電子密度はF原子寄りに,反結合性軌道の電子密度はH原子寄りに高くなっている.

以上の点をはっきりさせるために,簡単な異核二原子分子であるHFを例にとって考えよう.分子軌道をつくるのに使える原子価軌道は,Hの1s軌道とFの2sおよび2p軌道であり,5個の基底系軌道から成る5個の分子軌道に入れるべき価電子は $1+7=8$ 個である.

HFのσ軌道は,Hの1s軌道とFの2sおよび $2p_z$ 軌道(核を結ぶ軸を z とする)との重ね合わせでつくることができる.これらの三つの原子軌道を結合させると,

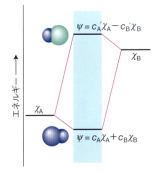

図 2・20 エネルギーの異なる二つの原子軌道が相互作用したときの分子軌道エネルギー準位図.低い方の分子軌道は主として低エネルギー側の原子軌道から成り,高い方の分子軌道は主として高エネルギー側の原子軌道から成る.二つの分子軌道のエネルギー準位がもとの原子軌道の準位からずれる程度は,原子軌道のエネルギーが等しい場合に比べて少ない.

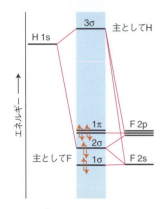

図 2・21* HFの分子軌道エネルギー準位図. 原子軌道の相対的位置関係は, 原子のイオン化エネルギーを反映している.

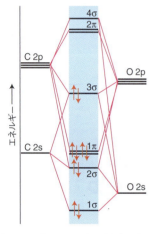

図 2・22* COの分子軌道エネルギー準位図

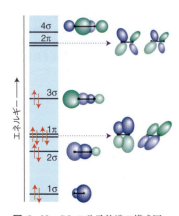

図 2・23 COの分子軌道の模式図. 原子軌道 (左側がC, 右側がO) の大きさは分子軌道への寄与の割合を示す.

$\psi = c_1 \chi_{H\,1s} + c_2 \chi_{F\,2s} + c_3 \chi_{F\,2p}$ の形をもつ三つの σ 分子軌道ができる. Fの $2p_x$ 軌道と $2p_y$ 軌道とはπ型対称であるが, H上にはこれと同じ対称性の原子価軌道はない. したがって, F $2p_x$ と F $2p_y$ とはそのままで残る. つまり, これらのπ軌道は先に述べた非結合性軌道の一例であり, 一方の原子に局限されている. 異核二原子分子には反転中心がないので, ここでの分子軌道には g や u の分類を用いないことに注意しよう.

このようにしてできるエネルギー準位図は図 2・21 のようになる. F2s と H1s 軌道のエネルギー差が大きいため, 1σ 結合性軌道は主として F2s 軌道の性質をもつ. この軌道は主として F 原子の近くにあり, 事実上, 非結合性である. 2σ 軌道は 1σ 軌道より結合性であり, H1s と F2p の両方の性質をもつ. 3σ 軌道は反結合性軌道で, 主として H1s の性質をもつ. H1s 原子軌道は, フッ素の軌道に比べて高いエネルギーのところにあるので, 高エネルギーの反結合性分子軌道に支配的に寄与している.

8個の価電子のうち, 2個は 2σ 軌道に入り二つの原子間の結合をつくる. 残りの 6個は 1σ 軌道と 1π 軌道とに入る. これら 2組の軌道はほぼ非結合性でおもに F原子上に局限されている. このことはフッ素原子が三つの孤立電子対をもつ従来のモデルと整合する. これで全部の電子が片付いたわけで, 分子の電子配置は $1\sigma^2 2\sigma^2 1\pi^4$ となる. ここで注意すべき大事な特徴は, 主として F 原子側の分子軌道にすべての電子が入っているという点である. このことから, HF 分子は極性で, 負の部分電荷が F 原子上にあるはずだということがわかる. このことは実験的に見いだされている.

(c) 一酸化炭素

> **要点** 一酸化炭素分子の HOMO は, 主として C 上に局在しているほぼ非結合性の σ 軌道であり, LUMO は反結合性π軌道である.

一酸化炭素の場合は, σ および π 分子軌道をつくるのに関与できる 2s および 2p 軌道を両方の原子がもっているので, 分子軌道エネルギー準位図が HF よりやや複雑になる例である. エネルギー準位図を図 2・22 に示す. 基底状態の電子配置は下のようになる.

$$\text{CO:} \quad 1\sigma^2 2\sigma^2 1\pi^4 3\sigma^2$$

1σ 軌道はほぼ O 原子に局在するため, 基本的に非結合性もしくは弱い結合性である. 2σ 軌道は結合性である. 1π 軌道はおもに O 2p 軌道の性質をもち, 二重に縮退した結合性 π 軌道から成る. CO の HOMO は 3σ で, おもに C $2p_z$ の性質をもち, 非結合性である. また, C 原子に局在している. C 原子側にある非結合性の孤立電子対である. LUMO は, 二重に縮退した反結合性 π 軌道で, 主として C 2p の性格をもっている (図 2・23). この組合わせのフロンティア軌道——主として C 原子に局在している完全に占有された σ 軌道と, 一対の空の π 軌道——の存在が, d 金属と結合したカルボニルが多く知られている理由の一つである. いわゆる d 金属カルボニルの場合, 金属原子と σ 結合をつくるのは CO の HOMO 孤立電子対で, π 結合をつくるのは LUMO 反結合性 π 軌道である (第 22 章).

C と O との電気陰性度は大きく異なるが, CO 分子の電気双極子モーメントの実測値は小さい (0.1 D, ここで D は双極子モーメントの単位デバイである). さらに, C の方が電気陰性度が小さいにもかかわらず, 双極子の負の末端は C 原子である. このような不思議なことがあるのは, 孤立電子対と結合電子対との分布が非常に複雑だからである. 結合電子が主として O 原子側にあるからといって, O が双極子の負の端であると速断してはならない. この考え方は, それを打ち消すような C 原子上の孤立電子対による効果を無視しているからである. 電気陰性度だけから極

性を判断するのは，反結合性軌道に電子がある場合には特に当てにならない．

> **例題 2・5　異核二原子分子の電子配置を説明する**
>
> ハロゲン元素は互いに化合物をつくる．一塩化ヨウ素 ICl は，このような"ハロゲン間化合物"の一つである．計算によれば，ICl の軌道の順序は 1σ, 2σ, 1π, 3σ, 2π, 4σ である．ICl の基底状態電子配置はどうなっているか．
>
> **解**　まず，分子軌道をつくるのに用いる原子軌道を見つける．Cl の原子価殻軌道としては Cl 3s と Cl 3p，I の原子価殻軌道としては I 5s と I 5p とがある．第 2 周期元素の場合と同じようにして，図 2・24 のような一連のσ軌道とπ軌道とをつくることができる．結合性軌道は主として Cl の性質をもち（Cl の方が電気陰性度が高いから），反結合性軌道はおもに I の性質をもつ．ここに入れるべき価電子は 7+7 = 14 個ある．基底状態の電子配置は結局，$1\sigma^2 2\sigma^2 1\pi^4 3\sigma^2 2\pi^4$ となる．
>
> **問題 2・5**　次亜塩素酸イオン ClO⁻ の基底状態電子配置を予測せよ．

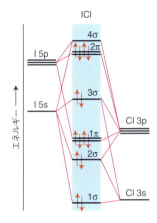

図 2・24　ICl の分子軌道エネルギー準位図

2・10 結合特性

電子対がなぜ重要かという由来はすでに述べた．一つの結合性軌道を占めることによって化学結合に寄与できる電子の数は最大 2 個なのである．ここでは，"結合次数"という概念を導入して，この考え方をさらに推し進めよう．

(a) 結合次数

要点　結合次数は分子軌道の形式において二つの原子間の結合の正味の数を意味する．任意の原子対でその結合次数が大きいほど結合力は強い．

結合性軌道にある共有された電子対が二つの原子間の"結合"なら，反結合性軌道にある電子対は"反結合"ということになる．**結合次数** (bond order) b とは，このような考え方で数えた結合の本数であって，もっと明確に定義すれば

$$b = \frac{1}{2}(n - n^*) \tag{2・7}$$

となる．ここで，n は結合性軌道にある電子の数，n^* は反結合性軌道にある電子の数である．非結合性電子は結合次数を計算するときには無視される．

> **実例**　たとえば，F_2 の電子配置は $1\sigma_g^2 1\sigma_u^2 2\sigma_g^2 1\pi_u^4 1\pi_g^4$ であって，このうち $1\sigma_g, 2\sigma_g, 1\pi_u$ は結合性軌道，$1\sigma_u$ と $1\pi_g$ は反結合性軌道であるから，$b = \frac{1}{2}(2+2+4-2-4) = 1$ となる．F_2 の結合次数は 1 で，このことは F–F というルイス構造やこの分子が単結合をもつという従来からの記述とも一致する．N_2 の電子配置は $1\sigma_g^2 1\sigma_u^2 1\pi_u^4 2\sigma_g^2$ で，$b = \frac{1}{2}(2+2+4-2) = 3$ となる．結合次数 3 は，三重に結ばれた分子に対応する．これはルイス構造 :N≡N: に一致する．このように高い結合次数をもつことは，N_2 分子の結合エンタルピーがあらゆる分子のうち最高に属する値 (946 kJ mol⁻¹) であることに対応している．

等電子的な分子やイオンでは結合次数が同じになる．F_2 と O_2^{2-} との結合次数は 1 である．等電子分子 N_2 の結合次数と同様に CO 分子の結合次数も 3 であり，ルイス構造 :C≡O: と一致する．しかしながら，このような結合の評価法は，特に

異核化学種の場合，やや単純に過ぎる．たとえば，数値計算で求めた分子軌道を見ると，1σ および 3σ は O および C 原子上にほぼ局在した非結合性軌道とみなす方が適切で，実は b の計算からは除外すべきものである．こうしても，結合次数の値は変わらない．このことからわかるように，上で定義した結合次数は結合の多重性を示す有用な指標ではあるが，b にどの軌道が寄与しているかを解釈するにあたっては，計算で求めた軌道の特性に照らして考える必要がある．

軌道に電子が1個しか入っていない場合にも，結合次数は，決められる．たとえば，O_2^- では $1\pi_g$ 反結合性軌道を占める電子が3個だから結合次数は 1.5 となる．N_2 から電子1個が失われると不安定な N_2^+ イオンになる．N_2^+ になると結合次数は3から 2.5 に減少する．結合次数の減少とともに，結合の強さが減り（946 kJ mol^{-1} から 855 kJ mol^{-1} へ），N_2 で 109 pm であった結合長は N_2^+ では 112 pm に伸びる．

例題 2・6 結合次数を決定する

酸素分子 O_2，超酸化物イオン O_2^-，過酸化物イオン O_2^{2-} の結合次数を求めよ．

解 価電子数を決定し，分子軌道に配置し，式(2・7)を用いて b を計算する．これら三つの化学種の価電子数はそれぞれ 12, 13, 14 であり，電子配置はつぎのようになる．

$$O_2\ :\ 1\sigma_g^2 1\sigma_u^2 2\sigma_g^2 1\pi_u^4 1\pi_g^2$$
$$O_2^-\ :\ 1\sigma_g^2 1\sigma_u^2 2\sigma_g^2 1\pi_u^4 1\pi_g^3$$
$$O_2^{2-}\ :\ 1\sigma_g^2 1\sigma_u^2 2\sigma_g^2 1\pi_u^4 1\pi_g^4$$

$1\sigma_g, 1\pi_u, 2\sigma_g$ は結合性，$1\sigma_u, 1\pi_g$ は反結合性である．したがって結合次数は

$$O_2\ :\ b = \tfrac{1}{2}(2 - 2 + 2 + 4 - 2) = 2$$
$$O_2^-\ :\ b = \tfrac{1}{2}(2 - 2 + 2 + 4 - 3) = 1.5$$
$$O_2^{2-}\ :\ b = \tfrac{1}{2}(2 - 2 + 2 + 4 - 4) = 1$$

問題 2・6 二炭化物イオン C_2^{2-} の結合次数を予測せよ．

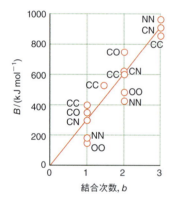

図 2・25 結合エンタルピー (B) と結合次数との相関関係

(b) 結合特性の相関関係

要点 任意の二つの元素の組合わせでは，結合次数が大きいほど結合力が強く，結合長が短い．

結合の強さと結合長とは互いによい相関関係を示し，また結合次数との間にもよい相関がある．任意の2個の原子に対して，

- 結合エンタルピーは，結合次数が大きいほど大きくなる．
- 結合長は，結合次数が大きいほど短くなる．

これらの傾向を図 2・25 および図 2・26 に示す．この依存性の程度は元素によって違う．第2周期元素のうち CC 結合では変化が比較的緩やかで，その結果 C=C 二重結合の強さは C−C 単結合の強さの2倍に達しない．このことは，有機化学，特に，不飽和化合物の反応に深いかかわりをもっている．すなわち，たとえばエテンやエチンは重合した方がエネルギー的に有利である（しかし，触媒がないと反応速度は遅い）ということを意味している．重合の際に多重結合を切るのに要するエネ

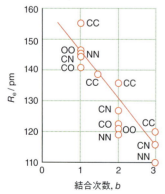

図 2・26 結合長 (R_e) と結合次数との相関関係

ルギーは，それに応じた数の C–C 単結合ができるときに放出されるエネルギーでまかなうことができるからである．

炭素のこういう性質から不注意に他の原子間の結合を類推してはならない．N=N 二重結合 (409 kJ mol^{-1}) は N–N 単結合 (163 kJ mol^{-1}) の 2 倍よりも強く，N≡N 三重結合 (946 kJ mol^{-1}) は 5 倍以上強い．NN 多重結合をもつ化合物が，単結合だけでできているポリマーや三次元化合物に対して安定なのは，この傾向の故である．ところがリンでは，P–P, P=P, P≡P の結合エンタルピーが，それぞれ，200 kJ mol^{-1}, 310 kJ mol^{-1}, 490 kJ mol^{-1} であるから，また話が違ってくる．リンの場合，多重結合よりもそれに対応する数の単結合の方が安定である．そのためリンは，P–P 単結合をもつ多様な固体として存在する．たとえば，黄リンは，単結合でできた四面体形 P_4 分子である．二リン分子 P_2 は高温，低圧でのみ生成する中間体の化学種である．

上に示した結合次数との二つの相関関係をまとめれば，任意の二つの元素の組合わせでは，

- 結合長が短いほど結合エンタルピーが大きい．

ということになる．この関係を示したのが図 2・27 である．結合長のデータはいろいろなところから入手しやすいから，この事実を覚えておくと分子の安定性を考える際に役立つ．

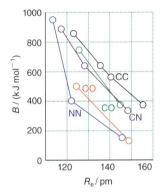

図 2・27 結合長 (R_e) と結合エンタルピー (B) との相関関係

例題 2・7 結合次数，結合長，結合力の相関関係を予測する

例題 2・6 で求めた結合次数を用い，酸素分子 O_2, 超酸化物イオン O_2^-, 過酸化物イオン O_2^{2-} の相対的な結合長と結合力を予測せよ．

解 結合エンタルピーは結合次数が増えるほど大きくなる．結合次数は，O_2 が 2, O_2^- が 1.5, O_2^{2-} が 1 である．したがって，結合エンタルピーは $O_2^{2-} < O_2^- < O_2$ の順に大きくなると予想される．結合長は結合エンタルピーが大きくなるほど短くなるので，結合長は逆の傾向 $O_2^{2-} > O_2^- > O_2$ を示すはずである．このような予測は，気相での O–O 結合と O=O 結合の結合エンタルピー (146 kJ mol^{-1} と 497 kJ mol^{-1}) ならびに O–O と O=O の結合長 (132 pm と 121 pm) と矛盾しない．

問題 2・7 C–N, C=N, C≡N 結合の結合エンタルピーと結合長の順序を予測せよ．

2・11 多原子分子

分子軌道理論を用いて，三原子分子，有限個の原子の集団，および固体中のほとんど無限個の原子の配列の電子構造を統一的に論じることができる．どの場合にも，分子軌道は二原子分子の分子軌道と似ている．大きく違うのは，分子軌道を組上げるのに使う基底系の原子軌道の数が多くなる点だけである．覚えておくべき要点は，前に述べたように，N 個の原子軌道からは N 個の分子軌道をつくりうるということである．

§2・5 で見たように，分子軌道エネルギー準位図の一般的構造は，分子軌道の形に従って σ 軌道と π 軌道というように軌道を組分けすることによって導くことができた．同様の方法は多原子分子の分子軌道を論じる際にも用いるが，多原子分子になると軌道の形が二原子分子よりも複雑になるので，もっと強力なやり方が必

要になる．そこで，ここでは多原子分子を2段階に分けて議論することにしよう．本章では，分子の形から直観的な考えによって分子軌道を組立てる．第6章では，まず分子の形を調べ，ついで分子軌道を組立てる際に，また，その他の性質を議論するにあたって，分子の対称性を用いることにする．本章のやり方の理論的根拠も第6章で説明する．

NH_3の光電子スペクトル（図2・28）には，多原子分子構造の理論が説明すべきいくつかの特徴が現れている．スペクトルには二つのバンドがあり，イオン化エネルギーの低い方のバンド（11 eV領域）には，はっきりした振動構造がある．このことから，この電子が出てきた軌道は分子の形を決めるうえで重要な役割をしていることがわかる．16 eV領域の広がったバンドは，もっと強く結びつけられた電子に由来する．

(a) 多原子分子の分子軌道

要点 分子軌道は同じ対称性をもつ原子軌道の線形結合でつくられる．分子軌道のエネルギーは気相の光電子分光法から実験的に決めることができ，軌道の重なりの形式によって解釈できる．

二原子分子のときに紹介した特徴は，多原子分子のどれにも見られる．いずれの場合にも，ある対称性をもつ分子軌道（直線形分子の σ 軌道というような）は，その対称性の軌道をつくるように重ね合わせることができる<u>すべての</u>原子軌道の和として書き表すことができる．すなわち，

$$\psi = \sum_i c_i \chi_i \tag{2・8}$$

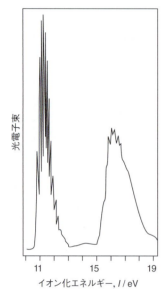

図2・28 NH_3の紫外光電子スペクトル．He の 21 eV 放射を使用

この線形結合で，χ_i は i 番目の原子軌道（通常，分子中の各原子の原子価軌道）であり，指数 i は分子中で適合する対称性をもった原子軌道のすべてにわたる．N 個の原子軌道から，N 個の分子軌道を組立てることができる．その際，

- 分子軌道の節面が多いほど，その分子軌道は反結合性が大きくエネルギーが高い．
- 低エネルギーの原子軌道からつくられる分子軌道のエネルギーは低い（そこで，s原子軌道は，同じ電子殻のp原子軌道よりも，低エネルギーの分子軌道をつくりだすのが普通である）．
- 隣り合っていない原子の間の相互作用は，両方の原子軌道のローブが同符号（干渉で強め合う）ならば弱い結合性であり（エネルギーを少し下げる），異符号（干渉で弱め合う）ならば弱い反結合性である．

> **実例** NH_3を例にとると，その光電子スペクトルの特徴を説明するには，分子中の8個の価電子を収容する分子軌道を組立てる必要がある．各分子軌道は，7個の原子軌道――3個のH 1s軌道，1個のN 2s軌道，3個のN 2p軌道――の組合わせである．これら7個の原子軌道から7個の分子軌道をつくることができる（図2・29）．

σやπという記号は直線形分子に用いられるので，これらを多原子分子で使うことは，厳密にいうと不適当である．ただし，二つの隣り合う原子間の結合軸に対する軌道の形，つまり，<u>軌道の局所的な形式</u>に注目する場合には，これらの記号をそのまま使う方が便利なことが多い（原子価結合理論の言葉がどのようにしてMO理論に残っていったかを示す例である）．多原子分子の軌道を分子の対称性にのっとって名付ける正しいやり方は，第6章で述べることにして，さし当たっては，つぎのことを知っていればよい．

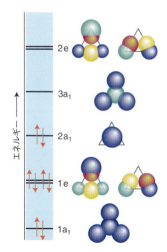

図2・29 NH_3の分子軌道の模式図．原子軌道の大きさは分子軌道への寄与の割合を示す．z軸に沿って見た図である．

- 縮退していない軌道は　a, b　と表す
- 二重縮退軌道（同じエネルギーの二つの軌道）は　e　と表す
- 三重縮退軌道（同じエネルギーの三つの軌道）は　t　と表す

いろいろのa, b, e, t軌道を区別する必要がある場合には，さらに細かい対称性の解析に従って，これらの記号に上付き添字，下付き添字を付けて，a_1, b'', e_g, t_2 などの記号を用いる．

分子軌道を組立てるための正式な規則は第6章に述べるが，NH_3 分子を3回対称軸（これを z 軸とする）から眺めた姿を思い浮かべれば，これらの分子軌道がどのようにして得られるかの感じがつかめるであろう．N $2p_z$ 軌道とN $2s$ 軌道とは，この軸に関して円筒状の対称性をもつ．もし3個のH $1s$ 軌道がすべて同じ符号（図でいえば，大きさと塗り色の濃さが同じ，図2・29）であるなら，これらを重ね合わせたものは円筒状の対称性に当てはまる．したがってつぎの形の分子軌道をつくることができる．

$$\psi = c_1 \chi_{N\,2s} + c_2 \chi_{N\,2p_z} + c_3 (\chi_{H\,1s_A} + \chi_{H\,1s_B} + \chi_{H\,1s_C}) \quad (2\cdot 9)$$

これら3個の基底原子軌道（H $1s$ の組は1個の"対称性が適合した"基底軌道と数える）から，3個の分子軌道（係数 c の値が異なる）をつくることができる．N原子とH原子との間に節面のない分子軌道はエネルギーが最も低く，NとHとの間すべてに節面のある軌道はエネルギーが最も高く，三つめの軌道はその中間になる．以上3個の分子軌道は縮退していない軌道で，エネルギーの低い方から $1a_1$, $2a_1$, $3a_1$ という記号で区別される．

N $2p_x$ とN $2p_y$ とは，z 軸に関して π 対称の原子軌道で，これと同じ対称性をもつH $1s$ 軌道の組と重ね合わせて分子軌道をつくることができる．この種の重ね合わせは，たとえば

$$\psi = c_1 \chi_{N\,2p_x} + c_2 (\chi_{H\,1s_A} - \chi_{H\,1s_B}) \quad (2\cdot 10)$$

のような形になる．図2・29からわかるように，このH $1s$ 軌道の組の符号はN $2p_x$ 軌道の符号と合う．N $2s$ 軌道は，上式の重ね合わせには加われない．そこで，つくりうる線形結合は<u>2個</u>——N軌道とH軌道との間に節面がないものと節面があるもの——だけである．この2個の軌道のエネルギーは同じでなく，前者の方が低い．N $2p_y$ 軌道についても同じような線形結合をつくることができる．これら2個の軌道は，上に述べた2個の軌道のそれぞれと縮退している（第6章で用いる対称性に基づく議論からわかる）．これらの線形結合はe軌道の例であって（二重に縮退した2組の軌道となるので），エネルギーが低い方の組を1e，高い方の組を2eと表す．

NH_3 の分子軌道エネルギー準位の一般的な形を図2・30に示す．実際の軌道エネルギー準位の位置（とりわけ，aの組とeの組との相対位置）は，詳細な計算をするか，光電子スペクトルに関与している軌道を帰属するかしない限りわからない．11 eV および 16 eV のピークは，おそらく図に示したように帰属できると考えられる．この帰属に従って2個の軌道の位置は決まるが，三つ目の被占軌道は，スペクトルを得るために用いた 21 eV 放射の範囲を超えておりわからない．

光電子スペクトルの結果は，8個の電子を軌道に収容するという条件と合致している．電子は，パウリの排他原理に従って1個の軌道当たり2個まで，最低エネルギー軌道から始まってエネルギーが増加する順に分子軌道に入る．最初の2個の電子は $1a_1$ 軌道に入り，それでこの軌道はいっぱいになる．つぎの4個は，二重に縮退した1e軌道を満たす．残りの2個は $2a_1$ 軌道に入る．計算によれば，$2a_1$ 軌道は

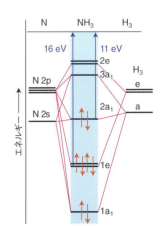

図 2・30　NH_3 の分子軌道エネルギー準位図．NH_3 が実測の結合角（107°）と結合長をもつとして描いた．

ほとんど非結合性で，N 原子上に局在化している．すなわち，全体の基底状態電子配置は，$1a_1^2 1e^4 2a_1^2$ となる．反結合性軌道には電子が入っていないから，この分子エネルギーは，ばらばらの原子より低くなる．NH_3 は孤立電子対をもつ分子であるといわれるが，このことも上の電子配置に反映されている．すなわち，HOMO は $2a_1$ であって，この軌道はおもに N 原子上に局在していて結合にはごくわずかしか寄与していない．§2・3 で述べたように，この孤立電子対は分子の形を決めるのに重要な役割を演じる．光電子スペクトルの 11 eV バンドが著しい振動構造を示していることは，この見方を裏付けている．すなわち，光電子放射が $2a_1$ 軌道から起これば孤立電子対の効果が無くなるので，イオン化した分子は NH_3 とはるかに違う形になるはずである．したがって，光イオン化により光電子スペクトルに顕著な振動構造が現れることになる．

(b) 超原子価 —— 分子軌道による説明

要点 分子軌道の非局在化は，電子対 1 個が 2 個以上の原子を結合させるのに寄与できることを意味する．

§2・6 では原子価結合理論を用いて，超原子価を，8 電子以上原子価殻に入ることを許容する d 軌道を用いて説明した．分子軌道理論では，超原子価をもっとエレガントに説明できる．

6 個の S-F 結合をもち，結合形成に関与する 12 電子，つまり超原子価である SF_6 を考える．分子軌道をつくるため原子軌道の単純な基底系を用いる．すなわち，S 原子の原子価殻 s 軌道と p 軌道，6 個の F 原子のそれぞれから S 原子の方を向いている 1 個の p 軌道から成る基底系を考える．ここで，F 2s 軌道でなく，F 2p 軌道を使うのは，後者の方が S の軌道とエネルギーが近いからである．これら 10 個の原子軌道から 10 個の分子軌道を組立てることができる．計算によると，これらのうち 4 個は結合性，4 個は反結合性であり，残りの 2 個は非結合性である（図 2・31）．

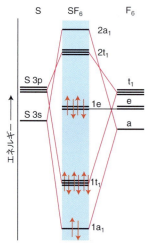

図 2・31 SF_6 の分子軌道エネルギー準位図

これらの軌道を占めるべき電子は 12 個であって，最初の 2 個は $1a_1$ に，つぎの 6 個は $1t_1$ に入ることができる．残りの 4 個で，非結合性軌道がちょうどいっぱいになる．結局，電子配置は $1a_1^2 1t_1^6 1e^4$ である．このように，反結合性軌道（$2a_1$ と $2t_1$）はまったく占有されていない．したがって，占有されているのは 4 個の結合性軌道と 2 個の非結合性軌道とであるから，SF_6 が生成することを分子軌道理論でうまく説明することができる．ここで重要なのは，SF_6 分子の結合を説明するのに S 原子の 3d 軌道を使ってオクテット則を拡張しないでもよいという点である．ただし，これは d 軌道が結合に関与できないという意味ではなく，S を中心原子としてその周りに 6 個の F 原子を結合させるのに d 軌道が必ずしも必要なわけではないということである．原子価結合理論の弱点は，中心原子の原子軌道がそれぞれ 1 個の結合の形成だけにしか関与できないという仮定である．分子軌道理論によれば，多くの軌道を考えることができ，それらのすべてが反結合性軌道であるわけではないから，超原子価化合物をも含めてうまく説明できる．したがって，超原子価がどういうときに起こるかという問題は，大きな原子の周りに小さな原子を詰めこむことができるかなどのように，d 軌道が使えるかどうかとは別の要因によると考えられる．

(c) 局 在 化

要点 結合の局在軌道による記述も非局在軌道による記述も，数学的には同等である．しかし，表 2・5 にまとめたように，特定の性質については，どちらかの方が適していることがある．

化学結合に関するVB理論の考え方の際立った特徴は，"A−B結合"とよびうるようなものがあるという化学的直感と調和している点である．たとえば，H$_2$Oの2本のOH結合は，いずれもOとHとの間に一つの電子対を共有していて，特定の場所に置かれた二つの同等な構造物のように扱われる．これに対し，分子軌道は一定の位置に限定されてはおらず，分子軌道中の電子は隣り合っている特定の2個の原子ではなく全原子を一緒に結びつけていることになるから，この特徴は存在しないように見える．分子軌道理論では，A−B結合が分子中の他の結合とは独立な存在で，いろいろな他の分子の中でもそのまま通用するという概念は失われてしまった感がある．しかし，つぎに示すように，分子軌道による記述は，分子全体の電子分布を局在的な結合によって表現することと数学上ほとんど同等のものである．この点の証明は，全体としての電子分布は同じにしたまま，個々の分子軌道は明確に異なるような形式で，分子軌道の線形結合をつくることができるという事実に基づいている．

H$_2$O分子を考えよう．非局在的な記述では，2個の被占結合性軌道 $1a_1$ と $1b_2$ とは，図 2・32 のような形である．これらの和 $1a_1+1b_2$ をつくると，$1b_2$ の片側の負の部分は $1a_1$ の片側とほぼ完全に打ち消し合って，反対側のHとOとの間の局在軌道が残る．同じように，差 $1a_1-1b_2$ をつくると，逆側の $1a_1$ の半分がほぼ完全に消えて，もう一方の側のO−H対の間に局在軌道が残る．つまり，非局在軌道の和と差とをとれば局在軌道がつくりだされる（逆もしかり）．これらは，同じ全電子分布を記述する二つの同等なやり方であるから，どちらが良いとか悪いとかいうものではない．

局在軌道と非局在軌道とのどちらの表し方をどういうときに使ったらよいかを表 2・5 に示しておく．一般に分子全体の性質を扱うときには，非局在軌道による記述が必要である．こういう性質としては，電子スペクトル（紫外および可視遷移）（§8・3），光イオン化スペクトル，イオン化エネルギーと電子付加エネルギー（§1・7），還元電位（§5・1）などがある．これに対し，分子全体の中での断片の性質を扱うには，局在軌道による記述の方が適している．このような性質としては，結合の強さ，結合長，結合の力の定数，ある種の反応性（酸塩基性）などがある．それは，局在軌道による記述が，特定の結合内およびその周辺の電子分布に焦点を合わせた見方だからである．

表 2・5 局在軌道または非局在軌道による記述が適当な性質についての一般的指針

局在軌道が適当なもの	非局在軌道が適当なもの
結合の強さ	電子スペクトル
力の定数	光イオン化
結合長	電子付加
ブレンステッド酸性度[†1]	磁性
VSEPR理論の説明	標準電位[†2]

[†1] 第4章． [†2] 第5章．

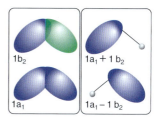

図 2・32 H$_2$O分子の二つの被占軌道 $1a_1$ および $1b_2$，ならびに和 $1a_1+1b_2$ および差 $1a_1-1b_2$．和および差のいずれの場合にも，一つのO−H原子対間にほぼ完全な局在軌道ができる．

(d) 局在軌道と混成

要点 ときには，局在分子軌道を論じるにあたって混成原子軌道を用いることがある．

局在分子軌道による結合の表現は，混成の概念を導入することによって，さらに一段階進展させることができる．混成は，厳密にいうとVB理論に属するのであるが，分子軌道の簡単な定性的記述をする際に用いられることが多い．

今まで見てきたように，一般に分子軌道は，適当な対称性をもつ全原子軌道からつくられる．しかし，ときにはあらかじめ一つの原子（たとえばH$_2$OのO原子）の原子軌道を混ぜ合わせておいてから，その混成軌道を用いて局在分子軌道を組立てる方が便利な場合がある．たとえばH$_2$Oの各OH結合は，O 2s軌道およびO 2p軌道から成る混成軌道とH 1s軌道との重なり合いでつくられたものと見ることもできる（図 2・33）．

すでに見たように，ある原子上のs軌道とp軌道とを混ぜ合わせると，四面体形混成軌道の場合と同様，はっきりした空間的方向性をもつ混成軌道ができる．いったん混成軌道を選べば，これで局在分子軌道を組立てることができる．たとえば，CF$_4$の4本の結合をつくるには，C上の各混成軌道とそちらを向いたF 2p軌道と

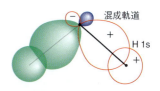

図 2・33 O原子の混成軌道とH 1s軌道との重なり合いでH$_2$OのO−H局在軌道ができる．この混成軌道は，図 2・7のsp^{3}混成軌道とよく似ている．

を重ね合わせて, 結合性と反結合性の局在軌道を組立てればよい. 同様に, BF_3 の電子分布を記述したければ, それぞれの BF 局在 σ 軌道を B の sp^2 混成軌道の一つと F 2p 軌道との重なり合いでできたものと考えることもできる. PCl_5 分子を局在軌道で記述したければ, 5本の三方両錐形の sp^3d 混成軌道のそれぞれと Cl 原子の 3p 軌道とが重なり合ってできる 5本の PCl σ 結合を用いることになる. 同じような具合に, もし正八面体配置の6本の局在軌道をつくりたかったら (たとえば SF_6 において), d 軌道を二つ使えばよい. こうすると正八面体の頂点方向を向いている六つの sp^3d^2 混成軌道ができる.

(e) 電子不足化合物

要点 電子不足化合物の存在は, 電子の結合力の影響がいくつかの原子にわたって非局在化していることによって説明される.

結合についての VB モデルは, **電子不足化合物** (electron-deficient compound) の存在を説明することができない. ルイス流の考え方に従うと, 電子不足化合物は, 必要とされる結合数を形成するための十分な電子がないものである. このことは, ジボラン B_2H_6 (*17*) を例にとるとすぐわかる. ジボランには価電子が 12 個しかない. しかし, ルイス構造に従えば, なくとも 8 電子対 (16 電子) が 8 個の原子を結び合わせるのに必要である.

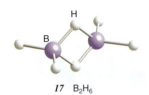

17 B_2H_6

いくつかの原子軌道を結びつけて分子軌道をつくれば, これらの化合物の存在を容易に説明することができる. この分子の 8 個の原子は, 計 14 個の原子価軌道 (各 B 原子から 3 個の p 軌道と 1 個の s 軌道で 8 個, これに 6 個の H 原子から 1 個ずつ) に寄与する. 14 個の原子価軌道は 14 個の分子軌道を形成する. これらの分子軌道のうち 7 個くらいは, 結合性か非結合性であろう. これだけの分子軌道は, 原子からきた 12 個の価電子を収容するには十分である.

分子軌道が末端 BH 断片もしくは橋かけ BHB 断片のどちらかに関連していると考えれば, 結合がより理解しやすくなる. 末端 BH 結合に関連する局在化された分子軌道は単純に 2 個の原子の原子軌道から構成されている (H 1s と B $2s2p^n$ 混成). 二つの BHB 断片と関連する分子軌道は 2 個の B 原子のそれぞれの B $2s2p^n$ 混成と, 2 個の B 原子間にある H 原子の H 1s 軌道との線形結合になる (図 2・34). 三つの分子軌道は, これらの三つの原子軌道から形成される. 一つは結合性, 一つは非結合性, 一つは反結合性である. 結合性軌道は 2 個の電子を受け入れ, BHB 断片を結びつける. 2 番目の BHB 断片についても同様で, "橋かけ" の結合性分子軌道に占有された二つの電子が分子を結びつけている. このように, 12 電子で分子の安定性を説明でき, 12 電子は原子の 6 対以上の結合に影響する.

電子対不足化合物は (はじめて明確に確認された) ホウ素だけではなく, カルボカチオンやその他のさまざまな化合物でも広くみられる. それらの化合物については後でふれる.

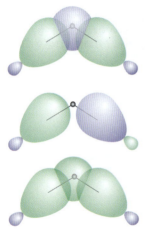

図 2・34 B_2H_6 の構造中に見られる分子軌道. これは, 2 個の B 原子とそれらの間にある 1 個の H 原子とからつくられる. 2 個の電子が結合性軌道にあって三つの原子をまとめている.

2・12 計 算 的 手 法

要点 計算方法にはアブイニシオ法や半経験的方法を用い, 分子や固体の物性を計算する. グラフィック技術はその結果を図示するために使われる.

コンピューターの利用は, 化学の分野で最も重要な技術の一つであることが実証されている. **計算モデリング** (computer modelling) は, 個々の分子や物質の構造や性質を調べるために数値モデルを利用することをいう. 使われる方法には, 系に対するシュレーディンガー方程式の数値解に基づいた "アブイニシオ法" として知られる厳密な手法から, 粒子間の力を記述するために近似や "実効的な" 関数を利用した, 計算時間は短いが必然的に詳細さに欠ける "半経験的方法" まで種々のも

のがある．**分子力学法**(molecular mechanics method) は，"ボールとバネ"を使って分子を取扱う．各原子は一つの粒子のように，すなわち"ボール"として，また，各結合は"バネ"として表し，その長さは計算もしくは実験的な結合長と同じにする．この方法は古典力学を用いており，小分子からタンパク質までの系で，分子の動きをモデル化する．

アブイニシオ法(*ab initio* method，非経験的分子軌道法ともいう)では，存在する原子の原子番号と空間における原子の一般的な配列だけを用いて第一原理†から構造を計算することを試みるものである．このような方法は本質的に信頼性が高いが，多くの計算が必要となる．多くの原子から成る分子や材料がかかわる複雑な問題については，このような方法は計算時間を消費するため，実験データを使った代替手法が用いられる．このような**半経験的方法**(semi-empirical method)ではシュレーディンガー方程式の正確な解に現れる積分をパラメーターとおき，生成エンタルピーのような実験値に最もよく一致するようにパラメーターを選ぶ．半経験的方法は，原子の個数にはほとんど際限なく広範囲の分子に適用でき，広く一般的に用いられる．

† 訳注：実験的なデータや経験的なパラメーターを用いずに理論計算を実行する手法を**第一原理計算**(first-principles calculation)という．

両方法とも一般的につじつまのあう場(**自己無撞着場**，self-consistent field, SCF)の手法を用いる．つじつまのあう場では，原子軌道の線形結合(LCAO)の組成に関係する初期値を設定して，分子軌道をモデル化し，それが繰返し改善され，計算が一巡して得られる解が変化しなくなるまでこの操作が続けられる．最も一般的なアブイニシオ計算では**ハートリー・フォック法**(Hartree–Fock method)が基礎となる．この方法ではおもな近似が電子-電子反発に適用される．明確な電子-電子反発を補正するさまざまな方法は**電子相関**(electron correlation)の問題として知られ，メラー–プレセット(Møller–Plesset)摂動論(MPn，n は補正の次数)，一般化原子価結合(<u>g</u>eneralized <u>v</u>alence <u>b</u>ond, GVB)法，多配置自己無撞着場(<u>m</u>ulti-configurations <u>s</u>elf-<u>c</u>onsistent <u>f</u>ield, MCSCF)，配置間相互作用(<u>c</u>onfiguration <u>i</u>nteraction, CI)，結合クラスター法(<u>c</u>oupled <u>c</u>luster theory, CC)などがある．

アブイニシオ法に代わり最もよく使用される方法は**密度汎関数理論**(<u>d</u>ensity <u>f</u>unctional <u>t</u>heory, DFT)であり，この理論では全エネルギーを波動関数 Ψ そのものではなく全電子密度 $\rho = |\Psi|^2$ で記述する．シュレーディンガー方程式を ρ で表現すると**コーン・シャム方程式**(Kohn–Sham equation)とよばれる一組の方程式になり，この方程式は初期値から始めて繰返し解かれ，自己無撞着になるまで続けられる．DFT法の利点は計算量が少なくある場合，特にd金属錯体の場合には，他の方法と比べると実験値との一致がよい．

半経験的方法はハートリー・フォック近似と同じ一般的な方法で組立てられるが，この方法の枠組みでは，2電子間の相互作用を表す積分などいくつかの情報を経験的なデータを取入れることによって近似するか，あるいは単純に無視する．このような近似の影響を和らげるために，他の積分を表現するパラメーターを調整して実験データと最もよい一致を示すようにする．半経験的計算はアブイニシオ計算よりかなり速く実行できるが，計算結果の質は，複数の構造で利用できるような実験的パラメーターの合理的な組合わせを使えるか否かに大きく依存する．したがって，半経験的計算は，元素の種類や分子の形の種類が少ない有機化学において大きな成功を収めてきた．半経験的方法は無機化学種の記述のためにも特別に工夫されている．

分子構造計算から得られる生データは，各分子軌道における原子軌道の係数と分子軌道のエネルギーを列挙したものである．あらゆる点における全電子密度(その点において見積もられる波動関数の2乗の合計)は一般に**等電子密度面**(isodensity surface)，すなわち，全電子密度が一定となる面によって表される(図2・35)．形

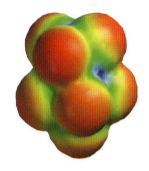

図 2・35 分子の電子構造の計算結果はさまざまな方法で変換される．ここでは，SF_5CF_3 の静電ポテンシャル面を示す．この分子は非常に強力な温室効果ガスとしてふるまうことがわかっているが，大気中での起源は明らかではない．赤色の領域は負のポテンシャルを表し，緑色の領域は正のポテンシャルとなる．

状以外の分子の重要な外観は表面にわたる電荷の分布である．一般的な方法では，まずはじめに等電子密度面の各点における正味の電荷を，その点での電子密度による電荷から原子核による電荷を引くことにより計算する．結果は**静電ポテンシャル面**〔electrostatic potential surface，"エルポット（elpot）面"〕として得られ，ここでは正味の正電荷が一つの色で，また正味の負電荷が別の色で示され，中間的な状態は色を徐々に変化させて表現する．

計算モデリングは個々の分子だけでなく固体にも適用されており，物質のふるまいを予測するうえで有用である．たとえば，化合物の結晶構造としてエネルギーの観点から最も安定なものはどれかを示す，相変化を予測する，熱膨張率を計算する，ドーパントイオンが優先して占める位置を予測する，格子中の拡散の経路を計算するといったことである．

無機化学での計算手法の応用例として，ルテニウムアルケニル錯体への配位子（**18**）の結合の仕方を調べるものがある．配位子は二つのS原子により，もしくは，一つのS原子と一つのN原子により金属と結合している可能性が高い．結晶学的な研究（§8・1）では，Nと末端Sを介してルテニウムと配位子が結合し，四員環を与えることがわかっている．これとは別のS,S配位について，ハートリー・フォック法と密度汎関数理論を用いて調べた結果，実験で認められたS,N配位よりもかなりエネルギー状態が高いことがわかった．二つの配位モードについて，計算によるエネルギー差は，ハートリー・フォック法では 92.35 kJ mol^{-1} であり，DFT法では 65.93 kJ mol^{-1} であった．結合長も計算され，実験値と比較した結果，二つの計算手法はS,N結合とよい一致を示していた．

無機化学では正確に計算できるものは非常に少ないということを心に留めておくことが重要である．モデリングによる計算は材料化学を深く理解するためには非常に有用であるが，複雑な化合物の性格な構造と性質を予測する上で計算を信頼して使える段階にはまだ達していない．

表 2・6 平衡結合長, R_e/pm

	R_e/pm
H_2^+	106
H_2	74
HF	92
HCl	127
HBr	141
HI	160
N_2	109
O_2	121
F_2	144
Cl_2	199
I_2	267

表 2・7 共有結合半径, r/pm[†]

H			
37			
C	N	O	F
77(1)	74(1)	66(1)	64
67(2)	65(2)	57(2)	
60(3)	54(3)		
70(a)			
Si	P	S	Cl
118	110	104(1)	99
		95(2)	
Ge	As	Se	Br
122	121	117	114
	Sb	Te	I
	141	137	133

[†] 括弧内の2,3はそれぞれ，二重結合，三重結合の場合の値．特に注記していないものは単結合の場合の値．(a)は芳香族での値．

構造と結合特性

化学結合の特性のうちのあるものは，元素が同じなら違う化合物の中でもほぼ同じになる．たとえば，H_2O 中の1本のO-H結合の強さがわかっていれば，CH_3OH 中のO-H結合の強さに対して，ある程度安心してその値を使うことができる．ここでは，このような結合の特性のうち最も重要な二つ——結合長と結合の強さ——に限って考えよう．また，結合の理解を拡張し，単純な無機分子の形を予測する．

2・13 結合長

要点 分子における平衡結合長は，結合している2個の原子の中心間の距離である．金属結合半径やイオン半径と同様，共有結合半径も周期表において変化する．

分子中の**平衡結合長**（equilibrium bond length）とは，結合している2個の原子の中心間距離である．役に立つ正確な結合長の豊富な情報は文献から得られる．これらの大部分は，固体のX線回折によって得られたものである（§8・1）．気相の分子の平衡結合長は，赤外あるいはマイクロ波分光法または直接的には電子線回折で決定するのが普通である．いくつかの典型的な値を表2・6に示す．

平衡結合長は，第一近似としては，結合している2個の原子のそれぞれの寄与分に割り振ることができる．共有結合に対する各原子の寄与分をその原子の**共有結合半径**（covalent radius）という（**19**）．表2・7の共有結合半径を用いて，たとえば

P–N 結合の長さを 110 pm＋74 pm＝184 pm と予測することができる．実験的には，多くの化合物中での結合長は 180 pm に近い．可能な限り実験値を用いるべきであるが，実験データがないときに推定するには，それなりの注意を払えば共有結合半径は役に立つ．

共有結合半径の周期表中での変化の様子は，金属結合半径およびイオン半径の場合（§1・7a）とほとんど同じで，F の近くで最も小さくなる．その理由も同様である．共有結合半径の和は，二つの原子の原子芯が接触しているときの核間距離にほぼ等しい．つまり，原子芯の反発力が支配的になり始めるまで価電子が二つの原子を引きつけるのである．したがって，共有結合半径は，結合している原子の接近できる距離を表す．これに対して，接触している隣の分子に含まれ互いに結合していない原子がどこまで近寄れるかを表すのが元素の**ファンデルワールス半径**（van der Waals radius）である．ファンデルワールス半径の和は，結合していない二つの原子の原子価殻が接触しているときの核間距離である（**20**）．ファンデルワールス半径は，結晶中の分子化合物の詰まり方，小さいが折れ曲がりやすい分子の配座，また，生体高分子の形を理解するうえで際立った重要性をもつ（第 27 章）．

19 共有結合半径

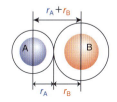

20 ファンデルワールス半径

2・14 結合の強さ

要点 結合の強さは，その解離エンタルピーで測られる．平均結合エンタルピーは，反応エンタルピーを推定するのに使うことができる．

結合 AB の強さを表す便利な熱力学的尺度は**結合解離エンタルピー**（bond dissociation enthalpy）$\Delta H^{\ominus}(\text{A}-\text{B})$ である．これは，つぎの反応の標準反応エンタルピーである．

$$\text{AB}(g) \longrightarrow \text{A}(g) + \text{B}(g)$$

表 2・8　平均結合エンタルピー，$B/(\text{kJ mol}^{-1})$ [†]

	H	C	N	O	F	Cl	Br	I	S	P	Si
H	436										
C	412	348(1) 612(2) 837(3) 518(a)									
N	388	305(1) 613(2) 890(3)	163(1) 409(2) 946(3)								
O	463	360(1) 743(2)	157	146(1) 497(2)							
F	565	484	270	185	158						
Cl	431	338	200	203	254	242					
Br	366	276			219	193					
I	299	238			210	178	151				
S	338	259	464	523	343	250	212		264		
P	322(1)									201 480(3)	
Si	318			466							226

† 括弧内の 2，3 はそれぞれ，二重結合，三重結合の場合の値．特に注記していないものは単結合の場合の値を示す．(a) は芳香族での値．

結合解離エンタルピーは結合を切るのに必要なエネルギーであるので常に正である．さまざまな分子中のA−B結合について結合解離エンタルピーを平均したものを**平均結合エンタルピー**（mean bond enthalpy）Bという（表 2・8）．

平均結合エンタルピーは反応エンタルピーを推定するのに使える．しかし，実際の化学種についての熱力学データがある限り，平均結合エンタルピーよりもそのデータを使うべきである．というのは，平均値で議論すると誤った結論に導かれることがあるからである．たとえば，Si−Si 結合エンタルピーは，Si_2H_6 中の 226 kJ mol^{-1} から $Si_2(CH_3)_6$ 中の 322 kJ mol^{-1} にわたっている．表 2・8 にある値は，生成エンタルピーや実際の結合解離エンタルピーのデータが入手できないときに反応エンタルピーを大ざっぱに見積もる場合などに使う最後の手段と考える方がよい．

例題 2・8 平均結合エンタルピーを用いて反応エンタルピーを推定する

$SF_4(g)$ から $SF_6(g)$ が生成するときの反応エンタルピーを推定せよ．ただし，25°Cにおける平均結合エンタルピーは，F_2 158 kJ mol^{-1}，SF_4 343 kJ mol^{-1}，SF_6 327 kJ mol^{-1} とする．

解 反応エンタルピーは，結合を切るための結合エンタルピーの和から結合を生成するためのエンタルピーの和を引いたものに等しいことを利用する．反応は

$$SF_4(g) + F_2(g) \longrightarrow SF_6(g)$$

である．この反応では，F−F 結合が 1 mol および S−F 結合（SF_4 中）が 4 mol 切れなければならない．これに対応するエンタルピーの変化は 158 kJ + (4× 343 kJ) = +1530 kJ．結合を切るためにエネルギーが使われるのでこのエンタルピー変化は正である．さらに S−F 結合（SF_6 中）が 6 mol 生成するが，それに伴うエンタルピー変化は 6×(−327 kJ) = −1962 kJ．結合が生成する際にエネルギーが放出されるのでこのエンタルピー変化は負である．したがって全体としてのエンタルピー変化は

$$\Delta H^{\ominus} = +1530 \text{ kJ} - 1962 \text{ kJ} = -432 \text{ kJ}$$

となり，この反応は著しい発熱反応であることがわかる．この反応についての実験値は −434 kJ で，推定値とよく一致している．

問題 2・8 S_8（環状分子）と H_2 とから H_2S が生成するときの生成エンタルピーを推定せよ．

2・15　電気陰性度と結合エンタルピー

要点 ポーリングの電気陰性度は，結合エンタルピーを推定したり，結合の極性を評価したりする際に役立つ．

電気陰性度の概念は §1・7d に述べた．そこで見たように，電気陰性度は，化合物中の原子が電子を引きつける力を表す．二つの元素 A および B の電気陰性度の違いが大きいほど，A−B 結合のイオン性が増加する．

Linus Pauling の電気陰性度の元来の定義は，結合形成のエネルギー論的な考え方に由来している．Pauling によると，たとえば二原子分子 A_2, B_2 から AB が生成する反応

$$A_2(g) + B_2(g) \longrightarrow 2\,AB(g)$$

において，A−B 結合のエネルギーが，A−A 結合のエネルギーと B−B 結合のエネルギーの平均値より ΔE だけ大きいのは，共有結合にイオン性が加わっていることに起因する．Pauling は電気陰性度の差を

$$|\chi_P(A) - \chi_P(B)| = 0.102 \,(\Delta E/\mathrm{kJ\ mol^{-1}})^{1/2} \qquad (2 \cdot 11\mathrm{a})$$

と定義した．ここで

$$\Delta E = B(\mathrm{A-B}) - \frac{1}{2}[B(\mathrm{A-A}) + B(\mathrm{B-B})] \qquad (2 \cdot 11\mathrm{b})$$

であり，$B(\mathrm{A-B})$ は A−B の平均結合エンタルピーである．すなわち，A−B 結合のエンタルピーが無極性結合 A−A および B−B のエンタルピーの平均よりはっきり大きいようなら，波動関数にかなりイオン性の寄与があると考えられる．したがって，両原子の電気陰性度に大きな違いがあると考えるわけである．ポーリング電気陰性度は，元素の酸化数が高くなると大きくなる．表 1・7 中の値は各元素の一般的な酸化状態に対するものである．

ポーリングの電気陰性度は，電気陰性度の異なる元素の原子間の結合エンタルピーを推定する場合や結合の極性を定性的に評価する場合に有効である．二つの元素の電気陰性度の差が約 1.7 より大きい二元系化合物では一般にイオン性が支配的であると見なせる．しかし，この粗い線引きは，1940 年代に Anton van Arkel と Jan Ketelaar により改善された．彼らは，イオン結合，共有結合，金属結合が頂点となるような三角形を描いた．この**ケテラーの三角形**〔Ketelaar triangle，より正確には，<u>ファンアーケル・ケテラーの三角形</u>（van Arkel-Ketelaar triangle）〕は，Gordon Sproul が二元系化合物の元素の電気陰性度の差（$\Delta\chi$）と平均の電気陰性度（$\chi_{平均}$）に基づく三角形（図 2・36）を構築することで精密化された．ケテラーの三角形は第 3 章で多く用いられ，種類の異なる広範囲の化合物を分類するうえでこの基礎的な概念がいかに豊富な内容をもっており，どれほど利用可能であるかがわかるであろう．

イオン結合は電気陰性度の大きな差によって特徴づけられる．差が大きければ，一つの元素の電気陰性度が高く，もう一つが低いということになるので，平均の電気陰性度は中間的な値となるはずである．たとえば化合物 CsF では $\Delta\chi=3.19$ および $\chi_{平均}=2.38$ となり，三角形の"イオン性"の頂点に存在することになる．共有結合は電気陰性度の差が小さいことによって特徴づけられる．そのような化合物は三角形の底辺に存在する．共有結合が支配的な二元系化合物は一般に非金属からつくられ，非金属元素は高い電気陰性度をもつ．このため，三角形における共有結合の領域は右下の頂点になる．この頂点は F_2 により占められる．F_2 では $\Delta\chi=0$ および $\chi_{平均}=3.98$（ポーリング電気陰性度の最大値）である．金属結合も電気陰性度の差が小さいことによって特徴づけられ，三角形の底辺付近に存在する．しかし，金属結合では元素の電気陰性度が低く，平均値も低いので，結果として金属結合は三角形の左下の頂点を占める．最も外側の頂点は Cs により占められる．Cs では $\Delta\chi=0$ および $\chi_{平均}=0.79$（ポーリング電気陰性度の最小値）である．単純な電気陰性度の差と比べてケテラーの三角形を用いる利点は，いずれも電気陰性度の差が小さいことが特徴の共有結合と金属結合との区別が可能になることである．

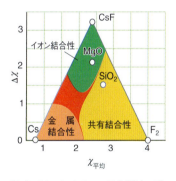

図 2・36 ケテラーの三角形は，電気陰性度の差に対して平均の電気陰性度をプロットすることで，二元系化合物の結合の種類を分類できることを示す．

> **実例** MgO では $\Delta\chi=3.44-1.31=2.13$ で $\chi_{平均}=2.38$ である．これらの値から，MgO を三角形のイオン結合の領域におくことができる．対照的に，SiO_2 では $\Delta\chi=3.44-1.90=1.54$ かつ $\chi_{平均}=2.67$ である．これらの値から，SiO_2 は MgO より三角形の低い位置を占め，共有結合の領域に存在することになる．

2・16 酸化状態

要点 酸化数は表2・9で説明した規則に従って決められる.

結合の**イオン性**を誇張した考え方から得られるパラメーターが, **酸化数**(oxidation number) N_{ox}[3] である. 酸化数は, 電気陰性度の大きい方の原子が結合をつくっている2個の電子を全部とってしまったとしたときに原子がもつはずの電荷数である. **酸化状態**(oxidation state)とは, 元素がその酸化数をもつときの物理的状態である. よって, 原子には酸化数が割り当てられ, 原子は対応する酸化状態にあることになる[4]†. アルカリ金属は周期表中で最も電気的陽性であるのでM^+として表し, 酸化数はⅠとなる. 酸素の電気陰性度はF以外には高いので, 化合物中のO原子は(O−F結合がない限り)O^{2-}イオンになると考え, その酸化数を−Ⅱとする. 同様に, NO_3^- の構造のイオン性を誇張すれば$N^{5+}(O^{2-})_3^-$ となるから, このイオン中の窒素の酸化数はⅤとなり, N^V あるいは窒素(Ⅴ)と表す. この習わしは酸化数が負であっても用いられる. たいていの化合物中で酸素の酸化数は−Ⅱで, これをO^{-II}あるいは, あまりないが酸素(−Ⅱ)と表す.

実際に酸化数を割り付けるには単純な規則(表2・9)を用いる. これらの規則は, "誇張したイオン性構造"での電気陰性度の効果を反映したもので, 化合物中の酸素の数が増えると酸化の程度が進む(たとえばNOからNO_3^-になる)という事実と合致している. 酸化数のこのような側面については第5章でさらに詳しく取上げる. 多くの元素, たとえば, 窒素, ハロゲン, d−ブロック元素は, 多様な酸化状態で存在しうる(表2・9).

---

3) 酸化数には正式に合意を得た記号がない.

4) 実際には無機化学者は"酸化数"と"酸化状態"を同じ意味で用いるが, 本書では両者を区別する.

† 訳注: 本書では酸化数はローマ数字で表し, 酸化状態をアラビア数字で表してある. ただし表2・9や第5章, 第9章のラチマー図やフロスト図など, 酸化数をアラビア数字で表してあるものが一部ある.

表 2・9 酸化数の決め方[†1]

	酸 化 数[†2]
1. ある化学種中の全原子の酸化数の和は, 全体の電荷数に等しい	
2. 単体中の原子は	0
3. 1族の原子は 2族の原子は 13族の原子(Bを除く)は 14族の原子(C, Siを除く)は	+1 +2 +3 (EX_3), +1 (EX) +4 (EX_4), +2 (EX_2)
4. 水素は	+1 (非金属との組合わせ) −1 (金属との組合わせ)
5. フッ素は	−1 (すべての化合物中)
6. 酸素は	−2 (F以外との組合わせ) −1 (過酸化物イオン O_2^{2-}) $-\frac{1}{2}$ (超酸化物イオン O_2^-) $-\frac{1}{3}$ (オゾン化物イオン O_3^-)
7. ハロゲンは	−1 (たいていの化合物中. ただし, 相手の元素が酸素または自分よりも電気陰性度の大きいハロゲンである場合を除く)

†1 酸化数を決めるには, この規則を番号順に適用する. 酸化数が決まったところで止める. この規則はすべてを尽くしたものではないが, 広範囲な通常の化合物に当てはまる.
†2 訳注: Eは当該元素, Xはハロゲンなど.
†3 訳注: ここでは酸化数を(ローマ数字でなく)アラビア数字で表してある.

例題 2・9 元素の酸化数を決める

つぎの元素の酸化数はいくつか.
(a) 硫化水素 H_2S 中の S (b) 過マンガン酸イオン $[MnO_4]^-$ 中の Mn

解 表 2・9 の規則を順番に適用する. (a) 化学種の全電荷数は 0 である. よって, $2N_{ox}(H)+N_{ox}(S)=0$ である. 非金属との結合の場合 $N_{ox}(H)=+1$ であるから, $N_{ox}(S)=-2$ である. (b) 全原子の酸化数の和は -1, すなわち $N_{ox}(Mn)+4N_{ox}(O)=-1$. $N_{ox}(O)=-2$ だから, $N_{ox}(Mn)=-1-4(-2)=+7$. つまり $[MnO_4]^-$ はマンガン(Ⅶ)の化合物である. このイオンの正式名称は, テトラオキソマンガン(Ⅶ)酸イオンである.

問題 2・9 つぎの元素の酸化数はいくつか. (a) O_2^+ の O, (b) PO_4^{3-} の P, (c) $[MnO_4]^{2-}$ の Mn, (d) $[Cr(H_2O)_6]Cl_3$ の Cr

参 考 書

R. J. Gillespie, I. Hargittai, "The VSEPR Model of Molecular Geometry", Prentice Hall (1992). VSEPR 理論の最近の考え方に関する優れた入門書.

R. J. Gillespie, P. L. A. Popelier, "Chemical Bonding and Molecular Geometry: From Lewis to Electron Densities", Oxford University Press (2001). 化学結合と分子構造の最近の理論に関する広範囲の概説.

M. J. Winter, "Chemical Bonding", Oxford University Press (1994). 化学結合のいくつかの概念を数学的ではなく記述的に紹介している.

T. Albright, "Orbital Interactions in Chemistry", John Wiley & Sons (2005). この教科書では分子軌道理論の有機化学, 有機金属化学, 無機化学, 固体化学における応用を取扱っている.

D. M. P. Mingos, "Essential Trends in Inorganic Chemistry", Oxford University Press (1998). 構造と結合の見地からの無機化学の概観.

I. D. Brown, "The Chemical Bond in Inorganic Chemistry", Oxford University Press (2006).

K. Bansal, "Molecular Structure and Orbital Theory", Campus Books International (2000).

J. N. Murrell, S. F. A. Kettle, J. M. Tedder, "The Chemical Bond", John Wiley & Sons (1985).

T. Albright, J. K. Burdett, "Problems in Molecular Orbital Theory", Oxford University Press (1993).

G. H. Grant, W. G. Richards, "Computational Chemistry", Oxford Chemistry Primers, Oxford University Press (1995). とても優れた入門書.

J. Barratt, "Structure and Bonding", RSC Publishing (2001).

D. O. Hayward, "Quantum Mechanics", RSC Publishing (2002).

練 習 問 題

2・1 ルイス構造を描け.
(a) NO^+ (b) ClO^- (c) H_2O_2 (d) CCl_4 (e) HSO_3^-

2・2 CO_3^{2-} の共鳴構造を描け.

2・3 (a) H_2Se, (b) BF_4^-, (c) NH_4^+ は, どんな形であると思うか.

2・4 (a) SO_3, (b) SO_3^{2-}, (c) IF_5 は, どんな形であると思うか.

2・5 (a) IF_6^+, (b) IF_3, (c) $XeOF_4$ は, どのような形であると思うか.

2・6 (a) ClF_3, (b) ICl_4^-, (c) I_3^- は, どんな形であると思うか.

2・7 VSEPR モデルによって予測される結合角により近いのは, ICl_6^- と SF_4 のどちらの化学種か.

2・8 気体の五塩化リンは分子であるが, 固体の五塩化リンは, PCl_4^+ カチオンと PCl_6^- アニオンとから成るイオン固体である. 固体中の両イオンはどんな形か.

2・9 表 2・7 の共有結合半径を用いて結合長を計算せよ(括弧内は比較のための実験値).
(a) CCl_4 (177 pm) (b) $SiCl_4$ (201 pm)
(c) $GeCl_4$ (210 pm)

2・10 第 1 章に述べた概念, 特に動径波動関数に及ぼす貫入および遮蔽効果を用いて, 単結合の共有結合半径が周期表中の元素の位置によってどう変化するかを説明せよ.

2・11 $B(Si=O)$ は 640 kJ mol^{-1} である. 結合エンタルピーの考え方から, ケイ素-酸素化合物は, $Si=O$ 二重

結合をもつ分子ではなく，Si–O 単結合から成る四面体の網目構造を含む可能性が大きいことを予想せよ．

2・12 窒素とリンとの通常の形はそれぞれ $N_2(g)$ と $P_4(s)$ とである．単結合および多重結合の結合エンタルピーを用いて，この違いを説明せよ[†]．

2・13 表2・8のデータを用いて $2H_2(g) + O_2(g) \rightarrow 2H_2O(g)$ の標準反応エンタルピーを計算せよ．実測値は $-484\ \text{kJ mol}^{-1}$ である．推定値と実測値との差を説明せよ．

2・14 つぎの表に与えられている気相中の二原子化学種の結合解離エネルギー (D) と結合長のデータを説明し，それらの原子がオクテット則に従うかを示せ．

	$D/(\text{kJ mol}^{-1})$	結合長/pm
C_2	607	124.3
BN	389	128.1
O_2	498	120.7
NF	343	131.7
BeO	435	133.1

2・15 平均結合エンタルピーのデータを用いて，つぎの反応の標準反応エンタルピーを推定せよ．ただし，未知の化学種 O_4^{2-} は，S_4^{2-} のように単結合の鎖状構造をもつと仮定する．

(a) $S_2^{2-}(g) + \frac{1}{4}S_8(g) \rightarrow S_4^{2-}(g)$

(b) $O_2^{2-}(g) + O_2(g) \rightarrow O_4^{2-}(g)$

2・16 次の化学種の太字の元素の酸化数を示せ．

(a) **S**O_3^{2-}　　(b) **N**O^+　　(c) **Cr**$_2O_7^{2-}$

(d) **V**$_2O_5$　　(e) **P**Cl_5

2・17 任意に A, B, C, D と名付けられた四つの元素の電気陰性度はそれぞれ，3.8, 3.3, 2.8, 1.3 である．化合物 AB, AD, BD, AC を共有結合性の増加する順に並べよ．

2・18 図2・36のケテラーの三角形と表1・7の電気陰性度の値を用いて，つぎの化合物ではどのような種類の結合が支配的であると考えられるか予測せよ．

(a) BCl_3　　(b) KCl　　(c) BeO

2・19 混成軌道が必要かどうか予測せよ．

(a) BCl_3　　(b) NH_4^+　　(c) SF_4　　(d) XeF_4

2・20 分子軌道エネルギー準位図を用いてつぎの化学種の不対電子の数を求めよ．

(a) O_2^-　　(b) O_2^+　　(c) BN　　(d) NO

2・21 図2・17を用いてつぎの化学種の電子配置を書き，それぞれの HOMO の形を描け．

(a) Be_2　　(b) B_2　　(c) C_2^-　　(d) F_2^+

2・22 アセチレン（エチン）を塩化銅(I)の溶液に通すと，赤色沈殿の銅アセチリド CuC_2 が生成する．これはアセチレンが存在するかどうかを見る一般的な試験である．C_2^{2-} イオンの結合について，分子軌道理論より述べよ．

また，C_2 の結合に対して，結合次数を比較せよ．

2・23 気相の等核二原子分子である二炭素 C_2 について分子軌道エネルギー準位図を描け．分子軌道を図で表し，エネルギー準位図中に注釈で示せ．C_2 の結合次数はいくらか．

2・24 気相の異核二原子分子である BN について分子軌道エネルギー準位図を描け．C_2 のものとどう違うか．

2・25 IBr の分子軌道図は ICl の分子軌道図（図2・24）と類似すると考える．(a) IBr 分子軌道をつくるためには原子軌道のどのような基底系が用いられるか．(b) IBr の結合次数を求めよ．(c) IBr と IBr_2 の相対的な安定性と結合次数について述べよ．

2・26 つぎの化学種の分子軌道配置から結合次数を求め，それをルイス構造から定まる結合次数と比較せよ．

(a) S_2　　(b) Cl_2

(c) NO^+（NO は O_2 型の分子軌道をもつ）

2・27 つぎのイオン化過程に伴って，結合次数と結合長とはどう変化すると考えられるか．

(a) $O_2 \rightarrow O_2^+ + e^-$　　(b) $N_2 + e^- \rightarrow N_2^-$

(c) $NO \rightarrow NO^+ + e^-$

2・28 図2・37に示された CO の紫外光電子スペクトルのスペクトル線を帰属し，SO 分子の紫外光電子スペクトルの形を予測せよ（§8・9参照）．

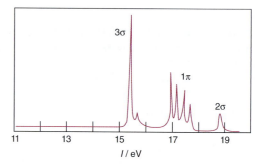

図2・37　21 eV 放射を用いた CO の紫外光電子スペクトル

2・29 (a) 4個の 1s 軌道について，それらの独立な線形結合はいくつあるだろうか．

(b) 仮想的直線形分子 H_4 について，H 1s 軌道の線形結合の図を描け．

(c) 非結合性ならびに反結合性相互作用の数を考慮して，これらの分子軌道をエネルギーの大きくなる順に並べよ．

2・30 (a) 直線形イオン $[HHeH]^{2+}$ の各分子軌道を，各原子の 1s 原子軌道を基底系として組立てよ．各分子軌道の節面の系統的な変化を考慮せよ．

(b) これらの分子軌道をエネルギーの大きくなる順に並べよ．

(c) これらの分子軌道の電子分布を示せ．

(d) $[HHeH]^{2+}$ は，単独であるいは溶液中で安定であろうか．推論の理由を説明せよ．

[†] 訳注: 仮想の分子 N_4 は，P_4 と同じく四面体形とせよ．

2・31 He 原子が光子を吸収して $1s^1 2s^1$ 配置をもつ状態（ここでは He* と書く）に励起されると，他の He 原子と弱い結合をつくって HeHe* 二原子分子を生じる．この化学種の結合を分子軌道によって記述せよ．

2・32 本文中の NH_3 の分子軌道の議論に基づいて，NH_3 中の NH 結合の平均結合次数を求めよ．結合の総数を数えて，NH の数で割ればよい．

2・33 図 2・31 に示した原子軌道と分子軌道との軌道エネルギーの相対的関係から，SF_6 の e フロンティア軌道（HOMO）と 2t フロンティア軌道（LUMO）とが主として P 性か主として S 性かを述べよ．推論の理由も述べよ．

2・34 N_2, NO, O_2 の分子軌道図をつくり，おもな原子軌道の線形結合を示せ．結合長 N_2 110 pm, NO 115 pm, O_2 121 pm について述べよ．

2・35 つぎの仮想的化学種が，電子数がぴったりの電子適正化合物か，電子不足化合物かを分類せよ．答えを説明し，これらが存在する可能性の有無を述べよ．
(a) 四角形の H_4^{2+} (b) 折れ線形の O_3^{2-}

演習問題

2・1 VB 理論では，超原子価は結合中に d 軌道が寄与することにより一般的に説明される．論文 '混成軌道の役割' 〔J. Chem. Educ., **84**, 783 (2007)〕では，著者は必ずしもそれは正しくないことを議論している．論文中で使用した方法と著者がそのように考えた理由を簡潔にまとめよ．

2・2 地殻中に多く見られる物質では，Si-Si 結合あるいは Si-H 結合に比べて Si-O 結合が重要である．結合エンタルピーを用いて，このことを理論づけよ．ケイ素の挙動が炭素の挙動とどう違うか．また，それはなぜか．

2・3 ファンアーケル・ケテラーの三角形は 1940 年代から使われている．ファンアーケル・ケテラーの三角形の定量的な扱いは 1994 年に Gordon Sproul によってなされた 〔J. Phys. Chem., **98**, 6699 (1994)〕．Sproul はいくつの電気陰性度の尺度とどれだけの化合物を調べたか．研究に際して化合物を選ぶうえで用いた基準は何か．ファンアーケル・ケテラーの三角形を領域に分けるうえで最も優れた電気陰性度の二つの尺度は何であることがわかったか．これら二つの尺度の理論的な根拠は何か．

2・4 論文 '混成原子軌道の主張' 〔P. C. Hiberty, F. Volatron, S. Shaik, J. Chem. Educ., **89**, 575 (2012)〕では，著者らは混成原子軌道の概念を使用することを主張している．著者らが述べている批評と混成軌道を支持する議論についてまとめよ．

2・5 論文 '分子軌道論についてのいくつかの知見' 〔J. F. Harrison, D. Lawson, J. Chem. Educ., **82**, 1205 (2005)〕では，著者らは分子軌道理論のいくつかの限界について議論している．これらの限界とはどのようなものか．論文中で示されている Li_2 についての分子軌道図を描け．なぜ，この分子軌道図がこの教科書には出てこないのかを考えよ．B_2, C_2 についての分子軌道図をつくるために論文中で与えられているデータを用いよ．これらの分子軌道図は図 2・17 のものと異なるか．その違いを議論せよ．

2・6 仮想的平面形 NH_3 分子の近似的な分子軌道エネルギー準位図をつくれ．中心の N 原子および三角形に配置された H_3 原子の軌道としてどれが適合した形であるかを決めるには付録 5 を参照するとよい．原子軌道のエネルギー準位を考慮して，N と H_3 の軌道を分子軌道エネルギー準位図の左右に描き，ついで，結合性相互作用および反結合性相互作用と原子軌道エネルギーとの関係から判断して，分子軌道のエネルギー準位を中央に描き，各分子軌道とそれに寄与する原子軌道とを線で結べ．イオン化エネルギーはつぎの通りである．H 1s = −13.6 eV, N 2s = −26.0 eV, N 2p = −13.4 eV.

2・7 (a) 分子軌道法のプログラムを用いて，あるいは，教員から与えられるこの種のプログラムを用いた計算の入力値および出力値を用いて，下記の分子のいずれかについて，分子軌道エネルギー（出力値から）と原子軌道エネルギー（入力値から）との関係を示す分子軌道エネルギー準位図をつくり，分子軌道の電子被占状態を示せ（図 2・17 にならえ）．分子は，HF (92 pm), HCl (127 pm), CS (153 pm)（括弧内は結合長）である．

(b) 出力値を用いて，被占軌道の形を描け．原子軌道のローブの符号を塗り色の濃淡で，振幅を軌道の大きさで示せ．

2・8 分子軌道法のプログラムを用いて H_3 の分子軌道計算を行え．H のエネルギーは演習問題 2・6 から，H−H 結合長は NH_3（N−H 結合長 102 pm, HNH 結合角 107°）から求めよ．NH_3 についても同種の計算を行え．演習問題 2・6 にあげた N 2s および N 2p 軌道のエネルギーデータを用いよ．出力値から，分子軌道エネルギー準位をプロットし，対称標識をつけよ．これらの準位と適合する対称性の N および H_3 原子軌道との関連を示せ．この計算結果を，演習問題 2・6 の定性的記述と比較せよ．

2・9 $Sr(MX_3)_2 \cdot 5H_2O$ (M = Sn もしくは Pb, X = Cl もしくは Br) のような化合物のスズと鉛のアニオン中の非結合性孤立電子対の効果について，結晶学的および電子構造計算により研究がされている 〔I. Abrahams et al. Polyhedron, **25**, 996 (2006)〕．この化合物を作製するために用いられた合成手法を簡潔に示し，どのような化合物が作製することができなかったかを示せ．実験で得られた構造のデータがないために，電子構造計算の際にこの化合物はどのように取扱われたかを説明せよ．$[MX_3]^-$ アニオンの形を示し，非結合性孤立電子対が気相中および固相中でスズと鉛の間でどのように異なるかを述べよ．

3 単純な固体の構造

固体の構造の記述
3・1 単位格子と結晶構造の記述
3・2 球の最密充填
3・3 最密充填構造の間隙

金属と合金の構造
3・4 ポリタイプ
3・5 最密充填でない構造
3・6 金属の多形
3・7 金属の原子半径
3・8 合金と間隙

イオン固体
3・9 イオン固体の特徴的構造
3・10 構造の理論的説明

イオン結合のエネルギー論
3・11 格子エンタルピーとボルン・ハーバーサイクル
3・12 格子エンタルピーの計算
3・13 格子エンタルピーの実験値と理論値の比較
3・14 カプスティンスキー式
3・15 格子エンタルピーから導かれる結果

欠陥と不定比性
3・16 欠陥の起源と種類
3・17 不定比化合物と固溶体

固体の電子構造
3・18 無機固体の電気伝導率
3・19 原子軌道の重なりから生じるバンド構造
3・20 半導体

発展学習: ボルン・マイヤー式
参 考 書
練習問題
演習問題

　固体状態の化合物の化学を理解することは，合金，単純な金属塩，グラフェン，無機顔料，ナノ材料，ゼオライト，高温超伝導体といった多くの重要な無機物質の研究の中心的な課題である．本章では，単純な固体の中で原子・イオンがどんな構造をとるかを概観し，さらに，なぜ好んで特定の並び方をするかという理由を探る．まず，原子を剛体球と考え，球をぎっしり積み重ねたものが固体の構造であるという，最も単純なモデルから始めて，多くの金属や合金がこの"最密充塡"配列によってうまく記述できること，また，このモデルが多様なイオン固体を論じるにあたって有効な出発点となることを見る．このような単純な固体の構造は，もっと複雑な無機物質の構造を組立てる場合の基本単位と考えることができる．化学結合に部分的に含まれる共有結合性は，物質がどの構造をとるかに影響を及ぼす．そのため，実際にとる構造の種類は，それを構成する原子の電気陰性度とかかわっている．本章では，固体の構造と反応の傾向を合理的に説明することのできるエネルギー論についてもいくらか記述する．こういった概念により，1族元素および2族元素から成るイオン固体の熱的安定性と溶解度を系統的に議論することもできる．最後に，固体中に見られるほぼ無限個の原子の配列に分子軌道理論を拡張することによって，バンド理論を導入し，固体物質の電子構造を考察する．バンド理論は固体中で電子がとりうるエネルギー準位を記述し，この理論を用いることにより，無機固体を導体，半導体，絶縁体に分類できる．

　多くの単体と無機化合物は固体として存在し，原子やイオンや分子の規則的な配列から成り立っている．多くの金属の構造は金属原子が規則正しく空間を埋めているとして解釈することができる．これらの金属原子は**金属結合**(metallic bonding)を通じて相互作用し，電子は固体全体にわたって非局在化している．すなわち，電子は特定の原子や結合に属していない．これは，金属を巨大な分子であるととらえ，多数の原子軌道が相互作用して分子軌道をつくり，それが固体全体に広がっているとする考え方(§3・19)と等価である．金属結合は，イオン化エネルギーの小さい元素，すなわち，周期表の左側からd-ブロックを経て，d-ブロックに近い位置にあるp-ブロック元素に特有のものである．これら元素の単体のほとんどは金属であり，酸化物や硫化物のような他の多くの固体化合物においても金属結合は存在する(とりわけd金属の化合物)．金属光沢をもつ赤色固体の酸化レニウム ReO_3 や"愚者の黄金"(黄鉄鉱，FeS_2)のような化合物では金属結合の存在が示されている．金属単体のよく知られた性質はこの種の結合と，とりわけ固体全体にわたる電子の非局在化に起因する．金属が展性(圧力の印加により容易に変形する性質)や延性(線状に引き伸ばすことのできる性質)を示すのは，金属原子の原子核の位置が変わっても電子が速やかに順応でき，結合に方向性がないからである．金属が光沢をもつのは，入射する電磁波に対して電子がほとんど自由に応答でき，電磁波を反射するからである．

　イオン結合(ionic bonding)の場合には，異種元素のイオンが逆符号の電荷の引力によって，がっちりと対称性の高い配列に組立てられている．イオン結合も，原子が電子を放したり得たりすることによってつくられるわけだから，金属と電気的陰性元素との化合物に典型的に見られる．しかし，例外もたくさんある．金属の化

合物がどれもイオン性であるわけではなく，また，（硝酸アンモニウムのように）非金属化合物で共有結合性とともにイオン性を示すものもある．イオン結合と金属結合の両方の性質を示す物質もある．

イオン結合も金属結合も方向性をもたない．したがって，これらの結合が現れる構造は，たとえばイオン間の静電相互作用の数と強さを最大にするようにイオンが空間を埋めるというモデルを用いれば容易に理解できる．このような構造をとる固体中での原子，イオン，分子の規則正しい配列は，空間を効果的に埋め尽くす方法によって得られる繰返しの単位を用いれば最もうまく表現できる．この繰返しの単位は単位格子として知られている．

固体の構造の記述

簡単な固体の構造では多くの場合，剛体球のいろいろな並べ方によって原子・イオンの並び方を表すことができる．金属の固体の場合，この剛体球は中性の原子を表している．というのは，各原子はカチオンになっているものの，相変わらずその電荷とちょうど見合うだけの電子に取巻かれているからである．一方，イオン固体の場合は，一方の原子から他方の原子に電子が実際に移ってしまっているわけだから，剛体球はカチオンとアニオンとを表していることになる．

3・1 単位格子と結晶構造の記述

単体あるいは化合物の結晶は，原子，分子，イオンのような構造単位が規則的に繰返すことによって構成されているとみなすことができる．"結晶格子"は，点によってつくられる図形で，繰返し構造単位の位置を表すために用いられる．

(a) 格子と単位格子

要点 格子は等価な点の集合体と定義され，その構造は並進対称性をもつ．単位格子は結晶を分けた一部分であり，これを並進操作によって積み上げていけば結晶構造が再現される．

格子 (lattice) は点が三次元的に無限に配列したものであり，この点は**格子点** (lattice point) とよばれ，各格子点は隣接の格子点によってどれも同じように取巻かれている．格子によって結晶の繰返し構造が定義される．**結晶構造** (crystal structure) そのものは，一つあるいは複数の等価な構造単位（たとえば原子，イオン，分子）を個々の格子点に関係づけることによって得られる．多くの場合には構造単位の中心は格子点に置かれるが，必ずしもそうする必要はない．

三次元の結晶の**単位格子** (unit cell, **単位胞**) は平行な側面をもつ仮想的な領域（"平行六面体"）であり，この領域を単に並進操作で移動させるだけで結晶全体を組立てることができる[1]．並進操作で生じる複数の単位格子は余計な空間を残すことなく互いに完全に密着する．単位格子はいくつもの方法で選ぶことができるが，一般には最も対称性がよく最小となるように選ぶのが好ましい．たとえば図3・1の二次元格子では，いろいろな単位格子（二次元の平行四辺形）の選び方があり，いずれの場合でも並進操作によって単位格子の中味が繰返されることになる．可能な2通りの繰返し単位が描かれているが，(b)の方が小さいため，(a)より(b)が好ましい．構造の対称性の結果として現れる三次元の格子定数の相関関係から七つの

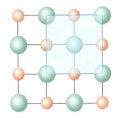
(a) 可能な単位格子

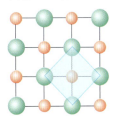
(b) 好ましい単位格子

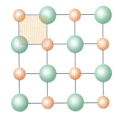
(c) 単位格子ではない

図 3・1 二次元固体と単位格子のとり方2例．どちらのとり方にしても，結晶全体が単位格子の並進操作によって表される点は同じだが，(b)の方が小さいため，(a)より(b)の方が一般に好ましい．

---

1) 元の図形や模様を決められた方向にある距離だけ動かして正確にその像をつくることができれば並進対称性が存在する．ここでの場合は，単位格子をその稜に平行な向きに格子定数に等しい距離だけ動かせば，単位格子そのものが再現される．

表 3・1　七つの結晶系

結晶系	格子定数の関係		単位格子を決定する格子定数	本質的な対称性
三斜晶	$a \neq b \neq c$	$\alpha \neq \beta \neq \gamma \neq 90°$	$a\ b\ c\ \alpha\ \beta\ \gamma$	なし
単斜晶	$a \neq b \neq c$	$\alpha = \gamma = 90°\ \beta \neq 90°$	$a\ b\ c\ \beta$	一つの 2 回回転軸および（あるいは）一つの鏡映面
直方晶（斜方晶）	$a \neq b \neq c$	$\alpha = \beta = \gamma = 90°$	$a\ b\ c$	三つの直交した 2 回回転軸および（あるいは）複数の鏡映面
三方晶（菱面体晶）	$a = b = c$	$\alpha = \beta = \gamma \neq 90°$	$a\ \alpha$	一つの 3 回回転軸
正方晶	$a = b \neq c$	$\alpha = \beta = \gamma = 90°$	$a\ c$	一つの 4 回回転軸
六方晶	$a = b \neq c$	$\alpha = \beta = 90°\ \gamma = 120°$	$a\ c$	一つの 6 回回転軸
立方晶	$a = b = c$	$\alpha = \beta = \gamma = 90°$	a	正四面体形に配列した四つの 3 回回転軸

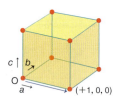

図 3・3　単純立方単位格子の並進対称性を表す格子点．並進対称性はちょうど単位格子そのものにあたる．たとえば，原点 O の格子点は $(+1, 0, 0)$ の並進操作により同じ単位格子の別の頂点に移る．

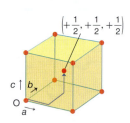

図 3・4　体心立方単位格子の並進対称性を表す格子点．並進対称性は単位格子そのものと $(+1/2, +1/2, +1/2)$ にあたり，原点 O の格子点は同じ単位格子の体心に移る．

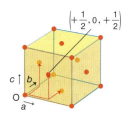

図 3・5　面心立方単位格子の並進対称性を表す格子点．並進対称性は単位格子そのものと $(+1/2, +1/2, 0)$，$(+1/2, 0, +1/2)$，$(0, +1/2, +1/2)$ にあたり，原点 O の格子点は各面の中心の格子点に移る．

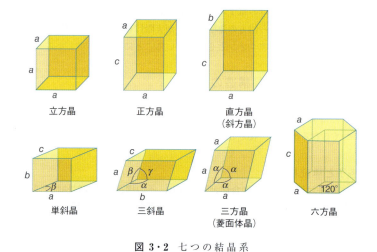

図 3・2　七つの結晶系

結晶系（crystal system）が導かれる（表 3・1 と図 3・2）．化合物がとる規則的な構造はすべて，これらの結晶系のいずれかに属する．本章では単純な組成や化学量論を扱うが，ここで述べるほとんどの構造が対称性の高い立方晶系や六方晶系に属する．単位格子の大きさと形を定義するのに用いられる，原点に対する角度 (α, β, γ) と長さ (a, b, c) は**単位格子定数**（unit cell parameter）〔**格子定数**（lattice constant）〕とよばれる．a と b のなす角が γ，b と c のなす角が α，a と c のなす角が β である．これらを図 3・2 の三斜晶単位格子に例示した．

単位格子に格子点が一つだけ含まれるものは**単純格子**（primitive lattice, 記号 P で表される）とよばれる（図 3・3）．存在する並進対称性はちょうど単位格子そのものを繰返す操作にあたる．もう少し複雑な格子として**体心格子**（body-centered lattice, I, ドイツ語の *innenzentriert* に基づく記号で，格子点が単位格子の中心にあることを意味する）と**面心格子**（face-centered lattice, F）があり，前者の単位格子には 2 個，後者には 4 個の格子点が含まれ，これらの格子では単位格子の大きさだけ動かす並進操作に加えて別の並進対称性が存在する（図 3・4 と図 3・5）．別の並進操作とは，**体心立方**（body-centered cubic, bcc）格子の場合は単位格子の原点 $(0, 0, 0)$ を $(+\frac{1}{2}, +\frac{1}{2}, +\frac{1}{2})$ に移動させることに等しく，これにより体心の

格子点が生じる．このとき，つぎの点に注意しよう．すなわち，各格子点の周りの他の格子点の状態は互いに等価であり，各格子点を中心にして立方体の頂点を占める形で8個の格子点が存在する．体心格子や面心格子が単純格子よりも好んで用いられることもある（もっとも，どのような構造でも単純格子を用いることはつねに可能であるが）．これは，体心格子や面心格子を使えば，格子の構造の対称性がすべて，より明確になるからである．

三次元単位格子の格子点の数を数える際にはつぎの規則に従う．同じ方法で単位格子に含まれる原子，イオン，分子の数を数えることができる（§3・9）．

- 単位格子内の格子点，すなわち，完全に内部にある格子点は，完全にその単位格子に所属しており，1個と数える．
- 単位格子の面上にある格子点は，2個の単位格子に共有されており，考えている格子に $\frac{1}{2}$ 個の寄与とする．
- 稜上の格子点は4個の単位格子に共有されており，$\frac{1}{4}$ 個の寄与とする．
- 頂点の格子点は頂点を共有する8個の単位格子に共有されており，$\frac{1}{8}$ 個の寄与とする．

したがって，図3・5に示されている面心立方格子の場合，単位格子中の格子点の総数は，$(8 \times \frac{1}{8}) + (6 \times \frac{1}{2}) = 4$ である．図3・4に描かれた体心立方格子では，格子点の総数は，$(1 \times 1) + (8 \times \frac{1}{8}) = 2$ である．

> **例題 3・1　格子の種類を決定する**
>
> 立方晶 ZnS（図3・6）の構造における並進対称性を決めよ．また，この構造が属する格子の種類を決定せよ．
>
> **解**　並進操作を格子全体に適用したときに，すべての原子が等価な位置（同じ種類の原子が同じ配位環境にある状態）に移動するような変位を決める必要がある．今の場合，$(0, +\frac{1}{2}, +\frac{1}{2})$，$(+\frac{1}{2}, +\frac{1}{2}, 0)$，$(+\frac{1}{2}, 0, +\frac{1}{2})$ の変位でこのことが満たされる．ここで，x 座標，y 座標，z 座標における $+\frac{1}{2}$ の表現は，格子のそれぞれの軸に沿った距離 $a/2$，$b/2$，$c/2$ だけの変位に相当する．たとえば，Zn^{2+} と書かれた，単位格子の左下の頂点（原点）付近で四つの S^{2-} イオンに囲まれて正四面体を形成している Zn^{2+} イオンから始めて，$(+\frac{1}{2}, 0, +\frac{1}{2})$ の変位を行うと，単位格子の右上前方の頂点に向いた Zn^{2+} イオンに達する．この Zn^{2+} イオンも同様に硫黄の正四面体配位の状態にある．同じ並進対称性が構造中のすべてのイオンに存在する．このような並進対称性は面心格子に対応するので，格子の種類は F である．
>
> **問題 3・1**　CsCl（図3・7）の格子の種類を決定せよ．

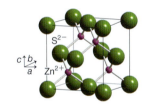

図 3・6*　立方晶 ZnS の構造

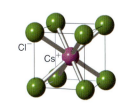

図 3・7*　立方晶 CsCl の構造

(b) 原子の分率座標と投影図

要点　分率座標で表される原子の位置を投影図で表現して構造を描くことができる．

単位格子中の原子の位置は，通常，**分率座標**（fractional coordinate）で記述することができる．これは単位格子の稜の長さに対する割合で表した座標である．つまり，$0 \leq x, y, z \leq 1$ として，原点 $(0, 0, 0)$ に対し，原子が a に沿って xa，b に沿って yb，c に沿って zc の位置にあれば，これを (x, y, z) で表す．複雑な構造の三次元的な表現を描いたり二次元で解釈したりすることが難しい場合がよくある．三次元構造を二次元平面で表現する明確な方法は，一つの方向に沿って単位格子を見

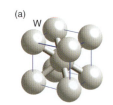

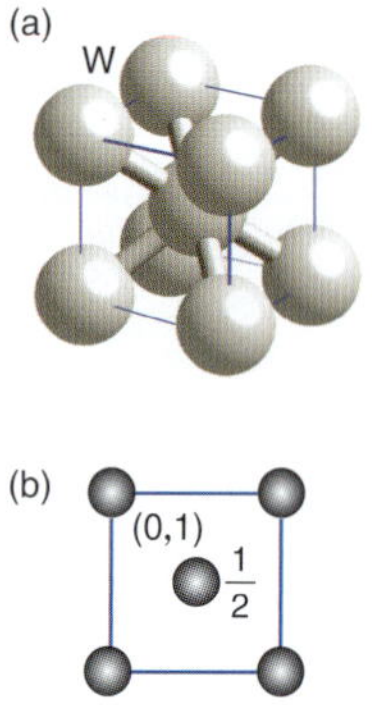

図 3・8 (a)＊金属タングステンの構造および，(b) その投影図

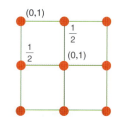

図 3・9 面心立方単位格子の投影図

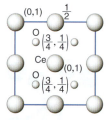

図 3・10＊ 酸化セリウム CeO_2 の構造

図 3・11＊ 剛体球の最密充填層

下ろすことによって，構造の投影図を描くもので，一般にこの方向は単位格子の一つの軸の向きにとられる．投影した面に対する原子の位置は基底面から上に向かう軸の分率座標で表し，投影図において原子を表す記号の横に座標を書く．二つの原子が重なっている場合には，両方の分率座標を（ ）の中に示す．たとえば，図 3・8a に三次元的に描いた体心の構造をもつ金属タングステンの場合，図 3・8b の投影図で表される．

> **例 題 3・2　三次元の表現を投影図で表す**
>
> 　図 3・5 に示した面心立方格子を投影図の表現に変えよ．
>
> 　**解**　格子をその面の一つに垂直な方向から見ることによって，格子点の位置を決めればよい．立方単位格子の面は正方形であるので，単位格子の上から直接眺めた投影図も正方形である．単位格子のすべての頂点には格子点があるので，投影図の正方形の頂点の格子点は (0, 1) と表現できる．投影面に垂直な面には格子点が一つずつあり，これは投影図の正方形の各辺における分率座標が $\frac{1}{2}$ の格子点として表される．単位格子の水平な上底面と下底面には格子点が一つずつあり，これらはそれぞれ，正方形の中心にあって 0 と 1 で表される格子点に投影されるので，正方形の中心に最後の点を置き，これを (0, 1) と表す．得られる投影図を図 3・9 に示す．
>
> **問 題 3・2**　図 3・10 に示した CeO_2 の単位格子の投影図を三次元の表現に変えよ．

3・2 球の最密充填

　要 点　同じ大きさの球の最密充填には，いろいろなポリタイプ（多型）がある．そのうち最もよく見られるものは，六方最密充填と立方最密充填である．

　多くの金属固体およびイオン固体は原子かイオンから成り立っており，これらを剛体球で表すことができると考えられる．もし方向性をもつ共有結合がなければ，これらの球は，幾何学的に許される限りできるだけびっしり詰まることができ，その結果，**最密充填構造**（close-packed structure）がつくられる．この構造では無駄な空間が最も少ない．

　はじめに，同一の球を一層に並べることを考えよう（図 3・11 と図 3・12a）．一つの球のすぐ隣にある球の最大数は 6 であり，この最密充填層をつくる並べ方は一つだけである[2]．層中の各球の周りの環境は，六角形の配列でその球を取囲んでいる他の 6 個の球の環境と等価であることに注意しよう．第一層の球の間にあるくぼみに球を置いていくと最密充填した第二層をつくることができる．この第二層の各球は，すぐ下の層にある 3 個の球と接触している（図 3・12b）．（第一層のくぼみの半分だけが第二層の球で埋められることに注意しよう．すべてのくぼみに球を置くのに十分な空間はない．）この第二層の球の配列は，各球に対して最隣接に 6 個の球があるという点からすれば，第一層の配列と同一である．第二層は第一層を水平方向に少しずらしたものである．第三の最密充填層の置き方には 2 通りある（すぐ下にある層のくぼみの半分だけを球で埋めることができることを思い出そう）．このため 2 種のポリタイプ（polytype，多型）ができる．ポリタイプというのは，

---

[2] 読者自身でこのことを示すには，同じ種類のコインをたくさん準備して，平らな面上でそれらを一緒に押し出してみればよい．最も効率的に平面を覆う配列は，一つのコインの周りに六つのコインがある状態である．この単純なモデルによる方法は，ボール，ミカン，ビー玉のような同一とみなせる球を集めて用いることで三次元に拡張できる．

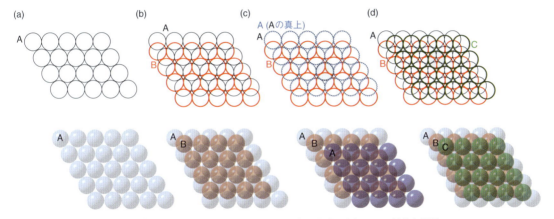

図 3・12* 2種の最密充填構造（ポリタイプ）の生成．(a) 一つの最密充填層 A．(b) 第二の最密充填層 B は，A 層のくぼみの上にある．(c) 第三層は第一層と同じで，ABA 構造（hcp）を形成する．(d) 第三層は第一層のくぼみの真上にあり，ABC 構造（ccp）を形成する．色の違いは同一の球がつくる異なる層を表す．

二次元（この場合は層の面）では同じだが第三の方向には異なっている構造のことである．後で見るように，多くの異なるポリタイプをつくることができるが，ここで述べたのは最も重要な二つの特殊例である．

2種のポリタイプのうちの一方では，第三層の球が第一層の球の真上に来る．また，第二層の各球に対し，すぐ上にある層に含まれる3個の球が新たに接することになる．互いに球が真上に来る層を A で表し，もう一方の互いに球が真上に来る層を B で表すと ABAB…ということになる．この ABAB…という層の並べ方をすると六方晶の単位格子をもつ構造ができるので，これを**六方最密充填**（<u>h</u>exagonal <u>c</u>losest <u>p</u>acking, hcp）という（図 3・12c と図 3・13）．第二のポリタイプでは，第三層の球が第一層の球のすき間のうち埋められていない方の真上に来る．第二層の球は第一層のすき間の半数を覆い，残りのすき間の真上に第三層の球が来ることになる．この並べ方だと ABCABC…のようになる．ここで C 層の球は，A・B 層いずれの球の真上にもない（ただし，C 層同士の球は互いに真上に来る）．この並べ方は立方単位格子をもつ構造に対応する．それゆえ，この構造を**立方最密充填**（<u>c</u>ubic <u>c</u>losest <u>p</u>acking, ccp）という（図 3・12d と図 3・14）．ccp 単位格子では各頂点と各面の中心に1個ずつ球があるので，ccp 単位格子は**面心立方**（<u>f</u>ace-<u>c</u>entered <u>c</u>ubic, fcc）格子とよばれることもある．最密充填構造における球の**配位数**（<u>c</u>oordination <u>n</u>umber, C.N., "隣接する球の数"）は12で，この球が属している最密充填層内で6個の球に囲まれ，すぐ上と下の層にある3個ずつの球がこの球に接する．この12という数は，幾何学的に可能な最大数である[3]．方向性のある結合が

図 3・13* ABAB…型のポリタイプの六方最密充填（hcp）単位格子．球の色は図 3・12c の層に対応している．

3) 各球が12個の最隣接の球をもつという配列が，球を最も密に詰めることのできる状態であることは，1611年に Johannes Kepler によって推測されていたが，それが証明されたのは1998年になってからである．

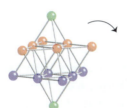
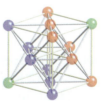
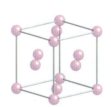

図 3・14 ABCABC…型のポリタイプの立方最密充填（fcc）単位格子．球の色は図 3・12d の層に対応している．

重要になってくると, 最密充填構造をとれなくなり, 配位数は12より小さくなる.

> **メモ** ccpとfccという表現は同意語のように使われることが多い. しかし, 厳密に言えば, ccpは最密充填構造のみを指し, fccはccpを一般的に表現する場合の格子の種類を表している. 本書ではccpという術語はこの最密充填構造を表すときに用いる. 今後この構造をfcc格子をもつ立方単位格子として描くことにする. その方が視覚的に理解しやすいからである.

最密充填構造で球によって占められた空間は全体積の74%になる(例題3・3参照). しかし, 実際の固体では, 電子密度は剛体球モデルのように球の表面で急に0になることはないため, 占められていない26%の空間には何もないわけではない. 間隙として知られる球と球の間の領域の種類と分布は重要である. なぜなら, いくらかの合金と多くのイオン化合物を含む多数の構造が, 最密充填構造を拡張して, この構造のすべてあるいは一部の間隙を異なる原子やイオンが占めると考えれば記述できるからである.

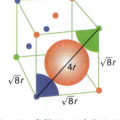

図 3・15 半径が r で大きさが同じ球の最密充填構造において充填の割合を計算する際に必要な長さの関係

> **例題 3・3** 最密充填構造の占められた空間を計算する
>
> 同一の球の最密充填構造において占められた空間の割合を計算せよ.
>
> **解** 剛体球によって占められる空間の体積はccpとhcpで等しいので, 幾何学的に単純な構造であるccpを選んで計算する. 図3・15を考えよう. 立方格子の面の対角線上に半径 r の球が互いに接して並んでおり, 対角線の長さは $r+2r+r=4r$ となる. ピタゴラスの定理から格子の稜の長さは $\sqrt{8}r$ である〔対角線の長さの2乗 $(4r)^2$ は, 二つの稜の長さ a の2乗の和に等しい. すなわち, $2\times a^2=(4r)^2$ から $a=\sqrt{8}r$ である〕. よって, その体積は $(\sqrt{8}r)^3=8^{\frac{3}{2}}r^3$ となる. 単位格子には各頂点に $\frac{1}{8}$ 個の球(全部あわせると $8\times\frac{1}{8}=1$) があり, 各面には単位格子に半分だけ寄与する球があるので(全部あわせると $6\times\frac{1}{2}=3$), 合計4個の球がある. 1個の球の体積は $\frac{4}{3}\pi r^3$ であるから, 球によって占められる全体積は $4\times\frac{4}{3}\pi r^3=\frac{16}{3}\pi r^3$ である. つまり, 球が占有する体積の割合は $(\frac{16}{3}\pi r^3)/(8^{\frac{3}{2}}r^3)=\frac{16}{3}\pi/8^{\frac{3}{2}}$ である. これは, 0.740 を与える.
>
> **問題 3・3** (a) 単純立方格子と (b) 体心立方格子において同一の球が占める空間の割合を計算せよ. 計算の結果を最密充填構造に対して得られた値と比較して考察せよ.

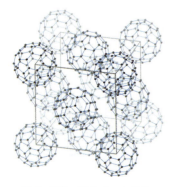

図 3・16* 固体 C_{60} の構造. C_{60} がfcc単位格子を組む.

ccpおよびhcpに配列することは, 同一の球で空間を埋める最も効率的で単純な方法である. これらは最密充填層の積み重なり方が違うだけである. また, 一つの層を隣接する層に対して異なる位置に置くことによって, 別のもっと複雑な最密充填層の重ね合わせをつくることもできる(§3・4). 金属単体の単純化した表現に見られる原子の集まりや, 近似的に球とみなせる分子の集まりは, 別のエネルギー的な要因——特に共有結合を生む相互作用——によって異なった構造をとることがない限り, どのような場合においても最密充填構造の一つをとるようである. 実際に多くの金属はそのような最密充填構造であるし(§3・4), 貴ガスの固体状態もそうである(これらはccpである). フラーレン C_{60} のようなほとんど球状の分子も固体状態において ccp 配列となる(図3・16). H_2, F_2, および固体酸素の一つの相における O_2 のように小さい分子の多くは固体状態において格子点で回転するので見かけ上, 球状になり, 最密充填構造をとる.

3・3 最密充塡構造の間隙

要点 多くの固体の構造は，一つの種類の原子が最密充塡構造をとり，四面体間隙あるいは八面体間隙を他の種類の原子やイオンが占めるという描像で議論できる．最密充塡構造において，球，八面体間隙，四面体間隙の数の比は，1:1:2である．

最密充塡構造の概念を拡張して単体の金属よりもっと複雑な構造を記述できるのは，2種類の**間隙**(hole)，つまり，球の間の占められていない空間が存在するためである．**八面体間隙**(octahedral hole)は，上の層の球から成る三角形と下の層の球から成る三角形との間にできる（図3・17a）．N個の原子から成る最密充塡構造の結晶には，N個の八面体間隙ができる．hcp単位格子の中で八面体間隙がどう並んでいるかを示したものが図3・18aで，ccp単位格子について示したものが図3・18bである．この図からわかるように，この間隙は八面体の頂点を中心とする6個の隣接球で囲まれているから，局所的な八面体対称性をもっている．各剛体球の半径をrとすると，最密充塡の球が互いに接していれば，八面体間隙には，半径$0.414r$までの大きさの剛体球を入れることができる．この剛体球は他の種類の原子を表す．

最密充塡で並んだ隣り合う3個の球の間のくぼみの上にもう1個の球を重ねたところにできる空間が**四面体間隙**(tetrahedral hole, T, 図3・17b)である．最密充塡構造の固体にはどれでも2種類の四面体間隙がある．すなわち，四面体の頂点が上向きのもの(T)と下向きのもの(T′)とである．N個の球から成る最密充塡構造には，それぞれN個，合計$2N$個の四面体間隙がある．半径がrの球から成る最密充塡構造では，四面体間隙には半径$0.225r$までのほかの剛体球が入りうる（問題3・4参照）．hcp格子とccp格子における四面体間隙ならびに一つの間隙に最隣接している四つの球の位置を図3・19aと図3・19bに示す．ccp構造とhcp構造の個々の四面体間隙は等価である（なぜなら，間隙というのは隣接した二つの最密充塡層から生じる性質である）．しかし，hcp構造では隣接するT間隙とT′間隙は四面体の面を共有しており，両者は非常に接近しているため両方同時に占有されることは決してない．

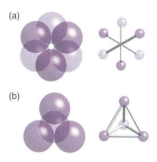

図3・17 球の最密充塡構造における(a)八面体間隙と(b)四面体間隙

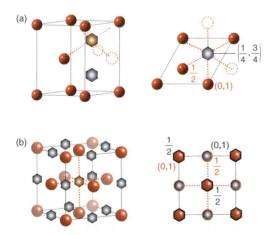

図3・18 (a) hcp単位格子における二つの八面体間隙の位置，(b) ccp単位格子における八面体間隙の位置（六角形で示した）．hcpについては，隣接する単位格子に含まれる最密充塡した球の位置を破線の円で表して八面体配位がわかるようにした．また，hcpとccpの両方の構造において，破線を用いて一つの八面体間隙の配位構造を示した．

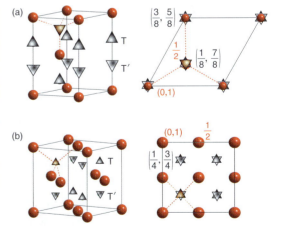

図3・19 (a) hcp単位格子における四面体間隙の位置，(b) ccp単位格子における四面体間隙の位置（三角形で示した）．また，hcpとccpの両方の構造において，破線を用いて一つの四面体間隙の配位構造を示した．

例題 3・4 八面体間隙の大きさを計算する

半径 r の球から成る最密充填固体の八面体間隙の中に入れられる球の最大半径を計算せよ.

解 上の層にある球を取除いた八面体間隙の構造を図 3・20a に示す. 球の半径が r で, 八面体間隙の半径が r_h であれば, ピタゴラスの定理により $(r+r_h)^2 + (r+r_h)^2 = (2r)^2$. したがって, $(r+r_h)^2 = 2r^2$, すなわち, $r+r_h = \sqrt{2}r$. これより, $r_h = (\sqrt{2}-1)r$ であり, これは $0.414r$ を与える. ここでの値は最密充填した球が互いに接している場合の最大値であることに注意せよ. 球が相対的な位置を保ちながら少し離れると, 間隙にはもっと大きい球が入りうる.

問題 3・4 四面体間隙の中に入れられる球の最大半径は $r_h = 0.225r$ であることを示せ. 図 3・20b に基づいて計算せよ. 立方体の隣接しない四つの頂点を用いて正四面体を立方体の内部に描けることに注意しよう. このとき, 四面体間隙の中心は正四面体の重心と一致する.

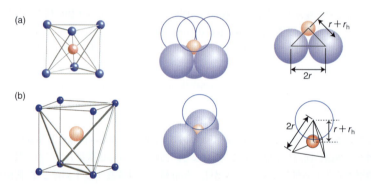

図 3・20 (a) 八面体間隙と, (b) 四面体間隙の大きさの計算に用いる長さの関係. 問題 3・4 参照

半径の異なる 2 種類の球がいっしょに充填構造を形成する場合 (たとえば, カチオンとアニオンが同時に積み重なる場合), 大きい方の球 (通常はアニオン) が最密充填構造をつくることができて, 小さい方の球は八面体間隙か四面体間隙を占める. このため, 単純なイオン固体の構造は最密充填配列の間隙が埋められるという描像でとらえることができる (§3・9).

例題 3・5 ccp において最密充填する球と八面体間隙の数の比が 1:1 になることを示す

ccp 配列における最密充填した球と八面体間隙の数を求め, それらの比が 1:1 になることを示せ.

解 八面体間隙の位置を明確に表した ccp の単位格子は図 3・18b に示されている. 単位格子に含まれる最密充填した球の数の計算は, §3・1 に示された面心立方格子の格子点を数える方法に従えばよい. これは ccp の一つの球が面心立方格子の一つの格子点に対応するからである. それゆえ, 単位格子に含まれる最密充填した球の数は $(8 \times \frac{1}{8}) + (6 \times \frac{1}{2}) = 4$ である. 八面体間隙は立方体の各辺にあり (全部で 12 個の辺), 四つの単位格子に共有されている. さらに立方体の中心に他の単位格子とは共有されない八面体間隙がある. したがっ

て，単位格子に含まれる八面体間隙の総数は，$(12 \times \frac{1}{4}) + 1 = 4$ である．よって，単位格子中の最密充填した球と八面体間隙の数の比は 4:4，すなわち，1:1 に等しい．単位格子は全体の構造の繰返し単位であるから，この結果は完全な最密充填構造に当てはまり，一般に"N 個の球から成る最密充填構造には N 個の八面体間隙がある"と表現できる．

問題 3・5 ccp 配列における最密充填した球と四面体間隙の数の比が 1:2 になることを示せ．

金属と合金の構造

X 線回折（§8・1）の研究から，多くの金属の単体が最密充填構造をもつことがわかり（表 3・2，図 3・21），このことは，金属原子が方向性をもつ共有結合をつくる傾向に乏しいことを示している．このように，ぎっしり詰まった構造をとる結果，最大の質量が最小の体積に詰め込まれることになり，金属は高密度であるものが多く，実際 d-ブロックの下の方のイリジウム，オスミウムのあたりの単体には，常温常圧で最も密度の高い固体が含まれる．オスミウムの密度はすべての単体のうちで最も高く，$22.61\,\mathrm{g\,cm^{-3}}$ である．また，タングステンの密度は $19.25\,\mathrm{g\,cm^{-3}}$ であり，鉛（$11.3\,\mathrm{g\,cm^{-3}}$）のほぼ 2 倍であって，釣り道具や高性能車の安定装置の錘として利用される．

表 3・2 常温常圧で金属の示す結晶構造

結晶構造	元素
六方最密 (hcp)	Be, Cd, Co, Mg, Ti, Zn
立方最密 (ccp)	Ag, Al, Au, Ca, Cu, Ni, Pd, Pt
体心立方 (bcc)	Ba, Cr, Fe, W, アルカリ金属
単純立方 (cubic-P)	Po

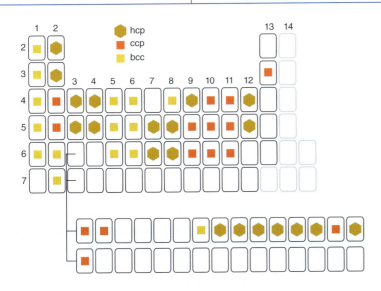

図 3・21 室温での金属単体の構造．複雑な構造の単体は空欄にしてある．

> **例題 3・6 構造から物質の密度を計算する**
>
> 金の密度を計算せよ．金はモル質量が $M=196.97\,\mathrm{g\,mol^{-1}}$ の原子から成る立方最密充填構造をとり，立方晶の格子定数は $a=409\,\mathrm{pm}$ である．
>
> **解** 密度は示強変数であるため，単位格子の密度は巨視的な試料の密度と同じである．ccp 配列を，それを構成する球が各格子点を占めた面心格子であるとみなす．単位格子には 4 個の球が存在する．各原子の質量は，アボガドロ定数を N_A として M/N_A であり，4 個の金原子を含む単位格子の全質量は $4M/N_A$ となる．立方晶の単位格子の体積は a^3 である．格子の質量密度は $\rho=4M/N_A a^3$ であり，この時点でデータを代入すると
>
> $$\rho = \frac{4 \times (196.97 \times 10^{-3}\,\mathrm{kg\,mol^{-1}})}{(6.022 \times 10^{23}\,\mathrm{mol^{-1}}) \times (409 \times 10^{-12}\,\mathrm{m})^3} = 1.91 \times 10^4\,\mathrm{kg\,m^{-3}}$$
>
> つまり，単位格子の密度，すなわち，バルク金属の密度は $19.1\,\mathrm{g\,cm^{-3}}$ となる．実験的に得られている値は $19.2\,\mathrm{g\,cm^{-3}}$ であり，この計算値とよく一致する．
>
> **問題 3・6** 銀が単体の金と同じ構造をもち，密度が $10.5\,\mathrm{g\,cm^{-3}}$ であると仮定して，銀の格子定数を計算せよ．

> **メモ** 計算はできる限り記号を用いて進めることが，つねに最良の方法である．これによって数値計算の過程でミスをする可能性が減り，また，他の条件でも用いることのできる式の表現が得られる．

3・4 ポリタイプ

要点 最密充填構造には，化学量論組成が同じでも三次元構造の異なる複雑なポリタイプが見られることがある．

金属が，普通に見られる最密充填のポリタイプ —— hcp と ccp —— のうちのどちらをとるかは，金属原子の詳細な電子構造，第二近接原子との相互作用の程度，また，結合にいくらかの方向性をもたせる可能性によって決まる．銅や金のように軟らかく展性の大きな金属は ccp 配列をとるが，hcp 構造の金属，たとえばコバルトやマグネシウムは硬くてもろい．このような挙動は，原子面が互いにすべるという現象がどのくらい容易に起こるかに関係する．hcp では互いに容易に移動できる層は隣接する最密充填層である A と B のみであるが，図 3・14 に描かれた ccp 構造について考えると，ABC 層は互いに直交する異なる方向についてとることができるので，原子の最密充填層は複数の方向に沿って容易に移動できる．

最密充填構造は，通常見られる ABAB… あるいは ABCABC… のポリタイプに限らない．実際に最密充填構造のポリタイプは無限に存在する．これは A 層，B 層，C 層がもっと複雑に繰返して層を形成することができ，重なり方が許容される範囲で無秩序になる場合すらあるからである．しかし，隣接する層の球の位置がまったく同じになることはないので，A 層，B 層，C 層を完全に無秩序に重ねていくことは不可能である．一つの層に含まれる球は隣の層のくぼみに収まらなければならないので，たとえば，AA，BB，CC といった重なりは起こりえない．このような複雑なポリタイプを示す金属の一例としてコバルトがある．コバルトは，500 ℃ 以上で ccp であるが冷やしていくと相転移を起こし，Co 原子の最密充填層がほとんどランダムに重なった構造（たとえば，ABACBABABC…）になる．さらに，試料によっては，完全にランダムではなく，原子層の重なり順が数百層目で繰返すポリタ

イプもある．このような長周期の繰返しは，層の重なり方が一巡するまで数百回かかるようならせん状の結晶成長によるものかもしれない．

3·5 最密充填でない構造

要点 金属で普通に見られる最密充填でない構造は体心立方である．単純立方構造もときたま見られる．これまでに述べたものよりさらに複雑な構造の金属は，単純な構造を少しゆがめたものとみなせることがある．

すべての金属単体が最密充填構造をとるわけではない．他の詰まり方でも，ほとんど同じくらい有効に空間を利用できる．また，最密充填構造の金属でも，高温になり原子振動の振幅が増すと，もっと緩い構造に相転移することがある．

よく見られる構造の一つは体心立方格子の並進対称性をもち，**体心立方**(bccあるいはcubic-I) 構造として知られている．これは，8個の球を頂点とする立方体の中心に1個の球がある構造(図3·22a)である．単位格子において体心の原子は頂点の原子と接しているので，この構造の金属では配位数は8である．bcc構造は，ccpおよびhcp構造(配位数12)に比べると緩い構造であるが，その差はそれほどでもない．というのは，中心の原子の周りにある6個の第二近接原子──これらは隣接単位格子の中心にある──は，最近接原子より15%しか遠くないからである．構造中の占有されていない空間は，最密充填の26%に比べ，bccでは32%である(例題3·3参照)．標準状態では15の元素(すべてのアルカリ金属と5族と6族の金属など)がbcc構造をとる．このため，この単純な原子の配列は"タングステン型"とよばれることもある．

金属の構造で最もまれなものは**単純立方**(primitive cubic, cubic-P) 構造(図3·23)である．これは球が単純立方格子の格子点，すなわち立方体の各頂点にあるもので，cubic-P構造の配位数は6である．高圧下でビスマスがこの構造をとることを除けば，通常の条件下でこの構造を示す金属単体は，ポロニウムの一形態 (α-Po) が唯一の例である．しかし，固体の水銀 (α-Hg) は，これとよく似た構造で，cubic-P構造において立方体を1本の対角線方向に引き伸ばした形である(図3·24a)．固体水銀の第二の相 (β-Hg) は体心立方配列に基づく構造であるが，単位格子の一つの軸に沿って押し縮められている(図3·24b)．

以上に述べた構造よりもっと複雑な構造の金属は，固体の水銀のように，単純な構造を少しゆがめたものとみなせることがある．たとえば，亜鉛とカドミウムとは，ほぼhcp構造であるが，各最密充填面の間の距離が完全なhcpより少し長くなっている．

3·6 金属の多形

要点 金属結合は方向性が弱いので，多形はよく見られる現象である．低温で最密充填構造をとる金属は，高温でbcc構造になるのが普通である．これは，原子振動の振幅が大きくなるためである．

金属原子間の相互作用には方向性がない．そのため，金属には**多形**(polymorphism) が広く見られる．多形とは，温度・圧力が変わると異なる結晶形をとりうることである．多くの場合，低温では最密充填構造の相が熱力学的に有利であり，高温ではもっと緩い詰まり方の構造が有利になることが見いだされているが，いつもそうとは限らない．同様に，高圧下では充填の密度が高いccpやhcp構造が安定化する．

金属の多形は，通常，温度が高くなる順にα, β, γ, …と名付けられている．金属によっては，高温になると再び低温形に戻るものがある．たとえば，鉄はいくつかの固相間の相転移を示し，906℃まではbccのα-Feが安定，それから1401℃ま

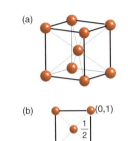

図3·22 (a)*体心立方(bcc)単位格子と，(b) その投影図

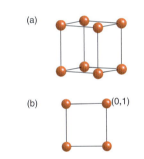

図3·23 (a)*単純立方単位格子と，(b) その投影図

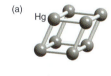

図3·24 (a) α-水銀と，(b) β-水銀の構造．前者は単純立方格子に，後者は体心立方格子に関係づけられる．

† 訳注: 1400 ℃ 以上で安定な相は δ-Fe である。また、α-Fe は強磁性体で、770 ℃ 以上で常磁性体となる。この相をかつて β-Fe とよんだことがある。鉄の高圧相は hcp 構造をとる。

では ccp の γ-Fe が安定であり、さらに高温になると、融点 (1530 ℃) まで再び α-Fe が安定になる。hcp 構造の多形である β-Fe は高圧下で生成する†。hcp 構造の鉄は地球の核に存在する相であると考えられていたが、最近の研究では bcc の多形であるらしいことが示唆されている (BOX 3・1)。

低温で最密充塡構造をとる金属は高温では bcc 構造となることがよく観察されている。これは、熱せられた固体では原子振動の振幅が大きくなり、間隙の多い構造に変わるからである。多くの金属 (カルシウム、チタン、マンガンなど) ではこの相転移温度が室温以上である。別の金属 (リチウム、ナトリウムなど) では相転移温度が室温以下である。また、一つの軌道当たりの価電子の数が少ない金属は bcc 構造をとりやすいことが経験的に知られている。

3・7 金属の原子半径

要点 十二配位の最密充塡構造中で金属が示すはずの原子半径を求めるにはゴールドシュミット補正を用いる。

金属元素の原子半径とは、くだいて言えば §1・7 に述べたように固体における隣接原子の中心間距離の半分ということになる。しかしながら、一般にこの距離は格子の配位数が増えると長くなることが見いだされている。したがって、同じ原子であっても配位数の異なる構造中では異なる半径をとるように見え、同じ元素の原子が配位数 12 のときには配位数 8 のときより大きく見える。V. Goldschmidt は、さまざまな金属単体の多形や合金の核間距離を広範に研究した結果、半径の相対値の平均値が表 3・3 に示すような関係にあることを見いだした。

表 3・3 配位数による半径の変化

配位数	半径の相対値
12	1
8	0.97
6	0.96
4	0.88

> **実例** Na の実験的原子半径は 185 pm であるが、これは配位数 8 の bcc 構造での値である。配位数 12 にあわせるにはこれに 1/0.97 = 1.03 を掛けて 191 pm を得る。これが、最密充塡構造で Na が示すはずの原子半径である。

元素のゴールドシュミット半径は、表 1・3 に "金属結合半径" として示したものである。また、原子半径の周期性を論じたとき (§1・7) に使ったものも同様である。金属元素の場合にはゴールドシュミット補正 (十二配位とする) を行った金属結合半径を "原子半径" と解釈するとしたうえで、そのときの議論でいま心に留め

BOX 3・1 圧力下の金属

地球には半径が約 1200 km の内核が存在する。内核は固体の鉄からできており、地球の強い磁場の発生を担っている。地球の中心部は圧力が約 370 GPa (約 370 万気圧)、温度が 5000〜6500 ℃ と見積もられている。このような環境下で存在する鉄の多形については、理論計算と地震学的な測定に基づく多くの議論があった。現在は、核を構成する鉄は体心立方の多形であると考えられている。この相は巨大な結晶として存在するか、あるいは多くの配向した結晶から成っており、bcc 単位格子の立方体の対角線が地球の回転軸に沿って並んだような構造であるという提唱がなされている (図 B3・1)。

高圧下での単体と化合物の構造や多形の研究は、地球の核に関する研究の範囲を超えて進められている。水素

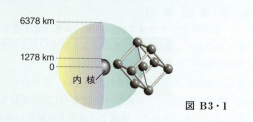

図 B3・1

は地球の核と同等の圧力が加えられるとアルカリ金属と似た金属固体になることが予測されており、木星のような惑星の核は金属の水素を含んでいるとの仮説がある。ヨウ素に 55 GPa 以上の圧力が加えられると、I_2 分子は解離し、単純な面心立方構造をとる。この状態のヨウ素は金属で、1.2 K 以下で超伝導体になる。

ておくべき本質は，原子半径は一般に周期表の族を上から下へ行くほど大きくなり，同じ周期の左から右へ向かって小さくなることである．§1・7で注意したように，ランタノイドに続く元素の半径は上の周期から単純に補外したよりも小さくなる．すなわち，原子半径の傾向は，第6周期にランタノイド収縮があることを示している．同節で述べたように，この収縮はf電子の遮蔽効果が弱いことに由来する．d-ブロックの各周期でも同様な収縮が見られる．

> **例題 3・7　金属の原子半径を計算する**
>
> 単純立方構造のポロニウム（α-Po）の立方単位格子の格子定数aは335 pmである．ゴールドシュミット補正を用いてポロニウムの原子半径を求めよ．
>
> **解**　単位格子の大きさと配位数からポロニウム原子の半径を推測し，それを配位数が12の場合に補正すればよい．半径rのPo原子は単位格子の稜に沿って互いに接しているので，単純立方格子の単位格子の稜の長さは$2r$になる．よって，六配位のPoの原子半径は$a=335$ pmとして$a/2$である．表3・3に示された六配位から十二配位への変換係数(1/0.960)を用いると，Poの原子半径は$\frac{1}{2} \times 335$ pm$\times 1/0.960 = 174$ pmとなる．
>
> **問題 3・7**　Poがbcc構造をとる場合の格子定数を予想せよ．

† 訳注：一つの結晶中に本来は結晶を構成しない異種原子やイオンが溶込んでいる状態を固溶体という．124ページも参照．

3・8 合金と間隙

合金(alloy)とは，異なる金属元素が混じり合った物質で，溶けた金属を混ぜ合わせてから冷やしてできる金属固体である．合金は，一方の金属の原子の間にもう一方の金属の原子がランダムに分布している均一な固溶体†のときもあるし，一定の組成と固有の構造とをもった化合物のときもある．普通，合金は，非常によく似た電気陰性度をもつ電気的に陽性の2種類の金属から生成するので，ケテラーの三角形ではおそらく底辺の左端に位置することになる（図3・25）．多くの単純な固溶体は，"置換型"と"侵入型"とに分類される．**置換型固溶体**(substitutional solid solution)とは，母体となる単純な金属の原子の位置のうちのいくつかを溶質金属の原子が占めているような固溶体である（図3・26）．置換型合金の古典的な例としては，黄銅(真鍮．Cuに原子数の分率で38％までのZnが入る)，青銅(銅中に，亜鉛およびニッケル以外の金属を含む合金で，たとえば鋳造用青銅は10％のSnと5％のPbとを原子数の分率で含む)，ステンレス鋼(Feに原子数の分率で12％を超えるCrが含まれる)をあげることができる．**侵入型固溶体**(interstitial solid solution)は，金属と小さい原子(たとえば，ホウ素，炭素，窒素)とから生じることが多い．ここで，低濃度の小さい原子は母体となる金属の八面体間隙や四面体間隙のような格子間位置を占有することが可能で，このとき，結晶構造は変化しない．この固溶体の例は炭素鋼などである．

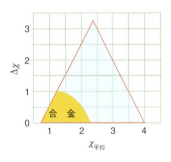

図 3・25　ケテラーの三角形における合金のおよその位置

(a) 置換型合金

要点　置換型固溶体，すなわち，置換型合金では，構造中で一つの種類の金属原子が他の種類の金属原子で置き換わっている．

つぎの三つの条件が満たされると，一般に置換型固溶体が生成する．

- 両元素の原子半径が約15％以内で一致していること．
- 両者の純金属の結晶構造が同じであること．このことは，2種の原子間に働く力の方向性が互いに合っていることを意味する．

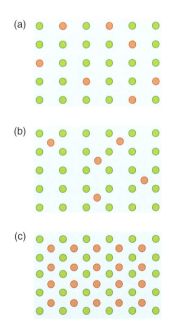

図 3・26　(a) 置換型合金および，(b) 侵入型合金．(c) 間隙の原子が規則配列する場合には，新しい構造が生じる．

- 両者の電気的陽性の程度が似ていること．そうでなければ 2 種の原子間で電子の移動が起こり，化合物となる可能性が高い．

たとえば，ナトリウムとカリウムとは，化学的に似ており，構造もともに bcc であるが，ナトリウムの原子半径 (191 pm) はカリウムの原子半径 (235 pm) より 19 % 小さく，両者は固溶体をつくらない．これに対し，銅とニッケル —— d-ブロック右寄りで隣り合わせの元素 —— は，同程度に電気的陽性で，結晶構造が同じで (ともに ccp) 原子半径も近く (Ni 125 pm, Cu 128 pm で，2.3 % しか違わない)，純粋のニッケルから純粋の銅までの全組成領域で固溶体をつくる．第 4 周期で銅の右隣である亜鉛は，銅とほぼ同じ原子半径 (137 pm，7 % 大きい) をもつが，構造は ccp ではなく hcp である．この場合，亜鉛はその濃度が低い範囲で銅と固溶体を生成し，$Cu_{1-x}Zn_x$ に対して $0 < x < 0.38$ の組成をもつ "α-黄銅" として知られた相をつくる．この固溶体は純粋な銅と同じ構造 (ccp) である．合金がその成分となる純粋な金属と異なる構造をとる場合，これを金属間化合物とよぶことが多い (§3・8c)．

(b) 金属中の間隙の原子

要点 侵入型固溶体では，もともとの金属がもつ構造に応じた格子中で，付加される小さい原子が間隙を占める．

金属とその格子の間隙 (通常は四面体間隙か八面体間隙) に入っていられるような小さい原子 (ホウ素，炭素，窒素など) との間に侵入型固溶体ができることが多い．このような小さい原子が母体となる固体に入る場合は，金属の元来の結晶構造が保たれ，電子の移動がなくイオンの生成もない．この際，金属原子と侵入原子とが簡単な整数比になる場合 (炭化タングステン WC のように) もあり，構造中で小さい非金属原子が充填した金属原子のすき間すなわち間隙にランダムに分布する場合もある．前者の場合は真の化合物であり，後者は侵入型固溶体または二つの元素の原子数の比が変化するため不定比化合物 (非化学量論的化合物) とみなされる (§3・17)．

侵入型固溶体ができそうか否かを判断するには，原子の大きさを考えてみるとよい．たとえば，最密充填構造をゆがめないで格子のすき間に入り込める溶質原子は，八面体間隙より小さくなければならないから，その半径は，先に見たように，最大で $0.414r$ である．B, C, N のような小さい原子に対して，母体になることが可能な構造と原子半径をもつ金属には，鉄，ニッケル，コバルトといった d 金属が含まれる．ただし，これらの化合物では新たに生じる結合も考慮しなければならない．この種の物質群で重要なものの一つに炭素鋼がある．炭素鋼では鉄の bcc 格子の八面体間隙の一部を C 原子が占めている．典型的な炭素鋼は原子数の分率にして 0.2～1.6 % の C を含んでいる．炭素の含有量が増すと硬度と強度が向上するが，展性は下がる (BOX 3・2)．

(c) 金属間化合物

要点 合金の構造がそれを構成する金属と異なる場合，金属間化合物という．

融解した金属の混合物を冷やすと，一定の構造をもつ相をつくることがある．これらの構造は，成分金属の構造とは無関係であることが多い．このような相は，**金属間化合物** (intermetallic compound) とよばれ，β-黄銅 (CuZn) や $MgZn_2$，Cu_3Au，NaTl，Na_5Zn_{21} などの組成をもつ化合物が含まれる．$Cu_{0.52}Zn_{0.48}$ 組成の β-黄銅は高温で bcc 構造を，また，低温で hcp 構造をとる．

電子と原子の数の比 (e/a) が特定の値をとると，それに特化した構造の金属間化合物が見いだされる．1926 年にヒューム・ロザリーが提唱した一連の規則を用いる

と，ある合金の組成に対して最も安定な構造（通常は bcc, hcp, fcc）は何かを予測できる．これらの規則を解釈するにはバンド構造（§3・19）を詳しく理解する必要があるが，規則を使えば，e/a＜1.4 の Cu-Zn 合金（α-黄銅，$Cu_{1-x}Zn_x$ において $0 \leq x \leq 0.38$）は ccp 格子をもつはずであること，e/a＝1.5（CuZn，β-黄銅）は bcc 格子をもつことなどが予測できる．これらの規則では，純粋な銅（電子配置は $3d^{10}4s^1$）からは1個の電子の寄与があり，亜鉛（$3d^{10}4s^2$）からは2個の電子の寄与があると考えるので，純粋な銅と純粋な亜鉛から成る合金では e/a の値が1から2までにわたる．このことに基づくと，$Cu_{0.5}Zn_{0.5}$（e/a＝1.5）に近い β-黄銅組成は bcc 構造をもつと予想され，上で述べたように，これは実際に β-黄銅が高温でとる構造である．

BOX 3・2 鋼

鋼は鉄，炭素および他の元素から成る合金である．鋼は含まれる炭素の割合に応じて，軟鋼，中炭素鋼，高炭素鋼に分類される．含まれる炭素の量は，軟鋼が原子数の分率で 0.25 % 以下，中炭素鋼が 0.25〜0.45 %，高炭素鋼が 0.45〜1.50 % である．炭素鋼に他の金属を添加すると構造と性質が大きく変化し，そのため鋼の応用にも幅が広がる．"ステンレス鋼"をつくるために炭素鋼に加えられる金属の例を下表にあげる．ステンレス鋼は結晶構造によっても分類することができ，結晶構造は炉内で生成した後の冷却速度や加えられる金属の種類などの因子に影響される．純粋な鉄は温度に依存して異なった多形をとり（§3・6），高温型の構造は鋼にすることによって，あるいは超急冷（非常に速く冷却する）によって室温で安定化することもある．

オーステナイト（austenite）構造のステンレス鋼は生産されるステンレス鋼の総量の 70 % を占める．オーステナイトは，723 ℃ 以上において鋼中に存在する炭素と鉄の固溶体で，Fe が ccp 構造をとり八面体間隙の約 2 % を炭素が占有する．冷却すると他の物質，たとえばフェライト（ferrite）やマルテンサイト（martensite）に分解する．これは鉄に対する炭素の溶解度が原子数の分率で 1 % 以下に低下するためである．冷却速度によりこれらの物質の相対的な割合が決まり，このため鋼の機械的性質（たとえば，硬度や引張り強さ）が決められる．ある種の他の金属，たとえば，Mn, Ni, Cr を加えると，室温まで冷却してもオーステナイト構造が残る．このような鋼は原子数の分率として最大で 0.15 % の C と，Cr と Ni または Mn をあわせて通常 10〜20 % ほどを含んでいる．Cr, Ni, Mn は置換型固溶体として含まれており，極低温領域から合金の融点までオーステナイト構造を保つ．典型的な組成は原子数の分率で 18 % の Cr と 8 % の Ni から成るもので，18-8 ステンレス（18/8 stainless）として知られている．

フェライトは α-Fe に非常にわずかな量の炭素を含むもので，bcc の鉄の結晶構造をとり，炭素の割合は原子数の分率で 0.1 % 以下である．フェライト系ステンレス鋼は腐食に対して高い耐性をもつが，オーステナイト系ステンレス鋼と比べると耐性はかなり劣る．フェライト系ステンレス鋼は 10.5〜27 % の Cr と，いくらかの Mo, Al, W を含む．これら二つのステンレス鋼と比べるとマルテンサイト系ステンレス鋼は腐食に対する耐性がそれほど高くないが，強度が高く粘り強い．また，機械加工性にも優れ，熱処理により硬化することができる．マルテンサイト系ステンレス鋼は 11.5〜18 % の Cr と 1〜2 % の C を含む．後者はオーステナイト型構造の組成を急冷した結果として鉄の構造中に捕らえられたものである．マルテンサイト型の結晶構造はフェライトに近いが，単位格子は立方晶ではなく正方晶である．

元素（金属）	添加物の原子数の分率（%）	性質への影響
銅	0.2〜1.5	大気中での腐食に対する耐性を向上させる
ニッケル	0.1〜1	表面の性質を改善する
ニオブ	0.02	引張り強さと降伏点を増加させる
窒素	0.003〜0.012	強度を改善させる
マンガン	0.2〜1.6	強度を改善させる
バナジウム	0.12 以下	強度を増加させる

BOX 3・3　準結晶

ほとんどの結晶性固体は周期的な長範囲秩序をもつ．この秩序構造は単位格子を一定の距離ごとに繰返し配列することによって得られる（§3・1）．三次元空間に積み重なって空間を完全に埋めることのできる単位格子は，その対称性が限られたものであり，2回，3回，4回，あるいは6回の回転対称性のみをとることができて，5回，7回，あるいはさらに高次の対称軸は存在しない（異なる七つの結晶系の基本的な対称性は表3・1に示されている）．このように許容される対称性が限られる理由は，二次元空間をタイル張りすることを考えれば容易に理解できる．タイルの間に隙間がないように配列することは，正方形や正六角形（それぞれ，4回回転と6回回転の対称性）のタイルを用いれば可能であるが，正五角形のタイル（5回対称性）では不可能である．

準結晶（準周期的結晶）はもっと複雑な長範囲秩序をもつ．準周期的構造では結晶の各方向に沿った原子の位置は単位構造の無理数倍で繰返される（結晶性物質では単位格子の繰返しの数は整数で表されるという事実とはかなり異なる）．このような違いのため準結晶には結晶学的な規則が当てはまらず，結晶には許されない回転対称性，たとえば5回対称性が見られる．通常の結晶とは異なり，構造パターンそのものが正確に繰返されることはない．一例を図B3・2に示す．このような状況にもかかわらず準結晶は十分な規則構造をもつ物質で，鋭い回折パターン（§8・1）が観察される．準結晶は金属間化合物に多く見られる．準結晶の概念は1984年に導入された．この年，86%のAlと14%のMnから成る超急冷した合金の研究に基づき，この物質が正二十面体の対称性をもつことが示された．Dan Shechtmanはこの研究により2011年にノーベル化学賞を受賞した．過去25年の間に，軽く100種類を超える準結晶系が確認されている．なかには$Al_{70.5}Mn_{16.5}Pd_{13}$のように複雑な組成と十角形の構造をもつものもある．

準結晶の物質は硬く，熱伝導が低く（ダイヤモンドやグラフェンで見られるように，原子の規則的な周期的配列では熱エネルギーの伝導の速度が最大となる），電気伝導も低いものが多い．このような性質のため，準結晶はフライパンのコーティングや導線の電気絶縁材料として有用である．また，多くの耐久性の鋼，かみそりの刃，目の手術用の極細の針にも使われる．

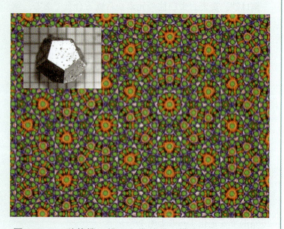

図B3・2　計算機で描いた準結晶の構造の図．5回対称性が見られる．挿入図は正十二面体構造の準結晶の写真．

Cu-Zn系において，化学量論組成$Cu_{0.39}Zn_{0.61}$をもつγ-黄銅のようないくつかの合金では，銅原子，亜鉛原子，空孔位置の配置に起因して非常に複雑な構造が形成される．γ-黄銅の単位格子の大きさはβ-黄銅と比べて27倍である．$Al_{0.88}Mn_{0.12}$のような他の合金は5回対称性の単位を含む構造を形成するため，これを単位格子として動かしても完全な周期性は得られない．このような物質は準結晶として知られ，この合金に関する研究を行ったShechtmanは2011年にノーベル化学賞を受賞した（BOX 3・3）．

金属間化合物は一般に融点が高く，強度が強い．また，たいていの金属や合金と比べるともろい．その例は，アルニコ，A_3B組成のニオブ-スズおよびニオブ-ゲルマニウム系の超伝導化合物，水素貯蔵材料としての利用が可能な$LaNi_5$のようなA15型の系，NiAlやNi_3Alのような超合金，チタン-ニッケル系の形状記憶合金などである．詳細はBOX 3・4を参照せよ．これらの金属間化合物には，きわめて電気的に陽性な金属（たとえば，KやBa）とあまり電気的に陽性ではない金属あるいは半金属（メタロイド，たとえば，GeやZn）との組合わせが含まれ，ケテラーの三角形において真の合金より上に位置するものがある（図3・27）．このような組合わせの合金は**ジントル相**（Zintl phase）とよばれる．これらの化合物は完全にイオ

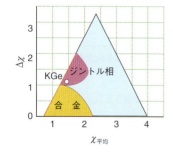

図3・27　ケテラーの三角形におけるジントル相のおよその位置．○は一例としてKGeを示す．

ン性というわけでもなく（ただし，もろいものが多い），光沢も含めて金属の性質をもつ．これらは Cs^+ や $[Tl_4]^{8-}$ のように金属イオンや金属から成る複雑なカチオンやアニオンを含むと考えることができる．ジントル相の古典的な例は，図3・28に構造を示した KGe （K_4Ge_4）である．この種の化合物にはほかに Ba_3Si_4，KTl，$Ca_{14}Si_{19}$ などがある．

BOX 3・4 金属間化合物

頭字語の"アルニコ"(alnico)で表現される金属間化合物は主として鉄から成り，それに Al, Ni, Co が含まれる．少量の C と Ti を含有する場合もある．アルニコ合金は強磁性体であり，高温においても磁気的な損失に対する抵抗が非常に高い（保磁力が大きい）．このため永久磁石として広く利用されている．1970年代に希土類磁石が開発されるまでは（§23・3），アルニコは最も強力な磁石として利用されていた．この種の金属間化合物の一つであるアルニコ-500 は 50% が Fe から成り，残りの成分は 24% のコバルト，14% のニッケル，8% のアルミニウム，3% の銅，0.45% のニオブである．アルニコ合金の構造は本質的に単純な bcc 単位格子に基づいており，成分となる種々の金属原子は構造中で無秩序に分布している（§3・5）．しかし微視的な視点では構造はかなり複雑で，結晶の微小な領域（ドメイン）では一つの成分の濃度が高く，他の成分の濃度が低い．

いわゆる **A15 相**（A15 phase）は A_3B 組成（A は遷移金属，B は遷移金属もしくは 13 族元素，14 族元素）をもつ一連の金属間化合物である．構造は図 B3・3 に示したものであり，B 原子が頂点と体心を占め，2 個の A 原子が各面に存在する立方体から成る（単位格子全体の化学量論組成は $2 \times B + 6 \times 2 \times \frac{1}{2} \times A = A_6B_2$ すなわち A_3B となる）．この種の金属間化合物には Nb_3Ge が含まれる．この物質は 23.2 K 以下で超伝導になる．この温度は 1986 年に銅酸化物系超伝導体が発見されるまでは最も高いものであった（§24・6f）．

AB_5 組成（A＝ランタノイド，アルカリ土類金属，あるいは遷移元素，B＝d-ブロックあるいは p-ブロック元素）の金属間化合物，特に六方晶の単位格子をもつ結晶を生成する化合物が，さまざまな技術的な応用の観点から調べられている．$LaNi_5$ は 300 K，1.5 atm の $H_2(g)$ 雰囲気下で組成式当たり最大で 6 個まで水素原子を吸蔵することができるので，この結晶相は水素貯蔵の応用の点から興味がもたれている．350 K までの加熱によって水素が放出される．$LaNi_5H_6$ における水素の割合は 1.4 重量パーセントと比較的低いので，おそらくこの物質を輸送の分野に応用するのは難しい．しかし，さらにマグネシウムと合金化することによってこの値は改善される．

形状記憶合金（shape-memory alloy, SMA）としての性質を示す金属間化合物もあり，なかでもおそらく Cu-Al-Ni（少量のニッケルを加えた Cu_3Al）および**ニチノール**（Nitinol）（ニッケル-チタン-海軍兵站研究所の頭字語，Ni-Ti 合金）が最も重要である．ニチノールはマルテンサイト（正方晶の単位格子をもつ）およびオーステナイト（面心立方格子）として知られる二つの形態間で相変化を起こすことが可能である（BOX 3・2 も参照のこと）．マルテンサイト相ではニチノールはさまざまな形に曲げることができるが，この相を加熱すると剛直なオーステナイト相に変わる．オーステナイト相を冷却すると，この SMA はマルテンサイト相に戻るが，このとき，高温のオーステナイト相の形状を"記憶"している．これを，ある特定の温度，すなわち転移温度 M_s 以上に加熱するとマルテンサイト相に戻る．Ni と Ti の比を変えることによって，M_s を $-100\,℃$ から $+150\,℃$ の範囲で調整することができる．たとえば，$M_s = 50\,℃$ のニチノールのまっすぐなワイヤーをあらかじめ 500℃ まで加熱し，室温で複雑な形状に曲げると，常温常圧ではこの形は変わらずに保たれる．しかし，50℃ 以上に加熱すると，速やかに伸びて元のまっすぐな形に戻る．この操作は数百万回でも繰返すことができる．SMA は，温度に対応して形状，硬さ，位置を変える材料が必要なアクチュエーターで利用される．応用には，航空機のエンジンにおいて温度上昇に伴う騒音を減らすための形状可変の部品，歯の治療に用いるブラケットやワイヤー，眼鏡の弾力性のあるフレーム，冠状動脈および静脈に施される伸張可能な管などがある．折りたたんだ状態の管は静脈に挿入することができ，加熱すれば管は元の伸びた状態に戻るため，血液の流れを改善する．

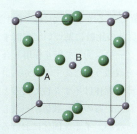

図 B3・3 A15 型金属間化合物相の構造

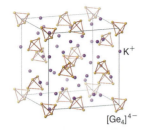

図 3・28* ジントル相 KGe の構造．$[Ge_4]^{4-}$ 四面体構造単位と点在する K^+ イオンを示す．

(a)
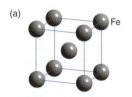

(b)
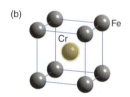

(c)
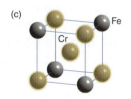

図 3・29* (a) 鉄，(b) FeCr，(c) Fe-Cr 合金の構造（問題 3・8 参照）

例題 3・8　鉄とその合金の組成，格子の種類，単位格子の構成

(a) 金属鉄（図 3・29a）と (b) 鉄-クロム合金（図 3・29b）FeCr の格子の種類は何か．また，単位格子の組成はどのようなものか．

解　単位格子の並進対称性を見きわめて，存在する原子の数を数える必要がある．(a) 鉄の構造は，立方晶の単位格子の中心と頂点に位置した Fe 原子から成り，一つの原子に対して最隣接の原子は八配位している．原子が占有した位置はすべて等価で，構造は bcc 格子の並進対称性をもつ．つまり，構造の種類は bcc である．中心の Fe 原子は 1 個と数え，頂点の 8 個の Fe 原子は $8 \times \frac{1}{8} = 1$ より 1 個となるので，単位格子には 2 個の Fe 原子がある．(b) FeCr では単位格子の中心にある原子 (Cr) と頂点の一つの原子 (Fe) とが異なるので，存在する並進対称性は単位格子全体に相当する（bcc 構造の場合の並進対称性である単位格子の半分の距離の変位とは異なる）．したがって，格子の種類は単純格子 P である．単位格子中の Cr 原子の個数は 1，Fe 原子は $8 \times \frac{1}{8} = 1$ であるから，化学量論組成 FeCr に一致する．

問題 3・8　図 3・29c の鉄-クロム合金の化学量論組成を求めよ．

イオン固体

要点　イオンモデルでは，反対の電荷をもち，方向性のない静電力で相互作用し合っている球の集まりとして固体を取扱う．このモデルで求めた熱力学的性質が実験と一致すれば，その固体は通常イオン固体とみなすことができる．

塩化ナトリウムや硝酸カリウムのようなイオン固体は，たいていもろいことで見分けがつく．これは，カチオンの形成で出てきた電子が，隣接するアニオンに局在化しているからである．イオン固体に力を加えると，同じ電荷をもつイオンが動いてそれらが隣接した状態になり，その結果として生じる反発力のために固体は壊れる．イオン固体はまた一般に融点が高い．これは，逆の電荷をもつイオン間のクーロン力が強く，溶融状態にするにはこの力に打ち勝たなければならないからである．さらに，多くのイオン固体は極性溶媒，特に水に溶けやすい．溶液中でイオンは強く溶媒和した状態になっている．もっとも例外もあって，たとえばフッ化カルシウム CaF_2 は高融点のイオン固体だが水に溶けず，硝酸アンモニウム NH_4NO_3 はアンモニウムイオンと硝酸イオンの相互作用という観点からすればイオン性だが 170 ℃ で融解する．典型的な二元系イオン物質は，電気陰性度の差が大きい元素の組合わせ，一般には $\Delta\chi > 3$ である組合わせによって生じる．このため，イオン化合物はケテラーの三角形において最上部の頂点に見いだされる可能性が高い（図 3・27）．

ある固体をイオン固体として分類できるかどうかは，**イオンモデル** (ionic model) から導かれる性質と実際の性質との比較に基づいて判断する．イオンモデルでは，おもに方向性のない静電力（クーロン力）で相互作用し合っている反対の電荷をもった剛体球の集団として固体を取扱う．このモデルから計算した固体の熱力学的性質が実験と一致するならば，その固体はイオン性であるといえよう．ただし，偶然の一致である場合も多く知られているので，数値が一致しただけでイオン結合だとはいえない点に注意せねばならない．イオン固体におけるイオン間の静電的相互作用が方向性をもたないという性質は，共有結合固体に存在する相互作用と対照的である．共有結合固体では原子軌道の対称性が幾何学的構造を決めるうえで

重要な役割を担う.しかし,イオンは結合において方向性をもたない完全な剛体球(特定の種類のイオンに対して決められた半径が与えられている)として扱えるという仮定は,実際のイオンの状況からはほど遠い.たとえばハロゲン化物イオンではp軌道に方向性があるため結合にはいくらかの方向性が予想される.また,Cs^+やI^-のような大きなイオンは容易に分極するため剛体球としてはふるまわない.ただ,そうであったとしても,イオンモデルは多くの単純な構造を記述する出発点として役に立つものである.

まず,普通のイオン固体の構造を,大きさが異なり,逆符号の電荷をもつ剛体球の積み重ねによって記述することから始める.そのつぎに,結晶形成のエネルギー的考察によって構造を説明できることを見ていく.以下に述べるイオン結晶の構造はX線回折(§8・1)により決定されており,そのような方法で最初に調べられた物質の一部である.

3・9 イオン固体の特徴的構造

本節で述べるイオン固体の構造は,広範囲にわたる固体の典型的構造である.たとえば,塩化ナトリウム型構造(岩塩型構造)はNaClの鉱物名に由来する名称からそのようにもよばれるが,多数の固体に見られるものである(表3・4).これらの構造の多くは,大きい方のイオン,すなわち通常はアニオンがccpまたはhcp型に並び,その格子の八面体間隙か四面体間隙を小さい方の対イオン(通常はカチオン)が占める構造から導かれるとみることができる(表3・5).以下の議論では,図3・18および図3・19を随時参照して,問題にしている構造と図に示されている間隙の位置との関係を確かめるとよい.通常,対イオンを入れるために最密充填構造を広げる必要があるが,その程度はわずかであることが多く,アニオンの並び方はほとんど乱されず,ccpあるいはhcpとみなせる.このような広がりによって同じ価数のイオン間の強い反発力はいくぶん回避され,大きなイオンのつくる間隙よりも大きめのイオンが間隙を占めることが可能になる.総じて言えば,大きなイオンの最密充填構造の間隙がどのように占められるかを調べることは,多くの単純なイオン固体の構造を論じるにあたりよい出発点となることが多い.

表3・4 化合物の結晶構造.特記のないものは標準状態

結晶構造	例[†]
逆蛍石型	K_2O, K_2S, Li_2O, Na_2O, Na_2Se, Na_2S
塩化セシウム型	**CsCl**, TlI(低温), CsAu, CsCN, CuZn, NbO
蛍石型	**CaF$_2$**, UO_2, HgF_2, LaH_2, PbO_2(6 GPa以上の高圧)
ヒ化ニッケル型	**NiAs**, NiS, FeS, PtSn, CoS
ペロブスカイト(灰チタン石)型	**CaTiO$_3$**(ゆがんでいる), $SrTiO_3$, $PbZrO_3$, $LaFeO_3$, $LiSrH_3$, $KMnF_3$
塩化ナトリウム(岩塩)型	**NaCl**, KBr, RbI, AgCl, AgBr, MgO, CaO, TiO, FeO, NiO, SnAs, UC, ScN
ルチル型	**TiO$_2$**(多形の一つ), MnO_2, SnO_2, WO_2, MgF_2, NiF_2
閃亜鉛鉱型(立方晶)	**ZnS**(多形の一つ), CuCl, CdS(方硫カドミウム鉱,多形), HgS, GaP, AgI(6 GPa以上の高圧で岩塩型に転移), InAs, ZnO(6 GPa以上の高圧)
スピネル型	**MgAl$_2$O$_4$**, $ZnFe_2O_4$, $ZnCr_2S_4$
ウルツ鉱型(六方晶)	**ZnS**(多形の一つ), ZnO, BeO, AgI(多形の一つ,ヨウ化銀鉱), AlN, SiC, NH_4F, CdS(硫カドミウム鉱,多形)

[†] 太字の物質は,構造名のもとになったもの.

表 3・5　構造と間隙の充填との関係

最密充填の型	間隙の充填	構造の型（代表例）
立方(ccp)	すべての八面体位置 すべての四面体位置 半分の八面体位置 半分の四面体位置	塩化ナトリウム型（NaCl） 蛍石型（CaF_2） $CdCl_2$ 閃亜鉛鉱型（ZnS）
六方(hcp)	すべての八面体位置 すべての四面体位置 半分の八面体位置 半分の四面体位置	ヒ化ニッケル型（NiAs），完全な hcp（CdI_2）からゆがんでいる 構造は存在しない，四面体間隙が面を共有する ルチル型（TiO_2），完全な hcp からゆがんでいる ウルツ鉱型（ZnS）

(a) 二元系 AX_n

要点 間隙の占有に基づいて表現される重要な構造には，塩化ナトリウム（岩塩）型構造，塩化セシウム型構造，閃亜鉛鉱型構造，蛍石型構造，ウルツ鉱型構造，ヒ化ニッケル型構造，ルチル型構造がある．

最も単純なイオン化合物は1種類のカチオン（A）と1種類のアニオン（X）だけをさまざまな比率で含み，AX や AX_2 といった組成をもっている．個々の組成に対して，カチオンとアニオンの相対的な大きさと，最密充填構造においてどちらの間隙がどの程度占められるかに依存して異なる構造が存在する（表3・5）．まず，カチオンとアニオンの数が等しい AX 組成の考察から始めて，つづいて別の一般的な化学量論組成である AX_2 について考えよう．

塩化ナトリウム型構造（sodium-chloride structure）〔**岩塩型構造**（rock-salt structure）〕（図3・30）の基本は，大きなアニオンの ccp 格子で，そのすべての八面体間隙にカチオンが入ったものである．逆に見れば，カチオンの ccp 格子のすべての八面体間隙にアニオンが入っているといってもよい．最密充填配列における八面体間隙の数はこの配列を形成するイオン（X イオン）の数と等しいので，間隙をすべて A イオンが占めた場合に化学量論組成として AX が得られる．各イオンは6個の対イオンの八面体に囲まれている．つまり，各イオンの配位数は6であるから，この構造は **6：6配位**（6:6 coordination）といわれる．この表記法では，最初の数字はカチオンの配位数，第二の数字はアニオンの配位数を表す．塩化ナトリウム型構造は間隙が埋められた後でも面心立方格子と見ることができる．すべての八面体位置が占められても面心立方格子に必要な並進対称性は保たれるからである．

塩化ナトリウム型構造中の各イオンの周りの様子を明確にするために，図3・30に示す立方格子の中心にあるイオンを取巻く6個の最近接イオンは立方体の各面の中心にあり，中心イオンの周りに八面体を形成していることに注意しよう．これら6個の隣接したイオンは中心イオンと逆符号である．中心イオンに対する第二近接イオンは12個あり，格子の各稜の中央に位置する．これらは，中心イオンと同符

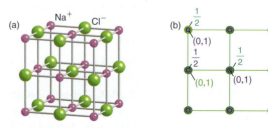

図 3・30　(a)*塩化ナトリウム型構造と，(b) その投影図．図3・18の ccp 構造との関係に注意せよ．ccp 構造の八面体間隙すべてに原子が入っている．

号である．第三近接イオンは8個あり，単位格子の頂点に位置し，中心イオンと逆符号である．§3・1で述べた規則を用いて，単位格子の組成とそこに含まれる各種の原子やイオンの数を決めることができる．

> **実例** 図3・30の単位格子には，等しい数のNa^+とCl^-，すなわち，$(8\times\frac{1}{8})+(6\times\frac{1}{2})=4$の$Na^+$イオンと$(12\times\frac{1}{4})+1=4$の$Cl^-$イオンとが存在している．したがって，この単位格子は$NaCl$という化学式単位を4個含んでいる．単位格子に含まれる化学式単位の数は通常Zで表されるので，この場合，$Z=4$となる．

塩化ナトリウム型構造はM^+やX^-のような単純な単原子の化学種だけから生じるわけではなく，$[Co(NH_3)_6][TlCl_6]$のようにイオンが複雑である場合を含む多くの1:1化合物でも見られる．この化合物の構造は，八面体形の$[TlCl_6]^{3-}$イオンが最密充填構造をつくり，すべての八面体間隙を$[Co(NH_3)_6]^{3+}$イオンが占めているととらえることができる．同様に，CaC_2，CsO_2，KCN，FeS_2のような化合物はすべて塩化ナトリウム型構造に類似の構造をとり，カチオンと複雑な構造のアニオン（それぞれ，C_2^{2-}，O_2^-，CN^-，S_2^{2-}）が交互に並ぶ．もっとも，このような直線形二原子分子が配向すると単位格子が引き伸ばされ立方対称性が失われる（図3・31）．カチオンとアニオンの種類がそれぞれ複数あって，電荷の異なる逆符号のイオン間の個数の比率が全体として1:1であるものも含めれば，塩化ナトリウム型構造をとる組成の範囲はさらに広がる．たとえば，塩化ナトリウム型構造のAサイトの半分をLi^+が占め，残りの半分をNi^{3+}が占めると$(Li_{1/2}Ni_{1/2})O$の組成式をもつ化合物が得られる．これは一般には$LiNiO_2$と書かれ，この化学量論組成をもつ既知の化合物は塩化ナトリウム型構造をとる．

AX組成の化学量論化合物として**塩化セシウム型構造**(caesium-chloride structure)（図3・32）は塩化ナトリウム型構造に比べるとはるかに例が少ないが，$CsCl$，$CsBr$，CsI，さらにはこれらのイオンと同程度の半径をもつイオンから成るTlIなどの化合物に見られる（表3・4参照）．塩化セシウム型構造は，アニオンが立方体の各頂点を占め，カチオンが中心にある"立方体間隙"を占めた（あるいはその逆の）単純立方単位格子をもつ．したがって$Z=1$である．別の見方をすれば，この構造ではCs^+から成る単純立方格子とCl^-から成る単純立方格子とが互いに入れ子になっている．各イオンの配位数は8である．したがってこの構造は8:8配位をもつとみなせる．これは，カチオンとアニオンとの半径が近いので，各イオンの近くになるべく多くの対イオンが来るようなエネルギー的にきわめて有利な配位をとることが可能だからである．NH_4ClではNH_4^+イオンが比較的小さいにもかかわらず，塩化セシウム型構造が見られることに注意しよう．これは，このカチオンと立方体の頂点にあるCl^-イオンのうち4個とが水素結合を形成できるからである（図3・33）．$AlFe$や$CuZn$のような多くの1:1の合金は2種類の金属原子

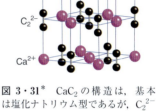

図3・31* CaC_2の構造は，基本は塩化ナトリウム型であるが，C_2^{2-}イオンの軸に平行な向きに伸びている．

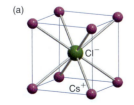

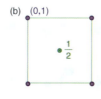

図3・32 (a)*塩化セシウム型構造．頂点の格子点は，8個の単位格子によって共有され，それぞれは8個の隣接する格子点で囲まれている．アニオンは単純立方格子の立方体間隙を占める．(b) その投影図

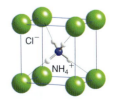

図3・33* 塩化アンモニウムNH_4Clの構造は，四面体NH_4^+イオンが，それを取囲むCl^-イオンの四面体配列に水素結合できることを反映したものになっている．

から成る塩化セシウム型構造をもつ．

閃(せん)亜鉛鉱型構造(zinc-blende structure, sphalerite structure)(図3・34)の名称は，ZnS鉱物の一つに由来する．塩化ナトリウム型構造と同様，これもまたアニオンのccp格子を広げたものであるが，ここでは2種類の四面体間隙のうちの1種類，すなわち最密充填構造に存在する四面体間隙の$\frac{1}{2}$がカチオンで占められている．各イオンは4個の隣接する対イオンによって囲まれているから4:4配位構造であり，$Z=4$である．

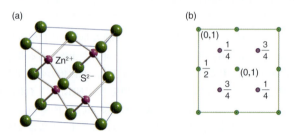

図 3・34 (a)*閃亜鉛鉱型構造と，(b) その投影図．図3・19のccp格子との関係に注意せよ．四面体間隙の半数をZn^{2+}イオンが占めている．

実例 図3・34の閃亜鉛鉱型構造の単位格子中に存在するイオンを数え，下表に示した．

位置（共有）	カチオンの数	アニオンの数	単位格子への寄与
中 心 (1)	4×1	0	4
面 ($\frac{1}{2}$)	0	6×$\frac{1}{2}$	3
稜 ($\frac{1}{4}$)	0	0	0
頂 点 ($\frac{1}{8}$)	0	8×$\frac{1}{8}$	1
計	4	4	8

単位格子には4個のカチオンと4個のアニオンが存在する．カチオンとアニオンとの比はZnSの化学式と合致し，$Z=4$である．

ウルツ鉱型構造(wurtzite structure)(図3・35)の名は，鉱物として天然に存在する硫化亜鉛のもう一つの多形に由来する．閃亜鉛鉱型構造がアニオンのccp配列から導かれるのに対し，ウルツ鉱型構造はアニオンのhcp配列を広げた並び方から導かれる．しかし，閃亜鉛鉱型と同様，ウルツ鉱型でも四面体間隙の一方，すなわち，2種類(§3・3で議論したTまたはT')の一つをカチオンが占める．ウル

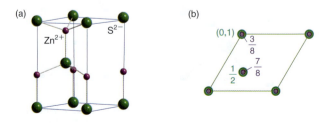

図 3・35 (a)*ウルツ鉱型構造と，(b) その投影図

ツ鉱型構造は4:4配位で，ZnO, AgI の一形態，また SiC の多形の一つや，その他いくつかの化合物で見られる（表3・4）．ウルツ鉱型構造と閃亜鉛鉱型構造とでは，カチオンおよびアニオン周りの局所的対称性が最近接イオンについては同じだが第二近接イオンについて異なっている．多形を示して閃亜鉛鉱型構造とウルツ鉱型構造のいずれの結晶構造もとる化合物が多く知られており，いずれの構造をとるかは，化合物が生成したときの条件や，化合物が置かれている状態，すなわち温度と圧力によって変わる．

ヒ化ニッケル型構造（nickel-arsenide structure）（NiAs, 図3・36）も，広がってゆがんだ hcp にアニオンが並んだ構造が元になっているが，Ni 原子は八面体間隙を占め，各 As 原子は Ni 原子のつくる三角柱の中心にある．NiS, FeS, その他多くの硫化物はこの構造をとる．ヒ化ニッケル型構造は分極しやすいイオンを含み，塩化ナトリウム型構造をとるイオンと比べてカチオンとアニオンの電気陰性度の差が小さい MX 型化合物の典型である．この構造をとる化合物はケテラーの三角形において"分極したイオン性の塩の領域"に存在する（図3・37）．隣接する層間では金属原子同士にある程度の金属−金属結合が生じる可能性もある（図3・36c 参照）．この種の構造（あるいはこれがゆがんだ構造）は d-ブロックおよび p-ブロック元素から成る多数の合金に一般的なものでもある．

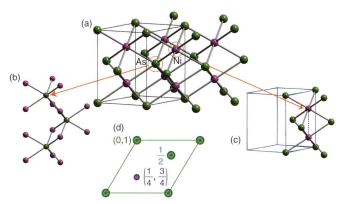

図 3・36 (a)*ヒ化ニッケル型構造．(b)*と(c)はそれぞれ六配位をとる As (三角柱) と Ni (八面体) の幾何学的な構造を示す．(d)は単位格子の投影図である．(c)において距離の短い M−M 間の相互作用が点線で示されている．

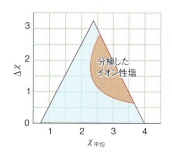

図 3・37 ケテラーの三角形における分極したイオン性塩の位置

一般的な AX_2 構造の一つは，**蛍石型構造**（fluorite structure）で，その名前は，この構造の典型鉱物である蛍石 CaF_2 に由来する．これは，Ca^{2+} の ccp 格子を広げてすべての四面体間隙に F^- を入れた構造（図3・38）である．この見方では，最密充填しているのはカチオンである．これはアニオンの F^- が小さいためである．この格子は8:4配位である．この配位の仕方は，カチオンの数の2倍のアニオンがあることと合致している．四面体間隙中のアニオンは4個の最近接イオンをもち，カチオンは立方体形に並んだ8個のアニオンに取巻かれている．

逆蛍石型構造（antifluorite structure）は，蛍石型構造におけるカチオンとアニオンの位置を入れ替えたものであるという意味で，蛍石型構造の逆の構造である．イオンの配列は，この構造をとる化合物には Li^+（四配位のイオン半径は $r = 59$ pm）のような非常に小さいカチオンが含まれるという事実を反映している．Li_2O を含むアルカリ金属酸化物のいくつかはこの構造を示す．構造中でカチオン（その数はアニオンの2倍）はアニオンの ccp 配列におけるすべての四面体間隙を

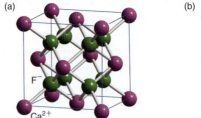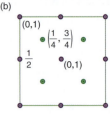

図 3・38 (a)*蛍石型構造と，(b) その投影図．この構造では，カチオンはccp配列で，その四面体間隙はすべてアニオンが占めている．

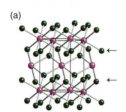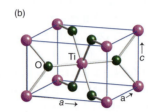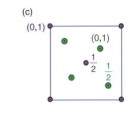

図 3・39 TiO_2 の多形の一つがとるルチル型構造．(a) 酸化物イオンから成るゆがんだ最密充填層で，八面体間隙の半分にチタンイオンが入る（単位格子の輪郭を示した）（矢印）．(b)*単位格子．チタンに対する酸化物イオンの配位の様子を示す．(c) 投影図．

占める．蛍石型構造そのものは8:4配位であるが，逆蛍石型構造はそうではなく4:8配位である．

ルチル型構造(rutile structure)（図3・39）の名前は，酸化チタン(IV) TiO_2 の鉱物の一つであるルチル（金紅石）に由来する．これもまたアニオンがhcpの格子をつくり間隙をカチオンが占める例であるが，この構造では，カチオンが八面体間隙の半数だけを満たしており，アニオンの最密充填層はかなりゆがんでいる．このような配列の結果，八面体型配位をとろうとする Ti^{4+} イオンの強い傾向を反映した構造ができる．各 Ti^{4+} イオンは6個のO原子に囲まれるが，Ti–O距離は等価ではなく，長いものと短いものの2組がある．よって，配位状態はより厳密には(4+2)と表現できる．また，各O原子は3個の Ti^{4+} イオンによって囲まれている．つまり，ルチル型構造は6:3配位である．スズの主要鉱石であるスズ石 SnO_2 はルチル型構造で，また，多数の金属フッ化物もこの構造をとる（表3・4）．

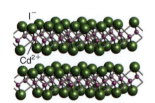

図 3・40 CdI_2 型構造

ヨウ化カドミウム型構造(cadmium-iodide structure)（たとえば，図3・40のCdI_2）では，I^- イオンがhcp層を形成し，一組のhcp層間の八面体間隙（すなわち，すべての八面体間隙の半分）がすべて Cd^{2+} イオンによって占められる．最密充填層に垂直な方向に繰返される原子の層が，隣接する層のヨウ素原子間に働く弱いファンデルワールス相互作用によってI–Cd–I⋯I–Cd–I⋯I–Cd–Iといった配列をつくるので，CdI_2 型構造は"層状構造"とよばれることが多い．この構造は6:3配位で，カチオンは八面体位置に入り，アニオンは三角錐形の配位を受ける．ヨウ化カドミウム型構造はd金属のハロゲン化物やカルコゲン化物（たとえば，$FeBr_2$，MnI_2, ZrS_2, $NiTe_2$）に一般に見られる．

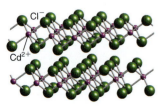

図 3・41 $CdCl_2$ 型構造

塩化カドミウム型構造(cadmium-chloride structure)（たとえば，図3・41の$CdCl_2$）は CdI_2 型構造に似ているが，アニオンがccp配列をとる．交互に繰返されるアニオン層間の八面体位置のうち半分が占められる．この層状構造は CdI_2 型構造と同じく6:3配位をとり，イオンの配列の幾何学的構造も同じである．ただし，

塩化カドミウム型は $MnCl_2$ や $NiCl_2$ のような d 金属の二塩化物が好んでとる構造である．

> **例題 3・9　間隙が占められる構造の化学量論を決定する**
>
> アニオン X の最密充填配列の間隙をカチオン A が占めるという観点から，次の構造の化学量論を明らかにせよ．(a) 八面体位置の 3 分の 1 が占められた hcp 配列，(b) すべての四面体間隙とすべての八面体間隙が占められた ccp 配列．
>
> **解**　N 個の最密充填球の配列において，$2N$ 個の四面体間隙と N 個の八面体間隙が存在することを確認しておく必要がある（§3・3）．したがって，アニオン X の最密充填配列のすべての八面体間隙をカチオン A が占めると，カチオンとアニオンの比が 1:1 の構造が得られ，対応する化学量論組成は AX である．(a) 八面体間隙の 3 分の 1 のみが占められているので，A:X の比は $\frac{1}{3}$:1 であり，これは AX_3 の化学量論組成に対応する．この種の構造の例は BiI_3 である．(b) N 個の X に対して A の総数は $N+2N$ である．よって A:X の比は 3:1 であり，これは A_3X の化学量論組成に対応する．この種の構造の例は Li_3Bi である．
>
> **問題 3・9**　八面体位置の 3 分の 2 が占められた hcp 配列の化学量論を決定せよ．

(b) 三元系 $A_aB_bX_n$

要点　ABO_3 および AB_2O_4 のような多くの化学量論的化合物（定比化合物）は，それぞれ，ペロブスカイト型構造およびスピネル型構造をとる．

三つのイオン種をもつ系まで組成が複雑になると，可能な構造は急激に多くなる．二元系化合物とは異なり，三元系ではイオンの大きさととりそうな配位数から最も適切な構造の種類を予測することは困難である．本節では，三元系の酸化物からつくられる重要な二つの構造について述べる．O^{2-} イオンは最も一般的なアニオンであるから，酸化物の化学は固体化学の重要な領域においても中心的な話題となっている．

灰チタン石（ペロブスカイト）という鉱物 $CaTiO_3$ の構造は，多くの ABX_3 型固体，特に酸化物の原型となる構造である（表 3・4）．理想的な形の**ペロブスカイト型構造**（perovskite structure）は，12 個の X アニオンで囲まれた A カチオンと 6 個の X アニオンで囲まれた B カチオンとをもつ立方体形の構造（図 3・42）である．実際，ペロブスカイト型構造は A イオンと酸化物イオンの最密充填配列としても記述でき（本来の最密充填構造のように A カチオンが 12 個の O^{2-} イオンに囲まれる，図 3・42d），B カチオンは 6 個の酸化物イオンからできる八面体間隙をすべて占有する．この結果，$B_{n/4}[AO_3]_{n/4}$ となり，これは ABO_3 と等価である．

酸化物では X=O であるから A と B との電荷数の和は +6 でなければならないが，その内訳はいろいろ（たとえば $A^{2+}B^{4+}$，$A^{3+}B^{3+}$）であり，$A(B_{0.5}B'_{0.5})O_3$ で表される混合酸化物 —— たとえば $La(Ni_{0.5}Ir_{0.5})O_3$ —— の可能性もある．このようにペロブスカイト型構造における A カチオンは，Ba^{2+} や La^{3+} のように，一般に電荷が低く大きな（イオン半径 >110 pm）イオンで，B カチオンは Ti^{4+}，Nb^{5+}，Fe^{3+} のように電荷が高く小さい（イオン半径 <100 pm，60〜70 pm が典型的）イオンである．

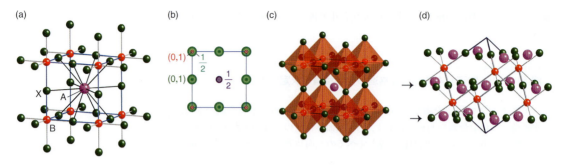

図 3・42 ペロブスカイト型構造 ABX_3. (a) 青色の線は立方晶の単位格子の輪郭で,A サイト(十二配位)と B サイト(六配位)のカチオンに対する X の配位構造を強調している. (b) 単位格子の投影図. (c)* 同一の構造であるが,B サイトの八面体構造を強調し,BX_6 八面体が連結した構造として描いている. (d) A と X(矢印)が最密充填配列をして八面体間隙を B が占めている構造とペロブスカイト型構造との関係. 輪郭を描いた単位格子は (a) と同一のものである.

ペロブスカイト型構造をとる物質は,圧電性,強誘電性,高温超伝導などの興味深く有用な電気的特性を示すことが多い(§24・6).

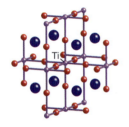

図 3・43 ペロブスカイト中の Ti 原子の局所的な配位構造

> **例題 3・10 配位数を決定する**
>
> 灰チタン石 $CaTiO_3$ の Ti^{4+} イオンの配位数は 6 であることを示せ.
>
> **解** 図 3・42 の単位格子の Ti 原子のうちの 1 個を共有するように 8 個の単位格子を組合わせたものを想像する. この Ti 原子の周りの局所的な構造は,図 3・43 のようになる. これからわかるように,中心の Ti^{4+} イオンは 6 個の O^{2-} イオンに取巻かれている. すなわち,灰チタン石中の Ti の配位数は 6 である. 別の見方をすれば,ペロブスカイト型構造は,BO_6 八面体が三つの直交座標上にあるすべての頂点を共有し,A カチオンが立方体の中心を占めたものとみなせる(図 3・42c).
>
> **問題 3・10** $CaTiO_3$ 中の O^{2-} 位置の配位数はいくつか.

スピネル(セン晶石)そのものは $MgAl_2O_4$ で,一般にスピネル型酸化物は AB_2O_4 の組成をもつ. **スピネル型構造**(spinel structure)は O^{2-} イオンの ccp 配列から構成されている. この配列の中で A カチオンが四面体間隙の $\frac{1}{8}$ を占め,B カチオンが八面体間隙の半分を占める(図 3・44). スピネルの組成式は,$A[B_2]O_4$ のように八面体間隙に入るカチオン(一般に A と B のうち小さく電荷の高い方)を [ ] に入れて書くことがある. たとえば,$ZnAl_2O_4$ ではすべての Al^{3+} カチオンが八面体位置を占めていることを示すために $Zn[Al_2]O_4$ と書く. スピネル型構造をもつ化合物の例としては,$NiCr_2O_4$ や $ZnFe_2O_4$ のように 3d 系列の金属を含む化学量論組成が AB_2O_4 の多数の三元系酸化物や,Fe_3O_4,Co_3O_4,Mn_3O_4 のような,いくつかの簡単な二元系 d-ブロック酸化物がある. 後者の構造では $Mn^{2+}[Mn^{3+}]_2O_4$ のように A と B は同じ元素であるが酸化状態が異なる. また,カチオンの分布が $B[AB]O_4$ であり,多い方のカチオンが四面体位置と八面体位置の両方を占める組成も多く存在しており,**逆スピネル型構造**(inverse-spinel structure, antispinel structure)とよばれている[†]. スピネル類と逆スピネル類は §20・1 と §24・6 でも再び論じる.

† 訳注: これに対して $A[B_2]O_4$ は正スピネル型構造(normal spinel structure)とよばれる.

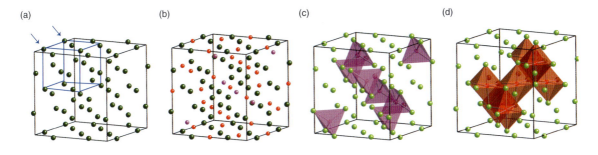

図 3・44 スピネル型構造 AB_2O_4. (a) 単位格子全体におけるアニオン (O^{2-}) の最密充填配列 (最密充填層は矢印で示されている). 本来の単純な ccp 単位格子の輪郭を青色の線で示す. (b) 単位格子全体におけるカチオンとアニオンの配列. Aサイトのカチオンは紫で, Bサイトのカチオンは赤で示す. (c)* Aサイト (四面体位置) と (d) Bサイト (八面体位置) の酸素配位多面体. いずれも単位格子に完全に含まれたサイトのみを示す.

例題 3・11 三元系の相を予測する

カチオン Ti^{4+}, Zn^{2+}, In^{3+}, Pb^{2+} を含む三元系酸化物でペロブスカイト型構造あるいはスピネル型構造をもつ物質としてどのようなものが合成可能だろうか. 付録1のイオン半径を用いよ.

解 可能なカチオンの組合わせに対して, イオンの大きさに基づいて, 二つの構造が生じうるかを考察すればよい. Zn^{2+} と Ti^{4+} の組から始めると, $ZnTiO_3$ はペロブスカイト型構造をとりえないことが予想できる. Ti^{4+} が B サイトに入るとして, Zn^{2+} が A サイトの位置を占めるには小さすぎるからである. 同様に, $PbIn_2O_4$ はスピネル型構造をとらない. Pb^{2+} は四面体位置に入るには大きすぎるからである. 許される構造は, $PbTiO_3$ (ペロブスカイト型), $TiZn_2O_4$ (スピネル型), $ZnIn_2O_4$ (スピネル型) であると結論できる.

問題 3・11 例題中のカチオンに La^{3+} を加えると新たなペロブスカイト型酸化物としてどのようなものが得られるか.

3・10 構造の理論的説明

イオン固体の熱力学的安定性と構造は, イオンを単純に帯電した剛体球とみなすイオンモデルを用いると非常に容易に扱うことができる. しかし, 帯電した剛体球が静電的に相互作用しているという固体のモデルは粗いもので, このモデルからの予測が大幅に外れることも覚悟しなければならない. これは, 多くの固体の結合はいくぶん共有結合性を含むためである. ハロゲン化アルカリ金属のように "典型的な" イオン固体と考えられるものでさえ, かなり共有結合性をもっている. とはいえ, イオンモデルは, 多くの性質を関係づけるうえで, 単純明快しかも有効な手段を提供してくれる魅力的なものである.

(a) イオン半径

要点 イオンの大きさであるイオン半径は, 一般に族の下方になるほど大きくなり, 周期を横切って減少し, 配位数とともに増え, 電荷の増加に伴って減少する.

最初に出会う困難は，"イオン半径"という言葉の意味である．§1・7に述べたように，イオン半径を求めるには，最近接する2種のイオン（たとえば，互いに接触しているNa$^+$イオンとCl$^-$イオン）の核間距離をそれぞれのイオンに割り振らなければならない．この問題の最も直接的な解決法は，どれか1種のイオンの半径を仮定して，その値を用いて他のすべてのイオンの半径を矛盾のないように決めていくやり方である．O^{2-}イオンは，広い範囲の元素と結合した状態で見られるという点で好都合であり，また，O^{2-}はかなり分極しにくく，相手のカチオンが変わっても，その大きさがあまり変わらない．それゆえ，多くのイオン半径の資料集では，$r(\text{O}^{2-}) = 140 \text{ pm}$ を基礎としている．しかし，だからといって，この値が絶対だというわけではない．Goldschmidtがまとめた一連のイオン半径は $r(\text{O}^{2-}) = 132 \text{ pm}$ に基づいているし，F$^-$イオンを基準とした値もある．

ある種の目的（たとえば，単位格子の大きさを予想すること）に対してイオン半径は役に立つが，そのときは，同じ基礎（たとえばO^{2-}の半径を140 pmとするような）で算出したイオン半径の値を使わない限り信頼できない．出所の違うイオン半径の値を使うときには，それらが同じ基準に従っているかどうか確認することが不可欠である．このほかにもやっかいなことがある．それは，Goldschmidtが最初に指摘したことであるが，すでに金属に対して見たのと同様，イオン半径は配位数とともに大きくなることである（図3・45）．これは，中心のイオンの周りにおかれる反対の電荷をもったイオンの数が増えると，それらは互いに反発することで中心イオンから遠ざかり，見かけ上，中心イオンの半径が増えるためである．だから，イオン半径を比較するには，同じ配位数のもの同士を比べ，一つの配位数についての値を用いなければならない（典型的には6が使われる）．

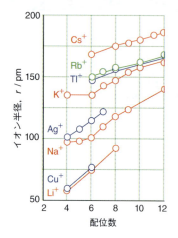

図 3・45 配位数に伴うイオン半径の変化

初期の研究者を悩ませた問題はX線回折（§8・1）の発展によって部分的には解消した．現在では，隣り合ったイオンの間の電子密度を測定し，その極小点の位置が両イオン間の境い目であると決める方法が可能になった．しかし，電子密度の極小点は，図3・46に見られるように大変幅広く，その正確な位置は，実験誤差や隣り合う二つのイオンの種類によって大きく変わりうる．現在，数千種の化合物――特に酸化物とフッ化物――に関するX線データを解析して得られた相互矛盾のないイオン半径の値を多数集めた表ができている．表1・4はその一部である．付録1にも資料がある．

イオン半径の一般的傾向は，原子半径の場合と同じである．すなわち

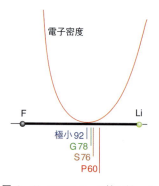

図 3・46 LiF の Li-F 軸に沿った電子密度の変化．P は Li$^+$ の Pauling のイオン半径，G は Goldschmidt のイオン半径（1927年の原報の値），S は Shannon のイオン半径（付録1）である．

- イオン半径は同じ族では下に行くほど大きくなる（4d金属イオンから5d金属イオンに至るときには，§1・7で論じたランタノイド収縮により半径の増加が抑えられる）．
- 同じ電荷のイオンでは，イオン半径は周期の左から右へ向かって小さくなる．
- 同じ元素が異なった電荷のカチオンをつくる場合は，一定の配位数について，電荷が大きくなるとイオン半径は小さくなる．
- 正電荷は取除かれた電子の数を示すわけだから，それだけ核の引力が支配的になっていることを意味する．したがって，原子番号の近い元素では，カチオンはアニオンより小さいのが普通である．
- 一つのイオンが異なる配位環境をとれる場合，それに隣接する他のイオンとの距離の平均値を測ることによって求められるイオン半径は，配位数が増えるほど大きくなる．中心イオンを取囲む他のイオンは，互いに遠ざかることによって相互に働く反発力を減らすことができ，この結果，中心イオンが入りうる空間が大きくなる．中心イオンの半径が大きくなるのは，このような事実を反映したものである．

(b) イオンの半径比

要点 イオンの半径比から，二元系化合物中のイオンの配位数を推定できる．

無機化学の文献，特に入門書によく登場するパラメーターに，イオンの**半径比** (radius ratio) γ がある．これは，大きい方のイオンの半径 ($r_大$) に対する小さい方のイオンの半径 ($r_小$) の比

$$\gamma = \frac{r_小}{r_大} \qquad (3 \cdot 1)$$

である．多くの場合，$r_小$ はカチオンの半径，$r_大$ はアニオンの半径である．大きさの異なる球を一緒に詰める幾何学的問題を考えれば，ある配位数に対して，これを保つための最小の半径の比を決めることができる（表 3・6）．半径比がここに示した最小限界より小さいと，逆符号のイオン同士は接触できなくなり，同符号のイオン同士が接触することになるであろう．そうなると，単純に静電気学の考え方に従えば，逆符号のイオンが接触できるように，もっと小さい配位数をとる方が有利になる．別の見方をすれば M^+ イオンのイオン半径が大きくなると，その周りに並べうるアニオンの数が増え，結合を安定化するクーロン相互作用の数も増える．このような単純な静電力に基づく考察では最隣接の相互作用しか考えていないことに注意しよう．イオンの充塡を予測するためのさらに優れたモデルでは，すべてのイオンの配列を考慮してもっと詳細な計算を行うことが求められる．これについては §3・12 で取扱う．

以前に行った間隙の大きさの計算（例題 3・4）を利用して，ここでの概念を確固たるものにしよう．半径が $0.225r$ あるいはそれ未満のカチオンは四面体間隙に入りうる（$0.225r$ 未満のカチオンは四面体間隙内でがたがたと動くことになる）．$0.225r$ は四面体間隙に入りうる最大のイオンを示し，$0.225r$ と $0.414r$ の間にあるカチオンはアニオン同士を遠ざけることに注意しよう．したがって，半径が $0.225r$ から $0.414r$ の間にあるカチオンは，半径 r のアニオンの最密充塡構造が少し広げられたときのみ四面体間隙を占めることができる．このようなアニオン同士が少し遠ざかった配列でもエネルギー的には最も安定な状態である．しかし，カチオンが $0.414r$ に達してしまえばアニオンは互いに離れて遠ざけられるため，八面体配位が可能となり，最も安定となる．カチオンの半径が $0.732r$ に達し，8 個のアニオンの配位が可能になるまで，八面体配位が最も安定な配列となる．まとめると，カチオンの半径が $0.414r$ を超えるまでは配位数は 6 まで増えることはなく，カチオンとアニオンが接した状態が保たれるのに対し，$0.414 < \gamma < 0.732$ の範囲では六配位が安定な配列となる．同様の考え方が四面体間隙にも適用可能で，大きさが $0.225r$ と $0.414r$ の間にあるもっと小さいイオンが四面体間隙を占める．

半径比に基づくイオンの充塡の考え方は，特定のカチオンとアニオンに対してどの構造が最も安定であるかを予測するためによく利用される（表 3・6）．実際には，

表 3・6 構造の型とイオン半径比の相関関係

イオン半径比 (γ)	1:1 および 1:2 の化学量論にあう CN[†]	二元系 AB の構造の型	二元系 AB_2 の構造の型
1	12	知られていない	知られていない
0.732～1	8:8 および 8:4	CsCl	CaF_2
0.414～0.732	6:6 および 6:3	NaCl(ccp), NiAs(hcp)	TiO_2
0.225～0.414	4:4	ZnS (ccp, hcp)	

[†] CN は配位数を表す．

カチオンの配位数が 8 のときに半径比は最も信頼でき，六配位や四配位では信頼性が減る．このような低配位数では方向性のある共有結合が重要になるためである．大きなイオンの場合には分極の効果も重要である．このような要因はイオンの電気陰性度や分極率に依存する．これらは §3・10c でより詳細に考察する．

実例 TlCl の結晶構造を予測するうえで，イオン半径は $r(Tl^+) = 159$ pm, $r(Cl^-) = 181$ pm であり，$\gamma = 0.88$ となることに注目しよう．したがって，TlCl は 8:8 配位の塩化セシウム型構造をとることが予測される．これは実際に見いだされている構造である．

例題 3・12 構造を予測する

イオンの半径比の規則と，付録 1 にあげられた六配位のイオン半径を用いて，イオン化合物である RbI, BeO, PbF_2 の構造を予測せよ．

解 それぞれの化合物に対して半径比 γ を計算し，表 3・6 を用いて最も安定と考えられる構造の型を選択する必要がある．RbI ではイオン半径が $Rb^+ = 152$ pm, $I^- = 220$ pm であるから，$\gamma = 0.691$ である．この値は 0.414〜0.732 の範囲にあるため，6:6 配位の塩化ナトリウム型構造になると予想される（イオンの充填の仕方を考えるとヒ化ニッケル型構造も可能であるが，一般にはヒ化ニッケル型構造は結合の共有結合性の程度が高い場合にのみ見られる）．BeO と PbF_2 に対して同様の計算を行うと，それぞれ $\gamma = 0.321$ と $\gamma = 0.894$ となる．よって BeO は 4:4 配位の構造をとると予想される（実際に BeO は 4:4 配位のウルツ鉱型構造をとる）．PbF_2 は AB_2 型の化合物であり，8:8 配位の蛍石型構造をとると考えられ，やはり実験的に PbF_2 の多形の一つは蛍石型構造をとることがわかっている．

問題 3・12 イオンの半径比の規則と，付録 1 にあげられた六配位のイオン半径を用いて，CaO と BkO_2（Bk はアクチノイドの一つであるバークリウム）の構造を予測せよ．

以上のような計算で使われるイオン半径は常温常圧での構造を考えて得られたものである．高圧では異なる構造が安定化する場合もある．特に高配位数で高密度の構造が安定化する．したがって，多くの単純な化合物が圧力により単純な 4:4 配位，6:6 配位，8:8 配位の間を転移する．一例は，軽いハロゲン化アルカリ金属の大部分で，これらは 5 kbar（ハロゲン化ルビジウムの場合）や 10〜20 kbar（ハロゲン化ナトリウムやハロゲン化カリウムの場合）で 6:6 配位の塩化ナトリウム型構造から 8:8 配位の塩化セシウム型構造へ相転移する．加圧下でのイオン化合物のふるまいを理解するうえで，そのような条件下での化合物の構造を予測できることは，たとえば地球化学などでは重要である．たとえば酸化カルシウムは地球の下部マントルの圧力に相当する約 600 kbar において塩化ナトリウム型構造から塩化セシウム型構造へ転移すると予測される．

同様に，カチオンとアニオンのイオン半径比やそれに対応した安定な配位数（すなわち，八面体，四面体，立方体のいずれの幾何学的構造が安定か）といった概念はあらゆる構造固体化学の領域に適用が可能で，ある特定の種類の構造に入りうるイオンは何かを予測するうえでの助けともなる．ペロブスカイト型構造やスピネル型構造をとる三元系化合物のような複雑な化学量論組成に対しても，カチオンとア

ニオンのどのような組合わせが特定の種類の構造を与えるかを予想するうえできわめて有用であることが証明されている．たとえば，銅酸化物系の高温超伝導体（§24・6）では，Cu^{2+} に対する酸素の八面体配位といった特徴的な構造が，イオン半径を考察することによって設計できる．

(c) 構造マップ

要点 構造マップは，結合の特性によって結晶構造がどう変化するかを表したものである．

イオンの半径比を使うことはあまり当てにならないが（約50％の化合物の実験で得られている構造を予測できるにすぎない），経験的情報を多く集めて，その中に見られるパターンを探していくと，いろいろな構造を合理的に説明する方向に進むことはできるはずである．このような判断に基づいてデータを集積してつくられたのが**構造マップ**（structure map）である．構造マップの例は，化合物の成分元素間の電気陰性度の差と，両原子の原子価殻の主量子数の平均値とに対する結晶構造の依存性を表すために経験的にまとめられた図面である．よって，構造マップはケテラーの三角形に関連して第2章で導入した概念の拡張であるとみなせる．先に見たように，二元系のイオン性の塩は電気陰性度の差 $\Delta\chi$ が大きい元素からつくられるが，この差が小さくなると，分極したイオン性の塩や共有結合性の強い網目構造が安定になる．今，三角形のこの領域に着目して，イオンの半径比の考え方に加えて，電気陰性度や分極率の小さな差がイオンの配列にどのような影響を及ぼすかを調べよう．

結合のイオン性は $\Delta\chi$ とともに増大するから，構造マップの横軸に沿って左から右へ行くに従って，その結合のイオン性は大きくなる．主量子数はイオンの半径の指標だから，縦軸の上に向かってイオンの平均半径が増えることになる．また，原子が大きくなるほど原子のエネルギー準位間隔が詰まってくるから，原子の分極率も増加する（§1・7e）．したがって構造マップの縦軸は，結合している原子の大きさと分極率とが増加する方向にとってあることになる．MX型化合物の構造マップの例を図3・47に示す．MX化合物に対してここまで議論してきた構造が，マップの明確に異なる領域に分かれて存在していることがわかる．$\Delta\chi$ の大きい元素の組合わせでは，塩化ナトリウム型構造に見られるような6：6配位をとり，$\Delta\chi$ の小さい組合わせ（したがって共有結合性が予想される）では配位数が小さくなる．構造マップによる表現では，GaN は図3・47において ZnO よりも共有結合性の大きい領域に存在する．これは $\Delta\chi$ が十分に小さいことによる．

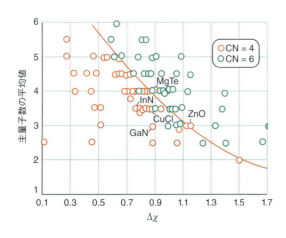

図3・47 MX組成の化合物の構造マップ．各点の座標は，M と X の電気陰性度の差（$\Delta\chi$）と両原子の主量子数（n）の平均値とで決まる．点がマップ上のどの領域にあるかによって，これらの量の組合わせに対して予想される配位数がわかる〔E. Mooser, W. B. Pearson, *Acta Crystallogr.*, **12**, 1015 (1959) より〕．

> **実例** 硫化マグネシウム MgS に期待される結晶構造の種類を予測するうえで，電気陰性度は，マグネシウムが 1.3 で硫黄が 2.6 だから $\Delta\chi=1.3$ となることに注目しよう．主量子数(n)の平均値は 3 (両者とも第 3 周期元素) である．$\Delta\chi=1.3$, $n=3$ の点は，図 3・47 の構造マップ上で六配位の領域にある．これは，MgS が塩化ナトリウム型構造であるという実験結果と一致する．

イオン結合のエネルギー論

化合物は，ギブズエネルギーが最も低い結晶構造をとろうとする．したがって，つぎの過程

$$M^+(g) + X^-(g) \longrightarrow MX(s)$$

において，固体 MX が A 構造をとるときの標準反応ギブズエネルギー $\Delta_r G^\ominus$ の方が B 構造をとるときの $\Delta_r G^\ominus$ よりも負ならば，B から A への転移は，与えられた条件のもとで自発的に起こる．つまり，固体は構造 A をとると期待できる．

気体のイオンから固体ができる過程はきわめて発熱的であるから，室温近傍ではギブズエネルギー変化へのエントロピー S の寄与は無視できるだろう($\Delta G^\ominus = \Delta H^\ominus - T\Delta S^\ominus$ なので)．エントロピーの寄与を無視できるのは，厳密には $T=0$ のときである．それゆえ，固体の熱力学的性質を議論するときには，少なくともとりあえずはエンタルピー変化に注目するのが常道である．そこで，生成反応が最も発熱的であるような構造を探し，それが熱力学的に最も安定な構造であると考えることにする．多くの単純なイオン化合物に対する格子エンタルピーの典型的な値が表 3・7 に与えられている．

3・11 格子エンタルピーとボルン・ハーバーサイクル

要点 格子エンタルピーは，ボルン・ハーバーサイクルを用いてエンタルピーデータから決定される．化合物の最も安定な結晶構造は，与えられた条件のもとで格子エンタルピーが最大になるような構造である．

格子エンタルピー (lattice enthalpy) $\Delta_L H^\ominus$ とは，固体が解離して気体のイオンになる反応の標準モルエンタルピー変化のことである．

$$MX(s) \longrightarrow M^+(g) + X^-(g) \qquad \Delta_L H^\ominus$$

> **メモ** 格子を壊すことに対応する吸熱過程(正のエンタルピー変化)として格子エンタルピーを定義することが正しいが，これに反して大学や大学院の教科書では格子が生成する過程に基づく定義を行っている場合も多い(つまりこの場合，値は負になる)．

> **メモ** "格子エンタルピー"と"格子エネルギー"という術語は同じ意味として用いられることも多いが，標準状態下でこれらの物理量を定義する熱力学的関数が異なるため(その差は，たとえば気体状のイオンの生成に関係する仕事で，$P\Delta V$)，$2\sim3\,\text{kJ}\,\text{mol}^{-1}$ の違いがある．しかし，この差は実験的あるいは理論的に見積もった値の誤差と比べても無視できるほど小さいため，どちらの物理量を用いることも可能である．

表 3・7 単純な無機固体の格子エンタルピー

化合物	構造の種類	$\frac{\Delta_L H^{exp}}{(\text{kJ mol}^{-1})}$	化合物	構造の種類	$\frac{\Delta_L H^{exp}}{(\text{kJ mol}^{-1})}$
LiF	塩化ナトリウム型構造	1030	SrCl$_2$	蛍石型構造	2125
LiI	塩化ナトリウム型構造	757	LiH	塩化ナトリウム型構造	858
NaF	塩化ナトリウム型構造	923	NaH	塩化ナトリウム型構造	782
NaCl	塩化ナトリウム型構造	786	KH	塩化ナトリウム型構造	699
NaBr	塩化ナトリウム型構造	747	RbH	塩化ナトリウム型構造	674
NaI	塩化ナトリウム型構造	704	CsH	塩化ナトリウム型構造	648
KCl	塩化ナトリウム型構造	719	BeO	ウルツ鉱型構造	4293
KI	塩化ナトリウム型構造	659	MgO	塩化ナトリウム型構造	3795
CsF	塩化ナトリウム型構造	744	CaO	塩化ナトリウム型構造	3414
CsCl	塩化セシウム型構造	657	SrO	塩化ナトリウム型構造	3217
CsBr	塩化セシウム型構造	632	BaO	塩化ナトリウム型構造	3029
CsI	塩化セシウム型構造	600	Li$_2$O	逆蛍石型構造	2799
MgF$_2$	ルチル型構造	2922	TiO$_2$	ルチル型構造	12150
CaF$_2$	蛍石型構造	2597	CeO$_2$	蛍石型構造	9627

格子をばらばらにする過程はつねに吸熱的だから，格子エンタルピーはいつも正の値をもち，正符号は通常，数値につけない．上記のとおり，化合物が与えられた条件下でとりうる最も安定な結晶構造は，エントロピーの効果を無視すれば，格子エンタルピーの最も大きい構造である．

格子エンタルピーは，図 3・48 のようなボルン・ハーバーサイクル (Born-Haber cycle) を用いて，経験的なエンタルピーデータから求められる．ボルン・ハーバーサイクルは，結晶格子の生成を一過程として含み，いくつかの過程を一巡して最初の状態に戻るように組合わせたものである．化合物が基準状態の成分元素（与えられた条件で最も安定な状態）に分解する反応の標準エンタルピーは，その化合物の標準生成エンタルピー $\Delta_f H^{\ominus}$ の符号を逆にしたものに等しく，

$$\text{M(s)} + \text{X(s, l, g)} \longrightarrow \text{MX(s)} \qquad \Delta_f H^{\ominus}$$

同様に，気体のイオンから格子が生成する反応の標準エンタルピーは，上で明記したとおり，格子エンタルピーの符号を逆にしたものに等しい．標準原子化エンタルピー $\Delta_{atom} H^{\ominus}$ は，固体単体の場合には，つぎのように標準昇華エンタルピー $\Delta_{sub} H^{\ominus}$ に等しく，

$$\text{M(s)} \longrightarrow \text{M(g)} \qquad \Delta_{sub} H^{\ominus}$$

気体の単体の場合は，つぎのように標準解離エンタルピー $\Delta_{dis} H^{\ominus}$ に等しい．

$$\text{X}_2(\text{g}) \longrightarrow 2\,\text{X(g)} \qquad \Delta_{dis} H^{\ominus}$$

中性原子からイオンを生成する際の標準エンタルピーは，カチオンの場合はイオン化エンタルピー $\Delta_{ion} H^{\ominus}$ であり，アニオンの場合は電子取得エンタルピー $\Delta_{eg} H^{\ominus}$ である．

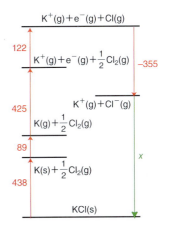

図 3・48 KCl のボルン・ハーバーサイクル．格子エンタルピーは $-x$ である．数値はすべて kJ mol^{-1} 単位で表してある．

$$M(g) \longrightarrow M^+(g) + e^-(g) \qquad \Delta_{ion}H^{\ominus}$$
$$X(g) + e^-(g) \longrightarrow X^-(g) \qquad \Delta_{eg}H^{\ominus}$$

サイクルを一巡したときのエンタルピー変化は 0 にならなければならない（エンタルピーは状態量だから）ことから，格子エンタルピーの値 —— うまく選択したサイクルに出てくる量のうち，これ以外はすべてわかっている —— が求められる[4]．ボルン・ハーバーサイクルから得られる格子エンタルピーの値は，組合わせたすべての測定の精度に依存するため，表にまとめられた値には，通常 $\pm 10\,\mathrm{kJ\,mol^{-1}}$ ほどの大きな偏差が見られる．

4) 格子エンタルピーが計算でわかっているときには（§3・12），ボルン・ハーバーサイクルを用いて，他の求めにくい量，たとえば電子取得エンタルピー（したがって電子親和力）を決めることができる．

例題 3・13 ボルン・ハーバーサイクルを用いて格子エンタルピーを求める

下表に示した情報とボルン・ハーバーサイクルを用いて KCl(s) の格子エンタルピーを求めよ．

	$\Delta H^{\ominus}/(\mathrm{kJ\,mol^{-1}})$		$\Delta H^{\ominus}/(\mathrm{kJ\,mol^{-1}})$
K(s) の昇華	+89	Cl(g) への電子の付加	−355
K(g) のイオン化	+425		
$Cl_2(g)$ の解離	+244	KCl(s) の生成	−438

解 必要なサイクルは図 3・48 に示してある．このサイクルを一巡すると，エンタルピー変化の和は 0 になる．

$$\Delta_L H^{\ominus} = \left(+438 + 89 + 425 + \frac{244}{2} - 355\right)\mathrm{kJ\,mol^{-1}} = 719\,\mathrm{kJ\,mol^{-1}}$$

サイクルのさまざまな過程の符号を示すエネルギー準位図を描くと計算がより明確になることを覚えておこう．すべての格子エンタルピーは正である．また，KCl を生成するためには $Cl_2(g)$ から Cl 原子が一つだけ必要であるため，Cl_2 の解離エネルギーの半分 $\frac{1}{2} \times 244\,\mathrm{kJ\,mol^{-1}}$ が計算に使われる．

問題 3・13 下表のデータを用いて臭化マグネシウムの格子エンタルピーを求めよ．

	$\Delta H^{\ominus}/(\mathrm{kJ\,mol^{-1}})$		$\Delta H^{\ominus}/(\mathrm{kJ\,mol^{-1}})$
Mg(s) の昇華	+148	$Br_2(g)$ の解離	+193
Mg(g) のイオン化	$Mg^{2+}(g)$ へ +2187	Br(g) への電子の付加	−331
$Br_2(l)$ の蒸発	+31	$MgBr_2(s)$ の生成	−524

3・12 格子エンタルピーの計算

ひとたび格子エンタルピーがわかれば，それを使って固体中の結合の性質を判断することができる．もし，静電力で相互作用しているイオンが格子をつくっているという仮定で計算した格子エンタルピーの値が測定値とよく一致するならば，主としてイオンモデルでその化合物を扱うことは適切であろう．食い違いがあれば，それは共有結合が寄与している度合いを示していることになる．ただし，先に述べたように数値が一致したからといって，結論が正しいとは限らない点に留意することが重要である．

(a) ボルン・マイヤー式

要点 ボルン・マイヤー式は，イオン格子の格子エンタルピーを推定するのに用いられる．マーデルング定数は，正味のクーロン相互作用の強さに対して格子の幾何学的性質が演じる役割を反映する．

イオン性と考えられる固体の格子エンタルピーを計算するには，いくつかの要因の寄与を考慮しなければならない．その中には，イオン間のクーロン引力と反発力，また，イオンの電子密度の高い領域が重なることによる反発力がある．この計算により，$T=0$ での格子エンタルピーを表す**ボルン・マイヤー式**（Born-Mayer equation）

$$\Delta_L H^\ominus = \frac{N_A |z_A z_B| e^2}{4\pi\varepsilon_0 d}\left(1 - \frac{d^*}{d}\right)\mathcal{A} \qquad (3\cdot 2)$$

が導かれる．ここで，$d=r_1+r_2$ は隣接するカチオンとアニオンの中心間の距離，すなわち，単位格子の"大きさ"の尺度である（導き方については発展学習を参照）．この表現において，N_A はアボガドロ定数，z_A と z_B はカチオンとアニオンの価数，e は電気素量，ε_0 は真空の誘電率，d^* は定数（典型的な値は 34.5 pm）で短距離でのイオン間の反発を表すために用いられる．量 $\mathcal{A}$ は**マーデルング定数**（Madelung constant）とよばれ，構造（特に，相対的なイオンの分布，表 3・8，BOX 3・5 参照）に依存する．ボルン・マイヤー式が実際に与えるのは格子エネルギーで，格子エンタルピーではないが，両者は $T=0$ で等価であり，常温では事実上，両者の差は無視できる．

表 3・8 マーデルング定数

構造の種類	$\mathcal{A}$
塩化セシウム型	1.763
蛍石型	2.519
塩化ナトリウム型	1.748
ルチル型	2.408
閃亜鉛鉱型	1.638
ウルツ鉱型	1.641

実例 塩化ナトリウムの格子エンタルピーを見積もるうえで，$z(\mathrm{Na}^+)=+1$，$z(\mathrm{Cl}^-)=-1$ であり，表 3・8 から $\mathcal{A}=1.748$，表 1・4 から $d=r_{\mathrm{Na}^+}+r_{\mathrm{Cl}^-}=283$ pm であることを用いる．よって，（本文中および裏見返しに記載された基礎物理定数を用い，式の各部分で d の単位が適切であることを確認して），

$$\Delta_L H^\ominus = \frac{(6.022\times 10^{23}\,\mathrm{mol}^{-1})\times|(+1)(-1)|\times(1.602\times 10^{-19}\,\mathrm{C})^2}{4\pi\times(8.854\times 10^{-12}\,\mathrm{J}^{-1}\mathrm{C}^2\mathrm{m}^{-1})\times(2.83\times 10^{-10}\,\mathrm{m})}\times$$
$$\left(1-\frac{34.5\,\mathrm{pm}}{283\,\mathrm{pm}}\right)\times 1.748$$
$$= 7.53\times 10^5\,\mathrm{J\,mol}^{-1}$$

すなわち，753 kJ mol^{-1} となる．これはボルン・ハーバーサイクルから得られる実験値 788 kJ mol^{-1} と十分によい一致を示している．

ボルン・マイヤー式の形から，固体中のイオンの電荷と半径に伴う格子エンタルピーの変化を説明することができる．すなわち，式の中心部は

$$\Delta_L H^\ominus \propto \frac{|z_A z_B|}{d}$$

である．つまり，d が大きいと格子エンタルピーは小さくなり，逆にイオンの電荷が高いと格子エンタルピーは大きくなる．表 3・7 に載せられたいくらかの値から，この傾向が見てとれる．ハロゲン化アルカリ金属では，LiF から LiI までハロゲン化物イオンの半径が大きくなるほど，また，LiF から CsF までアルカリ金属イオンの半径が大きくなるほど，それぞれ格子エンタルピーは減少する．さらに，MgO（$|z_A z_B|=4$）の格子エンタルピーは NaCl（$|z_A z_B|=1$）の約 4 倍であることがわかる．これは d が同程度の値で，イオンの電荷が MgO において増えているからである．MgO と NaCl のマーデルング定数は等しいことに注意しよう．

マーデルング定数は一般に配位数とともに増加する．たとえば 6:6 配位の塩化

BOX 3・5 マーデルング定数

結晶の全クーロンエネルギーの計算では，距離 r_{AB} だけ離れて存在している価数 z_A と z_B のイオン（カチオンとアニオンの電荷には符号が正確に与えられていることを担保したうえで）に対する

$$V_{AB} = \frac{(z_A e) \times (z_B e)}{4\pi\varepsilon_0 r_{AB}}$$

の形をしたそれぞれのクーロンポテンシャル（V_{AB}）の項をすべて足し合わせる．このような総和の計算はどのようなイオン配列やどのような種類の構造に対しても行えるが，実際には，その和は非常にゆっくりとしか収束しない．これは，r_{AB} が増えていく（V_{AB} への寄与は減っていく）ものの，結晶中で r_{AB} の距離にあるイオン対の数も増えていくためである．また，中心の一つのイオンの周りに形成されるイオンの"殻"は，その内側の殻と比べて一般に電荷の符号が逆になるので，正の項と負の項が交互に V_{AB} へ寄与することにも注意しよう．

一定の間隔で一次元の直線上にカチオンとアニオンが交互に並んだ構造を考えることによってマーデルング定数の計算の例を示そう（図 B3・4）．最近接のイオン間の相互作用には等価なものが二つあり，これらにより $(-2z^2)/d$ に比例したクーロンポテンシャルが全エネルギーに寄与する．また，第二近接の対からは $(-2z^2)/2d$ の寄与がある．同様に考えると，次式が得られる．

$$\frac{4\pi\varepsilon_0 V}{e^2} = -\frac{2z^2}{d} + \frac{2z^2}{2d} - \frac{2z^2}{3d} + \frac{2z^2}{4d} - \frac{2z^2}{5d}$$

$$= \frac{-2z^2}{d}\left(1 - \frac{1}{2} + \frac{1}{3} - \frac{1}{4} + \frac{1}{5} \cdots \right)$$

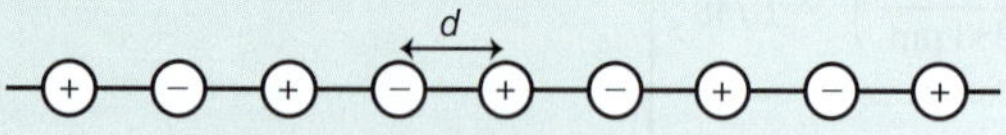

図 B3・4

このゆっくりと収束する級数は $\ln 2$ に等しくなる．こうして，電荷が z のイオンが距離 d だけ離れて一列に交互に並んだ一般的な場合，

$$V = -\frac{e^2}{4\pi\varepsilon_0} \times \frac{z^2}{d} \times 2\ln 2$$

である．$2\ln 2 = 1.386$ であり，この値がここでのイオンの配列に対するマーデルング定数である．同様の計算はあらゆる種類の構造に対して実行することが可能で，表 3・8 に示した値が得られる．塩化ナトリウム型構造についての計算の基礎となるイオンの配列は図 B3・5 に見ることができる．マーデルング定数を与える級数には次項が含まれる．

$$\frac{4\pi\varepsilon_0 V}{e^2} = -\frac{6z^2}{d} + \frac{12z^2}{\sqrt{2}d} - \frac{8z^2}{\sqrt{3}d} + \frac{6z^2}{2d} \cdots$$

各項は，中心のカチオンから距離 d（カチオンとアニオンのイオン半径の和）にある 6 個のアニオン，距離 $\sqrt{2}d$ にある 12 個のカチオン，距離 $\sqrt{3}d$ にある 8 個のアニオンなどに相当する．この場合，級数の和は塩化ナトリウム型構造のマーデルング定数である 1.748 を与える．

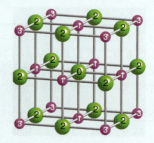

図 B3・5 塩化ナトリウム型構造のマーデルング定数を計算するための基礎となるイオンの配列．0 と表記した中心イオンからさまざまな距離にあるイオンが形成する殻を表している．

ナトリウム型構造では $\mathcal{A} = 1.748$ であるが，8：8 配位の塩化セシウム型構造では $\mathcal{A} = 1.763$ で，4：4 配位の閃亜鉛鉱型構造では $\mathcal{A} = 1.638$ である．この傾向は，マーデルング定数への寄与が主として最近接イオンからのもので，配位数が大きくなれば最近接イオンの数も増えるという事実を反映している．しかし，配位数が大きいから塩化セシウム型構造で相互作用が強くなるとは必ずしもいえない．これはポテンシャルエネルギーが格子の大きさにも依存するためである．したがって，八配位をとるほど十分に大きいイオンから成る格子では d も大きくなるので，イオン間の距離が大きくなってマーデルング定数のわずかな増加分を打ち消してしまい，格子エンタルピーは減少することになる．単純な半径比の規則（§3・10b）から低配位数の構造が予想される場合でも高配位数の構造が生じることが多いのは，配位数が高いとマーデルング定数が大きくなることを反映したものである．たとえば，半径比が $\gamma = 0.34$ である LiI では 4：4 配位が予想されるが，実験からは LiI は 6：6 配位の塩化ナトリウム型構造をとることが明らかになっている．

(b) 格子エンタルピーへの他の寄与

要点 格子エンタルピーへの静電力以外の寄与にはファンデルワールス相互作用, 特に分散相互作用がある.

格子エンタルピーに寄与するもう一つの要因としては, イオン間や分子間に働く**ファンデルワールス相互作用** (van der Waals interaction) がある. 電気的に中性の化学種が凝縮相をつくるのは, この弱い分子間相互作用があるからである. この中で重要な, ときには支配的な寄与をするのは**分散相互作用** (dispersion interaction) ["ロンドン相互作用" (London interaction) ともいう] である. 分散相互作用は, 一つの分子中の電子密度の瞬間的なゆらぎ (その結果瞬間的に生じた電気双極子モーメント) が, 近くにある分子の電子密度のゆらぎ (したがって電気双極子モーメント) をひき起こし, これらの瞬間的な電気双極子が互いに引力を及ぼしあうことから生じる. この相互作用の 1 mol 当たりのポテンシャルエネルギー V は, つぎのように変化すると考えられる.

$$V = -\frac{N_A C}{d^6} \quad (3\cdot 3)$$

ここで, 定数 C は物質による. 分極率の低いイオンでは, この寄与は静電相互作用の約 1 %にすぎないから, イオン固体の格子エンタルピーを大まかに計算するときには無視できる. しかし Tl^+ や I^- のような分極率が高いイオンでは, 分散相互作用のような項の寄与が大きく, 数パーセントほどになる. たとえば, LiF や CsBr のような化合物における分散相互作用はそれぞれ $16\ kJ\ mol^{-1}$ と $50\ kJ\ mol^{-1}$ である.

3・13 格子エンタルピーの実験値と理論値の比較

要点 $\Delta\chi > 2$ である元素の組合わせから生成する化合物ではイオンモデルが一般に正しく, ボルン・マイヤー式から導いた格子エンタルピーとボルン・ハーバーサイクルから得られた格子エンタルピーとは似た値になる. 電気陰性度の差が小さく分極しやすいイオンから成る構造では, 結合にイオン性ではない別の寄与が加わる. 格子エンタルピーの計算は, 未知の化合物が安定か否かを予測するために用いることもできる.

実験的に求めた格子エンタルピーと固体のイオンモデルから (実際にはボルン・マイヤー式から) 計算した値とが一致するかどうかは, 問題の固体がどの程度イオン性かを知る目安になる. 計算および測定によって得られる格子エンタルピーのいくらかを表 3・9 に示す. 電気陰性度の差が $\Delta\chi > 2$ であればイオンモデルがまず十分有効であり, $\Delta\chi < 2$ であれば共有結合性は大きくなっている. ただし, 電気陰性度による判定基準は, イオンの分極性の役割を無視していることを注意しなければならない. たとえば, イオンモデルは, ハロゲン化アルカリ金属では実測値とよく一致した結果を与える. 特に, 電気陰性度の大きい F 原子から生じた分極率の

表 3・9 塩化ナトリウム型構造の格子エンタルピーの実験値と理論値の比較

	$\Delta_L H^{calc}$	$\Delta_L H^{exp}$	$(\Delta_L H^{exp} - \Delta_L H^{calc})$		$\Delta_L H^{calc}$	$\Delta_L H^{exp}$	$(\Delta_L H^{exp} - \Delta_L H^{calc})$
	$(kJ\ mol^{-1})$	$(kJ\ mol^{-1})$	$(kJ\ mol^{-1})$		$(kJ\ mol^{-1})$	$(kJ\ mol^{-1})$	$(kJ\ mol^{-1})$
LiF	1027	1030	3	AgF	920	953	33
LiCl	849	853	4	AgCl	833	903	70
LiBr	803	807	4	AgBr	816	895	79
LiI	745	757	12	AgI	745	882	137

最も小さいハロゲン化物イオン F^- の塩では最もよく一致するが，電気陰性度が F より小さい I 原子から生じたきわめて分極されやすいハロゲン化物イオンである I^- では最も一致が悪い．この傾向は表 3・9 のハロゲン化銀の格子エンタルピーのデータでも見られる．実験値と理論値の不一致はヨウ化物で最大であり，このような化合物でイオンモデルがあまり有効でないことを示している．全体としての一致は Li と比べると Ag の方がきわめて悪くなる．これは銀の電気陰性度（$\chi=1.93$）がリチウム（$\chi=0.98$）よりはるかに大きいためで，銀ではかなりの共有結合性が予想される．

判定基準として，原子の電気陰性度を使うべきか，それとも，生じたイオンの分極率を使うべきかは必ずしも明らかでない．イオンモデルに最も合わないのは，分極性カチオンと分極性アニオンとの組合わせである．この場合には，実質上は共有結合的であろう．しかし，この場合にも，元の原子間の電気陰性度の差は小さいので，電気陰性度と分極率のどちらが適切な判断基準なのかはやはりよくわからない．

例題 3・14 ボルン・マイヤー式を用いて，未知化合物の理論的な安定性を決定する

固体の ArCl が存在しうるか決定せよ．

解 答えは ArCl の生成エンタルピーが大きな正の値をとるか負になるかに依存する．もし，大きな正の値（吸熱）であれば，化合物は不安定となる可能性が高い（もちろん，例外もある）．ArCl の合成に関するボルン・ハーバーサイクルを考えると，二つの未知数，すなわち，ArCl の生成エンタルピーと格子エンタルピーが現れる．純粋にイオン性の ArCl の格子エンタルピーは，ボルン・マイヤー式を用い，Ar^+ のイオン半径が Na^+ と K^+ の中間にあると仮定して見積もることができる．すなわち，格子エンタルピーは NaCl と KCl の値の間にあり，約 745 kJ mol^{-1} と考えられる．1 mol の Cl 原子をつくる必要があるため Cl_2 の解離エンタルピーの半分である 122 kJ mol^{-1} を考え，Ar のイオン化エンタルピーとして 1524 kJ mol^{-1}，Cl の電子親和力として 355 kJ mol^{-1} を考慮すると，$\Delta_f H^{\ominus}(ArCl, s) = (1524-745-355+122)$ kJ mol^{-1} = +542 kJ mol^{-1} が得られる．つまり，単体の Ar および Cl_2 と比べるとこの化合物は非常に不安定であると予想される．これは主として格子エンタルピーが Ar の大きなイオン化エンタルピーを上回れないためである．

問題 3・14 蛍石型構造の $CsCl_2$ が存在しうるか否かを予測せよ．

例題 3・14 のような計算は，貴ガスの最初の化合物の安定性を予測するために利用された．イオン化合物 $O_2^+ PtF_6^-$ が酸素と PtF_6 との反応で得られており，O_2 のイオン化エネルギー（1176 kJ mol^{-1}）と Xe のイオン化エネルギー（1169 kJ mol^{-1}）がほぼ同じ値で，Xe^+ と O_2^+ の大きさが近いと予想されたことから，これらの化合物がよく似た格子エンタルピーをもつことが示唆された．したがって，いったん O_2 が六フッ化白金と反応することがわかれば，Xe も同様に反応することが予想され，実際にそのような反応は起こり，Xe^+ イオンと PtF_6^- イオンが含まれると考えられるイオン化合物が生じる．

同じような計算が広範囲の化合物の安定性や不安定性の予測に利用できる．たとえば MgCl のようなアルカリ土類金属元素の一ハロゲン化物の安定性である．ボルン・マイヤー式による格子エンタルピーとボルン・ハーバーサイクルに基づく計算

によると，このような化合物は Mg と $MgCl_2$ に不均化することが予想される．反応

$$2\,MgCl(s) \longrightarrow MgCl_2(s) + Mg(s)$$

を考え，MgCl の格子エンタルピーが NaCl に近く $+786\,kJ\,mol^{-1}$ と見積もられることを用いると，この不均化反応のエンタルピー変化 $\Delta_{disprop}H^{\ominus}$ は，

$$\begin{aligned}\Delta_{disprop}H^{\ominus} =\ &+(2\times786)(MgCl の \Delta_L H) - 737(Mg の第一イオン化エネルギー)\\ &+ 1451(Mg の第二イオン化エネルギー) - 148(Mg の \Delta_{sub}H^{\ominus})\\ &- 2526\,(MgCl_2 の \Delta_L H^{\ominus})\\ =\ &-388\,kJ\,mol^{-1}\end{aligned}$$

と計算できる．よって反応は生成物側に向かって進むことが予想される．この種の計算から導き出せるのは，イオン化合物の生成エンタルピーの推定値，言い換えれば化合物の熱力学的安定性の側面の一部に過ぎないことに注意しよう．もし分解反応が非常に遅ければ，熱力学的に不安定な化合物でも単離することができるかもしれない．実際に Mg^I を含む化合物が 2007 年に報告された（§12・13）．ただしこの化合物の結合は主として共有結合性である．

3・14 カプスティンスキー式

要点 カプスティンスキー式は，イオン化合物の格子エンタルピーを推定したり，その成分イオンの熱化学半径の目安を求めるのに使われる．

A. F. Kapustinskii は，多くの構造に対して，化学式に含まれるイオンの数 N_{ion} でマーデルング定数を割ると，それらすべてでほぼ同じ値が得られることを見いだした．また，彼はこうして得られた値が配位数とともに増加することにも気づいた．配位数が増えればイオン半径も大きくなるから，$\mathcal{A}/(N_{ion}d)$ は，構造が違って

表 3・10 イオンの熱化学半径，r/pm

主要族元素				
BeF_4^{2-} (245)	BF_4^- 232	CO_3^{2-} 178	NO_3^- 179	OH^- 133
		CN^- 191	NO_3^- (189)	O_2^{2-} 173
		PO_4^{3-} (238)	SO_4^{2-} 258	ClO_4^- 240
		AsO_4^{3-} (248)	SeO_4^{2-} 249	BrO_3^- 154
		SbO_4^{3-} (260)	TeO_4^{2-} (254)	
				IO_3^- 122

金属錯イオン				d 金属のオキソアニオン	
$[TiF_6]^{2-}$ 289	$[PtCl_6]^{2-}$ 313	$[SiF_6]^{2-}$ 259	$[SnCl_6]^{2-}$ 349	$[CrO_4]^{2-}$ (240)	$[MnO_4]^-$ (240)
$[TiCl_6]^{2-}$ 331	$[PtBr_6]^{2-}$ 342	$[GeF_6]^{2-}$ 265	$[SnBr_6]^{2-}$ 363	$[MoO_4]^{2-}$ (254)	
$[ZrCl_6]^{2-}$ 358			$[PbCl_6]^{2-}$ 348		

出典: H. D. B. Jenkins, K. P. Thakur, *J. Chem. Ed.*, **56**, 576(1979); A. F. Kapustinskii, *Q. Rev., Chem. Soc.*, **10**, 283(1956)（括弧内の値）．

もごくわずかしか変わらないはずである．このようなことから，Kapustinskii は，どんな構造のイオン固体に対しても，エネルギー的にはそれと同等な仮想的な塩化ナトリウム型構造が存在するということを提案した．そうであるとすると，実際の構造がどうであっても，格子エンタルピーは，塩化ナトリウム型構造のマーデルング定数と 6：6 配位に対応する適切なイオン半径とを用いて計算できることになる．この計算式は**カプスティンスキー式**（Kapustinskii equation）とよばれる．

$$\Delta_L H^{\ominus} = \frac{N_{\text{ion}}|z_A z_B|}{d}\left(1 - \frac{d^*}{d}\right)\mathcal{K} \tag{3・4}$$

ここで $\mathcal{K} = 1.21 \times 10^5$ kJ pm mol^{-1} であり，d は pm で与えられる．

カプスティンスキー式を使うと，球状でない分子イオンの"半径"に，ある値を与えることができる．すなわち，カプスティンスキー式から計算した格子エンタルピーがボルン・ハーバーサイクルを用いて実験データから求めた格子エンタルピーの値に合うような値を探すわけである．このようにして求めた相互矛盾のないパラメーターの組を**熱化学半径**（thermochemical radius）という（表 3・10）．このような値をいったん表にまとめておけば，結合が本質的にイオン性であるという仮定のもとで，広範囲の化合物の格子エンタルピー，またそれから，生成エンタルピーを推定するのに使うことができる．その際，化合物の構造を知る必要はない．

実例 硝酸カリウム KNO_3 の格子エンタルピーを推定する場合，化学式当たりのイオン数（$N_{\text{ion}} = 2$），イオンの価数〔$z(K^+) = +1$，$z(NO_3^-) = -1$〕，イオンの熱化学半径の和（138 pm＋189 pm＝327 pm）が必要である．さらに $d^* = 34.5$ pm として

$$\begin{aligned}\Delta_L H^{\ominus} &= \frac{2|(+1)(-1)|}{327 \text{ pm}} \times \left(1 - \frac{34.5 \text{ pm}}{327 \text{ pm}}\right) \times (1.21 \times 10^5 \text{ kJ pm mol}^{-1}) \\ &= 662 \text{ kJ mol}^{-1}\end{aligned}$$

3・15 格子エンタルピーから導かれる結果

ボルン・マイヤー式からわかるように，ある決まった種類の格子については（つまり，$\mathcal{A}$ が決まれば），格子エンタルピーはイオンの電荷（$|z_A z_B|$ として）とともに増加し，また，イオンが近づいて格子の大きさが減少すると大きくなる．そこで，**静電パラメーター**（electrostatic parameter）ζ，すなわち

$$\zeta = \frac{|z_A z_B|}{d} \tag{3・5}$$

（この式はより簡単に $\zeta = z^2/d$ と書かれることが多い）とともに変化するようなエネルギーであれば，それはイオンモデルが適切であることを示すしるしだと無機化学では広く考えられている．本節では格子エンタルピーにかかわる三つの性質を考察し，格子エンタルピーと静電パラメーターとの関係を考えよう．

(a) イオン固体の熱安定性

要点 多くのイオン固体について，熱分解を含む化学的性質を説明するうえで，格子エンタルピーを用いることができる．

ここでは，下式のように 2 族元素の炭酸塩を熱分解するのに必要な温度を例として取上げよう（もっとも，ここでの議論は容易に多くの無機固体に拡張できる）．

$$MCO_3(s) \longrightarrow MO(s) + CO_2(g)$$

表 3・11 炭酸塩の分解に関するデータ[†]

	MgCO$_3$	CaCO$_3$	SrCO$_3$	BaCO$_3$
$\Delta G^\ominus$/(kJ mol^{-1})	+48.3	+130.4	+183.8	+218.1
$\Delta H^\ominus$/(kJ mol^{-1})	+100.6	+178.3	+234.6	+269.3
$\Delta S^\ominus$/(J K^{-1} mol^{-1})	+175.0	+160.6	+171.0	+172.1
θ_{decomp}/°C	300	840	1100	1300

[†] これらのデータは，298 K での反応 MCO$_3$(s) → MO(s) + CO$_2$(g) に関する値である．θ_{decomp} は p(CO$_2$) = 1 bar に達するのに必要な温度で，298 K における熱力学データから計算した値である．

たとえば，炭酸マグネシウムは約 300 °C まで加熱すると分解するが，炭酸カルシウムは 800 °C 以上に温度を上げないと分解しない．熱的に不安定な化合物（炭酸塩のような）の分解温度は，カチオンの半径が大きくなると高くなる（表 3・11）．一般に，大きなカチオンは大きなアニオンを安定化することが知られている（逆もまた真である）．

大きなカチオンが不安定なアニオンを安定化する効果は，格子エンタルピーの傾向で説明できる．まず，固体の無機化合物の分解温度は，その固体が特定の生成物に分解する反応のギブズエネルギーを用いて議論できることに注目する．固体の分解に対する標準ギブズエネルギー $\Delta G^\ominus = \Delta H^\ominus - T\Delta S^\ominus$ は，右辺の第 2 項が第 1 項より大きくなると負になる．これは，温度が

$$T = \frac{\Delta H^\ominus}{\Delta S^\ominus} \tag{3.6}$$

より高くなると実現する．多くの場合，反応エンタルピーの傾向のみを考えれば十分である．反応エントロピーは気体の CO$_2$ の発生に支配されるため，本質的には M の違いには依存しないからである．固体の炭酸塩の分解に対する標準エンタルピーは

$$\Delta H^\ominus = \Delta_{\text{decomp}} H^\ominus + \Delta_L H^\ominus(\text{MCO}_3, \text{s}) - \Delta_L H^\ominus(\text{MO}, \text{s})$$

である．ここで，$\Delta_{\text{decomp}} H^\ominus$ は気相での CO$_3^{2-}$ の分解

$$\text{CO}_3^{2-}(\text{g}) \longrightarrow \text{O}^{2-}(\text{g}) + \text{CO}_2(\text{g})$$

に関する標準エンタルピーである（図 3・49）．$\Delta_{\text{decomp}} H^\ominus$ は大きい正の値のため，全体の反応エンタルピーも正である（分解は吸熱である）．しかし，酸化物の格子エンタルピーが炭酸塩よりかなり大きければ，$\Delta_L H^\ominus(\text{MCO}_3, \text{s}) - \Delta_L H^\ominus(\text{MO}, \text{s})$ は負になるので，全体のエンタルピーは正であってもそれほど大きくならない．このことから，酸化物が炭酸塩に比べて相対的に大きな格子エンタルピーをもっている場合には分解温度は低くなる．これが実現する化合物は Mg^{2+} のように小さく高い電荷をもったカチオンからできている．なぜカチオンが小さいと，アニオンの大きさの変化に伴う格子エンタルピーの変化が大きな影響を受けるかを示したのが図 3・50 である．分解前の化合物がもともと大きなカチオンを含んでいる場合，イオン間距離の変化は比較的小さい．図に誇張して示したように，もし極端に大きなカチオンだったら，アニオンの大きさが変わっても格子の大きさはほとんど変わらない．したがって，不安定な多原子アニオンに対しては，カチオンが大きいよりも小さい方が，格子エンタルピーの変化率は大きくなり，分解方向に有利に働くことになる．

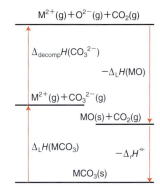

図 3・49 固体の炭酸塩 MCO$_3$ の熱分解に現れるエンタルピー変化を示した熱化学サイクル

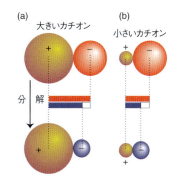

図 3・50 異なる半径のカチオンに対する格子パラメーター d の変化．著しく誇張して表現している．(a) カチオンが大きい場合，アニオンの大きさが変わった（CO$_3^{2-}$ が O^{2-} と CO$_2$ とに分解する）とき，格子パラメーターの変化率はそれほど大きくない．(b) 一方，カチオンが小さいと格子パラメーターの変化率は大きくなり，格子エンタルピーの増加分も大きくなるため，分解反応は熱力学的に有利になる．

MO_n と $M(CO_3)_n$ との格子エンタルピーの差は，カチオンの電荷が大きいと大きくなる．これは，$\Delta_L H^\ominus \propto |z_A z_B|/d$ が成り立つからである．その結果，高電荷のカチオンの炭酸塩は低温で熱分解する．アルカリ土類金属（M^{2+}）の炭酸塩が対応するアルカリ金属（M^+）の炭酸塩より低温で分解するのは，このような電荷依存性の一つの結果である．

例題 3・15　化合物の安定性のイオン半径依存性を評価する

リチウムを酸素中で燃焼させると酸化物 Li_2O を生じるが，ナトリウムでは過酸化物 Na_2O_2 を生じる．この事実を説明せよ．

解　化合物の安定性を決めるうえで，アニオンに対するカチオンの相対的な大きさを考慮する必要がある．Li^+ イオンの方が小さいから，（M_2O_2 と比較したときに）Li_2O の方が Na_2O よりも格子エンタルピーが有利である．それゆえ，分解反応 $M_2O_2(s) \to M_2O(s) + \frac{1}{2} O_2(g)$ は，Na_2O_2 の場合よりも Li_2O_2 の場合の方が熱力学的に有利である．

問題 3・15　分解反応 $MSO_4(s) \to MO(s) + SO_3(g)$ におけるアルカリ土類金属の硫酸塩の分解温度の順序を予測せよ．

大きいアニオンを大きいカチオンを用いて安定化する方法は —— このようにしなければ分解して小さいアニオン種に変わるのであるが —— 無機化学者には広く利用されており，この方法を用いなければ熱力学的に不安定であるような化合物を合成している．たとえば，ICl_4^- のようなハロゲン間化合物のアニオンは Cl_2 による I^- イオンの酸化で得られるが，ヨウ素の一塩化物と Cl^- への分解反応も進みやすい．

$$MI(s) + 2Cl_2(g) \longrightarrow MICl_4(s) \longrightarrow MCl(s) + ICl(g) + Cl_2(g)$$

分解を抑えるために，大きなカチオンを用いて $MICl_4$ と MCl/MI の格子エンタルピーの差を小さくする．K^+, Rb^+, Cs^+ といった大きなアルカリ金属イオンが用いられることもあるが，$N^tBu_4^+$ のような実際にかさ高いアルキルアンモニウムイオンを用いる方がより効果的である．

(b) 酸化状態の安定性

要点　固体中の異なる酸化状態の相対的な安定性は格子エンタルピーを考察することで予測可能であることが多い．

高酸化状態の金属は小さなアニオンによって安定化されるといった一般的傾向を説明するのにも，上と同様な議論を使うことができる．特に F は，他のハロゲンに比べて，高酸化状態の金属を安定化する力がすぐれている．たとえば，Ag^{II}, Co^{III}, Mn^{IV} のハロゲン化物は，フッ化物だけが知られている．高酸化状態の金属のハロゲン化物では，重いハロゲンの方が安定性が減少することを示す事実としては，Cu^{II} および Fe^{III} のヨウ化物が室温の状態におくと分解してしまうことをあげることができる（CuI と FeI_2 になる）．酸素もまた，いろいろな元素を最も高い酸化状態で安定にするのにきわめて有効である．これは O^{2-} イオンが高い電荷をもつ小さいイオンであるためである．

このような事実を説明するために，つぎの反応を考えよう．

$$MX(s) + \frac{1}{2} X_2(g) \longrightarrow MX_2(s)$$

ここでXはハロゲンである．この反応がX=Fの場合に最も右に進みやすいことの理由を示すのがわれわれの目標である．エントロピーの寄与を無視することにすれば，フッ素の場合にこの反応が最も発熱的であることを示せばよい．反応エンタルピーに対する寄与の一つは，$\frac{1}{2}X_2$ が X^- に変化する過程から来る．フッ素は塩素よりも電子親和力が弱いが，F_2 の結合エンタルピーの方が Cl_2 の結合エンタルピーより小さいので，この過程はX=Fの場合の方がX=Clの場合より発熱的である．しかし，おもな役割を演じるのは格子エンタルピーである．MX が MX_2 になるときにカチオンの価数は+1から+2に増えるから，格子エンタルピーが増加する．アニオンの半径が大きいと，このときの格子エンタルピーの増え方は少なくなる．したがって，全反応に対する発熱の寄与も減少する．このようなわけで，ハロゲンがFからIになるにつれて，格子エンタルピーも X^- の生成エンタルピーも，ともに上の反応の発熱性を少なくする方向に働く．したがって，的はずれではない仮定として，エントロピー項が同程度であれば，17族でX=FからX=Iへと下がって行くにつれて，MX_2 に対する MX の熱力学的安定性が増加すると期待される．そのため，高酸化状態の金属のヨウ化物は多くなく，$Cu^{2+}(I^-)_2$，$Tl^{3+}(I^-)_3$，VI_5 のような化合物は知られていない．一方で，これらに対応するフッ化物である CuF_2，TlF_3，VF_5 は容易に得られる．実際，このようなヨウ化物が生じたとしても，熱力学的視点からすれば，高酸化状態の金属は I^- イオンを I_2 に酸化し，Cu^I，Tl^I，V^{III} のような低酸化状態の金属を含むヨウ化物を生成する．

(c) 溶 解 度

要点 塩の水への溶解度は格子エンタルピーと水和エンタルピーを考えることにより合理的に説明できる．

格子エンタルピーは溶解度においても一つの役割を演じる．これは，溶解の過程に格子を壊すプロセスが含まれるためである．しかし，これを解析するのは分解反応に対しての場合よりはるかに難しい．合理的に成り立つ規則の一つに，半径の違いが大きいイオンを含む化合物は水に溶けるというのがある．逆に，同じくらいの半径のイオンから成る塩は水に溶けにくい．つまり，一般に，大きさが違うことは水に対する溶解性を増す．経験上，イオン化合物 MX は，M^+ の半径が X^- の半径より約80 pm 小さいときに非常によく溶ける傾向があることが知られている．

この傾向を示す例として，二つのよく知られた化合物の系列をあげよう．重量分析では SO_4^{2-} を沈殿させるのに Ba^{2+} が用いられる．このように，2族の場合，硫酸塩の溶解度は $MgSO_4$ から $BaSO_4$ へと減少する．対照的に2族の水酸化物の溶解度は，周期表の下へ行くほど大きくなる．$Mg(OH)_2$ は"マグネシア乳"といわれているように難溶性であるが，$Ba(OH)_2$ は OH^- を含む溶液をつくるのに用いられる可溶性水酸化物である．第一の例は，大きなアニオンを沈殿させるには大きなカチオンが必要であることを示し，第二の例は，小さなアニオンを沈殿させるには小さいカチオンが必要であることを示している．

このことの説明を試みる前に，イオン化合物の溶解度は，つぎの反応の標準反応ギブズエネルギーで決まることに注意しなくてはならない．

$$MX(s) \longrightarrow M^+(aq) + X^-(aq)$$

この過程では，MX の格子エンタルピーの原因であるイオン間の相互作用がイオンの水和（一般的には溶媒和）で置き換えられる．しかしながらこの反応のエンタルピー効果とエントロピー効果との正確な釣り合いは微妙で見積もることが難しい．溶質が溶けるとそれによって溶媒分子の秩序性が変化して，そのこともエントロピー変化にかかわってくるから，とりわけ難しいのである．図3・51のデータは，

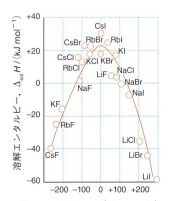

図 3・51 ハロゲン化物の溶解エンタルピーとイオンの水和エンタルピーの差との相関関係．水和エンタルピーの違いが大きいと溶解過程は発熱的になる．

アニオン・カチオンの水和エンタルピーの差と塩の溶解エンタルピーとの間に相関があることを示している．このことは，少なくともある場合には，エンタルピーの効果が重要であることを示唆している．すなわち，カチオンの水和エンタルピーがアニオンの水和エンタルピーより大きいとき（これはカチオンとアニオンの大きさの違いを反映している），あるいはその逆の場合には，塩の溶解は発熱過程になる（つまり，安定な平衡状態は溶けている状態である）．

溶解エンタルピーの違いは，イオンモデルで説明できる．格子エンタルピーはイオンの中心間の距離に反比例する．

$$\Delta_L H^{\ominus} \propto \frac{1}{r_+ + r_-}$$

一方，水和エンタルピーは，それぞれのイオンが独立に水和しているので，各イオンの水和エンタルピーの和

$$\Delta_{hyd} H^{\ominus} \propto \frac{1}{r_+} + \frac{1}{r_-}$$

となる．もし，片方のイオンが小さければ，水和エンタルピーのそのイオンの項は大きくなる．しかし，格子エンタルピーの表現では，片方のイオンが小さくなっても式の分母はそれほど小さくならない．したがって，片方のイオンが小さければ，水和エンタルピーは大きな値になるが，格子エンタルピーは大きくなるとは限らない．このようなわけで，イオンの大きさが違っていれば，溶解は発熱過程になる．しかしながら，両方のイオンがともに小さいと，格子エンタルピーも水和エンタルピーも両方とも大きくなるので，溶解反応はそれほど著しく発熱的にならないであろう．

例題 3・16　s-ブロック化合物の溶解度の傾向を説明する

2族金属（Mg から Ra まで）の炭酸塩の溶解度にはどんな傾向があるか．

解　カチオンとアニオンの相対的な大きさの役割を考える必要がある．CO_3^{2-} アニオンは半径が大きく，電荷の絶対値は2族元素のカチオン M^{2+} と同じである．2族の炭酸塩のうち最も溶けにくいのは，最も大きなカチオン Ra^{2+} の塩であると予想される．最も溶けやすいのは，最も小さいカチオン Mg^{2+} の炭酸塩であろう．炭酸マグネシウムは炭酸ラジウムより溶けやすいが，それでもわずかしか溶けない．溶解度定数（溶解度積 K_{sp}）は 3×10^{-8} にすぎない．

問題 3・16　$NaClO_4$ と $KClO_4$ のどちらが，水に溶けやすいと予想されるか．

欠陥と不定比性

要点　欠陥，空格子点，置換された原子の生成は熱力学的に安定な方向への過程であるため，これらはあらゆる固体に見られる性質となっている．

あらゆる固体は**欠陥**（defect），すなわち構造または組成の不完全性をもっている．欠陥は，力学的強度，電気伝導性，化学反応性のような性質に影響を及ぼすので重要である．欠陥には，**固有欠陥**（intrinsic defect）と**外因性欠陥**（extrinsic defect）とがあって，この両者を考慮する必要がある．前者は純粋な物質に見られるものであるが，後者は不純物の存在に基づく欠陥である．また，単一の位置に生ずる**点欠陥**（point defect）と，一，二，および三次元に配列する**複合欠陥**（extended defect) とを区別するのが普通である．点欠陥は，周期的な格子中に見られる偶然誤差で，たとえば，通常の位置に原子がないとか，普通は空いている位置に原子があるというようなものである．原子の面の積み重ねにおけるさまざまな不規則性は複合欠陥の例である．

3・16 欠陥の起源と種類

固体は欠陥をもつ．これは，元来は完全である構造に欠陥が不規則性をもち込み，それによってエントロピーが上昇するためである．欠陥をもつ固体のギブズエネルギー，$G=H-TS$，にはこの固体のエンタルピーとエントロピーとからの寄与がある．欠陥の生成は通常吸熱的である．これは，格子が崩れると固体のエンタルピーが上昇するからである．しかし，欠陥は格子に不規則性をもたらし，エントロピーが増加するため，欠陥が生成すれば $-TS$ の項はより負になる．したがって，$T>0$ である限り，欠陥の濃度が 0 でないところでギブズエネルギーが最小になるから，欠陥が自発的に生成するであろう（図3・52a）．さらに，固体の温度が高くなるにつれて，G の最小点は欠陥濃度が高い方に移動する（図3・52b）．そのため，固体は融点に近づくほど多くの欠陥をもつようになる．

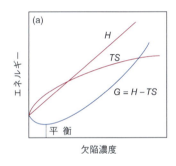 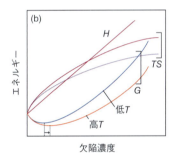

図 3・52 (a) 欠陥数の増大に伴う結晶のエンタルピーとエントロピーの変化．結果として，ギブズエネルギー $G=H-TS$ は欠陥濃度が 0 でないところで最小となるから，欠陥生成は自発的である．(b) 温度が高くなるにつれて，G の最小点は欠陥濃度の高い方に移動する．したがって，高温では低温よりも平衡での欠陥濃度が高い．

(a) 固有点欠陥

要点 ショットキー欠陥は空格子点であり，カチオン-アニオン対から生じる．フレンケル欠陥は移動した格子間位置の原子である．固体の構造は生成する欠陥の種類に影響を及ぼす．フレンケル欠陥は配位数の低い共有結合性の固体で起こりやすく，ショットキー欠陥はイオン性の物質で生成しやすい．

固体物理学者 W. Schottky と J. Frenkel は特殊な型の 2 種類の点欠陥を確認した．ショットキー欠陥 (Schottky defect, 図3・53) は，それがなければ完全な原子（イオン）配列の格子中の空格子点である．すなわち，構造中の正常な位置から原子またはイオンが失われているような点欠陥である．ショットキー欠陥では，電荷の釣り合いが崩れないように，定比化合物 MX においてカチオンとアニオンが対になって欠陥をつくる．つまり，カチオンおよびアニオンの位置に同数の空格子点があるので，この欠陥が存在しても固体全体の化学量論組成は変わらない．異なる組成の固体，たとえば MX_2 では，欠陥は電荷補償を満足しながら生成する必要があるため，カチオンが一つ失われると二つのアニオンの空格子点が生じなければならない．ショットキー欠陥は NaCl のような純粋なイオン固体では低濃度で存在

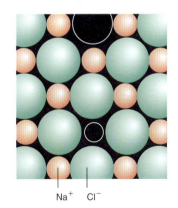

図 3・53 ショットキー欠陥は，格子中の正常な位置からイオンが欠落しているような欠陥である．電荷の中性が成立するために，1:1 化合物ではカチオンおよびアニオンの空格子点の数が等しくなければならない．

し，最密充填構造のイオンや金属のように高い配位数をもつ構造において最も普通に見られる．残された原子の平均配位数が減少して（たとえば，12 から 11 へ）エンタルピーが不利になる変化が比較的小さいためである．

フレンケル欠陥（Frenkel defect, 図 3・54）は，原子またはイオンが格子間位置にずれて生じる点欠陥である．たとえば，塩化ナトリウム型構造をもつ塩化銀では，四面体間隙に少数の Ag^+ イオンが存在する（**1**）．そのため，従来はイオンが占めている八面体位置のどこかに空格子点ができる．フレンケル欠陥ができても化合物の化学量論組成は変化しない．また，二元系化合物 MX のフレンケル欠陥では，一つのイオンの関与（M または X の移動）も，両方のイオンの関与（いくつかの M といくつかの X が格子間位置にある）も可能である．よって，たとえば PbF_2 中に生成するフレンケル欠陥には，蛍石型構造の正規の位置，すなわち最密充填している Pb^{2+} イオン配列の四面体間隙から，少数の F^- イオンが八面体間隙に対応する位置へ移動するものがある．フレンケル欠陥では一般につぎのことがいえる．すなわち，フレンケル欠陥が最もよく見られるのは，ウルツ鉱や閃亜鉛鉱のような配位数が低い（6 あるいはこれら二つの構造では 4：4）構造のものである．この種の開放型構造では，格子間原子を収容できる位置が存在する．これはフレンケル欠陥がそのような構造に限定されることを意味するわけではない．すでに見たように，8：4 配位の蛍石型構造では，アニオンの移動が起こるためには隣接するアニオンが局所的に新たな位置を占める必要があるものの，格子間欠陥を収容することが可能である．

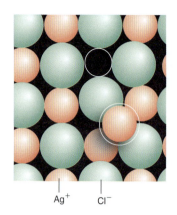

図 3・54 フレンケル欠陥は，イオンが格子間位置に動いたときにできる．

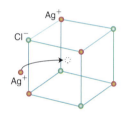

1 格子間の Ag^+

例題 3・17 欠陥の種類を予測する

(a) MgO および (b) CdTe にはどのような固有欠陥が存在すると予測されるか．

解 生成する欠陥の種類は配位数と化学結合の共有結合性に依存し，配位数が高く，イオン性が大きいとショットキー欠陥が生じやすく，配位数が低くなり，結合が共有結合性を帯びるとフレンケル欠陥ができやすい．(a) MgO は塩化ナトリウム型構造でありイオン性が強いので，この化合物では一般にショットキー欠陥が生じやすい．(b) CdTe は 4：4 配位のウルツ鉱型構造をとるのでフレンケル欠陥ができやすい．

問題 3・17 (a) HgS と (b) CsF において最も生じやすい固有欠陥の種類を予測せよ．

ショットキー欠陥の濃度は化合物の種類によってかなり変化する．アルカリ金属ハロゲン化物では空格子点の濃度はきわめて低く，130 ℃ で $10^6\,cm^{-3}$ の桁である．この濃度は，組成式単位 10^{14} 個につき約 1 個の欠陥に相当する．他方，d 金属の酸化物，硫化物および水素化物のある種のものでは空格子点の濃度がきわめて高い．その極端な例は TiO の高温型で，組成式単位 7 個につき約 1 個に相当する濃度の空格子点をカチオンおよびアニオンの両方の位置にもっている．

欠陥は多量に存在すると固体の密度に影響を及ぼす可能性がある．原子空孔であるショットキー欠陥の濃度がかなり高くなると密度は小さくなるであろう．たとえば，TiO ではアニオンとカチオンの位置はともに 14 ％ が空孔であり，実測される密度が $4.96\,g\,cm^{-3}$ であって，理想的な TiO の構造に対して期待される値の $5.81\,g\,cm^{-3}$ よりもかなり小さい．フレンケル欠陥では原子やイオンが移動するだけな

ので単位格子に含まれる化学種の数は変わらず，密度はほとんど影響を受けない．

ショットキー欠陥およびフレンケル欠陥は，起こりうる多くの種類の欠陥の中の二つにすぎない．原子の一組が互いに入れ替わる**原子交換欠陥**（atom-interchange defect）または**逆位置欠陥**（anti-site defect）がもう一つの例である．この型の欠陥は中性原子が入れ替わる合金によく見られる．二元系イオン化合物では，同じ電荷をもつイオンが隣り合うとそれらの間に強い反発力が生じるため，このような欠陥は起こりにくいと予想される．たとえば，全体としての組成がCuAuである銅-金合金は，高温で大きな無秩序性を示し，CuおよびAu原子のかなりの部分が入れ替わっている（図3・55）．三元系あるいはもっと複雑な組成をもつ化合物では，異なる位置にある同様の電荷をもつ化学種の交換は一般に見られる．たとえば，スピネル（§24・6）では四面体位置と八面体位置の間で金属イオンが部分的に交換することが多い．

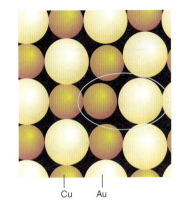

図3・55 CuAuの場合のように原子交換でも点欠陥が生ずる．

(b) 外因性点欠陥

要点 外因性欠陥は不純物原子で固体をドーピングすると生成する欠陥である．

外因性欠陥（extrinsic defect）は不純物の存在に起因し，実際の結晶ではどのような大きさのものであっても完全に純粋なものは得られないので，その存在は不可避である．このような挙動は天然に存在する鉱物においても一般的である．Al_2O_3の構造に少量のCrが加わったものは宝石のルビーの原石である．一方で，いくらかのAlがFeとTiに置換されると青い宝石のサファイアの原石となる（BOX3・6）．一般に導入される化学種は，置換される化学種と同程度の原子半径やイオン半径をもつ．すなわち，ルビー中のCr^{3+}のイオン半径はAl^{3+}と似ている．不純物は，ある物質を他の物質でドーピングすることによって意図的に添加されることもある．ある構造中で一つの元素を置換する他の少量の元素は**ドーパント**（dopant）とよばれ，通常は0.1〜5％の濃度である．Siの半導体としての性質を変えるためのAsの導入はその一例である．人工のルビーとサファイアは，Al_2O_3の構造に少量のCrあるいはFeとTiを加えてAlを置換するという操作により実験室レベルで容易に合成することができる．

ドーパントとなる化学種が母体に導入されても，母体の構造は本質的に変化しない．高濃度のドーパントの添加を試みた場合，新たな構造が生成することが多い．あるいはドーパントが構造中に入らない．このような現象のため，外因性点欠陥は低い濃度範囲に落ち着くのが一般的である．典型的なルビーの組成は$(Al_{0.998}Cr_{0.002})_2O_3$で，金属イオンの位置の0.2％が外因性のドーパントのCr^{3+}イオンで占められる．もっと高濃度の欠陥が生じうる固体もある（§3・17a）．ドーパントは固体の電子構造を変えることも多い．たとえば，Si原子の代わりにAs原子が入ると各As原子からの余分の電子は熱的に活性化されて伝導帯中に入り込み，半導体の全体的な電気伝導率を上昇させる．イオン性がもっと強い物質であるZrO_2では，Zr^{4+}イオンの代わりにCa^{2+}不純物を導入すると，電荷の釣り合いを保持するためにO^{2-}イオンの空格子点が生成する（図3・56）．導入された空格子点のために酸化物イオンが構造中を動けるようになり，この固体のイオン伝導性が増す．

外因性点欠陥のもう一つの例に**色中心**（color center）がある．これは，固体の赤外，可視および紫外吸収特性が照射や化学的な処理によって変化する原因となるような欠陥の総称である．色中心の一例は，アルカリ金属の蒸気中でアルカリ金属ハロゲン化物の結晶を加熱すると起こり，この系に特徴的な色の着いた物質が生じる．NaClはオレンジ色，KClは紫色，KBrは青緑色になる．この過程で，アルカリ金属イオンは正規のカチオン位置に入るが，アルカリ金属原子が結晶中にもち込んだ電子はハロゲン化物イオンの空格子点を占有する．ハロゲン化物イオンの空格

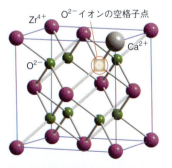

図3・56* ZrO_2格子中にCa^{2+}イオンを導入するとO^{2-}副格子上に空格子点ができる．この置換によって，ZrO_2の立方晶蛍石型構造が安定化する．

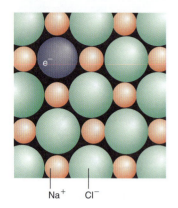

図 3・57　F中心は，アニオンの空格子点を占有している電子である．この電子のエネルギー準位は，三次元の四角い井戸の中の粒子のエネルギーに似ている．

子点中の電子（図 3・57）から構成される色中心を **F 中心**（F-center）という．この色は，空格子点中の電子が，イオンに取囲まれた局所的な環境の中で励起されることに起因する．F 中心をつくる別の方法は物質に X 線を照射することで，X 線はイオン化をひき起こし，電子はアニオンの空格子点に入る．F 中心や外因性欠陥は宝石用原石の着色において重要である（BOX 3・6）．

> **例題 3・18　ドーパントとなりうるイオンを予測する**
>
> ベリル $Be_3Al_2(SiO_3)_6$ の Al^{3+} を置換して外因性欠陥を生成しうる遷移金属イオンは何か．
>
> **解**　Al^{3+} と同じような電荷と大きさをもつイオンを探す必要がある．イオン半径は付録 1 にあげられている．Al^{3+}（$r=54$ pm）と同程度のイオン半径をもつ 3 価のカチオンが適切なドーパントイオンであることが実証されるはずである．候補となるのは Fe^{3+}（$r=55$ pm），Mn^{3+}（$r=58$ pm），Cr^{3+}（$r=62$ pm）である．実際，外因性欠陥が Cr^{3+} であれば，この物質は明るい緑色のベリル，すなわちエメラルドの原石である．Mn^{3+} ではこの物質はレッドベリルあるいはピンクベリルとなり，Fe^{3+} の場合はゴールデンベリル，すなわち，ヘリオドールである．
>
> **問題 3・18**　As 以外の元素で，ケイ素に外因性欠陥を導入するために使われるものは何か．

BOX 3・6　宝石の原石と欠陥

欠陥およびドーパントイオンは多くの宝石の原石の色の原因となる．酸化アルミニウム（Al_2O_3），シリカ（SiO_2），蛍石（CaF_2）は純粋な相は無色であるが，少量のドーパントで置換したり，電子を捕獲できる空孔位置を生成したりすれば，色鮮やかな物質が得られる可能性がある．天然に存在する鉱物では不純物や欠陥が生じることが多い．これは，鉱物が生成する地質学的な条件，また，環境の条件によるものである．たとえば，d 金属イオンは原石が成長する溶液に含まれることが多く，また，自然環境に存在する放射性同位元素からの電離放射線のために，鉱物の構造中に捕獲されるような電子が生成する．

宝石の原石の着色の原因として最もよく見られるものは d 金属イオンドーパントである（表 B3・1 参照）．たとえばルビーは原子の比率で約 0.2～1% の Cr^{3+} イオンを含む Al_2O_3 で，Cr^{3+} イオンは Al^{3+} イオンと置き換わっている．ルビーの赤色は，Cr 3d 電子が励起されて可視スペクトルの緑色の光が吸収される結果として現れる（§20・4）．同じ Cr^{3+} イオンはエメラルドの緑色の起源でもある．これらの色の違いはドーパントである Cr^{3+} イオンの局所的な配位環境が異なることを反映したものである．エメラルドの母体の構造はベリル〔緑柱石，ケイ酸ベリリウムアルミニウム，$Be_3Al_2(SiO_3)_6$〕であり，Cr^{3+} イオンは六つのケイ酸イオンに囲まれている．これに対してルビーでは六つの O^{2-} イオンに囲まれており，このため異なるエネルギーの光吸収が起こる．ほかの原石では異なる d 金属イオンが色の原因となる．ガーネットの赤色とペリドットの黄緑色は鉄(II)に起因する．マンガン(II)はいくつかのトルマリンのピンク色の原因である．

ルビーとエメラルドでは単一のドーパントである d 金属イオンの Cr^{3+} において電子の励起が起こり着色する．元素の種類や酸化状態が異なるといった具合に複数のドーパントが存在しているような場合，異なる種類のドーパント間で電子の移動が可能となる．電子移動の例はサファイアで見られる．サファイアはルビーと同じくアルミナであるが，サファイアでは隣接する一対の Al^{3+} イオンが Fe^{2+} と Ti^{4+} の対に置き換わっている．この物質では電子が Fe^{2+} から Ti^{4+} へ移動すると黄色に対応する波長の可視光が吸収される．そのため鮮やかな青色（黄色の補色）となる．

他の宝石の原石や鉱物では，置換されるイオンと異なる電荷をもつ化学種による母体構造のドーピングや，空格子点（ショットキー欠陥）が存在することに起因して着色が生じる．いずれの場合も色中心，すなわち，F 中心（F は色を表すドイツ語の *farbe* に由来する）が形成される．F 中心の電荷は同じ構造中の正規の占有位置の

電荷とは異なるため，他のイオンに容易に電子を与えたり，逆に受け取ったりする．この電子は可視光の吸収により励起されうるので，着色が起こる．たとえば，紫蛍石 CaF_2 では正規には F^- イオンが占める位置が空孔となり，これが F 中心の起源となる．この位置には，自然の環境下でこの鉱物が電離放射線にさらされることによって生じる電子が捕獲される．捕獲された電子は箱の中の粒子のようにふるまい，電子が励起される際に 530〜600 nm の波長範囲の可視光が吸収され，この鉱物は紫色を呈する．

紫水晶(SiO_2)ともいわれるアメジストでは，いくらかの Si^{4+} イオンが Fe^{3+} イオンによって置換されている．この置換によって正孔(電子が抜けた状態)が一つ生じ，たとえば電離放射線によってこの正孔が励起されると，正孔は捕獲されて水晶の母体中に Fe^{4+} あるいは O^- を生じる．さらにこの物質中で電子が励起されると，今度は 540 nm の可視光が吸収されて，観察されているような紫色を呈する．アメジストの結晶を 450 ℃ まで加熱すると正孔は捕獲された状態から開放される．結晶の色は鉄が添加されたシリカに典型的なものに変わり，黄色の半貴石である黄水晶に特徴的な色となる．黄水晶に放射線を照射すると捕獲された正孔が再び生成し，元の色に戻る．

色中心は核変換によっても生じうる．そのような核変換の例はダイヤモンドにおける ^{14}C の β 壊変である．この壊変によって，過剰な価電子をもつ ^{14}N 原子が生じ，ダイヤモンド構造中に組込まれる．このような N 原子に関係した電子のエネルギー準位ではスペクトルの可視域における吸収が許容され，ダイヤモンドは青色や黄色に着色する．

表 B3・1　宝石の原石と色の起源

鉱物あるいは原石	色	主成分の化学式	色の原因となる不純物あるいは欠陥
ルビー	赤	Al_2O_3	八面体位置の Al^{3+} を置換する Cr^{3+}
エメラルド	緑	$Be_3Al_2(SiO_3)_6$	八面体位置の Al^{3+} を置換する Cr^{3+}
トルマリン	緑あるいはピンク	$Na_3Li_3Al_6(BO_3)_3(SiO_3)_6F_4$	八面体位置の Li^+ と Al^{3+} をそれぞれ置換する Cr^{3+} あるいは Mn^{2+}
ガーネット	赤	$Mg_3Al_2(SiO_4)_3$	八配位位置の Mg^{2+} を置換する Fe^{2+}
ペリドット	黄緑	Mg_2SiO_4	六配位位置の Mg^{2+} を置換する Fe^{2+}
サファイア	青	Al_2O_3	隣接する八面体位置の Al^{3+} を置換する Fe^{2+} と Ti^{4+} の間の電子の移動
ダイヤモンド	無色，淡い青あるいは黄	C	N に起因する色中心
アメジスト	紫	SiO_2	Fe^{3+} と Fe^{4+} に基づく色中心
蛍石	紫	CaF_2	捕獲された電子に基づく色中心

3・17　不定比化合物と固溶体

化合物の化学量論は化学式によって決まるとの考え方は，固体でつねに正しいとは限らない．これは，固体中のあらゆる場所で単位格子の組成が異なる可能性があるためで，単位格子の組成の違いは，一つあるいは複数の原子位置に空格子点がある，格子間位置に原子が存在する，一つの原子が他の原子で置換されるといったことによるものである．

(a) 不定比性 (非化学量論性)

要点　d-ブロック元素，f-ブロック元素，重い p-ブロック元素の固体の化合物では，理想的な化学量論からのずれがよく見られる．

不定比化合物または非化学量論的化合物(nonstoichiometric compound)は，構造が同じままでありながら組成が一定でない物質である．たとえば，ウスタイトとよばれることの多い"一酸化鉄"の組成 $Fe_{1-x}O$ は 1000 ℃ で $Fe_{0.89}O$ から $Fe_{0.96}O$

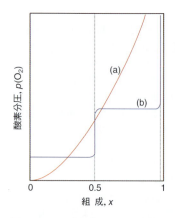

図 3・58 一定温度における酸素分圧と酸化物の組成との関係を示す模式図. (a) 不定比酸化物 MO_{1+x}. (b) 金属酸化物 MO および MO_2 の化学量論的な組合わせ. 横軸 x は MO_{1+x} における原子比である.

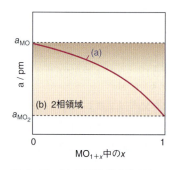

図 3・59 (a) 不定比酸化物 MO_{1+x} ならびに, (b) 金属酸化物 MO と MO_2 の化学量論的な混合物の組成変化に対して, 格子定数の一つが変化する様子を模式的に表した図. 後者では中間的な化学量論組成の相は存在せず ($0<x<1$ において 2 相の混合物が生じる), 混合物の各相は端成分の格子定数をもつ.

まで変化できる. 組成が変わるにつれて単位格子の大きさがしだいに変化することを別にすれば, この組成範囲全体にわたって塩化ナトリウム型構造のおもな特徴が保たれている. 化合物の格子定数が組成とともに滑らかに変化することが不定比化合物 (非化学量論的化合物) であるための明確な規準となる. 格子定数の値が不連続に変化すれば, 新しい結晶相が生成している. さらに, 不定比化合物の熱力学的性質も組成の変化に伴って連続的に変わる. たとえば, 金属酸化物上の酸素分圧が変わると, 酸化物の格子定数と平衡組成は連続的に変化する (図 3・58 および図 3・59). 固体の格子定数が組成の関数として徐々に変化する現象は**ベガード則** (Vegard's rule) として知られている.

非化学量論的な水素化物, 酸化物, および硫化物の代表的なものをいくつか表 3・12 に示す. 不定比化合物の生成のためには組成全体の変化が必要であるから, 少なくとも一つの元素は複数の酸化状態で存在しなければならないことを注意しておこう. そのため, ウスタイト $Fe_{1-x}O$ では x が増加すれば構造中でいくらかの鉄(II)は鉄(III)に酸化されなければならない. したがって, 化学量論からのずれは, 二つまたはそれ以上の酸化状態をとるのが普通である d-ブロック元素と f-ブロック元素や, 二つの酸化状態をとりうるいくつかの重い p-ブロック金属においてのみ一般的である.

(b) 化合物における固溶体

要 点 化合物の化学量論が連続的に変化して, 構造の種類が変わらないときに, 固溶体が生じる. この現象は金属酸化物のような多くのイオン固体で生じうる.

多くの物質は同じ種類の構造をとるので, 1 種類の原子またはイオンを他の原子やイオンで置換することがエネルギー的に可能であることがよくある. このような挙動は §3・8 で議論したような多くの単純な合金で見られる. たとえば, 亜鉛-銅合金である黄銅 (真鍮) は, $Cu_{1-x}Zn_x$ で $0<x<0.38$ となるすべての組成範囲で存在し, 構造中の Cu 原子が徐々に Zn 原子によって置換される. この置換は固体中のあらゆる場所で無秩序に起こり, 個々の単位格子は任意の数の Cu と Zn 原子を含むことになる (しかし, それらの数の和は黄銅の全体の化学量論組成と等しくなる).

ほかの適切な例は, 化学量論組成 ABX_3 をもつ化合物の多くがとるペロブスカイト型構造である (§3・9). この構造は A^{n+} イオン, B^{m+} イオン, X^{x-} イオンから成り, A, B, X の位置を占めるイオンの一部あるいはすべてを変えることにより組成を連続的に変えられる. たとえば, $LaFe^{III}O_3$ と $SrFe^{IV}O_3$ はいずれもペロブスカイト型構造をとる. ここで, 半分が $SrFeO_3$ の単位格子 (Sr^{2+} が A カチオン位置にある) で, 半分が $LaFeO_3$ の単位格子 (La^{3+} が A サイトに存在する) であって, 両者が無秩序に分布したペロブスカイト型結晶を考えることができる. 全体的な化合物の化学量論は $LaFeO_3 + SrFeO_3 = LaSrFe_2O_6$ であるが, 通常のペロブスカイト型構造の化学量論 ABO_3 を反映するように $(La_{0.5}Sr_{0.5})FeO_3$ と書く方がよい. これら二つの単位格子は別の比率になることも可能で, 一連の化合物 $La_{1-x}Sr_xFeO_3 (0 \leq x \leq 1)$ を作製することができる. この系を**固溶体** (solid solution) とよぶ. これは, x の変化に伴って生じるすべての相が同じペロブスカイト型構造をもつためである. 固溶体では, 構造中のすべての位置が完全に占有され, 化合物の全体的な化学量論は一定のままである (たとえ, ある格子位置で異種原子の割合が異なっていたとしても). また, その組成範囲にわたって格子定数が滑らかに変化する.

固溶体は d 金属化合物で最もよく見いだされる. これは, 一つの成分が変わると電荷補償のために他の成分の酸化状態が変わらざるを得ない可能性があるためである. たとえば, $La_{1-x}Sr_xFeO_3$ の x が増加し, La^{III} が Sr^{II} に置き換わるにつれて,

鉄の酸化状態はFe^{III}からFe^{IV}に変わらなければならない．このような変化は，一つの正確な酸化状態（ここではFe^{III}）が他の状態Fe^{IV}へ徐々に変わることによって起こり，鉄イオンは割合に応じて構造中のカチオン位置を占める．他の固溶体には，$La_{2-x}Ba_xCuO_4$（$0 \leq x \leq 0.4$）組成の高温超伝導体（$0.12 \leq x \leq 0.25$で超伝導を示す）や，スピネルの$Mn_{1-x}Fe_{2+x}O_4$（$0 \leq x \leq 1$）がある．カチオン位置に関する固溶体の挙動が，異なるイオン位置の欠陥によって生じる非化学量論性と関係することもある．一例は$La_{1-x}Sr_xFeO_{3-y}$（$0 \leq x \leq 1.0$, $0 \leq y \leq 0.5$）系で，これはO^{2-}イオン位置に空格子点をもち，La/Sr位置の占有状態の違いによって生じる固溶体の挙動にO^{2-}空格子点が関係する．

表3・12 不定比の二元系水素化物，酸化物，硫化物の代表的な組成範囲[†]

d-ブロック		
水素化物		
TiH_x	1	～2
ZrH_x	1.5	～1.6
HfH_x	1.7	～1.8
NbH_x	0.64	～1.0
酸化物	塩化ナトリウム型	ルチル型
TiO_x	0.7 ～1.25	1.9～2.0
VO_x	0.9 ～1.20	1.8～2.0
NbO_x	0.9 ～1.04	
硫化物		
ZrS_x	0.9 ～1.0	
YS_x	0.9 ～1.0	
f-ブロック		
	蛍石型	六方晶
GdH_x	1.9 ～2.3	2.85～3.0
ErH_x	1.95～2.31	2.82～3.0
LuH_x	1.85～2.23	1.74～3.0

[†] xの値がとりうる範囲として表した．

固体の電子構造

これまでの節では，イオン固体の構造とエネルギー論にかかわる概念を説明してきた．そこでは，ほとんど無限個のイオンの配列とイオン間の相互作用について考える必要があった．同様に，固体の電子構造と電気伝導率，磁性，多くの光学現象のようなそこから導かれる性質を理解するためには，電子同士の相互作用や空間的に広がった原子やイオンの配列と電子との相互作用を考える必要がある．単純な方法の一つは，固体を単一の巨大な分子ととらえ，第2章で導入した分子軌道理論の考え方をきわめて多くの原子軌道にまで拡張するものである．後の章では同様の概念を用いて，強磁性，超伝導，固体の色のように，電子的に相互作用する中心が三次元的かつ広い範囲にわたって配列した状態が示すさまざまな重要な性質を理解する．

3・18 無機固体の電気伝導率

要点 金属導体は，電気伝導率が温度の上昇とともに減少する物質である．半導体は，電気伝導率が温度の上昇とともに増加する物質である．

小分子の分子軌道理論は，事実上無限個の原子が集まったものである固体の性質を説明するのに拡張することができ，金属を実にみごとに記述できる．たとえば，金属独特の光沢，高い電気伝導率および熱伝導率，展性を説明するのに使える．これらの特性はいずれも，原子が電子を出し合って共通の電子の"海"をつくることができるという性質に起因する．光沢と電気伝導率とは，入射光の電場の振動あるいは電位差に応じてこれら電子が容易に動けることに由来し，高い熱伝導率もやはり電子の動きやすさの結果である．すなわち，振動している原子に電子が衝突すると，電子はそのエネルギーを受け取り，固体中の他の場所にいる別の原子にそれを渡すことができるからである．金属がたやすく機械的に変形することも，電子の動きやすさの他の側面である．すなわち，固体が変形しても電子の海は直ちにそれに順応して相変わらず原子を結びつけておくことができるからである．

電気伝導性は半導体の特性でもある．金属と半導体とを区別する基準は，電気伝導率の温度変化である（図3・60）．

- **金属導体**（metallic conductor）は，電気伝導率が温度の上昇とともに<u>減少</u>する物質である．
- **半導体**（semiconductor）は，電気伝導率が温度の上昇とともに<u>増加</u>する物質である．

室温における電気伝導率は，一般に金属の方が半導体より大きいことが多い（ただし，これは金属と半導体とを区別する基準ではない）．電気伝導率の典型的な値を図3・60に示す．**絶縁体**（insulator）とは，電気伝導率がきわめて小さな物質であ

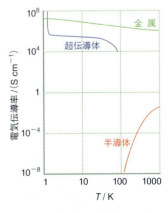

図3・60 物質の電気伝導率の温度変化．金属か半導体か超伝導体かはこれに基づいて分類する．

る．しかし，絶縁体の電気伝導率を測定してみると，半導体の場合と同様，温度とともに増加することがわかる．そこで，目的によっては，"絶縁体"という分類を無視して，あらゆる固体を金属か半導体かのどちらかだとして扱うことも可能である．**超伝導体**（superconductor）は，ある臨界温度以下で電気抵抗が 0 になるような特殊な種類の物質である．

3・19 原子軌道の重なりから生じるバンド構造

固体の電子構造を記述するにあたって底流となっている考え方の中心は，原子から出された価電子が固体の構造全体に広がっているということである．この考え方は，形式的にいえば，分子軌道理論をそのまま拡張して，固体を無限に大きな分子として扱うということである．固体物理学では，この考え方を**タイトバインディング近似**（tight-binding approximation）という．このような非局在電子による表し方は，非金属固体にも使える．われわれはまず金属が分子軌道によってどのように記述できるかを示すことから始め，その後で，イオン固体および分子固体にも同じ原則が適用できる —— ただし，結果は異なる —— ことを示そう．

(a) 軌道の重なりによるバンド形成

要 点　固体の原子軌道が重なり合って，エネルギー準位のバンドができる．バンド間はエネルギーギャップで隔てられている．

固体中で多数の原子軌道が重なり合うと，エネルギー準位がごく接近した分子軌道が非常に多くできる．これらのエネルギー準位の間隔は非常に狭いので，事実上連続したエネルギー**バンド**（band）になる（図 3・61）．バンド間は**バンドギャップ**（band gap）で隔てられており，バンドギャップは分子軌道が存在しないエネルギー領域である．

どうしてバンドができるのかは，s 軌道をもった多くの原子が一直線上に並んで両隣の s 軌道が重なり合っているところを考えれば理解できる（図 3・62）．二つの原子だけがつながっていれば，結合性分子軌道と反結合性分子軌道とが 1 個ずつできる．これに第三の原子が加わると 3 個の分子軌道ができる．このうちの真ん中のものは非結合性軌道であり，上下のものがそれぞれ高エネルギー軌道と低エネルギー軌道とである．さらに原子が加わると，各原子は 1 個の原子軌道をもっているから，また一つ分子軌道が増えることになる．N 個の原子が線上に並べば，N 個の分子軌道ができる．最低エネルギー軌道は隣接原子間に節面をもたず，最高エネルギーの軌道は，すべての隣接原子間に節面をもつ．残りの軌道は，順に 1, 2, … 個の核間節面をもち，エネルギーは最高と最低との間に分布する．

バンドの全幅は，たとえ N が無限大に近づいても有限であり（図 3・63 に示されているように），隣り合う原子の相互作用の強さに依存する．相互作用が強ければ（大ざっぱにいって，隣接軌道の重なり合いが大きければ），節面なしの軌道と最多節面の軌道とのエネルギー間隔が広がる．しかし，分子軌道をつくる原子軌道がいくら多くなっても，軌道のエネルギーの広がりは有限である（図 3・63 に描いたように）．したがって，N が無限大に近づけば隣り合う軌道間のエネルギー準位の間隔は 0 に近づくに違いない．さもないと，軌道のエネルギーの範囲が有限になりえない．すなわち，バンドは有限個の準位から成るが，エネルギー準位は事実上連続である．

上で述べたバンドは s 軌道からできているから，**s バンド**（s band）とよばれる．p 軌道が使えるときは，図 3・64 に示すようにその重なり合いによって **p バンド**（p band）をつくることができる．同じ原子価殻の p 軌道は s 軌道よりエネルギーが高いから，s バンドと p バンドとの間にエネルギーギャップを生じることが多い（図

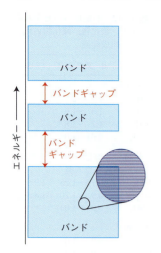

図 3・61　固体の電子構造の特徴．軌道から成るいくつかのバンドがあり，その間に軌道が存在しないエネルギーのギャップがある．

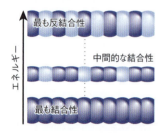

図 3・62　原子をつぎつぎと一列に並べていくとバンドが形成されると考えることができる．N 個の原子軌道から N 個の分子軌道ができる．

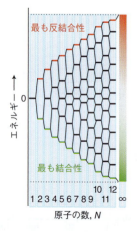

図 3・63　N 個の原子を一次元の配列をつくるように並べたときに形成される軌道のエネルギー．これから図 3・68 に示したものと同様の状態密度の図が得られる．

3・65).しかし,両バンドのエネルギーの幅が広く原子軌道エネルギーが s と p とで近いと(こういうことはよくある),二つのバンドが重なる.同様に,d 軌道が重なり合えば **d バンド**(d band)がつくられる.バンドは 1 種類の原子軌道だけから形成されるわけではなく,化合物では異なる種類の原子軌道の組合わせでバンドをつくることもできる.たとえば,金属原子の d 軌道は隣接する O 原子の p 軌道と重なり合うこともできる.

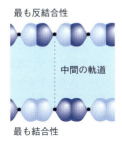

図 3・64 一次元固体の p バンドの一例

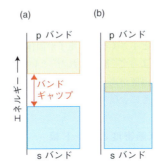

図 3・65 (a) 固体の s バンドおよび p バンドならびにそれらの間のバンドギャップ.実際にギャップがあるか否かは原子の s 軌道と p 軌道との間隔および固体中の原子間の相互作用の強さによる.(b) 相互作用が強いと,バンドは広くなり,二つのバンドが重なることがある.

一般にどのような固体に対してもバンド構造図を作成することができる.バンドは存在するすべての原子のフロンティア軌道を用いて構成される.これらのバンドのエネルギーと,バンド同士が重なり合うか否かは,それを構成する原子軌道のエネルギーに依存し,系の電子の総数に応じてバンドは空であったり,完全に占有されたり,部分的に占有されたりする.

例題 3・19 軌道の重なりを示す

TiO(塩化ナトリウム型構造をとる)中のチタンの d 軌道はいずれも重なり合ってバンドを形成するか否か判断せよ.

解 隣接した金属原子に互いに重なり合うことのできる d 軌道があるか否かを判断する必要がある.図 3・66 は塩化ナトリウム型構造の一つの面を示しており,各 Ti 原子に d_{xy} 軌道を描いてある.軌道のローブは互いに隣のローブの方向を向いており,重なり合ってバンドを形成している.同じように d_{zx} 軌道と d_{yz} 軌道は zx 面と yz 面に平行な方向に重なり合っている.

問題 3・19 単純格子の構造をもつ金属において重なり合うことのできる形状をもつ d 軌道はどれか.

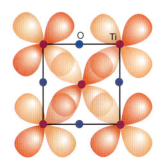

図 3・66 塩化ナトリウム型構造の TiO の一つの面.d_{xy}, d_{yz}, d_{zx} 軌道において軌道の重なりがどのように起こるかを示している.

(b) フェルミ準位

要点 フェルミ準位は $T=0$ における固体の最高被占エネルギー準位である.

$T=0$ では,電子は構成原理に従ってバンド内のそれぞれの分子軌道を占める.もし各原子がそれぞれ 1 個の s 電子を出しているなら,$T=0$ では下から $\frac{1}{2}N$ 番目までの軌道が占有される.$T=0$ における最高被占軌道を**フェルミ準位**(Fermi level)という[†].フェルミ準位はバンドのほぼ真ん中にある(図 3・67).バンドが満杯になっていなければ,フェルミ準位に近い電子はすぐ上の空の準位にたやすく昇ることができる.その結果,電子は動きやすく,固体の中を比較的自由に運動することができるので,こういう物質は導体になる.

[†] 訳注: フェルミ準位は任意の温度での最高被占軌道に対応するという定義が一般的であるが,本書のように,$T=0$ での値をフェルミ準位ということもある.

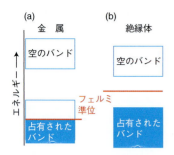

図 3・67 (a) 金属の典型的なバンド構造. フェルミ準位が示されている. N 個の原子がそれぞれ 1 個の s 電子を出すなら $T=0$ においては, 下から $\frac{1}{2}N$ 個の位が占有されるから, フェルミ準位は, バンドの真ん中あたりに来る. (b) 絶縁体の典型的なバンド構成. フェルミ準位はバンドギャップの真中にある.

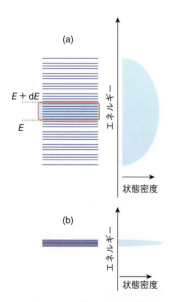

図 3・68 (a) 固体の状態密度は, E と $E+dE$ の間の微小なエネルギー領域に含まれるエネルギー準位の数である. (b) 低濃度の不純物に関係する状態密度

このような固体は実際に金属的な伝導を示す. 先に述べたように, 電気伝導率が温度とともに減少するということが, 金属伝導であると判断する基準となる. この性質は, もし電気伝導率が電子のフェルミ準位より高い状態への熱励起によって支配されているとしたら, 予想と逆である. しかし, 伝導帯の電子が固体の中を滑らかに動けるかどうかは, 原子が整然と並んでいるかどうかに依存することを理解すれば, 電子の動きを妨げている効果が何かを突き止めることができる. 平衡位置で原子が激しく振動すると, 軌道の一様性を断ち切るような不純物があるのと同じことになる. このように一様性が低下すると, この固体の端から端まで電子が伝わることが難しくなる. したがって, このような固体の電気伝導率は $T=0$ から高温になるほど小さくなる. 電子が固体中を移動するとして記述するならば, 電子は原子振動によって "散乱された" ということになる. このキャリヤー (電荷担体) の散乱は, 温度が高くなって格子振動が盛んになるにつれて大きくなるから, 温度の上昇とともに金属の電気伝導率が減少するという事実を説明することができる.

(c) 状態密度とバンド幅

要点 状態密度は, バンドの中で一様ではない. たいていの場合, 状態密度はバンドの中央付近で最大となる.

あるエネルギー幅に含まれるエネルギー準位の数をそのエネルギー幅で割ったものを**状態密度** (density of states) ρ という (図 3・68a). バンドの状態密度は一様ではない. つまり, 一つのバンドの中でも, エネルギー準位が詰まっているところとまばらなところとがある. 三次元の場合には, 中央付近が詰まっていてへりの方はまばらで, 状態密度の変化の様子は図 3・69 のようになる. このような具合になるのは, 原子軌道の線形結合をつくるときのつくり方の数に由来する. 完全に結合性の分子軌道 (バンドの下端) も完全に反結合性の分子軌道 (バンドの上端) も, そういう線形結合をつくる組合わせはそれぞれただ一つしかない. しかし, 三次元に原子が並んでいる場合, バンドの中ほどのエネルギーをもつような分子軌道は, 多数のやり方でつくることができる.

一つのバンドに寄与する軌道の数がバンド内の状態の総数, すなわち, 状態密度の曲線で取囲まれた領域を決める. 強く重なり合うような原子軌道がたくさん寄与するような場合は, バンドは (エネルギーの幅が) 広くなり, 状態密度が高くなる. 比較的少ない数の原子のみがバンドに寄与し, これらの原子がドーパントのように固体中で十分に隔てられて存在している場合には, こういったドーパントの働きをする原子がかかわるバンドは狭くなり, 含まれる状態の数も少なくなる (図 3・68b).

バンドギャップでは, そこのエネルギー準位がないわけだから, 状態密度は 0 になる. しかし, 特別な場合には, 完全に占有されたバンドと空のバンドとが, 状態密度が 0 のエネルギーの点で接していることがある (図 3・70). この種のバンド構造をもつ固体は**半金属** (セミメタル, semimetal) とよばれる. 重要な例としてはグラファイトがある. グラファイトは, 炭素原子の並んでいる平面と平行な向きに対して半金属の性質を示す.

> **メモ** ここで用いた "半金属" という用語は, メタロイド (metalloid) の同義語ではない. 本書ではメタロイドの意味で半金属 (セミメタル) という用語は使わない [訳注: 金属と非金属との中間の性質を示す言葉としてメタロイドが使われることがあったが, IUPAC 無機化学命名法 (1990) では, 使い方が混乱しているため使用を禁止し, 金属, 半金属, 非金属の 3 種類に元素を分類する. 本書では半金属 (メタロイド) と表現する].

(d) 絶縁体

要点 絶縁体は，バンドギャップの大きな固体である．

バンドを完全に満たすだけの電子があり，かつ，上の空軌道ならびに関連のバンドとの間に十分広いギャップがあれば（図 3・71），こういう固体は絶縁体となる．たとえば，塩化ナトリウムの結晶では，N 個の Cl^- イオンはほとんど触れ合っていて，3s および 3p の原子価軌道は重なり合って，$4N$ 個の準位から成る狭いバンドができる．Na^+ イオンもほとんど触れ合っていて，やはりバンドができる．塩素はナトリウムよりはるかに電気陰性度が大きいから，塩素のバンドはナトリウムのバンドのずっと下にあり，7 eV ほどのバンドギャップがある．全体として $8N$ 個（Cl 原子 1 個当たり 7 個と Na 原子 1 個当たり 1 個）の電子を入れる必要があるが，これらは低い方の塩素バンドに入り，塩素バンドはちょうどいっぱいになって，ナトリウムバンドは空のまま残る．室温では熱運動のエネルギーが $kT \approx 0.03$ eV だから（k はボルツマン定数），ナトリウムバンドの軌道に入る電子はほとんどない．

絶縁体では（$T=0$ において）電子を含んで最もエネルギーの高いバンドは一般に**価電子帯**（valence band）とよばれる．この次にエネルギーの高いバンド（$T=0$ では空）は**伝導帯**（conduction band）とよばれる．NaCl では Cl の原子軌道から成るバンドが価電子帯で，Na の原子軌道から成るバンドが伝導帯である．

われわれは通常，イオン固体や分子固体が個々別々のイオンや分子からできていると考えるが，上に述べたような描写に従えば，むしろバンド構造をもっているとみなさなければならないことになる．しかし，この二つの見方は相反するものではない．というのは，完全に充満しているバンドは局在化した電子密度を加え合わせたものと同等であることが示されるからである．たとえば塩化ナトリウムでいえば，Cl 軌道からつくられる電子の詰まった軌道は，別々の Cl^- イオンが集まったものと同等である．また，Na 軌道からつくられる空のバンドは，Na^+ の配列と等価である．

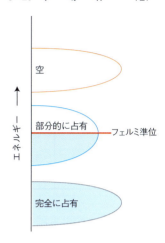

図 3・69 三次元金属の典型的な状態密度の図

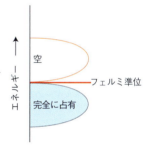

図 3・70 半金属（セミメタル）の状態密度

3・20 半導体

半導体の物性で特徴的な点は，電気伝導率が温度とともに増加することである．典型的な半導体の電気伝導率は，室温では金属と絶縁体との中間の値となる．絶縁体と半導体との境目はバンドギャップの大きさ（表 3・13）の問題で，電気伝導率の値そのものは，同じ物質であっても温度によって連続して低くも中程度にも高くもなりうるから，区別の目安としてはあてにならない．絶縁体とみるか半導体とみるかを決めるバンドギャップや電気伝導率の大きさは，その物質を何に応用するかにより異なる．

(a) 真性半導体

要点 半導体の電気伝導率の温度依存性は，アレニウス型の式で表され，バンドギャップによって決まる．

真性半導体（intrinsic semiconductor）ではバンドギャップがきわめて狭く，いくらかの電子は熱エネルギーのために価電子帯から励起され，伝導帯にも存在する（図 3・72）．このように伝導帯に電子が入ると，下の準位には電子が抜けた状態に等価な**正孔**（positive hole）が生じ，正孔も励起された電子も移動できるため，固体は電気伝導性をもつようになる．室温にある半導体では，一般に，キャリヤーとして働ける電子も正孔もごく少ないから，金属に比べてはるかに電気伝導率が小さい．温度が上がると急激に電気伝導率が増すのは，上のバンドにいる電子の数がボルツマン型に似た指数関数的な温度依存性を示すからである．

伝導帯の被占率が指数関数型であるなら，半導体の電気伝導率の温度依存性は，

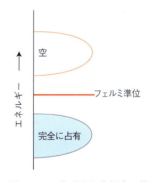

図 3・71 典型的な絶縁体の構造．詰まったバンドと空のバンドとの間に広いギャップがある．

表 3・13　298 K におけるバンドギャップの典型的な値の例

物質	E_g/eV
炭素 (ダイヤモンド)	5.47
炭化ケイ素	3.00
ケイ素	1.11
ゲルマニウム	0.66
ヒ化ガリウム	1.35
ヒ化インジウム	0.36

アレニウス式のように

$$\sigma = \sigma_0 \mathrm{e}^{-E_g/2kT} \tag{3・7}$$

となるはずである．ここで E_g はバンドギャップの幅である．つまり，半導体の電気伝導率は，バンドギャップの $\frac{1}{2}$ と等しい活性化エネルギー $E_a \approx \frac{1}{2}E_g$ をもつアレニウス型の式に従うことが期待できる．実際にこの関係が成り立つことが見いだされている．

(b) 不純物半導体

要点　p 型半導体は，価電子帯から電子を取去るような原子でドーピングした固体である．n 型半導体は，伝導帯に電子を供給するような原子でドーピングした固体である．

不純物半導体 (extrinsic semiconductor, impurity semiconductor) は，意図的な不純物の添加により特徴づけられる半導体物質である．ドーピングにより母体の元素より電子の多い原子を導入することができると，キャリヤー電子の数を増加させることができる．このとき必要なドーパントの濃度はきわめて低くてよく，母体の原子 10^9 個当たり 1 個ぐらいである．だからまずは，超高純度の母体の単体を得ることが不可欠である．

ヒ素原子〔[Ar]$4s^24p^3$〕をケイ素結晶〔[Ne]$3s^23p^2$〕中に導入すると，置換したドーパント原子 1 個当たり 1 個ずつ余分な電子が使えるようになる．ドーパント原子がケイ素の構造中の Si 原子の場所に取って代わるという意味で，ドーピングとは置換である．もしドナー原子 —— すなわち As 原子 —— が互いに離れていれば，その電子は局在化しており，したがって，**ドナーバンド** (donor band)[†] はきわめて狭い (図 3・73a)．さらに，このドナー原子の準位は，母体構造の価電子の準位より高いところにあり，占有されたドナーバンドは空の伝導帯に近いのが普通である．$T>0$ では，ドナーバンドの電子のいくつかは熱的に励起されて空の伝導帯に入る．言い換えれば，As 原子の電子は熱的励起によって隣の Si 原子の空軌道に移行し，Si–Si の軌道の重なり合いでつくられるバンド中を構造全体にわたって移動することができるようになる．このようにして **n 型半導体** (n-type semiconductor) が生じる．この "n" というのは，キャリヤーが負電荷をもつ (すなわち，電子である) ことを示す．

置換のやり方にはもう一つあって，それは，原子当たりの価電子数のもっと少ない元素 —— たとえばガリウム〔[Ar]$4s^24p^1$〕—— でケイ素をドープすることである．この種のドーパント原子は固体中に正孔を効率よくつくり出す．もう少し正確に言うとドーパント原子は，Si の充満帯のすぐ上にごく狭い空の**アクセプターバンド** (acceptor band) をつくる (図 3・73b)．$T = 0$ K ではこのアクセプターバンドは空であるが，温度が上がると，Si の価電子帯から熱励起された電子がこのバンドに受容される．そのため，Si の価電子帯に正孔ができるので，残った電子は Si の価電子帯の中で動き回れるようになる．この場合のキャリヤーは，事実上，下のバンド中の正孔だから，この型の半導体は **p 型半導体** (p-type semiconductor) とよばれる．半導体材料は近年のすべての電子回路に不可欠な成分である．半導体を利用したデバイスのいくつかを BOX 3・7 で述べた．

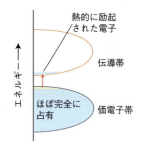

図 3・72　真性半導体ではバンドギャップが小さいため，フェルミ分布の結果としてエネルギーの高いバンドの軌道にも電子が存在する．

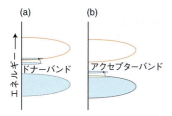

図 3・73　バンド構造．(a) n 型半導体，(b) p 型半導体

[†] 訳注：ドナーバンドは通常はドナー準位とよばれる．ドナーには"与えるもの"という意味があり，ここでは電子を与える原子のつくる局在準位がドナー準位である．一方，電子を受け取って正孔を生成する原子のつくる局在準位はアクセプター準位 (本文中ではアクセプターバンドと表現されている) とよばれる．アクセプターには"受け取るもの"という意味がある．

ZnO や Fe_2O_3 などいくつかの d 金属酸化物は n 型半導体である．この場合，半導性は化学量論組成からのわずかなずれと O 原子のわずかな欠如とから生じる．本来 O の局在原子軌道を占有して個々の O^{2-} イオン上に局在するきわめて狭い酸化物バンドをつくるはずだった電子は，金属の軌道がつくる元来空であった伝導帯を占める（図 3・74）．こういう固体を酸素中で加熱して室温まで徐々に冷却すると，欠けていた O 原子が部分的に補充され，それにつれて伝導帯にある電子が引き戻されて酸化物イオンをつくるので電気伝導率が減少する．しかし，ZnO の電気伝導率は高温で測定すると高くなる．高温では ZnO の構造中から酸素がさらに失われて伝導帯の電子の数が増すためである．

p 型半導体は，いくつかの低酸化状態 d 金属のカルコゲン化物やハロゲン化物に見られる．たとえば，Cu_2O, FeO, FeS, CuI である．これらの化合物で電子が不足するということは，金属原子がいくらか酸化されることと同等であって，その結果，主として金属がつくるバンドに正孔ができることになる．これらの化合物を酸素中（あるいは，FeS と CuI では，それぞれ硫黄とヨウ素の供給源）で加熱すると，酸化が進むにつれて金属バンドに正孔が増えるので，電気伝導率が増加する．しかし，高酸化状態の金属の酸化物では n 型半導体が生じやすい．金属の軌道から形成される伝導帯を電子が占有することで，金属が低酸化状態へ還元されるためである．したがって，Fe_2O_3, MnO_2, CuO は典型的な n 型半導体である．対照的に，MnO や Cr_2O_3 のように金属が低酸化状態であれば p 型半導体となる．

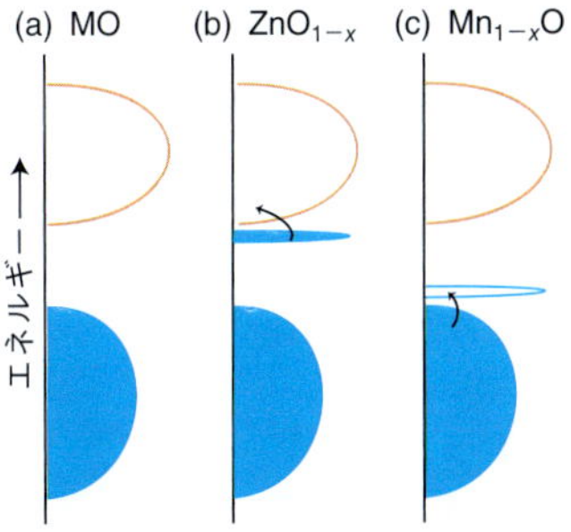

図 3・74 (a) 化学量論組成の酸化物 MO, (b) アニオン不足酸化物, (c) アニオン過剰酸化物におけるバンド構造

例題 3・20 不純物半導体の性質を予測する

WO_3, MgO, CdO の酸化物のうち，どれが p 型，n 型の不純物半導体となりそうか．

解 半導体の型は形成しやすい欠陥の準位に依存する．言い換えると，存在する金属が酸化されやすいか還元されやすいかによって決まる．金属が酸化されやすいと（金属の酸化数が低いときに起こりうる），p 型半導体になると考えられる．一方，金属が還元されやすいと（金属の酸化数が高いときに起こりうる），n 型半導体になると予想される．たとえば，WO_3 ではタングステンは高い酸化状態の W^{VI} として存在し，容易に還元されて O^{2-} イオンから電子を受け取り，酸素は単体として失われる．過剰の電子は W の d 軌道から成るバンドに入り，n 型半導体となる．同様に考えると，CdO は ZnO のように容易に酸素を失うので n 型半導体であると考えられる．対照的に Mg^{2+} では酸化も還元も容易には起こらず，MgO はわずかな量の酸素も失ったり得たりすることはないので絶縁体である．

問題 3・20 V_2O_5, CoO は p 型，n 型いずれの不純物半導体であるか予測せよ．

BOX 3・7 半導体の応用

半導体の性質は，不純物の添加によりたとえば n 型半導体や p 型半導体を作製することで，大きく変えることが容易である．このため，半導体には多くの応用がある．さらに，半導体の電気伝導率は，電場の印加，光の照射，圧力，熱などによって制御が可能である．このことにより，半導体はさまざまなセンサーとして用いることができる．

ダイオードとフォトダイオード

p 型半導体と n 型半導体の接合に"逆バイアス"を加

えると（すなわち，p型の側を低い電位としたとき），電流は非常に小さくなるが，接合に"順バイアス"を加えると（すなわち，p型の側を高い電位としたとき），電流は大きくなる．半導体に光を照射すると電子-正孔対が生成し，自由なキャリヤー（電子または正孔）の数が増えるので，電気伝導率が上がる．この現象を利用するダイオードは**フォトダイオード**（photodiode）として知られている．また，化合物半導体は発光ダイオードやレーザーダイオード（§24・19）として光を放つ目的で使うことも可能である．

トランジスター
　バイポーラ・トランジスター（bipolar junction transistor, BJT）は二つのpn接合からつくられ，npnあるいはpnpの配置をもち，真中の狭い領域はベースと

よばれる．他の領域ならびにそれらに関係した電極は**エミッター**および**コレクター**として知られている．ベースとエミッターの接合領域に小さい電位差を設けると，ベース-コレクター接合の性質が変わり，この領域に逆バイアスが加えられていても電流が流れる．このようにしてトランジスターではわずかな電位差で電流を制御することが可能で，増幅器として利用できる．BJTを流れる電流は温度に依存するので，温度センサーとして用いることもできる．別の種類のトランジスターである**電界効果トランジスター**（field effect transistor, FET）は，半導体の電気伝導率が電場の存在のために増加したり減少したりすることに起因して動作する．電場はキャリヤーの数を増やすので，それによって電気伝導率が変わる．FETはデジタル回路やアナログ回路において電気信号の増幅やスイッチに使われる．

発展学習　ボルン・マイヤー式

BOX 3・5で見たように，電荷が $+e$ のカチオンAと電荷が $-e$ のアニオンBとが互い違いに等間隔 d で直線状に並んでいる一次元の結晶において，あるカチオンのクーロンポテンシャルエネルギーは，

$$V = -\frac{2e^2 \ln 2}{4\pi\varepsilon_0 d}$$

と書ける．すべてのイオンの寄与を1 mol当たりで考えると，このポテンシャルエネルギーにアボガドロ定数 N_A を掛け（1 molに換算する），2で割ればよい（各相互作用を2回数えることを避けるため）．つまり，

$$V = -\frac{N_A e^2}{4\pi\varepsilon_0 d}\mathcal{A}$$

である．

1 mol当たりの全ポテンシャルエネルギーはイオン間の反発相互作用も含む必要がある．Be^{-d/d^*} の形で表される短距離型の指数関数を考えてモデルをつくることができる．ここで d^* は反発相互作用の働く範囲を決める定数，B は相互作用の大きさを決める定数である．相互作用の全ポテンシャルエネルギーは，1 mol当たり，

$$V = -\frac{N_A e^2}{4\pi\varepsilon_0 d}\mathcal{A} + Be^{-d/d^*}$$

となる．このポテンシャルエネルギーは $dV/dd=0$ のとき最小となり，このとき，

$$\frac{dV}{dd} = \frac{N_A e^2}{4\pi\varepsilon_0 d^2}\mathcal{A} - \frac{B}{d^*}e^{-d/d^*} = 0$$

である．これから，最小エネルギーにおいて

$$Be^{-d/d^*} = \frac{N_A e^2 d^*}{4\pi\varepsilon_0 d^2}\mathcal{A}$$

が成り立ち，この関係を V の表現に代入すると

$$V = -\frac{N_A e^2}{4\pi\varepsilon_0 d}\left(1 - \frac{d^*}{d}\right)\mathcal{A}$$

が導かれる．$-V$ が格子エンタルピー（厳密に言えば，$T=0$ での格子エネルギー）となることを考慮すれば，1価のイオンに対するボルン・マイヤー式〔式（3・2）〕が得られる．他の価数への一般化は容易である．

イオン間の反発相互作用に異なる表現を用いれば，この式は別の形になる．別の表現の一つは n を大きな数として反発力を $1/r^n$ で表すものであり，一般に $6 \leq n \leq 12$ であって，この場合には格子エンタルピーは少し異なった表現

$$V = -\frac{N_A e^2}{4\pi\varepsilon_0 d}\left(1 - \frac{1}{n}\right)\mathcal{A}$$

で与えられる．これは**ボルン・ランデ式**（Born-Landé equation）として知られる．一般には，実験データと最もよい一致を示すように $d^*=34.5$ pm とした半経験的なボルン・マイヤー式がボルン・ランデ式よりも適切である．

参考書

R. D. Shannon, "Encyclopaedia of Inorganic Chemistry", ed. by R. B. King, John Wiley & Sons (2005). イオン半径とその決定方法についての概観.

A. F. Wells, "Structural Inorganic Chemistry", Oxford University Press (1985). 膨大な数の無機固体の構造を概観した標準的参考書.

J. K. Burdett, "Chemical Bonding in Solids", Oxford University Press (1995). 固体の電子構造の詳細.

固体無機化学に関する入門書として:

U. Müller, "Inorganic Structural Chemistry", John Wiley & Sons (1993).

A. R. West, "Basic Solid State Chemistry", 2nd ed., John Wiley & Sons (1999).

S. E. Dann, "Reactions and Characterization of Solids", Royal Society of Chemistry (2000).

L. E. Smart, E. A. Moore, "Solid State Chemistry: An Introduction", 4th ed., CRC Press (2012).

P. A. Cox, "The Electronic Structure and Chemistry of Solids", Oxford University Press (1987).

D. K. Chakrabarty, "Solidstatechemistry," 2nd ed., New Age Science Ltd (2010).

熱力学の無機化学への応用に関して,つぎの二つは役に立つ教科書である:

W. E. Dasent, "Inorganic Energetics", Cambridge University Press (1982).

D. A. Johnson, "Some Thermodynamic Aspects of Inorganic Chemistry", 2nd ed., Cambridge University Press (1982) 〔初版 (1968) の邦訳は,玉虫伶太,橋谷卓成 共訳,"無機化学 ── その熱力学的な取扱い",培風館 (1970)〕.

練習問題

3・1 単斜晶系の単位格子の格子定数の間にはどのような関係が存在するか.

3・2 正方晶の単位格子を描き,(a) 面心格子および,(b) 体心格子となるように一組の点を書き込め. 隣接する二つの単位格子を考えることにより,格子定数が a と c である面心正方格子は格子定数が $a/\sqrt{2}$ と c である体心正方格子につねに書き換えうることを示せ.

3・3 面心立方単位格子(図3・5)の格子点の分率座標はどのようになるか. 格子点を数え,各格子点が一つの立方単位格子へどのように寄与するかを考えることで,面心立方格子は単位格子に4個の格子点をもち,体心立方格子は単位格子に2個の格子点をもつことを確かめよ.

3・4 原子の位置がつぎのとおりであるような立方単位格子を,(a) 投影図として(分率座標で原子の位置の高さを示せ),また,(b) 三次元表現として描け. $(\frac{1}{2},\frac{1}{2},\frac{1}{2})$ に Ti,$(\frac{1}{2},\frac{1}{2},0)$,$(\frac{1}{2},0,\frac{1}{2})$,$(0,\frac{1}{2},\frac{1}{2})$ に O,$(0,0,0)$ に Ba. 立方単位格子の面,稜,頂点に原子がある場合,どの方向に対しても単位格子の大きさだけ移動すれば等価な原子が現れることを思い出そう. この格子はどのような構造をもつか.

3・5 最密充填層を重ね合わせたとき,必ずしも最密充填構造にならない重ね方は,つぎのうちどれか.

(a) ABCABC…　(b) ABAC…　(c) ABBA…
(d) ABCBC…　(e) ABABC…　(f) ABCCB…

3・6 つぎのようにして得られる化合物の組成式を決定せよ. (a) アニオン X の六方最密充填配列において四面体間隙の半分をカチオン M が占める. (b) アニオン X の立方最密充填配列において八面体間隙の半分をカチオン M が占める.

3・7 カリウムは C_{60}(図3・16)と反応して,すべての八面体間隙と四面体間隙をカリウムイオンが占めた化合物を生成する. この化合物の化学量論組成を導け.

3・8 MoS_2 の構造では,S 原子の最密充填層が真上に重なって AAA… のようになっており,Mo 原子が六配位の間隙を占めている. この Mo 原子は,S 原子の三角柱で囲まれていることを示せ.

3・9 金属タングステンの bcc 単位格子を描き,隣接する第二の単位格子を付け加えよ. 元の単位格子の面心に対する近似的な配位数はいくらか. 面心の位置がすべて炭素で占められた化合物の化学量論組成はどのようなものか.

3・10 金属ナトリウムは bcc 構造をとり,密度は 970 kg m^{-3} である. 単位格子の稜の長さはいくらか.

3・11 銅と金の合金は図3・75に示した構造をとる. この単位格子の組成を計算せよ. この構造の格子の種類は何か. 純粋な金が24カラットであれば,この合金は何カラットか.

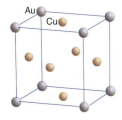

図3・75*　Cu_3Au の構造

3・12 ケテラーの三角形を用いると,Sr_2Ga〔$\chi(Sr)=0.95$,$\chi(Ga)=1.81$〕は合金あるいはジントル相のいずれに分類できるか.

3・13 RbCl は温度に依存して塩化ナトリウム型構造か塩化セシウム型構造をとる. (a) それぞれの構造中のカチ

オンとアニオンの配位数はいくつか．(b) Rb の見かけの半径が大きいのはどちらの構造か．

3・14 塩化セシウム型構造を考える．ある Cs^+ イオンの第二近接イオンの位置を占める Cs^+ イオンは何個あるか．第三近接イオンの位置を占める Cl^- イオンは何個あるか．

3・15 ReO_3 は立方体形の構造で，単位格子の頂点に Re 原子があり，各稜の Re 原子間の中点に 1 個ずつ O がある．この単位格子を描き，(a) 各イオンの配位数を決めよ．(b) ReO_3 構造の中心に 1 個のカチオンを入れたときの構造は，どの種類のものか．

3・16 ペロブスカイト型構造 ABO_3 における酸化物イオンの周りの配位状態を A カチオンと B カチオンの配位の観点から述べよ．

3・17 CsCl 構造から Cs^+ イオンの半数を取除いて，各 Cl^- イオンに対して四面体形配位になるようにして MX_2 構造をつくったとする．こうしてできる MX_2 構造は何であるか．

3・18 最密充填構造において間隙がつぎのように占有される構造に対して，化学式 (MX_n または M_nX) を与えよ．(a) 八面体間隙の半分が占められる場合，(b) 四面体間隙の 4 分の 1 が占められる場合，(c) 八面体間隙の 3 分の 2 が占められる場合．(a) と (b) で M と X の平均配位数はいくらか．

3・19 半径比則と付録 1 のイオン半径とを用いて，つぎの化合物の構造を予測せよ．
(a) PuO_2 (b) FrI (c) BeS (d) InN

3・20 つぎの物質はいずれも塩化ナトリウム型の結晶をつくる．それぞれの単位格子の稜の長さを括弧内に示した．カチオンのイオン半径を求めよ〔ヒント：Se^{2-} のイオン半径は，MgSe 中で Se^{2-} が接触しているとして求めよ〕．
MgSe (545 pm)　　CaSe (591 pm)
SrSe (623 pm)　　BaSe (662 pm)

3・21 図 3・47 の構造マップを用いて，つぎの化合物中のカチオンおよびアニオンの配位数を予想せよ．
(a) LiF　(b) RbBr　(c) SrS　(d) BeO
実際は LiF, RbBr, SrS が 6：6 配位，BeO では 4：4 配位である．予測と実際との食い違いがあれば，その原因として何が考えられるか．

3・22 つぎの化合物の構造が，表 3・4 の単純な構造に基づき，錯イオンを単位としてどのように記述できるか説明せよ．K_2PtCl_6　$[Ni(H_2O)_6][SiF_6]$　CsCN

3・23 方解石 ($CaCO_3$) の構造を図 3・76 に示す．この構造が NaCl の構造とどのように関係づけられるかを述べよ．

3・24 Ca_3N_2 の生成に対するボルン・ハーバーサイクルにおいて最も重要な項は何か．

3・25 MgO と AlN はともに塩化ナトリウム型構造をもち，格子パラメーターは NaCl によく似ており，$\Delta_L H^\ominus$ (NaCl) = 786 kJ mol^{-1} であることがわかっているとき，ボルン・マイヤー式において MgO, AlN と NaCl とで異なる因子を考えることにより，MgO と AlN の格子エンタルピーを見積もれ．

3・26 (a) 仮想的な化合物 KF_2 が CaF_2 構造であると仮定して，その生成エンタルピーを計算せよ．格子エンタルピーはボルン・マイヤー式を用いて求め，K^{2+} のイオン半径は表 1・4 と付録 1 の傾向を補外して推定せよ．イオン化エンタルピーおよび電子取得エンタルピーは表 1・5 および表 1・6 にある．
(b) 格子エンタルピーは有利なのにもかかわらずこの化合物ができないのは，どの因子によるか．

3・27 アルカリ土類金属の通常の酸化数は II である．ボルン・マイヤー式とボルン・ハーバーサイクルとを使って，CaCl が発熱性の化合物であることを示せ．Ca^+ のイオン半径は適当な類推によって推定せよ．また，Ca(s) の昇華エンタルピーは 176 kJ mol^{-1} である．CaCl が実在しないということは，

$$2\,CaCl(s) \longrightarrow Ca(s) + CaCl_2(s)$$

の反応エンタルピー変化によって説明できることを示せ．

3・28 硫化亜鉛には普通，立方型と六方型との 2 種の多形がある．マーデルング定数の解析だけに基づけば，どちらの多形の方が安定であろうか．Zn-S の距離は，どちらの多形でも同じと仮定せよ．

3・29 (a) ボルン・マイヤー式で求めた格子エネルギーと実験値との違いは，LiCl では 1％ であるが，AgCl では 10％ もある．これはなぜか説明せよ．両者とも塩化ナトリウム型構造である．(b) M^{2+} イオンを含む化合物で同じような挙動を示すと思われる対を選べ．

3・30 カプスティンスキー式，付録 1 と表 3・10 のイオン半径と熱化学半径，および $r(Bk^{4+}) = 96$ pm を用いて，つぎの化合物の格子エンタルピーを計算せよ．
(a) BkO_2　(b) K_2SiF_6　(c) $LiClO_4$

3・31 つぎの各組でどちらの方が水によく溶けそうか．
(a) $SrSeO_4$ と $MgSeO_4$　(b) NaF と $NaBF_4$

3・32 格子エンタルピーに寄与する因子に基づき，LiF, CaO, RbCl, AlN, NiO, CsI を格子エネルギーを増加する順に並べよ．これらはすべて塩化ナトリウム型構造をとる．

3・33 水中のセレン酸イオン SeO_4^{2-} を定量的に沈殿させるために適切なカチオンを推奨せよ．可溶性のリン酸

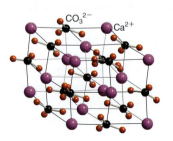

図 3・76* $CaCO_3$ の構造

塩（PO_4^{3-}）をつくるカチオンと，難溶性のリン酸塩をつくるカチオンをそれぞれ示せ．

3・34 つぎの (a), (b) は，それぞれ同じ構造の化合物の組合わせである．各組のうちどちらの化合物の方が低温で熱分解すると考えられるか．理由を述べよ．
  (a) $MgCO_3$ と $CaCO_3$（分解生成物は $MO+CO_2$）
  (b) CsI_3 と $N(CH_3)_4I_3$（どちらも I_3^- を含んでおり，分解生成物は $MI+I_2$）

3・35 (a) Ca_3N_2 と (b) HgS において最も安定に存在しうる固有欠陥の種類を予測せよ．

3・36 どのようなドーパントイオンがサファイアの青色の原因となるかを考えることによって，アクアマリンとして知られている青色のベリル（緑柱石）の色の起源を説明せよ．

3・37 つぎの化合物のうち，不定比性が見られるものはどれか．
  酸化マグネシウム　炭化バナジウム　酸化マンガン

3・38 固体において高温あるいは融点の近くで高濃度の欠陥が見られる理由を述べよ．圧力は固体中の欠陥の平衡濃度にどのような影響を及ぼすか．

3・39 多量の欠陥の導入が格子エネルギーに及ぼす影響と，構造をつくり上げているイオンの酸化数にもたらされる変化を考えることにより，つぎにあげる系のうち最も広い範囲の x で不定比性が見られるものはどれかを予測せよ．$Zn_{1+x}O$　$Fe_{1-x}O$　UO_{2+x}

3・40 つぎの物質をn型半導体とp型半導体に分類せよ．
  (a) Ga でドープした Ge
  (b) As でドープした Si
  (c) $In_{0.49}As_{0.51}$

3・41 VO および NiO は金属的性質を示すと予想されるか．

3・42 半導体と半金属（セミメタル）の違いを述べよ．

3・43 つぎの化合物がn型半導体とp型半導体のいずれに成りうるかを示せ．Ag_2S　VO_2　CuBr

3・44 グラファイトは図3・70に示したような類のバンド構造をもつ半金属（セミメタル）である．グラファイトはカリウムと反応して C_8K を生じるが，一方で臭素と反応して C_8Br を生成する．グラファイトの層が元のまま残り，カリウムと臭素はそれぞれ K^+ および Br^- イオンとしてグラファイトの構造中に入ると仮定すれば，化合物 C_8K と C_8Br は金属，半金属（セミメタル），半導体，絶縁体のいずれの性質を示すと予想されるか．

演習問題

3・1 カプスティンスキー式では格子エンタルピーはイオン間距離に反比例する．最近の研究によれば，カプスティンスキー式をさらに単純化することで，分子（式量）単位の体積（単位格子の体積をそこに含まれる式量単位の数 Z で割ったもの）あるいは密度から，格子エンタルピーを見積もることができる〔たとえば，H. D. B. Jenkins, D. Tudela, *J. Chem. Educ.*, **80**, 1482 (2003) 参照〕．格子エンタルピーは，(a) 分子単位体積および，(b) 密度の関数としてどのように変化すると予測されるか．アルカリ土類炭酸塩 MCO_3 と酸化物に対して，つぎの単位格子体積が与えられたとき（すべて単位は Å³ で，1 Å = 10^{-10} m），炭酸塩に観測される分解の挙動を予測せよ．

| $MgCO_3$ | 47 | $CaCO_3$ | 61 | $SrCO_3$ | 64 | $BaCO_3$ | 76 |
| MgO | 19 | CaO | 28 | SrO | 34 | BaO | 42 |

3・2 塩化ナトリウム型構造において，中心の一つのイオンからの距離と電荷を考えることにより，Na^+ のマーデルング定数の最初の六つの級数の項が

$$\frac{6}{\sqrt{1}} - \frac{12}{\sqrt{2}} + \frac{8}{\sqrt{3}} - \frac{6}{\sqrt{4}} + \frac{24}{\sqrt{5}} - \frac{24}{\sqrt{6}}$$

となることを示せ．R. P. Grosso, J. T. Fermann, W. J. Vining, *J. Chem. Educ.*, **78**, 1198 (2001) を参考にして，この級数が1.748 に収束することを示す方法を考察せよ．

3・3 1～10 nm の大きさをもつナノ結晶は工業的な応用においての重要性が増している（第24章参照）．特定の結晶構造に対するマーデルング定数の計算では無限の項の和をとる必要があり，この方法はナノメートルの大きさをもつ結晶には適用できない．ナノ結晶におけるすべてのイオン間の相互作用を記述するうえでマーデルング定数 $\mathcal{A}$ の概念をどのように利用できるかを考察せよ．(a) 塩化ナトリウム型構造と (b) 塩化セシウム型構造において，$\mathcal{A}$ はナノ結晶の大きさの関数としてどのように変化するか．その結果として，ナノ結晶の性質はバルク固体と比べてどのように異なると考えられるか．M. D. Baker, A. D. Baker, *J. Chem. Educ.*, **87**, 280 (2010) を参照せよ．

3・4 CuO はよく知られた Cu^{II} の安定な酸化物であるが，AgO は混合原子価酸化物 $Ag^IAg^{III}O_2$ であるという事実の背景にある熱力学的な因子を考察せよ．D. Tudela, *J. Chem. Educ.*, **85**, 863 (2008)を参照せよ．AgF_2 は Ag^{II} の安定な化合物である．フッ素との結合において Ag^{II} の安定化に寄与すると思われる因子を議論せよ．

3・5 "isomegethic 則"は"イオン性の塩の異性体がもつ式量単位の体積 V_m は互いに近似的に等しい"ことを述べている．H. D. B. Jenkinsetal., *Inorg. Chem.*, **43**, 6238 (2004) および L. Glasser, *J. Chem. Educ.*, **88**, 581 (2004) を参照せよ．この規則のもとになる考え方と固体化学への応用について議論せよ〔訳注：isomegethic 則 (isomegethic rule) は H. D. B. Jenkins らが論文，*Inorg. Chem.*, **43**, 6238 (2004) において初めて導入した言葉で，語源となった megethos はギリシャ語で"大きさ"を意味する〕．

4 酸 と 塩 基

ブレンステッド酸性
4・1 水中でのプロトン移動平衡

ブレンステッド酸の特徴
4・2 アクア酸の強度に見られる周期性
4・3 簡単なオキソ酸
4・4 無水酸化物
4・5 ポリオキソ化合物の生成

ルイス酸性
4・6 ルイス酸およびルイス塩基の例
4・7 各族のルイス酸の特徴

ルイス酸塩基の反応と性質
4・8 基本的な反応
4・9 ルイス酸とルイス塩基との相互作用に影響を及ぼす要因
4・10 熱力学的な酸性度パラメーター

非水溶媒
4・11 溶媒の水平化効果
4・12 酸と塩基の溶媒系での定義
4・13 酸および塩基としての溶媒

酸・塩基化学の応用
4・14 超酸と超塩基
4・15 不均一酸塩基反応

参考書
練習問題
演習問題

本章では,酸および塩基に属する種々の化学種に重点をおく.最初の部分では,酸はプロトン供与体,塩基はプロトン受容体としたBrønstedの定義について述べる.プロトン移動の平衡は,化学種がプロトンを供与する強さの尺度である酸性度定数を用いて定量的に論ずることができる.本章の後半では,Lewisの定義による酸・塩基について紹介し,供与体(塩基)と受容体(酸)との間で電子対の共有が起こる反応を取扱う.このように拡張することで,酸と塩基の議論をプロトンを含まない化学種や非水溶媒にも広げることができる.この場合には,対象になるLewisの酸・塩基の種がますます多様になるので,単一の尺度で酸・塩基の強さを表すのは適当でない.そこで,二つの方法を紹介するが,その一つは,酸・塩基を"硬い"ものと"軟らかい"ものとに分類する方法で,もう一つは,熱力学データを使って,各化学種の特性を示すパラメーターの組を求める方法である.最終節では,非水溶媒について,酸・塩基の化学のいくつかの重要な応用例について紹介する.

酸および塩基の存在をはじめて認識したのは,危険を伴うことではあるが,酸はすっぱく塩基はせっけんのようにぬるぬるするという味や手触りによるものであった.これら2種類の物質の性質を化学的により深く理解できるようになったのは,水中で水素イオンを生ずる化合物が酸であるというArrheniusの考え(1884年)からである.本章で考える新しい定義は,より広範囲の化学反応に基づいている.BrønstedとLowryによる定義ではプロトン移動に重点がおかれており,またLewisによる定義では,電子対受容体の分子やイオンと電子対供与体の分子やイオンとの間の相互作用が基礎になっている.

酸・塩基の反応は一般的であるが,酸・塩基であるための非常に微妙な定義が含まれる場合は特に,その反応が酸・塩基反応であることにはすぐに気がつかないことが多い.たとえば,酸性雨は二酸化硫黄と水のとても単純な反応から生じる.

$$SO_2(g) + H_2O(l) \longrightarrow HOSO_2^-(aq) + H^+(aq)$$

この反応は酸・塩基反応の一種であることがわかるだろう.けん化はせっけんを作るときの反応である.

$$NaOH(aq) + RCOOR'(aq) \longrightarrow RCO_2Na(aq) + R'OH(aq)$$

これもまた酸・塩基反応の一種である.このような反応は多くあり,本章を通じてなぜその反応が酸塩基反応であるかを見ていく.

ブレンステッド酸性

要点 ブレンステッド酸はプロトン供与体,ブレンステッド塩基はプロトン受容体である.プロトンは化学種として単独では存在せず,常に他の化学種と結合している.オキソニウムイオン H_3O^+ は,水中での水素イオンの構造を最も簡単に表したものである.

デンマークの Johannes Brønsted と英国の Thomas Lowry とは 1923 年に, 酸・塩基反応の本質は一つの物質から他の物質への水素イオン H^+ の移動であると考えた. この定義では, 水素イオンはプロトンとよばれることが多い. 彼らは, プロトン供与体として作用するすべての物質を酸, プロトン受容体として作用するすべての物質を塩基と分類すべきであると提唱した. このような作用をする物質を今日では, それぞれ"ブレンステッド酸"および"ブレンステッド塩基"という.

- ブレンステッド酸 (Brønsted acid) はプロトン供与体である.
- ブレンステッド塩基 (Brønsted base) はプロトン受容体である.

この定義は, プロトン移動が起こる環境とは無関係であって, どんな溶媒中のプロトン移動にも, また, 溶媒がまったく存在しない場合でさえも適用できる.

フッ化水素 HF はブレンステッド酸の一例で, 他の分子にプロトンを供与できる. たとえば, HF を水に溶かすと, H_2O にプロトンを与える.

$$HF(g) + H_2O(l) \longrightarrow H_3O^+(aq) + F^-(aq)$$

アンモニア NH_3 はブレンステッド塩基の一例で, プロトン供与体からプロトンを受け取ることができる.

$$H_2O(l) + NH_3(aq) \longrightarrow NH_4^+(aq) + OH^-(aq)$$

この二つの反応が示しているように, 水は**両性** (amphiprotic) 物質の一例で, ブレンステッド酸としてもブレンステッド塩基としても作用する.

酸が水分子にプロトンを与えるとオキソニウムイオン (oxonium ion, ヒドロニウムイオンともいう) H_3O^+ (**1**) ができる (オキソニウムイオンの形は, H_3O^+-ClO_4^- の結晶構造に基づくものである). しかし, 水の中のプロトンには水素結合が広範囲にわたって関与しているため, H_3O^+ は水中の水素イオンの構造としては簡略化しすぎである. よりよく表しているのは $H_9O_4^+$ (**2**) である. 気相中の水のクラスターを質量分析法で研究した結果によると, 1個の H_3O^+ イオンの周りには 20 個の H_2O 分子のかごが正五角十二面体に配列することができて, $H^+(H_2O)_{21}$ という化学種ができると考えられる. このような構造からわかるように, 水中のプロトンの様子を表すのにどれが一番適当かは, 問題にしている環境および実験条件で異なる. 本書では簡単のため H_3O^+ と表す.

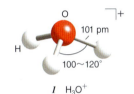

1 H_3O^+

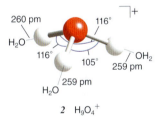

2 $H_9O_4^+$

4・1 水中でのプロトン移動平衡

酸・塩基間のプロトン移動反応はどちらの方向にも速やかに進行する. そのため, たとえば酸 HF と塩基 NH_3 との水中での挙動を説明するには, 正方向の反応だけではなく, つぎのように動的平衡を考える方がよい.

$$HF(aq) + H_2O(l) \rightleftharpoons H_3O^+(aq) + F^-(aq)$$
$$H_2O(l) + NH_3(aq) \rightleftharpoons NH_4^+(aq) + OH^-(aq)$$

水溶液中のブレンステッド酸・塩基の化学は, 主として, 迅速に達成されるプロトン移動 (反応) の平衡に関することであるから, この点に重点をおく.

(a) 共役酸および共役塩基

要点 ある化学種がプロトンを供与すると, それは共役塩基になり, ある化学種がプロトンを獲得すると, それは共役酸になる. 互いに共役な酸と塩基とは溶液中では平衡を保つ.

上記の正反応と逆反応ではともに酸から塩基へのプロトン移動であるから, 一般

的なブレンステッド平衡を

$$\text{酸}_1 + \text{塩基}_2 \rightleftharpoons \text{酸}_2 + \text{塩基}_1$$

のように書く．塩基$_1$を酸$_1$の**共役塩基** (conjugate base)，酸$_2$を塩基$_2$の**共役酸** (conjugate acid) という．酸の共役塩基というのは，プロトンを失った残りの化学種のことで，塩基の共役酸というのは，プロトンを獲得してできた化学種である．F^- は HF の共役塩基，H_3O^+ は H_2O の共役酸である．酸と共役酸，あるいは塩基と共役塩基との間に本質的な区別はない．ある共役酸はまさにもう一つの酸であるし，ある共役塩基はまさにもう一つの塩基なのである．

例題 4・1　酸および塩基を決める

つぎの反応におけるブレンステッド酸とその共役塩基はどれか．
(a) $HSO_4^-(aq) + OH^-(aq) \longrightarrow H_2O(l) + SO_4^{2-}(aq)$
(b) $PO_4^{3-}(aq) + H_2O(l) \longrightarrow HPO_4^{2-}(aq) + OH^-(aq)$

解　プロトンを失った化学種とその共役になる化学種を見つけてやればよい．(a) 硫酸水素イオン HSO_4^- が水酸化物イオンにプロトンを与えるから，HSO_4^- が酸で，生成した SO_4^{2-} イオンが HSO_4^- の共役塩基である．(b) 塩基として働くリン酸イオンに H_2O 分子がプロトンを与えるから，H_2O が酸で，OH^- イオンがその共役塩基である．

問題 4・1　つぎの反応における酸，塩基，共役酸，共役塩基を示せ．
(a) $HNO_3(aq) + H_2O(l) \longrightarrow H_3O^+(aq) + NO_3^-(aq)$
(b) $CO_3^{2-}(aq) + H_2O(l) \longrightarrow HCO_3^-(aq) + OH^-(aq)$
(c) $NH_3(aq) + H_2S(aq) \longrightarrow NH_4^+(aq) + HS^-(aq)$

(b) ブレンステッド酸の強さ

要点　ブレンステッド酸の強さはその酸性度定数が，またブレンステッド塩基の強さはその塩基性度定数が評価の尺度である．塩基が強いほど，その共役酸は弱い．

ブレンステッド酸の強さを議論するためには，化学の基礎でなじみのある pH の概念が必要である．

$$\text{pH} = -\log[H_3O^+] \quad \text{であるので} \quad [H_3O^+] = 10^{-\text{pH}} \quad (4\cdot1)$$

水溶液中のブレンステッド酸，たとえば HF，の強さは**酸性度定数** (acidity constant，"酸解離定数") K_a で表される．

$$HF(aq) + H_2O(l) \rightleftharpoons H_3O^+(aq) + F^-(aq) \quad K_a = \frac{[H_3O^+][F^-]}{[HF]}$$

また，より一般的には

$$HX(aq) + H_2O(l) \rightleftharpoons H_3O^+(aq) + X^-(aq) \quad K_a = \frac{[H_3O^+][X^-]}{[HX]} \quad (4\cdot2)$$

である．この定義において，$[X^-]$ は化学種 X^- のモル濃度である（よって HF 分子のモル濃度が $0.001\ \text{mol dm}^{-3}$ であれば，$[HF] = 0.001\ \text{mol dm}^{-3}$ である）．$K_a \ll 1$ ならば，$[HX]$ は $[X^-]$ より大きく，プロトンが酸に付いたままの状態が有利であることを表す．水中でのフッ化水素の K_a の実験値は 3.5×10^{-4} で†，普通の条件下で HF 分子は水中ではほんのわずかしかプロトンを放出していないことを示している．プロトンを放出している割合の具体的な値は，K_a の数値を用いて酸濃度の関

---

† 訳注：p.139 のメモにもあるように，K_a は各化学種の活量 a を用いて表すべきである．K_a は

$$K_a = \frac{a(H_3O^+)a(X^-)}{a(HX)}$$

と表現され，活量は無次元であるため K_a も単位をもたない．ただし，平衡定数を濃度で表すこともあり（これを濃度平衡定数という），この場合は本文中の K_a は単位をもち，たとえば HF 水溶液では $K_a = 3.5 \times 10^{-4}\ \text{mol dm}^{-3}$ となる．

数として計算することができる.

> **メモ** 厳密には, X の熱力学的な有効濃度である活量 $a(X)$ を用いて K_a を表す. 酸性度定数は, 溶液が十分に希薄で $a(H_2O)=1$ としてよいという仮定に基づいている.

例題 4・2 酸性度定数を計算する

0.145 M 酢酸水溶液の pH は 2.80 である. 酢酸の K_a を計算せよ.

解 K_a を計算するためには, 溶液中の H_3O^+, $CH_3CO_2^-$, CH_3COOH の濃度を求める必要がある. H_3O^+ の濃度は $[H_3O^+]=10^{-pH}$ であるので pH から得られる. pH は 2.80 であるので, H_3O^+ のモル濃度は $1.6\times10^{-3}\ \mathrm{mol\ dm^{-3}}$ となる. プロトンが引き抜かれることによって一つの H_3O^+ イオンと一つの $CH_3CO_2^-$ イオンが生成するので, $CH_3CO_2^-$ 濃度は H_3O^+ のものと同じである (ただし, 水の自己プロトリシスは無視するものとする). 残った CH_3COOH のモル濃度は $(0.145-0.0016)\ \mathrm{mol\ dm^{-3}} = 0.143\ \mathrm{mol\ dm^{-3}}$ である. したがって,

$$K_a = \frac{(1.6\times10^{-3})^2}{0.143} = 1.7\times10^{-5}$$

これより $pK_a = 4.77$ となる.

問題 4・2 フッ化水素酸の K_a は 3.5×10^{-4} である. 0.10 M のフッ化水素酸の pH を計算せよ.

同様に, 水中での塩基のプロトン移動平衡の特性も, **塩基性度定数**(basicity constant) K_b で表される. たとえば NH_3 については

$$NH_3(aq) + H_2O(l) \rightleftharpoons NH_4^+(aq) + OH^-(aq) \qquad K_b = \frac{[NH_4^+][OH^-]}{[NH_3]}$$

あるいは一般的に

$$B(aq) + H_2O(l) \rightleftharpoons HB^+(aq) + OH^-(aq) \qquad K_b = \frac{[HB^+][OH^-]}{[B]} \qquad (4\cdot3)$$

である. $K_b \ll 1$ ならば, B の標準的な濃度で $[HB^+] \ll [B]$ であり, プロトン化している B 分子の割合はわずかである. よって, その塩基は弱いプロトン受容体で, その共役酸はほんの少ししか溶液中に存在しない. 水中でのアンモニアの K_b の実験値は 1.8×10^{-5} で, 普通の条件下では水中でプロトン化している NH_3 分子の割合はきわめて低いことを示している. 酸の場合と同じように, 実際にプロトン化している塩基の割合は K_b の数値から計算できる.

水は両性物質であるから, 酸または塩基を加えなくてもプロトン移動平衡が存在する. 一つの水分子からもう一つの水分子へのプロトン移動を**自己プロトリシス**(autoprotolysis, または "自己イオン化") という. 水中でのプロトン移動は非常に速い. これは隣接水分子間での弱い水素結合の交換反応による (§10・6). 自己プロトリシスの程度および平衡での溶液の組成は, 水の**自己プロトリシス定数**(autoprotolysis constant, または "水のイオン積") で表される.

$$2\,H_2O(l) \rightleftharpoons H_3O^+(aq) + OH^-(aq) \qquad K_w = [H_3O^+][OH^-]$$

25 °C での K_w の実験値は, 1.00×10^{-14} で, 純水中で水分子はきわめてわずかしか

イオンになっていないことがわかる．実際，純水のpHが7.00，$[H_3O^+] = [OH^-]$ であるので $[H_3O^+] = 1.0 \times 10^{-7}$ mol dm^{-3} となることがわかる．水道水やミネラルウォーターでは CO_2 が溶けているため pH は7より少し低くなる．

溶媒の自己プロトリシス定数を用いると，ある塩基の強さを，その共役酸の強さと関係づけることができ，酸性度と塩基性度の両方をある一つの定数で表すことができる．これは，自己プロトリシス定数が果たす重要な役割である．たとえば，NH_3 が塩基として働くようなアンモニアの平衡における K_b の値と，その共役酸が酸として作用する下記の平衡

$$NH_4^+(aq) + H_2O(l) \rightleftharpoons H_3O^+(aq) + NH_3(aq)$$

の K_a との間には

$$K_a K_b = K_w \tag{4・4}$$

の関係が成立する．式(4・4)は，K_b が大きいほど K_a は小さいことを示している．すなわち，強い塩基ほど，その共役酸は弱い．ある塩基の強さは，その共役酸の酸性度定数によって一般的に表す．

実例 水中でのアンモニアの K_b は 1.8×10^{-5} である．共役酸である NH_4^+ の K_a は

$$K_a = \frac{K_w}{K_b} = \frac{1 \times 10^{-14}}{1.8 \times 10^{-5}} = 5.6 \times 10^{-10}$$

モル濃度のように酸性度定数の数値は何桁にもわたるので，その値を報告するのに pH のように常用対数(10 を底とする対数)を用いて

$$pK = -\log K \tag{4・5}$$

のように表すと便利である．ここで K は，これまでに紹介した平衡定数どれでもよい．たとえば，25°C では $pK_w = 14.00$ である．この定義と式(4・4)の関係から

$$pK_a + pK_b = pK_w \tag{4・6}$$

となる．どのような溶媒中の共役酸および塩基についても，pK_w をその溶媒の自己プロトリシス定数 pK_{HSol} で置き換えれば，式(4・6)と同様の関係が成立する．

(c) 強い酸・塩基と弱い酸・塩基

要点 酸または塩基は，その酸性度定数の大きさに応じて，弱いものまたは強いものに分類される．

一般的な酸および塩基の共役酸の水中での酸性度定数を表4・1に示す．プロトン移動平衡が，溶媒へのプロトン供与の方に強く偏っているような酸を**強酸**(strong acid)に分類する．すなわち，強酸は $pK_a < 0$ ($K_a > 1$，通常 $K_a \gg 1$ に対応する)である．このような酸は，溶液中で完全にプロトンを放出しているとみなされるのが普通である(しかし，プロトンを完全に放出しているというのは，近似にすぎないことを忘れてはならない)．たとえば，塩酸は，H_3O^+ と Cl^- との溶液で，HCl 分子の濃度は無視できる程度と考えられる．**弱酸**(weak acid)に分類されるのは $pK_a > 0$ ($K_a < 1$ に対応する)のものである．弱酸ではプロトン移動平衡が，イオン化していない酸分子の方に偏っている．フッ化水素は水中で弱酸で，フッ化水素酸中にはオキソニウムイオン，フッ化物イオン，HF 分子があるが，HF 分子の割合が高い．

強塩基(strong base)というのは，水中でほとんど完全にプロトン化しているも

のである．酸化物イオン O^{2-} は強塩基の例で，水の中では直ちに OH^- イオンに変化する．**弱塩基**（weak base）というのは，水中で部分的にしかプロトン化しないものである．NH_3 は弱塩基の例で，水中ではほぼ NH_3 分子として存在し，NH_4^+ イオンの割合は低い．強酸の共役塩基はすべて弱塩基である．この種の塩基がプロトンを受け取るのは熱力学的に不利だからである．

(d) 多塩基酸

> **要点** 多塩基酸はプロトンをつぎつぎと放出するが，後になるほどプロトンの放出が起こりにくくなる．溶液中に存在する各化学種の割合と溶液の pH との関係は分布図によってまとめて表される．

プロトンを 2 個以上供与できる物質を**多塩基酸**（polyprotic acid）という．その

表 4・1 25 ℃ の水溶液中の化学種に対する酸性度定数

酸	HA	A$^-$	K_a	pK_a[†2]
過塩素酸	$HClO_4$	ClO_4^-	10^{10}	-10
ヨウ化水素酸	HI	I^-	10^{11}	-11
臭化水素酸	HBr	Br^-	10^9	-9
塩酸	HCl	Cl^-	10^7	-7
硫酸	H_2SO_4	HSO_4^-	10^2	-2
硝酸	HNO_3	NO_3^-	10^2	-2
オキソニウムイオン	H_3O^+	H_2O	1	0.0
塩素酸	$HClO_3$	ClO_3^-	10^{-1}	1
亜硫酸	H_2SO_3	HSO_3^-	1.5×10^{-2}	1.81
硫酸水素イオン	HSO_4^-	SO_4^{2-}	1.2×10^{-2}	1.92
リン酸（オルトリン酸）	H_3PO_4	$H_2PO_4^-$	7.5×10^{-3}	2.12
フッ化水素酸	HF	F^-	3.5×10^{-4}	3.45
メタン酸（ギ酸）	HCOOH	HCO_2^-	1.8×10^{-4}	3.75
エタン酸（酢酸）	CH_3COOH	$CH_3CO_2^-$	1.74×10^{-5}	4.76
ピリジニウムイオン	$HC_5H_5N^+$	C_5H_5N	5.6×10^{-6}	5.25
炭酸	H_2CO_3	HCO_3^-	4.3×10^{-7}	6.37
硫化水素	H_2S	HS^-	9.1×10^{-8}	7.04
リン酸二水素イオン	$H_2PO_4^-$	HPO_4^{2-}	6.2×10^{-8}	7.21
ホウ酸[†1]	$B(OH)_3$	$B(OH)_4^-$	7.2×10^{-10}	9.14
アンモニウムイオン	NH_4^+	NH_3	5.6×10^{-10}	9.25
シアン化水素酸	HCN	CN^-	4.9×10^{-10}	9.31
炭酸水素イオン	HCO_3^-	CO_3^{2-}	4.8×10^{-11}	10.32
ヒ酸水素イオン	$HAsO_4^{2-}$	AsO_4^{3-}	3.0×10^{-12}	11.53
リン酸水素イオン	HPO_4^{2-}	PO_4^{3-}	2.1×10^{-13}	12.67
硫化水素イオン	HS^-	S^{2-}	1.1×10^{-19}	19

†1 プロトン移動平衡は $B(OH)_3(aq) + 2H_2O(l) \rightleftharpoons B(OH)_4^-(aq) + H_3O^+(aq)$
†2 訳注: 計算による pK_a 推奨値は，HI が -9.5 ± 1.0, ClO_4^- が -15.2 ± 2.0, HBr が -8.8 ± 0.8, HCl が -5.9 ± 0.4〔A. Trummal et al., *J. Phys. Chem. A*, **120**, 3663 (2016) より〕

一例は硫化水素 H_2S で，これは**二塩基酸** (diprotic acid) である．二塩基酸は逐次的に2段でプロトンを供与し，二つの酸性度定数をもっている．

$$H_2S(aq) + H_2O(l) \rightleftharpoons HS^-(aq) + H_3O^+(aq) \qquad K_{a1} = \frac{[H_3O^+][HS^-]}{[H_2S]}$$

$$HS^-(aq) + H_2O(l) \rightleftharpoons S^{2-}(aq) + H_3O^+(aq) \qquad K_{a2} = \frac{[H_3O^+][S^{2-}]}{[HS^-]}$$

表4・1によれば $K_{a1} = 9.1 \times 10^{-8}$ ($pK_{a1} = 7.04$)，$K_{a2} \approx 10^{-19}$ ($pK_{a2} = 19$) である．2番目の酸性度定数 K_{a2} は，ほとんどの場合 K_{a1} よりも小さい（したがって，pK_{a2} は一般に pK_{a1} よりも大きい）．この K_a の減少は酸の静電モデルで説明できる．2番目のプロトン解離では，最初のプロトン解離のときよりも負の電荷が1単位だけ増加した中心部からさらに1個のプロトンを引き離さねばならないことになる．正に帯電したプロトンを引き離すのに余分な静電的仕事が必要となり，プロトン解離が起こりにくくなるのである．

例題 4・3 多塩基酸のイオン濃度を計算する

0.10 M $H_2CO_3(aq)$ 中の炭酸イオンの濃度を計算せよ．K_{a1} は表4・1で与えられている．K_{a2} は 4.6×10^{-11} である．

解 逐次的なプロトン解離に対する平衡とそれに対応する酸性度定数を考える必要がある．

$$H_2CO_3(aq) + H_2O(l) \rightleftharpoons HCO_3^-(aq) + H_3O^+(aq) \quad K_{a1} = \frac{[H_3O^+][HCO_3^-]}{[H_2CO_3]}$$

$$HCO_3^-(aq) + H_2O(l) \rightleftharpoons CO_3^{2-}(aq) + H_3O^+(aq) \quad K_{a2} = \frac{[H_3O^+][CO_3^{2-}]}{[HCO_3^-]}$$

2番目のプロトン解離は非常にわずかであるため，1番目のプロトン解離で生じた $[H_3O^+]$ の濃度にはほとんど影響を与えないと考えることができ，$[H_3O^+] = [HCO_3^-]$ となる．したがって，K_{a2} の式でこれら二つの項が相殺され，酸の初期濃度に関係なく $K_{a2} = [CO_3^{2-}]$ となる．これにより，溶液中の炭酸イオンの濃度は $4.6 \times 10^{-11}\,\text{mol dm}^{-3}$ となる．

問題 4・3 0.20 M $HOOC(CHOH)_2COOH(aq)$（酒石酸）のpHを計算せよ．ただし，$K_{a1} = 1.0 \times 10^{-3}$，$K_{a2} = 4.6 \times 10^{-5}$ である．

多塩基酸の逐次プロトン移動平衡で生ずる化学種の濃度は，**分布図** (distribution diagram) によってきわめて明瞭に表される．分布図では，ある化学種 X の割合 $f(X)$ を pH に対してプロットする．三塩基酸 H_3PO_4 が3個のプロトンを順次放出して，$H_2PO_4^-$，HPO_4^{2-}，PO_4^{3-} を生ずる場合を考えよう．たとえば H_3PO_4 分子として残っている溶質の割合は

$$f(H_3PO_4) = \frac{[H_3PO_4]}{[H_3PO_4] + [H_2PO_4^-] + [HPO_4^{2-}] + [PO_4^{3-}]} \qquad (4\cdot7)$$

で与えられる．ある pH での各溶質の濃度は pK_a から計算できる[1]．溶質の四つの化学種のそれぞれについて，割合と pH との関係を図4・1に示す．この図は，各 pH において，それぞれの酸とその共役塩基とが相対的にどの程度存在しているかをまとめたものである．逆に，各化学種の割合が特定の値になるような溶液の pH

---

[1] 計算については P. Atkins, L. Jones, "Chemical Principles", W. H. Freeman & Co. (2010) 参照.

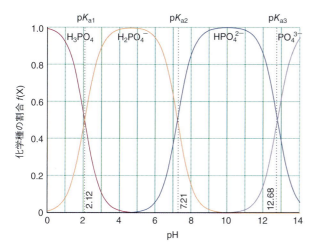

図 4・1 三塩基酸であるリン酸の種々の成分の割合を pH の関数として示す分布図

表 4・2 気相中と溶液中のプロトン親和力

共役酸	塩基	A_p / (kJ mol^{-1})	A_p' / (kJ mol^{-1})
HF	F$^-$	1553	1150
HCl	Cl$^-$	1393	1090
HBr	Br$^-$	1353	1079
HI	I$^-$	1314	1068
H$_2$O	OH$^-$	1643	1188
HCN	CN$^-$	1476	1183
H$_3$O$^+$	H$_2$O	723	1130
NH$_4^+$	NH$_3$	865	1182

† A_p は気相でのプロトン親和力，A_p' は水中の塩基に対する有効プロトン親和力．

もこの図からわかる．たとえばもしオキソニウムイオン濃度が高い pH＜pK_{a1} ならば，溶液中の主要成分は，オキソニウムイオン濃度が高いことに対応して，完全にプロトン化した H$_3$PO$_4$ 分子である．またもし pH＞pK_{a3} ならば，オキソニウムイオン濃度が低いから，完全に脱プロトンした PO$_4^{3-}$ イオンが主要成分であることがわかる．pK_{a1} と pK_{a3} との間の pH では中間の化学種が主要成分になる．

(e) ブレンステッド酸と塩基の強さを支配する因子

要点 プロトン親和力は，気相中でプロトンを獲得するときの負のエンタルピーである．p-ブロックの共役塩基のプロトン親和力は，周の右，族の下に行くほど低減する．プロトン親和力（すなわち，塩基の強さ）は溶媒和に影響を受ける．溶媒和は電荷を運ぶ化学種を安定化させる．

X−H プロトンの相対的な酸性度を定量的に理解するためには，プロトン移動に伴うエンタルピー変化を考えてやればよい．まず，気相中でのプロトン移動反応を考え，つぎに溶媒効果について考える．

プロトンの最も単純な反応は，塩基 A$^-$（ここでは負の電荷の化学種として表しているが，NH$_3$ のように中性分子でもよい）への気相中での付加である．

$$A^-(g) + H^+(g) \longrightarrow HA(g)$$

この反応の標準エンタルピーは**プロトン獲得エンタルピー**（proton-gain enthalpy）$\Delta_{pg}H^\ominus$ である．この値を負にしたものは**プロトン親和力**（proton affinity）A_p（表4・2）として報告されることが多い．$\Delta_{pg}H^\ominus$ が負に大きいとき（すなわち発熱的なプロトン付加に対応するが），プロトン親和力は高く，気相中で強い塩基性を示す．プロトン獲得エンタルピーが少しだけ負の値を示すとき，プロトン親和力は低く，弱い塩基性（もしくは，より酸性的な性質）を示す．

p-ブロックの二元系酸 HA の共役塩基のプロトン親和力は，周の右，族の下に行くほど低減する．すなわち，気相中での酸性度の増加を意味する．したがって，HF は H$_2$O よりも強い酸であり，HI はハロゲン化水素の中で最も強い酸である．これを言い換えれば，これらの共役塩基のプロトン親和力の順は I$^-$＜F$^-$＜OH$^-$ である．このような傾向は図4・2に示す熱力学サイクルによって説明できる．ここではプロトン獲得を以下の3ステップの結果として考える．

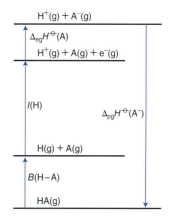

図 4・2 プロトン獲得反応の熱力学サイクル

A⁻ からの電子損失: $\quad A^-(g) \longrightarrow A(g) + e^-(g) \qquad -\Delta_{eg}H^{\ominus}(A) = A_e(A)$
(A の電子獲得の逆反応)

H⁺ による電子獲得: $\quad H^+(g) + e^-(g) \longrightarrow H(g) \qquad -\Delta_i H^{\ominus}(H) = -I(H)$
(H のイオン化の逆反応)

H と A の結合: $\quad H(g) + A(g) \longrightarrow HA(g) \qquad -B(H-A)$
(H−A 結合の解離の逆反応)

共役塩基 A⁻ のプロトン獲得エンタルピーはこれらのエンタルピー変化の和である.

全反応: $\quad H^+(g) + A^-(g) \longrightarrow HA(g)$
$$\Delta_{pg}H^{\ominus}(A^-) = A_e(A) - I(H) - B(H-A)$$

したがって，A⁻ のプロトン親和力は,

$$A_p(A^-) = B(H-A) + I(H) - A_e(A) \tag{4・8}$$

周期中のプロトン親和力が変わるおもな要因は A の電子親和力であり，左から右に行くほど増加する．そのため，A⁻ のプロトン親和力は周の右へ行くにつれて低下することになる．したがって同周期中での HA の気相中の酸性度は A の電子親和力が大きくなるほど増加することになる．電子親和力の増加は電気陰性度 (§1・7) の増加と関連しているため，HA の気相中の酸性度は A の電気陰性度が増えるほど大きくなる．族を下に行くときのプロトン親和力が変わるおもな要因は，H−A 結合解離エンタルピーの低減である．これにより A⁻ のプロトン親和力が下がり，HA の気相中の酸性度が強くなる．これらの効果をあわせた結果，気相中の A⁻ のプロトン親和力は低下し，p-ブロック中で左上から右下に向かって気相の HA の酸性度は増加することになる．これらのことから，HI が CH_4 よりも非常に強い酸であることを理解できる．

ここまで述べてきた関係は，溶媒 (代表的なものとして水) が存在するときには，修正する必要がある．気相中での $A^-(g) + H^+(g) \rightarrow AH(g)$ は，

$$A^-(aq) + H^+(aq) \longrightarrow HA(aq)$$

となる．プロトン獲得エンタルピーの負の値は，A⁻(aq) の**有効プロトン親和力** (effective proton affinity) A_p' とよばれる.

仮に A⁻ が H_2O とすると，H_2O の有効プロトン親和力は，つぎの過程に伴うエンタルピー変化となる．

$$H_2O(l) + H^+(aq) \longrightarrow H_3O^+(aq)$$

水分子が気相中でプロトンを付加するとき，

$$n\,H_2O(g) + H^+(g) \longrightarrow H^+(H_2O)_n(g)$$

放出されるエネルギーは質量分析計で測定でき，溶液中の水和過程のエネルギー変化を評価するために使用される．放出されるエネルギーは，n が増加するとき，最大で $1130\,kJ\,mol^{-1}$ を示し，この値は水中での H_2O の有効プロトン親和力として用いられる．水中での OH⁻ イオンの有効プロトン親和力は，つぎの反応エンタルピーの負の値であり，

$$OH^-(aq) + H^+(aq) \longrightarrow H_2O(l)$$

一般的な方法 (平衡定数 K_w の温度依存性など) によって測定される．その値は $1188\,kJ\,mol^{-1}$ である．

反応

$$\text{HA(aq)} + \text{H}_2\text{O(l)} \longrightarrow \text{H}_3\text{O}^+\text{(aq)} + \text{A}^-\text{(aq)}$$

は A^-(aq) の有効プロトン親和力が H_2O(l) よりも小さく（1130 kJ mol^{-1} 以下），エントロピー変化が無視でき，反応の自発性を示すエンタルピー変化であるならば，発熱的であり，プロトンを水に手放し，強酸となる．同様に，反応

$$\text{A}^-\text{(aq)} + \text{H}_2\text{O(l)} \longrightarrow \text{HA(aq)} + \text{OH}^-\text{(aq)}$$

は，A^-(aq) の有効プロトン親和力が OH^-(aq) のもの（1188 kJ mol^{-1}）よりも大きいときに発熱的である．また，反応の自発性を示すエンタルピー変化であれば，A^-(aq) はプロトンを受け入れ，強塩基として作用する．

> **実例** 水中での I^- の有効プロトン親和力は 1068 kJ mol^{-1} で，気相中では 1314 kJ mol^{-1} である．このことは，I^- が水和されていることを示している．また，水の有効プロトン親和力（1130 kJ mol^{-1}）よりも小さく，これは HI が水中で強酸であるという事実に整合する．F^- を除くすべてのハロゲン化物イオンは，水よりも小さい有効プロトン親和力をもつ．このことは，水中では HF を除くハロゲン化水素は強酸であることと整合する．

溶媒和の効果は，溶媒を連続的な誘電体として取扱い，静電的なモデルによって合理的に説明できる．気相中でのイオンの溶媒和は常に強く発熱的である．溶媒和エンタルピー $\Delta_{\text{solv}}H^\ominus$（水中での水和エンタルピー $\Delta_{\text{hyd}}H^\ominus$）の大きさはイオンの半径，比誘電率，イオンと溶媒間での特定の結合（特に水素結合）の割合に依存する．

気相中を考えると，プロトン移動過程に対するエントロピーの寄与は小さく，そのため $\Delta G^\ominus \approx \Delta H^\ominus$ と考えてよい．溶液中では，エントロピーの効果は無視することができなく，$\Delta G^\ominus$ を使用しなければならない．イオンの溶媒和のギブズエネルギーは，イオンを真空から比誘電率 ε_{r} の溶媒中に移動するときのエネルギーである．ボルンの式（Born equation）はこのモデルを用いて導かれている[2]．

$$\Delta_{\text{solv}} G^\ominus = -\frac{N_{\text{A}} z^2 e^2}{8\pi\varepsilon_0 r}\left(1 - \frac{1}{\varepsilon_{\text{r}}}\right) \quad (4\cdot 9)$$

ここで z はイオンの価数，r は有効半径であり，溶媒分子の半径も含んでいる．N_{A} はアボガドロ定数，ε_0 は真空の誘電率，ε_{r} は比誘電率である．

溶媒和のギブズエネルギーは z^2/r（静電パラメーター ξ として知られている）に比例するので，小さくて高電荷のイオンは極性溶媒によって安定化される（図 4・3）．ボルンの式はまた，つぎのことを示している．すなわち，比誘電率が大きくなるほど $\Delta_{\text{solv}} G^\ominus$ の値はより負になる．この安定化は特に $\varepsilon_{\text{r}} = 80$〔式(4・9)の括弧の項が 1 に近づく〕の水に対して重要であり，非極性溶媒では，ε_{r} は 2 程度まで低くなる（括弧内の項が 0.5 に近づく）．

$\Delta_{\text{solv}} G^\ominus$ はイオンが気相中から水溶液中に移動するときのモルギブズエネルギーの変化量であるので，負に大きな $\Delta_{\text{solv}} G^\ominus$ は気相中と比較して，溶液中でのイオン生成に有利に働く．荷電イオンと極性溶媒分子との相互作用は親の酸である HA より，その共役塩基である A^- を安定化する．その結果として，HA の酸性度は極性

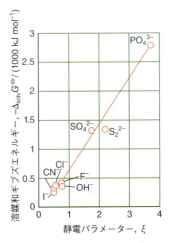

図 4・3 アニオンの $\Delta_{\text{solv}} G^\ominus$ と無次元化静電パラメーター ξ（$= 100 z^2/r$，r の単位は pm）との関係

---

[2] ボルン式の導出については P. Atkins, J. de Paula, "Physical Chemistry", 10th ed., Oxford University Press and W. H. Freeman & Co. (2014)〔邦訳: "アトキンス物理化学（第 10 版）"，東京化学同人〕を参照．

溶媒によって増すことになる．一方で，中性塩基 B の有効プロトン親和力は，その共役酸である HB^+ が溶媒和によって安定化されるために，気相中よりも高くなる．NH_4^+ のようなカチオン性の酸は溶媒和によって安定化されるため，その共役塩基である NH_3 の有効プロトン親和力は気相中よりも高い．そのため，カチオン性の酸の酸性度は極性溶媒によって低減する．

ボルンの式では溶媒和による安定化をクーロン相互作用に起因するとしている．しかし，水のようなプロトン性溶媒中では，水素結合も重要な因子である．溶質の周りに水素結合クラスターを形成することにより，水は小さく高電荷なイオンについて，ボルンの式が予測するよりも大きな安定化効果をもつ．この安定化効果は，高い電荷密度をもち，水が水素結合供与体として作用する F^-，OH^-，Cl^- に対して特に大きくなる．水分子は酸素原子上に非共有電子対をもつので，それがまた水素結合受容体となりうる．NH_4^+ のような酸性イオンは水素結合によって安定化され，その結果としてボルンの式が予測するよりも低い酸性度を示す．

ブレンステッド酸の特徴

要点 アクア酸，ヒドロキソ酸，オキソ酸は，それぞれ周期表中の特定の領域に特徴的なものである．

ここからは，水中でのブレンステッド酸およびブレンステッド塩基についてだけ論ずることにする．HX 型の酸についてこれまで述べてきた．しかし，水の中の酸で最も多いのは中心原子に付いている –OH 基からプロトンを与える化学種である．このように供与されるプロトンは**酸性プロトン**（acidic proton）とよばれ，分子内に存在する他のプロトン —— CH_3COOH 中のメチル基の非酸性プロトンのような —— と区別する．

ここで取上げるべき酸にはつぎの 3 種類がある．

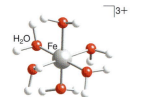

3 $[Fe(OH_2)_6]^{3+}$

1. **アクア酸**（aqua acid）：この酸では，中心金属イオンに配位した水分子に酸性プロトンが存在する．

$$E(OH_2)(aq) + H_2O(l) \rightleftharpoons [E(OH)]^-(aq) + H_3O^+(aq)$$

一つの例は

$$[Fe(OH_2)_6]^{3+}(aq) + H_2O(l) \rightleftharpoons [Fe(OH)(OH_2)_5]^{2+}(aq) + H_3O^+(aq)$$

である．アクア酸であるヘキサアクア鉄(III)イオンの構造を **3** に示す．

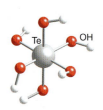

4 $Te(OH)_6$

2. **ヒドロキソ酸**（hydroxoacid）：この場合には，隣接するオキソ基（オキシド基，=O）がなくヒドロキシ基に酸性プロトンが存在する．$Te(OH)_6$ (**4**) がその例である．

3. **オキソ酸**（oxoacid）：この酸では†，ヒドロキシ基とオキソ基とが同じ原子に結合していて，そのヒドロキシ基に酸性プロトンが存在する．硫酸 H_2SO_4 〔$O_2S(OH)_2$, **5**〕がオキソ酸の例である．

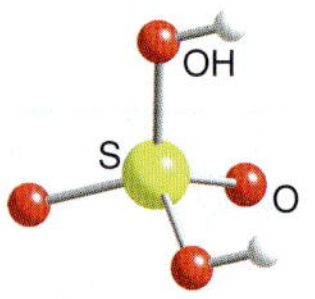

5 $O_2S(OH)_2$, H_2SO_4

---

† 訳注：無機化学命名法 IUPAC 1990 年勧告では，オキソ酸を"酸素，少なくとも他の 1 種の元素と，酸素に結合した少なくとも 1 個の水素を含み，水素陽イオンを失って共役塩基を生ずる化合物"と定義している．この定義では，アクア酸，ヒドロキソ酸もオキソ酸に含まれる．

これらの3種類の酸は，あるアクア酸から逐次的に脱プロトンして生成する各段階の酸

$$\text{アクア酸} \xrightarrow{-\text{H}^+} \text{ヒドロキソ酸} \xrightarrow{-\text{H}^+} \text{オキソ酸}$$

とみなすことができる．このような逐次的に脱プロトンする例は，Ru^{IV} のように中間的な酸化状態の d-ブロック金属の場合に見られる．

$$\left[\begin{array}{c} OH_2 \\ L_{\prime\prime\prime\prime}\!\!-\!\!Ru\!\!-\!\!L \\ L\quad L \\ OH_2 \end{array}\right]^{4+} \underset{+2\,H^+}{\overset{-2\,H^+}{\rightleftharpoons}} \left[\begin{array}{c} OH \\ L_{\prime\prime\prime\prime}\!\!-\!\!Ru\!\!-\!\!L \\ L\quad L \\ OH \end{array}\right]^{2+} \underset{+H^+}{\overset{-H^+}{\rightleftharpoons}} \left[\begin{array}{c} O \\ L_{\prime\prime\prime\prime}\!\!-\!\!Ru\!\!-\!\!L \\ L\quad L \\ OH \end{array}\right]^{+}$$

アクア酸は，酸化数の低い中心原子，また s-ブロック金属および d-ブロック金属ならびに，p-ブロック中の左側の方の金属元素に特徴的に見られる．オキソ酸は，中心元素が高い酸化数をもつ場合に見られる．さらに，p-ブロック中で右側にある元素では，酸化数が中間の状態である場合にも，オキソ酸が生成する（たとえば $HClO_2$）．

4・2 アクア酸の強度に見られる周期性

要点 アクア酸の強さは，中心金属イオンの正電荷が増すにつれ，またイオン半径が減少するにつれて増大する．例外は，一般に，共有結合の影響による．

　アクア酸は，中心金属イオンの正電荷が増えるほど，またそのイオン半径が減少するほど，酸性が強くなるのが普通である．アクア酸の強さの変化は，イオンモデルによって，ある程度まで合理的に説明することができる．このモデルでは，ze の正電荷をもつ半径 r_+ の球体として金属イオンを表す．イオンの正電荷が大きいほど，また，その半径が小さいほど，カチオンの近傍からプロトンを引き離すのは容易になる．したがって，このモデルによれば，z が増大し，かつ，r_+ が減少するにつれて酸性度が増えることが期待される．

　酸の強度に対してこのイオンモデルがどの程度有効であるかは図 4・4 でわかる．イオン固体をつくる元素（おもに s-ブロック中の元素）のアクアイオンの pK_a はイオンモデルできわめてよく説明される．d-ブロックイオンの中には，Fe^{2+} や Cr^{3+} のようにかなり図の直線に近いところにあるものもあるが，多くのもの（とりわけ pK_a が低い，すなわち酸の強度が高いイオン）は明らかにずれている．このずれは，離れていくプロトンと金属イオンとの反発力がイオンモデルの予測よりも強いことを示している．この反発力の増加は，カチオンの正電荷が中心イオン上だけに局在しているのではなく，配位子上に非局在化している結果，離れていくプロトンにより近いところに正電荷があると考えると合理的に説明できる．この電荷の非局在化は，元素と酸素の結合が共有結合性をもつと考えるのと同じことである．事実，共有結合をつくりやすいイオンの場合に直線からのずれが大きい．

　d-ブロックの後の方の金属（Cu^{2+} のような）および p-ブロックの金属（Sn^{2+} のような）では，アクア酸の強度がイオンモデルの予測よりもはるかに高くなる．これらの金属では共有結合性がイオン結合性よりも重要で，イオンモデルは非現実的である．金属の d 軌道と配位子の酸素の軌道との重なりは，族の下の方の金属ほど大きくなる．その結果，d-ブロック中で重い金属のアクアイオンほど強い酸になる傾向がある．

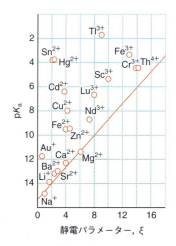

図 4・4 酸性度定数 pK_a とアクアイオンの無次元化静電パラメーター ξ（$= 100z^2/r$，r の単位は pm）との間の相関

> **例題 4・4 アクア酸の強度の傾向の説明**
>
> $[Fe(OH_2)_6]^{2+} < [Al(OH_2)_6]^{3+} < [Hg(OH_2)]^{2+} \approx [Fe(OH_2)_6]^{3+}$ で表される酸性度の傾向を説明せよ.
>
> **解** 中心金属の電荷密度と,それにより H_2O 配位子の脱プロトンが容易になる効果を考える必要がある.Fe^{2+} 錯体が最も弱い酸であるのは,Fe^{2+} の半径が比較的大きく,電荷が比較的低いからである.電荷数が +3 になると酸性度が高くなる.Hg^{2+} と Fe^{3+} の錯体では,共有結合の結果,かなりの正電荷が酸素に移行しているために,イオンモデルが成立せず,強い酸となる.
>
> **問題 4・4** つぎのイオンを酸性度の高くなる順に並べよ.
> $[Na(OH_2)_6]^+$, $[Sc(OH_2)_6]^{3+}$, $[Mn(OH_2)_6]^{2+}$, $[Ni(OH_2)_6]^{2+}$

4・3 簡単なオキソ酸

最も簡単なオキソ酸は**単核酸**(mononuclear acid)で,中心元素の原子は1個である.これには H_2CO_3, HNO_3, H_3PO_4, H_2SO_4 [3] などがある.周期表の右上にある電気的に陰性な元素およびその他の元素で高い酸化数をもつものが,このようなオキソ酸を与える(表 4・3).この表で興味ある点の一つは,第2周期では平面構造の H_2CO_3, HNO_3 が見られるのに対して,後の方の周期の元素にはその同類が見られないことである.第2章で見たように,第2周期元素では pπ-pπ 結合が重要であるために,それらの原子は平面内に位置するような制約を受けやすいのである.

3) これらの酸は $(HO)_2CO$, $HONO_2$, $(HO)_3PO$, $(HO)_2SO_2$ として,またボロン酸は H_3BO_3 よりも $B(OH)_3$ として書く方がわかりやすい.本書では説明したい特性に応じて,両方の表記を使用する.

表 4・3 オキソ酸の構造と pK_a 値[†1]

$p = 0$	$p = 1$	$p = 2$	$p = 3$
Cl—OH 7.2	HO—C(=O)—OH 3.6	O=N(=O)—OH −1.4	
(HO)_3Si—OH 10	(HO)_2P(=O)—OH 2.1, 7.2, 12.7	O=Cl—OH 2.0	O=S(=O)(OH)—OH −1.9, 1.9	O=Cl(=O)(=O)—OH −10
(HO)_4Te(OH)_2 7.8, 11.2	(HO)_4I(=O)—OH 1.6, 7.0	(HO)_2P(=O)—H 1.8, 6.6	O=Cl(=O)—OH −1.0	
B(OH)_3 9.1[†2]	O=As(OH)_2—OH 2.3, 6.9, 11.5	O=Se(OH)—OH 2.6, 8.0	O=Se(=O)(OH)—OH −2, 1.9	

†1 p はプロトンが付加していない O 原子の数.
†2 ホウ酸は特別な例である.§13・8 参照.

(a) 置換オキソ酸

> **要点** 置換オキソ酸の強さは，置換基が電子を引き寄せる力で合理的に説明される．場合によっては，オキソ酸の中心原子に非酸性のH原子が直接付くこともある．

オキソ酸の –OH 基の一つまたはそれ以上を他の基で置換して，一連の置換オキソ酸をつくることができる．フルオロ硫酸 $O_2SF(OH)$，アミド硫酸 $O_2S(NH_2)OH$ (**6**) などがそれである．フッ素は電気的にきわめて陰性であるから，中心のS原子から電子を引き寄せてS原子の有効正電荷を高め，フルオロ硫酸を硫酸 $O_2S(OH)_2$ よりも強い酸にする．$-CF_3$ も電子受容性置換基で，強い酸であるトリフルオロメチルスルホン酸 CF_3SO_3H，すなわち $O_2S(CF_3)(OH)$ をつくる．これに対して，孤立電子対をもつ $-NH_2$ 基は π 結合によってSに電子密度を供与することができる．この電荷移動によって，中心原子の正電荷が減少し，酸性度は弱くなる．

オキソ酸には，中心原子を OH や O が取囲んでいる形のものが多いが，すべてのオキソ酸がそうだと早合点してはならない．たとえばホスホン酸 H_3PO_3 の場合のように，中心原子にH原子が直接結合することがある．二つの OH 基を置換すると残るのは P–H 結合 (**7**) であり，この水素は酸性プロトンではないから，ホスホン酸は実際は二塩基酸にすぎない．このことは NMR および振動スペクトルで確認されており，構造式は $OPH(OH)_2$ である．H–P 結合の水素が酸性ではないことは，O原子に比べて中心のP原子の電子求引性がより低いことを反映している (§4・1e)．ヒドロキシ基ではなくオキソ基が置換される場合もある．チオ硫酸イオン $S_2O_3^{2-}$ (**8**) はこの重要な例で，この場合には硫酸イオンのO原子がS原子で置換されている．

> **メモ** オキソ酸の構造ではオキソ基の二重結合は ＝O として描かれる．この表記は中央原子にO原子が結合していることを示す．実際には共鳴により，分子の計算されるエネルギーを低減させ，分子全体に電子の結合性を配分している．

6 $O_2S(NH_2)OH$

7 $OPH(OH)_2$, H_3PO_3

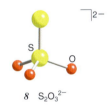

8 $S_2O_3^{2-}$

(b) ポーリングの規則

> **要点** 特定の中心原子に付いているオキソ基およびヒドロキシ基の数が異なる一連のオキソ酸の強さは，ポーリングの規則でまとめられる．

元素Eの一連の単核オキソ酸では，酸の強度が酸素原子の数とともに増加する．この傾向は酸素の電子求引性を考えることによって定性的に説明できる．酸素原子は電子を引き寄せて各 O–H 結合を弱くする．よって，プロトンの放出は容易になる．一般に，一連のオキソ酸ではどのような場合でも，酸素の数が最大であれば最も強い酸になる．たとえば，塩素のオキソ酸の酸としての強度は $HClO_4 > HClO_3 > HClO_2 > HClO$ の順に減少する．同様に，HNO_3 は HNO_2 よりも強い酸である．

他の重要な因子は，共鳴によって脱プロトンした (共役) 塩基を安定化させる度合であり，末端オキソ基の数により異なる．たとえば，H_2SO_4 の共役塩基である HSO_4^- アニオンは三つの共鳴混成体 (**9**) として表すことができ，その一方で H_2SO_3 の共役塩基 HSO_3^- は二つの共鳴体 (**10**) しかもたない．したがって，H_2SO_4 は H_2SO_3 よりも強い酸となる．H_2SO_3 の性質に関連するこの比較の結果については後で議論する．

この傾向は，Linus Pauling が示した二つの経験則を用いて，ポーリングの規則 (Pauling's rule) として半定量的にまとめられる (p はオキソ基の数で q はヒドロキシ基の数である)．

1. $O_pE(OH)_q$ で表されるオキソ酸では $pK_a \approx 8-5p$
2. 多塩基酸（$q>1$ の酸）の pK_a 値は，プロトン解離が1回起こるごとに5単位ずつ増加する．

規則1からつぎのことが予測できる．電気的に中性なヒドロキソ酸では $p=0$ で $pK_a \approx 8$，オキソ基が一つの酸では $pK_a \approx 3$，オキソ基が二つの酸では $pK_a \approx -2$ である．たとえば硫酸 $O_2S(OH)_2$ では $p=2, q=2$ であるから，$pK_{a1} \approx -2$ で強酸ということになる．同様に $pK_{a2} \approx +3$ と予測されるが，実測値 1.9 と比較すると，これらの規則が近似にすぎないことを再認識できる．

表 4・3 では p によって酸を分類してあるが，これを見ると，ポーリングの規則がどのくらいよく成立するかがわかるであろう．同じ族内では，周期表の上下で酸強度はそれほど変わらない．構造の違いによる複雑な効果が互いに打ち消しあうように作用して，その結果この規則がよく成立するようになっているのであろう．周期表中で，左から右への変化はもっと重要で，酸化数の違いはオキソ基の数に影響を与える．たとえば，15族では酸化数が V で，〔$OP(OH)_3$ のように〕オキソ基は一つ必要であるが，16族では酸化数が VI で，〔$O_2S(OH)_2$ のように〕オキソ基は二つ必要である．

(c) 構造上の異常性

要点 非金属酸化物の水溶液では，特に H_2CO_3 や H_2SO_3 の場合のように，その組成が単純な分子式からでは正しく表せないことがある．

ポーリングの規則の応用で興味深いのは，構造異常性を見つけることであろう．たとえば，炭酸 $OC(OH)_2$ では $pK_{a1}=6.4$ と報告されているが，ポーリングの規則による推定値は $pK_{a1}=3$ である．このように酸性度定数の実測値が推定値よりも低いのは，溶けている CO_2 がすべて H_2CO_3 になっているとして濃度を取扱っていることによる．しかし，

$$CO_2(aq) + H_2O(l) \rightleftharpoons OC(OH)_2(aq)$$

の平衡では，溶けている CO_2 の約 1% しか $OC(OH)_2$ になっておらず，酸の実際の濃度は溶けている CO_2 の濃度よりもはるかに少ない．この点を考慮に入れると H_2CO_3 の真の pK_{a1} はポーリングの規則の予測どおり約 3.6 となる．

亜硫酸 H_2SO_3 について報告されている実験値 $pK_{a1}=1.8$ は，もう一つの異常な例であり，この場合はずれの方向が前の例と逆である．事実，分光学的な研究では，溶液中から $OS(OH)_2$ 分子は検出されず，

$$SO_2(aq) + H_2O(l) \rightleftharpoons H_2SO_3(aq)$$

の平衡定数は 10^{-9} より小さい．溶けている SO_2 の平衡は複雑で，単純には解析できない．検出されているイオンには HSO_3^- や $S_2O_5^{2-}$ があり，また亜硫酸水素イオンの塩の固体中には SH 結合が認められている．

CO_2 および SO_2 の水溶液の組成を考えると，つぎの重要な点がわかる．すなわち，すべての非金属酸化物が水と完全に反応して酸を生成するわけではない．一酸化炭素がもう一つの例である．一酸化炭素は形式上はメタン酸（ギ酸）HCOOH の無水物であるが，室温で水と反応してメタン酸を生ずることはない．いくつかの金属酸化物についても同じことがいえる．たとえば OsO_4 は中性分子の形で溶存して存在できる．

例題 4・5 ポーリングの規則を使う

つぎの pK_a 値と矛盾しない構造式を予測せよ.
$$H_3PO_4\ \ 2.12,\quad H_3PO_3\ \ 1.80,\quad H_3PO_2\ \ 2.0$$

解 オキソ基の数を予測するために pK_a 値を用い,ポーリングの規則を応用する.これらの三つの値はすべて,ポーリングの第一規則によって,オキソ基を一つもつものの範囲内である.このことはつぎの構造式,$(HO)_3P=O$,$(HO)_2HP=O$,$(HO)H_2P=O$ を示唆している.すなわち,2番目および3番目の酸は,最初の酸の $-OH$ を P に結合した H で置換して(構造7の場合のように)導かれたものである.

問題 4・5 (a) H_3PO_4, (b) $H_2PO_4^-$, (c) HPO_4^{2-} の pK_a 値を推定せよ.

4・4 無水酸化物

オキソ酸は,親分子であるアクア酸から脱プロトン反応によって導かれたものとして取扱ってきた.これと逆の観点に立って,酸化物の中心原子の水和によってアクア酸とオキソ酸とが導かれると考えるのもまた有用である.こうすると,酸化物の酸および塩基としての性質が強調され,またこのような性質と周期表中における元素の位置との関連がはっきりする.

(a) 酸性酸化物および塩基性酸化物

要点 金属元素はおもに塩基性酸化物をつくり,非金属元素はおもに酸性酸化物をつくる.

酸性酸化物(acidic oxide)とは,水に溶かしたときに H_2O 分子と結合して,周りにある溶媒にプロトンを放出するものである.

$$CO_2(g) + H_2O(l) \rightleftharpoons OC(OH)_2(aq)$$
$$OC(OH)_2(aq) + H_2O(l) \rightleftharpoons O_2C(OH)^-(aq) + H_3O^+(aq)$$

あるいは,酸性酸化物とは,水溶液中の塩基(アルカリ)と反応する酸化物であるといっても同じことである.

$$CO_2(g) + OH^-(aq) \longrightarrow O_2C(OH)^-(aq)$$

塩基性酸化物(basic oxide)とは,水に溶かしたときに H_2O 分子からプロトンを受け取る酸化物である.

$$BaO(s) + H_2O(l) \longrightarrow Ba^{2+}(aq) + 2\,OH^-(aq)$$

この場合,塩基性酸化物とは酸と反応する酸化物であるといっても同じことである.

$$BaO(s) + 2\,H_3O^+(aq) \longrightarrow Ba^{2+}(aq) + 3\,H_2O(l)$$

酸性および塩基性酸化物の特性は,他の化学的性質との間に相関を示す場合が多いので,酸化物の特性についての知識から広範囲の性質を予測することができる.これらの相関は,塩基性酸化物は大部分イオン結合性であり,また酸性酸化物は大部分共有結合性であることに起因していることが多い.たとえば,酸性酸化物をつくる元素は,揮発性で共有結合性のハロゲン化物をつくりやすい.それに対して,塩基性酸化物をつくる元素は,固体でイオン結合性のハロゲン化合物をつくりやすい.ようするに,ある元素の酸化物が酸性か塩基性かは,その元素を金属とみなすべきか,非金属とみなすべきかについての化学的な指標になる.一般に,金属は塩

基性酸化物を生じ，非金属は酸性酸化物を生成する．

(b) 両 性

要点 周期表中で金属と非金属との境界領域の特徴は，そこにある元素が両性酸化物をつくることである．両性の出現は，元素の酸化状態によっても変化する．

両性酸化物 (amphoteric oxide) は，酸とも塩基とも反応する酸化物である[4]．たとえば，酸化アルミニウムは酸および塩基とつぎのように反応する．

$$Al_2O_3(s) + 6\,H_3O^+(aq) + 3\,H_2O(l) \longrightarrow 2\,[Al(OH_2)_6]^{3+}\,(aq)$$
$$Al_2O_3(s) + 2\,OH^-(aq) + 3\,H_2O(l) \longrightarrow 2\,[Al(OH)_4]^-\,(aq)$$

[4] "amphoteric"は，ギリシャ語の"両方"に由来する．

BeO, Al_2O_3, Ga_2O_3 からわかるように，2 族および 13 族の軽い方の元素で両性が見られる．また中心原子が非常に電子求引性である MoO_3 や V_2O_5 の例のような高酸化状態にある d-ブロック元素のあるものや，SnO_2 および Sb_2O_5 のような 14 族および 15 族の重い方のいくつかの元素についても両性が見られる．

その族に特徴的な酸化状態において両性酸化物をつくるものが周期表の中でどのような位置にあるかを示したのが図 4・5 である．これらの酸化物は，酸性酸化物と塩基性酸化物との境界線上に並んでいて，元素が金属性か非金属性かを特徴づける重要な指標になっている．酸化物が両性を示す金属イオンは，きわめて分極性である (Be のように) か，または，結合した O 原子によって分極される (Sb のように) かである．そのため，両性の原因は，その元素がつくる結合がかなりの程度共有結合性であることに関連している．

d-ブロック元素で重要な問題は，どのような酸化数の状態が両性を示すかである．このブロックの第 1 行の元素が両性酸化物をつくるときの酸化数を図 4・6 に示す．ブロックの左の方の元素，すなわち，チタンからマンガン，そして多分鉄についても，酸化数が IV のときに両性となる (酸化数が高いときは酸性，低いときは塩基性の領域に入る)．ブロックの右の方では，酸化数が低い状態で，すなわち，コバルトとニッケルでは III，銅と亜鉛では II の場合に完全に両性になる．両性が現れるのを予測する簡単な方法はないが，金属イオンが，それを取囲んでいる酸化物イオンを分極する力，すなわち，金属-酸素結合を共有結合性にする力と関係があると思われる．共有結合性の程度は一般に金属の酸化数とともに増加する．これは，カチオンの正電荷が増すほど分極能が大きくなるためである (§1・7e)．

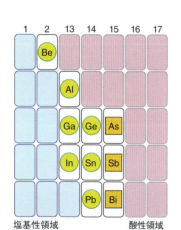

図 4・5 両性酸化物をつくる元素の周期表における位置．〇の元素は，すべての酸化数において両性酸化物を生ずる．■の元素は，その酸化数が最大のとき酸性酸化物，酸化数が低い状態では両性酸化物となる．

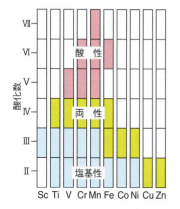

図 4・6 3d-ブロック元素が両性酸化物をつくるときの元素の酸化状態．主として酸性酸化物をつくる場合は■で，塩基性酸化物をつくる場合は□で表してある．

例題 4・6 酸化物の酸性度を定性分析に利用する

定性分析の伝統的な手順では，金属イオンの溶液を酸化してから，アンモニア水を加えて pH を上げる．Fe^{3+}, Ce^{3+}, Al^{3+}, Cr^{3+}, V^{3+} は含水酸化物として沈殿する．H_2O_2 と NaOH を加えるとアルミニウム，クロム，バナジウムの酸化物が再び溶解する．これらの過程を酸化物の酸性度から検討せよ．

解 金属の酸化数が III のときには，これらの金属酸化物はすべて十分に塩基性で，pH≈10 の溶液中で不溶性である．酸化アルミニウム(III)は両性で，アルカリ溶液中では再溶解してアルミン酸イオン $[Al(OH)_4]^-$ となる．酸化バナジウム(III)と酸化クロム(III)は H_2O_2 で酸化されてバナジン酸イオン $[VO_4]^{3-}$ とクロム酸イオン $[CrO_4]^{2-}$ を生ずる．これらのイオンは，それぞれ，酸性酸化物である V_2O_5 および CrO_3 から生ずるアニオンである．

問題 4・6 上記の試料中に Ti^{IV} イオンがあったとすると，それはどのような挙動を示すか．

4・5 ポリオキソ化合物の生成

要点 OH 基をもつ酸は，縮合してポリオキソアニオンをつくる．簡単なアクアカチオンからポリカチオンができるときには H_3O^+ が失われる．pH が低いときにはオキソアニオンは重合体を形成し，pH が高くなるとアクアカチオンが重合体を形成する．地殻中の大半の酸素はポリオキソアニオンに起因する．

塩基性または両性の酸化物をつくる金属のアクアイオンは，溶液の pH が高くなると一般に重合して沈殿する．この沈殿は各金属に特有の pH で定量的に起こるので，金属イオンの分離に利用される．

1族および2族の元素で重要な溶存化学種は，両性を示す Be^{2+} の場合を除けば，アクアイオン M^+(aq) および M^{2+}(aq) だけである．これに対して，周期表の両性領域に属する金属では，その溶液化学がきわめて変化に富んでいる．最も一般的な二つの例は，Fe^{III} や Al^{III} がつくる重合体で，ともに地殻中に豊富に存在する．酸性溶液中では $[Al(OH_2)_6]^{3+}$ および $[Fe(OH_2)_6]^{3+}$ が生ずるが，これらはいずれも八面体のヘキサアクアイオンである．pH>4 の溶液中では，両者ともゼラチン状の含水酸化物として沈殿する．

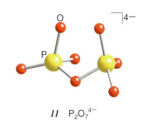

11 $P_2O_7^{4-}$

$$[Fe(OH_2)_6]^{3+}(aq) + n\,H_2O(l) \longrightarrow Fe(OH)_3 \cdot n\,H_2O(s) + 3\,H_3O^+(aq)$$
$$[Al(OH_2)_6]^{3+}(aq) + n\,H_2O(l) \longrightarrow Al(OH)_3 \cdot n\,H_2O(s) + 3\,H_3O^+(aq)$$

沈殿した重合体は多くの場合コロイド粒子状の大きさ（1 nm～1 μm）であるが，ゆっくりと結晶化して安定な鉱物の形になる．三次元的に整然と詰まったアルミニウム重合体の大規模な網目構造は，鉄の場合の直鎖状重合体と対照的である．

オキソアニオンからポリオキソアニオンができる（縮合）ときには O 原子がプロトン化されて，それが H_2O の形で離れていく．オルトリン酸イオン PO_4^{3-} から出発する最も簡単な縮合反応は，二リン酸イオン $P_2O_7^{4-}$ の生成

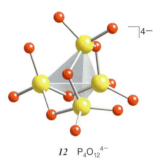

12 $P_4O_{12}^{4-}$

$$2\,PO_4^{3-} + 2\,H_3O^+ \longrightarrow {}^-O{-}\underset{O^-}{\overset{O}{P}}{-}O{-}\underset{O^-}{\overset{O}{P}}{-}O^- + 3\,H_2O$$

である．プロトンを消費して水がとれ，P 原子1個当たりの平均電荷数が −2 に変わる．O 原子を頂点とする四面体で各リン酸原子団を表すと，二リン酸イオン $P_2O_7^{4-}$ を多面体を結合させた *11* のように描くことができる．リン酸は，固体の酸化リン(V) P_4O_{10} の加水分解でつくることができる．限られた量の水を用いての第一段階で生ずるのは化学式が $P_4O_{12}^{4-}$ のメタリン酸イオン†（*12*）である．しかし，この反応は多くの反応の中の最も簡単なものにすぎない．酸化リン(V) の加水分解生成物をクロマトグラフィーで分離すると，P 原子を1個から9個まで含む鎖状物質の存在がわかる．より高核性の化学種も存在していて，それらは加水分解によってのみカラムから溶離することができる．二次元の沪紙クロマトグラムの模式図を図 4・7 に示す．上の方にあるスポットの系列は鎖状重合体に，また下の方の系列は環状重合体に対応する．$n=10$ から $n=50$ までの鎖状重合体 P_n は，ケイ酸塩からできる重合体（§14・15）に似た非晶質のガラス状混合物として分離される．

ポリリン酸塩は生物学的に重要である．生理的な pH（7.4 付近）では，P−O−P 結合は加水分解に対して不安定である．その結果，この加水分解によって反応を進めるためのエネルギー（ギブズエネルギー）が放出され，逆に P−O−P 結合をつくることによってギブズエネルギーが蓄えられる．代謝におけるエネルギー交換の

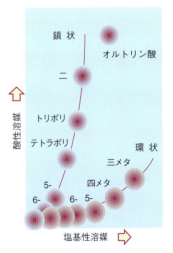

図 4・7 縮合反応で生成したリン酸塩の複雑な混合物の二次元沪紙クロマトグラム．左下端のスポットは試料のものである．はじめに塩基性溶媒を用い，つぎに酸性溶媒を用いて最初の溶離方向に垂直の方向に展開した．これにより環状と開いた鎖状のリン酸塩とが分離される．上方の一連のスポットは鎖状に，下方は環状に対応する．

---

† 訳注：メタリン酸イオン (metaphosphate ion) は $(PO_3^-)_n$ の一般名である．*12* は cyclo-四リン酸イオン（俗称四メタリン酸イオン）である．

鍵はアデノシン 5′-三リン酸 ATP (**13a**) からアデノシン 5′-二リン酸 ADP (**13b**) への加水分解

$$ATP^{4-} + 2\,H_2O \longrightarrow ADP^{3-} + HPO_4^{2-} + H_3O^+$$
$$\Delta_r G^\ominus = -41\,kJ\,mol^{-1}\ (pH = 7.4)$$

13b ADP^{3-}

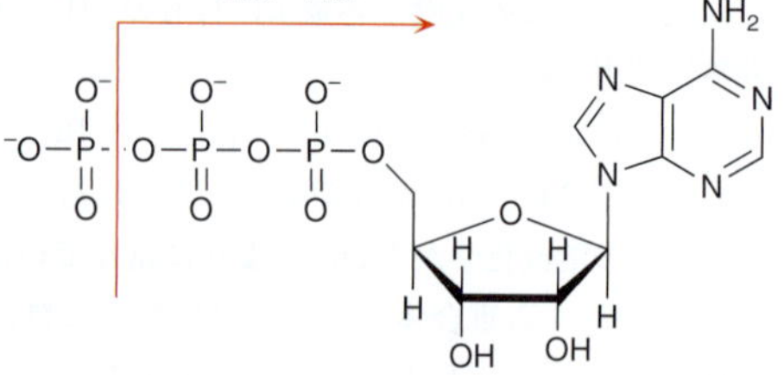

13a ATP^{4-}

である．代謝におけるエネルギーの流れは，ADP から ATP をつくる経路の巧妙な仕組みによっている．ATP の加水分解によって生じる熱力学的な駆動力の伝達を利用できるように進化してきた反応経路のおかげで，代謝におけるエネルギーを使うことができるのである．

　地殻に含まれている酸素の大部分は，ポリオキソアニオンに起因する．というのもほとんどすべてのケイ酸塩鉱物はポリオキソアニオンに含まれるためである．非金属オキソアニオンの縮合によって生じる高核性化学種は，通常，環状や鎖状として認められる．ケイ酸塩鉱物は重合したオキソアニオンの重要な例であり，第 14 章で詳細に議論する．ポリケイ酸塩鉱物の一例である MgSiO$_3$ には SiO$_3^{2-}$ を単位とする無限の鎖が含まれている．

　ポリオキソアニオンの生成は d-ブロックの最初の方で，最も酸化状態の高いイオン，とりわけ V^V，Mo^{VI}，W^{VI} で重要なもので，また Nb^V，Ta^V，Cr^{VI} でも（前者ほどではないものの）重要である．これらのポリオキソアニオンに対して，ポリオキソメタラートという用語が使用される．ポリオキソメタラートはさまざまな三次元骨格構造を形成し，酸化に対して安定であり，触媒や分析化学に多く応用されている．他の金属や P のような非金属はヘテロポリオキソメタラートとして知られる化合物もこの中に含まれ，ヘテロポリオキソメタラートとして知られる化合物を形成する．ポリオキソメタラートについては BOX 19・1 でより詳細に記述する．

ルイス酸性

要点 ルイス酸は電子対受容体，ルイス塩基は電子対供与体である．

　ブレンステッド・ローリーの酸塩基の理論は，物質間のプロトンの移動に焦点をおいている．ブレンステッド・ローリー理論と同じ年 (1923 年) に G. N. Lewis はより一般的な酸塩基の概念を導入した．しかし，ルイスの理論が重要視されるようになったのは，1930 年代のことである．

　ルイス酸 (Lewis acid) は電子対受容体として作用する物質で，**ルイス塩基** (Lewis base) は電子対供与体として作用する物質である．ルイス酸を A，ルイス塩基を :B で表すことが多いが，この表現では，ほかにも存在しているかもしれない孤立電子対はすべて省略してある．ルイス酸とルイス塩基の基本的な反応は**錯体** (complex，すなわち付加生成物) A—B の生成で，ここで A と :B とは塩基から供

給される電子対を共有して結合する．このような結合は**配位** (dative または coordinate) 結合とよばれる．

> **メモ** 酸塩基反応の平衡の (熱力学的な) 性質を論ずる際には，ルイス酸およびルイス塩基という用語を用いる．反応速度 (速度論) を取扱うときには，電子対供与体を**求核試薬** (nucleophile)，電子対受容体を**求電子試薬** (electrophile) という．

ルイス酸とルイス塩基の結合は，図 4・8 で示される分子軌道の視点から見ることができる．ルイス酸は空の軌道を提供し，その軌道はその構成要素のうちの最低空軌道 (LUMO) であることが多い．また，ルイス塩基は完全に詰まった軌道を提供する．一般にその軌道は，最高被占軌道 (HOMO) である．新しく形成された結合軌道は塩基によって与えられる二つの電子により占められ，その一方で新しく形成された反結合軌道は空の状態になる．その結果，結合が形成すると全体としてエネルギーが低減する．

4・6 ルイス酸およびルイス塩基の例

要点 ブレンステッド酸とブレンステッド塩基はルイス酸性およびルイス塩基性を示す．ルイスの定義は非プロトン系に応用できる．

プロトンは，NH_3 から NH_4^+ ができるときのように，電子対に付加できるので，ルイス酸である．すべてのブレンステッド酸は，プロトンを供給するから，ルイス酸性をも示す．ブレンステッド酸 HA は，ルイス酸 H^+ とルイス塩基 A^- とから生成した錯体であることに注意しよう．ブレンステッド酸はルイス酸であるとは言わずに，ルイス酸性を示すと言ったのはこのためである．プロトン受容体は電子対供与体でもあるから，すべてのブレンステッド塩基はルイス塩基である．たとえば，NH_3 分子はブレンステッド塩基であると同時にルイス塩基である．したがって，本章で今までに出てきたことがらはすべてルイス流の考え方の特殊例であるとみてよい．一方，ルイスの定義はプロトンに基礎をおいていないから，ブレンステッド理論でよりも広範囲の物質をルイスの酸・塩基として分類することができる．錯体の安定性も，酸と塩基間の不利な立体相互作用に強く影響される．

ルイス酸の例が後でたくさん出てくるが，つぎの可能性に注目しておく必要がある．

1. 不完全なオクテットをもつ分子は，電子対を受け入れてオクテットを完成することができる．

簡単な例は $B(CH_3)_3$ で，これは NH_3 やその他の供与体の孤立電子対を受け入れることができる．

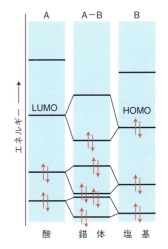

図 4・8 ルイス酸 A とルイス塩基 :B との錯形成における軌道間の相互作用の分子軌道による表現

したがって，$B(CH_3)_3$ はルイス酸である．

2. 金属のカチオンは，塩基が供給する電子対を受け入れて配位化合物をつくることができる．

ルイス酸塩基理論によるこのような考え方については第 7 章と第 20 章で詳しく取上げる．Co^{2+} の水和がその例で，この場合，H_2O (ルイス塩基として働く) の孤立

電子対が中心のカチオンに付加して $[Co(OH_2)_6]^{2+}$ ができる．したがって，Co^{2+} カチオンはルイス酸である．

3. 完全なオクテットをもつ分子またはイオンは，その価電子の配置を換えて，さらに一つの電子対を受け入れることができる．

たとえば，CO_2 は OH^- イオンの O 原子から一つの電子対を受け入れて HCO_3^-（より正確には $HOCO_2^-$）を生成するが，このとき CO_2 はルイス酸として作用する．

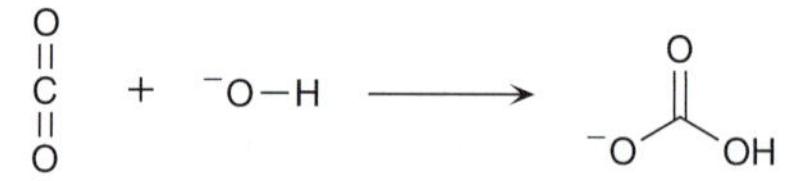

4. 分子またはイオンは，その原子価殻を拡張して（あるいは，分子・イオンが十分に大きければそのままでも），もう一つの電子対を受け入れることができる．

SiF_4（ルイス酸）に二つの F^- イオン（ルイス塩基）が結合して，錯体 $[SiF_6]^{2-}$ が生成するのがその例である．

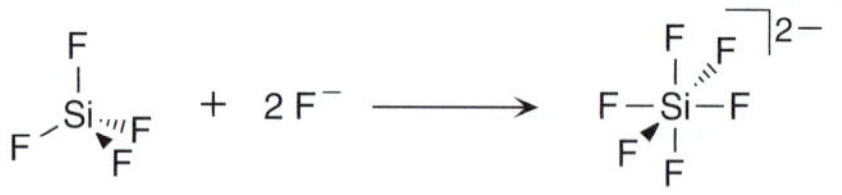

この型のルイス酸性は，p-ブロック中で重い方の元素のハロゲン化物，すなわち SiX_4, AsX_3, PX_5（X はハロゲン）の場合に共通である．

例題 4・7 ルイス酸およびルイス塩基を決める

つぎの反応におけるルイス酸およびルイス塩基はどれか．
(a) $BrF_3 + F^- \longrightarrow BrF_4^-$ (b) $KH + H_2O \longrightarrow KOH + H_2$

解 電子対受容体（酸）と電子対供与体（塩基）を考える．(a) 酸 BrF_3 は塩基 F^- から電子対を受け入れる．したがって BrF_3 はルイス酸であり，F^- はルイス塩基である．(b) イオン性水素化物 KH は H^- を供給し，水から H^+ を取出し，H_2 と OH^- を生じる．正味の反応は

$$H^- + H_2O \longrightarrow H_2 + OH^-$$

この反応を

$$H^- + {}^{'}H^+{:}OH^- \longrightarrow HH + {:}OH^-$$

と考えると，H^- は非共有電子対を与えていることがわかる．したがって，ルイス塩基となる．H^- は H_2O と反応して，もう一つのルイス塩基 OH^- を追い出している．

問題 4・7 つぎの反応における酸と塩基を決めよ．
(a) $FeCl_3 + Cl^- \longrightarrow FeCl_4^-$ (b) $I^- + I_2 \longrightarrow I_3^-$

4・7 各族のルイス酸の特徴

ルイス酸性，ルイス塩基性の傾向を理解すれば，s-ブロック，p-ブロック元素の多くの反応の結果を予測することができる．

(a) s-ブロック元素のルイス酸およびルイス塩基

要点 アルカリ金属イオンは水にルイス酸として作用し，水和したイオンを生成する．

水中において水和したアルカリ金属イオンが存在するという事実は，アルカリ金属イオンがルイス酸，H_2O がルイス塩基の性質をもつとしてとらえられる．アルカリ金属イオンはルイス塩基としては作用しないが，間接的には作用することがある．一例として，アルカリ金属フッ化物はルイス塩基である錯形成していない F^- の生成源として働き，ルイス酸である SF_4 などとフッ化物の錯体を生じる．

$$CsF + SF_4 \longrightarrow Cs^+[SF_5]^-$$

二ハロゲン化ベリリウム中の Be 原子はルイス酸として働き，固体中では重合した鎖状構造をつくる (**14**)．この構造では，ルイス塩基として働くハロゲン化物イオンの孤立電子対が Be 原子の空の sp^3 混成軌道に供与されて σ 結合を形成する．塩化ベリリウムのルイス酸性は $BeCl_4^{2-}$ のような四面体の付加生成物の生成によっても実証される．

14 $Be(Hal)_2$

(b) 13 族のルイス酸

要点 三ハロゲン化ホウ素のルイス酸としての強さは，一般に，$BF_3 < BCl_3 < BBr_3$ の順で増大する．ハロゲン化アルミニウムは気相で二量体であり，溶液中では触媒として利用される．

BX_3 や AlX_3 の平面分子ではオクテットが未完成で，分子平面に垂直な空の p 軌道がルイス塩基からの孤立電子対を受容することができる．

錯体ができると，酸の分子は角錐形になり，B-X 結合は新しく入ってきた塩基から遠ざかる．

BX_3 と $:N(CH_3)_3$ との錯体の熱力学的安定性の順は，$BF_3 < BCl_3 < BBr_3$ である．これは，ハロゲンの相対的な電気陰性度から予測される順の逆である．電気陰性度からいえば，フッ素はハロゲンのうち最も電気陰性度が高いから，BF_3 中の B 原子は電子欠乏の程度が最も高く，したがって反応する塩基との結合が最も強いのは BF_3 であるはずだということになってしまう．この問題は，現在ではつぎのように説明されている．BX_3 分子中のハロゲン原子は空の B 2p 軌道 (**15**) と π 結合をつくることができるが，錯形成の際に電子対を受け入れる軌道をつくるためには，これらの π 結合が切れなければならない．また，π 結合が存在すれば分子は平面構造になりやすく，付加生成物においては平面構造が錐形の構造に変化しなければならない．最も強い p-p π 結合をつくるのは第 2 周期の元素で，それは主として，これらの元素の原子半径が小さく，2p 軌道がこぢんまりとしていて重なり合いやすいためであることを思い出せばわかるように，B の 2p 軌道と最強の π 結合をつくるのは一番小さい F 原子である (§2・5)．そこで，アミンが N-B 結合をつくるときに切れなければならない π 結合は，BF_3 分子の場合に最も強いことになる．

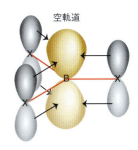

15 BX_3 分子中の p-p π 結合

三フッ化ホウ素は工業的な触媒として広く利用されている．この場合，三フッ化ホウ素の役割は，炭素に結合している塩基を引き抜いてカルボカチオンをつくることである．

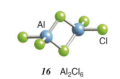

16 Al₂Cl₆

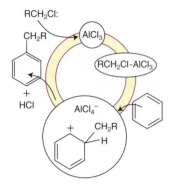

図 4・9 フリーデル・クラフツア ルキル化反応における触媒サイクル

三フッ化ホウ素は室温・室圧で気体であるが，ジエチルエーテルに溶けて，使いやすい溶液となる．この溶解の際に，溶媒分子の :O 原子と BF_3 分子とが錯体を形成するので，これもまたルイス酸の性質の一つの表れである．

アルミニウムのハロゲン化物は気相中で二量体である．たとえば，塩化アルミニウムは気体状態で Al_2Cl_6 (*16*) の分子式をもち，各 Al 原子は，もとは他の Al 原子と結合していた Cl 原子に対して酸として働いている．塩化アルミニウムは，有機反応におけるルイス酸触媒として広く利用されている．フリーデル・クラフツアルキル化反応（芳香環に R^+ を付ける）およびアシル化反応（RCO を付ける）がその古典的な例である．これらの反応では $AlCl_4^-$ が生成する．図 4・9 に塩化アルミニウムによる触媒サイクルを示す．

(c) 14 族のルイス酸

要点 炭素以外の 14 族の元素は，超原子価を示し，五配位または六配位をとることによってルイス酸として働く．塩化スズ(II) は，ルイス酸でもあり，またルイス塩基でもある．

Si 原子は，炭素と違って，その原子価殻を拡張して（あるいは Si 原子が単に十分大きい原子だからと言ってもよい），超原子価化合物をつくることができる．五配位の三方両錐形の安定構造 (*17*) を単離することができ，ルイス酸 SiF_4 が二つの F^- イオンと反応すると，六配位の付加生成物ができる．

$$SiF_4 + 2F^- \longrightarrow [SiF_6]^{2-}$$

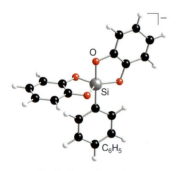

17 $[Si(C_6H_5)(OC_6H_4O)_2]^-$

ゲルマニウムとスズも同じような反応を行う．フッ化水素酸がガラス (SiO_2) を腐食するのは，ルイス塩基 F^- がプロトンの助けを借りて，ケイ酸塩の O^{2-} を置換することができるからである．SiX_4 についての酸性度の順は BX_3 の場合とは逆に $SiF_4 > SiCl_4 > SiBr_4 > SiI_4$ で，ハロゲンが電子を引き寄せる力の減少する順，F から I に従っている．

塩化スズ(II) はルイス酸でもあり，またルイス塩基でもある．$SnCl_2$ は酸として Cl^- イオンと反応して錯体 $SnCl_3^-$ (*18*) を生成する．この錯体には孤立電子対が残っていて，:$SnCl_3^-$ のように書く方が性質をよく表す場合がある．この物質は塩基として作用して，錯体 $(CO)_5Mn-SnCl_3$ (*19*) におけるような金属-金属結合を生ずる．後でわかるように，金属-金属結合をもつ化合物は，現在，無機化学において注目の的になっている (§22・20)．ハロゲン化スズ(IV) はルイス酸であり，ハロゲン化物イオンと反応して SnX_6^{2-} を生成する．

$$SnCl_4 + 2Cl^- \longrightarrow SnCl_6^{2-}$$

ルイス酸性度の強さは $SnF_4 > SnCl_4 > SnBr_4 > SnI_4$ の順に従う．

例題 4・8 化合物の相対的なルイス塩基性度を予測する

つぎの化合物の相対的なルイス塩基性度を説明せよ．
(a) $(H_3Si)_3O < (H_3C)_2O$ (b) $(H_3Si)_3N < (H_3C)_3N$

解 第 3 周期およびそれ以降の非金属元素は，d 軌道を利用して，O または N の孤立電子対の非局在化によって原子価殻を拡張でき，多重結合をつくる

(OとNはπ電子供与体として作用する)．そのため，いずれの組合わせにおいても，シリルエーテルおよびシリルアミンの方が弱いルイス塩基となるはずである．

問題 4・8 Nの孤立電子対とSiとの間のπ結合が重要であるならば，$(H_3Si)_3N$と$(H_3C)_3N$との構造にどのような違いが予想されるか．

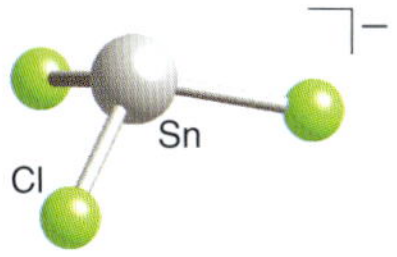

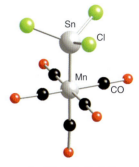

18 $SnCl_3^-$

(d) 15族のルイス酸

要点 15族の重い方の元素の酸化物およびハロゲン化物はルイス酸として働く．

五フッ化リンは強いルイス酸で，エーテルやアミンと錯体をつくる．窒素族(15族)の重い方の元素はきわめて重要なルイス酸のいくつかをつくるが，その中で一番広く研究されているものの一つにSbF_5がある．HFとの反応により**超酸**(superacid)ができる(§4・14)．

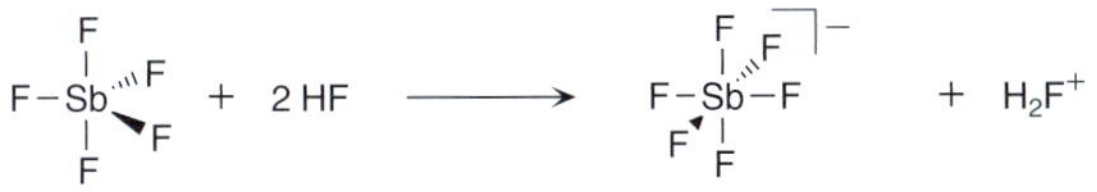

$$F-SbF_4 + 2HF \longrightarrow [F-SbF_5]^- + H_2F^+$$

(e) 16族のルイス酸

要点 二酸化硫黄はS原子に電子対を受容してルイス酸として働く．ルイス塩基として作用する際には，SO_2分子はSまたはOの孤立電子対をルイス酸に供与する．

二酸化硫黄は，ルイス酸でもありルイス塩基でもある．二酸化硫黄は，ルイス塩基であるトリアルキルアミンと錯体をつくる．このことは二酸化硫黄のルイス酸性を示している．

19 $[Mn(CO)_5(SnCl_3)]$

SO_2分子は，そのSまたはOの孤立電子対をルイス酸に供与して，ルイス塩基として働くことができる．酸がSbF_5である場合にはSO_2のO原子が電子対供与体として作用するが，酸がRu^{II}の場合にはS原子が供与体として作用する(**20**)．

三酸化硫黄は，強いルイス酸であり，またきわめて弱いルイス塩基(電子対供与体はO)である．この物質の酸性はつぎの反応に見られる．

20 $[RuCl(NH_3)_4(SO_2)]^+$

SO_3が水と反応して硫酸ができる反応は著しい発熱反応で，これは，SO_3が酸性であることの古典的な側面である．硫酸の工業的合成で用いる反応容器から多量の熱を取去らねばならないという問題は，SO_3のルイス酸性を利用し，さらに水和を行う2段階の過程で軽減される．すなわち，水で希釈する前にまずSO_3を硫酸に溶かして，<u>発煙硫酸</u>(oleum)として知られている混合物をつくる．この反応はまさにルイス酸塩基錯形成の一例である．

生じた $H_2S_2O_7$ を加水分解すると硫酸ができるが，その反応はさほど発熱的ではない．

$$H_2S_2O_7 + H_2O \longrightarrow 2\,H_2SO_4$$

(f) 17 族のルイス酸

要点 臭素分子およびヨウ素分子は，穏やかなルイス酸として働く．

濃く着色した物質である Br_2 および I_2 のルイス酸性の現れ方は微妙で興味深い．Br_2 や I_2 の強い可視吸収スペクトルは，低エネルギー準位の満たされていない軌道への遷移によるものである．したがって，これらの物質の色から，Br_2 や I_2 の空軌道はエネルギーが十分に低く，ルイスの酸塩基錯形成における受容体軌道になりうることがわかる[5]．ヨウ素は，固体および気体状態や，トリクロロメタンのような非供与性溶媒中では紫色であるが，水，プロパノン (アセトン)，エタノールのようなルイス塩基中では茶色である．この色の変化は，供与体分子中のO原子上の孤立電子対と二ハロゲンの低いエネルギー準位の σ^* 軌道とでできる溶媒–溶質錯体によるものである．

プロパノンのカルボニル基と Br_2 との相互作用を図 4・10 に示す．この図には，錯体ができたときに現れる新しい吸収バンドを生ずる遷移も示してある．この遷移において電子は主として，塩基 (ケトン) の孤立電子対軌道から出てきて，酸 (二ハロゲン) の LUMO に移動する．そこで，第一近似としては，この遷移によって電子が塩基から酸に移動すると考えてよいので，これを**電荷移動遷移** (charge-transfer transition) という．

三ヨウ化物イオン I_3^- は，酸の役割をするハロゲン (I_2) と塩基の役割をするハロゲン化物 (I^-) とからできる錯体の例である．この錯形成は，分子状ヨウ素を水に溶けるようにして滴定試薬に使えるようにするのに応用されている．

$$I_2(s) + I^-(aq) \longrightarrow I_3^-(aq) \qquad K = 725$$

三ヨウ化物イオンは，多数のポリハロゲン化物イオンの一例である (§17・10)．

[5] これらの錯体に対して**ドナー–アクセプター錯体** (donor-acceptor complex)，および**電荷移動錯体** (charge-transfer complex) という用語が一時使用された．しかし，これらの錯体と普通のルイス酸塩基錯体との区別は任意のもので，現在の文献では多かれ少なかれいずれも区別することなく用いられている．

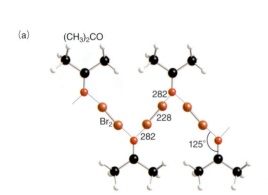

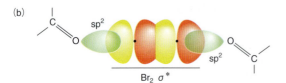

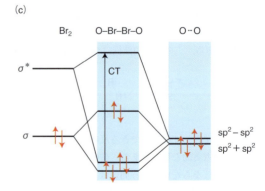

図 4・10* Br_2 と二つのプロパノン分子のカルボニル基との相互作用．(a) $(CH_3)_2COBr_2$ のX線回折により示された構造．(b) 錯形成をもたらす軌道の重なり．(c) Br_2 の σ, σ^* 軌道と二つのO原子の sp^2 軌道の適切な線形結合を示す分子軌道エネルギー準位図の一部．電荷移動遷移をCTで示した．

ルイス酸塩基の反応と性質

ルイス酸とルイス塩基の反応は，化学，化学産業，生物学に多く見られる．たとえばセメントは，石灰石（$CaCO_3$）とアルミノケイ酸塩源である粘土，ケツ（頁）岩，砂を混ぜ，セメントロータリーキルン中で 1500 ℃ に加熱することによって作られる．石灰石は，加熱されて石灰（CaO）に分解してアルミノケイ酸塩と反応し，Ca_2SiO_4, Ca_3SiO_5, $Ca_3Al_2O_6$ のような溶融カルシウムケイ酸塩やアルミン酸塩となる．

$$2\,CaO(s) + SiO_2(s) \longrightarrow Ca_2SiO_4(s)$$

工業的に，二酸化炭素は液体アミンスクラバー[†]を用いて排煙から取除かれる．この過程は，温室効果ガスの放出を低減するために必要であり，重要性が増している．

[†] 訳注: スクラバー（scrubber）とは排気浄化装置のこと．

$$2\,RNH_2(aq) + CO_2(g) + H_2O(l) \longrightarrow (RNH_3)_2CO_3$$

一酸化炭素の動物に対する毒性は，ルイス酸塩基反応の一例である．一般に，酸素はヘモグロビン（Hb）の Fe^{II} 原子と結合を形成し，その結合の形成は可逆的である（第 26 章参照）．一酸化炭素は O_2 よりも強いルイス酸であり，Fe^{II} と非常に安定な結合を形成し，その錯形成はほぼ不可逆である．

$$Hb-Fe^{II} + CO \longrightarrow Hb-Fe^{II}CO$$

d-ブロック金属原子あるいはイオンは配位化合物（第 7 章）を形成し，そのすべての反応は，ルイス酸とルイス塩基の反応の例である．

$$Ni^{2+}(aq) + 6\,NH_3 \longrightarrow [Ni(NH_3)_6]^{2+}$$

フリーデル・クラフツアルキル化とアシル化は，有機合成化学では広く用いられている．その反応では，$AlCl_3$ や $FeCl_3$ のような強いルイス酸が求められる．

$$C_6H_6 + RCl \xrightarrow{触媒} C_6H_5R + HCl$$

最初のステップはルイス酸とハロゲン化アルキルとの反応である．

$$RCl + AlCl_3 \longrightarrow R^+ + [AlCl_4]^-$$

4・8 基本的な反応

ルイス酸およびルイス塩基は，さまざまな特徴をもった反応を行う．

(a) 錯形成

要点 錯形成では，フリーのルイス酸とルイス塩基が配位結合によって結びつけられる．

気相中および非配位性溶媒中における最も簡単なルイス酸塩基反応は**錯形成**（complex formation）

$$A + :B \longrightarrow A-B$$

である．その例としてつぎの二つの反応をあげておこう．

$$BF_3 + :NH_3 \longrightarrow F_3B-NH_3$$

$$SO_3 + OMe_2 \longrightarrow O_3S-OMe_2$$

これらの二つの反応に関与しているルイス酸およびルイス塩基はいずれも，それらと錯体をつくらない溶媒中または気相中ではそれぞれ独立に安定な物質である．したがって，個々の酸や塩基（ならびに錯体）は実験で容易に調べることができる．

この錯形成は発熱的である．図4・8からわかるように，生成した錯体のHOMOを占める電子は錯形成するルイス塩基のHOMOより低エネルギーとなる．

(b) 置換反応

要点 置換反応では，ルイス錯体中の酸が別の酸で，またはルイス錯体中の塩基が別の塩基で，それぞれ置換される．

つぎの形の反応

$$B-A \; + \; :B' \longrightarrow \; :B \; + \; A-B'$$

は，一つのルイス塩基を別のルイス塩基で**置換** (displacement または substitution) するものである．例として，

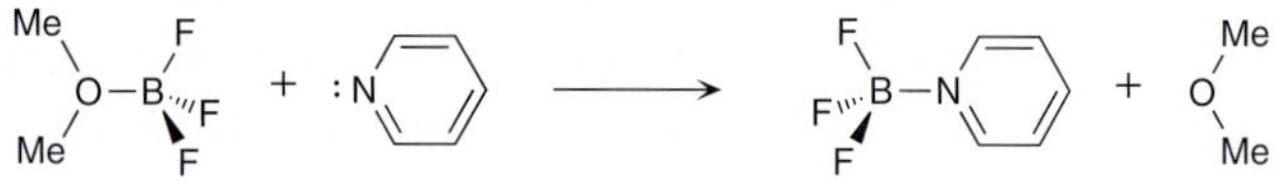

があり，ブレンステッドのプロトン移動反応はすべてこの型のものである．たとえば，

$$HF(aq) \; + \; HS^-(aq) \longrightarrow H_2S(aq) \; + \; F^-(aq)$$

この反応では，ルイス酸 H^+ とルイス塩基 F^- との錯体である HF から，F^- が別のルイス塩基 HS^- によって置換される．また，

$$A' \; + \; B-A \longrightarrow A'-B \; + \; A$$

のように，ある酸を他の酸で置換することも可能である．つぎの反応はその例である．

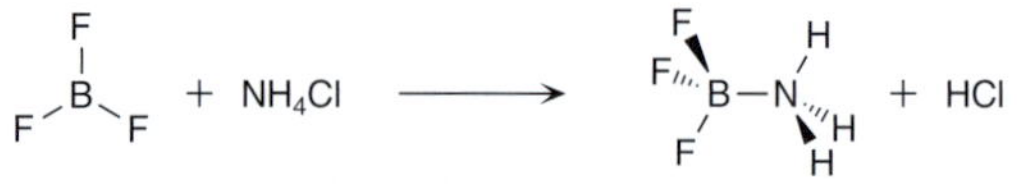

d 金属錯体の分野では，錯体中の配位子の一つが他の配位子に入れ替わる反応を**置換反応** (substitution reaction) とよぶのが普通である（§21・1）．

(c) 複分解反応

要点 複分解反応は，もう一つの錯体の生成によって促進される置換反応である．

複分解 (double decomposition)〔**メタセシス** (metathesis)，"二重置換反応" (double displacement reaction)〕はパートナーの交換反応である[6]．

$$A-B \; + \; A'-B' \longrightarrow A-B' \; + \; A'-B$$

塩基 :B' による塩基 :B の置換が，酸 A' による :B の引き抜きによって促進される．反応

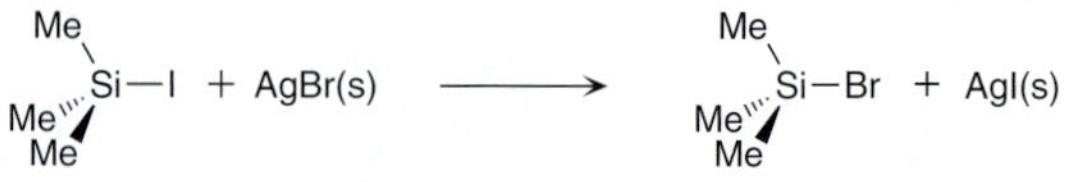

---

[6] "metathesis"は，ギリシャ語の"交換"に由来する．

がその例である.この反応では,塩基 I^- が塩基 Br^- で置換されるが,溶けにくい AgI の生成によってこの引き抜き反応が促進される.

4・9 ルイス酸とルイス塩基との相互作用に影響を及ぼす要因

ブレンステッド酸・塩基の強さを論ずる際には,手がかりとなる電子対受容体としてプロトン (H^+) を考えればよかった.ルイス酸塩基理論では多種多様の電子対受容体を取扱わなければならないので,電子対供与体と受容体との相互作用に影響を及ぼすさまざまな要因を一般的に考える必要がある.

(a) 酸・塩基の "硬い" / "軟らかい" 分類

要点 硬い酸・塩基,軟らかい酸・塩基は,それらがつくる錯体の安定性の傾向によって経験的に区別できる.硬い酸は硬い塩基と結合する傾向があり,軟らかい酸は軟らかい塩基と結合する傾向がある.

周期表のあらゆる部分の元素を含むルイス酸とルイス塩基との相互作用を取扱うとするならば,物質を少なくとも二つのおもな種類,すなわち "硬い酸・塩基と軟らかい酸・塩基"(hard acid, hard base;soft acid, soft base)に分けて考えるのが有効である.この分類は R. G. Pearson が導入したものであるが,もともとは S. Ahrland, J. Chatt, N. R. Davies によって単に "クラス a" および "クラス b" とよばれていた二つの型の性質の区別を一般化した —— そして,もっと印象に残るような名前をつけた —— ものである.

この二つの種類は,塩基であるハロゲン化物イオンと錯体をつくる強さ(錯形成平衡定数 K_f で測られる)の順序が逆転することで経験的に区別される.

- 硬い酸が錯形成するときの安定性の順序 $I^- < Br^- < Cl^- < F^-$
- 軟らかい酸が錯形成するときの安定性の順序 $F^- < Cl^- < Br^- < I^-$

図 4・11 は,種々のハロゲン化物イオン(塩基)との錯形成の K_f の傾向を示したものである.酸 Hg^{2+} の場合には F^- から I^- へと平衡定数が急激に増大していて,Hg^{2+} は軟らかい酸であることがわかる.Pb^{2+} では Hg^{2+} ほど急激ではないが傾向は同じで,これは Pb^{2+} イオンが中間的な軟らかさの酸であることを示している.Zn^{2+} の場合には傾向が逆であるから,このイオンは中間的な硬さの酸に分類される.Al^{3+} の傾向は急勾配の下向きで,このイオンは硬い酸である.大ざっぱな見積もりとしてつぎの規則が役に立つ.容易には分極されない小さいカチオンは硬い酸で,小さいアニオンと錯体をつくる.大きいカチオンは分極しやすく,軟らかい酸である.

Al^{3+} の場合には,アニオンの静電パラメーター (z^2/r) が増すとともに結合の強さが増大するが,これは結合のイオンモデルに合っている.Hg^{2+} の場合には,アニオンの分極率の増加に伴って結合の強さが増大する.これら二つの例に見られる相関関係は,硬い酸のカチオンは単純なクーロン相互作用すなわちイオン性の相互作用が主体であるような錯体をつくるが,軟らかい酸のカチオンは共有結合がより重要であるような錯体をつくることを示している.

中性分子の酸および塩基でも同様の分類ができる.たとえば,ルイス酸であるフェノールが水素結合によって $(C_2H_5)_2O$: とつくる錯体は $(C_2H_5)_2S$: との錯体より安定である.これは,Al^{3+} に対して Cl^- よりも F^- が優先するのに似ている.これに反してルイス酸 I_2 では,$(C_2H_5)_2S$: との錯体の方がより安定である.そこでフェノールは硬い酸であるのに対し,I_2 は軟らかい酸であるとすることができる.

一般に,硬い酸および軟らかい酸は,酸がつくる錯体の熱力学的安定性によって分類される.ハロゲン化物イオンとの錯体については上述のとおりで,それ以外の

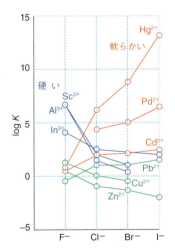

図 4・11 種々のハロゲン化物イオン(塩基)との錯形成平衡定数の傾向.-○- で示したのが硬いイオン,-○- で示したのが軟らかいイオンである.中間的なもの (-○-) のうちには,硬めのものと軟らかめのものとがある.

表 4・4 ルイス酸およびルイス塩基の分類[†]

	硬	中 間	軟
酸	$H^+, Li^+, Na^+, K^+Be^{2+},$ $Mg^{2+}, Ca^{2+}, Cr^{2+}, Cr^{3+},$ Al^{3+}, SO_3, BF_3	$Fe^{2+}, Co^{2+}, Ni^{2+}Cu^{2+}, Zn^{2+},$ Pb^{2+}, SO_2, BBr_3	$Cu^+, Au^+, Ag^+, Tl^+, Hg^+,$ $Pd^{2+}, Cd^{2+}, Pt^{2+}, Hg^{2+}, BH_3$
塩基	$F^-, OH^-, H_2O, NH_3, CO_3^{2-},$ $NO_3^-, O^{2-}SO_4^{2-}, PO_4^{3-},$ ClO_4^-	$NO_2^-, SO_3^{2-}, Br^-N_3^-, N_2,$ $C_6H_5N, SC\underline{N}^-$	$H^-, R^-, \underline{C}N^-, \underline{C}O, I^-, S\underline{C}N^-,$ R_3P, C_6H_6, R_2S

[†] 下線を付けた元素は,この分類で問題にしている付加の起こる場所である.

塩基との錯体についてはつぎのようになる.

- 硬い酸が錯形成するときの安定性の順序 $R_3P \ll R_3N, R_2S \ll R_2O$
- 軟らかい酸が錯形成するときの安定性の順序 $R_2O \ll R_2S, R_3N \ll R_3P$

塩基においても同様に硬い塩基と軟らかい塩基を定義できる.ハロゲン化物やオキソアニオンのような塩基は,これらから生じるたいていの錯体において結合が主としてイオン性であるため,硬い塩基に分類される.多くの軟らかい塩基は CO や CN^- のように炭素原子を通じて結合する.これらの化学種は,σ相互作用によって金属に電子密度を供与するだけでなく,これらの多重結合をもつ小さな配位子は塩基であるこれらの化学種に存在する低い位置にある空のπ軌道(LUMO)により電子密度を受容できる(§2・9c 参照).したがって,結合は主として共有結合性である.このような軟らかい塩基はπ軌道に電子密度を受容できることから,π酸(π acid)として知られている.この結合の性質は第 20 章で考察する.

硬さの定義から一般につぎのことがいえる.

- 硬い酸は硬い塩基と結合しようとする.
- 軟らかい酸は軟らかい塩基と結合しようとする.

これらの法則を念頭において一連の酸および塩基を解析すると表 4・4 にまとめたような分類ができる.

(b) 硬さの解釈

要点 硬い酸塩基相互作用は主として静電気的で,軟らかい酸塩基相互作用は主として共有結合性である.

硬い酸と硬い塩基との結合は,イオン性相互作用または双極子-双極子相互作用によって近似的に説明することができる.軟らかい酸および塩基は硬いものよりも分極されやすく,したがって,酸塩基相互作用は硬い酸・塩基よりも明確に共有結合性である.

軟らかい酸・塩基の相互作用は共有結合性であると関連づけてしまうが,その結合自体は驚くほど弱いことがあることに注意が重要である.たとえば代表的な軟らかい酸である Hg^{2+} がかかわる反応で説明する.複分解反応

$$BeI_2 + HgF_2 \longrightarrow BeF_2 + HgI_2$$

は硬い・軟らかい規則から予測されるように発熱的である.これらの分子の気相中での結合解離エネルギー($kJ\,mol^{-1}$)は

| Be-F | 632 | Hg-F | 268 |
| Be-I | 289 | Hg-I | 145 |

である．したがって，反応を発熱的にしているのは Hg−I 結合エネルギーが大きいからではなく，硬い−硬い相互作用の例である Be と F の特に強い結合である．実際，Hg 原子は他の原子と弱い結合しか形成しない．水溶液中で，Hg^{2+} が塩化物イオンと比べてヨウ化物イオンと非常に安定な錯体を形成するのは，I^- と比べて Cl^- の水和エネルギーが非常に大きいことに起因する．

(c) 硬さの概念の化学における重要性

要点 硬−硬および軟−軟の相互作用を考えることは錯形成を系統立てるのに役立つが，結合に及ぼす可能性のあるその他の影響についても考えなくてはいけない．

硬さおよび軟らかさの概念を用いると，無機化学における多くの問題を合理的に説明できる．たとえば，合成の条件を選んだり，反応の方向を予測したりするのに役立つし，また，複分解反応の結果を説明する手助けになる．しかし，この概念を用いる場合には，反応の結果に影響を及ぼす可能性をもつ他の要因につねに十分な注意を払わなければならない．本書の残りの部分を学ぶにつれて，化学反応に対する理解がさらに深まってゆくであろうが，さし当たっては二，三の簡単な例に議論を限ることにしよう．

分子やイオンを硬い酸・塩基および軟らかい酸・塩基に分類することは，第 1 章で述べた地球における元素分布を説明するのに役立つ．Li^+，Mg^{2+}，Ti^{3+}，Cr^{3+} のような硬いカチオンは硬い塩基の O^{2-} と一緒に見いだされる．Cd^{2+}，Pb^{2+}，Sb^{2+}，Bi^{3+} の軟らかいカチオンは軟らかいアニオン，特に S^{2-}，Se^{2-}，Te^{2-} と一緒に見いだされる．これらの相関性の重要性は §9・3 でより詳細に議論される．

多原子アニオンは，さまざまな硬さ・軟らかさの特徴をもつ二つもしくはそれ以上の供与体原子をもっていることがある．たとえば，SCN^- イオンが塩基なのは N および S の両原子のためであるが，N の方が S よりも硬い原子である．そこで，SCN^- イオンは硬い Si 原子とは N で結合するが，低い酸化状態の金属イオンのような軟らかい酸とは S で結合する．たとえば，白金(Ⅱ)の錯体 $[Pt(SCN)_4]^{2-}$ 中における結合は Pt−SCN である．

(d) 錯形成に影響を及ぼすほかの要因

結合が静電的，共有結合性であることは，酸塩基の硬さを区別するおもな要因であるが，錯形成のギブズエネルギー，すなわち平衡定数に対するほかの寄与もある．重要な要因は以下のとおりである．

- 溶液中で反応が進行するときの溶媒の競合．溶媒はルイス酸，ルイス塩基もしくは両者の可能性がある．
- 錯形成を可能にするために必要な酸・塩基の置換基の再配置．CO_2 が OH^- と反応して $HOCO_2^-$ を生成するときに構造を大きく変化させる例がある．
- 酸・塩基上の置換基間の立体反発．これは光学異性に起因する相互作用も生み出す（第 6 章）．化合物 "オキサザボロリジン" (**21**) はケトンの選択的鏡像異性体還元に対して重要な触媒である．**22** のようなバイファンクショナル（二つの機能をもつ）化合物は "フラストレイテッド・ルイスペア" の考え方を実証するよい例である．非共有電子対をもつリン原子は強いルイス塩基であり，空の軌道をもつホウ素原子は強いルイス酸である．これらのリン−ホウ素化合物中の酸・塩基中心間の相互作用は弱く，これは立体的な抑制による．しかし，水素分子と反応すると，水素をヘテロリシスに開裂させ，付加生成物をつくり，この化合物はさらにアルデヒドと反応することができる．

21 オキサザボロリジン

22 $(C_6H_2Me_3)_2P(C_6F_4)B(C_6F_5)_2$

$(Me_3C_6H_2)_2P \longrightarrow B(C_6F_5)_2 \rightleftharpoons (Me_3C_6H_2)_2P \cdots B(C_6F_5)_2$

$(Me_3C_6H_2)_2P \cdots B(C_6F_5)_2 \xrightarrow{H_2} (Me_3C_6H_2)_2\overset{+}{P}(H) \cdots \overset{-}{B}(H)(C_6F_5)_2$

$(Me_3C_6H_2)_2\overset{+}{P}(H) \cdots \overset{-}{B}(H)(C_6F_5)_2 \xrightarrow{PhCHO} (Me_3C_6H_2)_2\overset{+}{P}(H) \cdots \overset{-}{B}(C_6F_5)_2\text{-O-CH}_2\text{Ph}$

4・10　熱力学的な酸性度パラメーター

要点　錯形成の標準反応エンタルピーは，ドラゴー・ウェイランド式のパラメーター E および C を使って計算できる．これらのパラメーターは，錯体中の結合がどのくらいイオン性か共有結合性かを部分的に反映している．

酸・塩基を硬いものと軟らかいものとに分類する方法に取って代わるもう一つの方法は，電子や構造の再配置および立体効果を組込んだ少数のパラメーターを用いるものである．錯形成反応

$$A(g) + B(g) \longrightarrow A-B(g) \qquad \Delta_f H^{\ominus}(A-B)$$

の標準反応エンタルピーは，ドラゴー・ウェイランド式 (Drago-Wayland equation),

$$-\Delta_f H^{\ominus}(A-B)/(\text{kJ mol}^{-1}) = E_A E_B + C_A C_B \qquad (4 \cdot 10)$$

を使って再現できることがわかっている．パラメーター E および C は，"静電的"および"共有結合性"の因子を表すものとしてそれぞれ導入されたものであるが，実際には溶媒和以外のあらゆる要因が取込まれている必要がある．表4・5にこれらパラメーターを示してある化合物では，ドラゴー・ウェイランド式が $\pm 3\,\text{kJ mol}^{-1}$ 以下の誤差で成立する．原論文中のもっと多くの実例でも同様である．

表4・5　いくつかの酸および塩基に対するドラゴー・ウェイランド パラメーター[†]

酸	E	C	塩基	E	C
五塩化アンチモン	15.1	10.5	アセトン	2.02	4.67
三フッ化ホウ素	20.2	3.31	アンモニア	2.78	7.08
ヨウ素	2.05	2.05	ベンゼン	0.57	1.21
一塩化ヨウ素	10.4	1.70	硫化ジメチル	0.70	15.26
フェノール	8.86	0.90	ジメチルスルホキシド	2.76	5.83
二酸化硫黄	1.88	1.65	メチルアミン	2.66	12.00
トリクロロメタン	6.18	0.32	p-ジオキサン	2.23	4.87
トリメチルボラン	12.6	3.48	ピリジン	2.39	13.10
			トリメチルホスフィン	1.72	13.40

[†] パラメーター E および C の値は，ΔH を kcal mol^{-1} 単位で表すように報告されていることが多い．ここでは E, C ともに $\sqrt{4.184}$ を乗じて ΔH を kJ mol^{-1} 単位で表すようにしてある．

実例 表4・5から，BF_3 では $E = 20.2$，$C = 3.31$ であり，NH_3 では $E = 2.78$，$C = 7.08$ である．ドラゴー・ウェイランド式から $\Delta_f H^{\ominus} = [(20.2 \times 2.78) + (3.31 \times 7.08)] = -79.59 \text{ kJ mol}^{-1}$ となり，これは実験値 $-84.7 \text{ kJ mol}^{-1}$ とよく一致する．

ドラゴー・ウェイランド式(4・10)は半経験的ではあるが，きわめてよく成立して有用なものである．1500以上の錯体について錯形成の反応エンタルピーを与えるのに加えて，これらの反応エンタルピーを組合わせて置換反応や複分解反応の反応エンタルピーを計算することができ，多くの硬軟相互作用が強いであろうこともまた示している．そのうえ，ドラゴー・ウェイランド式は，気相中ばかりでなく，無極性，非配位性溶媒中における酸と塩基の反応にも役立つ．この式の限界は，主として気相中または非配位性溶媒中で調べることができる物質に限られるということである．つまり，この式の適用はおもに中性分子に限定される．

非 水 溶 媒

無機化学は水溶液中で限定されるものではない．この節では，酸・塩基の特性が，非水溶媒を用いることによりどのように変わるかを考察する．

4・11 溶媒の水平化効果

要点 大きな自己プロトリシス定数をもつ溶媒を用いて，強さが広範囲に及ぶ酸および塩基を区別することができる．

水中では弱いブレンステッド酸が，水よりも強いプロトン受容体である溶媒中では，強い酸として働くことができる．また，その逆のことも起こりうる．事実，液体アンモニアのような十分に塩基性の溶媒中では，一連の酸を強さの順に並べるのは不可能であろう．それは，問題の酸のすべてが完全にプロトンを放出してしまうからである．同様に，水中では弱いブレンステッド塩基が，プロトン供与性が水よりも強い無水の酢酸のような溶媒中では強塩基として働くことができる．このような酸性溶媒中では，一連の塩基が事実上完全にプロトン化するから，それらを強さの順に並べることはできないであろう．そこで，ある溶媒中にブレンステッド酸または塩基を溶かしたとき，それらの強さを区別できる範囲を決める上で決定的な役割を果たしているのは溶媒の自己プロトリシス定数であることがわかる．

水中で H_3O^+ よりも強いブレンステッド酸はすべて H_2O にプロトンを与えて H_3O^+ をつくる．その結果，H_3O^+ よりもかなり強い酸は水の中でプロトン化した状態でいることができない．HBrとHIとはいずれも水の中では事実上完全にプロトンを供与して H_3O^+ を生ずるから，水中でどんな実験をしてみてもHBrとHIのどちらがより強い酸であるかを知ることはできない．事実，強酸HXおよびHYの溶液は，HXが本来はHYよりも強い酸であっても，そのこととは無関係にどちらも H_3O^+ の溶液であるかのようにふるまう．そこで，水には，H_3O^+ より強い酸をすべて H_3O^+ の酸性度まで引き下げる**水平化効果** (leveling effect) があるという．このような酸を区別するには，水よりも塩基性の低い溶媒を使えばよい．たとえば，水の中ではHBrとHIとの酸としての強さは区別できないが，ギ酸中ではHBrおよびHIが弱酸の挙動を示すから，それらの強さを区別することができる．HIがHBrよりも強いプロトン供与体であるということがわかるのはこのような方法によってである．

水平化効果は，その酸の pK_a によって表現できる．ある溶媒HSolにHCNのような酸を溶かした場合，その溶媒Sol中におけるHCNの酸性度定数 K_a を

$$\text{HCN(sol)} + \text{HSol(l)} \rightleftharpoons \text{H}_2\text{Sol}^+(\text{sol}) + \text{CN}^-(\text{sol}) \qquad K_a = \frac{[\text{H}_2\text{Sol}^+][\text{CN}^-]}{[\text{HCN}]}$$

として,$pK_a<0$ であれば HCN は溶媒 HSol 中で強い酸である.すなわち $pK_a<0$ ($K_a>1$ に対応)の酸はすべて,溶媒 HSol に溶かすと H_2Sol^+ の酸性度を示すことになる.

水中の塩基についても類似の効果が存在する.十分に強くて水からプロトンをもらって完全にプロトン化されるような塩基であれば,どれでも塩基1分子当たり1個の OH^- イオンを生じるから,その溶液は OH^- イオンの溶液のようにふるまう.そこで,このような塩基がプロトンを受け取る能力はどれでも同じように見える.つまり共通の強さにまで水平化される.実際に,OH^- イオンよりも強いプロトン受容体はすべて直ちに水からプロトンを受け取って OH^- を生成するから,水中に存在しうる最も強い塩基は OH^- イオンである.アルカリ金属のアミド塩やメタニド塩を水に溶かしたのでは NH_2^- や CH_3^- を調べることができないのは,このためである.すなわち,これらのアニオンは水と反応して OH^- イオンを生成し,完全にプロトン化して NH_3 や CH_4 になってしまう.

$$\text{KNH}_2(\text{s}) + \text{H}_2\text{O(l)} \longrightarrow \text{K}^+(\text{aq}) + \text{OH}^-(\text{aq}) + \text{NH}_3(\text{aq})$$
$$\text{Li}_4(\text{CH}_3)_4(\text{s}) + 4\text{H}_2\text{O(l)} \longrightarrow 4\text{Li}^+(\text{aq}) + 4\text{OH}^-(\text{aq}) + 4\text{CH}_4(\text{g})$$

塩基の水平化効果はその塩基の pK_b を用いて表現することができる.ある塩基を溶媒 HSol に溶かしたとき,もし $pK_b<0$ ならば,その塩基は強塩基である.NH_3 を例にとると,溶媒 HSol 中での塩基性度定数 K_b は

$$\text{NH}_3(\text{sol}) + \text{HSol(l)} \rightleftharpoons \text{NH}_4^+(\text{sol}) + \text{Sol}^-(\text{sol}) \qquad K_b = \frac{[\text{NH}_4^+][\text{Sol}^-]}{[\text{NH}_3]}$$

で与えられる.すなわち,$pK_b<0$ ($K_b>1$ に対応)である塩基はすべて,溶媒 HSol 中で Sol^- の塩基性度を示すことになる.ここで,$pK_{\text{HSol}} = pK_a + pK_b$ であるから,水平化についての判定規準をつぎのように表すことができる.すなわち,共役酸の pK_a が $pK_a > pK_{\text{HSol}}$ であるような塩基はすべて pK_b が負の値になり,溶媒 HSol で Sol^- のようにふるまう.

ある一つの溶媒 HSol 中での酸および塩基についての以上の議論から,つぎのよ

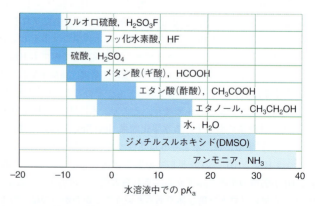

図 4・12 種々の溶媒中で酸および塩基の強さを区別できる範囲.それぞれの範囲の幅は溶媒の自己プロトリシス定数に比例する〔訳注:横軸は,各溶媒中で判別可能な範囲を,溶媒が水に溶けたときの pK_a で表したもの.本図は半定量的である〕.

うにいうことができる．溶媒 HSol 中で $pK_a<0$ のすべての酸および $pK_a>pK_{HSol}$ のすべての塩基は水平化されるから，この溶媒中で水平化されずに強さを区別できる範囲は $pK_a=0$ から pK_{HSol} までの範囲である．水では $pK_w=14$ であり，液体アンモニアの自己プロトリシス平衡は

$$2\,NH_3(l) \rightleftharpoons NH_4^+(sol) + NH_2^-(sol) \qquad pK_{am} = 33$$

である．これらの数値から，酸および塩基の強さを区別できる範囲は，水中では液体アンモニア中よりも狭いことがわかる．種々の溶媒中で酸および塩基の強さを区別できる範囲を図 4・12 に示す．ジメチルスルホキシド (DMSO) $(CH_3)_2SO$ では $pK_{dmso}=37$ であるから，区別可能な範囲が広い．したがって，DMSO は H_2SO_4 から PH_3 に至る広範囲の酸の研究に利用できる．水の範囲は，図に示したいくつかの溶媒に比べると狭い．その理由の一つは，水は比誘電率が高く，それが H_3O^+ および OH^- イオンの生成を有利にしているからである．比誘電率はある物質が電場の中にあるときに，応答する力の尺度である．

例題 4・9 異なる溶媒中で酸性度を区別する

HCl ($pK_a \approx -6$) と HBr ($pK_a \approx -9$) の酸性度を区別するために用いることのできる溶媒は図 4・12 のうちどれか．

解 酸・塩基を区別できる範囲が -6 と -9 の間の溶媒を探す必要がある．図は種々の溶媒中で酸および塩基の強さを区別できる範囲を示している．-6 から -9 までの領域を含んでいる溶媒はメタン酸 (ギ酸) HCOOH，フッ化水素酸 (HF) である．

問題 4・9 PH_3 ($pK_a \approx 27$) と GeH_4 ($pK_a \approx 25$) の酸性度を区別するために用いることのできる溶媒は図 4・12 に与えられたもののうちどれか．

加水分解しやすい分子の反応や，水による水平化効果を避ける，もしくは，溶質の溶解度を増加させるために，非水溶媒が選択される．非水溶媒では液体の温度領域と比誘電率をもとに選ばれることが多い．いくつかのよく使われる非水溶媒の物理的性質を表 4・6 に示す．

表 4・6 非水溶媒の物理的性質

溶　媒	融点 /℃	沸点 /℃	比誘電率
水	0	100	78
液体アンモニア	-77.7	-33.5	24 (-33℃)
エタン酸	16.7	117.9	6.2
硫　酸	10.4	290 (分解)	100
フッ化水素	-83.4	19.5	84
エタノール	-114.5	78.3	25
四酸化二窒素	-11.2	21.1	2.4
三フッ化臭素	8.8	125.8	107
ジメチルスルホキシド (DMSO)	18.5	189	46

4・12 酸と塩基の溶媒系での定義

要点 溶媒系での酸と塩基の定義は，ブレンステッド・ローリーの定義を拡張し，プロトン移動が生じない化学種も含まれる．

ブレンステッド・ローリーの酸と塩基の定義は，プロトンに関する酸と塩基のものである．この系はプロトン移動を伴わない化学種に拡張することができ，水の自己プロトリシス反応と類似するものとして考えることができる．

$$2\,H_2O(l) \rightleftharpoons H_3O^+(aq) + OH^-(aq)$$

酸は H_3O^+ イオン濃度を増加させ，塩基は OH^- イオン濃度を増やす．いくつかの非プロトン性溶媒の自己イオン化反応で，類似の構造を見ることができる．たとえば，三フッ化臭素ではつぎのようになる．

$$2\,BrF_3(l) \rightleftharpoons BrF_2^+(sol) + BrF_4^-(sol)$$

ここで，sol はイオン化していない溶液（この場合，BrF_3）を示す．**溶媒系定義**(solvent-system definition) では，溶媒の自己イオン化により生じたカチオン濃度を増やす溶質はすべて酸として定義し，対応するアニオン濃度を増やすものを塩基として定義する．溶媒系定義は自己イオン化するあらゆる溶媒に適用され，プロトン性，非プロトン性非水溶媒にも応用する．

例題 4・10 溶媒系定義を利用した酸と塩基の同定

塩 BrF_2AsF_6 は BrF_3 に溶解する．この溶媒中で BrF_2AsF_6 は酸か塩基か．

解 まず，溶媒の自己イオン化生成物を考え，溶質がカチオン（酸）濃度を増加させるか，アニオン（塩基）濃度を増加させるかを調べる．BrF_3 の自己イオン化生成物は BrF_2^+ と BrF_4^- である．溶質は BrF_2^+ と AsF_6^- を生じる．塩は増すと，カチオン濃度を増やすので，この溶媒系では酸として定義される．

問題 4・10 $KBrF_4$ は BrF_3 中で酸か塩基か．

4・13 酸および塩基としての溶媒

溶媒系の酸・塩基の定義では溶媒の自己イオン化を考え，溶質を酸と塩基として定義することができる．ほとんどの溶媒は，電子対受容体か供与体かのいずれかであるから，ルイス酸かルイス塩基かである．溶媒の酸性度および塩基性度は，水溶液中と非水溶液中とにおける反応の相違を説明するのに役立つので，重要な化学的意義をもっている．結果として溶質は置換反応によって溶媒に溶けることが多く，それにひき続いて溶液中で起こる反応もまた置換反応か複分解反応であるのが普通であることになる．たとえば，五フッ化アンチモンが三フッ化臭素に溶けるときにはつぎの置換反応が起こる．

$$SbF_5 + BrF_3(l) \longrightarrow BrF_2^+(sol) + SbF_6^-(sol)$$

この反応では，強いルイス酸 SbF_5 が BrF_3 から F^- を引き抜く．溶媒が反応に関与するもっとなじみ深い例はブレンステッド理論に見られる．この理論では溶媒が水のときの H_3O^+ のように，酸 (H^+) はつねに溶媒と錯形成していると考えて，酸すなわちプロトンが，塩基性の溶媒分子から他の塩基へ移動する現象として反応を取扱う．普通の溶媒で顕著なルイス酸またはルイス塩基の性質を示さないのは飽和炭化水素だけである．

(a) 塩基性溶媒

要点 塩基性溶媒はたくさんある．それらは溶質と錯体をつくり，置換反応に関与する．

ルイス塩基性の溶媒はたくさんある．水，アルコール類，エーテル類，アミン類，ジメチルスルホキシド(DMSO) $(CH_3)_2SO$，ジメチルホルムアミド(DMF) $(CH_3)_2NCHO$，アセトニトリル CH_3CN など，よく知られた極性溶媒の大部分は，硬いルイス塩基である．ジメチルスルホキシドは興味ある溶媒の例で，その供与体であるO原子のために硬い性質を，また供与体であるS原子のために軟らかい性質を示す．このような溶媒中での酸および塩基の反応は一般に置換反応である．

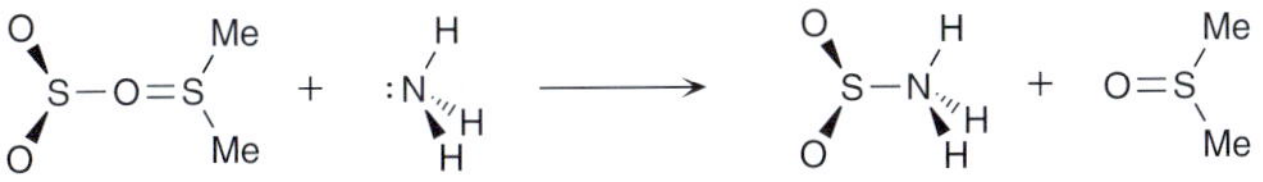

例題 4・11 溶媒のルイス塩基性度で性質を説明する

過塩素酸銀 $AgClO_4$ は，アルカン類溶媒よりもベンゼンにかなりよく溶ける．この事実をルイス酸・塩基性によって説明せよ．

解 溶媒がどのように溶質と反応するかを考える必要がある．軟らかい塩基であるベンゼンのπ電子は，軟らかい酸である Ag^+ イオンの空軌道と錯形成するのに使うことができる．この化学種 $[Ag-C_6H_6]^+$ は，弱い塩基であるベンゼンのπ電子と酸 Ag^+ とからできた錯体である．

問題 4・11 三フッ化ホウ素 BF_3 は硬い酸で，硬い塩基であるジエチルエーテル $(C_2H_5)_2O$: に溶かして実験室でよく利用される．$BF_3(g)$ を $(C_2H_5)_2O(l)$ に溶かしたときにできる錯体の構造を描け．

(b) 酸性溶媒と中性溶媒

要点 水素結合はルイス酸・塩基間の錯形成の一例である．ほかにもルイス酸の性質を示す溶媒がある．

水素結合(§10・2)は錯形成の一例とみなすことができる．この場合の"反応"は，A–H(ルイス酸)と :B(ルイス塩基)との間の反応で，便宜的に A–H⋯B で表される錯体ができる．そこで，溶媒と水素結合をつくる溶質の多くは，錯形成によって溶けると考えることができる．このような観点に立つと，プロトン移動が起こるときには酸性の溶媒分子が置換されるということになる．

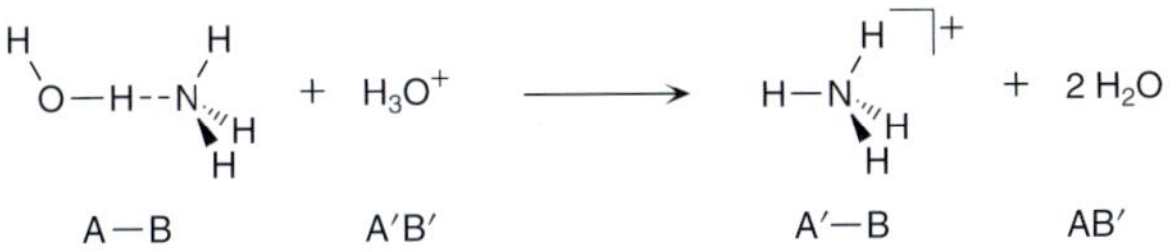

液体の二酸化硫黄は，軟らかい酸性溶媒で，軟らかい塩基であるベンゼンを溶かすのによい溶媒である．不飽和炭化水素は，そのπまたはπ*軌道をフロンティア軌道に使うことによって，酸または塩基として働くことができる．ハロアルカン(たとえば $CHCl_3$)のように電気的に陰性な置換基をもつアルカン類は，その水素原子のところで顕著な酸性を示す．しかし，飽和フルオロ炭素溶媒はルイス酸・塩基性を失う．

(c) 液体アンモニア

要点 液体アンモニアはよく用いられる非水溶媒であり，液体アンモニア中で進行する多くの反応は水中での反応に似ている．

液体アンモニアは非水溶媒として広く使われている．1 atm, $-33\,^\circ\text{C}$ で沸騰し，水よりも低い比誘電率 ($\varepsilon_r = 24$) をもつが，アンモニウム塩，硝酸塩，シアン酸塩，チオシアン酸塩などの無機化合物，またアミン，アルコール，エステルなどの有機化合物に対してよい溶媒である．つぎの自己イオン化からわかるように，液体アンモニアは水溶液系に非常に類似している．

$$2\,\text{NH}_3(\text{l}) \rightleftharpoons \text{NH}_4^+(\text{sol}) + \text{NH}_2^-(\text{sol})$$

NH_4^+ 濃度が高い溶質，溶媒和プロトンは酸性である．NH_4^+ 濃度が低いもしくは NH_2^- の濃度が高い溶質は塩基として定義される．したがって，アンモニウム塩は液体アンモニア中では酸であり，アミンは塩基である．

液体アンモニアは，水よりも強い塩基性溶媒であり，水中では弱い酸である多くの化合物の酸性度を増加させる．たとえば，酢酸は液体アンモニアではほぼ完全にイオン化される．

$$\text{CH}_3\text{COOH}(\text{sol}) + \text{NH}_3(\text{l}) \longrightarrow \text{NH}_4^+(\text{sol}) + \text{CH}_3\text{COO}^-(\text{sol})$$

液体アンモニア中の多くの反応は水中での反応に似ている．つぎのような酸塩基中和反応を進行させることができる．

$$\text{NH}_4\text{Cl}(\text{sol}) + \text{NaNH}_2(\text{sol}) \longrightarrow \text{NaCl}(\text{sol}) + 2\,\text{NH}_3(\text{l})$$

液体アンモニアはアルカリ金属，アルカリ土類金属に対して，ベリリウムを除き，とてもよい溶媒である．アルカリ金属は特によく溶け，$-50\,^\circ\text{C}$ の液体アンモニア 100 g に 336 g のセシウムが溶解する．アンモニアを蒸発させることにより，再び金属となる．金属が溶けた溶液は非常に伝導性があり，希薄溶液では青，濃厚溶液では赤褐色である．電子常磁性共鳴スペクトル (§8・7参照) からこの溶液は不対電子をもつことがわかっている．この溶液が典型的に示す青色は，1500 nm 近くに最大値をもつ近赤外領域の非常に幅広い光吸収バンドに起因する．アンモニア溶液中で金属はイオン化し，"溶媒和電子" (solvated electron) を生じる．

$$\text{Na}(\text{s}) + \text{NH}_3(\text{l}) \longrightarrow \text{Na}^+(\text{sol}) + \text{e}^-(\text{sol})$$

低温では，青い溶液は長時間保持されるか，徐々に分解して水素とナトリウムアミド NaNH_2 を生じる．"エレクトライド" (電子化物, electride) とよばれる化合物をこの青色溶液を利用してつくることについては，§11・14 で議論する．

(d) フッ化水素

要点 フッ化水素は酸性度の強い，反応性の高い毒性の溶媒である．

液体フッ化水素 (沸点 19.5 ℃) は，かなり強いブレンステッド酸性をもつ酸性溶媒で，その比誘電率 ($\varepsilon_r = 84, 0\,^\circ\text{C}$) は水 ($\varepsilon_r = 78, 25\,^\circ\text{C}$) に匹敵し，イオン性の物質にとってよい溶媒である．しかし，反応性が高く，かつ毒性が強いので，ガラスを侵すことをも含めて取扱い上の問題がある．実際に，フッ化水素はポリテトラフルオロエチレン (PTTE) やポリクロロトリフルオロエチレンの容器に入れておくのが普通である．フッ化水素は容易に細胞を通り抜け，神経機能を阻害するため，特に危険である．したがって，やけどしたことがわからなく，手当てが遅れることがある．フッ化水素は骨を削り，血液中のカルシウムと反応する．

液体フッ化水素は酸性度の強い溶媒である．大きな自己プロトリシス定数をも

ち，非常に容易に溶媒和プロトンを生み出す．

$$3\,HF(l) \longrightarrow H_2F^+(sol) + HF_2^-(sol)$$

HFの共役塩基は形式上F^-であるが，F^-と強い水素結合可能なHFでは，共役塩基は二フッ化物イオンとして考えた方がよい．HF中では，非常に強い酸のみプロトンを供与し，酸として働く．たとえば，フルオロ硫酸では，

$$HSO_3F(sol) + HF(l) \rightleftharpoons H_2F^+(sol) + SO_3F^-(sol)$$

となる．

酸，アルコール，エーテル，ケトンなどの有機化合物は，フッ化水素中ではプロトンを受容し，塩基として働く．塩基はH_2F^-濃度を増加させ，塩基性溶液を生じる．

$$CH_3COOH(l) + 2\,HF(l) \rightleftharpoons CH_3COOH_2^+(sol) + HF_2^-(sol)$$

酢酸は水中では酸であるが，この反応では塩基として働く．

多くのフッ化物は液体HF中に溶解し，HF_2^-を形成する．たとえば

$$LiF(s) + HF(l) \longrightarrow Li^+(sol) + HF_2^-(sol)$$

(e) 無水硫酸

要点 無水硫酸の自己イオン化はいくつかの競合副反応があり，複雑である．

無水硫酸は酸性溶媒である．高い誘電率をもち，非常に多い水素結合のため粘性が高い（§10・6）．水素結合により会合しているが，無水硫酸は室温でかなり自己イオン化する．おもな自己イオン化は，

$$2\,H_2SO_4(l) \rightleftharpoons H_3SO_4^+(sol) + HSO_4^-(sol)$$

である．しかし，以下のような二次の自己イオン化や他の平衡反応もある．

$$H_2SO_4(l) \rightleftharpoons H_2O(sol) + SO_3(sol)$$
$$H_2O(sol) + H_2SO_4(l) \rightleftharpoons H_3O^+(sol) + HSO_4^-(sol)$$
$$SO_3(sol) + H_2SO_4(l) \rightleftharpoons H_2S_2O_7(sol)$$
$$H_2S_2O_7(sol) + H_2SO_4(l) \rightleftharpoons H_3SO_4^+(sol) + HS_2O_7^-(sol)$$

高粘性で水素結合による高度な会合があると，ふつうはイオンの移動度は低くなる．しかし，$H_3SO_4^+$とHSO_4^-の移動度は，水中でのH_3O^+とOH^-の移動度に匹敵する．このことは，類似のプロトン移動メカニズムが生じていることを意味する．おもな化学種は$H_3SO_4^+$とHSO_4^-である．

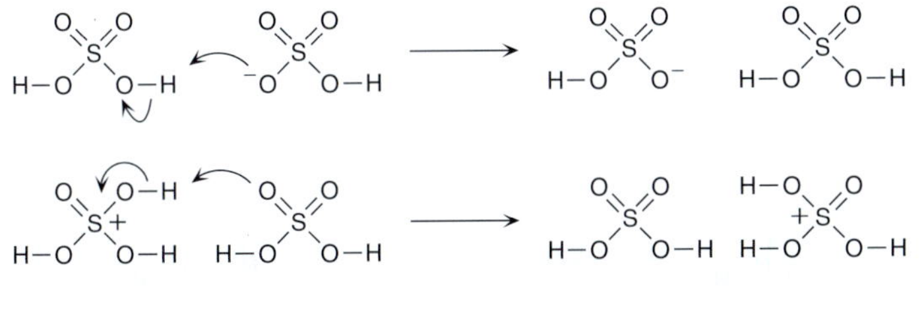

多くの強いオキソ酸は無水硫酸中でプロトンを受容し，塩基となる．

$$H_3PO_4(sol) + H_2SO_4(l) \rightleftharpoons H_4PO_4^+(sol) + HSO_4^-(sol)$$

硝酸と硫酸の反応は重要であり，ジオキシド窒素イオン（ニトロイルイオン）NO_2^+ をつくる．これは芳香族ニトロ化反応で活性な化学種である．

$$HNO_3(sol) + 2H_2SO_4(l) \rightleftharpoons NO_2^+(sol) + H_3O^+(sol) + 2HSO_4^-(sol)$$

水中でとても強い酸であるいくつかの酸は，無水硫酸中で弱酸として働く．たとえば，過塩素酸 $HClO_4$，フルオロ硫酸 $HFSO_3$ などがある．

(f) 四酸化二窒素

要点 四酸化二窒素は二つの反応で自己イオン化する．電子対供与体もしくは受容体を加えることにより，それらの反応を促進させることができる．

四酸化二窒素 N_2O_4 は凝固点 $-11.2\,°C$，沸点 $21.2\,°C$ の狭い領域で液体である．二つの自己イオン化反応が生じる．

$$N_2O_4(l) \rightleftharpoons NO^+(sol) + NO_3^-(sol)$$
$$N_2O_4(l) \rightleftharpoons NO_2^+(sol) + NO_2^-(sol)$$

最初の自己イオン化は，ジエチルエーテルのようなルイス塩基の添加により促進される．

$$N_2O_4(l) + :X \rightleftharpoons XNO^+(sol) + NO_3^-(sol)$$

BF_3 のようなルイス酸は 2 番目のイオン化反応を促進する．

$$N_2O_4(l) + BF_3(sol) \rightleftharpoons NO_2^+(sol) + F_3BNO_3^-(sol)$$

四酸化二窒素は誘電率が低いため，無機化合物に対しては有用な溶媒ではないが，多くのエステル，カルボン酸，ハロゲン化物，有機ニトロ化合物にはよい溶媒である．

(g) イオン液体

要点 イオン液体は極性をもつ不揮発性溶媒であり，多くの反応の触媒であるルイス酸・ルイス塩基を高濃度で与えることができる．

イオン液体はふつう $100\,°C$ 以下の低融点をもつ塩であり，非対称の第四級（アルキル）アンモニウムカチオンと $[AlCl_4]^-$ や異なる鎖長をもつカルボン酸イオンのような錯アニオンから構成されるのが一般的である．イオン液体の特徴は低揮発性，高い熱安定性，幅広い電極電位について不活性（広い電位窓），高い伝導性であり，有機合成や電気化学の代替溶媒として使用できるなど多くの応用が可能である．イオン液体が常温で液体として存在できるのは，大きなイオンサイズと立体的柔軟性に起因し，これらの物性が融解に伴う小さな格子エネルギーと大きなエントロピー変化をもたらす．カチオンもしくはアニオンは光学活性を与えたり，溶媒に酸塩基の特性を与えたりするようにして選ばれるときもある．また，イオン液体はそれ自体で触媒として作用することもある．たとえば，ここで示されてるような反応で生成する塩化アルミニウム酸塩のイオン液体は，室温で強いルイス酸である $[Al_2Cl_7]^-$ を高濃度で与えることができる．

イオン液体のアニオンはふつうルイス塩基であり，ジシアナミドイオン $(NC)_2N^-$ のようなものはアセチル化の触媒である．カチオンが塩基性基をもっている場合もあり，たとえば，$[C_n dabco]^+$ として知られている 1-アルキル-4-アザ-1-アゾニ

アビシクロ[2.2.2]オクタンは，第三級窒素原子をもっており，水素結合を形成することができるため，水に溶解する．[C$_n$dabco]$^+$カチオンとビス(トリフルオロメタン)アミドアニオン (TFSA) (**23**) の塩は $n=2$ のときに水に溶けるが，$n=8$ では不溶である．一方，融点は n が増加するに従い低下する．Cu(NO$_3$)$_2$ のような塩は一般的にイオン液体には不溶であるが，[C$_n$dabco]$^+$TFSA$^-$ には溶解する．これは，Cu^{2+} が三級窒素原子ドナーと錯形成することに起因する．

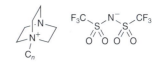

23 [C$_n$dabco]$^+$TFSA$^-$

(h) 超臨界流体

要点 超臨界流体は溶媒として特異な特性をもっており，環境にやさしい工業プロセスで使用されることが多くなっている．

超臨界 (supercritical, sc) 流体は液相と気相が区別できない状態にある．超臨界流体は多くの溶質に対して高い溶解度をもち，粘性が低い．また，多くの気体と完全に混ざることができる．超臨界流体は臨界点を超える温度と圧力の組合わせにより生成する (図 4・13)．

最も重要な例は，$P_c = 72.8$ atm, $T_c = 30.95$ °C が臨界点である超臨界二酸化炭素 (scCO$_2$) である．CO$_2$ 分子は両極性であり，ルイス塩基 (**24**) としても，ルイス酸としても働く．実際，1 分子の CO$_2$ で二つのタイプの相互作用が生じることが可能である (**25**)．溶媒として scCO$_2$ は重要な応用がある．たとえば，コーヒーからのカフェイン除去や，多くのグリーンな工業プロセスで，環境負荷を生じる有機溶媒に scCO$_2$ は取って代わろうとしている．有機溶媒とは異なり，scCO$_2$ は最後に減圧にすることにより取除くことができ，リサイクルされる．また，不燃性である．

普通の水と比較すると，超臨界水 (scH$_2$O) は有機化合物に対し優れた溶媒で，イオンには貧溶媒となる．臨界条件 ($P_c = 218$ atm, $T_c = 374$ °C) に近くなると，水はその特性を大幅に変える．臨界点 (pK_w は約 11 で，14 と比較すると低い) に近づくと，自己プロトリシスが非常に起こりやすくなる一方で，臨界点以上 (600 °C, 250 atm で pK_w は約 20) では，自己プロトリシスが非常に起こりにくくなる．そのため，ある化学反応に対して，圧力と温度で溶媒を最適化することになる．scH$_2$O の特に重要な応用として，有機廃棄物の酸化がある．この工程では，scH$_2$O 中に有機化合物と酸素がともに完全に混ざることを利用している．

図 4・13 CO$_2$ の圧力-温度相図．超臨界流体としてふるまう条件を示している (1 atm = 1.01×10^5 Pa)．

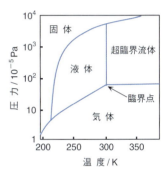

24 CO$_2$:AlCl$_3$

25 CO$_2$:OC(R)CH$_3$

酸・塩基化学の応用

酸と塩基のブレンステッドとルイスの定義は互いに区別して考える必要はない．事実，酸・塩基化学の多くの応用では，ルイスとブレンステッドの酸・塩基を同時に利用している．

4・14 超酸と超塩基

要点 超酸は無水硫酸よりも強いプロトン供与体である．超塩基は水酸化物イオンよりも強いプロトン受容体である．

超酸 (superacid) は 100% (無水) 硫酸よりも強いプロトン供与体である．超酸は一般的に粘性が高く，腐食性液体であり，硫酸よりも最大で 10^{18} 倍程度の酸性を示す．一般的に超酸は，非常に強いルイス酸が強いルイス塩基に溶けたときに生じる．最も一般的な超酸は，SbF$_5$ がフルオロ硫酸 HSO$_3$F, もしくは，無水 HF に溶けたときに生成する．SbF$_5$ と HSO$_3$F の等モルの混合物は，ロウソクのろうをも溶かすことから"マジック酸"とよばれて知られている．酸性度が高くなるのは，溶媒和プロトンが生成するためであり，これは元の酸よりもよいプロトン供与体で

ある.

$$SbF_5(l) + 2\,HSO_3F(l) \longrightarrow H_2SO_3F^+(sol) + SbF_5SO_3F^-(sol)$$

さらに強い超酸は，SbF_5 を無水 HF に加えたときに生成する．

$$SbF_5(l) + 2\,HF(l) \longrightarrow H_2F^+(sol) + SbF_6^-(sol)$$

ほかの五フッ化物も HSO_3F, HF 中で超酸を形成し，その酸性度は $SbF_5 > AsF_5 > TaF_5 > NbF_5 > PF_5$ の順に低減する．

超酸はほぼすべての有機化合物をプロトン化することができる．1960 年代，George Olah らは，炭化水素を超酸の中に溶かしたときに，カルボニウムイオンが安定化されることを見いだしている[7]．無機化学では，超酸は S_8^{2+}, $H_3O_2^+$, Xe_2^+, HCO^+ などの多種多様な反応性の高いカチオンを調べるために用いられてきた．構造を決定するために単離されているカチオンもいくつか存在する．

超塩基（superbase）は水溶液では最も強い塩基である OH^- イオンよりも強いプロトン受容体である．超塩基は水と反応して，OH^- イオンを生成する．無機の超塩基はふつう，1 族か 2 族のカチオンと，小さく高電荷なアニオンとの塩である．高電荷アニオンは水やアンモニウムのような酸性溶媒を引きつける．たとえば，窒化リチウム（Li_3N）は水と激しく反応する．

$$Li_3N(s) + 3\,H_2O(l) \longrightarrow 3\,LiOH(aq) + NH_3(g)$$

窒化物アニオンは水酸化物イオンよりも強い塩基であるので，水素を脱プロトンする．

$$Li_3N(s) + 2\,H_2(g) \longrightarrow LiNH_2(s) + 2\,LiH(s)$$

窒化リチウムは水素吸蔵材料であり，270 ℃ で，この反応は可逆的に進行する（BOX 10・4 参照）．

有機化学では，水素化ナトリウムはカルボン酸，アルコール，フェノール，チオールを脱プロトンするために用いられる．水素化カルシウムは水と反応して水素を出す．

$$CaH_2(s) + 2\,H_2O(l) \longrightarrow Ca(OH)_2(s) + 2\,H_2(g)$$

水素化カルシウムは，乾燥剤，気象観測用気球をふくらませるため，また実験室用の純水素源として用いられる．

[7] カルボカチオンは Olah の実験以前は研究できなかった．Olah はこの研究でノーベル化学賞を 1994 年に受賞している．

4・15 不均一酸塩基反応

要点 多くの触媒物質や鉱石の表面にはブレンステッド酸やルイス酸の部位がある．

無機化合物のルイス酸性度およびブレンステッド酸性度が関係する最も重要な反応のいくつかは固体表面で進行する．たとえば，広い表面積とルイス酸部位とをもつ固体である**表面酸**（surface acid）は，石油化学工業において炭化水素間の変換反応に対する触媒に用いられる．土壌や天然水の化学で重要な多くの物質の表面もまたブレンステッド酸およびルイス酸の部位をもっている．

シリカの表面は，簡単にはルイス酸部位を与えず，ブレンステッド酸性が主体である．それは，SiO_2 誘導体の表面に –OH 基がしっかりと付いて残っているからである．シリカ表面それ自身のブレンステッド酸性度は中程度（酢酸と同じくらい）のものにすぎないが，アルミノケイ酸塩は強いブレンステッド酸性を呈する．表面の OH 基を熱処理で除去すると，アルミノケイ酸塩の表面に強いルイス酸部位が

できる．アルミノケイ酸塩の中で最もよく知られているものは，**ゼオライト**（zeolite）（§14・3 および §14・15）であり，環境にやさしい不均一触媒（§25・14）として幅広く使用されている．ゼオライトの触媒活性は，その酸性の性質に起因し，**固体酸**（solid acid）として知られている．他の固体酸にはヘテロポリ酸担持体や酸性白土などがある．これらの触媒上で起こるいくつかの反応は，ブレンステッド酸やルイス酸部位に非常に鋭敏である．たとえば，トルエンはベントナイト粘土触媒上で，フリーデル・クラフツアルキル化反応を示す．

塩化ベンジル試薬ではルイス酸部位が反応に関与し，ベンジルアルコールではブレンステッド酸部位が関与する．

シリカゲルのブレンステッド酸部位を使って行われる表面反応は，つぎのような表面修飾反応によって広範囲の種類の有機官能基の薄い皮膜をつくるのに利用される．

このようにしてシリカゲルの表面を修飾すると，特定の種類の分子に親和力をもたせることができる．これによって，クロマトグラフィーに用いる固定相の範囲が大いに広がる．ガラス表面の –OH 基も同様に修飾することができる．このような方法で処理をしたガラス器は，プロトンに敏感な化合物を実験室で研究する際に利用されることがある．

固体酸はグリーンケミストリーの分野で新しい応用に用いられている．従来の工業プロセスでは，生成物を試薬や副生物から分離する最終段階で，大量の有害廃棄物が出る．固体触媒は液体の生成物から簡単に分けることができる．また，その反応はより温和な条件下で進行することが多く，非常に高い選択性を示す．

参 考 書

W. Stumm, J. J. Morgan, "Aquatic Chemistry: Chemical Equilibria and Rates in Natural Waters", John Wiley & Sons (1995).
　天然水の化学に関する標準的教科書．

N. Corcoran, "Chemistry in Non-Aqueous Solvents", Kluwer Academic Publishers (2003)．総合的な説明．

J. Burgess, "Ions in Solution: Basic Principles of Chemical Interactions", Ellis Horwood (1999).

T. Akiyama, 'Stronger Brønsted acids', *Chem. Rev.*, **107**, 5744 (2007).

E. J. Corey, 'Enantioselective Catalysis Based on Cationic Oxazaborolidines', *Angew. Chem. Int. Ed.*, **48**, 2100 (2009).

D. W. Stephan, 'Frustrated Lewis Pairs': A Concept for New Reactivity and Catalysis', *Org. Biomol. Chem.*, **6**, 1535 (2008).

D. W. Stephan, G. Erker, "Frustrated Lewis Pairs: Metal-Free Hydrogen Activation and More", *Angew. Chem. Int. Ed.*, **49**, 46 (2010).

P. Raveendran, Y. Ikushima, S. L. Wallen, 'Polar Attributes of Supercritical Carbon Dioxide', *Acc. Chem. Res.*, **38**, 478

(2005).

F. Jutz, J. -M. Andanson, A. Baiker, 'Ionic Liquids and Dense Carbon Dioxide: A Benefi Cial Biphasic System for Catalysis', *Chem. Rev.*, **111**, 322 (2011).

D. R. MacFarlane, J. M. Pringle, K. M. Johansson, S. A. Forsyth, M. Forsyth, 'Lewis Base Ionic Liquids', *Chem. Commun.*, 1905 (2006).

R. Sheldon, 'Catalytic Reactions in Ionic Liquids', *Chem. Commun.*, 2399–2407 (2001).

I. Krossing, J. M. Slattery, C. Daguenet, P. J. Dyson, A. Oleinikova, H. Weingärtner, 'Why are Ionic Liquids Liquid?: A Simple Explanation Based on Lattice and Solvation Energies', *J. Am. Chem. Soc.*, **128**, 13427 (2006).

G. A. Olah, G. K. Prakash, J. Sommer, "Superacids", John Wiley & Sons (1985).

R. J. Gillespie J. Laing, 'Superacid Solutions in Hydrogen Fluoride', *J. Am. Chem. Soc.*, **110**, 6053 (1988).

E. S. Stoyanov, K.-C Kim, C. A. Reed, 'A Strong Acid that Does not Protonate Water', *J. Phys. Chem. A.*, **108**, 9310 (2004).

練習問題

4・1 周期表の s- および p- ブロックの輪郭を描き, (a) 強酸性酸化物, (b) 強塩基性酸化物をつくる元素を記入し, また (c) 通常は両性を呈する元素の領域を示せ.

4・2 つぎの酸に対応する共役塩基を記せ.
$[Co(NH_3)_5(OH_2)]^{3+}$, HSO_4^-, CH_3OH, $H_2PO_4^-$, $Si(OH)_4$, HS^-

4・3 つぎの塩基の共役酸を記せ.
C_5H_5N (ピリジン), HPO_4^{2-}, O^{2-}, CH_3COOH, $[Co(CO)_4]^-$, CN^-

4・4 0.10 M のブタン酸 (酪酸) 溶液 ($K_a = 1.86 \times 10^{-5}$) 中での H_3O^+ の平衡濃度を計算せよ. また, この溶液の pH はいくらか.

4・5 水中でのエタン酸 (酢酸) CH_3COOH の K_a は 1.8×10^{-5} である. 共役塩基 CH_3COO^- の K_b を計算せよ.

4・6 ピリジン C_5H_5N の K_b は 1.8×10^{-9} である. (水中での) 共役塩基 $C_5H_5NH^+$ の K_a を計算せよ.

4・7 水中での F^- の有効プロトン親和力 A_p' は 1150 kJ mol^{-1} である. 水中で F^- は酸もしくは塩基としてふるまうかどうかを予測せよ.

4・8 塩素酸と亜塩素酸の構造を描き, ポーリングの規則を利用して pK_a の値を予測せよ.

4・9 図 4・12 を参考にして (溶媒の水平化効果を考慮して), つぎにあげるものの中でどの塩基が, (a) 実験的に研究するにはあまりにも強すぎるか, (b) あまりにも弱すぎるか, (c) 直接測定しうる強さのものであるかを示せ.

(i) 水中の CO_3^{2-}, O^{2-}, ClO_4^-, NO_3^-

(ii) H_2SO_4 中の HSO_4^-, NO_3^-, ClO_4^-

4・10 $HOCN$, H_2NCN, CH_3CN の水溶液中における pK_a の概略値は, それぞれ, 4, 10.5, および 20 (推定値) である. これら $-CN$ 誘導体である二つの成分から成る酸の pK_a の傾向を説明し, また H_2O, NH_3, CH_4 と比較せよ. $-CN$ は電子供与性か, 電子求引性か.

4・11 H_3PO_4, H_3PO_3, H_3PO_2 はすべて pK_a 値が 2 である. しかし $HOCl$, $HClO_2$, $HClO_3$ の pK_a はそれぞれ 7.5, 2.0, −3.0 である. この理由を説明せよ.

4・12 つぎのイオンを水溶液中で, 酸性が増加する順に並べよ.

Fe^{3+}, Na^+, Mn^{2+}, Ca^{2+}, Al^{3+}, Sr^{2+}

4・13 ポーリングの規則を用いて, つぎの酸を強度が増加する順に並べよ.
水平化効果のない溶媒中での HNO_2, H_2SO_4, $HBrO_3$, $HClO_4$.

4・14 つぎの組合わせのうちより強い酸はどちらか. それを選んだ理由を述べよ.

(a) $[Fe(OH_2)_6]^{3+}$ と $[Fe(OH_2)_6]^{2+}$

(b) $[Al(OH_2)_6]^{3+}$ と $[Ga(OH_2)_6]^{3+}$

(c) $Si(OH)_4$ と $Ge(OH)_4$

(d) $HClO_3$ と $HClO_4$

(e) H_2CrO_4 と $HMnO_4$

(f) H_3PO_4 と H_2SO_4

4・15 つぎの酸化物を, 最も酸性のものから両性を経て最も塩基性のものへと並べよ.
Al_2O_3, B_2O_3, BaO, CO_2, Cl_2O_7, SO_3

4・16 つぎの酸を, 酸の強さが増加する順に並べよ.
HSO_4^-, H_3O^+, H_4SiO_4, CH_3GeH_3, NH_3, HSO_3F

4・17 Na^+ と Ag^+ とは似たイオン半径をもっている. どちらのアクアイオンがより強い酸か. それはなぜか.

4・18 1対のアクアカチオンが水を放出して M−O−M 結合をつくるとき, 生じたイオンの M 原子 1 個当たりの電荷数の変化についての一般則は何か.

4・19 つぎの1組の物質をそれぞれ水の中で混合したときに起こるおもな反応の反応式を記せ.

(a) H_3PO_4 と Na_2HPO_4　　(b) CO_2 と $CaCO_3$

4・20 フッ化水素は無水硫酸中では酸として, 液体アンモニアでは塩基として作用する. 二つの反応の反応式を記せ.

4・21 セレン化水素は硫化水素よりも強い酸である理由を説明せよ.

4・22 四ハロゲン化ケイ素のルイス酸性は $SiI_4 < SiBr_4 < SiCl_4 < SiF_4$ の順になる一方で, 三ハロゲン化ホウ素では $BF_3 < BCl_3 < BBr_3 < BI_3$ の傾向を示す理由を説明せよ.

4・23 つぎの過程のそれぞれについて, 反応に関与している酸と塩基とを示し, その反応が錯形成か, または酸塩基置換反応かを示せ. ルイス酸性と同時にブレンステッ

ド酸性を呈するものはどれか．
 (a) $SO_3 + H_2O \longrightarrow HSO_4^- + H^+$
 (b) $CH_3[B_{12}] + Hg^{2+} \longrightarrow [B_{12}]^+ + CH_3Hg^+$
   ここで $[B_{12}]$ は Co-大環状錯体，すなわちビタミン B_{12} を表す（§26・11）．
 (c) $KCl + SnCl_2 \longrightarrow K^+ + [SnCl_3]^-$
 (d) $AsF_3(g) + SbF_5(l) \longrightarrow [AsF_2]^+[SbF_6]^-(s)$
 (e) エタノールはピリジンに溶けて電気伝導性のない溶液を生ずる．

4・24 つぎの各組の物質から指定した性質のものを選び，それを選んだ理由を述べよ．
 (a) 最も強いルイス酸: BF_3, BCl_3, BBr_3; $BeCl_2, BCl_3$; $B(n\text{-Bu})_3, B(t\text{-Bu})_3$
 (b) $B(CH_3)_3$ に対して塩基性が強いもの: Me_3N, Et_3N; 2-$CH_3C_5H_4N$, 4-$CH_3C_5H_4N$

4・25 硬い酸・塩基および軟らかい酸・塩基の概念を用いて，つぎの反応の中で平衡定数が1より大きいと予想されるものを示せ．特に明記しない限り，25℃の気相中または炭化水素溶液中の反応とする．
 (a) $R_3PBBr_3 + R_3NBF_3 \rightleftharpoons R_3PBF_3 + R_3NBBr_3$
 (b) $SO_2 + (C_6H_5)_3PHOC(CH_3)_3 \rightleftharpoons (C_6H_5)_3PSO_2 + HOC(CH_3)_3$
 (c) $CH_3HgI + HCl \rightleftharpoons CH_3HgCl + HI$
 (d) $[AgCl_2]^-(aq) + 2CN^-(aq) \rightleftharpoons [Ag(CN)_2]^-(aq) + 2Cl^-(aq)$

4・26 つぎの二つの試薬の反応から得られる生成物を示せ．また，その反応でルイス酸もしくはルイス塩基として働いている化学種を記せ．
 (a) $CsF + BrF_3$
 (b) $ClF_3 + SbF_5$
 (c) $B(OH)_3 + H_2O$
 (d) $B_2H_6 + PMe_3$

4・27 トリメチルボランと NH_3, CH_3NH_2, $(CH_3)_2NH$, $(CH_3)_3N$ との反応の反応エンタルピーは，それぞれ，$-58, -74, -81, -74$ kJ mol^{-1} である．トリメチルアミンが傾向からずれているのはなぜか．

4・28 E と C の値の表（表4・5）を使って，(a) アセトンとジメチルスルホキシド，(b) 硫化ジメチルとジメチルスルホキシドについて，相対的な塩基性度を論じよ．ジメチルスルホキシドがあいまいな性質を示す点について意見を述べよ．

4・29 HF が SiO_2 ガラスを溶かす反応の反応式を記し，ルイスおよびブレンステッドの酸塩基の概念によってその反応を説明せよ．

4・30 硫化アルミニウム Al_2S_3 は湿気を帯びると硫化水素に特有な悪臭を放つ．この反応を表す反応方程式を書き，それを酸塩基の概念によって説明せよ．

4・31 つぎの条件に合う溶媒の性質を述べ，それぞれの場合について，適当と思われる溶媒を示唆せよ．
 (a) 酸中心の Cl^- を I^- で置換する反応を有利にする．
 (b) R_3As の塩基性度を R_3N よりも高くする．
 (c) Ag^+ の酸性度を Al^{3+} よりも高くする．
 (d) $2FeCl_3 + ZnCl_2 \rightarrow Zn^{2+} + 2[FeCl_4]^-$ の反応を促進する．

4・32 §4・7b で述べたように，ルイス酸 $AlCl_3$ はアリール化合物のアシル化を助ける触媒である．アルミナ表面もこれに似た触媒作用を示す．この触媒反応の機構を提案せよ．

4・33 Zn は硫化物，ケイ酸塩，炭酸塩，酸化物として天然に存在するのに対して，水銀の鉱石で重要なものはシン砂（cinnabar）HgS だけである．この事実は酸塩基の概念でどのように説明されるか．

4・34 つぎの化合物が液体フッ化水素に溶けるときのブレンステッド酸塩基反応の式を示せ．
 (a) CH_3CH_2OH (b) NH_3 (c) C_6H_5COOH

4・35 HF にケイ酸塩が溶ける過程はルイス酸塩基反応か，ブレンステッド酸塩基反応か，それともその両方か．

4・36 f-ブロックの元素は，M^{III} 親石化合物の形でケイ酸塩鉱物中に見いだされる．このことから f-ブロック元素の硬さについて何がわかるか．

4・37 表4・5のデータを用いてヨウ素がフェノールと反応するときのエンタルピー変化を計算せよ．

4・38 気相中では，
$$NH_3 < CH_3NH_2 < (CH_3)_2NH < (CH_3)_3N$$
の順番でアミンの塩基強度が規則的に増大する．この順番を決めるうえで，立体効果と CH_3 の電子供与性の能力とが果たしている役割を考察せよ．水溶液中では順番が一部逆転する．それは，どのような溶媒和効果によると考えられるか．

4・39 ヒドロキソ酸である $Si(OH)_4$ は H_2CO_3 よりも弱い酸である．固体の M_2SiO_4 を溶かすと，水溶液上の CO_2 の分圧が低下することを示す反応式を書け．海洋沈殿物中のケイ酸塩が大気中の CO_2 の増加を抑えることができる理由を説明せよ．

4・40 本章で述べた $Fe(OH)_3$ の沈殿は廃水の浄化に利用されるが，それは，このゼラチン状の水酸化物が，ある種の汚染物質の共沈や捕捉にきわめて有効だからである．$Fe(OH)_3$ の溶解度積は $K_s = [Fe^{3+}][OH^-]^3 \approx 1.0 \times 10^{-38}$ で，$[H_3O^+]$ と $[OH^-]$ との間には水の自己プロトリシス定数，$K_w = [H_3O^+][OH^-] = 1.0 \times 10^{-14}$，による関係があるから，これを代入して溶解度積を $[Fe^{3+}]/[H^+]^3 = 1.0 \times 10^4$ と書き換えることができる．
 (a) 水に硝酸鉄（III）を加えて $Fe(OH)_3$ が沈殿する反応の反応方程式を記せ．
 (b) 100 dm^3 の水に 6.6 kg の $Fe(NO_3)_3 \cdot 9H_2O$ を加えた溶液の最終的な pH と Fe^{3+} のモル濃度はいくらか．ただし，Fe^{3+} 以外の Fe^{III} の溶存状態は無視する．この計算で無視した Fe^{III} の溶存状態の化学式を二つ示せ．

4・41 正八面体形のアクアイオン $[M(OH_2)_6]^{2+}$ の対称 M—O 伸縮振動の振動数は $Ca^{2+} < Mn^{2+} < Ni^{2+}$ の順で増加する．この傾向と酸性度における傾向とはどのように関連しているか．

4・42 $AlCl_3$ を塩基性の極性溶媒 CH_3CN に溶かすと，電気伝導性の溶液ができる．電気伝導性を呈する可能性が最も高い物質の化学式を示し，その生成をルイス酸塩基の概念を用いて説明せよ．

4・43 $[Fe_2Cl_6]$ は赤色であるが，錯イオン $[FeCl_4]^-$ は黄色である．$1\,dm^3$ の $POCl_3$ か $PO(OR)_3$ に $0.1\,mol$ の $FeCl_3(s)$ を溶かすと，赤い溶液ができるが，それを希釈すると黄色に変化する．$POCl_3$ に溶かした赤い溶液を Et_4NCl の溶液で滴定すると，$FeCl_3/Et_4NCl$ のモル比が 1:1 のところで鋭い色変化（赤から黄へ）が起こる．振動スペクトルによると，オキソ塩化物溶媒は典型的なルイス酸と酸素で配位して付加物をつくることが示唆されている．上記の現象を説明すると考えられるつぎの 2 組の反応を比較してみよ．
(a) $Fe_2Cl_6 + 2\,POCl_3 \rightleftharpoons 2\,[FeCl_4]^- + 2\,[POCl_2]^+$
$[POCl_2]^+ + Et_4NCl \rightleftharpoons Et_4N^+ + POCl_3$
(b) $Fe_2Cl_6 + 4\,POCl_3 \rightleftharpoons [FeCl_2(OPCl_3)_4]^+ + [FeCl_4]^-$
どちらの平衡も希釈によって生成物の方に偏る．

4・44 溶液から金属イオンを分離する伝統的な過程は定量分析の基礎であり，Au, As, Sb, Sn のイオンではこれらを硫化物として沈殿させ，過剰のポリ硫化アンモニウムを加えて再溶解させる．これに対して，Cu, Pb, Hg, Bi, Cd のイオンは，硫化物として沈殿するが，ポリ硫化アンモニウムを加えても再溶解しない．本章での言い方に従えば，最初のグループは，OH^- の代わりに SH^- を含む反応に対して両性である．第二のグループは，最初のグループよりも酸性度が低い．このことから考えて，硫化物が両性を示す元素の境界線を周期表中に示せ．図 4・5 に示した酸化物についての両性の境界線と比較してみよ．この結果は，S^{2-} が O^{2-} よりも軟らかい塩基であることと一致するであろうか．

4・45 化合物 SO_2 と $SOCl_2$ とは，放射性同位元素で標識した S の同位体交換反応をすることができる．この交換反応は Cl^- および $SbCl_5$ によって触媒される．同位体交換反応の第一段階は適当な錯体の生成であるとして，これら二つの同位体交換反応の機構を示せ．

4・46 ピリジンは，SO_2 よりも SO_3 と，より強いルイス酸塩基錯体をつくる．しかし，ピリジンと SF_6 との錯体は SF_4 との錯体よりも弱い．この相違を説明せよ．

4・47 つぎの反応の平衡定数は 1 より大きいか小さいかを予測せよ．
(a) $CdI_2(s) + CaF_2(s) \rightleftharpoons CdF_2(s) + CaI_2(s)$
(b) $[CuI_4]^{2-}(aq) + [CuCl_4]^{3-}(aq) \rightleftharpoons$
$[CuCl_4]^{2-}(aq) + [CuI_4]^{3-}(aq)$
(c) $NH_2^-(aq) + H_2O(l) \rightleftharpoons NH_3(aq) + OH^-(aq)$

4・48 つぎの (a), (b), (c) について，二つの溶液の中で pH の低い方はどちらか．
(a) $0.1\,M\,Fe(ClO_4)_2(aq)$ と $0.1\,M\,Fe(ClO_4)_3(aq)$
(b) $0.1\,M\,Ca(NO_3)_2(aq)$ と $0.1\,M\,Mg(NO_3)_2(aq)$
(c) $0.1\,M\,Hg(NO_3)_2(aq)$ と $0.1\,M\,Zn(NO_3)_2(aq)$

4・49 S_4^{2-} や Pb_9^{4-} のようなアニオン種を安定化するには強塩基性溶媒が必要なのに対して，I_2^+ や Se_8^{2+} のようなカチオンの生成には強酸性溶媒（たとえば SbF_5/HSO_3F）を用いるのはなぜか．

4・50 強酸による弱塩基の滴定で当量点を検出しやすくするために分析化学で使う標準的な方法は，溶媒として酢酸を用いることである．この方法の原理を説明せよ．

演習問題

4・1 Gillespie と Liang の論文'フッ化水素の超酸溶液'〔*J. Am. Chem. Soc.*, **110**, 6053 (1988)〕では，さまざまな無機化合物の HF 溶液の酸性度について議論している．
(a) この研究で明らかにされた五フッ化物の酸の強さの順序を述べよ．
(b) SbF_5 ならびに AsF_5 と HF との反応式を記せ．
(c) HF 中で SbF_5 は二量体 $Sb_2F_{11}^-$ を生成する．単量体と二量体の間の平衡を表す式を示せ．

4・2 臭化 t-ブチルと $Ba(NCS)_2$ との反応の生成物の 91% は S で結合した t-Bu-SCN である．しかし，$Ba(NCS)_2$ を固体の CaF_2 中に含有させておくと収率が高くなって，生成物は 99% t-Bu-NCS になる．担体であるアルカリ土類金属塩が両座求核試薬 SCN^- の硬さに及ぼす影響を論ぜよ〔T. Kimura, M. Fujita, T. Ando, *J. Chem. Soc., Chem. Commun.*, **1990**, 1213 を参照〕．

4・3 R. Schmid と A. Miah は彼らの論文'ハロゲン化水素酸の強さ'〔*J. Chem. Educ.*, **78**, 116 (2001)〕において，HF, HCl, HBr, HI の pK_a の文献値の妥当性を論じている．
(a) 文献値は何に基づいて見積もられているか．
(b) HF が HCl より弱い酸である理由として一般に何が考えられているか．
(c) HCl が強い酸である原因として著者らは何を提唱しているか．

4・4 超酸の化学は十分に確立されているが，超塩基も存在し，1, 2 族の水素化物であることが一般的である．超塩基の化学について説明せよ．

4・5 E. J. Corey の総説〔*Angew. Chem. Int. Ed.*, **48**, 2100 (2009)〕では，キラルなボランによる非対称触媒について述べている．ルイス酸性であるこれらのキラルなボランが，どのようにしてブレンステッド酸性をも示すのかを記せ．

4・6 Poliakoff らの論文では，一般的な溶媒が超臨界

CO_2に取ってかわった新しい工業的な化学プロセスがどのようにして始まったかについて述べられている〔*Green Chem.*, **5**, 99 (2003)〕. 伝統的な工業に対してそのような変化を導入した利点と挑戦的な点を説明せよ.

4・7 CO_2ガスと長鎖アルキルアミジンの水溶性エマルジョンとの可逆な反応は, 重要な実用的応用である. '切り換え可能な界面活性剤'〔*Science*, **313**, 958 (2006)〕にかかわる化学について述べよ.

4・8 Krossingらの論文〔*J. Am. Chem. Soc.*, **128**, 13427 (2006)〕では熱力学サイクルからイオン液体の挙動を説明している. その原理を述べよ. また, その結果をまとめよ.

5 酸化と還元

還元電位
5・1 酸化還元半反応
5・2 標準電位と自発性
5・3 標準電位に見られる傾向
5・4 電気化学系列
5・5 ネルンスト式

酸化還元安定性
5・6 pH の影響
5・7 水との反応
5・8 空気中の酸素による酸化
5・9 不均化反応と均等化反応
5・10 錯形成の影響
5・11 溶解性と標準電位の関係

電位データを図で表す方法
5・12 ラチマー図
5・13 フロスト図
5・14 プールベ図
5・15 環境化学への適用: 天然水

単体の化学的抽出
5・16 化学的還元
5・17 化学的酸化
5・18 電気化学的抽出

参考書
練習問題
演習問題

酸化は化学種から電子を奪い,還元は化学種に電子を与える.多くの元素や化合物は酸化と還元反応を起こすことが可能であり,元素は一つあるいは複数の酸化状態で存在する.本章では,"酸化還元"化学の例を紹介し,主として熱力学的な観点から酸化還元反応がなぜ起こるのかを理解する.溶液中での酸化還元反応を解析するための方法を議論し,電気化学的に活性な化学種の電極電位から化学種の安定性や塩の溶解性を理解するために有用なデータが得られることを見ていく.特に,pH の影響なども含めてさまざまな酸化状態の安定性の傾向を表すための方法を述べる.また,環境化学,化学分析,無機合成における上記のデータの応用についてふれる.最後に,主要な工業における酸化還元の工程に必要な条件を熱力学的に調べ,特に鉱物からの金属抽出について検討する.

きわめて多くの無機化合物の反応では,一方の化学種から他方の化学種へ電子が移動することによって反応が進むと考えることができる.電子獲得を**還元** (reduction),電子喪失を**酸化** (oxidation),これらが組合わさった過程を**酸化還元(レドックス)反応** (redox reaction) という.電子を供給する物質が**還元剤** (reducing agent または reductant),電子を奪う物質が**酸化剤** (oxidizing agent または oxidant) である.多くの酸化還元反応は大量のエネルギーを放出し,これらのエネルギーは燃焼や電池技術に利用されている.

多くの酸化還元反応は,同じ物理的な状態の反応物質間で生じる.いくつかの例を見る.

気相中
$$2\,NO(g) + O_2(g) \longrightarrow 2\,NO_2(g)$$
$$2\,C_4H_{10}(g) + 13\,O_2(g) \longrightarrow 8\,CO_2(g) + 10\,H_2O(g)$$

溶液中
$$Fe^{3+}(aq) + Cr^{2+}(aq) \longrightarrow Fe^{2+}(aq) + Cr^{3+}(aq)$$
$$3\,CH_3CH_2OH(aq) + 2\,CrO_4^{2-}(aq) + 10\,H^+(aq)$$
$$\longrightarrow 3\,CH_3CHO(aq) + 2\,Cr^{3+}(aq) + 8\,H_2O(l)$$

生体系
$$\text{``Mn}_4\text{''}(V, IV, IV, IV) + 2\,H_2O(l) \longrightarrow \text{``Mn}_4\text{''}(IV, III, III, III) + 4\,H^+(aq) + O_2(g)$$

固体中
$$LiCoO_2(s) + 6\,C(s) \longrightarrow LiC_6(s) + CoO_2(s)$$
$$CeO_2(s) \xrightarrow{熱} CeO_{2-\delta}(s) + \frac{\delta}{2}O_2(g)$$

生体系の例では,植物の光合成錯体の一つに含まれる Mn_4CaO_5 補因子による水からの酸素発生をあげた (§26・10).固体の最初の例では,LiC_6 は Li^+ イオンがグラファイト(黒鉛)内の炭素原子シート間に挿入して形成した**層間化合物** (intercalation compound) を示している.その反応はリチウムイオン電池の充電時に生じ,放電時にはその逆の反応が起こる.2番目の固体の例は,太陽放射を集

めて生成する熱を利用し，水から水素と酸素に変換する熱サイクルの一部である．酸化還元反応は，気体/固体，あるいは固体/液体のような界面（相境界）でも起こる．これらの例として金属の溶解，電極上での反応がある．

　酸化還元反応は多様であるため，酸化数（§2・16）を用いる一連の形式的な規則に従って酸化還元反応を解析すると都合がよい．この規則によると，酸化はある元素の酸化数の増加に対応し，還元は酸化数の減少に対応する．酸化数の変化が伴わない反応は，酸化還元反応ではない．これから，この手法が適切であると判断できる場合には用いることにする．

> **実例**　最も単純な酸化と還元は単体からのカチオンとアニオンの生成である．リチウムが空気中で燃焼して Li_2O を生じる際の Li から Li^+ イオンへの酸化や，塩素がカルシウムと反応して $CaCl_2$ をつくる際の Cl_2 から Cl^- イオンへの還元がその例である．1 族および 2 族の元素では，酸化数として，単体 (0) とそれぞれの族のイオンに対して I と II のみが一般的である．しかし，他の元素の多くは複数の酸化状態の化合物を生成する．たとえば，鉛は通常，PbO のような Pb^{II} の化合物あるいは PbO_2 のような Pb^{IV} の化合物として存在する．

　複数の酸化数を取りうる元素は d 金属化合物において最もよく見られる．特に 5 族，6 族，7 族，8 族の元素がそうで，たとえばオスミウムは $[Os(CO)_4]^{2-}$ のような酸化数が $-II$ から OsO_4 のように VIII までの広い範囲の化合物を生成する．元素の酸化状態はその化合物の性質に反映されることが多いので，ある元素が特定の酸化状態をもつ化合物を生成する傾向を定量的に表現できることが無機化学では非常に重要である．

還元電位

　酸化還元反応では化学種間で電子が移動するため，電気化学的手法（制御された熱力学的条件下で電子移動反応を測定するために電極を利用する）は非常に重要であり，この手法によって"標準電位"の表を作成することができる．ある化学種から別の化学種に電子が移動する傾向は，標準電位の差によって表される．

5・1 酸化還元半反応

　要点　酸化還元反応は，二つの還元半反応を表す化学式の差で与えられる．

　一つの酸化還元反応を取扱うのに，それを二つの概念的な**半反応** (half-reaction) の和と考えると都合がよい．半反応では電子の喪失（酸化）または獲得（還元）がはっきりと表示される．還元半反応では，

$$2\,H^+(aq) + 2\,e^- \longrightarrow H_2(g)$$

のように，ある物質が電子を獲得する．酸化半反応では，

$$Zn(s) \longrightarrow Zn^{2+}(aq) + 2\,e^-$$

のように，ある物質が電子を失う．これらの半反応式中では電子の状態を特定していない．電子は"輸送"された状態にある．半反応中の酸化型の化学種と還元型の化学種とは一つの**酸化還元系** (redox couple) をつくる．一つの酸化還元系を表すには，H^+/H_2 や Zn^{2+}/Zn のように，還元体の前に酸化体を書き，各物質の相は示さないのが普通である．

のちほど明らかになるが，酸化半反応をそれに対応する還元半反応により表すことが便利である．そのためには，酸化半反応を単に逆にしてやればよい．亜鉛の酸化についての還元半反応は，

$$Zn^{2+}(aq) + 2\,e^- \longrightarrow Zn(s)$$

のように書くことができる．亜鉛が水素イオンによって酸化される酸化還元反応

$$Zn(s) + 2\,H^+(aq) \longrightarrow Zn^{2+}(aq) + H_2(g)$$

は，二つの還元半反応の差で与えられる．この場合，各半反応に係数を掛けて電子数が同じになるようにしておく必要がある．

例題 5・1 半反応を組合わせる

酸性溶液中で Fe^{2+} の過マンガン酸イオン (MnO_4^-) による酸化を化学反応式で表せ．

解 酸化還元反応を組立てるためには，より詳細な注意が必要とされる．生成物と反応物以外に，電子と水素イオンのような化学種を考える必要があるためである．系統的な手法としては以下のとおりである．

- 二つの化学種について，半反応を還元する方向に書く．
- 水素以外の化学種について量論をあわせる．
- 矢印の側に H_2O を加えて，O 原子の量論をあわせる．
- 溶液が酸性なら，H^+ を加えて H 原子の量論をあわせる．溶液が塩基性であれば，一方に OH^- を加え，他方に H_2O を加えることにより，H 原子の量論をあわせる．
- e^- を加えて電荷の量論をあわせる．
- 各半反応に係数を掛けて電子数が同じになるようにする．
- 最も酸化している化学種を含む半反応式から最も還元している化学種を差し引くことにより，二つの半反応を組合わせる．重複する項を消す．

Fe^{3+} の還元に対する半反応は，電荷のバランスだけが関与するのでわかりやすい．

$$Fe^{3+}(aq) + e^- \longrightarrow Fe^{2+}(aq)$$

MnO_4^- の還元に対する量論をあわせていない半反応は，

$$MnO_4^-(aq) \longrightarrow Mn^{2+}(aq)$$

H_2O により O の量論をあわせる．

$$MnO_4^-(aq) \longrightarrow Mn^{2+}(aq) + 4\,H_2O(l)$$

H^+ により H の量論をあわせる．

$$MnO_4^-(aq) + 8\,H^+(aq) \longrightarrow Mn^{2+}(aq) + 4\,H_2O(l)$$

e^- により電荷をあわせる．

$$MnO_4^-(aq) + 8\,H^+(aq) + 5\,e^- \longrightarrow Mn^{2+}(aq) + 4\,H_2O(l)$$

二つの半反応の電子の数をあわせるため，最初の式を5倍すると，それぞれの式において $5e^-$ となる．過マンガン酸イオンの半反応から Fe^{2+} の半反応を引き，すべての化学量論係数が正になるように整理すると，

$$MnO_4^-(aq) + 8H^+(aq) + 5Fe^{2+}(aq) \longrightarrow Mn^{2+}(aq) + 5Fe^{3+}(aq) + 4H_2O(l)$$

となる．

問題 5・1 還元半反応を用い，酸性溶液中での過マンガン酸イオンによる金属亜鉛の酸化の化学反応式を表せ．

5・2 標準電位と自発性

要点 全反応を半反応に分けたとき，半反応に対応する標準電位の差を $E^\ominus$ とすれば，$E^\ominus > 0$ であれば $K > 1$ となるのでこの反応は熱力学的に（自発的に）進行する．

どの反応が自発的に起こるか（すなわち，自然に進行するか）を見きわめるうえで熱力学的な議論を利用できる．自発性の熱力学的な基準は，一定の温度と圧力のもとで反応ギブズエネルギー $\Delta_r G$ が負になることである．通常，標準反応ギブズエネルギー $\Delta_r G^\ominus$ を考えれば十分であり，$\Delta_r G^\ominus$ は平衡定数 K と

$$\Delta_r G^\ominus = -RT \ln K \tag{5・1}$$

によって関係づけられる．$\Delta_r G^\ominus$ の負の値は $K > 1$ に対応し，この反応は生成物が反応物を平衡時に支配しているという意味で，"有利である"．しかし，$\Delta_r G$ は組成に依存し，究極的には適切な条件下ではすべての反応が自発的（すなわち $\Delta_r G < 0$）となることを理解することが重要である．これは，無限の値をもつ平衡定数はないことの別の言い方である．

メモ 標準状態ではすべての物質が 100 kPa（1 bar）の圧力下にあり，活量が1である．H^+ イオンが関係する反応の場合，標準状態では pH = 0 であり，近似的に 1 M の酸である．純粋な固体と液体の活量は1である．電子の化学量論係数として ν を用いているが，電気化学の式では，代わりに n を使うこともよくある．ここでは，この係数が無次元であり，モル単位の量ではないことを強調するために ν を用いる．

全化学反応式は二つの還元半反応の差であるから，全反応の標準ギブズエネルギーは二つの半反応の標準ギブズエネルギーの差である．実際の酸化還元全反応は必ず1対の還元半反応の差の形で進行するものであるから，各還元反応の標準反応ギブズエネルギーの差だけが意味のあるものである．そこで，ある一つの半反応を選んで，その $\Delta_r G^\ominus$ を0とし，それに対する相対値として他のすべての $\Delta_r G^\ominus$ を記述することができる．この特別な半反応には水素イオンの還元反応を選び，その $\Delta_r G^\ominus$ を pH = 0，1 bar H_2 のとき，あらゆる温度で0とすることが規約によって定められている．

$$H^+(aq) + e^- \longrightarrow \frac{1}{2} H_2(g) \qquad \Delta_r G^\ominus = 0$$

> **実例** Zn^{2+} イオンの還元に対する標準反応ギブズエネルギーは実験によってつぎのように決まる.
>
> $$Zn^{2+}(aq) + H_2(g) \longrightarrow Zn(s) + 2H^+(aq) \qquad \Delta_r G^{\ominus} = +147\,kJ\,mol^{-1}$$
>
> 上の規約により,H^+ の還元半反応による反応ギブズエネルギーへの寄与は 0 であるから,
>
> $$Zn^{2+}(aq) + 2e^- \longrightarrow Zn(s) \qquad \Delta_r G^{\ominus} = +147\,kJ\,mol^{-1}$$
>
> となる.

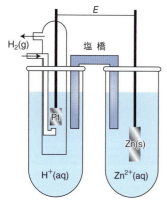

図 5・1 ガルバニ電池の模式図. 物質がすべて標準状態にあって,電池に電流が流れていないときの電位差が電池の標準電位 $E_{cell}^{\ominus}$ である.

全反応の標準反応ギブズエネルギーは,問題としている反応によって外部回路に電流が流れるような**ガルバニ電池**(galvanic cell,化学反応を用いて電流を発生させるような電気化学的なセル)を組立てて測定することができる(図 5・1).ガルバニ電池の電極間の電位差を測定する.**カソード**(cathode)は還元反応が起こる電極であり,**アノード**(anode)は酸化反応が起こる電極である.実際には,電池が熱力学的な意味で可逆的に働くようにしておかねばならない.すなわち,無視できる程度の微小電流で電位差を測る必要がある.また,必要ならば $\Delta_r G = -\nu F E$ を用いて電位差をギブズエネルギーに変換する.ここで ν は半反応を組合わせたときに移動する電子の化学量論係数であり,F はファラデー定数 ($F = 96.48\,kC\,mol^{-1}$) である.表記してある E の数値は,通常,標準状態におけるもので,その測定に使った単位,すなわちボルト (V) で表してあるのが普通である.

半反応の $\Delta_r G^{\ominus}$ に対応する電位を $E^{\ominus}$ と書いて,これを**標準電位** (standard potential) 〔または,半反応が還元反応であり,酸化体と電子が左側にあることを強調して "**標準還元電位**" (standard reduction potential)〕という.ここで,

$$\Delta_r G^{\ominus} = -\nu F E^{\ominus} \tag{5・2}$$

である.H^+ の還元の $\Delta_r G^{\ominus}$ は便宜的に 0 と決めてあるので,H^+/H_2 系の標準電位もまたあらゆる温度で 0 である.

$$H^+(aq) + e^- \longrightarrow \tfrac{1}{2}H_2(g) \qquad E^{\ominus}(H^+/H_2) = 0$$

> **実例** $\nu = 2$ である Zn^{2+}/Zn 対については,$\Delta_r G^{\ominus}$ の測定値からつぎのようになる.25 ℃ において
>
> $$Zn^{2+}(aq) + 2e^- \longrightarrow Zn(s) \qquad E^{\ominus}(Zn^{2+}/Zn) = -0.76\,V$$
>
> ある全反応の標準反応ギブズエネルギーは,それを構成している還元半反応の $\Delta_r G^{\ominus}$ の差に等しい.したがって,二つの還元半反応を組合わせた全反応の $E_{cell}^{\ominus}$ の値は,それらの半反応の標準電位の差に等しい.たとえば,上記の半反応の場合,標準電位の差はつぎのようになる.
>
> $$2H^+(aq) + Zn(s) \longrightarrow Zn^{2+}(aq) + H_2(g) \qquad E_{cell}^{\ominus} = +0.76\,V$$

一組の酸化還元系 (すなわち,一組の半反応) の $E^{\ominus}$ の値を標準電位とよび,それらの差に対応する $E_{cell}^{\ominus}$ を**標準電池電位** (standard cell potential) とよぶことに注意しよう.式 (5・2) に負の符号が付いていることから,対応する標準電池電位が正であれば反応は進行する ($K > 1$ の観点から).上の反応では $E_{cell}^{\ominus} > 0$ ($E_{cell}^{\ominus} = +0.76\,V$) であるから,熱力学的には亜鉛は標準状態 (pH = 0 の酸性溶液で,Zn^{2+} の活量は 1) で H^+ イオンを還元する傾向があることがわかる.すなわち,金

属の亜鉛は酸に溶ける．酸化還元系が負の標準電位をもつようなすべての金属において同様の反応が起こる．

> **メモ** 電池電位は，（慣習的に今でもよく使われているが）"起電力"（electromotive force, emf）とよばれていた．しかし，電位は力ではないので，IUPAC は"電池電位"を推奨している．

例題 5・2 標準電池電位を計算する

つぎの標準電位を用いて銅-亜鉛電池の標準電位を計算せよ．

$$Cu^{2+}(aq) + 2e^- \longrightarrow Cu(s) \quad E^{\ominus}(Cu^{2+}/Cu) = +0.34\,V$$
$$Zn^{2+}(aq) + 2e^- \longrightarrow Zn(s) \quad E^{\ominus}(Zn^{2+}/Zn) = -0.76\,V$$

解 この計算にあたって，標準電位から Cu^{2+} はより強い酸化種（より高い電位をもつ系）であり，より低い電位の化学種（この場合は Zn）によって還元されることがわかる．そのため，自発的な反応は $Cu^{2+}(aq) + Zn(s) \rightarrow Zn^{2+}(aq) + Cu(s)$ であり，電池電位は二つの半反応（銅-亜鉛）の差となる．

$$E^{\ominus}_{cell} = E^{\ominus}(Cu^{2+}/Cu) - E^{\ominus}(Zn^{2+}/Zn)$$
$$= +0.34\,V - (-0.76\,V) = +1.10\,V$$

電池は（標準状態下で）1.1 V の電位差を生じる．

問題 5・2 銅は希塩酸に溶けると予想されるか．

燃焼は酸化還元反応の身近な例である．放出されたエネルギーは熱エンジンとして利用することが可能である．**燃料電池**（fuel cell）は化学燃料を直接電力に変換する（BOX 5・1）．

5・3 標準電位に見られる傾向

要点 金属の原子化とイオン化，および金属イオンの水和にかかわるエンタルピーがすべて標準電位の値に寄与する．

特定の酸化還元系 M^+/M の標準電位 $E^{\ominus}$ に寄与する要因は，全反応

$$M^+(aq) + \frac{1}{2}H_2(g) \longrightarrow H^+(aq) + M(s)$$

に関係する熱力学サイクルと対応するギブズエネルギーの変化を考えることによって明らかにできる．熱力学サイクルを示した図 5・2 は M の違いにはほとんど依存しない反応エントロピーを無視することにより，単純化したものである．エントロピーは $T\Delta S^{\ominus}$ の値として -20 から $-40\,kJ\,mol^{-1}$ に相当し，反応エンタルピー，すなわち $H^+(aq)$ と $M^+(aq)$ の標準生成エンタルピーの差と比較すると小さい．これらの計算では，熱力学的な測定と正確な見積もりの組合わせから導かれる M^+ と H^+ の生成エンタルピーの絶対値を用いる．したがって，規則として $\Delta_f H^{\ominus}(H^+, aq) = 0$ としていたが，図 5・2 の解析においては実際の値として近似的に $+445\,kJ\,mol^{-1}$ を用いる．この値は，$H_2(g)$ からの水素原子の生成（$+218\,kJ\,mol^{-1}$），$H^+(g)$ へのイオン化（$+1312\,kJ\,mol^{-1}$），$H^+(g)$ の水和（約 $-1085\,kJ\,mol^{-1}$）を考えることによって得られる．

電池電位を熱力学的な寄与に基づいて解析すれば，標準電位に見られる傾向を説明できる．たとえば，1 族元素を上から順に下がったときの標準電位の変化は電気

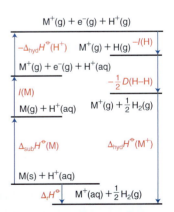

図 5・2 金属の酸化還元系の標準電位に寄与する物性を示す熱力学サイクル．吸熱過程は上向きの矢印，発熱過程は下向きの矢印で示す．

BOX 5・1 燃料電池

燃料電池 (fuel cell) は，水素 (大きな所要電力用) やメタノール (小型機器のための簡便な燃料) のような化学燃料を，O_2 や空気を酸化剤として用いることにより直接電力に変換する．電源としての燃料電池は，二次電池や燃焼機関に対していくつかの利点をもち，燃料電池の使用は着実に増加している．交換する必要がある，もしくは，長時間充電する必要がある電池と比較すると，燃料電池は燃料が供給される限り作動する．さらに，燃料電池は Ni や Cd のような環境汚染物質を大量に用いないが，比較的小量の Pt や他の金属が電極触媒として必要である．燃料電池の作動は燃焼機関よりも効率的であり，燃料から H_2O と (メタノールでは) CO_2 にほぼ定量的に変換される．燃料電池は比較的低温で用いられ，窒素酸化物を生成しないため，ほとんど環境を汚染しない．電池電位は 1 V 以下であるため，燃料電池は有用な電圧が出るように "スタック" として直列に組合わされる．

水素燃料電池の重要な分類として，**固体高分子形燃料電池** (proton-exchange membrane fuel cell, PEMFC)，**アルカリ電解質形燃料電池** (alkaline fuel cell, AFC)，**固体酸化物形燃料電池** (solid oxide fuel cell, SOFC) があり，それぞれ電極反応，化学的な電荷移動，作動温度が異なる．詳細を表にまとめる．

燃料電池の基本原理を，固体高分子形燃料電池 (PEMFC，図 B5・1) を例に示した．PEMFC は 80～100 ℃ の適当な温度で作動し，電気自動車用搭載電源として適している．アノード (負極) では，連続的に供給される H_2 が酸化されて H^+ イオンを生成し，その電荷がプロトン交換膜を通してカソード (正極) に移動する．そこで，O_2 は還元された H_2O となる．この過程でアノードからカソードへの電子の流れ (電流) が生じ，負荷 (主として電気モーター) を通る．アノード (H_2 酸化の場所) とカソード (O_2 還元の場所) ではともに Pt 触媒が担持されており，燃料と酸化剤の効率的な電気化学的変換ができる．PEMFC と他の燃料電池の効率を限定するおもな要因は，カソードでの O_2 還元の遅さであり，実用的な速度でこの反応を進行させるだけのために 0.2～0.3 V の "過電圧" が使用される．作動電圧は一般的に約 0.7 V である．プロトン交換膜はペルフルオロスルホン酸の H^+ 伝導性ポリマー (Du Pont 社により開発され，Nafion® として知られている) である．

アルカリ電解質形燃料電池 (AFC) は，Pt カソードでの O_2 還元がアルカリ条件下ではより容易に起こるため，PEMFC より効率がよい．そのため，作動電圧は約 0.8 V よりも高いのが一般的である．PEMFC のときに用いる膜は，AFC では二つの電極間に流れる高温のアルカリ水溶液となる．アルカリ電解質形燃料電池は，先駆的なアポロ宇宙船月ミッションの電源として用いられた．

固体酸化物形燃料電池 (SOFC) は非常に高温 (800～1000 ℃) で作動し，ビルに電力と熱を給供 (コージェネレーションとよばれる) するために用いられる．カソードは一般的に $LaCoO_3$ をもとにした $La_{(1-x)}Sr_xMn_{(1-y)}$-

燃料電池	電極反応/電解質	可動イオン	温度範囲/℃	圧力/atm	効率/%
固体高分子形 (PEMFC)	アノード: $H_2 \longrightarrow 2H^+ + 2e^-$ カソード: $2H^+ + \frac{1}{2}O_2 + 2e^- \longrightarrow H_2O$ 電解質: H^+ 伝導性ポリマー	H^+	80～100	1～8	35～40
アルカリ電解質形 (AFC)	アノード: $H_2 + 2OH^- \longrightarrow 2H_2O + 2e^-$ カソード: $H_2O + \frac{1}{2}O_2 + 2e^- \longrightarrow 2OH^-$ 電解質: アルカリ水溶液	OH^-	80～250	1～10	50～60
固体酸化物形 (SOFC)	アノード: $H_2 + O^{2-} \longrightarrow H_2O + 2e^-$ カソード: $\frac{1}{2}O_2 + 2e^- \longrightarrow O^{2-}$ 電解質: 固体酸化物	O^{2-}	800～1000	1	50～55
直接メタノール (DMFC)	アノード: $CH_3OH + H_2O \longrightarrow CO_2 + 6H^+ + 6e^-$ カソード: $2H^+ + \frac{1}{2}O_2 + 2e^- \longrightarrow H_2O$ 電解質: H^+ 伝導性ポリマー	H^+	0～40	1	20～40

Co_yO_3 のような複合金属酸化物であり，アノードは一般的には RuO_2 と混合した NiO や $Ce_{(1-x)}Cd_xO_{1.95}$ のようなランタノイド酸化物である．電荷は高温で O^{2-} イオン伝導(§24・4)が可能なイットリウムをドープした ZrO_2 のようなセラミック酸化物によって運ばれる．高い作動温度のため，Pt のような効率のよい触媒を用いる必要がない．

メタノールは燃料として二通りの使い方がある．一つは "H_2 キャリヤー" としての利用である．メタノールの改質反応(§10・4)により生成する H_2 は，上述の一般的な水素燃料電池へその場で供給される．この間接的な方法により，圧力下で H_2 を貯蔵する必要がなくなる．もう一つは**直接メタノール燃料電池**(direct methanol fuel cell, DMFC)であり，アノードとカソードには Pt や Pt 合金を担持し，プロトン交換膜を用いる．水溶液($1\ mol\ dm^{-3}$)としてメタノールはアノードに供給される．DMFC は携帯電話やポータブル電子機器のように小型で低電力デバイスに特に適しており，リチウムイオン電池代替として有力である．DMFC のおもな欠点は比較的低い効率である．この効率の悪さはすでに記述したカソードでの遅い反応速度に加えて，アノードの反応(CH_3OH の CO_2 への酸化)が遅く，親水性のプロトン交換膜をメタノールは容易に浸透するので，メタノールが膜を介してカソードに移動する("クロスオーバー")二つの要因に起因し，作動電圧を低下させる．50 対 50 の Pt-Ru が炭素上に担持され，メタノールの酸化速度を向上させるためのアノード触媒として用いられている．

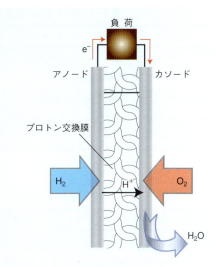

図 B5・1 固体高分子形燃料電池の模式図．アノードとカソードは触媒(Pt)が担持され，燃料(H_2)と酸化剤(O_2)をそれぞれ H^+ と H_2O に変換する．膜(おもに Nafion® とよばれる材料)はアノードで生成した H^+ イオンをカソードに移動させる．

参考書

C. Spiegel, "Design and Building of Fuel Cells", McGraw-Hill (2007).

J. Larminie, A. Dicks, "Fuel Cell Systems Explained", John Wiley & Sons (2003).

"Fuel Cell Science : Theory, Fundamentals, and Biocatalysis", ed. by A. Wieckowski, J. Norskov, John Wiley & Sons (2010).

陰性度の観点からの予想と矛盾しているように見える．リチウムはセシウムよりも大きな電気陰性度をもつにもかかわらず，セシウム($\chi = 0.79$, $E^{\ominus} = -3.03\ V$)はリチウム($\chi = 0.98$, $E^{\ominus} = -3.04\ V$)とほぼ同程度の標準電位をもつ．リチウムはセシウムより昇華エンタルピーとイオン化エネルギーが大きい．これらの値が大きければイオンの生成は起こりにくいので，この差だけを考えるとリチウムの標準電位の方が負で絶対値が小さくなりそうである．ところが，Li^+ は水和エンタルピーが負でその絶対値が大きい．これは Li^+ (イオン半径は 76 pm)が Cs^+ (167 pm)と比べると小さく，結果として Li^+ の方が水分子との静電的相互作用が強いためである．全体として，水和エンタルピーが $Li^+(g)$ の生成にかかわるエンタルピーを補って余りあることになり，標準電位は負で絶対値が大きくなる．ナトリウムの標準電位($-2.71\ V$)が 1 族の他の元素($-2.9\ V$ 程度)と比べて低いのは，ナトリウムのイオン化エネルギーが極端に高く，水和エンタルピーが中間的な値であることに基づいて説明できる(表 5・1)．

$E^{\ominus}(Na^+/Na) = -2.71\ V$ の値は $E^{\ominus}(Ag^+/Ag) = +0.80\ V$ とも比較すべきである．これらのイオンのイオン半径(六配位)はよく似ているので($r_{Na^+} = 102\ pm$ および $r_{Ag^+} = 115\ pm$)，水和エンタルピーも似た値となる．しかし，銀の昇華エンタルピーはナトリウムよりかなり高く，また 4d 電子による遮蔽の効果が小さいためとりわけイオン化エネルギーが大きくなっており，銀の標準電位は正になる．この相

表 5・1 298 K における種々の金属の $E^\ominus$ に対する熱力学的寄与[†]

	Li	Na	Cs	Ag
標準昇華エンタルピー，$\Delta_{sub}H^\ominus(M)/(kJ\,mol^{-1})$	+161	+109	+79	+284
イオン化エネルギー，$I(M)/(kJ\,mol^{-1})$	513	495	375	735
標準水和エンタルピー，$\Delta_{hyd}H^\ominus(M^+)/(kJ\,mol^{-1})$	−520	−406	−264	−468
標準生成エンタルピー，$\Delta_f H^\ominus(M^+,aq)/(kJ\,mol^{-1})$	+167	+206	+197	+551
標準電位，$E^\ominus/V$	−3.04	−2.71	−3.03	+0.80

[†] $\Delta_f H^\ominus(H^+, aq) = +445\,kJ\,mol^{-1}$

表 5・2 298 K における代表的な標準電位[†]

還元半反応	$E^\ominus/V$	還元半反応	$E^\ominus/V$
$F_2(g) + 2e^- \longrightarrow 2F^-(aq)$	+2.87	$I_3^-(aq) + 2e^- \longrightarrow 3I^-(aq)$	+0.54
$Ce^{4+}(aq) + e^- \longrightarrow Ce^{3+}(aq)$	+1.76	$[Fe(CN)_6]^{3-}(aq) + e^- \longrightarrow [Fe(CN)_6]^{4-}(aq)$	+0.36
$MnO_4^-(aq) + 8H^+(aq) + 5e^- \longrightarrow Mn^{2+}(aq) + 4H_2O(l)$	+1.51	$AgCl(s) + e^- \longrightarrow Ag(s) + Cl^-(aq)$	+0.22
		$2H^+(aq) + 2e^- \longrightarrow H_2(g)$	0
$Cl_2(g) + 2e^- \longrightarrow 2Cl^-(aq)$	+1.36	$AgI(s) + e^- \longrightarrow Ag(s) + I^-(aq)$	−0.15
$O_2(g) + 4H^+(aq) + 4e^- \longrightarrow 2H_2O(l)$	+1.23	$Zn^{2+}(aq) + 2e^- \longrightarrow Zn(s)$	−0.76
$[IrCl_6]^{2-}(aq) + e^- \longrightarrow [IrCl_6]^{3-}(aq)$	+0.87	$Al^{3+}(aq) + 3e^- \longrightarrow Al(s)$	−1.68
$Fe^{3+}(aq) + e^- \longrightarrow Fe^{2+}(aq)$	+0.77	$Ca^{2+}(aq) + 2e^- \longrightarrow Ca(s)$	−2.87
$[PtCl_4]^{2-}(aq) + 2e^- \longrightarrow Pt(s) + 4Cl^-(aq)$	+0.76	$Li^+(aq) + e^- \longrightarrow Li(s)$	−3.04

[†] 付録3にさらに多くの値がある．

違は，ナトリウムと銀を希酸で処理したときの挙動の大きな差に反映される．ナトリウムは酸と反応して爆発的に炎を上げて溶解し，水素を発生させるが，銀は反応しない．表 5・2 にあげた標準電位に見られる傾向の多くは同様の議論で説明できる．たとえば，貴金属に特徴的な正の標準電位は非常に大きな昇華エンタルピーに起因する．

> メモ 正の値であっても還元電位の符号を常に表記する．

5・4 電気化学系列

要点 正で大きな $E^\ominus$ をもつ酸化還元系の酸化体は強い酸化剤である．負で絶対値が大きな $E^\ominus$ をもつ酸化還元系の還元体は強い還元剤である．

標準電位が負の系 ($E^\ominus < 0$) の還元体 (たとえば Zn^{2+}/Zn 系における Zn) は，標準状態の水溶液中で H^+ イオンに対する還元剤となる．すなわち，$E^\ominus(Ox/Red) < 0$ ならば，還元体 "Red" は H^+ イオンを還元するのに十分な強さ (Red による H^+ の還元反応において $K > 1$ であるという意味で) の還元剤である．25℃における $E^\ominus$ の値のいくつかを表 5・2 に示す．この表は，**電気化学系列** (electrochemical series)，すなわち

$E^\ominus$ がきわめて正の Ox/Red 系 (Ox がきわめて酸化性)

⋮

$E^\ominus$ がきわめて負の Ox/Red 系 (Red がきわめて還元性)

の順に配列してある．

電気化学系列で重要なのは，この系列の中で，ある Ox/Red 系の還元体は，それより上方にある系の酸化体を熱力学的には還元することができるということである．注意すべき点は，この分類は標準状態での反応の熱力学的な観点，すなわち反応の自発性と K の値に関するもので，反応の速さに関しては何も言及していないということである．したがって，電気化学系列から熱力学的に有利であることがわかっているような反応であっても，速度論的にその過程が不利であれば，反応は進まないか，あるいはきわめてゆっくりしか進行しない．

例題 5・3　電気化学系列を用いる

表 5・2 中の Ox/Red 系の中で過マンガン酸イオン MnO_4^- は鉄の酸化還元滴定に用いられる普通の分析試薬である．酸性溶液中で過マンガン酸イオンが酸化しうるのは Fe^{2+}, Cl^-, Ce^{3+} のうちどのイオンか．

解　過マンガン酸イオンを還元することができる試薬は，MnO_4^-/Mn^{2+} 系よりも負の標準電位をもつ酸化還元系の還元体でなければいけないことに注意する必要がある．酸性溶液中における MnO_4^-/Mn^{2+} 系の標準電位は +1.51 V である．Fe^{3+}/Fe^{2+}, Cl_2/Cl^-, Ce^{4+}/Ce^{3+} の標準電位は，それぞれ，+0.77, +1.36, +1.76 V である．この中の最初の二つのイオンの標準電位は MnO_4^- の電位よりも負であるから，MnO_4^- は酸性 (pH = 0) 溶液中で Fe^{2+} および Cl^- を酸化するのに十分に強い酸化剤である．より正の標準電位をもつ Ce^{3+} は過マンガン酸イオンでは酸化できない．実際には，溶液中に他のイオンが共存すると電位が変化して，結果が違ってくる可能性があることに注意する必要がある．水素イオンの影響は特に重要で，pH の影響については §5・10 で論ずる．過マンガン酸イオンは Cl^- を酸化できるので，過マンガン酸塩が関係する酸化還元反応を酸性条件にするのに HCl は使えず，代わりに H_2SO_4 が用いられる．

問題 5・3　もう一つの一般的な分析用酸化剤は二クロム酸イオン $[Cr_2O_7]^{2-}$ の酸性溶液で，その標準電位は $E^{\ominus}([Cr_2O_7]^{2-}/Cr^{3+}) = +1.38\,V$ である．この溶液を Fe^{2+} から Fe^{3+} への酸化還元滴定に利用できるか．もし Cl^- が存在したら副反応の可能性があるだろうか．

5・5　ネルンスト式

要点　ネルンスト式を用いれば反応混合物の組成が任意の値をとるときの電池電位が求まる．

組成が任意の状態にある反応が特定の方向に進む傾向を判定するには，その組成における $\Delta_r G$ の符号と大きさとを知る必要がある．そのためには，次式で表される熱力学の結果を使えばよい．

$$\Delta_r G = \Delta_r G^{\ominus} + RT \ln Q \tag{5・3a}$$

ここで，Q は反応商[1]で

$$a\,Ox_A + b\,Red_B \longrightarrow a'\,Red_A + b'\,Ox_B \qquad Q = \frac{[Red_A]^{a'}[Ox_B]^{b'}}{[Ox_A]^a [Red_B]^b} \tag{5・3b}$$

で与えられる†．反応商は平衡定数 K と同じ形をとるが，濃度は反応の任意の段階

---

[1] 気相の化学種が関与する反応では，モル濃度の代わりに $p^{\ominus} = 1\,bar$ に対する分圧を用いる．

† 訳注：厳密には式(5・3b)の Q は濃度ではなく活量で表すべきである．

を示す．平衡のとき $Q=K$ である．Q と K を求めるとき，[ ]の値はモル濃度の値として用いられる．したがって，Q と K は無次元量となる．もし $\Delta_\mathrm{r}G<0$ であれば，その反応は与えられた条件下で自発的に起こる．この判断の基準を対応する電池の電位で表すには $E_\mathrm{cell}=-\Delta_\mathrm{r}G/\nu F$ および $E_\mathrm{cell}^{\ominus}=-\Delta_\mathrm{r}G^{\ominus}/\nu F$ の関係を式(5・3a)に代入すればよい．そうすると，つぎのネルンスト式（Nernst equation）が導かれる．

$$E_\mathrm{cell} = E_\mathrm{cell}^{\ominus} - \frac{RT}{\nu F}\ln Q \tag{5・4}$$

$E_\mathrm{cell}>0$ ならば $\Delta_\mathrm{r}G<0$ であるから，その反応は，与えられた条件下で自発的に進む．平衡では $E_\mathrm{cell}=0$ および $Q=K$，したがって，式(5・4)によれば，温度 T における反応の平衡定数と標準電位との間につぎのきわめて重要な関係が導かれる．

$$\ln K = \frac{\nu F E_\mathrm{cell}^{\ominus}}{RT} \tag{5・5}$$

表5・3 K と $E^{\ominus}$ との関係

$E^{\ominus}$/V	K
+2	10^{34}
+1	10^{17}
0	1
−1	10^{-17}
−2	10^{-34}

表5・3 は，$\nu=1$ および 25 ℃ において −2 V から +2 V の範囲の電池電位に対応する K の値を示したものである．電気化学的なデータは −2 V から +2 V の電位範囲内に収まっていることが多いが，この狭い範囲は $\nu=1$ のときの平衡定数の値にすると 68 桁に相当することがわかる．

全反応の $E_\mathrm{cell}^{\ominus}$ が二つの半反応の標準電位の差であるのと同様に，電池電位 E_cell を二つの電位の差と考えると，個々の Ox/Red 系における半反応に対応する電位 E を

$$E = E^{\ominus} - \frac{RT}{\nu F}\ln Q \tag{5・6a}$$

$$a\,\mathrm{Ox} + \nu\,\mathrm{e}^- \longrightarrow a'\,\mathrm{Red} \qquad Q = \frac{[\mathrm{Red}]^{a'}}{[\mathrm{Ox}]^a} \tag{5・6b}$$

として式(5・4)と同様に書くことができる．この場合，Q を表す式中には電子の項を含めない．

標準電池電位の温度依存性から多くの酸化還元反応の標準エントロピーを直接求めることができる．式(5・2)より，

$$-\nu F E_\mathrm{cell}^{\ominus} = \Delta_\mathrm{r}G^{\ominus} = \Delta_\mathrm{r}H^{\ominus} - T\Delta_\mathrm{r}S^{\ominus} \tag{5・7a}$$

となる．一般に関心がある小さな温度領域では，$\Delta_\mathrm{r}H^{\ominus}$ と $\Delta_\mathrm{r}S^{\ominus}$ が温度に依存しないと仮定すると，

$$-\nu F E_\mathrm{cell}^{\ominus}(T_2) - [-\nu F E_\mathrm{cell}^{\ominus}(T_1)] = -(T_2 - T_1)\Delta_\mathrm{r}S^{\ominus}$$

となるので，

$$\Delta_\mathrm{r}S^{\ominus} = \frac{\nu F\,[E_\mathrm{cell}^{\ominus}(T_2) - E_\mathrm{cell}^{\ominus}(T_1)]}{T_2 - T_1} \tag{5・7b}$$

である．すなわち，$\Delta_\mathrm{r}S^{\ominus}$ は温度に対して標準電池電位をプロットしたグラフの傾きに比例する．

標準反応エントロピー変化 $\Delta_\mathrm{r}S^{\ominus}$ は酸化還元反応に伴う溶媒和の変化を反映することが多い．各半電池反応に対応する還元反応が電荷を失う（溶媒分子の結合が弱まり，より無秩序になる）とき，正のエントロピーの寄与となることが予測される．§5・3 で議論したように，電荷の変化が同じ酸化還元系を比較するとき，標準電位に対するエントロピーの寄与は同程度であることが多い．

> **例題 5・4 燃料電池の電位**
>
> 温度 25 ℃, 圧力 100 kPa の水素と酸素を用い, 反応が $2\,H_2(g) + O_2(g) \rightarrow 2\,H_2O(l)$ となる燃料電池の電池電位 (電流が無視できる高抵抗の負荷を用いる) を計算せよ (固体高分子形燃料電池の作動は, 性能を向上させるために, ふつう 80 ～ 100 ℃ であることに注意せよ).
>
> **解** 電流が流れていない条件下では, 電池電位は二つの酸化還元対の標準電位の差により与えられることに注意する. 図 B5・1 の右と左の電極反応は下記のようになる.
>
> 右: $O_2(g) + 4\,H^+(aq) + 4\,e^- \longrightarrow 2\,H_2O(l)$ $\quad E^\ominus = +1.23\,V$
> 左: $2\,H^+(aq) + 2\,e^- \longrightarrow H_2(g)$ $\quad E^\ominus = 0$
> 全反応 (右−左): $2\,H_2(g) + O_2(g) \longrightarrow 2\,H_2O(l)$
>
> したがって, 電池の標準電位は,
>
> $$E_{cell}^\ominus = (+1.23\,V) - 0 = +1.23\,V$$
>
> となる. この反応は自発的であり, 右側の電極がカソード (還元場) である.
>
> ---
>
> **問題 5・4** 酸素と水素がともに 5.0 bar の状態で作用する燃料電池では電位差はいくらになるか.

酸化還元安定性

溶液中でのある化学種の熱力学的安定性を評価するときには, 考えられるすべての反応種, すなわち, 溶媒, 他の溶質, その化学種自身, 溶存酸素のすべてを念頭におかねばならない. 以下の議論では, 溶質の熱力学的不安定性に起因する種類の反応に重点をおくことにする. 速度論的要因についても手短かに述べるつもりであるが, 熱力学的安定性の場合に比べて, 速度論的要因では系統的な傾向が一般的に少ない.

5・6 pH の影響

> **要点** 水溶液中での多くの酸化還元反応は, 電子と水素イオンが関係する. そのため, 電極電位は pH に依存する.

水溶液中での多くの反応について, 電極電位は pH により変化する. これは酸化還元対の還元種は酸化種よりもふつう非常に強いブレンステッド塩基であるためである. ν_e 電子と ν_H 水素イオンの移動がある酸化還元対について, 式 (5・6b) から次式が得られる.

$$Ox + \nu_e\,e^- + \nu_H H^+ \rightleftharpoons Red\,H_{\nu_H} \qquad Q = \frac{[Red\,H_{\nu_H}]}{[Ox][H^+]^{\nu_H}}$$

$$E = E^\ominus - \frac{RT}{\nu_e F}\ln\frac{[Red\,H_{\nu_H}]}{[Ox][H^+]^{\nu_H}} = E^\ominus - \frac{RT}{\nu_e F}\ln\frac{[Red\,H_{\nu_H}]}{[Ox]} + \frac{\nu_H RT}{\nu_e F}\ln[H^+]$$

Red と Ox の濃度を $E^\ominus$ と組合わせれば, E' を以下のように定義できる.

$$E' = E^\ominus - \frac{RT}{\nu_e F}\ln\frac{[Red\,H_{\nu_H}]}{[Ox]}$$

$\ln[H^+] = \ln 10 \times \log[H^+]$, $pH = -\log[H^+]$ を用いると, 電極電位は,

$$E = E' - \frac{\nu_H RT \ln 10}{\nu_e F} \text{pH} \tag{5・8a}$$

25 ℃ では，

$$E = E' - \frac{(0.059\,\text{V})\nu_H}{\nu_e} \text{pH} \tag{5・8b}$$

すなわち，pH が増加し溶液がより塩基性になると，電位は低く（より負に）なる．

> **実例** 過塩素酸イオン/塩素酸イオン（ClO_4^-/ClO_3^-）対の半反応は，
>
> $$ClO_4^-(aq) + 2\,H^+(aq) + 2\,e^- \longrightarrow ClO_3^-(aq) + H_2O(l)$$
>
> である．したがって，pH = 0 で $E^\ominus$ = +1.201 V に対して，pH = 7 では ClO_4^-/ClO_3^- 対の還元電位は 1.201 − (2/2)(0.059 V) × 7 = +0.788 V となる．過塩素酸アニオンは酸性条件下で強力な酸化剤である．

中性溶液（pH = 7）中での標準電位は $E_W^\ominus$ で表される．細胞液は pH = 7 近傍に緩衝されるため，これらの電位は生体系の議論に特に有用である．pH = 7 の条件（その他の電気化学活性種の活量が 1）は，いわゆる**生体系標準状態**（biological standard state）に対応する．生体系では，これらの電位は $E^\oplus$ もしくは E_{m7} として示されることが多く，"m7" は pH = 7 での"中間"電位を表す．

> **実例** pH = 7.0 での H^+/H_2 系の還元電位を求める．他の化学種が標準状態で存在すると，$E' = E^\ominus(H^+/H_2) = 0$ となる．還元半反応は $2\,H^+(aq) + 2\,e^- \to H_2(g)$ であるので，$\nu_e = 2, \nu_H = 2$ となる．生体系標準電位はそのため，
>
> $$E^\oplus = 0 - (2/2)(0.059\,\text{V}) \times 7.0 = -0.41\,\text{V}$$
>
> となる．

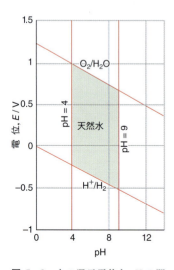

図 5・3 水の還元電位と pH の関係．水の熱力学的安定性の上限と下限を定義する傾きの直線は，それぞれ O_2/H_2O と H^+/H_2 系の電位である．中央の領域は天然水の安定領域を示す．

5・7 水との反応

水は酸化剤として作用する可能性があり，その際，水自身は H_2 に還元される．

$$H_2O(l) + e^- \longrightarrow \tfrac{1}{2}H_2(g) + OH^-(aq)$$

あらゆる pH（および H_2 の分圧が 1 bar）において，水中のオキソニウムイオンが還元される等価な反応に対して，ネルンスト式から次式が得られることがわかっている．

$$H^+(aq) + e^- \longrightarrow \tfrac{1}{2}H_2(g) \qquad E = -0.059\,\text{V} \times \text{pH} \tag{5・9}$$

"水の還元"といったときに化学者が一般に思い浮かべるのはこの還元反応である．水は，O_2 への酸化によって，還元剤として働くこともできる．

$$O_2(g) + 4\,H^+(aq) + 4\,e^- \longrightarrow 2\,H_2O(l)$$

O_2 の分圧が 1 bar の場合，$O_2, 4H^+/2H_2O$ 系の半反応に対するネルンスト式は $\nu_{H^+}/\nu_e = 4/4 = 1$ であるため，

$$E = 1.23\,\text{V} - (0.059\,\text{V} \times \text{pH}) \tag{5・10}$$

が得られる．これら二つの電位と pH との関係を図 5・3 に示す．

(a) 水による酸化

要点 標準電位が負でその絶対値が大きいような金属の場合，水溶液の酸との反応では不動態化した酸化物の層が生じない限り水素が発生する．

水または酸水溶液と金属との反応は，実際には水または水素イオンによる金属の酸化であって，その全反応はつぎの反応（および +2 以上の電荷数をもつ金属イオンについての類似の反応）のどちらかである．

$$M(s) + H_2O(l) \longrightarrow M^+(aq) + \frac{1}{2}H_2(g) + OH^-(aq)$$

$$M(s) + H^+(aq) \longrightarrow M^+(aq) + \frac{1}{2}H_2(g)$$

これらの反応は，M が s-ブロック金属，および 3 族から少なくとも 8 族あるいは 9 族さらにはそれ以上の族 (Sc, Ti, V, Cr, Mn, Ni) あるいはランタノイドならば熱力学的に起こりうるものである．3 族の金属の例として

$$2\,Sc(s) + 6\,H^+(aq) \longrightarrow 2\,Sc^{3+}(aq) + 3\,H_2(g)$$

がある．金属イオンが金属へ還元される標準電位が負であれば，1 M の酸の中でその金属は酸化されて H_2 を発生するはずである．

マグネシウムやアルミニウムと湿った空気との反応は自発的に起こりうるものだが，どちらの金属も水と酸素との存在下で長年にわたって使うことができる．これらの金属が長もちするのは，水を通さない酸化物の皮膜で**不動態化** (passivation) されて，反応から保護されるからである．酸化マグネシウムおよび酸化アルミニウムはいずれも下地の金属の上に保護皮膜をつくる．同じような不動態化が鉄，銅，亜鉛でも起こる．電解槽中で金属をアノードとして"アノード処理"する方法は，金属を適度に酸化してその表面に平滑で硬い不動態化皮膜をつくる方法の一つである．アノード処理はアルミニウムの保護に特に有効である．この際，不活性で緻密であり，化学種を通さない Al_2O_3 層が生じる．

水の電解や光分解による水素生成は，将来の再生可能エネルギーの解決策として考えられており，第 10 章でより詳細に議論する．

(b) 水による還元

要点 水は還元剤として働く．すなわち，他の化学種によって酸化される．

酸性の水では，$O_2, 4H^+/2H_2O$ 系〔式(5・10)〕の電位がきわめて正になる．したがって，酸性の水は，相手が非常に強い酸化剤である場合以外は，貧弱な還元剤であることがわかる．$Co^{3+}(aq)$ は $E^{\ominus}(Co^{3+}/Co^{2+}) = +1.92\,V$ で，水がよい還元剤となる例である．すなわち，$Co^{3+}(aq)$ は水で還元されて O_2 を発生し，Co^{3+} は水溶液中では存在しなくなる．

$$4\,Co^{3+}(aq) + 2\,H_2O(l) \longrightarrow 4\,Co^{2+}(aq) + O_2(g) + 4\,H^+(aq) \quad E_{cell}^{\ominus} = +0.69\,V$$

この反応では H^+ イオンが生成するので，H^+ の濃度を下げると生成物が有利になるから，溶液の酸性度を下げる（より高い pH）と水の酸化が進みやすくなる．

相当な速度で酸素を発生させるくらい速やかに水を酸化できるのは，ごくわずかな酸化剤（Co^{3+} のほかのもう一つの例は Ag^{2+}）だけである．水溶液中でよく用いられている酸化還元系には，+1.23 V よりも大きい標準電位をもつものがいくつかある．その中には Ce^{4+}/Ce^{3+} (+1.76 V)，酸性溶液中の二クロム酸イオン系 $Cr_2O_7^{2-}/Cr^{3+}$ (+1.38 V)，および酸性溶液中の過マンガン酸イオン系 MnO_4^-/Mn^{2+} (+1.51 V) が含まれる．このような酸化反応では，4 個の電子移動と 2 分子の水から酸素-酸素二重結合の生成が必要なことが速度論的な活性化障壁になっている．

酸素–酸素結合の生成が遅いことで酸化還元反応の速度が支配される場合が多いとすれば，O_2 発生に対するよい触媒を見つけることが無機化学者の挑戦課題となる．この過程の重要性は，酸素を経済的に求めることではなく，電解や光分解により水から水素（"グリーン"燃料）を製造したいことにある．現在用いられている触媒には，水の商用電解槽のアノードに使われている被覆物があるが，その性質はあまりよくわかっていない．植物の光合成中心における O_2 発生器官中に含まれている酵素系もこの種の触媒の一つである．この酵素系は，四つの Mn 原子と一つの Ca 原子を含む特別な補因子が基本になっているものである（§26・10 参照）．光合成過程は生化学者や生物無機化学者によって少しずつであるが解明されつつある．自然は優美で能率的だが，複雑でもある．自然の効率をまねる著しい進歩が Ru, Ir, Co 錯体で見られる．

(c) 水の安定領域

要点 水の安定領域は，酸化還元系が水を酸化もしないし，水素イオンを還元もしないような pH と還元電位との範囲を示している．

水を H_2 に十分速く還元できる還元剤や O_2 に十分速く酸化できる酸化剤は，水溶液中で安定に存在し続けることはできない．図 5・3 中の水の**安定領域** (stability field) は，水が酸化と還元の両方に対して熱力学的に安定であるような電位と pH との範囲である．

関連する半反応の E と pH との関係を調べると安定領域の上限と下限とが決まる．これまでのことからわかるように，水の（酸素への）酸化と還元は同じ pH 依存（25°C で pH に対し E をプロットすると傾きが $-0.059\,V$）をもち，安定領域はその傾きをもつ平行な線の対の境界で決まる．式(5・9) で与えられるよりも負の電位をもつ化学種は，水を還元（詳細には H^+ を還元）して水素を発生させる．したがって，下限の線は安定領域の下限境界を決定する．同様に式(5・10) で与えられるよりも正の電位をもつ化学種はすべて水を酸化して O_2 を発生させることができる．したがって，上限の線は水の安定領域の上限境界を決める．水中で熱力学的に不安定である系は，図 5・3 中で線で区切られたところよりも外側（上方もしくは下方）に位置し，水により酸化される化学種は H_2 生成の線よりも下方の電位をもち，水により還元される化学種は O_2 生成の線よりも上方の電位をもつ．

湖水や河川水の pH は通常 4 から 9 の間であるから，pH=4 と pH=9 のところに 2 本の垂直線をつけたして区切った部分が "天然" 水中の安定領域となる．この種の図は**プールベ図** (Pourbaix diagram) として知られ，環境化学の分野で広く用いられているが，それについては §5・14 で述べる．

5・8 空気中の酸素による酸化

要点 空気中の酸素や水に溶けている酸素は金属や溶液中の金属イオンを酸化することができる．

たとえば口の開いているビーカーに溶液を入れた場合のように，溶液が空気にさらされているときには，溶質と溶存酸素とが反応する可能性を考えなければならない．一例として N_2 などの不活性雰囲気内にある Fe^{2+} を含む溶液を取上げる．$E^{\ominus}(Fe^{3+}/Fe^{2+}) = +0.77\,V$ で，これは水の安定領域内に入っているから，Fe^{2+} が水中で存在しうると思われる．さらに，金属状態の鉄の H^+ (aq) による酸化は Fe^{II} より先には進まないはずである．それは，標準状態では Fe^{II} から Fe^{III} への酸化は不利だからである（0.77 V の分だけ）．しかし，O_2 が存在するとこの様子はかなり変わってくる．多くの元素は自然では酸化体として存在し，SO_4^{2-}，NO_3^-，$[MoO_4]^{2-}$ のようなオキソアニオンもしくは Fe_2O_3 のような鉱物として存在する．

事実,地殻中での鉄の最も普通の形はFe^{III}であるし,水溶液の環境から析出した沈殿物中の鉄は大部分Fe^{III}として存在している.反応

$$4\,Fe^{2+}(aq) + O_2(g) + 4\,H^+(aq) \longrightarrow 4\,Fe^{3+}(aq) + 2\,H_2O(l)$$

は,つぎの二つの半反応

$$O_2(g) + 4\,H^+(aq) + 4\,e^- \longrightarrow 2\,H_2O(l) \qquad E^\ominus = +1.23\,V$$
$$Fe^{3+}(aq) + e^- \longrightarrow Fe^{2+}(aq) \qquad E^\ominus = +0.77\,V$$

の差に等しい.このことからpH=0で$E^\ominus_{cell}$=+0.46 Vとなる.したがって,pH=0やより高いpHでもO_2によるFe^{2+}(aq)の酸化は自発的($K>1$)である.しかし,水溶液中のFe^{III}は加水分解され,"さび"として沈殿する(§5・14).

例題 5・5　空気酸化の重要性を判断する

銅でふいた屋根が酸化されて緑色の物質(通常,"塩基性炭酸銅")になるのは,湿った環境での空気酸化の一つの例である.酸性から中性の水溶液中での酸素による銅の酸化に対する電位を推定せよ.Cu^{2+}(aq)はpH=0〜7の間では脱プロトンしないため,半反応にはH^+イオンが関与しないと仮定する.

解　銅と空気中の酸素の反応は二つの関連する還元半反応を考える必要がある.

$$O_2(g) + 4\,H^+(aq) + 4\,e^- \longrightarrow 2\,H_2O(l) \qquad E = +1.23\,V - (0.059\,V \times pH)$$
$$Cu^{2+}(aq) + 2\,e^- \longrightarrow Cu(s) \qquad E^\ominus = +0.34\,V$$

で,それらの差をとると下式が得られる.

$$E_{cell} = 0.89\,V - (0.059\,V \times pH)$$

よって,pH=0ではE_{cell}=+0.89 V,またpH=7では+0.48 Vであるから,

$$2\,Cu(s) + O_2(g) + 4\,H^+(aq) \longrightarrow 2\,Cu^{2+}(aq) + 2\,H_2O(l)$$

で表される銅の空気酸化の反応は,中性より酸性側では$K>1$である.それにもかかわらず銅ぶき屋根は長もちする.銅ぶき屋根のなじみ深い緑色の表面は,炭酸銅(II)水和物および硫酸銅(II)水和物もしくは海岸近くでは塩化物の不動態層で,この層はたいていのものを通さない.これらの化合物は大気中のCO_2やSO_2あるいは海水の存在下で銅が酸化されてできたもので,酸化還元反応にはアニオンも関係する.

問題 5・5　硫酸イオンSO_4^{2-}(aq)のSO_2(aq)への還元

$$SO_4^{2-}(aq) + 4\,H^+(aq) + 2\,e^- \longrightarrow SO_2(aq) + 2\,H_2O(l)$$

の標準電位は+0.16 Vである.霧または雲の中に放出されたSO_2は熱力学的にはどのような運命をたどると思われるか.

5・9　不均化反応と均等化反応

要点　不均化反応や均等化反応に基づいて,異なる酸化状態の本質的な安定性と不安定性を議論する際に,標準電位を用いることができる.

Cu^+は水を酸化も還元もしない.その理由は$E^\ominus(Cu^+/Cu)$=+0.52 Vおよび$E^\ominus(Cu^{2+}/Cu^+)$=+0.16 Vで,ともに水の安定領域中にあるからである.それに

もかかわらず，Cu^I が水溶液中で安定でないのは不均化を起こすからである．**不均化反応**（disproportionation）は，ある元素の酸化数の増加と減少とが同時に起こる酸化還元反応のことである．言い換えれば，不均化反応を行う元素は，自分自身の酸化剤であり還元剤である．

$$2\,Cu^+(aq) \longrightarrow Cu^{2+}(aq) + Cu(s)$$

この反応は下式の二つの半反応の差である．

$$Cu^+(aq) + e^- \longrightarrow Cu(s) \qquad E^\ominus = +0.52\,V$$
$$Cu^{2+}(aq) + e^- \longrightarrow Cu^+(aq) \qquad E^\ominus = +0.16\,V$$

不均化反応に対して $E_{cell}^\ominus = 0.52\,V - 0.16\,V = +0.36\,V$ であるから，298 K で $K = 1.3 \times 10^6$ であって，この反応はきわめて起こりやすい．次亜塩素酸も下式のように不均化反応を行う．

$$5\,HClO(aq) \longrightarrow 2\,Cl_2(g) + ClO_3^-(aq) + 2\,H_2O(l) + H^+(aq)$$

この酸化還元反応は，つぎの二つの半反応の差に等しい．

$$4\,HClO(aq) + 4\,H^+(aq) + 4\,e^- \longrightarrow 2\,Cl_2(g) + 4\,H_2O(l) \qquad E^\ominus = +1.63\,V$$
$$ClO_3^-(aq) + 5\,H^+(aq) + 4\,e^- \longrightarrow HClO(aq) + 2\,H_2O(l) \qquad E^\ominus = +1.43\,V$$

したがって，全体としては $E_{cell}^\ominus = 1.63\,V - 1.43\,V = +0.20\,V$ であるから，298 K では $K = 3 \times 10^{13}$ となることがわかる．

例題 5・6　不均化反応が起こるか否かを評価する

酸性水溶液中で Mn^{VI} は不安定で Mn^{VII} および Mn^{II} に不均化することを示せ．

解　この問いに答えるために，Mn^{VI} 種が関与する酸化と還元の二つの半反応を考える必要がある．全反応

$$5\,HMnO_4^-(aq) + 3\,H^+(aq) \longrightarrow 4\,MnO_4^-(aq) + Mn^{2+}(aq) + 4\,H_2O(l)$$

（§4・3 のポーリングの規則から，Mn^{VI} オキソアニオン MnO_4^{2-} は pH = 0 でプロトン化している）は，つぎの二つの半反応の差である．

$$HMnO_4^-(aq) + 7\,H^+(aq) + 4\,e^- \longrightarrow Mn^{2+}(aq) + 4\,H_2O(l) \qquad E^\ominus = +1.66\,V$$
$$4\,MnO_4^-(aq) + 4\,H^+(aq) + 4\,e^- \longrightarrow 4\,HMnO_4^-(aq) \qquad E^\ominus = +0.90\,V$$

標準電位の差は +0.76 V であるから，不均化は完全に進行する（298 K では $K = 10^{52}$）．その実際的な結果として，高濃度の $HMnO_4^-$ イオンを得るには酸性溶液では不可能で，塩基性溶液中で調製しなければならない．このことについては §5・12 でふれる．

問題 5・6　Fe^{2+}/Fe 系および Fe^{3+}/Fe^{2+} 系に関する標準電位は，それぞれ，$-0.44\,V$ および $+0.77\,V$ である．水溶液中で Fe^{2+} は不均化することができるか．

不均化反応の逆反応が**均等化反応**（comproportionation）である．この反応では，同種の元素ではあるが酸化数の異なるもの同士の 2 個が反応して，その元素の酸化

数が中間の値の生成物を生じる．たとえば，

$$Ag^{2+}(aq) + Ag(s) \longrightarrow 2\,Ag^+(aq) \qquad E_{cell}^{\ominus} = +1.18\,V$$

電位が正の大きな値であることから，Ag^{II} と Ag^0 とは水溶液中で完全に Ag^I に変化することがわかる（298 K では $K = 1 \times 10^{20}$）．

5・10 錯形成の影響

要点 金属が酸化還元系のより高い酸化状態をとるときに熱力学的により安定な錯体が生成する場合には，酸化が起こりやすくなって標準電位がより負の値になる．金属が酸化還元系のより低い酸化状態をとるときにより安定な錯体が生成する場合には，還元が起こりやすくなって標準電位がより正の値になる．

金属錯体の形成（第7章）は標準電位に影響を与える．それは，配位子 L の配位による錯体 ML の電子の授受能力が，アクア錯体 ML（L＝OH_2）のものと異なるためである．

$$M^{\nu+}(aq) + e^- \longrightarrow M^{(\nu-1)+}(aq) \qquad E^{\ominus}(M)$$
$$ML^{\nu+}(aq) + e^- \longrightarrow ML^{(\nu-1)+}(aq) \qquad E^{\ominus}(ML)$$

M の標準電位に対して ML の酸化還元系の標準電位の変化は，M の酸化体もしくは還元体にどのくらい強く配位子 L が配位しているかの程度を反映する．特定の酸化状態に関連する標準電位は，配位子によっては 2 V 以上異なることもある．たとえば，Fe^{III} 錯体の1電子還元に対する標準電位は，配位子 L＝bpy (**1**) では $E > 1$ V，エンテロバクチン（§26・6）として知られる自然に発生する配位子のときには $E < -1$ V の範囲になる．bpy のような配位子を含む Ru 錯体は色素増感太陽電池に用いられ（BOX 21・1），その還元電位は有機環に異なる置換基を導入することにより調整することができる．

錯形成による標準電位の変化は，図 5・4 に示す全体の熱力学サイクルを考えることによって解析できる．サイクルの反応ギブズエネルギーの合計は 0 であるので，以下のように書ける．

$$-FE^{\ominus}(M) - RT\ln K^{red} + FE^{\ominus}(ML) + RT\ln K^{ox} = 0 \quad (5\cdot11)$$

ここで，K^{ox} と K^{red} はそれぞれ $M^{\nu+}$ と $M^{(\nu-1)+}$ に結合する L に対しての平衡定数（$K = [ML]/[M][L]$）であり，$\Delta_r G^{\ominus} = -RT\ln K$ を用いたこの式は，

$$E^{\ominus}(M) - E^{\ominus}(ML) = \frac{RT}{F}\ln\frac{K^{ox}}{K^{red}} \quad (5\cdot12a)$$

と変形できる．25 ℃ で，$\ln x = \ln 10 \times \log x$ であるので，

$$E^{\ominus}(M) - E^{\ominus}(ML) = (0.059\,V) \log\frac{K^{ox}}{K^{red}} \quad (5\cdot12b)$$

したがって，$M^{(\nu-1)+}$ に対して，$M^{\nu+}$ への配位子の結合に対する平衡定数が 10 倍になると，0.059 V だけ還元電位が低くなる．

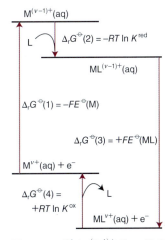

1 2,2′-ビピリジン (bpy)

図 5・4 $M^{\nu+}/M^{(\nu-1)+}$ 系の標準電位が，配位子 L によってどのように変化するかを表す熱力学サイクル

> **実例** 半反応 $[Fe(CN)_6]^{3-}(aq) + e^- \to [Fe(CN)_6]^{4-}(aq)$ に対する標準電位は，0.36 V である．すなわち，$[Fe(OH_2)_6]^{3+}(aq) + e^- \to [Fe(OH_2)_6]^{2+}(aq)$ のアクア錯体の酸化還元系の標準電位よりも 0.41 V 負になる．このことは，CN^- は Fe^{II} と比較して Fe^{III} に対して 10^7 大きな親和性をもつ（$K^{ox} \approx 10^7\,K^{red}$）ことに対応する．

> **例 題 5・7　電位に対する錯形成の影響を調べる**
>
> ルテニウムは周期表では鉄のすぐ下に位置する．つぎの還元電位は水溶液中で Ru 種に対して測定したものである．これらの値は鉄の場合と比べて何を示唆しているか．
>
> $$[\text{Ru(OH}_2)_6]^{3+} + e^- \longrightarrow [\text{Ru(OH}_2)_6]^{2+} \qquad E^\ominus = +0.25\,\text{V}$$
> $$[\text{Ru(CN)}_6]^{3-} + e^- \longrightarrow [\text{Ru(CN)}_6]^{4-} \qquad E^\ominus = +0.85\,\text{V}$$
>
> **解**　ある配位子による錯形成により金属イオンの還元電位が正の方向にシフトする場合，その新しい配位子は還元された金属イオンを安定化しなければならないことに注意して，この問いに答える．この場合，CN^- は Ru^{III} に対して Ru^{II} を安定化していることがわかる．この挙動は Fe の場合に対してはまったく対照的である（先述の実例を参照）．CN^- は Fe^{III} を安定化させ，Fe–CN 結合をよりイオン性にすることがわかっている．同じ電荷をもつ化学種に対して，このような対照的な効果は，CN^- と Ru^{II} との間の結合が特に強いことを示唆する．第 19 章で述べられるように，これは 3d 軌道と比較して 4d 軌道の大きな半径の拡張の結果である．
>
> **問題 5・7**　bpy (1) 配位子が Ru^{III} および Ru^{II} と錯形成する．$[\text{Ru(bpy)}_3]^{3+}/[\text{Ru(bpy)}_3]^{2+}$ 系の標準電位は +1.53 V である．bpy は Ru^{III} もしくは Ru^{II} に対して優先的に結合するか．三つの bpy の Ru^{II} への結合に対し，三つの bpy の Ru^{III} への結合は，どの程度のオーダーで異なって増加するか．または減少するか．

5・11　溶解性と標準電位の関係

要点　標準電池電位は溶解度積を求めるために用いることができる．

難溶性化合物の溶解度は，**溶解度積** (solubility product) K_{sp} として知られる平衡定数によって表される．この手法は，上述した錯形成平衡と標準電位との関係に類似している．水に溶解して金属イオン $M^{\nu+}(\text{aq})$ とアニオン $X^-(\text{aq})$ が生じる化合物 MX_ν に対して，

$$M^{\nu+}(\text{aq}) + \nu X^-(\text{aq}) \rightleftharpoons MX_\nu(\text{s}) \qquad K_{sp} = [M^{\nu+}][X^-]^\nu \qquad (5\cdot13)$$

と書ける．（酸化還元ではない）溶解の全反応をつくるためには二つの還元半反応の差を用いる．

$$M^{\nu+}(\text{aq}) + \nu e^- \longrightarrow M(\text{s}) \qquad E^\ominus(M^{\nu+}/M)$$
$$MX_\nu(\text{s}) + \nu e^- \longrightarrow M(\text{s}) + \nu X^-(\text{aq}) \qquad E^\ominus(MX_\nu/M, X^-)$$

これらから，

$$\ln K_{sp} = \frac{\nu F\{E^\ominus(MX_\nu/M, X^-) - E^\ominus(M^{\nu+}/M)\}}{RT} \qquad (5\cdot14)$$

となる．

例題 5・8　標準電位から溶解度積を求める

核施設からのプルトニウム廃棄物が漏れ出すことがあると深刻な環境問題となる．酸性あるいは塩基性溶液中でのつぎの測定電位に基づき，$Pu(OH)_4$ の溶解度積を計算せよ．その値から，高 pH と比較して低 pH 環境への Pu^{IV} 廃棄物の漏れがどのようになるかを記せ．

$$Pu^{4+}(aq) + 4e^- \longrightarrow Pu(s) \qquad E^{\ominus} = -1.25\,V$$
$$Pu(OH)_4(s) + 4e^- \longrightarrow Pu(s) + 4OH^-(aq) \qquad E = -2.06\,V\,(pH=14)$$

解　電極反応に対して与えられた電位を使って，pH = 0 と pH = 14 のときのギブズエネルギーの変化と，$Pu^{4+}(aq)$ と $OH^-(aq)$ の反応に対する標準ギブズエネルギーを組合わせる熱力学サイクルを考える必要がある．$Pu(OH)_4$ の溶解度積は $K_{sp} = [Pu^{4+}][OH^-]^4$ であり，対応するギブズエネルギー項は $-RT \ln K_{sp}$ である．$\Delta G = 0$ の熱力学サイクルから，

$$-RT \ln K_{sp} = 4FE^{\ominus}(Pu^{4+}/Pu) - 4FE^{\ominus}(Pu(OH)_4/Pu)$$

が得られる．そのため，

$$\ln K_{sp} = \frac{4F\{(-2.06\,V) - (-1.25\,V)\}}{RT}$$

となる．これより $K_{sp} = 1.7 \times 10^{-53}$ となる．したがって Pu^{IV} 廃棄物は，ほとんど溶解しない．また，高 pH では環境にさらに少しやさしくなる．

問題 5・8　Ag^+/Ag 系に対して標準電位が +0.80 V と与えられたとき，$[Cl^-] = 1.0\,mol\,dm^{-3}$ のときの $AgCl/Ag, Cl^-$ 系の電位を計算せよ．ただし，$K_{sp} = 1.77 \times 10^{-10}$ とする．

電位データを図で表す方法

水溶液中での異なる酸化状態の相対的な安定性をまとめて表すのに便利な図がいくつかある．"ラチマー図"は定量的なデータを元素ごとにまとめるのに役立ち，"フロスト図"は一連の元素の酸化状態の相対的かつ本質的な安定性を定性的に記述するのに役立つ．以後の章では，これらのことに関連して，族中の元素の酸化還元特性の傾向を伝えるのにラチマー図やフロスト図をしばしば使うことになろう[†]．"プールベ図"(電位-pH) は還元電位が pH にどの程度依存するかを示す図であり，特定の条件下でおもに存在する化学種を予測するのに役立つ．

† 訳注: 本書では酸化数をローマ数字で，酸化状態をアラビア数字で表してあるが，ラチマー図とフロスト図の酸化数はアラビア数字で表記した．

5・12　ラチマー図

ある元素の**ラチマー図** (Latimer diagram) 〔**還元電位図** (reduction potential diagram) としても知られている〕では，その元素の種々の酸化状態の化学種を結ぶ水平線（もしくは矢印）の上に標準電位の値を V (ボルト) 単位で書く．最も高い酸化状態のものが一番左側に来て，右へ行くにつれて元素の酸化状態がつぎつぎに低くなる．ラチマー図は，多くの情報を簡潔な形で（これから説明するように）要約しており，種々の化学種間の関係を特に明瞭に示している．

(a) 構 成

要点 ラチマー図では，酸化数が左から右へと減少し，酸化還元系に関与している化学種同士を結ぶ線上には $E^{\ominus}$ をボルト単位で表した数値が書かれている．

たとえば，酸性溶液中における塩素のラチマー図は

$$ClO_4^- \xrightarrow{+1.20} ClO_3^- \xrightarrow{+1.18} HClO_2 \xrightarrow{+1.67} HClO \xrightarrow{+1.63} Cl_2 \xrightarrow{+1.36} Cl^-$$
$$+7 \phantom{\xrightarrow{+1.20}} +5 \phantom{\xrightarrow{+1.18}} +3 \phantom{\xrightarrow{+1.67}} +1 \phantom{\xrightarrow{+1.63}} 0 \phantom{\xrightarrow{+1.36}} -1$$

となる．この例のように，化学種の下（または上）に酸化数を書くことがある．ラチマー図から半反応式に変換するときには，反応にかかわるすべての化学種をよく考える必要がある．ラチマー図では化学種のいくつかは含まれていない（H^+ や H_2O）．酸化還元の式の釣り合わせる手法については，§5・1で示した．この系の標準状態では pH＝0 の条件を含む．たとえば，

$$HClO \xrightarrow{+1.63} Cl_2$$

という表記では，

$$2\,HClO(aq) + 2\,H^+(aq) + 2\,e^- \longrightarrow Cl_2(g) + 2\,H_2O(l) \qquad E^{\ominus} = +1.63\,V$$

を表している．同様に，

$$ClO_4^- \xrightarrow{+1.20} ClO_3^-$$

という表記は，

$$ClO_4^-(aq) + 2\,H^+(aq) + 2\,e^- \longrightarrow ClO_3^-(aq) + H_2O(l) \qquad E^{\ominus} = +1.20\,V$$

を表す．これらの半反応にはともにプロトンが含まれているため，標準電位は pH に依存することに注意する．

塩基性水溶液（pOH＝0，すなわち pH＝14 に対応する）における塩素のラチマー図は

$$ClO_4^- \xrightarrow{+0.37} ClO_3^- \xrightarrow{+0.30} ClO_2^- \xrightarrow{+0.68} ClO^- \xrightarrow{+0.42} Cl_2 \xrightarrow{+1.36} Cl^-$$
$$ClO^- \xrightarrow{+0.89} Cl^-$$

である．Cl_2/Cl^- 系の標準電位は酸性水溶液中でも塩基性水溶液中でも同じであるが，それはこの半反応にはプロトンの移動が含まれていないからである．

(b) 隣り合っていない化学種

要点 ある一つの酸化還元系が他の二つの系の組合わせである場合，このような系の標準電位は，半反応の標準電位ではなく標準ギブズエネルギーの組合わせによって得ることができる．

上記のラチマー図には，隣接していない二つの化学種（ClO^-/Cl^- 系）に対する標準電位が含まれている．これは隣接している化学種のデータから推測できるので必ずしも必要ではないが，よく用いられる系については便利なので入れておくことが多い．隣り合っていないもの同士の組合わせで表に明記されていないものの標準電位を求める場合，一般に $E^{\ominus}$ の値を加えるだけではだめで，式（5・2）（$\Delta_r G^{\ominus} = -\nu F E^{\ominus}$）の関係と，継続する2段階 a, b から成る全体の $\Delta_r G^{\ominus}$ は個々の段階の値の和に等しいこととを利用する．

$$\Delta_r G^{\ominus}(a+b) = \Delta_r G^{\ominus}(a) + \Delta_r G^{\ominus}(b)$$

これら 2 段階を組合わせた全過程の標準電位を求めるには，個々の $E^{\ominus}$ にそれぞれに対応する $-\nu F$ を掛けて $\Delta_r G^{\ominus}$ に変換してから，それらを足し合わせ，つぎにこの和を全電子移動に関する $-\nu F$ で割ると，隣接していないもの同士の組合わせに対する $E^{\ominus}$ が得られる．

$$-\nu F E^{\ominus}(a+b) = -\nu(a) F E^{\ominus}(a) - \nu(b) F E^{\ominus}(b)$$

ここで，$-F$ は相殺され，$\nu = \nu(a) + \nu(b)$ であるから，結局

$$E^{\ominus}(a+b) = \frac{\nu(a) E^{\ominus}(a) + \nu(b) E^{\ominus}(b)}{\nu(a) + \nu(b)} \quad (5 \cdot 15)$$

となる．

実例 塩基性水溶液中での ClO_2^-/Cl_2 系に対する $E^{\ominus}$ の値をラチマー図を用いて計算するため，次の二つの標準電位に注意する．

$$ClO_2^-(aq) + H_2O(l) + 2e^- \longrightarrow ClO^-(aq) + 2\,OH^-(aq)$$
$$E^{\ominus} = +0.68\,V$$

$$ClO^-(aq) + H_2O(l) + e^- \longrightarrow \tfrac{1}{2} Cl_2(g) + 2\,OH^-(aq)$$
$$E^{\ominus} = +0.42\,V$$

これらの和は，

$$ClO_2^-(aq) + 2\,H_2O(l) + 3e^- \longrightarrow \tfrac{1}{2} Cl_2(g) + 4\,OH^-(aq)$$

であり，これが必要な半反応系となる．$\nu(a)=2, \nu(b)=1$ であるので，式(5・15) から ClO_2^-/Cl_2 系の標準電位は，

$$E^{\ominus} = \frac{2 \times 0.68 + 1 \times 0.42}{3} = +0.59\,V$$

となる．

(c) 不均化反応

要点 ラチマー図中で，ある化学種の右側のものの電位が左側のものの電位よりも高ければ，その化学種は両隣の化学種に不均化する傾向をもつ．

不均化反応

$$2\,M^+(aq) \longrightarrow M(s) + M^{2+}(aq)$$

を考える．$E^{\ominus} > 0$ ならば，この反応では $K>1$ である．このことをラチマー図で解析するには，全反応をつぎの二つの半反応の差として表す．

$$M^+(aq) + e^- \longrightarrow M(s) \quad E^{\ominus}(R)$$
$$M^{2+}(aq) + e^- \longrightarrow M^+(aq) \quad E^{\ominus}(L)$$

ここで L, R の記号は，ラチマー図中で，それぞれ，相対的に左側および右側にある酸化還元系を表す(酸化の程度が高いものが左にあることを思い出そう)．全反応に対する標準電位は $E^{\ominus} = E^{\ominus}(R) - E^{\ominus}(L)$ となり，その値は $E^{\ominus}(R) > E^{\ominus}(L)$ ならば正になる．そこで，右側の化学種についての電位が左側の電位よりも高ければ，その化学種は本質的に不安定である(両隣の化学種に不均化する傾向をもつ)と結論できる．

> **例題 5・9 不均化反応の傾向を明らかにする**
>
> 酸素のラチマー図の一部は
>
> $$O_2 \xrightarrow{+0.70} H_2O_2 \xrightarrow{+1.76} H_2O$$
>
> となる. 過酸化水素は酸性溶液中で不均化する傾向があるか.
>
> **解** 過酸化水素が酸素よりも強い酸化剤であるなら,過酸化水素自身と反応して酸化により O_2 を,還元により $2\,H_2O$ を生じると考えて,この問題にアプローチする. H_2O_2 の右側の電位は左側の電位より高いので,酸性条件下で H_2O_2 は隣接する二つの化学種に不均化する傾向があると予想できる. 二つの半反応
>
> $$2\,H^+(aq) + 2\,e^- + H_2O_2(aq) \longrightarrow 2\,H_2O(l) \qquad E^\ominus = +1.76\,V$$
> $$O_2(g) + 2\,H^+(aq) + 2\,e^- \longrightarrow H_2O_2(aq) \qquad E^\ominus = +0.70\,V$$
>
> から,全反応に対して
>
> $$2\,H_2O_2(aq) \longrightarrow 2\,H_2O(l) + O_2(g) \qquad E^\ominus = +1.06\,V$$
>
> が結論できるので,標準状態で反応は自発変化(すなわち $K>1$)である.
>
> **問題 5・9** 下式のラチマー図(酸性溶液)を用いて,(a) 水溶液中で Pu^{IV} は Pu^{III} と Pu^V に不均化するか,(b) Pu^V は Pu^{VI} と Pu^{IV} に不均化するか,を論じよ.
>
> $$PuO_2^{2+} \xrightarrow{+1.02} PuO_2^+ \xrightarrow{+1.04} Pu^{4+} \xrightarrow{+1.01} Pu^{3+}$$

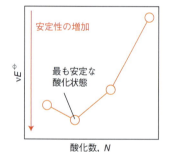

図 5・5 フロスト図における酸化状態の安定性

5・13 フロスト図

フロスト図 (Frost diagram) 〔酸化状態図 (oxidation state diagram) としても知られている〕は,元素 X の X^N/X^0 の酸化還元系に対する $\nu E^\ominus$ をその元素の酸化数 N に対してプロットしたものである(ν は $N=0$ からの各酸化状態に変わるときに移動する生味の電子数). 図 5・5 にフロスト図の一般的な形を示す. フロスト図はある特定の X^N 種がよい酸化剤もしくは還元剤であるかを表している. フロスト図はある元素の酸化状態が本質的に安定であるかもしくは不安定であるかを同定する重要な指針を示す.

(a) 異なる酸化状態に対する生成ギブズエネルギー

要点 フロスト図は,ある元素の異なる酸化状態の生成ギブズエネルギーが酸化数によってどのように変わるかを示す. ある元素の最も安定な酸化状態は,フロスト図中で一番低い位置にくる化学種に対応する. フロスト図は電極電位データを用いて簡易につくることができる.

酸化数 N の化学種 X が $N=0$ の元素に変わる半反応に対して,還元半反応は,

$$X^N + \nu\,e^- \longrightarrow X^0$$

と書ける. $\nu E^\ominus$ は化学種 X^N が元素 X^0 に変わる過程の標準反応ギブズエネルギーに比例するので(上記の半反応の標準反応ギブズエネルギーを $\Delta_r G^\ominus$ とすると明らかに $\nu E^\ominus = -\Delta_r G^\ominus/F$ だから),フロスト図は(F で割った)標準反応ギブズエネルギーを酸化数に対してプロットしたものということができる. したがって,ある元

素の水溶液中での最も安定な酸化状態の化学種は，フロスト図の中で一番低い位置にあるものに対応する．一例として図5・6にpH＝0とpH＝14の水溶液中での窒素の化学種についてのデータを示す．$NH_4^+(aq)$のみ吸熱的（$\Delta_r G^\ominus > 0$）であり，その他すべての化学種は発熱的（$\Delta_r G^\ominus < 0$）である．図5・6は，より高い酸化体やオキソ酸が酸性水溶液中では非常に吸熱的であり，塩基性水溶液中では比較的安定化されることを示している．Nが0より小さい化学種についてはその逆が概して成立する．しかし，ヒドロキシルアミンだけはpHによらず特に不安定となる．

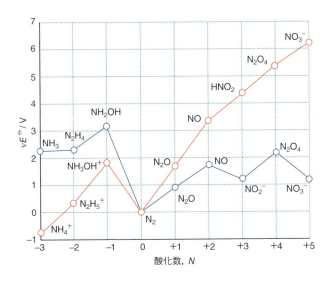

図 5・6 窒素のフロスト図．2点を結ぶ線の傾斜が急なほど，その酸化還元対の標準電位が高い．— の線は（酸性の）標準条件（pH＝0）に，— の線はpH＝14に対応する．HNO_3は強酸であるので，pH＝0のときでも共役塩基NO_3^-として存在することに注意する．

例題 5・10 フロスト図をつくる

例題5・9のラチマー図を用いて酸素に関するフロスト図をつくれ．

解 酸化数0の元素（O_2）を$vE^\ominus$の軸とNの軸の原点に置くところから始める．O_2からH_2O_2への還元（$N = -1$）については$E^\ominus = +0.70\,\text{V}$であるから，$vE^\ominus = -0.70\,\text{V}$である．$H_2O$中のOの酸化数は$-\text{II}$であるから$N = -2$であり，$O_2/H_2O$系に対する$E^\ominus$は$+1.23\,\text{V}$となるので，$NE^\ominus = -2.46\,\text{V}$である．これらをプロットすると図5・7となる．

問題 5・10 Tlに対するラチマー図からフロスト図をつくれ．

$$Tl^{3+} \xrightarrow{+1.25} Tl^+ \xrightarrow{-0.34} Tl$$

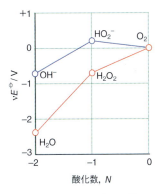

図 5・7 酸性溶液中（— の線，pH＝0）および塩基性溶液中（— の線，pH＝14）における酸素のフロスト図

(b) 解 釈

要点 フロスト図を用いて，一つの元素の異なる酸化状態の本質的な安定性を判断したり，ある化学種が優れた酸化剤か還元剤かを決定したりできる．酸化数の異なる二つの化学種を結ぶ直線の傾斜は，その酸化還元系に対する還元電位である．

フロスト図がもっている定性的な情報を説明するには，N''とN'の酸化数をもつ二つの化学種を結ぶ直線の傾斜は$vE^\ominus/(N'-N'') = E^\ominus (v = N'-N'')$であることに

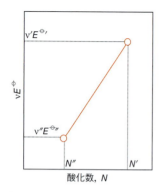

図 5・8 グラフの直線の傾きと対応する化学種の酸化還元系の標準電位との間の関係をつけるためのフロスト図．ある範囲の一般的なモデル

注意することが必要である（図5・8）．この単純な規則からつぎの特徴が導かれる．

- フロスト図中で（左から右へ）2点を結ぶ線の傾きが急なほど，それに対する系の標準電位が高い（図5・9a）．

> **実例** 図5・7の酸素の図を見てみよう．$N=-1$（H_2O_2 の場合）に対する点では $(-1) \times E^{\ominus} = -0.70$ V，$N=-2$（H_2O の場合）に対する点では $(-2) \times E^{\ominus} = -2.46$ V で，その差は -1.76 V である．H_2O_2 から H_2O への酸素の酸化数の変化は -1 であるから，線の傾斜は $(-1.76\text{ V})/(-1) = +1.76$ V となって，これはラチマー図における H_2O_2/H_2O 系の値に一致する．

- より正の傾斜（より正の $E^{\ominus}$）をもつ系の酸化体は還元されやすい（図5・9b）．
- より負の傾斜（より負の $E^{\ominus}$）をもつ系の還元体は酸化されやすい（図5・9b）．

たとえば，図5・6において，NO_3^- とそれより低酸化数の化学種とを結ぶ線の傾斜が急であることから，標準状態で硝酸はよい酸化剤であることがわかる．

ラチマー図の議論において，化学種 X^N の X^{N-1} への還元に対する電位が X^N から X^{N+1} への酸化に対する電位よりも大きければ，X^N には不均化する可能性があることを見てきた．これと同じ不均化の可能性をフロスト図（図5・9c）を使って述べることができる．すなわち，

- フロスト図において，ある化学種が，その両隣の化学種に対する点を結ぶ線の上方（凸曲線上）にあるならば，その化学種は不均化に関して不安定である．

この条件が成立する場合には，問題の化学種とその左側の化学種との組合わせについての標準電位は，その右側のものとの組合わせについての電位よりも高くなる．図5・6の NH_2OH はその例で，この物質は NH_3 と N_2 への不均化に関して不安定である．この規則のもとになっていることは図5・9d からわかる．この図は，二つの両端の化学種についての標準反応ギブズエネルギーの平均値よりも，中間の酸

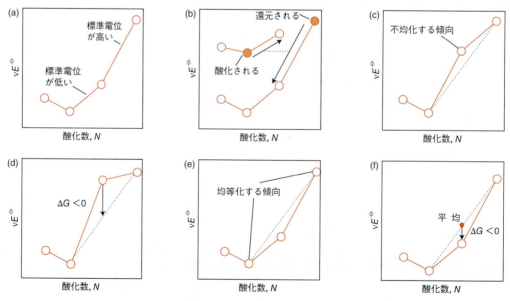

図 5・9 フロスト図の解釈．(a) 還元電位，(b) 酸化と還元に対する傾向，(c, d) 不均化，(e, f) 均等化が判断できる．

化数をもつ物質の標準反応ギブズエネルギーが上の方にあって，したがって中間の酸化数をもつ化学種は両端の化学種に不均化する傾向がある．

均等化が自発的に起こるときの条件についても同様のことがいえる（図5・9e）．

- ある酸化状態の化学種に対する値が，その両隣の酸化状態に対する点を結ぶ直線の下（凹曲線上）にあるときには，両隣のものは中間の酸化状態に均等化する傾向を示す．

フロスト図の中で両隣の物質を結ぶ線の下の方にある物質の標準反応ギブズエネルギーと比べると，両端の物質の標準反応ギブズエネルギーの平均値は高い（図5・9f）．したがって，この物質は両隣の物質よりも安定で，均等化が熱力学的に有利になる．たとえば，NH_4NO_3 をつくっている二つのイオン中の窒素の酸化数は $-Ⅲ$ (NH_4^+) と V (NO_3^-) とである．これらの酸化数の平均の酸化数，すなわち I の酸化数をもつ窒素化合物 N_2O は，NH_4^+ と NO_3^- とを結ぶ線の下にあるから，それらの間の均等化

$$NH_4^+(aq) + NO_3^-(aq) \longrightarrow N_2O(g) + 2\,H_2O(l)$$

は自発変化である．しかし，標準状態において熱力学的観点からは自発的であるものの，溶液中におけるこの反応は速度論的に阻止されていて普通は進行しない．対応する固体状態での反応

$$NH_4NO_3(s) \longrightarrow N_2O(g) + 2\,H_2O(g)$$

は熱力学的に自発的に進み（$\Delta_r G^\ominus = -168\,\mathrm{kJ\,mol^{-1}}$），起爆によりひとたび反応が開始すると，反応は爆発的に速く進行しうる．事実，硝酸アンモニウムは，岩石の発破用にダイナマイトの代わりによく使われる．

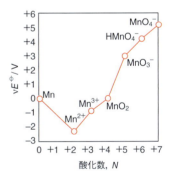

図5・10 酸性溶液（pH=0）中におけるマンガンのフロスト図．$HMnO_3$, H_2MnO_4, $HMnO_4$ は強酸であるので pH=0 でも共役塩基として存在することに注意する．

例題 5・11 溶液中のイオンの熱力学的安定性の判断にフロスト図を用いる

図5・10 はマンガンのフロスト図である．酸性水溶液中での Mn^{3+} の安定性について述べよ．

解 Mn^{3+} ($N=+3$) に対する $\nu E^\ominus$ の値を $N<+3$ と $N>+3$ にある化学種に対する値と比較することにより，この問題にアプローチする．Mn^{3+} は Mn^{2+} と MnO_2 とを結ぶ線の上方にあるから，Mn^{3+} はこれら二つの化学種に不均化するに違いない．化学反応は下式のようになる．

$$2\,Mn^{3+}(aq) + 2\,H_2O(l) \longrightarrow Mn^{2+}(aq) + MnO_2(s) + 4\,H^+(aq)$$

問題 5・11 酸性水溶液中で MnO_4^- を酸化剤に用いたとき，生成物中の Mn の酸化数はいくらか．

特別な pH の条件下における電位データは，条件付きのフロスト図で表される．それらの解釈は pH=0 の場合と同じであるが，オキソアニオンの熱力学的安定性は pH によって著しく異なることが多い．

pH=0 以外の条件についても同様にフロスト図をつくることができる．pH=14 における標準電位は $E_B^\ominus$ を用いて表され，図5・6 における——色の線が窒素の"塩基性フロスト図"である．この場合は酸性溶液中と異なり，NO_2^- が，その両隣を結ぶ線の上方にはもはや来ないから，不均化に関する NO_2^- の安定性がまったく

違ってくる．その実際的な結果として，HNO_2 は単離されない（もっとも HNO_2 の分解は速度論的に遅く，HNO_2 の溶液は短時間だけ安定である）のに対して金属の亜硝酸塩は中性および塩基性の溶液中では安定で，単離することができる．場合によっては，たとえばリンのオキソアニオン類のように，強酸性溶液中と強塩基性溶液中とで酸化還元特性が著しく違うことがある．この例は，オキソアニオンに一般に見られる重要な点を示している．すなわち，オキソアニオンの還元に際して酸素がとれるときには，還元に伴って H^+ イオンが消費されるから，すべてのオキソアニオンは塩基性溶液中よりも酸性溶液中での方がより強い酸化剤となる．

例題 5・12 異なる pH でのフロスト図の応用

亜硝酸カリウムは塩基性溶液中では安定だが，酸性にすると気体が発生し，その気体は空気に触れると茶色に変色する．この反応は何か．

解 この問題に答えるために，酸性・塩基性溶液中の N^{III} の本質的な安定性を比較するためにフロスト図（図 5・6）を使用する．塩基性溶液中の NO_2^- イオンを表す点は，NO と NO_3^- とを結ぶ線の下の方にあるから，NO_2^- は不均化しない．酸性になると，HNO_2 の点が上方に移って，NO と HNO_2 と N_2O_4（NO_2 の二量体）とがほぼ一直線上に並ぶことから，これら三つの化学種は平衡にあることが示唆される．茶色の気体は，酸性溶液から発生した NO が空気と反応してできた NO_2 である．溶液中で酸化数 II の化学種（NO）は N_2O と HNO_2 とに不均化しようとするが，NO は溶液外に逃げ出すので，この不均化は起こらないことになる．

問題 5・12 図 5・6 を参考にして，酸性および塩基性溶液中における NO_3^- の酸化剤としての強さを比較せよ．

5・14 プールベ図

要点 プールベ図は，水の中で化学種が安定であるような電位と pH の条件の範囲を示す図である．水平線は電子移動にのみ関連する化学種を分け，垂直線はプロトン移動にのみ関連する化学種を分け，傾斜した直線は電子とプロトン移動の両方に関連する化学種を分けている．

プールベ図（Pourbaix diagram）（電位-pH 図としても知られている）はある化学種が熱力学的に安定である pH と電位の条件を示す．プールベ図はプロトンが関与する電子移動反応を解析するために用いられる．この図は天然水中の化学種の性質を議論する簡便な方法として 1938 年に Marcel Pourbaix によって導入されたものであり，環境，腐食の科学で適用されている．

鉄はすべての生命体に必要であり，生命体環境からの鉄の摂取の問題については §26・6 で議論する．図 5・11 は鉄のプールベ図であるが，酸素で橋かけされた Fe^{III} 二量体のように低濃度でしか存在しない化学種は省略して簡単にしてある．天然水中では鉄の全濃度が低く，この図は天然水中の鉄の化学種を論ずるのに役立つ（§5・15）．高濃度では鉄の多核錯イオンが生成しうる．関連する二，三の反応を考えると，この図のつくり方がわかるであろう．

つぎの還元半反応

$$Fe^{3+}(aq) + e^- \longrightarrow Fe^{2+}(aq) \qquad E^{\ominus} = +0.77\,V$$

は H^+ イオンを含んでいないから，電位は pH に無関係で，図では水平な線となる．

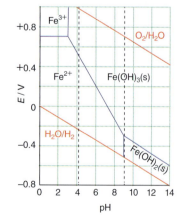

図 5・11 天然に存在している鉄の化合物の中の重要なものに関する簡略化したプールベ図．垂直の破線は天然水における通常の pH 範囲を表す．

もし，この線の上方に電位が来るような系（より正の電位をもち，したがって酸化性の系）が共存している場合には，酸化体である Fe^{3+} がおもな化学種になるであろう．すなわち，図の左上の水平線は，Fe^{3+} が安定な領域と Fe^{2+} が安定な領域とを分かつ境界である．

考慮する必要があるもう一つの反応は，$Fe(OH)_3$（水和された Fe_2O_3）の生成

$$Fe^{3+}(aq) + 3\,H_2O(l) \longrightarrow Fe(OH)_3(s) + 3\,H^+(aq)$$

である．この反応は酸化還元反応ではない（どの元素も酸化数に変化がない）．したがって，電位には関係せず，図中の垂直線によって表される．しかし，この境界は pH に依存する．したがって，低 pH では $Fe^{3+}(aq)$ が，高 pH では $Fe(OH)_3$ が有利になる．そこで Fe^{3+} の濃度が 10 μmol dm^{-3}（典型的な淡水中の値）よりも高いと，溶液中の主たる化学種が Fe^{3+} であるという基準を採用する．Fe^{3+} の平衡濃度は pH に依存し，この基準で決まる Fe^{3+} が主となる pH の境界は図中左上の pH＝3 の垂直線で表される．一般的にプールベ図の垂直線は酸化還元反応に無関係であるが，酸化体もしくは還元体は pH により状態が変化することを表す．

pH が高くなるとプールベ図は次のような反応を含むことになり，

$$Fe(OH)_3(s) + 3\,H^+(aq) + e^- \longrightarrow Fe^{2+}(aq) + 3\,H_2O(l)$$

〔pH に対する電位の傾きは式(5・8b)から $\nu_H/\nu_e = -3\,(0.059\,V)$ である〕最後には $Fe^{2+}(aq)$ は $Fe(OH)_2$ として沈殿する．金属の溶解に対する系〔$Fe^{2+}/Fe(s)$〕を含めるとよく知られた鉄の水中での化学種に対するプールベ図が完成する．

5・15　環境化学への適用：天然水

要点　電気化学データは環境科学で重要である．天然水，淡水もしくは海水の質は酸素量，pH により一般的にわかり，これらにより栄養や汚染物の溶存種物質の状態が決まる．プールベ図はたとえば，異なる環境下で Fe^{2+} のような溶存金属イオンの状態を予測するのに有効なツールである．

前節でつくったようなプールベ図を用いて，天然水の化学を合理的に説明することができる．新鮮な水が大気と接触しているところでは，水は O_2 で飽和していて，強力な酸化剤である酸素によって多くの物質が酸化されるであろう．一方，O_2 が存在せずに，特に還元剤となる有機物が含まれている場合には，還元がさらに進んだ状態の物質が水中にたくさん見いだされる．天然水の pH を決めているおもな酸は $CO_2/H_2CO_3/HCO_3^-/CO_3^{2-}$ の系であって，大気中の CO_2 が酸を供給し，溶けている無機炭酸塩が塩基を供給する．呼吸によって O_2 が消費され CO_2 が放出されるから，生物学的な活動もまた重要である．この酸性酸化物 CO_2 は pH を低下させ，したがって電位をより正にする．この逆の過程である光合成では CO_2 が消費されて O_2 が放出される．この酸の消費によって pH が上昇して電位がより負になる．典型的な天然水の条件——pH や，そこに含まれている酸化還元系の電位——を図 5・12 にまとめておく．

図 5・11 によると，もし環境が O_2 が十分にあって pH が低い（3 以下ならば）ような酸化性であれば，単純なカチオン $Fe^{3+}(aq)$ が水中に存在しうることがわかる．しかし，それほど酸性の天然水はほとんどないので，天然水中に Fe^{3+} が含まれているのはきわめてまれである．Fe_2O_3 や $FeO(OH)$ もしくは $Fe(OH)_3$ のような不溶性の状態中の鉄は，還元されると Fe^{2+} として溶け出すことができる．これが起こるのは，水の条件が図中の傾いた境界線より下になる場合である．pH が高くなると，還元力の強い系が存在しているときにのみ Fe^{2+} が生成しうるのであって，十分に酸素を含む水の中では Fe^{2+} の生成はほとんど起こらないことがわかるはず

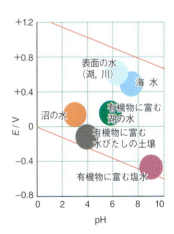

図 5・12　種々の天然水における典型的な安定領域

である.図 5・12 から,泥沼の水や,有機物に富んだ水びたしの土壌(pH が 4.5 付近で,E がそれぞれ +0.03 V および −0.1 V 付近)の中では鉄が還元されて Fe^{2+} として溶けていることがわかる.

水の中で起こる物理的な過程を考えながらプールベ図を解析すると有益である.一例として,温度勾配のために水の垂直方向の混合が妨げられていて,湖底は冷たく,上方は温くなっているような湖を考えよう.この湖の表面では,水が十分に酸素を含んでいて,鉄は不溶性の Fe_2O_3 や他の不溶性の状態の粒子として存在するはずである.これらの粒子は沈殿してゆくであろう.深くなると O_2 の量が低下する.そこで,有機物や他の還元剤の原料が十分に含まれている場合には,酸化物が還元されて鉄は Fe^{2+} として溶けるであろう.このようにしてできた Fe^{II} 化学種は表面に向かって拡散し,そこで O_2 に出会って再び不溶性の Fe^{III} 化学種に再度酸化されるであろう.

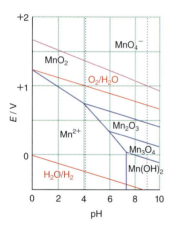

図 5・13 マンガンのプールベ図の一部分.垂直の破線は,天然水における通常の pH 範囲を表す.

> **例題 5・13 プールベ図を利用する**
>
> 図 5・13 はマンガンのプールベ図の一部である.固体の MnO_2 あるいは対応する含水の酸化物が主要成分である環境を決めよ.Mn^{III} はどの条件下でも生成するであろうか.
>
> **解** プールベ図上で MnO_2 の安定領域を示し,O_2 と H_2O の間の境界に関連する位置を調べることによって,この問題にアプローチする.強酸(pH<1)条件下を除いて,すべての pH で水が酸素を十分に含んでいるとき,二酸化マンガンは熱力学的に安定である.穏やかな還元性条件下では中性から酸性の水中で $Mn^{2+}(aq)$ が安定種である.Mn^{III} 化学種は高い pH で酸素を十分に含んだ水でのみ安定化される.
>
> **問題 5・13** 図 5・11 と図 5・12 を用いて,水びたしの土壌中に $Fe(OH)_3(s)$ が存在する可能性を評価せよ.

単体の化学的抽出

"酸化"の元来の定義は元素が酸素と結合して酸化物となる反応であった."還元"はもともと酸化の逆反応を意味するもので,金属の酸化物を金属に変える反応のことであった.どちらの術語も一般化されて,電子移動および酸化数の変化の立場から定義されるようになったが,今でも多くの化学工業や実験室における化学の基礎になっているのは,これらのような狭義の酸化還元反応である.以下の節では,元素の酸化数が 0 でない状態,すなわち,元素が化合物として天然に存在している状態から,酸化数が 0(単体に対応する)の状態への変化という観点から,単体の抽出を論じる.

5・16 化学的還元

金などの二,三の金属のみ自然界に単体として存在する.多くの金属は Fe_2O_3 のように単純な酸化物や,$FeTiO_3$ のようにより複雑な三元系の酸化物として見いだされる.硫化物も普通に見られ,特に,水がなく酸素が不足した条件下で堆積が起こる鉱脈に存在する.有史以前の人類は道具や武器をつくるために,鉱石から金属に変える方法を徐々に学んでいった.6000 年前ごろから原始的な炉で到達できる

温度で銅鉱石から銅を抽出することができた.

$$2\,Cu_2S(s) + 3\,O_2(g) \longrightarrow 2\,Cu_2O(s) + 2\,SO_2(g)$$
$$2\,Cu_2O(s) + Cu_2S(s) \longrightarrow 6\,Cu(s) + SO_2(g)$$

3000 年前ころになって鉄器時代が始まるまでは,鉄のような比較的還元されにくい単体の抽出に必要な高温をつくり出すことはできなかった.これらの単体は,炭素のような還元剤を用いて,鉱石を溶融状態まで加熱することによって製造された.この手法は**製錬**(smelting)として知られている.19 世紀末までは炭素が相変わらず最も有力な還元剤であって,生成に際してもっと高温を必要とする金属は,たとえその鉱石が十分ふんだんにあったとしても,つくることができなかった.

電力の利用は,炭素を還元剤とする反応の範囲をも拡大した.それは,電気炉を用いると,溶鉱炉のように炭素を燃やす炉よりもはるかに高い温度が得られるからである.このようなわけで,マグネシウムの抽出法の一つである**ピジョン法**(Pidgeon process)では高温で炭素により酸化物を電熱還元しているが,マグネシウムもまた 20 世紀の金属なのである†.

$$MgO(s) + C(s) \xrightarrow{\Delta} Mg(g) + CO(g)$$

† 訳注: マグネシウムの単体は,苦灰石(ドロマイト)を焼成し,これを高温低圧下でフェロシリコン(FeSi)で還元することにより製造される(§12・4 参照).

この方法で用いている非常に高い反応温度で熱力学的に安定な生成物は一酸化炭素であるので,炭素は一酸化炭素までしか酸化されないことに注意する.

アルミニウムを珍しい金属から主要な構造材料に変えることになった 19 世紀の技術上のブレークスルーは電気分解の導入であった.電気分解では,電流を流すことによって,独りでには起こらない反応(鉱石の還元もそうである)を進行させる.

(a) 熱力学的視点

要点 エリンガム図は,金属酸化物の標準生成ギブズエネルギーの温度依存性を要約したもので,炭素または一酸化炭素などによる金属酸化物の還元が自発的に進行する温度を決めるのに利用できる.

すでに見てきたように,標準反応ギブズエネルギー $\Delta_r G^\ominus$ と反応の平衡定数 K との間には $\Delta_r G^\ominus = -RT \ln K$ の関係がある.すなわち,$\Delta_r G^\ominus$ の値が負ならば $K>1$ になる.工業過程では平衡が達成されるのはまれであることに注意するべきである.多くの工業過程には,たとえば反応物と生成物が短時間しか接触しないような動的な段階が含まれるためである.また,反応容器から生成物(特に気体)を除去しながら反応を行わせれば,たとえ平衡状態で $K<1$ の過程であっても生成物をつくるのに利用することができる.このとき反応は,永久に達成されない平衡組成を追いかけ続けることになる.原理的には反応速度もまた反応が実際に起こるか否かを判断する際に考える必要のある問題であるが,高温では反応が迅速なことが多く,熱力学的に有利な反応ならば進行するであろう.粗い粒子同士の反応は一般に遅いので,それを促進するには普通,流動相(典型的には気相か溶媒相)が必要である.

金属酸化物を炭素または一酸化炭素で還元する反応の $\Delta_r G^\ominus$ を負にするには,つぎの反応

(a) $\quad C(s) + \dfrac{1}{2} O_2(g) \longrightarrow CO(g) \qquad \Delta_r G^\ominus(C, CO)$

(b) $\quad \dfrac{1}{2} C(s) + \dfrac{1}{2} O_2(g) \longrightarrow \dfrac{1}{2} CO_2(g) \qquad \Delta_r G^\ominus(C, CO_2)$

(c) $\quad CO(g) + \dfrac{1}{2} O_2(g) \longrightarrow CO_2(g) \qquad \Delta_r G^\ominus(CO, CO_2)$

† 訳注: 以下の式では金属が固相か液相, 金属酸化物が固相であるように表現されているが, 必ずしもそうでなくてもよい. たとえば金属は気相にもなりうる.

の中のどれか一つの $\Delta_r G^\ominus$ が, 同じ反応条件下における反応†

(d) $\quad x\mathrm{M}(\mathrm{s}\text{ または }\mathrm{l}) + \frac{1}{2}\mathrm{O}_2(\mathrm{g}) \longrightarrow \mathrm{M}_x\mathrm{O}(\mathrm{s}) \qquad \Delta_r G^\ominus(\mathrm{M}, \mathrm{M}_x\mathrm{O})$

の $\Delta_r G^\ominus$ よりも小さくなければならない. もし, この関係が満足されるならば, つぎの反応の中のどれか一つの標準反応ギブズエネルギーが負になって, $K>1$ になるであろう.

(a − d) $\quad \mathrm{M}_x\mathrm{O}(\mathrm{s}) + \mathrm{C}(\mathrm{s}) \longrightarrow x\mathrm{M}(\mathrm{s}\text{ または }\mathrm{l}) + \mathrm{CO}(\mathrm{g})$
$$\Delta_r G^\ominus(\mathrm{C}, \mathrm{CO}) - \Delta_r G^\ominus(\mathrm{M}, \mathrm{M}_x\mathrm{O})$$

(b − d) $\quad \mathrm{M}_x\mathrm{O}(\mathrm{s}) + \frac{1}{2}\mathrm{C}(\mathrm{s}) \longrightarrow x\mathrm{M}(\mathrm{s}\text{ または }\mathrm{l}) + \frac{1}{2}\mathrm{CO}_2(\mathrm{g})$
$$\Delta_r G^\ominus(\mathrm{C}, \mathrm{CO}_2) - \Delta_r G^\ominus(\mathrm{M}, \mathrm{M}_x\mathrm{O})$$

(c − d) $\quad \mathrm{M}_x\mathrm{O}(\mathrm{s}) + \mathrm{CO}(\mathrm{g}) \longrightarrow x\mathrm{M}(\mathrm{s}\text{ または }\mathrm{l}) + \mathrm{CO}_2(\mathrm{g})$
$$\Delta_r G^\ominus(\mathrm{CO}, \mathrm{CO}_2) - \Delta_r G^\ominus(\mathrm{M}, \mathrm{M}_x\mathrm{O})$$

このような過程は水溶液中での半反応で採用したものと似ているが (§5・1), 今回の場合はすべての反応が $2\mathrm{e}^-$ の代わりに $\frac{1}{2}\mathrm{O}_2$ を用い, 酸化反応として書かれており, 全反応は, 酸素原子の数をあわせた反応間の差となる. これに関連する情報は通常エリンガム図 (Ellingham diagram) の形でまとめられている. この図は, $\Delta_r G^\ominus$ を温度に対してプロットしたグラフ (図5・14) である.

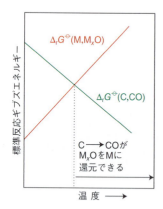

図 5・14 金属酸化物および一酸化炭素の生成に対する標準反応ギブズエネルギーの温度変化. 2本の線の交点よりも高い温度では炭素を一酸化炭素にすることによって金属酸化物を金属に還元することができる. すなわち, この交点を境にして反応の平衡定数が $K<1$ から $K>1$ に変化する. エリンガム図の例である.

エリンガム図の形を理解するにはつぎの二つのことに注意すればよい. 一つは $\Delta_r G^\ominus = \Delta_r H^\ominus - T\Delta_r S^\ominus$ の関係で, もう一つは標準反応エンタルピーおよび標準反応エントロピーはかなりよい近似で温度に無関係であるという事実を用いることである. したがってエリンガム図中の直線の傾斜は関係する反応の $-\Delta_r S^\ominus$ に等しいはずである. 気体の1 mol 当たりの標準エントロピーは固体よりもはるかに大きいから, 全体として気体が生成する ($\frac{1}{2}$ mol O_2 の代わりに 1 mol CO なので) 反応(a)の標準反応エントロピーは正で, そのために負の傾斜をもつ. 反応(b)の標準反応エントロピーは気体の量が変化しないため 0 に近く, そのため水平線になる. 反応(c)は $\frac{3}{2}$ mol の気体分子が 1 mol CO_2 に取って代わるため, 負の反応エントロピーをもつ. したがって図中の直線は正の傾きをもつ. 反応(d)の標準反応エントロピーは, 全体として気体が消費され, 負となり, そのため, 正の傾きをもつ (図5・15). 金属の相変化, 特に気化が起こると, 反応エントロピーが変化するから, 金属の酸化を表す直線はその温度で折れ曲がり, 傾きが変化する. 図5・15 において, C/CO の線 (a) が金属酸化物の線 (d) より上にあるような温度では, $\Delta_r G^\ominus(\mathrm{M}, \mathrm{M}_x\mathrm{O})$ が $\Delta_r G^\ominus(\mathrm{C}, \mathrm{CO})$ と比べてずっと負になる. このような温度では, $\Delta_r G^\ominus(\mathrm{C}, \mathrm{CO}) - \Delta_r G^\ominus(\mathrm{M}, \mathrm{M}_x\mathrm{O})$ の値が正であるから反応(a−d) では $K<1$ である. しかし, C/CO の線が金属酸化物の線よりも下に来るような温度では, 炭素による金属酸化物の還元において $K>1$ となる. 炭素の酸化に関する他の二つの線 (b) と (c) が金属酸化物の線の上になるか下になるかの温度についても同様のことが成立する. これを要約すると,

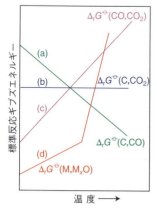

図 5・15 金属酸化物の生成反応ならびに炭素の三つの酸化反応の標準反応ギブズエネルギーを示すエリンガム図の一部. 各直線の傾斜は, 主として, その反応に際して全体として気体が生成するか消費されるかで決まる. 相変化があると物質のエントロピーが変化するので直線に折れ目ができる.

- C/CO の線が金属酸化物の線よりも下に来るような温度では, 炭素を使って金属酸化物を還元することができて, 炭素自身は一酸化炭素に酸化される.
- C/CO_2 の線が金属酸化物の線よりも下に来るような温度では, 炭素を使って金属酸化物を還元できるが, この場合, 炭素は二酸化炭素に酸化される.
- $\mathrm{CO}/\mathrm{CO}_2$ の線が金属酸化物の線よりも下に来るような温度では, 一酸化炭素で金属酸化物を還元することができる. このとき一酸化炭素は二酸化炭素に酸化される.

図 5・16 は，代表的な普通の金属についてのエリンガム図である．還元剤と一緒に加熱する**乾式製錬**（pyrometallurgy）を用いれば，図中のすべての金属（マグネシウムやカルシウムでさえも）をつくることが原理的には可能であるが，実際には厳しい制限がある．乾式製錬でアルミニウムをつくる試みが（特に，電力が高価な日本において）なされたが，きわめて高い温度が必要であり，そのような高温では Al_2O_3 が揮発性であるために，その試みは成功していない．チタンの乾式製錬抽出の際には別種の困難があって，この場合には金属の代わりに炭化チタン TiC が生成する．実用的には，乾式製錬で抽出される金属は主としてマグネシウム，鉄，コバルト，ニッケル，亜鉛，種々のフェロアロイ（鉄合金）に限られている．

> **例題 5・14 エリンガム図を利用する**
>
> ZnO が炭素で金属の亜鉛へ還元される最低温度は何度か．その温度での全反応を記せ．
>
> **解** この問題を答えるため図 5・16 のエリンガム図を調べ，ZnO の線が C/CO の線と交わる温度を見積もる．C/CO の線は約 950 ℃ で ZnO の線の下に来る．これよりも高い温度では酸化亜鉛の還元が自発変化である．これに寄与するのは，反応(a) と反応
>
> $$Zn(g) + \frac{1}{2}O_2(g) \longrightarrow ZnO(s)$$
>
> の逆反応とであるから，全反応はこの二つの反応の差，すなわち
>
> $$C(s) + ZnO(s) \longrightarrow CO(g) + Zn(g)$$
>
> である．亜鉛の物理的状態が気体になっているのは，亜鉛が 907 ℃ で沸騰するからである（図 5・16 では，亜鉛の沸騰に対応してエリンガム図中の ZnO の線が折れ曲がっている）．
>
> **問題 5・14** 炭素で MgO が還元される最低温度は何度か．

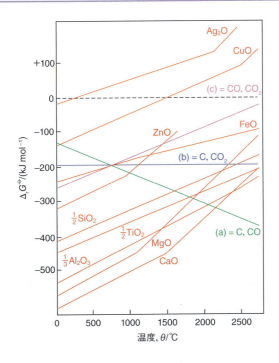

図 5・16 金属酸化物の還元に関するエリンガム図

他の還元剤を使う還元においても原理は同じである．たとえば，金属 M の酸化物を還元するのに金属 M′ を利用できるかどうかを調べるのにエリンガム図を使うことができる．この場合，M′ が C の代わりをするわけだから，問題の温度で M′/M′O の線が M/MO の線の下にあるかどうかを図から調べればよい．反応のギブズエネルギーを

(a) $M'(s または l) + \frac{1}{2} O_2(g) \longrightarrow M'O(s)$　　　$\Delta_r G^{\ominus}(M', M'O)$

(b) $M(s または l) + \frac{1}{2} O_2(g) \longrightarrow MO(s)$　　　$\Delta_r G^{\ominus}(M, MO)$

とすると，

$$\Delta_r G^{\ominus} = \Delta_r G^{\ominus}(M', M'O) - \Delta_r G^{\ominus}(M, MO)$$

が負のときには，反応

(a − b)　$MO(s) + M'(s または l) \longrightarrow M(s または l) + M'O(s)$

が自発的に（$K>1$ という意味で）起こりうる．MO_2 やその他の酸化物に関する類似の反応についても同様である．たとえば，図 5・16 では，2400 ℃ よりも低い温度では MgO の線が SiO_2 の線よりも下方にあるから，このような温度以下では SiO_2 を還元するのにマグネシウムを使うことができるはずである．以下の節で議論するように，この反応は低品質のケイ素をつくるのに実際に用いられてきた†．

† 訳注：つぎの (b) で述べられているように，工業的に SiO_2 を還元してケイ素を得る過程ではコークス (C) が用いられる．

(b) 工程の概要

> **要点** 溶鉱炉では酸化鉄を炭素で還元できる条件が実現する．アルミニウムを酸化物から抽出するときのように自発的でない還元を起こすために電気分解が用いられる．

金属の還元抽出を実現するための工業的な過程は，熱力学的な解析が示唆するよりもはるかに変化に富んでいる．一つの重要な点は，鉱石および炭素はいずれも固体であって，二つの粗い粒子間の反応はほとんどの場合遅いことである．そこで，たいていの過程では不均一な気-固または液-固反応を利用する．今日の工業過程では，反応を経済的に進行させ，原料を有効利用し，環境問題を起こさないようにするために，実にさまざまな戦略を使っている．還元しやすいもの，中くらいのもの，きわめてしにくいものに対応する三つの重要な実例を考察すれば，上記の戦略を調べられる．

最も還元しやすいものには銅鉱石の還元がある．乾式製錬による銅の抽出では焙焼と溶融製錬がいまだに広く用いられている．しかし最近の技術では，焙焼に伴って大気中に大量に放出される SO_2 による重大な環境問題を避ける努力がなされている．銅イオンの水溶液を H_2 かくず鉄で還元して銅を抽出する**湿式製錬** (hydrometallurgy) は有望な新技術の一つである．この製法では，低品質の鉱石から酸または細菌の作用で溶かし出した Cu^{2+} イオンをつぎの反応

$$Cu^{2+}(aq) + H_2(g) \longrightarrow Cu(s) + 2H^+(aq)$$

のように水素で還元するか，あるいは鉄スクラップを使って同様の反応で還元する．酸性の副生物を大気の汚染物質とせずに，再利用したり部分的に中和したりすれば，この方法は環境への影響が比較的少ない．また，低品質鉱石の経済的な利用にも役立っている．

鉄抽出の難しさは中程度である．それは，鉄器時代が青銅器時代の後であることでもわかる．経済面からみれば，炭素乾式製錬の最も重要な応用は鉄鉱石の還元である．いまだに鉄の主要な生産源である溶鉱炉（図 5・17）では，鉄鉱石（Fe_2O_3, Fe_3O_4），コークス（C），石灰石（$CaCO_3$）の混合物を熱風で加熱する．この熱風によるコークスの燃焼で温度が 2000 ℃ に上がり，炉の下の部分で炭素が燃えて一酸化炭素になる．炉の上部から供給された Fe_2O_3 は，下から上昇してくる熱い CO に遭遇する．そこで鉄(III)酸化物はまず Fe_3O_4 へ，つぎに 500～700 ℃ で FeO に還元され，CO は CO_2 に酸化される．一酸化炭素による FeO から鉄への最終的な還元は炉の中心部分で 1000 ℃ から 1200 ℃ の温度で進行する．全反応は下式のようになる．

$$Fe_2O_3(s) + 3\,CO(g) \longrightarrow 2\,Fe(l) + 3\,CO_2(g)$$

炭酸カルシウムの熱分解でできた生石灰 CaO の働きは，鉱石中に含まれているケイ酸塩と結合して，溶融したケイ酸カルシウム（スラグ）の層を炉の最も熱い（一番下の）部分でつくることである．このスラグは鉄よりも密度が低く，流出させて取除くことができる．ここでできた鉄は炭素を溶かし込んでいるので，純粋な鉄の融点よりも約 400 ℃ 低い温度で融解する．この純度の低い鉄は一番高密度の層を形成して炉の底にたまり，それを流し出して凝固させたものが炭素含量の高い（質量で約 4 %）"銑鉄"である．その後，炭素含量を減らすような一連の反応を行うと鋼鉄ができるし，他の金属と一緒に処理すれば鉄の合金ができる（BOX 3・1 参照）．

ケイ素の酸化物からケイ素を抽出するのは，銅や鉄の抽出よりも困難である．ケイ素はまさしく 20 世紀の元素といえよう．96 % から 99 % の純度のケイ素は，ケイ岩かけい砂（SiO_2）を高純度のコークスで還元してつくられる．エリンガム図（図 5・16）によると，この還元は約 1700 ℃ 以上の温度でのみ可能である．このような高温を達成するにはアーク炉を用い，SiC の蓄積を防ぐために過剰量のシリカを入れておく．

$$SiO_2(l) + 2\,C(s) \xrightarrow{1700\,℃} Si(l) + 2\,CO(g)$$

$$2\,SiC(s) + SiO_2(l) \longrightarrow 3\,Si(l) + 2\,CO(g)$$

半導体に利用する高純度のケイ素をつくるには，粗製のケイ素を $SiCl_4$ のような揮発性化合物に変換してから徹底的な分別蒸留で精製し，つぎに純粋な水素でケイ素に還元する．このようにしてできた半導体級のケイ素を融解し，融解物の冷えた表面から結晶をゆっくり引き上げると大きな単結晶ができる．この方法を**チョクラルスキー法**（Czochralski process）という．

すでに指摘したように，2400 ℃ 以上でなければ Al_2O_3 を炭素で直接還元できないことがエリンガム図からわかるが，この方法は不経済で高価であり，加熱に何らかの化石燃料が必要なことから無駄も多い．しかし，Al_2O_3 の還元は**電解**（electrolytically）によって実現できる（§5・18）．

5・17 化 学 的 酸 化

要点 化学的酸化でつくられる単体には重いハロゲンや硫黄，また精製過程で酸化を使うものにはある種の貴金属がある．

O_2 は空気の分別蒸留で得られるから化学的な方法でつくる必要はない．硫黄の場合は，いろいろな過程があって興味深い．単体の硫黄は採掘でも得られるし，"酸性"天然ガスや原油から得られる H_2S を酸化してつくることもできる．この酸

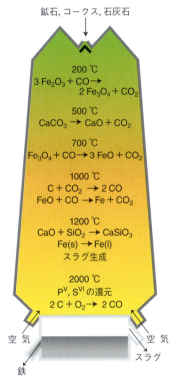

図 5・17 溶鉱炉の模式図．代表的な組成および温度分布を示す．

化は，つぎの2段階から成る**クラウス法**（Claus process）によって行われる．まず，硫化水素の一部を二酸化硫黄に酸化する．

$$2\,H_2S + 3\,O_2 \longrightarrow 2\,SO_2 + 2\,H_2O$$

つぎに，この二酸化硫黄を触媒の存在下でさらに硫化水素と反応させる．

$$2\,H_2S + SO_2 \xrightarrow{\text{酸化物溶媒, 300\,℃}} 3\,S + 2\,H_2O$$

触媒の代表的なものは Fe_2O_3 または Al_2O_3 である．クラウス法は環境への影響が少ない方法である．この方法を使わないとすると，有毒な硫化水素を燃やして汚染物質である二酸化硫黄にしなければならないであろう．

　酸化反応で得られる重要な金属は，元素単体の形で産出する金属だけである．金は酸化を利用する一例であるが，それは，低品質鉱石中の金の細粒を単純な"ふるい分け"で分離するのが難しいからである．金の溶解は酸化にかかっており，CN^- イオンとの錯形成によって Au の酸化を促進すればよい．

$$Au(s) + 2\,CN^-(aq) \longrightarrow [Au(CN)_2]^-(aq) + e^-$$

この錯イオンは，亜鉛のような反応性の高い金属とさらに反応させると，還元されて金属になる．

$$2\,[Au(CN)_2]^-(aq) + Zn(s) \longrightarrow 2\,Au(s) + [Zn(CN)_4]^{2-}(aq)$$

しかし，シアン化物は毒性を示すため，金の抽出には別の方法が用いられている．このうちの一つに硫化物鉱石から金を放出する硫黄循環細菌の利用がある（BOX 16・4）．

　§5・18で述べるように，酸化力のかなり強い軽いハロゲンは電気化学的に抽出される．Br_2, I_2 のようなこれよりも酸化されやすいハロゲンは，これらのハロゲン化物の水溶液を塩素で化学的に酸化すれば得られる．たとえば下式のようにする．

$$2\,NaBr(aq) + Cl_2(g) \longrightarrow 2\,NaCl(aq) + Br_2(l)$$

5・18　電気化学的抽出

　要点　電気化学的還元によって得られる単体にはアルミニウムがある．電気化学的酸化によって得られる単体には塩素がある．

　鉱石からの金属の電気化学的な抽出は，本節で後述するアルミニウムのように，主としてかなり電気的に陽性な元素に限られる．鉄や銅のように大量生産される他の金属の場合，実際の工業ではもっとエネルギー効率がよく，より汚染物質の少ない工程が利用され，還元には化学的な方法が用いられる．このことについては§5・16bで述べた．特別な場合として，少量の白金族元素の金属を単離するために電気化学的な還元が使われることがある．たとえば，酸化条件下で使用済みの触媒コンバーターを酸で処理すると，Pt^{2+} や他の白金族金属を含む溶液が生成する．このような溶液は，電気化学的に還元することができる．金属はカソードに析出し，セラミック触媒コンバーターからは全体として80%というよい収率で抽出が行える．

　§5・16で見たように，エリンガム図によると，Al_2O_3 を炭素で還元するには 2400 ℃ 以上の高温が必要である．この方法は高価で不経済である．他方，Al_2O_3 は**電解**で還元することができて，最近ではすべて，電解還元による**ホール・エ**

ルー法 (Hall-Héroult process) が用いられている．これは 1886 年に Charles Hall と Paul Héroult がそれぞれ独立に発明した方法である．ホール・エルー法では純粋な水酸化アルミニウムが必要であり，これをアルミニウム鉱石から抽出する際にはバイヤー法 (Bayer process) を用いる．バイヤー法においてアルミニウムの原料となるボーキサイトは，酸性酸化物 SiO_2 と両性酸化物および水酸化物の Al_2O_3, AlOOH, Fe_2O_3 の混合物である．この Al_2O_3 を高温の水酸化ナトリウム水溶液に溶かすと，溶解度の低い Fe_2O_3 の多くはアルミニウムから分離される．ただし，ケイ酸塩もこのような強い塩基性条件下では溶けたままである．このアルミン酸ナトリウムの溶液を冷却すると $Al(OH)_3$ が沈殿し，溶液中にケイ酸塩が残る．ホール・エルー法の最終段階で，この水酸化アルミニウムを加熱して得られる Al_2O_3 を溶融氷晶石 (Na_3AlF_6) に溶かし，炭素を**カソード**，グラファイトを**アノード**としてその融解物を**電解**する．アノードの黒鉛は電気化学反応にかかわり，発生する酸素原子と反応する．全反応は次式のようになる．

$$2 Al_2O_3 + 3 C \longrightarrow 4 Al + 3 CO_2$$

典型的なプラントは大量の電力を消費するので，Al はボーキサイトの産地（たとえばジャマイカ）ではなく，電気が安いところ（たとえば水力発電を利用するカナダ）で生産されることが多い．

電気化学的酸化で抽出される単体で最も重要なものは軽いハロゲンである．濃厚アルカリ水溶液中での Cl^- イオンの酸化に対する標準反応ギブズエネルギーは大きな正の値をもっている．

$$2 Cl^-(aq) + 2 H_2O(l) \longrightarrow 2 OH^-(aq) + H_2(g) + Cl_2(g)$$
$$\Delta_r G^\ominus = +422 \text{ kJ mol}^{-1}$$

したがって，この反応を起こすには電気分解が必要であることがわかる．Cl^- の酸化を達成する最小限の電位差は約 2.2 V である（$\Delta_r G^\ominus = -\nu FE^\ominus$ および $\nu = 2$ から）．

ところで，反応

$$2 H_2O(l) \longrightarrow 2 H_2(g) + O_2(g) \quad \Delta_r G^\ominus = +474 \text{ kJ mol}^{-1}$$

を起こすのに必要な電位差は，わずか 1.2 V（この反応では $\nu = 4$）であるから，この反応が競合するのではないかという疑問が生ずるであろう．しかし，水の酸化の速度は，この反応が熱力学的に起こりうるようになるぎりぎりの電位では極端に遅い．遅い反応を表現するのに，この還元反応は高い**過電圧** (overpotential) η を必要とするという．ここで，η は，反応速度を十分速くするために平衡の値に加えなければならない電圧である．その結果，塩水を電気分解すると Cl_2, H_2, NaOH 水溶液ができるが，さほど多くの O_2 は発生しない．

フッ化物の水溶液を電気分解するとフッ素ではなく酸素が発生する．そこで，F_2 をつくるには，フッ化カリウムとフッ化水素との無水混合物を電気分解する．この混合物は 72 ℃ 以上で融解するイオン伝導体である．

参 考 書

A. J. Bard, M. Stratmann, F. Scholtz, C. J. Pickett, "Encyclopedia of Electrochemistry: Inorganic Chemistry", Vol. 7b, John Wiley & Sons (2006).

J.-M. Savéant, "Elements of Molecular and Biomolecular Electrochemistry: An Electrochemical Approach to Electron-transfer Chemistry", John Wiley & Sons (2006).

R. M. Dell, D. A. J. Rand, "Understanding Batteries", Royal Society of Chemistry (2001).

A. J. Bard, R. Parsons, J. Jordan, "Standard Potentials in Aqueous Solution", M. Dekker (1985). 電池の電位に関するデータ集と考察.

I. Barin, "Thermochemical Data of Pure Substances", Vol. 1, Vol. 2, VCH (1989). 無機物質の熱力学データの包括的なデータ集.

J. Emsley, "The Elements", Oxford University Press (1998). 元素についてのきわめて有効なデータ集. 標準電位を含む.

A. G. Howard, "Aquatic Environmental Chemistry", Oxford University Press (1998). 淡水と海洋系の組成に関する議論. 酸化還元反応の影響を説明している.

M. Pourbaix, "Atlas of Electrochemical Equilibria in Aqueous Solutions", Pergamon Press (1966). プールベ図の原典であり, 今なお優れたデータ集である.

W. Stumm, J. J. Morgan, "Aquatic Chemistry", John Wiley & Sons (1996). 天然水の化学に関する標準的な参考書.

P. Zanello, F. Fabrizi de Biani, "Inorganic Electrochemistry: Theory, Practice and Applications", 2nd ed., Royal Society of Chemistry (2011). 電気化学的な研究に対するイントロダクション.

"Aquatic Redox Chemistry", ed. by P. G. Tratnyek, T. J. Grundl, S. B. Haderlien, American Chemical Society Symposium Series, Vol. 1071 (2011). 水溶液の酸化還元化学の分野における最近の研究をまとめたもの.

練 習 問 題

5・1 つぎの反応に関与する各元素の酸化数を記せ.

$2 NO(g) + O_2(g) \longrightarrow 2 NO_2(g)$
$2 Mn^{3+}(aq) + 2 H_2O(l) \longrightarrow MnO_2(s) + Mn^{2+}(aq) + 4 H^+(aq)$
$LiCoO_2(s) + 6 C(s) \longrightarrow LiC_6(s) + CoO_2(s)$
$Ca(s) + H_2(g) \longrightarrow CaH_2(s)$

5・2 付録3のデータを用いて, つぎの反応を行うのに適していると思われる試薬を示し, 反応式を記せ.
(a) HCl を酸化して気体の塩素にする.
(b) $Cr^{3+}(aq)$ を $Cr^{2+}(aq)$ に還元する.
(c) $Ag^+(aq)$ を $Ag(s)$ に還元する.
(d) $I_2(aq)$ を $I^-(aq)$ に還元する.

5・3 付録3の標準電位のデータを指標として, 空気を含む酸性水溶液中でつぎの化学種がそれぞれ起こすと思われる反応の方程式を書け. もし問題の化学種が安定である場合は"反応しない"と記せ.
(a) Cr^{2+} (b) Fe^{2+} (c) Cl^- (d) $HClO$ (e) $Zn(s)$

5・4 付録3中の情報を用いて, 空気を含む酸性水溶液中でつぎの各化学種がそれぞれ起こすと考えられる反応 (不均化を含めて) の反応方程式を書け.
(a) Fe^{2+} (b) Ru^{2+} (c) $HClO_2$ (d) Br_2

5・5 つぎの半電池反応に対する標準電位はなぜ温度により逆方向に異なるのか説明せよ.

$[Ru(NH_3)_6]^{3+}(aq) + e^- \rightleftharpoons [Ru(NH_3)_6]^{2+}(aq)$
$[Fe(CN)_6]^{3-}(aq) + e^- \rightleftharpoons [Fe(CN)_6]^{4-}(aq)$

5・6 酸性溶液中における, つぎの酸化還元反応の化学量論係数を決めよ. この反応の電位についての pH との定性的な関係を予測せよ.

$MnO_4^- + H_2SO_3 \longrightarrow Mn^{2+} + HSO_4^-$

5・7 $M^{3+}(aq)/M^{2+}(aq)$ 酸化還元系に対して, 標準還元電位を見積もるためにつぎの表の熱力学データを用いよ. どのような仮定が必要か.

	Cr	Mn	Fe	Co	Ni	Cu
$\Delta_{hyd}H^{\ominus}(3+)/$ (kJ mol^{-1})	4563	4610	4429	4653	4740	4651
$\Delta_{hyd}H^{\ominus}(2+)/$ (kJ mol^{-1})	1908	1851	1950	2010	2096	2099
$I_3/$(kJ mol^{-1})	2987	3249	2957	3232	3392	3554

5・8 つぎの反応に対するネルンスト式を記せ.
(a) $O_2(g)$ の還元:
$O_2(g) + 4 H^+(aq) + 4 e^- \longrightarrow 2 H_2O(l)$
(b) $Fe_2O_3(s)$ の還元:
$Fe_2O_3(s) + 6 H^+(aq) + 6 e^- \longrightarrow 2 Fe(s) + 3 H_2O(l)$
いずれの場合にも pH を用いて式を表現せよ. pH = 7, $p(O_2) = 0.20$ bar (空気中の酸素の分圧) のときの酸素の還元に対する電位はいくらか.

5・9 図5・18のフロスト図を用いてつぎの問いに答えよ.
(a) 塩基性水溶液中に Cl_2 を溶かすとどうなるか.
(b) 酸水溶液中に Cl_2 を溶かすとどうなるか.

(c) 水溶液中で $HClO_3$ が不均化しないのは熱力学的な現象か，速度論的な現象か．

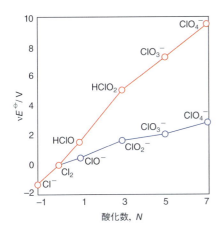

図 5・18 塩素のフロスト図．—— の線は酸性条件 (pH＝0) に，—— の線は pH＝14 に対応する．$HClO_3$ と $HClO_4$ は強い酸なので，pH＝0 でさえ共役塩基が存在する．

5・10 標準電位を指標にして，つぎの実験で起こると思われるおもな全反応の方程式を記せ．
(a) NaOH 水溶液に N_2O を通気する．
(b) 三ヨウ化ナトリウム水溶液中に金属亜鉛を加える．
(c) 過剰の $HClO_3$ 水溶液中に I_2 を加える．

5・11 Ni^{2+} を含む水溶液に NaOH を加えると $Ni(OH)_2$ の沈殿が生じる．Ni^{2+}/Ni 系の標準電位は -0.25 V であり，溶解度積は $K_{sp} = [Ni^{2+}][OH^-]^2 = 1.5 \times 10^{-16}$ である．pH＝14 のときの電極電位を計算せよ．

5・12 水溶液中でつぎの変換を最も起こりやすくするような酸性度または塩基性度の条件を決めよ．
(a) $Mn^{2+} \longrightarrow MnO_4^-$ (b) $ClO_4^- \longrightarrow ClO_3^-$
(c) $H_2O_2 \longrightarrow O_2$ (d) $I_2 \longrightarrow 2I^-$

5・13 つぎのラチマー図から反応，$2HO_2(aq) \rightarrow O_2(g) + H_2O_2(aq)$ に対する $E^\ominus$ を計算せよ．

$$O_2 \xrightarrow{-0.05} HO_2 \xrightarrow{+1.44} H_2O_2$$

HO_2 が不均化する熱力学的な傾向について述べよ．

5・14 塩素についてのラチマー図を用いて ClO_4^- の Cl_2 への還元に対する電位を決定せよ．この半反応の反応方程式を記せ．

5・15 以下は酸性溶液中 (pH＝0) での硫黄種の標準電位を示すラチマー図である．フロスト図を作成し，$HSO_4^-/S_8(s)$ 系の標準電位を計算せよ．

$$HSO_4^- \xrightarrow{+0.16} H_2SO_3 \xrightarrow{+0.40}$$
$$S_2O_3^{2-} \xrightarrow{+0.60} S \xrightarrow{+0.14} H_2S$$

5・16 pH＝9.00 および 1 M MnO_4^-(aq) の水溶液における MnO_4^-(aq) から MnO_2(s) への変化に対する 25 ℃ での還元電位を計算せよ．ただし，$E^\ominus(MnO_4^-/MnO_2) = +1.69$ V である．

5・17 酸性水溶液中におけるつぎの還元電位のデータ $E^\ominus(Pd^{2+}/Pd) = +0.915$ V および，$E^\ominus([PdCl_4]^{2-}/Pd) = +0.60$ V，を使って，1 M HCl(aq) 中での反応

$$Pd^{2+}(aq) + 4Cl^-(aq) \rightleftharpoons [PdCl_4]^{2-}(aq)$$

の平衡定数を計算せよ．

5・18 反応 $Au^+(aq) + 2CN^-(aq) \rightleftharpoons [Au(CN)_2]^-(aq)$ の平衡定数をつぎの標準電位から計算せよ．

$$Au^+(aq) + e^- \longrightarrow Au(s) \quad E^\ominus = +1.83 \text{ V}$$
$$[Au(CN)_2]^-(aq) + e^- \longrightarrow Au(s) + 2CN^-(aq)$$
$$E^\ominus = -0.6 \text{ V}$$

5・19 配位子 edta は硬い酸の中心原子と安定な錯体をつくる．3d 系列中の M^{2+} の金属への還元は，edta との錯形成によってどのような影響を受けるか．

5・20 つぎのラチマー図を使って，酸溶液中における水銀のフロスト図を描け．

$$Hg^{2+} \xrightarrow{+0.911} Hg_2^{2+} \xrightarrow{+0.796} Hg$$

各化学種が，酸化剤になるか，還元剤になるか，不均化するかの傾向について述べよ．

5・21 図 5・12 を用いて，空気を含んだ湖水の pH＝6 における電位の概略値を示せ．この結果と付録3のラチマー図とから，(a) 鉄，(b) マンガン，(c) 硫黄の各元素の平衡状態における化学種を予測せよ．

5・22 溶けている二酸化炭素の濃度が高く，かつ空気中の酸素にさらされている水は鉄を腐食する力が強い理由を説明せよ．

5・23 O_2 がほとんどないような湖の底では Fe^{2+} と H_2S とが重要な化学種である．pH＝6 とすると，この環境を特徴づける E の最大値はいくらか．

5・24 図 5・11 では，Fe^{2+} 濃度として 10^{-5} mol dm^{-3} を選んだ．この濃度を別な値にしたら変わる境界線はどれか．

5・25 図 5・16 中のエリンガム図を参考にして，アルミニウムが MgO を還元できると思われる条件があるかどうかを決め，その条件について解説せよ．

5・26 付録3に pH＝0 と pH＝14 の水溶液中でのリン種に対する標準電位が与えられている．
(a) pH＝0 と pH＝14 で還元電位が異なる理由を説明せよ．
(b) pH＝0 と pH＝14 のデータを示すフロスト図を作成せよ．
(c) ホスフィン (PH_3) はリンをアルカリ水溶液中で加熱することにより作製できる．考えられる反応を議論し，その平衡定数を求めよ．

5・27 塩基性溶液中での以下の標準電位が与えられている．適切な触媒上で可逆な反応が生じることを仮定し，(a) CrO_4^{2-} と (b) $[Cu(NH_3)_2]^+$の塩基性溶液中での還元に対する$E^\ominus$, $\Delta_r G^\ominus$, Kを計算せよ．これらの$E^\ominus$は同程度であるが，$\Delta_r G^\ominus$とKが非常に異なる理由について述べよ．

$$CrO_4^{2-}(aq) + 4H_2O(l) + 3e^- \longrightarrow Cr(OH)_3(s) + 5OH^-(aq)$$
$$E^\ominus = -0.11 \text{ V}$$

$$[Cu(NH_3)_2]^+(aq) + e^- \longrightarrow Cu(s) + 2NH_3(aq)$$
$$E^\ominus = -0.10 \text{ V}$$

5・28 標準電位の一覧のデータでは電池電位の直接的な電気化学測定よりも熱化学的データから決定されていることが多い．つぎの半反応に対してこのアプローチの例を示し，計算せよ．

$$Sc_2O_3(s) + 3H_2O(l) + 6e^- \rightleftharpoons 2Sc(s) + 6OH^-(aq)$$

	$Sc^{3+}(aq)$	$OH^-(aq)$	$H_2O(l)$	$Sc_2O_3(s)$	$Sc(s)$
$\Delta_f H^\ominus$/ (kJ mol^{-1})	-614.2	-230.0	-285.8	-1908.7	0
$S_m^\ominus$/ (J K^{-1} mol^{-1})	-255.2	-10.75	69.91	77.0	34.76

5・29 pH=0の水溶液中でのインジウムとタリウムの25 ℃での標準電位は以下のように与えられる．

$$In^{3+}(aq) + 3e^- \rightleftharpoons In(s) \quad E^\ominus = -0.338 \text{ V}$$
$$In^+(aq) + e^- \rightleftharpoons In(s) \quad E^\ominus = -0.126 \text{ V}$$
$$Tl^{3+}(aq) + 3e^- \rightleftharpoons Tl(s) \quad E^\ominus = +0.72 \text{ V}$$
$$Tl^+(aq) + e^- \rightleftharpoons Tl(s) \quad E^\ominus = -0.336 \text{ V}$$

二つの元素に対して，データを用いてフロスト図を作成せよ．また，各化学種の相対的な安定性を議論せよ．

5・30 以下のデータは8族元素のFeとRuに対する酸化還元対を示している．

$$Fe^{2+}(aq) + 2e^- \rightleftharpoons Fe(s) \quad E^\ominus = -0.44 \text{ V}$$
$$Fe^{3+}(aq) + e^- \rightleftharpoons Fe^{2+}(aq) \quad E^\ominus = +0.77 \text{ V}$$
$$Ru^{2+}(aq) + 2e^- \rightleftharpoons Ru(s) \quad E^\ominus = +0.80 \text{ V}$$
$$Ru^{3+}(aq) + 2e^- \rightleftharpoons Ru^{2+}(aq) \quad E^\ominus = +0.25 \text{ V}$$

(i) 酸性水溶液中でのFe^{2+}とRu^{2+}の相対的な安定性についてコメントせよ．
(ii) 鉄の削りくずがFe^{3+}塩を含む酸性水溶液中に加えられたとすると，起こるであろう反応式を示せ．
(iii) 標準状態で，$Fe^{2+}(aq)$と過マンガン酸カリウムを含む酸性溶液とを反応させたときの平衡定数を計算せよ（付録3を用いよ）．

5・31 HClの存在下でFe^{2+}を定量するときの酸化剤としては過マンガン酸塩は不適当だが，溶液に十分量のMn^{2+}およびリン酸イオンを加えると過マンガン酸塩が適当な酸化剤となる．標準電位のデータを用いて，その理由を示せ（ヒント：リン酸イオンはFe^{3+}と錯形成して，Fe^{3+}を安定化する）．

演習問題

5・1 水中での安定性，溶解性，反応性を調べるときに適用することに焦点を当て，無機化学における還元電位の重要性を説明せよ．

5・2 L. H. BerkaとI. Fishtikは，彼らの論文，'任意の化学反応の電池電位の可変性'〔*J. Chem. Educ.*, **81**, 584 (2004)〕において，半反応は任意に選ぶことができ，移動する電子の数も異なるので，一つの化学反応の$E^\ominus$は状態量ではないと結論した．このような異論について検討せよ．

5・3 付録1～3と元素の原子化に対するデータ$\Delta_f H^\ominus$ = +397 kJ mol^{-1}(Cr), +664 kJ mol^{-1}(Mo)を用い，希釈した酸とCrもしくはMoの反応に対する熱力学サイクルを作成せよ．また，これにより，金属からカチオンを生成する標準還元電位を決めるときに，金属結合の重要性を考えよ．

5・4 OH^-のようなイオンの還元電位は溶媒の影響を著しく受ける可能性がある．

(a) D. T. SawyerおよびJ. L. Robertsの総説〔*Acc. Chem. Res.*, **21**, 469 (1988)〕を参照して，溶媒を水からアセトニトリルCH_3CNに変えたときのOH/OH^-系の電位の変化量を記せ．

(b) これら二つの溶媒中におけるOH^-イオンの溶媒和の相違を定性的に説明せよ．

5・5 $Cu^{2+}(aq) + Cu(s) \rightleftharpoons 2Cu^+(aq)$の平衡が，塩化物イオンとの錯形成によりどちらの方向に移動するかを議論せよ〔J. Malyyszko, M. Kaczor, *J. Chem. Educ.*, **80**, 1048 (2003) 参照〕．

5・6 エンテロバクチン(Ent)はいくつかの細菌から分泌される特殊な配位子であり，鉄を環境から隔離する（鉄はほとんどすべての生命体にとって必要不可欠な栄養である，第26章）．$[Fe^{III}(Ent)]$の生成に対する平衡定数(10^{52} mol^{-1} dm^3)はそれに対応するFe^{II}錯体の平衡定数よりも少なくとも40桁以上高い．中性pH条件下で$[Fe^{III}(Ent)]$からFe^{II}への還元によってFeが放出される可能性を決めよ．細菌に対して一般的に有効な最も強い還元剤はH_2であることに注意せよ．

5・7 論文'太陽光燃料デバイスにおける酵素と生物に学ぶ電極反応'〔*Energy Environ. Sci.*, **5**, 7470 (2012)〕では，Woolertonらは一般的なフロスト図（図5・19）を用いて，化学的なエネルギー貯蔵と放出の概念を説明している．い

わゆる"エネルギーリッチな物質"は化学エネルギーを貯められる化合物（燃料や酸化剤）であり，燃料（炭化水素，ボラン，メタルハイドライドなど）は上方の左側にあり，酸素のような強い酸化剤は上方の右側に位置する．"エネルギープアーな物質"は安定である．還元された化合物（たとえば水）は下方の左側にあり，酸化された化合物（たとえば二酸化炭素や灰のようなもの）は下方の右側にある.

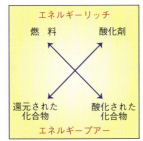

図 5・19　燃料，酸化剤のようなエネルギーリッチな化合物と水，二酸化炭素，灰のようなエネルギープアーな化合物との関係を示した一般的なフロスト図

（燃焼，燃料電池，電池のいずれかによる）エネルギー放出は上方の左側の化学種が上方の右側の化学種と反応して，それぞれの矢印の斜め下に位置する生成物を与えるときに起こる．（光合成や電池の充電のような）エネルギー貯蔵では，下方左と下方右の化合物が太陽光や電気を利用して，それぞれの矢印の斜め上に位置する生成物に変換される．付録3のデータを用いて，メタノール/酸素系および鉛蓄電池に対して，この概念の有効性を評価せよ.

5・8　水の熱分解〔$H_2O(g) \rightarrow H_2(g) + \frac{1}{2}O_2(g)$〕について，$\Delta_r H^\ominus = +260$ kJ mol^{-1}, $\Delta_r S^\ominus = +60$ J K^{-1} mol^{-1}（$\Delta H^\ominus$ は温度に依存しないと仮定する）を用いて，エリンガム図を作成せよ．これを用いて，水が自発的に分解して水素が得られる〔Chem. Rev., **107**, 4048（2007）〕温度を計算せよ．この手法によって水素を製造する可能性についてコメントせよ.

5・9　論文'セリアの熱力学的研究: エネルギー変換の新しい方法とCO_2削減のための古い材料探索'〔Philos. Trans. R. Soc. London, **368**, 3269（2010）〕では，Chueh と Haile は CeO_2 を用いて，水から水素と酸素に変換する手法について記述している．この革新的手法の化学的および熱力学的原理を説明せよ.

6 分子の対称性

対称性解析入門
 6・1 対称操作，対称要素と点群
 6・2 指標表

対称性の応用
 6・3 極性分子
 6・4 キラル分子
 6・5 分子振動

軌道の対称性
 6・6 対称適合線形結合
 6・7 分子軌道を組立てる
 6・8 振動との類似性

表　現
 6・9 表現の簡約
 6・10 射影演算子

参考書
練習問題
演習問題

　分子の対称性と結合は密接に関係する．本章では，分子の対称性からどんなことがわかるかを調べ，群論という系統的概念を導入する．また，分子軌道の組立てや分子振動の解析に対称の考え方が不可欠であることを見ていこう．とりわけ，一見しただけでは対称性の重要性がわからないような事象について考えよう．このような考察により，分光学的データから分子構造と電子構造に関する情報を引き出すことも可能である．

　対称性の系統的な取扱いには，**群論**(group theory)とよばれる数学の一領域が利用できる．群論は多くの内容を含む強力な理論であるが，ここでは対称性に基づく分子の分類，分子軌道の組立て，分子振動およびその遷移を支配する選択律の解析のために使うにとどめよう．また，極性やキラリティーのような分子の特性に関するいくつかの一般的結論を，まったく計算せずに導きうることも示そう．

対称性解析入門

　ある分子が他の分子より"対称的である"のは直観的には理解できることである．しかし，われわれの目的は直観的ではなく正確に個々の分子の対称性を定義し，対称性を明確に記述して表現するための体系をつくることである．後の章において，対称性の解析は無機化学に最も浸透している手法の一つであることが明らかになるであろう．

6・1　対称操作，対称要素と点群

　要点　対称操作は分子を見かけ上変化させないような操作であり，各対称操作は対称要素と関係づけられる．分子の点群を決めるには，その分子のもつ対称操作を調べ上げて，それらと点群を定義する対称操作とを比較する．

　群論の化学への応用における基本的概念は**対称操作**(symmetry operation)である．対称操作とは，分子がまったく同じ形に見えるように動かす操作——たとえば，分子をある角度だけ回転するというような操作——のことである．一例をあげると，H_2O 分子を角 HOH の二等分線の周りにちょうど 180°だけ回転するのは対称操作である(図 6・1)．各対称操作に対応して**対称要素**(symmetry element)が存在する．対称要素とは，対称操作を施す足がかりになっている点，直線，平面のことである．最も重要な対称操作とそれに対応する対称要素とを表 6・1 にあげる．どんな対称操作にも，それによって動かない点が分子の中に少なくとも一つ存在する．そのようなわけで，これらの対称操作は**点群対称**(point-group symmetry)の操作であるといわれる．

　分子に対して何もしないような対称操作を**恒等操作**(identity operation) E という．どんな分子でも，少なくともこの対称操作はもっているし，恒等操作しかもたない分子もある．そこで，すべての分子をその対称性に従って分類するためには，この操作が必要になる．

　H_2O 分子を角 HOH の二等分線の周りに 180°回転する(図 6・1 のように)のは

表 6・1 対称操作と対称要素

対称操作	対称要素	記号
恒　等	"全空間"	E
$360°/n$ だけ回転する	n 回回転軸	C_n
鏡像をつくる	鏡映面	σ
反転させる	反転中心	i
$360°/n$ だけ回転してから回転軸と垂直な面に対して鏡像をつくる	n 回回映軸[†]	S_n

[†]　$S_1 = \sigma_h$ および $S_2 = i$ であることに注意せよ．

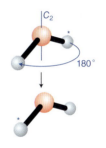

図 6・1* H_2O 分子は結合角 HOH の二等分線の周りでどのような角度でも回転できるが，180° 回転 (C_2 操作) したときだけ元と同じに見える．

対称操作で，C_2 と表現される．一般に，$360°/n$ だけ回転したとき分子が元と同じ形に見える場合，この対称操作を n 回回転 (n-fold rotation) という．このときの対応する対称要素は直線であって，これを n 回回転軸 (n-fold rotation axis) といい C_n の記号で表す．回転はこの軸の周りに行う．180° の回転は時計回りも反時計回りも同じであるから，C_2 軸に関しては回転操作は一つしかない（たとえば H_2O）．三方錐形分子である NH_3 には C_3 と表現される 1 本の 3 回回転軸があるが，この対称要素があずかる対称操作は二つある．一つは時計回りに 120° 回転すること，もう一つは反時計回りに 120° 回転することである（図 6・2）．これらをそれぞれ C_3 および C_3^2 と表すことにする（時計回りの 120° の回転を連続して 2 回行うことは，反時計回りの 120° の回転を 1 度行うことと等価であるから）．

平面四角形分子 XeF_4 には 4 回回転軸 C_4 があるが，加えて 2 回回転軸もあり，これらは C_4 軸と垂直である．一つの組 (C_2') は F がトランスの位置関係にある FXeF 単位を通り，もう一組 (C_2'') は FXeF 角の二等分線を通る（図 6・3）．最も次数の高い回転軸を**主軸** (principal axis) とよび，これを z 軸と定義する（また，一般にこれを鉛直方向にとる）のが慣例である．C_4^2 操作は C_2 回転と等価であり，通常，この操作は C_4 操作とは別にして，"$C_2 (= C_4^2)$" として記載する．

H_2O 分子を図 6・4 に示す 2 枚の面のどちらかに反射させて鏡像をつくること（鏡映）は，対称操作の一つである．この操作に対応する対称要素を**鏡映面** (mirror plane，または鏡面) といい σ で表す．H_2O 分子の場合には，角 HOH の二等分線を通る 2 枚の鏡映面がある．これらの面は分子の回転軸 (z 軸) を含むという意味で "垂直" (vertical) だから，下付き添字 $_v$ をつけて σ_v および σ_v' という記号で示す．図 6・3 の XeF_4 分子では，分子面が鏡映面となる操作 σ_h がある．ここで下付き添字 $_h$ は，この面が分子の主軸に垂直であることから "水平" (horizontal) な面であることを表している．この分子はさらに 2 種類の鏡映面を二つずつもつ．これらは 4 回回転軸を通る．対称操作（および関連する対称要素）は F 原子を通る鏡映面については σ_v，F 原子間の角を二等分する鏡映面については σ_d となる．この $_d$ は "二面角" (dihedral) を意味し，二つの C_2' 軸 (F XeF 軸) のなす角をこの平面が二等分していることを表している．

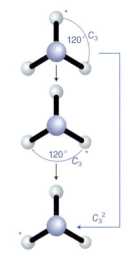

図 6・2* NH_3 の C_3 軸とその周りの 3 回回転．この軸についての回転には 120° (C_3) と 240° (C_3^2) との 2 種類がある．

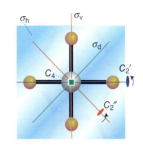

図 6・3* XeF_4 のような平面四角形分子におけるいくつかの対称操作

反転操作 (inversion operation) i を理解するには，分子の中心にある 1 点と各原子を通る直線上でこの原子を動かし，中心に対して反対側の同じ距離の位置まで移すという操作を思い浮かべればよい（図 6・5）．SF_6 のような八面体形分子なら，分子の中心は八面体の中心点で，反転操作をすると八面体の向き合った頂点にある原子が入れ替わる．一般に反転によって (x, y, z) の位置にある原子は $(-x, -y, -z)$ へ移動する．この操作の対称要素は反転の中心点であって，**反転中心** (center of inversion) i という．SF_6 の反転中心は S 原子核のところにある．同様に，CO_2 分子の反転中心は C 原子核の位置であるが，反転中心に必ずしも原子が存在する必

1 S_4^{2+} カチオン

要はない．N_2 分子は，二つの N 原子核の中点のところに反転中心をもつ．また，S_4^{2+} イオン（*1*）は四角形のイオンの中心に反転中心がある．H_2O 分子には反転中心がなく，四面体形分子にもない．反転と 2 回回転とが同じ結果になることもある（図 6・6）．しかし，一般にはそうでないから，この二つの対称操作ははっきり区別せねばならない．

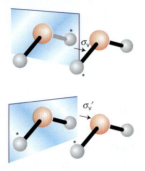

図 6・4* H_2O の二つの垂直鏡映面と対応する対称操作 σ_v および σ_v'．どちらの鏡映面も C_2 軸を通る．

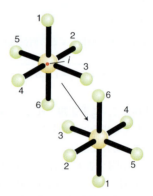

図 6・5* SF_6 の反転操作と反転中心 i

回映（rotatory reflection）とは，分子をまずある軸の周りである角度回転させ，つぎに回転軸に垂直な面に対する鏡映をあわせて行う対称操作である（図 6・7）．図 6・7 に示したのは，CH_4 分子の 4 回回映操作である．この場合は，二つの HCH 結合角の二等分線を軸として 90°（すなわち，360°/4）回転させた後，回転軸に垂直な面についての鏡映を行うという操作である．90°の回転操作も鏡映も単独では CH_4 の対称操作にはならない．しかし，回転してから鏡映操作を行うのは対称操作である．4 回回映は S_4 と表現される．このような対称要素を *n* 回回映軸（*n*-fold rotation-reflection axis）S_n（CH_4 の例では S_4）という．S_n は，*n* 回回転軸とそれに垂直な鏡映面との組合わせである．

S_1 軸すなわち 360°回転させてから軸に垂直な平面に対して鏡映を行うことはこ

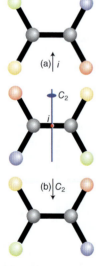

図 6・6* 反転操作（a）と 2 回回転操作（b）とを混同しないように注意．これらの二つの操作は同じ効果をもつように見えることもあるが，一般には異なる．このことは，同じ元素である四つの終端の原子を異なる色にしておけば理解できる．

図 6・7* CH_4 分子の 4 回回映 S_4．同じ元素である四つの終端の原子を異なる色で表し，それらの動きを追えるようにした．

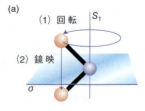

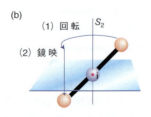

図 6・8* (a) S_1 軸は鏡映面と等価であり，(b) S_2 軸は反転中心と等価である．

の平面の鏡映だけを行ったのと同じである（図6・8a）．つまり，S_1 と σ_h とは等しい．一般には S_1 ではなく σ_h の記号が用いられる．同様に，180°回転させてから軸に垂直な平面に対して鏡映を行う回映操作 S_2 は，反転 i と同じである（図6・8b）．この場合も，S_2 でなく i の記号が用いられる．

分子の**点群**（point group）の帰属を決めるには，分子の対称操作を見つけだして表6・2と比較すればよい．実際は，少なくとも簡単な場合には，表中の"形"を手がかりにして分子の属する点群を決められるはずである．系統的にやるには，図6・9の枝分かれ図を使えば，分かれ道の問いに順に答えていくと普通に見られるたいていの点群を帰属することができる．点群の名称は通常，その**シェーンフリースの記号**（Schoenflies symbol）で表される．たとえばアンモニア分子であれば C_{3v} となる．

表6・2 よく見られる点群とその対称操作

点群	対称操作	形	例
C_1	E	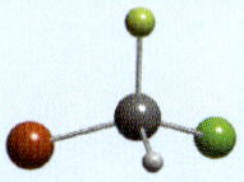	SiHBrClF
C_2	E, C_2	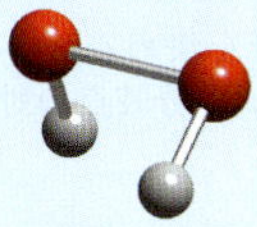	H_2O_2
C_s	E, σ		NHF_2
C_{2v}	$E, C_2, \sigma_v, \sigma_v'$		SO_2Cl_2, H_2O
C_{3v}	$E, 2C_3, 3\sigma_v$	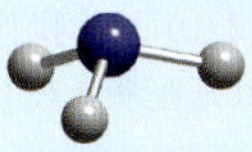	$NH_3, PCl_3, POCl_3$
$C_{\infty v}$	$E, 2C_\phi, \infty\sigma_v$		OCS, CO, HCl
D_{2h}	$E, 3C_2, i, 3\sigma$		N_2O_4, B_2H_6
D_{3h}	$E, 2C_3, 3C_2, \sigma_h, 2S_3, 3\sigma_v$		BF_3, PCl_5
D_{4h}	$E, 2C_4, C_2, 2C_2', 2C_2'', i, 2S_4, \sigma_h, 2\sigma_v, 2\sigma_d$		XeF_4, $trans$-$[MA_4B_2]$
$D_{\infty h}$	$E, \infty C_2', 2C_\phi, i, \infty\sigma_v, 2S_\phi$		CO_2, H_2, C_2H_2
T_d	$E, 8C_3, 3C_2, 6S_4, 6\sigma_d$		$CH_4, SiCl_4$
O_h	$E, 8C_3, 6C_2, 6C_4, 3C_2, i, 6S_4, 8S_6, 3\sigma_h, 6\sigma_d$		SF_6

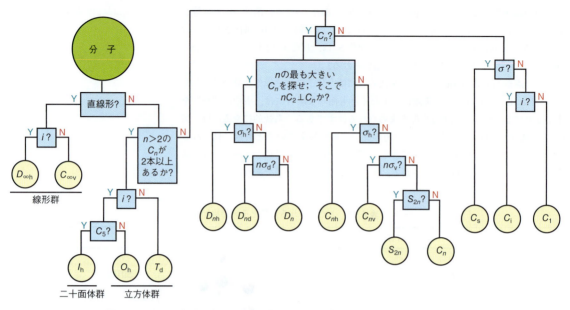

図 6・9 分子の点群を決めるための枝分かれ図．各分岐点の記号は，対称要素の記号である〔訳注：Y は分岐点の対称要素がある (yes)，N はなし (no) を表す〕．

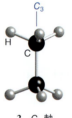

2 C_3 軸

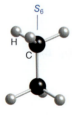

3 S_6 軸

例題 6・1 対称操作を決める

エタン分子の重なり形配座に存在する対称操作は何か．

解 見かけ上，分子が変化しないような回転，鏡映，反転の操作を明らかにすることが必要である．恒等操作も対称操作の一つであることを忘れてはならない．分子の構造モデルを調べることにより，CH_3CH_3 分子の重なり形配座 (**2**) が対称操作として E，$2C_3$，$3C_2$，σ_h，$3\sigma_v$，$2S_3$ をもつことがわかる．ねじれ形配座 (**3**) は E，$2C_3$，$3C_2$，$3\sigma_d$，i，$2S_6$ を対称操作としてもつ．

問題 6・1 NH_4^+ イオンの S_4 軸を示せ．このイオンには何本の S_4 軸があるか．

例題 6・2 分子の点群を決める

(a) H_2O および (b) XeF_4 の属する点群はどれか．

解 表 6・2 を参照するか，図 6・9 を利用すればよい．(a) H_2O の対称操作は図 6・10 に示されている．H_2O は恒等操作 (E)，2 回回転軸 (C_2)，および二つの鉛直方向の鏡映面 (σ_v と σ_v') をもつ．対称操作の組 (E, C_2, σ_v, σ_v') は表 6・2 に記載のある点群 C_{2v} に対応する．別の方法として図 6・9 を用いて調べることもできる．H_2O 分子は直線形ではなく，$n>2$ であるような回転軸 C_n を二つあるいはそれ以上ももたない．また，C_n 軸 (C_2 軸) を一つもち，C_2 軸に垂直な 2 本の C_2 軸はない．さらに，σ_h はないが σ_v は 2 種類ある．よって点群は C_{2v} である．(b) XeF_4 の対称操作は図 6・3 に示されている．XeF_4 は恒等操作 (E)，4 回回転軸 (C_4)，主軸の C_4 に垂直な二組の 2 回回転軸，紙面に含まれる水平方向の鏡映面 σ_h，二つずつ二組の鉛直方向の鏡映面 σ_v と σ_d をもつ．表 6・2 を利用すれば，これらの対称要素の組は点群 D_{4h} に相当することがわかる．あるいは，図 6・9 を通して導くこともできる．XeF_4 分子は直線

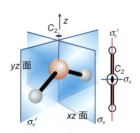

図 6・10* H_2O の対称操作．右側の図は，左側の図を真上から見て，対称操作をまとめたものである．

形ではなく，$n>2$ であるような回転軸 C_n を二つあるいはそれ以上はもたない．また，C_n 軸（C_4 軸）を一つもち，C_4 軸に垂直な 4 本の C_2 軸が存在する．さらに，σ_h をもつ．よって点群は D_{4h} である．

問題 6・2 (a) 平面三角形分子 BF_3 および，(b) 四面体形イオン SO_4^{2-} の点群を決定せよ．

よく出てくる分子の点群を一目で決めることができると大変便利である．H_2，CO_2 (**4**)，$HC\equiv CH$ のような反転中心をもつ直線形分子は点群 $D_{\infty h}$ に属し，HCl，OCS (**5**) のような反転中心のない直線形分子は点群 $C_{\infty v}$ に属する．四面体形 (T_d) および八面体形 (O_h) 分子は，複数の主軸をもっている（図 6・11）．たとえば四面体形 CH_4 分子には各 CH 結合に沿って 4 本の C_3 軸がある．O_h 点群と T_d 点群は立方体の対称性と密接に関係しているため，これらは**立方体群** (cubic group) として知られている．これらと近い関係にある点群の**二十面体群** (icosahedral group) I_h は，二十面体の特徴をもつもので，12 本の 5 回回転軸をもつ（図 6・12）．この点群はホウ素化合物（§13・11）および C_{60} フラーレン分子（§14・6）で重要である．

分子がどの点群に属しているかという分布はいたって不均等である．最も多く見られる点群は対称性の低い C_1 と C_s とであり，C_{2v}（たとえば SO_2）と C_{3v}（たとえば NH_3）の例も多い．$C_{\infty v}$（たとえば HCl，OCS）および $D_{\infty h}$（たとえば Cl_2，CO_2）に属する直線形分子も多く，平面三角形分子 D_{3h}（たとえば BF_3，**6**），三方両錐形分子（たとえば PCl_5，**7**）——これも D_{3h}，平面四角形分子 D_{4h} (**8**) も多い．"八面体分子" が O_h 群に属すると言えるのは，6 個の原子団がすべて同じで，中心原子との結合長が等しく，結合角がすべて 90°の場合だけである．たとえば，向き合った位置 2 箇所を同じもので置換した **9** のようないわゆる"八面体形"分子は D_{4h} である．最後の例でわかるように，点群による分子の分類は，分子構造を表すものの対称性にはふれない"八面体"とか"四面体"といった略式の言い方よりも精密である．

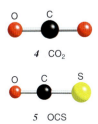

4 CO_2

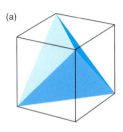

5 OCS

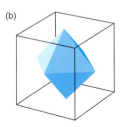

(a)

(b)

図 **6・11*** 立方体の対称性をもつ形．(a) 点群 T_d の四面体，(b) 点群 O_h の八面体

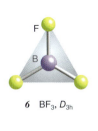

6 BF_3, D_{3h}

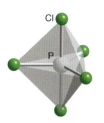

7 PCl_5, D_{3h}

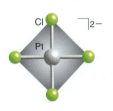

8 $[PtCl_4]^{2-}$, D_{4h}

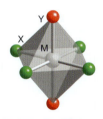

9 trans-$[MX_4Y_2]$, D_{4h}

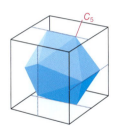

図 **6・12*** 点群 I_h の正二十面体と立方体との関係

6・2 指標表

要点 分子の対称性の性質についての系統的な解析は指標表を用いて行われる.

分子の属する点群が,分子の対称性にかかわる性質に基づいてどのように定義されるか,また,点群がシェーンフリースの記号によってどのように表現されるかについて見てきた.それぞれの点群は一つの**指標表**(character table)を伴う.指標表は点群のすべての対称操作を明示し,さまざまな対象物や数学的な関数が,対称要素に対応する対称操作でどのように変換されるかを記述するものである.指標表は完全なものであり,ある特定の点群に属する分子に関する事象であれば,どのような対象物や関数であってもその点群の指標表の一つの列に示されているとおりの変換を受けることになる.

典型的な指標表の構成は表 6・3 のようになる.表の中で大きな部分を占めて記載されている量は**指標**(character)χ とよばれる.それぞれの指標は,原子軌道のような一つの対象や数学的な関数が,群の対応する対称操作によってどのような影響を受けるかを表す.たとえば,

指標	現象
1	原子軌道は変化しない
−1	原子軌道は符号が変わる
0	原子軌道はより複雑な変化を受ける

となり,p_z 軌道は,z 軸の周りでの回転で見かけ上,変化しない(よって,この指標は 1 である).p_z 軌道の xy 平面に対する鏡映では符号が変わる(指標は −1 である).いくつかの指標表では "2" や "3" のような数字が指標として現れている.このような点は後ほど説明する.

対称操作の**類**(class)というのは,同じ幾何学的種類の対称操作を明確にまとめたものである.たとえば,一つの軸の周りでの二つの 3 回回転(時計回りと反時計回り)は一つの類を形成する.また,鏡映面での鏡映操作は別の類であるといった具合である.各類の種類の数は,指標表の各列の先頭に示されている.たとえば,$2C_3$ などがそれで,これは 2 種類の 3 回回転軸を表している.同じ類のすべての操作は同じ指標をもつ.

指標の各行は群の特定の**既約表現**(irreducible representation)であり,これは群論では専門的な意味をもつが,概して言えば,群における対称性の基本的な種類である.最初の列の記号は既約表現の**対称種**(symmetry species)である.一番右側の二つの列はその対称種の特徴を示す関数の例である.2 列のうちの 1 番目の列には,並進 (x, y, z),p 軌道 (p_x, p_y, p_z),回転 (R_x, R_y, R_z) のような一つの軸で定義される関数があり,2 番目の列には d 軌道 $(xy$ など$)$ のような二次関数が含まれる.いくつかの一般的な点群に対する指標表を付録 4 に載せてある.

表 6・3 指標表の成分

点群の名称[†]	類によって決まる対称操作 R (E, C_n など)	群の位数, h	
対称種(Γ)	指標(χ)	関数: 並進および双極子モーメントの成分(x, y, z) で IR 活性に関係,回転	別の関数: z^2, xy などの二次関数,ラマン活性に関係

[†] シェーンフリースの記号.

例題 6・3 原子軌道の対称種を決める

H₂O 分子における酸素の原子価殻の各原子軌道の対称種を決定せよ。H₂O 分子は C_{2v} の対称性をもつ。

解 H₂O 分子の対称操作は図 6・10 に示されている。また、C_{2v} の指標表は表 6・4 に与えられている。原子軌道がこれらの対称操作のもとでどのようにふるまうかを見る必要がある。O 原子の s 軌道は四つの操作すべてに対して変化しないので、その指標は (1, 1, 1, 1) となり、これは対称種 A_1 をもつ。同様に、O 原子の $2p_z$ 軌道もこの点群のすべての対称操作によって変化することはないので、C_{2v} においては完全に対称である。つまり、対称種は A_1 である。O $2p_x$ 軌道の C_2 における指標は -1 である。これは、単に O $2p_x$ 軌道の符号が 2 回回転によって変化することを意味する。p_x 軌道は yz 平面 (σ_v') による鏡映でも符号を変える（よって、指標は -1 になる）が、xz 平面 (σ_v) での鏡映では符号が変わらない（指標は 1）。以上から、O $2p_x$ 軌道の指標は $(1, -1, 1, -1)$ となり、したがって、その対称種は B_1 である。O $2p_y$ 軌道の C_2 における指標は -1 であり、xz 平面 (σ_v) での鏡映でもそのようになる。また、O $2p_y$ 軌道は yz 平面 (σ_v') による鏡映では変化しない（指標は 1）。よって、O $2p_y$ 軌道の指標は $(1, -1, -1, 1)$ となり、対称種は B_2 である。

問題 6・3

H₂S の中心にある S 原子の五つの d 軌道すべてについて対称種を決めよ。

表 6・4　C_{2v} 指標表

C_{2v}	E	C_2	σ_v (xz)	σ_v' (yz)	$h=4$	
A_1	1	1	1	1	z	x^2, y^2, z^2
A_2	1	1	-1	-1	R_z	xy
B_1	1	-1	1	-1	x, R_y	zx
B_2	1	-1	-1	1	y, R_x	yz

点群 C_{2v} の対称種の記号に用いた文字 A は、これに属する関数が 2 回回転軸の周りの回転に対して対称であることを意味する（すなわち、指標は 1）。記号 B は 2 回回転で関数の符号が変わることを表す（指標は -1）。A_1 の添字 $_1$ は、これに属する関数が、主となる垂直面（H₂O では三つの原子をすべて含む面に垂直な面）での鏡映に対しても対称であることを意味する。下付き添字の $_2$ は関数がこの鏡映で符号を変える場合に用いる。

つぎに、少し複雑な例として NH₃ を考えよう。これは点群 C_{3v} に属す（表 6・5）。NH₃ 分子は H₂O より対称性が高い。この高い対称性は点群の**位数** (order) h を見ればすぐにわかる。位数は実行できる対称操作の総数である。H₂O では $h=4$ で、NH₃ では $h=6$ である。きわめて対称性の高い分子では h が大きい。たとえば、点群 O_h では $h=48$ である。

NH₃ 分子について調べると（図 6・13）、N $2p_z$ 軌道は単独で分類され（A_1 対称性をもつ）、N $2p_x$ 軌道と N $2p_y$ 軌道はいずれも同じ対称表現 E に属する。言い換えると、N $2p_x$ 軌道と N $2p_y$ 軌道は同じ対称性をもち、これらは縮退しているため、両者を同様に扱わなければならない。

表 6・5　C_{3v} 指標表

C_{3v}	E	$2C_3$	$3\sigma_v$	$h=6$	
A_1	1	1	1	z	x^2+y^2, z^2
A_2	1	1	-1	R_z	
E	2	-1	0	(x, y) (R_x, R_y)	(x^2-y^2, xy) (zx, yz)

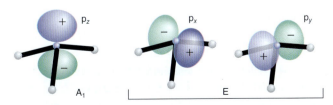

図 6・13* アンモニアの窒素の $2p_z$ 軌道は C_{3v} 点群のすべての操作の下で対称であるため、A_1 対称となる。$2p_x$ 軌道と $2p_y$ 軌道はすべての対称操作で同じようにふるまい（互いに区別できない）、対称性の記号 E で表される。

恒等操作 E の列にある指標は原子軌道の縮退度を表す．すなわち，

対称種の記号	縮退度
A, B	1
E	2
T	3

対称操作を表す斜体の E と対称種の記号である立体の E の違いに注意しよう．すべての対称操作は斜体で，また，対称種の記号はすべて立体で表す．

ある対称操作に対して，縮退のある既約表現が 0 という値をとることもある．このような指標が現れるのは，この値が一組に含まれる二つあるいはそれ以上の軌道の指標の和となるためで，二つのうち片方の軌道が符号を変え，もう一方が変えなければ，合計として表される指標は 0 である．たとえば，NH_3 において y 軸を含む垂直な鏡映面での鏡映操作では p_y 軌道は不変であるが，p_x 軌道は反転する．

例題 6・4 縮退度を判定する

BF_3 に三重縮退軌道が存在するか．

解 BF_3 に三重縮退軌道が存在しうるかを決定するためには，この分子の点群は D_{3h} であることを認識しておく必要がある．この群の指標表（付録 4）を見ると，E の列の下には 2 を超える指標はないので，縮退度は最大で 2 である．したがって，三重に縮退した軌道は存在しない．

問題 6・4 SF_6 分子は八面体形である．軌道の縮退度は最大いくつか．

対 称 性 の 応 用

無機化学における対称性の応用で重要なものは，分子軌道の組立てと標識づけ，および構造決定のための分光学的データの解釈である．ただし，そのほかにもいくつかもっと単純な応用がある．その一つは，ある分子が極性かどうか，キラルかどうかといった分子の特徴を，分子が属している点群の知識のみによって判断できることである．他の性質，たとえば分子振動を分類することや，それが赤外活性かラマン活性かを決めることは，指標表の詳細な構造についての知識を要する．本節ではこれらの応用について述べる．

6・3 極 性 分 子

要点 分子がつぎの点群に属するときは極性でありえない．その点群とは，反転中心をもつすべての点群，すべての D 群およびそれから導かれる点群，立方体群 (T, O) および二十面体群 (D, T, O, I) ならびにその変形である．

極性分子（polar molecule）とは，永久電気双極子モーメントをもつ分子である．反転中心をもつ分子は極性でありえない．反転中心があれば，中心に対して反対側にある点はすべて同じ電荷分布をもつはずだから電気双極子モーメントをもつことはありえない．同じ理由から，分子が鏡映面をもつか回転軸をもつときには，その対称要素に垂直な方向に双極子モーメントをもつことはない．たとえば，鏡映面の両側には同一種の原子がなければならないから，鏡映面に垂直な双極子モーメントはありえない．同様に，回転軸があれば，その周りの対応する回転で同一の原子が存在するから，この軸に垂直な双極子モーメントはありえない．

要約すると，

- 分子に反転中心があれば，極性ではありえない．
- 分子に鏡映面があれば，その面に垂直な方向の電気双極子モーメントはありえない．
- 分子に回転軸があれば，その軸に垂直な方向の電気双極子モーメントはありえない．

ある面内に双極子モーメントが生じえないような対称軸をもち，他の方向にも双極子モーメントが存在しえないような別の対称軸や鏡映面ももつような分子もある．二つあるいはそれ以上の対称要素が一緒になると，あらゆる方向の双極子モーメントが存在できなくなる．たとえば，C_n 軸とこれに垂直な C_2 軸をもつあらゆる分子（点群 D に属するすべての分子がそうである）では，どのような方向にも双極子モーメントが生じえない．たとえば，BF_3 分子（D_{3h}）は無極性である．同様に，四面体群，八面体群，二十面体群に属する分子は主軸に垂直な回転軸をいくつかもち，このため三次元のすべての方向に双極子が存在しえないので，こういった分子は無極性となるはずである．したがって，SF_6（O_h）および CCl_4（T_d）は無極性である．

> **例題 6・5 分子が極性でありうるか否かを判断する**
>
> ルテノセン分子（**10**）は，二つの C_5H_5 環でルテニウム原子を挟んだ五角柱形の分子である．これは極性だろうか．
>
> **解** 点群が D 群または立方体群かどうかを決めればよい．もしどちらかであれば永久電気双極子をもつことはありえない．図 6・9 によると五角柱は D_{5h} 点群に属する．したがって，この分子は無極性でなければならない．
>
> **問題 6・5** 最低エネルギーの立体配座より上にあるルテノセン分子の立体配座はねじれ五角柱形である（**11**）．この分子の点群が D_{5d} であることを確かめよ．このルテノセン分子は極性だろうか．

10

11

6・4 キラル分子

要点 回映軸（S_n）をもつ分子はキラルではありえない．

自分自身と鏡像とを重ね合わせることができない分子を**キラル分子**（chiral molecule，キラルはギリシャ語の"手"に由来する）という．右手は左手の鏡像であって，左右の手を重ね合わせることはできないという意味で，実際の手はキラルである．キラル分子とその相手の鏡像とを**鏡像異性体**（enantiomer，エナンチオマー，ギリシャ語の"両方"に由来する）という．キラル分子は，鏡像異性体の間で速やかな交互の変換が起こらない限り**光学活性**（optically active）である．つまり偏光面を回転することができる．1 対の鏡像異性体は偏光面をそれぞれ反対方向に同じだけ回転する．

鏡映面をもつ分子は明らかにキラルではない．しかし，鏡映面をもっていなくてもキラルではない分子も少ないながら存在する．実際にキラルか否かを決める条件はつぎのようにいえる．つまり，回映軸 S_n がある分子はキラルではありえない．鏡映面は S_1 回映軸であり，反転中心は S_2 回映軸にほかならない．したがって，鏡映面や反転中心をもつ分子は回映軸をもっているわけで，キラルではありえない．S_n をもつ点群には，D_{nh}, D_{nd}, 立方体群（特に T_d, O_h）がある．したがって，CH_4 や $[Ni(CO)_4]$ のような分子は T_d に属するからキラルでない．いわゆる"四面

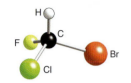

12 CHBrClF, C_1

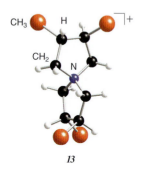

13

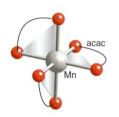

14 [Mn(acac)$_3$]

15 H$_2$O$_2$

"体形"の炭素原子が光学活性をもつ(CHBrClF のように)ということは，群論の用語法が通常の会話の言い回しよりもはるかに厳密であることを思い出させるもう一つの例であろう．CHBrClF (*12*) が属する点群は C_1 であって，T_d ではない．この分子は四面体分子ではあるが，四面体群には属さないのである．

キラルかどうかを判断するときに大切なのは，すぐにはわからないような回映軸に気をつけることである．反転中心も鏡映面もない(したがって，S_1 軸も S_2 軸もない)分子はキラルであるのが普通だが，高次の回映軸がないかどうかを必ず確かめなければならない．たとえば，第四級アンモニウムイオン (*13*) は，鏡映面 (S_1) も反転中心 (S_2) ももたないが，S_4 軸をもっている．したがって，キラルではない．

> **例題 6・6 分子がキラルか否かを判断する**
>
> 錯体 [Mn(acac)$_3$] は *14* の構造をもつ．ここで acac はアセチルアセトナト配位子 (CH$_3$COCHCOCH$_3^-$) である．これはキラルだろうか．
>
> **解** まず点群を決めて，表に出ているものであれ，隠れたものであれ，回映軸を含むか否かを判断するところから始める．図 6・9 のチャートを使って調べると，この錯体が D_3 点群に属することがわかる．D_3 点群の対称操作は $(E, 2C_3, 3C_2)$ であって，表に出ているものであれ，隠れたものであれ，S_n 軸は含まない．だから，この錯体はキラルであり，寿命が十分長いから，光学活性である．

問題 6・6 *15* に示される立体配座の H$_2$O$_2$ はキラルだろうか．この分子は通常 O-O 結合の周りで自由に回転できる．光学活性な H$_2$O$_2$ を観察できる可能性について言及せよ．

6・5 分子振動

要点 分子が反転中心をもつ場合，赤外活性かつラマン活性となるような振動モードは存在しない．振動モードが電気双極子ベクトルの成分と同じ対称性をもてば，赤外活性である．振動モードが分子の分極率の成分と同じ対称性をもてば，ラマン活性である．

赤外およびラマンスペクトル(第 8 章)の解析にあたって分子の対称性に関する知識が役立ち，また，それによって解析がかなり単純化される．これは，対称性の二つの面から取上げるのがよかろう．一つは，分子が全体として属している点群がわかると直ちに得られる情報であり，もう一つは，各基準振動モードの対称種に関する知識から得られる付加的な情報である．この段階で知っておくべきすべてのことは以下のものである．すなわち，赤外線の吸収が起こりうるのは，振動によって分子の電気双極子モーメントが変化するときであり，ラマン遷移が起こりうるのは，分子が振動するときに分極率が変化する場合である．

N 個の原子から成る分子では，直交座標の三つの方向 x, y, z に沿った原子の動きとして考慮すべき変位は $3N$ 個ある．折れ線形の分子では，これらの変位のうちの三つが分子全体の並進運動(x, y, z に沿った並進)であり，別の三つが分子全体の回転運動(x, y, z 軸の周りでの回転)であるため，残りの $3N-6$ 個の原子の変位は分子の変形や振動に対応しなければならない．直線形の分子であれば結合軸の周りの回転はないので，回転の自由度は 3 ではなく 2 となり，振動による変位は $3N-5$ 個となる．

(a) 禁制律

3原子から成る折れ線形の H_2O 分子は $3\times 3-6=3$ の振動モードをもつ（図6・14）．振動の変位は三つとも，H_2O 分子の電気双極子モーメントの変化をひき起こす（図6・15）．このことは，直観的にすぐわかるはずである（また，群論によっても確かめられる）．この C_{2v} 分子の三つの振動モードはすべて赤外活性である．ある基準振動モードがラマン活性がどうかを直観的に判断するのはもっと難しい．分子のあるゆがみ方が分極率の変化をもたらすかどうかは，そう簡単にわからないからである〔SF_6（O_h）の対称伸縮（A_{1g}）のように分子の体積が変化する，すなわち，分子の電子密度が変わるようなモードではうまく予測できる〕．赤外活性あるいはラマン活性かどうかを判定する際の難しさは，**禁制律**（exclusion rule）によって一部解消する．これは，ときにはいたって便利な規則で

- 分子に反転中心があるときは，赤外活性であると同時にラマン活性でもあるような基準振動モードは存在しない．ある基準振動モードが，赤外不活性かつラマン不活性ということはありうる．

ということである．

図 6・14* 非直線形分子の原子の変位を数える過程を表した図

例題 6・7 禁制律を使う

直線形三原子分子の CO_2 には四つの振動モードがある．赤外活性あるいはラマン活性であるモードはどれか．

解 伸縮振動が赤外活性か否かを決定するために，振動が分子の電気双極子モーメントに及ぼす影響を考える必要がある．対称伸縮 ν_1 は電気双極子モーメントを0のまま変えないので赤外不活性である．それゆえこのモードはラマン活性であると思われる（実際にそうである）．対照的に逆対称伸縮 ν_3 では C 原子が二つの O 原子とは逆方向に動く．その結果，振動によって電気双極子モーメントが0から変化する．このモードは赤外活性である．CO_2 分子は反転中心をもつので，禁制律によりこのモードはラマン活性ではありえない．二つの変角振動モードは電気双極子モーメントの0からのずれを生じるので赤外活性である．禁制律から二つの変角振動モード（これらは縮退している）はラマン不活性である．

問題 6・7 直線形の N_2O の変角振動は赤外活性である．ラマン活性でもありうるか．

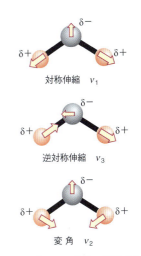

図 6・15* H_2O 分子の振動はすべて双極子モーメントの変化を伴う．

(b) 基準振動モードの対称性から得られる情報

今まで述べたように，ある振動モードが電気双極子モーメントを変化させるか否か，つまり，赤外活性であるか否かは直観的に見分けられる場合が多いが，直観に頼れないとき，おそらく分子が複雑だったり，振動モードが視覚化しにくかったりする場合には，直観に頼る代わりに対称性の解析を使うことができる．そのやり方を，2種類の平面四角形パラジウム錯体（**16** と **17**）の例で示そう．これらの化学種の Pt 類似体および異性体の区別は社会的また実用的にきわめて重要である．Pt 錯体のシス異性体はある種のがんに対する化学療法剤として使われるからである（§27・1）．これに対してトランス異性体は治療上に役に立たない．

まず，シス異性体（**16**）は C_{2v} 対称，トランス異性体（**17**）は D_{2h} 対称であることを確認しよう．どちらの錯体も 200 cm^{-1} から 400 cm^{-1} までの Pd-Cl 伸縮振動の

16 *cis*-[PdCl$_2$(NH$_3$)$_2$]

17 *trans*-[PdCl$_2$(NH$_3$)$_2$]

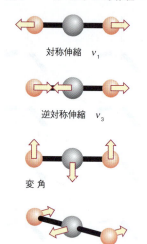

図 6・16* CO_2 分子の伸縮振動と変角振動

領域に吸収バンドをもつ．これらが考慮すべき唯一のバンドである．孤立した$PdCl_2$断片を考え，トランス異性体とCO_2（図6・16）を比べると，二つの伸縮振動モードがあるのがわかる．同様に，シス異性体は，一つの対称伸縮振動と一つの逆対称伸縮振動をもつ．トランス異性体（これは，反転中心をもつ）の2個の基準振動モードのそれぞれが赤外活性かつラマン活性でありえないことは禁制律からすぐわかる．一方，どのモードが赤外活性で，どのモードがラマン活性かを決めるために，基準振動モードそのものの指標を考えてみる．電気双極子モーメントと分極率の対称性の性質から以下の記述が成り立つ（ここでは証明は行わない）．

- 振動が赤外活性であるためには，振動の対称種の記号が指標表のx, y, zと同じでなければならない．また，ラマン活性であるためには，振動の対称種の記号がxyやx^2のような二次関数と同じでなければならない．

したがって，最初にやるべきことは，基準振動モードをその対称種に応じて分類し，これらのうちどのモードがxなどやxyなどと同じ対称種をもつかを，分子の点群の指標表の最右列を参考にしながら明らかにすることである．

シス異性体とトランス異性体のPd-Cl結合の対称伸縮と逆対称伸縮は図6・17のようになっている．ここではNH_3基を一つの質点とみなしている．図中の矢印は振動を示している．より格式ばった表現を使えば，これらは振動を表す変位ベクトルである．振動様式をそれぞれの点群の対称種に従って分類するには，分子軌道を対称性に基づいて解析してSALC（§6・6）を決定する方法と同じようなやり方を用いる．

シス異性体とこれが属しているC_{2v}点群（表6・4）を考えよう．また，振動を矢印で表現することを思い出そう．対称伸縮では，この振動の変位ベクトルの組は，この点群のどの対称操作に対しても見かけ上変わらないことがわかる．たとえば，2回回転操作では，2個の等価な変位ベクトルが互いに入れ替わるだけである．よって，各操作の指標は1になる．

E	C_2	σ_v	σ_v'
1	1	1	1

したがって，この振動の対称性はA_1であることがわかる．逆対称伸縮の場合，恒等操作Eでは変位ベクトルはそのままである．σ_v'は2個のCl原子を含む平面に対する鏡映だから，やはり変位ベクトルは変わらない．しかし，C_2とσ_vとでは，互

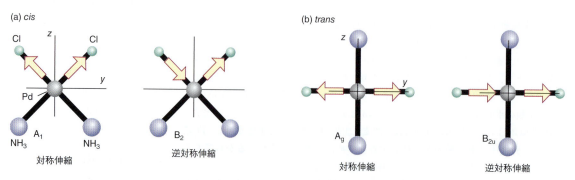

図 6・17* ［$PdCl_2(NH_3)_2$］のシスおよびトランス形のPd-Cl伸縮基準振動モード．分子の重心を変えないためにはPd原子も動かなければならないが，この動きは示していない．

いに逆向きの2本の変位ベクトルが入れ替わる．したがって，全体の変位はそれ自身の-1倍に変換される．つまり，指標は次のようになる．

E	C_2	σ_v	σ_v'
1	-1	-1	1

これを C_{2v} の指標表と照合すると，この振動モードの対称種は B_2 であることがわかる．同様な解析をトランス異性体に対して行い，D_{2h} 群の指標表と照合すると，下の例題で示されるように Pd-Cl の対称伸縮は A_g，逆対称伸縮は B_{2u} であることがわかる．

例題 6・8 振動の変位の対称種を決める

図6・17のトランス異性体は D_{2h} 対称である．Pd-Cl 逆対称伸縮振動モードの対称種が B_{2u} であることを確かめよ．

解 分子が yz 平面に置かれていることに注意し，点群のさまざまな対称操作が Cl^- 配位子の変位ベクトルに及ぼす影響について考えることから始める．D_{2h} の対称操作は，$E, C_2(x), C_2(y), C_2(z), i, \sigma(xy), \sigma(yz), \sigma(zx)$ である．これらのうち，$E, C_2(y), \sigma(xy), \sigma(yz)$ では，変位ベクトルは変わらない．つまり，指標は1である．そのほかの操作ではベクトルの向きが逆になる．したがって指標は-1．結局

E	$C_2(x)$	$C_2(y)$	$C_2(z)$	i	$\sigma(xy)$	$\sigma(yz)$	$\sigma(zx)$
1	-1	1	-1	-1	1	1	-1

これらの指標を D_{2h} の指標表と照合すると，対称種は B_{2u} であることがわかる．

問題 6・8 トランス異性体における Pd-Cl 対称伸縮振動モードの対称種が A_g であることを確かめよ．

すでに述べたように，変位 x, y, z と同じ対称種をもっている振動モードは赤外活性である．C_{2v} の表を見ると，z は A_1 対称，y は B_2 対称である．したがって，シス異性体の A_1 の振動と B_2 の振動は両方とも赤外活性である．D_{2h} の場合，x は B_{3u}，y は B_{2u}，z は B_{1u} であり，これらの対称性をもつ振動だけが赤外活性でありうる．トランス異性体の Pd-Cl 伸縮振動のうち逆対称伸縮振動は B_{2u} 対称性をもち，赤外活性である．トランス異体性において A_g の対称性をもつ振動モードは赤外活性ではない．

ラマン活性かどうかを判定するためには，C_{2v} において二次関数の形をもつ xy などが A_1, A_2, B_1, B_2 として変換されることを知っていればよい．つまりシス異性体では，A_1, A_2, B_1, B_2 の対称種はいずれもラマン活性である．一方，D_{2h} では，A_g，B_{1g}, B_{2g}, B_{3g} だけがラマン活性である．

ここまでわかると，シス異性体とトランス異性体とを実験的に見分ける方法が出てくる．Pd-Cl 伸縮領域では，シス (C_{2v}) 異性体は，ラマンスペクトルでも赤外スペクトルでも，2個のバンドを示すはずである．それに対して，トランス (D_{2h}) 異性体は，ラマンスペクトルおよび赤外スペクトルに，それぞれ1個ずつ，別な振動数のバンドを示すはずである．各異性体の赤外スペクトルを図6・18に示す．

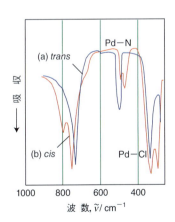

図 6・18 cis-$[PdCl_2(NH_3)_2]$（—）と $trans$-$[PdCl_2(NH_3)_2]$（—）の赤外スペクトル〔R. Layton, D. W. Sink, J. R. Durig, *J.Inorg. Nucl. Chem.*, **28**, 1965 (1966)〕

(c) 振動スペクトルから分子の対称性を帰属する

振動スペクトルの重要な応用の一つは，分子の対称性を，したがって分子の形と構造を決定することである．とりわけ重要な例として，CO 分子が金属原子に結合している化合物である金属カルボニルの場合をあげることができる．この化合物では，CO 伸縮振動が 1850 cm^{-1} から 2200 cm^{-1} にかけて特有の強い吸収を示すので（§22・5），振動スペクトルが特に役に立つ．

一組の振動を考えたとき，原子の変位の対称性を考慮して得られる指標が指標表のある特定の列に対応しないことも多い．しかし，指標表は一つの対象物の対称性の性質を完全にまとめ上げたものであるから，そこで得られた指標は，指標表の複数の列の和に対応するはずである．このような場合を，原子の変位は**可約表現**（reducible representation）を張ると言い表す．そこで，原子の変位が張る**既約表現**（irreducible representation）を見いだす作業が必要となる．この作業では，指標表の列を特定して，それらを加え合わせることで，先に得られた指標の組を再現できるようにしなければならない．この過程のことを，**表現を簡約する**（reducing a representation）という．簡約は容易な場合もあれば，§6・9 で説明するような方法を用いて系統的に実行しなければならないこともある．

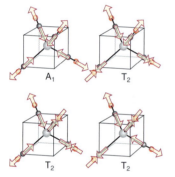

図 6・19* CO 結合の伸縮に対応する [Ni(CO)$_4$] の基準振動モード

例題 6・9 表現を簡約する

キャラクタリゼーションが行われた最初の金属カルボニルは，四面体形（T_d）分子 [Ni(CO)$_4$] であった．CO 原子団の伸縮運動から生じる分子の基準振動モードは，CO の 4 個の変位ベクトルの 4 種の線形結合になる．赤外活性あるいはラマン活性であるモードはどれか．[Ni(CO)$_4$] の CO の変位は図 6・19 に示されている．

解 四つの CO の変位ベクトルの動きを考え，T_d の指標表（表 6・6）に基づいて解析すればよい．対称操作 E では四つのベクトルはすべて変化しない．対称操作 C_3 では一つのベクトルのみが同じままである．C_2 と S_4 の対称操作ではいずれも変化しないベクトルは存在しない．σ_d の対称操作では二つのベクトルが同じままに残る．したがって指標は

E	$8C_3$	$3C_2$	$6S_4$	$6\sigma_d$
4	1	0	0	2

となる．この指標の組合わせはどの対称種にも対応しない．しかし，対称種 A_1 と T_2 の和に間違いなく対応している．

	E	$8C_3$	$3C_2$	$6S_4$	$6\sigma_d$
A_1	1	1	1	1	1
T_2	3	0	-1	-1	1
A_1+T_2	4	1	0	0	2

したがって，CO の変位ベクトルは A_1+T_2 対称の変換を受ける．T_d の指標表を参照すると，対称種 A_1 に属する変位の組合せは $x^2+y^2+z^2$ と同じように変換されることがわかる．すなわち，これはラマン活性であるが赤外活性ではない．これに対して，x, y, z およびそれらの積である xy, yz, zx が T_2 として変換される．よって，T_2 の振動モードはラマン活性であり赤外活性でもある．以上のことから，四面体形のカルボニル錯体分子では CO 伸縮振動の領域に一つの赤外吸収バンドと二つのラマンバンドが現れる．

問題 6・9 平面四角形 (D_{4h}) の $[Pt(CO)_4]^{2+}$ イオンにおいて四つの CO の変位は $A_{1g}+B_{1g}+E_u$ 対称の変換を受けることを示せ. $[Pt(CO)_4]^{2+}$ イオンの赤外ならびにラマンスペクトルにおいて, いくつのバンドが現れると予想されるか.

表 6・6 T_d 指標表

T_d	E	$8C_3$	$3C_2$	$6S_4$	$6\sigma_d$		$h=24$
A_1	1	1	1	1	1		$x^2+y^2+z^2$
A_2	1	1	1	-1	-1		
E	2	-1	2	0	0		$(2z^2-x^2-y^2, x^2-y^2)$
T_1	3	0	-1	1	-1	(R_x, R_y, R_z)	
T_2	3	0	-1	-1	1	(x, y, z)	(xy, yz, zx)

軌道の対称性

このあたりで, §2・7 および §2・8 で紹介した分子軌道の標識の意味をもう少し詳しく説明し, 分子軌道の組立てをさらに深く理解することにしよう. ここでも, 群論の細かい計算ではなく初歩的入門となるように, 正攻法をとらずに図を用いて説明する. ここでの目標は, 付録 5 のような図を見て軌道の対称標識を決めるやり方や, また逆に, 対称標識が何を意味しているかを理解する方法を示すことである. 本書の後の部分に出てくる議論はすべて, 分子軌道準位図を定性的に "読む" ことだけに基づいている.

6・6 対称適合線形結合

要点 原子軌道の対称適合線形結合は, 分子の対称性に一致する原子軌道の組合わせであり, 与えられた対称種の分子軌道を作成するために用いられる.

二原子分子の分子軌道 (MO) 理論 (§2・7) の基本的な原理は, 分子軌道は対称性が同じ原子軌道から組立てられるということである. したがって, 二原子分子では s 軌道は別の原子の s 軌道や p_z 軌道と 0 でない重なりをもつが (ここで, z は核を結ぶ方向, 図6・20), p_x 軌道や p_y 軌道とは重ならない. 丁寧に言えば, 原子の p_z 軌道は結合相手の原子の s 軌道と同じ回転対称性をもち, 核間の結合軸を含む鏡面に対する鏡映についても同じ対称性をもつが, p_x 軌道と p_y 軌道はそうではない. σ 結合, π 結合, δ 結合を形成する原子軌道は同じ対称種のものに限られる. これは, 分子軌道のすべての成分は, それらがゼロでない重なりをもとうとすれば, どのような変換 (たとえば, 鏡映や回転) による挙動も互いに等価でなければならないという要請に基づくものである.

同じ原理が正確に多原子分子にも当てはまる. 多原子分子では対称性の考察がかなり複雑になり, 群論による系統的な手続きが必要となってくる. 一般的な手続きは, NH_3 の三つの H 1s 軌道といったように原子軌道を分類し, これらを一緒にして特定の対称性をもつ線形結合をつくり, たとえば三つの H 1s 軌道の適切な組合わせと N 2s 軌道というふうに, 異なる原子の原子軌道で同じ対称性をもつもの同士を重ね合わせて分子軌道を構築することである. ある一つの対称性をもつ分子軌道をつくり上げるために使われる特定の原子軌道の組合わせを**対称適合線形結合** (symmetry-adapted linear combination, SALC) とよぶ. 原子軌道の SALC で一

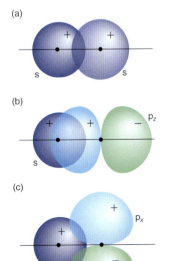

図 6・20* s 軌道は他の原子の (a) s 軌道あるいは (b) p_z 軌道とは強め合う干渉によって重なり合うことができる. (c) s 軌道は p_x 軌道や p_y 軌道とは重ならない. これは, 原子軌道の一部が同じ符号同士で強め合う干渉を起こし, 原子軌道の別の部分が逆符号同士で弱め合う干渉を起こして, 両者が完全に相殺するからである.

般に用いられるものをまとめて付録5に示す．付録に与えられている図と比較することによって軌道の結合の対称性を明らかにするのは，通常は容易である．

> **例 題 6・10　SALC の対称種を決める**
>
> NH_3 の H 1s 軌道からつくられる SALC の対称種を決定せよ．
>
> **解**　NH_3 分子に適した点群の対称操作のもとで，H 1s 軌道の組合わせがどのように変換されるかを決めることから始めよう．NH_3 分子は C_{3v} の対称性をもつ．恒等操作 E によって三つの H 1s 軌道はすべて変化しない．C_3 回転では変化しない H 1s 軌道はない．鉛直方向の鏡映面による鏡映 σ_v では変化しない H 1s 軌道は一つのみである．よって，これらの組合わせとしてつぎの指標をもつ表現が張られることになる．
>
> | E | $2C_3$ | $3\sigma_v$ |
> |---|---|---|
> | 3 | 0 | 1 |
>
> ここで，この指標の組合わせを簡約することが必要である．また，調べるとわかるように，これらは A_1+E に対応する．したがって，三つの H 1s 軌道は二つの SALC に寄与し，一つは A_1 対称性をもち，もう一つは E 対称性を示す．E 対称性の SALC は同じエネルギーをもつ 2 種類から成る．もっと複雑な例では簡約は容易ではなく，§6・10 で議論する系統的な手法を使う必要がある．
>
> **問 題 6・10**　CH_4 の SALC $\phi = \psi_{A1s} + \psi_{B1s} + \psi_{C1s} + \psi_{D1s}$ の対称種は何か．ここで ψ_{J1s} は原子 J の H 1s 軌道である．

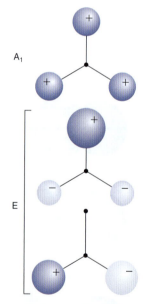

図 6・21＊　NH_3 の H 1s 軌道から成る A_1 および E の対称性をもつ対称適合線形結合

与えられた対称性をもつ SALC の作成には，§6・10 で説明するように群論を用いた作業が必要になる．しかし，得られる SALC が直感的に明らかな形をもつことも多い．たとえば，NH_3 の H 1s 軌道から生じる完全に対称な A_1 SALC (図 6・21) は，

$$\phi_1 = \psi_{A1s} + \psi_{B1s} + \psi_{C1s}$$

である．この SALC は，恒等操作 E，C_3 回転ならびに回転軸を含む面に対するどの鏡映に対しても変化しないので，指標は $(1,1,1)$ となり，C_{3v} の完全に対称な既約表現を張る．このことから，実際にこの SALC は A_1 の対称性をもつことが示される．E SALC は，A_1 SALC ほど明白ではないものの，後ほどわかるように，

$$\phi_2 = 2\psi_{A1s} - \psi_{B1s} - \psi_{C1s}$$
$$\phi_3 = \psi_{B1s} - \psi_{C1s}$$

となる．

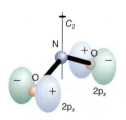

図 6・22＊　O $2p_x$ 軌道の線形結合．例題 6・11 参照

> **例 題 6・11　SALC の対称種を決める**
>
> C_{2v} 分子である NO_2 の SALC $\phi = \psi_O' - \psi_O''$ の対称種を決めよ．ただし，ψ_O' は一方の O 原子の $2p_x$ 軌道，ψ_O'' はもう一方の O 原子の $2p_x$ 軌道である．
>
> **解**　SALC の対称種を決めるためには，それが属する点群の対称操作で SALC がどのように変化するかを知る必要がある．ここでの SALC は図 6・22 のようになる．C_2 回転すると ϕ はもとのままの形になるから，指標は 1．σ_v 鏡映では，ψ_O'，ψ_O'' それぞれの符号が変わるから，ϕ は $-\phi$ に変換される．す

なわち指標は -1 である. σ_v' でも SALC ϕ の符号が変わるから, この操作の指標も -1. したがって, 指標は下のようになる.

E	C_2	σ_v	σ_v'
1	1	-1	-1

C_{2v} の指標表に基づけば, これは対称種 A_2 に一致することがわかる.

問題 6·11 H 原子が A, B, C, D の順に正方形に並んだ配列 (D_{4h}) の線形結合 $\phi = \psi_{A1s} - \psi_{B1s} + \psi_{C1s} - \psi_{D1s}$ の対称種を決定せよ.

6·7 分子軌道を組立てる

要点 分子軌道は同じ対称種の SALC あるいは原子軌道からつくられる.

すでに見たように, NH_3 では, H 1s 軌道の SALC ϕ_1 は A_1 対称をもっている. N 2s 軌道も N $2p_z$ 軌道も同じ対称種をもつから, これら三つの軌道はすべて同じ分子軌道に寄与できる. これらの分子軌道の対称種はその成分となる原子軌道と同様 A_1 であるから, この分子軌道を **a_1 軌道**(a_1 orbital)とよぶ. 分子軌道の記号は, 軌道の対称種の記号を小文字にしたものであることに注意しよう. そのような分子軌道は三つのものが可能で, それらはすべて

$$\Psi = c_1 \psi_{N2s} + c_2 \psi_{N2p_z} + c_3 \phi_1$$

の形となる. ここで c_i は数値計算によって得られる係数で, 正または負の値をとりうる. これらを, エネルギーの高くなる順(核間の節の数が多くなる順)に $1a_1$, $2a_1$, $3a_1$ と名付ける. 三つの分子軌道は, 結合性, 非結合性, 反結合性に対応する (図 6·23)

すでに述べたように(また, 付録 5 を見ると確かめられるように), C_{3v} 分子では, H 1s 軌道から成る SALC である ϕ_2 と ϕ_3 は E 対称性をもつ. C_{3v} の指標表からわかるように, N $2p_x$ 軌道と N $2p_y$ 軌道との組も同じく E 対称である(図 6·24). したがって, ϕ_2 と ϕ_3 とはこれら二つの N 2p 軌道と結合して, 二重に縮退した結合性分子軌道と反結合性分子軌道をつくることになる. これらの軌道は下式の形をとる.

$$\Psi = c_4 \psi_{N2p_x} + c_5 \phi_2 \qquad \Psi = c_6 \psi_{N2p_y} + c_7 \phi_3$$

これらの分子軌道は E 対称性をもつので **e 軌道**(e orbital)とよばれる. エネルギーの低い結合性(係数が同じ符号)の一組の分子軌道の表示は 1e, エネルギーの高い反結合性(係数の符号が互いに反対)の一組の分子軌道の表示は 2e である.

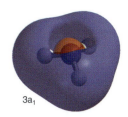

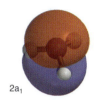

図 6·23* NH_3 の三つの a_1 分子軌道. 分子モデリングソフトウエアを用いて計算したもの

図 6·24 NH_3 の二つの結合性 e 軌道の模式図. 分子モデリングソフトウエアを用いて計算したもの

例題 6・12　SALCから分子軌道を組立てる

C_{2v} 分子である H_2O の H 1s 軌道は，二つの SALC $\phi_1 = \psi_{A1s} + \psi_{B1s}$ (**18**) と $\phi_2 = \psi_{A1s} - \psi_{B1s}$ (**19**) とをつくる．これらは，酸素のどの原子軌道と分子軌道をつくるか．

解　点群（C_{2v}）の各対称操作で，SALC がどのように変換されるかを決めることから始める．操作 E ではどちらの SALC も符号を変えないので指標は 1 である．C_2 操作によって，ϕ_1 は符号を変えないが，ϕ_2 は符号を変える．したがって，指標はそれぞれ +1 および -1．鏡映操作 σ_v では，ϕ_1 の符号は変わらないが，ϕ_2 の符号は変わる．したがって，指標はやはり，それぞれ 1 と -1．鏡映操作の σ_v' ではいずれの SALC も符号を変えないので，指標は 1．そこで指標は

	E	C_2	σ_v	σ_v'
ϕ_1	1	1	1	1
ϕ_2	1	-1	-1	1

ここで指標表ができて，ϕ_1 は A_1，ϕ_2 は B_2 の対称種であることが決まる．もっと直接に同じ結論を導くには<u>付録5</u>を使えばよい．指標表の右欄を見れば，O 2s 軌道および O $2p_z$ 軌道が <u>A_1 対称</u>，O $2p_y$ 軌道が B_2 対称であることがわかる．したがって，可能な線形結合は，

$$a_1 \quad \Psi = c_1 \psi_{O2s} + c_2 \psi_{O2p_z} + c_3 \phi_1$$
$$b_2 \quad \Psi = c_4 \psi_{O2p_y} + c_5 \phi_2$$

となる．三つの a_1 軌道は，係数 c_1, c_2, c_3 の符号の関係次第で結合性，反結合性，中間の性質をもちうる．同様に，係数 c_4 と c_5 との符号の関係次第で，二つの b_2 軌道の一方が結合性，他方が反結合性になる．

問題 6・12　平面四角形（D_{4h}）の $[PtCl_4]^{2-}$ イオンにおいて Cl 3s 軌道からつくられる四つの SALC は，対称種 A_{1g}, B_{1g}, E_u をもつ．Pt の原子軌道のうち，どれがどの SALC と結合をつくるか．

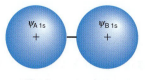 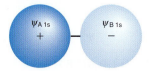

18　$\phi_1 = \psi_{A1s} + \psi_{B1s}$　　　**19**　$\phi_2 = \psi_{A1s} - \psi_{B1s}$

対称性の解析からは，縮退度を決められること以外，軌道エネルギーに関して何もいえない．軌道エネルギーを計算することはもとより，軌道をエネルギー順に並べることも量子力学に頼らねばならない．また，軌道エネルギーを実験的に評価するには光電子分光法のような技術を必要とする．しかし，簡単な場合には，§2・8 に述べた一般的規則を用いて，軌道エネルギーの相対的関係を判断することができる．たとえば，NH_3 の $1a_1$ 軌道は低エネルギーの N 2s を含むから最低エネルギーの軌道になるであろうし，その相手の反結合性軌道 $3a_1$ は多分，最高エネルギー軌道になるであろう．また，非結合性の $2a_1$ は $1a_1$ と $3a_1$ の中間に来ると思われる．1e 結合性軌道は $1a_1$ の上で，二つめに低い準位となり，これに対応した反結合性

の 2e は 3a₁ 軌道の下になる．このような定性的解析によって，図 6・25 のエネルギー準位図が得られる．近頃では，いろいろなソフトウエアが広く入手できるようになったので，アブイニシオ (*ab initio*) 法か半経験的な方法で軌道エネルギーを直接計算するのは難しくなくなった．図 6・25 の相対的なエネルギーは実際にこのような方法で計算したものである．しかしながら，たやすく値が得られるからといって，軌道の構造を調べることによってエネルギー準位の順序を理解するというやり方をないがしろにしてはならない．

比較的簡単な分子の分子軌道エネルギー準位図をつくるための一般的手順を要約するとつぎのようになる．

1. 分子の点群を帰属する．
2. 付録 5 で SALC の形を探し出す．
3. 各分子断片の SALC をエネルギーの増加する順に並べる．まず s, p, d 軌道のどれに由来するかに注意し（s ＜ p ＜ d の順におく），つぎに核間の節の数に注目する．
4. 二つの分子断片の SALC を，同じ対称性のもの同士結合させ，分子軌道をつくる．このとき，N 個の SALC から N 個の分子軌道ができる．
5. 元になっている軌道の重なり合い具合とエネルギーの相対的関係とを考慮して，分子軌道の相対的エネルギーを推定し，分子軌道のエネルギー準位図を描く（分子軌道の由来を示す）．
6. 適切なソフトウエアを使った分子軌道計算を行って，以上のようにして定性的に推定したエネルギー準位の順序を確認，訂正，改訂する．

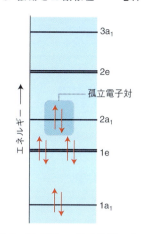

図 6・25　NH_3 の分子軌道エネルギー準位図の模式図と基底状態の電子配置

6・8　振動との類似性

要点　SALC の形は伸縮振動の変位と類似点がある．

群論の大きな強みの一つは，これを使えば本質的に異なる現象を類似に扱えるようになることである．対称性の議論が分子振動にどのように適用できるかをすでに見てきたので，SALC が分子の基準振動モードと類似点をもつといっても，さほど驚くべきことではないであろう．実際に，付録 5 にある SALC の図は，分子の基準振動モードを表現していると解釈することもできる．次の例題を見れば，その手法が理解できる．

例題 6・13　八面体形分子の赤外吸収およびラマンバンドを予測する

SF_6 のような O_h 点群に属する AB_6 分子を考える．A－B の伸縮振動の基準振動モードを描き，赤外およびラマン分光法において活性かどうかを述べよ．

解　振動モードと SALC の形状との類似性に基づいて議論する．八面体配置の s 軌道からつくることのできる SALC を決める（付録 5）．これらの軌道は A－B 結合の伸縮による変位に類似しており，符号は相対的な位相を表す．これらは対称種として A_{1g}, E_g, T_{1u} をもつ．伸縮振動の線形結合の結果を図 6・26 に示す．A_{1g}（完全に対称）と E_g のモードはラマン活性で，T_{1u} モードは赤外活性である．O_h 分子は反転中心をもつことに注意しよう．よって，赤外とラマンのいずれにも活性なモードはありえない．

問題 6・13　S－F 伸縮振動によるバンドのみを考え，D_{4h} 分子である *trans*-SF_4Cl_2 の赤外スペクトルとラマンスペクトルが SF_6 のスペクトルとどのように異なるか予測せよ．

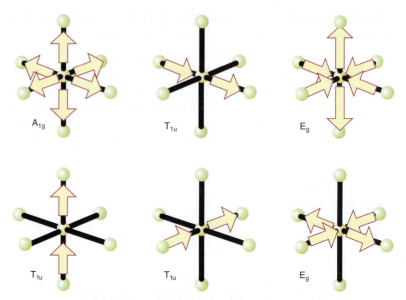

図 6・26* 八面体錯体 ML_6 の M−L 伸縮の A_{1g}, E_g, T_{1u} モード. 分子の重心位置を変えないための中心金属原子 M の運動は図示していない(A_{1g} と E_g モードでは M 原子は動かない).

表 現

ここで,より定量的な扱いに移行し,系統的な方法による分子軌道と分光法の取扱いに対称性の議論を適用するうえで重要な二つの話題を紹介する.

6・9 表現の簡約

要点 可約表現は簡約公式を用いて構成成分である既約表現に分解できる.

NH_3 の三つの H 1s 軌道が C_{3v} において二つの既約表現をもたらす(術語を用いれば,既約表現を"張る")ことを見てきた.一つは対称種 A_1 であり,もう一つは対称種 E である.ここでは,一組の軌道や原子の変位によって張られた対称種を決定するための系統的な方法を述べる.

NH_3 の三つの H 1s 軌道が二つの特定の既約表現を張るという事実は,式の上では $\Gamma = A_1 + E$ と表現される.ここで Γ は可約表現の対称種を表す.一般に

$$\Gamma = c_1 \Gamma_1 + c_2 \Gamma_2 + \cdots \tag{6・1}$$

と書ける.ここで Γ_i は群のさまざまな対称種を表し,c_i は各対称種が簡約において何回現れるかを示している.より高度な群論の理論(参考書を参照のこと)から,既約表現 Γ_i の指標 χ_i ともともとの可約表現 Γ の対応する指標 χ を用いて,係数 c_i を計算するための明確な公式が導かれる.

$$c_i = \frac{1}{h} \sum_C g(C) \chi_i(C) \chi(C) \tag{6・2}$$

ここで h は点群の位数(対称操作の数,指標表の最上行に示されている)であり,和は点群の各類 C にわたってとる.$g(C)$ はその類の操作の数である.この表現をどのように用いるかをつぎの例題で説明する.

例題 6·14 簡約公式を用いる

cis-$[PdCl_2(NH_3)_2]$ 分子を考えよう．水素原子を無視すれば，この分子は点群 C_{2v} に属する．原子の変位によって張られる対称種は何か．

解 この問題を解析するために，水素以外の五つの原子の 15 個の変位を考え（図 6·27），点群の対称操作を施したときに何が起こるかを調べることによって，可約表現 Γ であることがわかるような指標を得る．つぎに式(6·2)を用い，この可約表現を簡約して生じる既約表現の対称種を決定する．Γ の指標を決めるために，特定の対称操作で新しい位置に移動する各変位はその対称操作の指標に寄与せず，同じ状態で残る変位は 1 の寄与があり，反転する変位は −1 の寄与があることに注意する．考えている対称操作によって平衡位置が変わらないような原子の変位のみを考慮すれば，解析は単純になる．そこで，第一段階として各類の操作によって変化しない原子の数を決め，第二段階でその数に各操作の指標の寄与を掛ける．よって，恒等操作では五つの原子すべてとこれらの原子の三つの変位すべてが変化しないので，$\chi(E) = 5 \times 3 = 15$ となる．また，C_2 回転では位置が変わらない原子は一つのみ（Pd）で，Pd の z 方向の変位のみが変化せず（寄与は 1），Pd の x 方向と y 方向の変位は反転するので（寄与は −2），$\chi(C_2) = 1 \times (1-2) = -1$ である．鏡映 σ_v では，やはり Pd の位置だけが変わらず，Pd の z 方向と x 方向の変位が変化せず（寄与は 2），Pd の y 方向の変位が反転するので（寄与は −1），$\chi(\sigma_v) = 1 \times (2-1) = 1$ である．最後に，原子の面を通る垂直面での鏡映では，五つの原子すべてが動かず，これらの各原子の z 方向の変位が同じままで（寄与は 1），y 方向の変位も同様であるが（さらに寄与が 1），x 方向の変位が反転する（寄与は −1）．したがって，$\chi(\sigma_v') = 5 \times (1+1-1) = 5$ である．以上から，Γ の指標は

E	C_2	σ_v	σ_v'
15	−1	1	5

となる．ここで，この点群では $h = 4$ であり，また，すべての C に対して $g(C) = 1$ であることに注意して式(6·2)を用いる．対称種 A_1 が可約表現において何回現れるかを見いだすために，つぎの計算を行う．

$$c_1 = \frac{1}{4}[1 \times 15 + 1 \times (-1) + 1 \times 1 + 1 \times 5] = 5$$

他の対称種にも同じ計算を繰返し，

$$\Gamma = 5A_1 + 2A_2 + 3B_1 + 5B_2$$

を得る．C_{2v} では，分子全体の並進は $A_1 + B_1 + B_2$ を張り（指標表の最も右の列の関数 x, y, z により与えられるので），回転は $A_2 + B_1 + B_2$ を張る（指標表の最も右の列の関数 R_x, R_y, R_z により与えられるので）．これらの対称種を上で見いだした可約表現から引くと，この分子の振動は $4A_1 + A_2 + B_1 + 3B_2$ を張ることが結論できる．

問題 6·14 D_{4h} 分子である $[PdCl_4]^{2-}$ のすべての振動モードの対称性を決定せよ．

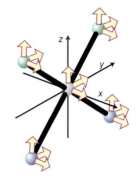

図 6·27* cis-$[PdCl_2(NH_3)_2]$ で H 原子を無視した場合の原子の変位

例題 6·14 で明らかになった cis-$[PdCl_2(NH_3)_2]$ の振動モードの多くは複雑な運動で，視覚化が容易ではない．振動には Pd−N の伸縮に加えて原子面が湾曲する動きが多数含まれる．しかし，容易に視覚化できなくても，A_1, B_1, B_2 モードは赤外活性であり（関数 x, y, z，すなわち電気双極子の成分がこれらの対称種を張るので），

すべてのモードはラマン活性である（二次の形の関数は四つの対称種すべてを張るので）ことはすぐに推測できる.

† 訳注：この場合，波動関数の線形結合に作用して，一つの波動関数（状態）のみを取出す演算子で，式(6・3)の $\sum_R \chi_i(R) R$ の部分.

6・10 射影演算子†

要点 射影演算子は原子軌道の基底系から SALC を作成する際に用いられる.

原子軌道の任意の基底系から，特定の対称種の規格化されていない SALC をつくるために，いずれかの基底系を選択して次式の和を計算する.

$$\phi = \sum_R \chi_i(R) R\psi \tag{6・3}$$

ここで $\chi_i(R)$ は，つくろうとしている SALC の対称種における操作 R の指標である. ここでも，この表現の利用について説明するうえでの最良の方法は例をあげることであろう.

> **例題 6・15 SALC を作成する**
>
> $[PtCl_4]^{2-}$ の Cl σ 軌道の SALC を作成せよ. 基底系の原子軌道を $\psi_1, \psi_2, \psi_3, \psi_4$ と表す. これらを図 6・28a に示した.
>
> **解** 式(6・3)を実行するうえで，一つの基底系の原子軌道を選択し，それに D_{4h} 点群のすべての対称操作を施す. 操作により変換された基底関数を $R\psi$ と書く. たとえば，C_4 操作により ψ_1 は ψ_2 で占められた位置に移動する. また，ψ_1 は C_2 操作により ψ_3 へ，C_4^3 操作により ψ_4 へ移動する. すべての対称操作を考慮すると，
>
> | 対称操作 R | E | C_4 | C_4^3 | C_2 | C_2' | C_2' | C_2'' | C_2'' |
> |---|---|---|---|---|---|---|---|---|
> | $R\psi_1$ | ψ_1 | ψ_2 | ψ_4 | ψ_3 | ψ_1 | ψ_3 | ψ_2 | ψ_4 |
> | 対称操作 R | i | S_4 | S_4^3 | σ_h | σ_v | σ_v | σ_d | σ_d |
> | $R\psi_1$ | ψ_3 | ψ_2 | ψ_4 | ψ_1 | ψ_1 | ψ_3 | ψ_2 | ψ_4 |
>
> が得られる. ここで，新たな基底関数をすべて一緒に加える. その際，各対称操作の類に対して，考えている既約表現の指標 $\chi_i(R)$ を掛ける. こうして，A_{1g} では（すべての指数が 1 であるから），$4\psi_1 + 4\psi_2 + 4\psi_3 + 4\psi_4$ を得る. したがって，（規格化されていない）SALC は
>
> $$\phi(A_{1g}) = 4(\psi_1 + \psi_2 + \psi_3 + \psi_4)$$
>
> となる. 規格化すれば，
>
> $$\phi(A_{1g}) = \frac{1}{2}(\psi_1 + \psi_2 + \psi_3 + \psi_4)$$
>
> である. 指標表において順番にさまざまな対称種を用いて計算を続けると，つぎのように SALC が得られる.
>
> $$\phi(B_{1g}) = \frac{1}{2}(\psi_1 - \psi_2 + \psi_3 - \psi_4)$$
>
> $$\phi(E_u) = \frac{1}{\sqrt{2}}(\psi_1 - \psi_3)$$
>
> 他のすべての既約表現では射影演算子が存在しない（そのような対称性では SALC が存在しない）. 基底関数として ψ_2 を用いても，
>
> $$\phi(B_{1g}) = \frac{1}{2}(\psi_2 - \psi_1 + \psi_4 - \psi_3)$$
>
> $$\phi(E_u) = \frac{1}{\sqrt{2}}(\psi_2 - \psi_4)$$

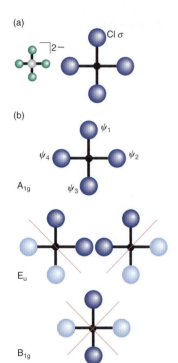

図 6・28 （a）$[PtCl_4]^{2-}$ の SALC を作成するために用いられる Cl の原子軌道の基底，および（b）$[PtCl_4]^{2-}$ に対してつくられた SALC

を除けば同じSALCが得られる．ψ_3とψ_4を用いて計算を実行しても類似のSALCが導かれる（成分となる原子軌道のいくつかの符号が変わるだけである）．したがってSALCの形は$A_{1g}+B_{1g}+E_u$である（図6・28b）．

問題 6・15 SF_6において射影演算子を用い，八面体錯体のσ結合に対するSALCを決定せよ．

上記のような解析を用いると，考察の対象としたい分子がどのようなものであってもSALCを作成することができる．付録5には最も有用な点群を対象にSALCの模式図による表現が示されている．これらはσ結合とπ結合のいずれの相互作用の考察にも必要なものである．

参 考 書

P. Atkins, J. de Paula, "Physical Chemistry", 10th ed., Oxford University Press and W. H. Freeman & Co (2014)〔邦訳："アトキンス物理化学(第10版)"，東京化学同人〕．指標表の作成と利用方法の説明．数学的知識はそれほど必要としない．

より厳密な入門書として以下を参照．

J. S. Ogden, "Introduction to Molecular Symmetry", Oxford University Press (2001).

P. Atkins, R. Friedman, "Molecular Quantum Mechanics", Oxford University Press (2005).

練 習 問 題

6・1 つぎの対称操作がわかるように図示せよ．
(a) NH_3分子のC_3およびσ_v
(b) 平面四角形イオン$[PtCl_4]^{2-}$のC_4およびσ_h

6・2 つぎの分子またはイオンのうち，(a) 反転中心，(b) S_4軸をもつものはどれか．
(ⅰ) CO_2　(ⅱ) C_2H_2　(ⅲ) BF_3　(ⅳ) SO_4^{2-}

6・3 つぎの化学種の対称操作を決め，点群を帰属せよ．
(a) NH_2Cl　(b) CO_3^{2-}　(c) SiF_4
(d) HCN　(e) $SiBrClFI$　(f) BrF_4^-

6・4 ベンゼン分子には何枚の対称面があるか．ベンゼンの塩素置換体$C_6H_nCl_{6-n}$のうち，ちょうど4枚の対称面をもつものはどれか．

6・5 (a) p軌道，(b) d_{xy}軌道，(c) d_{z^2}軌道と同じ形状の境界面をもつ物体の対称操作を決めよ．

6・6 (a) SO_3^{2-}イオンの点群を決めよ．
(b) このイオンの分子軌道の最大縮退度はいくらか．
(c) 硫黄の原子軌道3sと3pとで，この最大縮退度の分子軌道に寄与できるのはどれか．

6・7 (a) PF_5分子の点群を決めよ（分子形の帰属に必要ならVSEPRモデルを用いよ）．
(b) この分子軌道の最大縮退度はいくつか．
(c) リンの3p軌道のうち，最大縮退度の分子軌道に寄与するのはどれか．

6・8 三方両錐形分子PF_5における原子の変位を考え，振動モードの数と対称性を決定せよ．

6・9 (a) SO_3分子の分子面内の基準振動はいくつあるか．(b) SO_3分子の分子面に垂直な基準振動はいくつあるか．

6・10 (a) SF_6および，(b) BF_3の振動のうち，赤外活性かつラマン活性なものの対称種は何か．

6・11 CH_4を考え，射影演算子による方法を用いて，四つのH 1s軌道から成るSALCでA_1+T_2対称をもつものを作成せよ．

6・12 射影演算子法を用いて，(a) BF_3，(b) PF_5におけるσ結合生成に必要なSALCを決定せよ．

演 習 問 題

6・1 IF_3O_2分子 (I が中心原子) を考える．異性体はいくつありうるか．各異性体の点群を帰属せよ．

6・2 MA_3B_3組成のいわゆる"八面体形"分子 (A と B とは単原子配位子) には，異性体がいくつあるか．それぞれの異性体の点群は何か．異性体のうちにキラルなものがあるか．$MA_2B_2C_2$組成の分子の場合についても以上の問いに答えよ．

6・3 化学者は，赤外スペクトルの解釈にあたり群論の助けをしばしば借りる．たとえばNH_4^+には四つのN-H結合があり，4種の伸縮振動が可能である．そのうちのい

くつかは同じ振動数で振動し，縮退している可能性がある．指標表を見れば縮退が可能かどうかすぐにわかる．(a) 四面体形イオン NH_4^+ では縮退の可能性を考慮する必要があるか．(b) $NH_2D_2^+$ では振動モードの縮退が可能か．

6・4 BF_3, NF_3, ClF_3 のいずれかである気体試料がある．赤外およびラマン活性の伸縮振動の数を使って，この試料が何であるかを一義的に決めることができるか．

6・5 低温での $AsCl_3$ と Cl_2 との反応で $AsCl_5$ と考えられる生成物が生じ，これは 437, 369, 295, 220, 213, 83 cm^{-1} にラマンバンドを示す．369 および 295 cm^{-1} のバンドの詳細な解析により，これらが完全に対称的な振動モードに起因することがわかっている．ラマンスペクトルから，構造が三方両錐形であることを示せ．

6・6 六配位の化学種 ML_6 の幾何学的構造が正八面体形か規則的な三角柱形かを区別するうえで，ラマン分光と赤外分光がどのように利用できるかを説明せよ．それぞれの構造において考えられるゆがみについて考察せよ（ゆがんだ状態の振動の対称性を決める必要はない）．

6・7 四面体形の $[CoCl_4]^-$ における四つの Cl 原子の p 軌道を考えよう．各 Cl 原子の一つの p 軌道は直接，中心金属の方向に向いている．(a) 金属原子の方向を向いた四つの p 軌道は，対称操作によって Cl 原子の四つの s 軌道と同じ変換を受けることを示せ．これらの p 軌道はこの錯体の化学結合にどのように寄与しうるか．(b) 残りの八つの p 軌道を考え，それらがどのように変換されるかを明らかにせよ．導いた表現を簡約し，これらの原子軌道からの寄与による SALC の対称性を決めよ．これらの SALC は金属原子のどの軌道と結合できるか．(c), (b) で言及した SALC を作成せよ．

6・8 $[PtCl_4]^{2-}$ のような平面四角形錯体における四つの Cl 原子の 12 個の p 軌道をすべて考えよう．(a) これらの p 軌道が D_{4h} においてどのように変換されるかを明らかにせよ．また，表現を簡約せよ．(b) これらの SALC は金属原子のどの軌道と結合できるか．(c) σ 結合に寄与する SALC と金属原子の軌道はどれか．(c) 分子面内の π 結合に寄与する SALC と金属原子の軌道はどれか．(d) 分子面外の π 結合に寄与する SALC と金属原子の軌道はどれか．

6・9 八面体形錯体を考え，σ 結合および π 結合にかかわるすべての SALC を作成せよ．

配位化合物入門

7

1個の中心金属原子または金属イオンをいくつかの配位子が取囲んでいる金属錯体は，無機化学，特にd-ブロック元素において重要な役割を演じている．本章では，中心金属原子の周りで配位子がとる共通の空間配列や，それにより生ずる異性体について紹介する．

金属の配位化学という枠組みから見れば，**錯体** (complex) という用語は，一連の配位子に囲まれた金属原子もしくはイオンを含む構造体を意味する．ここで**配位子** (ligand) とは，単独でも存在しうるイオンもしくは分子のことを指す．$[Co(NH_3)_6]^{3+}$ を例にとると，この錯体は Co^{3+} イオンを6個の NH_3 配位子が取囲むことによってできている．$[Na(OH_2)_6]^+$ では，Na^+ イオンは六つの H_2O 配位子に囲まれている．中性の錯体，または，いくつかのイオンの中で少なくとも一つが錯体であるイオン化合物を**配位化合物** (coordination compound) とよぶことにする．したがって，$[Ni(CO)_4]$ (**1**) や $[Co(NH_3)_6]Cl_3$ (**2**) はともに配位化合物である．酸・塩基の観点から見れば，錯体は一つのルイス酸（＝中心金属原子）と複数のルイス塩基（＝配位子）の組合わせである．ルイス塩基配位子中の，中心原子と結合をつくる原子を**電子対供与体原子** (donor atom, 配位原子, ドナー原子) という．というのは結合生成において，電子を金属原子に与えるからである．NH_3 が配位子として働く場合は，N原子が電子供与体原子，また，水が配位子として働く場合においては，O原子が電子対供与体原子となる．また，錯体のルイス酸である中心の金属原子またはイオンを**電子対受容体原子** (acceptor atom, アクセプター原子) という．周期表上のすべての金属原子は錯体を形成しうる．

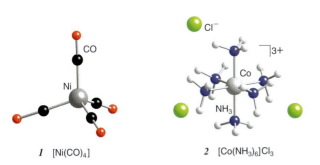

1 $[Ni(CO)_4]$　　**2** $[Co(NH_3)_6]Cl_3$

金属錯体の立体構造のおもな性質は，有機立体化学を学んだ Alfred Werner によって19世紀後半から20世紀の前半に明らかになった．彼は，光学異性・幾何異性，反応の形式，電気伝導のデータの解釈を組合わせて研究を行った．そして，この研究は，物理的および化学的証拠を，いかに効果的かつ想像力豊かに用いるかという点でよいモデルとなった．Werner にとって，電子構造を反映したdおよびf金属錯体の際立った色は謎であった．この特性が初めて明らかとなるのは，軌道を用いて電子構造を記述できるようになった，1930年から1960年にかけてのことである．d金属錯体の電子構造については第20章，f金属錯体の電子構造については第23章で見ることにする．

錯体化学の用語
- 7・1　代表的な配位子
- 7・2　命名法

構造と立体配置
- 7・3　低配位数
- 7・4　中配位数
- 7・5　高配位数
- 7・6　多核錯体

異性化とキラリティー
- 7・7　平面四角形錯体
- 7・8　四面体錯体
- 7・9　三方両錐錯体と四方錐錯体
- 7・10　八面体錯体
- 7・11　配位子のキラリティー

錯体形成の熱力学
- 7・12　生成定数
- 7・13　逐次生成定数の傾向
- 7・14　キレート効果と大環状効果
- 7・15　立体効果と電子非局在化

参考書
練習問題
演習問題

現在，金属錯体の立体構造は，Wernerが用いたものより多くの方法で決定することができる．化合物の単結晶を成長させることができれば，X線回折(§8・1)を用いて，正確な形，結合長，結合角を決定できる．マイクロ秒より長い寿命をもつ化合物に関しては，核磁気共鳴(§8・6)を使って調べることができる．溶液中での拡散による衝突と同じ程度のきわめて短い（数ナノ秒）寿命をもつ錯体に関しては，振動スペクトルや電子スペクトルを用いて研究することができる．溶液中で長い寿命をもつ錯体（具体的には，Co^{II}, Cr^{III}, Pt^{II} などの古典的な錯体や，有機金属化合物など）に関しては，反応の形式や異性のパターンを分析することによって，それらの立体構造を推定することができる．これらの方法論は，Wernerによって開拓されたものであり，今日でもなお，化合物の構造決定だけでなく，合成化学においても大変役立っている．

錯体化学の用語

要点 内圏錯体とは，中心金属原子またはイオンに配位子が直接結合した錯体のことであり，外圏錯体は，溶液やイオン固体中でカチオンとアニオンが結合してできる．

通常，錯体として理解しているものは，より正確には**内圏錯体**(inner-sphere complex)であり，その錯体では，配位子が中心金属原子またはイオンに直接結合している．内圏錯体において，配位子は錯体の**第一配位圏**(primary coordination sphere)を形成し，また，配位子の数は中心金属の**配位数**(coordination number)とよばれる．固体の場合と同様，化合物によって配位数はさまざまな値をとり，最大で12となる．このことは，錯体の構造および化学的性質の多様性を生み出す要因となっている．

本章では内圏錯体をおもに取扱うが，忘れてはならないことがある．それは，カチオン性錯体がすでに結合している配位子との交換なしに，アニオン性配位子と静電的に（または，溶媒分子と別の弱い相互作用によって）会合しうるということである．この会合してできる錯体は**外圏錯体**(outer-sphere complex)とよばれる．$[Mn(OH_2)_6]^{2+}$ と SO_4^{2-} イオンの平衡を例にとると，溶液の濃度次第では，配位子 SO_4^{2-} が直接金属カチオンに結合してできた内圏錯体 $[Mn(OH_2)_5SO_4]$ より，外圏錯体 $[Mn(OH_2)_6]^{2+}SO_4^{2-}$ (**3**) の方が多く存在することがある．つまり，われわれが錯形成平衡を測定するたいていの手法では，内圏錯体の錯形成反応と外圏錯体の錯形成反応を区別できず，結合している配位子のすべての和を検出できるだけである．結晶性固体中では，逆に帯電したアニオンや中性な溶媒や配位子の，内圏配位や外圏配位が可能である．錯形成カチオンに直接配位していない水分子は，外圏配位子と等価であり，"結晶水"とよばれる．硫酸鉄(II)七水和物 $[Fe(OH_2)_6]^{2+}]\cdot SO_4^{2-}\cdot H_2O$ では，鉄カチオンには水のみが配位しており，硫酸イオンは一つの結晶水をもつ．

大多数の分子やイオンは配位子として作用すると同時に，多くの金属イオンが錯体を形成する．ここでは，いくつかの代表的な配位子と，錯体命名法の基礎を学ぶ．

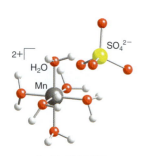

3 $[Mn(OH_2)_6]SO_4$

7・1 代表的な配位子

要点 多座配位子はキレートを形成する．挟み角の小さな二座配位子は，基本構造から変形する．

表7・1は一般的な配位子の名称と化学式を，表7・2は一般に用いられる接頭辞を示している．これらの配位子のうちいくつかは，単一の供与電子対しかもたず，金属に1点で連結する．このような配位子は，**単座配位子**(monodentate ligand,

表 7・1 代表的な配位子とその名称

名 称[†]	化学式	略 号	配位原子	ドナー数
アセチルアセトナト　acetylacetonato [a)]	(構造式)	acac[−]	O	2
アンミン　ammine	NH_3		N	1
アクア　aqua	H_2O		O	1
2,2′-ビピリジン　2,2′-bipyridine	(構造式)	bpy	N	2
ブロミド　bromido	$Br^−$		Br	1
カルボナト　carbonato	CO_3^{2-}		O	1 か 2
カルボニル　carbonyl	CO		C	1
クロリド　chlorido	$Cl^−$		Cl	1
1,4,7,10,13,16-ヘキサオキサシクロオクタデカン 1,4,7,10,13,16-hexaoxacyclooctadecane	(構造式)	18-crown-6	O	6
4,7,13,16,21-ペンタオキサ-1,10-ジアザビシクロ[8.8.5]トリコサン 4,7,13,16,21-pentaoxa-1,10-diazabicyclo[8.8.5]tricosane	(構造式)	cryptand221 (2.2.1 crypt)	N, O	2N, 5O
シアニド　cyanido	$CN^−$		C	1
ジエチレントリアミン　diethylenetriamine [b)]	$NH(CH_2CH_2NH_2)_2$	dien	N	3
1,2-ビス(ジフェニルホスフィノ)エタン [c)] 1,2-bis(diphenylphosphino)ethane	$Ph_2P\diagdown PPh_2$	dppe	P	2
ビス(ジフェニルホスフィノ)メタン [d)] bis(diphenylphosphino)methane	$Ph_2P\diagdown PPh_2$	dppm	P	2
シクロペンタジエニル　cyclopentadienyl	$C_5H_5^-$	Cp[−]	C	5
1,2-ジアミノエタン　1,2-diaminoethane [e)]	$NH_2CH_2CH_2NH_2$	en	N	2
エチレンジアミンテトラアセタト [f)] ethylenediaminetetraacetato	$^-O_2C{\diagdown}N{\diagdown}N{\diagup}CO_2^-$ (^-O_2C / CO_2^-)	edta[4−]	N, O	2N, 4O
フルオリド　fluorido	$F^−$		F	1
グリシナト　glycinato [g)]	$NH_2CH_2CO_2^-$	gly[−]	N, O	1N, 1O
ヒドリド　hydrido	$H^−$		H	1
ヒドロキシド　hydroxido	$OH^−$		O	1
ヨージド　iodido	$I^−$		I	1
ニトラト　nitrato	$NO_3^−$		O	1 か 2
ニトリト-κN　nitrito-κN	$NO_2^−$		N	1
ニトリト-κO　nitrito-κO	$NO_2^−$		O	1
オキシド　oxido	O^{2-}		O	1
オキサラト　oxalato [h)]	(構造式)	ox[2−]	O	2

(つづく)

[†] 訳注: 配位子の略号は使用論文中で説明をつける必要がある. 上表で慣用名を用いた a)〜h) について以下に系統的名称を示す.
a) acac: 2,4-dioxopentan-3-ido,　b) dien: N-(2-aminoethyl)ethane-1,2-diamine,　c) dppe: ethane-1,2-diylbis(diphenylphosphane),
d) dppm: methylenebis(diphenylphosphane),　e) en: ethane-1,2-diamine,　f) edta[4−]: 2,2′,2″,2‴-(ethane-1,2-diyldinitrilo)tetraacetato,
g) gly[−]: aminoasetate,　h) ox[2−]: ethanedioato

表 7・1 (つづき)

名称	化学式	略号	配位原子	ドナー数
ピリジン pyridine	(構造式)	py	N	1
スルフィド sulfido	S^{2-}		S	1
1,4,8,11-テトラアザシクロテトラデカン 1,4,8,11-tetraazacyclotetradecane	(構造式)	cyclam	N	4
チオシアナト-κN thiocyanato-κN	NCS^-		N	1
チオシアナト-κS thiocyanato-κS	SCN^-		S	1
チオラト thiolato	RS^-		S	1
トリス(2-アミノエチル)アミン tris(2-aminoethyl)amine	$N(CH_2CH_2NH_2)_3$	tren	N	4
トリシクロヘキシルホスフィン† tricyclohexylphosphine	$P(C_6H_{11})_3$	PCy_3	P	1
トリメチルホスフィン† trimethylphosphine	$P(CH_3)_3$	PMe_3	P	1
トリフェニルホスフィン† triphenylphosphine	$P(C_6H_5)_3$	PPh_3	P	1

† PR_3配位子は置換ホスファンであるが,古い表記であるホスフィンが広く用いられている.

表 7・2 錯体命名に用いる倍数接頭辞

接頭辞	意味
モノ mono	1
ジ, ビス di, bis	2
トリ, トリス tri, tris	3
テトラ, テトラキス tetra, tetrakis	4
ペンタ, ペンタキス penta, pentakis	5
ヘキサ, ヘキサキス hexa, hexakis	6
ヘプタ, ヘプタキス hepta, heptakis	7
オクタ, オクタキス octa, octakis	8
ノナ, ノナキス nona, nonakis	9
デカ, デカキス deca, decakis	10
ウンデカ undeca	11
ドデカ dodeca	12

unidentate ligand, ラテン語の"一本歯"が語源である)に分類される. 二つ以上の連結点をもつ配位子は**多座配位子**(polydentate ligand, multidentate ligand)に分類される. 特異的に2点で連結する配位子は**二座配位子**(bidentate ligand), 3点で連結するものは**三座配位子**(tridentate ligand)といわれる.

両座配位子(ambidentate ligand)は電位の異なる複数の電子供与体原子をもつ. たとえば,チオシアナト(NCS^-)は,N原子を介したチオシアナト-κN錯体,あるいはS原子を介したチオシアナト-κS錯体を形成する. NO_2^-はもう一つの両座配位子の例である. M−NO_2^-(**4**)では配位子をニトリト-κNとM−ONO(**5**)ではニトリト-κOという.

4 ニトリト-κN配位子   **5** ニトリト-κO配位子

> **メモ** "κ表記法"は最近導入された表記法であり,κは配位している原子を示す. 古い表記法では,N元素を介して連結する場合はイソチオシアナト,S元素を介する場合はチオシアナトとよび,現在でも広く用いられている. 同様に,古い表記法でニトロという場合はN原子を介した連結,ニトリトではO原子を介した連結をいう.

多座配位子は,配位子が金属を含んだリングから成る**キレート**(chelate, ギリシャ語の"かにのはさみ"を語源とする)を形成する. 一例として二座配位子の1,2-ジアミノエタン(en, $NH_2CH_2CH_2NH_2$)は,二つのN原子が同じ金属に配位した

場合には，五員環(6)を形成する．一般的なキレート配位子は，金属イオンの二つの隣接する配位サイトにシス型で配位するということが重要である．六座配位子であるエチレンジアミン四酢酸のアニオン（edta^{4-}）は6点（二つのN原子と四つのO原子）で配位し，複雑な五員環を五つ形成する(7)．この配位子は"硬水"中のCa^{2+}のような金属イオンを捕獲することに利用される．キレート配位子の錯体は，キレートしていない配位子と比べてより安定化することが多い．このいわゆる**キレート効果**（chelate effect）については本章で後ほど解説する（§7・14）．表7・1にはいくつかの最も一般的なキレート配位子が示されている．

1,2-ジアミノエタンのような飽和有機配位子から形成されたキレートでは，五員環は四面体角を維持するように折りたたまれた配置をとり，一般的な八面体錯体のL—M—L角90°となる．また，π軌道による電子非局在効果あるいは立体的には六員環が好まれる．たとえば，二座配位子のβ-ジケトンでは，エノール型アニオンとして六員環を形成する(8)．重要な一例は，アセチルアセトナートイオン（acac$^-$，9）である．生化学的に重要なアミノ酸は六員環を形成し，容易にキレート化する．キレート配位子のゆがみの程度は**配位挟角**（bite angle），すなわちキレート環(10)のL—M—L角，で表されることが多い．

7・2 命名法

要点 錯体中のカチオンやアニオンはいくつかのルールに従って命名される．最初にカチオン名を表記し，配位子はアルファベット順で表記する．

詳細な命名法の解説は，本書の目的から外れるため，一般的な概要のみを紹介する．実際，錯体の表記は面倒なことが多く，無機化学者は正式な名称よりも化学式で表記することを好むことが多い．

一つ以上のイオンを含む化合物の場合，イオンの種類によらず，カチオン名をはじめに表記し，その後にアニオン名を表記する（単純なイオン化合物の場合）[†1]．錯イオンは配位子をアルファベット順で記す（倍数接頭辞はすべて無視する）．配位子名の後には金属名を表記する．この際に，括弧内に金属の酸化数あるいは錯体全体の電荷数を記す．たとえば，[Co(NH$_3$)$_6$]$^{3+}$では，ヘキサアンミンコバルト(Ⅲ)〔hexaamminecobalt(Ⅲ)〕あるいはヘキサアンミンコバルト(3+)〔hexaamminecobalt-(3+)〕と表記する．錯体がアニオンの場合は，金属名の後に-酸を付け，英語では語尾を-ateに替える．たとえば，[PtCl$_4$]$^{2-}$はテトラクロリド白金(Ⅱ)酸イオン〔tetrachloridoplatinate(Ⅱ)〕である．英語では鉄，銅，銀，金，スズ，鉛などの金属を含むアニオン錯体では，ラテン語を語源とするこれらの金属の名前を用いる〔たとえば，ferrate（鉄酸イオン），cuprate（銅酸イオン），argentate（銀酸イオン），aurate（金酸イオン），stannate（スズ酸イオン），plumbate（鉛酸イオン）〕．

錯体中の特定の配位子の数は，接頭辞モノ(mono-)，ジ(di-)，トリ(tri-)，テトラ(tetra-)で表す．錯体に二つ以上の金属原子が存在する場合も同様に接頭辞を用いる．たとえば，[Re$_2$Cl$_8$]$^{2-}$ (11) はオクタクロリド二レニウム(Ⅲ)酸〔octachloridodirhenate(Ⅲ)〕である[†2]．混乱を招くのは，1,2-ジアミノエタンのように配位子名に接頭辞による数がすでに含まれている点であろう．この場合は，配位子名を括弧内に入れ，ビス(bis-)，トリス(tris-)，テトラキス(tetrakis-)のような，代替の接頭辞を用いる．たとえば，ジクロリドは曖昧さがないが，[Co(en)$_3$]$^{2+}$は三

[†1] 訳注：これは英語での命名法であって，日本語ではアニオンが先でカチオンが後になる．ただし，錯体ではカチオンを先に書くこともある．

[†2] 訳注：原則として字訳された語の前には字訳されたモノ，ジなどを用いる．元素名はすべて日本語として取扱い，日本語の前には漢数字一，二などを用いる．（monoモノ，一）は混乱の恐れがない限り省略する．

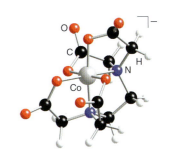

6 金属に配位した1,2-ジアミノエタン (en) 配位子

7 [Co(edta)]$^-$

8

9

配位狭角

10

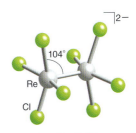

11 [Re$_2$Cl$_8$]$^{2-}$

†3 訳注: ジメチルアミンと区別するためにビス(メチルアミン)を使う. この場合, 対象を( )で囲む.

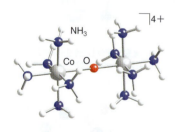

12 $[(H_3N)_5CoOCo(NH_3)_5]^{4+}$

つの 1,2-ジアミノエタン配位子があることを明確にするため, トリス(1,2-ジアミノエタン)コバルト(II)と命名する†3. 二つの金属中心を架橋する配位子では, μ-オキシド-ビス[ペンタアンミンコバルト(III)] (**12**) のように配位子名の前に μ を付与する. 二つより多くの金属を架橋する場合は, 下付き文字で架橋数を示す. たとえば, ヒドリド配位子が三つの金属原子を架橋する場合は, $μ_3$-H とする.

> **メモ** κ は連結部位の数を示すためにも用いられる. 二座配位子の 1,2-ジアミノエタンが二つの N 原子で金属原子に連結している場合は, $κ^2N$ と表記する. η は結合形式を表すために用いられる (§22・4 参照).

角括弧は金属原子に結合しているグループを示すのに有用であり, 錯体が電荷をもつかどうかを示すことに用いられる. 金属の元素記号を最初に表記し, 配位子をアルファベット順で記す (アニオン配位子を先に示し, 中性配位子を次に示す古いルールは, もう用いられていない). たとえば, テトラアンミンジクロリドコバルト(III)〔tetraamminedichloridocobalt(III)〕は, $[CoCl_2(NH_3)_4]^+$ と表記する. この表記順は反応に関与する配位子の種類によってときには変更する. 多原子配位子の表記では, 電子供与体原子を金属原子の隣に来るような見慣れない並びで表記されることがある (たとえば, $[Fe(OH_2)_6]^{2+}$ 中の水は OH_2 と表記される). この表記法により, 錯体の構造がより明確に理解できる. 両座配位子の電子供与体原子は, $[Fe(\underline{N}CS)(OH_2)_5]^{2+}$ のように下線により示されることがある. いくぶんややこしいが, 化学式中の配位子は結合原子のアルファベット順で表されるために, 錯体の名前が, 化学式の順番と異なることがあることは注意しなければならない.

> **例題 7・1 錯体を命名する**
>
> つぎの錯体を命名せよ.
> (a) $[PtCl_2(NH_3)_4]^{2+}$ (b) $[Ni(CO)_3(py)]$ (c) $[Cr(edta)]^-$
> (d) $[CoCl_2(en)_2]^+$ (e) $[Rh(CO)_2I_2]^-$
>
> **解** 錯体の命名は, 中心金属原子の酸化数からはじめ, 配位子名をアルファベット順で並べる. (a) 錯体は二つのアニオン性配位子 (Cl^-), 四つの中性配位子 (NH_3) をもち, 全体の電荷は +2 である. よって, 白金の酸化数は IV となる. アルファベット順の規則に従うと, 錯体名はテトラアンミンジクロリド白金(IV)〔tetraamminedichloridoplatinum(IV)〕である. (b) 配位子のうち CO と Py (ピリジン) は中性である. よってニッケルの酸化数は 0 である. 錯体の名前はトリカルボニルピリジンニッケル(0)〔tricarbonylpyridinenickel(0)〕である. (c) この錯体は単一の配位子として, 六座配位子の $edta^{4-}$ イオンを含む. 配位子の 4 価の負電荷と中心金属イオンの Cr^{3+} から, 錯体全体では −1 となることから, この錯体はエチレンジアミンテトラアセタトクロム(III)酸イオン〔ethylenediaminetetraacetatochromate(III)〕である. (d) 錯体は二つのアニオン性のクロリド配位子と二つの中性の en 配位子を含む. 全電荷が +1 なので, コバルトの酸化数は III である. よって錯体は, ジクロリドビス(1,2-ジアミノエタン)コバルト(III)〔dichloridobis(1,2-diaminoethane)-cobalt(III)〕である. (e) 錯体は二つの I^- (ヨージド) 配位子と二つの中性な CO 配位子を含む. 全体の電荷が −1 なので, ロジウムイオンの酸化数は I である. よって, 錯体はジカルボニルジヨージドロジウム(I)酸イオン〔dicarbonyldiiodidorhodate(I)〕である.

> **問題 7・1** つぎの錯体の化学式を記せ．(a) ジアクアジクロリド白金(II)〔diaquadichloridoplatinum(II)〕，(b) ジアンミンテトラ(チオシアナト-κN)クロム(III)酸イオン〔diamminetetra(thiocyanato-κN)chromate(III)〕，(c) トリス(1,2-ジアミノエタン)ロジウム(III)〔tris(1,2-diaminoethane)rhodium(III)〕，(d) ブロミドペンタカルボニルマンガン(I)〔bromidopentacarbonylmanganese(I)〕，(e) クロリドトリス(トリフェニルホスフィン)ロジウム(I)〔chloridotris(triphenylphosphine)rhodium(I)〕．

構造と立体配置

> **要点** 配位子の数は金属原子の大きさ，配位子の性質，電子的相互作用により決定される．

溶媒分子や配位子になりうる化学種がただ単に構造の間隙に存在する場合，直接金属原子と結合していない場合があるため，金属原子や金属イオンの配位数は，固体の組成からいつも決定できるわけではない．たとえば，$CoCl_2 \cdot 6H_2O$ は，中性の $[CoCl_2(OH_2)_4]$ と，コバルトイオンに配位せず結晶内で明確な位置を占めている2個の H_2O 分子(外圏)とで構成されているということがX線回折によって明らかとなっている．このような余分な溶媒分子のことを**結晶溶媒**(solvent of crystallization)という．

錯体の配位数を決定する要因としては以下の三つがあげられる．

- 中心原子または中心イオンの大きさ
- 配位子間の立体的な相互作用(通常，立体障害という)
- 中心原子/イオンと配位子，もしくは，配位子間の電子的な相互作用

一般的に，周期表の下の方の金属原子やイオンは半径が大きく，それゆえ高い配位数をとる傾向にある．同様の立体的な理由により，かさ高い配位子，特に電荷をもったものは(高配位数に不利な静電的な相互作用が加わるために)低い配位数をとることが多い．また，同一周期においては左側にある原子のイオン半径は大きく，高い配位数をとることが多い．中心の金属イオンの電子が少ない場合，価電子数が少ないことはルイス塩基の配位子からより多くの電子を受け取りやすくなることを意味するので，この傾向は顕著となる．$[Mo(CN)_8]^{4-}$ などがその例である．一方，d-ブロックの右側の金属，特に多くの電子をもつイオンは，$[PtCl_4]^{2-}$ のように低配位数をとることが多い．このような原子は，配位子となりうるルイス塩基から電子を受け取る能力が低い．また，$[MnO_4]^-$ や $[CrO_4]^{2-}$ のように，中心金属と配位子が多重結合をつくる場合には，低配位数をとりやすい．これは，配位子から提供される電子が，さらなる配位子の結合を妨げるためである．配位数の傾向については，第20章で詳しく述べることにする．

7・3 低配位数

> **要点** 二配位の錯体を形成する金属としては，Cu^+ や Ag^+ などがある．これらの錯体は，結合可能な配位子があれば，それらとも結合し，新たな錯体を形成する．実験式で得られる配位数より高い値をとることもある．

一般的な実験室の条件下，溶液中でつくられる二配位の錯体として最も知られているものは，11族と12族のイオンからできる直線形錯体である．1種類の対称的な配位子から形成されるこのような直線形二配位錯体は，$D_{\infty h}$ 対称性をもつ．

[AgCl$_2$]$^-$やジメチル水銀 Me–Hg–Me などがその例であり，[AgCl$_2$]$^-$ は Cl$^-$ を過剰に含む水溶液に固体の塩化銀を溶かすことによってできる．そのほかにも，LAuX の組成をもつ一連の Au^I 錯体がよく知られている（X とはハロゲンのことであり，L とは置換ホスフィン R$_3$P やチオエーテル R$_2$S などの中性ルイス塩基のことである）．また，二配位の錯体はさらに配位子と反応して三配位，四配位錯体となる場合が多い．

ポリマー鎖構造をとるような錯体では，固体の組成比から得られる配位数より高い値をとることがある．たとえば，錯体 CuCN の配位数は 1 であるように思われるが，実際は –Cu–CN–Cu–CN– 鎖という直線形構造をとるため，銅原子の配位数は 2 となる．

三配位は金属錯体ではほとんど見られないが，トリシクロヘキシルホスフィン（略号 PCy$_3$，Cy はシクロヘキシル –C$_6$H$_{11}$ を意味する）のようなかさ高い配位子をもった錯体で生じることがある．[Pt(PCy$_3$)$_3$]（**13**）がその例であり，配位子が三角形の配置となっている．MX$_3$ という組成をもつ錯体では，金属イオン（M）をハロゲン配位子（X）が架橋し，鎖もしくは網状の構造を形成するのが普通である．配位数は大きく，配位子は共有されている．一般的に，1 種類の配位子三つから形成される三配位の錯体は D_{3h} の対称性である．

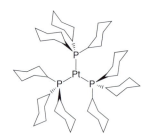

13 [Pt(PCy$_3$)], Cy=*cyclo*-C$_6$H$_{11}$

7・4 中配位数

配位数が 4，5，6 である金属イオンをもつ錯体は，錯体の中でも最も重要な部類に入る．溶液中で存在する主要な錯体や，生物学的に重要な錯体のほとんどがこの中に含まれる．

(a) 四配位

> **要点** 中心原子が小さい，または，配位子が大きい錯体の場合，四面体錯体が高配位数のものより有利となる．ただし，d^8 配置の金属をもつ錯体では，典型的に平面四角形錯体となることが知られている．

四配位のものは非常に多くの錯体で見つかっている．中心金属が小さく，配位子が大きい（Cl$^-$，Br$^-$，I$^-$ など）場合，近似的にではあるが，T_d 対称（**14**）をもつ四面体錯体が高配位数のものより有利となる．これは，さらなる配位子との結合によって得られる安定化エネルギーよりも，配位子間の反発のエネルギーが上回るためであると考えられている．[BeCl$_4$]$^{2-}$，[AlBr$_4$]$^-$，[AsCl$_4$]$^+$ のように，中心の金属が孤立電子対をもたない s- および p- ブロックの四配位錯体は，ほとんどつねに四面体である．[MoO$_4$]$^{2-}$ のように，d- ブロック左側にあって高い酸化状態である金属原子のオキソアニオンも同様に四面体構造をとる．5 族から 11 族の錯体の中では，以下のようなものが四面体となる：[VO$_4$]$^{3-}$，[CrO$_4$]$^{2-}$，[MnO$_4$]$^-$，[FeCl$_4$]$^{2-}$，[CoCl$_4$]$^{2-}$，[NiBr$_4$]$^{2-}$，[CuBr$_4$]$^{2-}$．

14 四面体錯体，T_d

中心金属に四つの配位子が平面四角形に配位した錯体（**15**）も報告されている．MX$_2$L$_2$ の化学式をもつ錯体では，平面四角形構造ならば二つの異性体が存在しうる．この異性体については §7・7 で議論する．四つの同一の対称的な配位子をもつ平面四角形錯体は，D_{4h} の対称性である．

15 平面四角形錯体，D_{4h}

s- および p- ブロックの錯体が平面四角形をとることはほとんどない．しかし，4d および 5d のうちで d^8 配置をとる金属（Rh$^+$，Ir$^+$，Pd^{2+}，Pt^{2+}，Au^{3+} など）の錯体は，ほとんど例外なく平面四角形をとる．Ni^{2+} のような d^8 配置をとる 3d 金属の錯体では，金属原子から電子を受け取って π 結合を形成しうる配位子の場合において，平面四角形構造が有利となる．[Ni(CN)$_4$]$^{2-}$ がその例である．9～11 族での平面四角形錯体の例としては [RhCl(PPh$_3$)$_3$]，*trans*-[Ir(CO)Cl(PMe$_3$)$_2$]，[Ni(CN)$_4$]$^{2-}$，[PdCl$_4$]$^{2-}$，[Pt(NH$_3$)$_4$]$^{2+}$，[AuCl$_4$]$^-$ などがある．ポルフィリン錯体

(**16**)のように，剛直で四つの電子対供与体原子をもつ環状配位子との錯形成の際にも中心原子は平面四角形構造をとりやすくなる．§20・1ではより詳細に平面四角形錯体の安定化因子を紹介する．

(b) 五配位

> **要点** 構造を規定する多座配位子がないときは，五配位錯体にかかわるさまざまな立体構造のエネルギーは互いにそれほど大きな差はない．このような錯体は流動構造をもつことが多い．

五配位錯体は，四または六配位錯体より少なく，四方錐形または三方両錐形のどちらかの構造をとることが多い．すべての配位子が同じなら，四方錐形は C_{4v} 対称，三方両錐形は D_{3h} 対称をもつ．しかし，普通はゆがんでいることが多く，これら二つの完全対称構造の間の形をとっていることが知られている．三方両錐形の場合に配位子間の反発が最小となるが，多座配位子のように立体的な束縛があると四方錐形が有利となる．実際，生物学的に重要なポルフィリン錯体の中には四方錐形五配位構造をとるものがある．環状の配位子が平面四角形構造をとり，その平面の上方に5番目の配位子が配位する．**17** は酸素運搬タンパク質であるミオグロビンの活性中心の構造である．§26・7で述べるが，ミオグロビンが機能するために重要なのは，環面の上方にある Fe 原子の位置である．またある場合には，三方両錐形のアキシアル位に結合できる電子対供与体原子をもつ多座配位子を用いても五配位錯体をつくることができる（**18**）．このように，三方両錐形をとらせる配位子はトリポーダル（tripodal）とよばれる．

(c) 六配位

> **要点** 六配位錯体の主要な形は，八面体またはその変形体である．

六配位は金属錯体にとって最も一般的な配位の仕方であり，s, p, d,（まれに）f 金属の配位化合物中で見られる．配位子を点と考える限り，ほとんどすべての六配位錯体は八面体構造（**19**）をとる．配位子の正八面体（O_h）配置は高い対称性をもつ（図7・1）．このことは非常に重要である．なぜなら，多くの化学式 ML_6 をもつ錯体で見られるからというだけでなく，図7・2で示すような対称性の低い錯体の議論の出発点となるためである．八面体（O_h）の最も簡単な変形は正方ひずみ（D_{4h}）であり，これは，一つの軸上に存在する二つの配位子が他の四つの配位子と異なる場合に生じる．このとき，二つの配位子は互いにトランスの位置にあり，他の四つの配位子より配位子間の距離が短くなる場合もあるが，大体は他の四つより長くなる．d^9 配置（特に Cu^{2+} 錯体）では，すべての配位子が同じでも正方ひずみ構造を

16 亜鉛ポルフィリン錯体

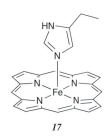

17

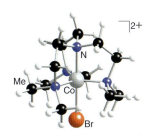

18 $[CoBrN(CH_2CH_2NMe_2)_3]^{2+}$

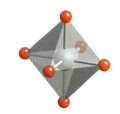

19 八面体錯体, O_h

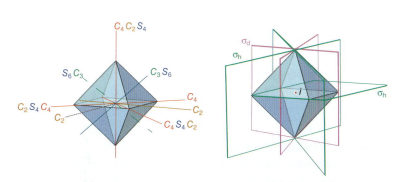

図 7・1* 中心金属の周りを六つの配位子が取囲んだ八面体錯体の非常に高い対称性と対応する八面体の対称要素．すべての σ_d が示されているわけではない．

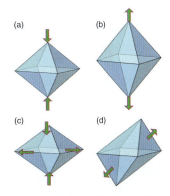

図 7・2* 正八面体の正方ひずみ（a および b），斜方ひずみ（c），三方ひずみ（d）

20 三角柱, D_{3h}

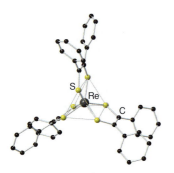

21 [Re(SCPh=CPhS)$_3$]

22 五方両錐, D_{5h}

23 一冠八面体

24 四角面一冠三角柱

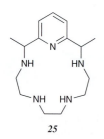

25

とりうる．これは，ヤーン・テラー効果とよばれる本質的な変形が起こるためである（§20・1）．斜方ひずみ（D_{2h}）は，トランス位にある配位子の組のうち，一組が縮み，他の一組が伸びるときに生じる．三方ひずみ（D_{3d}）は，八面体の反対側にある二つの面が互いに遠のき，正八面体と三角柱（**20**）の中間のさまざまな構造を生じる．

三角柱（D_{3h}）構造をとる錯体はまれであるが，MoS$_2$ や WS$_2$ の固体で見つかっている．また，化学式 [M(S$_2$C$_2$R$_2$)$_3$]（**21**）をもつ錯体でも，三角柱構造をとるものがいくつかある．[Zr(CH$_3$)$_6$]$^{2-}$ のような三角柱 d^0 錯体の単離もされている．このような構造をつくるには，σ結合で金属に結合する配位子でも，きわめて小さい **σ供与性配位子**（σ-donor ligand）か，三角柱構造をとるのに都合がよい配位子間の相互作用が必要となる．このような配位子間相互作用は，配位子中に硫黄原子をもち，その硫黄原子が互いに共有結合をつくる場合に多く見られる．六配位錯体で配位挟角の小さい配位子の場合は，八面体から三角柱へゆがむ（図7・3）．

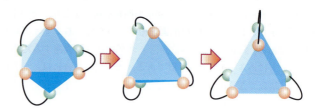

図7・3* 配位挟角が小さい状態しかとれないキレート配位子では，八面体錯体が三角柱構造にゆがむことがある．

7・5 高配位数

要点 大きい原子やイオンは高い配位数の錯体をつくる傾向にある．f-ブロックでは九配位のものが特に重要である．

七配位錯体は，大きな2族の金属，いくつかの3d錯体，多くの4dや5dの錯体で存在する．大きな原子やイオンは，七つ以上の配位子を受け入れることができるからである．七配位はそのさまざまな形において，五配位錯体とエネルギーが似ている．七配位の理想的な形としては，五方両錐（**22**），一冠八面体（**23**），四角面一冠三角柱（**24**）がある．後の二つの場合はいずれも，七つめの配位子が一つの面の上にかぶさっている．これらの構造の中間体は数多く存在し，室温において，それらの間の相互変換は容易に起こることが多い．実例をあげると，d-ブロック錯体としては [Mo(CNR)$_7$]$^{2+}$，[ZrF$_7$]$^{3-}$，[TaCl$_4$(PR$_3$)$_3$]，[ReCl$_6$O]$^{2-}$，f-ブロック錯体としては [UO$_2$(OH$_2$)$_5$]$^{2+}$ などがある．比較的軽い元素が六配位ではなく七配位をとるためには，五つの電子対供与体原子をもつ環状の配位子（**25**）をエクアトリアル位に配位させ，アキシアル位は別の配位子を二つ配位させるために空けておく．

立体化学的な柔軟さは八配位の錯体でも見られる．一つの錯体が，ある結晶中では四方逆角柱（**26**）をとり，別の結晶中では十二面体形（**27**）をとるような場合もある．このような錯体の例としては，**28**や**29**がある．まれではあるが，立方体構造（**30**）をとることもある．しかし，四つのビピリジンジオキシド配位子のランタン錯体（**31**）は立方体構造の一例である．

f-ブロック元素の構造で重要なのは九配位である．f-ブロック元素のイオンは比較的大きいため，多数の配位子を受け入れることができるためである．九配位ランタノイド錯体の例としては，[Nd(OH$_2$)$_9$]$^{3+}$ がある．MCl$_3$（M = La〜Gd）は，配位子であるハロゲンが金属-配位子-金属の橋かけ構造をとることによって，九

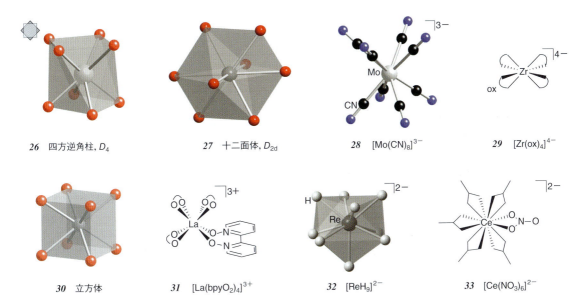

26 四方逆角柱, D_4 27 十二面体, D_{2d} 28 $[Mo(CN)_8]^{3-}$ 29 $[Zr(ox)_4]^{4-}$

30 立方体   31 $[La(bpyO_2)_4]^{3+}$ 32 $[ReH_9]^{2-}$ 33 $[Ce(NO_3)_6]^{2-}$

配位の錯体を形成する(§23・6). d-ブロック元素での九配位錯体としては, $[ReH_9]^{2-}$ (32) がある. ここで Re が配位子を九つ受け入れることができるのは, 配位子が十分小さいからである. その構造は一冠四方逆角柱と考えられる.

配位数が 10, 11 もしくは 12 のものは, f-ブロックの M^{3+} イオンの錯体で見られる. 十配位錯体の例としては $[Th(OH_2)_2(ox)_4]^{4-}$ があり, シュウ酸イオン配位子 (ox^{2-}, $C_2O_4^{2-}$) がそれぞれ二つの O 原子を供与している. 十一配位の例として, トリウム硝酸塩 $[Th(NO_3)_4(OH_2)_3]$ がある. NO_3^- が二つの酸素により結びつけられている. 十二配位の例としては $[Ce(NO_3)_6]^{2-}$ (33) があげられる. これは Ce^{IV} の塩と硝酸とを反応させることによって生成し, NO_3^- の二つの O 原子が金属原子に結合している. このような高配位数の錯体は, s, p, d-ブロックのイオンではめったに見られない.

7・6 多核錯体

要点 多核錯体は二つ以上の金属原子を含む錯体であり, 金属-金属結合をもつものをクラスター, 配位子による橋かけ構造をもつものをかご型錯体と分類する.

多核錯体 (polynuclear complex) とは, 二つ以上の金属原子を含む錯体である. 多金属錯体には, 金属同士が直接結合しているものと, 金属が配位子によって架橋されているものとがあり, この 2 種類の型の結合が混在したものもある. 金属同士が直接結合して, 三角形またはそれより大きい閉じた構造をもつ多金属錯体のことを, 普通, **金属クラスター** (metal cluster) という. 厳密には, 金属-金属結合から成る直線形の化合物は, 金属クラスターではないが, この定義はいくぶん緩められており, 一般に金属-金属結合の系を金属クラスターとよぶ.

多核錯体は, さまざまなアニオン性配位子を用いてつくられる. たとえば, 二つの Cu^{2+} イオンは, 酢酸イオンによって橋かけされ支えられて二核構造がつくられうる (34). 他の例としては, 四つの Fe 原子と RS^- 配位子から成る立方体構造の錯体 (35) があげられる. この種の錯体は, 多くの生化学的な酸化還元反応に関与するため, 生物学きわめて重要である (§26・8). 自動化された X 線回折装置や多核 NMR といった構造解析装置の出現に伴って, 金属-金属結合を含む多くの多金属クラスターが見つかるようになり, 活発に研究がなされている. 簡単な例とし

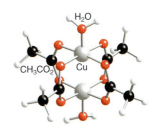

34 $[(H_2O)Cu(\mu\text{-}CH_3CO_2)_4Cu(OH_2)]$

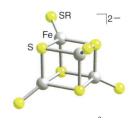

35 $[Fe_4S_4(SR)_4]^{2-}$

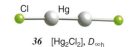

36 [Hg$_2$Cl$_2$], $D_{\infty h}$

37 [(OC)$_5$Mn-Mn(CO)$_5$]

ては，水銀(I)イオン Hg$_2^{2+}$ や，それがつくる [Hg$_2$Cl$_2$] (**36**) のような錯体がある．これは，Hg$_2$Cl$_2$ と書かれることが多い．10個の CO 配位子と二つの Mn を含む金属クラスターを **37** に示す．

異性化とキラリティー

要点 配位化合物においても，結合異性，イオン化異性，水和異性，配位異性が考えられるため，化学式からだけでは配位化合物を判断することはできない．

化学式だけでは，化合物を一義的に判別できないことが多い．すでに述べたように，両座配位子をもつ錯体は違うイオンを架橋することで**結合異性** (linkage isomerism) である場合がある．[Co(NH$_3$)$_5$(NO$_2$)]$^{2+}$ が赤と黄色の異性体をもつことは，この結合異性によって説明できる．赤い錯体はニトリト-κO の Co-O 結合をもつ錯体 (**5**) で，一方，黄色の錯体はニトリト-κN の Co-N 結合をもつ錯体 (**4**) で，これは不安定な赤色の錯体を放置することで生じる．幾何異性および光学異性を詳細に考える前に，さらに三つの異性を簡単に見ていこう．**イオン化異性** (ionization isomerism) は，錯体中の配位子と対イオンが位置を交換することによって起こる．[PtCl$_2$(NH$_3$)$_4$]Br$_2$ や [PtBr$_2$(NH$_3$)$_4$]Cl$_2$ などがその例である．これらが可溶な場合，二つの異性体は溶液状態で異なる構造をもつイオン種となる（この例の場合，それぞれ Br$^-$ と Cl$^-$ が遊離のイオンとして存在する）．イオン化異性に似たものとして，**水和異性** (hydration isomerism) があり，これは配位子に水分子が含まれる場合に起こる．たとえば，CrCl$_3 \cdot$6H$_2$O という化学式をもつ錯体は三つの異なる色の水和異性体，紫の [Cr(OH$_2$)$_6$]Cl$_3$，淡緑色の [CrCl(OH$_2$)$_5$]Cl$_2 \cdot$H$_2$O，深緑の [CrCl$_2$(OH$_2$)$_4$]Cl$\cdot$2H$_2$O をもつ．**配位異性** (coordination isomerism) とは，同じ化学式をもちながら，異なる錯イオンを形成する場合に起こる．[Co(NH$_3$)$_6$][Cr(CN)$_6$] と [Cr(NH$_3$)$_6$][Co(CN)$_6$] がその例である．

どの配位子とどの金属が結合しているか，どの電子対供与体原子で結合しているかを確かめたならば，今度は配位子の配列の仕方について考えなければならない．金属錯体の三次元的な特色は，配位子の多彩な配列という形で表れる．一般的な錯体の構造を出発点とし，それらの配位子の配列の交換を考えることによって，これらの異性の多様性について見てみよう．このような異性体は**幾何異性体** (geometric isomerism) という．

六配位よりも配位数が大きな錯体は，多くの光学異性体あるいは配位異性体をもつ可能性が高い．これらの錯体は立体化学的には軟らかく，分離できない．ここではそれらについてはこれ以上触れない．

例題 7・2 金属錯体の異性

以下の分子式をもつ錯体では，どのような異性が可能か考えよ．
(a) [Pt(PEt$_3$)$_3$SCN]$^+$ (b) CoBr(NH$_3$)$_5$SO$_4$ (c) FeCl$_2$(H$_2$O)$_6$

解 (a) この錯体の配位子であるチオシアナト SCN$^-$ は，S および N のどちらも電子対供与体原子となりうる．よって，[Pt(PEt$_3$)$_3$(S̲CN)]$^+$ と [Pt(N̲CS)(PEt$_3$)$_3$]$^+$ といった結合異性を生じる可能性がある．

(b) この錯体は八面体構造をとり，五つの配位したアンモニア分子をもつ．そのため，[Co(NH$_3$)$_5$SO$_4$]Br と [CoBr(NH$_3$)$_5$]SO$_4$ の2種のイオン化異性体をとりうる．

(c) 水和異性が可能で，[Fe(OH$_2$)$_6$]Cl$_2$ と [FeCl(OH$_2$)$_5$]Cl$\cdot$H$_2$O，[FeCl$_2$(OH$_2$)$_4$]$\cdot$2H$_2$O といった化学式の錯体をとりうる．

問題 7・2 六配位錯体 $Cr(H_2O)_6(NO_2)_2$ は2種類の異性をとることが可能である．可能な異性体をすべて示せ．

7・7 平面四角形錯体

要点 平面四角形錯体の単純な異性は，シスおよびトランス異性体である．

Werner は $PtCl_2$ が NH_3 や HCl と反応してできる一連の四配位 Pt^{II} 錯体を研究した．MX_2L_2 の化学式をもつ錯体では，四面体構造ならば一つの異性体しか存在しないが，平面四角形構造ならば二つの異性体 (**38** と **39**) が存在しうる．彼は $[PtCl_2(NH_3)_2]$ の化学式をもつ2種類の錯体を単離し，この錯体が四面体構造ではありえないと結論づけた．実際，この錯体は平面四角形である．四角形の隣接する二つの角に同種の配位子が配位している錯体のことをシス異性体 (**38**, 点群 C_{2v} に属する)，対角に同種の配位子が配位している錯体をトランス異性体 (**39**, 点群 D_{2h} に属する) とよぶ．$[PtCl_2(NH_3)_2]$ のように，幾何異性は学術的な興味だけにとどまらない．がんの化学療法に用いられる白金錯体は cis-Pt^{II} 錯体のみが DNA の塩基に十分長い時間結合でき，効果が現れることがわかっている．

二組の単座配位子が二つずつ付いた単純な場合 ($[MA_2B_2]$) では，**40** および **41** の二つの異なった幾何異性を生じる．配位子が3種類の場合 ($[MA_2BC]$)，配位子 A の配置によってシス体 (**42**) およびトランス体 (**43**) の二つの幾何異性体を区別することができる．四つすべてが異なる配位子の場合 ($[MABCD]$)，**44**〜**46** のように3種類の構造異性体が存在し，一つ一つの構造が明確になるように記述しなければならない．異なる末端基をもつ二座配位子から成る錯体 $[M(AB)_2]$ では，シス体 (**47**) とトランス体 (**48**) の二つに分類される．

例題 7・3 化学的証拠に基づいて異性体を判別する

図7・4の反応を利用して，白金錯体の構造がシス体かトランス体かを決定する方法を示せ．

解 シス異性体ジアンミンジクロリド白金錯体は，等量の1,2-ジアミノエタン (en, **6**) と反応して，二つの NH_3 が一つの二座配位子 en に置換される．

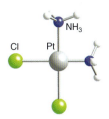

38 cis-$[PtCl_2(NH_3)_2]$

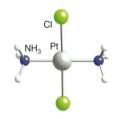

39 $trans$-$[PtCl_2(NH_3)_2]$

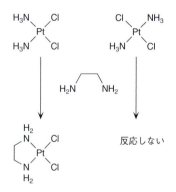

図7・4 cis- および $trans$- ジアンミンジクロリド白金(II)の合成および異性体を区別する化学的方法

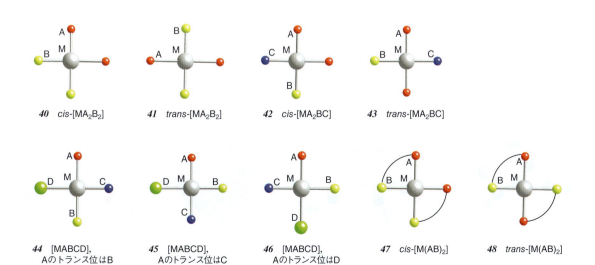

40 cis-$[MA_2B_2]$　　**41** $trans$-$[MA_2B_2]$　　**42** cis-$[MA_2BC]$　　**43** $trans$-$[MA_2BC]$

44 $[MABCD]$, Aのトランス位はB　　**45** $[MABCD]$, Aのトランス位はC　　**46** $[MABCD]$, Aのトランス位はD　　**47** cis-$[M(AB)_2]$　　**48** $trans$-$[M(AB)_2]$

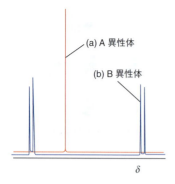

図 7・5 [PtBrCl(PR₃)₂] の理想的な ^{31}P NMR スペクトル.白金原子の影響で微細構造は見えない.

トランス異性体では,二つの NH₃ を一つの en 配位子で置換することはできない.en 配位子は平面四角形の対角の二つのトランス位置に届かないためである.この考察は X 線結晶解析で支持されている.シス異性体の反応の駆動力は,キレート効果によるエントロピー変化である(§7・14).

問題 7・3 [PtBrCl(PR₃)₂](PR₃ はトリアルキルホスフィン)の二つの平面四角形異性体は異なる ^{31}P NMR スペクトルを示す(図 7・5).この問題では ^{195}Pt(33 % の天然存在比で $I = \frac{1}{2}$)との金属核–配位原子核間のスピン–スピン結合は無視する(§8・6).一つの異性体(A)は 1 本,もう一つの異性体(B)は 2 本の ^{31}P 共鳴線を示す.B では ^{31}P 核–^{31}P 核スピン結合により,どちらも二重線に分かれる.どちらがシス体で,どちらがトランス体か.

7・8 四面体錯体

要点 四面体錯体の単純な異性体は光学異性体だけである.

四面体錯体の異性体は,四つの配位子がすべて異なる(**49**)か,非対称の二座配位子が二つ配位したキレート(**50**)によく見られる.どちらの場合も,分子は**キラル**(chiral)であり,その錯体自身と鏡像は重ね合わせることができない(§6・4).鏡像関係にある二つの異性体は**鏡像異性体**(enantiomer,エナンチオマー)の対をなす.互いに鏡像関係にある(右手と左手のように)キラル錯体が,分離できるだけ長い寿命をもっている場合,**光学異性**(optical isomerism)である.**光学異性体**(optical isomer)は名前のとおり**光学活性**(optical activity)であり,その意味は一方の鏡像異性体は偏光面をある方向に回転させ,もう一方の異性体は逆方向に同じ角度だけ回転させるということである.

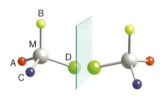

49 [MABCD] 鏡象異性体

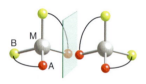

50 [M(AB)₂] 鏡像異性体

7・9 三方両錐錯体と四方錐錯体

要点 五配位錯体は立体化学的に剛直でなく,三方両錐錯体と四方錐錯体の両方の構造において化学的に区別できる二つの配位部位が存在する.

五配位錯体において,異なる立体配置間のエネルギー差は一般にほとんどない.このような繊細さは,[Ni(CN)₅]³⁻ の結晶中に,四方錐(**51**)と三方両錐形(**52**)の両方が観察されることで強調される.溶液中では,単座配位子による三方両錐錯体は柔軟(すなわち,違った形にねじれる)なので,アキシアル位の配位子がエクアトリアル位に位置を変えることが頻繁に起こる.このようなある立体化学から異なるものへの転換は,**ベリー擬回転**(Berry pseudorotation)で発現する(図 7・6).そのため,五配位錯体の異性体はもちろん存在するものの,分離することは困難である.三方両錐形ではアキシアル(a)とエクアトリアル(e),四方錐形ではアキシアル(a)とバサル(b)の化学的に特徴のある配位部位が存在することは重要

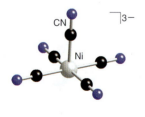

51 [Ni(CN)₅]³⁻,四方錐形

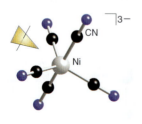

52 [Ni(CN)₅]³⁻,三方両錐形

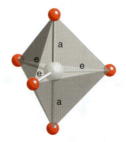

53 [ML₅],三方両錐形

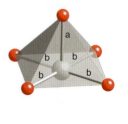

54 [ML₅],四方錐形

である（*53* と *54*）．ある種の配位子は，立体的あるいは電子的な要請により特定の部位に優先的に配位する．

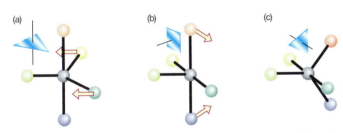

図 7・6* 錯体〔Fe(CO)$_5$〕がベリー擬回転で変形する様子．(a) 三方両錐形から (b) 四方錐形異性体，(c) 再び三方両錐形へ．ただし，(a) でアキシアル位にあった二つの配位子が今度はエクアトリアル位にある．

7・10 八 面 体 錯 体

見かけ上，八面体構造をもつ錯体の数は非常に多い．ここで，見かけ上の構造である"ML$_6$"は，中心金属原子が六つの配位子に囲まれていることを意味し，すべての配位子が同じである必要はない．

(a) 幾 何 異 性

> **要点** 化学式〔MA$_4$B$_2$〕の八面体錯体ではシスおよびトランス異性体が存在し，化学式〔MA$_3$B$_3$〕の錯体では *mer* および *fac* 異性体が存在しうる．より複雑な配位子の組合わせをもつ錯体ではさらに異性体が存在する．

化学式が〔MA$_6$〕もしくは〔MA$_5$B〕である八面体錯体の場合，配位子の配置は一通りしか存在しない．一方，化学式〔MA$_4$B$_2$〕の錯体の場合，配位子 B が隣接した位置に存在するとシス異性体（*55*），対角線上正反対の位置に存在するとトランス異性体（*56*）となる．広がった構造をもたない点として配位子を扱う場合，トランス異性体は D_{4h} 対称の錯体であり，シス異性体は C_{2v} 対称の錯体である．

化学式〔MA$_3$B$_3$〕の錯体では，配位子の配列の仕方に 2 種類ある．三つの配位子 A が形成する面と三つの配位子 B が形成する面が直交している錯体（*57*）がそのうちの一つである．この異性体では同じ種類の配位子が球の子午線上にあるとみなせることから，*mer* 異性体（子午線を意味する meridional に由来）という．もう一つの異性体は，三つの配位子 A（配位子 B）が隣接し，八面体の一つの三角形の面の角を占めている（*58*）．このような異性体を *fac* 異性体（面を意味する facial から）という．配位子を広がった構造をもたない点とみなすと，*mer* 異性体は C_{2v} 対称の錯体であり，*fac* 異性体は C_{3v} 対称の異性体である．

〔MA$_2$B$_2$C$_2$〕の組成をもつ錯体では，五つの幾何異性体が存在する．すべての配位子がトランス配置の異性体（*59*），1 組の配位子だけがトランスの関係にあり他の

55　*cis*-〔MA$_4$B$_2$〕

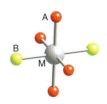

56　*trans*-〔MA$_4$B$_2$〕

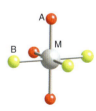

57　*mer*-〔MA$_3$B$_3$〕

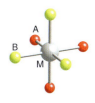

58　*fac*-〔MA$_3$B$_3$〕

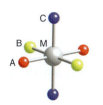

59　〔MA$_2$B$_2$C$_2$〕

60　〔MA$_2$B$_2$C$_2$〕

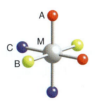

61　〔MA$_2$B$_2$C$_2$〕

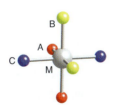

62　〔MA$_2$B$_2$C$_2$〕

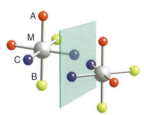

63　〔MA$_2$B$_2$C$_2$〕鏡像異性体

2組がシスの関係にある三つの異性体 (**60〜62**),すべての配位子がシス配置の1対の鏡像異性体 (**63**) である.[MA$_2$B$_2$CD] や [MA$_3$B$_2$C] といったさらに複雑な組成をもつような錯体では,多くの幾何異性体が存在する.たとえば [Rh(C≡CR)$_2$H(PMe$_3$)$_3$] というロジウム錯体では,*fac*-体 (**64**),*mer-trans*-体 (**65**),*mer-cis*-体 (**66**) といった3種の異性体が存在する.八面体錯体は一般に立体化学的に硬く,異性化反応はたびたび起こる (§21・9).

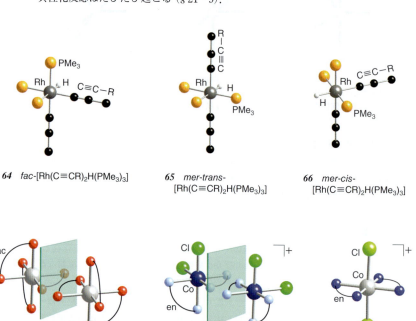

64 *fac*-[Rh(C≡CR)$_2$H(PMe$_3$)$_3$]

65 *mer-trans*-[Rh(C≡CR)$_2$H(PMe$_3$)$_3$]

66 *mer-cis*-[Rh(C≡CR)$_2$H(PMe$_3$)$_3$]

67 [Mn(acac)$_3$] 鏡像異性体

68 *cis*-[CoCl$_2$(en)$_2$]$^+$ 鏡像異性体

69 *trans*-[CoCl$_2$(en)$_2$]$^+$

(b) キラリティーと光学異性

要点 八面体錯体において,八面体中心での多彩な配位子の配列はキラルな化合物を生み出す.これら異性体は配位子の立体配置によってΔもしくはΛを付けて命名される.

八面体化合物で見られたような多数の幾何異性の例に加えて,キラルな化合物も多々ある.二座配位子であるアセチルアセトナト (acac) が三つ配位した単純な [Mn(acac)$_3$] (**67**) を例にとると,この錯体には鏡像異性体が存在する.この性質の錯体に生じる光学異性体を見る方法の一つとしては,一つの3回回転軸から見下ろして錯体の配位子の並び方を見ることであり,それがプロペラかネジのように見えれば,キラルな化合物であるといえる.

化学式 [MA$_2$B$_2$C$_2$] の錯体では,それぞれの配位子の組が互いにシスの位置関係にある場合 (**63**) に,キラリティーをもつ.実際,配位子が単座配位子の場合でも多座配位子の場合でも,光学異性を有する八面体錯体の例が多数報告されており,光学異性体があるかどうかつねに注意する必要がある.

他の光学異性の例としては,塩化コバルト(Ⅲ) と 1,2-ジアミノエタンを 1:2 のモル比で反応させた場合に得られる錯体である.ジクロリドビス(エチレンジアミン)コバルト(Ⅲ)イオン [CoCl$_2$(en)$_2$]$^+$ があげられる.生成物は紫色 (**68**) と緑色 (**69**) の2種類のジクロリド錯体を含み,前者はシス異性体で,鏡像異性体が存在する.それゆえキラルで光学活性 (錯体は寿命が長いため) である.一方,後者はトランス異性体であり,鏡映面をもち鏡像異性体が存在しない.つまり,アキラル

図 7・7* 錯体 M(L–L)$_3$ の絶対配置.Δ はらせんの時計回りの回転,Λ は反時計回りの回転を意味している.

であり，光学不活性な錯体である．

3回回転軸に沿ってながめ，配位子によって形成されるらせんの回り方を考慮すると，キラルな八面体錯体の絶対配置をうまく述べることができる（図7・7）．らせんが時計回りになっているものをΔ（デルタ），反時計回りになっているものをΛ（ラムダ）とする．ただし，これらの絶対配置の表現は，異性体が偏光を回転させる実験的に求められる方向とは別であることに注意する必要がある．同じΛの化合物でも，偏光を左に回転させるものも，右に回転させるものもある．さらには回転の方向は波長によっても変わる．特定の波長の光について，光源に向かって観測したときに，偏光面を時計回りに回転させる異性体は，(＋)-異性体〔(＋)-isomer〕もしくはd-異性体（d-isomer）とよばれ，反時計回りに回転させる異性体は(－)-異性体〔(－)-isomer〕もしくはl-異性体（l-isomer）とよばれる．BOX 7・1で錯体の特定の異性体を合成する方法，BOX 7・2で，金属錯体の鏡像異性体を分離する方法について述べた．

例題 7・4 異性体の種類を決める

四配位の平面四角形錯体 [IrCl(PMe$_3$)$_3$]（PMe$_3$はトリメチルホスフィン）が Cl$_2$ と反応したとき，2種類の六配位錯体 [IrCl$_3$(PMe$_3$)$_3$] が得られる．^{31}P NMR でPの環境を調べると，異性体の一方は1種類のシグナルを示し，もう一方は2種類のシグナルを示す．どのような異性体が考えられるか述べよ．

解 この錯体の化学式は [MA$_3$B$_3$] なので，*mer* および *fac* 異性体が考えられる．**70** および **71** はそれぞれ *mer*-体，*fac*-体における三つの Cl$^-$ の配列を表している．すべてのP原子が同じ環境にあるものが *fac*-体であり，二つの環境があるものが *mer*-体である．

70 *fac*-[IrCl$_3$(PMe$_3$)$_3$]

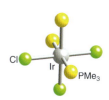

71 *mer*-[IrCl$_3$(PMe$_3$)$_3$]

問題 7・4 グリシンアニオン H$_2$NCH$_2$CO$_2^-$（gly$^-$）が酸化コバルト(III)と反応したとき，N原子およびO原子の両方が電子対供与体原子として配位するため，生成される [Co(gly)$_3$] には *mer* と *fac* の2種類の異性体が存在する．それぞれの異性体の構造を記せ．二つの異性体と鏡像は重なり合うか．

BOX 7・1 特定の異性体の合成

特定の異性体の合成には，わずかな合成条件の違いが重要になってくる場合が多い．たとえば，アンモニア溶液中の Co^{II} 塩の中で最も安定な Co^{II} 錯体 [Co(NH$_3$)$_6$]$^{2+}$ は，空気によってゆっくりとしか酸化されない．結果として，アンモニアと Co^{II} 塩を含んだ溶液に空気を通じると，NH$_3$ 以外の配位子をも含んださまざまな錯体が得られる．炭酸アンモニウムを使って反応を開始すると，[Co(CO$_3$)(NH$_3$)$_4$]$^+$（CO$_3^{2-}$ は二座配位子であり，隣接する配位位置を占めている）が得られ，さらに酸性溶液中で処理すると，CO$_3^{2-}$ の置換が生じ，錯体 *cis*-[CoL$_2$(NH$_3$)$_4$] が得られる．濃塩酸を用いた場合，紫色の化合物 *cis*-[CoCl$_2$(NH$_3$)$_4$]Cl（**B1**）が単離される（下式）．

対照的に，[Co(NH$_3$)$_6$]$^{3+}$ を HCl と H$_2$SO$_4$ の混合物と空気中で直接反応させると，明るい緑色の異性体 *trans*-[CoCl$_2$(NH$_3$)$_4$]Cl（**B2**）が得られる．

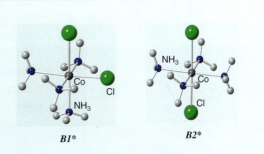

B1*   **B2***

$$[Co(CO_3)(NH_3)_4]^+(aq) + 2\,H^+(aq) + 3\,Cl^-(aq) \longrightarrow \textit{cis}\text{-}[CoCl_2(NH_3)_4]Cl(s) + H_2CO_3(aq)$$

BOX 7・2 鏡像異性体の分割

キラル中心が一つだけの化合物では，光学活性が唯一のキラリティーの物理的な表れである．しかし，キラル中心が二つ以上の錯体になれば，その他の物理的性質（溶解度，融点など）もキラリティーの影響を受ける．なぜなら，これらの物理的性質は分子間力の強さに依存し，分子間力は異性体ごとに異なるためである．これはちょうど，ねじ山が左回りと右回りのナットとボルトの関係にたとえられる．したがって，鏡像異性体を分離する方法の一つは，それぞれの異性体のジアステレオマーをつくることである．本書で学ぶ範囲では，**ジアステレオマー**（diastereomer）とは，二つのキラル中心をもつ異性体化合物において，一方の異性体ではキラル中心が二つとも同じ絶対配置をもち，他方の異性体ではキラル中心が互いに鏡像異性の関係にあるようなもののことである．たとえば，鏡像異性体である2種のカチオンAが光学的に純粋なアニオンBとつくる二つの塩，すなわち，[Δ-A][Δ-B] および [Λ-A][Λ-B] のような組成のものがジアステレオマーの一例である．ジアステレオマーの物性（たとえば溶解度）は異なるので，古典的な方法を用いて分割することができる．

古典的な光学分割法は，生化学的な原料（天然に存在する化合物の多くはキラルである）から天然の光学活性化合物を単離することから始まった．ブドウから得られるカルボン酸の d-酒石酸（**B3**）は役に立つ化合物である．この分子はキレート配位子としてアンチモンと錯形成を行うので，d-酒石酸アンチモン酸のモノアニオンカリウム塩は分割剤として役立つ．このアニオンは，以下のように，$[Co_2(en)_2(NO_2)_2]^+$ の分割に用いられる．

Co^{III} 錯体の鏡像異性体混合物を温水に溶かし，d-酒石酸アンチモン酸カリウム塩の溶液を加える．この混合物を直ちに冷却して結晶化させると，溶解度の低いジアステレオマー $[l\text{-}\{Co(en)_2(NO_2)_2\}]_2[Sb_2(d\text{-}C_4H_2O_6)_2]$ が黄色の微細な結晶として得られる．沪液は d-体を単離するために保存しておく．得られた固体のジアステレオマーを水およびヨウ化ナトリウムとともにすりつぶすと，難溶性の $l\text{-}[Co(en)_2(NO_2)_2]I$ が得られ，酒石酸アンチモン酸ナトリウム塩が溶液中に残る．d-体は沪液から臭化物として沈殿させて得られる．

参考書

A. von Zelewsky, "Stereochemistry of Coordination Compounds", John Wiley & Sons (1996).

W. L. Jolly, "The Synthesis and Characterization of Inorganic Compounds", Waveland Press (1991).

7・11 配位子のキラリティー

要点 金属に配位することによって，配位子の変換が行われなくなり，キラルな配置に固定されることがある．

アキラルな配位子が金属に配位することによってキラルな配位子になる場合が存在する．このとき，錯体自体もキラルな分子となる．通常，電子対供与体原子が金属に配位していないときには素早く変換するアキラルな分子であるが，ひとたび金属に配位すると配座が固定されるものもある．MeNHCH$_2$CH$_2$NHMe を例にして考えると，この配位子は金属に配位することによって，自身の二つのN原子がキラル中心になる．平面四角形錯体においては，三つの異性体が考えられ，一組はキラルな鏡像異性体（**72**）であり，残りの二つの化合物はキラルではない（**73**と**74**）．

あらゆる形態や大きさの金属錯体は生物学や医学で重要である（BOX 7・3）．

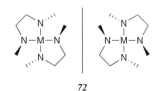

72

73

74

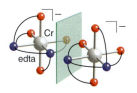

75 [Cr(edta)]$^-$ 鏡像異性体

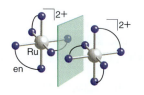

76 [Ru(en)$_3$]$^{2+}$ 鏡像異性体

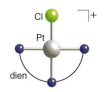

77 [PtCl(dien)]$^+$

7・11 配位子のキラリティー 265

> **例題 7・5 キラリティーを判別する**
>
> 以下の錯体のうちでキラルなのはどれか.
> (a) $[Cr(edta)]^-$ (b) $[Ru(en)_3]^{2+}$ (c) $[PtCl(dien)]^+$
>
> **解** それぞれの錯体を **75～77** に図示する. **75** および **76** は, ともに鏡映面および反転中心をもたない. よって, キラルである (これはともに, 高次の回映軸 S_n ももっていない). 一方, **77** は対称面をもつので, アキラルである (dien 配位子の CH_2 基は鏡映面上にないが, その上下を素早く振動している).
>
> ---
>
> **問題 7・5** 以下の錯体のうちでキラルなのはどれか.
> (a) cis-$[CrCl_2(ox)_2]^{3-}$ (b) $trans$-$[CrCl_2(ox)_2]^{3-}$
> (c) cis-$[Rh(CO)H(PR_3)_2]$

BOX 7・3 生物学と医学における金属錯体

既知の生物学的過程において, 配位錯体は多くの重要な役割を担っている. クロロフィル (**B4**) 中の光合成における Mg, ヘモグロビン (**B5**) 中の酸素輸送における Fe などはよく知られた例である. 最近の研究によると, ほぼ 20% の酵素が活性サイトに配位した金属を含むことが示されている. 多くの酵素が一つ以上の活性部位をもっており, シトクロム c オキシダーゼ (**B6**) の合成モデルでは, 銅や鉄などの異なる金属をこれらの活性部位に含んでいる. ヒドロゲナーゼ (**B7**) のような多種金属酵素では, 種々の配位子を伴った六つの鉄中心がある.

金属錯体は医薬においても重要である. シスプラチン (**B8**) がさまざまながんの治療に用いられていることはよく知られているが, その他の金属も広く用いられている. ガリウム錯体 (**B9**) は抗がん剤として研究が進められているし, 金錯体 (**B10**) は関節炎に有効である. ガドリニウム錯体 (**B11**) やテクネチウム錯体 (**B12**) は撮像剤として利用されている.

第 26, 27 章ではこれらの錯体や関連物質についてより詳細に議論する.

錯体形成の熱力学

熱力学的に実現可能な化学反応であっても，速度論的な制約を受ける場合があるため，化学反応を評価する際には，熱力学と速度論を考慮しなければならない．

7・12 生成定数

要点 溶媒（一般的には水）を配位子として見たときの相互作用の強さに対する配位子の相互作用定数の相対比が生成定数である．逐次生成定数は，錯体形成中の溶媒一つずつの置換に対する生成定数である．全生成定数はここの段階的反応の生成定数の積で表される．

鉄(III)やチオシン酸イオンの検出に用いられる赤い錯体 $[Fe(OH_2)_5(SCN)]^{2+}$ を形成する Fe^{III} と SCN^- の反応について考察する．

$$[Fe(OH_2)_6]^{3+}(aq) + SCN^-(aq) \rightleftharpoons [Fe(OH_2)_5(SCN)]^{2+}(aq) + H_2O(l)$$

$$K_f = \frac{[Fe(OH_2)_5(SCN)^{2+}]}{[Fe(OH_2)_6^{3+}][SCN^-]}$$

この反応の平衡定数 K_f は錯体の**生成定数** (formation constant) である．希薄溶液中の溶媒（一般的には水）の濃度は反応中に変化しないとできるので，活量は1とされ，式中には記述しない．水の結合強度との相対値として，K_f は配位子の結合強度を表す．K_f が大きい場合，近づいてきた配位子は溶媒の水より強く結合する．K_f が小さい場合は水より弱く結合する．K_f は広い範囲の値をとるので（表 7・3），一般的には対数 ($\log K_f$) で表記される．

> **メモ** 平衡定数や速度方程式を表記する場合，錯体の化学式の一部である [ ] は省略する．[ ] はその種のモル濃度を表す（dm^{-3} の単位は記入しない）．

一つ以上の配位子が置換された場合，安定性の議論はよりややこしくなる．たとえば，$[Ni(OH_2)_6]^{2+}$ から $[Ni(NH_3)_6]^{2+}$ への反応の場合，

$$[Ni(OH_2)_6]^{2+}(aq) + 6\,NH_3(aq) \longrightarrow [Ni(NH_3)_6]^{2+}(aq) + 6\,H_2O(l)$$

シス-トランス異性化を無視したとしても，少なくとも6段階の反応がある．一

表 7・3 $[M(OH_2)_n]^{m+} + L \to [M(L)(OH_2)_{n-1}]^{m+} + H_2O$ 反応の生成定数

イオン	配位子	K_f	$\log K_f$	イオン	配位子	K_f	$\log K_f$
Mg^{2+}	NH_3	1.7	0.23	Pd^{2+}	Cl^-	1.25×10^5	6.1
Ca^{2+}	NH_3	0.64	-0.2	Na^+	SCN^-	1.2×10^4	4.08
Ni^{2+}	NH_3	525	2.72	Cr^{3+}	SCN^-	1.2×10^3	3.08
Cu^+	NH_3	8.50×10^5	5.93	Fe^{3+}	SCN^-	234	2.37
Cu^{2+}	NH_3	2.0×10^4	4.31	Co^{2+}	SCN^-	11.5	1.06
Hg^{2+}	NH_3	6.3×10^8	8.8	Fe^{2+}	ピリジン	5.13	0.71
Rb^+	Cl^-	0.17	-0.77	Zn^{2+}	ピリジン	8.91	0.95
Mg^{2+}	Cl^-	4.17	0.62	Cu^{2+}	ピリジン	331	2.52
Cr^{3+}	Cl^-	7.24	0.86	Ag^+	ピリジン	93	1.97
Co^{2+}	Cl^-	4.90	0.69				

一般的に錯体 ML_n とした場合，全反応は $M + nL \rightarrow ML_n$ であり，**逐次生成定数** (stepwise formation constant) K_{fn} は，

$$M + L \rightleftharpoons ML \qquad K_{f1} = \frac{[ML]}{[M][L]}$$

$$ML + L \rightleftharpoons ML_2 \qquad K_{f2} = \frac{[ML_2]}{[M][L]}$$

以下同様であり，一般に

$$ML_{n-1} + L \rightleftharpoons ML_n \qquad K_{fn} = \frac{[ML_n]}{[ML_{n-1}][L]}$$

これらの逐次生成定数は，構造と反応性の関連を議論する際に考慮しなければならない．

最終生成物の濃度を計算する際には（錯体 ML_n），**全生成定数** (overall formation constant) β_n は以下になる．

$$M + nL \rightleftharpoons ML_n \qquad \beta_n = \frac{[ML_n]}{[M][L]^n}$$

全段階の逐次生成定数をそれぞれ掛け合わせることで，全生成定数は表される．

$$\beta_n = K_{f1}K_{f2}\cdots K_{fn}$$

それぞれの K_f の逆数で表される**解離定数** (dissociation constant) K_d は，錯体の濃度を決定するために配位子の濃度を求める際には有用である．

$$ML \rightleftharpoons M + L \qquad K_{d1} = \frac{1}{K_{f1}}$$

上に示したような 1:1 反応の場合，金属イオンの半分が錯体を形成し，残り半分は形成しないとすると，$[M] = [ML]$ となるので $K_{d1} = [L]$ である．実際，$[L] \gg [M]$ とすると，M を添加しても L の濃度はほとんど変化しない．K_d は 50% の錯体形成に必要な配位子濃度である．

配位子 L を H^+ と考えると，K_d は酸の K_a と同じ形式のため，金属錯体とブレンステッド酸を比較することが有用である．プロトンをその他のカチオンと同様と考えると，K_d と K_a は同様に取扱うことができる．たとえば，HF はルイス酸 H^+ と配位子の役割をするルイス塩基 F^- の錯形成と考えることができる．

7·13 逐次生成定数の傾向

要点 統計的に期待されるように，逐次生成定数は一般に $K_{fn} > K_{fn+1}$ の傾向がある．この順番からの逸脱は大きな構造変化を示している．

生成定数 K_f の大きさは，直接的に標準生成ギブズエネルギー $\Delta_r G^\ominus$ の符号と大きさに対応する（なぜなら，$\Delta_r G^\ominus = -RT \ln K_f$）．一般的に逐次生成定数は，$K_{f1} > K_{f2} > \cdots > K_{fn}$ の順番に従う．この一般的な傾向は，つぎの式で示すように，単純に置換できる配位子 H_2O の数が減少することで説明できる．

$$[M(OH_2)_5L](aq) + L(aq) \rightleftharpoons [M(OH_2)_4L_2](aq) + H_2O(l)$$

を次式と比較する．

$$[M(OH_2)_4L_2](aq) + L(aq) \rightleftharpoons [M(OH_2)_3L_3](aq) + H_2O(l)$$

表7・4　アンミンニッケル(II) $[Ni(NH_3)_n(OH_2)_{6-n}]^{2+}$ の生成定数

n	K_f	$\log K_f$	K_n/K_{n-1} (実験値)	K_n/K_{n-1} (統計値)[†]
1	525	2.72		
2	148	2.17	0.28	0.42
3	45.7	1.66	0.31	0.53
4	13.2	1.12	0.29	0.56
5	4.7	0.63	0.35	0.53
6	1.1	0.03	0.23	0.42

[†] 置換可能な配位子の数の比に基づいて，反応エンタルピーから仮定した値．

逐次生成定数の減少は，つぎの配位子が置換する統計的な因子が減少していくことを反映している．同時に，結合している配位子が増えることは，逆反応の可能性を増大させる．表7・4に示している $[Ni(OH_2)_6]^{2+}$ から $[Ni(NH_3)_6]^{2+}$ への逐次錯形成のからも，このような単純な描像が十分に正しいことがわかる．連続的な6段階の過程の反応エンタルピーは $2\,kJ\,mol^{-1}$ 以下で変化することが知られている．

逐次生成定数の傾向の反転 $K_{fn} < K_{fn+1}$ は，より多くの配位子が付加することによる電子構造の大きな変化の印である．一例として，Fe^{II} のトリス(ビピリジン)錯体である $[Fe(bpy)_3]^{2+}$ が，ビス錯体である $[Fe(bpy)_2(OH_2)_2]^{2+}$ と比べて著しく安定であることがあげられる．この観測結果は，ビス錯体の高スピン(弱配位子場) $t_{2g}^4 e_g^2$ 配置(弱配位子場の H_2O 配位子の存在に注意) から，トリス錯体の低スピン(強配位子場) t_{2g}^6 配置〔大きな配位子場安定化エネルギー (ligand-field stabilization energy, LFSE, §20・1 および §20・2 参照)〕への電子配置の変化に関連づけることができる．

$$[Fe(OH_2)_6]^{2+}(aq) + bpy(aq) \rightleftharpoons [Fe(bpy)(OH_2)_4]^{2+}(aq) + 2\,H_2O(l)$$
$$\log K_{f1} = 4.2$$
$$[Fe(bpy)(OH_2)_4]^{2+}(aq) + bpy(aq) \rightleftharpoons [Fe(bpy)_2(OH_2)_2]^{2+}(aq) + 2\,H_2O(l)$$
$$\log K_{f2} = 3.7$$
$$[Fe(bpy)_2(OH_2)_2]^{2+}(aq) + bpy(aq) \rightleftharpoons [Fe(bpy)_3]^{2+}(aq) + 2\,H_2O(l)$$
$$\log K_{f3} = 9.3$$

対照的な例として Hg^{II} のハロゲン化物錯体がある (K_{f3} が K_{f2} と比べて極端に小さい)．

$$[Hg(OH_2)_6]^{2+}(aq) + Cl^-(aq) \rightleftharpoons [HgCl(OH_2)_5]^+(aq) + H_2O(l)$$
$$\log K_{f1} = 6.74$$
$$[HgCl(OH_2)_5]^+(aq) + Cl^-(aq) \rightleftharpoons [HgCl_2(OH_2)_4](aq) + H_2O(l)$$
$$\log K_{f2} = 6.48$$
$$[HgCl_2(OH_2)_4](aq) + Cl^-(aq) \rightleftharpoons [HgCl_3(OH_2)]^-(aq) + 3\,H_2O(l)$$
$$\log K_{f3} = 0.95$$

第2段階から第3段階への値の大きな減少は，立体障害で説明することはできず，四配位への変化のような錯体自身の特性の変化を示している．

$$[\text{Cl(H}_2\text{O)}_3\text{Hg(OH}_2\text{)Cl}] + \text{Cl}^- \longrightarrow [\text{Cl}_3\text{Hg(OH}_2\text{)}]^- + 3\,\text{H}_2\text{O}$$

例題 7・6　順番に従わない逐次生成定数を理解する

カドミウムと Br^- の錯体の逐次生成定数は,$K_{f1}=36.3$, $K_{f2}=3.47$, $K_{f3}=1.15$, $K_{f4}=2.34$ である.$K_{f3}<K_{f4}$ の大小関係の逆転を説明せよ.

解　変則的な逐次生成定数の順番は構造変化を示唆しており,どのような変化かを考察しなければならない.M^{2+} イオンのアクア錯体は一般に六配位であるが,ハロゲン化物錯体は四面体である.三つの Br^- が配位した錯体に四つめの Br^- が付加する反応は,

$$[\text{CdBr}_3(\text{OH}_2)_3]^-(\text{aq}) + \text{Br}^-(\text{aq}) \rightleftharpoons [\text{CdBr}_4]^{2-}(\text{aq}) + 3\,\text{H}_2\text{O}(l)$$

となる.この反応は,比較的込み合った配位球から三つの H_2O 分子を除去する必要がある.そのため,K_f が増大する.

問題 7・6　水から配位子への置換反応が優先で進行し,逆反応を無視できるとして,$[\text{M(OH}_2)_6]^{2+}$ から $[\text{ML}_6]^{2+}$ への逐次生成定数および全生成定数を計算せよ.ただし,$K_{f1}=1\times10^5$ とする.

7・14　キレート効果と大環状効果

要点　多座配位子によるキレート形成や大環状形成により,同様の形状で同じ数の単座配位子による錯体と比べて,大きく安定化する.キレート効果はエントロピー効果である.大環状効果は付加的なエントロピー効果である.

1,2-ジアミノエタン (en) のような両座配位子による錯体形成の K_{f1} は,ビス(アンミン) 錯体の β_2 を比較すると,一般的に前者が大きい.

$$[\text{Cd(OH}_2)_6]^{2+}(\text{aq}) + \text{en}(\text{aq}) \rightleftharpoons [\text{Cd(en)(OH}_2)_4]^{2+}(\text{aq}) + 2\,\text{H}_2\text{O}(l)$$
$\log K_{f1}=5.84 \quad \Delta_r H^{\ominus}=-29.4\,\text{kJ mol}^{-1} \quad \Delta_r S^{\ominus}=+13.0\,\text{J K}^{-1}\text{mol}^{-1}$

$$[\text{Cd(OH}_2)_6]^{2+}(\text{aq}) + 2\,\text{NH}_3(\text{aq}) \rightleftharpoons [\text{Cd(NH}_3)_2(\text{OH}_2)_4]^{2+}(\text{aq}) + 2\,\text{H}_2\text{O}(l)$$
$\log \beta_2=4.95 \quad \Delta_r H^{\ominus}=-29.8\,\text{kJ mol}^{-1} \quad \Delta_r S^{\ominus}=-5.2\,\text{J K}^{-1}\text{mol}^{-1}$

どちらの場合も似たような $\text{Cd}-\text{N}$ 結合が形成されるが,キレートをもつ錯体の形成がより優勢である.キレートをもつ錯体が,同様の配位子をもつがキレートをもたない錯体と比べて大きく安定化することは,**キレート効果** (chelate effect) とよばれている.

希薄系において,キレート錯体と非キレート錯体の反応エントロピーの違いにより,キレート効果を解明できる.キレート化反応により独立した分子の数は増大する.一方,非キレート化反応では,分子数は変化しない(上に示した二つの式を比較すること).よって,前者はエントロピーが増大することで,反応がより進行する.希薄系におけるエントロピー測定結果は,この説明を支持している.

エントロピー的な利得は二座配位子だけではなく,基本的に多座配位子へも適用できる.実際,多座配位子がより多くの電子供与部位をもつ場合は,単座配位子を置換することでエントロピー的な利得を獲得できる.環状エーテルやフタロシアニン (**78**) など,環状の配列中に複数の電子供与体原子をもつ大環状配位子は,錯体化

78

することでより大きな安定化効果を期待できる．この**大環状効果**(macrocyclic effect)は，配位子が前もって構成されている付加的な効果（すなわち，配位子が配位する際にゆがみが生じない）に加えて，エントロピー効果とキレート効果の組合わせであると考えられている．

キレート効果と大環状効果は実用的にはとても重要である．分析化学の錯滴定に用いられる試薬の大部分は，edta^{4-} のような多座キレート配位子である．生化学における金属吸着部位もキレートや大環状である．キレート効果や大環状効果があるときの生成定数は，10^{12}〜10^{25} 程度である．

ここまで述べたようなキレート効果の熱力学的な解説に加えて，キレート効果には速度論的な側面もある．多座配位子の一つの配位部位が金属イオンに結合すると，同じ配位子中の異なる配位部位は金属の近傍に存在するために，速やかに金属と結合する．そのため，キレート錯体は速度論的にも安定である．

7・15 立体効果と電子非局在化

要点 d 金属のジイミン配位子によるキレート錯体の安定性は，キレート効果に加えて，π 受容体および σ 供与体としての配位子による．

立体効果は生成定数に重要な寄与がある．環の形成が立体的に困難な場合には，キレート形成に対してきわめて重要である．五員環のキレート環は，結合角が理想状態に近く，キレート形成によりゆがみが生じないために，とても安定である．六員環は，その形成により電子非局在化が発現した場合には比較的安定である．結合角のゆがみと立体障害により，三員環，四員環および七員環とより大きな環はほとんど観測されない．

非局在化した電子軌道のキレート環をもつ錯体は，キレート化によるエントロピー効果に加えて，電子的な効果により安定化している．たとえば，ジイミン配位子（**79**）をもつビピリジン（**80**）やフェナントロリン（**81**）では，金属原子と五員環を形成するために束縛されている．これらの配位子と d 金属による錯体の優れた安定性は，これらの配位子が π 受容体や σ 供与体として作用し，d 軌道と空の π* 軌道が重なって π 結合を形成するためにもたらされる（§20・2）．π 電子供与体の金属原子の t_{2g} 軌道から配位子環に π 電子を供与することにより結合が形成する．[Ru(bpy)$_3$]$^{2+}$（**82**）錯体は，この一例である．いくつかの場合には，キレート環が芳香性をもつことがあり，キレート環をより安定化する．

BOX 7・4 は，これまでに合成された複雑なキレート配位子や大環状配位子を紹介する．

BOX 7・4 環や節をつくる

Ni^{II} のような金属イオンは，いくつかの配位子を集合させ，**大環状配位子**(macrocyclic ligand, 環状分子でいくつかの電子供与体原子を含む) の形成反応を進めることに利用できる．単純な例は，

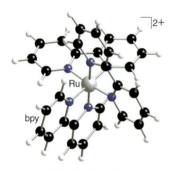

である．このような現象は，**鋳型効果**(templating effect)といわれ，驚くほど多様な大環状配位子の作製に応用できる．上に示した反応は，**縮合反応**〔condensation reaction，二つの分子間で結合が形成する際に，小さな分子が散逸する（この例の場合は H$_2$O）〕の一例である．金属イオンが共存しなかった場合には，構成配位子の縮合反応による生成物は，大環状分子ではなく，構造を規定できない高分子の混合物となる．一度環状分子が形成されると，一般的には安定であり，金属イオンを取除くことで，多座配位子が得られ，他の金属イオンとの錯体形成が可能である．

7・15 立体効果と電子非局在化

多彩な大環状配位子が鋳型を用いて作製されている．より複雑な二つの配位子を紹介する（上の2式）．

鋳型効果の起源は，熱力学的効果あるいは速度論的効果である．たとえば，配位子間の反応速度を向上させる（近接効果あるいは電子的な効果による），あるいはキレート環生成物の安定化により，縮合反応が開始される．

より複雑な鋳型合成は，相互に接続した環をもつような複雑な位相をもった分子（たとえば，鎖状カテナン）の合成に利用される．二つの環をもつカテナンの合成を下記に示す．

ここでは，ビピリジン基をもつ二つの配位子が銅イオンに配位し，それぞれの配位子の末端は，柔軟な架橋構造で結合している．金属イオンを除去することで，他の金属イオンと錯体を形成するカテナンド (catenand, カテナン配位子) を得ることができる．

より複雑な系として，複数の金属を用いることで，節と環から成る分子を合成できる[1]．下記の合成により，三つ葉状の節により結合されたらせん構造単分子を得ることができる．

[1) 節と環から成る系は純粋な学術的な興味ではなく，多くのタンパク質がこのような形態で存在している．詳細は以下を参照．
C. Liang, K. Mislow, *J. Am. Chem. Soc.*, **116**, 3588 (1994); *ibid*, **117**, 4201 (1995).

参 考 書

G. B. Kauffman, "Inorganic Coordination Compounds", John Wiley & Sons (1981). 配位化学の構造に関する歴史について興味深く書かれている.

G. B. Kauffman, "Classics in Coordination Chemistry: I. Selected Papers of Alfred Werner", Dover (1968). Werner の主要な論文の英語訳集.

"Modern Coordination Chemistry: The Legacy of Joseph Chatt," eds. by G. J. Leigh, N. Winterbottom, Royal Society of Chemistry (2002). この分野の読みやすい歴史的議論.

A. von Zelewsky, "Stereochemistry of Coordination Compounds", John Wiley & Sons (1996). 面白い本であり, キラリティーに関して詳しく述べられている.

"Comprehensive Coordination Chemistry Ⅱ", eds. by J. A. McCleverty, T. J. Meyer, Elsevier (2004).

N. G. Connelly, T. Damhus, R. M. Hartshorn, A. T. Hutton, "Nomenclature of Inorganic Chemistry: IUPAC Recommendations 2005", Royal Society of Chemistry (2005). 表紙が赤いことから "IUPAC レッドブック" として知られる, 無機化合物の命名法において権威のある手引き書である〔邦訳: 日本化学会 化合物命名法委員会 訳・著, "無機化学命名法", 東京化学同人 (2010)〕.

R. A. Marusak, K. Doan, S. D. Cummings, "Integrated Approach to Coordination Chemistry: An Inorganic Laboratory Guide", John Wiley & Sons (2007). すばらしい教科書である. 配位化学の概念とこれらの概念を実験を通してうまく解説している.

'Transition Metals in Supramolecular Chemistry', Volume 5 of "Perspectives in Supramolecular Chemistry", ed. by J.-M. Lehn, John Wiley & Sons (2007). 配位化学の進歩と応用に関する優れた解説記事.

練 習 問 題

7・1 以下の錯体について名前を付け, 構造を描け.
(a) $[Ni(CN)_4]^{2-}$
(b) $[CoCl_4]^{2-}$
(c) $[Mn(NH_3)_6]^{2+}$

7・2 以下の錯体について化学式を書け.
(a) クロリドペンタアンミンコバルト(Ⅲ)塩化物
(b) ヘキサアクア鉄(3+)硝酸塩
(c) cis-ジクロリドビス(1,2-ジアミノエタン)ルテニウム(Ⅱ)
(d) μ-ヒドロキシドビス[ペンタアンミンクロム(Ⅲ)]塩化物

7・3 以下の八面体錯体の名前を書け.
(a) cis-$[CrCl_2(NH_3)_4]^+$
(b) trans-$[Cr(NH_3)_2(\kappa N\text{-NCS})_4]^-$
(c) $[Co(C_2O_4)(en)_2]^+$

7・4 (a) 四配位錯体において, 基本的な構造を二つあげよ.
(b) 化学式 MA_2B_2 をもつ錯体に異性体が存在する場合, この錯体の構造はどちらか.

7・5 五配位錯体において, 基本的な構造を二つあげよ. また, それぞれの構造で異なる配位位置を区別せよ.

7・6 (a) 六配位錯体において, 基本的な配位構造を二つあげよ.
(b) どちらがまれな構造か.

7・7 単座配位, 二座配位, 四座配位の意味を述べよ.

7・8 両座配位子をもつ錯体では, どのような異性体が考えられるか. 具体例も一緒に示せ.

7・9 右上の分子は何座配位子であるか. どれが架橋配位子として作用するか. どれがキレート配位子として作用するか.

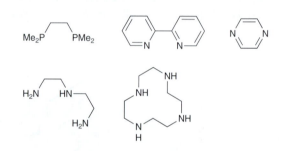

7・10 以下の配位子をもつ代表的な錯体の構造を示せ.
(a) en (b) ox^{2-} (c) phen (d) 12-crown-4
(e) tren (f) terpy (g) $edta^{4-}$

7・11 $[RuBr(NH_3)_5]Cl$ と $[RuCl(NH_3)_5]Br$ の二つの化合物ではどのような異性関係にあるか.

7・12 つぎの四面体錯体について, 考えられる異性体をすべて書け.
$[CoBr_2Cl_2]^-$ $[CoBrCl_2(OH_2)]$ $[CoBrClI(OH_2)]$

7・13 つぎの平面四角形錯体について, 考えられる異性体をすべて書け.
$[Pt(NH_3)_2(ox)]$ $[PdBrCl(PEt_3)_2]$
$[Ir(CO)H(PR_3)_2]$ $[Pd(gly)_2]$

7・14 つぎの八面体錯体について, 考えられる異性体をすべて書け.
$[FeCl(OH_2)_5]^{2+}$ $[IrCl_3(PEt_3)_3]$ $[Ru(bpy)_3]^{2+}$
$[CoCl_2(en)(NH_3)_2]^+$ $[W(CO)_4(py)_2]$

7・15 光学異性体を無視した場合, 化学式 $[MA_2BCDE]$ の八面体錯体について考えられる異性体はいくつか.

7・16 以下の錯体でキラルであるものはどれか. キラルな錯体に関しては鏡像異性体を, アキラルな錯体に関しては, 構造式に鏡映面を示せ.

(a) [Cr(ox)$_3$]$^{3-}$
(b) cis-[PtCl$_2$(en)]
(c) cis-[RhCl$_2$(NH$_3$)$_4$]$^+$
(d) [Ru(bpy)$_3$]$^{2+}$
(e) fac-[Co(dien)(NO$_2$)$_3$]
(f) mer-[Co(dien)(NO$_2$)$_3$]

7・17 つぎに示すトリス(acac)錯体はどの異性体か？

7・18 [Ru(en)$_3$]$^{2+}$カチオンのΛおよびΔ異性体を描け．

7・19 [Cu(OH$_2$)$_6$]$^{2+}$(aq)とNH$_3$の逐次生成定数は，log K_{f1} = 4.15, log K_{f2} = 3.50, log K_{f3} = 2.89, log K_{f4} = 2.13, log K_{f5} = −0.52である．K_{f5}がまったく異なる傾向を示すのはなぜか．

7・20 [Cu(OH$_2$)$_6$]$^{2+}$(aq)とNH$_2$CH$_2$CH$_2$NH$_2$(en)の逐次生成定数は，log K_{f1} = 10.72, log K_{f2} = 9.31である．これらの値を練習問題7・19に与えたアンモニアの場合と比較して，異なる理由を説明せよ．

演習問題

7・1 化合物Na$_2$IrCl$_6$は，ジエチレングリコール中，CO雰囲気下でトリフェニルホスフィンと反応して，"バスカ錯体"(Vaska's complex)として知られているtrans-[Ir(CO)Cl(PPh$_3$)$_2$]を生じる．COが過剰なときは五配位錯体となり，それをエタノール中でNaBH$_4$により処理すると，[IrH(CO)$_2$(PPh$_3$)$_2$]となる．これら二つの五配位錯体のすべての異性体の構造を描き名前を付けよ．

7・2 錯体CoCl$_3$·5NH$_3$·H$_2$Oはピンク色の固体である．この塩の水溶液も同様にピンク色で，AgNO$_3$溶液で滴定すると速やかに錯体1 mol当たり3 molのAgClを生じる．このピンク色の固体を加熱すると，1 mol当たり1 molのH$_2$Oが失われて紫色の固体となる．これは，ピンク色の固体と同じNH$_3$:Cl:Co比をもっている．紫色の固体の水溶液をAgNO$_3$で滴定すると，1個の塩化物イオンをゆっくりと放出する．これら二つの八面体錯体の構造を推定して描き，名前を付けよ．

7・3 市販の塩化クロム水和物は全体として，CrCl$_3$·6H$_2$Oの組成をもっている．この物質の溶液を沸騰させると紫色になり，そのモル伝導率は[Co(NH$_3$)$_6$]Cl$_3$の値に似ている．一方，CrCl$_3$·5H$_2$Oは緑色で，その溶液のモル伝導率は低い．この緑色錯体の希薄な酸性溶液は数時間放置しておくことができて，それは紫色に変化する．構造図式を用いて，この現象を説明せよ．

7・4 最初，β-[PtCl$_2$(NH$_3$)$_2$]と表されていた錯体は，トランス体であることがわかった（αと表されていたものはシス体であった）．トランス体は，エチレンジアミンと反応させてもキレート錯体は得られないが，Ag$_2$Oの固体とゆっくり反応して[Pt(NH$_3$)$_2$(OH$_2$)$_2$]$^{2+}$を生じる．このジアクア錯体の構造と名前を記せ．また，PtCl$_2$·2NH$_3$の組成をもつ第三の異性体は不溶性の固体で，AgNO$_3$と一緒にすりつぶすと[Pt(NH$_3$)$_4$](NO$_3$)$_2$を含む溶液とAg$_2$[PtCl$_4$]の組成をもつ新しい固相とを生じる．これら三つの白金(II)化合物の構造および名前を記せ．

7・5 塩化アンモニウム水溶液と炭酸コバルト(II)を空気酸化することによって，ピンク色の塩化物塩が得られ，NH$_3$:Co = 4:1の割合で含まれている．この塩の溶液に塩酸を加えると，直ちにガスを発生し，加熱すると溶液はゆっくりと紫色に変化する．この紫色溶液の溶媒を完全に蒸発させることによって，組成がCoCl$_3$·4NH$_3$の化合物が得られる．この化合物を濃塩酸中で加熱すると，組成がCoCl$_3$·4NH$_3$·HClの緑色の塩が単離される．空気酸化後のすべての反応に関して，化学反応式を書け．また，起こりうる異性について，理由とともに可能な限り示せ．なお，[CoCl$_2$(en)$_2$]$^+$は鏡像異性体に分割できるが，それは紫色である．この知識は役立つだろうか．

7・6 亜硝酸ナトリウムとアンモニアを含む溶液中で，Co^{II}塩を空気酸化すると，黄色の固体[Co(NH$_3$)$_3$(NO$_2$)$_3$]が得られる．溶液中で，これは電気を通さない．塩酸と反応させると，一連の反応を経て，錯体trans-[CoCl$_2$(NH$_3$)$_3$(OH$_2$)]$^+$が得られる．シス体を合成するためには，まったく別の合成法が必要となる．黄色の化合物はfac-体か，mer-体のどちらであるか．この結果を得るのに用いた仮定について述べよ．

7・7 [ZrCl$_4$(dppe)] (dppeは二座のホスフィン配位子)とMg(CH$_3$)$_2$を反応させると，[Zr(CH$_3$)$_4$(dppe)]を生じる．NMRスペクトルからすべてのメチル基が等価であることがわかる．この錯体について，八面体構造および三角柱構造を描け．NMRからの結果は三角柱構造を支持するがそれを説明せよ［P. M. Morse, G. S. Girolami, *J. Am. Chem. Soc.*, **111**, 4114 (1989)］．

7・8 分割剤である d-cis[Co(en)$_2$(NO$_2$)$_2$]Brは，AgNO$_3$と水とともにすりつぶすことによって可溶性の硝酸塩に変化する．この塩を用いて，K[Co(edta)]の鏡像異性体(d-およびl-体)のラセミ混合物を分割する方法について，概要を述べよ［l-[Co(edta)]$^-$は難溶性のジアステレオマーを形成する．詳しくは以下の論文を見よ．F. P. Dwyer, F. L. Garvan, *Inorg. Synth.*, **6**, 192 (1965)］．

7・9 2分子の配位子MeHNCH$_2$CH$_2$NH$_2$が金属に配位し，平面四角形錯体を形成するとき，得られる錯体はシス体およびトランス体となるばかりでなく，光学異性体にもなる．配位の仕方を説明せよ．キラルではない異性体の鏡映面を示せ．

7・10 [MA$_2$B$_2$C$_2$]の全シスあるいは全トランス異性体の点群を群論を用いて同定せよ．それぞれの指標表を用いて，それらがキラルであるかどうか判別せよ．

7・11 BINAPは下に示すジホスフィンキレート配位子

である．BINAPとその錯体におけるキラリティーについて議論せよ．

7・12 1,2-ジアミノエタン (en) と Co^{2+}, Ni^{2+}, Cu^{2+} との逐次反応の速度定数は以下のとおりである．

$[M(OH_2)_6]^{2+} + en \rightleftharpoons [M(en)(OH_2)_4]^{2+} + 2H_2O \quad K_1$

$[M(en)(OH_2)_4]^{2+} + en \rightleftharpoons [M(en)_2(OH_2)_2]^{2+} + 2H_2O \quad K_2$

$[M(en)_2(OH_2)_2]^{2+} + en \rightleftharpoons [M(en)_3]^{2+} + 2H_2O \quad K_3$

イオン	$\log K_1$	$\log K_2$	$\log K_3$
Co^{2+}	5.89	4.83	3.10
Ni^{2+}	7.52	6.28	4.26
Cu^{2+}	10.72	9.31	−1.0

これらの実験結果は逐次生成定数の本書の解説を一般化できることを支持するか議論せよ．Cu^{2+} の K_3 が非常に小さいことをどのように理解すればよいか．

7・13 キレート環の芳香性は錯体の安定性にどのような付加的効果を与えるか．A. Crispini, M. Ghedini, *J. Chem. Soc., Dalton Trans.*, 75 (1997) を参照せよ．

7・14 インターネットを用いてロタキサンが何か調べよ．このような分子の合成に配位化学がどのように寄与しているか議論せよ．

無機化学における物理的測定技術

本書で取上げている分子や物質のすべての構造は，物理的な測定手段を用いた単独あるいは複数の研究により決められてきた．利用できる測定技術と装置は複雑さや経費の点から実にさまざまであり，特定の目標に見合うか，また，課題を解決するうえで適切かといった観点からも多種多様のものがある．すべての測定手法は，化合物の構造，組成，あるいは物性を解明するデータを提供する．現代の無機化学の研究で用いられる物理的な測定技術の多くは電磁波と物質との相互作用に関係しており，電磁波のスペクトルの領域で利用されないものはないほどになっている．本章では，無機化合物の原子や電子構造，そしてそれらの反応を解明する最も重要な物理的測定技術を紹介する．

回折法

8・1　X線回折
8・2　中性子回折

吸光および発光分光法

8・3　紫外・可視分光法
8・4　蛍光あるいは発光分光法
8・5　赤外分光法とラマン分光法

共鳴法

8・6　核磁気共鳴
8・7　電子常磁性共鳴
8・8　メスバウアー分光法

イオン化に基づく測定法

8・9　光電子分光法
8・10　X線吸収分光法
8・11　質量分析

化学分析

8・12　原子吸光分析
8・13　CHNの分析
8・14　蛍光X線元素分析
8・15　熱分析

磁気測定と磁化率

電気化学測定

顕微鏡法

8・16　走査型プローブ顕微鏡法
8・17　電子顕微鏡法

参考書
練習問題
演習問題

回 折 法

回折法，とりわけX線を用いる手法は，無機化学者が利用できる最も重要な構造決定の手段である．X線回折は20万から30万種のさまざまな物質の構造決定に利用されており，そこには1万種類の純粋な無機化合物と，さらに多くの有機金属化合物が含まれる．X線回折では分子化合物やイオン化合物を構成している原子やイオンの位置を明確に決めることができる．このため，結合長や結合角，さらには単位格子中のイオンや分子の相対的な位置といった特徴に基づいて構造を記述することが可能になる．回折法から得られる構造のデータは原子半径やイオン半径で解釈することができ，これによって化学者は構造を予測し，多くの性質の傾向を説明することができる．回折法は，測定後も試料が元の状態を保持した，非破壊検査法である．

8・1　X 線 回 折

要点　波長が約 100 pm の電磁波が結晶により散乱されると回折パターンが生じる．この回折パターンを解釈すれば構造の定量的な情報を引き出すことができ，多くの場合，分子やイオンの配列に基づく構造を完全に決定できる．

回折 (diffraction) は，波の通り道に物体が存在すると生じる波の干渉である†．X線は原子中の電子によって弾性的に（エネルギーが変化しない）散乱される．X線の回折は，この電磁波の波長（約 100 pm）に近い距離だけ離れた散乱中心が周期的に配列していれば起こり，そのような配列は結晶中に存在する．散乱を距離 d だけ隔てられた隣接する二つの平行な面からの反射とみなせば（図 8・1），波長が λ の波の間に強め合う干渉が生じる角度は，**ブラッグの式** (Bragg's equation)

$$2d \sin \theta = n\lambda \quad (8 \cdot 1)$$

で与えられる．ここで n は整数である．よって，原子が規則的に配列した結晶にX

---

† 訳注: 一般に回折は，波が物体の後ろに回り込んで向きを変えて伝わる物理現象をいう．本文中の干渉とは異なる現象である．X線の場合，結晶中の原子の配列が三次元の回折格子とみなせる．

線が入射すると，**回折パターン**(diffraction pattern)といわれる，複数の回折極大が観察される．あるいは，原子面の間の距離 d に対応した角度 θ に X 線の**反射**(reflection)が観察される．

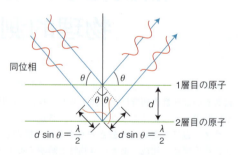

図 8・1　ブラッグの式は，原子の層を反射面とみなせば導かれる．光路長の差 $2d\sin\theta$ が波長 λ に等しければ X 線は干渉して強め合う．

> **メモ**　結晶学者は，依然として測定の単位としてオングストローム($1\,\text{Å} = 10^{-10}\,\text{m} = 10^{-8}\,\text{cm} = 10^2\,\text{pm}$)を一般的に用いている．この単位の使用は，非常に便利である．なぜなら，結合距離は一般的に 1～3 Å であり，測定に用いられる X 線の波長は 0.5～2.5 Å の間にあるからである．

原子やイオンは，電子数に比例した強度で X 線を散乱し，回折線の強度は電子数の 2 乗に比例する．よって，得られる回折パターンは，結晶化合物を構成する原子の位置や種類(有する電子数の観点から)によって特徴づけられ，X 線の回折角や強度によって構造情報を得ることができる．回折強度の電子数依存性のために，X 線回折は電子が豊富な化合物において特に有効である．そのために，$NaNO_3$ では，ほぼ電子数の等しい 3 種の原子の情報を得ることができるが，$Pb(OH)_2$ では，散乱や構造的情報は，Pb 原子に限定される．

基本的に二つの X 線測定法がある．一つは**粉末法**(powder method)で，この方法で調べられる物質は多結晶であり，もう一つは**単結晶回折法**(single-crystal diffraction)で，大きさが数十 µm かそれ以上の単結晶として化合物が入手できる場合にはこの方法を用いる．

(a) 粉末 X 線回折

要点　粉末 X 線回折法は相の同定および格子定数や格子の種類の決定に利用される．

粉末試料(多結晶試料)は非常に小さい結晶子を無数に含む．結晶子は一般に大きさが 0.1～10 µm で，結晶面の向きは無秩序である．多結晶試料に入射した X 線は可能なすべての方向に散乱される．ブラッグの式により与えられるいくつかの角度では，強め合う干渉が生じる．その結果，結晶において異なる格子間隔 d で隔てられた個々の原子面は，それぞれが一つの円錐状の回折強度の分布を与える．それぞれの円錐は一組の互いに接近した斑点から成り，一つの斑点は粉末試料中の一つの結晶子からの回折に対応する(図 8・2)．非常にたくさんの結晶子ではこれらの斑点が一緒になって回折円錐を形成する．**粉末回折計**(powder diffractometer, 図 8・3a)では回折線の位置を測定するために X 線検出器を用いる．検出器を試料の周りで円周に沿って走査すると，さまざまな回折の極大値の位置で回折円錐を横切り，検出される X 線の強度が検出器の角度の関数として記録される(図 8・3b)．

回折に極大が現れる現象は反射と表現されることも多く，極大の数と位置は格子定数，結晶系，格子の種類，データを取るために用いる X 線の波長に依存する．

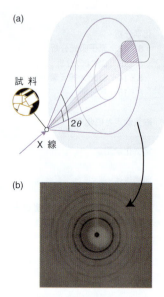

図 8・2　(a) 粉末試料に散乱された X 線回折円錐．回折円錐は，それぞれ一つの結晶子から回折された散乱スポットが，数千個寄り集まって形成されている．(b) 粉末試料からの回折パターンの写真．回折されずに透過した X 線のスポットが中心に観察される．異なる面間隔 d から回折された回折円錐が同心円状に観察される．

表 8・1 粉末 X 回折の応用

応　用	典型的な使用例と得られる情報
未知物質の同定	ほとんどの結晶相の迅速な同定
試料の純度の決定	固相で起こる化学反応の進行の追跡
格子定数の決定と精密化	相の同定と組成の関数としての構造の追跡
状態図および新物質の研究	組成と構造の関係の図式化
結晶の大きさと応力の決定	粒子の大きさの測定, 冶金学での利用
構造の精密化	既知の構造の型からの結晶学的データの抽出
構造の決定	第一原理計算から構造の決定が可能（高い精度である場合が多い）
相変化および膨張率	温度の関数としての研究（通常は100〜1200 Kの範囲での冷却と加熱），構造相転移の観察

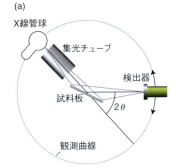

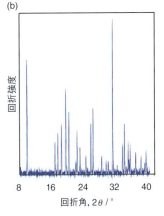

図 8・3 (a) 平板上に配置した試料を反射モードで測定する場合の粉末回折系の模式図. 吸収の小さな化合物の場合はキャピラリー（一般には細いガラス管）に試料を挿入し, 透過モードで回折を測定してもよい. (b) 典型的な粉末回折パターン. 一連の回折線が角度の関数として得られる.

ピークの強度は存在する原子の種類と位置によって変わる. ほとんどすべての結晶固体が, 観察される反射の位置と強度の観点から特徴的な粉末 X 線回折パターンを示す. 化合物の混合物では, 存在するそれぞれの結晶相に特徴的な一組の回折線が粉末 X 線回折パターンに寄与し, 混合物から得られる回折線の相対的な強度は, 存在する各相の量とその相の構造が X 線を散乱できる能力に依存する. 一般的に, 粉末 X 線回折法では, 混合物中の特定の微量成分（5〜10 質量パーセント）の検出が可能である.

粉末 X 線回折は有効な方法であるため, 無機物質の多結晶固体を解析するきわめて汎用的な手段となっている（表 8・1）. 無機化合物, 有機金属化合物, 有機化合物から収集された多くの粉末 X 線回折データが Joint Committee on Powder Diffraction Standards (JCPDS) によりデータベースとしてまとめられている. このデータベースには 50 000 を超える粉末 X 線回折パターンが含まれ, 粉末回折パターンのみから未知物質を同定するための指紋のファイルのように使うことができる. 粉末 X 線回折は固体の相の生成と構造の変化の研究に日常的に利用される. 金属酸化物を合成する場合, 粉末回折パターンを得て, データがその物質の純粋な単相と一致すれば, 合成は証明されたことになる. 実際に, 反応物が失われて生成物が生じる過程を観察することで化学反応を追跡することがよく行われる.

格子定数のような基本的な結晶の情報は, 粉末 X 線回析データから簡便に高精度で得られる. ある特定の反射が回折パターンに存在するかしないかの観点から格子の種類を決めることができる. 近年では, 回折パターンのピークの強度をフィッティングする技術が, 原子の位置などの構造の情報を引き出すための日常的な方法となっている. **リートベルト解析** (Rietveld method) として知られる方法では, 計算された回折パターンを実験で得られたものにフィッティングする. この方法は単結晶法ほど有効な手法ではないが, 結晶成長を行わなくても済むという利点がある.

例題 8・1　粉末 X 線回折を用いて多結晶の化合物を解析する

二酸化チタンはいくつかの多形で存在する. そのうち最も一般的なものはアナターゼ, ルチル, ブルッカイトである. これらの異なる多形から得られる粉末回折パターンにおいて, 強度の強い 6 本の回折線に対して実験で得られる回

折角を欄外にまとめた（単位は°）．

白色のペンキにはこれらの多形のうち1種類か多種類のTiO$_2$が含まれていることが知られている．白色ペンキの試料から得られる粉末X線回折パターン（154 pmのX線を使用）は図8・4に示したようになる．存在するTiO$_2$の多形を同定せよ．

解 図中の回折線はルチル（最も強い回折線）とアナターゼ（2, 3の弱い回折線）によく合う．よってペンキにはこれらの相が含まれ，ルチルがおもなTiO$_2$相である．

ルチル	アナターゼ	ブルッカイト
27.50	25.36	19.34
36.15	37.01	25.36
39.28	37.85	25.71
41.32	38.64	30.83
44.14	48.15	32.85
54.44	53.97	34.90

問題 8・1 クロム(IV)酸化物もルチル型構造である．ブラッグの式とTi^{4+}とCr^{4+}のイオン半径（付録1）を考慮して，CrO$_2$の粉末X線回折パターンのおもな特徴を予測せよ．

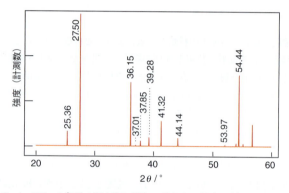

図 8・4 TiO$_2$の多形の混合物に対して得られる粉末X線回折パターン（例題8・1参照）

(b) 単結晶X線回折

要点 単結晶から得られる回折パターンの解析により分子や広範囲の格子の構造が決定できる．

単結晶から得られる回折データの解析は，無機固体の構造を知るための最も重要な手法である．十分な大きさと品質の化合物結晶を成長させることができれば，データから分子構造や広範囲の格子の構造に関して決定的な情報が得られる．

単結晶から回折データを得るには，図8・5に示すように，単結晶試料を入射X

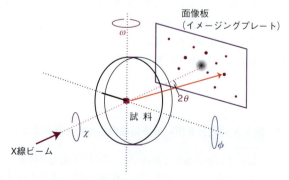

図 8・5 四軸型回折装置の概略図．四つの角が系統的に変化すると同時に，検出器の位置がコンピューターによって制御される．

線ビームに対して ω, ϕ, χ で表される直交した三つの軸で回転させることのできる回折装置で測定する．**四軸型回折装置**（four-circle diffractometer）ではシンチレーション検出器を用いて，回折角 2θ の関数として回折されたX線の強度を測る．最近のX線回折装置では，**大面積検出器**（area-detector）やX線に感光する**面像板**（image plate）を使用するので，たくさんの回折の極大値を同時に測定できる．これらの装置では，一般に2〜3時間でデータを得ることができる（図 8・6）．

単結晶からの回折データの解析は見かけ上は複雑な過程で，無数の反射とその強度を考慮しなければならないが，計算機の能力が進歩しているため熟練した結晶学者は小さい無機分子の構造決定を1時間以内に完了することができる．無機化合物が $50 \times 50 \times 50$ μm 以上の十分な大きさの結晶として得られれば，単結晶X線回折はたいていの無機化合物の構造決定に利用できる．ほぼすべての無機化合物中の，金属や C, N, O などのほとんどの原子の位置が十分な精度で決定できるため，結合距離を pm の数分の一の精度で求めることができる．たとえば，単斜硫黄中のS−S結合距離は，204.7(3) pm あるいは 2.047(3) Å と報告されている（括弧内は標準偏差）．

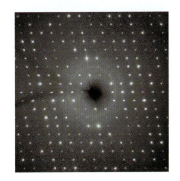

図 8・6 単結晶X線回折パターンの一部．それぞれの回折スポットは結晶中の異なる原子面からの回折により生じる．

> **メモ** 実験条件，データの質，計算結果の精度によって，硫黄間の距離S−Sを標準偏差 0.3 pm で算出できると報告されている．異なる元素の位置が適度に複雑な構造に対して，高精度の単結晶回折の測定データを用いることで，結合距離の標準偏差は一般的に 0.1〜0.5 pm の範囲であると報告されている．構造情報の傾向や差違を比較する際には，標準偏差の値に留意することが必要である．

軽元素のみ（原子量が18のAr以下）から成る無機化合物中の水素原子の位置は決定することが可能であるが，4d 族元素や 5d 族元素を含む多くの無機化合物では，水素原子の位置を決定することは難しい，あるいは不可能である．その原因は，水素原子の電子数が少ない（実際は一つである）こと，多くの場合は他の元素と結合を形成することで1以下となることによる．さらに，電子は結合に関与していることから，X線回折により水素原子位置を求めると，その結合の方向にずれて観測される．そのために，実際の核間距離よりも小さく観測されることとなる．中性子散乱（§8・2）のような異なる手法を用いると，無機化合物中の水素原子を位置を決定することも可能である．

単結晶X線回折により得られた分子構造は，ORTEP図で表記されることが多い（図 8・7，ORTEP は <u>O</u>ak <u>R</u>idge <u>T</u>hermal <u>E</u>llipsoid <u>P</u>lot Program の略号）．ORTEP図では，最も電子散乱密度の高い空間をだ円体を使って表記する．より正確には熱振動だ円体といわれ，電子の熱による運動を考慮したものである．このだ円体のサイズは高温では大きくなる．そのために，高温では原子間結合長がより不正確となり，エラーが増大する．

(c) シンクロトロン光源でのX線回折

要点 シンクロトロン光源から発生する強力なX線により，非常に複雑な分子の構造を決定することができる．

粉末X線回折と単結晶X線回折の実験が化学の研究室でX線発生装置を用いて日常的に行われるのに対して，もっと強力なX線が**シンクロトロン放射**（synchrotron radiation）を利用して得られる．シンクロトロン放射は蓄積リングに沿って加速された電子から生じ，研究室レベルのX線源と比べると一般に数桁ほど強度が強い．シンクロトロンX線源は非常に大きいので，一般的には国立や国際的実験施設である．そのようなX線源に備え付けられた回折装置では，$10 \times 10 \times 10$ μm

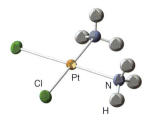

図 8・7 抗がん剤であるシスプラチン $[PtCl_2(NH_3)_2]$ の ORTEP 図．だ円体は 90% の確度でそれぞれの原子の電子密度が存在することを示している．

ほどの非常に小さい試料や結晶の研究が可能になり，さらに，データの取込みがもっと迅速になり，より複雑な構造の決定が可能になっている．

8・2 中性子回折

要点 結晶による中性子の散乱から回折データが得られ，構造に関する付加的な情報，とりわけ軽い原子の位置についての情報が明らかにされる．

結晶からの回折は，速度がつぎのような条件をもつ粒子であれば，どのような粒子の場合にも起こる．すなわち，速度に関係する波長（ド・ブロイの関係，$\lambda = h/mv$ による）が結晶中の原子間やイオン間の距離に相当するような粒子の場合がそうである．中性子と電子は 100〜200 pm のオーダーの波長をもちうるので，無機化合物結晶により回折される．

原子炉で発生する中性子やスパレーション (spallation) として知られる過程で生じる中性子を"減速"させることによって，適切な波長をもった中性子線が得られる．スパレーションは，加速した陽子線により重い元素の原子核から中性子を剥ぎ取る過程である．データを取込んだり，単結晶あるいは粉末中性子回折パターンを解析したりする手段は X 線回折の場合と似ていることが多い．しかし，中性子線の流束は実験室レベルの X 線源よりずっと少ないので，中性子回折の装置は X 線と比べて大きなものとなる．さらに，X 線回折装置は世界中の研究室で利用されているのに対して，中性子線回折は世界的に見ても限られた専門家のみが使用可能である．そのために，中性子線回折による無機材料の研究は一般的ではなく，用途は X 線回折では解析できない水素などの軽元素を含む系に本質的に限定される．第 10 章で述べるように，エネルギー貯蔵やエネルギー生成に用いられる水素を含む化合物がますます重要となってきていることを反映して，無機化合物中の水素の構造解析の需要が高まってきている．

中性子回折の利点は，中性子が原子核により散乱され，原子核を取巻く電子によって散乱されるのではないことに基づく．そのため，X 線から得られる情報とは相補的な関係にある構造パラメーターに対して，中性子は高い感度をもつ．特に，中性子散乱は，たいていの無機化合物の X 線回折で問題となるような重い元素の影響を受けない．たとえば，物質中の H や Li のような軽い元素の位置を決める場合，この物質が Pb も含んでいれば，X 線回折で決定するのは不可能である．なぜなら，ほとんどすべての電子密度が Pb 原子に存在しているからである．対照的に中性子では軽い原子からの散乱が重い原子からの散乱と同程度であることがよくある．したがって，中性子回折を X 線回折との組合わせで用いて，H や Li, O などの軽元素がより重い電子が豊富な元素と共存するような場合に，より正確な構造を決定できることがよくある．典型的な応用例は，高温超伝導体のような複雑な重金属酸化物（高温超伝導体ではバリウムやタリウムのような金属元素の存在下で酸化物イオンの正確な位置を決める必要がある）や水素の位置が興味の対象である系の研究などである．

中性子線回折は，ほぼ電子数の等しい種の判別に用いられることもある．O と N や Cl と S など周期表で隣接する元素のように，電子数がほぼ等しい場合は同程度に X 線を散乱する．よって，X 線散乱では，それら両方の元素を含む結晶中で互いを区別することは困難である．しかしながら，これらの元素の組合わせにおいても中性子の散乱能はまったく異なる．N は O より 50% 強く中性子を散乱するし，Cl は S の 4 倍である．中性子を用いることで，これらの原子をよりたやすく区別することが可能となる．

もう一つの中性子の重要な特性として，不対電子により散乱されることがあげられる．強磁性や反強磁性の無機化合物（§20・8参照）では，不対電子が規則的に配

列しており,この配列による回折ピークが観察される.このピークは,核による散乱と区別して,磁気散乱といわれる(図8・8).この磁気散乱を解析することにより,**磁気構造**(magnetic structure)といわれる電子の磁気モーメントの配列に関する情報を得ることが可能である.

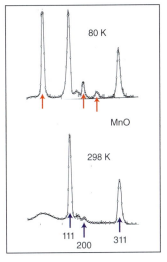

図 8・8 MnO の粉末中性子回折パターン.80 K 以下の低温で観測される電子スピンの反強磁性秩序に伴う磁気的な反射が観測される.MnO は室温では常磁性で磁気モーメントの長距離秩序はもたないので,298 K では磁気的な反射が観測されない.

例題 8・2 無機化学における構造解析のための最適な回折手法の選択

以下の情報を得るためには,どのような回折手法を用いるのが適当か述べよ.
(i) K_2Se_5 における Se–Se 結合距離を誤差 0.3 pm 以下で求める.
(ii) $[\{(CpY)_4(\mu\text{–}H)_7\}(\mu\text{–}H)_4WCp^*(PMe_3)]$ 中の水素原子の正確な位置を求める.

解 必要とする情報を得ることができるように,種々の回折手法の感度を考慮する必要がある.(i) の場合,カリウムとセレンは両方とも重元素であることから,X線を強く散乱する.よって,単結晶X線回折法により正確な結晶構造を得ることが可能である.単結晶X線回折法により,Se–Se の結合距離は 2.335 Å から 2.366 Å の範囲にあることが ±0.002 Å の精度で求めることができる.(ii) の場合は,Y や W などの重元素の X線散乱が大きく X線回折で水素の位置を明らかにすることは困難である.この結晶の正確な構造は 2011 年に,9 mm³ の体積の結晶を用いた単結晶中性子回折法により明らかにされた.

問題 8・2 5×10×20 μm のサイズの K_2Se_5 結晶を用いて構造解析するためには,どのような手法を用いればよいか.

吸光および発光分光法

無機化合物を解析する際に,大部分の物理的な手法では,電磁波の吸収や再放出を利用している.無機化合物に吸収された電磁波の周波数は,エネルギー準位に関する有用な情報である.また,吸収強度は,定量分析に用いることができる.吸光分光法は一般的には非破壊的な手法であり,被検体は測定後に他の実験に用いることが可能である.

化学の分野では,γ線やX線(波長は約1 nm)などの波長の短い電磁波から,ラジオ波など波長が数メートルにおよぶ波長の長い電磁波まで利用されている(図8・9).この波長範囲は,原子や分子のイオン化,振動,回転,原子核の再配列などの現象に対応している.X線や紫外(ultraviolet,UV)線は原子や分子の電子構造の解明に用いることができるし,赤外(infrared,IR)光はそれらの振動解析に用い

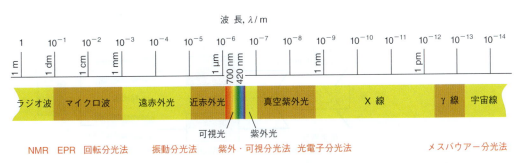

図 8・9 電磁波の波長分布.それぞれの波長領域で用いられる分光法を示す.

られている．核磁気共鳴（nuclear magnetic resonance, NMR）法では，ラジオ波（radiofrequency, RF）が磁場中での核の再配列エネルギー解析に利用される．この核の再配列エネルギーは周辺の化学的環境に依存するので，NMRではある特定の核種の化学環境を解明できる．このように，吸光分光法では分子や材料中の注目しているエネルギー準位間の遷移に対応した周波数の電磁波の吸収を利用している．吸収強度は遷移確率で決定され，第6章で述べた振動分光法における，対称性の解明に利用できる．

種々の分光法で用いられる電磁波は，抽出される構造情報に対応した測定時間スケールがある．光子が原子や分子と相互作用する際には，励起状態の寿命とその時間スケールで分子がどのように変化するかを考慮に入れる必要がある．表8・2には，本章で述べる分光法の時間スケールをまとめている．たとえば，IR分光法は，NMRと比べてより短い時間スケールのスナップショットを与える．分子がその形態をナノ秒スケールで変化させるとすると，IR分光法では，その変化の前後の構造を区別できるが，NMRでは区別できない．そのため，NMRではその時間スケールの平均構造情報を得ることになる．そのような場合は，その化学種はNMRの時間スケールでは"流動的"であるという．分子の構造再配列速度は，高温であるほどより速くなるので，測定時の温度も解析の際には考慮に入れなければならない．

表8・2 いくつかの分光法の測定時間スケール

X線回折	10^{-18} s
メスバウアー	10^{-18} s
電子分光法 紫外（UV）・可視	10^{-15} s
振動分光法 赤外（IR）/ラマン	10^{-12} s
NMR	約 10^{-3}〜10^{-6} s
EPR	10^{-6} s

> **実例** 鉄ペンタカルボニル $[Fe(CO)_5]$ は測定手法の時間スケールが重要であることを示す好例である．赤外分光法では，$[Fe(CO)_5]$ は D_{3h} 対称であり，アキシアル位とエクアトリアル位のカルボニル基を判別できるが，NMRでは五つのカルボニル基は等価である．

8・3 紫外・可視分光法

要点 紫外・可視域の遷移のエネルギーと強度から，電子構造と化学的環境に関する情報が得られる．スペクトルの時間変化は反応過程の追跡に用いられる．

紫外・可視分光法（ultraviolet-visible spectroscopy, UV・可視分光法）では，可視と紫外（UV）のスペクトルの領域における電磁波の吸収を観察する．ここでのエネルギーは化学種を高い電子エネルギー準位に励起するのに使われるため，紫外・可視分光法で得られるスペクトルを**電子スペクトル**（electronic spectrum）とよぶこともある．UV・可視分光法は無機化合物やその反応の研究に対して最も汎用されている測定手段の一つであり，たいていの研究室では紫外・可視分光光度計を所有している（図8・10）．特にd電子やf電子を含む系における電子遷移では，複数の遷移のエネルギーが近接していることがある．また，このような電子遷移は波長 $\lambda = 800$〜$2000\,\mu m$ の近赤外線域で観測されることも多い．本節では基礎的な原理と，研究に際して紫外・可視スペクトルを測定し利用する方法についてのみ記述する．これらの原理は後の章，特に第20章において詳しく述べる．

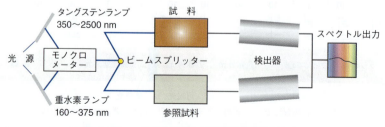

図8・10 一般的な紫外・可視分光光度計の概略図

(a) スペクトルの測定

通常，試料は溶液であるが，気体や固体の場合もある．ガスや液体の場合，試料はガラスやシリカのような光学的に透明な物質でできたセル（"キュベット"）に入れられる．シリカは 320 nm 以下の波長で UV スペクトルを調べるときに用いられる．セルは光源からの光線が当たるように置かれ，光学的な透過の割合を検出器で測定する．通常，入射光を二つに分け，一つは試料を通過させ，もう一つは試料の入ったセルと等価な空のセルを通す．試料光と参照光を検出器（フォトダイオード）において比較する．従来の分光計では回折格子の角度を変えることにより入射光の波長を掃引していたが，現在では**ダイオードアレイ検出器**（diode array detector）を用いて全スペクトルを一度に記録する方法が一般的である．固体の試料では，透過光よりも反射光を用いて測定する方がより容易である．スペクトルは，反射光強度から入射光の強度を引くことで得ることができる（図 8・11）．

試料の**吸光度**（absorbance）A は

$$A = \log_{10} \frac{I_0}{I} \tag{8・2}$$

で定義される．ここで I_0 は入射光の強度，I は試料を通過した後に測定される強度である．強い吸収を示す化学種については，光子の流束が低ければ測定の信頼性に欠けるため，検出器が測定限界を決める要因となる．

> **実例** 光の強度を 10％減衰させる（すなわち，$I_0/I = 100/90$）ような試料は吸光度が 0.05，90％減衰させる（すなわち，$I_0/I = 100/10$）試料は吸光度が 1.0，99％減衰させる試料は吸光度が 2.0 などとなる．

吸光度と吸収を起こす化学種Jのモル濃度 [J] および光路長 (l) とは，経験的な**ランベルト・ベールの法則**（Lambert-Beer's low）によって関係づけられる．

$$A = \varepsilon[\text{J}]l \tag{8・3}$$

ここで ε は**モル吸光係数**〔molar absorption coefficient, 依然として "extinction coefficient（消衰係数）" やときには "molar absorptivity（モル吸光係数）" も普通に使われている〕である．ε の値は完全な許容遷移（たとえば遷移元素の 3d から 4p への $\Delta l = 1$ の遷移）に対する $10^5\,\text{dm}^3\,\text{mol}^{-1}\,\text{cm}^{-1}$ から "禁制" 遷移（$\Delta l = 0$）の $1\,\text{dm}^3\,\text{mol}^{-1}\,\text{cm}^{-1}$ 以下までの範囲に及ぶ．分子系では，この選択則は分子軌道間の遷移にも適応できる．しかしながら，その励起準位は振動として緩和することが多く，分子の対称性に影響を及ぼすことを考慮する必要がある（第 20 章で述べる）．モル吸光係数の小さな分子では，濃度か光路長がそれなりに大きくなければ吸収を示す化学種を検出するのは難しい．

図 8・12 に d 軌道化合物を含む溶液の吸収スペクトルの一例として，d^1 配置の Ti^{III} UV・可視吸収スペクトルを示す．電磁波の吸収エネルギーから，配位子による影響などの情報を含んだ化合物のエネルギーレベルを知ることができる．遷移のタイプは ε の値から類推できる．また，吸光度と濃度の線形性から，平衡組成や反応速度などの濃度に依存した特性を知ることも可能である．

> **例題 8・3 UV・可視吸収スペクトルと色を関連づける**
>
> 図 8・13 は PbCrO_4 と TiO_2 の UV・可視吸収スペクトルである．PbCrO_4 はどのような色しているか述べよ．

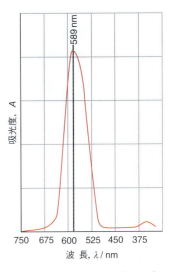

図 8・11 群青色顔料 $\text{Na}_7[\text{SiAlO}_4]_6\text{-}(\text{S}_3)$ の UV・可視吸収スペクトル

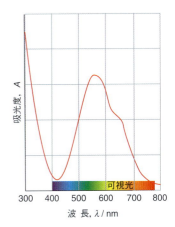

図 8・12 $[\text{Ti}(\text{OH}_2)_6]^{3+}$ 水溶液の UV・可視吸収スペクトル

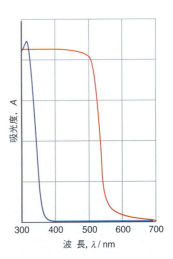

図 8・13 PbCrO_4（—）と TiO_2（—）の UV・可視吸収スペクトル

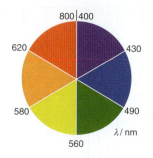

図 8・14 芸術家が用いる色相環. 補色が中心の反対側に示されている.

解 白色光の特定の波長成分が失われた場合は，われわれは残余の光成分の補色を認識する．補色とは色相環で相対する位置にある色の組合わせである（図 8・14）．$PbCrO_4$ に吸収される光は青色から緑色成分であるので，散乱されてわれわれの目で認識できる散乱光は，図 8・14 によれば補色の黄色となる．

問題 8・3 TiO_2 が有害な UVA（320～360 nm の波長領域の紫外光成分）を防ぐ日焼け止め剤として広く用いられている理由を説明せよ．

(b) 滴定の分光学的測定と速度論

遷移のエネルギーではなく吸光度の測定に重きを置くとき，分光学的研究は一般に**分光光度法**（spectrophotometry）とよばれる．関与する化学種の少なくとも一つが適当な吸収バンドをもつ場合，滴定において分光光度法により成分の濃度を測ることで反応の進行を追跡することは普通容易である．溶液中の化学種の UV・可視吸収スペクトルを測定することも，反応の進行を追跡し反応速度定数を決定する方法である．

UV・可視吸収スペクトルによる反応の追跡の技術では，ピコ秒領域での反応の測定（超短レーザーパルスによって光化学的に反応が開始する）から，数時間から場合によっては数日の遅い反応の追跡までが対象となる．**ストップトフロー法**（stopped-flow technique，図 8・15）は，半減期が 5 ms から 10 s の間にあるような反応で，混合によって反応を開始できるような場合の研究に広く用いられる．それぞれが反応物の一つを含むような 2 種類の溶液を気体の圧力の衝撃で速やかに混合し，流れ込んで反応する溶液を"停止用シリンジ"を満たすことによって急激に止めて，吸光度の追跡を開始する．反応は単一の波長で追跡することができる．また，**ダイオードアレイ検出器**を用いればきわめて迅速に連続的なスペクトルを測定できる．

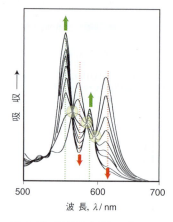

図 8・16 HgTPP（TPP: テトラフェニルポルフィリン）と Zn^{2+} との反応における吸収スペクトルの変化で観察される等吸収点（丸で囲んで示す）．この反応では大員環中の Hg が Zn と置換する．最初と最後のスペクトルは反応物と生成物のもので，遊離の TPP が反応中に検出可能な濃度にはならないことが示唆される〔C. Grant, P. Hambright, *J. Am. Chem. Soc.*, **91**, 4195 (1969) より改変して引用〕．

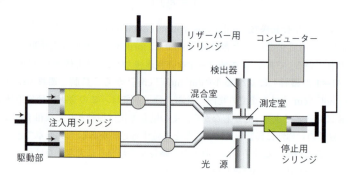

図 8・15 溶液中での高速反応を研究するためのストップトフロー測定装置の構成

滴定や反応過程でもたらされるスペクトルの変化からは，滴定や反応の進行に伴って生じる化学種の数に関する情報も得られる．反応あるいは滴定の間に一つあるいは複数の**等吸収点**（isosbestic point，この名称はギリシャ語の"同程度に消費された"に由来する）が現れる場合は重要である．等吸収点は二つの化学種のモル吸光係数が等しくなる波長である．したがって，滴定の間，あるいは反応が進む間に等吸収点が保持されていれば，溶液中にはおもな化学種が 2 種類のみ存在する（反応物と生成物）ことの証拠となる（図 8・16）．このような等吸収点では三つめの化学種（中間生成物であっても）も等しいモル吸光係数をもつことはおおよそ起こりえない．

8・4 蛍光あるいは発光分光法

蛍光分光法 (fluorescence spectroscopy) あるいは発光分光法 (emission spectroscopy) は, 紫外光などを用いて電子的に励起された化合物からの電磁波の放射を可視光域や近赤外光域で分光分析する手法である. 時には, 蛍光定量法 (fluorometry) や蛍光分光分析 (spectrofluorometry) とよばれることもある. 一般に, 放出される光子のエネルギーは, 化合物中での無放射損失のために, 励起に用いられる電磁波よりも小さい. 光吸収と発光の機構とそれらの相関を図8・17に示している. 発光あるいは蛍光スペクトルの形状は励起波長に依存するので, 実験的には種々の励起波長でスペクトルを収集する. また, 光吸収と発光スペクトルはあわせて収集し, 解析することが多い. 発光分光器 (図8・18) は, 一般的にキセノンランプ (Xeランプ) を励起光源として用い, モノクロメーター (単色光分光器) により, 200～800 nm の範囲で励起波長を選択する. 得られた単色光を測定したい試料に照射し, 発光スペクトルはもう一つのモノクロメーターを用いて, 200～900 nm の範囲で解析を行う.

無機化学では, 蛍光体やディスプレイに用いられる材料の発光スペクトルが特に注目されている. このような蛍光体は, 水銀蒸気中の放電により生じる UV 光を可視光に変換する. 電子準位間の遷移による発光が, 電磁スペクトル中の可視から近赤外光領域に観測される f-ブロック元素や不対電子をもつ元素が, UV・可視分光法により知られるようになった. Eu^{3+} や Tm^{3+} などの希土類イオン (§23・5) や遷移金属を含む化合物, たとえば Mn を添加した ZnS などが蛍光体として応用されている. 図8・19は, 量子ドット (BOX 24・6) として知られる CdSe/ZnS ナノ粒子のうち, 異なる粒径の粒子から観測された発光スペクトルである. より小さな粒子は, 励起状態と基底状態のエネルギー差が大きくなるために, より波長の短い発光を示す〔訳注: 量子サイズ効果として知られている〕.

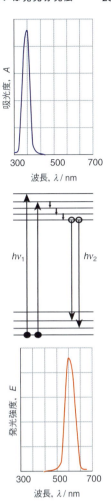

図 8・17 UV・可視吸収スペクトルと発光スペクトルの機構を表すエネルギー準位の模式図

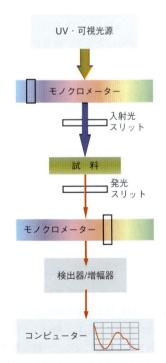

図8・18 一般的な蛍光分光光度計の概略図

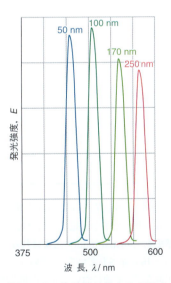

図 8・19 粒子径の異なる CdSe/ZnS ナノ粒子の発光スペクトル (励起波長: 320 nm)

8・5 赤外分光法とラマン分光法

要点 赤外分光法とラマン分光法は，特定の振動が一方で観察されればもう一方では観察されないこともあり，そのような点では相補的である．得られる情報は，構造の決定から反応速度の測定まで多くの分野で利用される．

振動分光法は，化合物中に存在する結合の強さと数に基づいて，化合物を解析するときに用いられる．この分光法は，既知の化合物を検出したり（指紋領域のバンドの帰属），反応中の化学種の濃度を追跡したり，未知の化合物の成分（たとえばCO 配位子の存在）を決定したり，化合物に対してもっともらしい構造を決めたり，結合の性質（力の定数）を測定したりするのに利用される．振動スペクトルを得るためには二つの方法が知られている．**赤外分光法**（infrared spectroscopy, IR 分光法）と**ラマン分光法**（Raman spectroscopy）である．

(a) 分子振動のエネルギー

分子中の結合はばねのようにふるまう．結合を距離 x だけ引き伸ばすと復元力 F が生じる．変位が小さい場合，復元力は変位に比例し，$F = -kx$ となる．ここで k は結合の**力の定数**（force constant）で，結合が強くなるほど力の定数は大きくなる．このような系は調和振動子として知られており，この系のシュレーディンガー方程式の解はエネルギーとして

$$E_v = \left(v + \frac{1}{2}\right)\hbar\omega \qquad \omega = \left(\frac{k}{\mu}\right)^{1/2}, v = 0, 1, 2, \cdots \qquad (8 \cdot 4a)$$

のように与えられる．μ は振動子の**有効質量**（effective mass）である．質量が m_A および m_B の原子から成る二原子分子では下式のようになる．

$$\mu = \frac{m_A m_B}{m_A + m_B} \qquad (8 \cdot 4b)$$

同一の分子であっても異なる同位体から構成されている場合，有効質量は異なるので違う E_v をそれぞれもつ．もし $m_A \gg m_B$ ならば $\mu \approx m_B$ となり，振動に際して原子 B が主として動く．この場合，振動エネルギー準位はおもに軽い方の原子の質量である m_B によって決まる．したがって，力の定数が大きく（強い結合），振動子の質量が小さい（振動において軽い原子だけが動く）ときには周波数 ν が大きくなる．振動エネルギーは波長の逆数である波数 $\tilde{\nu}$ で表現するのが普通であり（$\tilde{\nu} = \omega/2\pi c$），典型的な $\tilde{\nu}$ の値は 300〜3800 cm^{-1} の範囲にある（表 8・3）．

> **メモ** 一般的に μ は，分子内運動として並進運動と区別するために，"換算質量"といわれることが多い．しかしながら，多原子分子では，それぞれの振動モードは異なる質量の運動に帰属され，それぞれの構成要素の質量がより複雑に相関する．そのため，振動モードの議論をする際には"有効質量"ということが一般的である．

N 個の原子を含む分子における異なる振動の数は，分子が直線形でない場合は $3N-6$ 通り，分子が直線形の場合は $3N-5$ 通りである．このような異なる振動は**基準振動**（normal mode）とよばれる．たとえば，CO_2 分子は基準振動が四つあり（図 6・16 に示されている），そのうち二つは結合の伸縮に対応し，他の二つは互いに垂直な二つの面において分子を折り曲げて変形させる振動になる．一般に変角振動は伸縮振動より低振動数で起こる．また，変角振動の原子質量への依存性は複雑である．これは伸縮振動と変角振動において複数の原子が動く程度に違いがあるこ

表 8・3 いくつかの一般的な分子に含まれる基（単独に存在する分子やイオンあるいは金属に配位している場合）の伸縮振動の基本音の特性周波数

基	波数範囲 /cm^{-1}
OH	3400〜3600
NH	3200〜3400
CH	2900〜3200
BH	2600〜2800
CN$^-$	2000〜2200
CO（末端）	1900〜2100
CO（橋かけ）	1800〜1900
$\diagdown$C=O$\diagup$	1600〜1760
NO	1675〜1870
O$_2^-$	920〜1120
O$_2^{2-}$	800〜900
Si−O	900〜1100
金属−Cl	250〜500
金属−金属結合	120〜400

とを反映した結果である．振動モードは ν_1, ν_2 などのように記号で表され，"対称伸縮振動"（symmetric stretch vibration）や"逆対称伸縮振動"（antisymmetric stretch vibration）といった，状態を反映した名称が与えられることもある．電気双極子モーメントの変化に対応する基準振動のみが赤外線と相互作用するので，このようなモードだけが赤外スペクトルにおいて活性となる〔赤外活性，**IR 活性**（IR active）〕．分極率が変化する基準振動は**ラマン活性**（Raman active）である．第 6 章で学んだように，群論は赤外スペクトルやラマンスペクトルの活性を予想するために重要である．

あらゆる基準振動の最低準位（$\nu=0$）は $E_0 = \frac{1}{2}\hbar\omega$ に対応する．これはいわゆる**ゼロ点エネルギー**（zero-point energy）で，振動する結合がもちうる最低エネルギーである．振動スペクトルは $\Delta\nu=+1$ の基本音の遷移に加えて，**倍音**（overtone）として知られる 2 個の量子に起因する吸収バンド（$2\tilde{\nu}$ の波数において $\Delta\nu=+2$ の遷移が現れる）や二つの異なる振動モードの組合わせの吸収バンド（たとえば $\nu_1+\nu_2$）を示すこともある．こういった特別な遷移は，基本音の遷移が選択律によって許容でない場合でも生じることがよくあるので，有用なものである．

(b) 測定技術

赤外分光法（infrared spectroscopy，IR 分光法）では，試料に赤外線を当て，吸光度と振動数，波数あるいは波長依存性を記録することにより，化合物の振動スペクトルを得る．

> **メモ** 吸収は，よく"1000 波数の周波数"に観測されるといわれる．この広く用いられている習慣には注意が必要である．なぜなら，"波数"$\tilde{\nu}$ は物理的に観測される周波数 ν と $\tilde{\nu}=\nu/c$ で関連づけられ，波数自体は単位ではない．波数の次元は長さの逆数であり，cm の逆数（cm^{-1}）が一般に用いられる．

初期の分光計では，振動数を測定限界の間で掃引して透過を測定した．現在では干渉図形から**フーリエ変換**（Fourier transformation）を用いてスペクトルを得ている．フーリエ変換では時間領域（長さの異なる光路を通る波の干渉に基づく）の情報を振動数領域の情報に変換する．試料は赤外線を吸収しない材料に入れなければならない．すなわち，ガラスは使うことができず，対象となるスペクトルが水による吸収がない振動数において吸収バンドをもたなければ，水溶液も不適切である．典型的な光学窓は CsI や CaF_2 でつくられている．KBr 錠剤（試料を乾燥した KBr に分散させ，加圧して半透明の錠剤とする）やパラフィンへの分散（試料をパラフィン中に分散させ，懸濁液を光学窓の間に置く）といった従来の試料作製方法も依然として広く用いられているが，ほとんどが内部全反射装置に取って代わられている．この装置では試料を単に正確な位置に置くだけでよい．一般的な赤外スペクトルの測定範囲は $4000\,cm^{-1}$ から $250\,cm^{-1}$ である．これは，2.5 μm から 40 μm の波長に対応し，無機物のほとんどの重要な振動モードをカバーしている．図 8・20 にスペクトルの一例を示す．

ラマン分光法（Raman spectroscopy）では，試料に可視域の強いレーザーを照射する．ほとんどの光子は弾性的に（振動数の変化なしに）散乱されるが，一部は非弾性的に散乱され，いくらかのエネルギーを放出して振動を励起する．散乱された光子は，分子振動の振動数（ν_i）と等価な量だけ，入射光（ν_0）とは異なる振動数をもつ．赤外分光法に対するラマン分光法の不利な点は通常，スペクトル線幅がかなり広くなることである．従来のラマン分光では，"仮想的な"励起状態への遷移をひき起こす光子が使われ，その後，実際に存在する低い準位へ落ち込む過程で光

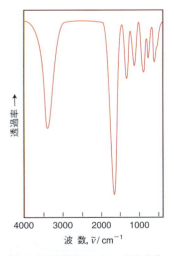

図 8・20 酢酸ニッケル・四水和物の赤外吸収（IR）スペクトル．水とカルボニル基による吸収が観測される（OH 伸縮振動：$3600\,cm^{-1}$，>C=O 伸縮振動：$1700\,cm^{-1}$）．

子が放出され，それが検出される．この測定方法はあまり感度がよくないが，研究対象の化学種が着色していて，励起レーザー光を実際の電子遷移にあわせた場合，感度の増幅が達成できる．この方法は**共鳴ラマン分光法**（resonance Raman spectroscopy）として知られており，とりわけ酵素中の d 金属の環境を研究するうえで有用である（第 26 章参照）．発色中心の近くにある結合の振動のみが励起され，分子中の残りの多数の結合は"隠れている"からである．

図 8・21 に典型的なラマンスペクトルを示すように，その測定範囲は赤外スペクトルと同等である（200〜4000 cm^{-1}）．励起光のエネルギーが試料に移動する場合と試料から移動する場合がある点に注意が必要である．試料に入射光のエネルギーが移動する場合，**ストークス線**（Stokes line）が観測される．この場合，励起光のエネルギーよりも低エネルギー側（すなわち低波数側あるいは長波長側）に観測されるラマン線が観測される．一方，試料から励起光に振動エネルギーが移動する場合は，**反ストークス線**（anti-Stokes line）といわれ，励起光のエネルギーよりも高エネルギー側にラマン線が観測される．赤外スペクトルとラマンスペクトルは，それぞれ異なる振動モードを検出するという点で相補的な関係にある．赤外スペクトルでは，双極子モーメントが変化するような振動モードが検出される．それに対して，分極率が変化する振動モード（励起光により付加される電場によって分子内の電子分布が変化する）がラマンスペクトルでは観察される．§6・5 で学んだように，群論に基づけば（排除規定），赤外とラマンの両方に活性なモードは，中心対称性をもつ分子では存在しない．

(c) 赤外分光法とラマン分光法の応用

無機分子の形態の解明は，振動分光法の重要な応用の一つである．たとえば，五配位構造 AX_5（X は単一の元素）は，C_{4v} の四方錐構造あるいは D_{3h} の三方両錐構造と考えられる．§6・5 で解説されている，これらの配位構造の基準振動モード解析は，三方両錐形 AX_5 の五つの振動モード（対称種 $2A_1'' + A_2'' + E'$．最終項は二重に縮退している）のうち三つが赤外活性（$A_2'' + E'$，二つの吸収バンドに対応）であり，四つがラマン活性（$2A_1'' + E'$，三つのバンド）である．同様の解析を行うことで，四方錐構造は四つの赤外活性伸縮振動モード（$2A_1 + E$, 3 バンド）と五つのラマン活性な伸縮振動モード（$2A_1 + B_1 + E$, 4 バンド）をもつことがわかる．振動スペクトル測定結果から，BrF_5 には赤外吸収に三つの伸縮振動モード，ラマンに四つの Br–F 伸縮振動バンドが確認できることから，この分子が VSEPR 理論（§2・3）から予測されるように四方錐構造であることがわかる．

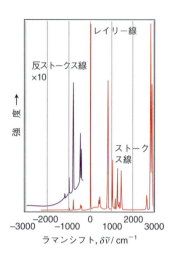

図 8・21 典型的なラマン散乱スペクトル．レイリー散乱〔レーザー光が散乱されて波長が変わることなく原点（0 cm^{-1}）に観測される〕とストークス線および反ストークス線が観測される．

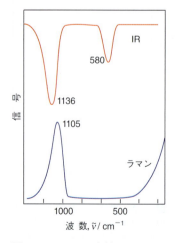

図 8・22 XeF_4 の赤外スペクトルとラマンスペクトル

> **例題 8・4 分子配置の解明**
>
> 図 8・22 は XeF_4 の赤外スペクトルとラマンスペクトルである．XeF_4 分子は，平面四角形構造あるいは正四面体構造か予測せよ．
>
> **解** AB_4 分子は，正四面体（T_d），平面四角形（D_{4h}），四方錐の底面（C_{4v}），シーソー形（C_{2v}）のいずれかの構造である．二つのスペクトルは共通の吸収エネルギーをもたないことから，分子は対称中心をもつと考えられる．候補となる構造のうちで，平面四角形構造 D_{4h} のみが対称中心をもつ．
>
> **問題 8・4** VSEPR 理論を用いて，XeF_2 分子の形態および赤外とラマン測定で観測される振動モードの総数を予想せよ．赤外とラマンの両方に，同じ周波数で観測される吸収バンドは観測されるか考察せよ．

赤外分光法とラマン分光法のおもな用途はカルボニル配位子を含む多種類のd-ブロック化合物の研究である．CO 基は強い振動吸収バンドを生じるという意味で強い振動子である．遊離の CO は 2143 cm^{-1} に吸収を示すが，化合物中で配位子となると，金属から CO の 2π 軌道 (LUMO) への逆供与 (§22・5) による電子密度の移動の程度に応じた量だけ伸縮振動の振動数 (および対応する波数) が低くなる．また，CO の伸縮による吸収は末端配位子と橋かけ配位子とで区別することもでき，橋かけ配位子の方が低振動数で吸収が起こる．同位体標識した試料では，吸収バンドがシフトする (CO 基の ^{12}C を ^{13}C で置換すると約 40 cm^{-1} 低エネルギーシフトする)．この効果は，CO 基を含む化合物の反応機構の解明に用いられる．

> **実例** 同位体間の質量差が大きいので，重水素化 (H を D で置換) することにより，振動スペクトルは大きく変化する．水の場合，O−H 伸縮振動は 3550 cm^{-1} に観測されるが，D_2O 中の O−D 伸縮振動は 2440 cm^{-1} である．この変化は系の有効質量の変化と対応している．重水素 D を含む振動は，水素 H の場合と比べてほぼ $1/\sqrt{(m_D/m_H)} = 1/\sqrt{2}$ 程度，波数側にシフトする．

フーリエ変換型の赤外分光器 (FTIR) の測定速度は，速い反応速度を追跡できる程度に速い．そのため，超高速光分解やストップトフロー法に用いることができる．

ラマン分光法や赤外分光法は不活性な媒質 (マトリックス) 中に捕獲された分子の研究に用いられる．この手法は，**マトリックス分離法** (matrix isolation) とよばれる．マトリックス分離法を用いることで，非常に不安定な分子であっても，固体ゼノンのような不活性媒質中に生成できる．

共 鳴 法

構造を研究するさまざまな測定手段には，エネルギー準位の差に電磁波を共鳴させることに基づくものがある．ある場合には磁場を加えてエネルギー準位の間隔を調整する．このような手法には二つの**磁気共鳴** (magnetic resonance) があり，一つはエネルギー準位が核 (スピンが 0 でない核) の磁気モーメントによるものであり，もう一方では不対電子のエネルギー準位がこれに対応する．

8・6 核磁気共鳴

要点 核磁気共鳴 (NMR) は核磁気モーメントが 0 でない元素を含む化合物の研究に適しており，特に水素を含む化学種の構造を決定するうえで重要である．X 線回折とは異なり，NMR からは動力学に関する情報が得られ，ミリ秒の時間スケールで起こる再配列反応の研究において重要な手段となっている．

核磁気共鳴 (nuclear magnetic resonance, NMR) は溶液中あるいは純粋な液体の分子構造を決定するうえで最も強力な分光法で，広く用いられている．多くの場合，赤外分光法やラマン分光法など他の分光法と比較すると，形と対称性に関してきわめて精度の良い情報が得られる．また，NMR からは流動構造の分子における配位子交換の速度や性質に関する情報が得られるので，反応の追跡に用いることができ，多くの場合，精巧な反応機構の詳細が導かれる．この方法は 30 kg mol^{-1} (30 kDa に相当) までのタンパク質分子の構造を知るためにも利用されており，単結晶 X 線回折で得られるいくぶん静的な描写を補足している．しかし，X 線回折と違って，溶液中の分子の NMR による研究では一般に結合長や結合角を詳細に見積もることはできない．非破壊的な測定が可能であり，試料は回収できる．

表 8・4　一般的な原子核の核スピンの特性

原子核	天然存在比 (%)	感度[1]	スピン	NMR周波数/MHz[2]	原子核	天然存在比 (%)	感度[1]	スピン	NMR周波数/MHz[2]
^{1}H	99.985	5680	$\frac{1}{2}$	100.000	^{29}Si	4.7	2.09	$\frac{1}{2}$	19.867
^{2}H	0.015	0.00821	1	15.351	^{31}P	100	377	$\frac{1}{2}$	40.481
^{7}Li	92.58	1540	$\frac{3}{2}$	38.863	^{89}Y	100	0.668	$\frac{1}{2}$	4.900
^{11}B	80.42	754	$\frac{3}{2}$	32.072	^{103}Rh	100	0.177	$\frac{1}{2}$	3.185
^{13}C	1.11	1.00	$\frac{1}{2}$	25.145	^{109}Ag	48.18	0.276	$\frac{1}{2}$	4.654
^{15}N	0.37	0.0219	$\frac{1}{2}$	10.137	^{119}Sn	8.58	28.7	$\frac{1}{2}$	37.272
^{17}O	0.037	0.0611	$\frac{5}{2}$	13.556	^{183}W	14.4	0.0589	$\frac{1}{2}$	4.166
^{19}F	100	4730	$\frac{1}{2}$	94.094	^{195}Pt	33.8	19.1	$\frac{1}{2}$	21.462
^{23}Na	100	525	$\frac{3}{2}$	26.452	^{199}Hg	16.84	5.42	$\frac{1}{2}$	17.911

[1] 感度は ^{13}C に対する相対的な値で,同位体の相対的な感度と天然存在比の積である.
[2] 2.349 T における値("100 MHz 級分光装置").最近の分光器では,より大きな磁場で運用されている.一般には 200～600 MHz が多い.これらの高磁場 NMR の共鳴周波数は,100 MHz の装置の値に周波数比を乗じることで簡単に算出できる.

　NMR の感度は,同位体の存在比や核磁気モーメントの大きさなど種々のパラメーターに依存する.たとえば 99.98% の天然存在比と大きな磁気モーメントをもつ ^{1}H は,磁気モーメントが小さく天然存在比が 1.1% に過ぎない ^{13}C よりも観察が容易である.最近の多核 NMR 測定では,^{1}H, ^{19}F, ^{31}P のスペクトルを観察することが特に容易にでき,他の多くの元素についても有用なスペクトルが得られる.表 8・4 にいくつかの核とその感度をあげておく.特定の原子核に共通の測定限界は不均一な電荷の分布を反映する核四極子モーメントの存在によるもので(核スピン $I > \frac{1}{2}$ のすべての核に存在する),これはシグナルを広げ,スペクトルの質を下げる.原子番号と質量数が偶数の原子核(たとえば ^{12}C や ^{16}O)は核スピンが 0 であるため NMR で検出されない.

(a) スペクトルの観察

　スピンが I の原子核は印加磁場の方向に対して $2I+1$ 通りの向きを取ることができる.それぞれの向きは異なるエネルギーをもち(図 8・23),最低エネルギー準位が最も高い確率で占有される.スピンが $\frac{1}{2}$ の核(たとえば ^{1}H や ^{13}C)における二つの準位 $m_I = +\frac{1}{2}$ と $m_I = -\frac{1}{2}$ のエネルギー差は

$$\Delta E = \hbar\gamma B_0 \tag{8・5}$$

となる.ここで B_0 は印加磁場の大きさ(より精確には,1 T = 1 kg s^{-2}A^2 で表される磁気誘導)で,γ は原子核の**磁気回転比**(magnetogyric ratio)である.磁気回転比とは核のスピン角運動量に対する磁気モーメントの比である.5～23 T の磁場を生じる最近の超伝導磁石を用いると,200～1000 MHz の範囲の電磁波で共鳴が達成できる.$m_I = +\frac{1}{2}$ と $m_I = -\frac{1}{2}$ のエネルギー準位の差は比較的小さいので,最低準位の占有割合は高い準位より若干大きいに過ぎず NMR 実験の感度は低くなるが,強力な磁場を使うと占有割合の差が大きくなり,吸収強度が上がるので,感度を上げることができる.

　スペクトルは,最初は連続波(continuous wave, CW)モードで得られていた.このモードでは試料に対してラジオ波の周波数を変化させ,共鳴をスペクトルとして記録する.現在では試料中の原子核を連続したラジオ波のパルスで励起し,核の磁

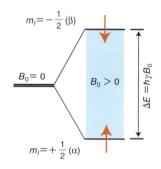

図 8・23　スピンが $I > 0$ の原子核が磁場中に置かれると,その $2I + 1$ 通りの向き(m_I で表される)は異なるエネルギーをもつ.この図は $I = \frac{1}{2}$ の原子核(たとえば,^{1}H, ^{13}C, ^{31}P)のエネルギー準位を表す.

化が平衡状態に戻る過程を観察することでエネルギー差を決めている．つづいてフーリエ変換で時間領域データを周波数領域に変換する．このとき，周波数領域におけるピークは原子核の異なるエネルギー準位間の遷移に対応する．図 8・24 は実験に用いられる NMR 分光計の構成を示す．

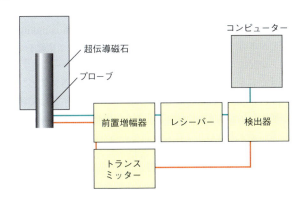

図 8・24　一般的な NMR 分光計の概略図．トランスミッターと検出器の連結は，低周波数のシグナルのみが処理されるように設定されている．

(b) 化学シフト

NMR 遷移の周波数は原子核が感じる局所的な磁場に依存し，**化学シフト** (chemical shift) δ によって表現される．化学シフトは試料中の原子核の共鳴周波数 (ν) と標準物質の周波数 (ν°) との差に対応し，下式のようになる．

$$\delta = \frac{\nu - \nu^\circ}{\nu^\circ} \times 10^6 \tag{8・6}$$

> **メモ**　化学シフト δ は無次元数である．しかし，一般に ppm (parts per million) で表記されることが多い．これは式 (8・6) 中の 10^6 の項によるものであるが，あまり意味はない．

^{1}H, ^{13}C, ^{29}Si スペクトルの共通の標準物質はテトラメチルシラン (tetramethylsilane) Si(CH$_3$)$_4$ で，TMS と略称でよばれる．$\delta<0$ であれば核は標準物質と比較して**遮蔽** (shielding) されているといい（"低周波数"で共鳴する），$\delta>0$ であれば核は標準物質と比較して**脱遮蔽** (deshielding) されていることになる（"高周波数"で共鳴する）．H 原子が，閉殻構造で酸化数が低い 6 族から 10 族の d-ブロック元素と結合しているときには（たとえば [HCo(CO)$_4$]），一般に強く遮蔽されていることがわかっている．これに対してオキソ酸（たとえば H$_2$SO$_4$）中の H 原子は脱遮蔽されている．これらの例から原子核の周りの電子密度が高いほど遮蔽が強くなると考えられそうである．しかし，遮蔽には複数の因子が寄与するので，化学シフトを単純に電子密度で解釈することは一般には不可能である．このことは §10・3 で述べる．

さまざまな化学的環境における ^{1}H および他の原子核の化学シフトは表としてまとめられているので，化合物を同定したり，共鳴する原子核が結合している元素を明らかにしたりするために経験的な相関関係を利用できることが多い．たとえば，CH$_4$ 中の H 原子核はテトラメチルシランと環境が似ているため化学シフトが 0.1 に過ぎないが，GeH$_4$ 中の H に対しては化学シフトは $\delta=3.1$ である（図 8・25）．一つの分子中でも等価でない位置にある同一の元素では化学シフトが異なる．たとえば，ClF$_3$ 中のエクアトリアル位の ^{19}F 原子核の化学シフトはアキシアル位の F 原子核と $\Delta\delta=120$ だけ離れている（図 8・26）．

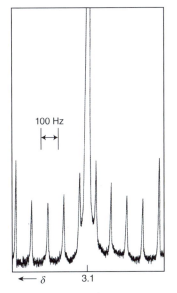

図 8・25　GeH$_4$ の ^{1}H NMR スペクトル．主要なピークが $\delta=3.1$ に観測され，スピン-スピン結合〔$J(^1$H-^{73}Ge), §8・6c〕で与えられるサテライトピークを伴う．

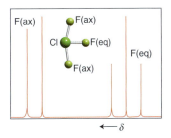

図 8・26　ClF$_3$ の ^{19}F NMR スペクトル〔訳注：ax はアキシアル位，eq はエクアトリアル位を表す〕

化学シフトは，溶液に常磁性種を添加することで，局所的な磁場が生じて変化する．このような化学シフトは，常磁性種の不対電子数を解明する際に用いることが可能である（後の節の磁気測定と磁化率を参照）．

(c) スピン-スピン結合

構造の帰属にあたって原子核の**スピン-スピン結合** (spin-spin coupling) を観察すると役に立つことが多い．スピン-スピン結合はスペクトルに多重線をもたらす．近接する核のスピンが配向することで，測定核位置でのエネルギーにわずかな影響を与え，共鳴がわずかにシフトする．スピン-スピン結合の強さは**スピン-スピン結合定数** (spin-spin coupling constant) J（単位はヘルツ，Hz）として報告され，化学結合の距離が増すとともに急速に減少し，多くの場合，二つの原子が互いに直接結合しているときに最大となる．ここで考えている**一次スペクトル** (first-order spectrum) では，結合定数は多重線において隣接する吸収線の間隔に等しい．図 8・25 からわかるように，$J(^{1}\text{H}-^{73}\text{Ge}) \approx 100$ Hz である．原子核が互いに等価であることが対称操作によって関係づけられていれば，すべての許容遷移は同じ周波数で起こり，あらゆるスピン-スピン結合が見えなくなる．したがって，CH_3I 分子では三つの H 原子核が互いに 3 回回転軸で関係づけられるので，H 原子核間にスピン-スピン結合があるにもかかわらず，単一の ^{1}H シグナルが観察される．

スピンが $\frac{1}{2}$ の原子核（あるいは対称操作により互いに等価であることがわかっているスピンが $\frac{1}{2}$ の原子核の一組）がスピン I の原子核と結合すると，$2I+1$ 本の多重線が生じる．図 8・25 に示した GeH_4 のスペクトルにおいて，中央の単一の吸収線は，$I=0$ の Ge 同位体を含む GeH_4 分子の等価な四つの H 原子から生じる．この中央の線の両側には等間隔で並んだ強度の弱い 10 本の吸収線がある．これらは同位体 ^{73}Ge を含む少量の GeH_4 から生じ，^{73}Ge では $I=\frac{9}{2}$ で，四つの ^{1}H 原子核が ^{73}Ge 原子核と結合して $2 \times \frac{9}{2} + 1 = 10$ 本の多重線を生じる．

異なる同位体間の核スピンの結合は**異核スピン結合** (heteronuclear coupling) とよばれ，これまで議論した Ge−H 結合がその例である．異なる化学的環境に存在する同位体間の核スピンの結合は**等核スピン結合** (homonuclear coupling) といわれる．

実例 図 8・26 の ClF_3 の ^{19}F NMR スペクトルのように，等核スピン結合は同じ元素の原子核が分子の対称操作で関係づけられないときに見られる．二つのアキシアル位の F 原子核（それぞれ，$I=\frac{1}{2}$）に帰属できるシグナルはエクアトリアル位の単一の ^{19}F によって二重線に分裂し，エクアトリアル位の F 原子核のシグナルはアキシアル位の二つの ^{19}F によって三重線に分かれる（^{19}F の存在比は 100％ である）．よって，^{19}F 共鳴線のパターンからこの非対称な構造と平面三角形や三方錐の構造とが容易に区別できる．後者の二つは等価な F 原子核をもっており，^{19}F 共鳴線は単一線となる．

有機分子における ^{1}H-^{1}H 等核スピン結合定数の典型的な大きさは 18 Hz か少し小さい程度である．対照的に，^{1}H-X 異核スピン結合定数は数百 Hz になりうる．^{1}H 以外の原子核間の等核スピン結合定数と異核スピン結合定数は数 kHz にもなる．結合定数の大きさは経験的な傾向に従って分子の幾何学的構造と結びつけられることが多い．平面四角形の Pt^{II} 錯体では，$J(Pt-P)$ がホスフィン配位子のトランス位にある基に依存し，トランス位の配位子が変わるとつぎの順番で $J(Pt-P)$ の値が増加する．

$$R^-, \ H^-, \ PR_3, \ NH_3, \ Br^-, \ Cl^-$$

たとえば，cis-[PtCl$_2$(PEt$_3$)$_2$]ではPのトランス位にCl$^-$があり，J(Pt-P) = 3.5 kHz であるのに対し，trans-[PtCl$_2$(PEt$_3$)$_2$]ではPのトランス位にPがあり，J(Pt-P) = 2.4 kHzとなる．このような系統的な変化のため，シス-トランス異性体の区別が非常に容易である．上記の結合定数の大きさの変化は，大きなトランス影響（§21・4）を及ぼす配位子は自らのトランス位の結合をかなり弱め，原子核間のNMR結合を減少させるという事実に基づいて合理的に説明できる．

(d) 強　　度

対称性の関係で互いに等価であるような一組の原子核から生じるシグナルの積分強度は，その組の原子核の数に比例する．観察している核が完全に緩和するまでの過程においてスペクトルを得る時間が十分にあれば，スペクトルを精度よく帰属するために積分強度（"積分値"）を用いることができる（しかし^{13}Cのような感度の低い核種では，完全に緩和するのを待つことは非現実的である．そのため，定量的な情報を得ることは困難である）．たとえばClF$_3$のスペクトルでは^{19}Fの相対的な積分強度は2:1（二重線と三重線に対して）である．これは対称性の関係から等価になる二つのF原子核と一つの等価でないF原子核が存在することを示すもので，平面三角形D_{3h}配置の場合は，すべてのFが等価であるので明瞭に区別できる．

スピンが$\frac{1}{2}$であるN個の等価な原子核との結合によって生じる多重線の$N+1$本の吸収線の相対的な強度はパスカルの三角形（**1**）で与えられる．よって，三つの等価なプロトンは強度比が1:3:3:1の四重線を生じる．スピン量子数がもっと大きい原子核の組からは異なるパターンが得られる．たとえばHDの^{1}H NMRスペクトルは，^{2}H原子核との結合の結果，強度の等しい3本の吸収線になる（$I=1$で$2I+1=3$の向きがある）．

```
                1
              1   1
            1   2   1
          1   3   3   1
        1   4   6   4   1
      1   5  10  10   5   1
```
1 パスカルの三角形

例題 8・5　NMRスペクトルを解釈する

（i）SF$_4$の^{19}F NMRスペクトルは二つの1:2:1三重線から成り，三重線の強度は等しい．理由を説明せよ．（ii）SeF$_4$の^{77}Se NMRスペクトルが三つの三重線からなる理由を説明せよ（^{77}Se, $I=\frac{1}{2}$）．

解　（i）SF$_4$分子は三方両錐形（**2**）で，孤立電子対がエクアトリアル位の一つを占める．二つのアキシアル位のF原子は二つのエクアトリアル位のF原子とは化学的に異なり，これらから強度の等しい二つのシグナルが生じる．一つの^{19}F原子核が二つの化学的に異なる^{19}F原子核と結合するため，シグナルは実際に1:2:1の三重線となる．（ii）SeF$_4$はSF$_4$と同じ分子構造のため，セレン核は2種類のアキシアルとエクアトリアルのフッ素核とカップリングする．J(Se-F$_{eq}$)の結合によりスペクトルは三重線となる．それぞれの共鳴線はJ(Se-F$_{ax}$)によりそれぞれ3本に分裂する．

問題 8・5　(a) BrF$_5$の^{19}F NMRスペクトルを説明せよ．(b) 表8・4の同位体に関する情報を用いて，cis-[Rh(CO)H(PMe$_3$)$_2$]のヒドリド配位子の^{1}H共鳴が，強度の等しい8本の吸収線から成る理由を示せ．

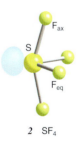

2 SF$_4$

(e) 流動構造

NMR測定では，構造の寿命が2～3ミリ秒より長ければ，それぞれの構造を分解することができる．その意味では，NMR測定の時間スケールは長い．たとえば，[Fe(CO)$_5$]は単一の^{13}C共鳴線のみを示す．これは，NMRの時間スケールでは五つのCO基はすべて等価であることを示している．しかし，赤外スペクトル（その

時間スケールは約 1 ps である) はアキシアル位とエクアトリアル位の CO 基が明確に異なることを示し，三方両錐構造を示唆する．観察された [Fe(CO)$_5$] の ^{13}C NMR スペクトルは，このような個々の共鳴の重みつき平均である．

NMR スペクトルを記録できる温度は容易に変えられるので，多くの場合，相互変換の速度が十分に遅く個々の共鳴が観察できるような温度にまで試料を冷やすことができる．たとえば，図 8・27 は，室温と $-80\,°C$ における [RhMe(PMe$_3$)$_4$] (**3**) の理想的な ^{31}P NMR スペクトルである．低温では，$\delta = -24$ の相対強度 3 の二重の二重線は，エクアトリアル位の P 原子 (^{103}Rh とアキシアル位の一つの ^{31}P と結合) と，四重に分裂した二重線が相対強度 1 (^{103}Rh と三つのエクアトリアル位の ^{31}P と結合) で観測される．室温では熱運動による均一化により PMe$_3$ 基はすべて等価となり，二重線のみ (^{103}Rh と結合) が観測される．

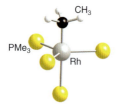

3 [RhMe(PMe$_3$)$_4$]

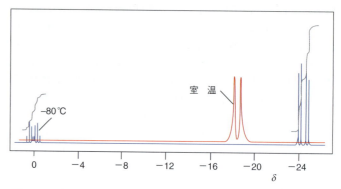

図 8・27 [RhMe(PMe$_3$)$_4$] (**3**) の室温と $-80\,°C$ での ^{31}P NMR スペクトル

注意深い制御により，スペクトルが高温型から低温型に変化する温度 ("融合温度") すなわち相互変換のエネルギー障壁を求めることができる．より詳細に NMR データの温度依存性を解明することで，相互変換のエネルギー障壁を求めることができる．

(f) 固体 NMR

固体の NMR において溶液の NMR と同様に高い分解能が得られることはまれである．溶液中では分子回転により平均化される核間の磁気双極子相互作用や，固定された原子間に生じる長距離の磁気的相互作用のような異方的な相互作用が，この違いのおもな原因となる．固体状態では化学的に等価な原子核が異なる磁気的環境に置かれ，異なる共鳴周波数をもつという事実もこの差の原因である．これらの効果により，化学的に等価な核が異なる磁場環境により，共鳴周波数が異なってしまうことがある．一般にこのような付加的な結合により，ときには，10 kHz 以上になる広幅な共鳴を生じる．

異方的な相互作用を平均化するために，磁場の軸に対して "マジック角度" (54.7°) だけ傾けて超高速 (通常，10〜25 kHz) で試料を回転させる．平行な磁気双極子や四極子相互作用は $(1-3\cos^2\theta)$ に依存するため，この角度でゼロとなる．このいわゆるマジック角度回転 (magic-angle spinning, MAS) は異方性の影響をかなり抑えるが，依然として溶液よりも相当広がったシグナルが得られることも多い．シグナルの広がりが非常に大きくなって，シグナルの線幅が原子核の化学シフトの範囲に匹敵することもある．これは特に典型的な化学シフトの範囲が $\Delta\delta = 10$ である ^{1}H で問題となる．広がったシグナルは ^{195}Pt のように化学シフトの範囲が

$\Delta\delta$＝16 000 であるようなときには問題になることが少ない.もっとも,この広い化学シフトの範囲は,異方的に広がった線幅に影響される可能性があるのだが.四極子をもつ核($I>\frac{1}{2}$の核)ではさらに問題があり,ピーク位置が磁場に依存するようになるため化学シフトで識別することはもはやできなくなる.

このような困難にもかかわらず,技術の進歩により固体の高分解能 NMR スペクトルを観察することが可能となってきた.この進歩は化学の多くの分野において広範囲にわたって重要である.たとえば,ゼオライトのような天然および合成のアルミノケイ酸塩の Si 原子の環境を決定するために ^{29}Si MAS-NMR が利用される(図 8・28).等核および異核"デカップリング"がスペクトルの分解能を向上させ,多重パルスシーケンスを用いれば,測定が困難な試料のスペクトルも観察できる.高分解能の技術である CPMAS-NMR は MAS と交差分極(cross-polarization,CP)の組合わせで,通常は異核デカップリングを用いて,^{13}C,^{31}P,^{29}Si を含む多くの化合物の研究に利用される.この手法は固体状態の分子化合物の研究にも使われる.たとえば,[Fe$_2$(C$_8$H$_8$)(CO)$_5$] の −160 ℃ における ^{13}C CPMAS スペクトルは,実験の時間スケールにおいて C$_8$ 環の C 原子はすべて等価であることを示している.この観察からこの固体中で分子は流動構造であると解釈される.

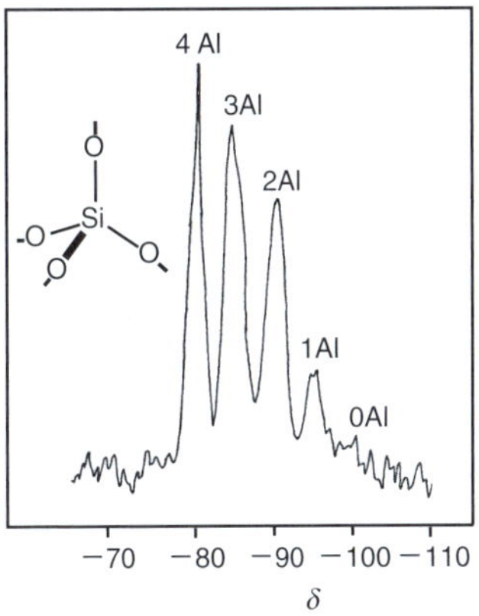

図 8・28 アルミノケイ酸塩ゼオライト方沸石の ^{29}Si MAS-NMR スペクトルの例.それぞれの共鳴線は,Si(-OAl)$_{4-n}$(-OSi)$_n$(n は 0 〜 4 の整数)の異なる4種のケイ素の環境を表している.

例題 8・6 MAS-NMR スペクトルを解釈する

(Ca^{2+})$_3$[Si$_3$O$_9$]$^{6-}$ の ^{29}Si MAS-NMR スペクトルは一つの共鳴線が観測されるが,(Mg^{2+})$_4$[Si$_3$O$_{10}$]$^{8-}$ は強度比 2:1 で二つの共鳴線が観測される.このようなスペクトルが観測される,[Si$_3$O$_9$]$^{6-}$ と [Si$_3$O$_{10}$]$^{8-}$ アニオンの構造を説明せよ(^{29}Si,$I=\frac{1}{2}$,天然存在比 5%).

解 MAS-NMR の分解能では,双極子結合を分離できないことに注意する必要がある.よって,スペクトルに観測される共鳴線の数は,観測している核種がいくつの異なる環境に存在するかを示している.[Si$_3$O$_9$]$^{6-}$ アニオンの場合,すべてのケイ素核が同一の環境にあることがわかる.このような構造は環状構造(**4**)でのみ観測される.三つのケイ素核を含む [Si$_3$O$_{10}$]$^{8-}$ アニオンの場合,観測結果から,等価な二つの核と構造が異なる一つの核が存在することがわかる.三つの核が線形に並んでいる場合にこのようなスペクトルが観測される(**5**).

問題 8・6 線形形状の三ケイ酸塩アニオンを含む化合物 Tm$_4$(SiO$_4$)(Si$_3$O$_{10}$) の ^{29}Si MAS-NMR スペクトルを予想せよ.

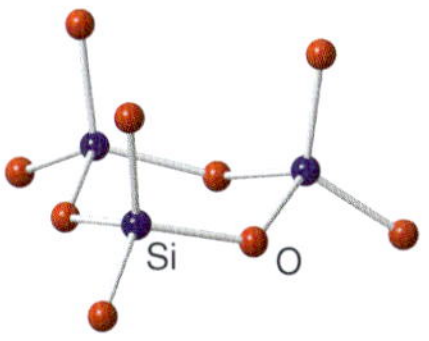

4 [Si$_3$O$_9$]$^{6-}$

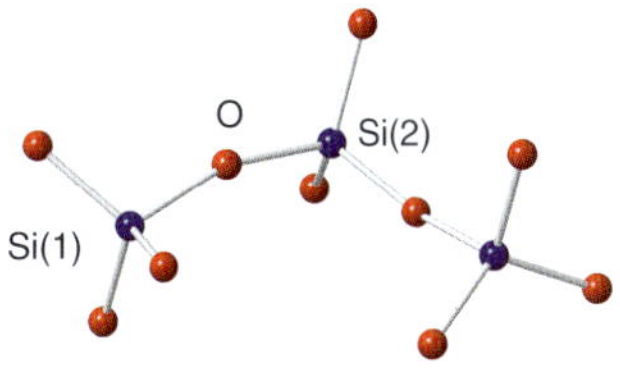

5 [Si$_3$O$_{10}$]$^{8-}$

8・7 電子常磁性共鳴

要点 電子常磁性共鳴分光法は不対電子をもつ化合物,特に d 金属を含む化合物の研究に用いられる.金属酵素の活性部位にある Fe や Cu のような金属を同定し調べるためによく使われる測定手段である.

電子常磁性共鳴(electron paramagnetic resonance,EPR)〔または電子スピン共鳴(electron spin resonance,ESR)〕分光法は有機化合物や主要族のラジカルのような常磁性種の研究に使われる測定手段であるが,無機化学では d-ブロックおよび f-ブロック元素を含む化合物や材料の特性評価において最も重要である.

最も簡単な場合は一つの化学種が1個の不対電子をもつ($s=\frac{1}{2}$)ときである.NMR と同様に,外部磁場 B_0 を印加すると $m_s=-\frac{1}{2}$ と $m_s=+\frac{1}{2}$ の準位間に

$$\Delta E = g\mu_B B_0 \qquad (8・7)$$

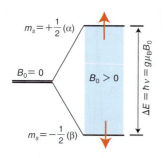

図 8・29 不対電子が磁場中に置かれると，スピンの二つの向き（α, $m_s = +\frac{1}{2}$, および β, $m_s = -\frac{1}{2}$）は異なるエネルギーをもつ．エネルギー差が入射するマイクロ波の光子のエネルギーと一致すると共鳴が達成される．

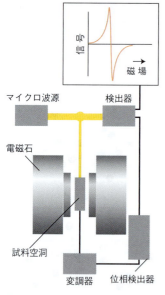

図 8・30 一般的な連続波 EPR 分光器の概略図

のエネルギー差が生じる．ここで，μ_B はボーア磁子で，g は **g 因子**（g factor）である（図 8・29）．EPR スペクトルを記録するための従来からの方法は連続波（CW）の分光計（図 8・30）を用いるもので，試料に一定の周波数のマイクロ波を照射し，磁場を変化させる．多くの分光計の標準の共鳴周波数は約 9 GHz であり，このような装置は "X バンド分光計" として知られている．X バンド分光計の磁場は約 0.3 T である．EPR 分光法を専門とする研究室では，異なる磁場で作動する種々の装置を所有していることが多い．すなわち，S バンド（共鳴周波数は 3 GHz）分光計やとりわけ高磁場で動作する Q バンド（35 GHz）および W バンド（95 GHz）の分光計が，X バンド分光計で得られる情報を補足する目的で用いられる．

パルス EPR 分光計が市販されるようになってきており，パルスフーリエ変換技術が NMR に革命をもたらしたのと同様，EPR も新たな機会を生み出している．パルス EPR 技術では時間分解測定を行えるので，常磁性系の動的性質の測定が可能になる．

(a) g 因 子

自由電子では $g = 2.0023$ であるが，電子が受ける磁場で決定されるスピン–軌道結合によりこの値は変わる．多くの化学種，特に d 金属錯体では g 因子はきわめて異方的であるため，共鳴条件は常磁性種が印加磁場となす角に依存する．図 8・31 は，等方性（直交座標に沿った三つの g 因子がすべて同じ），一軸異方性（二つの g 因子が同じ），斜方対称性（三つすべてが異なる）のスピン系に対して予想される凍結した溶液あるいは "ガラス" の EPR スペクトルである．

試料（通常は石英管に入れる）は希釈した状態で常磁性種を含む固体状態（ドープされた結晶や粉末）もしくは溶液である．d 金属イオンでは緩和が大きな影響を及ぼし，スペクトルは検出できないほど広くなることが多い．したがって，液体窒素あるいは場合によっては液体ヘリウムを使って試料を冷却する．凍結した溶液は粉末のようにふるまい，すべての g 因子で共鳴が観察される．これは粉末 X 線回折（§8・1）と状況が似ている．配向した単結晶を用いてより詳細な研究を行うこともある．緩和が遅ければ，EPR は室温の液体でも観察できる．

EPR スペクトルは複数の不対電子をもつ系でも得られるが，理論的背景はかなり複雑である．奇数の電子をもつ化学種は一般に検出できるが，電子の個数が偶数の系はスペクトルの観察が難しい．表 8・5 は一般的な常磁性種が EPR により適切に検出できるか否かを示している．

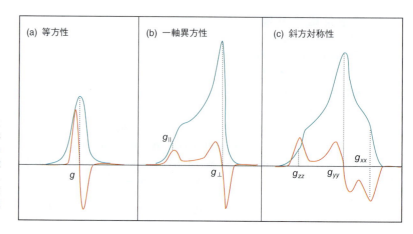

図 8・31 g 因子の種々の異方性に対して予想される粉末（凍結した溶液）の EPR スペクトルの形状．— の線は吸収で，— の線は吸収の一次微分（吸収線の傾き）である．検出に関係する技術的な要因のため，一般には EPR 分光計では一次微分が観察される．

表8・5 一般的なd金属イオンのEPRによる検出のしやすさ

研究が容易				研究が困難か反磁性			
イオン種	スピンS	イオン種	スピンS	イオン種	スピンS	イオン種	スピンS
Ti^{III}	$\frac{1}{2}$	Ni^{III}	$\frac{3}{2}, \frac{1}{2}$	Ti^{II}	1	Co^{I}	0
Cr^{III}	$\frac{3}{2}$	Ni^{I}	$\frac{1}{2}$	Ti^{IV}	0	Ni^{II}	1
V^{IV}	$\frac{1}{2}$	Cu^{II}	$\frac{1}{2}$	Cr^{II}	2	Cu^{I}	0
Fe^{III}	$\frac{1}{2}, \frac{5}{2}$	Mo^{V}	$\frac{1}{2}$	V^{III}	1	Mo^{VI}	0
Co^{II}	$\frac{3}{2}, \frac{1}{2}$	W^{V}	$\frac{1}{2}$	V^{V}	0	Mo^{IV}	1, 0
				Fe^{II}	2, 0	W^{VI}	0
				Co^{III}	0		

(b) 超微細結合

スペクトルの**超微細構造** (hyperfine structure) は，電子スピンが共存する原子核の磁気モーメントと磁気的に結合することによって起こる．スピンがIの原子核と結合するとEPRスペクトルは強度の等しい$2I+1$本の吸収線に分裂する（図8・32）．不対電子とこれがおもに局在している原子の原子核との結合による超微細構造と，不対電子と配位子の原子核との結合である"極超微細構造†"とには明確な差が見られることがある．配位子の原子核との極超微細結合を用いて，金属錯体における電子の非局在化と共有結合性の程度を測定することができる（図8・33）．

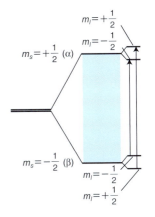

図8・32 原子核が磁気モーメントをもつと，核スピンの$2I+1$通りの配向が局所的な磁場を生じ，この磁場が一つの電子のゼーマン準位を$2I+1$個の準位に分裂させる．許容遷移（$\Delta m_s=+1$, $\Delta m_I=0$）はEPRスペクトルに超微細構造をもたらす．

> **例題 8・7 極超微細結合を解釈する**
>
> 表8・4のデータを用い，Co^{II}錯体の一つのOH^-配位子がF^-配位子と置き換わったときに，この錯体のEPRスペクトルの外観がどのように変化するか説明せよ．
>
> **解** ^{16}O（存在比はほぼ100%）は核スピンが$I=0$であるが，^{19}F（存在比100%）は核スピンが$I=\frac{1}{2}$である．よって，EPRスペクトルのすべての箇所が2本に分裂する．
>
> **問題 8・7** ある新物質に特徴的なEPRシグナルがタングステンの存在する位置に起因することをどのように示すことができるか，説明せよ．

異なる磁場の分光器（X, Q, Wなど）を複数用いることで，g値の異方性（高磁場でより広帯化する）と超微細結合（磁場に依存しない）を区別できる．

8・8 メスバウアー分光法

要点 メスバウアー分光法は原子核によるγ線の共鳴吸収に基づいており，原子核のエネルギーが電子的環境に依存するという事実を利用している．

メスバウアー効果（Mössbauer effect）は原子核によるγ線の無反跳放射および吸収である．内容を理解するために，電子捕獲によって壊変して^{57}Feの励起状

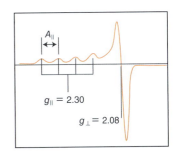

図8・33 凍結した水溶液中のCu^{2+}（d^9，不対電子が一つある）のEPRスペクトル．正方ひずみをもつCu^{2+}イオンは一軸異方性のスペクトルを示し，$g_\parallel$成分ではCu（$I=\frac{3}{2}$, 4本の超微細分裂線）との超微細結合が明確に見られる．

---

† 訳注: 超々微細構造などとよばれることもある．

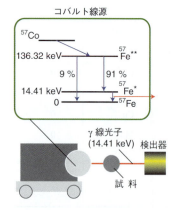

図 8・34 メスバウアー分光器の概略図. 台車の速度を調節して, 放出されるγ線のドップラーシフトした振動数と, 試料中のこの振動数に対応する核スピンの遷移とを一致させる. 挿入図はγ線の放出を担う原子核の遷移を表す.

態を生じる ^{57}Co 核を考えよう (図 8・34). ^{57}Fe の励起状態を ^{57}Fe** と表す. この核種は ^{57}Fe* と表される別の励起状態に緩和する. この励起状態は基底状態より 14.41 keV だけ上にあり, 基底状態まで遷移するとエネルギーが 14.41 keV のγ線を放出する. ^{57}Fe* 核を堅い格子中にピン止めしておけば反跳[†1]は防ぐことができ, 放射光はきわめて単色性が高くなる.

^{57}Fe (天然には存在比 2 % で見いだされる) を含む試料を ^{57}Co 線源の近くに置けば, ^{57}Fe* から放出される単色で無反跳のγ線が ^{57}Fe 核によって共鳴吸収されると予想できる. しかし, 受け手の ^{57}Fe の電子的あるいは磁気的な環境が送り手の ^{57}Fe* と異なっていれば, やはり共鳴吸収は起こらないであろう. γ線のエネルギーを変化させることは難しいが, 受け手の原子核を送り手に対して相対的に速度 v で動かすと, ドップラーシフトによって吸収振動数が $\Delta \nu = (v/c) \nu_\gamma$ シフトする. 数 mm s^{-1} の速度で十分に吸収エネルギーに一致させることができる[†2]. メスバウアースペクトル (Mössbauer spectrum) は, 試料の速度を変えること (横軸は単位 mm s^{-1}, 速度) によって生じる共鳴吸収ピーク (縦軸は吸収強度) を描いたものである.

単一の化学状態の鉄を含む試料のメスバウアースペクトルは, 原子核を基底状態から励起状態へ励起するのに必要なエネルギー (ΔE) の電磁波を吸収することによって生じる単一のシグナルから成ると予想される. 試料と金属鉄の ^{57}Fe の ΔE の差は**異性体シフト** (isomer shift) とよばれ[†3], ドップラーシフトにより共鳴を達成するために必要な速度 (mm s^{-1} のオーダー) で表現する. ΔE の値は原子核の位置での電子密度に依存し, この効果は元来 s 電子に起因するが (s 電子の波動関数が原子核において 0 にならないので), 遮蔽効果のため ΔE は p 電子および d 電子にも影響される. Fe^{II}, Fe^{III}, Fe^{IV} などの酸化状態や, 結合がイオン性か共有結合性かを区別することができる.

メスバウアー分光法による研究に最も適した元素は鉄であり, 比較的簡便で有用な測定法である. その理由としては, ^{57}Co の半減期が 272 日であることがあげられる. そのために, 1 年以上にわたって十分強力なγ線が利用できる. さらに, 吸収ピークが十分狭く, 異なる環境にある鉄をよく分離できる. 鉄は鉱物や生物学的試料では非常に重要かつ一般的な元素であって, このような試料に対してたとえば NMR のような他の測定技術はメスバウアー分光法ほど効果的ではない. メスバウアー分光法は, ^{119}Sn, ^{129}I, ^{197}Au など適当なエネルギー準位と十分な半減期をもつほかの原子核でも利用されている.

^{57}Fe* は $I = \frac{3}{2}$ であるため電気四極子モーメント (非球対称の電子分布) をもつ. そのため, 原子核の置かれた環境が等方的でなければ, メスバウアースペクトルは 2 本に分かれ, 分裂の大きさは ΔE_Q となる (図 8・35b). 分裂は酸化状態と d 電子密度の分布に依存するので, タンパク質や鉱物中の Fe の状態に関する優れた目安となる. 大きな磁石や常磁性物質に生じる内因的な大きな磁場により, ^{57}Fe* 核の異なるスピン配置によるエネルギーが変化する. その結果, メスバウアースペクトルは磁場中の $I = \frac{3}{2}$ 状態 ($m_I = +\frac{3}{2}, +\frac{1}{2}, -\frac{1}{2}, -\frac{3}{2}$) と $I = \frac{1}{2}$ 状態 ($m_I = +\frac{1}{2}, -\frac{1}{2}$) 間の許容遷移 $\Delta m_I = 0, \pm 1$ の 6 本の吸収線として観測される (図 8・35c).

[†1] 訳注: 反跳とはγ線の放出・吸収の際にγ線の運動量の分だけ原子核が動く現象で, 原子核が得る運動エネルギーの分だけγ線のエネルギーは減り, 振動数が減少する.

[†2] 訳注: 通常は図 8・34 に示されているように, また, 図 8・34 の説明文にあるとおり, 試料は固定し, γ線源 (ここでの送り手) を試料に対して前後に動かして, 線源から発せられるγ線のエネルギー (振動数) をドップラー効果によって変えている.

[†3] 訳注: 試料と基準物質の ΔE の差を異性体シフトという. 基準物質は金属鉄である場合が多いが, 必ずしも金属鉄でなくてもよい.

例題 8・8 メスバウアースペクトルを解釈する

金属鉄 Fe^0 と Fe^{II} の異性体シフトは一般に $+1$ から $+1.5\,\mathrm{mm\,s^{-1}}$ であるが, Fe^0 と Fe^{III} の異性体シフトは $+0.2$ から $+0.5\,\mathrm{mm\,s^{-1}}$ である. 電子配置の観点からこれらの値をとることを説明せよ.

解 Fe^0, Fe^{II}, Fe^{III} の最外殻電子配置は, それぞれ $4s^2 3d^6, 3d^6, 3d^5$ である. 核位置における Fe^{II} の s 電子密度は, Fe^0 と比べて小さいので, 大きな異性体シフトを示す. Fe^{II} から 3d 電子が取除かれて Fe^{III} となると, 3d 電子が部分的に核電荷を遮蔽するので s 電子密度はわずかに増大し (1s, 2s, 3s 軌道, 第1章参照), 異性体シフトは小さくなる.

問 題 8・8 Sr_2FeO_4 の異性体シフトを予想せよ.

イオン化に基づく測定法

イオン化を利用する方法では, 試料と高エネルギーの電磁波や粒子との衝突により試料をイオン化したときに発生する生成物, 電子, 分子の断片 (フラグメント) のエネルギーを測定する.

8・9 光電子分光法

要 点 光電子分光法では, 電磁波の照射で放出される電子 (光電子) の運動エネルギーを解析することによって, 分子や固体中の軌道のエネルギーや順序を決定する.

光電子分光法 (photoelectron spectroscopy, PES) の基礎は, 高エネルギーで単色の電磁波を試料に照射し, 試料をイオン化することで放出される電子 (光電子)

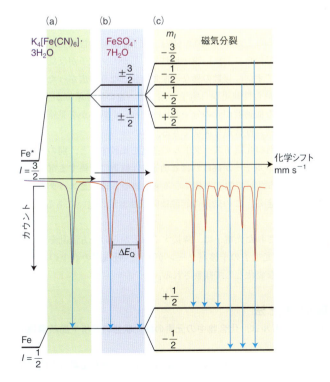

図 8・35 Fe 試料のメスバウアー測定に関連したエネルギー準位に対する電場勾配と磁場の影響. 図中に示すスペクトルは, 左から右の順番で, 異性体シフト (a), 四極子結合 (b), 磁気微細結合 (四極子分裂を含まない, c) を表す. (a) $K_4[Fe(CN)_6]\cdot 3H_2O$ のスペクトルで, 一つのピークが観測される. この化合物は, 八面体低スピンの d^6 配置であり, 高対称性の配位環境の代表例である. (b) $FeSO_4\cdot 7H_2O$ のスペクトル. 非対称性環境中の d^6 配置で, 四極子分裂が観測される. (c) 磁場中で観測された $FeSO_4\cdot 7H_2O$ のスペクトル.

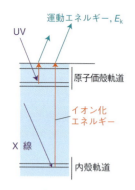

図 8・36 光電子分光法では，高エネルギーの電磁波の放射（価電子をはじき出す場合は UV 光，内殻電子の場合は X 線）により軌道から電子が飛び出し，光電子の運動エネルギーは光子のエネルギーと電子のイオン化エネルギーの差になる．

の運動エネルギーを測定することにある（図 8・36）．光電子の運動エネルギー E_k は，電子が最初に存在する軌道のイオン化エネルギー（I）と

$$E_k = h\nu - I \tag{8・8}$$

によって関係づけられる．ここで，ν は入射する電磁波の振動数である．**クープマンズの定理**（Koopmans' theorem）によれば，イオン化エネルギーは軌道エネルギーに負の符号を付けたものであるから，光電子の運動エネルギーが決まれば軌道エネルギーを決定することができる．クープマンズの定理では，イオン化のあとの電子の再組織化に関係するエネルギーは，軌道が収縮することによる電子-電子反発エネルギーの増加によって相殺されると仮定する．一般に，この仮定は十分に正しい．

光イオン化を利用するおもな測定技術には，**X 線光電子分光法**（X-ray photoelectron spectroscopy, XPS）と**紫外光電子分光法**（ultraviolet photoelectron spectroscopy, UPS）の 2 種類がある．放射施設のビームラインを用いればきわめて強力な X 線源が得られるが，研究室の標準的な XPS の線源では，通常，マグネシウムあるいはアルミニウムを陽極として高エネルギーの電子線を衝突させている．衝突で電子がはじき出されることで空になった 1s 軌道に 2p 電子が遷移することにより，マグネシウムとアルミニウムでそれぞれ 1.254 および 1.486 keV の X 線が発生する．このような高エネルギーの光子は，元素とその酸化状態に特徴的な内殻の軌道のイオン化をひき起こす．線幅が非常に広いので（通常，1～2 eV），XPS は原子価軌道に関して詳細を調べることには適さないが，固体のバンド構造を調べるために利用できる．固体中の電子の平均自由行程は約 1 nm であるから，XPS は表面の元素分析に向いており，このような応用では一般に ESCA（electron spectroscopy for chemical analysis，化学分析のための電子分光）として知られている．

UPS の光源としてはヘリウムの放電ランプが典型的なものであり，光源からは He$^\text{I}$ 線として知られる 21.22 eV の光と He$^\text{II}$ 線として知られる 40.8 eV の光が発せられる．線幅は X 線で達成できるものよりかなり小さいので，分解能は XPS よりはるかによい．この測定技術は原子価殻のエネルギー準位を調べるために用いられ，出現する振動微細構造からは電子が引き抜かれた軌道の結合性あるいは反結合性に関する重要な情報が得られることが多い（図 8・37）．電子が非結合性軌道から除かれると，生成物は基底状態で得られ，狭い線が現れる．しかし，電子が反結合性軌道から取除かれると生じるイオンは複数の異なる振動準位となり，広がった微細構造が観察される．同様に，結合性軌道から電子を除くと一連の振動準位が生じる．生成するイオンの振動準位の振動数が元の分子と比べて高いか低いかを見積もることにより，結合性軌道と反結合性軌道を区別できる．

He$^\text{I}$ と He$^\text{II}$ で照射した試料の光電子スペクトルの強度を比較すると，別の有用な情報が得られる．光源のエネルギーが高ければ d 軌道や f 軌道に関係する電子が優先的に励起され，He$^\text{I}$ による励起で強度が強くなる s 軌道や p 軌道とスペクトルへの寄与を区別することができる．この効果の起源は吸収断面積の違いにある（参考書を参照）．

ある特定の原子から放出された光電子は，隣接する原子からの後方散乱を受ける可能性がある．この結果，光電子の干渉パターンが生じ，吸収端の直上のエネルギーにおいて強度の周期的な変化として観察される．

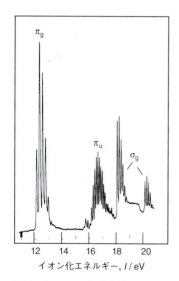

図 8・37 O_2 の紫外光電子スペクトル．$2\sigma_g$（分子軌道のエネルギー準位図，図 2・12 を見よ）から電子が失われると二つのバンドが生じる．これは，$2\sigma_g$ に残る不対電子が $1\pi_g$ 軌道の二つの不対電子と平行または反平行となるためである．

8・10 X 線吸収分光法

要点 X 線吸収スペクトルは，化合物中の元素の酸化状態の解析や局所環境の解明に用いられる．

§8・9 で述べたように，放射光からの強力な X 線は化合物中の元素の内殻電子

を取出すことに利用できる．**X線吸収スペクトル** (X-ray absorption spectrum, XAS) は，化合物中の元素が励起やイオン化するエネルギー領域で入射エネルギーを変化させることで測定する（一般的には，0.1～100 keV）．種々の元素の内殻電子は束縛エネルギーに対応した特徴的な吸収エネルギーを示す．そのため，目的とする元素の吸収端近傍でX線の周波数を走査することにより，酸化状態や近接原子の情報を得ることができる．

図 8・38 に典型的なX線吸収スペクトルを示す．スペクトルの部位によって，注目している元素に関するそれぞれ異なった化学的環境に関する情報を得ることができる．

1. 吸収端に近いエネルギー領域は"プレエッジ"といわれ，内殻電子はより高位の空軌道に励起されるが，はじき出されることはない．この"プレエッジの構造"は励起状態電子のエネルギーや局所的な対称性に関する情報をもたらす．

2. 光子エネルギー E が I から $I+10$ eV の範囲（ここで I はイオン化エネルギー）にある吸収端領域では，"X線吸収端近傍構造" (X-ray absorption near-edge structure, XANES) が観測される．XANES領域からは，酸化状態や微小な構造ゆがみを含んだ配位状況に関する情報を取出すことができる．吸収端近傍構造は，周囲の構造や価電子状態に特有の形状を示す"指紋"として用いることもできる．この領域のスペクトルの解析により，特定の化学種の存在や混合比率を決定することができる．

3. "X線吸収端近傍微細構造" (near-edge X-ray absorption fine structure, NEXAFS) は，$I+10$ eV から $I+50$ eV の範囲に観測される．表面に化学吸着した分子の配列に関する情報を得ることができる．

4. $I+50$ eV よりも大きなエネルギー領域は，"広域X線吸収微細構造" (extended X-ray absorption fine structure, EXAFS) という．このエネルギー領域の光子を吸収して，特定の原子から放出された光電子は近接する原子に後方散乱される．この効果は，吸収端の直上のエネルギー領域に周期的に振動する干渉パターンとして観察される．EXAFS 領域におけるこの干渉パターンを解析することで，近接する原子の電子密度や数，あるいは吸収原子と周辺の原子との距離を解明することができる．非晶質や液体の構造解析を行うことができることが，この解析手法の特徴である．

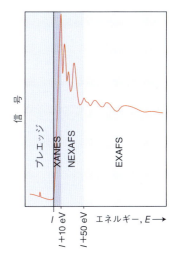

図 8・38 X線吸収スペクトルの一例．本文中で説明した領域を示している．

例題 8・9　X線吸収スペクトル (XAS) のプレエッジと吸収端の特徴

Mn の K 吸収端（1s 電子のイオン化）の XAS におけるプレエッジに観測されるピークのエネルギー（eV）を示しているつぎのデータを解釈せよ．

	Mn^{II}	Mn^{III}	Mn^{IV}	Mn^{V}	Mn^{VI}	Mn^{VII}
	6540.6	6541.0	6541.5	6542.1	6542.5	6543.8

また，マンガンを含むある酸化物の XAS におけるプレエッジ領域を測定すると，プレエッジ領域に二つのピーク，6540.6 eV（強度1）と 6540.9 eV（強度2）が観測された．プレエッジ領域に観測されるピークのエネルギーの変化を説明し，このマンガン酸化物の化学式を示せ．

解　プレエッジ領域のピーク位置がマンガンの酸化数とどのような関係にあるかを理解しなければならない．K吸収端に観測されるプレエッジ領域のピークは 1s 電子がよりエネルギーの高い空の 3d 軌道に励起されることにより観測

される(異なる準位への遷移が若干重なっている). マンガンの酸化数が大きいほど, 1s電子に対する核電荷の影響が大きくなり, 励起やイオン化に, より大きなエネルギーが必要となる. この効果が, Mn^{II}からMn^{III}へと順番にプレエッジが高エネルギー側にシフトする実験結果につながる. マンガン酸化物は, Mn^{II}とMn^{III}に対応する位置にプレエッジが強度比1:2で観測されることから, この酸化物は$MnO:Mn_2O_3 = Mn_3O_4$であることがわかる.

問題 8・9 S^{2-}(硫化物)とSO_4^{2-}(硫酸塩, S^{IV})の酸化状態の硫黄を含む化合物のXAS吸収端のエネルギーの傾向を解説せよ.

8・11 質 量 分 析

要点 質量分析は分子とその断片(フラグメント)の質量を決定する手法である.

質量分析(mass spectrometry)では気体状イオンの質量電荷比を測定する. イオンは正負いずれにも帯電できて, イオンの実際の電荷さらには化学種の質量を推測するのは通常は取るに足らないことである. 破壊的な検査方法であり, 試料を回収して他の測定に用いることはできない.

イオンの質量の測定における正確さは使われる分析計次第で変わる(図8・39). 要求されることが質量の粗い測定, たとえば$\pm m_u$(m_uは原子質量定数, 1.66054×10^{-27} kg)の範囲での測定に過ぎないのなら, 質量分析計の分解能は10^4分の1程度でもよい. 対照的に, 個々の原子の質量を決定して質量欠損を見積もる場合には, 精度は10^{10}分の1に近くなければならない. この程度の精度の質量分析計では$^{12}C^{16}O$(質量は27.9949 m_u)と$^{14}N_2$(質量は28.0061 m_u)のように普通は同じ質量とみなせる分子も区別することができ, 見かけの質量が1000 m_uより小さい場合のイオンにおいて, 元素と同位体の組成を明確に決定することが可能である.

(a) イオン化と検出の方法

質量分析において実際の測定で現れるおもな困難は, 試料(液体または固体であることが多く, 普通は電荷をもたない)の気体状イオンへの変換である. 通常は1 mg以下の化合物を用いる. 気体状イオンを得るために多くの異なる実験装置が工夫されているが, いずれも対象となる化合物がフラグメントになる傾向が問題となる. **電子衝撃イオン化**(electron impact ionization, EI)では試料に高エネルギーの電子を衝突させ, 蒸発とイオン化をひき起こす. EIは分子が大きくなると分解が激しくなる傾向があり, これが欠点となっている. **高速原子衝撃**(fast atom bombardment, FAB)はEIと似ているが, 試料に高速の中性原子を衝突させ, 試料を蒸発させイオン化する. フラグメンテーション(開裂)の程度はEIより少ない.

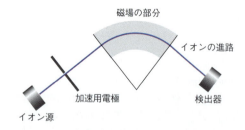

図 8・39 質量分析計の磁場の部分. 分子のフラグメントは質量電荷比に応じて曲げられ, 検出器において分離が可能となる.

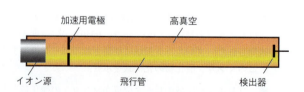

図 8・40 飛行時間型(TOF)質量分析計. 分子のフラグメントは電位差により加速され, 異なる速度となり, 異なる時刻に検出器に到達する.

マトリックス支援レーザー脱離イオン化法 (matrix-assisted laser desorption/ionization, MALDI) も EI と同様であるが，同じ効果をひき起こすために短いレーザーパルスを用いる．この技術は特に高分子の試料に効果的である．**エレクトロスプレーイオン化法** (electrospray ionization, ESI) では，帯電した溶液の液滴を真空チャンバー内に噴霧することで溶媒が蒸発し，個々の帯電したイオンが生成する．ESI 質量分析法は広範に使われるようになってきており，溶液中のイオン化合物に対してよく選ばれる方法である．

イオンを分離する従来の方法では，電場でイオンを加速し，磁場でイオンの動く方向を曲げる．質量電荷比が小さいイオンは，大きいイオンより強く曲げられる．したがって，磁場中にわたって精査することで，質量電荷比が異なるイオンが検出できる (図 8・39)．**飛行時間型** (time-of-flight, TOF) 質量分析計では，試料から生じるイオンを電場で一定時間だけ加速し，そのあと自由に飛行させる (図 8・40)．電荷が同じイオンに加わる力はすべて等しいので，軽いイオンが重いイオンより高速まで加速され，検出器に早く到達する．**イオンサイクロトロン共鳴型** (ion cyclotron resonance, ICR) 質量分析計 (フーリエ変換型は FT-ICR と表されることが多い) では，イオンは強い磁場内部の小型のサイクロトロンに集められる．イオンは磁場の下で円軌道を描き，実効的に電流としてふるまう．加速された電流は電磁波を発生するので，イオンから生じるシグナルを検出でき，シグナルを用いて運動しているイオンの質量電荷比を決定できる．

質量分析は有機化学で広く用いられているが，無機化合物の分析においてもきわめて有用である．しかしながら，多くの無機化合物はイオン結合や SiO_2 のように共有結合のネットワークで形成されており，揮発することはなく，MALDI 法でさえイオン性分子に開裂することは困難なので，この手法で分析することはできない．一方，いくつかの無機配位化合物では結合が弱いので，質量分析計の中で有機化合物よりも用意に開裂できる．

(b) 解　釈

典型的な質量スペクトルを図 8・41 に示す．質量スペクトルを解釈するためには，1 価に帯電したフラグメントになっていない分子イオンに対応するピークを検出することが有用である．分子の質量の半分の位置にピークが生じることがあり，これは 2 価に帯電した分子のイオンに帰属できる．多価に帯電したイオンからのピークを見いだすのは一般には容易である．これは，異なるアイソトポマー†によるピークの間隔は原子質量定数 (m_u) ではなく，m_u の分数になるからである．2 価

† 訳注：分子構造や同位体の含有量は同じであるが，構造内で同位体が存在する位置が異なるような異性体をアイソトポマー (isotopomer) という．

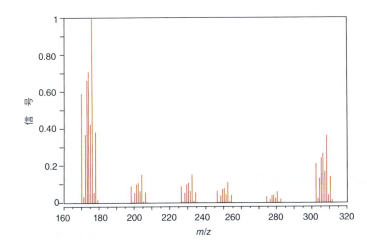

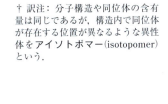

図 8・41　[Mo(η^6-C_6H_6)(CO)$_2$PMe$_3$] の質量スペクトル．例題 8・10 でこのスペクトルを詳しく解釈する．

に帯電したイオンの同位体イオンピークは$\frac{1}{2}m_u$だけ分かれ，3価に帯電したイオンの同位体では$\frac{1}{3}m_u$だけ分かれる．以下，同様である．

質量スペクトルでは研究対象の分子の質量（よって，1 mol の質量）やイオンの質量が示されるだけでなく，分子のフラグメンテーションの過程に関する情報も得られる．この情報を用いて構造を決めることができる．たとえば，錯イオンは配位子を失うことが多く，完全な錯イオンから一つあるいはもっと多くの配位子が抜けた状態に対応するピークが現れる．

試料に存在する元素が多くの同位体を含んでいれば（たとえば，塩素は75.5％の^{35}Cl と 24.5％の^{37}Cl からできている），イオンを表すピークは単一ではなく，多重線が現れる．したがって，塩素を含む分子では，質量スペクトルは $2\,m_u$ だけ離れた2種類のピークを示し，その強度比はほぼ3：1となる．もっと複雑な同位体組成の元素では異なるパターンのピークが現れ，組成が未知の化合物に存在する元素の分析に利用できる．たとえば Hg 原子では存在比の大きな六つの同位体が存在する（図8・42）．元素の同位体の実際の割合は，その元素の地質学的な起源によって変化する．このわずかな変化の様子は，高分解能質量分析計によって容易に明らかにすることができる．したがって，試料に含まれる同位体の割合を正確に決定することによって，試料がどこで産出されたかを知ることができる．

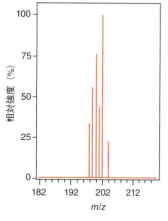

図 8・42 水銀を含む試料の質量スペクトル．原子の同位体組成を示している．

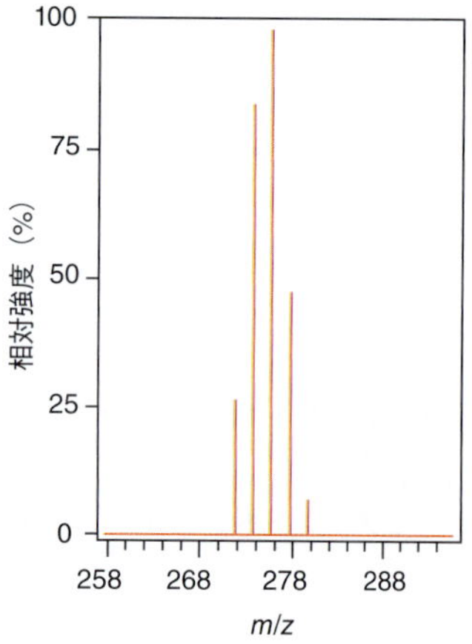

図 8・43 ClBr$_3$ の質量スペクトル

> **例題 8・10 質量スペクトルを解釈する**
>
> 図 8・41 は [Mo(η^6-C$_6$H$_6$)(CO)$_2$PMe$_3$] の質量スペクトルの一部である．おもなピークをすべて帰属せよ．
>
> **解** 錯体 [Mo(η^6-C$_6$H$_6$)(CO)$_2$PMe$_3$] の平均分子質量は 306 m_u であるが，Mo が多くの同位体をもつため，単純な分子イオンは観察されない．その代わりに，306 m_u を中心に 10 本のピークが見られる．Mo の同位体で存在比が最大のものは ^{98}Mo(24％)で，この同位体を含むイオンが分子イオンのピークのうち最大の強度を示す．分子イオンを表すピーク（M$^+$）に加えて，M$^+$−28，M$^+$−56，M$^+$−76，M$^+$−104，M$^+$−132 にピークが現れる．これらのピークは，もともとの化合物から，一つの CO，二つの CO，PMe$_3$，PMe$_3$ と CO，PMe$_3$ と 2CO がそれぞれ失われた化学種を表す．
>
> **問題 8・10** ClBr$_3$ の質量スペクトル（図8・43）が $2\,m_u$ だけ隔てられた5本のピークから成る理由を述べよ．

化学分析

物理的手法の古典的な応用の一つは化合物の元素組成の決定である．現在利用できる技術は非常に精巧なものであり，多くの場合，迅速に信頼できる結果を得るために自動化されている．本節では熱分析にもふれる．熱分析を使えば，物質の組成が変わる過程のみならず，組成変化のない相変化も追跡できる．これらの分析では，測定中に試料は破壊される．

8・12 原子吸光分析

要点 ほとんどすべての金属元素は原子に特徴的な吸収を利用して定量的に検出することができる．

原子吸光分析の原理は，吸収にあずかる化学種が遊離した原子やイオンである点

を除けば紫外・可視分光法の原理とよく似ている．分子とは異なり，原子やイオンは回転や振動のエネルギーをもたず，遷移が起こるのは電子エネルギー準位のみである．したがって，原子の吸収スペクトルは，分子の分光法に典型的な広い吸収バンドではなく，鋭く明確な線から成る．

図8・44は原子吸光分光光度計の基本的な構成を示している．気体状の試料に"中空陰極ランプ（ホローカソードランプ）"から出てくる特定の波長の電磁波を照射する．このランプは特定の元素からできた陰極とタングステン陽極とから成り，これらはネオンで満たされた管に封入されている．ある元素が試料中に存在すると，ランプからの特定の元素に特徴的な放射はその元素中の電子遷移に吸収される．吸収量を定量的に評価することで，特定の元素を定量分析できる．分析する元素ごとに異なるランプが必要である．イオン化により，試料中の他の元素からのスペクトル線も生じるため，アトマイザーの後ろにモノクロメーターを設置して，必要な波長の光のみを検出する．

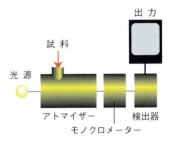

図8・44　一般的な原子吸光分光光度計の概略図

装置の種類のおもな相違点は，被検物質（分析される物質）を遊離している結合していない原子やイオンに変換する方法の違いである．**フレーム原子化法**（flame atomization）では"ネブライザー（噴霧器）"の中で被検物質溶液と燃料を混ぜて，エアロゾルをつくる．エアロゾルはバーナーに導入され，燃料と酸化剤から成る炎を通過する．典型的な燃料と酸化剤の混合物は，アセチレン-空気あるいはアセチレン-一酸化二窒素で，前者では2500 Kまで，後者では3000 Kまで炎の温度が上がる．典型的な**電熱原子化法**（electrothermal atomization）では黒鉛炉を用いる．黒鉛炉で達成できる温度はフレーム原子化法のアトマイザーの温度と同程度であるが，検出限界が100倍もよい．感度が増すのは，迅速に原子を発生させることができ，光路に原子を長時間保持できるからである．黒鉛炉の別の利点は固体の試料を使える点にある．

ほとんどすべての金属元素が原子吸光分析によって分析できるが，すべてが高感度で低濃度まで効果的に検出できるわけではない．たとえば，フレームイオン化法でのカドミウムの検出限界は10億分の1（1 ppb，10^9分の1）であるのに対し，水銀は500 ppbに過ぎない．黒鉛炉を用いた検出限界は10^{15}分の1まで低くなる．中空陰極ランプが利用できる元素はすべて直接検出できる．間接的な過程で検出できる化学種もある．たとえば，PO_4^{3-}は酸性溶液中でMoO_4^{2-}と反応して$H_3PMo_{12}O_{40}$を生成するが，これは有機溶媒で抽出でき，モリブデンが分析できる．一般には，特定の元素を分析するために一組の校正用標準物質を試料と同様のマトリックス中に作製し，標準物質と試料を同じ条件で分析する．

8・13　CHNの分析

要点　試料中の炭素，水素，窒素，酸素，硫黄の量は高温分解によって決定できる．

炭素，水素，窒素，酸素，硫黄を自動的に分析する装置が利用できる．図8・45は炭素，水素，窒素を分析する装置の構成で，これは**CHN分析**（CHN analysis）とよばれることもある．試料は酸素中で900 ℃まで加熱される．これにより，二酸化炭素，一酸化炭素，水，窒素，窒素酸化物の混合物が生成する．ヘリウムを流して生成物を750 ℃の管状炉に押し出し，そこで銅で窒素酸化物を窒素に還元して酸素を除き，生じた酸化銅は一酸化炭素を二酸化炭素にする．生じるH_2O，CO_2とH_2の混合物を直列に並んだ三つの熱伝導率検出器に通して分析する．最初の検出器では，混合ガスの熱伝導率を計測する．トラップで水を取除いた後に，熱伝導率を再測定する．これら二つの測定値の違いはガス中の水分量，すなわち水素量と対応する．二酸化炭素をトラップにより捕集することで，二つめの検出器では炭素

量を測定する．残りの窒素は三つ目の検出器で測定する．この方法で得られるデータは C, H, N の質量パーセントで表現される．

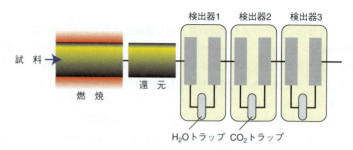

図 8・45　CHN 分析に用いられる装置の概略図

上記の反応管を白金担持炭素で充塡した石英管に置き換えると酸素の分析が可能になる．気体状生成物をこの管に流し込み，酸素を一酸化炭素に変換し，さらにこれを加熱した酸化銅の上に通して二酸化炭素に変える．あとの過程は上記と同様である．酸化銅を詰めた管で試料を酸化すれば硫黄が測定できる．冷却した管に水をトラップして除去し，通常は水素の測定に用いる熱伝導率検出器で二酸化硫黄を検出する．

例題 8・11　CHN 分析データを解釈する

鉄の化合物の CHN 分析の結果，質量パーセントで C 64.54，N 0，H 5.42，残りの質量は鉄であった．この化合物の実験式を導け．

解　C, H, Fe のモル質量は，それぞれ 12.01, 1.008, 55.85 g mol^{-1} である．100 g ちょうどの試料中のそれぞれ元素の重量は，C 64.54 g, H 5.42 g で Fe 30.04 g である．よって，それぞれの存在量は，

$$n(\text{C}) = \frac{64.54 \text{ g}}{12.01 \text{ g mol}^{-1}} = 5.37 \text{ mol}$$

$$n(\text{H}) = \frac{5.42 \text{ g}}{1.008 \text{ g mol}^{-1}} = 5.38 \text{ mol}$$

$$n(\text{Fe}) = \frac{30.04 \text{ g}}{55.85 \text{ g mol}^{-1}} = 0.538 \text{ mol}$$

存在量の比は，$5.37 : 5.38 : 0.538 \approx 10 : 10 : 1$ となる．よって，この化合物の実験式は，$C_{10}H_{10}Fe$ と表されることから，分子式は $[Fe(C_5H_5)_2]$ となる．

問題 8・11　CHN 分析で求めた 5d 族の化合物中の水素量が，3d 族化合物の測定よりも精度が低い理由を述べよ．

8・14　蛍光 X 線元素分析

要点　X 線発光スペクトルを測定することにより，化合物中の元素に関する定性的あるいは定量的な情報を得ることができる．

§8・9 で述べたように，材料が短波長 X 線にさらされると，内殻電子がイオン化する．電子がこのような方法で取除かれると，より高位の軌道にある電子がエネルギー差に対応した光子を放出して，その空位を埋める．この光子のエネルギーは X 線領域にあり，原子種に特徴的なエネルギーである．この蛍光放射は，エネ

ギー分散分析,あるいは波長分散分析によって分析することができる.特定の波長にあるピークが,ある元素に特徴的な波長と一致することで,その元素の存在を知ることができる.これが,**蛍光X線分析**(X-ray fluorescence analysis, XRF)の原理である.特徴的な放射の強度から,直接的にある元素の存在量を知ることができる.適当な標準試料を用いて装置を構成することにより,$Z>8$(酸素以上の原子番号)のほとんどの元素の定量分析を行うことができるようになる.図8・46は典型的なエネルギー分散型XRFスペクトルである.

XRFと似た測定手法を電子顕微鏡で使用することが可能である(§8・17).この手法は,**エネルギー分散型X線分析**(energy-dispersive analysis of X-ray, EDAX)あるいは**エネルギー分散型分光法**(energy-dispersive spectroscopy, EDS)として知られている.高エネルギー電子線を試料に照射することで内殻電子を放出し,より外殻の電子がその殻準位の空孔を埋めることでX線が放射される.このX線は存在する元素に固有のものであり,その強度は注目する元素の存在量を反映する.そのため,得られたスペクトルは,(適当な標準試料を用いることで)材料中のほとんどの元素($Z>8$)の定性あるいは定量分析が可能となる.定量分析の精度はそれほど高くなく,一般に注意深く標準試料を測定した場合においても,少なくとも数パーセントのエラーを見積もる必要がある.複数の元素によるX線スペクトルが重なっている場合には,精度は大きく低下する.

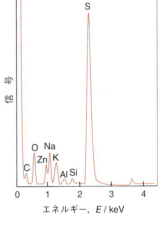

図8・46 金属ケイ酸塩のXRFスペクトル.特性X線の蛍光線からさまざまな元素の存在がわかる.

例題 8・12 EDAX分析を解釈する

走査型電子顕微鏡を用いて測定したEDAXスペクトル分析により,以下の質量パーセントの結果を得た.Ca 29.5 %,Ti 35.2 %,O 35.3%.試料の組成を算出せよ.

解 Ca, Ti, O のモル質量は,40.08, 47.87, 16.00 g mol^{-1} である.よって,存在量は,

$$n(\text{Ca}) = \frac{29.5 \text{ g}}{40.08 \text{ g mol}^{-1}} = 0.736 \text{ mol}$$

$$n(\text{Ti}) = \frac{35.2 \text{ g}}{47.87 \text{ g mol}^{-1}} = 0.735 \text{ mol}$$

$$n(\text{O}) = \frac{35.3 \text{ g}}{16.00 \text{ g mol}^{-1}} = 2.206 \text{ mol}$$

これらの存在量比は,$0.736 : 0.735 : 2.206 \approx 1 : 1 : 3$ となる.よって,この化合物の実験式は,CaTiO$_3$(ペロブスカイト型構造の複合酸化物,第3章)である.

問題 8・12 ケイ酸マグネシウムアルミニウムのEDAXによる定量分析の精度が低いのはなぜか説明せよ.

8・15 熱 分 析

要点 熱分析には,熱重量測定,示差熱分析,示差走査熱量測定法がある.

熱分析(thermal analysis)は,温度変化を試料に与え,それに伴う試料の性質の変化を解析する方法である.通常,試料は固体状態で,加熱による変化には,融解,相転移,昇華,分解がある.

加熱による試料の質量の変化の解析は**熱重量測定**(thermogravimetry, TG)として知られている.測定は**熱天秤**を用いて行われる.熱天秤は,電子微量天秤,温

度プログラム付きの炉，制御装置から成り，試料を加熱すると同時に重量測定ができるようになっている（図8・47）．試料を容器に量りとり，炉の中で天秤に吊り下げる．炉の温度は一般には直線的に上昇させるが，もっと複雑な加熱プログラムや，等温加熱（相転移温度で保持する），冷却過程の制御なども行える．天秤と炉は閉じた系内に置かれているので雰囲気を制御できる．雰囲気は研究の目的に応じて不活性あるいは反応性とし，静的な雰囲気をつくり出したり気体を流したりもできる．気体を流す方法では発生した揮発性の化学種や腐食性の化学種を取除くことができるという利点があり，また，反応生成物の凝縮を防ぐこともできる．さらに，化学種を質量分析計に導いて同定することも可能である．

熱重量測定は，脱着，分解，脱水，酸化の過程に対して最も適している．たとえば，室温から300℃までの$CuSO_4 \cdot 5H_2O$の熱重量曲線は三つの階段状の質量減少を示しており（図8・48），これは一つめが$CuSO_4 \cdot 3H_2O$の生成，つづいて$CuSO_4 \cdot H_2O$の生成，最後が$CuSO_4$の生成という3段階の脱水過程に対応している．

最も広く用いられている熱分析の方法は**示差熱分析**（differential thermal analysis, DTA）である．この測定では試料と基準物質を同時に同じ手順で加熱しながら両者の温度を比較する．DTAの装置では試料と基準物質を熱伝導率の低い試料容器に入れ，炉中の仕切られた空間に保持する．無機化合物の分析に使われる一般的な基準物質はアルミナAl_2O_3およびカーボランダム（炭化ケイ素SiCの商品名）である．炉の温度を直線的に上昇させ，試料と基準物質の温度差を炉の温度に対してプロットする．試料中で吸熱過程が起これば，試料の温度が基準物質に対して遅れをとり，DTA曲線で極小が観察される．発熱過程が起これば，試料の温度が基準物質を超え，曲線に極大が見られる．吸熱および発熱過程にあるピークの面積はその熱的過程のエンタルピーΔHに関係する．DTAは，固体の重量変化を伴わない相変化の観測に最も有効な手法である．相変化による重量変化はTGAで観測する．そのような例として，非晶性ガラス物質の結晶化や結晶構造の変化（たとえば加熱中に175℃で観察されるTlIの塩化ナトリウム型から塩化セシウム型への転移）がある．

DTAとよく似た測定技術に**示差走査熱量測定法**（differential scanning calorimetry, DSC）がある．DSCでは，試料と基準物質の容器に別々に電力を供給して，加熱の間ずっと試料と基準物質を同じ温度に保つ．試料と基準物質に供給される電力の差をすべて炉の温度に対して記録する．熱的現象は吸熱過程あるいは発熱過程のいずれの場合もDSCのベースラインからの逸脱の形で現れる．吸熱か発熱かは，試料に供給された電力が基準物質と比較して多かったか少なかったかで決まる．DSCでは通常，吸熱反応はベースラインからの正のずれとして表される．これは試料に供給された電力が増加していたことに対応する．発熱の場合はベースラインからの負の逸脱として観測される．

DTAとDSCから得られる情報は非常によく似ている．しかし，DTAは高温まで使うことができ，一方，定量的なデータはDSCの方が信頼できる．DTAとDSCのいずれの場合も試料から得られる結果と基準物質の結果とを"指紋"のように比較することがよく行われる．

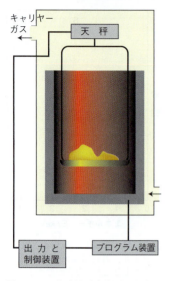

図8・47 熱重量測定装置．温度を上げながら試料の質量を追跡する．

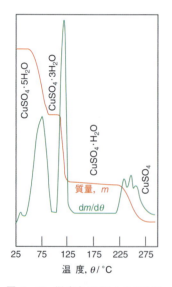

図8・48 温度を25℃から300℃まで上げたときに得られる$CuSO_4 \cdot 5H_2O$の熱重量曲線．——の線は試料の質量で，——の線は一次微分（——の線の傾き）である．

例題 8・13　熱分析を解釈する

100 mgの硝酸ビスマス水和物$Bi(NO_3)_3 \cdot nH_2O$を，乾燥雰囲気で500℃まで加熱した際の重量減少は18.56 mgであった．nを算出せよ．

解　nを算出するためには，$Bi(NO_3)_3 \cdot nH_2O \rightarrow Bi(NO_3)_3 + nH_2O$の化学量

論計算を行わなければならない．Bi(NO$_3$)$_3$·nH$_2$O のモル重量は，395.01＋18.02n g mol^{-1} なので，Bi(NO$_3$)$_3$·nH$_2$O の初期重量は，(100 mg)/(395.01＋18.02n g mol^{-1}) である．Bi(NO$_3$)$_3$·nH$_2$O は n モルの H$_2$O を含むので，固体中の H$_2$O は，この値の n 倍である．あるいは，n (100mg)/(395.01＋18.02n g mol^{-1}) ＝ 100n/(395.01＋18.02n) mmol となる．重量減少は，18.56 mg であり，この減少はすべて水の損失である．よって，失われた H$_2$O の量は，(18.56 mg)/(18.02 g mol^{-1}) ＝ 1.030 mmol となる．この水の量は，最初から固体中に存在する水と同量と考えられるので，

$$\frac{100n}{395.01 + 18.02n} = 1.030$$

(mmol の単位は打ち消される)．よって，n＝5 となるので，試料は Bi(NO$_3$)$_3$·5H$_2$O である．

問題 8·13 水素中でスズの酸化物を 600 ℃ に加熱すると，10.000 mg のスズ酸化物を水素中 600 ℃ で還元すると 7.673 mg の金属スズが得られた．この酸化スズの組成を求めよ．

磁気測定と磁化率

要点 磁気測定を用いて磁場の印加に対する試料の特徴的な応答を測ることができる．磁化率から，金属錯体中の不対電子の数を知ることができる．

試料の磁気特性を測定する古典的な方法は，**グーイ天秤**(Gouy balance) において磁場をかけたときの試料の見かけの重量変化を調べて，磁場への引力あるいは磁場からの斥力を測定するものである (図 8·49a)．試料は天秤の一方のアームに細い糸でつり下げ，片側を強力な電磁石の磁場の中に設置する．試料のもう一方は地磁気のみの環境にある．電磁石をオン/オフすることで磁場中と磁場がない場合の試料の重量を測定する．見かけ重量の差から，磁場をかけたときの試料にかかる力を解析する．この値と，装置定数，試料体積，モル質量を考慮して，モル磁化率を算出する．材料中の d 金属や f-ブロックイオンの有効磁気モーメントは，磁化率から推測できる．また，有効磁気モーメントから，不対電子の数やスピン状態を類推できる（第 20 章）．**ファラデー天秤**(Faraday balance) では，二つの湾曲した磁石による傾斜磁場を用いて，正確な磁化率測定が可能であり，磁場の大きさや向きに依存した磁化を知ることができる．

グーイ天秤を改良した，より近代的な**試料振動型磁力計**(vibrating sample magnetometer, VSM, 図 8·49b) で，材料の磁気特性を測定できる．均一な磁場中に置かれた試料から，正味の磁化率を測定する．試料を振動させることで，適当な場所に設置されたコイルが誘導された電気信号を検出する．その電気信号は，振動と同じ周波数をもち，信号強度は誘起された磁化に比例する．振動試料は，磁気特性の温度依存性を知るために，冷却あるいは加熱してもよい．

現在では**超伝導量子干渉計**(superconducting quantum interference device, SQUID, 図 8·50) を用いた測定が行われている．SQUID では超伝導体における磁束の量子化と電流ループの性質を利用する．磁場中のループを流れる電流は磁束の値によって決められる．

エバンス法(Evans method) では，溶液中の常磁性物質の磁気モーメント，すなわち不対電子の数を決定できる．この手法では，常磁性物質を添加したときの，

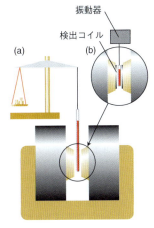

図 8·49 (a) グーイ天秤の模式図，(b，挿入図) 試料振動型磁力計の模式図

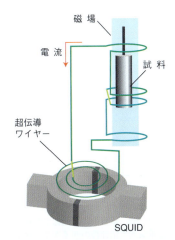

図 8·50 試料の磁化率は SQUID を用いて測定される．磁場下に置かれた試料を少しずつループの中で動かし，SQUID に発生する電位差を検出する．

溶液中の物質のNMR化学シフトの変化を利用する (§8・6). この観測される共鳴周波数のシフト $\Delta\nu$ (Hz単位) は, つぎの式により溶質の質量磁化率 χ_g (cm^3 g^{-1}) と関連づけられる.

$$\chi_g = \frac{-3\Delta\nu}{4\pi\nu m} + \chi_0 + \frac{\chi_0(d_o - d_s)}{m}$$

ここで ν は分光器の周波数 (Hz), χ_0 は溶媒の質量磁化率 (cm^3 g^{-1}), m は溶液単位体積 (1 cm^3) 中に溶けている物質の質量, d_o と d_s はそれぞれ溶媒と溶質の密度 (g cm^{-3}) である. 溶液中の遷移金属の磁化率の値は, 配位環境が異なるために磁気天秤を用いて測定した固体中の値とは異なる. すなわち, 溶解によって不対電子の数が変化する.

電気化学測定

要点 サイクリックボルタンメトリーは, 還元電位の測定や酸化還元活性な連動した化学反応の解明に用いられる.

サイクリックボルタンメトリー (cyclic voltammetry) では, 電極に加える電位差を, 設定した二つの電位の間で行き来させて一定の速さで直線的に掃引した際の, 電極と被験物質を含んだ溶液中の界面における電子移動 (電流) を測定する. この手法では還元電位や酸化還元に関連した化学反応, 触媒活性や酸化生成物・還元生成物に関する情報を直接得ることができる. 電気的に活性な化合物の酸化還元特性に関する定性的な情報を素早く得ることや, それらに関する熱力学や速度論的な信頼できる定量情報を得ることに適している. 3電極電気化学セルに被測定物質を含む溶液, 一般的には遷移金属錯体の溶液を設置する (図8・51). 測定対象とする電気化学反応が起こる"作用電極"は通常, 白金, 銀, 金, 炭素でつくられている. 参照電極は一般に銀/塩化銀電極, 対電極には白金片が用いられる. 対電極の役割は, 電子が参照電極-溶液界面を移動する必要がないときでも, 電気回路を完成することにある. 電気的に活性な化学種の濃度は一般にかなり低いため (0.001 mol dm^{-3} 以下), 溶液は比較的高濃度の不活性な"支持"電解質を添加し (濃度は約 0.1 mol dm^{-3} 以上), 伝導性を付与する. 電位差を作用電極と参照電極の間に加え, 電位を最大と最小の間で行き来させると, 三角形状の波形が描ける. 装置や電極のサイズによって掃引速度は, 1 mV s^{-1} から 100 V s^{-1} が選択される.

酸化還元系 [Fe(CN)$_6$]$^{3-}$/[Fe(CN)$_6$]$^{4-}$ の単純な酸化還元対を考えよう. ここで, 最初は還元体 (Fe^{II}錯体) のみが存在すると考える (図8・52). 電位が低い間は電流は流れない. 電位が Fe^{III}/Fe^{II} 系の還元電位に近づくと, Fe^{II} が作用電極でネルンストの平衡条件を満たすために酸化され電流が流れ出す. 電極の近くでは Fe^{II} が失われ (溶液は撹拌しない), これを補うには溶液中の離れた領域からの拡散が必要であるが, その距離は徐々に遠くなるので, この電流は増加してピークに達し, それから徐々に減少する. いったん, 電位の上限に達すると, 電位を逆方向に掃引する. はじめは電極まで拡散した Fe^{II} の酸化が続くが, 最終的には電位差が十分に負になり, 生成した Fe^{III} を還元する. 電流はピークに達したのち徐々に減少し, 電位が下限に到達すると 0 になる.

一般の条件下では, 二つのピークの電位の平均は還元電位 E とよい近似で一致する (普通は標準状態とは異なる条件で測定されるので, E は一般に標準電極電位ではない). 理想的な場合, 酸化ピークと還元ピークは大きさが同じ程度であり, 少しの電位差だけ離れている. この差は一般に 25 ℃ で (59 mV)/ν_e である (§5・5参照). ここで ν_e は電極での反応において移動する電子の数である. これは"可逆的"酸化還元反応の一例として知られており, 電極での電子の移動が十分に速いた

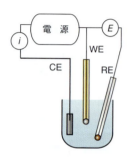

図8・51 3電極を配置した電気化学セル. 興味ある半反応は作用電極 (WE) で進行する. WEの電位は参照電極 (RE) を参照することで制御する. WEとREの間での電流のやりとりはない. 電流はWEと対電極 (CE) の間で流れる. 溶媒や電解質の絶縁破壊はWEを通過する電流量で制御される.

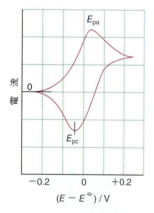

図8・52 溶液中に還元体で存在する電気的に活性種のサイクリックボルタモグラム. 電極における可逆的な1電子反応を示している. ピーク電位 E_{pa} と E_{pc} はそれぞれ酸化および還元に対応し, 0.06 V 離れている. 還元電位は E_{pa} と E_{pc} の中間の電位.

めに電位の掃引中はつねに平衡が保たれていることを意味している．このような場合，電流は普通，電気的に活性な種の電極への拡散によって制限される．

電極での反応の速度が遅い過程では，還元ピークと酸化ピークの隔たりが大きく，この差は掃引速度を速くすると大きくなる．この隔たりが生じるのは，それぞれの方向に電子が移動するときの障壁に打ち勝つために過電圧（実効的な駆動力）が必要となるからである．さらに，サイクルの最初の過程に見られる還元あるいは酸化のピークは逆方向の対応するピークと一致しないことが多い．このような不一致が生じるのは，はじめに発生した化学種がサイクルにおいてさらに化学反応を起こし，異なる還元電位をもつ化学種を生じるか，掃引している電位の範囲内で電気的に活性でない化学種を生成するためである．無機化学者はこのふるまいを"不可逆"とよぶことが多い．

電気化学 (E) 反応にひき続いて化学 (C) 反応が起こる現象は **EC 過程** (EC process) として知られている．同様に，**CE 過程** (CE process) では，電気化学 (E) 反応を起こしうる化学種が最初に化学 (C) 反応によって生じなければならない．よって，酸化による分解が考えられるような分子では，はじめに E 過程で生成する不安定な化学種を観察することが可能になるかもしれない．ただし，そのためには電位の走査速度が十分に速く，生成した化学種がさらに反応する前に再還元が起こらなければならない．すなわち，掃引速度を変えれば，化学反応の速度論を調べることができる．

化学的段階 "C" はプロトン移動であることが多い．プロトン移動は電子移動と比べると速いので，その速度論を調べることは困難である．たとえそうであっても，サイクリックボルタンメトリーにより，プロトンに関連した電子移動（§5・6 と §5・14 で解説した）の熱力学に関して多くの情報を得ることができる．図 8・53a は単一の H_2O 配位子をもつ Os^{II} 錯体のサイクリックボルタンメトリーである．二つの 1 電子過程が示されており，まず Os^{III} が生成し，Os^{IV} となることがわかる．二つの過程が発現する電位が離れていることと，逆方向の掃引で Os^{III} がまず生成し，Os^{II} となることから，すべての種が安定である．広い pH 領域 (0〜10) で実験

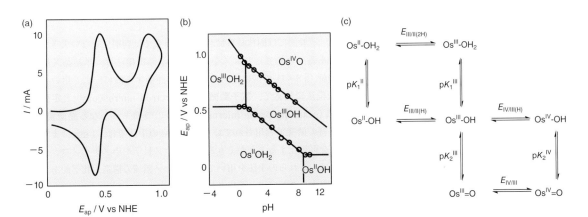

図 8・53 (a) Os^{II} の錯体 $[Os^{II}(bpy)_2(OH_2)(py)]^{2+}$ ($Os-OH_2$ と略記する) の pH 3.1 におけるサイクリックボルタンメトリーであり，最初に Os^{III}，ついで Os^{IV} を生じる二つの 1 電子過程を示している．掃引速度は 0.2 V/s．広い pH 領域 (0〜10) についてこの実験を行うことで，プールベ図 (b) を構築できる．(c) 電極において Os^{II} の錯体 $[Os^{II}(bpy)_2(OH_2)(py)]^{2+}$ の考えられる酸化反応の素過程を示す．J.-M. Saveant 教授に提供された論文〔*Proc. Natl. Acad. Sci. USA*, **106**, 11829-11836 (2009)〕を改変して作成した．

を行うことで，図 8・53b に示すようにプールベ図 (§5・14) を作成できる．pH が 2～9 の領域では，Os^{II} から Os^{III} への酸化により，一つのプロトンが失われる（傾きは $-59\,mV/pH$）．さらに Os^{IV} へと酸化すると二つのプロトンが失われオキソ配位子が形成する．Os^{III}/Os^{II} の線において観測される pH 1.9 と pH 9.2 の屈曲はそれぞれ Os^{III} と Os^{II} の脱プロトンとみなされる．しかしながら，そのような屈曲は Os^{IV}/Os^{III} のラインには観測されないことは，Os^{III} の 2 度目の脱プロトンあるいは Os^{IV} のプロトン化が図の範囲外にあることを示している．

例題 8・14　サイクリックボルタンメトリーにより
**　　　　　プロトンと電子の移動の動力学を解明する**

図 8・53c は Os^{II} の錯体である $[Os^{II}(bpy)_2(OH_2)(py)]^{2+}$ の電極における酸化の考えうる素反応である．pH 3.1 の溶液において図 8・53a に示すボルタンメトリーの掃引速度をきわめて大きくすると最終的に大きく離れた還元と酸化のピークが電位 $E_{III/II(2H)}$ を中心に観測される．この事実は，プロトン移動速度に関してどのような情報を与えるのか？　ヒント：E 過程の速度は電位差が大きくなるほど増大するが，C 過程は変化しない．

解　この問に答えるためには，図 8・53c において平行の矢印は E 過程，垂直の矢印は C 過程を示すことを知らなければならない．電位掃引速度を大きくすることで，まず C 過程による生成物が形成しにくくなる．究極的には $E_{III/II(2H)}$ では，配位水の脱プロトン反応は，界面電子移動と比べて遅いということである．

問題 8・14　Os 系列における電子移動速度が常にプロトン移動速度より速いとすると，pH 3.1 で Os^{III} あるいは Os^{IV} 錯体から掃引を高速で行った場合のボルタモグラムを予想せよ．

顕微鏡法

顕微鏡法とは，一般的には固体材料において，肉眼では判別できない大きさで材料を見ることである．可視光とレンズを用いる光学顕微鏡法は，単結晶 X 線回折法による構造解析 (§8・1) の前に単結晶の品質を評価する際に，広く用いられている．光学顕微鏡法に加えて，**電子顕微鏡法** (electron microscopy) と**走査型プローブ顕微鏡法** (scanning probe microscopy) の二つのキーとなる顕微鏡法が，無機化合物や材料の研究で利用されている．これらの手法では，1 nm にまで及ぶ微小空間で材料を可視化することができるので，ナノ科学やナノテクノロジーにおける多くの進歩は，これらの手法を用いて材料のナノ領域の構造，化学的あるいは物理的特性を解明することにより達成されている．

8・16　走査型プローブ顕微鏡法

要点　走査型トンネル顕微鏡法は，鋭くとがった針の先端から導電性材料へのトンネル電流を用いて，表面画像や特性を得る．原子間力顕微鏡法では，分子間力を用いて表面画像を得る．

走査型トンネル顕微鏡法 (scanning tunnelling microscopy, STM) と**原子間力顕微鏡法** (atomic force microscopy, AFM) は，走査型プローブ顕微鏡法 (scanning probe microscopy, SPM) として最初に開発された手法であり, 現在では広く利用されている. これらの手法では, 試料表面に先端の鋭いプローブを近接させること (あるいは接触させること) で, 材料の表面の三次元像を得ることができる. 表面に沿ってプローブを移動させることにより, 電位差, 電流, 磁場あるいは機械力の空間的な変位を検出することで画像を構築する.

STM では, 原子レベルで先端の鋭い導電性の針を試料表面から 0.3〜10 nm の距離で走査する (図 8・54a). 電位あるいは電流が一定となるように, または試料からの高さが一定となるように保持された針の電子は, 試料表面までの距離に対して指数関数的な確率で試料とのギャップをトンネルする. その結果, 試料と針の間の電流値が, それらの間の距離を反映する. 針が一定の高さを走査した場合は, 電流値の変化は表面の凹凸に対応する. 一定の高さで針をきわめて正確に動かすために, 圧電セラミックスが用いられる. 図 8・54b はグラファイト基板の STM 観察の結果である.

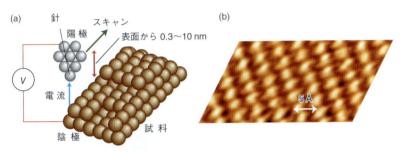

図 8・54 (a) 走査型トンネル顕微鏡 (STM) の動作の模式図, (b) グラファイト表面の STM イメージ

AFM では, 針の原子が分子間力 (ファンデルワールス力など) を通じて, 試料表面の原子と相互作用する. 針を保持しているカンチレバーが分子間力により上下へと変位し, その変位をレーザー光により検出する. AFM には多くのバリエーションがある.

- **摩擦力顕微鏡法** (frictional force microscopy): おもに表面の化学種の分布により針に加わる水平方向の力を検出する.
- **磁気力顕微鏡法** (magnetic force microscopy): 磁気的な画像を得るために磁性のある針を使用する.
- **静電気力顕微鏡** (electrostatic force microscopy): 電場を検出できる針を用いる.
- **走査静電容量顕微鏡法** (scanning capacitance microscopy): 針をコンデンサー中の電極として用いる.
- 最近では**分子認識 AFM** (molecular recognition AFM) が行われている. 特異な配位子により修飾された針を用いることで, 表面と針の相互作用を検出する.

このような顕微鏡法では, 表面の化学状態の分布を得ることができる. AFM はパターン形成の道具としても用いられる.

8・17 電子顕微鏡法

要点 透過型あるいは走査型電子顕微鏡法では，光学顕微鏡と同様な手法で電子線を用いて試料の画像を得る．分解能は光学顕微鏡よりはるかに高い．

電子顕微鏡は，一般的な光学顕微鏡と同じように利用される．しかし，可視光顕微鏡に用いられる光子の代わりに，電子顕微鏡では電子を用いる．これらの電子顕微鏡では，1～200 kV で電子を加速し，電場や磁場を用いて電子を集光する．**透過型電子顕微鏡** (transmission electron microscope，TEM) では，観察対象の薄い試料を電子線が透過し，蛍光板スクリーンに投影される．**走査型電子顕微鏡** (scanning electron microscope，SEM) では，電子ビームを試料上に走査し，反射された（散乱された）電子線を検出器により撮像する（図 8・55）．SEM の分解能は，電子線をどれだけ微小領域に集光できるか，どのように試料上を走査するか，反射される前にビームがどの程度試料中に拡散するかに依存するが，一般には 1 μm かそれ以下の分解能が得られる．どちらの顕微鏡法でも，電子線の入射により，材料の化学組成に対応した特性 X 線を生じるので，電子顕微鏡法ではこれらの特性 X 線により試料の化学的な成り立ちを知ることができる（§ 8・14）．

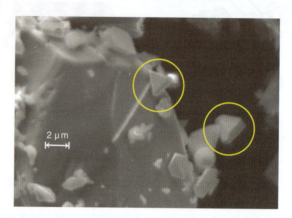

図 8・55 大きな結晶表面の～2 μm の金結晶（円にて表示）の SEM イメージ

TEM に対する SEM の第一の利点は，電子線を透過しない試料でも特別な試料加工を必要とせずに，画像を得ることができる点にある．そのために SEM は，材料の評価にまず用いられる．しかしながら，SEM の試料は導電性であることが求められる．さもなければ，電子は試料上に蓄積して，電子線と作用し，ぼやけた画像が得られてしまう．非導電性の試料では，測定に先立って金やグラファイトの薄い層によるコーティングが必要である．

参 考 書

無機化学者によって利用される多くの手法が本章では紹介されているが，完全に網羅されているわけではない．ここに紹介した以外に，固体や溶液の構造や物性を測定する手段として，核四極共鳴や非弾性中性子散乱の二つがあげられる．以下の参照文献では，これらの手法の情報を得ることができる．ここで紹介した手法についても，より深い理解が得られる．

A. K. Brisdon, "Inorganic Spectroscopic Methods", Oxford Science Publications (1998).

R. P. Wayne, "Chemical Instrumentation", Oxford Science

Publications (1994).

D. A. Skoog, F. J. Holler, T. A. Nieman, "Principles of Instrumental Analysis", Brooks Cole (1997).

R. S. Drago, "Physical Methods for Chemists", Saunders (1992).

F. Rouessac, A. Rouessac, "Chemical Analysis: Modern Instrumentation and Techniques", 2nd ed., Wiley-Blackwell (2007).

S. K. Chatterjee, "X-ray Diffraction: Its Theory and Applications", Prentice Hall of India (2004).

B. D. Cullity, S. R. Stock, "Elements of X-ray Diffraction", Prentice Hall (2003).

B. Henderson, G. F. Imbusch, "Optical Spectroscopy of Inorganic Solids", Monographs on the Physics & Chemistry of Materials, Oxford University Press (2006).

E. I. Solomon, A. B. P. Lever, "Inorganic Electronic Structure and Spectroscopy, Vol.1: Methodology", John Wiley & Sons (2006).

E. I. Solomon, A.B.P. Lever, "Inorganic Electronic Structure and Spectroscopy, Vol. 2: Applications and Case Studies", John Wiley & Sons (2006).

J. S. Ogden, "Introduction to Molecular Symmetry", Oxford University Press (2001).

F. Siebert, P. Hildebrandt, "Vibrational Spectroscopy in Life Science", Wiley-VCH (2007).

J. R. Ferraro, K. Nakamoto, "Introductory Raman Spectroscopy", Academic Press (1994).

K. Nakamoto, "Infrared and Raman Spectra of Inorganic and Coordination Compounds", Wiley-Interscience (1997).

J. K. M. Saunders, B. K. Hunter, "Modern NMR Spectroscopy: A Guide for Chemists", Oxford University Press (1993).

J. A. Iggo, "NMR Spectroscopy in Inorganic Chemistry", Oxford University Press (1999).

J. W. Akitt, B. E. Mann, "NMR and Chemistry", Stanley Thornes (2000).

K. J. D. MacKenzie, M. E. Smith, "Multinuclear Solid-State Nuclear Magnetic Resonance of Inorganic Materials", Pergamon Press (2004).

D. P. E. Dickson, F. J. Berry, "Mössbauer Spectroscopy", Cambridge University Press (2005).

M. E. Brown, "Introduction to Thermal Analysis", Kluwer Academic Press (2001).

P. J. Haines, "Principles of Thermal Analysis and Calorimetry", Royal Society of Chemistry (2002).

A. J. Bard, L. R. Faulkner, "Electrochemical Methods: Fundamentals and Applications", 2nd ed., John Wiley & Sons (2001).

O. Kahn, "Molecular Magnetism", VCH (1993).

R. G. Compton, C. E. Banks, "Understanding Voltammetry", World Scientific Publishing (2007).

練習問題

8・1 犯罪現場で採取された白い粉末中にどのような結晶が存在するか検証するためには，どのような測定技術を用いればよいか．

8・2 実験室の単結晶回折計で一般的に研究される結晶の最小の大きさは $50\times50\times50\ \mu m$ である．シンクロトロン光源からのX線束は実験室のX線源と比べて強度が 10^6 倍ほどになることが期待される．シンクロトロン光源を用いた回折計で研究できる立方体の結晶の最小の大きさを計算せよ．中性子線束は 10^3 倍弱い．中性子線で測定できる最小の結晶の大きさを計算せよ．

8・3 $(NH_4)_2SeO_4$ の単結晶X線回折により求めたN-H結合距離の誤差が，Se-O結合距離の誤差よりはるかに大きいのは何故か．

8・4 速度 $2.20\ km\ s^{-1}$ で運動する中性子の波長を計算せよ．

8・5 X線回折実験から得られるO-H結合長の平均は85 pm であるが，中性子回折実験から得られる平均値は96 pm である．この理由を考えよ．これらの手法でC-H結合にも同様な効果が観察されるか．

8・6 $N(CH_3)_3$ のN-C対称伸縮モードに帰属できるラマンバンドが，^{14}N を ^{15}N に置換すると低振動数にシフトするのに対し，$N(SiH_3)_3$ のN-Si対称伸縮モードではそのようなシフトは見られない．理由を述べよ．

8・7 N-H伸縮振動が $3400\ cm^{-1}$ に観測されるとき，N-D伸縮振動の振動数を計算せよ．

8・8 二原子の化学種に観察される伸縮振動の振動数が $CN^->CO>NO^+$ の順である理由を述べよ．

8・9 表8・3のデータを用いて，酸素分子イオン (O_2^+) を含むと考えられる化合物に対して予想される O-O 伸縮振動を見積もれ．この伸縮振動は，(i) IRスペクトル，(ii) ラマンスペクトルに観察されるか．

8・10 $^{77}SeF_4$（ただし，^{77}Se の $I=\frac{1}{2}$）の ^{19}F NMR と ^{77}Se NMR の波形を予想せよ．

8・11 XeF_5^- の ^{19}F NMR スペクトルは中央のピークとそれを挟んで対称的な二つのピークから成り，二つのピークはそれぞれ中央のピークに対して強度がおおよそ1/6 である．この観察結果を説明せよ．

8・12 $[Co_2(CO)_9]$ の ^{13}C NMR スペクトルが室温で単一線のみを示す理由を述べよ．

8・13 PCl_5 の ^{31}P MAS-NMR スペクトルには二つの共鳴線が観察される．それらのうちの一つは $CsPCl_6$ 塩中の ^{31}P の化学シフトと同様であることを説明せよ．

8・14 図8・56に示されるEPRスペクトルのg因子を決定せよ．これは凍結した試料に対して9.43 GHzの周波数のマイクロ波を用いて測定したものである．

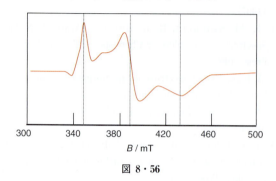

図8・56

8・15 最も速い過程に対してはNMRとEPRのどちらが感度のよい測定手段か．

8・16 不対電子を1個もつd金属錯体の常磁性化合物に対して，室温で水溶液を測定したときのEPRスペクトルと凍結した溶液を測定したときのEPRスペクトルの間で，見られると予測されるおもな相違点を大まかに説明せよ．

8・17 $Na_3Fe^VO_4$メスバウアースペクトル中の鉄の異性位体シフトを予想せよ．

8・18 化合物$Fe_4[Fe(CN)_6]_3$が区別可能なFe^{II}とFe^{III}の位置を含むか否かをどのようにして決定すればよいか．

8・19 銀の平均原子質量が107.9 m_uであるにもかかわらず，純粋な銀の質量スペクトルには108 m_uの位置にピークが現れない．なぜか説明せよ．このピークが現れないことは，銀の化合物の質量スペクトルにどのような影響を及ぼすか．

8・20 $[Mo(C_6H_6)(CO)_3]$の質量スペクトルにどのようなピークが観測されるか予想せよ．

8・21 化学組成が$CaAl_2Si_6O_{16}\cdot nH_2O$のゼオライトを乾燥雰囲気で熱重量測定したところ，昇温中に25%の質量減少が観測された．nを算出せよ．

8・22 水溶液中のFe^{III}錯体に対して記録された図8・57のサイクリックボルタモグラムを解釈せよ．

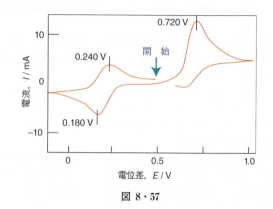

図8・57

8・23 炭酸ナトリウム，酸化ホウ素，二酸化ケイ素を一緒に加熱し，その後急冷するとホウケイ酸塩ガラスを得る．この生成物の粉末X線回折に回折ピークが観測されない理由を説明せよ．このホウケイ酸塩ガラスのDTAに500 ℃において発熱が観測された．この熱処理試料の粉末X線回折には回折ピークが観測された．この観測結果を説明せよ．

8・24 コバルト(II)塩を水に溶かして過剰のアセチルアセトン(2,4-ペンタンジオン $CH_3COCH_2COCH_3$)および過酸化水素と反応させた．緑色の固体が生成し，つぎのような元素分析の結果が得られた．Cが50.4%，Hが6.2%，Coが16.5%（いずれも質量パーセント）．生成物中のコバルトのアセチルアセトナートイオンに対する比を求めよ．

8・25 つぎのような場合に，図8・53aに示したサイクリックボルタンメトリーはどのようになるか説明せよ．
(a) Os^{IV}錯体が速やかに分解する．(b) Os^{III}が，単一の2電子過程により素早くOs^Vに酸化される．

演習問題

8・1 無機化学におけるX線結晶学の重要性を議論せよ．たとえばつぎを参照せよ．'ノーベル賞を通して見た分子構造決定の歴史'，W. P. Jensen, G. J. Palenik, I. -H. Suh, *J. Chem. Educ.*, **80**, 753 (2003) ．

8・2 無機化学において単結晶中性子線回折は，どのように利用されるか．

8・3 水素貯蔵に用いられる金属水素化物は，この章で議論した分析法をどのように用いて分析すればよいか．

8・4 古い油絵に用いられる顔料に関して，つぎの分析を行った場合に得られる情報について議論せよ．
(i) 粉末X線回折
(ii) 赤外およびラマン分光法
(iii) 紫外・可視分光法
(iv) X線蛍光分光法

8・5 つぎの各研究計画を実行する際の課題について議論せよ．
(a) 火山から発生する無機気体の分析
(b) 海底の汚染物質の測定

8・6 ^{31}Pの化学シフトと^1Hの結合定数に関する考察を用いて八面体錯体$[Rh(CCR)_2H(PMe_3)_3]$の異性体を区別するにはどのようにすればよいか[J. P. Rourke, G. Stringer, D. S. Yufit, J. A. K. Howard, T. B. Marder, *Organometallics*, **21**, 429 (2002) を参照]．

8・7 質量分析におけるイオン化技術では，フラグメンテーションをはじめ好ましくない反応が起こることがある．しかし，このような反応が有効であるような状況もあ

る．フラーレンを例にあげてこの現象を論じよ〔M. M. Boorum, Y. V. Vasil'ev, T. Drewello, L. T. Scott, *Science*, **294**, 828 (2001) を参照〕．

8・8 つぎの分析をどのように行えばよいか検討せよ．
(a) 朝食のシリアルに含まれるカルシウムの量
(b) 貝に含まれる水銀
(c) BF_5 の形状
(d) 遷移金属錯体中の有機配位子の数
(e) 無機塩に含まれる結晶水

8・9 栄養補助食品の錠剤に含まれる鉄の濃度が原子吸光分析によって決められた．錠剤 (0.4878 g) を砕いて粉末にし，0.1123 g を希硫酸に溶かして 50 cm^3 のメスフラスコに移した．この溶液の 10 cm^3 を取り分け，別のメスフラスコで 100 cm^3 にした．1.00, 3.00, 5.00, 7.00, 10.0 ppm の鉄を含む一連の標準試料を調製した．標準試料と未知試料溶液の吸収を鉄の吸収波長において測定した．錠剤中の鉄の質量を計算せよ．

濃度/ppm	吸光度	濃度/ppm	吸光度
1.00	0.095	7.00	0.632
3.00	0.265	10.0	0.910
5.00	0.450	試料	0.545

8・10 貯水槽の水を試料として銅の濃度を分析した．試料を沪過し，脱イオン水で 10 倍に希釈した．銅の濃度が 100 ppm～500 ppm までの一連の標準試料を準備した．標準試料と未知試料を原子吸光分光光度計に導入し，銅の吸収波長で測定した．得られた結果は以下のとおりである．貯水槽中の銅の濃度を計算せよ．

濃度/ppm	吸光度	濃度/ppm	吸光度
100	0.152	400	0.718
200	0.388	500	0.865
300	0.590	試料	0.751

8・11 廃液の試料中のリン酸塩の濃度を分析した．希塩酸と過剰のモリブデン酸ナトリウムを廃液の試料 50 cm^3 に加えた．生成したリンモリブデン酸 $H_3PMo_{12}O_{40}$ を 10 cm^3 ずつに分けた二つの有機溶媒で抽出した．同じ溶媒を用いて 10 ppm の濃度のモリブデンを含む標準物質を調製した．モリブデンの測定用に設定した原子吸光分光光度計に，抽出した試料と標準試料を導入した．抽出物の吸光度は 0.573，標準物質の吸光度は 0.222 であった．廃液中のリン酸塩の濃度を計算せよ．

第 II 部

元素と化合物

　本書の第 II 部では，周期表に整然と並べられている元素の物理的・化学的性質を述べる．ここでの元素の"記述的な化学"を学べばわかるとおり，そこには多様な形式や傾向が織り込まれており，それらの多くは第 I 部で展開した概念を応用すれば理論的に説明できるものである．

　第 II 部の最初の章である第 9 章では，周期表の視点からの元素の性質の傾向や変化の様子ならびに第 I 部で述べた原理についてまとめる．この章で述べられる傾向は，それ以降の章の至るところで示されることになる．第 10 章では，ほかに類を見ない元素である水素の化学を扱う．引き続いた八つの章（第 11 章〜第 18 章）では，周期表の主要族元素を系統的に記述していく．このような族の元素からは，無機化学の多様性，複雑さ，われわれを魅了する特徴が明らかになる．

　d-ブロック元素の化学的性質は非常に広範にわたるので，残りの四つの章をそれに充てることにしよう．第 19 章では三つの周期の d-ブロック元素の記述的な化学を概観する．第 20 章では，電子構造が，d 金属錯体の化学的ならびに物理的性質に対してどのような影響を及ぼすかを説明し，第 21 章では，溶液中での d 金属の反応について述べる．第 22 章では，工業的に重要な d 金属錯体の有機金属化合物について説明する．周期表を巡るわれわれの旅は，f-ブロック元素の重要で特異な性質を記述する第 23 章で終わりとなる．

第 II 部

元素と化合物

周 期 性

9

元素の多様な物理的性質と化学的性質を整理し，それらを合理的に説明するための組織化された原理が周期表から得られる．周期性は，元素の物理的性質と化学的性質が原子番号とともに規則的に変化する様子を意味する．本章では第1章の内容を復習した後，周期表に見られる変化を，本書の第Ⅱ部の各章を読む際に思い出していただきたい手法を用いてまとめることにする．

元素の化学的性質は目まぐるしいほど広範囲にわたるように見えるが，周期表を参考にすれば，それが原子番号に伴って合理的かつ系統的に変化していることがわかる．いったんその傾向や様式を認識して理解すれば，元素の詳細な性質の多くが，もはや互いに無関係な事象や反応が節操なく集められたものではないことがわかるであろう．本章では元素の物理的性質と化学的性質におけるいくつかの傾向をまとめ，第1章で述べた基本的な原理に基づいて解釈する．

元素の周期的性質
- 9・1 価電子の電子配置
- 9・2 原子パラメーター
- 9・3 産 出
- 9・4 金属性
- 9・5 酸化状態

化合物の周期的性質
- 9・6 配位数
- 9・7 結合エンタルピーの傾向
- 9・8 二元系化合物
- 9・9 より広い観点から見た周期性の特徴
- 9・10 族の第一元素の特異性

参 考 書
練習問題
演習問題

元素の周期的性質

現代の周期表の一般的な構成は§1・6で記述した．元素の性質に見られるほとんどすべての傾向は，原子の電子配置と原子半径，およびそれらの原子番号に伴う変化に起因すると考えられる．

9・1 価電子の電子配置

要点 主要族元素の電子配置は周期表における位置から予測できる．d-ブロック元素では $(n-1)$d軌道が電子で占められ，f-ブロック元素では $(n-2)$f軌道が占められる．

ある元素の原子が基底状態にあるときの価電子の電子配置は族の番号から推測できる．たとえば，1族ではすべての元素の価電子の電子配置が，n を周期の番号として ns^1 となる．第1章で見たとおり，価電子の電子配置は族の番号とともにつぎのように変化する．

1	2	13	14	15	16	17	18
ns^1	ns^2	ns^2np^1	ns^2np^2	ns^2np^3	ns^2np^4	ns^2np^5	ns^2np^6

d-ブロック元素では電子配置はいくぶん系統的な変化から外れるが，$(n-1)$d軌道が電子で占められていく．第4周期では族の番号とともにつぎのようになる．

3	4	5	6	7	8	9	10	11	12
$4s^23d^1$	$4s^23d^2$	$4s^23d^3$	$4s^13d^5$	$4s^23d^5$	$4s^23d^6$	$4s^23d^7$	$4s^23d^8$	$4s^13d^{10}$	$4s^23d^{10}$

d副殻が半分あるいは完全に占められた状態が安定であることに注意しよう（§1・7）．f-ブロック元素は $(n-2)$f軌道が電子で占められていくような電子配置をとる．ここでも原子軌道が半分あるいは完全に占められた状態が安定であることを覚えておこう．

Ce	Pr	Nd	Pm	Sm	Eu	Gd
$6s^24f^15d^1$	$6s^24f^3$	$6s^24f^4$	$6s^24f^5$	$6s^24f^6$	$6s^24f^7$	$6s^24f^75d^1$

Tb	Dy	Ho	Er	Tm	Yb	Lu
$6s^24f^9$	$6s^24f^{10}$	$6s^24f^{11}$	$6s^24f^{12}$	$6s^24f^{13}$	$6s^24f^{14}$	$6s^24f^{14}5d^1$

9・2 原子パラメーター

本書の第Ⅱ部は単体と化合物の化学的性質を扱うが，こういった化学的性質は原子の物理的特性に起因することを覚えておく必要がある．第1章で見たように，原子とイオンの半径，イオンの生成に伴うエネルギー変化などの物理的特性は周期的に変化する．ここではこのような変化について復習する．

(a) 原子半径

> **要点** 原子半径は族を下に行くほど大きくなり，s-ブロック元素とp-ブロック元素では一つの周期を横切って左から右に行くほど小さくなる．d-ブロックでは 5d 系列の元素の原子半径は 4d 系列の元素の原子半径と同程度である．

§1・7で見たように，原子半径は一つの族で下に行くほど大きくなり，一つの周期を横切って左から右に行くほど小さくなる．周期を横切ると，貫入と遮蔽の両方の効果のために有効核電荷が増加する．有効核電荷が増加すると電子は原子核に引き寄せられ，結果として原子は小さくなる．一つの族を下がるにつれて，電子は完全に満たされた殻の外側にある殻を順に占めるようになり，原子半径は増加する（図9・1）．d-ブロック元素では，d電子の遮蔽効果が小さいため，半径の増加は比較的小さい．たとえば，CとSiの原子半径（それぞれ，77 pm と 118 pm）には大きな差があるが，Ge の原子半径（122 pm）は Si よりわずかに大きいだけである．孤立した d 金属原子やイオンの半径は一般に周期表を右に進むほど減少する．これはd電子の遮蔽効果が小さく，右に行くほど有効核電荷が増加することを反映している．固体の単体における金属原子の半径は，金属結合の強さとイオンの大きさとの組合わせによって決まる．そのため，固体中の原子の中心間の距離は一般に

参照 §19・2
参照 表14・1

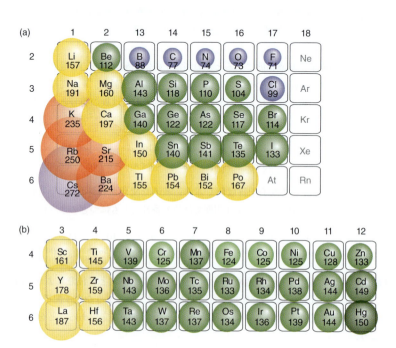

図 9・1 周期表における原子半径（単位は pm）の変化．(a) 主要族，(b) d-ブロック

融点に対応した変化を示す．中心間の距離はd-ブロックの中央付近までは減少し，12族に向かって増加する．原子間距離は7族および8族の付近で最小となる．

d金属錯体ではd軌道が電子によって占められる順序が，わずかながらイオンの大きさに影響を及ぼす．電子がd軌道を占める順序については第20章でより詳細に説明する．図9・2は3d金属の六配位錯体におけるM^{2+}イオンの半径の変化を表している．図に示された二つの傾向を理解するためには，3d軌道のうちの三つは配位子の間の方向を向き，残りの二つは配位子の方向を直接向いていることを知っておく必要がある（このような特徴は§20・1でより詳しく説明する）．いわゆる"低スピン錯体"では，まず，個々の電子が，配位子の間を向いた低エネルギーの三つの3d軌道を占める．この場合，d^6イオンであるFe^{2+}まで3d系列を横切ってイオン半径は一般に減少する．この減少は有効核電荷の増加のみを考えた場合よりも顕著である．Fe^{2+}以降は，追加される電子は，配位子の方向を向いた二つのd軌道を占めるようになる．これらの電子から配位子はわずかながら斥力を受ける．イオン半径は金属-配位子間の距離によって定義されるので，このような斥力により，実験的に観察されるようなイオン半径の実効的な増加が起こる．いわゆる"高スピン錯体"では，まず五つの3d軌道がすべて1個ずつの電子で占められ，さらに追加される電子は各3d軌道にすでに存在する電子と対をつくる．この場合のイオン半径の変化の傾向は低スピン錯体よりも複雑である．はじめにTi^{2+} (d^2)とV^{2+} (d^3)では電子は配位子の間を向いた三つの3d軌道を占め，イオン半径は比較的急激に減少する．つづいての二つの電子は配位子の方向を向いた二つの原子軌道を占める．これに従ってイオン半径は増加する．Mn^{2+} (d^5)では各d軌道に1個ずつ電子が入り，イオン半径は有効核電荷の増加のみに基づいて予想される値に戻る．その後はFe^{2+} (d^6)から同じ傾向が繰返される．すなわち，追加される電子はすでに存在する電子と対をつくるが，その際，最初に"斥力を受けない"三つの軌道を占め，その後，最終的に"斥力を受ける"二つの軌道に入る．

5d系列の元素（Hf, Ta, W, ...）の原子半径は対応する4d系列の元素（Zr, Nb, Mo, ...）の原子半径と比べてあまり大きくはない．実際，HfはZrよりも後の周期で現れるにもかかわらず，Hfの原子半径はZrより小さい．この異常性を理解するためには，ランタノイド（f-ブロックの最初の系列）の効果を考えなければならない．ランタノイド元素が第6周期に入り込み，遮蔽効果の小さい4f軌道を電子が占める．第5周期のZrから第6周期の対応するHfまで原子番号は32も増えるが，それに伴って遮蔽の効果が増えるわけではないので，全体の効果として，5d系列の元素の原子半径は予想よりもかなり小さくなる．この原子半径の減少は§1・7aで紹介した<u>ランタノイド収縮</u>（lanthanoid contraction）である．

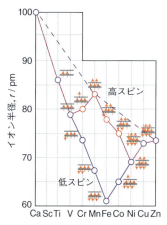

図9・2 3d金属のM^{2+}のイオン半径．二つ示されているものは，赤が高スピン錯体，青が低スピン錯体である．軌道エネルギー準位図において，三つの下の準位は配位子の間を向いたd軌道であり，二つの上の準位は配位子に直接向いたd軌道である．

(b) イオン化エネルギーと電子親和力

要点 イオン化エネルギーは周期を横切って増加し，族を下に行くほど減少する．電子親和力はフッ素の付近の元素において，とりわけハロゲンにおいて最大となる．

元素のカチオンおよびアニオンの生成に必要なエネルギーについて把握しておく必要がある．イオン化エネルギーはカチオンの生成と，また，電子親和力はアニオンの生成と関係がある．

元素のイオン化エネルギーは気体状の原子から1個の電子を取去るのに必要なエネルギーである（§1・7）．イオン化エネルギーは原子半径と強く相関しており，原子半径の小さい元素は一般にイオン化エネルギーが高い．したがって，族を下がるにつれて原子半径が増すと，イオン化エネルギーは減少する．例外は13族で見られ，GaのイオンエネルギーはAlより大きくなる．これは**交番現象**（alternation effect)の結果であり，第4周期のはじめに3d副殻が入り込み，Gaの有効核電荷が増加し，原子半径が小さくなるためにこのような現象が生じる．交番現象は13族，14族，15族の電気陰性度の傾向においても見られる（§9・2c）．同様に，周期を横切ると原子半径が減少し，それに付随してイオン化エネルギーは増加する（図9・3）．§1・7で議論したように，これらの傾向には変則的な挙動がある．特に，殻や副殻が半分あるいは完全に電子で満たされた状態から電子を取り去る際には大きなイオン化エネルギーが観測される．そのため，窒素（[He]$2s^2 2p^3$）の第一イオン化エネルギーは$1402\,\mathrm{kJ\,mol^{-1}}$となって，酸素の値（[He]$2s^2 2p^4$，$1314\,\mathrm{kJ\,mol^{-1}}$）より大きくなる．同様に，リンのイオン化エネルギー（$1011\,\mathrm{kJ\,mol^{-1}}$）は硫黄のイオン化エネルギー（$1000\,\mathrm{kJ\,mol^{-1}}$）より大きい．ランタノイド収縮は5d系列の元素のイオン化エネルギーに影響を及ぼし，これらでは単なる外挿に基づいて予想される値よりも大きくなる．ある種の金属，特にAu, Pt, Ir, Osは非常にイオン化エネルギーが大きく，通常の条件化では反応性に乏しい．

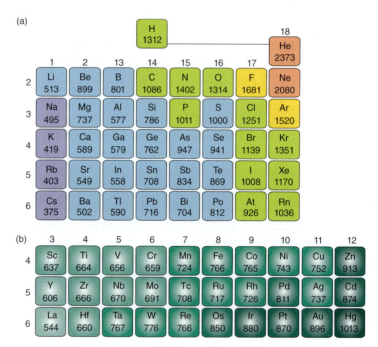

図 9・3　周期表における第一イオン化エネルギー（単位は$\mathrm{kJ\,mol^{-1}}$）の変化．(a) 主要族，(b) d-ブロック

水素型原子の電子のエネルギーはZ^2/n^2に比例する．第一近似のもとで多電子原子の電子のエネルギーはZ_{eff}^2/n^2に比例する．ここで，Z_{eff}は有効核電荷（§1・4）である．もっとも，この比例関係を厳密に扱いすぎてはいけない．LiからNeまでの元素（$n=2$）とHfからHgまでの元素（$n=6$）について第一イオン化エネルギーを最外殻電子のZ_{eff}^2/n^2に対してプロットすると，それぞれ図9・4と図9・5のようになる．グラフから，両者がおおよそ比例関係にあることが示される．とりわけ，nの値が大きく，ほとんど点とみなせるような内殻と最外殻の電子とが相互作用する場合にはそのようになる．

アニオンの生成に必要なエネルギーを評価する場合には電子親和力が役に立つ．§1・7cで見たように，原子に加えられる電子が有効核電荷から強い影響を受ける

ような殻に入りうるときには，その元素の電子親和力は大きくなる．したがって，周期を横切って右にある元素ほど（貴ガスは除く）Z_{eff} が大きくなるため，電子親和力は大きい．単一の負電荷をもつアニオンへの電子の追加（たとえば，O^- からの O^{2-} の生成）では，負に帯電した化学種に電子を押し込むためにはエネルギーが必要なわけだから，電子親和力は常に負となる（つまり，この反応は吸熱的）．しかし，このことはこの反応が起こらないことを意味するわけではない．これは，イオンが生成する過程全体を議論することが重要であるためで，固体中では高い電荷をもつイオン間の相互作用が，イオンを生成する際に必要とされる余計なエネルギーを上回ることがよく見られる．化合物の生成にかかわるエネルギー論を考慮すると，反応を包括的にとらえることが必要で，個々の反応が吸熱的であるからという理由だけで全体の反応が進まないと考えるべきではない．対象としている反応の熱力学が，副生物が生じる過程の熱力学に支配されることも多い．たとえば，高い格子エネルギーをもつ固相が副生物として生成するといったような場合である．

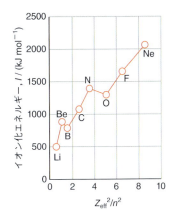

図 9・4 リチウムからネオンまでの元素（$n=2$）について，第一イオン化エネルギーを最外殻電子の Z_{eff}^2/n^2 に対してプロットしたもの

(c) 電気陰性度

> **要点** 電気陰性度は周期を横切って増加し，族を下がるとともに減少する．

§1・7で，電気陰性度 χ は元素の原子が化合物中に置かれたときに自分自身に電子を引き寄せる力であることを学んだ．§1・7d で見たように，電気陰性度の傾向は原子半径の傾向と関係がある．この関係は，元素のイオン化エネルギーと電子親和力の平均を電気陰性度とするマリケンの定義を用いれば最も理解しやすい．原子が大きなイオン化エネルギー（したがって，電子を放出しにくい）と大きな電子親和力（つまり，電子を獲得する方がエネルギー的に有利になる）をもてば，電子は原子自身に引きつけられやすいことになる．したがって，元素の電気陰性度はイオン化エネルギーと電子親和力の傾向と同じ傾向を示し，また，イオン化エネルギーと電子親和力は原子半径と同じ傾向を示すので，電気陰性度は一般に周期を左から右に行くにつれて増加し，族を下に行くにつれて減少する．ただし，よく使われるのはポーリングの電気陰性度の値である（図 9・6）．

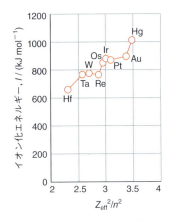

図 9・5 ハフニウムから水銀までの元素（$n=6$）について，第一イオン化エネルギーを最外殻電子の Z_{eff}^2/n^2 に対してプロットしたもの

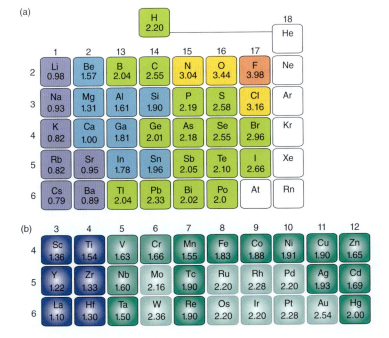

図 9・6 周期表におけるポーリングの電気陰性度の変化．(a) 主要族，(b) d-ブロック

下記の電気陰性度からわかるように，この一般的な傾向には例外がある．

Al 1.61	**Si** 1.90
Ga 1.81	**Ge** 2.01
In 1.78	**Sn** 1.96
Tl 2.04	**Pb** 2.33

参照 §13・1, §14・5, §15・11b

族を下に進んだ際に電気陰性度が減少する傾向が Al と Ga の間ならびに Si と Ge の間で成り立たないのは，3d 副殻が入ってくることによる交番現象の別の例である．Tl と Pb でも電気陰性度の値は増加している．これは 4f 副殻の存在のためである．交番現象は化学的にもっと直接的な形でも現れ，以下の 15 族の例に見られるように，存在が確認されていない 13 族から 15 族のさまざまな化合物をまとめることができる（ただし，その理由は説明できない）．以下では太字の化合物が知られていない（$AsCl_5$ は $-50\,°C$ 以上で不安定である）．

NF_5	**NCl_5**	**NBr_5**
PF_5	PCl_5	PBr_5
AsF_5	**$AsCl_5$**	**$AsBr_5$**
SbF_5	$SbCl_5$	**$SbBr_5$**
BiF_5	**$BiCl_5$**	**$BiBr_5$**

これらの例では電気陰性度のような電子的要因が大切であることは疑いないが，立体的な効果もまた重要で，特に N においてそうである．

(d) 原子化エンタルピー

要点 各系列を横切って，結合性軌道が電子で占められるにつれて原子化エンタルピーは増加し，反結合性軌道が占められるようになると原子化エンタルピーは減少する．

元素の原子化エンタルピー $\Delta_a H^\ominus$ は，気体状原子を生成するうえで必要なエネルギーの尺度である．固体では，原子化エンタルピーは固体を原子状態に変える際のエンタルピー変化である．分子状の物質では，原子化エンタルピーは分子の解離エンタルピーである．表9・1からわかるように，原子化エンタルピーは第2周期

表 9・1 原子化エンタルピー，$\Delta_a H^\ominus/(\mathrm{kJ\,mol^{-1}})$

Li 161	Be 321										B 590	C 715	N 473	O 248	F 79
Na 109	Mg 150										Al 314	Si 439	P 315	S 223	Cl 121
K 90	Ca 193	Sc 340	Ti 469	V 515	Cr 398	Mn 279	Fe 418	Co 427	Ni 431	Cu 339	Zn 130	Ga 289	Ge 377	As 290	Se 202	Br 112
Rb 86	Sr 164	Y 431	Zr 611	Nb 724	Mo 651	Tc 648	Ru 640	Rh 556	Pd 390	Ag 289	Cd 113	In 244	Sn 301	Sb 254	Te 199	I 107
Cs 79	Ba 176	La 427	Hf 669	Ta 774	W 844	Re 791	Os 782	Ir 665	Pt 565	Au 369	Hg 61	Tl 186	Pb 196	Bi 208	Po 144	

と第3周期において左から右に行くにつれて最初は増加し，その後は減少して，第2周期ではCにおいて，また，第3周期ではSiにおいて最大となる．原子化エンタルピーの値はCからNにかけて，また，SiからPにかけて減少する．NとPはいずれも五つの価電子をもつものの，そのうちの二つの電子は孤立電子対となり，結合には三つの電子だけが寄与する．同様の現象がNからOへの変化においても見られる．すなわち，Oは六つの価電子をもつが，そのうちの四つは孤立電子対を形成し，結合に寄与するのは二つの電子のみである．これらの傾向は図9・7に示されている．

d-ブロック元素はs-ブロック元素やp-ブロック元素より価電子が多く，そのため結合も強くなるので，d-ブロック元素の原子化エンタルピーはs-ブロック元素やp-ブロック元素よりも大きい．原子化エンタルピーの値は，結合の生成に必要な不対電子の数が最大となる5族および6族において最も大きくなる（図9・8）．各系列の真ん中あたりではスピン相関（§1・5a），すなわち，自由原子では半分だけ占められたd殻が安定化するという事実による不規則な挙動が見られる．この効果は特に3d系列で顕著で，Cr ($3d^54s^1$) および Mn ($3d^54s^2$) は単純に価電子数を考えることから予測される値よりもかなり低い原子化エネルギーをもつ．

原子化エンタルピーはs-ブロック元素とp-ブロック元素では族の下に行くほど減少するが，d-ブロック元素では族の下になるほど増加する．周期の番号が大きくなるとs軌道とp軌道は結合の生成において重要ではなくなるが，d軌道は結合への寄与が大きくなる．このような傾向が見られるのは，族の上の方ではp軌道は互いに重なり合ううえで都合のよい広がり方をしているものの，族の下になると広がりすぎてさらなる重なりが生じない状態になるのに対し，d軌道は対照的に族の上の方では広がりが小さく重なりができないが，族の下になると重なり合ううえで都合のよい状態にまで広がるためである．同じ傾向が単体の融点（表9・2）でも見られ，価電子の数が増えると結合エネルギーが大きくなり，融点は高くなる．15族元素と17族元素の融点は価電子数よりも分子間相互作用の影響を受ける．

9・3 産　出

要点 硬い酸塩基，軟らかい酸塩基の相互作用の概念は，地球上の元素の分布を系統的に説明するうえで有効である．

気体の窒素や酸素，非金属の硫黄，金属の銀や金のように単体の状態で自然界に存在する元素もあるが，ほとんどの元素は天然には他の元素との化合物の状態でのみ見いだされる．

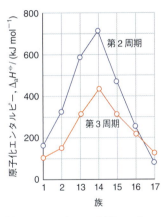

図 9・7　s-ブロック元素とp-ブロック元素の原子化エンタルピーの変化

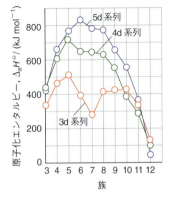

図 9・8　d-ブロック元素の原子化エンタルピーの変化

参照　§19・1

表 9・2　単体の通常融点，θ_{mp}/ ℃

Li	Be											B	C	N	O	F
180	1280											2300	3730	−210	−218	−220
Na	Mg											Al	Si	P	S	Cl
97.8	650											660	1410	44[†1]	113	−110
K	Ca	Sc	Ti	V	Cr	Mn	Fe	Co	Ni	Cu	Zn	Ga	Ge	As[†2]	Se	Br
63.7	850	1540	1675	1900	1890	1240	1535	1492	1453	1083	420	29.8	937	817	217	−7.2
Rb	Sr	Y	Zr	Nb	Mo	Tc	Ru	Rh	Pd	Ag	Cd	In	Sn	Sb	Te	I
38.9	768	1500	1850	2470	2610	2200	2500	1970	1550	961	321	2000	232	630	450	114
Cs	Ba	La	Hf	Ta	W	Re	Os	Ir	Pt	Au	Hg	Tl	Pb	Bi	Po	
28.7	714	920	2220	3000	3410	3180	3000	2440	1769	1063	−38.8	304	327	271	254	

†1　黄リン．　　†2　28 atm 下での灰色ヒ素．

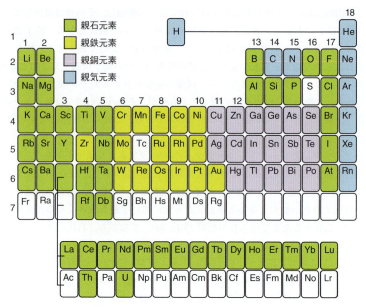

図 9・9 元素のゴールドシュミット分類

硬い酸塩基と軟らかい酸塩基の概念（§4・9）は無機化学の多くの事象を合理的に説明するうえで役に立つ．自然界で元素が形成する化合物の種類もこの概念で説明できる．すなわち，軟らかい酸は軟らかい塩基と，また，硬い酸は硬い塩基と結合をつくりやすい．このような傾向を用いれば，元素を4種類（図9・9）に分ける**ゴールドシュミット分類**（Goldschmidt classification）のいくつかの特徴を説明できる．この分類は地球化学で広く用いられている．

親石元素（lithophile）は主として地殻（岩石圏）においてケイ酸塩鉱物中に見いだされ，Li, Mg, Ti, Al, Cr が（カチオンとして）この分類に含まれる．これらのカチオンは硬い酸で，硬い塩基である O^{2-} を伴って産出する．

親銅元素（chalcophile）は硫化物（およびセレン化物とテルル化物）の鉱物として見いだされることが多い．この分類には Cd, Pb, Sb, Bi が含まれる．これらの元素は（カチオンになれば）軟らかい酸であり，軟らかい塩基である S^{2-}（あるいは，Se^{2-}, Te^{2-}）を伴って産出する．亜鉛イオンはどちらかといえば硬い酸であるが，Al^{3+} や Cr^{3+} より軟らかく，Zn も硫化物として存在することが多い．

親鉄元素（siderophile）は硬さ・軟らかさの観点からは中間的であり，酸素ならびに硫黄の両方と親和性をもつ．これらは主として単体の状態で産出する．Pt, Pd, Ru, Rh, Os がこれに属する．

親気元素（atmophile）は，H, N, 18族元素（貴ガス）のような気体として存在する元素である．

例題 9・1 ゴールドシュミット分類を説明する

Ni と Cu の一般的な鉱石は硫化物である．対照的に Al は酸化物と水和した酸化物との混合物から，また，Ca は炭酸塩から得られる．これらの事実を酸塩基の硬さの観点から説明できるか．

解 硬い酸塩基と軟らかい酸塩基の規則が適用できるか否かを見きわめる必要がある。表 4・4 から，OH^-, O^{2-}, CO_3^{2-} は硬い塩基であり，S^{2-} は軟らかい塩基であることがわかる。また，同じ表はカチオンの Ni^{2+} と Cu^{2+} は Al^{3+} や Ca^{2+} よりもかなり軟らかい酸であることを示している。よって，硬い酸塩基と軟らかい酸塩基の規則によって，観察されるような違いが説明できる。

問題 9・1 Cd, Rb, Cr, Pb, Sr, Pd の金属のうち，アルミノケイ酸塩の鉱物中で SiO_4^{4-} や AlO_4^{5-} が配位した状態で見いだされると考えられるものはどれか。また，硫化物として産出すると予想されるものはどれか。

9・4 金 属 性

要点 元素の金属性は周期を横切って減少し，族を下がるにつれて増加する。

金属元素の化学的性質は，元素が電子を放出して金属結合を形成する能力に起因すると考えることができる (§3・18)。したがって，イオン化エネルギーが低い元素は金属になりやすく，イオン化エネルギーが高い元素は非金属になりやすい。すなわち，族の下の方ほどイオン化エネルギーは小さくなり，元素の金属性は増す。また，周期を横切るとイオン化エネルギーは増加して，元素は金属性が減少する (図 9・10)。これらの傾向は原子半径の傾向と直接結びつけることができる。これは，一般に大きい原子は低いイオン化エネルギーをもち，金属的な性質が大きいためである。この傾向は 13 族から 16 族の元素で最も顕著であり，これらの族では最も上にある元素は非金属で，最も下にある元素は金属である。この一般的な傾向の一つとして，同素体に違いが見られることもある。つまり，一つの元素が金属にも非金属にもなることがある。一例は 15 族元素で，N と P は非金属であり，As は非金属，半金属（メタロイド），金属の同素体が存在し，Sb と Bi は金属である。p-ブロック元素は同素体を形成する典型的な元素である（表 9・3）。すべての d-ブロック元素は金属である。その性質は，非常に強くて軽いチタンから，電気伝導率の高い銅，展性のある金や白金，高密度のオスミウムやイリジウムまで多岐にわた

参照 §13・1, §14・1, §15・1, §16・1

参照 §15・2

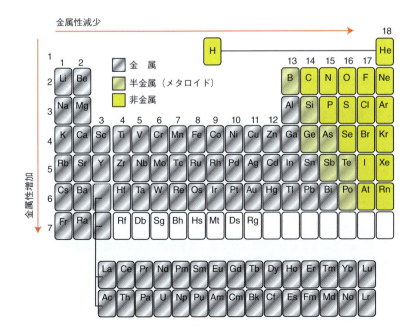

図 9・10 周期表における金属性の変化

表 9・3　p-ブロック元素のいくらかの同素体

C ダイヤモンド，グラファイト，非晶質，フラーレン		O 酸素（二酸素），オゾン
	P 黄リン，赤リン，黒リン	S カテネーション[†]を起こした多くの環状構造，鎖状構造，非晶質
	As 黄色ヒ素，金属ヒ素（灰色ヒ素），黒色ヒ素	Se 赤色セレン（α, β, γ），灰色セレン，黒色セレン
Sn 灰色スズ，白色スズ	Sb 青白色アンチモン，黄色アンチモン，黒色アンチモン	
	Bi 非晶質，結晶	

† 訳注: 同じ元素の原子が鎖状あるいは環状につながる現象.

る．これらの性質は，原子を結びつけている金属結合の性質や，結合が金属間でどのように変わるかといったことに多分に依存している．

第3章でバンド構造の概念を導入した．一般的な話をすれば，すべての金属に対して同じようなバンド構造が存在しており，主要族の金属ではバンド構造は ns 軌道と np 軌道のそれぞれの重なり合いから生じ，これらは s バンドと p バンドを形成する．また，d-ブロック元素ではバンド構造は ns 軌道と $(n-1)d$ 軌道のそれぞれの重なり合いから生じ，これらから s バンドと d バンドがつくられる．金属間のおもな違いはこれらのバンドを占めることのできる電子の数である．K $(4s^1)$ は結合に寄与する電子が一つであり，Ti $(3d^2 4s^2)$ では結合する電子が四つ，V $(3d^3 4s^2)$ では五つ，Cr $(3d^5 4s^1)$ では六つといった具合である．したがって，価電子帯の下部である結合性の領域は，d-ブロックを横切って右に進むにつれて電子によって徐々に占められるようになり，7族（Mn, Tc, Re）のあたりまでは結合がしだいに強くなる．7族からはバンドの上部である反結合性の領域を電子が占め始める．この結合の強さの傾向は融点に反映され，低融点のアルカリ金属（結合にあずかる実質的な電子は原子1個当たり1個のみであり，一般に融点は 100 ℃ より低い）から Cr まで融点は増加し，その後，低融点の12族金属（水銀は室温で液体である．表9・2参照）まで減少する．タングステンの金属結合は非常に強く，その融点（3410 ℃）を超える他の単体は炭素のみである．

9・5　酸 化 状 態

周期表における安定な酸化状態の傾向は，電子配置を考えることによってある程度は理解できる．イオン化エネルギーやスピン相関のような電子配置に関連する要因も重要である．完全にあるいは半分だけ占められた原子価殻は部分的に占められた殻より安定性に寄与する程度が大きい．したがって，原子はこのような電子配置になるまで電子を得たり放出したりする傾向がある．

(a) 主要族元素

要点　s-ブロックとp-ブロックでは，族酸化数は元素の電子配置から予測できる．重い元素では不活性電子対効果のため族酸化数から2だけ小さい酸化状態が安定になる．d-ブロック元素はさまざまな酸化状態を示す．

s-ブロックと p-ブロックでは8個の電子が原子価殻の s 副殻と p 副殻を占めると貴ガスと同じ電子配置が得られる．1族，2族，13族では，電子を放出して完全

に占められた内殻を得るには，比較的小さいエネルギーを加えるだけでよい．よって，これらの元素では酸化数はそれぞれ族に典型的な値であるⅠ，Ⅱ，Ⅲとなる．14族から17族の最も上にある元素では，符号の異なるイオン間の相互作用なども含めエネルギーへのすべての寄与を考慮した場合，原子が電子を受け取って完全に占められた原子価殻をつくればエネルギー的な安定度が増す．したがって，これらの族酸化数は，電気陰性度の小さい元素と組合わされた場合，−Ⅳ，−Ⅲ，−Ⅱ，−Ⅰとなる．18族元素はすでに電子で完全に占められたオクテットの状態であるため，酸化も還元も容易には起こらない．

p-ブロックの重い元素は，族酸化数より2だけ小さい酸化数で他の元素と化合物をつくることもある．酸化数が族酸化数より2だけ小さいような酸化状態が比較的安定になる現象は**不活性電子対効果**(inert-pair effect)の一例であり，p-ブロックで繰返し現れる話題である．たとえば，13族では族酸化数はⅢであるが，族の下になると+1の酸化状態の安定性が増す．実際にタリウムの最も一般的な酸化状態はTl^{I}である．この効果は単純には説明できないが，np^1電子を取去った後でns^2電子を除去するには大きなエネルギーが必要である点が原因とされることが多い．しかし，Tlの第一から第三までのイオン化エネルギーの和 (5439 kJ mol^{-1}) はGaの値 (5521 kJ mol^{-1}) より小さく，Inの値 (5083 kJ mol^{-1}) よりわずかに大きいだけである．実際にTlのイオン化エネルギーの値はInやGaより小さいと考える方が自然である．ns^2電子を取去るのに必要なエネルギーが比較的大きいのは，6s軌道が相対論的に安定であること (§1・7a) と関係がある．不活性電子対効果に対しては，重いp-ブロック元素ほどM−Xの結合エンタルピーが低くなり，族の下ほど原子半径が大きく格子エネルギーが減少することが別の要因かもしれない[†1]．

参照 §13・14, §14・8, §15・13

†1 訳注: たとえば13族の場合，大きいカチオンでは3価となってもM−X結合の結合エンタルピーの増加や大きな格子エネルギーが望めない．

(b) d-ブロック元素とf-ブロック元素

要点 d-ブロックの左側にある元素では族酸化状態が見られるが，右側にある元素ではそうはならない．通常はフッ素より酸素の方が最大の酸化状態を引き出すうえで効果的である．これはフッ素より酸素の方が少ない数で済むためである．3d系列の左側に行けば+3の酸化状態が一般的で，真ん中から右側の金属では+2が通常の酸化状態である．元素の最大の酸化状態は族を下に行くほど安定になる．

d-ブロックでは族酸化数が見られるのは3族から8族までの元素に限られ，その場合でも，族酸化状態を得るには酸化能力の高いFやOが必要である(§19・2)．7族と8族においてⅦやⅧの酸化数をもつ元素がアニオンや電気的に中性の化合物を生成できるのは，過マンガン酸イオン[MnO$_4$]$^-$や四酸化オスミウムOsO$_4$のようにOと結合する場合のみである．多くの元素に対して，酸素はフッ素よりも容易に族酸化状態をもたらす．これは，同じ酸化数を実現するためにはO原子の方がF原子よりも少ない数で済むためで，O原子の方が立体的な込み合いも減るためである．観察される酸化状態の範囲を表9・4に示す．表からわかるように，Mnまではすべての3d電子と4s電子が結合に寄与することができて，最大の酸化状態は族の番号に対応する．d^5電子配置よりも電子が多くなると，有効核電荷が増すためd電子が結合に寄与する傾向は薄れ，高い酸化状態は見られない．4d系列と5d系列にも同様の傾向が存在する．

3d系列の元素に対して，族酸化状態の熱力学的安定性の傾向を図9・11に示す[†2]．これは酸性水溶液中の化学種に対するフロスト図である．Sc, Ti, Vの族酸化状態は図の下の領域に存在することがわかる．族酸化状態が下部に位置することから，これらの元素やその化学種が中間的な酸化状態にあれば容易に族酸化状態まで酸化されることが示唆される．対照的にCrとMnでは族酸化状態(それぞれ，+6と

参照 §19・2

†2 訳注: 本書では酸化数をローマ数字で，酸化状態をアラビア数字で表してあるが，フロスト図の酸化数はアラビア数字で表記した．

表 9・4 3d 系列の元素に見られる正の酸化数の状態の範囲

Sc	Ti	V	Cr	Mn	Fe	Co	Ni	Cu	Zn
d^1s^2	d^2s^2	d^3s^2	d^5s^1	d^5s^2	d^6s^2	d^7s^2	d^8s^2	$d^{10}s^1$	$d^{10}s^2$
		I					I	I	
II	II	II	II	II	II	II	II	II	II
III	III	III	III	III	III	III	III	III	
	IV	IV	IV	IV	IV	IV	IV		
		V	V	V	V	V			
			VI	VI	VI				
				VII					

+7)にある化学種は図の上部に位置する.これらの化学種は,図の上部にあることから,非常に還元されやすいことが示唆される.フロスト図から,3d 系列の8族から12族の元素(Fe, Co, Ni, Cu, Zn)では族酸化状態が実現しないことがわかる.また,フロスト図は,酸性条件下で最も安定な酸化状態,すなわち,$Ti^{3+}, V^{3+}, Cr^{3+}, Mn^{2+}, Fe^{2+}, Co^{2+}, Ni^{2+}$ の状態を表している.

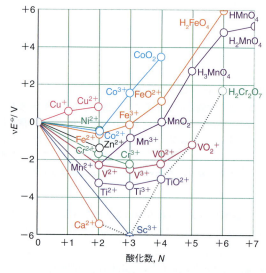

図 9・11 d-ブロックの第一系列の元素が酸性溶液(pH=0)中にあるときのフロスト図.破線は族酸化状態にある化学種を結んだもの.

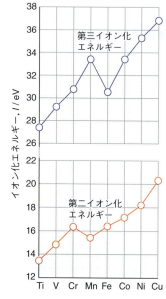

図 9・12 3d 金属の第二(赤)および第三(青)イオン化エネルギー

図 9・12 は 3d 金属の第二イオン化エネルギーと第三イオン化エネルギーであり,周期を横切って有効核電荷が増加することから予測されるとおり,イオン化エネルギーは周期を横切って増加することがわかる.マンガンと鉄の異常な値は,Mn^{2+} イオンと Fe^{3+} イオンの d^5 配置が非常に安定であることに基づく.第三イオン化エネルギーの値から予想できるであろうが,+3 の酸化状態は周期の左側で一般的であり,これはスカンジウムでは通常とりうる唯一の酸化状態である.チタン,バナジウム,クロムはすべて,酸化状態が +3 となるような広範囲の酸化物を形成し,通常の条件下では +3 の酸化状態は +2 の状態より安定である.マンガン(II)は d 副殻が半分だけ占められた状態であるため酸化に対して特に安定であり,知られている Mn^{III} 化合物は比較的少ない.マンガン以降では,多くの Fe^{III} 錯体が知られて

いるが，酸化性であることが多い．酸性溶液中では $Co^{3+}(aq)$ は強い酸化剤であり，O_2 を発生させる．

$$4\,Co^{3+}(aq) + 2\,H_2O(l) \longrightarrow 4\,Co^{2+}(aq) + 4\,H^+(aq) + O_2 \qquad E_{cell}^{\ominus} = +0.58\,V$$

Ni^{3+} と Cu^{3+} の水和イオンは見いだされていない．

対照的に，M^{II} は周期を横切って左から右に行くにつれてありふれたものとなる．たとえば，3d 系列の最初の方にある元素では，$Sc^{2+}(aq)$ は知られておらず，$Ti^{2+}(aq)$ は Ti^{3+} の溶液への電子衝撃によってのみ生成する．これはパルス放射線分解として知られている手法である．5族と6族では，$V^{2+}(aq)$ と $Cr^{2+}(aq)$ は H^+ イオンによる酸化に対して熱力学的に不安定である．

$$2\,V^{2+}(aq) + 2\,H^+(aq) \longrightarrow 2\,V^{3+}(aq) + H_2(g) \qquad E_{cell}^{\ominus} = +0.26\,V$$

Cr 以降（Mn^{2+}，Fe^{2+}，Co^{2+}，Ni^{2+}，Cu^{2+}）では，M^{II} は水との反応に対して安定であり，Fe^{2+} のみが空気によって酸化される．

例題 9・2　d-ブロックの酸化還元に対する安定性の傾向を判断する

3d 系列の元素の性質に見られる傾向に基づき，還元剤として利用可能な M^{2+} の水和イオンをあげて，それらのうちの一つのイオンと酸性溶液中での O_2 との反応の化学式を書け．

解　M^{II} の酸化状態が存在するもののそれが酸化も受けやすいような元素を見いだす必要がある．M^{II} の状態は 3d 系列の後の方の元素において最も安定で，$V^{2+}(aq)$ や $Cr^{2+}(aq)$ のような系列の左側にある金属のイオンは非常に強い還元剤であり，水中での使用は容易ではない．対照的に $Fe^{2+}(aq)$ イオンは唯一の弱い還元剤で，$Co^{2+}(aq)$，$Ni^{2+}(aq)$，$Cu^{2+}(aq)$ イオンは水中では還元剤とはならない．鉄のラチマー図によれば，酸性溶液中では Fe^{3+} が唯一の可能な高酸化状態である．

$$Fe^{3+} \xrightarrow{+0.77} Fe^{2+} \xrightarrow{-0.44} Fe$$

酸化の化学反応は

$$4\,Fe^{2+}(aq) + O_2(g) + 4\,H^+(aq) \longrightarrow 4\,Fe^{3+}(aq) + 2\,H_2O(l)$$

となる．

問題 9・2　付録3にある適切なラチマー図を参考にして，V^{2+} の酸性水溶液を酸素にさらしたときに生じる熱力学的に安定な化学種の酸化状態と化学式を決めよ．

4族から12族では族の下になるほど原子半径が大きくなり高い配位数がより安定化するため，高酸化状態の安定性が増す．さらに，高酸化状態の化合物は一般にハロゲン化物か酸化物で，これらでは配位子から金属への電子の供与によって高酸化状態が安定になる．12族では +2 がおもな酸化状態である．各族の 4d 系列と 5d 系列の元素が示す酸化状態の相対的な安定性は似ている．これは，（ランタノイド収縮のため）互いに原子半径が非常に似ているからである．すでに述べたように平行なスピンをもつ電子で半分が占められた電子殻はスピン相関のため特に安定である（§1・4）．この付加的な安定性は，正確に半閉殻構造をもつ d-ブロック元素の化学に重要な結果をもたらす．原子軌道が大きくなるとスピン相関の重要性は少な

くなる.これは,大きく広がった 4d 軌道や 5d 軌道では,高スピン配置をもたらす電子間の反発が重要ではなくなるからである.たとえば,Mn と同族である 4d および 5d 元素の Tc と Re は M^{II} 状態の化合物を生成しない.また,d-ブロック元素は金属の酸化状態がゼロであるような安定な化合物を生じる.このような錯体は CO のように π 酸として働く配位子によって常に安定化される.π 酸は,金属と π 結合を形成することによって電子密度を受容できる配位子である.

参照 §22·12

重い d 金属ほど高い酸化状態の安定性が増すという事実は,それらのハロゲン化物の組成式に見ることができる(表9·5).最も高い酸化状態の組成式 MnF_4, TcF_6, ReF_7 から,3d 系列の金属よりも 4d 系列と 5d 系列の金属の方が容易に酸化されることがわかる.重い d 金属の六フッ化物(たとえば PtF_6)は Pd を除く 6 族から 10 族の元素で合成されている.重い金属では高酸化状態が安定であることを認識しておけば,WF_6 は大した酸化剤ではないことがわかる.しかし,周期の右に行くほど六フッ化物の酸化剤としての性能は増す.PtF_6 は酸化剤としての能力が高く,O_2 を O_2^+ に酸化できる.

$$O_2(g) + PtF_6(s) \longrightarrow (O_2)PtF_6(s)$$

Xe ですら PtF_6 によって酸化される(§18·5).

表9·5 二元系 d-ブロックハロゲン化物の最も高い酸化状態[1]

4 族	5 族	6 族	7 族	8 族	9 族	10 族	11 族
TiI_4	VF_5	CrF_5 [2]	MnF_4	$FeBr_3$	CoF_4	NiF_4	$CuBr_2$
ZrI_4	NbI_5	$MoCl_6$	$TcCl_6$	RuF_6	RhF_6	PdF_4	AgF_3
HfI_4	TaI_5	WBr_6	ReF_7	OsF_6	IrF_6	PtF_6	AuF_5

[1] 組成式は,各 d 金属の最も高い酸化状態をもたらす,電気陰性の程度が最も小さいハロゲンの化合物を示す.
[2] CrF_6 は不動態皮膜をもつモネル[3] チャンバー内で室温において数日間存在する.
[3] 訳注: ニッケルと銅を主成分とする合金で,耐食性に優れている.

低酸化状態の d 金属の化合物はイオン固体として存在することが多い.それに対して,高酸化状態の d 金属の化合物は共有結合性となる傾向がある.ルチル型構造のイオン固体である OsO_2 と,共有結合性の分子である OsO_4 を比較してみよう(§19·8).この現象については §1·7e で論じた.

配位化合物や溶液においてランタノイドイオンが容易にとりうる唯一の酸化状態は,安定な Ln^{III} である.+3 以外の酸化状態は,比較的安定な空の副殻 (f^0),半閉殻 (f^7),閉殻 (f^{14}) で見られる.たとえば,Ce^{3+} は容易に Ce^{4+} (f^0) に酸化され,Eu^{3+} は Eu^{2+} (f^7) に還元されうる.アクチノイド元素のうち原子番号の小さいものは(第23章),+6 までのさまざまな酸化状態の化合物を生成する.+3 の酸化状態は Am とそれ以降の元素でおもなものとなる.ランタノイドの安定な酸化状態がこのように一様になることは還元電位に反映されており,還元電位の値は Eu^{3+}/Eu の -1.99 V から La^{3+}/La (f-ブロックの総称の元になっている元素) の -2.38 V の範囲に限られる.

トリウム (Th, $Z=90$) からローレンシウム (Lr, $Z=103$) までの元素では基底状態の電子配置において 5f 副殻が電子で占められる.この意味ではランタノイドに類似しているが,アクチノイドではランタノイドのような化学的な一様性が見られず,酸化状態はきわめて多様になる.アクチノイドの 5f 軌道のエネルギーは 4f 軌道より高く,また,アクチノイドの最初の方の元素では 6d 軌道や 7s 軌道と同程度となる.このため,バークリウムまでの元素ではこれらの原子軌道が結合に寄与する.

化合物の周期的性質

元素がつくる結合の数と種類は，結合の相対的な強さと原子の相対的な大きさに強く依存する．

9・6 配 位 数

要点 一般に小さい原子は低配位数であることが多く，族の下に行けば高配位数が可能になる．4d系列と5d系列の元素は同族の3d系列の元素より高配位数であることが多い．高酸化状態のd金属の化合物は共有結合性の構造をつくる傾向がある．

化合物中の原子の配位数は，中心原子とそれを取囲む原子の相対的な大きさにきわめて強く依存している．p-ブロックでは，第2周期の元素の化合物の場合には低配位数が最も普通の状態であるが，各族を下がって中心原子の半径が大きくなれば，高い配位数が観察されるようになる．たとえば，15族ではNはNCl_3のような三配位の分子やNH_4^+のような四配位のイオンを生成するが，同族のPは，PCl_3やPCl_5のような配位数が3や5の分子，PCl_6^-のような六配位のイオンを生じる．このような第3周期の元素の高配位数は超原子価の一例であり，d軌道が結合に寄与するために起こる現象であるとみなされることもあるが，§2・6bで述べたとおり，中心原子が大きいほどその周りに配置できる原子や分子は多くなり，低エネルギーの結合性分子軌道を電子が占有するようになることが，その原因のようである．

参照 §15・1

d-ブロックでは，4d系列と5d系列の元素は3d系列の元素より原子半径が大きいので高い配位数をとる傾向がある．3d系列の金属は小さいF^-配位子と六配位の錯体を形成する傾向があるが，大きな4d系列と5d系列の金属は同じ酸化状態においてF^-と七配位，八配位，九配位の錯体をつくる．オクタシアニドモリブデン酸塩錯体$[Mo(CN)_8]^{3-}$は，小さい配位子ほど高い配位数となる傾向があることを例示している．

参照 §19・7

ランタノイドイオンLn^{3+}の半径は，ランタノイド系列を横切るにつれて徐々に小さくなる．半径が減少する理由の一部は，4f副殻に電子が加えられるにつれて有効核電荷Z_{eff}が増加することであるが，相対論的効果もこの減少に大きく寄与している（§1・7a）．f-ブロックの大きな原子やイオンでは，きわめて高い配位数が観察されている．たとえば，Ndは九配位の$[Nd(OH_2)_9]^{3+}$イオンを，Thは十配位の$[Th(C_2O_4)_4(OH_2)_2]^{4-}$イオンを生じる．十一配位と十二配位の化学種の例は$[Th(NO_3)_4(OH_2)_3]$と$[Ce(NO_3)_6]^{2-}$で，これらでは$NO_3^-$が二つのO原子を介して金属と結合している（§7・5）．

9・7 結合エンタルピーの傾向

要点 孤立電子対のない原子Eに対して，E−Xの結合エンタルピーは族の下になるほど小さくなる．孤立電子対をもつ原子では，結合エンタルピーは第2周期から第3周期にかけて一般的に増加し，その後，族の下になるほど減少する．

孤立電子対をもつ原子のE−X結合の平均結合エンタルピーは，p-ブロックでは一般に族の下になるほど小さくなる．しかし，族の最も上にある第2周期の元素の結合エンタルピーBは変則的で，第3周期の元素より小さくなる（欄外の表参照）．第2周期の元素の原子間の単結合が比較的弱くなる現象は，結合している原子の孤立電子対同士が近づき，その間に斥力が働くからであると説明されることが多い．分子軌道法によれば，電子は反結合性軌道を占めるようになるが，族の下になるほどp軌道間の重なりが小さくなるので，電子が反結合性軌道を占めて結合を

結合エンタルピー, B

B/(kJ mol^{-1})		B/(kJ mol^{-1})	
N−N	163	N−Cl	200
P−P	201	P−Cl	319
As−As	180	As−Cl	317

B/(kJ mol^{-1})		B/(kJ mol^{-1})	
C–C	348	C–Cl	338
Si–Si	226	Si–Cl	391
Ge–Ge	188	Ge–Cl	342

弱める効果は，実際には族の最初の元素においてのみ重要になる．孤立電子対をもたない p-ブロック元素 E では，E–X 結合の結合エンタルピーは族の下になるほど減少する（欄外の表参照）．

小さい原子ほど強い結合を形成する．これは，原子が小さいほど共有される電子が結合している両方の原子の原子核に近づけるためである．Si–Cl 結合が強いのは，これら二つの元素の原子軌道が同程度のエネルギーをもち，これらの原子軌道が効果的に重なり合うという事実による．また，高い結合エンタルピーの値は，d 軌道を含め π 結合の寄与による場合もある．

例題 9・3　結合エンタルピーを用いて構造を合理的に説明する

単体の硫黄は S–S 単結合から成る環状あるいは鎖状の分子を形成するが，酸素は二原子分子として存在する．理由を述べよ．

解　単結合と二重結合の結合エンタルピーの相対的な大きさを考える必要がある．

B/(kJ mol^{-1})		B/(kJ mol^{-1})	
O–O	142	O=O	498
S–S	263	S=S	431

O=O 結合は O–O 結合と比べて 3 倍以上強いので，酸素は二酸素に見られるように O–O 結合より O=O 結合をつくろうとする傾向がきわめて強い．S=S 結合は S–S 結合の 2 倍より弱いので，S=S 結合をつくる傾向は酸素ほど強くなく，S–S 結合を形成しやすい．

問題 9・3　硫黄は鎖状につながり，[S–S–S]$^{2-}$ や [S–S–S–S–S]$^{2-}$ のような化学式のポリ硫化物を形成するが，ポリ酸化物アニオンは O$_3^-$ を超えるものは知られていない．なぜか．

結合エンタルピーの概念の応用の一つは，サブ原子価化合物が存在するか，あるいは存在しないかにかかわることである．サブ原子価化合物は，PH$_2$ のように原子価の規則から考えられるよりも少ない結合を形成する化合物である．PH$_2$ はそれを構成する原子への解離に対しては熱力学的に安定であるが，不均化に対しては不安定である．

$$3\,\mathrm{PH}_2(g) \longrightarrow 2\,\mathrm{PH}_3(g) + \frac{1}{4}\mathrm{P}_4(s)$$

この反応が自発的に進行する理由は，分子状リン P$_4$ における P–P 結合が強いことにある．反応物と生成物には同じ数（六つ）の P–H 結合があるが，反応物には P–P 結合がない．

d-ブロックでは結合エンタルピーは一般に族の下になるほど増加する．この傾向は p-ブロックに見られる一般的な傾向とは逆である．たとえば，つぎの M–H 結合と M–C 結合の強さを考えてみよう（欄外の表参照）．§9・2d で見たように，族の下になるほど d 軌道が結合の形成に有利な状態になるからで，族の上の方では d 軌道は収縮しているため炭素や水素の 1s 軌道，2s 軌道，2p 軌道と効果的に重なることができないが，族の下では空間的に広がった状態に変わり，これらの原子軌道と最適な状態で重なることができる．

B/(kJ mol^{-1})		B/(kJ mol^{-1})	
Cr–H	258	Fe–C	390
Mo–H	282	Ru–C	528
W–H	339	Os–C	598

9・8 二元系化合物

元素の単純な二元系化合物は構造と性質において興味深い傾向を示す。水素,酸素,ハロゲンはたいていの元素と化合物をつくるので,水素化物,酸化物,ハロゲン化物について概観し,結合と性質の傾向を理解できるようにしよう。

(a) 元素の水素化物

要点 元素の水素化物は,分子状水素化物,塩類似水素化物,金属類似水素化物に分類される.

水素はたいていの元素と反応して,分子状水素化物,塩類似水素化物,金属類似水素化物として分類されるような水素化物を生じる.分類することが容易ではなく,中間的な状態となる化合物もある(図9・13).水素の分子化合物は,13族から17族までの非金属で電気的に陰性の元素ではありふれたものである.B_2H_6, CH_4, NH_3, H_2O, HF などがその例である.これらの共有結合性水素化物は水を除いて気体である(水は強い水素結合のため気体ではない).1族と2族(Beを除く)の電気的に陽性の元素は塩類似水素化物を生成する.塩類似水素化物は高融点のイオン固体である.3族,4族,5族のすべてのd-ブロック金属とf-ブロック元素は不定比の金属類似水素化物をつくる.

参照 §13・6, §14・7, §15・10, §16・8, §17・2

参照 §11・6, §12・6

参照 §10・6c

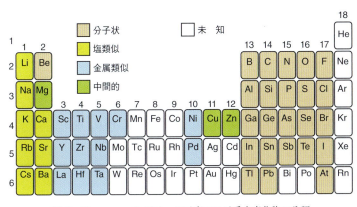

図 9・13　s-, p-, d-ブロック元素の二元系水素化物の分類

(b) 元素の酸化物

要点 金属は塩基性酸化物を非金属は酸性酸化物を生成する.元素は通常の酸化物,過酸化物,超酸化物,亜酸化物,不定比酸化物を生じる.d-ブロック元素の酸化物は多くの異なる種類が存在し,その構造はイオン性格子から共有結合性分子まで幅広い.

酸素の高い反応性と高い電気陰性度に起因してきわめて多数の二元系酸化物が存在し,その多くでは結合相手の元素が高い酸化状態をとる.可能な酸化物の範囲を表9・6に示す.

金属は典型的に塩基性酸化物を形成する.電気的に陽性である金属は容易にカチオンを生じ,酸化物イオンは水からプロトンを引き抜く(§4・4).たとえば,酸化バリウムが水と反応すると OH^- イオンが生じる.

参照 §11・8, §12・8

$$BaO(s) + H_2O(l) \longrightarrow Ba^{2+}(aq) + 2\,OH^-(aq)$$

非金属は酸性酸化物を生じる.電気的に陰性の原子は配位した H_2O 分子から電子を引き寄せ,H^+ を放出する.たとえば,三酸化硫黄は水と反応してオキソニウムイオン〔ヒドロニウムイオン[†]ともいう,ここでは単純に $H^+(aq)$ と表現する〕を生じる.

参照 §15・13, §16・12, §17・2

[†] 訳注: IUPAC勧告では許容されていないが,一般には依然として広く用いられている.

表 9・6　各元素の存在しうる酸化物

1	2	3	4	5	6	7	8	9	10	11	12	13	14	15	16	17
H_2O H_2O_2																
Li_2O	BeO											B_2O_3 網目構造の固体 ガラス	CO CO_2 C_3O_2	N_2O NO N_2O_3 NO_2 N_2O_4 N_2O_5	O_2 O_3	OF_2 O_2F_2
Na_2O Na_2O_2	MgO MgO_2											Al_2O_3 ガラス 鉱物	SiO_2	P_4O_6 P_4O_{10}	SO_2 SO_3	Cl_2O Cl_2O_3 ClO_2 Cl_2O_4 Cl_2O_6 Cl_2O_7
K_2O K_2O_2 KO_2 KO_3	CaO CaO_2	Sc_2O_3	TiO Ti_2O_3 TiO_2	VO V_2O_3 V_3O_5 VO_2 V_2O_5	Cr_2O_3 Cr_3O_4 CrO_2 CrO_3	MnO Mn_2O_3 Mn_3O_4 MnO_2 Mn_2O_7	FeO Fe_2O_3 Fe_3O_4	CoO Co_3O_4	NiO Ni_2O_3	Cu_2O CuO	ZnO	Ga_2O_3	GeO GeO_2	As_2O_3 As_2O_5	SeO_2 SeO_3	Br_2O Br_2O_3 BrO_2
Rb_2O Rb_2O_2 RbO_2 RbO_3 Rb_9O_2	SrO SrO_2	Y_2O_3	ZrO_2	NbO NbO_2 Nb_2O_5	MoO Mo_2O_3 MoO_2 Mo_2O_5 MoO_3	TcO_2 Tc_2O_7	RuO_2 RuO_3	RhO_2 Rh_2O_3	PdO PdO_2	AgO Ag_2O	CdO	In_2O_3	SnO SnO_2	Sb_2O_3 Sb_2O_5	TeO_2 TeO_3	I_2O_4 I_2O_4 I_2O_5 I_4O_9
Cs_2O Cs_2O_2 CsO_2 CsO_3	BaO BaO_2	La_2O_3	HfO_2	TaO TaO_2 Ta_2O_3 Ta_2O_5	WO_2 WO_3	Re_2O_3 ReO_2 ReO_3 Re_2O_7	OsO_2 OsO_4	Ir_2O_3 IrO_2	PtO PtO_2 PtO_3	Au_2O_3	Hg_2O HgO	Tl_2O Tl_2O_3	PbO Pb_3O_4 PbO_2	Bi_2O_3 Bi_2O_5		XeO_3 XeO_4

$$SO_3(g) + H_2O(l) \longrightarrow 2H^+(aq) + SO_4^{2-}(aq)$$

酸化物の酸性度は,一定の酸化状態に対して周期の左から右に行くにつれて増加し,族の下になるほど減少する(図9・14).13族では最も上にある元素のBは非金属で,酸性酸化物 B_2O_3 を生じる.族の最も下では金属性が増し,不活性電子対効果により安定な酸化状態が +3 から +1 へ減少する.このため,タリウムの酸化物には塩基性の Tl_2O が含まれる.

d-ブロック元素では多くの異なる酸化物が知られており,多種類の構造が存在する.酸素にはいくつかの元素に最高の酸化状態をもたらす能力があることをすでに述べたが,酸化物において非常に低い酸化状態をとる元素もある.たとえば Cu_2O において銅は Cu^I として存在する.一酸化物は Cr を除くすべての 3d 金属に対して知られている.これらの一酸化物はイオン固体に特徴的な塩化ナトリウム型構造をもつが,その性質は,単純なイオンモデル $M^{2+}O^{2-}$ から予想されるものと大きく異なることが示されている.このような性質については第 24 章でより詳細に議論するが,たとえば,TiO は金属伝導性を示し,FeO では常に鉄の欠陥が存在する.すなわち,この化合物の化学量論は $Fe_{1-x}O$ である.原子番号の小さい d-ブロック元素の一酸化物は強い還元剤である.すなわち,TiO は水や酸素によって容易に酸化される.また,MnO は手ごろな酸素の捕捉剤で,実験室では不活性気体中の酸素の不純物を除去して 10 億分の 1 程度にまで減少させるために用いられる.

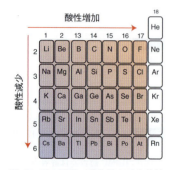

図 9・14　元素の酸化物が示す酸性度の,周期表における一般的な変化

すでに述べたように，非常に高い酸化状態の元素の酸化物は共有結合性の構造をもつ．たとえば，四酸化ルテニウムや四酸化オスミウムは，低融点，高揮発性，毒性の分子化合物で，選択的な酸化剤として利用される．実際に四酸化オスミウムはアルケンを cis-ジオールに酸化する標準的な反応剤として使われる．

高酸化状態の d-ブロック元素は一般に水溶液中で Mn^{VII} を含む $[MnO_4]^-$ や Cr^{VI} を含む $[CrO_4]^{2-}$ のようなオキソアニオンとして存在する．このようなオキソアニオンの存在は，同じ金属元素であってもその低酸化状態はマンガン(II) の $[Mn(OH_2)_6]^{2+}$ やクロム(III) の $[Cr(OH_2)_6]^{3+}$ のように単純な水和イオンであることと対照的である．

(c) 元素のハロゲン化物

要点 s-ブロック元素のハロゲン化物は主としてイオン性であり，p-ブロック元素のハロゲン化物はおもに共有結合性である．d-ブロックでは低酸化状態の元素のハロゲン化物はイオン性で，高酸化状態の元素のハロゲン化物は共有結合性になりやすい．d-ブロック元素の二元系ハロゲン化物はすべての金属で見られ，たいていの酸化状態をとる．二ハロゲン化物は典型的なイオン固体であり，d-ブロック元素が高い酸化数をとるハロゲン化物は共有結合性を示す．

ハロゲンはたいていの元素と化合物をつくるが，常に直接反応するわけではない．生成が認められている塩化物の範囲を表 9・7 に示す．

Li と Be を除けば，s-ブロック元素のハロゲン化物はイオン性で，p-ブロック元素のフッ化物は主として共有結合性である．F と Cl はたいていの元素に対して族酸化数をもたらすが，N と O は顕著な例外である．

d-ブロック元素はさまざまな酸化状態のハロゲン化物を生じる．F や Cl では高い酸化状態の元素から成るハロゲン化物が生成する．低酸化状態の元素のハロゲン

表 9・7 元素の単純な塩化物

HCl																
LiCl	$BeCl_2$											BCl_3	CCl_4	NCl_3	OCl_2	ClF
NaCl	$MgCl_2$											$AlCl_3$	$SiCl_4$	PCl_3 PCl_5	S_2Cl_2 SCl_2	Cl_2
KCl	$CaCl_2$	$ScCl_3$	$TiCl_2$ $TiCl_3$ $TiCl_4$	VCl_2 VCl_3 VCl_4	$CrCl_2$ $CrCl_3$ $CrCl_4$	$MnCl_2$ $MnCl_3$	$FeCl_2$ $FeCl_3$	$CoCl_2$ $CoCl_3$	$NiCl_2$	CuCl $CuCl_2$	$ZnCl_2$	$GaCl_3$	$GeCl_4$	$AsCl_3$ $AsCl_5$	$SeCl_4$	BrCl
RbCl	$SrCl_2$	YCl_3	$ZrCl_3$ $ZrCl_4$	$NbCl_3$ $NbCl_4$ $NbCl_5$	$MoCl_2$ $MoCl_3$ $MoCl_4$ $MoCl_5$ $MoCl_6$	$TcCl_4$	$RuCl_2$ $RuCl_3$	$RhCl_3$	$PdCl_2$	AgCl	$CdCl_2$	InCl $InCl_2$ $InCl_3$	$SnCl_2$ $SnCl_4$	$SbCl_3$ $SbCl_5$	$TeCl_4$	ICl ICl_3 I_2Cl_6
CsCl	$BaCl_2$	$LaCl_3$	$HfCl_4$	$TaCl_3$ $TaCl_4$ $TaCl_5$	WCl_3 WCl_4 WCl_6	$ReCl_4$ $ReCl_5$ $ReCl_6$	$OsCl_4$ $OsCl_5$ $OsCl_6$	$IrCl_2$ $IrCl_3$ $IrCl_4$	$PtCl_2$ $PtCl_4$	AuCl	$HgCl_2$ Hg_2Cl_2	$TlCl$ $TlCl_2$ $TlCl_3$	$PbCl_2$ $PbCl_4$	$BiCl_3$ $BiCl_5$		

化物はイオン固体である．高酸化状態では共有結合性が支配的となる．特に重いハロゲンにおいてそうである．たとえば4族では，TiF_4 は融点が 284 ℃ の固体であるが，$TiCl_4$ は −24 ℃ で融解し，136 ℃ で沸騰する．6族ではフッ化物でさえもイオン性をもたず，MoF_6 も WF_6 も室温で液体である．

9・9 より広い観点から見た周期性の特徴

単体や化合物の化学的性質の違いは，周期的な傾向が複雑に相互作用することに基づいている．この節ではさまざまな傾向がどのように補償し合うか，また，互いに競合するか，あるいは互いに強め合うかについて説明する．

(a) イオン性塩化物

要点 イオン化合物において，格子エンタルピー，イオン化エネルギー，原子化エンタルピーの傾向は，イオン性ハロゲン化物の生成エンタルピーに大きな影響を及ぼす．

表 9・8 からわかるように，1族元素のハロゲン化物の生成エンタルピー $\Delta_f H^\ominus$ の値は族の上から下までほぼ一定であるといえる．イオン化エネルギーと原子化エンタルピーはいずれも正であるが，族の下ほど原子半径が大きくなるのでこれらは小さくなる．ところがこれらの傾向は格子エンタルピーの変化によって相殺される．つまり，族の下ほどカチオンが大きくなるため格子エンタルピーは減少する (§3・11)．2族元素のハロゲン化物の $\Delta_f H^\ominus$ の値は1族元素のハロゲン化物の値の2倍にまで達する．この場合，イオン化エンタルピーの増加は，1族元素ほどは格子エネルギーによって相殺されない．

イオン化エネルギーと原子化エンタルピーはいずれも周期表の周期を横切るにつれてより大きな正の値となる[†]．しかし，さらに重要な因子は，イオン半径の減少とイオンの電荷の増加によって格子エンタルピーが大きく増加することである．これら複数の因子の影響は，$KCl, CaCl_2, ScCl_3$ の $\Delta_f H^\ominus$ の値がそれぞれ −436，−795，−925 kJ mol^{-1} となることからうかがえる．

(b) 共有結合性ハロゲン化物

要点 結合エンタルピーとエントロピーの効果は，16族元素のハロゲン化物が存在するか否かを決定するうえで最も重要な因子である．

硫黄とハロゲンの間に形成される化合物は，共有結合性ハロゲン化物の $\Delta_f H^\ominus$ の値に影響を及ぼす因子に関して知見を与えてくれる．硫黄はFとさまざまな種類の化合物を形成するが，そのほとんどは気体である．六フッ化硫黄 SF_6，二フッ化硫黄 SF_2，二塩化硫黄 SCl_2 は存在するが，SCl_6 は知られていない．結合エンタルピーのデータから計算される $\Delta_f H^\ominus$ の値は

	SF_2	SF_6	SCl_2	SCl_6
$\Delta_f H^\ominus / (\text{kJ mol}^{-1})$	−298	−1220	−49	−74

である．よって，SCl_6 の生成は SCl_2 と比べてより発熱的であるが，他の因子のために標準的な条件では SCl_6 が合成できないことになる．この現象の説明は，硫黄-ハロゲン結合ならびに F−F と Cl−Cl それぞれの結合の結合エンタルピーを考慮すれば得られる．

	F−SF	F−SF_5	Cl−SCl	F−F	Cl−Cl
$B/(\text{kJ mol}^{-1})$	367	329	271	155	242

表 9・8 1族元素と2族元素の塩化物の標準生成エンタルピー，$\Delta_f H^\ominus / (\text{kJ mol}^{-1})$

LiCl	−409	$BeCl_2$	−512
NaCl	−411	$MgCl_2$	−642
KCl	−436	$CaCl_2$	−795
RbCl	−431	$SrCl_2$	−828
CsCl	−433	$BaCl_2$	−860

[†] 訳注: 原子化エンタルピーが単調に増加するのは，1族元素から5族元素までである．

結合エンタルピーは SF_2 より SF_6 の方が小さい．これはおそらく S 原子の周りの立体的な障害によるもので，SF_6 では込み合った F 原子同士が反発する．同様に SCl_2 より SCl_6 の方が結合エンタルピーは小さいと予想される．この弱い結合が，SCl_6 が存在しないことの一つの原因である．他の要因は Cl−Cl 結合が F−F 結合よりかなり強いことである．説明においては，可能な反応に含まれるすべての化学種を考慮することの重要性が強調されるべきで，SCl_6 の分解（Cl_2 が放出される）の熱力学を類似の SF_6 の分解と比較すると，F−F 結合が Cl−Cl 結合よりも 90 kJ mol^{-1} 近く弱いことからも SF_6 の安定性が理解できる．対照的に PCl_6^- イオンを含む化合物は知られている．P は S ほどは電気的に陰性ではないので，P と Cl の結合は S と Cl の結合より強いはずである．PCl_6^- イオンを含む化合物は格子エネルギーによっても安定化するであろう．

例題 9・4　化合物の生成に影響を及ぼす因子を見積もる

H−SH_5 の B(H−S) が H−SH の値（375 kJ mol^{-1}）と等しいと仮定して，$\Delta_f H^\ominus$(SH_6, g) を見積もれ．B(H−H) の値は 436 kJ mol^{-1}，B(S−S) の値は 263 kJ mol^{-1} である．得られた値に基づいて実験事実を説明せよ．

解　反応

$$\frac{1}{8} S_8(s) + 3 H_2(g) \longrightarrow SH_6(g)$$

において，切断される結合と生成する結合の結合エンタルピーの違いから $\Delta_f H^\ominus$(SH_6, g) を見積もる．結合の切断に伴うエンタルピー変化は，263 kJ mol^{-1}＋3×(436 kJ mol^{-1})＝1571 kJ mol^{-1} であり，結合の生成に伴うエンタルピー変化は−6×(375 kJ mol^{-1})＝−2250 kJ mol^{-1} である．よって，

$$\Delta_f H^\ominus(SH_6, g) = 1571 \text{ kJ mol}^{-1} - 2250 \text{ kJ mol}^{-1} = -679 \text{ kJ mol}^{-1}$$

となる．つまり，化合物の生成は発熱的であることが示され，この計算に基づけば，この化合物は存在すると予想される．しかし，SH_6 は存在しない．この不一致の理由は S−H 結合が計算に用いた値よりもかなり弱いことにあると思われる．生成ギブズエネルギーにはエントロピー変化も寄与し，SH_2 が生成する場合には H_2 が1分子だけ反応するのに対し，SH_6 では3分子の H_2 が使われるので，後者はエントロピーの観点から不利である．

問題 9・4　以下の $\Delta_f H^\ominus$ の値（単位は kJ mol^{-1}）について論じよ．

S(g)	Se(g)	Te(g)	SF_4	SeF_4	TeF_4	SF_6	SeF_6	TeF_6
+223	+202	+199	−762	−850	−1036	−1220	−1030	−1319

(c) イオン性酸化物

要点　イオンモデルは 4d 元素の酸化物より 3d 元素の酸化物によく当てはまる．

組成式が MO のさまざまな金属酸化物に見られる生成エンタルピーが対照的な値であることから（表 9・9），周期性の特徴について興味深い別の知見が得られる．2族元素の酸化物の高い発熱性は，s-ブロック金属の比較的低いイオン化エネルギーと低い原子化エンタルピーに起因する．格子エンタルピーの実験値はカプスティンスキー式から計算される値に非常に近い．このことは，これらの化合物がイオンモデルによく合うことを示している．3d 系列の元素では $\Delta_f H^\ominus$(MO) の値は負で，周期を横切るにつれて絶対値は小さくなる．この系列では互いに対立する傾向がある．というのも，周期の右に行くほどイオン化エネルギーは増加するが，原

参照 §12・8

子化エンタルピーは減少するからである．4d 元素の酸化物の格子エンタルピーの実験値はカプスティンスキー式から計算される値と合わない．これは，イオンモデルがもはや適切でないことを意味する．4d 系列の元素のイオン化エネルギーは同族の 3d 系列の元素より低いが，原子化エンタルピーはかなり高い．これは，3d 軌道間の重なりより 4d 軌道間の重なりの方が大きいため，4d 元素の方が強い金属結合をもつことを反映している．

参照 §19・8

表 9・9 金属酸化物 MO のいくらかの熱力学的データ（単位は kJ mol^{-1}）

M	$\Delta_{ion(1+2)}H^\ominus$	$\Delta_a H^\ominus$	MO	$\Delta_f H^\ominus$	$\Delta_L H^\ominus$(calc†)	$\Delta_L H^\ominus$(exp)
Ca	1735	177	CaO	-636	3464	3390
V	2064	514	VO	-431	3728	4037
Ni	2490	430	NiO	-240	4037	4436
Nb	2046	726	NbO	-406	4000	4154

† カプスティンスキー式から見積もった値．

例題 9・5　d-ブロック元素の酸化物の熱的安定性を予測する

V_2O_5 と Nb_2O_5 の，熱分解反応

$$M_2O_5(s) \longrightarrow 2\,MO(s) + \tfrac{3}{2}O_2(g)$$

に対する安定性を比較せよ．表 9・9 のデータ，ならびに Nb_2O_5 と V_2O_5 の生成エンタルピーがそれぞれ $-1901\,\mathrm{kJ\,mol^{-1}}$，$-1552\,\mathrm{kJ\,mol^{-1}}$ であることを用いよ．

解　それぞれの酸化物の反応エンタルピーを考える必要がある．反応エンタルピーは生成物と反応物の生成エンタルピーの差から計算できる．

Nb_2O_5：$\Delta_f H^\ominus = 2(-406\,\mathrm{kJ\,mol^{-1}}) - (-1901\,\mathrm{kJ\,mol^{-1}}) = +1089\,\mathrm{kJ\,mol^{-1}}$
V_2O_5：$\Delta_f H^\ominus = 2(-431\,\mathrm{kJ\,mol^{-1}}) - (-1552\,\mathrm{kJ\,mol^{-1}}) = +690\,\mathrm{kJ\,mol^{-1}}$

V_2O_5 の反応エンタルピーは Nb_2O_5 ほど吸熱的ではない．よって，V_2O_5 の方が熱力学的な安定性が低い．

問題 9・5　$\Delta_f H^\ominus(\mathrm{P_4O_{10}},s) = -3012\,\mathrm{kJ\,mol^{-1}}$ が与えられたとき，V_2O_5 の値と比較するうえで追加すべき有用なデータは何か．

(d) 貴な性質

要点　d-ブロックの右側にある金属は低酸化状態で存在し，軟らかい配位子と化合物をつくる傾向がある．

12 族元素を除いて，d-ブロックの右下にある金属は酸化を受けにくい．この耐酸化性は主として強い金属結合と高いイオン化エネルギーに起因するものである．この性質は Ag, Au, ならびに 8 族から 10 族の 4d および 5d 系列の金属において顕著である（図 9・15）．後者の元素は白金を含む鉱石中に存在することから白金族金属とよばれる．Cu, Ag, Au は従来からの用途に基づき貨幣金属とよばれる．金は金属の状態で産出する．銀，金，白金は銅の電解精錬によっても回収される．

銅，銀，金は標準的な条件では H^+ による酸化を受けない．このような貴な性質のため，これらの金属は白金とともに宝石細工や装飾品に用いられる．王水は濃塩

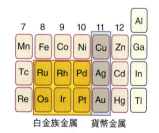

図 9・15　周期表における白金族金属と貨幣金属の領域

酸と濃硝酸の3:1の混合物であり，古くからあるものの，金や白金の酸化に有効な薬品である．その作用は2通りであり，NO_3^- イオンが酸化力をもち，Cl^- が錯化剤として働く．全反応は

$$Au(s) + 4H^+(aq) + NO_3^-(aq) + 4Cl^-(aq) \longrightarrow [AuCl_4]^-(aq) + NO(g) + 2H_2O(l)$$

である．溶液中で活性な化学種は Cl_2 と NOCl であると考えられ，これらは

$$3HCl(aq) + HNO_3(aq) \longrightarrow Cl_2(aq) + NOCl(aq) + 2H_2O(l)$$

の反応によって生成する．11族の安定な酸化状態は異常なものである．Cu では +1 と +2 の状態が最も普通に見られるが，Ag では +1 が典型的で，Au では +1 と +3 が一般的である．単純な水和イオンの $Cu^+(aq)$ と $Au^+(aq)$ は水溶液中で不均化を起こす．

$$2Cu^+(aq) \longrightarrow Cu(s) + Cu^{2+}(aq)$$
$$3Au^+(aq) \longrightarrow 2Au(s) + Au^{3+}(aq)$$

Cu^I, Ag^I, Au^I の錯体は直線形であることが多い．たとえば，$[H_3NAgNH_3]^+$ は水溶液中で生成し，直線形の $[XAgX]^-$ 錯体は X 線結晶学的にその構造が決められている．直線形配位をとる傾向に対して最近受け入れられている説明は，外殻の nd 軌道，$(n+1)s$ 軌道，$(n+1)p$ 軌道のエネルギーが同程度であり，これらが直線形の spd 混成軌道を形成しやすいというものである（図 9・16）．

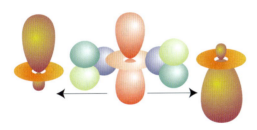

図 9・16 ここに示すような位相をもつ s 軌道，p_z 軌道，d_{z^2} 軌道の混成によって，強い σ 結合の形成に利用できる1対の直線形の原子軌道ができる．

Cu^+, Ag^+, Au^+ の軟らかいルイス酸としての特徴は，これらが $I^- > Br^- > Cl^-$ の順に親和性をもつことに表れている．$[Cu(NH_3)_2]^+$ や $[AuI_2]^-$ の生成に例示される錯形成を考察すれば，これらの金属の +1 の酸化状態を水溶液中で安定化するための指針が得られる．Cu^I, Ag^I, Au^I では多くの四面体錯体も知られている（§7・8）．

$Rh^I, Ir^I, Pd^{II}, Pt^{II}, Au^{III}$ のような白金族金属や金が d^8 の電子配置となる酸化状態をとる場合には，平面四角形錯体が一般的である（§20・1f）．一例は $[Pt(NH_3)_4]^{2+}$ である．これらの錯体の特徴的な反応には，配位子置換（§21・3）や，Au^{III} 錯体を除けば酸化的付加（§22・22）がある．

d-ブロック元素を横切って顕著になる貴な性質は12族（Zn, Cd, Hg）において突然失われる．12族で元素は再び空気による酸化を容易に受けるようになる．12族金属の酸化が容易になるのは金属結合が弱くなるためであり，また，d-ブロックの終わりになって d 軌道のエネルギーが急激に低下し，エネルギーの高い $(n+1)s$ 電子が反応にかかわるようになるからである．

9・10 族の第一元素の特異性

要点 p-ブロックの各族の最初の元素は同じ族の他の元素とは異なる性質を示す．これは最初の元素は原子半径が小さく，エネルギーの低いd軌道が存在しないためである．3d金属は4dや5dの元素よりも低い配位数と低い酸化状態の化合物をつくる．第2周期のいくつかの元素の原子半径，ひいては化学的性質は，周期表においてその元素の右下にある元素と似ている．

p-ブロックの各族の最初の元素の化学的性質は同じ族の他の元素と大きく異なっている．このような特異性は，小さい原子半径とそれに関係する高いイオン化エネルギー，高い電気陰性度，低い配位数によるものである．たとえば14族では，炭素は強いC–C結合で鎖状につながった炭化水素を生じ，その種類は膨大なものになる．また，炭素はアルケンやアルキンにおいて強い多重結合を形成する．同族の他の元素ではE–E結合の結合エンタルピーが減少するため，このようなカテネーション†の傾向はかなり小さくなる．形成されるシランのうち最長のものは4個のSi原子を含むにすぎない．窒素はリンや他の15族元素ときわだった違いを示す．たとえば，窒素は一般にNF_3のように配位数が3であり，NH_4^+やNF_4^+のような化学種では配位数が4となる．これに対してリンはPF_3やPF_5のような三配位と五配位の化合物，PF_6^-のような六配位の化学種を形成できる．

水素結合の程度は各族の最初の元素の化合物において最も強い．最初の元素は電気陰性度が大きく，分極の大きなE–H結合をつくるためである．たとえば，アンモニアの沸点は–33℃で，これは他の15族元素の水素化物より高い．同様に，水とフッ化水素は室温で液体であるが，H_2SとHClは気体である．

ここまで，周期表における元素の化学的性質の傾向を，族内の縦方向の関係と周期内の横方向の関係に基づいて議論した．一般に各族の最初の元素は右下にある元素といわゆる**対角関係**(diagonal relationship)をもっている．これら二つの元素の原子半径，電荷密度，電気陰性度，ひいては多くの化学的性質が似ているため，対角関係が見られる（図9・17）．最も顕著な対角関係はLiとMgの間のもので，たとえば，1族元素は本質的にイオン性の化合物を形成するが，LiとMgの塩は結合にある程度の共有結合性をもつ．BeとAlにも強い対角関係がある．いずれの元素も共有結合性の水素化物とハロゲン化物を生じる．2族元素の同様の化合物は主としてイオン性である．BとSiの対角関係は，いずれの元素も可燃性の気体状の水素化物を形成するのに対し，水素化アルミニウムは固体であるという事実に見ることができる．主要族元素において対角関係は1族，2族，13族で最も顕著である．

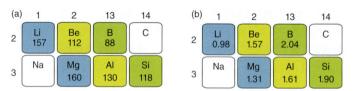

図 9・17　第2周期と第3周期において，(a) 原子半径（単位はピコメートル）と (b) ポーリングの電気陰性度に見られる対角関係

第2周期の元素とそれらの同族の元素との間に見られるようなきわだった差異は，d-ブロックにおいてもそれほど顕著ではないものの見いだされている．たとえば，3d系列の金属の性質は4dおよび5d系列とは異なる．単純な化合物では，3d系列の場合は低い酸化状態が安定であり，高い酸化状態の安定性は各族の下に

---

† 訳注：表9・3参照．

なるほど増す．たとえば，クロムの最も安定な酸化状態はCr^{III}であるが，Moと WではM^{IV}である．3d 元素の化合物から 4d および 5d 元素の化合物に移れば共有結合性の程度と配位数が大きくなる．たとえば，3d 元素はCrF_2のようなイオン固体を形成するが，4d と 5d 系列の元素は，室温では液体のMoF_6やWF_6のような酸化数の高いハロゲン化物を生じる．これらの違いは，3d 元素の小さいイオン半径，4d 元素と 5d 元素の原子半径がきわめて似ているという事実（ランタノイド収縮による），ハロゲン化物が電子の逆供与によって高酸化状態の金属を安定化する能力をもつことに起因する．

参照 §19・6

f-ブロックの最初の周期にある元素，すなわちランタノイドの性質は，2 番目の周期の元素，すなわちアクチノイドとかなり異なっている．LaからLuまでの元素は総称としてLnで表され，これらはすべて電気的な陽性が高く，Ln^{3+}/Lnの標準電位がLiとMgの間にある．ランタノイド元素は例外なくLn^{III}の酸化状態をとる．これは周期表からは予想がつかないものであり，4f 軌道が原子の芯に"埋め込まれて"いることに起因する．アクチノイド元素は 5f 軌道が結合に使われるため，ランタノイド元素ほど性質がそろってはいない．

参照 §23・4

参照 §23・10

各族の最初の元素と同じ族の他の元素との相違に加えて，原子番号がZの p-ブロック元素と原子番号が$Z+8$の d-ブロック元素との間には類似性がある．たとえば，Al ($Z=13$) は Sc ($Z=21$) との類似性を示す．この類似性は電子配置によって理解できる．13 族の Al も 3 族の Sc も 3 個の価電子をもつ．これらの原子半径はかなり似ていて，Al が 143 pm，Sc が 161 pm である．また，Al^{3+}/Alの標準電位 (-1.66 V) はGa^{3+}/Ga (-0.53 V) よりSc^{3+}/Sc (-1.88 V) に近い．類似性はつぎの元素の組にも見られる．

Z	14	15	16	17
	Si	P	S	Cl
$Z+8$	22	23	24	25
	Ti	V	Cr	Mn

たとえば，SとCrはSO_4^{2-}, $S_2O_7^{2-}$, $[CrO_4]^{2-}$, $[Cr_2O_7]^{2-}$といった種類のアニオンを形成する．また，ClとMnは酸化力のあるペルオキソアニオンClO_4^-, $[MnO_4]^-$を生じる．これらの類似性は，元素が最も高い酸化状態にあり，d-ブロック元素がd^0配置をとる場合に見られる．5p 元素（In から Xe）について言えば，Zと$Z+22$の元素間にこのような関係がある．これは，これらの元素の間に 15 個のランタノイド元素が加わるためである．

例題 9・6　$Z+8$ 元素の化学的性質を予測する

過塩素酸イオンClO_4^-は非常に強い酸化剤で，その化合物は接触や熱により爆発する可能性がある．ある反応において過塩素酸塩と置き換えが可能な類似の$Z+8$元素の化合物にはどのようなものがあるか予想せよ．

解　$Z+8$元素を確定しなければならない．Clの原子番号は17であるため，$Z+8$元素はMn ($Z=25$) である．ClO_4^-に類似のMnの化合物は過マンガン酸イオン$[MnO_4]^-$で，これは実際に酸化剤であるが，ClO_4^-より爆発性が乏しい．過マンガン酸塩は過塩素酸塩と置き換えが可能であると考えられる．

問題 9・6　キセノンは非常に反応性に乏しいが酸素やフッ素とは少ないながらXeO_4のような化合物を形成する．XeO_4の形を予測し，同じ構造をもつ$Z+22$元素の化合物を決定せよ．

参 考 書

P. Enghag, "Encyclopedia of the Elements", John Wiley & Sons (2004).

D. M. P. Mingos, "Essential Trends in Inorganic Chemistry", Oxford University Press (1998). 構造と結合の観点からの無機化学の概観.

N. C. Norman, "Periodicity and the s- and p-Block Elements", Oxford University Press (1997). s-ブロックの化学の本質的な傾向と特徴を網羅している.

E. R. Scerri, "The Periodic Table: Its Story and Its Significance", Oxford University Press (2007).

C. Benson, "The Periodic Table of the Elements and Their Chemical Properties", Kindle edition., MindMelder.com (2009).

練 習 問 題

9・1 (a) Ba, (b) As, (c) P, (d) Cl, (e) Ti, (f) Cr に対して予想される安定な最高の酸化状態を示せ.

9・2 ある族の元素は一つの例外を除いて塩類似水素化物を形成する. これらの元素は酸化物と過酸化物を生じる. また, すべての炭化物は水と反応して炭化水素を生成する. これらの元素の族を決定せよ.

9・3 ある族の元素は金属から半金属（メタロイド）を経て非金属まで変わる. これらの元素は酸化状態が+5と+3の塩化物を形成する. また, 水素化物はすべて有毒な気体である. これらの元素の族を決定せよ.

9・4 ある族の元素はすべて金属である. 族の最も上にある元素の最も安定な酸化状態は+3であり, 最も下にある元素では最も安定な酸化状態は+6である. これらの元素の族を決定せよ.

9・5 仮想的な化合物 $NaCl_2$ の生成に対してボルン・ハーバーサイクルを描け. $NaCl_2$ が存在しないという事実を説明する熱化学的過程はいずれの過程であるか述べよ.

9・6 不活性電子対効果が15族以外でどのように現れるかを予測し, その予測とその族に含まれる元素の化学的性質とを比較せよ.

9・7 イオン半径, イオン化エネルギー, 金属性の関係をまとめよ.

9・8 つぎにあげる各組の元素のうち, どちらの第一イオン化エネルギーが高いか.
(a) Be と B (b) C と Si (c) Cr と Mn

9・9 つぎにあげる各組の元素のうち, どちらが電気的に陰性か.
(a) Na と Cs (b) Si と O

9・10 つぎにあげる水素化物を塩類似水素化物, 分子状水素化物, 金属類似水素化物に分類せよ.
(a) LiH (b) SiH_4 (c) B_2H_6
(d) UH_3 (e) PdH_x ($x<1$)

9・11 つぎにあげる酸化物を酸性酸化物, 塩基性酸化物, 両性酸化物に分類せよ.
(a) Na_2O (b) P_2O_5 (c) ZnO
(d) SiO_2 (e) Al_2O_3 (f) MnO

9・12 つぎにあげるハロゲン化物を共有結合性が増加する順に並べよ. CrF_2 CrF_3 CrF_6

9・13 (a) Mg, (b) Al, (c) Pb, (d) Fe が抽出される鉱物の名称を述べよ.

9・14 P に対する $Z+8$ 元素は何か. これらの元素の類似性を簡潔にまとめよ.

9・15 つぎにあげるデータを用いて SeF_4 と SeF_6 における $B(Se-F)$ の平均値を計算せよ. 対応する SF_4 の $B(S-F)$ の値（$+340\,kJ\,mol^{-1}$）と SF_6 の $B(S-F)$ の値（$+329\,kJ\,mol^{-1}$）を参考にして, 得られた値を評価せよ.
$\Delta_a H^{\ominus}(Se) = +227\,kJ\,mol^{-1}$
$\Delta_a H^{\ominus}(F_2) = +159\,kJ\,mol^{-1}$,
$\Delta_f H^{\ominus}(SeF_6, g) = -1030\,kJ\,mol^{-1}$
$\Delta_f H^{\ominus}(SeF_4, g) = -850\,kJ\,mol^{-1}$

演 習 問 題

9・1 論文'周期表のデータを表示するための統計地図'〔*J. Chem. Educ.*, **88** (11), 1507 (2011)〕において, M. J. Winter は地理学の分野で周期的傾向を表すために一般的に用いられる方法を述べている. 論文中の二つの統計地図を本章で用いた図のうちの二つと比べることにより, この方法を批評せよ.

9・2 論文'周期律の理解に対して物理学はいかに寄与するか'〔*Found. Chem.*, **3**, 145 (2001)〕において, V. Ostrovsky は周期性を説明するために物理学者によって用いられる哲学的かつ方法論的な手法を述べている. 化学的性質の周期性に対する物理学的手法と化学的手法を比較し, 対比させよ.

9・3 P. Christiansen らは 1985 年の論文〔*Annu. Rev. Phys. Chem.*, **36**, 407 (1985)〕において, '化学系における相対論的効果'について述べている. 彼らは相対論的効果をどのように定義しているか. 化学における相対論的効果の最も重要な帰結を簡潔にまとめよ.

9・4 Mendeleev が考案した型の周期表に端を発し, 多種類の周期表が提案されてきた. 近年の周期表を概観し, それぞれの周期表が成り立つ理論的根拠を考察せよ.

10 水　素

A: 総　論
  10・1　元　素
  10・2　単純な化合物

B: 各　論
  10・3　原子核の性質
  10・4　水素の生成
  10・5　水素の反応
  10・6　水素の化合物
  10・7　二元系水素化合物合成
　　　　の一般的手法

参　考　書
練習問題
演習問題

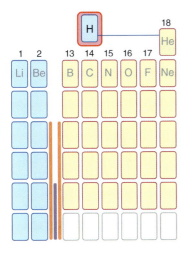

　水素は単純な原子構造であるが, 多様な化学的性質を示す. この章では, 水素化学種の反応について議論する. 特に, 基礎的な化学特性, また, エネルギーを含む重要な応用を中心に述べる. 実験室や化石燃料を用いた工業的規模での水素の製造について述べ, 増加している再生可能エネルギーを使った水素製造の将来展望についても述べる. 水素結合がどのように H_2O や DNA の構造を安定化させるかについて説明する. 揮発性分子化合物から塩類似や金属的な固体までの二元系化合物の合成と特性についてまとめる. これらの化合物の多くは, 化合物が H^- イオンまたは H^+ イオンを供給する能力によって理解できること, また, どちらが支配的になりそうかを予測可能である. また, どのように水素分子が触媒と結合して活性化していくか, 太陽エネルギーを利用して水から水素をつくる工程, 自動車のために水素をより簡便な燃料にしようとする取組みを考えていく.

A: 総　論

　水素は, この宇宙で最も豊富な元素で, 地球では質量に基づけば10番目に豊富な元素である. 地球上では水素は鉱物, 海洋, およびあらゆる生物の中に見いだされている. 地球で水素が少ないのは, 地球ができる際にその一部が蒸発したことを反映している. 普通の条件下における水素元素の安定な形は<u>二水素</u> (dihydrogen) H_2 である. 水素は地球の下層大気ではごくわずかな量 (0.5 ppm) しか存在しない. 非常に薄い外圏大気では水素は本質的に唯一の成分である. 水素には多くの用途がある (図10・1). 水素は自然につくられる. 発酵の生成物であり, アンモニア生合成の副生物としてつくられる (BOX 10・1). 水素はよく"未来の燃料"といわれる. これは, 完全に再生可能な資源 (水, 日光) からつくることができ, 酸素とは大きな発熱反応を示すことに起因する. 水素の揮発性と低エネルギー密度は自動車用燃料として水素を直接使用するための課題である. しかし, 水素は高エネルギー密度な炭化水素の製造に使用することができ, アンモニアの工業生産のための必要不可欠な原料である.

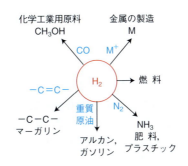

図 10・1　水素の主要な用途

BOX 10・1 生物学的水素サイクル

水素は金属酵素を使った微生物によってサイクルする(§26・14). 水素は, 地表では約 0.5 ppm 程度しか存在しない. しかし, 湿地土壌, 深い湖の底泥, 温泉などの嫌気性雰囲気ではその数百倍にもなる. このような酸素がない領域で, 絶対嫌気性細菌(発酵菌)により廃棄物として水素はつくられる. このとき細菌は, 最終電子受容体として働く H^+ を酸化剤として利用し, 有機物(バイオマス)を壊す. 水素は CO から炭素とエネルギーを生み出す好熱菌によってもつくられる. また, 窒素固定菌によってアンモニアの副生物として水素が製造される. いくつかの微生物では, その大半は好気性であり, "食料(燃料)"として水素を用いて, よく知られた気体であるメタン(メタン菌)や硫化水素(硫酸還元菌), 亜硝酸塩やほかの生成物をつくる. 図 B10・1 に淡水環境下で起こる生物学的水素サイクルのいくつかの過程をまとめた.

ヒトも含めた動物では, 大腸の嫌気性雰囲気が細菌の居場所となり, 炭水化物を壊すことにより水素をつくる. ネズミの腸の粘液層は 0.04 mmol dm^{-3} 以上の水素を含んでおり, これは大気中で5%の水素を含んでいることに相当する. この水素は反芻する哺乳類の中で認められるメタン菌によって利用され, メタンをつくる. また, 危険な病原菌であるサルモネラ菌や胃潰瘍の要因であるヘリコバクターピロリ菌などによっても利用される. 息に含まれる高濃度の水素は糖代謝異常に関連した

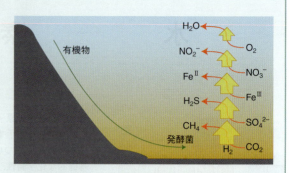

図 B10・1 淡水環境下で起こる生物学的水素サイクルのいくつかの過程

病気の診断に用いられている. 乳糖不耐症では糖を摂取すると 70 ppm 以上の濃度に達する.

微生物による水素(バイオ水素)の産業製造は研究開発の重要な領域である. これには二つの異なるアプローチがあり, どちらも再生可能エネルギーを利用する. 一つは, 培養されたバイオマス(海草を含む)から家庭ごみにいたるまでの原料から発酵させるために嫌気性細菌を利用するものである. もう一つの方法では, バイオマスと同様, 水素をつくる緑藻類やシアノバクテリア(ラン色細菌)のような光合成生物を取扱う. どちらの場合でも, 水素は必要なときにガスフィルターにより連続的に単離することができる.

10・1 元　素

水素原子は基底状態では $1s^1$ であり, 一つの電子のみをもつ. そのため, 水素の化学的性質は限定されていると考えてしまいそうだが, それは間違いである. 水素は化学的性質に非常に富み, ほとんどの元素と化合物をつくる. 水素の性質は強いルイス塩基(水素化物イオン, H^-)から強いルイス酸(水素カチオン, H^+, プロトン)にまで及ぶ. ある環境下では, 水素原子は同時に二つ以上の原子と結合をつくることができる. 水素原子が二つの電気的陰性な原子を橋かけするときに形成される"水素結合"は生命体にとって根本的なものである. 水が気体よりも液体で存在するのは水素結合のためである. また, タンパク質や核酸が折りたたまれて錯体を形成し, 高度に組織化された三次元構造により機能を決定できるのも水素結合による.

(a) 原子とイオン

要点 プロトン H^+ はつねにルイス塩基との結合中に含まれ, 非常に分極している. 水素化物イオン H^- は分極率が高い.

水素には三つの同位体がある. すなわち, 水素それ自身(^1H), ジュウテリウム(重水素, D, ^2H), およびトリチウム(三重水素, T, ^3H) で, トリチウムは放射性である. 一番軽い同位体 ^1H (これはプロチウムとよばれることもある) はほかに比べてはるかにたくさん存在する. ジュウテリウムの天然存在比は一定していないが, その平均値は約 10 万分の 16 である. トリチウムはわずか 10^{21} 分の1しか存

在しない．これらの三つの同位体にはそれぞれ異なる名前と元素記号が付いている．それは，これらの同位体の質量の有意な差や質量の違いに起因する化学的性質，たとえば，拡散速度や結合が切れる速度などの違いが大きいことを表している．^{1}H の核スピン ($I=\frac{1}{2}$) は NMR 分光法 (§8・6) に利用され，水素を含む分子やその構造を同定する．

遊離の水素カチオン (H^+，プロトン) は電荷/半径比がきわめて大きく，プロトンが非常に強いルイス酸であることは驚くべきことではない．気相では，水素イオンは簡単にほかの分子や原子と付加する．ヘリウムにさえ付加することができ，HeH^+ をつくる．凝縮相では，H^+ はつねにルイス塩基との結合中に含まれる．ルイス塩基間を H^+ が移動できることは化学の分野で特別な役割を果たしており，第 4 章で詳細に記載されている．H_2^+ や H_3^+ の分子状カチオンは気相中でわずかな時間だけ存在し，溶液中では知られていない．非常に分極している H^+ に対して，水素化物イオン H^- は高い分極率をもつ．これは，一つのプロトンに 2 電子が結合しているためである．H^- の半径は付加する原子によって大きく変わる．水素は X 線を散乱する電子の数が少ない．このことは，化合物中の水素原子が関与する結合距離や結合角を X 線回折により測定することが難しいことを意味する．そのため H 原子の正確な位置を決めることが非常に重要なときは中性子線回折が利用される．

(b) 性質と反応

要点 水素は独特の原子的性質をもつため，周期表では特有の位置におかれている．二水素はとても不活性な分子であり，それを反応させるためには触媒やラジカル開始剤が必要である．

水素の独特の性質は周期表のほかのすべての元素とは異なる．水素はアルカリ金属のように価電子を一つしかもたないため，1 族の先頭に水素をおくことがある．しかし，その位置は水素の化学的性質から見ても，物理的性質から見ても，あまり適当であるとはいえない．特に，イオン化エネルギーはほかの 1 族元素と比べて，非常に大きい．そのため，水素は金属ではない．しかし，木星の中心部のようなきわめて圧力の高いところでは金属状態として存在することが予測されている．ある周期表では，水素を 17 族の先頭においている．これは，ハロゲンのように原子価核を完成させるのに一つの電子のみしか必要としないことによる．しかし，水素の電子親和力は 17 族元素のどれよりもはるかに低い．孤立した水素化物イオン H^- はある化合物の中のみしか見ることができない．本書では水素の独特の性質を強調するために，水素を単独で周期表の最上段におくことにする．

H_2 はほとんど電子をもたないので，H_2 分子間力は弱く，1 atm 下では 20 K まで冷却してはじめて気体が凝縮して液体になる．低圧の水素ガス中で放電されると，水素分子は解離，イオン化，再結合し，プラズマ状態を形成する．プラズマ中では H_2 に加えて分光学的に検出できる程度の H，H^+，H_2^+，H_3^+ が認められる．

H_2 分子は高い結合エンタルピー (436 kJ mol^{-1}) と短い結合長 (74 pm) をもつ．この高い結合力は水素を非常に不活性な分子として存在させ，H_2 の反応は特別な活性化経路が与えられないかぎり，簡単には生じない．気相中では，均一的よりも不均一的[1]に H_2 を解離させることが非常に難しい．これは，不均一的に解離させるためには ＋ と － の電極を分けるために，余分に大きなエネルギーが必要となるためである．そのため，不均一的な結合の解離は H^+ と H^- に対して強い結合をつくる反応剤によって補助される．

$$H_2(g) \longrightarrow H(g) + H(g) \qquad \Delta_rH^\ominus = +436 \text{ kJ mol}^{-1}$$
$$H_2(g) \longrightarrow H^+(g) + H^-(g) \qquad \Delta_rH^\ominus = +1675 \text{ kJ mol}^{-1}$$

[1] 均一結合解離では結合が対称的に切断され，1 種類の生成物が生じる．不均一結合解離では結合の切断は非対称になり，異なる二つの生成物が生じる．

均一や不均一の両方の解離は分子や活性表面での触媒により生じる．気相中では，H_2 と O_2 の爆発的な反応

$$2\,H_2(g) + O_2(g) \longrightarrow 2\,H_2O(g) \qquad \Delta_r H^\ominus = -242\,\text{kJ mol}^{-1}$$

は複雑なラジカル連鎖機構により生じる．水素は高い比エンタルピー（燃焼の標準エンタルピーを質量で割った値）をもつため，大型ロケット用の優れた燃料である．比エンタルピーは一般的な炭化水素の約3倍である（BOX 10・2）．

BOX 10・2 輸送用燃料としての水素

石油価格がはじめて急騰した1970年代以来，燃料（エネルギーキャリア）として水素の利用が真剣に調べられてきた．近年になって，化石燃料のさらなる使用に対する環境面からの圧力により，水素利用に対する関心はますます増えてきている．水素はきれいに燃え，毒性がない．また，再生可能な資源からの水素製造はゆっくりではあるが，必然的に化石炭素原料からの製造に取って代わろうとしている．表 B10・1 では水素，ほかのエネルギーキャリア（炭化水素燃料を含む）とリチウムイオン電池に対して性能データを比較している．すべての燃料の中で，水素は最も高い比エンタルピー（燃焼の標準エンタルピーを質量で割った値）をもち，これはロケットのような宇宙の応用分野で水素が優れた燃料となる．しかし，水素は非常に低いエネルギー密度（燃焼の標準エンタルピーを体積で割った値）しかもたない．この点では，炭化水素燃料にはまったく及ばない．

搭載容積の問題が解決できれば，水素は自動車用の優れた燃料であることは明らかである（BOX 10・4, BOX 12・3, §24・13参照）．ロケット燃料としての選択肢に加えて，水素は簡易な内部燃焼エンジンでも使用可能であり，ほとんど自動車のデザインや仕様を変えない．しかし，水素を自動車に利用するうえで最も重要な点は燃料電池内で水素を反応させ，電気を直接取出すことである（§5・5）．水素燃料電池（BOX 5・1）は効率が高く，十分な出力をもつ．そのため，"オンボード"で移動可能なエネルギー密度の高い燃料であるメタノールの水蒸気改質により水素を製造することが有効になる（直接メタノール燃料電池は BOX 5・1 で論じられており，水素燃料電池よりもパワーが低く，そのため，自動車用としてはあまり魅力的ではない）．自動車の水蒸気改質器（図 B10・2）はメタノール蒸気を水（蒸気）と酸素（空気）とに混ぜ，つぎの反応により水素を生成する．

$$CH_3OH(g) + H_2O(g) \underset{}{\overset{Cu/ZnO}{\rightleftharpoons}} CO_2(g) + 3\,H_2(g)$$
$$\Delta_r H^\ominus = 49\,\text{kJ mol}^{-1}$$

$$CH_3OH(g) + \tfrac{1}{2}O_2(g) \underset{}{\overset{Pd}{\rightleftharpoons}} CO_2(g) + 2\,H_2(g)$$
$$\Delta_r H^\ominus = -155\,\text{kJ mol}^{-1}$$

この反応は，温度範囲 200～350℃ で進行し，発熱の酸化反応によって生成された熱は，(a) 水蒸気との反応と (b) すべての成分の蒸発に対して必要な熱で必ず相殺されるように制御されている．過剰な熱によって生じた CO は固体高分子形燃料電池の白金触媒を被毒する．二酸化炭素と水素の生成物は Pd 膜により分離される．

表 B10・1 一般的なエネルギーキャリアの比エンタルピーとエネルギー密度（1 MJ = 0.278 kWh）

燃　料	比エンタルピー/ (MJ kg^{-1})	エネルギー密度/ (MJ dm^{-3})
液体水素[1]	120	8.5
水素（200 bar）[1]	120	1.9
液体天然ガス	50	20.2
天然ガス（200 bar）	50	8.3
石油（ガソリン）	46	34.2
ディーゼル[1]	45	38.2
石　炭	30	27.4
エタノール[1]	27	22.0
メタノール	20	15.8
木　材[1]	15	14.4
リチウムイオン電池[1,2]	2.0	6.1

[1] 再生可能資源から簡単につくれる，もしくは，再充電されるエネルギーキャリアを示している．
[2] $Li_{1-x}CoO_2$ は BOX 11・2 と §24・6h 参照．

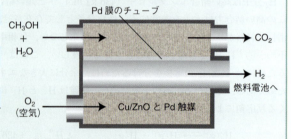

図 B10・2 オンボードメタノール改質器の断面図

H−H結合の解離が生じる反応に加えて, H_2 はその結合を開裂させることなく可逆的に反応させることができ, d 金属錯体と二水素の錯体をつくる（§10・6d, §22・7）.

10・2 単純な化合物

水素とほかの元素 E の二元系化合物（EH_n）中に見られる結合の性質は, H 原子が高いイオン化エネルギー（$1312\ kJ\ mol^{-1}$）と低いが正の電子親和力（$72\ kJ\ mol^{-1}$）とをもっていることがわかれば, 十分に合理的に説明できる. 二元系水素化合物は"水素化物"（この章を通じてこの用語を用いる）としてよく知られているが, 実際に水素化物アニオン H^- を含んでいる二元系化合物はとても少ない.（ポーリングの）電気陰性度 2.2（§2・15）は中間的な値であるため, 酸化数は金属との組合わせ（NaH や AlH_3 の場合のように）では $-I$, 非金属との組合わせ（H_2O や HCl の場合のように）では I とするのがふつうである.

(a) 二元系化合物の分類

要点 水素とほかの元素との間で形成される二元系化合物はさまざまな性質や安定性を示す. 金属との組合わせでは, 水素は水素化物アニオンとしてみなされることが多い. 同程度の電気陰性度の元素との水素化合物は極性に乏しい.

水素の二元系化合物は三つに分類される. 実際には構造はさまざまであり, ある種の元素は, 厳密にはどの分類にも当てはまらない水素化合物をつくる.

分子状水素化物（molecular hydride）は一つ一つ独立した分子として存在する. H と同程度もしくは H よりも高い電気陰性度の p-ブロック元素との化合物が多い. E−H 結合は共有結合性として考えればよい.

分子状水素化物の類似の例には, メタン CH_4 (**1**), アンモニア NH_3 (**2**), 水 H_2O (**3**) を含む.

塩類似水素化物（saline hydride）は<u>イオン性水素化物</u>（ionic hydride）としても知られ, 最も電気的陽性な元素によりつくられる.

LiH や CaH_2 のような塩類似水素化物は不揮発性で, 電子伝導性がない, 結晶性の固体である. 1族と2族の重元素の塩類似水素化物のみを, 独立した H^- イオンを含んだ水素化物"塩"としてみなすべきである.

金属類似水素化物（metallic hydride）は不定比性をもつ電気伝導性の固体であり, 金属光沢をもつ.

金属類似水素化物は多くの d-ブロックと f-ブロック元素からつくられる. H 原子は金属構造中の格子間位置を占めると考えられることが多い. しかし, 体積膨張や相変化を伴わないで, 格子間位置を占めることはできない. そのため, 延性が消失し, 破壊しやすくなる. これは, <u>水素脆性</u>（embrittlement）として知られる過程である. 図 10・2（図 9・13 の再掲）に水素の二元系化合物の分類と, それらの周期表における分布をまとめた. "中間的"な水素化物も示した. この水素化物は厳密にはどの分類にも当てはまらない. また, 二元系水素化合物の特性が調べられていない元素についても示している.

二元系化合物に加えて, 水素はいくつかの p-ブロック元素の錯アニオン中に認められる. たとえば, $NaBH_4$ 中の BH_4^- イオン（テトラヒドリドホウ酸, ボレートやボラネートや昔の教科書では"ボロハイドライド"としても知られている）や $LiAlH_4$ 中の AlH_4^- イオン（テトラヒドリドアルミン酸, アルミネートやアラネートや昔の教科書では"アルミナムハイドライド"としても知られている）がある.

1 メタン, CH_4

2 アンモニア, NH_3

3 水, H_2O

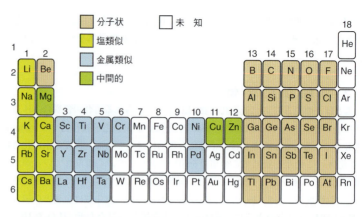

図 10・2 s, p, d-ブロック元素の二元系水素化合物の分類．d-ブロック元素の中には鉄やルテニウムのように二元系水素化物をつくらないものがあるが，それらはヒドリド配位子を含む金属錯体を生成する．

(b) 熱力学的考察

要点 s-とp-ブロックでは，E-H結合の強さはそれぞれの族の下方に行くほど低減する．d-ブロックでは，E-H結合の強さは族の下方に行くほど増加する．

 s-およびp-ブロック元素の水素化物の標準生成ギブズエネルギーには，その安定性に規則的な変化があることがわかる（表10・1）．除外できそうなBeH$_2$（利用可能なよいデータがない）以外では，すべてのs-ブロック水素化物は発エルゴン的（$\Delta_{\mathrm{f}}G^{\ominus}<0$）であり，そのため，室温ではその構成元素の単体よりも熱力学的に安定である．13族の元素の水素化物は室温で発エルゴン的ではない．p-ブロック中で13族以外のすべての族では，各族の最初の元素の単純な水素化物（CH$_4$，NH$_3$，H$_2$O，HF）は発エルゴン的であるが，族の下の方へ行くにつれてしだいに安定性が低くなる．安定性に見られるこの一般的な傾向はE-H結合のエネルギーが低減することを表している（図10・3）．重い元素との水素化物は14族からハロゲン族の方へ行くにつれて安定性が高くなる．たとえば，SnH$_4$は非常に吸エルゴン的（$\Delta_{\mathrm{f}}G^{\ominus}>0$）であるが，HIはほとんど吸エルゴン的ではない．

 これらの熱力学的傾向は原子の性質の変化によりたどって行くことができる．H-H結合は最も強い等核の単結合として知られている（D-DやT-Tは除く）．ある化合物がそれを構成する単体に対して発エルゴン的で安定であるためには，H-Hよりもさらに強いE-H結合をもつ必要がある．p-ブロック元素の分子状

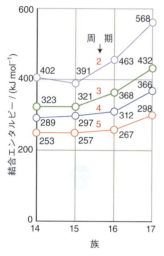

図 10・3 p-ブロック元素の二元系水素化合物の平均結合エネルギー (kJ mol^{-1})

表 10・1 s-およびp-ブロック元素の二元系水素化合物の25℃における標準生成ギブズエネルギー，$\Delta_{\mathrm{f}}G^{\ominus}/(\mathrm{kJ\,mol^{-1}})$

	1族	2族	13族	14族	15族	16族	17族
第2周期	LiH(s) −68.4	BeH$_2$(s) (+20)	B$_2$H$_6$(g) +37.2	CH$_4$(g) −50.7	NH$_3$(g) −16.5	H$_2$O(l) −237.1	HF(g) −273.2
第3周期	NaH(s) −33.5	MgH$_2$(s) −85.4	AlH$_3$(s) (+48.5)	SiH$_4$(g) +56.9	PH$_3$(g) +13.4	H$_2$S(g) −33.6	HCl(g) −95.3
第4周期	KH(s) (−36)	CaH$_2$(s) −147.2	Ga$_2$H$_6$(s) >0	GeH$_4$(g) +113.4	AsH$_3$(g) +68.9	H$_2$Se(g) +15.9	HBr(g) −53.5
第5周期	RbH(s) (−30)	SrH$_2$(s) (−141)		SnH$_4$(g) +188.3	SbH$_3$(g) +147.8	H$_2$Te(g) >0	HI(g) +1.7
第6周期	CsH(s) (−32)	BaH$_2$(s) (−140)					

水素化物では，結合は第2周期元素が最も強く，各族の下方に行くと徐々に弱くなる．重いp-ブロック元素からつくられるこの弱い結合は，比較的コンパクトなH 1s軌道とp-ブロック原子のより拡散したs軌道とp軌道の重なりが少ないことに起因する．d-ブロック元素は二元系分子化合物をつくらないが，多くの錯体は一つもしくはそれ以上の水素化物配位子を含んでいる．d-ブロックでは金属-水素結合の強さは族の下方に行くほど増加する．これは，3d軌道が非常にコンパクトで，H 1s軌道と十分に重ならない（重なりにくい）ためである．4d軌道や5d軌道での重なりはさらによくなる．

(c) 二元系化合物の反応性

要点 水素の二元系化合物の反応はE－H結合の極性に依存して三つに分類される．

EとHが同じような電気陰性度χをもつ化合物では，E－H結合の開裂は均一なものになりやすく，反応初期に，H原子やラジカルを生成し，それらはどちらもほかのラジカルと結合する．

$$\chi(E) \approx \chi(H) \text{の場合:} \quad E-H \longrightarrow E\cdot + H\cdot$$

等核結合開裂の一般的な例は炭化水素の熱分解や燃焼反応を含む．

EがHよりも電気陰性度が高い化合物では，不均一開裂が生じ，プロトンが生成する．

$$\chi(E) > \chi(H) \text{の場合:} \quad E-H \longrightarrow E^- + H^+$$

ブレンステッド酸としてふるまう化合物は塩基にプロトンを移動させることができる．このような化合物では，H原子は**プロトン性**（protonic）となる．不均一結合開裂もEがHよりも電気陰性度が低い場合の化合物で生じる．塩類似水素化物もこれに含まれる．

$$\chi(E) < \chi(H) \text{の場合:} \quad E-H \longrightarrow E^+ + H^-$$

この場合，H原子は**水素化物性**（hydridic）であり，H^-イオンがホウ素を含む反応剤のようなルイス酸へ移動する（§4・6）．還元剤である$NaBH_4$や$LiAlH_4$は有機合成に使用され，水素化物移動試薬の例である．プロトンを供与する化学種の力を測定するブレンステッド酸性度と同様に，**水素化物的尺度**（hydridicity scale）がまとめられ，水素化物を供与する化学種の力を比べている（§10・6d）．この尺度は気相中の化学種に対する計算値もしくは適切な溶媒中における水素化物移動平衡についての実験データに基づいている．プロトン性（H^+）と水素化物性（H^-）の両方が存在するため，結合した水素原子は2電子の酸化還元物質として作用することが可能である．

B: 各 論

第10章のこのパートでは，水素の化学的性質をより詳細に論じ，その性質の傾向を説明する．どのように二水素が実験室の小規模でつくられ，また，どのように化石燃料から工業的につくられるかを説明する．その後，再生可能エネルギーを利用し，水から水素を製造する方法について概説する．二水素とほかの元素の反応を述べ，生成する化合物のタイプについて分類する．最後に，さまざまな水素含有化合物の合成戦略を示す．

10・3 原子核の性質

要点 水素の三つの同位体であるH, D, Tの原子質量には大きな違いがあり，核スピンも異なる．そのため，これらの同位体が分子中に含まれていると，分子のIR，ラマン，NMRスペクトルがはっきり変化する．

^{1}H と ^{2}H (ジュウテリウム, D) は両者とも放射性ではないが, ^{3}H (トリチウム, T) は β 粒子を一つ失って崩壊し, 存在量は少ないが安定なヘリウムの同位体を生じる.

$$^3_1\text{H} \longrightarrow {}^3_2\text{He} + \beta^-$$

この崩壊の半減期は 12.4 年である. 地表水中でのトリチウムの存在量は H 原子 10^{21} 個中に 1 個で, この値は, 大気上層における宇宙線の衝突でトリチウムが生成するのと, それが壊変で失われるのとの定常状態で決まるものである. トリチウムは ^{6}Li もしくは ^{7}Li の中性子衝撃により合成できる.

$$^1_0\text{n} + {}^6_3\text{Li} \longrightarrow {}^3_1\text{H} + {}^4_2\text{He} + 4.78 \text{ MeV}$$
$$^1_0\text{n} + {}^7_3\text{Li} \longrightarrow {}^3_1\text{H} + {}^4_2\text{He} + {}^1_0\text{n} - 2.87 \text{ MeV}$$

リチウムからトリチウムを連続的に生産することは核分裂ではなく核融合からエネルギーを創出する次世代のプロジェクトの鍵となる. 融合反応炉では, トリチウムとジュウテリウムは 100 MK 以上まで加熱され, プラズマ状態とし, その中で核反応が起こり, ^{4}He と中性子がつくられる.

$$^2_1\text{H} + {}^3_1\text{H} \longrightarrow {}^4_2\text{He} + {}^1_0\text{n} + 17.6 \text{ MeV}$$
$$\Delta H = 1698 \text{ GJ mol}^{-1}$$

中性子は ^{6}Li を多く含むリチウムブランケットに衝突し, 大量のトリチウムを生み出す. この過程は ^{235}U の核分裂よりもはるかに環境に与えるリスクが少なく, 必然的に再生可能である. 二つの主要な燃料のうち, ジュウテリウムは水から簡単に取出すことができ, リチウムも広く分布されている (第 11 章).

同位体置換体 (isotopologue), すなわち, 同位体で置換された分子の物理的および化学的性質はふつうきわめてよく似ている. しかし, H を D で置換する場合には話が違ってくる. というのも置換原子が 2 倍の質量をもっているからである. たとえば, 表 10・2 によると, H_2 と D_2 とでは沸点および結合エンタルピーが異なることがはっきりわかる. H_2O の沸点と D_2O の沸点との間の差は, O⋯H−O 水素結合に比べて O⋯D−O 水素結合が強いことを反映している. これは, 前者 H_2O のゼロ点エネルギーがより高いことに起因する. D_2O 化合物は, "重水" として知られ, 原子力発電における減速材として用いられる. すなわち, 重水は放出された中性子を減速させ, 誘導核分裂の効率を上げる.

表 10・2 物理的性質に対する重水素化の影響

	H_2	D_2	H_2O	D_2O
標準沸点/ ℃	−252.8	−249.7	100.0	101.4
平均結合エンタルピー/ (kJ mol^{-1})	436.0	443.3	463.5	470.9

> **メモ** **アイソトポログ** (isotopologue, 同位体置換体) は同位体の組成だけが違う分子のことである. **アイソトポマー** (isotopomer) はそれぞれの同位体原子の数が同じで分子内の位置が異なる異性体である.

E を別の元素として, E−H 結合や E−D 結合が切れたり, できたり, または再配列したりする過程の反応速度にも, 測定できる程度の違いがある. ある提案されている反応機構の妥当性を決めるのに, この**動的同位体効果** (kinetic isotope effect) の有無が役立つことが多い. 動的同位体効果は, 活性錯合体において一つの原子から他の原子へ H 原子が移動する場合によく観測される. たとえば, $H^+(aq)$ を電気化学的に $H_2(g)$ へ還元する場合にはかなりの同位体効果があって, H_2 の方が D_2 よりも速やかに発生する. 電気分解による D_2O の濃縮は, H_2 生成と D_2 生成とにおけるこの速度の差を実際に利用した結果である. 蓄積された純粋な D_2O は ($LiAlH_4$ との反応により) 純粋な HD もしくは (電気分解により) D_2 をつくるのに使用される. 一般的に, D_2O が関与する反応は H_2O の場合よりも, 非常に遅い. また, 当然のことながら, D_2O や D 置換された食べ物を大量に摂取すると高等生物には毒となる.

分子振動の振動数は原子の質量に依存するため, H を D で置換すると著しい影響を受ける. 同位体が重いほど振動数が低くなる (§8・5). 同位体効果は同位体置換体の赤外スペクトル測定に利用され, ある特定の赤外吸収が分子中の水素原子の運動が関与しているかどうかを決める.

同位体の個別な性質は**トレーサー** (tracer) として役に立つ. 一連の反応を通じて, 赤外 (IR) 分光法 (§8・5), 質量分析法 (§8・11), 核磁気共鳴 (NMR) 分光法 (§8・6) などで H と D の関与は追跡できる. トリチウムは, その放射能で検出できるため, 分光法よりもはるかに鋭敏なプローブとなる.

水素原子核のもう一つの重要な性質はスピンである. 水素の原子核すなわち陽子は $I = \frac{1}{2}$ のスピンをもつ. D と T の核スピンは, それぞれ 1 と $\frac{1}{2}$ である. §8・6 で説明したように, プロトン NMR では化合物中に存在する H 原子核を検出し, 分子の構造を決定する有力な方法となっており, モル質量が 20 kDa にもなるようなタンパク質に対しても効果的である. 図 10・4 は p−ブロックと d−ブロック元素のいくつかの化合物に対する典型的な ^{1}H NMR の化学シフトの範囲を示している. 電気的陰性な元素と水素原子 ("プロトン性" H 原子) が結合すると d の副殻 (d^n, $n > 0$) が満たされていない金属イオンと配位した水素原子よりも正の化学シフトを示す傾向にあるが, 水素が付加している原子の質量や化合物が溶解している溶媒のように, ほかの要因も寄与する.

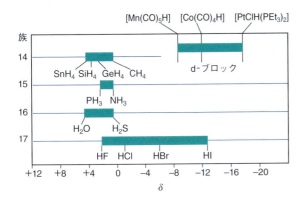

図 10・4 典型的な ^{1}H NMR の化学シフト．■は，同族元素を示す．

水素分子 H_2 には二つの形が存在し，これらでは二つの核スピンの相対的な向きが異なっている．オルト水素ではスピンは互いに平行（$I=1$）であり，パラ水素では反平行（$I=0$）である．$T=0$ では水素は 100% がパラの状態である．温度が上昇すると平衡状態で両者が共存した状態におけるオルトの割合が増加し，室温では約 75% がオルト，約 25% がパラとなる．二つの形の物理的性質は同じである場合が多いが，パラ水素の融点と沸点は通常の水素より約 0.1 °C 低く，パラ水素の熱伝導率はオルト水素より約 50% 大きい．熱容量もまた大きく異なる．

10・4 水素の生成

水素は化学産業の原料として重要である．燃料としての重要性も高まっている．分子状水素は，地球の大気中や地下のガス堆積物中にはさほど存在していないが，多くの微生物が H^+ を酸化剤として用いたり，H_2 をエネルギー源として利用したりするので，水素の生物学的な交代が非常に高い割合で起こっている（BOX 10・1）．工業的には，ほとんどの水素は天然ガスから水蒸気改質（米国では 95% の水素がこの方法で製造されている）により製造されている．ほかの方法でつくられる水素も増えてきており，注目すべきは，石炭のガス化（理想的には，この方法は二酸化炭素の取込みも伴う，BOX 14・5）や熱アシストによる電解である．2012 年には，水素の世界生産は 65 Mt を超えている．ほとんどの水素は製造現場に近いところで使用され，アンモニア合成（ハーバー・ボッシュ法），不飽和脂肪の水素化，原油の水素化分解，有機化学物質の大量製造などに用いられている．将来的には，水素は完全な再生可能資源，たとえば，水のようなものから，太陽光のエネルギーを用いて製造されるかもしれない．"グリーン" な水素と CO_2 もしくは CO により，液体炭化水素燃料を製造する反応は二酸化炭素を排出しないテクノロジーとなる．

(a) 小規模生成

要点 実験室では，水素は電気的陽性な元素と酸性やアルカリ性の水溶液との反応，もしくは，塩類似水素化物の加水分解によってつくられる．水素は電解によっても生成できる．

純粋な水素を少量つくるためには多くの直接的な手法がある．実験室では，水素は Al もしくは Si と高温のアルカリ水溶液との反応によりつくられる．

$$2\,Al(s) + 2\,OH^-(aq) + 6\,H_2O(l) \longrightarrow$$
$$2\,Al(OH)_4^-(aq) + 3\,H_2(g)$$

$$Si(s) + 2\,OH^-(aq) + H_2O(l) \longrightarrow$$
$$SiO_3^{2-}(aq) + 2\,H_2(g)$$

もしくは，室温では，Zn と無機酸の反応により得られる．

$$Zn(s) + 2\,H_3O^+(aq) \longrightarrow Zn^{2+}(aq) + H_2(g) + 2\,H_2O(l)$$

金属水素化物と水との反応は，実験室外で水素を少量つくるための簡便な方法である．カルシウム二水素化物は遠隔かつその場（オンサイト）で水素をつくるのに特に適している．というのも，カルシウム二水素化物は商業的に得ることができ，安価で，室温で水と反応するためである．

$$CaH_2(s) + 2\,H_2O(l) \longrightarrow Ca(OH)_2(s) + 2\,H_2(g)$$

純粋な水素は単純な電解セルを利用しても少量つくることができる．重水の電解も簡易な手法であり，純粋な D_2 を生成する．

(b) 化石資源からの生成

要点 工業用水素の多くは，H_2O と CH_4 との高温反応か，これに類似の H_2O とコークスとの反応でつくられる．

水素は工業的な需要を満たすために大量に生産されている．実際には，水素の製造は，水素を原料とする化学工程に直接（移動なしに）組込まれていることが多い．おもな製造過程は現在のところ炭化水素（水蒸気）改質法〔hydrocarbon (steam) reforming〕であり，これは高温における水（水蒸気）と炭化水素（おもに天然ガスからのメタン）との触媒反応である．

$$CH_4(g) + H_2O(g) \longrightarrow CO(g) + 3\,H_2(g)$$
$$\Delta_r H^{\ominus} = +206.2\,\text{kJ mol}^{-1}$$

石炭やコークスを用いることも増えてきている．この反応，石炭のガス化（coal gasification）は 1000 °C で以下のようになる．

$$C(s) + H_2O(g) \rightleftharpoons CO(g) + H_2(g)$$
$$\Delta_r H^{\ominus} = +131.4\,\text{kJ mol}^{-1}$$

CO と H_2 の混合物は水性ガス（water gas）として知られ，水と反応（水性ガスシフト反応）して多くの水素を生成する．

$$CO(g) + H_2O(g) \rightleftharpoons CO_2(g) + H_2(g)$$
$$\Delta_r H^{\ominus} = -41.2 \text{ kJ mol}^{-1}$$

全体的に見れば，石炭のガス化（と炭化水素改質）と水性ガスシフト反応の組合わせは，CO_2 と H_2 を生成する．

$$C(s) + 2H_2O(g) \rightleftharpoons CO_2(g) + 2H_2(g)$$
$$\Delta_r H^{\ominus} = +90.2 \text{ kJ mol}^{-1}$$

CO_2 と H_2 の混合物から CO_2 を捕獲するシステムを構築することにより（BOX 14・5），化石燃料を使用し，温室効果ガスである CO_2 を大気中に放出するのを最小限に抑えることが可能となる．しかし，この工程は化石燃料を用いることに基づいているため，水素製造にとって再生可能なものではない．自動車に搭載されている燃料電池により，すぐに消費される水素は自動車の水蒸気改質器によりメタノールからつくることができる（BOX 10・2）．

(c) 再生可能資源からの生成

要点 水の電気分解による水素製造は高価格であり，電気代が安価な地域や，もしくは，経済的に重要な工程の副生物となる場合でのみ実施可能である．環境面の圧力は，余分なもしくは太陽光や生物学的資源を含む再生可能なエネルギーから，より効率的に水素を製造するテクノロジーの駆動力となっている．

不純物をまったく含まない水素を生成するために電気分解が利用される．

$$H_2O(l) \longrightarrow H_2(g) + \tfrac{1}{2}O_2(g) \qquad E_{cell}^{\ominus} = -1.23 \text{ V}$$
$$\Delta_r G^{\ominus} = +237 \text{ kJ mol}^{-1}$$

この反応を進行させるためには，電極反応速度の遅さを相殺するため，特に，酸素を生成するときに，大きな過電圧が必要である．最もよい触媒は白金を主軸にするものであるが，大規模プラントで使うには高価すぎる．その結果，水の電気分解は電力が安価である場合に限り，経済的であり，環境にやさしくなる．このような条件は，水力や原子力エネルギーが豊富にある国ですでに満たされている．電気分解は直列に並んだ数百もの電解セルを用いて行われ，各セルには鉄とニッケル電極と電解質には NaOH 水溶液（もしくは，イオン選択性膜）を用いて，2 V で作動している（図 10・5）．電解電流を向上させ，反応を進行させるのに必要な過電圧（§5・18）を低減させるために 80〜85 ℃ の温度が用いられる．最も重要な電気分解による水素製造法は**食塩電解法**〔electrolytic soda process，（クロルアルカリ法，chloralkali process）〕である（BOX 11・3）．こ

BOX 10・3　太陽エネルギーからの水素生成

地球は太陽から約 100 000 TW のエネルギーを受け入れている．これは現在の全世界のエネルギー消費速度の約 7000 倍になる．太陽エネルギーはいくつかのよく知られた方法ですでに利用されている．たとえば，風車や光合成（バイオマス），太陽電池などがあげられる．しかし，究極的には，太陽エネルギーを用い，水から水素を生み出す（水分解）ことは，化石燃料への世界依存を終わらせ，世界的な天候の変化を強く抑制することに役立つ．水分解は二つの技術開発が行われている．一つは太陽光による高温での水素製造で，他方は太陽光による光電気化学的水素製造である．

いわゆる"サンベルト"地域，オーストラリアや南欧州，サハラ砂漠，米国の南西部を含むが，太陽熱を約 1 kW m^{-2} 受け入れている．この地域は，高温の太陽光による水素製造に適している．水素製造には，太陽光を集中させるシステムを用い，太陽光を反射させ，受け入れる炉に集中させることにより，1500 ℃ 以上の温度にする．このような強烈な熱は，核反応炉を取囲むマントルでも得られ，電気を製造するタービンを動かすことができる．また，水を H_2 と O_2 に分解することに利用でき，燃料が生成する．

直接的で，1 段階での水の熱分解は 4000 ℃ 以上の温度が必要となる．この温度は，太陽光を集中させることにより達成可能な温度，また，容器の材料や工業的に適合可能な温度よりも十分に高い．多段階プロセスを用いることにより，もっと低い温度で水素製造が可能になる．多くの系が研究開発中であり，その中で最も単純なものは 2 段階過程で金属酸化物を用いる．以下の順のような反応になる．

$$Fe_3O_4(s) \xrightarrow{\Delta} 3FeO(s) + \tfrac{1}{2}O_2(g)$$
$$\Delta_r H^{\ominus} = +319.5 \text{ kJ mol}^{-1}$$

$$H_2O(l) + 3FeO(s) \xrightarrow{\text{低温}} Fe_3O_4(s) + H_2(g)$$
$$\Delta_r H^{\ominus} = -33.6 \text{ kJ mol}^{-1}$$

しかし，この反応経路でも水素製造には，2200 ℃ 以上の温度がまだ必要とされる．

2000 ℃ 以下の温度で熱分解可能なセリウム酸化物の系が開発段階にある．

$$CeO_2(s) \xrightarrow{\Delta} CeO_{2-\delta}(s) + \tfrac{\delta}{2}O_2(g)$$
$$CeO_{2-\delta}(s) + \delta H_2O(g) \xrightarrow{\text{低温}} CeO_2(s) + \delta H_2(g)$$

こでは，NaOH 製造の副生物として水素が生成する．この工程では，ほかの気体生成物は Cl_2 であり，O_2 よりも過電圧が低い．

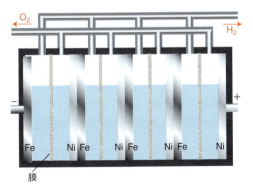

図 10・5　Ni アノードと Fe カソードが直列に並んだ，水素製造のための工業用電解セル

いまだに世界的水素需要の 0.1 % 程度の水素のみ食塩電解も含めた電気分解によりつくられており，化石資源に非常に依存している．先を見すえれば，水からの水素生成は，太陽光（太陽電池，太陽熱，風力）由来のエネルギーを貯蔵する方法として徐々に見られ，断続性を平準化するであろう．しかし，この新技術はコスト低減や反応速度の向上などの課題がある．"太陽光水分解" に対するいくつかの物理的手法について BOX 10・3 で概説した．水素製造のための新規な電極触媒は豊富にある元素を基軸にすることが絶対に必要であり，その一例としては NiMoZn 合金がある．この合金は "人工葉" とよばれ，光電気化学デバイスのカソードとして用いられる．もう一つの例である高活性 Ni 錯体は，d 金属と水素やヒドリドの錯体を紹介したのちに，§10・6 で述べる．

水素は培養されたバイオマスや生物学的な廃棄物をエネルギー源として用いる嫌気性細菌を利用し，発酵により生成される（BOX 10・1）．生物学的水素製造は，有機分子と水素を生成するために改質された光合成微生物を育てる "水素農場" で行うことができるかもしれない．

10・5　水素の反応

要　点　分子状水素は金属や金属酸化物表面上での均一もしくは不均一な解離，または，d-ブロック金属との配位により活性化される．酸素およびハロゲンと水素との反応ではラジカル連鎖反応を伴う．

水素は非常に不活性な分子であるが，特殊な条件下では反応は迅速に進行する．水素を活性化させる条件にはつぎ

低温での水分解は熱化学的および電気化学的な反応を組合わせるハイブリッド過程により行うことができる．以下のような反応式になる．

$2\,Cu(s) + 2\,HCl(g) \longrightarrow H_2(g) + 2\,CuCl(s)$　　（425 ℃）

$4\,CuCl(s) \longrightarrow 2\,Cu(s) + 2\,CuCl_2(s)$　　（電気化学的）

$2\,CuCl_2(s) + H_2O \longrightarrow Cu_2OCl_2(s) + 2\,HCl(g)$ （325 ℃）

$Cu_2OCl_2(s) \longrightarrow 2\,CuCl(s) + \frac{1}{2}O_2(g)$　　（550 ℃）

太陽光の光電気化学反応による水素製造（"人工光合成"）は，太陽電池や自然の光合成に対する植物による類似の原理を組合わせて，取入れている．電気化学的に水を分解するためには，1.23 V 以上のセル電圧が必要であり，これは 1000 nm 以下の波長の光により供給できる．光電気化学的水分解システムは光感応粒子に基づいており，その原理を図 B10・3 に示す．重要なことは，(a) 光電子捕獲により励起された電子状態を生み出す機構，(b) 励起状態と触媒部位間での効率的な電子移動，(c) 水素生成半反応のための触媒部位，(d) 酸素生成半反応のための触媒部位である．光励起は一般的には半導体で生じる．水素と酸素生成のための触媒部位は十分に活性であることが必要であり，光励起状態が基底状態に緩和する速度との競合になる．水素では，触媒に白金を用いることができる．しかし，より安価な代替触媒が工業規模のシステムには必要である．光電気化学的水分解のおもな課題は，迅速に効率よく酸素を製造することである．多くの開発努力があり，植物の光合成に用いられる Mn 触媒を模倣した物質が発見されている（BOX 16・2，§26・10）．

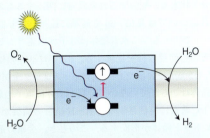

図 B10・3　太陽光を用いた水素製造用水分解デバイスの原理．可視光が電子を励起し，電子は上方のエネルギー準位（伝導帯）に入る．"熱い" 電子は触媒に運ばれ，（水からの）H^+ を H_2 に変換する．下方のエネルギー準位（価電子帯）の "正孔" は H_2O を O_2 に変換する触媒から運ばれる電子より満たされる．この原理を最も簡単に説明するために，関連する酸化と還元反応については釣り合わせていない．

のようなものがある.

- ある金属表面で吸着により生じる水素原子への均一的な解離

$$\text{H}_2 \\ -\text{Pt}-\text{Pt}-\text{Pt}-\text{Pt}- \rightleftharpoons \begin{array}{c} \text{H} \ \text{H} \\ | \ \ | \\ -\text{Pt}-\text{Pt}-\text{Pt}-\text{Pt}- \end{array}$$

- 金属酸化物のようなヘテロ原子表面上への吸着,もしくは,ブレンステッド塩基と水素化物受容体の両方を与えることができる分子との反応により生じる H^+ と H^- への不均一解離

$$\text{H}_2 \\ -\text{Zn}-\text{O}-\text{Zn}-\text{O}- \rightleftharpoons \begin{array}{c} \text{H}^+ \ \text{H}^- \\ | \ \ | \\ -\text{Zn}-\text{O}-\text{Zn}-\text{O}- \end{array}$$

- ラジカル連鎖反応の開始

$$\text{H}_2 \xrightarrow{\text{X}} \text{XH}^\cdot + \text{H}^\cdot \xrightarrow{\text{O}_2} \text{HOO}^\cdot \xrightarrow{\text{XH}^\cdot} 2\,\text{OH}^\cdot \xrightarrow{\text{H}_2} \text{H}_2\text{O} + \text{H}^\cdot \cdots$$

(a) 均一解離

H_2 を原子に解離させるためには高温が必要である.ふつうの温度での均一解離の重要な例として,白金やニッケル微粒子上での水素の反応がある(§25・11および25・16).この反応では,水素は H 原子として解離的に化学吸着し,アルケンの水素化やアルデヒドからアルコールへの還元のための触媒に用いられる.白金は移動体用途に適している固体高分子形燃料電池で水素酸化の電気化学触媒としても用いられる(BOX 5・1).白金アノードでの水素の化学吸着は,弱すぎず,強すぎず,最適な状態であるため,水素酸化に必要な過電圧を最小化し,高い反応速度を示す(図25・25).白金代替触媒を探す関心は高く,この点について再度§10・6で述べる.

均一開裂のほかの例には,金属錯体中で η^2-H_2 化学種として分子状水素が配位する初期段階に関連するものである.これについては§10・6dで簡単に述べ,より詳細には§22・7で述べる.二水素錯体は分子状水素とジヒドリド錯体との中間種の例を提供する.d-ブロックのはじめの方(3,4,5族)の金属や f- または p-ブロック金属では,二水素錯体は知られていない.金属が十分に電子過剰で d 電子が $1\sigma_u$ 軌道に逆供与すると H-H 結合の開裂が生じ,cis-ジヒドリド錯体が形成する.このとき,金属の形式酸化数は II 増加する.

$$M^{n+} + H_2 \longrightarrow \begin{array}{c} H-H \\ | \\ M^{n+} \end{array} \longrightarrow \begin{array}{c} H \ \ H \\ \diagdown\diagup \\ M^{(n+2)+} \end{array}$$

(b) 不均一解離

H_2 の不均一解離は(水素化物配位に対して)金属イオンとすぐそばにあるブレンステッド塩基に依存する.H_2 と

ZnO 表面との反応は Zn^{II} と結合した水素化物イオンと O と結合したプロトンが生成すると思われる.この反応は Cu/ZnO/Al$_2$O$_3$ 上での一酸化炭素の接触水素化によるメタノール製造にも関連している.

$$\text{CO(g)} + 2\,\text{H}_2\text{(g)} \longrightarrow \text{CH}_3\text{OH(g)}$$

H_2 が水素化物イオンとプロトンに解離する別の例には,ヒドロゲナーゼとして知られる金属酵素の活性部位での酸化の際に見られる(§26・14).§10・6eで示しているが,酵素反応は水素酸化と水素生成のための合成触媒の開発で模倣されている.

(c) ラジカル連鎖反応

熱的または光化学的に開始される H_2 とハロゲンとの反応はラジカル連鎖機構で説明される.このとき,連鎖成長反応でラジカル連鎖キャリヤーとして作用する原子がつくられる.ラジカルが再結合すると連鎖が停止する.

連鎖開始: (熱または光により)
$$\text{Br}_2 \longrightarrow \text{Br}\cdot + \text{Br}\cdot$$

連鎖成長:
$$\text{Br}\cdot + \text{H}_2 \longrightarrow \text{HBr} + \text{H}\cdot$$
$$\text{H}\cdot + \text{Br}_2 \longrightarrow \text{HBr} + \text{Br}\cdot$$

連鎖停止:
$$\text{H}\cdot + \text{H}\cdot \longrightarrow \text{H}_2$$
$$\text{Br}\cdot + \text{Br}\cdot \longrightarrow \text{Br}_2$$

いったん連鎖が始まると,一つの結合が失われると新しい結合ができるため,ラジカルが攻撃する反応の活性化エネルギーは低い.

酸素と水素の反応は大きな発熱であるため,この反応もラジカル連鎖機構で生じる.水素と酸素の混合物は激しく爆発する.

$$2\,\text{H}_2\text{(g)} + \text{O}_2\text{(g)} \longrightarrow 2\,\text{H}_2\text{O(g)}$$
$$\Delta_r H^\ominus = -242\,\text{kJ}\,\text{mol}^{-1}$$

10・6 水素の化合物

水素はほとんどの元素と化合物をつくる.これらの化合物は,分子状水素化物,塩類似水素化物(水素化物アニオンの塩),金属類似水素化物(d-ブロック元素の格子間化合物)に分類される.d-ブロック元素の一つ一つの錯体は水素化物もしくは二水素が配位子である.

(a) 分子状水素化物

分子状水素化物は p-ブロック元素および Be によりつくられる.結合は共有結合性であるが,結合の極性はさまざまで(水素に付加されている原子の電気陰性度に依存する)あり,水素は H^+,H^-,もしくは H として形式的には移動する多くの反応系が生じる.

(i) 命名法と分類

要点 水素の分子化合物は，電子過剰，電子適正，電子不足に分類される．電子不足水素化物は分子構造や結合で最も面白い例を与える．これは，最も単純なユニットは橋かけ水素を介して結合する傾向があり，二量体やより大きなポリマーを形成することに起因する．

分子状水素化合物の体系名は，PH_3 の名称であるホスファン (phosphane) のように，元素の名前に語尾 "-ane" をつけてつくられる．しかし，ホスフィン (phosphine) や硫化水素 (hydrogen sulfide) 〔H_2S，体系名はスルファン (sulfane)〕のような従来の名称もいまだに広く用いられている (表10・3)．"アンモニア"や"水"といった名称の方が，体系名のアザン (azane) やオキシダン (oxidane) よりもむしろ一般的である．

表10・3 いくつかの分子状水素化合物

族	化学式	伝統名	IUPAC 名
13	B_2H_6	ジボラン	ジボラン(6)
	AlH_3†	アラマン	アラマン
	Ga_2H_6	ジガラン	ジガラン
14	CH_4	メタン	メタン
	SiH_4	シラン	シラン
	GeH_4	ゲルマン	ゲルマン
	SnH_4	スタンナン	スタンナン
15	NH_3	アンモニア	アザン
	PH_3	ホスフィン	ホスファン
	AsH_3	アルシン	アルサン
	SbH_3	スチビン	スチバン
16	H_2O	水	オキシダン
	H_2S	硫化水素	スルファン
	H_2Se	セレン化水素	セラン
	H_2Te	テルル化水素	テラン
17	HF	フッ化水素	フッ化水素
	HCl	塩化水素	塩化水素
	HBr	臭化水素	臭化水素
	HI	ヨウ化水素	ヨウ化水素

† 訳注: アランともよばれる．

水素の分子化合物はつぎの3種類に分類できる．

電子適正化合物 (electron-precise compound): 中心原子の価電子のすべてが結合に使われているもの

電子過剰化合物 (electron-rich compound): 結合形式に必要である以上の電子対が中心原子上にあるもの (すなわち，孤立電子対が中心原子にあるもの)

電子不足化合物 (electron-deficient compound): 分子のルイス構造を描くには電子が少なすぎるもの

電子適正化合物でメタンやエタンのような炭化水素や，より重い類似化合物であるシラン SiH_4 やゲルマン GeH_4 を含んでいる (§14・7)．これらの分子すべては二中心二電子 (2c, 2e) 結合をもち，中心原子上に孤立電子対がないのが特徴である．電子過剰の水素化合物は15族から17族までの元素の場合に生成する．アンモニア，水，ハロゲン化水素が重要な例である．ホウ素やアルミニウムの水素化合物では電子不足化合物がふつうである．ホウ素の単純な類似水素化物は BH_3 であるが，これは認められない．その代わりに，二量体である B_2H_6 (ジボラン，**4**) が存在し，二つの B 原子が対の水素原子により橋かけされ，三中心二電子 (3c, 2e) 結合をもつ．

4 ジボラン，B_2H_6

電子適正化合物および電子過剰化合物の分子形は VSEPR モデル (§2・3) で予測できる．CH_4 は四面体 (**1**)，NH_3 は三方錐形 (**2**)，H_2O は折れ線状 (**3**) である．

電子不足化合物の，その構造と結合が興味深く，珍しい例を与える．ジボラン B_2H_6 に対するルイス構造では8個の原子を互いに結合させるのに少なくとも14個の価電子が必要であるが，この分子には実際には12個しか価電子がない．その構造を簡単に表すと，二つの B 原子間を橋渡しする BHB 三中心二電子 (3c, 2e; §2・11e) 結合をもつ構造になる．ここでは2個の電子が3個の原子を結びつけている．三中心結合の B–H は末端の B–H 結合より結合長が長く，弱い．この構造を別の見方をすると，各 BH_3 部は強いルイス酸であり，もう一方の BH_3 部での B–H 結合から電子対を共有している．H 原子は非常に小さいため，二量体形成にほとんど，もしくは，まったく立体障害を与えない．水素化ホウ素の構造は第13章でさらに詳しく述べられる．

アルミニウムは，第3周期元素のより大きな原子半径に変えられるが，予想されるように，同じような挙動を示す．AlH_3 化合物は単量体では存在しないが，高分子を形成する．高分子中では，比較的大きな Al 原子を6個の H 原子が八面体に囲んでいる．ベリリウムは同族元素ではないが，Al と対角関係を示すため，ベリリウムもまた共有結合性の高分子水素化物 BeH_2 をつくる．BH_3 と AlH_3 はともに単量体としては存在しないが，水素化物アニオンと結びついて，重要な錯アニオンを形成する．一般的な試薬テトラヒドリドホウ酸ナトリウム ($NaBH_4$) とテトラヒドリドアルミン酸リチウム ($LiAlH_4$) はそれぞれルイス酸である BH_3 もしくは AlH_3 とルイス塩基 H^- との間での付加物形成の例である．

(ii) 分子状水素化物の反応

要点 ラジカル E·，水素原子 H を生成する E–H 結合の均一解離は重い p-ブロック元素の水素化物で生じや

すい．電気的に陰性な元素に付加している水素はプロトン性を示し，その化合物は典型的なブレンステッド酸である．電気的に陽性な元素に付加している水素は水素化物イオンとして電子受容体に移動できる．

§10・2で簡単にまとめたように，二元系分子状水素化物の反応を均一解離する能力に関連して議論した．また，解離が不均一であるときは，その化合物のプロトン性もしくは水素化物性に関連して述べた．

ある種のp-ブロック元素，特に重い方の元素の水素化合物では均一結合開裂が容易に起こる．たとえば，ラジカル開始剤を用いると，ハロアルカン RX とトリアルキルスタンナン R_3SnH との反応

$$R_3SnH + R'X \longrightarrow R'H + R_3SnX$$

が著しく容易になる．それは $R_3Sn\cdot$ ラジカルができる結果である．

水素とその構成する単体を生成する分子状水素化物の熱分解反応は均一解離により生じる．分解温度は E-H 結合エネルギーに比例し，生成エンタルピーと逆比例の関係にある．たとえば，AsH_3 (As-H 結合エンタルピー 297 kJ mol^{-1}) は，吸熱性水素化物 (endothermic hydride) である．すなわち，単体からの生成熱が吸熱であり，250～300 ℃ で定量的に分解する．

$$AsH_3(g) \longrightarrow As(s) + \frac{3}{2}H_2(g)$$
$$\Delta_r H^{\ominus} = -66.4 \text{ kJ mol}^{-1}$$

これに対して，水 (O-H 結合エンタルピー 464 kJ mol^{-1}) は，発熱性水素化物 (exothermic hydride) である．すなわち，単体からの生成熱が発熱であり，2200 ℃ でも 4 % しか水素と酸素に解離しない．

$$H_2O(g) \longrightarrow \frac{1}{2}O_2(g) + H_2(g)$$
$$\Delta_r H^{\ominus} = +242 \text{ kJ mol}^{-1}$$

そのため，水の直接熱分解は水素製造の実用的な解にはならない．

§10・5でわかったように，プロトン供与により反応する化合物はプロトン的挙動を示すという．言い換えれば，これらの化合物はブレンステッド酸である．§4・1では，ブレンステッド酸の強さはp-ブロックの周期で左から右に行く（電子親和力が増加する順）ほど，また族の下方に行く（結合エネルギーが低減する順）ほど増加することを述べた．この傾向の顕著な例として CH_4 から HF，また，HF から HI があり，この方向で酸性度が増加する．周期表の右の方にある元素の二元系水素化合物は，このようなプロトン供与する反応を示す典型例である．

水素がより電気的に陽性な元素と結合した分子は水素化物イオン供与体としてふるまうことができる．重要な例として，BH_4^- や AlH_4^- のようなヒドリドアニオン錯体があり，これらは多重結合を含む化合物の水素付加に用いられる．ほかの例としてd-ブロック元素の多くの化合物が含まれ，触媒の多くもここに含まれる．

プロトン親和力に類似した水素化物親和力は計算できる．たとえば，ホウ素化合物 BX_3 の水素化物親和力は，以下の反応に対するエンタルピー ($\Delta_H H^{\ominus}$) の負の値である．

$$BX_3(g) + H^-(g) \longrightarrow HBX_3^-(g)$$

逆に，強力な水素化物供与体 (donor) は $-\Delta_H H^{\ominus}$ の低い値となる．

実用的な水素化物性の尺度は実験的によっても決められる．異なる化学種 HY の水素化物イオンの供与能をアセトニトリルのような特定の非プロトン性溶媒中で比較すればよい．この尺度はつぎのような平衡を考えることにより導かれる．この平衡には H_2 の不均一解離が含まれる．

$$HA(\text{solv}) + HY(\text{solv}) \rightleftharpoons$$
$$A^-(\text{solv}) + Y^+(\text{solv}) + H_2(g) \quad (10\cdot1)$$
$$HA(\text{solv}) \rightleftharpoons H^+(\text{solv}) + A^-(\text{solv}) \quad (10\cdot2)$$
$$H_2(g) \rightleftharpoons H^+(\text{solv}) + H^-(\text{solv}) \quad (10\cdot3)$$
$$HY(\text{solv}) \rightleftharpoons H^-(\text{solv}) + Y^+(\text{solv}) \quad (10\cdot4)$$

反応(10・1)と反応(10・2)に対する平衡定数の値（すなわち $\Delta G^{\ominus}$ に相当）は実験的に測定でき，アセトニトリル中での式(10・3)に対する $\Delta G^{\ominus}$ は 298 K で 317 kJ mol^{-1} とする．反応(10・4)で HY の水素化物供与能 ($\Delta_H G^{\ominus}$) は ln 10 = 2.3 を用いて，つぎのように決められる．

$$\Delta_H G^{\ominus} = \Delta G_{(1)}^{\ominus} - 2.3 RT\, pK_{HA} + 317$$

強力な水素化物供与体はこのように $\Delta_H G^{\ominus}$ の低い値を伴うことになる．

(iii) 水 素 結 合

要点 化合物や官能基に，孤立電子対を少なくとも一つもっている電気的に陰性な元素と付加している水素原子が含まれると，これらの化合物は水素結合により会合することが多い．

電気的に陰性な元素 E と水素との結合 E-H は極性が高く，$E^{\delta-}-H^{\delta+}$ となっている．部分的に正に帯電している H 原子は別の分子の E の孤立電子対と相互作用することができ，分子と分子を橋かけする．これは水素結合 (hydrogen bond) として知られている．水素結合のはっきりとした証拠は沸点の傾向により与えられる（図10・6）．強く水素結合している水 (O-H⋯O 結合)，アンモニア (N-H⋯N 結合)，フッ化水素 (F-H⋯F 結合) では異常に沸点が高い．PH_3, H_2S, HCl は比較的低い沸点を示す．このことは，重い p-ブロック分子状水素化物では，強い

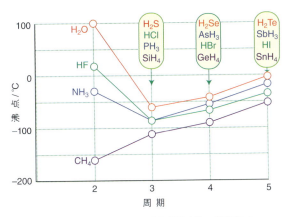

図 10・6 p-ブロック二元系水素化合物の標準沸点

水素結合を形成しないことを意味する．水素結合はふつうの結合よりもはるかに弱いが（表 10・4），水素結合の集まりは錯体構造の安定化に寄与する．氷の網目開放構造はその一例である（図 10・7）．集団的な水素結合の相互作用は，タンパク質の構造を維持するのに大きな役割を果たしている（§26・2）．水素結合は特定の DNA 間の認識にもまた重要な役割を果たす．アデニンとチミン，グアニンとシトシンの間の水素結合は遺伝子複製の基礎となる（図 10・8）．固体の HF も同じように鎖状構造から構成され，蒸気の状態でも，その鎖は部分的に残っている（5）．

例題 10・1　分子中のどの水素が最も酸性であるかを決定する

亜リン酸 H_3PO_3 は二塩基酸であるので，$OP(H)(OH)_2$ と書くとわかりやすい．P と結合している H は O と結合している H よりもプロトン性が非常に小さい理由を説明せよ．

解　この問題を解くにあたって，単純な分子のブレンステッド酸性度を説明するために用いられている原則を使う．§4・1 で酸 EH のブレンステッド酸性度は E-H 結合エンタルピーと E の電子親和力に依存することを見てきた．電子親和力はマリケンの電気陰性度（§1・7）と直接関係する．$OP(H)(OH)_2$ では，P-H 結合（PH_3 中の結合エンタルピー 321 kJ mol^{-1}）は O-H 結合（H_2O 中の結合エンタルピー 464 kJ mol^{-1}）よりもはるかに弱い．これより，P-H 結合の H はよりプロトン性であると予想するであろう．しかし，O は P よりもはるかに電気的陰性（O は P よりも高い電子親和力をもつ）であるため，H$^+$ を放出して残った負電荷を許容することができ，これがプロトン性の決定因子となる．メタン酸（ギ酸）$HCO(OH)$ は非常に異なったプロトン性を示す H 原子を二つ含む分子の別の例である．

表 10・4　水素結合の結合エンタルピーと，対応する E-H 共有結合の結合エンタルピーとの比較（単位は kJ mol^{-1}）

水素結合 (⋯)		共有結合 (−)	
HS-H⋯SH$_2$	7	S-H	367
H$_2$N-H⋯NH$_3$	17	N-H	390
HO-H⋯OH$_2$	22	O-H	464
F-H⋯FH	29	F-H	567
HO-H⋯Cl$^-$	55	Cl-H	431
F⋯H⋯F$^-$	>155	F-H	567

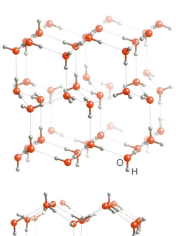

図 10・7*　氷の六方晶の構造（I_h）．二つの配向を示している．

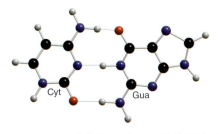

図 10・8*　DNA の塩基対．シトシン（Cyt）は三つの水素結合を形成することによりグアニン（Gua）を認識する．

5　(HF)$_n$

> **問題 10・1** CH_4, SiH_4, GeH_4 の中で，(a) 最も強いブレンステッド酸，(b) 最も強い水素化物供与体であるものをそれぞれ選べ．

水素結合は対称的な場合も，非対称的な場合もある．非対称水素結合では，水素に結合している重い原子が同じであっても，水素原子は二つの原子核間の中央には存在しない．たとえば，[ClHCl]⁻ イオンは直線状であるが，H原子の位置はCl原子の間の真ん中ではない（図10・9）．これに対して，二フッ化物水素イオン[FHF]⁻では，H原子はF原子間の中央にあって，F-F の距離（226 pm）は，F原子のファンデルワールス半径の2倍（2×135 pm）よりもかなり短い．

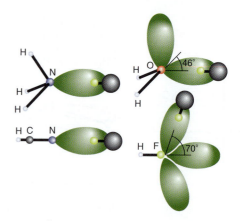

図 10・11* VSEPR 理論より予想される孤立電子対の配向．気相中の水素結合錯体におけるHFの配向の比較．NH_3 や PH_3 の3回回転軸に沿って（15族原子の孤立電子対に沿って）配向している．H_2O との錯体では，H_2O の面の外側に配向し，HF二量体ではHFの軸から外れる．

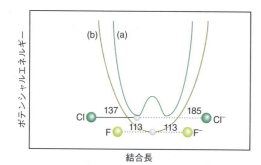

図 10・9 水素結合中の二つの原子の間のH原子の位置によるポテンシャルエネルギーの変化〔数字は原子間距離（pm）〕．(a) 弱い水素結合における二重極小ポテンシャル特性．(b) [FHF]⁻ 中の強い水素結合における単一極小ポテンシャル特性．

水素結合は，赤外スペクトルにおけるE-H伸縮振動バンドが低波数にシフトし，広がる（ブロードニングする）ことから容易に検出できる（図10・10）．また，水素結合により ¹H NMR では異常に化学シフトする．水素結合している錯体の構造は，気相中でマイクロ波分光法により調べられている．電子過剰化合物の孤立電子対の配向はVSEPR理論（§2・3）から予想され，HFの配向とよく一致している（図10・11）．たとえば，HFは，NH_3 や PH_3 との錯体では，NH_3 や PH_3 の3回回転軸に沿って（15族原子の孤立電子対に沿って）配向している．H_2O との錯体では，H_2O の面の外側に配向し，HF二量体ではHFの軸から外れる．たとえば，氷の構造や固体のHFの構造では，単結晶X線構造解析によっても，VEEPR理論から予想される構造と同じものが得られることが多い．しかし，固体では充填力が比較的弱い水素結合の配向に大きな影響を及ぼしているようである．

水素結合に基づく最も興味深い現象の一つは氷の構造である．氷は，少なくとも10個の異なる相をもつが，常圧では一つの相のみが安定である．よく知られている低圧相である氷 I_h は（図10・7に示されているように），各O原子が4個の他のO原子で四面体的に取囲まれているような六方晶単位格子に結晶化する．これらのO原子は互いに水素結合でつながっていて，O-H⋯O および O⋯H-O 結合が広く固体中に不規則に分布している．その結果できる構造は相当にすき間の多いもので，氷の密度が水よりも低いのはそのためである．氷が融けると水素結合による網目構造が部分的に破壊される．

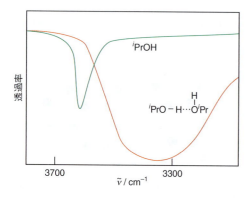

図 10・10 2-プロパノールの赤外スペクトル．上の緑色の曲線は希薄溶液の場合で，2-プロパノール分子は会合していない．下のオレンジ色の曲線は純粋な2-プロパノールのもので，分子が水素結合で会合している．会合によって，O-H 伸縮の波数が低くなり，吸収バンドが広がる〔N. B. Colthup, L. H. Daly, S. E. Wiberley, "Introduction to Infrared and Raman Spectroscopy", Academic Press (1975) より〕．

水は，水分子が水素結合してできたかごが，他の分子またはイオンを取囲んでいるような**包接水和物**（clathrate hydrate）をつくることもできる．$Xe_4(CCl_4)_8(H_2O)_{68}$ の組

成をもつ包接水和物はその一例である（図10・12）．この構造では，O原子を隅にもっているかごを構造しているのは十四面体と十二面体で，それらの割合は3:2である．O原子は互いに水素結合でつなぎ合わされていて，ゲスト分子は多面体の内部を占めている．このように包接水和物は，水素結合によって可能になる興味深い構造の例を示すものである．それと同時に，包接水和物は，タンパク質中にあるような非極性基の周りで水がどのように構造をつくっていくかに関するモデルとしてよく用いられる．地球内部の高圧下ではメタンの包接水和物が存在し，ばく大な量の天然ガスがこのような形で捕捉されていると推定される（BOX 14・3参照）．

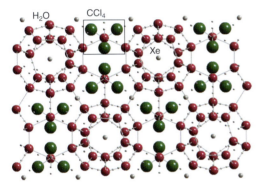

図10・12 $Xe_4(CCl_4)_8(H_2O)_{68}$ の包接水和物中の水分子のかご

ある種のイオン化合物は，水素結合によってアニオンが骨格構造中に組込まれるような包接水和物をつくる．この型の包接水和物は，きわめて強い水素結合受容体である F^- や OH^- の場合に特によく見られる．$N(CH_3)_4F \cdot 4H_2O$ (**6**) がその一例である．

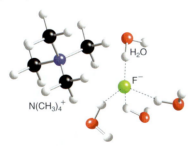

6 $N(CH_3)_4F \cdot 4H_2O$

(b) 塩類似水素化物

要点 多くの電気的に陽性な金属の水素化合物はイオン性の水素化物としてみなすことができる．これらの化合物はブレンステッド酸と反応すると H_2 を発生し，求電子試薬に H^- が移動する．直接水素化物供与体のように，これらの化合物はハロゲン化物と反応してアニオン性の水素化物錯体をつくる．

塩類似水素化物は解離性 H^- を含むイオン固体であり，相当するハロゲン化物塩に類似している．H^- のイオン半径は LiH 中の 126 pm から CsH 中の 154 pm まで変化する．このようにイオン半径が広範囲に変動することは，陽子の周りの二つの電子に対する陽子の単電荷の影響が乏しいことを反映しており，さらに，その結果として H^- は高い圧縮率と分極率を示すことも反映している．1族と2族元素の水素化物は，Beを除くと，イオン化合物である．すべての1族の水素化物は塩化ナトリウム型構造をとる．ルチル型構造である MgH_2 を除き，2族元素の水素化物は高温では蛍石型構造，低温では $PbCl_2$ 型構造をとる（表10・5）．

表10・5 s-ブロック水素化物の構造

化 合 物	結 晶 構 造
LiH, NaH, RbH, CsH	塩化ナトリウム型
MgH_2	ルチル型
CaH_2, SrH_2, BaH_2	（低温相）ひずんだ $PbCl_2$ 型

塩類似水素化物は一般的な非水溶媒には不溶であるが，ハロゲン化アルカリや NaOH（融点 318 ℃）のようなアルカリ金属の水酸化物の溶融塩（melt）にはよく溶ける．この安定な溶融塩を電気分解（溶融塩電解）すると水素ガスがアノード（酸化反応が起こる電極）で発生する．

$$2 H^-(melt) \longrightarrow H_2(g) + 2 e^-$$

この反応は解離性 H^- イオンの存在に対する化学的証拠である．これとは逆に，水と塩類似水素化物では，

$$NaH(s) + H_2O(l) \longrightarrow NaOH(aq) + H_2(g)$$

のように，危険なほど激しく反応する．

アルカリ金属水素化物は，以下のような有用な合成反応に対して，H^- イオンを直接供給できるため，ほかの水素化物をつくるための簡便な試薬となる．

- ハロゲン化物の複分解．たとえば，乾燥したジエチルエーテル (et) 中に溶解した四塩化ケイ素と細かく砕いた水素化リチウムの反応

$$4 LiH(s) + SiCl_4(et) \longrightarrow 4 LiCl(s) + SiH_4(g)$$

- ルイス酸への添加．たとえば，三アルキル化ホウ素化合物との反応は水素化物錯体をつくり，これは有機溶媒中で有用な還元剤や水素化物イオン源となる．

$$NaH(s) + B(C_2H_5)_3(et) \longrightarrow Na[HB(C_2H_5)_3](et)$$

- プロトン源との反応．水素をつくる．

$$NaH(s) + CH_3OH(et) \longrightarrow NaOCH_3(s) + H_2(g)$$

塩類似水素化物には適当な溶媒がないので，その試薬としての利用は限られている．しかし，この問題は，油の中に微細に分散させた NaH の市販品が利用できるのでいくらかは克服されている．さらにもっと細かい粒状にして反応性に富ませたアルカリ金属水素化物を，アルキル金属化合物と水素からつくることができる．

塩類似水素化物は自然発火性である．実際，細かく砕いた水素化ナトリウムを湿った空気にさらしておくと発火する．このような火を消すことは難しい．二酸化炭素でさえ，熱い金属水素化物と接触すると還元されてしまう（もちろん，水はさらに可燃性の水素を発生させる）ためであ

BOX 10・4　可逆的な水素貯蔵材料の探索

車載用の実用的な水素吸蔵システムを開発する必要があり，これが，エネルギーキャリアとして自動車に H_2 を将来使用するうえで大きな障害であると考えられている．水素の圧縮や液化はこの課題をほんの少し解決したにすぎない．200 bar の高圧気体水素（エネルギー密度 0.53 kWh dm^{-3}）まで圧縮した後に冷却し，液体水素（エネルギー密度 2.37 kWh dm^{-3}）をつくるためには，著しいエネルギーと容器のコストが必要となり，空間とコストが最優先の小型の自家用車には特に法外な価格となる．そのため，適当な温度，圧力条件下で高速に H_2 を完全に可逆的に貯蔵することができる材料を見つけて開発することが課題である．そのような材料の一つに LaNi$_5$H$_6$ がある．これは，重量密度で2%の水素を可逆的に貯蔵できる．しかし，移動体用には，これらの材料は軽量であることが必要である．研究中の材料には，最も軽い金属の水素化物，水素化ホウ素，アミドが含まれている．このような化合物とその H_2 貯蔵の重量密度の例として，MgH$_2$（8%），LiBH$_4$（20%），LiNH$_2$（10%），Al(BH$_4$)$_3$（17%）がある．Al(BH$_4$)$_3$ は液体であり，-65 °C の融点をもつ．MgH$_2$ の構造は BOX 12・3 で述べる．

LiNH$_2$ 系を例により，原理を示す．可逆的な水素吸蔵は二つの反応より進行する．

$$Li_3N(s) + H_2(g) \underset{\text{真空, }>320\,°C}{\overset{3\,\text{bar}\,H_2,\,210\,°C}{\rightleftharpoons}} Li_2NH(s) + LiH(s)$$
$$\Delta_r H^{\ominus} = +148\,\text{kJ mol}^{-1}$$

$$Li_2NH(s) + H_2(g) \underset{\text{真空, }<200\,°C}{\overset{3\,\text{bar}\,H_2,\,255\,°C}{\rightleftharpoons}} LiNH_2(s) + LiH(s)$$
$$\Delta_r H^{\ominus} = +45\,\text{kJ mol}^{-1}$$

この二つの反応のうち，Li$_2$NH/LiNH$_2$-LiH 平衡は熱力学的により達しやすい．

Li$_2$NH と LiNH$_2$ の構造を比較すると，吸収と脱離の速度はイオンの移動度に依存していることがわかる（図 B10・4）．Li$_2$NH の構造（逆蛍石型）は LiNH$_2$ の構造（逆蛍石型の欠陥構造．半分のリチウムサイトに欠陥がある）と密接に関連している．小さなリチウムイオンは一時的な欠陥サイトを介して，ホッピング機構により，このような構造内を移動する．この移動によって H_2 を取込み，NH^{2-} のプロトン化とそれにあわせて隣接した LiH 相を形成する．アミドとほかの水素化物の錯体が乗り越えないといけない課題は，分解しやすいことであり，NH$_3$ のような望ましくない生成物になることである．

金属有機構造体（metal-organic framework, MOF，§24・12）は低密度な多孔性材料であり，H-H 結合を切ることなく H_2 分子を吸着させる．MOF-5〔Zn$_4$O(1,4-ベンゼンジカルボキシレート)$_3$〕は 77 K, 40 bar で完全に可逆的に 7.1 質量パーセントの水素を物理吸着させる．水素は圧力を下げる，もしくは，温度を上げると放出される．しかし，H_2 分子と構造体の相互作用が弱いために，低温でこのような水素の吸脱着の操作を行うということは，商業的には有用ではないことを意味する．

H_2 を可逆的に吸収する液体の含窒素ヘテロ環有機化合物もまた調べられている．イミダゾールをもとにした化合物は簡単に取扱うことができ，水素化する．また，水素が放出された（脱水素化）生成物は補給スタンドで水素化された燃料と単に交換することができる．

完全に可逆的な水素貯蔵材料の開発に加えて，容器や接合部は水素脆性する金属や合金を用いないことも重要である．

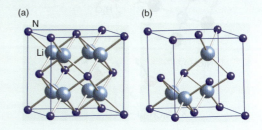

図 B10・4　(a)*Li$_2$NH（逆蛍石型構造）と (b)*LiNH$_2$（Li 空孔を示す）の構造の関係．これにより，Li$^+$ イオンを移動しやすくさせ，隣接する LiH 相（ここでは示していない）の形成を伴い，H_2 を可逆的に吸収させやすくする．水素原子はわかりやすくするために省略している．

る.しかし,砂のような不活性な固体で覆うと消化できるであろう.

携帯用水素発生装置内での水素化カルシウムの利用に加えて,水素化マグネシウムは,軽量さが重要な移動体用の水素吸蔵媒体として調べられている(BOX 10・4および12・3).ある体積の MgH_2 中にある H 原子の量は同じ体積の液体 H_2 よりも約 50 % 高い.

(c) 金属類似水素化物

> **要点** 7族から9族までの金属では,安定な金属-水素二元系化合物は知られていない.金属類似水素化物は金属伝導性を示し,その中の水素は多くの場合きわめて動きやすい.

多くの d-ブロック元素と f-ブロック元素は水素と反応して,金属類似水素化物をつくる.この化合物(および合金の水素化物)のほとんどは金属光沢をもち,電気伝導性である(このために,この名前が付けられている).これらの金属類似水素化物は,そのもとになっている親金属よりも密度が低く,もろい.この性質により水素を運ぶパイプの建設を難しくしている.多くの金属類似水素化物はさまざまな組成をとる(非化学量論的である).たとえば,550 °C で水素化ジルコニウムは $ZrH_{1.30}$ から $ZrH_{1.75}$ の組成範囲で存在する.その構造は,占有されていないアニオン部位の数が変化する蛍石型(図3・38)である.これらの水素化物の組成が可変であることやその金属伝導性は,伝導性をもたらす非局在軌道のバンドが,加えられた H 原子から供給される電子を受け入れるというモデルで説明することができる.このモデルでは,H 原子ならびに金属原子が電子の海の中で平衡位置を占めている.金属類似水素化物の電気伝導率は一般に水素含有量で変化する.このことは,水素を加えたり除去したりすることで伝導帯がどの程度充満したり空になったりするかに関連している.このようなわけで,CeH_{2+x}(x は一般的に 0.75 までの値)は金属導体であるが,CeH_3 は絶縁体で,塩類似水素化物に近い.

3族,4族,5族の d-ブロック金属すべてと,ほとんどの f-ブロック元素から金属類似水素化物が生成する(図 10・13).しかし,6族中の水素化物は CrH だけで,7族,8族,9族の合金化していない金属については水素化物は知られていない.周期表中で7族から9族までの領域を **水素化物ギャップ**(hydride gap)ということがある.これらの元素と水素との安定な金属-水素二元系化合物は,たとえできたとしてもまれだからである.しかし,これらの金属は,水素を活性化させることができるため,水素化触媒として重要である.

10族元素の金属,特にニッケルと白金は水素化触媒としてよく用いられる.それには表面での水素化物の生成が関係していると思われる(§25・11および25・16).しかし,多少驚くべきことに,中程度の圧力のもとで安定な水素化物のバルク相をつくるのはパラジウムだけで,その組成は PdH_x,$x<1$ である.きわめて高い圧力下でニッケルは水素化物相を形成するが,白金はまったく水素化物相をつくらない.水素化白金のバルク相ができるとすれば H-H 結合と Pt-Pt 結合との切断が起こらなければならない.Pt-H 結合エンタルピーは明らかに,H-H 結合を切るには十分なほど大きいが,Pt-Pt 結合の切断を補えるほどはない.M-M 結合エンタルピーを反映している昇華エンタルピーは Pd (378 kJ mol^{-1}) < Ni (430 kJ mol^{-1}) < Pt

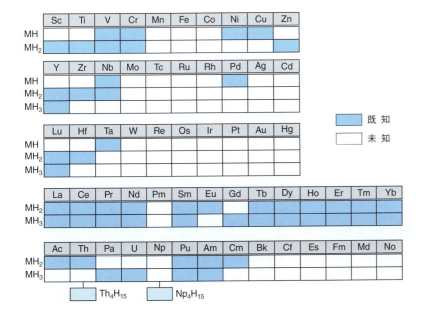

図 10・13 d- および f- ブロック元素からつくられる水素化物.化学式は,構造で決まる化学量論的な限界を示す.

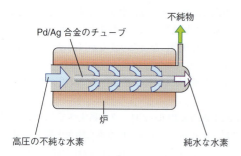

図 10・14 水素精製器の模式図．圧力差とパラジウム中でのH原子の移動度とのために，水素はパラジウム－銀合金チューブの中をH原子として拡散するが，不純物は拡散しない．

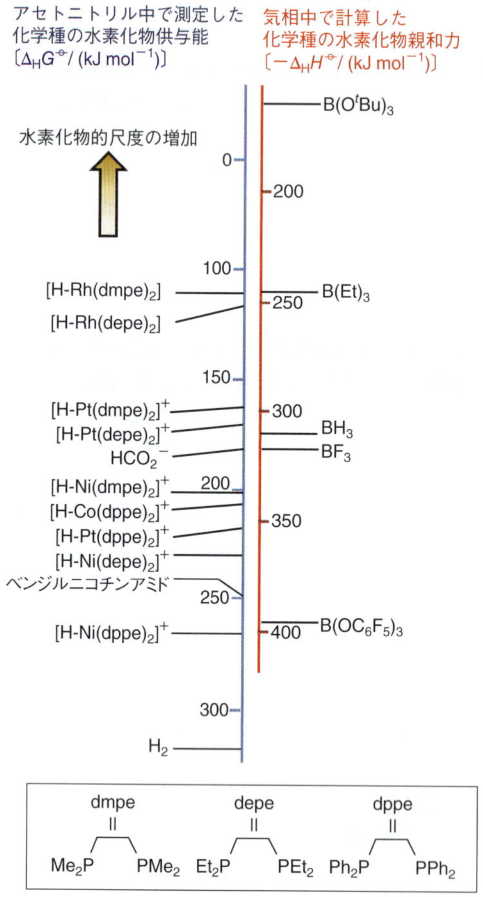

(565 kJ mol^{-1}) の順であるが，このことは上記の解釈と一致している．M－H結合エンタルピーは金属水素化物電池の設計にはきわめて重要な因子である．これはBOX 10・5で述べる．

多くの金属類似水素化物についてもう一つの顕著な性質は，温度を少し上げると水素が固体中を迅速に拡散することである．この移動度は，パラジウム－銀合金のチューブ中を拡散させて超純粋 H_2 をつくるのに利用される（図10・14）．また，金属類似水素化物は，その高い水素移動度と可変な組成とのために，水素吸蔵媒体としての能力をもっている．パラジウムは最大で自らの体積の900倍の水素を吸蔵することができ，"水素スポンジ"とよばれることもある．金属間化合物 $LaNi_5$ は，限界組成が $LaNi_5H_6$ の水素化物相をつくるが，この限界組成の化合物には単位体積当たり液体水素よりも多くの水素が含まれている．これよりも安価なものとして $FeTiH_x$ ($x < 1.95$) の組成をもつ系が，現在，低圧水素吸蔵用に市販されている．

> **例題 10・2　水素化合物の分類と性質とを関連づける**
>
> つぎの化合物（PH_3, CsH, B_2H_6）を分類して，それらが示すと思われる物理的性質を論ぜよ．分子化合物については，電子不足，電子適正，電子過剰のいずれであるかを示せ．
>
> **解** 元素Eがどの族に属するのかを考える必要がある．CsH は1族元素の化合物であるため，s-ブロック金属に典型的な塩類似水素化物であると期待される．この化合物は電気絶縁体で塩化ナトリウム型構造をもっている．水素化物 PH_3 および B_2H_6 は，他のp-ブロック元素の水素化物の場合のように，モル質量が小さく揮発性が高い分子化合物である．事実，それらは通常の条件下では気体である．ルイス構造によると，PH_3 はリン原子上に孤立電子対をもち，したがって電子過剰の分子化合物であることがわかる．ジボラン B_2H_6 は電子不足化合物である．
>
> **問題 10・2** つぎの反応について化学反応式を示せ．反応しなければ "しない" と書け．
> (a) $Ca + H_2$　(b) $NH_3 + BF_3$　(c) $LiOH + H_2$

図 10・15 水素化物的尺度：右側の尺度はいくつかのホウ素化合物について，密度汎関数理論を用いて計算した水素化物親和力（$-\Delta_H H^{\ominus}$）を表している．左側の尺度はさまざまなビスジホスフィンd金属錯体とほかの化学種について，溶液中で得られた実験値から計算した水素化物供与能（$\Delta_H G^{\ominus}$）を示している．これらの二つの尺度は［$HRh(dmpe)_2$］と BEt_3 間の実測の平衡定数がほぼ1であることを用いて，並べてある〔M. T. Mook et al., J. Am. Chem. Soc, **131**, 14454 (2009) とそのほかのデータより〕．

(d) d金属とヒドリドや水素との錯体

要点 水素分子もしくは水素化物アニオンを配位子とする多くのd-ブロック金属錯体が知られている．これらの錯体は触媒作用や水素活性化に重要な役割を果たす．

H原子と H_2 分子は有機金属化学で重要な役割を果たす．アルケンやカルボニル基の水素化に関する均一触媒では特

に重要である（§22・7, §25・4, §25・5）．結合している各 H 原子はふつう H⁻（ヒドリド）配位子としてみなせる．H⁻ は非常に分極性であり，軟らかく，2 電子の σ 供与体としてふるまう（§22・7）．d-ブロックと f-ブロック元素の錯体には，一つもしくはそれ以上のヒドリド配位子を含むものが非常に多い．これらの錯体には二元系金属類似水素化物を形成しない"水素化物ギャップ"の元素の錯体も含まれている．ヒドリド錯体は多様な経路で合成可能である．たとえば，金属イオンもしくは錯体を適当な水素源（水）と（ふつうは）還元剤と反応させる．

$$Rh^{3+}(aq) \xrightarrow{Zn(s)/NH_3(aq)} [RhH(NH_3)_5]^{2+}$$

$$[FeI_2(CO)_4] + 2\,NaBH_4 \xrightarrow{THF} [Fe(CO)_4(H)_2] + B_2H_6 + 2\,NaI$$

ここで，THF はテトラヒドロフランである．主要族の二元系水素化合物のように，H 配位子はプロトン性もしくは水素化物性にもなり，これは金属原子が電子求引性か電子供与性かに依存する．この金属原子の性質も同様に配位しているほかの配位子の特性に依存する．電子求引性の CO 配位子が配位殻にあると H 原子はプロトン性になる．これは，プロトンが放出されてできた共役塩基を CO 配位子が安定化するためである．§22・18 でより詳細に説明するが，$[Co(CO)_4H]$ のような化合物はブレンステッド酸である．pK_a で位置付けすると，$[Co(CO)_4H]$ はアセトニトリル中での測定値は 8.3 となる．対照的に，電子供与性配位子はより大きな水素化物性を与える傾向がある．Rh のビスジホスフィン d 金属錯体は水素化物移動剤として，三ハロゲン化ホウ素と同程度の能力をもつ．

水素化物的尺度のいくつかの傾向を図 10・15 に示す．い

BOX 10・5 金属水素化物電池

ニッケル水素電池（金属水素化物電池，ニッケル-水素化物電池，Ni-MH 電池）は，広く用いられているニッケル-カドミウム蓄電池（Ni-Cd 電池）と同様に再充電が繰返し可能な型の電池である．Ni-Cd 電池と比べた場合の金属水素化物のおもな利点は，再利用が簡単であり，有害なカドミウムを含まないことである．しかし，Ni-MH 電池は自己放電の割合が高く，一ヵ月で約 30％になる．Ni-Cd 電池ではこの値が一ヵ月に約 20％であるので，Ni-MH 電池の方が高い．それでも Ni-MH 電池は電気自動車の動力源になりうるものとして研究されている．内燃機関を動力源とする自動車とは異なり，電気自動車はゼロエミッションである（ただし，他の場所で電気をつくることを考えなければ）．加えて，自動車用の電力を発生させるエネルギー効率は，内燃機関のほぼ 2 倍である．また，電気エネルギーを利用することで社会が石油に依存する傾向が減り，再生可能エネルギーを使用する機会が増える．また，CO_2 を補捉することができるように石炭やガスも使用するようになる（BOX 14・5）

Ni-MH 電池の優れた特徴は，高出力，長寿命，広い動作温度範囲，短い充電時間，密閉系でありメンテナンスなしで作動することなどである．正極は水酸化ニッケルでできている．負極は合金の混合物であり，金属水素化物が可逆的に生成する．反応は，質量パーセント濃度が 30％の KOH を含んだ塩基性溶液中で起こる．電極で起こる反応は

正 極：$Ni(OH)_2 + OH^- \rightleftharpoons Ni(O)OH + H_2O + e^-$
負 極：$M + H_2O + e^- \rightleftharpoons M-H + OH^-$

である．充電と放電のサイクルを通して電解質の濃度に正味の変化はない．

金属水素化物における M-H 結合の強さが電池の作動にはきわめて重要である．理想的な結合エンタルピーの範囲は 25～50 kJ mol⁻¹ である．結合エンタルピーが低すぎると，水素は合金と反応せず水素ガスが発生する．逆に結合エンタルピーが高すぎると，反応は可逆的にならない．金属の選択に際しては他の要因も考慮しなければならない．たとえば，選択すべき合金は KOH 溶液と反応せず，酸化や腐食に対する耐性があり，過充電〔この際に $Ni(OH)_2$ 電極で O_2 が発生する〕や過放電〔このときは $Ni(OH)_2$ 電極で H_2 が発生する〕に耐えるものでなければならない．このようなさまざまな要求を満たすために，合金は不規則構造をもつものを選び，また，Li, Mg, Al, Ca, V, Cr, Mn, Fe, Cu, Zr のような単独で用いると適切でない金属を合金化して利用することになる．金属原子当たりの水素原子の数は Mg, Ti, V, Zr, Nb を用いれば増やすことができ，M-H の結合エンタルピーは V, Mn, Zr を使えば調節可能である．充放電の反応では Al, Mn, Co, Fe, Ni が触媒となり，耐腐食性は Cr, Mo, W の利用により向上する．このように性質が広範囲で変わるので，Ni-MH 電池の性能を種々の応用において最適化することが可能になる．

くつかのホウ素化合物について，密度汎関数理論（§2・12）により計算された水素化物親和力（−Δ_H H^⦵）の値をプロットしている．その横には，さまざまなビスジホスフィンd金属錯体とほかの化学種について，溶液中で得られた実験値から計算した水素化物供与能（Δ_H G^⦵）をプロットしている．水素化物供与能は配位子供与の強さ（dmpe>depe>dppe），族（9族>等電子の10族），周期（興味深いことに3d<4d>5d）によって変わる．図10・15にはギ酸イオンとベンジルニコチンアミドの値も含めた．ベンジルニコチンアミドは生物により用いられる有機水素化物移動剤である NADH の類似体である．

いくつかの水素化物と同様に，H原子も二つの金属原子間の橋かけ位置を占めることができる（3c, 2e結合）．この場合，ふつう金属‒金属結合も存在する．[(CO)_5W(μ-H)W(CO)_5]^−（**7**）は特異な例であり，H原子は二つの金属原子間を橋かけし，金属間には結合がない．

例題 10・3 非水溶液中で水素化物移動平衡から
d 金属錯体の水素化物性を決定する

錯体 [Pt(PNP)_2]^{2+} [PNP = Et_2PCH_2N(Me)CH_2PEt_2] はアセトニトリル中で H_2 と NEt_3 で平衡になり，HNEt_3 と [PtH(PNP)_2]^{2+} を含む混合物を生じる．1 atm H_2 下で平衡時の [Pt(PNP)_2]^{2+} と [PtH(PNP)_2]^{2+} の濃度 ^{31}P NMR で決定から，以下の反応の平衡定数は

$$[Pt(PNP)_2]^{2+} + H_2 + NEt_3$$
$$\rightleftharpoons [PtH(PNP)_2]^{2+} + HNEt_3$$

790 atm^{-1} である．アセトニトリル中で HNEt_3 の pK_a を 18.8 とし，[PtH(PNP)_2]^{2+} の水素化物供与能（Δ_H G^⦵）を計算せよ．

解 §10・6a (ii) で記載されている熱力学の議論を用いる．アセトニトリル中で水素の不均一解離の熱力学データ 317 kJ mol^{-1} の値を用いる．

$$\Delta_H G^⦵ = 2.3RT\log(790) - 2.3RT(18.8) + 317$$
$$= 232\,\text{kJ mol}^{-1}$$

問題 10・3 類似の [Pd(PNP)_2]^{2+} 錯体は NEt_3 存在下で H_2 と反応しない．しかし，つぎの水素化物交換反応についての平衡定数

$$[PdH(PNP)_2]^+ + [Pt(PNP)_2]^{2+}$$
$$\rightleftharpoons [Pd(PNP)_2]^{2+} + [PtH(PNP)_2]^+$$

は 298 K で 450 である．[PdH(PNP)_2]^+ の水素化物供与能を計算せよ．

ホモレプティック錯体（homoleptic complex）は配位子の種類が一つだけの錯体である．ホモレプティックヒドリド錯体の例として Fe, Rh, Tc があげられる．濃緑色化合物である Mg_2FeH_6 は八面体の [FeH_6]^{4−} 錯アニオンを含み，減圧下で単体同士を反応させることにより得られる．錯アニオン [ReH_9]^{2−}（**8**）は過レニウム酸塩 [ReO_4]^− をエタノール中でカリウムもしくはナトリウムにより還元することにより得られる．固相では，H原子は Re の周りに一冠正方逆角柱型構造をとり，形式酸化数はⅦである．[TcH_9]^{2−} も同じ構造をとる．

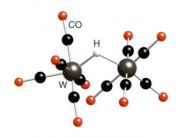

7 [(CO)_5W(μ-H)W(CO)_5]^−

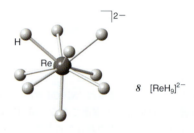

8 [ReH_9]^{2−}

水素分子もそのままで配位することができ，1σ_g 軌道により電子対を供与し，1σ_u 軌道により金属から電子対を逆に受け入れる．これは π 逆供与（π back donation）もしくは協同結合（synergic bonding）（§22・7）として知られている．金属が電子過剰で十分に低い酸化状態であれば，π 逆供与により H−H 結合の均一解離が生じる．二つの H 原子は H^− 配位子に還元され，同時に金属の酸化が起こる．この過程は酸化的付加（oxidative addition）として知られ，§22・22 で詳細に議論する．水素の酸化的付加は "Vaska の化合物" [Ir(CO)Cl(PPh_3)_2]（**9**）が例としてあげられる．生成物（**10**）では，二つの H 原子はヒドリド（H^−）配位子としてみなされ，Ir の形式酸化数は 2 だけ増加する（ⅠからⅢ）．比較的安定な H_2 配位子を含む多くの d-ブロック錯体は単離されている．最初に同定されたそのような化合物は [W(CO)_3(H_2)(P^{i}Pr_3)_2]（**11**）である．ここで，^{i}Pr はイソプロピル CH(CH_3)_2 を示す．

H と H_2 分子は同じ金属原子に配位子として配位することができる．錯体 [Ru(H)_2(H_2)_2(PCyp)_2]（**12**）は内側の配位圏に六つの H 原子を含んでいる．2種類の配位子，H^− と H_2 は中性子回折により区別することができる．

(e) 効率よく電気化学的にH_2を生成もしくは酸化するための触媒

要点 白金と同程度に早く効率よく，電気化学的にH_2を生成もしくは酸化することができる単純な化合物や材料は非常に興味深い．FeやNiを含むヒドロゲナーゼとして知られている酵素はいとも簡単にH_2を生成し，H_2を酸化する．そのため，酵素は無機化学者にとって，期待されている触媒のゴールである．

再生可能なH_2のコストを下げるアプローチの一つは，生物にならい，ヒドロゲナーゼの活性サイトで行われているように，H_2と不均一なH^+/H^-をヘテロリティックに相互変換するような最適化した触媒を設計することである（§26・14）．この相互変換を容易に生じさせるためには，H–H結合の生成を促進するようなエネルギーになるまで，水素化物性水素とプロトン性水素が近接することが求められる．そのような化合物の一つを考えられる遷移状態図で示した（*13*）．Niは$P^{Ph}_2N^{Ph}$（1, 3, 6-トリフェニル-1-アザ-3, 6-ジホスファシクロヘプタン）と略記される二つの七員環ジホスフィン配位子により配位され，この配位子では，Ni原子上に塩基性の"ペンダント"Nが位置する．電気化学的にNiをNi^{II}とNi^0の間でサイクルさせ，ペンダントNによって溶媒から捕捉されていたプロトンはNiに移動し，水素化物となる．ペンダントNへの2番目のプロトンの移動はH–H結合の形成により始まり，このサイクルはH_2を放出した後に継続する．

10・7 二元系水素化合物合成の一般的手法

要点 二元系水素化合物をつくる一般的な反応経路はH_2と元素の単体との直接反応，非金属アニオンのプロトン化，および水素化物イオン源とハロゲン化物または擬ハロゲン化物との間の複分解である．

水素と単体元素との直接的な結合が水素化合物の合成反応経路として好まれるかは，負の生成ギブズエネルギーになるかどうかである．ある化合物が単体元素に対して，熱力学的に不安定であれば，ほかの化合物からの間接的な合成反応経路が見つけられることが多い．しかし，その経路の各段階では熱力学的に有利な必要がある．

二元系水素化合物をつくるためにはつぎの三つの共通した方法がある．

- 単体同士の直接反応（水素化分解）

$$2E + H_2(g) \longrightarrow 2EH$$

- ブレンステッド塩基アニオンのプロトン化

$$E^- + H_2O(l) \longrightarrow EH + OH^-(aq)$$

- ハロゲン化物とイオン性水素化物または水素化物供与体（MH）の反応（複分解）

$$MH + EX \longrightarrow EH + MX$$

以上の一般式中で記号Eで表される元素は原子価がもっと高いものでもよいが，その場合には原子価に応じて化学式や化学量論係数が変化する．

直接合成はNH_3ならびにリチウム，ナトリウム，カルシウムの水素化物などのように生成ギブズエネルギーが負の化合物をつくるのに工業的に利用されている．しかし，場合によっては，速度論的に不利な反応を進めるうえで高圧，高温，触媒が必要なことがある．リチウムの反応に高温を用いるのはその例である．高温によるリチウム金属の融解が，表面にできた水素化物の層を壊れやすくする（さもないとこの表面層のために金属が不動態化してしまうであろう）．実験室的な合成では，多くの場合，直接反応以外の反応を用いることで，この不都合を回避している．これらの反応は，生成ギブズエネルギーが正の化合物をつくるのにも利用できる可能性がある．

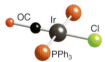

9 [Ir(CO)Cl(PPh$_3$)$_2$], Ph=C$_6$H$_5$

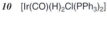

10 [Ir(CO)(H)$_2$Cl(PPh$_3$)$_2$]

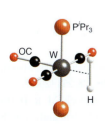

11 [W(CO)$_3$(H$_2$)(P^{i}Pr$_3$)$_2$]

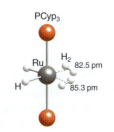

12 [Ru(H)$_2$(H$_2$)$_2$(PCyp$_3$)$_2$], Cyp= *cyclo*-C$_5$H$_9$

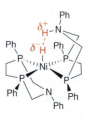

13 ヒドロゲナーゼの機能類似体

ブレンステッド塩基のプロトン化の例は

$$Li_3N(s) + 3 H_2O(l) \longrightarrow 3 LiOH(aq) + NH_3(g)$$

で，この反応におけるブレンステッド塩基は窒化物イオンである．窒化リチウムは高価すぎて，この反応で NH_3 を工業的につくるには不適当だが，実験室で ND_3 をつくる（H_2O の代わりに D_2O を用いて）には大いに役立つ．この反応がうまく進むためには，ブレンステッド酸が N^{3-} イオンの共役酸（この場合は NH_3）よりも強いプロトン供与体である必要がある．水は，きわめて強い塩基である N^{3-} をプロトン化するのに十分な強さの酸であるが，弱い塩基である Cl^- をプロトン化するには H_2SO_4 のようなより強い酸を使わねばならない．

$$NaCl(s) + H_2SO_4(l) \longrightarrow NaHSO_4(s) + HCl(g)$$

複分解による合成の例はシランの生成である．

$$LiAlH_4(s) + SiCl_4(l) \longrightarrow LiAlCl_4(s) + SiH_4(g)$$

電気的に陽性な元素の水素化物（LiH, NaH, AlH_4^-）ほど活性な H^- 源である．$LiAlH_4$ や $NaBH_4$ は，アルカリ金属イオンに溶媒和するエーテル溶媒に溶解する．これら二つのアニオン性錯体のうち，AlH_4^- の方がはるかに強い水素化物イオン供与体である．

例題 10・4 水素化合物を合成に用いる

$LiAlH_4$ からテトラエトキシアルミン酸リチウム $Li[Al(OEt)_4]$ を合成する過程ならびに使用する試薬および溶媒を示せ．

解 AlH_4^- は強い H^- 供与体であることに気づく必要がある．H^- はエトキシド（$CH_3CH_2O^- = EtO^-$）よりも強いブレンステッド塩基であるので，エタノールと反応して H_2 とエトキシドが生じ，H^- とエトキシドが置換される．AlH_4^- は問題のアルコキシドと水素を生成する．この反応は，$LiAlH_4$ をテトラヒドロフラン（thf）に溶かした溶液中にエタノールをゆっくり添加すると進行するであろう．

$$LiAlH_4(thf) + 4\,C_2H_5OH(l) \longrightarrow$$
$$Li[Al(OEt)_4](thf) + 4\,H_2(g)$$

この種の反応は，不活性気体（N_2 または Ar）を流して爆発引火性の水素を薄めながらゆっくりと行わなければならない．

問題 10・4 トリエチルスタンナン Et_3SnH からトリエチルメチルスタンナン $MeEt_3Sn$ をつくる方法と使用する試薬とを示せ．

参 考 書

T. I. Sigfusson, 'Pathways to Hydrogen as an Energy Carrier', *Philos. Trans. R. Soc., A.*, **365**, 1025 (2007).

B. Sørensen, "Hydrogen and Fuel Cells", Elsevier Academic Press (2005).

W. Grochala, P. P. Edwards, 'Thermal Decomposition of the Noninterstitial Hydrides for the Storage and Production of Hydrogen', *Chem. Rev.*, **104**, 1283 (2004).

G. A. Jeffrey, "An Introduction to Hydrogen Bonding", Oxford University Press (1997).

G. A. Jeffrey, "Hydrogen Bonds in Biological Systems", Oxford University Press (1994).

R. B. King, "Inorganic Chemistry of the Main Group Elements", John Wiley & Sons (1994).

J. S. Rigden, "Hydrogen: The Essential Element", Harvard University Press (2002).

P. Enghag, "Encyclopedia of the Elements", John Wiley & Sons (2004).

P. Ball, "H_2O: A Biography of Water", Phoenix (2004). 水の化学と物理に関する娯楽的な書物．

G. W. Crabtree, M. S. Dresselhaus, M. V. Buchanan, 'The Hydrogen Economy', *Phys. Today*, **39**, 57 (2004).

'Hydrogen', ed. by W. Lubitz, W. Tumas, *Chem. Rev.* (100th thematic issue), **107** (2007).

S. -I. Orimo, Y. Nakamori, J. R. Eliseo, A. Züttel, C.M. Jensen, 'Complex Hydrides for Hydrogen Storage', *Chem. Rev.*, **107**, 4111 (2007).

R. H. Crabtree, 'Hydrogen Storage in Liquid Organic Heterocycles', *Energy Environ. Sci.*, **1**, 134 (2008).

L. J. Murray *et al.*, 'Hydrogen Storage in Metal Organic Frameworks', *Chem. Soc. Rev.*, **38**, 1294 (2009).

T. Kodama, N. Gokon, 'Thermochemical Cycles for High-Temperature Solar Hydrogen Production', *Chem. Rev.*, **107**, 4048 (2007).

N. S. Lewis, D. G. Nocera, 'Powering the Planet: Chemical Challenges in Solar Energy Utilization', *Proc. Natl. Acad. Sci. U.S.A.*, **103**, 157 (2006).

A. Kudo, Y. Miseki, 'Heterogeneous Photocatalyst Materials for Water Splitting', *Chem. Soc. Rev.*, **38**, 253 (2009).

M. L. Helm, M. P. Stewart, R. M. Bullock, M. R. DuBois, D. L. Dubois, 'A Synthetic Ni Electrocatalyst with a Turnover Frequency Above 100 000 s^{-1} for H_2 Production', *Science*, **333**, 863 (2011).

W. C. Chueh, S. M. Haile, 'A Thermochemical Study of Ceria: Exploiting an Old Material for New Modes of Energy Conversion and CO_2 Mitigation', *Philos. Trans. R. Soc., A.*, **386**, 3269 (2010).

S. Y. Reece, J. A. Hamel, K. Sung, T. D. Jarvi, A. J. Esswein, J. J. H. Pijpers, D. G. Nocera, 'Wireless Solar Water Splitting Using Silicon-Based Semiconductors and Earth-Abundant Catalysts', *Science*, **334**, 645 (2011).

A. J. Price, R. Ciancanelli, B. C. Noll, C. J. Curtis, D. L. DuBois, M. R. DuBois, 'HRh(dppb)$_2$, a Powerful Hydride Donor', *Organometallics*, **21**, 4833 (2002).

M. Kosa, M. Krack, A. K. Cheetham, M. Parrinello, 'Modeling the Hydrogen Storage Materials with Exposed M^{2+} Coordination Sites', *J. Phys. Chem. C*, **112**, 16171 (2008).

"Fuel Cells and Hydrogen Storage", ed. by A. Bocarsly, D. M. P. Mingos, Structure and Bonding, 141. Springer (2011).

M. J. Schultz, T. H. Vu, B. Meyer, P. Bisson, 'Water: A Responsive Small Molecule', *Acc. Chem. Res.*, **45**, 15 (2012).

練 習 問 題

10・1 周期表において,1族か14族か17族に水素を含めることが提案されてきた.それぞれの場合に対して,賛成あるいは反対の立場から意見を述べよ.

10・2 つぎの化合物中の元素の酸化数を記せ.
(a) H_2S (b) KH   (c) $[ReH_9]^{2-}$
(d) H_2SO_4 (e) $H_2PO(OH)$

10・3 工業的に水素ガスをつくる三つの主要な過程に対する化学反応式を書け.実験室で水素をつくるのに便利な反応を二つ提案せよ.

10・4 できることならば参考資料を使わずに周期表をつくって元素を明記し,
(a) 塩類似,金属類似,分子状水素化物の位置を示せ.
(b) p-ブロック元素の水素化合物の $\Delta_r G^\ominus$ の傾向を矢印を用いて表せ.
(c) 電子不足,電子適正,電子過剰の分子状水素化物ができる領域を線で囲め.

10・5 水素結合がないとしたときに予想される水の物理的性質を述べよ.

10・6 S–H⋯O と O–H⋯S ではどちらの水素結合が強いと考えられるか.理由も述べよ.

10・7 つぎの水素化合物に名前を付けて分類せよ.
(a) BaH_2 (b) SiH_4 (c) NH_3
(d) AsH_3 (e) $PdH_{0.9}$ (f) HI

10・8 つぎの化学的特性を示す最も顕著な例を練習問題 10・7 の化合物から取上げて,それぞれの特性を示す化学反応式を記せ.
(a) 水素化物的性質   (b) ブレンステッド酸性
(c) 組成が一定しないこと   (d) ルイス塩基性

10・9 練習問題 10・7 中の化合物を,室温・常圧で固体,液体,気体のいずれであるか分類せよ.固体の中で電気の良導体と思われるものはどれか.

10・10 イオン化合物の構造から計算されたつぎの H^- イオンの半径について意見を述べよ.

	LiH	NaH	KH	CsH	MgH_2	CaH_2	BaH_2
半径/pm	114	129	134	139	109	106	111

10・11 つぎの反応の中で HD 生成の割合が最も高いと思われるものを決めてその理由を示せ.
(a) 白金表面上で平衡状態にある $H_2 + D_2$
(b) D_2O + NaH   (c) HDO の電気分解

10・12 つぎのリストの中から,ハロゲン化アルキルとのラジカル反応を起こす可能性が最も高そうな化合物を選び,その理由を述べよ.
H_2O, NH_3, $(CH_3)_3SiH$, $(CH_3)_3SnH$

10・13 BH_4^-, AlH_4^-, GaH_4^- の水素化物的性質にはどんな傾向があるか.最も強い還元剤はどれか.過剰の 1 M HCl(aq) と GaH_4^- との反応式を示せ.

10・14 第2周期中の p-ブロック元素の水素化合物と第3周期中でそれに対応する水素化合物との間の重要な物理的差異および化学的差異について述べよ.

10・15 スチバン SbH_3 ($\Delta_f H^\ominus = +145 \text{ kJ mol}^{-1}$) は -45 ℃ 以上で分解する.BiH_3 ($\Delta_f H^\ominus = +278 \text{ kJ mol}^{-1}$) の合成の難しさを評価し,合成手法を提案せよ.

10・16 低温でクリプトンの圧力が高い場合,クリプトンと水とが相互作用することによってどんな種類の化合物ができるか.その構造を一般的な言葉で述べよ.

10・17 H_2O と Cl^- イオンとの間の水素結合に対する近似的なポテンシャルエネルギー面を描き,$[FHF]^-$ 中の水素結合のポテンシャルエネルギー面と比較せよ.

10・18 水素はよく知られた還元剤であるが,酸化剤でもある.例をあげて,このことを説明せよ.

10・19 錯体 trans-$[W(CO)_3(PCy_3)_2]$(Cy=シクロヘキシル)に水素ガスを添加すると互いに平衡な二つの錯体が形成する.このことについて意見を述べよ.一つの錯体は形式酸化数が W^0 のタングステン中心をもち,もう一つは W^{II} である.水素雰囲気から取除くと出発物質に戻る.

10・20 水素化合物についてのつぎの記述について間違ったところを訂正せよ.
(a) 最も軽い元素である水素は,すべての非金属,金属と熱力学的に安定な化合物をつくる.
(b) 水素の同位体は質量数 1, 2, 3 をもち,質量数 2 の同位体は放射性である.
(c) 1族と2族元素の水素化物の構造は,H^- イオンが

緻密で，その半径ははっきりと決まっているため，イオン化合物の典型的なものである．

(d) 非金属の水素化合物の構造は VSEPR 理論により適切に表される．

(e) $NaBH_4$ は単純な 1 族元素のハロゲン化物 NaH のようなものより大きな水素化物的性質をもつため，$NaBH_4$ 化合物は汎用性のある試薬である．

(f) 水素化スズのような重元素水素化物はラジカル反応を起こすことがよくあり，この要因の一部は低い E−H 結合エネルギーによる．

(g) 水素化ホウ素は水素によって簡単に還元されるため，電子不足化合物とよばれる．

10・21 $^1H^{35}Cl$ の赤外伸縮振動の波数は 2991 cm^{-1} である．$^3H^{35}Cl$ 気体の赤外伸縮振動に予想される波数はいくらか．

10・22 第 8 章を参考にして，PH_3 の ^1H NMR および ^{31}P NMR スペクトルにおける定性的な分裂パターンと相対強度とを描け．

10・23 (a) 分子状イオン HeH^+ に対する定性的な分子軌道エネルギー準位図を描き，分子軌道エネルギー準位と原子軌道エネルギー準位との関係を示せ．H のイオン化エネルギーは 13.6 eV で，He の第一イオン化エネルギーは 24.6 eV である．

(b) 結合性軌道に対する H 1s 軌道および He 1s 軌道の相対的な寄与を推定し，この極性分子における部分的な正電荷の位置を予想せよ．

(c) 通常の溶媒や表面と接触すると HeH^+ が不安定なのはなぜだと思うか．

演習問題

10・1 論文 '金属有機構造体の水素吸蔵' 〔*Chem. Soc. Rev.*, **38**, 1294 (2009)〕では，Jeffrey Long らは水素吸蔵材料についての設計原理を議論している．強い結合相互作用よりもむしろ弱い相互作用を利用して H_2 を吸蔵する利点と欠点をあげよ．

10・2 M. W. Cronyn は彼の論文 '水素の適切な位置' 〔*J. Chem. Educ.*, **80**, 947 (2003)〕において，炭素のすぐ上である 14 族の最上位に水素を置くべきであると主張している．彼の論拠をまとめよ．

10・3 $[Ir(C_5H_5)(H_3)(PR_3)]^+$ が存在することについては分光学的な証拠がある．この錯体中では，形式上 H_3^+ が一つの配位子になっている．この錯体中での結合について考えられる分子軌道の概略を考案せよ．ただし，一つの折れ線状の H_3 単位が一つの配位位置を占めて，金属の e_g および t_{2g} 軌道と相互作用するものと仮定する．しかし，この錯体の構造については，きわめて大きな結合定数をもつトリヒドリド化合物であるとする考えもある 〔*J. Am. Chem. Soc.*, **113**, 6074 (1991) およびその中の文献，特に *J. Am. Chem. Soc.*, **112**, 909 および 920 (1990) を参照〕．後者の構造に対する証拠について調べよ．

10・4 論文 '金属不在下での水素分子の可逆的活性化' 〔*Science*, **314**, 1124 (2006)〕では，Douglas Stephan らは主要族元素だけしか含まない分子でどのように水素が不均一に解離するかについて述べている．§4・9 も参考にして，この反応原理，反応機構を調べるために用いる手段，H_2 吸蔵と考えられる関係を説明せよ．

1 族 元 素

11

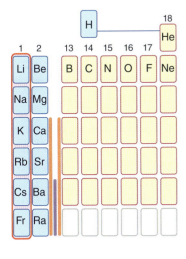

すべての1族元素は金属である．しかし，ほとんどの金属とは異なり，低密度で反応性に富む．この章では，これらの元素の化学について示し，類似性，物性の傾向などに焦点を当てる．さらに，リチウムの少し特異な挙動についても述べる．また，アルカリ金属の化学について詳細に見直し，アルカリ金属が自然界でどのように存在し，また，どのようにして単離され，用いられるのかについて議論する．この章ではまた，イオンモデルの観点から見た単純な二元系化合物の性質の傾向や1族元素の錯体および有機金属化合物の性質についても述べる．

A: 総 論
- 11・1 元 素
- 11・2 単純な化合物
- 11・3 リチウムの特異な性質

B: 各 論
- 11・4 産出と単離
- 11・5 単体と化合物の用途
- 11・6 水素化物
- 11・7 ハロゲン化物
- 11・8 酸化物とそれに関連する化合物
- 11・9 硫化物，セレン化物，テルル化物
- 11・10 水酸化物
- 11・11 オキソ酸の化合物
- 11・12 窒化物と炭化物
- 11・13 溶解度と水和
- 11・14 液体アンモニアの溶液
- 11・15 アルカリ金属を含むジントル相
- 11・16 配位化合物
- 11・17 有機金属化合物

参 考 書
練習問題
演習問題

A: 総 論

1族元素である**アルカリ金属** (alkali metal) はリチウム，ナトリウム，カリウム，ルビジウム，セシウム，フランシウムである．ここでは，自然界に存在する量が非常に少なく，放射性の強いフランシウムについては議論しない．すべての元素は金属であり，単純なイオン化合物を生成し，その化合物の多くは水溶性である．数は少ないが，1族元素の錯体や有機金属化合物が生成する．最初の節では，1族元素の化学の重要な特徴について概説する．

11・1 元 素

要点 1族金属とその化合物の性質の傾向は，原子半径とイオン化エネルギーによって説明できる．

ナトリウムとカリウムは自然界に豊富にあり，塩化物のように塩として幅広く存在する．リチウムは比較的少なく，リチア輝石 $LiAlSi_2O_6$ の中におもに存在する．ルビジウムとセシウムはさらに少ないが，ゼオライトの一種である**ポルックス石** (pollucite) $Cs_2Al_2Si_4O_{12} \cdot nH_2O$ のようないくつかの鉱物の中には十分な濃度で存在する．ナトリウムとリチウムは金属塩化物溶融塩の電解によって得られる．カリウムは塩化カリウムとナトリウム金属を反応させることにより得られ，ルビジウムとセシウムはその金属塩化物をカルシウムやバリウムと反応させることにより得られる．

すべての1族元素は金属であり，ns^1 の電子配置をもつ．単体は電気および熱の良導体で，軟らかく，融点が低い．融点は族の下方ほど低くなる．軟らかさや低融点は金属結合が弱いことに起因し，その結合の弱さは個々の原子が分子軌道のバンドに電子を1個しか提供しないことによる（§3・19）．この軟らかさは特にCsで

表11・1 1族元素の性質

	Li	Na	K	Rb	Cs
金属結合半径/pm	157	191	235	250	272
イオン半径†/pm	59(4)	102(6)	138(6)	152(6)	174(8)
イオン化エネルギー, I_1/(kJ mol^{-1})	513	495	419	403	375
標準電位/V	−3.04	−2.71	−2.94	−2.92	−3.03
密度/(g cm^{-3})	0.53	0.97	0.86	1.53	1.90
融点/℃	180	98	64	39	29
$\Delta_{hyd}H^{\ominus}(M^+)$/(kJ mol^{-1})	−519	−406	−322	−301	−276
$\Delta_{sub}H^{\ominus}$/(kJ mol^{-1})	161	109	90	86	79

† ( )内はイオンの配位数.

顕著であり,たった29℃で融解する.液体ナトリウムやナトリウム/カリウム混合物は,熱伝導に優れるため,いくつかの原子力プラントで冷却材として使われている.アルカリ金属すべての元素は体心立方構造をとる(§3・5).この構造は最密充填ではなく,原子半径が大きいため,単体の密度は低い.アルカリ金属はNaKのようにアルカリ金属同士やナトリウム/水銀アマルガムのように多くのほかの金属と合金を容易に形成する.表11・1にいくつかの重要な性質をまとめている.

炎色試験はアルカリ金属やその化合物が存在するかを調べるために一般的に用いられる.金属原子や炎中で生成したイオン内で電子遷移が生じ,そのエネルギーは可視光スペクトルを与え,特徴的な炎色を示す.

Li	Na	K	Rb	Cs
深紅	黄	赤もしくは紫	紫	青

アルカリ金属塩の溶液中から得られる発光スペクトルの強度は炎光光度計により測定でき,溶液中のその元素濃度を定量できる.

1族元素の化学的性質は原子半径の傾向と相関性がある(図11・1).LiからCsに向かって原子半径が増加すると,第一イオン化エネルギーは減少する.これは原子価殻が原子核から遠ざかっていくためである(図11・2,§1・7).第一イオン化エネルギーはいずれの元素でも低いので,金属単体は反応性に富み,M$^+$は族の下方にいくほど容易に生成する.アルカリ金属の水との反応

$$2M(s) + 2H_2O(l) \longrightarrow 2MOH(aq) + H_2(g)$$

は,以下のような傾向にある.

Li	Na	K	Rb	Cs
おだやか	激しい	激しく,火花がでる	爆発的	爆発的

RbとCsが水と爆発的に反応する理由の一部は,両金属とも水よりも密度が高く,表面よりも下に沈み,水素の突然の引火により水を激しく散乱させることによる.

水溶液中でM$^+$を生成する熱力学的な傾向は,M$^+$/M系の標準電位により確かめることができる.その標準電位(表11・1)はすべて大きな負の値を示し,これにより,アルカリ金属は容易に酸化されることがわかる.不思議なことにアルカリ金属の標準電位はほぼ一定である.これは還元半反応の熱力学サイクルを考えることにより説明できる(図11・3).すなわち,昇華エンタルピー(↑)とイオン化エンタルピー(↑)は族の下方にいくほど減少する〔M$^+$(g)の生成をより容易にして,

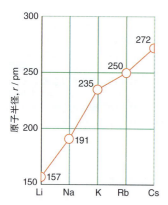

図11・1 1族元素の原子半径の変化

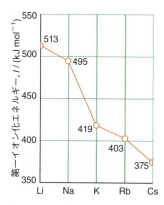

図11・2 1族元素の第一イオン化エネルギーの変化

酸化に有利〕が，この傾向とは逆に，イオン半径が大きくなるほど，水和エンタルピー（↓の一部）は小さくなる（酸化に不利）ためである．

アルカリ金属は空気中の酸素との反応を避けるために，すべて炭化水素油の中で貯蔵しなければならない．しかし，Li, Na, K は短い時間であれば空気中で取扱うことができる．ルビジウムとセシウムは常に不活性雰囲気中で取扱わなければならない．

11・2 単純な化合物

要点 アルカリ金属の二元系化合物はアルカリ金属カチオンを含み，おもにイオン性結合を示す．

1 族元素は塩化ナトリウム型構造のイオン性（塩類似）水素化物を形成する．アニオンは水素化物イオン H^- である．これらの水素化物は§10・6b でいくらか詳細に議論された．すべての1族元素はハロゲン化物 MX を形成する．これらのハロゲン化物はアルカリ金属単体と直接結合させたり，もしくは，より一般的には溶液から得られる．たとえば，金属水酸化物や金属炭酸塩とハロゲン化水素酸（HX, X = F, Cl, Br, I）を反応させて得られる．ハロゲン化物は広く存在し，たとえば，1 L の海水中には，約 35 g の NaCl が含まれている．ほとんどのハロゲン化物は6：6 配位の塩化ナトリウム型構造（図 11・4）を示すが，CsCl, CsBr, CsI は 8：8 配位の塩化セシウム型構造を示す（図 11・5）．これは大きなセシウムイオンが，より数の多いハロゲン化物イオンをセシウムの周りに配置させることができるためである（§3・9）．

1 族元素は酸素と激しく反応する．リチウムのみ酸素との直接の反応で，単純な酸化物 Li_2O を生成する．ナトリウムは酸素と反応して過酸化物 Na_2O_2 を生じる．これは過酸化物イオン O_2^{2-} を含む．そのほかの1族元素は超酸化物を生成する．これは常磁性の超酸化物イオン O_2^- を含む．1 族元素の水酸化物は白色，半透明で潮解性の固体である．1 族元素の水酸化物は発熱反応を伴い，大気中の水を吸収する．水酸化リチウム LiOH は安定な水和物 $LiOH \cdot 8H_2O$ を生成する．水酸化物は溶解性のため，実験室や工業において OH^- イオンの便利な供給源となっている．アルカリ金属は硫黄と反応して，M_2S_x で表される化合物を生成する．ここで，x は 1 から 6 までの値をとる．単純な硫化物である Na_2S や K_2S は逆蛍石型構造をとり，その多硫化物は n が 2 以上で S_n^{2-} 鎖を含む．リチウムは窒素雰囲気中で加熱すると（もしくは，室温では非常にゆっくりであるが）簡単に窒化物を生成する．しかし，そのほかのアルカリ金属は窒素ガスと反応しない．

リチウムだけは炭素と直接反応して炭化物を生成し，その化学量論は Li_2C_2 であり，二炭化物イオン（アセチリドイオン）C_2^{2-} を含む．ほかのアルカリ金属もアセチレンと加熱することによって類似の炭化物を生成する．カリウム，ルビジウム，セシウムはグラファイト（黒鉛）と反応して，KC_8 のような層間化合物を形成する（§14・5）．p-ブロック金属（13 族から 15 族）との組合わせにより，アルカリ金属は非常に強い還元剤となり，ジントル相を形成することが多い．ジントル相では，アルカリ金属カチオンと Ge_4^{4-} のような還元された錯アニオン種を含む．

すべての1族元素の一般的な塩は，ほとんど無水塩であるが，水に溶ける．小さなリチウムイオンやナトリウムイオンでは若干の例外があり，その例として，$LiX \cdot 3H_2O$ (X = Cl, Br, I) や $LiOH \cdot 8H_2O$ がある．ヨウ化リチウムは潮解性であり，空気中の水を早く吸収し，$LiI \cdot 3H_2O$ を生成する．その後，溶液となる．

ナトリウムは水素の発生を伴わずに液体アンモニアに溶解し，低濃度のときは深い青色の溶液となり，溶媒和電子を含む．この溶液は空気がない状態であればアンモニアの沸点（−33 ℃）でも長期間にわたって安定である．高濃度の金属-アンモ

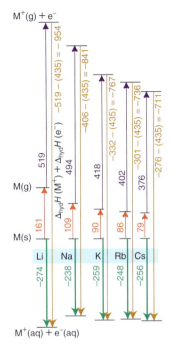

図 11・3 酸化半反応，$M(s) \rightarrow M^+(aq) + e^-$，の熱力学サイクル（$kJ\,mol^{-1}$ 単位の標準エンタルピー変化）．理論値 435 $kJ\,mol^{-1}$ は $1/2\,H_2(g) + H_2O \rightarrow H^+(aq) + e^-(aq)$ の過程に対応し，電子の水和エンタルピーを含んでいる．これより，この半反応に対する値を得ることができ表 11・1 の標準電極電位と比較できる．

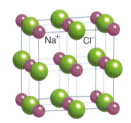

図 11・4* 1 族元素の多くの金属ハロゲン化物が示す塩化ナトリウム型構造

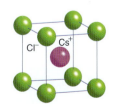

図 11・5* 通常の条件下で CsCl, CsBr, CsI が示す塩化セシウム型構造

ニア溶液は青銅色で，固体金属と同等の電気伝導，約 $10^7\,\mathrm{S\,m^{-1}}$ を示す．アミン中にアルカリ金属は溶解し，不均化により M^+ と M^- を生成する．ここからアルカライドアニオン M^- を単離することができる．

1族元素のイオンは硬いルイス酸（§4・9）であり，おもに，小さく硬い電子供与体であるOやN原子と錯体を形成する．ルイス酸の硬さはイオン半径が増加する族の下方に行くほど低減する．より結合が共有結合性になることも確かめられており，その一例として，セシウムとリンや硫黄が配位した錯体などがある．単座配位子との相互作用は弱く，水和化学種である $M(OH_2)_n^+$ では周りの溶媒と H_2O 配位子が簡単に交換する．キレート配位子で，たとえば，六配位のエチレンジアミンテトラアセタト edta $[(O_2CCH_2)_2NCH_2CH_2N(CH_2CO_2)_2]^{4-}$ などでは，大きな生成定数を示す．大環状分子やクラウンエーテルでは，アルカリ金属イオンが配位子環境にあうようなイオン半径をもつ場合，1族元素と強い錯体を生成することができる（§7・14）．

より軽い1族元素は有機金属化合物を生成し，その反応性はきわめて高い．水により加水分解され，水素を生成する．空気中で自然発火性である（自発的に引火する）．プロトン性（プロトン供与性）有機化合物は1族元素により還元され，イオン性の有機金属化合物となる．たとえばシクロペンタジエンはテトラヒドロフラン（THF）溶媒中でナトリウム金属と反応し $Na^+[C_5H_5]^-$ を生成する．リチウムアルキルやリチウムアリールは特に重要な1族元素の有機金属化合物である．この有機金属は熱的に安定で，有機溶媒やTHFのような非極性溶媒に溶解するため，有機合成で求核性アルキル基もしくは求核性アリール基源として幅広く用いられている．

11・3 リチウムの特異な性質

要点 リチウムの化学的性質は特異的であり，これは小さなイオン半径と共有結合性をとりやすい傾向に起因する．

第9章からわかるように，周期表の元素の化学的性質は族内の縦方向，あるいは，同じ周期内の横方向の傾向によって説明することができる．しかし，族の中で最も軽い元素，この場合，リチウムは同族元素の性質とは著しく異なった性質を示すことが多い．この性質の差は，周期表内で，その元素の右下にある元素に対する対角関係により，示されることが多い（§9・10）．1族元素とリチウムでは以下のような性質の差が示されている．

- リチウムは共有結合性が高い．この共有結合性はリチウムイオンの電荷密度が高く，それにより大きな分極能を示すことに起因する（§1・7）．
- リチウムは酸素雰囲気中で焼成されると，一般的な酸化物を生成するが，ほかの1族元素は過酸化物もしくは超酸化物を生成する．
- リチウムは窒素雰囲気中で加熱されるとアルカリ金属の中で唯一窒化物 Li_3N を生成する．また，グラファイトと加熱されると炭化物 Li_2C_2 を生成する．
- リチウムの炭酸塩，リン酸塩，フッ化物は水に非常に溶けにくい．ほかのリチウム塩は水和物を生成する，もしくは，吸湿性である．
- リチウムは多くの安定な有機金属化合物を生成する．
- 硝酸リチウムは分解して直接酸化物になるが，ほかのアルカリ金属ではまず亜硝酸塩 MNO_2 を生成する．
- 水素化リチウムは900℃まで加熱しても安定であるが，ほかのアルカリ金属水素化物は400℃以上で加熱すると分解する．

リチウムの非常に低いモル質量により，リチウムは最も低密度 ($0.53\,\mathrm{g\,cm^{-3}}$) の金属となり，軽量さが重要である応用分野で利用される．たとえば，二次電池（$LiCoO_2$, $LiFePO_4$, LiC_6）や水素化リチウム，水素化ホウ素リチウム，リチウムアミド，リチウムイミドのような水素吸蔵系などがある（BOX 10・4）．

B：各　論

この節では，1族元素の化学をより詳細に議論し，熱力学の観点からそのいくつかの性質について説明する．アルカリ金属元素との化合物の結合は一般的にイオン性であるため，イオンモデルの概念を応用する．

11・4　産出と単離

要点　1族元素は電気分解によって単離できる．

"リチウム"の名称はギリシャ語で石を意味する *lithos* に由来する．自然界に存在するリチウムの量は少ない．最も存在量の大きな鉱物はリチア輝石 $LiAlSi_2O_6$ と，それに近い組成式として $K_2Li_3Al_4Si_7O_{21}(F, OH)_3$ をもつリチア雲母である．リチウムはリチア輝石から単離されていた．現在では，リチウムは通常炭酸リチウムのようなかん水から得られる（BOX 11・1）．

ナトリウムは鉱物の岩塩（NaCl）として存在し，塩湖，海水，また，地下に埋没していることが多いが，昔干上がったアルカリ塩湖の残ったものに含まれる．塩化ナトリウムは質量で生物圏の 2.6 % を構成しており，海水には 4×10^{19} kg 含まれている．地下に堆積した塩は一般的な方法で採掘される．もしくは，水を地下に送りいれ，岩塩を溶かし，飽和塩水溶液としてくみ上げる．ナトリウムはダウンズ法（Down's process）として知られる，以下のような溶融塩化ナトリウムの電気分解により単離される．

$$2\,NaCl(l) \longrightarrow 2\,Na(l) + Cl_2(g)$$

塩化ナトリウムを塩化カルシウムを加えることにより，融

BOX 11・1　リチウムの分布と単離

リチウムの工業的な重要性が高まっている．特に，一次電池，蓄電池への応用（BOX 11・2参照），それも特に自動車で顕著であるため，世界中でリチウムを保持し，単離することに注目が集まっている．リチウムの世界での消費量は年約 24,000 トンであり，リチウムの供給保証が工業や自動車会社にとって最優先事項になっている．

リチウムはクラーク数で 25 番目の地表で豊富な元素（20 ppm）であるが，幅広く分布している．海水は約 0.20 ppm のリチウム濃度を有し，2,300 億トンに相当する．リチウムは火成岩から風化したものであるが，リチア輝石，ペタル石，ヘクトライト粘土などのような火成岩にわずかに含まれる．これらの鉱物は以前は商業用のリチウム源であった．現在では，リチウムの大半はアルカリ金属塩（ハロゲン化物，硝酸塩，硫酸塩）の水溶液である塩水，もしくは，堆積岩塩が固くなった堆積物である**カリーチ**（caliche）から単離される．このカリーチは普通はおもに $CaCO_3$ であるが，世界のある場所では，アルカリ金属塩で構成される．チリ北部，アルゼンチン，ボリビアでは，この鉱石はリチウムやカリウムを比較的豊富に含んでいる．カリーチ鉱石を溶解させ，塩水をつくり，天日蒸発により濃縮させる．リチウム塩の高い溶解性（§11・7）により，この溶液はほかのアルカリ金属元素と比較して，リチウムが豊富になる．炭酸リチウムは，高温のリチウムが豊富な塩水に炭酸ナトリウム溶液を加えることにより沈殿する．リチウムは逆浸透法によっても濃縮させることができる．この方法では，希薄溶液に圧力をかけ，半透過膜を介して水を移動させ，溶液中の塩濃度を増加させる．電池からリチウムをリサイクルする産業もここ 2,3 年でつぎつぎと現れている．

世界中のリチウム源で確認されているものは 3,500 万トンである．最近のテクノロジーを利用した車両用電池に独占的に用いるとすると，そのリチウム量は 24 kWh 電池を搭載した約 30 億台（現在の数字の 3 倍に相当する）の自動車には十分である．しかし，単離されたリチウムの大半（29 %）は現在，セラミックスやガラス産業に使用され，低融点材料を製造したり，水酸化リチウムベースの潤滑グリース（12 %）に用いられる．そのため，低濃度リチウム源から単離するさらなる効果的な手法の開発やリチウム含有電池材料からのリサイクル技術の開発が非常に必要とされている．

研究のより広い領域では，リチウムを軸としたエネルギー貯蔵のシステムに代替するものを見つけることも含まれている．重量がそれほど重要ではないような応用分野，たとえば，断続的にエネルギーがつくられる風力の貯蔵のような非移動体などでは，より幅広く利用できるナトリウムを基軸とした蓄電池なども利用可能となる．

点の 808 ℃ よりも非常に低い，600 ℃ で溶融させる．溶融塩中に浸漬されている炭素アノードと鉄カソード間に通常，4〜8 V の電位差を印可する．電気分解により，カソードから液体ナトリウムが生成され，電解セルの表層に浮き上がるので，不活性雰囲気下で回収される．

カリウムは天然に炭酸カリウム（K_2CO_3）やカーナル石（$KCl \cdot MgCl_2 \cdot 6H_2O$）として存在する．自然界にあるカリウムは 0.012 % の放射性同位体 ^{40}K を含んでおり，β 崩壊（半減期 12.5 億）により ^{40}Ca となり，電子捕獲により ^{40}Ar となる．^{40}K と ^{40}Ar の比は岩石の年代測定に用いられる．特にかたまった岩石の時間が利用され，この間に生成する ^{40}Ar が岩石中に捕獲される．原理的には，カリウムは電気分解で単離することが可能であるが，反応性が高いため，あまりにも危険である．その代わりに，溶融ナトリウムと溶融塩化カリウムを一緒に加熱して，カリウムと塩化ナトリウムを得る．

$$Na(l) + KCl(l) \longrightarrow NaCl(l) + K(g)$$

反応の起こる温度ではカリウムは蒸気であり，これを系外に除くことにより平衡が右にずれる．

ルビジウム（ラテン語で深紅を意味する *rubidus*）およびセシウム（空色を意味する *caesius* に由来する）は Robert Bunsen によって 1861 年に発見され，それらの塩が燃えるときの色から命名されている．両元素ともに鉱物のリチア雲母 $(K, Rb, Cs)Li_2Al(Al, Si)_3O_{10}(F, OH)_2$ に微量含まれ，リチウムの単離に際して副生物として得られる．リチア雲母を硫酸で長時間処理するとアルカリ金属のミョウバン $M_2SO_4Al_2(SO_4)_3 \cdot nH_2O$ （M＝K, Rb, Cs）が生成する．ミョウバンは多段階の分別結晶法により単離され，$Ba(OH)_2$ との反応で水酸化物に変えられた後，イオン交換によって塩化物に変換される．塩化物の溶融塩をカルシウムあるいはバリウムで還元して金属単体を得る．

$$2 RbCl(l) + Ca(s) \longrightarrow CaCl_2(s) + 2 Rb(s)$$

セシウムは鉱物にも含まれ，ポルックス石 $Cs_2Al_2Si_4O_{12} \cdot nH_2O$ として存在する．この鉱物を硫酸により溶かし，ミョウバン $Cs_2SO_4Al_2(SO_4)_3 \cdot 24H_2O$ を生成させ，セシウムを単離する．ミョウバンは炭素により焙焼し，硫酸塩に変えられる．イオン交換により塩化物とし，上述のようにカルシウムやバリウムを用いて還元される．また，溶融 CsCN の電気分解によっても得られる．

11・5 単体と化合物の用途

要点 リチウムの一般的な利用ではその低い密度が活かされる．1 族元素で最も広く用いられている化合物は塩化ナトリウムと水酸化ナトリウムである．

リチウム金属の応用では小さい原子質量と低い密度が利用される．リチウムは航空機の部材のように重量が特に懸念されるところで合金として用いられる．約 2 % のリチウムを含有したアルミニウムは純アルミニウムよりも 6 % 質量密度が低減するため，たとえば，飛行機の翼の一部に利用され，全体の重量を減らし，燃費が向上する．類似のリチウム含有合金は航空宇宙用分野で使用され，スペースシャトルの補助タンクにも用いられた．

リチウムの低いモル質量（6.94 g mol^{-1}）は鉛のモル質量のたった 3.3 % であり，Li^+/Li 系の大きな負の標準電位（表 11・1）と組合わせると，鉛蓄電池代替としてリチウム電池は魅力的である（BOX 11・2）．炭酸リチウムは双極性障害（躁うつ病，§27・4）の治療に幅広く用いられており，ステアリン酸リチウムは自動車産業の潤滑剤としてよく用いられている．リチウムイオンの高い分極により，$LiMO_3$（M＝Nb, Ta）は重要な非線形光学効果や音響光学効果を示し，移動用通信デバイスに幅広く用いられている．

ナトリウムとカリウムは生理的な機能にとって不可欠である（§26・3）．また，塩化ナトリウムの大半の用途は料理の調味料である．ナトリウムは希少な金属の単離に用いられ，たとえば，塩化チタン(IV) からのチタンの単離などがある．塩化ナトリウムのほかのおもな用途としては，道路の凍結防止や NaOH 製造のクロルアルカリ工業（BOX 11・3）である．しかし，凍結防止剤として大量の岩塩を広く分布させることによる環境への影響の懸念があるため，塩化ナトリウムをできるだけ使用しない代替材料が求められている．たとえば，塩化ナトリウムと糖蜜の混合物などが用いられている．水酸化ナトリウムは年間の製造トン数の観点から見ると，最も重要な産業用化学薬品として十指に入る．ナトリウムとその化合物のほかの一般的な応用には，街路灯があり，ナトリウム蒸気中で放電すると明瞭な黄色の発光が生じる（BOX 1・4）．また，食卓塩，重曹，カセイソーダ（NaOH）などに応用されている．ナトリウム塩とイオン交換可能なナトリウムイオンをもつ化合物は軟水化装置にも幅広く使用されている（BOX 11・4）．

水酸化カリウムはせっけんの製造に用いられ，液体の"軟"せっけんがつくられている．塩化カリウムと硫酸カリウムは肥料として用いられる．硝酸カリウムと塩素酸カリウムは花火に使用される．臭化カリウムは制淫薬（性欲を抑える物質）として用いられる．シアン化カリウムは金属抽出で用いられる．また，メッキ産業で用いられ，銅，銀，金を析出させたり，析出の補助をする．

ルビジウムとセシウムは同じような分野で実用化されていることが多く，片方がもう一方の代わりに使われることもよくある．これらの元素の市場は小さいが，きわめて特化された領域になる．応用には，通信産業での光ファイバー用ガラス，暗視装置，光電池がある．"セシウム時計"（原子時計）は国際的な時間標準として用いられ，秒とメー

BOX 11・2 リチウム電池

リチウムの大きな負の標準電位と低モル質量は電池の負極材料として理想的である．この電池は比較的高いエネルギー密度（生成エネルギーを電池質量で割った値）をもつ．これはリチウム金属とリチウム含有化合物が電池に用いられているそのほかの物質，たとえば，鉛や亜鉛などと比較して軽いことに起因する．リチウムを含む電池で一度だけ使用され，その後，廃棄されるものはリチウム一次電池とよばれ，充電可能な系は二次電池もしくはリチウムイオン電池と記載される．

リチウム一次電池

リチウムと二酸化マンガンの反応がこの電池の多くに用いられている．電圧は3Vであり，亜鉛-炭素電池の電圧，もしくは，アルカリ電池（ここでは，電気的陽性が低い亜鉛と二酸化マンガンの反応を利用している）の電圧の2倍である．反応はつぎのとおりである．

負極： $Li \longrightarrow Li^+ + e^-$
正極： $Mn^{IV}O_2 + Li^+ + e^- \longrightarrow LiMn^{III}O_2$

この電池は日本で幅広く用いられており，一次電池市場の30%にもなる．一方，英国と欧州連合（EU）ではその割合は低い．リチウム-硫化鉄（FeS_2）電池も市販されており，アルカリ電池の2倍の容量をもち，電圧は～1.5 Vである．この電池は自己放電率が低く，そのため，長期の貯蔵寿命になる．

もう一つの有名なリチウム一次電池では塩化チオニル$SOCl_2$が用いられている．この系は軽量で高電圧の電池であり，出力が安定している．全電池反応は

$$4Li(s) + 2SOCl_2(l) \longrightarrow 4LiCl(s) + S(s) + SO_2(l)$$

である．電池内部の圧力下では$SOCl_2$もSO_2も液体であるため，新たに溶媒を加える必要がない．硫黄とLiClが析出するために，この電池は充電することができない．軍事用や宇宙船に応用されている．SO_2の還元に基づく別の系の電池もある．

$$2Li(s) + 2SO_2(l) \longrightarrow Li_2S_2O_4(s)$$

この系も$Li_2S_2O_4$が正極に析出するために充電することができない．この電池は共溶媒としてアセトニトリル（CH_3CN）を用いる．アセトニトリルとSO_2の取扱いには安全上の注意を伴う．電池は密封され，一般に利用できるものではない．この電池は軍事上の通信や正常な心拍を回復させる自動体外式除細動器（AED）に使われる．

リチウム二次電池

リチウム二次電池は携帯用のコンピューターや携帯電話に用いられる．おもに正極には$Li_{1-x}CoO_2$，負極にはリチウム-グラファイト層間化合物LiC_6が使用される．リチウムイオンは電池放電時に負極から放出される．電荷バランスを保持するために，正極の$LiCoO_2$ではCo^{IV}がCo^{III}に還元される．電池の放電反応は以下のようになる

正極：
$$Li_{1-x}CoO_2(s) + xLi^+(sol) + xe^- \longrightarrow LiCoO_2(s)$$
負極：
$$LiC_6 \longrightarrow 6C(グラファイト) + Li^+(sol) + e^-$$

この電池は充電することができる．正極，負極ともにリチウムイオンのホストとしての役割をもち，リチウムイオンは充電時，放電時に正極と負極の間を行ったり来たりする．異なる電極材料を用いた多くのほかのリチウム電池もある．電極材料の多くはd金属化合物であり，コバルトと同じように酸化還元反応をする．電気自動車の最近開発されたものは鉛蓄電池（BOX 14・7）ではなく，リチウム二次電池の技術を用いている．

$12\,kWh\,kg^{-1}$のとても高いエネルギー密度を示す可能性があるため，リチウム空気電池も研究されている．このエネルギー密度はこれまでに述べた$Li_{1-x}CoO_2$系のエネルギー密度の約5倍である．この蓄電池は空気中の酸素を正極として用い，放電時にはリチウム酸化物に還元される．リチウム金属が負極に用いられる．しかし，この電池系はまだ多くの研究が必要である．この理由として，この電池は多くの副反応を示し，たとえば，空気中，正極で過酸化リチウム，炭酸リチウム，水酸化リチウムなどが生成する．また，負極と正極を分けている電解液がからんだ反応が生じ，電池性能が劣化することなどがある．

蓄電池についてはさらに第24章で述べる．

BOX 11・3 クロルアルカリ工業

クロルアルカリ工業は，大容量のアルカリがせっけん，紙，織物の製造に必要となった産業革命に始まる．今日，水酸化ナトリウムは生産量の観点から最も重要な無機化学物質の十指に入るものであり，他の無機化学物質の製造やパルプおよび製紙産業において重要な物質であり続けている．塩素と水素が気体の生成物である．塩素はとても工業的に重要であり，PVC（ポリ塩化ビニル）の製造，チタンの単離，パルプおよび製紙産業で用いら

れる.

工業的な工程は塩化ナトリウム水溶液の電気分解に基づく. カソード（陰極）で水は水素ガスと水酸化物イオンに還元され，アノード（陽極）で塩化物イオンは塩素ガスに酸化される.

$$2\,H_2O(l) + 2\,e^- \longrightarrow H_2(g) + 2\,OH^-(aq)$$
$$2\,Cl^-(aq) \longrightarrow Cl_2(g) + 2\,e^-$$

電気分解に用いられる電解槽には3種類のものがある. **隔膜電解槽**（diaphragm cell）では，カソードで生成するOH^-イオンがアノードで発生した塩素ガスと接触するのを隔膜により防いでいる. 以前に使われていた隔膜は石綿でできていたが，現在ではポリテトラフルオロエチレンの網が使われる. 電気分解の間，カソードの溶液は連続的に取除かれ，水分を蒸発させ不純物の塩化ナトリウムを析出させて除去する. 最終的に得られる水酸化ナトリウムに含まれるNaClの含有量は典型的に質量分率で約1%である.

イオン交換膜電解槽（ion-exchange membrane cell）の機能は隔膜電解槽と似ているが，Na^+イオンのみを通すミクロ細孔をもつ高分子膜によってアノードとカソードの溶液が分離されている点で異なっている. この電解槽を用いてつくられる水酸化ナトリウム水溶液は，典型的に約50 ppmのCl^-イオンを含む. この方法の欠点は，膜が非常に高価で，痕跡量の不純物で詰まってしまうことである.

水銀電解槽（mercury cell）では液体の水銀をカソードに使う. アノードでは塩素ガスが発生するが，カソードではナトリウム金属が生成する.

$$Na^+(aq) + e^- \longrightarrow Na(Hg)$$

ナトリウム/水銀アマルガムがグラファイトの表面で水と反応する.

$$2\,Na(Hg) + 2\,H_2O(l) \longrightarrow 2\,NaOH(aq) + H_2(g)$$

この方法でつくられる水酸化ナトリウム水溶液は非常に純度が高く，高品質の固体の水酸化ナトリウムを得たい場合には水銀電解槽が好まれる. 残念ながらこの工程には環境への水銀の排出という問題が付随する. このため，クロルアルカリ工業は水銀電極を使用しない方向への転換を迫られている[†].

[†] 訳注: 現在日本では，水銀電解槽を用いる方法は使われていない.

BOX 11・4　ナトリウムイオン交換性材料

硬水はCa^{2+}とMg^{2+}イオンを多く含んでおり，加熱すると水中から析出する（おもに$CaCO_3$であり，湯あかのように）. また，せっけんや洗剤の泡が立ちにくくなり，そのため効果が減少する. 家庭用の硬水軟化剤はゼオライトもしくはイオン交換樹脂を含んでいる. これらはCa^{2+}とMg^{2+}を交換するナトリウムイオンを含有している. ゼオライトは洗剤の成分に入っており，同じ役割をもつ.

ゼオライトはミクロ細孔をもつアルミノケイ酸塩であり，その空隙中に弱く包接したカチオンや水分子を含んでいる（§14・5）. ゼオライトは自然界に多く存在する. もしくは，ナトリウム含有型として合成され，"Na-ゼオライト"とよばれる. イオン交換反応は硬水がNa-ゼオライトにさらされたときに生じ，

$$2\,Na\text{-ゼオライト}(s) + Ca^{2+}(aq) \longrightarrow$$
$$Ca\text{-ゼオライト}(s) + 2\,Na^+(aq)$$

となる. その結果，Ca^{2+}イオンは溶液中から固体相に移り，取除かれる. 軟水は溶存カチオン種としておもにNa^+イオンを含む. 炭酸ナトリウムやせっけんのナトリウム塩や洗剤分子は非常に溶けやすいため，軟水は洗濯に効果的である. また，やかんの加熱体，食器洗浄機，洗濯機への湯あかの析出のような問題が生じない.

逆反応はイオン交換性Na-ゼオライトを再生するものであり，硬水軟化剤中で，使用されたゼオライトを高濃度ナトリウムイオン（たとえば，塩化ナトリウム水溶液）中に入れることにより行われる.

$$Ca\text{-ゼオライト}(s) + 2\,Na^+(aq) \longrightarrow$$
$$2\,Na\text{-ゼオライト}(s) + Ca^{2+}(aq)$$

洗剤に加えられたゼオライトの場合，生成するCa-ゼオライトは細分された固体になり，洗い流される. このやり方は環境に優しい. 排水はカルシウム，ケイ素，アルミニウム，酸素，水を含み，これらは多くの天然鉱物と同じである.

ゼオライトを用いる代わりに，いくつかの硬水軟化剤は樹脂を含んでいる. この樹脂は多孔性の高分子有機化合物であり，架橋したポリスチレンから成り，カルボン酸やスルホン酸のような官能基をもつ. このアニオン性官能基の電荷は樹脂表面でNa^+イオンにより電荷バランスがとられ，このNa^+イオンは簡単にCa^{2+}やMg^{2+}とイオン交換する.

トルの定義に使われている†.セシウム塩は高密度の掘削液としても用いられる.セシウムの大きな原子質量のため,高密度溶液になる.

11・6 水素化物

要点 1族元素の水素化物はイオン性であり,H^- イオンを含む.

1族の金属は水素と反応して塩化ナトリウム型構造をもつイオン性の(塩類似)水素化物を形成する.化合物中に含まれるアニオンは水素化物イオン H^- である.このような水素化物は§10・6bで詳しく述べた.

水素化物は水ときわめて激しく反応する.

$$NaH(s) + H_2O(l) \longrightarrow NaOH(aq) + H_2(g)$$

細かい粒状の水素化ナトリウムは湿った空気にさらしておくと発火する.二酸化炭素ですら加熱されたアルカリ金属水素化物に接触すると還元されるので,このような発火に対する消火は容易でない.1族の水素化物は求核性の低い塩基や還元剤として有効である.

$$NaH(s) + NH_3(l) \longrightarrow NaNH_2(am) + H_2(g)$$

ここで,"am"はアンモニアが溶媒である溶液を意味する.

11・7 ハロゲン化物

要点 ハロゲン化物に対する生成エンタルピーは負で,その絶対値はフッ化物では族の下方の元素ほど小さくなり,塩化物,臭化物,ヨウ化物では族の下方ほど大きくなる.

すべての1族元素は単体同士の直接の反応によりハロゲン化物 MX を生成する.ハロゲン化物のほとんどは6:6配位の塩化ナトリウム型構造であるが,CsCl,CsBr,CsI は8:8配位の塩化セシウム型構造をもつ(§3・9).§3・10で示した単純なイオン半径比の議論により,この構造が選択されることを合理的に説明できる.表11・2にさまざまなアルカリ金属ハロゲン化物についての半径比(γ)をまとめた.§3・10でわかるように,6:6配位の塩化ナトリウム型構造は半径比の値が0.414と0.732の値をとることが予想され,塩化セシウム型構造ではそれよりも大きな値をとることが予想される.4:4配位の閃亜鉛鉱型構造では0.414よりも小さな値が予想される.しかし,塩化セシウム型配置と塩化ナトリウム型配置の格子エネルギーの差はほんの数パーセントであり,分極(§3・12)のような因子はほとんどのアルカリ金属ハロゲン化物に対して,塩化セシウム型構造よりも塩化ナトリウム型構造を安定化させる方向に働く.445℃では,塩化セシウム型構造は塩化ナトリウム型構造に変化し,室温以下に冷却すると塩化ルビジウムは塩化セシウム型構造に変わる.

表 11・2 アルカリ金属ハロゲン化物に対する半径比 γ

	F	Cl	Br	I
Li	0.57	0.42	0.39	0.35
Na	0.77	0.56	0.52	0.46
K	0.96	0.76	0.70	0.63
Rb	0.90	0.82	0.76	0.67
Cs	0.80	0.92	0.85	0.76

† 六配位に対するイオン半径に基づく.黒字で示した数値は塩化ナトリウム型構造をとる化合物である.

例題 11・1 粉末 X 線回折を用いて圧力誘起相転移を調べる

標準状態で RbI から得た粉末 X 線回折データでは格子は面心立方であり,格子定数は 734 pm である.4 kbar をかけると粉末 X 線回折パターンは変化し,その格子は単純格子となり,格子定数は 446 pm となった.これらのデータを,六配位の Rb^+ と I^- イオン半径(括弧内は八配位の値),それぞれ 148(160)pm と 220(232)pm を用いて,解釈せよ.

解 半径比の規則と γ=0.67 であることに基づくと,ヨウ化ルビジウムに対して予想される構造は 6:6 配位の塩化ナトリウム型構造である(§3・10b).この構造の格子のタイプは面心立方で回折データとよい一致を示す.また,イオン半径によりこの構造の格子定数を予測することも可能である.塩化ナトリウム型構造では,格子定数は Rb−I−Rb の全体の距離と等価になる(図11・4).この値はアニオンとカチオンのイオン半径の和の2倍である.すなわち,予測される格子定数は 736 pm であり,実験値とよい一致を示している.圧力下での構造はより高密度に再配置する熱力学的傾向をもつ.ヨウ化ルビジウムの半径比は 0.732 に近く,その値から塩化セシウム型構造が予測される.そのため,圧力下では RbI に相変化が生じる.塩化セシウム型構造の格子のタイプは単純格子(図11・5)であり,X 線回折データとよい一致を示す.また,この構造の格子定数は八配位での Rb^+ と I^- のイオン半径(160 と 232 pm)を用いて計算することができ,453 pm 〔$2(r_+ + r_-)/3^{1/2}$〕となる.この結果は実験値と近い.回折データは 4 kbar で取得されたものであるため,格子定数は 1 bar で見積もられたイオン半径に基づいた計算値よりも少し小さい.

---

† 訳注:^{133}Cs 原子の基底状態の二つの超微細準位の間の遷移に対応する放射の 9 192 631 770 周期の継続時間を 1 秒と定義する.また,1 秒の 299 792 458 分の 1 の時間に光が真空中を伝わる行程の長さを 1 メートルと定義する.

> **問題 11・1** (a) 室温と 600 ℃ で取得された CsCl の粉末 X 線回折パターンの違いを予測せよ．(b) X 線回折データでは FrI は格子定数が 490 pm の単純立方単位格子をとることを示している．これらの実験データは付録 1 のイオン半径を用いて予測される構造と整合性があるか．

表 11・3　1 族元素のハロゲン化物の安定性の議論のためのデータ

	F	Cl	Br	I
イオン半径/pm	133	181	196	220
$\frac{1}{2}\Delta_{dis}H^{\ominus}/(\text{kJ mol}^{-1})$	79	121	112	107
$\Delta_{eg}H^{\ominus}/(\text{kJ mol}^{-1})$	−328	−349	−325	−295
$(\frac{1}{2}\Delta_{dis}H^{\ominus}+\Delta_{eg}H^{\ominus})/$ (kJ mol^{-1})	−249	−228	−213	−188

すべてのハロゲン化物の生成エンタルピーは大きく負の値であり，それぞれの元素についてフッ化物からヨウ化物に変わるにつれて生成エンタルピーの絶対値は小さくなる．また，生成エンタルピーの絶対値は，フッ化物では族の下方の元素ほど小さくなり，塩化物，臭化物，ヨウ化物では族の下方ほど大きくなる（図 11・6）．このような傾向は，単体からのハロゲン化物の生成に対するボルン・ハーバーサイクルを考えれば合理的に説明できる（図 11・7）．この計算ではアルカリ金属化合物の結合を純粋にイオン性として取扱っている．しかし，重金属イオンについては，イオンはより大きく，より分極性になり，硬さが減るために共有結合性の寄与が増す．

§3・11 で見たように，ボルン・ハーバーサイクルを一回りしたときのエンタルピー変化の合計は 0 になるという条件から，化合物の生成エンタルピーは次式で表される．

$$\Delta_f H^{\ominus} = \Delta_{sub}H^{\ominus} + \Delta_{ion}H^{\ominus} + \frac{1}{2}\Delta_{dis}H^{\ominus} + \Delta_{eg}H^{\ominus} - \Delta_L H^{\ominus} \quad (11・1)$$

上式の最初の 2 項は，一つのアルカリ金属に対してハロゲン化物の種類が変わっても一定である．つぎの 2 項はフッ化物からヨウ化物で変化し，表 11・3 のデータからわかるように，2 項の和は負でその絶対値は F から I に変わるにつれて小さくなる．最後の項は格子エンタルピーで，格子エンタルピーは（§3・12a で議論したようにボルン・マイヤー式から）イオン半径の和に反比例することが知られている．アニオンのイオン半径は F⁻ から I⁻ への変化につれて増加するので，格子エンタルピーは小さくなる．したがって，負の値である $\Delta_f H^{\ominus}$ の絶対値は F⁻ から I⁻ へ小さくなる．

一つのハロゲンに対して 1 族元素の種類が異なるハロゲン化物の生成を考えると，$\Delta_{dis}H^{\ominus}$ と $\Delta_{eg}H^{\ominus}$ の項は一定となる．$\Delta_{sub}H^{\ominus}$ と $\Delta_{ion}H^{\ominus}$ の項はアルカリ金属の種類によって異なり，表 11・1 から明らかなように 2 項の和は族の下方に行くに従い減少する．族の下方ほどカチオンのイオン半径が大きくなるので，族の下方に行くに従い格子エンタルピーも減少する．生成エンタルピーの変化の傾向は，これらの項の相対的な差，すなわち，$(\Delta_{sub}H^{\ominus} + \Delta_{ion}H^{\ominus}) - \Delta_L H^{\ominus}$ に依存する．塩化物，臭化物，ヨウ化物では，$(\Delta_{sub}H^{\ominus} + \Delta_{ion}H^{\ominus})$ の値の変化が $\Delta_L H^{\ominus}$ の変化より大きく，生成エンタルピーは負でその絶対値は族の下方ほど大きくなる．しかし，フッ化物の場合，フッ素のイオン半径が小さいため $\Delta_L H^{\ominus}$ の違いが $(\Delta_{sub}H^{\ominus} + \Delta_{ion}H^{\ominus})$ の違いよりも大きくなり，負の生成エンタルピーの絶対値は族の下方ほど小さくなる．

LiF を除くハロゲン化アルカリ金属はすべて水溶性であるが，一方，LiF はわずかに溶けるにすぎない．イオン半径が小さいことに起因する大きな格子エンタルピーが水和エンタルピーによって補償できないため，LiF の溶解度は低い（本章の後半を参照）．

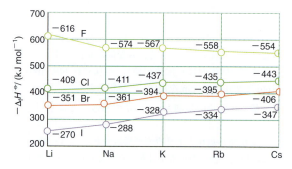

図 11・6　1 族元素のハロゲン化物の 298 K における標準生成エンタルピー

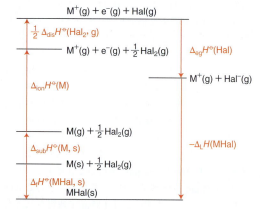

図 11・7　1 族元素のハロゲン化物生成のボルン・ハーバーサイクル．サイクルを 1 周したときのエンタルピー変化の合計は 0 である．

> **例題 11・2　生成エンタルピーを計算する**
>
> 　表 11・1 と表 11・3 のデータを用いて NaF(s) と NaCl(s) の生成エンタルピーを計算し，得られた値について議論せよ．
>
> 　**解**　対象となる化合物の格子エンタルピーはカプスティンスキー式〔式(3・4)〕を用いて計算することができ，結果は NaF に対して 879 kJ mol^{-1}，NaCl に対して 751 kJ mol^{-1} となる．式(11・1) から
>
> $\Delta_f H^{\ominus}$(NaF)
> $= [109 + 495 + 79 + (-328) + (-879)]$ kJ mol^{-1}
> $= -524$ kJ mol^{-1}
>
> $\Delta_f H^{\ominus}$(NaCl)
> $= [109 + 495 + 121 + (-349) + (-751)]$ kJ mol^{-1}
> $= -375$ kJ mol^{-1}
>
> となる．生成エンタルピーは NaF の方が負で絶対値の大きい値となっており，フッ化物の方が塩化物より安定であると考えられる．この場合，$\Delta_f H^{\ominus}$ の式で最も重要な項は格子エンタルピー $\Delta_L H^{\ominus}$ であり，フッ化物イオンの方がイオン半径が小さいため，格子エンタルピーは NaF の方が大きくなる．
>
> **問題 11・2**　カプスティンスキー式を用いて LiF と CsF の生成エンタルピーを計算せよ．これらのアルカリ金属塩の溶解性の差を説明するために，ここで得られた値と M$^+$ 水和エンタルピーの値を用いよ．

11・8　酸化物とそれに関連する化合物

要点　リチウムのみが酸素との直接の反応で通常の酸化物をつくる．ナトリウムは過酸化物を生成し，より重いアルカリ金属からは超酸化物が生じる．

すでに述べたように，1族の単体はすべて酸素と激しく反応する．リチウムのみが酸素との直接の反応で酸化物 Li$_2$O を生じる．これは逆蛍石型構造をとる (§3・9)．

$$4\,\text{Li(s)} + \text{O}_2\text{(g)} \longrightarrow 2\,\text{Li}_2\text{O(s)}$$

ナトリウムは酸素と反応して過酸化物 Na$_2$O$_2$ を生じる．これは過酸化物イオン O$_2^{2-}$ を含む．

$$2\,\text{Na(s)} + \text{O}_2\text{(g)} \longrightarrow \text{Na}_2\text{O}_2\text{(s)}$$

他の1族元素は超酸化物を生成する．これは常磁性の超酸化物イオン O$_2^-$ を含み，塩化ナトリウム型構造に基づく，CaC$_2$ 型構造をとる (図 3・31，別の見方では図 11・8)．

$$\text{K(s)} + \text{O}_2\text{(g)} \longrightarrow \text{KO}_2\text{(s)}$$

酸化物はすべて塩基性で，水と反応して水酸化物イオンを生じる．これは H$_2$O から H$^+$ を引き抜く，ルイスの酸塩基反応である．

$$\text{Li}_2\text{O(s)} + \text{H}_2\text{O(l)} \longrightarrow 2\,\text{Li}^+\text{(aq)} + 2\,\text{OH}^-\text{(aq)}$$

$$\text{Na}_2\text{O}_2\text{(s)} + 2\,\text{H}_2\text{O(l)} \longrightarrow$$
$$2\,\text{Na}^+\text{(aq)} + 2\,\text{OH}^-\text{(aq)} + \text{H}_2\text{O}_2\text{(aq)}$$

$$2\,\text{KO}_2\text{(s)} + 2\,\text{H}_2\text{O(l)} \longrightarrow$$
$$2\,\text{K}^+\text{(aq)} + 2\,\text{OH}^-\text{(aq)} + \text{H}_2\text{O}_2\text{(aq)} + \text{O}_2\text{(g)}$$

酸化物と過酸化物は H$_2$O からのプロトン移動によって反応する．超酸化物イオンにプロトン移動することにより反応初期に生成する"超酸化水素" HO$_2$ は不均化反応により，すぐに O$_2$ と H$_2$O$_2$ になる．

ナトリウム，カリウム，ルビジウム，セシウムの通常の酸化物は，金属を限られた量の酸素とともに加熱するか，過酸化物や超酸化物の熱分解でつくることができる．

$$\text{Na}_2\text{O}_2\text{(s)} \longrightarrow \text{Na}_2\text{O(s)} + \frac{1}{2}\text{O}_2\text{(g)}$$

Na$_2$O，K$_2$O，Rb$_2$O は逆蛍石型構造をとる．この熱分解に対する過酸化物と超酸化物の安定性は族の下方になるほど増加する．Li$_2$O$_2$ は最も不安定で，Cs$_2$O$_2$ は最も安定である．過酸化ナトリウムは加熱により容易に酸素を供給するので，酸化剤として広く用いられる．過酸化物あるいは超酸化物が分解して酸化物になる傾向は，これらの化合物の格子エンタルピーを調べることによって理解できる．先に議論したように，格子エンタルピーはイオン半径の和に反比例する．したがって，O^{2-} イオンが O$_2^{2-}$ イオンや O$_2^-$ イオンより小さいことから，どの場合も酸化物の格子エンタルピーは対応する過酸化物や超酸化物より大きくなる．族の下方になると，カチオンのイオン半径が大きくなるので，酸化物および過酸化物 (あるいは超酸化物) はいずれも格子エンタルピーが小さくなる．よって，両者の格子エンタルピーの差は小さくなり，分解する傾向も弱くなる．

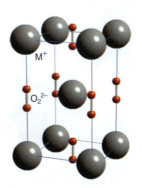

図 11・8*　1族元素の超酸化物 MO$_2$ の構造

超酸化カリウム KO_2 は二酸化炭素を吸収して酸素を放出する．この反応は，潜水艦や呼吸装置のような応用分野で空気の浄化のために活用される．過酸化リチウムも重量を低減するために KO_2 の代わりによく使用される．

$$4\,KO_2(s) + 2\,CO_2(g) \longrightarrow 2\,K_2CO_3(s) + 3\,O_2(g)$$

オゾン化物イオン O_3^- を含む化合物であるオゾン化物は，すべての1族金属に対して存在している．K, Rb, Cs のオゾン化物は過酸化物あるいは超酸化物をオゾンとともに加熱すると得られる．ナトリウムとリチウムのオゾン化物は液体アンモニア中で CsO_3 をイオン交換することで得られるであろう．このような化合物は非常に不安定で，きわめて激しく爆発する．

$$2\,KO_3(s) \longrightarrow 2\,KO_2(s) + O_2(g)$$

ルビジウムとセシウムを部分的に酸化すると，さまざまな組成の亜酸化物が得られる．元素の酸化数がIより低い化合物を生成するためには特別な条件が必要である．このような化合物は，空気，水，および他の酸化剤が厳密に排除された場合にのみ生成する．たとえば，ルビジウムあるいはセシウムと限られた量の酸素との反応で一連の金属過剰酸化物が生成する．これらの化合物は黒色で，きわめて反応性に富む金属の導体であって，Rb_6O, Rb_9O_2, Cs_4O_4, Cs_7O といった組成式をもつ．Rb_9O_2 は6個の Rb 原子でつくられた八面体に囲まれた酸素原子から成り，二つの隣接する八面体は面共有している（図11・9）．このことが，これらの化合物の性質の起源となる．これらの化合物は初期の金属クラスター化合物であり，金属–金属結合を含む．今では多くのほかの系，たとえば，ジントル相（§11・15）が見いだされている．これらの化合物が金属伝導を示すことは，各 Rb_9O_2 クラスター上で価電子が非局在化していることを意味する．

例題 11・3 熱力学データを用いて過酸化物の安定性を予測する

O^{2-} と O_2^{2-} のイオン半径はそれぞれ 126 pm と 180 pm である．この値を用いて，過酸化物が族の下方になるほど分解する傾向が弱くなることを確かめよ．

解 安定性を評価するためには格子エンタルピーの値を比較する必要がある．そのため，表11・1のデータとカプスティンスキー式〔式(3・4)〕を用い，Na_2O と Na_2O_2 の格子エンタルピーの差を計算し，つぎに Rb_2O と Rb_2O_2 についても計算する．過酸化物の化学式は $(M^+)_2(O_2^{2-})$ であるので，カプスティンスキー式では，イオンの数は3となる．また，電荷は $+1$ と -2 であることを覚えておく必要がある．データを代入すると，つぎの値が得られる．

$\Delta_L H^{\ominus}/$ (kJ mol^{-1})	Na_2O	Na_2O_2	Rb_2O	Rb_2O_2
	2702	2260	2316	1980

Na_2O と Na_2O_2 の値の差は 442 kJ mol^{-1} であり，Rb_2O と Rb_2O_2 では 336 kJ mol^{-1} である．この結果は族の下に行くほど，値の差は小さくなることがわかり，過酸化物が分解して酸化物を生成する熱力学的傾向は弱くなることがわかる（エントロピーの考慮は同程度と仮定している）．

問題 11・3 1族のオゾン化物はすべて不安定であり，低温に保持しないと分解する．分解温度は族の下方に行くとどのように変わることが期待されるかを予測せよ．

11・9 硫化物，セレン化物，テルル化物

要点 1族元素は単純な硫化物 M_2S と硫黄をつなげた多硫化物を生成する．

すべてのアルカリ金属は M_2S の化学量論をもつ単純な硫化物を生成する．より小さなイオンである Li^+ から K^+ では，単純な S^{2-} イオンと逆蛍石型構造をとる．多硫化物 M_2S_n (n は2～6) はより重いアルカリ金属に対して生成することが知られている．多硫化物では，軟らかい酸 M^+ が軟らかい塩基 S_n^{2-} を安定化させる．$n \geq 3$ では，その構造はアルカリ金属カチオンにより分離されたジグザグ鎖のような多硫化アニオンを含む（図11・10）．ナトリウム硫黄電池は定置用エネルギー貯蔵システムとして，風力や太陽光プラントと組合わせて用いられることが研究されている（BOX 11・5）．セレンとテルルはアルカリ金属と反応して，K_2Se のようなセレン化物やテルル化物を生成

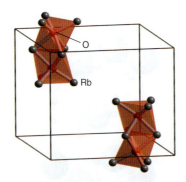

図 11・9 Rb_9O_2 の構造．各 O 原子は Rb 原子がつくる八面体によって取囲まれている．隣り合う八面体は三角形の面を共有している．単位格子を描いている．

する．多セレン化物 K_2Se_5，多テルル化物 Cs_2Te_5 も知られている．

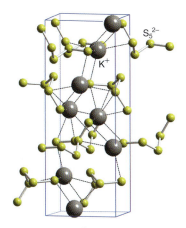

図 11・10*　K_2S_5 の構造

11・10　水 酸 化 物

要点　すべての1族水酸化物は水溶性であり，大気中から水分と二酸化炭素を吸収する．

1族の水酸化物はすべて白色，半透明，潮解性の固体である．大気中から水分と二酸化炭素を発熱反応を伴い吸収する．水酸化リチウム LiOH は安定な水和物 $LiOH \cdot 8H_2O$ を生成する．水酸化物はその溶解性のために，実験室や工業において OH^- イオンの簡易な供給源となっている．水酸化カリウム KOH はエタノールに溶ける．この"エタノール性 KOH"は有機合成における有用な反応剤である．アルカリ金属水酸化物は容易に空気中から二酸化炭素を吸収し，

$$2\,MOH(aq) + CO_2(g) \longrightarrow M_2CO_3(aq) + H_2O(l)$$

水酸化物の溶液を空気中で開放しておくと，すぐに炭酸塩となり汚染される．このため，定量容量分析に使用するMOH 溶液の濃度は使用前に確認する必要がある．濃厚なMOH 溶液も室温で石英ガラスとゆっくり（加熱するとより早く）反応し，アルカリ金属ケイ酸塩を生成する．そのため，高温でアルカリ金属水酸化物が関与する反応では，不活性なプラスチック実験器具で取扱うべきである．

水酸化ナトリウムはクロルアルカリ工業（BOX 11・3参照）で生産され，有機化学工業や他の無機化学物質の調製における反応剤として利用される．また，製紙工業で用いられたり，食品工業でタンパク質の分解に使われたりする．たとえば，オリーブを水酸化ナトリウム水溶液に浸し，皮を軟らかくして食用に適した状態にする．ノルウェーの魚の珍味であるルーテフィスクはゼリー状の軟らかさをもち，棒鱈からタンパク質を溶解させて製造する．英国内での応用には油脂に対する NaOH の反応を利用するものがあり，オーブンや排水管の洗浄剤に広く活かされている．いくつかの"発泡"排水管洗浄剤では，水酸化ナトリウムをアルミニウム粉と混ぜている．アルミニウムは水中の水酸化物イオンと反応して水素ガスを発生する．これにより混合物が撹拌され，NaOH との反応が増す．

11・11　オキソ酸の化合物

1族元素はたいていのオキソ酸と塩を生成する．工業的に最も重要な1族のオキソ酸の塩は，<u>ソーダ灰（soda ash）</u>の通称をもつ炭酸ナトリウムならびに一般に<u>重炭酸ソーダ</u>（sodium bicarbonate，重曹）として知られる炭酸水素ナトリウムである．

BOX 11・5　ナトリウム硫黄電池

ナトリウム硫黄（NaS）電池はナトリウムと硫黄を反応させて得られる電力を用いる．この電池は高いエネルギー密度，良好な充放電効率（90％），長い充放電サイクル寿命をもつ．また，安価な材料により構築される．溶融ナトリウム金属が負極となり，固体電解質であるβ-アルミナによって正極（多孔性炭素中に吸収された硫黄と接している鋼）と分けられている．ナトリウムβ-アルミナはイオン伝導体であるが，電子伝導は小さいため，電池の自己放電を抑制できる．電池が放電されるとき，ナトリウムは電子を外部回路に放出し，その結果，生成した Na^+ イオンはナトリウムβ-アルミナを介して正極の硫黄へと移動する．正極では，外部回路からきた電子と硫黄が反応して，多硫化ナトリウム S_2^{2-} を生成する．電池の放電過程は

$$2\,Na(l) + 4\,S(l) \longrightarrow Na_2S_4(l) \qquad E_{cell} \approx 2.1\,V$$

である．充電時には，逆の過程が進行する．この電池系では作動温度 300～350 ℃ でほとんど熱損失がない．高温で作動することや電池成分の高い腐食性のため，この電池はおもに大規模で，移動体よりも定置用に適している．そのためナトリウム硫黄電池はエネルギー貯蔵システムとして提供され，ある特定の期間のみ作動する再生可能エネルギープラントと組合わせて用いることが可能である．その例には，ウィンドファーム（大規模な風力発電所），波力発電や太陽光発電のプラントなどがある．ウィンドファームでは，風が強いが出力は低いときに電池にエネルギーを貯蔵し，貯蔵されたエネルギーは電池を通じて電力の負荷のピーク時に放電される．

(a) 炭酸塩

要点 1族の炭酸塩は水溶性で，加熱すると酸化物に分解する．

1族元素だけが唯一，水溶性の炭酸塩を生成する（NH_4^+ イオンは例外である）．ただし，炭酸リチウムはわずかしか溶けない．

炭酸ナトリウムは多年にわたり <u>ソルベー法</u>（Solvay process）でつくられてきた．全反応は，一般的な原料である NaCl と $CaCO_3$ を用い，つぎの平衡で表される．

$$2\,NaCl(aq) + CaCO_3(s) \rightleftharpoons Na_2CO_3(s) + CaCl_2(aq)$$

しかし，$CaCO_3$ の格子エネルギーが大きいため，平衡は左に寄っている．実際の工程では多段階の複雑な過程を経る．酸化カルシウムは炭酸カルシウムの熱分解により生成され，塩化アンモニウムと反応して，アンモニアを生じる．

$$2\,NH_4Cl(s) + CaO(s) \longrightarrow 2\,NH_3(g) + CaCl_2(s) + H_2O(l)$$

アンモニアと二酸化炭素（$CaCO_3$ と $NaHCO_3$ の熱分解によって得られる）を飽和塩化ナトリウム水溶液に通じると，NH_4^+，Na^+，Cl^-，HCO_3^- イオンを生成する．

$$NaCl(aq) + CO_2(g) + NH_3(g) + H_2O(l) \longrightarrow Na^+(aq) + HCO_3^-(aq) + NH_4^+(aq) + Cl^-(aq)$$

15°C 以下に冷却すると，炭酸水素ナトリウムが析出するので，これを沪過して加熱することにより CO_2 発生を伴い炭酸ナトリウムが得られる．残った NH_4Cl は単離され，CaO との初期反応で再利用される．この過程は相当なエネルギー集約型となり，そのうえ副生物として大量の塩化カルシウムが生じてしまう．このような問題点のため，セスキ炭酸ナトリウム $Na_3(CO_3)(HCO_3)\cdot 2H_2O$ を含む鉱物の <u>トロナ</u>（trona）が存在する場所ではどこでも，炭酸ナトリウムを採掘で得ている．

炭酸ナトリウムのおもな用途はガラスの製造で，炭酸ナトリウムとシリカを一緒に加熱してケイ酸ナトリウム $Na_2O\cdot xSiO_2$ を得ている．また，硬水を軟水に変えるためにも使われており，硬水中の Ca^{2+} イオンを炭酸カルシウムとして除去する働きがある（炭酸カルシウムは硬水を使う地方で見られるやかんの"湯あか"である）．炭酸カリウムは KOH を二酸化炭素と反応させてつくられ，ガラスおよびセラミックスの製造に使われる．

炭酸リチウムは 650°C 以上に加熱すると分解する．

$$Li_2CO_3(s) \xrightarrow{\Delta} Li_2O(s) + CO_2(g)$$

より重い元素の炭酸塩は 800°C 以上に加熱すると激しく分解する．大きなカチオンが大きなアニオンを安定化する機構は，格子エネルギーの違いによって説明できる．これは §3・15 で議論した．

例題 11・4 炭酸塩の熱安定性を予測する

1族の下方に行くほど炭酸塩の熱安定が向上することについて正当性を述べよ．

解 もう一度，格子エンタルピーに注目する必要がある．傾向を知るため，カプスティンスキー式〔式（3・4）〕を用い，Na_2CO_3 と Na_2O の格子エンタルピーの差を見積もり，つぎに Rb_2CO_3 と Rb_2O の差を見積もる．イオン半径は表 11・1 に与えられている．酸化物イオンと炭酸イオンのイオン半径はそれぞれ 126 pm と 185 pm である．式（3・4）中にデータを代入すると，つぎの値が得られる．

	Na_2CO_3	Na_2O	Rb_2CO_3	Rb_2O
$\Delta_L H^{\ominus}/$ (kJ mol^{-1})	2246	2732	1954	2316
差 / (kJ mol^{-1})	486		362	

この計算により，炭酸塩と酸化物の格子エンタルピーの差は族の下方に行くほど低減されることがわかり，族の下方に行くほど炭酸塩が分解して酸化物になる熱力学的傾向は低いことがわかる（エントロピー効果は同じと仮定した）．分解温度は増加する．炭酸ナトリウムでは 800°C 以上から分解するのに対し，炭酸ルビジウムでは 1000°C 近くまで加熱する必要がある．

問題 11・4 1族の炭酸塩が酸化物と二酸化炭素に分解する過程に対して熱力学サイクルを描け．

(b) 炭酸水素塩

要点 炭酸水素ナトリウムは炭酸ナトリウムより溶けにくく，加熱すると CO_2 を発生する．

炭酸水素ナトリウム（重炭酸ソーダ）は炭酸ナトリウムよりも水に溶けにくく，炭酸ナトリウムの飽和水溶液に二酸化炭素を通じて調製することができる．

$$Na_2CO_3(aq) + CO_2(g) + H_2O(l) \longrightarrow 2\,NaHCO_3(s)$$

炭酸水素ナトリウムを加熱すると，この逆反応が起こる．

$$2\,NaHCO_3(s) \longrightarrow Na_2CO_3(s) + CO_2(g) + H_2O(l)$$

この反応は炭酸水素ナトリウムを消火に用いる際の原理となっている．粉末状の塩は炎を覆って空気を断ち，熱によ

る分解で二酸化炭素と水を発生させ，これら自身が消火剤として働く．この反応は，パンを焼くときに炭酸水素ナトリウムを用いることの原理ともなっており，パンを焼く過程で発生する二酸化炭素と水蒸気がパンを膨らます．より効果的な膨らし粉は，炭酸水素ナトリウムとリン酸二水素カルシウムを混合したベーキングパウダーである．

$$2\,NaHCO_3(s) + Ca(H_2PO_4)_2(s) \longrightarrow$$
$$Na_2HPO_4(s) + CaHPO_4(s) + 2\,CO_2(g) + 2\,H_2O(l)$$

炭酸水素カリウムはワインの製造や水処理における緩衝液として利用される．pHの低い液体合成洗剤の緩衝液，ソフトドリンクへの添加物，消化不良を抑える制酸薬としても用いられる．

(c) ほかのオキソ塩

要点 1族元素の硝酸塩は肥料や火薬として使われる．

硫酸ナトリウム Na_2SO_4 は非常に溶けやすく，容易に水和物をつくる．工業的には硫酸ナトリウムはおもに，塩化ナトリウムから塩酸を製造するときの副生物として得られる．

$$2\,NaCl(aq) + H_2SO_4(aq) \longrightarrow Na_2SO_4(aq) + 2\,HCl(aq)$$

また，煙道ガスの脱硫やレーヨンの製造など他のいくつかの工業的な工程でも副生物として得られる．硫酸ナトリウムは主として，梱包用やボール紙として使われる丈夫な褐色紙をつくるための木材パルプの製造工程において利用されている．製造工程において，硫酸ナトリウムは亜硫酸ナトリウムに還元され，亜硫酸ナトリウムが木材中のリグニンを溶解する（リグニンはパルプから抽出され，接着剤や接合剤として使用される）．硫酸ナトリウムはガラスの製造，合成洗剤，緩下剤にも用いられる．

硝酸ナトリウム $NaNO_3$ は潮解性で，他の硝酸塩，肥料，火薬の製造に用いられる．硝酸カリウム KNO_3 は天然には鉱物の硝石として産出する．冷水にはわずかに溶け，温水には非常によく溶ける．12世紀頃から火薬の製造に広く用いられてきており，爆薬，花火，マッチ，肥料に利用される．

例題 11・5 アルカリ金属硝酸塩の分解を熱重量分析で調べる

100 mg の硝酸リチウム $LiNO_3$ を 900 ℃ 以上で加熱すると，第一段階で 71.76% 重量減少した．一方，硝酸カリウムを同じ温度で加熱すると二段階で重量減少し，もとの試料の 15.82%（350 ℃ で）と 53.42%（950 ℃ 以上）の減少であった．硝酸カリウムと硝酸リチウムが分解したときの生成物の組成を決定せよ．

解 モル質量の変化を考えて，それに対応する実験式（§8・15）を同定する．$LiNO_3$ のモル質量は 68.95 g mol^{-1} であるので，100.0 mg が (100.0 mg)/(68.95 g mol^{-1}) = 1.450 mmol $LiNO_3$ である．1 mol の $LiNO_3$ は 1 mol のリチウム含有分解生成物 X を生じる．すなわち，1.450 mmol $LiNO_3$ は 1.450 mmol X を生成する．X の質量は 28.24 mg であることが分かっている．したがって，モル質量は (28.24 mg)/(1.450 mmol) = 19.48 g mol^{-1} である．モル質量は実験式 $LiO_{0.5}$（もしくは，Li_2O）に対応する．$NO_2(g)$ と $O_2(g)$ が失われた結果を硝酸リチウムが分解する全反応は，

$$LiNO_3(s) \longrightarrow \tfrac{1}{2}Li_2O(s) + NO_2(g) + \tfrac{1}{4}O_2(g)$$

となる．同様な計算を硝酸カリウムで行うと，最初の重量減少は 350 ℃ で KNO_2（亜硝酸カリウム）が生成し，950 ℃ ではつぎの逐次反応が生じる

$$KNO_3(s) \longrightarrow KNO_2(s) + \tfrac{1}{2}O_2(g)$$
$$2\,KNO_2(s) \longrightarrow K_2O(s) + 2\,NO(g) + \tfrac{1}{2}O_2(g)$$

硝酸リチウムと硝酸カリウムの酸化物への分解は異なる経路により進行する．1族でのリチウムの異常な挙動の一つの例である．より大きなアルカリ金属カチオンは NO_2^- イオンを安定化させ，早急な酸化物への分解を抑制する．分解経路や温度での類似の相違性は炭酸リチウムで生じる．炭酸リチウムは加熱により容易に分解する唯一のアルカリ金属炭酸塩である．

問題 11・5 同様の議論を用い，二つのアルカリ金属硝酸塩の最終生成物へ分解する温度が異なることを合理的に説明せよ．

11・12 窒化物と炭化物

要点 リチウムのみ窒素と炭素との直接の反応で，それぞれ窒化物と炭化物をつくる．

リチウムは1族の金属の中で最も反応性に乏しいが，窒素との直接の反応で窒化物をつくることができるのはリチウム（とマグネシウム）だけである．

$$6\,Li(s) + N_2(g) \longrightarrow 2\,Li_3N(s)$$

窒化リチウムの構造（図 11・11）は六配位 N^{3-} を含み，ほかの Li^+ イオンによりわけ隔てられた Li_2N シートから成る．固体窒化リチウム中のリチウムイオンは高い移動度をもつ．これは，構造中に欠陥サイトをもち，そこをリチウムイオンがホッピングできることに起因する．この高い移動度のため，"高速イオン伝導体"に分類される．固体電解質として研究がされており，また，蓄電池の負極の可能性も検討されている．

窒化リチウムは水素貯蔵材料としての可能性を秘めている（BOX 10・4）．高温，高圧下で水素にさらすと，質量パーセントで11.5％までの水素が窒化リチウムに吸蔵される．Li$_3$N は水素と反応して LiNH$_2$ と LiH を生成する．この反応は可逆反応である．

$$\text{Li}_3\text{N(s)} + 2\,\text{H}_2\text{(g)} \rightleftharpoons \text{LiNH}_2\text{(s)} + 2\,\text{LiH(s)}$$

170 ℃ に加熱すると LiNH$_2$ と LiH が反応して Li$_3$N を生じ，水素を発生させる．

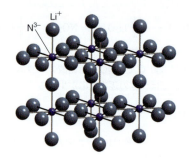

図 11・11*　Li$_3$N の構造

最近，液体窒素温度に冷却したサファイア表面に Na および N 原子を蒸着させることにより窒化ナトリウムが合成されている．その構造は ReO$_3$ 型構造（§24・7）と類似しており，N^{3-} を Re^{IV} と Na$^+$ を O^{2-} と置換すればよい．ほかの 1 族元素は窒化物をつくらない．しかし，N$_3^-$ イオンを含むアジ化物を以下の反応により生成する．

$$2\,\text{NaNH}_2\text{(s)} + \text{N}_2\text{O(g)} \longrightarrow$$
$$\text{NaN}_3\text{(s)} + \text{NaOH(s)} + \text{NH}_3\text{(g)}$$

リチウムは高温で炭素と直接反応をして，化学量論 Li$_2$C$_2$ の炭化物を生成する．この炭化物は二炭化物イオン（アセチリドイオン）C$_2^{2-}$ を含む．ほかのアルカリ金属は直接の反応で炭化物を生成しないが，化学量論が M$_2$C$_2$ のイオン化合物がアルカリ金属をアセチレン中で加熱することにより得られる．カリウム，ルビジウム，セシウムは低温でグラファイトと反応して，KC$_8$（§14・5）のような層間化合物を形成する．リチウムも電気化学的にグラファイトに挿入され，LiC$_6$ を生成し，これはリチウム二次電池で重要な役割をもつ（BOX 11・2）．ナトリウムからセシウムのアルカリ金属はフラーレン C$_{60}$ と反応して，Na$_2$C$_{60}$，Cs$_3$C$_{60}$，K$_6$C$_{60}$ などのフラーレン化物を生成し，アルカリ金属カチオンとフラーレン化物アニオン C$_{60}^{n-}$ を含む．K$_3$C$_{60}$ の構造は §14・6 に記載した．C$_{60}^{3-}$ アニオンが最密充填になるように配列し，その八面体と四面体のすべて空隙に K$^+$ イオンを含む．この材料は 30 K 以下で超伝導体になる．

例題 11・6　1 族化合物に NMR を適用する

1 族元素は四極子をもつ．たとえば，$I(^{23}\text{Na}) = \frac{3}{2}$ で $I(^{133}\text{Cs}) = \frac{7}{2}$ である．しかし，NMR スペクトル，固体 MAS NMR スペクトル（§8・6）も含んで得ることができる．特に，高い対称性環境下にあるときにスペクトルを得やすい．フラーレン化合物 Na$_3$C$_{60}$（フラーレン C$_{60}$ とナトリウム金属を反応させることにより得られる）の ^{23}Na NMR スペクトルは 170 K で二つの共鳴を示す．室温以上では合体したスペクトルになる．この内容を解釈し，Na$_3$C$_{60}$ の構造が固体 C$_{60}$ のものとどのように関連するかを述べよ．

解　低温スペクトルでの二つの共鳴は化合物が二つの異なるナトリウム環境下を含むということを意味する．C$_{60}$ は C$_{60}$ 分子の立方最密充填構造をとる（§3・9）．ナトリウム金属との反応では，C$_{60}$ 分子はアニオンに還元される．小さな Na$^+$ カチオンはすべての有効な四面体，八面体の空隙を占めることができ，少し膨張するが，C$_{60}^{3-}$ アニオンで配列した最密充填を保持する．空隙の各タイプは NMR により検出された環境の一つに相当する．高温では，ナトリウムイオンは八面体と四面体位置の間で迅速に移動し，NMR の時間尺度（§8・6）では区別することができなく，一つの共鳴として見える．

問題 11・6　高温と低温での Li$_3$N（図 11・11）の ^{7}Li NMR を予測せよ．ただし，この核種では高分解能スペクトルが得られると仮定する．

11・13　溶解度と水和

要点　一般的な塩の溶解度は多岐にわたっている．リチウムとナトリウムのみが水和した塩を生成する．

1 族金属の一般的な塩はすべて水に溶ける．溶解度は広範囲の値をとっており，溶解度の高いもののいくつかは，カチオンとアニオンのイオン半径の差が大きい．したがって，ハロゲン化リチウムの溶解度はフッ化物から臭化物に変わるにつれて増加するが，セシウムでは逆の傾向になる．このような傾向の説明は §3・15 で論じた．

すべてのアルカリ金属の塩が水和物になるわけではない．水和した塩の格子エンタルピーは無水の塩より低い．これは水和による配位空間のためカチオンのイオン半径が実効的に増加し，カチオンが周囲にあるアニオンからも遠ざかるからである．この格子エンタルピーの減少分が水和エンタルピーによって補われれば，塩の水和物は安定化される．水和エンタルピーはカチオンと極性の水分子との間のイオン–双極子相互作用に依存する．この相互作用はカチオンが高い電荷密度をもてば強くなる．1 族金属のカチ

オンは大きいイオン半径と低い電荷のため電荷密度が低い．したがって，ほとんどの塩は無水物である．イオン半径の小さいリチウムイオンやナトリウムイオンでは，二，三の例外がある．$LiOH \cdot 8H_2O$ と $Na_2SO_4 \cdot 10H_2O$ （グラウバー塩）がその例である．

11・14 液体アンモニアの溶液

要点　ナトリウムは液体アンモニアに溶け，濃度が薄いときは青色，濃いときは青銅色となる溶液を生成する．

ナトリウムは無水の純物質の液体アンモニアに（水素の発生を伴わずに）溶解し，希薄な場合には深い青色の液体を生じる．こういった**金属-アンモニア溶液**（metal-ammonia solution）の色は，近赤外にピークをもつ強い吸収バンドのすそに起因する[1]．ナトリウムが液体アンモニアに溶けて非常に希薄な溶液を生じる反応は次式で表現される．

$$Na(s) \longrightarrow Na^+(am) + e^-(am)$$

この溶液は空気がない状態であればアンモニアの沸点 ($-33\,°C$) でも長期間にわたって安定である．しかし，溶液は準安定であって，d-ブロック化合物が触媒として存在すると分解が起こる．

$$Na^+(am) + e^-(am) + NH_3(l) \longrightarrow NaNH_2(am) + \frac{1}{2}H_2(g)$$

高濃度の金属-アンモニア溶液は青銅色で，金属と同等な電気伝導を示す．この溶液は，アンモニアが溶媒和したカチオンと $e^-(am)$ とが結合した"結合距離の伸びた金属"とみなされる．飽和溶液中ではアンモニアの金属に対する比が5から10の間で，これは金属に対しては妥当な配位数であることから，このような描像は支持される．

青色の金属-アンモニア溶液は優れた還元剤である．たとえば，ニッケルが異常に低い酸化状態をとる Ni^I の錯体 $[Ni_2(CN)_6]^{4-}$ は，液体アンモニア中のカリウムによる Ni^{II} の還元によって調製できるであろう．

$$2K_2[Ni(CN)_4] + 2K^+(am) + 2e^-(am) \longrightarrow K_4[Ni_2(CN)_6](am) + 2KCN$$

反応はアンモニアの沸点まで冷却した容器中で空気を遮断して行われる．強力な還元剤 $M(am)$ のほかの反応にはグラファイト層間化合物（§14・5）[†]，フラーレン化物（§14・6），ジントル相（§11・15）の生成があり，たとえば，つぎのような反応となる．

$$nC(グラファイト) + K^+(am) + e^-(am)$$
$$\longrightarrow [K(am)]^+[C_n]^-(s)$$

$$C_{60}(s) + 3Rb^+(am) + 3e^-(am) \longrightarrow [Rb(am)]_3C_{60}$$
$$\xrightarrow{\Delta} Rb_3C_{60}(s)$$

アルカリ金属はエーテルとアルキルアミンにも溶け，アルカリ金属の種類に依存する吸収スペクトルを示す溶液を生成する．アルカリ金属への依存性から，スペクトルは**アルカライドイオン**（alkalide ion）M^-（たとえばナトリウム化物イオン Na^-）から溶媒への電荷移動に関連することが示されている．エチレンジアミン（1,2-ジアミノエタン，en）を溶媒として用いた場合，溶解の反応式はつぎのように書ける．

$$2Na(s) \longrightarrow Na^+(en) + Na^-(en)$$

アルカライドイオンが存在するさらなる証拠は M^- に帰属できる化学種が反磁性となることであり，M^- の価電子の配置が ns^2 でスピン対をもつ．ナトリウム-カリウム合金が溶解すると，アルカリ金属に基づく吸収バンドはナトリウムのみが溶けた溶液と一致することが観察されており，これも上記の解釈と矛盾しない．

$$NaK(l) \longrightarrow K^+(en) + Na^-(en)$$

11・15 アルカリ金属を含むジントル相

要点　アルカリ金属が13族から16族の金属を還元して，ポリアニオンから成るジントル相を生成する．

ジントル相は1族元素と13族から16族のp-ブロック金属との組合わせにより生成する．液体アンモニア中のアルカリ金属溶液は強力な還元剤であり，金属と反応して，ジントル相を生成する．そのほかの手法として，1族元素とp-ブロック元素を高温で直接反応させることによってもジントル相は得られる．1族ジントル相はイオン化合物であり，電子はアルカリ金属原子からポリアニオンを形成しているp-ブロック原子クラスターに移動する．この化合物は一般的に反磁性，半導体もしくは電子伝導性に乏しく，もろい．

14族元素 E については，四面体の E_4^{4-} アニオンからなる M_4E_4 を形成する（図11・12）．また，一冠四方逆角柱構造を有する Ge_9^{4-} イオンを含む Cs_4Ge_9 も知られている．Rb_2In_3（In_6 八面体を含む）や KGa（Ga_8 多面体アニオンをもつ）のような13族化合物も知られている．Cs_5Bi_4 では化学量論 Bi_4^{5-} の四量体を含んでいる．1族元素により得られる新奇なジントル相はフラーレン型構造をもち，$Na_{96}In_{91}M_2$ や $Na_{172}In_{192}M_2$（M = Ni, Pd, Pt）などがある（図11・13）．

---

[1] カルシウムやユウロピウムのような昇華エンタルピーの低い電気的に陽性の金属も液体アンモニアに溶け，金属の種類に依存しない青色の溶液を生じる．

[†] 訳注：右上の化学反応式の n は24程度，正確な値はわかっていない．

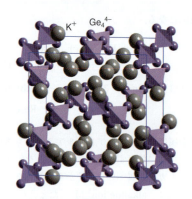

図 11・12* K₄Ge₄ の構造

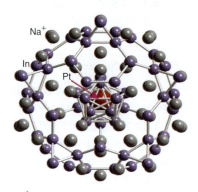

図 11・13* Na₁₇₂In₁₉₂Pt₂ の構造の一部．Na イオンの周りの In 原子によって形成されるフラーレン類似のネットワークをもつ錯体

11・16 配 位 化 合 物

要点 1族元素は多座配位子と安定な錯体をつくる．

1族元素のイオン，特に，Li⁺ から K⁺ は硬いルイス酸である（§4・9）．そのため，1族の金属イオンがつくる錯体のほとんどは，O あるいは N 原子を含有するような小さく硬い電子対供与体とのクーロン相互作用によって生じる．単座配位子は，クーロン相互作用が弱くイオン間には十分な共有結合が働かないため，弱く結合しているにすぎない．しかし，多くの要因（重いアルカリ金属によって酸化物よりも過酸化物やオゾン化物を生成することやアルカリ金属過塩素酸塩が難溶性であることなど）により金属は族の下方に行くほど，硬さが低減することが示されている．

M(OH₂)ₙ⁺ という化学種では配位子は溶媒の水分子と容易に交換する．しかし，とても硬い Li⁺ イオンでは交換速度は最も遅く，硬さがより低減する Rb⁺ や Cs⁺ イオンでは早い．エチレンジアミンテトラアセタト [(O₂CCH₂)₂NCH₂CH₂N(CH₂CO₂)₂]⁴⁻ のようなキレート配位子は特に大きなアルカリ金属カチオンと非常に大きな生成定数をもつ．大環状配位子やその関連配位子は最も安定な錯体をつくる．18-クラウン-6 (*1*) のようなクラウンエーテルは，

アルカリ金属に配位して非水溶媒中でかなり安定な錯体をつくる．クリプタンド 221 (*2*) やクリプタンド 222 (*3*) のような二環式のクリプタンドもアルカリ金属と錯体をつくる．これはもっと安定な物質であり，水溶液中でも存在する (*4*)．これらの配位子は特定の金属イオンに選択的に配位する．その際，カチオンを収納する配位子の形成する空間にカチオンうまく収まることが重要な決め手となる（図 11・14）．

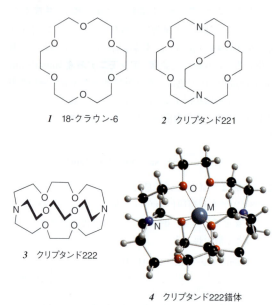

1 18-クラウン-6

2 クリプタンド221

3 クリプタンド222

4 クリプタンド222錯体

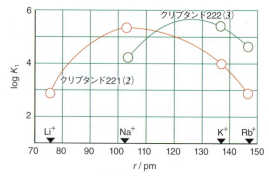

図 11・14 1族金属とクリプタンド配位子との錯体の生成定数．横軸はカチオン半径である．より小さいクリプタンド 221 は Na⁺ と錯形成しやすいが，それよりも大きいクリプタンド 222 は K⁺ と錯形成しやすい．

カチオンが配位子のつくる空間にうまく収まる別の例として，細胞膜を通しての Na⁺ と K⁺ の輸送を考えることができる（§26・3）．膜に埋め込まれたタンパク質分子は，電子対供与体原子が並んだ孔をもっており，これを利用してイオンは疎水性の細胞膜を通過する．この電子対供与体原子が配列してつくった孔の大きさによって，Na⁺ ある

いはK⁺のいずれが結合するかが決められる．このような**イオンチャネル**（ion channel）により細胞膜の両側でのNa⁺/K⁺の濃度差が調整されるが，これは細胞に特有な機能に不可欠である．天然に存在する分子のバリノマイシン（5）は選択的にK⁺に配位する抗生物質である．生成する疎水性の1:1の錯体は細菌の細胞膜を通してK⁺を輸送し，イオンの濃度差を減らして脱分極し，細菌を殺す．

5 バリノマイシン

ナトリウムとクリプタンドによる錯形成は，[Na-(cryptand 222)]⁺Na⁻のような固体のナトリウム化物の調製に用いることができる．ここで（cryptand 222）はクリプタンド配位子の略号を表す．X線による構造決定では，[Na(cryptand 222)]⁺イオンとNa⁻イオンの存在が明らかになっており，Na⁻イオンは，見かけの半径がI⁻よりも大きい結晶中の孔に存在している．この反応の生成物の正確な性質はクリプタンドに対するナトリウムの比によって変化する．溶媒和した電子を含む固体，すなわち，いわゆる**エレクトライド**（電子化物，electride）の結晶をつくることも可能で，X線による結晶構造も明らかになっている．たとえば，図11・15はそのような固体中で電子密度

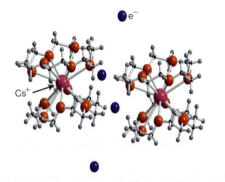

図11・15* ［Cs(18-crown-6)₂］⁺e⁻の結晶構造．●は最も電子密度の高い位置を表すので，それゆえ"アニオン"e⁻の位置を示す．

が最も高いと推測される位置を●で示している．ナトリウム化物や他のアルカライドの生成は，金属の化学的性質に溶媒や錯化剤が大きな影響を及ぼすことを実証するものである．このような影響のさらなる例として，クラウンエーテルが有機溶媒中で反応性のCl⁻イオンを生み出す能力をもつことがあげられる．NaCl水溶液を分液漏斗に入れ18-クラウン-6が溶けた有機溶媒と混ぜて撹拌すると，Na⁺イオンが有機相に移り，Cl⁻イオンも同時に移動する．溶媒和されにくいCl⁻は非常に反応性が高い．

11・17 有機金属化合物

要　点　1族元素の有機金属化合物は水と急速に反応し，発火性である．

1族元素は多くの有機金属化合物を生成する．これらは水が存在すると不安定であり，空気中では発火性がある．このような化合物はテトラヒドロフラン（THF）のような有機溶媒中で調製する．プロトン性（プロトン供与性）有機化合物は1族の金属とイオン性の有機金属化合物をつくる．たとえば，THF中でシクロペンタジエンは金属ナトリウムと次式のように反応する．

$$\mathrm{Na(s) + C_5H_6(l) \longrightarrow Na^+[C_5H_5]^-(sol) + \tfrac{1}{2}H_2(g)}$$

反応の結果として生じるシクロペンタジエニドイオンはd-ブロックの有機金属化合物（第22章）の合成における重要な中間生成物である．

リチウム，ナトリウムとカリウムは芳香族化合物との反応で濃く着色した化合物を生成する．これら金属の酸化により電子が芳香族に移動し，次式のように不対電子をもつアニオンである**ラジカルアニオン**（radical anion）を形成している．

$$\mathrm{Na + \text{(naphthalene)} \longrightarrow Na^+[C_{10}H_8]^-}$$

アルキルナトリウムとアルキルカリウムは無色の固体であり有機溶媒に不溶であって，安定な場合にはかなり高い融点をもつ．これらの化合物は**金属交換反応**（トランスメタル化反応，transmetallation reaction）によってつくられる．この反応では金属−炭素結合の切断と，新たな金属との金属−炭素結合の生成が起こる．アルキル水銀化合物はこういった反応の出発物質としてよく用いられる．たとえばメチルナトリウムは炭化水素溶媒中の金属ナトリウムとジメチル水銀との反応で合成される．

$$\mathrm{Hg(CH_3)_2 + 2\,Na \longrightarrow 2\,NaCH_3 + Hg}$$

有機リチウムは1族の有機金属化合物の中でも最も重要な物質である．これらは液体または低融点の固体であり，同族の化合物中では熱的に最も安定で，THFのような無

極性の有機溶媒に溶解する．これらの化合物は，ハロゲン化アルキルと金属リチウムとの反応，あるいは目的のアリール基をもつ有機化合物とブチルリチウムとの反応で合成される．ブチルリチウム $Li(C_4H_9)$ は一般に BuLi と略される．

$$BuCl(sol) + 2 Li(s) \longrightarrow BuLi(sol) + LiCl(s)$$
$$BuLi(sol) + C_6H_6(l) \longrightarrow Li(C_6H_5)(sol) + C_4H_{10}(g)$$

多くの主要族の有機金属化合物の特徴は，橋かけするアルキル基が存在することである．エーテルが溶媒の場合，メチルリチウムは $Li_4(CH_3)_4$ として存在し，リチウム原子の四面体と橋かけメチル基が存在する (**6**)．炭化水素溶媒中では $Li_6(CH_3)_6$ (**7**) が生成する．構造はリチウム原子の八面体から成る．他のアルキルリチウムも同様の構造をとるが，t-ブチル基 $-C(CH_3)_3$ のようにアルキル基が非常にかさ高くなった場合は例外で，この場合は生成する最大の化学種は四量体である．これらのアルキルリチウムの多くは電子欠損性化合物であるため，四中心二電子 (4c, 2e) 結合を含む (§2・11)．

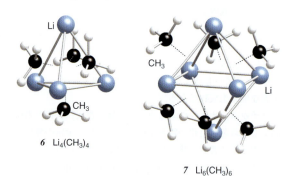

6 $Li_4(CH_3)_4$ **7** $Li_6(CH_3)_6$

有機リチウム化合物は有機合成において非常に重要な物質で，これが求核試薬として働きカルボニル基を攻撃する反応が最も重要な反応である．

後の章で学ぶように，有機リチウム化合物は p-ブロック元素のハロゲン化物を p-ブロック元素の有機化合物に変換するためにも用いられる．たとえば，THF 中での三塩化ホウ素はブチルリチウムと反応して有機ホウ素化合物を生成する．

$$BCl_3(sol) + 3 BuLi(sol) \longrightarrow Bu_3B(sol) + 3 LiCl(s)$$

この反応や多くの他の s-ブロック元素および p-ブロック元素の有機金属化合物の反応の駆動力は，ハロゲンがより陽性の金属と化合物をつくりやすいことに基づく．

アルキルリチウムは，アルケンの立体特異性重合反応により合成ゴムをつくる過程で工業的に重要である．ブチルリチウムは，溶液重合での反応開始剤として用いられ，多種類のエラストマーや高分子が合成されている．有機リチウム化合物は一連の医薬品，たとえば，ビタミン A，ビタミン D，鎮痛薬，抗ヒスタミン薬，抗うつ薬，抗凝血薬の合成にも利用される．アルキルリチウムは他の有機金属化合物の合成にも用いることができる．たとえば，d 金属の有機金属化合物 (§22・8) にアルキル基を導入するために利用される．

$$(C_5H_5)_2MoCl_2 + 2 CH_3Li \longrightarrow (C_5H_5)_2Mo(CH_3)_2 + 2 LiCl$$

アルキルリチウムの反応性と溶解度は，テトラメチルエチレンジアミン TMEDA (**8**) のようなキレート試薬を加えると増加する．このキレート試薬は任意のリチウム四量体を開裂し，$[(BuLi)_2(TMEDA)_2]$ のような錯体を生じる．

8 TMEDA

参 考 書

R. B. King, "Inorganic Chemistry of Main Group Elements", John Wiley & Sons (1994).

P. Enghag, "Encyclopedia of the Elements", John Wiley & Sons (2004).

D. M. P. Mingos, "Essential Trends in Inorganic Chemistry", Oxford University Press (1998). 構造と結合の視点からの無機化学の概観．

V. K. Grigorovich, "The Metallic Bond and the Structure of Metals", Nova Science Publishers (1989).

N. C. Norman, "Periodicity and the s- and p-Block Elements", Oxford University Press (1997).
s-ブロック元素の化学の本質的な傾向と特徴の全般を含む．

"Lithium Chemistry: A Theoretical and Experimental Overview", eds. by A. Sapse, P. V. Schleyer, John Wiley & Sons (1995).

練習問題

11・1 1族元素が，(a) 強い還元剤で，(b) 錯化剤に向かないのは，なぜか．

11・2 天然鉱物からセシウム金属を単離する工程について述べよ．

11・3 半径比の規則を用いてアルカリ金属水素化物について構造を予測せよ．ただし，H^- のイオン半径は 146 pm を用いよ．

11・4 表 11・1 と表 11・3 のデータを用いて 1 族の元素のフッ化物と塩化物の生成エンタルピーを計算せよ．データをプロットして，観察される傾向を議論せよ．

11・5 つぎの組のうち目的とする化合物を生成するうえで最も適切なものはどれか．それぞれの場合の解答に対し，周期表での傾向と物理的な根拠を示せ．
(a) Cs^+ と酢酸イオンもしくは edta イオン
(b) クリプタンド 222 との錯体に対する Li^+ と K^+

11・6 (i) M が Li, (ii) M が Cs のとき，右上の式における化合物 A, B, C, D を示せ．

$$A \xleftarrow{H_2O} M \xrightarrow{O_2} B \xrightarrow{\Delta} C$$
$$\downarrow NH_3(l)$$
$$D$$

11・7 LiF と CsI は水への溶解度が低いが，LiI と CsF は非常によく溶ける．理由を述べよ．

11・8 どのようなフランシウム塩が最も溶けにくく，そのために溶液からフランシウムを単離するのに用いることができるか．

11・9 LiH は他の 1 族元素の水素化物より熱的に安定であるが，Li_2CO_3 は他の 1 族元素の炭酸塩より低温で分解する．理由を述べよ．

11・10 NaCl と CsCl の構造を描き，それぞれについて金属の配位数を答えよ．これらの化合物が異なる構造をとる理由を説明せよ．

11・11 つぎの反応の生成物を予想せよ．
(a) $CH_3Br + Li \longrightarrow$ (b) $MgCl_2 + LiC_2H_5 \longrightarrow$
(c) $C_2H_5Li + C_6H_6 \longrightarrow$

演習問題

11・1 Li と Mg の間に対角関係が生ずる理由を述べよ．

11・2 大気雰囲気下で，リチウムとナトリウムは単純な bcc 構造をとる．高圧下では，これらのアルカリ金属は一連の複雑な相転移を示し，fcc に，また，より対称性の低い構造をとる〔M. I. McMahon et al., *Proc. Natl. Acad. Sci. USA*, **104**(44), 17297(2007); B. Rousseau et al., *Eur. Phys. J. B*, **81**, 1 (2011)〕．この相転移について，また，それに伴う電子物性の変化について議論せよ．

11・3 アルキル基の性質がアルキルリチウムの構造にどのように影響するか説明せよ．

11・4 リチウムの産業利用とリチウムの化合物の今後の需要について議論せよ．これらの需要にどのように対応するか．有効な資料は米国地質調査所にある (http://minerals.usgs.gov/minerals/pubs/commodity/index.html)．

11・5 つぎの記述の誤りを示し，それを訂正して，反応がそのように進む理由を述べよ．(a) ナトリウムはアンモニアとアミンに溶け，ナトリウムカチオンおよび溶媒和した電子かナトリウム化物イオンを生じる．(b) 液体アンモニアに溶解したナトリウムは溶媒との強い水素結合のため NH_4^+ とは反応しない．

11・6 Z. Jedlinski と M. Sokol は非水超分子系溶液へのアルカリ金属の溶解度を述べている〔*Pure. Appl. Chem.*, **67**, 587 (1995)〕．彼らはアルカリ金属をクラウンエーテルやクリプタンドを含む THF に溶かした．18-クラウン-6 配位子の構造を描け．溶解過程として考えられる反応式を示せ．アルカリ金属溶液の調製に用いられる二つの方法を大まかに説明せよ．溶液の安定性に及ぼす要因は何か．

11・7 アルカリ金属ハロゲン化物は，塩を対象とした固相のダイトピックレセプターによって水溶液から単離できる〔J. M. Mahoney, A. M. Beatty, B. D. Smith, *Inorg. Chem.*, **43**, 7617 (2004) 参照〕．(a) ダイトピックレセプターとは何か．(b) 水溶液中のアルカリ金属イオンの単離における選択性の順序はどのようになるか．(c) 固相からの単離における選択性の順序はどのようになるか．(d) 観察される選択性の順序を説明せよ．

11・8 クラウンエーテル誘導体の分子構造はアルカリ金属イオンの捕獲と輸送において重要な役割を演じる．K. Okano らは，水溶液とアセトニトリル溶液中での 12-クラウン-O3N[†] とその Li^+ 錯体との安定な立体配座を研究した〔K. Okano, H. Tsukube, K. Hori, *Tetrahedron*, **60**, 10877 (2004) 参照〕．

(a) 著者らは研究において，どのような三つのプログラムを用い，それぞれのプログラムでは何を計算したか．
(b) 水溶液 (i) およびアセトニトリル溶液 (ii) 中で，最も安定な Li^+ 錯体は何であることが明らかにされたか．

[†] 訳注: 12-クラウン-O3N の構造を下図に示す．

12　2 族 元 素

A: 総論
- 12・1　元素
- 12・2　単純な化合物
- 12・3　ベリリウムの特異な特性

B: 各論
- 12・4　産出と単離
- 12・5　単体と化合物の用途
- 12・6　水素化物
- 12・7　ハロゲン化物
- 12・8　酸化物，硫化物，水酸化物
- 12・9　窒化物と炭化物
- 12・10　オキソ酸塩
- 12・11　溶解度，水和とベリリウム酸塩
- 12・12　配位化合物
- 12・13　有機金属化合物

参考書
練習問題
演習問題

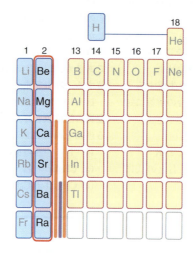

本章では2族元素の産出と単離について調べ，2族元素の単純な化合物，錯体，有機金属化合物の化学的性質を学ぶ．章全体にわたって2族元素を1族元素と比較して述べる．ベリリウムが他の2族元素と化学的性質がどのように異なるか示す．いくつかのカルシウム化合物の不溶性がいかに多くの無機質（鉱物）の存在に関連しているかを理解し，このような鉱物が，人工建造物の原材料を供給し，多くの生体の硬質組織を形成する化合物の構造単位でもあることを学習する．

カルシウム，ストロンチウム，バリウム，ラジウムは**アルカリ土類金属**（alkaline earth metal）として知られる元素である．この術語を2族元素すべてに当てはめることもよくある†．すべての単体は銀白色の金属であり，それらの化合物の結合は，イオンモデルで説明される（§3・9）．ベリリウムの化学的性質の特徴のいくつかはその共有結合性から半金属（メタロイド）元素により近い．2族の単体は1族より硬く，密度が高く，反応性に乏しいが，それでも多くの典型的な金属より反応しやすい．ベリリウムやマグネシウムの軽い元素は，いくつかの錯体ならびに有機金属化合物をつくる．

A: 総論
この章の最初の節では，2族元素の基本的な特徴をまとめる．

12・1 元素

要点　2族の単体の化学的性質に影響する最も重要な因子はイオン化エネルギーとイオン半径である．

ベリリウムは半貴石の鉱物であるベリル（緑柱石）$Be_3Al_2(SiO_3)_6$として自然界に存在する．マグネシウムは地殻中に8番目に多く存在する元素であり，海中では3番目に多く存在する．商業的には，海水あるいは苦灰石（ドロマイト）$CaCO_3 \cdot MgCO_3$から分離される．カルシウムは，地殻中では5番目に多く存在する元素であるが，$CaCO_3$の溶解度が低いために海水中では8番目となる．カルシウムは，

---

† 訳注: 定義としては，アルカリ土類金属は2族のうち，ベリリウム，マグネシウムを除いたカルシウム，ストロンチウム，バリウム，ラジウムの4元素をさす場合があるが，本文のように，前者を含んで言うこともある．

表 12・1 2 族元素の性質

	Be	Mg	Ca	Sr	Ba	Ra
金属結合半径 /pm	112	160	197	215	224	220
イオン半径, $r(M^{2+})$/pm (配位数)	27 (4)	72 (6)	100 (6)	126 (8)	142 (8)	170 (12)
第一イオン化エネルギー, I_1/(kJ mol^{-1})	899	737	589	549	502	510
$E^{\ominus}(M^{2+}/M)$/V	−1.97	−2.36	−2.84	−2.89	−2.92	−2.92
密度 /(g cm^{-3})	1.85	1.74	1.54	2.62	3.51	5.00
融点 /°C	1280	650	850	768	714	700
$\Delta_{hyd}H^{\ominus}$/(kJ mol^{-1})	−2500	−1920	−1650	−1480	−1360	——
$\Delta_{sub}H^{\ominus}$/(kJ mol^{-1})	321	150	193	164	176	130

石灰石，大理石，白亜中に炭酸塩として広く存在する．貝殻やサンゴなどの生体鉱物(biomineral)の主成分でもある．カルシウム，ストロンチウム，バリウムは，それらの溶融塩化物の電気分解により分離することができる．ラジウムはウラン鉱物から分離され，その同位体は放射性である．

1 族と比べて 2 族の単体では機械的な硬さが増す．これは 2 族では金属結合が強くなることを示しており，結合に寄与する電子の数が増えることに起因する(§3・19)．2 族元素の原子半径は 1 族元素より小さい．原子半径の減少により，2 族では密度が高く，イオン化エネルギーも大きくなる(表 12・1)．2 族のイオン化エネルギーは族の下方に行くほど減少する(図 12・1)．これは下方ほど原子半径が大きいからである．また，族の下の方ほど +2 のイオンが生成しやすく，元素の反応性は増し，元素はより陽性となる．イオン化エネルギーの減少は M^{2+}/M 系の標準電位の傾向に反映される．族の下方になるほど標準電位はより負になり，金属は容易に酸化されるようになる．したがって，カルシウム，ストロンチウム，バリウムは冷水と容易に反応するが，マグネシウムは温水としか反応しない．

$$M(s) + 2H_2O(l) \longrightarrow M(OH)_2(aq) + H_2(g)$$

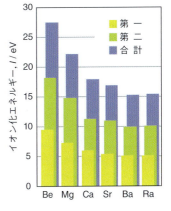

図 12・1 2 族の第一，第二，全イオン化エネルギーの変化

バリウムとラジウム以外のすべての元素は六方最密構造である．バリウムとラジウムはより隙間の多い体心立方構造である．密度は，(1 族の元素とは異なり) Be, Mg, Ca の順で減少する．このことは，2 族元素がより強固な金属結合を形成することで，軽い元素ほど金属-金属距離が小さくなり(たとえば，ベリリウムでは 225 pm)，単位格子が小さいためである．ベリリウムは，表面に BeO を形成して不動態化することで大気中では不活性である．マグネシウムとカルシウムは大気中では，酸化層が形成し表面がくもる．しかし，加熱することで，完全に酸化物か窒化物へと燃焼する．ストロンチウムとバリウムは大気中では発火するので，炭化水素油中に保存する．

1 族元素(§11・1)と同様に，重い 2 族元素やその化合物の存在は，炎色試験により確認できる．

Ca	Sr	Ba	Ra
橙赤色	やや紫がかった深紅	黄緑色	深紅

2 族の化合物は花火の発色に用いられる．

12・2 単純な化合物

要点 二元系化合物中の 2 族元素はカチオンであり,大部分はイオン結合を形成する.

2 族のすべての元素は単純な化合物中では M^{II} として存在し,ns^2 価電子配置である.Be 以外では大部分がイオン結合性である.Be 以外の 2 族元素はイオン性水素化物(塩)を形成する.アニオンは水素化物イオン H^- である.対照的に水素化ベリリウムは,BeH_4 四面体が連結した三次元ネットワークをから成る.水素化マグネシウム MgH_2 は 250 ℃ 以上に加熱することで水素を失うので,水素貯蔵材料としての研究が進められている.これらの水素化物は水と反応して水素ガスを生成する.

すべての元素は直接結合することで,ハロゲン化物 MX_2 を形成する.Be 以外の元素のハロゲン化物は一般的には溶液中で,金属水酸化物や炭酸塩をハロゲン化水素酸〔$HX(aq)$, $X = Cl, Br, I$〕と反応させて得られる含水塩を脱水することで得られる.大きなカチオン(Ca, Sr, Ba)のフッ化物は,8:4 配位の蛍石型構造(図 12・2)であるが,より小さな Mg のフッ化物である MgF_2 結晶は 6:3 配位のルチル型構造である.ベリリウムのハロゲン化物では,四面体が稜あるいは頂点を共有した共有結合性ネットワークを形成する.

酸化ベリリウム BeO は,白色,不溶性の固体で,小さな Be^{2+} イオンから期待されるように,4:4 配位構造をもつウルツ鉱型構造である.ベリリウム以外の 2 族元素の酸化物は,すべて 6:6 配位の塩化ナトリウム型構造をとる.酸化マグネシウムは不溶性であるが,水と徐々に反応して $Mg(OH)_2$ を形成する.同様に CaO は水と反応して,半溶性の $Ca(OH)_2$ を生じる.Sr と Ba の酸化物である SrO と BaO は水に溶解し,強塩基性の水酸化物溶液を生じる.

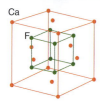

図 12・2* CaF_2, SrF_2, BaF_2, $SrCl_2$ の蛍石型構造

$$BaO(s) + H_2O(l) \longrightarrow Ba^{2+}(aq) + 2\,OH^-(aq)$$

水酸化マグネシウム $Mg(OH)_2$ は塩基性であるが溶解度は高くない.水酸化ベリリウム $Be(OH)_2$ は両性であるが,強塩基性溶液中では四水酸化ベリリウム酸イオン $[Be(OH)_4]^{2-}$〔最近,$SrBe(OH)_4$ として単離された〕を生じる.

$$Be(OH)_2(s) + 2\,OH^-(aq) \longrightarrow [Be(OH)_4]^{2-}(aq)$$

元素の直接反応により,Be を除くすべての元素で閃亜鉛鉱型(図 3・34)の硫化物を合成できる.逆蛍石型構造の炭化ベリリウム Be_2C は,形式的に Be^{2+} と C^{4-}〔炭化物(4−)〕イオンから形成される.その他の元素の炭化物は化学式 MC_2 で表され,二炭化物(アセチリド)アニオン C_2^{2-} をもち,水と反応してエチン C_2H_2 を生じる.Mg から Ra の間の元素は,加熱して窒素と直接反応させることで,窒化物 M_3N_2 を生じる.この窒化物は水と反応してアンモニアを生じる.

フッ化物を例外とはするが,1 価の電荷をもつアニオンとの塩は,一般に水に可溶である.再度述べるが,Be^{2+} イオンの分極能が大きいことから,水溶液中では $[Be(OH)(OH_2)_3]^+$ と H_3O^+ が生じて,加水分解する.ハロゲン化ラジウムの溶解性はこの族の中では最も低く,分別結晶を利用したラジウムの精製に利用される.一般に 2 族の塩は,2 価に帯電したイオンが存在することによる大きな格子エンタルピーの効果により,1 族の塩と比べてはるかに水に溶けにくい.特に,電荷の大きなアニオンと組合わせた炭酸塩,硫酸塩,リン酸塩は,不溶性や難溶性を示す.

2 族元素の炭酸塩や硫酸塩は,自然の水系や岩石の形成あるいは強固な構造を形成する際において重要な役割を果たす.2+ イオンと 2− イオンにより形成される構造は格子エンタルピーが大きく,炭酸塩や硫酸塩は不溶性である.より電荷の小さな HCO_3^- を形成する雨水のように,CO_2 を水に溶解することで,炭酸カルシウ

ムの溶解度が向上する．水の"一時硬度†"はマグネシウムやカルシウムの炭酸水素塩の存在に起因する．すなわち，炭酸水素塩の溶液を煮沸することでカチオンが炭酸塩として沈殿する．生命体における，貝殻，骨，歯などの強固な生体材料の構築には，炭酸カルシウムが広く利用されている（§26・17）．アルカリ土類炭酸塩を加熱すると，酸化物へと分解する．この分解プロセスには，Sr や Ba の炭酸塩の場合は，800 ℃ 以上の高温が必要である．建築業で漆喰として広く利用されている硫酸カルシウムは自然界ではセッコウ（硫酸カルシウム二水和物である $CaSO_4 \cdot 2H_2O$）として得ることができる．

2 族のカチオンは荷電した多座配位子と錯体を形成する．一例として，分析化学で重要なエチレンジアミンテトラアセタト（edta，表 7・1 参照）があげられる．最も重要な大環状錯体としてはクロロフィルがあり，Mg のポルフィリン錯体は光合成に利用されている（§26・2，§26・10）．

ベリリウムは多様な有機金属化合物を形成する．アルキルハロゲン化マグネシウムあるいはアリルハロゲン化マグネシウムはグリニャール試薬としてよく知られており，アルキルアニオンあるいはアリルアニオン源として作用することから，有機合成化学で広く用いられている．

† 訳注：炭酸塩の濃度のこと．煮沸すると沈殿するのでこのように呼称される．

12・3 ベリリウムの特異な特性

要点 ベリリウムの化合物は高い共有結合性を示す．ベリリウムはアルミニウムと顕著な対角関係が見られる．

イオン半径 27 pm の小さな Be^{2+} イオンは，その大きさのために大きな電荷密度や分極能をもつため，Be の化合物は高い共有結合性を示す．Be イオンは強ルイス酸としてふるまう．この小さな原子で知られている一般的な配位数は 4 であり，四面体配置をとる．Be 以外の同族元素はたいてい六配位あるいはそれ以上の配位数である．これらの特性のいくつかをまとめると

- ハロゲン化ベリリウム $BeCl_2$，$BeBr_2$，BeI_2 や水素化ベリリウム BeH_2 などの化合物中では高い共有結合性を示す．
- 分子化合物〔たとえば $Be_4O(O_2CCH_3)_6$〕を形成して，高い錯体形成傾向を示す．
- 水溶液中のベリリウム塩の加水分解により $[Be(OH)(OH_2)_3]^+$ と酸性溶液を生じる．含水性のベリリウム塩は加水分解において単純に水を失うのではなく，ベリリウムのオキソ塩あるいはヒドロキソ塩を生じる．
- Be の酸化物やカルコゲン化物はより方向性の強い 4:4 配位構造をとる．
- ベリリウムは多くの安定な有機金属化合物〔メチルベリリウム $Be(CH_3)_2$，エチルベリリウム，t-ブチルベリリウム，ベリロセン $(C_5H_5)_2Be$〕を形成する．

もう一つのベリリウムの重要な特徴は，アルミニウムと顕著な対角性を示すことである（§9・10）．

- ベリリウムとアルミニウムは共有結合性の水素化物，ハロゲン化物をつくる．他の 2 族元素の同様の化合物は主としてイオン性である．
- 酸化ベリリウムと酸化アルミニウムは両性で，他の 2 族元素の酸化物は塩基性である．
- 過剰な OH^- イオンが存在すると，ベリリウムとアルミニウムはそれぞれ $[Be(OH)_4]^{2-}$ および $[Al(OH)_4]^-$ を生成する．マグネシウムは OH^- イオンと反応しない．

- どちらの元素も四面体が結合した構造である．Be は構造単位として $[BeO_4]^{n-}$ および $[BeX_4]^{n-}$ 四面体（X＝ハロゲン化物イオン）を形成する．アルミニウムは $[AlO_4]^{n-}$ を含む多くのアルミン酸塩やアルミノケイ酸塩を形成する．
- ベリリウムとアルミニウムは C^{4-} イオンを含む炭化物を生成し，これは水との反応でメタンを生じる．他の2族元素の炭化物は C_2^{2-} イオンを含み，水との反応でエチン（アセチレン）を発生する．
- Be と Al のアルキル化合物は，M－C－M 架橋を含んだ電子欠乏性化合物である．

Be と Zn の間にも化学特性の類似性が見られる．たとえば，Zn は強塩基に溶解して亜鉛酸塩を生じる．また $[ZnO_4]^{n-}$ 四面体同士が結合した構造が一般的である．

B：各 論

この節では2族元素の化学についてより詳細に議論する．一般にこれらの元素による化合物はイオン結合性を示す（常に Be は独自の特性を示すこと覚えておく必要がある）ので，一般に2族元素の特性はイオンモデルで説明が可能である．

12・4 産出と単離

要点 マグネシウムは工業的規模で単離される唯一の2族の単体である．マグネシウム，カルシウム，ストロンチウム，バリウムは溶融した塩化物から単離される．

ベリリウムは半貴石の鉱物であるベリル（緑柱石） $Be_3Al_2(SiO_3)_6$ として自然界に存在する．この鉱物名からベリリウムの名がある．宝石であるエメラルドの原石の構造もベリルが元になっており，エメラルドでは少量の Al^{3+} が Cr^{3+} と置き換わっている．ベリルをヘキサフルオロケイ酸ナトリウム Na_2SiF_6 とともに加熱すると BeF_2 が得られ，それをマグネシウムで還元するとベリリウムの単体が生じる．

マグネシウムは地殻中に8番目に多く存在する元素である．マグネシウムは天然には苦灰石（ドロマイト） $CaCO_3 \cdot MgCO_3$ および菱苦土石（マグネサイト） $MgCO_3$ など多くの鉱物として存在する．海水中では3番目に多く含まれる元素（Na, Cl についで多い）で，工業的には海水から単離される．1L の海水には1g 以上のマグネシウムイオンが含まれる．海水から単離できるのは水酸化マグネシウムが水酸化カルシウムより溶けにくいためで，これは1価のアニオンの塩の溶解度は族の下方ほど増加することによる（§12・11）．CaO（生石灰）あるいは $Ca(OH)_2$（消石灰）が海水に加えられると，$Mg(OH)_2$ が沈殿する．水酸化物は塩酸で処理すると塩化物に変わる．

$$CaO(s) + H_2O(l) \longrightarrow Ca^{2+}(aq) + 2\,OH^-(aq)$$
$$Mg^{2+}(aq) + 2\,OH^-(aq) \longrightarrow Mg(OH)_2(s)$$
$$Mg(OH)_2(s) + 2\,HCl(aq) \longrightarrow MgCl_2(aq) + 2\,H_2O(l)$$

その後，塩化マグネシウムの溶融塩（融解塩）の電気分解（溶融塩電解）によってマグネシウムが単離される．

カソード（陰極）： $Mg^{2+}(aq) + 2\,e^- \longrightarrow Mg(s)$
アノード（陽極）： $2\,Cl^-(aq) \longrightarrow Cl_2(g) + 2\,e^-$

マグネシウムは苦灰石（ドロマイト）からも単離される．苦灰石を空気中で加熱すると酸化マグネシウムと酸化カルシウムが得られる．この混合物をフェロシリコン（FeSi）とともに加熱するとケイ酸カルシウム Ca_2SiO_4，鉄，マグネシウムが生じる．工程中の作業温度は高温なのでマグネシウムは液体であり，蒸留によって分けることができる．

マグネシウムの製造におけるおもな問題点は，水および大気中の水分や酸素に対するマグネシウムの高い反応性である．他の多くの反応性に富む金属をつくる工程で不活性雰囲気を得るために窒素を用いることが一般的であるが，マグネシウムは窒素と反応して窒化物 Mg_3N_2 を生成するため使用できない．窒素に代わるものとして MgO の形成を阻害する六フッ化硫黄や三酸化硫黄が用いられる．高温や液体のマグネシウムは，酸素や水に対する反応性がきわめて高いが，固体のマグネシウムは表面に不活性な酸化物の不動態化皮膜ができるので安全に取扱うことができる．

カルシウムは地殻中には5番目に多く存在する元素であり，石灰岩 $CaCO_3$ として広く分布する．"カルシウム"の名称はラテン語で"石灰"を意味する *calx* に由来する．海水中のカルシウムの濃度は，マグネシウムより低い．このことは，$CaCO_3$ は $MgCO_3$ よりも溶解度が小さいことと，海洋生物がカルシウムをはるかに多く利用しているためである．カルシウムは骨，貝殻，歯など生体の無機質の主成分であり，細胞のシグナル伝達過程（高等生物の酵素におけるホルモンによるあるいは電気的な活性化のような）において中心的な役割を果たす（§26・4，§26・17）．平均

的な成人に含まれるカルシウムの量は約 1 kg である．カルシウムはシュウ酸イオンに強く結合して，不溶性の $Ca(C_2O_4)$ を生じる．肝臓内でこの反応が進行すると肝臓結石となる．

　カルシウムは塩化物の溶融塩を電気分解（溶融塩電解）することにより単離される．塩化物自体は炭酸ナトリウムを製造するソルベー法（アンモニアソーダ法）の副生物として得られる（§11・11）．カルシウムは空気中で変色し，加熱すると発火して酸化物や窒化物を生じる．ストロンチウムは，それを含む鉱石が初めて見つけられたスコットランドの Strontian 村にちなんで命名されている．ストロンチウムは $SrCl_2$ の溶融塩電解か，アルミニウムによる SrO の還元によって単離される．

$$6 SrO(s) + 2 Al(s) \longrightarrow 3 Sr(s) + Sr_3Al_2O_6(s)$$

金属ストロンチウムは水と激しく反応し，微細な粉末状のものは空気中で発火する．まず，SrO を生成し，燃焼することで窒化物 Sr_3N_2 を形成する．バリウムは塩化物の溶融塩電解か，アルミニウムによる BaO の還元によって単離される．バリウムは非常に激しく水と反応し，空気中ではきわめて容易に発火する．

　ラジウムの同位体はすべて放射性である．ラジウムはα壊変，β壊変，γ壊変を起こし，その半減期は 42 分から 1599 年にまでわたっている．ラジウムは 1898 年に Pierre Curie と Marie Curie によりウランを含む鉱物のピッチブレンド（閃ウラン鉱）から骨の折れる単離操作を経て発見された．ピッチブレンドは多くの元素を含む複雑な鉱物で，10 t の鉱石中に約 1 g のラジウムが含まれる．Curie 夫妻は 0.1 g の $RaCl_2$ を単離するのに 3 年を費やした．

12・5　単体と化合物の用途

　要点　マグネシウムは生体の機能において非常に重要であり，主として花火の製造，合金，一般的な医薬品に用いられる．カルシウムの化合物は建築物に広く利用されている．マグネシウムとカルシウムは，生体機能にきわめて重要である．

　ベリリウムは表面に不活性な酸化物の不動態化皮膜が生じるため空気中では反応性がない．これによりベリリウムは耐食性がきわめて高い．耐食性に優れることと，最も軽い金属の一つであることから，ベリリウムは精密機器，航空機，ミサイルに使われる合金としての用途がある．原子番号が小さい（電子数が少ない）ので，X 線に対する高い透過性を示し，X 線源の窓材として利用されている．銅やアルミニウムとベリリウムの合金は優れた疲労耐性あるいはバネや負荷がかかる機能において優れた破壊耐性を示すので，自動車の緩衝装置や電気機械デバイスあるいはコンピューターのキーボードやプリンターのバネに利用されて

いる．ベリリウムの原子核は弱い中性子吸収体であり，金属ベリリウムは融点が高いので，原子核反応の減速材（非弾性衝突により動きの速い中性子を減速する）としても利用される．

　マグネシウムのほとんどの応用では，軽合金の生成（とりわけアルミニウムとの合金）が利用されている．この軽合金は航空機のように重量が問題となる構造物に広く利用されている．マグネシウム-アルミニウム合金は以前は軍艦に用いられたが，ミサイルの攻撃を受けると非常に燃えやすいことが明らかとなった．マグネシウムの用途のいくつかは，金属マグネシウムが空気中で強い白色の炎を上げて燃焼することに基づいている．花火や閃光信号がそれである．

　酸化ベリリウムはきわめて毒性が高く，吸入すると発がん性があり，溶解性のベリリウム塩はわずかに毒性があるので，ベリリウム化合物の工業的な応用は限られている．高い熱伝導性が求められるような高容量電気デバイスの絶縁材として BeO は利用されている．マグネシウム化合物の応用には，消化不良の一般的な医薬である"マグネシア乳" $Mg(OH)_2$ や，便秘の治療，下剤，ねんざや打撲の浸液など広く治療薬として用いられる"エプソム塩" $MgSO_4 \cdot 7H_2O$ がある．酸化マグネシウム MgO は炉の内張り用の耐火レンガとして使われる．有機マグネシウム化合物はグリニャール試薬として有機合成で広く用いられる（§12・13）．

　カルシウムの化合物は単体そのものよりずっと有用である．酸化カルシウム（石灰あるいは生石灰として）はモルタルやセメントの主成分で（BOX 12・1），また製鉄業や製紙業でも用いられる．硫酸カルシウム二水和物 $CaSO_4 \cdot 2H_2O$ は石膏（せっこう）ボードとして建築資材に広く用いられている．無水 $CaSO_4$ はよく知られた乾燥剤である．炭酸カルシウムはソルベー法（§11・11）による炭酸ナトリウムの製造に利用され（米国は例外で，炭酸ナトリウムはトロナ[†] として採掘される），CaO の製造の原料でもある．フッ化カルシウムは不溶性で，広い波長範囲にわたって透過率が高く，赤外および紫外分光計のセルや窓に用いられる．

　ストロンチウムは花火の製造（BOX 12・2）やカラーテレビ用ブラウン管のガラスに用いられる．バリウム化合物は，バリウムに含まれる電子の数が多いため，X 線を効果的に吸収する．それゆえ，腸管を検査するための"バリウム粥"や"バリウム浣腸剤"として用いられる．バリウムは毒性が強いので，溶解度の小さい硫酸塩がこのような応用に使われる．炭酸バリウムはガラスの製造や，うわぐすり（釉）の流動性を増すための融剤として利用される．炭酸バリウムは殺鼠剤にもなる．硫化バリウムは無駄毛を除

[†] 訳注: ナトリウムを含む鉱物の一種で，主成分は $Na_2CO_3 \cdot NaHCO_3 \cdot 2H_2O$ である．

BOX 12・1 セメントとコンクリート

セメントは石灰石と，粘土，頁岩，砂といったアルミノケイ酸塩の原料とを一緒に粉砕し，ロータリーキルン（セメント用の回転窯）を用いて混合物を 1500 ℃ まで加熱することによってつくられる．最初の重要な反応は，キルン（炉）の低温部分（900 ℃）で起こる石灰石の煆焼（高温まで加熱して物質を酸化あるいは分解し，粉体に変える過程）であり，炭酸カルシウム（石灰石）は酸化カルシウム（石灰）に分解し，二酸化炭素が放出される．さらに高温になると酸化カルシウムはアルミノケイ酸塩やケイ酸塩と反応して溶融状態の Ca_2SiO_4, Ca_3SiO_5, $Ca_3Al_2O_6$ が生成する．これらの化合物の含有率が最終的なセメントの性質を決める．化合物は冷却されると固化し，クリンカー（clinker）とよばれる塊状の物質になる．クリンカーは粉砕されて細かい粉末になり，これに少量の硫酸カルシウム（セッコウ）を添加してポルトランドセメントがつくられる．

コンクリートは，砂，砂利，または粉砕した石と水をセメントと混合して製造する．特性を引き出すために少量の添加物を加えることが多い．たとえばフェノール樹脂のような高分子物質を加えて流動性や分散性を改善したり，界面活性剤を添加して霜害に対する抵抗性を増したりする．セメントに水が加えられると複雑な水和反応が起こり $Ca_3Si_2O_7 \cdot H_2O$, $Ca_3Si_2O_7 \cdot 3H_2O$, $Ca(OH)_2$ といった水和物が生じる（下式）．

水和物はゲルやスラリー（訳注：粘土や微粉砕した石炭などの固体粒子が高濃度で分散した懸濁液）を形成し，これらが砂や骨材（砂利や砕石）の表面を薄く覆ったり，隙間を埋めたりして，固いコンクリートを生成する．コンクリートの性質は，用いるセメントに含まれるケイ酸カルシウムとアルミノケイ酸カルシウムの相対的な量，添加物，水和の程度を決定する水の量によって決まる．

セメントの製造に用いられる原料は痕跡量の硫酸ナトリウムと硫酸カリウムを含むことが多く，水和過程で水酸化ナトリウムと水酸化カリウムが生じる．これらの水酸化物は，年月を経た多くのコンクリート製の構造物のひび割れ，膨張，変形の原因となる．水酸化物は骨材との一連の複雑な反応によりアルカリケイ酸塩のゲルをつくる．このゲルは吸湿性で，水を吸収すると膨張し，コンクリートの内部に応力を生み出すのでひび割れや変形が起こる．この"アルカリ骨材反応"がコンクリートにどの程度の影響を及ぼすかについては，現在，製造したコンクリート中のアルカリの総濃度を計算することによってモニタリングが行われ，影響を最小限にとどめるための方策が整理されている．たとえば，石炭を用いる火力発電所の廃棄物として生じる"フライアッシュ（飛灰）"を混合物に加えると問題は低減される．

$$2\,Ca_2SiO_4(s) + 2\,H_2O(l) \longrightarrow Ca_3Si_2O_7 \cdot H_2O(s) + Ca(OH)_2(aq)$$

$$2\,Ca_2SiO_4(s) + 4\,H_2O(l) \longrightarrow Ca_3Si_2O_7 \cdot 3H_2O(s) + Ca(OH)_2(aq)$$

く脱毛剤として使用される．硫酸バリウムは純白で，可視光域に電磁波の吸収がないため，紫外-可視分光法の標準試料として用いられる（§8・3）．

ラジウムは発見後すぐ悪性腫瘍の治療に用いられた．その化合物はラドンの前駆体として現在でも同様の応用に用いられている．蛍光性のラジウム塗料はかつて置き時計や腕時計の文字盤に広く使用されていたが，より危険性の低い化合物に置き換わっている．

マグネシウムとカルシウムは生物学的にきわめて重要である．マグネシウムはクロロフィルの一成分として含まれるばかりでなく，ATP（アデノシン三リン酸，§26・2）など生物学的に重要な多くの配位子の配位を受ける．マグネシウムは人間の健康に欠かせない必須元素であり，多くの酵素の活性に寄与している．成人が摂取すべき量は1日当たり約0.3 gであり，平均的な成人の体内には約25 gのマグネシウムが含まれる．カルシウムの生物無機化学については，§26・4で議論する．

12・6 水素化物

要点 ベリリウム以外のすべての2族元素は塩類似水素化物をつくる．ベリリウムは共有結合性の重合体をつくる．

ベリリウムを除く2族元素は，1族元素と同じように，H^- イオンを含むイオン性の塩類似水素化物をつくる．水素化物は金属と水素の直接の反応で生成する．水素化ベリリウムは共有結合性で，アルキルベリリウムから調製できる（§12・13）．水素化ベリリウムは橋かけ水素原子による鎖状構造をもっている（図12・3）．長年信じられてきたように直鎖構造ではない．

より重い元素のイオン性の水素化物は水と激しく反応して水素ガスを発生する．

$$MgH_2(s) + 2\,H_2O(l) \longrightarrow Mg(OH)_2(s) + 2\,H_2(g)$$

この反応は1族元素ほどは激しくないので，2族元素の水素化物は燃料電池における便利な水素発生源として用いら

れる．水素貯蔵の場合，逆反応により，室温付近で水素を取出す必要がある．水素化マグネシウムは，250 ℃ に加熱することで水素を失う．

$$MgH_2(s) \longrightarrow Mg(s) + H_2(g)$$

よって，可逆的な水素吸蔵過程となる．原子量の小さな Mg ($24.3\ g\ mol^{-1}$) から成る MgH_2 は優れた水素貯蔵材料の有力候補である．室温付近の分解温度を実現するために，異なる金属を添加した水素化マグネシウム錯体の利用が検討されており，ナノ粒子化や水素化マグネシウム核をもつ分子錯体が合成されている（BOX 12・3）．

水素化カルシウムは，アミン系溶媒の乾燥剤として利用される．$Ca(OH)_2$ と水素を形成することで，水を除去する．この水との反応を利用して，気象観測気球や救命ゴムボートを膨らませる際の便利な水素源として利用される．

12・7 ハロゲン化物

要点 ベリリウムのハロゲン化物は共有結合性である．BeF_2 以外のフッ化物はすべて水に不溶で，他のハロゲン化物はすべて水溶性である．

ベリリウムのハロゲン化物はすべて共有結合性である．フッ化物はガラス状の固体で，SiO_2（§14・10）と同じく温度に依存していくつもの相が現れる．フッ化ベリリウムは水に溶け，水和物 $[Be(OH_2)_4]^{2+}$ を生成する．フッ化ベリリウムは $(NH_4)_2BeF_4$ の熱分解により生成し，塩化ベリリウム $BeCl_2$ は酸化ベリリウムから下式のようにつくることができる．

$$BeO(s) + C(s) + Cl_2(g) \longrightarrow BeCl_2(s) + CO(g)$$

$BeCl_2$, $BeBr_2$, BeI_2 は，高温での単体同士の直接の反応によっても調製できる．

固体の $BeCl_2$ は重合した鎖状構造（**1**）をもつ．

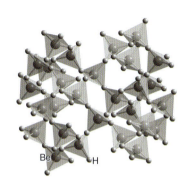

図 12・3 BeH_2 の構造

1 $(BeCl_2)_n$

BOX 12・2 花火と閃光信号

花火では発熱反応を利用して，熱，光，音を発生させている．一般に使われる酸化剤は硝酸塩と過塩素酸塩であり，これらは加熱すると分解して酸素を発生する．燃料は一般に，炭素，硫黄，粉末のアルミニウムかマグネシウム，ポリ塩化ビニル（PVC），デンプン，ゴムといった有機材料である．最も一般的な花火の成分は，硝酸カリウム，硫黄，木炭の混合物である煙硝あるいは黒色火薬で，酸化剤と燃料の両方を含む．色，閃光，煙，音といった特別な効果は，花火の火薬に添加物を加えることで得られる．2族元素は花火の色を出すために使われる．

緑色の炎を得るにはバリウム化合物を花火に加える．色の原因となる化学種は $BaCl^+$ であり，これは Ba^{2+} が Cl^- と結合すると生じる．Cl^- は，酸化剤である過塩素酸塩の分解や燃料である PVC の燃焼の際に生成する．

$$KClO_4(s) \longrightarrow KCl(s) + 2\,O_2(g)$$
$$KCl(s) \longrightarrow K^+(g) + Cl^-(g)$$
$$Ba^{2+}(g) + Cl^-(g) \longrightarrow BaCl^+(g)$$

$KClO_4$ とバリウム化合物の組合わせに代わって塩素酸バリウム $Ba(ClO_3)_2$ が用いられてきたが，これは衝撃や摩擦に対してあまりにも不安定である．また，硝酸ストロンチウムや炭酸ストロンチウムが $SrCl^+$ の生成に基づく赤色をつくり出すために用いられている．赤色を得るためには，塩化酸ストロンチウムや過塩素酸ストロンチウムが効果的であるが，これらは日常的な使用法でも衝撃や摩擦に対して非常に不安定である．

遭難時の閃光信号もストロンチウム化合物を利用する．硝酸ストロンチウムをおがくず，ろう，硫黄，$KClO_4$ と混ぜて，防水性の管に詰める．点火すると強い赤色の炎を伴う閃光が生じ，最長で30分にわたって続く．

粉末のマグネシウムは，燃料としてだけではなく最大の発光を得るためにも花火や閃光信号に加えられる．マグネシウムが強い白色光を発するだけではなく，酸化反応で生成した MgO の粒子が高温で白熱光を生じるために明るさが増す．

BOX 12・3　水素化マグネシウムから成る水素貯蔵材料

実際の運輸産業では，可逆的に水素を貯蔵できる材料の開発が強く求められている（BOX 10・4）．MgH$_2$ は 7.7 重量パーセントの水素を含有することが可能で，300 ℃ 以上で可逆的に水素を放出する．しかし，反応速度が遅い．

$$\text{MgH}_2(\text{s}) \rightleftharpoons \text{Mg}(\text{s}) + \text{H}_2(\text{g})$$

ボールミルを用いて粒子サイズを小さくする過程やフッ化物溶液で処理する際に，水素化遷移金属，たとえば Ti を TiH$_2$ として MgH$_2$ に添加することで，反応速度は大いに向上する．MgH$_2$ の分解反応の熱力学によると，Mg(s) の格子エンタルピー（$\Delta_L H = 147$ kJmol^{-1}）と比べて，MgH$_2$(s) の格子エンタルピー（$\Delta_L H = 2718$ kJmol^{-1}）は非常に大きく，この反応は正のエントロピー 74.4 kJmol^{-1} である．一方，水素放出に伴うエントロピー変化は反応進行に好ましい値である（$\Delta S = 135$ kJmol^{-1}）．これらの数値は，MgH$_2$ の分解が室温より著しく高い温度でなければ起こらないことを示している．そのため，バルク MgH$_2$ は，日常生活における雰囲気やその周辺では，可逆的水素貯蔵材料として用いることができない．

ところがサブナノメートルサイズ固体の MgH$_2$ あるいは (MgH$_2$)$_n$（$n < 20$）に対して理論計算を行った結果，粒子の大きな表面積により格子エンタルピーが減少することで，分解のエンタルピーが大きく減少することが明らかとなった．このことは，表面の原子は配位数が小さいために，ボルン・マイヤー式から格子エンタルピーが低下することにより説明できる（§3・12）．非常に小さな (MgH$_2$)$_n$ クラスターでは，分解温度がおよそ 200 ℃ 程度となることが示されている．実験的には，1〜10 nm 程度の MgH$_2$ ナノ粒子が，結晶子サイズ 1 μm 程度のバルク材料と比べてわずかに分解温度が低下することがわかった．

いわゆる "ボトムアップ" アプローチによる，サブナノメートル領域の大きさの水素化マグネシウム微粒子合成も試みられている．この手法では中心にマグネシウムと水素化物イオンをもつ分子が合成され，室温付近での可逆的な水素貯蔵の実現が期待されている．[Mg$_8$H$_{10}$]$^{6+}$ 核をもつ錯体が合成されている（**B1**）〔S. Harder, J. Spielmann, J. Intemann, H. Bandmann, *Angew. Chem. Int. Ed.*, **50**, 4156 (2011)〕．

B1

この分子は，結晶性の MgH$_2$ よりもはるかに低温の 200 ℃ で，完全に水素を放出する．

局所的な構造は Be 原子を中心としたほぼ正四面体で，結合は Be の sp^3 混成に基づくと考えられる．塩化物は三中心二電子（3c, 2e）共有結合をつくるうえで十分な電子密度をもっている．塩化ベリリウムはルイス酸であり，ジエチルエーテルのような電子対供与体と付加物を容易につくる（**2**）．気相では sp^2 混成に基づく二量体をつくる傾向がある（**3**）．温度が 900 ℃ 以上になると，直線状の単量体が生成する（**4**）．これは sp 混成を示唆する．

マグネシウムの無水ハロゲン化物は単体の直接の反応で生じる．水溶液からは水和物が得られ，水和物は加熱により部分的に加水分解する．ストロンチウムとバリウムの無水ハロゲン化物は水和物の脱水により得られる．族の下方になるほど溶解度は少し増加するものの，BeF$_2$ 以外のフッ化物は水にはわずかしか溶けない．Be から Ba に向かってカチオンのイオン半径は増すので，カチオンの配位数は 4 から 8 へ増加する．BeF$_2$ は SiO$_2$ と同様の構造をもつ（水晶のような 4:2 配位構造）．MgF$_2$ はルチル型構造（6:3）をとり，CaF$_2$, SrF$_2$, BaF$_2$ は蛍石型構造（8:4）をとる

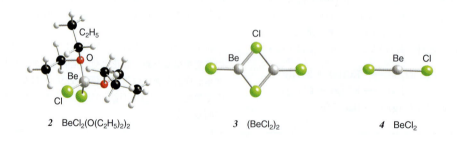

2 BeCl$_2$(O(C$_2$H$_5$)$_2$)$_2$　　　**3** (BeCl$_2$)$_2$　　　**4** BeCl$_2$

(§3・9). 2族の他のハロゲン化物は, ハロゲン化物イオンの分極率が大きくなるので層状構造をとる. 塩化マグネシウムは塩化カドミウム型の層状構造をもつ. 各層内では塩化物イオンが立方最密充塡となるように配列している(図12・4). MgI_2 と CaI_2 はヨウ化カドミウム型構造をとる. ここではヨウ化物イオンの層が六方最密充塡である.

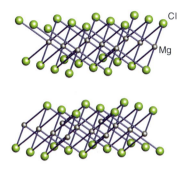

図 12・4 $MgCl_2$ がとる塩化カドミウム型構造

2族元素のフッ化物で最も重要なものは CaF_2 である. これの鉱物である蛍石は唯一の大規模なフッ素の原料である. 濃硫酸と蛍石を反応することで無水フッ化水素が調製できる.

$$CaF_2(s) + H_2SO_4(l) \longrightarrow CaSO_4(s) + 2\,HF(l)$$

2族元素の塩化物はすべて潮解性で水和物をつくる. 塩化物の融点はフッ化物より低い. 工業的には塩化マグネシウムが最も重要な塩化物である. 塩化マグネシウムは海水から単離され, 金属マグネシウムの製造に用いられる. 塩化カルシウムも非常に重要であり, 工業的に大量生産される. 潮解性があるため実験室での乾燥剤として広く用いられている. $MgCl_2$ と $CaCl_2$ は道路の凍結防止にも利用され, NaCl より二つの理由で優れている. まず, 溶解に伴い大きな熱が発生する.

$$CaCl_2(s) \longrightarrow Ca^{2+}(aq) + 2\,Cl^-(aq)$$
$$\Delta_{sol}H^{\ominus} = -82\,kJ\,mol^{-1}$$

発生した熱は氷の融解を促す. 第二に, 水に $CaCl_2$ を混ぜた寒剤の凝固点は $-55\,°C$ まで下がり, 水に NaCl を混ぜた $-18\,°C$ より低い. カルシウムとマグネシウムの塩化物は, NaCl よりも道路周辺の植物に対する毒性が低く, 鉄や鋼への腐食性も低い. 溶解による発熱は, 瞬間加熱容器や自動加熱の飲料容器などにも応用される.

大きな Ra^{2+} イオンの小さな水和エンタルピーのために, ラジウムのハロゲン化物はほとんど溶けない. $RaCl_2$ と $BaCl_2$ の 20 °C における溶解度は, それぞれ 〜200 g dm^{-3} と 〜350 g dm^{-3} である. この特性は, 分別晶出を用いて Ra^{2+} を Ba^{2+} と分離する際に用いられる.

例題 12・1 ハロゲン化物の性質を予測する

表1・7と図2・36のデータを用いて, CaF_2 が主としてイオン性であるか共有結合性であるかを予測せよ.

解 化合物を構成する二つの元素の電気陰性度を調査し, ケテラーの三角形 (§2・15) を用いて結合の種類を判別する. Ca と F のポーリングの電気陰性度の値はそれぞれ 1.00 と 3.98 である. それゆえ平均の電気陰性度は 2.49 で, その差は 2.98 である. 図2・36 のケテラーの三角形におけるこれらの値から, CaF_2 はイオン性であることがわかる.

問題 12・1 (a) $BeCl_2$ と (b) BaF_2 は, 主としてイオン性か共有結合性かを予測せよ. 得られた予測に基づいて二つの化合物の構造を議論せよ.

12・8 酸化物, 硫化物, 水酸化物

2族の単体は酸素と反応して酸化物を生成する. ベリリウム以外のすべての単体は不安定な過酸化物もつくる. Mg から Ra までの酸化物は水と反応して塩基性の水酸化物を生じる. BeO と $Be(OH)_2$ は両性である.

(a) 酸化物, 過酸化物と複合酸化物

要点 バリウム以外の2族の単体はすべて酸素と通常の酸化物を生成する. バリウムは過酸化物を生じる. 過酸化物はすべて酸化物に分解し, その安定性は族の下の方ほど増す.

酸素中でベリリウムに点火すると酸化ベリリウムが得られる. 酸化ベリリウムは白色で水に不溶の固体であり, ウルツ鉱型構造 (§3・9) をもつ. 融点が高く (2570 °C), 反応性が低いことに加えて, あらゆる酸化物中で最も熱伝導度が高いことから耐火物として利用されている. 吸入すると毒性が高く, 肺疾病の慢性ベリリウム症やがんを誘発する. 密度 (3.0 g cm^{-3}) が小さいことから, ちり粒子が大気中を長時間浮遊することで, この問題はより深刻化する. しかし, 焼結した塊状試料を用いる限り, BeO は多くの応用で安全に使用できる. 陽性の金属と組み合わせることで, K_2BeO_2 や $La_2Be_2O_5$ などの複合ベリリウム酸を形成する. これらの化合物は, ケイ酸塩と同様の構造で, BeO_4 四面体により構成されている.

2族の他の元素の酸化物は単体の直接の反応で得られる (バリウムは例外で, 過酸化物を生成する) が, より一般的には炭酸塩の分解により得られる.

$$MCO_3(s) \xrightarrow{\Delta} MO(s) + CO_2(g)$$

MgからBaまでの元素の酸化物はすべて塩化ナトリウム型構造（§3・9）をとる．カチオンのイオン半径が増すと格子エンタルピーは減少するので，族の下に行くほど融点は下がる．酸化マグネシウムは（BeOと同様）高融点（2852 °C）の固体であり，工業用の炉の内張り用の耐火物として利用される．BeOとMgOはどちらも電気伝導率が低く，熱伝導率がきわめて高い．この二つの性質のため，家庭用電気器具のヒーターの抵抗線として使われている．

酸化カルシウム（石灰あるいは生石灰）は製鉄業においてリン，ケイ素，硫黄を除去するために大量に用いられる．加熱するとCaOは熱ルミネセンスを示し，明るい白色光を発する〔そのため"石灰光（ライムライト）"とよばれる〕．酸化カルシウムは水溶性の炭酸塩や炭酸水素塩と反応して不溶性の$CaCO_3$を生じるので，硬水軟化剤として用いられる．CaOは水と反応して$Ca(OH)_2$を生じる．$Ca(OH)_2$は**消石灰**（slaked lime）として知られ，ガーデニングにおいて酸性の土壌の中和剤として使われる．

過酸化物であるSrO_2やBaO_2は，単体の直接反応で作製される．一方，MgやCaの過酸化物は不溶性であり，これらの金属の水溶液に，過酸化ナトリウムNa_2O_2を添加することで得ることができる．すべての過酸化物は強い酸化剤であり，分解して酸化物になる．

$$MO_2(s) \longrightarrow MO(s) + \tfrac{1}{2}O_2(g)$$

族の下になるほどカチオンのイオン半径が増加するので，熱分解に対する過酸化物の安定性も増加する．この傾向は，過酸化物と酸化物の格子エンタルピーと，それらのカチオンとアニオンのイオン半径比への依存性を考えることにより説明される．O^{2-}のイオン半径はO_2^{2-}より小さいので，酸化物の格子エンタルピーは対応する過酸化物より大きい．両者の格子エンタルピーの値はカチオンのイオン半径が大きくなるほど減少するので，族の下になるほど両者の差は小さくなる．そのため，カチオンが大きいほど過酸化物は熱分解しにくくなる．したがって，過酸化マグネシウムMgO_2は最も安定性の低い過酸化物で，酸素のその場での（*in situ*）供給源としてさまざまな応用で利用されている〔たとえば汚染された水路をきれいにするためのバイオレメディエーション（微生物を用いての浄化，危険廃棄物中の毒性化学薬品の分解）などである〕．CaO_2も水の殺菌や漂白剤として利用される．

例題 12・2　過酸化物の熱的安定性を説明する

過酸化物と酸化物の格子エンタルピーの差を，MgとBaについて計算せよ．得られた値について説明せよ．

解 表12・1のイオン半径と酸化物イオンと過酸化物イオンの半径（126 pmと180 pm）を用いて，式（3・4）のカプスティンスキー式から格子エンタルピーを算出する．過酸化物は単一のアニオンO_2^{2-}であることから，値を置き換えることでつぎの値が得られる．

	MgO	MgO_2	BaO	BaO_2
$\Delta_L H/(\text{kJ mol}^{-1})$	4037	3315	3147	2684
格子エンタルピー差 /(kJ mol^{-1})	722		463	

この計算結果から，酸化物と過酸化物の格子エンタルピーの差は，族の下の元素ほど小さくなることが確かめられる．

問題 12・2 CaOとCaO_2の格子エンタルピーを計算し，上記の傾向が正しいことを確かめよ．

重い2族元素は，ペロブスカイト$SrTiO_3$やスピネル$MgAl_2O_4$（§3・9）のような多くの複酸化物を生じる．Mg^{2+}（六配位構造で72 pm）からBa^{2+}（八配位あるいはそれ以上で142 pm）とイオン半径の範囲が広く，これらのイオンを含む多彩な構造の複酸化物が合成できる．強誘電体$BaTiO_3$や蛍光体$SrAl_2O_4$:Eu，あるいは$YBa_2Cu_3O_7$や$Bi_2Sr_2CaCu_2O_8$のような多くの高温超伝導体（§24・6）は，重要な複酸化物の例である．カチオンがどのような配位数をとるのかは固体化学では重要であり，多くの複酸化物の構造制御に利用される．配位数が12のペロブスカイト構造のAサイト（§3・9）を2価の金属で充填したい場合，Sr^{2+}やBa^{2+}が（$SrTiO_3$のように）一般に選択される．一方，スピネル構造（一般式AB_2O_4中の六配位Bサイト）の場合は，Mg^{2+}が選択できる（$GeMg_2O_4$のように）．

実例 2族元素のイオンによる配位数の制御は，超伝導相の$Tl_2Ba_2Ca_2Cu_3O_{10}$の構造を考察することで明瞭になる．大きなBa^{2+}イオンは，Ca^{2+}よりも高い酸素配位数を好むので，Ba^{2+}は九配位位置を独占的に占有し，Ca^{2+}は八配位位置を占有する．よって，置換位置が熱力学的に不利なため，$Tl_2Ca_2Ca_2Cu_3O_{10}$のように高配位数のBa^{2+}をCa^{2+}で置換したものを合成することはできない．

(b) 硫 化 物

要点 ほとんどの硫化物は塩化ナトリウム型構造であり，蛍光体に利用される．

ベリリウムの硫化物は閃亜鉛鉱型構造であるが，より重

い元素の硫化物は塩化ナトリウム型結晶構造である．硫化バリウムは，バライト $BaSO_4$ をコークスで還元して製造される．

$$BaSO_4(s) + 2\,C(s) \longrightarrow BaS(s) + 2\,CO_2(g)$$

硫化バリウムは強いりん光を発し，初の合成蛍光体である．ビスマスを添加したカルシウム/ストロンチウム硫化物は，寿命の長い蛍光体であり，暗闇でも発光する顔料として利用される．

例題 12・3　2族のカルコゲン化物の構造を予想する

CaSe の粉末X線回折パターンから，格子定数 592 pm の面心格子であることが示される．Ca^{2+} と Se^{2-} のイオン半径をそれぞれ 100 pm と 198 pm として，この化合物の構造を予想せよ．予想が観測結果と一致するか考察せよ．

解　CaSe のような二元系化合物は，§3・9 で示した単純な AX 型の構造のうちの一つをとることを思い出す必要がある．半径比則を用いて，どの構造がもっともらしいか考察する．AX 型構造のうち，塩化ナトリウム型と閃亜鉛鉱型の二つが面心格子に対応する．半径比は，(100 pm) / (198 pm) = 0.51 となるので，表 3・6 によれば塩化ナトリウム型が適合する．塩化ナトリウム型の格子定数は，図 3・30 に示している単位格子の一辺の長さに等しい．図から明らかなように，単位格子の一辺の長さはイオン半径の和 $r(Ca^{2+})+r(Se^{2-})$ の 2 倍に等しい．よって，格子定数は $2\times(100+198)=596$ pm となり，X線回折の結果とよく一致する．以上のことから，CaSe は塩化ナトリウム型構造である．

問題 12・3　BeSe の構造をイオン半径を用いて予想せよ．

(c) 水酸化物

要点　水酸化物の溶解度は族の下になるほど大きい．

水酸化ベリリウム $Be(OH)_2$ は両性を示し，Be^{2+} 水溶液に水酸化ナトリウムを添加して析出させる．水酸化物イオンを $Be(OH)_4$ 四面体で共有した無限鎖により構成される．2族元素の水酸化物はすべて酸化物と水との反応で生じる．族の下に行くほど，水酸化物はより塩基性になる．$Mg(OH)_2$ から $Ba(OH)_2$ にかけて水への溶解度は増加し，塩基性が増大する．水酸化マグネシウム $Mg(OH)_2$ は水にわずかに溶け，温和な塩基性溶液となる．これは，飽和溶液中の OH^- イオンの濃度が低いためである．水酸化カルシウム $Ca(OH)_2$ は $Mg(OH)_2$ より溶けやすいので，飽和水溶液はより高濃度の水酸化物イオンを含んでおり，溶液は中間的な強さの塩基と位置づけられる．$Ca(OH)_2$ の飽和水溶液は石灰水 (lime water) とよばれ，CO_2 の存在を確かめるために用いられる．CO_2 を石灰水に吹き込むと，白色沈殿の $CaCO_3$ が生成し，さらに CO_2 と反応すると $CaCO_3$ は再び溶けて炭酸水素イオンを生じる．

$$Ca(OH)_2(aq) + CO_2(g) \longrightarrow CaCO_3(s) + H_2O(l)$$
$$CaCO_3(s) + CO_2(g) + H_2O(l) \longrightarrow Ca^{2+}(aq) + 2\,HCO_3^-(aq)$$

水酸化バリウム $Ba(OH)_2$ は水溶性で，水溶液は強い塩基性とみなせる．

実例　$Mg(OH)_2$ のモル溶解度は 1.54×10^{-4} mol dm^{-3} である．よって，飽和水溶液中の OH^- イオンの濃度は，3.08×10^{-4} mol dm^{-3} である．§4・1b で述べたように $K_w=1.0\times10^{-14}$ なので，(理想溶液からのずれを無視すると) $[H_3O^+]=K_w/[OH^-]=3.25\times10^{-11}$ mol dm^{-3} である．モル濃度の活量がわかっていれば，この濃度では pH = 10.5 である．

例題 12・4　両性を示す水酸化ベリリウム

(i) 希硫酸，(ii) 水酸化ストロンチウム水溶液の溶液中の $Be(OH)_2$ の化学平衡式を書き記せ．また，(ii) の場合について，それぞれの 2 族元素の酸塩基挙動を説明せよ．

解
(i) $Be(OH)_2(s) + H_2SO_4(aq) + 2\,H_2O \longrightarrow Be^{2+}(aq) + [SO_4]^{2-}(aq) + 4\,H_2O(l)$

ここでは水酸化ベリリウムは塩基としてふるまい，硫酸塩が生じる．生成物は硫酸ベリリウム四水和物である．四つの水分子が Be^{2+} イオンに溶媒和している．

(ii) $Be(OH)_2(s) + Sr(OH)_2(aq) \longrightarrow SrBe(OH)_4(s)$

この反応では，水酸化ストロンチウムは強塩基として作用し，反応生成物として Sr^{2+} の塩〔共役酸は $Sr(OH)_2$〕と四水酸化ベリリウム酸イオン $[Be(OH)_4]^{2-}$ を生じる．この反応は，2 族元素の酸化物や水酸化物が，周期が下に行くほどより塩基性となる傾向を反映している．

問題 12・4　反応 (i) と (ii) で得られる生成物を 500 ℃ で加熱し，水を蒸発させた場合，生成物は何か．

12・9 窒化物と炭化物

要点 2族元素の窒化物と炭化物は，水と反応してそれぞれアンモニアとメタンあるいはエチンを生じる．

窒素中で加熱することによりすべての元素はM_3N_2組成の窒化物となる．これらは水と反応して，アンモニアと金属水酸化物を形成する．

$$M_3N_2(s) + 6H_2O(l) \longrightarrow 3M(OH)_2(s, aq) + 2NH_3(g)$$

マグネシウムは窒素中で燃焼して黄緑色のMg_3N_2を生じ，立方晶BNの合成触媒として利用される（§13・9）．窒化カルシウムCa_3N_2は水素ガスと400℃で反応して，CaNHとCaH_2を生成する．窒化ベリリウムは2200℃で融解し，耐火物として利用されている．

2族元素はすべて炭化物をつくる．炭化ベリリウムBe_2Cは炭化物イオンC^{4-}を含む．この化合物では共有結合性がいく分混じるが，逆蛍石型構造をもつ結晶性固体である（図12・5）．Mg, Ca, Sr, Baの炭化物はMC_2の組成式をもち，二炭化物（アセチリド）イオンC_2^{2-}を含む．Ca, Sr, Baの炭化物は，2000℃の炉内で酸化物あるいは炭酸塩を炭素とともに加熱すると得られる．

$$MO(s) + 3C(s) \longrightarrow MC_2(s) + CO(g)$$
$$MCO_3(s) + 4C(s) \longrightarrow MC_2(s) + 3CO(g)$$

すべての炭化物は炭化物イオンを含むことから水と反応して炭化水素を生成する．炭化ベリリウムからはメタンが生じるが，他の元素の場合はエチン（アセチレン）が生成する．

$$Be_2C(s) + 4H_2O(l) \longrightarrow 2Be(OH)_2(s) + CH_4(g)$$
$$CaC_2(s) + 2H_2O(l) \longrightarrow Ca(OH)_2(s) + C_2H_2(g)$$

メタンとエチンは可燃性である．後者は，火炎中に生成する白熱光を発する炭素粒子に起因して，明るい光を発して燃える．19世紀末にこの反応が見いだされたとき，炭化カルシウムは乗物用の照明として広い用途が見いだされ，夜間の運転がはじめて可能となった．採鉱業者のランプとしても使われていた．このランプは信頼性が高く，強い光を発するので，洞窟の研究者や探検家に利用された．

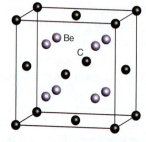

図12・5 Be_2Cがとる逆蛍石型構造

12・10 オキソ酸塩

2族元素のオキソ化合物で最も重要なものは，炭酸塩，炭酸水素塩，硫酸塩である．

(a) 炭酸塩と炭酸水素塩

要点 2族元素の炭酸塩は，$BeCO_3$を除くすべてがわずかしか水に溶けない．炭酸塩は加熱すると酸化物に分解する．分解は族の上方の元素で最も容易に起こる．炭酸水素塩は炭酸塩より水に溶けやすい．

炭酸ベリリウムは水と接触すると分解して，CO_2と$[Be(OH_2)_4]^{2+}$を生じ，Be^{2+}イオンの高い電荷密度と水和H_2O分子中のO-H結合の分極により直ちに加水分解される．

$$[Be(OH_2)_4]^{2+}(aq) + H_2O(l) \longrightarrow [Be(OH)(OH_2)_3]^+(aq) + H_3O^+(aq)$$

他の2族元素の炭酸塩はすべて水にはわずかしか溶けない．また，加熱により酸化物に分解する．

$$MCO_3(s) \xrightarrow{\Delta} MO(s) + CO_2(g)$$

分解の起こる温度はマグネシウムの350℃からバリウムの1360℃まで増加する（図12・6）．2族元素の炭酸塩は1族元素の炭酸塩と同じ熱的安定性の傾向を示す．このような傾向は§3・15で詳しく述べたように，格子エンタルピーの傾向，より基礎的にはイオン半径の傾向に基づいて説明できる．

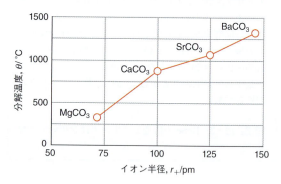

図12・6 2族の炭酸塩の分解温度のイオン半径に対する変化

炭酸カルシウムは2族元素のオキソ化合物の中では最も重要である．自然界には，石灰石，白亜，大理石，苦灰石（ドロマイト）（マグネシウムを含む）などとして，さらにはサンゴ，真珠，貝殻などとして存在する（図12・7およびBOX 12・4）．炭酸カルシウムは重要な生体鉱物であり，建築物や道路の建造において用いられる（BOX 12・5）．また，制酸薬，練り歯磨きやチューイングガムの研磨剤，骨密度を維持するための健康補助食品としても利用されて

いる．粉砕した石灰石は農業用石灰（agricultural lime）として知られ，酸性の土壌を中和するために使われる．

$$CaCO_3(s) + 2H^+(aq) \longrightarrow Ca^{2+}(aq) + CO_2(g) + H_2O(l)$$

炭酸カルシウムはわずかしか水に溶けないが，雨水のように CO_2 が溶解した水では溶解度は増加する．したがって，石灰石がより水溶性の炭酸水素塩に変わる反応により浸食を受けて洞窟ができあがる．

$$CaCO_3(s) + H_2O(l) + CO_2(g) \longrightarrow Ca^{2+}(aq) + 2HCO_3^-(aq)$$

この反応は可逆的で，時間の経過とともに炭酸カルシウムの鍾乳石や石筍が形成される．

アニオンである炭酸水素イオンの電荷密度が炭酸イオンより低いため，2族元素の炭酸水素塩はこれらのイオンを含む溶液中では析出しない．一時硬水（煮沸すると硬度が低下する）は炭酸水素マグネシウムと炭酸水素カルシウムが存在することによる．煮沸するとマグネシウムイオンやカルシウムイオンは炭酸塩として沈殿する．このとき，次式の反応の平衡は右に移動する．

$$Ca(HCO_3)_2(aq) \rightleftharpoons CaCO_3(s) + CO_2(g) + H_2O(l)$$

一時硬水は，$Ca(OH)_2$ を加えることによっても軟水化できる．$Ca(OH)_2$ も炭酸塩を沈殿させる．

$$Ca(HCO_3)_2(aq) + Ca(OH)_2(aq) \rightleftharpoons 2CaCO_3(s) + 2H_2O(l)$$

一時硬水から Ca^{2+} や Mg^{2+} が除去されない場合，これらのイオンがセッケン（ステアリン酸ナトリウム，$NaC_{17}H_{35}CO_2$）や洗剤分子と反応して不溶性のあくを生成し，洗剤の機能を劣化させる．

$$2NaC_{17}H_{35}CO_2(aq) + Ca^{2+}(aq) \longrightarrow Ca(C_{17}H_{35}CO_2)_2(s) + 2Na^+(aq)$$

(b) 硫酸塩と硝酸塩

要点 最も重要な硫酸塩は硫酸カルシウムである．硫酸カルシウムは天然にはセッコウ，雪花セッコウなどとして存在する．

"永久硬水"（硬度が煮沸によっても減らないので，このようによばれる）の原因は硫酸マグネシウムと硫酸カルシウムである．この場合，イオン交換樹脂に通して Mg^{2+} イオンと Ca^{2+} イオンを Na^+ イオンに置換することにより，硬水は軟水に変えられる．

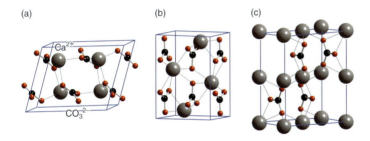

図 12・7 (a)*方解石，(b)*あられ石，(c)*バテライト．炭酸カルシウムの結晶構造多形

BOX 12・4 炭酸カルシウムの多形

炭酸カルシウムは，海洋生物の化石になった遺骸から生じた堆積岩の広大な鉱床として産出する．最も一般的で安定な形は六方晶系の方解石（calcite）であり，多くの異なる結晶形が確認されている．方解石は質量で地殻の約4％を構成し，多くの異なる地質学的な環境において生成している．岩石の多くは方解石を含み，岩石の主要な分類の三つ（すなわち火成岩，堆積岩，変成岩）のいずれにおいてもかなりの割合を占める．方解石はカーボナタイトとよばれる火成岩の主成分で，多くの熱水脈の主成分である．石灰岩は方解石が堆積岩として存在する．

変性が起こるときの熱や圧力により石灰岩は大理石に変わり，その際，岩石の密度は増加し，組織が壊される．純度の高い白大理石は非常に高純度の石灰石が変性したものである．多くの色大理石の特徴的な渦巻き模様や縞模様は，一般に，粘土，シルト（沈泥），砂，酸化鉄といった鉱物の不純物に起因する．氷州石（iceland spar）は無色透明の方解石で，アイスランドの原産であり，複屈折を示す．複屈折は，1本の光線がある種の物質を透過するとき，偏光の向きに依存して光線が2本に分かれる現象である．この現象は，異なる偏光に対して物質が異なる屈折率をもつことで説明できる．2本の光線が結晶から出るとき，これらは異なる屈折角の方向へ曲がる．

あられ石（argonite）は方解石の多形であり，存在量は少ない．あられ石は直方晶系で3種類の結晶形をもち，方解石より不安定で400℃で方解石に変わる．十分に時間が経てば，自然界のあられ石は方解石に変化するであろう．カキ，ハマグリ，イガイのような多くの二

枚貝やサンゴはあられ石を分泌し，その貝殻や真珠の成分はほとんどあられ石から成る．アワビのような海産の貝における真珠光沢や玉虫色はあられ石の多層に起因する（BOX 12・5）．あられ石の他の天然の産出源には火山岩の空洞や温泉などがある．

合成あられ石はつくることができ，製紙工業の充填材（製紙填料）として用いられ，その微細な組織，白さ，吸収性により製品が良質のものとなる．粉砕した石灰石を炉で加熱して，CaO すなわち石灰を生成する．石灰は水と混ぜてスラリー状の石灰乳（milk of lime）に変える．さらに二酸化炭素をスラリーに通じてあられ石を得る．

$$CaCO_3(s) \xrightarrow{\Delta} CaO(s) + CO_2(g)$$
$$CaO(s) + H_2O(l) \longrightarrow Ca(OH)_2(s)$$
$$Ca(OH)_2(s) + CO_2(g) \longrightarrow CaCO_3(s) + H_2O(l)$$

温度や二酸化炭素の流速といった条件で，最終的な粒径の分布と結晶の型が決まる．

バテライト（vaterite）は，六方晶単位格子の炭酸カルシウムのとてもまれな多形である．方解石やあられ石よりも溶解度が高く，水に接触すると徐々にこれらの多形へと変化する．寒冷地方の鉱泉で見られる．胆石（gallstone）の多くは，炭酸カルシウムのこの多形で構成されている．石灰華（travertine）は，炭酸カルシウムの非常に硬い白色の天然に存在する多形の一つである．温鉱泉や CaO を含む流水から堆積する．

主要な２種類の $CaCO_3$ の多形は，赤外分光法で区別できる（§8・5）．方解石やあられ石中では，CO_3^{2-} は，Ca^{2+} に囲まれた異なる配位環境にある．そのために，赤外スペクトルに観測される CO_3^{2-} の吸収周波数がわずかに異なる．さらに，配位対称性の違いにより，下表に示すように，それぞれの多形で特異的な振動モードが観測される．そのため，赤外分光やラマン分光がこれらの多形を簡単に区別する手法として用いられている．たとえば，図 B12・1 にカタツムリの殻から得られた赤外スペクトルを示す．1080 cm^{-1} にあられ石中の炭酸カルシウムに特徴的な強いシグナルが観測される．

方解石の波数 /cm^{-1}	あられ石の波数 /cm^{-1}
714	698
876	857
	1080
1420 ブロード	1480 ブロード
1800	1785

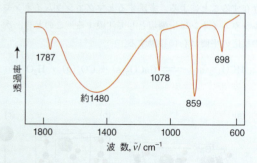

図 B12・1　カタツムリの殻の赤外吸収スペクトル

BOX 12・5　炭酸カルシウムの生体鉱物と鉱物

バイオミネラリゼーション† とは，無機固体による生体組織の作製であり，炭酸カルシウムを主成分とする 50 以上の生体鉱物（バイオミネラル）が発見されている．自然は，卓越した形態や機械特性をもつ単結晶，多結晶，非晶質の合成プロセスに精通している（§26・17）．生体鉱物は，生体中で構造的な役割を果たす．歯，骨，貝殻はそれらの例である．多くの貝殻はたった２％のタンパク質を含む炭酸カルシウムで構成されている．

今日発見されているほとんどの炭酸カルシウムからなる鉱物は，海生生物の貝殻や外殻などである．これらの生物が死ぬと，貝殻は海底に堆積し，圧縮されて石灰石や消石灰となる．英国ドーバー海峡の白い崖は，1 億 3600 万年前の有孔虫類（*Foraminifera*）といわれる微小な海生生物の殻で形成されている．

真珠や真珠層では，非常に小さな $CaCO_3$ 結晶であり，方解石とあられ石が交互に積層した構造をしており，なめらかで，硬く，光沢がある．異なる結晶系の炭酸カルシウムが層を形成しているために，貝殻は非常に硬くなる．それは，それぞれの結晶層が異なる優先破壊方向をもっていることや，積層構造が圧力下での高い破壊耐性を示すことによって説明される．結晶層の厚みは光の波長と同程度なので，光の干渉により真珠光沢を示す．

研究室において，$CaCO_3$ の複雑な結晶成長を再現する試みがなされている．鋳型に沿って成長した結晶は，鋳型を除去することによって多孔構造を形成する．あるいはある種の化学種を添加することで，結晶の形態をコントロールできる．同様に，カルシウムヒドロキシアパタイト $Ca_5(PO_4)_3(OH)_2$ からなる骨の成長が研究され，合成骨材料の研究に利用されている．

† 訳注：直訳すると生体鉱化作用であるが，この字訳表記が広く用いられている．

硫酸カルシウムは2族元素の硫酸塩の中では最も重要である．硫酸カルシウムは二水和物 $CaSO_4 \cdot 2H_2O$ であるセッコウとして産出する（図12・8）．雪花セッコウはこの化合物の別の鉱物で，大理石に似て彫刻の材料として使われる．二水和物は，150℃以上に加熱すると水を失い，0.5水和物 $CaSO_4 \cdot \frac{1}{2}H_2O$ を生じる．この化合物は焼きセッコウ（plaster of Paris）とよばれる（パリのモンマルトル地区で最初に採掘されたのでこの名がある）．焼きセッコウは水と混ぜると二水和物を生成するため膨張し強固な構造を形成するので，身体の骨折箇所を支えるギプスとして使われる．セッコウは採掘で得られ，建造用の材料として使われる．耐熱用の壁材（石膏ボード）がその一例である．火災のときには二水和物が脱水し，0.5水和物を生成して水蒸気を発生させる．

$$2\,CaSO_4 \cdot 2H_2O(s) \longrightarrow 2\,CaSO_4 \cdot \tfrac{1}{2}H_2O(s) + \tfrac{3}{2}H_2O(g)$$

反応は吸熱であるから（$\Delta_r H^{\ominus} = +117\,kJ\,mol^{-1}$），火炎から熱を奪う．同時に，発生した水が熱を吸収して蒸発し，水蒸気が不活性な膜を形成して火炎への酸素の供給を少なくする．

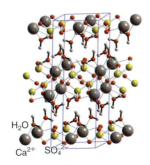

図 12・8　$CaSO_4 \cdot 2H_2O$ の結晶構造．水分子を強調表示している（150℃以上でほとんど失われる）．

$BaSO_4$ は強い X 線吸収特性の Ba（原子番号は56）を含むことと，水に不溶性を示すことから，消化器の X 線画像診断の造影剤として利用される．白色顔料であるリソポンは $BaSO_4$ と ZnO の混合物であり，鉛白として用いられる $PbCO_3$ とは異なり，硫化物に対して優れた安定性を示す．硫酸バリウムは，密度が大きく（$4.5\,g\,cm^{-3}$），多くのボーリング泥水（ドリルビットの線上と冷却，掘削した岩石の除去に用いられる）の主要成分である．

$Ca(NO_3)_2 \cdot 4H_2O$ のような水和硝酸塩は，酸化物，水酸化物，炭酸塩を硝酸で処理し，得られた溶液から塩を結晶化させることで得られる．Mg から Ba までは熱により脱水することで無水硝酸塩を簡単に得ることができる．水和硝酸ベリリウム $Be(NO_3)_2 \cdot 4H_2O$ は熱処理すると，分解して NO_2 が発生する．$BeCl_2$ を N_2O_4 に溶解し，得られた溶媒和した $Be(NO_3)_2 \cdot 2N_2O_4$ から穏やかな条件で NO_2 を取除くことで，無水の $Be(NO_3)_2$ を得ることができる．$Be(NO_3)_2$ を加熱すると $Be_4O(NO_3)_6$ となり，この化合物は中心の Be_4O 四面体に硝酸塩基が稜共有で配位している．この構造は塩基性酢酸塩（エタノアト）が配位した場合と類似している（5）．

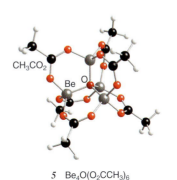

5　$Be_4O(O_2CCH_3)_6$

12・11　溶解度，水和とベリリウム酸塩

要点　1価のアニオンの塩は負で絶対値の大きな水和エンタルピーをもつことから，これらの塩は水溶性である．2価のアニオンを含む塩は格子エンタルピーの効果の方が大きく，不溶性である．

2族元素の水和エンタルピーは負で，その絶対値は1族より大きいにもかかわらず，一般に2族元素の化合物は1族元素の化合物よりはるかに水に溶けにくい．

$\Delta_{hyd}H^{\ominus}/(kJ\,mol^{-1})$	Na^+	K^+	Mg^{2+}	Ca^{2+}
	−406	−322	−1920	−1650

フッ化物が例外であるものの，1価のアニオンの塩は水に溶けるものが多く，（酸化物のような）2価のアニオンの塩は通常わずかしか水に溶けない．炭酸塩や硫酸塩のように2価のアニオンの化合物では，性質を決定づける因子はアニオンの高い電荷に起因する高い格子エンタルピーであり，これが水和エンタルピーの効果を上回る．石灰石，セッコウ，苦灰石（ドロマイト）といったマグネシウムやカルシウムを含む鉱物の膨大な鉱床があり，広く建造物に利用できることは，この不溶性のお陰である．フッ化物はすべて水に不溶である．これは，フッ化物イオンが小さいために格子エンタルピーが高くなるからである．例外は BeF_2 で，カチオンが小さく電荷密度が大きいため水和エンタルピーは非常に高い．この結果，BeF_2 では格子エンタルピーより水和エンタルピーの効果が大きくなる．

$$BeF_2(s) + 4\,H_2O(l) \longrightarrow [Be(OH_2)_4]^{2+}(aq) + 2\,F^-(aq)$$
$$\Delta_r H^{\ominus} = -250\,kJ\,mol^{-1}$$

Be²⁺ に直接配位した H_2O 分子は水中で強固に保持され，遊離水とは非常にゆっくりと交換する．水和した Be^{2+} イオン $[Be(OH_2)_4]^{2+}$ は水中で酸として働く．

$$[Be(OH_2)_4]^{2+}(aq) + H_2O(l) \longrightarrow [Be(OH)(OH_2)_3]^{+}(aq) + H_3O^{+}(aq)$$

この反応は，2価の電荷をもつ小さいカチオンの高い分極能に基づくと考えられる．より重い2族元素の水和した塩の溶液は中性である．

溶解性や加水分解性に関するこれらの傾向は，硬い／軟らかい酸・塩基（hard/soft acid-base）則でも説明可能である．族の下方の元素ほど，イオンは軟らかくなる．硬い Be^{2+} や Mg^{2+} のフッ化物や水酸化物（小さく硬いアニオン）は不溶性であるが，Ba^{2+} ではより溶けるようになる．Be^{2+} は H_2O 中の硬い O により強く水和しているが，Ba^{2+}でははるかに弱く水和している．

強塩基条件下で Be は両性を示し，$[Be(OH)_4]^{2-}$ を形成する．すなわち，BeO_4 四面体から成るさまざまなベリリウム酸塩を形成する．このアニオンは，$SrBe(OH)_4$ 中で単離することができる．エメラルド，アクアマリン，モルガナイトのベリル系の鉱物 $Be_3Al_2(SiO_3)_6$ は，この四面体構造単位をもっている．その他の複雑なベリリウム酸塩である，フェナカイト Be_2SiO_4 やゼオライトナベサイト $Na_2BeSi_4O_{10}\cdot 4H_2O$ も同様である．化合物 $BeAl_2O_4$ はアレクサンドライトの一種であるクリソベリル（金緑石）として天然に産出する．この鉱物はクロムを含有しており，日中の光では緑色であるが，白熱灯の下では紫色となる．

例題 12・5 溶解度に影響を及ぼす因子を評価する

$MgCl_2$ と $MgCO_3$ の格子エンタルピーを計算せよ．溶解度への影響として考えられることを述べよ．

解 ここでは再び表12・1のデータと式(3・4)のカプスティンスキー式を用いる．Cl^- イオンと CO_3^{2-} イオンのイオン半径も必要であり，これらはそれぞれ 181 pm と 185 pm である（付録1）．データを代入すると $MgCO_3$ と $MgCl_2$ の格子エンタルピーはそれぞれ 3260 $kJ\,mol^{-1}$ と 2478 $kJ\,mol^{-1}$ となる．$MgCO_3$ の方が値が大きいので，水和エンタルピーが相殺され，溶解度は $MgCl_2$ より小さい．

問題 12・5 MgF_2，$MgBr_2$，MgI_2 の格子エンタルピーを計算し，ハロゲンイオンのサイズが大きくなると2族のハロゲン化物の溶解度がどのように変化するか述べよ．

12・12 配 位 化 合 物

要点 ベリリウムのみがハロゲン化物のような単純な配位子と配位化合物をつくる．最も安定な錯体は，edta のような多座配位子あるいはキレート試薬との間に形成される．

ベリリウムの化合物が示す性質は，同族元素の化合物よりも強い共有結合性をもつことと矛盾しない．ベリリウムの一般的な配位子との錯体のいくつかは安定である．錯体は一般に四面体の構造であるが，配位子がかさ高くなると Be 原子の配位数は 3 あるいは 2 に下がる．最も反応不活性の錯体は，ハロゲン化物との反応で生成するか，あるいは，オキサラト，アルコラト，ジケトナトのような酸素を供給する配位子のキレートである．たとえば，塩基性の酢酸ベリリウム〔オキソ酢酸ベリリウム† $Be_4O(O_2CCH_3)_6$〕は，中心に O 原子があり，正四面体に配列した四つの Be 原子によって周りを囲まれている．Be 原子は逆に酢酸イオンによって架橋されている．この化合物は酢酸と炭酸ベリリウムの反応で得られる．

$$4\,BeCO_3(s) + 6\,CH_3COOH(l) \longrightarrow 4\,CO_2(g) + 3\,H_2O(l) + Be_4O(O_2CCH_3)_6(s)$$

塩基性酢酸ベリリウムは無色で揮発性の分子化合物である．クロロホルムに溶け，この溶液から再結晶化できる．

2族元素のカチオンは，クラウンエーテルやクリプタンドといった配位子と錯体をつくる．これらの化合物のうち最も反応不活性なのは，大きいカチオンである Sr^{2+} や Ba^{2+} との錯体で，2族のすべての錯体はカチオンの小さい1族の錯体より安定である．最も安定な錯体は，分析化学で重要なエチレンジアミン四酢酸イオン（edta⁴⁻）のような電荷をもった多座配位子との間に形成される化合物である．アルカリ土類金属の edta⁴⁻ 錯体の生成定数は $Ca^{2+} > Mg^{2+} > Sr^{2+} > Ba^{2+}$ の順である．固体状態では，Mg^{2+} の edta 錯体の構造は七配位で（**6**），H_2O が配位位置の一つを占める．

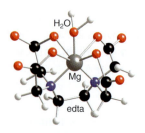

6 $[Mg(edta)(OH_2)]^{2-}$

---

† 訳注：正式名称は六酢酸一酸化四ベリリウムである．

カルシウムの錯体は七配位または八配位で，これは対イオンに依存して変わり，それぞれに応じて 1 個または 2 個の H_2O 分子が配位子として働く．

Ca^{2+} と Mg^{2+} の錯体は多くのものが天然に存在する．最も重要な大環状錯体はクロロフィル（**7**）で，これは光合成の過程で重要な Mg のポルフィリン錯体である（§26・10d）．

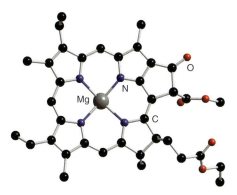

7 クロロフィル（Mg-C-N-O 骨格）

マグネシウムはリン酸基転移と炭水化物の代謝において重要である．カルシウムは生体の無機質の成分であり，また，タンパク質が配位したカルシウムもある（特に細胞のシグナル伝達や筋肉の運動において重要である，§26・4）．2 族元素の金属水素化物からなる錯体，たとえば [(DIPP-nacnac)CaH(THF)]$_2$ 〔ここで，DIPP-nacnac = CH[(CMe)(2,6-^{i}Pr$_2$C$_6$H$_3$N)]$_2$〕の実現は，水素貯蔵材料の開発と関連しておりきわめて重要である（BOX 10・4 および BOX 12・3）．

12・13 有機金属化合物

要点 アルキルベリリウム化合物は固相で重合を起こす．グリニャール試薬は最も重要な主要族の有機金属化合物の一つである．

ベリリウムの有機金属化合物は空気中で発火し，水中で不安定である．メチルベリリウムは炭化水素溶媒中でメチル水銀の金属交換反応（トランスメタル化反応，transmetallation）でつくられる．

$Hg(CH_3)_2(sol) + Be(s) \longrightarrow Be(CH_3)_2(sol) + Hg(l)$

別の合成方法としては，金属-ハロゲン交換反応あるいは複分解反応（メタセシス）があり，ここではハロゲン化ベリリウムがアルキルリチウム化合物と反応する．生成物はハロゲン化リチウムとアルキルベリリウム化合物である．この方法ではハロゲンと有機官能基が二つの金属原子間を移動する．この反応ならびに類似の反応では，より電気的陽性な金属とのハロゲン化物の方が生成しやすいことが駆動力となっている．

$2\,n\text{-BuLi}(sol) + BeCl_2(sol) \longrightarrow$
$\qquad\qquad Be(n\text{-Bu})_2(sol) + 2\,LiCl(s)$

エーテル中のグリニャール試薬も有機ベリリウム化合物の合成に利用できる．

$2\,RMgCl(sol) + BeCl_2(sol) \longrightarrow BeR_2(sol) + 2\,MgCl_2(s)$

メチルベリリウム $Be(CH_3)_2$ は気相や炭化水素溶媒中では主として単量体であり，VSEPR モデルから予測されるように直線形の構造をとる．固相では鎖状の重合体をつくり，架橋するメチル基は 3c, 2e 橋かけ結合（§2・11e，**8**）を形成する．

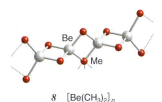

8 [Be(CH$_3$)$_2$]$_n$

よりかさ高いアルキル基では重合の程度が低くなる．エチルベリリウム（**9**）は二量体，t-ブチルベリリウム（**10**）は単量体である．

興味深い有機ベリリウム化合物はベリロセン Be(C$_5$H$_5$)$_2$ である．化学式からはフェロセン（§22・19）と類似の構造を想像させるが，結晶構造はまったく異なっており，一つのシクロペンタジエニル環の中心の真上に Be 原子があって，同時に Be 原子はもう一つのシクロペンタジエニル環の一つの C 原子の真下にある（**11**）．

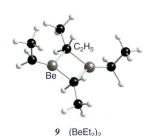  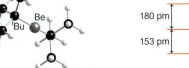

9 (BeEt$_2$)$_2$ **10** Be^{t}Bu$_2$ [^{t}Bu=(CH$_3$)$_3$C]   **11** BeCp$_2$ (Cp=C$_5$H$_5$)

しかし，−135°C の低温での NMR からは二つの環は等価であることが示され，このような低温でも Be 原子は，二つのシクロペンタジエニル環に対して等価とみなせる二つの位置の間で，速やかに振動していることがわかる．

ハロゲン化アルキルマグネシウムおよびハロゲン化アリールマグネシウムは**グリニャール試薬**（Grignard reagent）として非常に有名であり，有機合成化学では広く用いられ，反応では R^- の供給源としてふるまう．グリニャール試薬は金属マグネシウムと有機ハロゲン化物とからつくられる．金属マグネシウムの表面は酸化物の不動態化皮膜で覆われているので，反応を進めるためには金属マグネシウムを活性化しなければならない．一般に痕跡量のヨウ素を反応物に加えてヨウ化マグネシウムを生成する．ヨウ化マグネシウムは用いた溶媒に可溶で，これが溶解してマグネシウムの活性な表面があらわになる．もう一つの方法として，カリウム共存下で $MgCl_2$ を THF 中で還元することで，反応性の高いマグネシウム微粒子を作製して利用することもできる．反応はエーテルあるいはテトラヒドロフラン中で次式のように起こる．

$$Mg(s) + RBr(sol) \longrightarrow RMgBr(sol)$$

グリニャール試薬の構造は単純とはとても言い難い．アルキル基がかさ高い場合，溶液中での金属原子の配位数は 2 にすぎない．それ以外では，Mg 原子の周りに溶媒分子が溶媒和して四面体形構造をつくることもある（**12**）．

12 $MgEtBr(OEt_2)_2$

さらに，**シュレンク平衡**（Schlenk equilibrium）として知られる溶液中での複雑な平衡反応のため多くの化学種が存在し，その正確な性質は温度，濃度，溶媒に依存する．

たとえば，下式のように R_2Mg, $RMgX$, MgX_2 がすべて検出されている．

$$2 RMgX(sol) \longrightarrow R_2Mg(sol) + MgX_2(sol)$$

グリニャール試薬は，上記のアルキルベリリウム化合物のような他の金属の有機金属化合物の合成に広く利用される．グリニャール試薬は有機合成にも広く用いられる．反応の一例は**有機マグネシウム化**（organomagnesiation）であり，これはグリニャール試薬の不飽和結合への付加反応である．

$$R^1MgX(sol) + R^2R^3C=CR^4R^5(sol) \longrightarrow$$
$$R^1R^2R^3CCR^4R^5MgX(sol)$$

グリニャール試薬は**ウルツカップリング**（Wurtz coupling）のような副反応を起こし，炭素–炭素結合を生成する．

$$R^1MgX(sol) + R^2X(sol) \longrightarrow R^1R^2(sol) + MgX_2(sol)$$

カルシウム，ストロンチウム，バリウムの有機金属化合物は一般にイオン性で，非常に不安定である．これらの金属の微粉末は有機ハロゲン化物との直接の反応でグリニャール試薬に類似の化合物を生成する．

最後に，2 族の金属は化合物中ではもっぱら酸化状態 +2 であるが，LMg–MgL 化合物〔$L=[Ar(NC)(N^iPr_2)N(Ar)]^-$, Ar = 2,6-ジイソプロピルフェニル〕を合成する際には，カリウムにより Mg^{II} から Mg^{I} へ還元することもある．この化合物中では，中心の Mg–Mg 結合距離は 285 pm（**13**）であり，マグネシウム金属柱の Mg–Mg 距離（320 pm）よりも小さい．

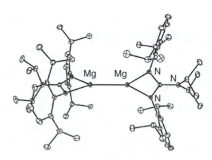

13 LMgMgL（$L=[Ar(NC)(N^iPr_2)N(Ar)]^-$，Ar = 2,6-ジイソプロピルフェニル，$^iPr$ = イソプロピル）

参 考 書

R. B. King, "Inorganic Chemistry of the Main Group Elements", John Wiley & Sons (1994).

P. Enghag, "Encyclopedia of the Elements", John Wiley & Sons (2004).

D. M. P. Mingos, "Essential Trends in Inorganic Chemistry", Oxford University Press (1998). 構造と結合の視点からの無機化学の概観.

N. C. Norman, "Periodicity and the s- and p-Block Elements", Oxford University Press (1997). s-ブロック元素の化学の本質的な傾向と特徴の全般を含む.

J. A. H. Oates, "Lime and Limestone: Chemistry and Technology, Production and Uses", John Wiley & Sons (1998).

練 習 問 題

12・1 ベリリウムの化合物が共有結合性であるのに対し,他の2族元素の化合物が主としてイオン性となる理由を述べよ.

12・2 ベリリウムの性質がマグネシウムよりアルミニウムや亜鉛に似ているのはなぜか.

12・3 Be と Cs の電気陰性度はそれぞれ 1.57 と 0.79 である. これらの値とケテラーの三角形(図2・36)を用いて,これらの元素間ではどのような化合物が形成されるか予想せよ.

12・4 2族元素 M の化合物 A, B, C, D を決定せよ.

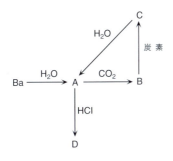

12・5 融液から冷却した際にフッ化ベリリウムがガラスを形成するのはなぜか.

12・6 すべての2族元素の水素化物中の水素の重量パーセントを計算せよ. BeH_2 ではなく, MgH_2 が水素貯蔵材料として研究されているのはなぜか.

12・7 1族元素の水酸化物が2族元素の水酸化物よりはるかに腐食性が強い理由を述べよ.

12・8 $MgSeO_4$ と $BaSeO_4$ のうち,どちらの塩がより水に対する溶解度が高いか.

12・9 他の2族元素のカチオンが混在している溶液から Ra を単離するにはどのようにすればよいか.

12・10 2族元素のハロゲン化物のうちで乾燥剤に用いられているのはどれか答えよ. また,それはなぜか.

12・11 イオン半径を用いて BeTe と BaTe の構造を予想せよ. Te^{2-} のイオン半径は 207 pm である.

12・12 表1・7のデータと図2・36のケテラーの三角形を用いて, $BeBr_2$, $MgBr_2$, $BaBr_2$ における結合の性質を予測せよ.

12・13 THF 中の二つのグリニャール試薬 C_2H_5MgBr と 2,4,6-$(CH_3)_3C_6H_2MgBr$ に対して予測できる構造の違いを議論せよ.

12・14 次式の反応の生成物を予測せよ.

(a) $MgCl_2 + LiC_2H_5 \longrightarrow$

(b) $Mg + (C_2H_5)_2Hg \longrightarrow$

(c) $Mg + C_2H_5HgCl \longrightarrow$

演 習 問 題

12・1 大理石や石灰石からできている建造物は酸性雨の浸食を受ける. "酸性雨"の定義を述べ,雨がなぜ酸性になるかを議論せよ. 大理石や石灰石が浸食される過程を説明せよ. 発電所において,酸性雨に関連する廃棄物を最小にするうえで効果的なガス浄化剤として使われる化合物をあげ,どのような機構で効果をもたらすか説明せよ.

12・2 X. J. Tan らは, 論文'アルカリ土類金属イオンとベンゼンとの化学結合における非共有結合性の相互作用とは?'〔*Chem. Phys. Lett.*, **349**, 113 (2001)〕の中で, ベリリウムイオン, マグネシウムイオン, カルシウムイオンとベンゼンとの間に生成する錯体に対して理論的な計算を行った. アルカリ金属とベンゼンとの結合は, どの軌道の相互作用に帰属できるか. ベンゼン中の C-C 結合長はこの相互作用によってどのような影響を受けるか. M-C 結合を結合エンタルピーの増加する順に並べよ. 結合の強さは, 1族元素とベンゼンとの結合と比べてどのようであるか. これらの金属とベンゼンとの錯体の幾何学的な構造を描け.

12・3 BeF_2 の化学が SiO_2 とどの程度類似しているかに注意して, フッ化ベリリウムガラスについて論じよ.

12・4 高温銅複酸化物超伝導体である $YBa_2Cu_3O_7$, $Bi_2Sr_2Ca_2Cu_3O_{10}$, $HgBa_2Ca_2Cu_3O_x$ などは一般に1種かそれ以上の2族元素を含有している〔C. N. R. Rao, A. K. Ganguli, *Acta Cryst.*, **B51**, 604 (1995)〕. これらの化合物中の Ca, Sr, Ba の役割を,カチオンのサイズが酸素の配位状

態に与える影響を含めて解説せよ．

12・5 P. C. Junk と J. W. Steed は，Mg, Ca, Sr, Ba の硝酸塩からクラウンエーテル錯体を合成した〔*J. Chem. Soc., Dalton. Trans.*, 407(1999)〕．合成に用いられる一般的な過程をまとめよ．用いた二つのクラウンエーテルの構造を描け．錯体の構造について述べ，カチオンが異なると構造がどのように変化するか説明せよ．

12・6 2族元素の化学に関する知識と表12・1のデータを用いてラジウムの化学特性を予想し，実験的観測と比較せよ．必要なら以下を参照すること．H. W. Kirby, M. L. Salutsky, "The Radiochemistry of Radium", Nuclear Science Series, National Academy of Sciences, National Research Council. National Bureau of Standards, US Department of Commerce(1964). http://library.lanl.gov/cgi-bin/getfile?rc000041.pdf

12・7 アルミノケイ酸塩は，粘土鉱物やゼオライトなどで組成 $M^{x+}[(Al_xSi_{1-x})O_4]^{x-}$ で表記できる多彩な鉱物が存在する．これらの鉱物では，AlO_4 や SiO_4 の四面体が相互に結合している．天然鉱物中での BeO_4 の存在について議論せよ．ベリロリン酸塩の産出の可能性を，$M^{x+}[(Al_xSi_{1-x})O_4]^{x-}$ と $M^{x+}[(Be_xP_{1-x})O_4]^{x-}$ の組成な類似性と BeO_4 や PO_4 の四面体が連結している構造的な類似性を考慮すること．

12・8 家庭用の水の永久硬度を決定するための実験を行った．$100\,cm^3$ の試料となる水に pH＝10 の緩衝液を 2, 3滴加えた．これを，エリオクロムブラック T を指示薬として 0.01 M の edta 溶液で滴定したところ，$33.8\,cm^3$ を要した．この条件下では Mg^{2+} も Ca^{2+} も edta と反応している．つづいて別の $100\,cm^3$ の試料の水に 0.1 M の NaOH 水溶液 $5.0\,cm^3$ と指示薬としてムレキシドを 2,3 滴加えて edta で滴定した．この条件下では Ca^{2+} イオンのみが edta と反応し，滴定量として $27.5\,cm^3$ が得られた．試料の水の永久硬度および一時硬度を Mg^{2+} イオンと Ca^{2+} イオンに基づいて決定せよ．

12・9 Mg^{I} の化合物の合成が報告されている〔*Science*, **318**, 1754(2007)〕．この化合物がどのように合成されたのか，どのようにして2族元素としては異常な酸化状態が安定化されているのか解説せよ．

13 族 元 素

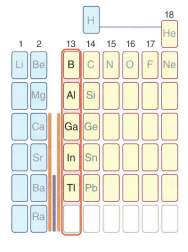

13族元素の酸化数や両性などの化学的性質には明らかな傾向が存在する．この傾向は他のp-ブロック元素に対しても繰返し見ていくことになる．本章では，個々の13族元素の産出と単離について学び，元素と単体，および単純な化合物，配位化合物，有機金属化合物の化学的性質を考察する．さらに，広範囲のホウ素クラスターについてふれる．

13族の元素，ホウ素，アルミニウム，ガリウム，インジウム，タリウムは，興味深く多様な物理的，化学的性質を示す．13族の最初の元素であるホウ素は本質的に非金属であるが，より重い13族の元素の性質は明らかに金属的である．アルミニウムは工業的に最も重要な元素であり，多くの応用分野において大量に製造されている．ホウ素は水素，金属，炭素を含む多くのクラスター化合物を生成する．ガリウムとインジウムの合金や化合物は重要な電子的あるいは光学的性質を示す．

A: 総　論
- 13・1　元　素
- 13・2　化合物
- 13・3　ホウ素クラスター

B: 各　論
- 13・4　産出と単離
- 13・5　単体と化合物の用途
- 13・6　ホウ素の単純な水素化物
- 13・7　三ハロゲン化ホウ素
- 13・8　ホウ素と酸素の化合物
- 13・9　ホウ素と窒素の化合物
- 13・10　金属ホウ化物
- 13・11　高次のボランおよび水素化ホウ素
- 13・12　メタロボランとカルボラン
- 13・13　アルミニウムおよびガリウムの水素化物
- 13・14　アルミニウム，ガリウム，インジウム，タリウムの三ハロゲン化物
- 13・15　アルミニウム，ガリウム，インジウム，タリウムの低酸化状態のハロゲン化物
- 13・16　アルミニウム，ガリウム，インジウム，タリウムのオキソ化合物
- 13・17　ガリウム，インジウム，タリウムの硫化物
- 13・18　15族元素との化合物
- 13・19　ジントル相
- 13・20　有機金属化合物

参考書
練習問題
演習問題

A: 総　論

この節では13族元素の化学について概説する．

13・1　元　素

要点　ホウ素は13族で唯一の非金属である．アルミニウムは13族で最も豊富な元素である．

地殻岩石，海洋，大気中における13族元素の存在量は実にさまざまである．アルミニウムは豊富だが，ホウ素はリチウムやベリリウムと同様，宇宙および地球上における存在量が少なく，原子核が生成する際にこれらの軽い元素がいかにのけ者にされたかがわかる(BOX 1・1)．鉄以降の元素では核安定性がしだいに減少するのと一致して，族の中で重い方の元素の存在量は少ない．ホウ素は天然にはホウ砂(borax) $Na_2B_4O_5(OH)_4 \cdot 8H_2O$ やカーン石(kernite) $Na_2B_4O_5(OH)_4 \cdot 2H_2O$ として存在し，これらから純度の低いホウ素が得られる．アルミニウムは多くの粘土やアルミノケイ酸塩鉱物中に含まれるが，工業的に最も重要な鉱物はボーキサイト(bauxite)で，これは水酸化アルミニウムと酸化アルミニウムの複雑な混合物である．ボーキサイトからは膨大な量のアルミニウムが単離される．酸化ガリウムはボーキサイトの不純物として存在し，通常はアルミニウムの副生物として回収される．インジウムとタリウムは多くの鉱物に微量存在する．

s-ブロックやd-ブロックの元素の単体がすべて金属であるのに対して，p-ブ

ロック元素では非金属から半金属（メタロイド）を経て，金属までが存在する．この多様性のために化学的性質はさまざまなものとなり，元素の間で何らかの特徴的な傾向が見られることになる（§9・4）．ホウ素からタリウムに向かうにつれて金属性は増す．ホウ素は非金属で，アルミニウムは本質的に金属であるが，アルミニウムは両性の性質を示すため半金属に分類されることも多い．ガリウム，インジウム，タリウムは金属である．この傾向に関連して，13族元素の化合物の結合は共有結合性からイオン結合性へと変化する．これは族の下になるほど原子半径が大きくなり，それに関連してイオン化エネルギーが減少することで説明できる（表13・1）．重い元素ほどイオン化エネルギーは小さいので，族の下の方ほど金属はカチオンになりやすい．電気陰性度に対して予想される傾向（§1・7d）とは逆に，ガリウムは交番現象（§9・2b）を示し，アルミニウムより電気的に陰性である．

§9・9で述べたように，各族の一番上の元素は原子半径が小さいゆえ同族の他の元素とは性質が異なる．この相違は13族で特に顕著で，ホウ素の化学的性質は同族の他の元素と比べると特異である．しかし，ホウ素は14族のケイ素と際立った対角関係をもっている．

- ホウ素とケイ素は酸性酸化物 B_2O_3 と SiO_2 をつくる．一方，アルミニウムは両性酸化物をつくる．
- ホウ素とケイ素の酸化物は多くの重合した構造とガラス構造をもつ．
- ホウ素とケイ素は可燃性の気体状水素化物をつくる．一方，水素化アルミニウムは固体である．

13族元素の価電子の電子配置は ns^2np^1 であり，この電子配置からわかるように，すべての13族元素は化合物中で +3 の酸化状態をとる．しかし，13族の重い方の元素はまた，化合物中で +1 の酸化状態となり，この傾向は族の下ほど強くなる．実際，タリウムの最も一般的な酸化状態は +1 である．この傾向は特にハロゲン化物で顕著であり，不活性電子対効果（§9・5）のためである．このような不活性電子対効果は13族では顕著に観測される．Tl^I は毒性が非常に強い．イオン半径がカリウムととても近いので，細胞に入り込み，カリウムやナトリウムの運搬機構を阻害するためである（§26・3）．

表13・1 13族元素の性質

	B	Al	Ga	In	Tl
共有結合半径 /pm	88	125	125	150	155
金属結合半径 /pm		143	140	166	171
イオン半径, $r(M^{3+})$/pm[†]	27	54	62	80	89
融点 /℃	2300	660	30	157	304
沸点 /℃	3930	2470	2403	2000	1460
第一イオン化エネルギー, I_1/(kJ mol^{-1})	801	577	579	558	590
第二イオン化エネルギー, I_2/(kJ mol^{-1})	2426	1816	1979	1821	1971
第三イオン化エネルギー, I_3/(kJ mol^{-1})	3660	2744	2963	2704	2878
電子親和力, E_a/(kJ mol^{-1})	26.7	42.5	28.9	28.9	
電気陰性度（ポーリングの値）	2.0	1.6	1.8	1.8	2.0
$E^⦵(M^{3+}, M)$/V	−0.89	−1.68	−0.53	−0.34	+0.72

[†] 六配位．

ホウ素にはいくつかの同素体が存在する．非晶質 B は茶色の粉末であるが，結晶性 B は黒光りする結晶で硬く耐熱性がある．正二十面体 B_{12} を構造単位とする結晶では三つの固相が存在する（図 13・1）．この二十面体はホウ素の化学では頻出し，金属ホウ化物や水素化ホウ素（ボラン）の構造を議論する際に再度登場する．この正二十面体構造は 13 族の他の元素の金属間化合物 Al_5CuLi_3, $RbGa_7$, K_3Ga_{13} でも観測される．ホウ素は不活性であり，一般的な条件では，F_2 と HNO_3 だけに反応する．

Al は電気的に陽性の金属であるが，不動態酸化皮膜があるために，非常に安定に存在する．この皮膜を除去すると，Al は速やかに空気により酸化される．アルミニウムは反射率が高く，粉末状として利用することで，銀色の塗料として有用である．アルミニウムは熱や電子の良導体である．

ガリウムは低温ではもろく，30 °C で液化する．この低い融点はその結晶構造で説明できる．Ga 原子は最近接に一つの原子だけをもち，六つの第二近接原子があり，Ga–Ga 対を形成する傾向がある．ガリウムは液相の温度範囲が広く（30〜2403 °C），ガラスや皮膚によく濡れるので扱いにくい．ガリウムは他の金属と容易に合金を形成し，格子内を拡散し脆化する．インジウムはゆがんだ ccp 格子であり，Tl は六方最密充塡構造である．

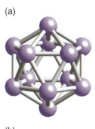

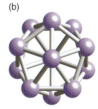

図 13・1 菱面体晶系ホウ素中の B_{12} 正二十面体の図．(a) 結晶の 3 回回転軸の方向から見たもの．(b) 結晶の 3 回回転軸に垂直な方向から見たもの．一つ一つの正二十面体は 3c,2e 結合でつながっている．

13・2 化 合 物

要点 すべての元素はⅢの酸化数で，水素化物，酸化物，ハロゲン化物を形成する．族の下方の元素はⅠの酸化数がより安定になり，タリウムでは最も安定な酸化数である．

13 族元素の最も顕著な特徴は ns^2np^1 電子配置であり，電子共有により三つの共有結合を形成した際には，最大六つの電子を原子価殼に収容できる．その結果，多くの化合物は不完全なオクテットを形成し，電子対供与体から電子を受け入れてオクテットを完成するルイス酸としてふるまう．さらに，族の最上の元素の典型的な傾向として，B の化学的性質は他の同族元素とまったく異なる．

BOX 13・1 水素貯蔵に用いられる 13 族元素

水素燃料電池は炭素系燃料の代替とみなされ，携帯端末や自動車に用いられ始めている．効率的な燃料電池には優れた水素源が必要とされ，多くの水素貯蔵法が研究されている．高圧と多孔性材料を用いた研究もなされているが，加熱や水との反応で H_2 を放出する化合物も期待されている．ホウ素やアルミニウムの水素化物は後者に該当する．興味深いいくつかの化合物では，大きな水素質量分率を達成している．$LiBH_4$, $NaBH_4$, $LiAlH_4$, AlH_3 では，それぞれ 18, 11, 11, 10 質量パーセント（%）である．

テトラヒドリドホウ酸ナトリウム $NaBH_4$ は水と反応して発熱反応により水素を生成する．

$$NaBH_4(aq) + 4 H_2O(l) \longrightarrow 4 H_2(g) + NaB(OH)_4(aq)$$
$$\Delta_r H^{\ominus} = -2300 \text{ kJ mol}^{-1}$$

この反応にはニッケルか白金の触媒が必要で，エンジンや電池で利用できる湿気のある水素を速やかに生じる．$NaBH_4$ は 30 質量 % の水溶液として利用され，燃料は大気圧下で不揮発性，不燃性液体である．副反応はなく，揮発する副生物とホウ酸塩は再利用可能である．

21 質量 % の水素を含むアンモニアボラン NH_3BH_3 も水素生成が研究されている．1950 年代にはロケット燃料として研究されたが，現在では行われていない．アンモニアボランは，500 °C に加熱すると水素を放出して分解する．窒化ホウ素が残渣として回収されるが，再利用は困難である．最近の研究では，テトラヒドリドホウ酸マグネシウムのアンモニア錯体 $Mg(BH_4)_2 \cdot 2NH_3$ の水素貯蔵能が研究されている．この化合物は 16 質量 % の水素を含み，ルテニウム触媒上を流すことで水素を発生する．化合物は 150 °C で分解が始まり，205 °C で最大の水素放出速度となる．水素貯蔵材料としては，アンモニアボラン NH_3BH_3 と同等である．

> **メモ** 電子不足と不完全なオクテットの違いに注意すべきである．電子不足とは共有結合による原子間の結合のために十分な電子が不足していることであるが，不完全なオクテットとは価電子殻の電子が8より少ないことである．

Bと水素の二元系化合物はボランとよばれる．最も単純な化合物はジボラン B_2H_6 (**1**) である．ジボランは電子が不足しており，構造は一般的に 2c,2e 結合あるいは 3c,2e 結合 (§2・11) で描かれる．3c,2e 架橋はホウ素の化学で繰返されるテーマである．すべての水素化ホウ素は特徴的な緑の炎を出して燃焼する．いくつかの化合物は空気と接触すると爆発的に発火する．テトラヒドリドホウ酸アルカリ金属 $NaBH_4$ と $LiBH_4$ は，一般的な還元剤として，またほとんどのホウ素-水素化合物の前駆体として研究室ではよく用いられる．アルカリ金属やアルカリ土類金属のテトラヒドリドホウ酸塩，アンモニアボラン NH_3BH_3 は有用な水素貯蔵材料である (BOX 13・1).

1 ジボラン, B_2H_6

三ハロゲン化ホウ素は平面三角形 BX_3 で構成される．同族の他元素のハロゲン化物とは異なり，気体，液体，固体状態で単量体である．三フッ化ホウ素と三塩化ホウ素は気体，三臭化物は揮発性の液体，三ヨウ化物は固体である（表 13・2）．この揮発性の傾向は，分子中の電子数に伴う分散力の増加と一致する．三ハロゲン化ホウ素は不完全なオクテットを形成し，ルイス酸である．ルイス酸性は，$BF_3 < BCl_3 \leq BBr_3$ の順番となり，ハロゲンの電気陰性度から予想される順番とは異なる (§4・7). ハロゲン原子から電子が供給されB原子の空のp軌道が部分的に占有されることによるX-Bπ結合の形成により（図 13・2），電子不足が部分的に緩和される．ルイス酸性の傾向は，より小さく軽いハロゲンにおける効率的なX-Bπ結合に由来する．F-B結合は知られている中でも最も強固な単結合の一つである．

Bの最も重要な酸化物，B_2O_3 はホウ酸の脱水により合成される．

$$4\,B(OH)_3(s) \xrightarrow{\Delta} 2\,B_2O_3(s) + 6\,H_2O(l)$$

ガラス状酸化物は，部分的に配列した三角形 BO_3 構造単位で構成される．結晶性 B_2O_3 は酸素を介して連結し，規則配列している BO_3 構造単位で構成される．溶融 B_2O_3 に金属酸化物を溶解することで，色付きガラスを作製できる．酸化ホウ素と二酸化ケイ素はホウケイ酸塩ガラスの主成分で，強いB-O結合により熱膨張係数が小さく，研究室で用いる耐熱性ガラス器具として利用されている．

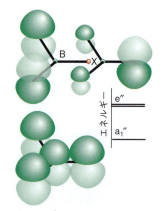

図 13・2 三ハロゲン化ホウ素の結合性π軌道は電気陰性の強いハロゲン原子上に局在しているが，ホウ素のp軌道との重なりが a_1'' 軌道で顕著である．

BN結合をもつ多くの分子化合物があり，多くは炭素化合物と同様の構造である．BN化合物とCC化合物の類似性は，これらの基本単位が等電子数であることで説明される．BとNの最も単純な化合物は，窒化ホウ素BNであり，酸化ホウ素を窒素化合物中で加熱することで簡単に合成される（BOX 13・2）．

$$B_2O_3(l) + 2\,NH_3(g) \xrightarrow{1200\,°C} 2\,BN(s) + 3\,H_2O(g)$$

表 13・2 三ハロゲン化ホウ素の特性

	BF_3	BCl_3	BBr_3	BI_3
融　点 / ℃	−127	−107	−46	50
沸　点 / ℃	−100	13	91	210
結合長 / pm	130	175	187	210
$\Delta_f G^\ominus /(kJ\,mol^{-1})$	−1112	−339	−232	+21

BOX 13・2 窒化ホウ素の応用

六方晶系の窒化ホウ素は，最初に航空宇宙産業の要求に見合う形で開発された．窒化ホウ素は酸素中で安定であり，900 ℃ まで水蒸気の反応を受けない．窒化ホウ素はよい熱絶縁体で，熱膨張率が小さく，熱衝撃に対する耐性が高い．このような性質のため，高温でるつぼを使用する産業での応用がある．粉末は離型剤や熱絶縁体として使われる．ホウ素と窒素を高真空下でタングステンの表面に蒸着することによって窒化ホウ素ナノチューブがつくられている．窒化ホウ素ナノチューブはカーボンナノチューブが燃焼するような高温の条件でも使用できる．BN ナノチューブは 2.6 重量％の H_2 を吸収することから，室温水素貯蔵材料としての可能性もある．

窒化ホウ素粉末は軟らかく光沢があるため化粧品や身なりを整えるための製品に広く利用されている．毒性がなく知られている危険性もないため，多くの製品に約10％までの添加がなされている．マニキュアや口紅のような製品では真珠光沢が得られる．ファンデーションにはしわを隠すために添加され，窒化ホウ素粉末が光を反射する性質をもつため，光が散乱し，しわが目立たなくなる．

窒化ホウ素の形態の一つは，グラファイトのように平面のシート状に配列した原子から構成され（§14・5），この種の BN はグラファイトと類似の物理特性を示す．たとえば，グラファイトも BN もぬるぬるした触感を示し，潤滑剤として用いられる．しかしながら，BN は，黒い伝導体ではなく，白い非伝導性の化合物である．層状の窒化ホウ素とは別に，最も知られた B と N の不飽和化合物はボラジン $B_3N_3H_6$ である（**2**）．ボラジンはベンゼンと等電子数で等構造であり，ベンゼンのように無色液体である（沸点 55 ℃）

元素 Al, Ga, In, Tl は化学的性質が互いに類似した金属である．B のように，これらの金属はルイス酸として作用する電子不足化合物を形成する．アルミニウムは多くの金属と合金を形成し，軽量で耐腐食性材料として利用されている．Al が Ga と合金化した場合，Al 表面の不動態酸化皮膜の形成が，Ga により抑制される．この合金を水中に落下させると，Al が水と反応して水酸化アルミニウムを形成し，水素を放出する．水素化アルミニウム AlH_3 はシランと同様に s-ブロック金属の水素化物である．容易に購入できる CaH_2 や NaH と異なり，AlH_3 の応用はほとんどない．しかしながら，$NaAlH_4$ は還元剤として広く利用されている．水素化アルキルアルミニウム，たとえば $Al_2(C_2H_5)_4H_2$ は分子化合物としてよく知られており，Al−H−Al の 3c, 2e 結合を含む（§2・11）．

すべての元素は +3 酸化状態の金属と三ハロゲン化物を形成する．しかしながら，不活性電子対効果から期待されるように（§9・5），族の下方の元素では酸化状態 +1 がより安定となり，Tl は安定な一ハロゲン化物を形成する．Ga, In, Tl は，I/III の混合原子価ハロゲン化物を形成する．F^- イオンはとても小さいので，三フッ化物は機械的に強固なイオン固体を形成し，他のハロゲン化物よりはるかに高い融点や昇華点をもつ．大きな格子エンタルピーにより，ほとんどの溶媒に対して溶解度は低く，ルイス酸としては作用せず，単純な電子対供与体分子である．Al, Ga, In の重ハロゲン化物は多くの極性溶媒に可溶で，優れたルイス酸である．平面三角形の MX_3 単量体は高温の気相でのみ形成する．一方，三ハロゲン化物は蒸気相や溶液中では，M_2X_6 二量体で存在する．揮発性固体は二量体で構成されている．$AlCl_3$ は例外であり，固体中では六配位の層状構造である．融点で分子性の四配位二量体へと変換する．二量体中の一方の $AlCl_3$ 中の一つの Cl にある孤立電子対が，他方の $AlCl_3$ 中の Al へ電子対を供給してオクテットを完成させるとともに，Al−Cl 配位結合を形成する（**3**）．この配位により，Al 周りの Cl が四面体構造となる．他の元素のハロゲン化物と異なり，Tl^I がハロゲン化物中で最も安定な酸化数である．

Al_2O_3 の最も安定な形態である α-アルミナは非常に硬く，耐熱性，両性の材料で

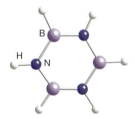

2 ボラジン，$B_3N_3H_6$

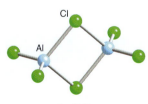

3 Al_2Cl_6

ある．水酸化アルミニウムを 900 ℃ 以下で脱水すると，γ-アルミナを形成する．γ-アルミナは準安定な多結晶，欠陥スピネル型構造で（§3・9b），表面積が大きい．Ga_2O_3 の α 形と γ 形は Al と類似の構造である．インジウムとタリウムはそれぞれ In_2O_3 と Tl_2O_3 を形成する．タリウムは Tl^I の酸化物と過酸化物も形成し，それぞれ Tl_2O と Tl_2O_2 である．

13 族の最も重要なオキソ酸塩は<u>ミョウバン</u>（alum）$MAl(SO_4)_2 \cdot 12H_2O$（M は 1 価のカチオン Na^+, K^+, Rb^+, Cs^+, Tl^+, NH_4^+）である．Ga と In もまた類似の塩を生じるが，B は小さすぎ，Tl は大きすぎるので，B と Tl はこのような塩は生じない．ミョウバンは，水和した 3 価のカチオン $[Al(OH_2)_6]^{3+}$ を含む複塩と考えることもできる．残りの水分子は，カチオンと硫酸イオンの間で水素結合を形成する．ミョウバン鉱物 $KAl(SO_4)_2 \cdot 12H_2O$ からアルミニウムという名前が由来する．ミョウバン鉱物は，唯一知られた水溶性のアルミニウム含有鉱物である．古代から，色素を織物に固着させる媒染剤として利用されてきた．媒染剤は色素と配位化合物を形成し，繊維に付着して洗い流されることを防ぐ．"ミョウバン"という単語は，一般式 $M^I M'^{III}(SO_4)_2 \cdot 12H_2O$ で表される化合物を広く表すために用いられてきた．ここで，M′ は一般に"鉄みょうばん"$KFe(SO_4)_2 \cdot 12H_2O$ 中の Fe のような d 金属である．

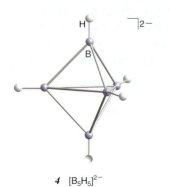

4 $[B_5H_5]^{2-}$

13・3 ホウ素クラスター

要点　ホウ素は多様な高分子性，かご状の化合物を形成する．それらには，水素化ホウ素，メタロボラン，カルボランが含まれる．

単純な水素化物に加えて，ホウ素は一連の中性あるいはアニオン性の高分子性かご状ホウ素-水素化合物を形成する．水素化ホウ素は最大で 12 個のホウ素で構成され，<u>クロソ</u>，<u>ニド</u>，<u>アラクノ</u>の 3 種に分類される．

水素化ホウ素で $[B_nH_n]^{2-}$ の化学式で表されるものは<u>クロソ構造</u>（*closo* structure）とよばれ，ギリシャ語の"かご"を語源とする．この系列のアニオンは，$n=5 \sim 12$ と知られており，三方両錘 $[B_5H_5]^{2-}$ イオン（*4*），八面体 $[B_6H_6]^{2-}$ イオン（*5*），二十面体 $[B_{12}H_{12}]^{2-}$ イオン（*6*）などがある．ホウ素クラスターが B_nH_{n+4} の化学式の場合，その構造は<u>ニド構造</u>（*nido* structure，ラテン語の"鳥の巣"を語源とする）である．その一例は B_5H_9（*7*）である．化学式 $[B_nH_{n+6}]$ で表されるクラスターは<u>アラクノ構造</u>（*arachno* structure，乱雑な蜘蛛の巣と似ているので，ギリシャ語の"蜘蛛"を語源とする）をもつ．その一例は，ペンタボラン(11)（B_5H_{11}, *8*）である．

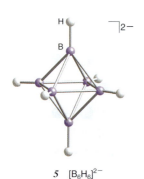

5 $[B_6H_6]^{2-}$

ホウ素は<u>メタロボラン</u>〔metalloborane，メタラボラン（metallaborane）〕といわれる金属含有クラスターを形成する．場合によっては，水素架橋により金属が水素化ホウ素に結合するが，より一般的でより安定なメタロボランは，直接 M−B 結合を形成している．

多面体ボランや水素化ホウ素により関連しているのは<u>カルボラン</u>〔carborane，より形式的には，<u>カルバボラン</u>（carbaborane）〕であり，B と C を含む多くの一連

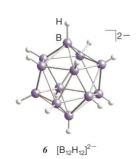

6 $[B_{12}H_{12}]^{2-}$

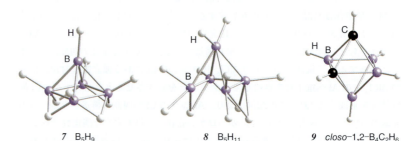

7 B_5H_9　　*8* B_5H_{11}　　*9* *closo*-1,2-$B_4C_2H_6$

のクラスターである．$[B_6H_6]^{2-}$ (5) と類似性があるのは，中性カルボラン $B_4C_2H_6$ (9) である．その他の異種原子 N, P, As などもボランに導入することができる．

B：各　　論

　この節では，13族の元素の化学についてより詳細に議論する．族の上から下に行くに従い非金属から金属的性質に変化する傾向に関していくつかの観測結果，不完全なオクテットの形成やルイス酸性が特性に及ぼす影響を解説する．ホウ素の特徴的な特性については，いくつかの節で取扱う．

13・4　産出と単離

　要点　13族元素の中で最も豊富に存在するのはアルミニウムで，タリウムとインジウムは最も少ない．

　ホウ素は安定で耐熱性の優れたいくつかの同素体がある．正二十面体 B_{12} を構造単位として含む結晶には三つの結晶相がある（図13・1）．正二十面体構造単位は，ホウ素の化学では繰返し出てくる主題であり，金属ホウ化物や水素化ホウ素の構造では再び登場する．正二十面体構造はいくつかの金属間化合物や Al_5CuLi_3，$RbGa_7$，K_3Ga_{13} などのその他の13族元素のジントル相（§3・8c）で観測される．

　ホウ素は天然にはホウ砂 $Na_2B_4O_5(OH)_4 \cdot 8H_2O$ やカーン石 $Na_2B_4O_5(OH)_4 \cdot 2H_2O$ として存在し，これらから純度の低いホウ素が得られる．ホウ砂はホウ酸 $B(OH)_3$ に変換し，さらに三酸化二ホウ素 B_2O_3 に変換される．この酸化物をマグネシウムで還元し，アルカリ溶液さらにはフッ化水素酸で洗浄する．純粋なホウ素は下式のように気相の BBr_3 を H_2 で還元してつくられる．

$$2\,BBr_3(g) + 3\,H_2(g) \longrightarrow 2\,B(s) + 6\,HBr(g)$$

　アルミニウムは地殻中に存在する金属元素の中では最も多く，質量にして地殻の岩石の約8%を構成する．アルミニウムはきわめて多くの粘土やアルミノケイ酸塩鉱物中に含まれるが，工業的に最も重要な鉱物はボーキサイトで，これは水酸化アルミニウムの水和物と酸化アルミニウムの複雑な混合物であり，ボーキサイトからはホール・エルー法によりばく大な規模でアルミニウムが単離される（§5・18）．このプロセスでは，Al_2O_3 を溶融氷晶石 Na_3AlF_6 中に溶解させ，混合物を電気分解する．アルミニウムは陽極に堆積する．この方法はエネルギー消費が大きいが，大量生産の規模と原料が豊富にあることで補われる．酸化アルミニウム，すなわちアルミナは，天然にはルビー，サファイア，コランダム（鋼玉），エメリーとして産出する．

　酸化ガリウムはボーキサイトの不純物として存在し，通常はアルミニウム製造の副生物として回収される．製造過程でガリウムが高濃度で残渣中に含まれ，ここから電気分解によってガリウムが単離される．インジウムは鉛や亜鉛の製造過程の副生物として生成し，電気分解によって抽出される．タリウム化合物は硫化鉱製錬の煙灰中に含まれ，これを希硫酸に溶かし，さらに塩酸を加えて塩化タリウム（I）を沈殿させ，電気分解によって金属タリウムを得る．

13・5　単体と化合物の用途

　要点　ホウ素の化合物で最も有用なものはホウ砂である．工業的に最も重要な元素はアルミニウムである．

　ホウ素のおもな用途はホウケイ酸塩ガラスである．ホウ砂は家庭でよく用いられる．たとえば，硬水軟化剤，洗浄剤，刺激性の少ない殺虫剤として使われる．ホウ酸 $B(OH)_3$ は弱い防腐薬である．非晶質茶色のホウ素は，花火の明るい緑色の発色に利用されている．ホウ素は植物の必須な微量栄養素である．軽量で強いホウ素繊維は宇宙産業やスポーツの複合材料で利用されている．多くの B を含む化合物は超硬材料で，その硬度はダイヤモンドに迫る．立方晶窒化ホウ素は高圧で生産されるために，高価である．二ホウ化レニウムは合成に高圧を必要としないので，比較的安価で製造できるが，レニウムは高価な金属である．"ヘテロダイヤモンド"として知られる材料は，場合によっては BCN といわれ，ダイヤモンドと窒化ホウ素から爆発衝撃合成で作製される．これらの化合物は，切削工具や刃物としてダイヤモンド代替として利用されている．過ホウ酸ナトリウム $NaBO_3 \cdot H_2O$ は二量体 $Na_2B_2O_4(OH)_4$ として存在し，洗濯用品，掃除用品，歯磨きにおける無塩素漂白剤として利用される．活性剤であるテトラアセチルエチレンジアミン（TAED）とともに用いると，低温で活性があり，塩素系の漂白剤より繊維に対して優しい．テトラヒドリドホウ酸ナトリウム $NaBH_4$ は大容量の木材パルプの漂白に用いられている．ボランはロケット燃料として知られるようになったが，発火性が強すぎてうまく取扱えないことがわかった．ボランは，アンモニア-ボラン錯体 $NH_3:BH_3$ として，水素貯蔵材料としての研究が進められている（BOX 10・4，BOX 12・3，BOX 13・1）．

　アルミニウムは最も広く利用されている非鉄系の金属である．金属アルミニウムの工業的な利用では，軽量性，耐腐食性，リサイクルが容易であることなどが活用される．アルミニウムは缶，ホイル（箔），台所用具，建造物，航空機用の合金（BOX 13・3）などに用いられる．多くのアルミニウム化合物は媒染剤として汚水処理や紙製造に，食品添加剤や防水繊維に用いられている．アルミニウムの塩化物や塩化水素化物は制汗剤に，水酸化物は制酸剤に利用される．TiF_3 を添加したテトラヒドリドアルミン酸ナト

> **BOX 13・3 アルミニウムの再生利用**
>
> アルミニウムの生産は大量のエネルギーを消費し高価であるので，再生利用はとても重要である．アルミニウムは数十年にわたって再生利用されてきたが，大部分は飲料のアルミニウム缶であり，家庭における分別回収活動が盛んに行われている．アルミニウムの経済は循環型経済の好例で，廃棄物が他の過程の原料となり，環境への影響や自然資源の消費を抑える．アルミニウムはその製品サイクルで消耗されず，物理的あるいは化学的性質を損なうことなく，何度も再生され再利用される．
>
> 回収と分別のコストを考慮しても，アルミニウムの再生利用にかかるコストはボーキサイトから生産する際の5％である．ゴミ廃棄場の利用や新しく生産したアルミニウムやボーキサイトの運搬のコストを低減できるという付加的な利点もある．このような過程はきわめて直接的である．缶は他のゴミと分別され，小さな破片に裁断され，洗浄の後にブロックに成形される．ブロック状にすることで酸化を最小に抑制できる．ブロックは炉で750℃に加熱され溶融アルミニウムとなる．固体状のゴミは取除かれ，溶け込んでいる水素は過塩素酸アンモニウムを加えて放出される．過塩素酸アンモニウムは分解して塩素を放出する．塩素は水素，窒素，酸素と反応する．最終的に得られる合金の特性を整えるために添加物が加えられる．得られたアルミニウムはインゴットに成形される．自動車におけるアルミニウムの再生利用も確立している．基本的な過程は同様であるが，異なる金属，プラスチック，繊維などを取除くための，より複雑な分別が必要である．
>
> 飲料缶用アルミニウムの世界的な再生利用率は70％であり，ブラジルが最も進んでおり97％の缶が再生利用されている．建造物や輸送関連の再生率は90％に達し，金属に対する社会的要求を満たすためのアルミニウム再生利用の役割は重要化している．

リウム $NaAlH_4$ は水素貯蔵材料として利用されている．

ガリウムの融点は室温（30℃）のすぐ上にあるので，高温用の温度計に利用される．ガリウムとインジウムは低融点の合金を生成する．これはスプリンクラーの安全装置に使われる．ガリウムとインジウムをガラスの表面に蒸着して耐腐食性の鏡がつくられる．また，In_2O_3 と SnO_2 の混合物は表示素子のための透明導電性膜として，あるいは電球の熱反射膜として応用される．窒化ガリウムは青色レーザーダイオードに用いられ，Blu-ray® 技術の基盤である．電離放射線に不活性なので，人工衛星の太陽電池に利用されている．ヒ化ガリウムは半導体で集積回路，発光ダイオード，太陽電池に用いられている．タリウム化合物はかつて水虫の治療薬として，また，殺鼠剤や殺蟻剤として使われた．しかし，タリウムは非常に毒性が強いため，このような使用は禁止されている．Tl^+ イオンは K^+ イオンとともに細胞膜を通り抜けて移動するため毒性が現れる（§26・3）．タリウムは腫瘍細胞に吸収されやすいので，造影剤として核医学で利用される．

13・6 ホウ素の単純な水素化物

最も単純なホウ素の水素化物は気体のジボラン B_2H_6 である．より高次のボランも存在し，B_5H_9 のように液体状あるいは $B_{10}H_{14}$ のように固体のものがある．

(a) ボラン

要点 ジボランは，ハロゲン化ホウ素と水素化物イオン源との間の複分解で合成することができる．より高次のボランの多くは，ジボランの部分的な熱分解でつくることができる．ホウ素の水素化物はすべて可燃性で，爆発性を示すこともある．また多くは加水分解を受けやすい．

ジボラン B_2H_6 は，エーテル（et）中で $LiAlH_4$ か $LiBH_4$ によるハロゲン化ホウ素の複分解によって実験室でつくることができる．

$$3\,LiBH_4(et) + 4\,BF_3(et) \longrightarrow 2\,B_2H_6(g) + 3\,LiBF_4(et)$$

この反応が複分解（成分の交換）であることは，次式のような単純化した反応式を書けば理解できる．

$$\tfrac{3}{4}BH_4^-(et) + BF_3(et) \longrightarrow BH_3(g) + \tfrac{3}{4}BF_4^-(et)$$

$LiBH_4$ および $LiAlH_4$ は，いずれも，LiH と同じように H^- を移動させるのによい試薬で，エーテルによく溶けるので，一般に LiH や NaH よりもよく使われる．ジボランの合成は空気をしっかり遮断して行われる（ジボランは空気に触れると発火するので，おもに真空ライン中で合成する）．ジボランは室温で非常に緩やかに分解して，高次の水素化ホウ素と不揮発性で不溶性の黄色の固体とを生ずる．これらは $B_{10}H_{14}$ と重合体 BH_n から成る．

化合物は二つの系列に属する．一つは B_nH_{n+4}，もう一つは B_nH_{n+6} の化学式をもち，後者の系列の方が水素含有量が多く，より不安定である．これらの化合物の例にはペンタボラン(11) B_5H_{11}(**8**)，テトラボラン(10) B_4H_{10}(**10**)，およびペンタボラン(9) B_5H_9(**7**) がある．B 原子の数を接頭辞で，また H 原子の数を（ ）内に示す命名法に注意してほしい．したがって，ジボランの体系名はジボラン(6)

であるが，ジボラン(8) は存在しないので，単に"ジボラン"という名称がほとんどの場合に使われている．

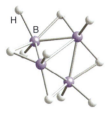

10 B_4H_{10}

すべてのボランは無色の反磁性物質である．化合物の状態は，気体 (B_2H_6 と B_4H_8)，揮発性液体 (B_5H_9 と B_6H_{10}) から昇華性固体 $B_{10}H_{14}$ の範囲に及ぶ．ボランはすべて可燃性で，軽い方のいくつかは，ジボランを含めて，空気と自発的に反応する．その際，緑色の閃光（反応中間体 BO の励起状態からの発光）を伴って爆発的な激しさで反応することが多い．反応の最終生成物はホウ酸である．

$$B_2H_6(g) + 3 O_2(g) \longrightarrow 2 B(OH)_3(s)$$

ボラン類は水によって容易に加水分解され，ホウ酸と水素を生じる．

$$B_2H_6(g) + 6 H_2O(l) \longrightarrow 2 B(OH)_3(aq) + 6 H_2(g)$$

以下に述べるように B_2H_6 はルイス酸で，この加水分解反応機構にはルイス塩基として働く H_2O の配位が関与している．O原子上で部分的に正に荷電している H 原子と，B原子上で部分的に負に荷電している H 原子とが結合して水素分子が生成する．

(b) ルイス酸性度

要点 かさ高くて軟らかいルイス塩基はジボランを対称的に開裂する．より緻密で硬いルイス塩基は水素架橋を非対称的に開裂する．ジボランは多くの硬いルイス塩基と反応するが，軟らかいルイス酸とみなすのが最もよい．

加水分解機構が示唆しているように，ジボランおよびその他の軽い水素化ホウ素はルイス酸として作用し，ルイス塩基と反応して開裂する．この開裂には対称開裂と非対称開裂の2種類が知られている．**対称開裂** (symmetric cleavage) では，B_2H_6 は2個の BH_3 断片に対称的に開裂し，各断片はそれぞれルイス塩基と錯体をつくる．

この種の錯体はたくさんあって，それらは炭化水素と等電子的であることからも興味深いものである．たとえば上記の反応生成物は 2,2-ジメチルプロパン $C(CH_3)_4$ と等電子的である．安定性の傾向からみると BH_3 は軟らかいルイス酸で，それはつぎの反応に表れている．

$$H_3B-N(CH_3)_3 + F_3B-S(CH_3)_2 \longrightarrow$$
$$H_3B-S(CH_3)_2 + F_3B-N(CH_3)_3$$

この反応では軟らかい電子対供与体原子 S に BH_3 が移動し，BH_3 よりも硬いルイス酸である BF_3 が硬い電子対供与体原子 N と結合する．

ジボランとアンモニアとの直接反応は**非対称開裂** (unsymmetrical cleavage) を起こす．この反応ではイオン性生成物ができる．

この種の非対称開裂は，ジボランおよびその他少数の水素化ホウ素が，立体的に込み合っていない強塩基と低温で反応する場合によく見られる．この反応過程では，立体障害のために，1個の B 原子には2個の小さな配位子しか付くことができない．

例題 13・1 NMR を用いて反応生成物を同定する

NMR に不活性なルイス塩基を用いたジボランの解裂反応が，対称型か非対称型かを ^{11}B NMR を用いて同定する手法を説明せよ (§8・6)．

解 考えられる生成物を特定し，それらの NMR スペクトルがどのように異なるか考察しなければならない．L による B_2H_6 の対称開裂反応では $BH_3L + BH_3L$ が，非対称開裂では $BH_2L_2^+$ と BH_4^- が生成する．対称開裂の場合，^{11}B は三つの等価な ^1H 核と結合しているので，NMR スペクトルには四重線が観測される．非対称開裂では，生成物 $BH_2L_2^+$ では ^{11}B は二つの等価な ^1H 核と結合しているので，三重線が観測される．生成物 BH_4^- では ^{11}B は四つの等価な ^1H と結合しているので，五重線となる．

問題 13・1 ^{11}B は $I = \frac{3}{2}$ である．BH_4^- の ^1H NMR スペクトルの線数とそれらの相対強度を予想せよ．

(c) ヒドロホウ素化

要点 ヒドロホウ素化，すなわちエーテル溶媒中でのアルケンとジボランとの反応は，有機合成化学における有用な中間体である有機ホウ素化合物を生成する．

合成化学者の反応のレパートリーの中で重要なものに，多重結合にHBが付加するヒドロホウ素化がある．

$$H_3B-OR_2 + H_2C=CH_2 \xrightarrow{\Delta, \text{エーテル}} CH_3CH_2BH_2 + R_2O$$

有機化学者の観点からは，ヒドロホウ素化の一次生成物のC−B結合は，それを変換してC−HまたはC−OH結合を立体特異的につくる際の中間段階である．一方，無機化学者の立場からは，この反応は，多種多様な有機ホウ素化合物の合成法として便利なものである．このヒドロホウ素化反応は，多重結合にEHが付加する種類の反応の一つで，もう一つの重要な例はヒドロシリル化（§14・7b）である．

(d) テトラヒドリドホウ酸イオン

要点 テトラヒドリドホウ酸イオンは，金属のヒドリド錯体やボラン付加物をつくる際に有用な中間体である．

ジボランはアルカリ金属水素化物と反応して，テトラヒドリドホウ酸イオン BH_4^- を含む塩を生成する．ジボランおよびLiHは水および酸素に敏感なので，この合成は，鎖の短いポリエーテル $CH_3OCH_2CH_2OCH_3$（ここでは"polyet"と記した）のような非水溶媒中で空気を除去して行わねばならない．

$$B_2H_6(\text{polyet}) + 2\,LiH(\text{polyet}) \longrightarrow 2\,LiBH_4(\text{polyet})$$

この反応は，強いルイス塩基である H^- に対して BH_3 がルイス酸として働くことを示すもう一つの例と見ることができる．BH_4^- イオンは CH_4 および NH_4^+ と等電子的で，これら三者では，中心原子の電気陰性度が増すにつれて化学的性質がつぎのように変化する．

	BH_4^-	CH_4	NH_4^+
性質：	水素化物的	−	プロトン的

ここで"プロトン的"とは，ブレンステッド酸（プロトン供与体）の性質を表す．水溶液中における普通の条件下では CH_4 は酸性でもなければ塩基性でもない．

アルカリ金属のテトラヒドリドホウ酸塩は実験室的および工業的にきわめて有用な試薬である．これらの物質は，穏やかな H^- イオン源として，一般的な還元剤として，また大部分のホウ素-水素化合物の前駆物質としてしばしば利用され，水素貯蔵材料として利用されている（BOX 10・4，BOX 12・3，BOX 13・1）．これらの反応はほとんどの場合，極性非水溶媒中で行われる．先に述べたジボランの合成，

$$3\,NaBH_4(s) + 4\,BF_3(g) \longrightarrow 2\,B_2H_6(g) + 3\,NaBF_4(s)$$

はその一例であり，テトラヒドロフラン中の $NaBH_4$ は，アルデヒドやケトンをアルコールに還元するのに用いられる．BH_4^- は加水分解に関して熱力学的には不安定であるが，その反応はpHが高ければきわめて遅いので，BH_4^- を使う合成を水中で行うこともある．たとえば，GeO_2 と KBH_4 とを水酸化カリウム水溶液に溶かし，つぎに溶液を酸性にすることによってゲルマン（GeH_4）をつくることができる．

$$HGeO_3^-(aq) + BH_4^-(aq) + 2\,H^+(aq) \longrightarrow GeH_4(g) + B(OH)_3(aq)$$

BH_4^- の水溶液は単純に還元剤として使うこともできる．Ni^{2+} や Cu^{2+} のような水溶液中のイオンを金属または金属ホウ化物に還元する場合はその例である．4dおよび5d元素のハロゲン錯体でホスフィンのような安定化配位子をもつものでは，テトラヒドリドホウ酸イオンを使う非水溶媒中での複分解反応によってヒドリド配位子を導入することができる．

$$RuCl_2(PPh_3)_3 + NaBH_4 + PPh_3 \xrightarrow{\Delta, \text{ベンゼン/アルコール}} RuH_2(PPh_3)_4 + \text{その他の生成物}$$

これらの複分解反応の多くは，中間体である BH_4^- 錯体を経て進行すると考えられる．事実，特に電気的にきわめて陽性な金属の場合には，たくさんのヒドリドホウ酸錯体が知られている．このような錯体には $Al(BH_4)_3$ (**11**) や $Zr(BH_4)_4$ (**12**) などがある．前者にはジボランに似た二重の水素化物橋かけ構造が，また後者には三重の水素化物橋かけ構造が存在する．これらの例から，多くの化合物は3c, 2e結合で表されることがわかる．

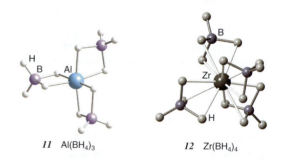

11 $Al(BH_4)_3$　　　　**12** $Zr(BH_4)_4$

例題 13・2　ホウ素-水素化合物の反応を予測する

テトラヒドロフラン（THF）中で等量の $[HN(CH_3)_3]Cl$ と $LiBH_4$ の相互作用で生ずる生成物を化学反応式で示せ．

解 生成物としては，格子エンタルピーの大きな LiCl だと予想される．この場合は，BH_4^- と $[HN(CH_3)_3]^+$ が溶液中に残るとしなければならない．水素化物的性質をもつ BH_4^- イオンとプロトン性の $[HN(CH_3)_3]^+$ イオンとの相互作用では，水素が発生してトリメチルアミンと BH_3 とが生ずるであろう．ほかにルイス塩基がなければ BH_3 分子は THF に配位するはずだが，THF より強いルイス塩基のトリメチルアミンが最初の反応で生成するので，全反応はつぎのようになるであろう．

$$[HN(CH_3)_3]Cl + LiBH_4 \longrightarrow H_2 + H_3BN(CH_3)_3 + LiCl$$

問題 13・2 エーテル溶媒中における $LiBH_4$ とプロペンとの反応について考えられる反応式を書け．$LiBH_4$ とプロペンの物質量の比は 1：2 とする．また，THF 中における $LiBH_4$ と塩化アンモニウムとの反応式を物質量比が 1：2 の場合について示せ．

13・7 三ハロゲン化ホウ素

要点 三ハロゲン化ホウ素は有用なルイス酸（BF_3 より BCl_3 の方が強い）で，ホウ素と他の元素との結合を形成するための重要な求電子試薬である．B_2Cl_4 のように B–B 結合をもつ次ハロゲン化物も知られている．

BI_3 を除くすべての三ハロゲン化ホウ素は，単体のホウ素とハロゲンとの直接反応でつくることができる．しかし，BF_3 をつくるには H_2SO_4 中で B_2O_3 と CaF_2 とを反応させる方がよい．この反応の駆動力の一部は，強酸 H_2SO_4 と CaF_2 との反応による HF の生成ならびに $CaSO_4$ の安定性である．

$$B_2O_3(s) + 3\,CaF_2(s) + 6\,H_2SO_4(l) \longrightarrow 2\,BF_3(g) + 3[H_3O][HSO_4](sol) + 3\,CaSO_4(s)$$

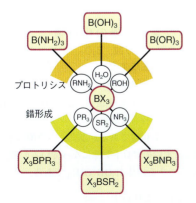

図 13・3 ホウ素とハロゲンの化合物の反応 (X はハロゲン)

すべての三ハロゲン化ホウ素は適当な塩基と反応して簡単なルイス錯体をつくる．たとえば，

$$BF_3(g) + :NH_3(g) \longrightarrow F_3B-NH_3(s)$$

しかし，ホウ素の塩化物，臭化物，ヨウ化物は水やアルコールのような穏やかなプロトン源によって，またアミンによってさえもプロトリシスを受けやすい．図 13・3 に示すように，この反応は複分解とともに合成化学においてきわめて有用である．BCl_3 の速やかな加水分解がその一例で，この反応ではホウ酸 $B(OH)_3$ が生じる．

$$BCl_3(g) + 3\,H_2O(l) \longrightarrow B(OH)_3(aq) + 3\,HCl(aq)$$

この反応の第一段階は錯体 Cl_3B-OH_2 の生成で，その後 HCl が除去され，さらに水と反応するものと考えられる．

例題 13・3 三ハロゲン化ホウ素の反応生成物を予測する

つぎの反応で考えられる生成物を予測し，化学反応方程式を記せ．(a) 酸性水溶液中における BF_3 と過剰の NaF との反応，(b) 酸性水溶液中における BCl_3 と過剰の NaCl との反応，(c) 炭化水素溶媒中における BBr_3 と過剰の $NH(CH_3)_2$ との反応

解 B–X 結合が加水分解の能力があるか考察しなければならない．

(a) F^- は硬くてかなり強いルイス塩基である．BF_3 は硬くて強いルイス酸で，F^- に強い親和力をもっている．したがって，この反応では錯体が生成するはずである．

$$BF_3(g) + F^-(aq) \longrightarrow BF_4^-(aq)$$

高 pH で生成する BF_3OH^- のような加水分解物の生成は，過剰の F^- と酸とによって阻止される．

(b) 結合力が強く，穏やかにしか加水分解を受けない B–F 結合と違って，その他のホウ素–ハロゲン結合は水によって激しく加水分解される．そこで，BCl_3 は水溶液中の Cl^- と配位するよりは加水分解するであろうと期待される．

$$BCl_3(g) + 3\,H_2O(l) \longrightarrow B(OH)_3(aq) + 3\,HCl(aq)$$

(c) 三臭化ホウ素はプロトリシスにより B–N 結合を形成する．

$$BBr_3(g) + 6\,NH(CH_3)_2 \longrightarrow B[N(CH_3)_2]_3 + 3[NH_2(CH_3)_2]Br$$

この反応では，プロトリシスにより生成した HBr が過剰のジメチルアミンをプロトン化する．

問題 13・3 つぎの各物質間に考えられる反応の化学方程式を記せ．(a) BCl_3 とエタノール，(b) 炭化水素溶液中における BCl_3 とピリジン，(c) BBr_3 と $F_3BN(CH_3)_3$

例題 13・3 にあげたテトラフルオリドホウ酸アニオン BF_4^- は合成化学において比較的大きな非配位性のアニオンが必要なときに用いられる．その他の四ハロゲン化ホウ酸アニオンである BCl_4^- や BBr_4^- は非水溶媒中でつくることができるが，B–Cl や B–Br 結合が加溶媒分解を受けやすいので，水中でもアルコール中でも不安定である．

ハロゲン化ホウ素は，多くのホウ素–炭素およびホウ素–プソイドハロゲン化合物を合成する出発点である（§17・7）[1)]．たとえば，エーテル溶液中で三フッ化ホウ素をメチルグリニャール試薬と反応させるとトリメチルホウ素ができるように，アルキルホウ素やアリールホウ素化合物の生成はその例である．

$$BF_3 + 3\,CH_3MgI \longrightarrow B(CH_3)_3 + ハロゲン化マグネシウム$$

グリニャール試薬あるいは有機リチウム試薬が過剰な場合にはテトラアルキルまたはテトラアリールホウ酸塩ができる．

$$BF_3 + Li_4(CH_3)_4 \longrightarrow Li[B(CH_3)_4] + 3\,LiF$$

B–B 結合をもつハロゲン化ホウ素が合成されていて，それらの中では化学式が B_2X_4（X＝F, Cl, Br）の化合物や四面体形クラスター化合物の B_4Cl_4 が最もよく知られている．B_2Cl_4 分子は固体では平面構造（**13**）であるが，気体ではねじれている（**14**）．このような立体配座の相違から，B–B 結合が単結合の場合に予想されることだが，B–B 結合周りの回転がきわめて容易であることが示唆される．

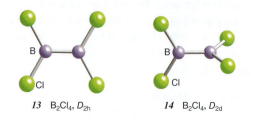

13 B_2Cl_4, D_{2h} **14** B_2Cl_4, D_{2d}

B_2Cl_4 をつくる一つの方法は，水銀蒸気のような Cl 原子のスカベンジャーの存在下で BCl_3 ガスを放電処理することである．分光学的データによると，BCl_3 への電子衝撃によって BCl ができることがわかる．

$$BCl_3(g) \xrightarrow{電子衝撃} BCl(g) + 2\,Cl(g)$$

Cl 原子は水銀蒸気によって捕捉されて $Hg_2Cl_2(s)$ として除去され，BCl 断片は BCl_3 と結合して B_2Cl_4 を与えるものと考えられる．B_2Cl_4 から B_2X_4 誘導体をつくるには複分解反応を利用することができる．これら誘導体の熱的な安定性は，X 基が B と π 結合をつくる傾向が増すと高くなる．

$$B_2Cl_4 < B_2F_4 < B_2(OR)_4 \ll B_2(NR_2)_4$$

B_2X_4 化合物が存在するには孤立電子対をもつ X 基が不可欠であると長い間考えられていたが，アルキル基またはアリール基をもつジボロン（二ホウ素）化合物がすでに合成されている．基がかさ高い場合には，$B_2(^tBu)_4$ のように室温で安定な化合物が得られる．

B_2Cl_4 合成における二次生成物である B_4Cl_4（**15**）は，4個の B 原子が四面体を構成している分子からできている淡黄色の固体である．B_4Cl_4 の構造式は，B_2Cl_4 と同様，後に述べるボラン類（B_2H_6 のような）の構造式とは異なる．この違いは，ハロゲンが，ホウ素上の空の p 軌道にハロゲン化物イオン上の孤立電子対を（図13・2のように）供与して，ホウ素と π 結合をつくる傾向をもつことによると考えられる（§4・7b）．

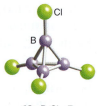

15 B_4Cl_4, T_d

13・8 ホウ素と酸素の化合物

要点 ホウ素はホウ酸，B_2O_3，ポリホウ酸塩，ホウケイ酸塩ガラスを生成する．

ホウ酸 $B(OH)_3$ は水溶液中ではきわめて弱いブレンステッド酸であるが，その平衡は，p–ブロックの後の方の元素のオキソ酸に特有な簡単なブレンステッド型のプロトン移動反応よりも複雑である．事実，ホウ酸は本来は弱いルイス酸で，実際のプロトン源になっているのは，$B(OH)_3$ と H_2O からできる錯体 $H_2OB(OH)_3$ である．

$$B(OH)_3(aq) + 2\,H_2O(l) \rightleftharpoons H_3O^+(aq) + [B(OH)_4]^-(aq) \qquad pK_a = 9.2$$

---

1) プソイドハロゲン (pseudohalogen, 擬ハロゲン) は化学的性質がハロゲンと似た化学種である．シアノゲン $(CN)_2$ はプソイドハロゲン，シアン化物イオン CN^- はプソイドハロゲン化物イオンである．

ホウ素のアニオンには, H_2O を失う縮合により重合する傾向があるが, これは p-ブロック元素で軽い方の元素の多くに典型的な傾向である. すなわち, 中性または塩基性の濃厚溶液中ではつぎのような平衡によって多核アニオン (**16**) が生ずる.

$$3\,B(OH)_3(aq) \rightleftharpoons [B_3O_3(OH)_4]^-(aq) + H^+(aq) + 2\,H_2O(l)$$
$$pK_a = 0.85$$

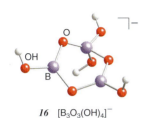

16 $[B_3O_3(OH)_4]^-$

硫酸の存在下でホウ酸がアルコールと反応すると, $B(OR)_3$ の形をもつ化合物である簡単なホウ酸エステルが生成する.

$$B(OH)_3 + 3\,CH_3OH \xrightarrow{H_2SO_4} B(OCH_3)_3 + 3\,H_2O$$

ホウ酸エステルは三ハロゲン化ホウ素よりもはるかに弱いルイス酸である. その理由はおそらく, BF_3 中の F 原子のように O 原子が分子内 π 供与体として働いて, B 原子の p 軌道の電子密度を高くすることによると考えられる (§4・7b). したがって, ルイス酸性度から判断すれば, ホウ素への π 供与体としては O 原子の方が F 原子よりも有効である. 1,2-ジオール類は, そのキレート効果 (§7・14) のために, ホウ酸エステルをつくる傾向が特に強く, 環状のホウ酸エステル (砂糖に含まれる) (**17**) ができる.

ケイ酸塩やアルミン酸塩と同じようにホウ酸塩にもたくさんの多核化合物があって, 環状および鎖状のものがともに知られている. 環状ポリホウ酸アニオン $[B_3O_6]^{3-}$ (**18**) はその一例である. ホウ酸塩生成の性質で目立っているのは, **18** 中の B 原子のような三配位のものと, $[B(OH)_4]^-$ 中の B 原子のような四配位のものとの両方ができることである. 鉱物のホウ砂は, 三配位と四配位のホウ素をもつ $[B_4O_5(OH)_4]^{2-}$ アニオンを含む (**19**). ポリホウ酸塩は, **18** の場合のように, 隣接する 2 個の B 原子が 1 個の O 原子を共有することによって生成する. 2 個の隣接する B 原子が 2 個または 3 個の O 原子を共有する構造は知られていない.

B_2O_3 は酸性で, ホウ酸の脱水でつくられる.

$$2\,B(OH)_3(s) \xrightarrow{\Delta} B_2O_3(s) + 3\,H_2O(g)$$

B_2O_3 や金属ホウ酸塩の融解物を急速に冷却するとホウ酸塩ガラスができることが多い. これらのガラスそれ自身には工業的な価値はほとんどないが, ホウ酸ナトリウムをシリカとともに融解すると, ホウケイ酸塩ガラス (たとえばパイレックス®) が合成される. ホウケイ酸塩ガラスは熱ショックに耐性をもつので, 炎や他の方法で直接加熱できる.

過ホウ酸ナトリウムは, 洗濯用洗剤, 自動食器洗い機用洗剤, 練り歯磨きに漂白剤として含まれる. 組成式は $NaBO_3 \cdot 4H_2O$ と書かれることが多いが, この化合物は過酸化物イオン O_2^{2-} を含んでおり, より正確には $Na_2[B_2(O_2)_2(OH)_4] \cdot 6H_2O$ と記述すべきである. この化合物は過酸化水素より安定で高温になってはじめて酸素を発生するので, 多くの応用において過酸化水素よりも好んで用いられる.

13・9 ホウ素と窒素の化合物

要点 CC と等電子的な BN を含む化合物には, エタン類似体のアンモニアボラン H_3NBH_3, ベンゼン類似体の $H_3N_3B_3H_3$, グラファイトおよびダイヤモンドに類似の BN がある.

熱力学的安定相の窒化ホウ素は, グラファイト (§14・5) の場合のような原子の平面薄板からできている. B および N 原子が交互に並んでいる平面薄板は辺を共有する六角形からできていて, グラファイトと同様に, 薄板内における B–N の距離 (145 pm) は薄板間の距離 (333 pm,

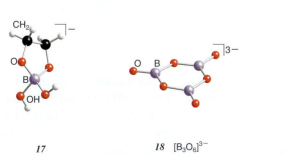

17 *18* $[B_3O_6]^{3-}$

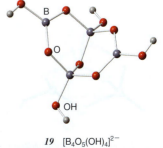

19 $[B_4O_5(OH)_4]^{2-}$

図 13·4) よりもはるかに短い．しかし，グラファイトの構造と窒化ホウ素の構造とでは隣接する薄板の原子の重なり方が異なる．すなわち，BN では，一つの六角形の環の真上にもう一つの環が積み重なっていて，各層ごとに B 原子の上には N 原子が，N 原子の上には B 原子が来るようになっているが，グラファイトでは六角形が互い違いになっている．分子軌道計算によると，BN における層の積み重なりは B 上の正の部分電荷と N 上の負の部分電荷とに起因すると考えられる．この電荷分布は，ホウ素と窒素で電気陰性度が異なる〔$\chi_P(B) = 2.04, \chi_P(N) = 3.04$〕ことと一致している．

不純物を含むグラファイトと同様に，層状の窒化ホウ素はつるつるした物質で潤滑剤に用いられる．一方で，窒化ホウ素では充満した π バンドと空の π バンドとの間のエネルギーギャップが大きいので，グラファイトと違って窒化ホウ素は無色の電気絶縁体である．バンドギャップが大きいため，電気抵抗は高く，可視スペクトル領域に吸収がない．グラファイトがつくるのに似た層間化合物の数は窒化ホウ素ではきわめて少ないが，これはバンドギャップの大きさと一致している（§14·5）．グラファイトとは異なり層状の窒化ホウ素は空気中で 1000 ℃ まで安定なので，耐火物に利用される．

層状の窒化ホウ素は高圧，高温（60 kbar および 2000 ℃，図 13·5）で，より密な立方晶に変化する．立方晶窒化ホウ素はダイヤモンドに似た硬い結晶であるが，その格子エンタルピーがダイヤモンドよりも低いので，機械的な硬度は多少低い（図 13·6）．立方晶窒化ホウ素は工業的に製造されていて，高温での研磨でダイヤモンドを使うと，研磨される物質とカーバイドができてしまうためにダイヤモンドが使えないような場合の研磨剤として利用される．

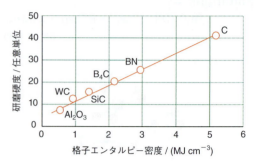

図 13·6　硬度と格子エンタルピー密度（格子エンタルピーをその物質のモル体積で割ったもの）との関係．炭素の点はダイヤモンドに，また窒化ホウ素の点はダイヤモンド類似閃亜鉛鉱型構造に対するものである．

BN と CC とが等電子的であることから炭化水素との間に類似点がある可能性が考えられる．ルイス塩基性の窒素とルイス酸性のホウ素との反応

$$\frac{1}{2} B_2H_6 + N(CH_3)_3 \longrightarrow H_3BN(CH_3)_3$$

で多くのアミン-ボラン（amine-borane）類を合成することができる．アミン-ボラン類は飽和炭化水素のホウ素-窒素類似体である．この化合物は炭化水素と等電子的であるが，それらの性質は相当に異なる．それは，主として，B と N では電気陰性度が異なるためである．たとえば，アンモニアボラン NH_3BH_3 は室温で固体で，その蒸気圧は数 Pa であるが，その類似体のエタン H_3CCH_3 は −89 ℃ で凝縮する気体である．この相違の原因は，これら二つの分子の極性の違いに帰することができる．すなわち，エタンは無極性であるが，アンモニアボランは大きな双極子モーメント 5.2 D をもっている（20）．

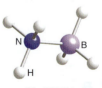

20　NH_3BH_3

アミノ酸の BN 類似体がいくつか合成されていて，その中には，グリシン NH_2CH_2COOH の類似体であるアンモニア-カルボキシボラン NH_3BH_2COOH がある．これらの化合物は腫瘍を抑制したり血清コレステロールを減らしたりといった重要な生理活性を発揮する．

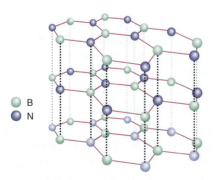

図 13·4　層状の六方晶窒化ホウ素の構造．各層の原子が真上に重なっていることに注意．

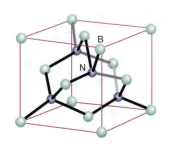

図 13·5　立方晶窒化ホウ素の閃亜鉛鉱型構造

13・9 ホウ素と窒素の化合物

最も簡単なホウ素-窒素不飽和化合物はアミノボラン NH_2BH_2 で，これはエテンと等電子的である．この物質は気相中で一時的にしか存在しないが，それはシクロヘキサンに類似の環状化合物になりやすいからである (**21**)．しかし，N 原子上にかさ高いアルキル基を付加し，B 原子に Cl 原子を付加してホウ素-窒素二重結合を環化反応から保護すれば，アミノボランが単量体として存在できるようになる (**22**)．たとえば，ジアルキルアミンとハロゲン化ホウ素との反応で単量体のアミノボランを容易に合成することができる．

$$((CH_3)_2CH)_2NH + BCl_3 \longrightarrow \underset{Cl}{\overset{Cl}{B}}=N\underset{CH(CH_3)_2}{\overset{CH(CH_3)_2}{}} + HCl$$

21 $N_3B_3H_{12}$ **22** $Cl_2B-N(^iPr)_2$, $^iPr=(CH_3)_2CH$

イソプロピル基の代わりにキシリル基 (ジメチルフェニル基) でもこの反応が起こる．

層状の窒化ホウ素以外で最もよく知られている，ホウ素と窒素との不飽和化合物はボラジン $B_3N_3H_6$ (**2**) で，ベンゼンと等電子的かつ等構造的である．ボラジンは 1926 年に Alfred Stock の実験室でジボランとアンモニアとの反応によってはじめて合成された．それ以来，BCl_3 の B-Cl 結合をアンモニウム塩でプロトリシスする方法を使って，対称的な三つの置換基をもつたくさんの誘導体がつくられている (**23**)．

$$3\,NH_4Cl + 3\,BCl_3 \xrightarrow{\Delta} \text{(環状 } B_3N_3Cl_3H_3\text{)} + 9\,HCl$$

23 $B_3N_3H_3Cl_3$

塩化アルキルアンモニウムを用いると B,B',B''-トリクロロボラジンの N-アルキル置換体ができる．

ボラジンはベンゼンと構造が似ているが，両者の化学的性質にはほとんど類似点はない．この場合にもホウ素と窒素との電気陰性度の違いが重要で，トリクロロボラジン中の BCl 結合はクロロベンゼン中の CCl 結合よりもはるかに置換活性である．ボラジン化合物では，N 原子上の π 電子密度が高く，B 原子上には正の部分電荷が存在する．そのために，B 原子が求核試薬の攻撃を受けるようになる．この相違の一つの表れは，クロロボラジンがグリニャール試薬や水素化物源と反応するとアルキル基，アリール基，または水素化物イオンによる Cl の置換が起こることである．ボラジンに HCl が容易に付加してトリクロロシクロヘキサン類似体 (**24**) が生成するのは，この相違のもう一つの例である．

$$\text{(ボラジン } B_3N_3H_6\text{)} \xrightarrow{3\,HCl} \text{(} B_3N_3H_9Cl_3\text{)}$$

24 $B_3N_3H_9Cl_3$

この反応における求電子試薬 H^+ は負の部分電荷をもつ N 原子に，また求核試薬 Cl^- は正の部分電荷をもつ B 原子に結合する．

例題 13・4 ボラジン誘導体を合成する

NH_4Cl, BCl_3 およびその他適当に選んだ試薬から出発してボラジンを合成する反応の化学方程式を示せ．

解 ここまで見てきたように，アンモニウムイオンによる BCl_3 中の B-Cl 結合のプロトリシスが反応の第一段階である．よって，NH_4Cl と BCl_3 とを反応させると

$$3\,NH_4Cl + 3\,BCl_3 \longrightarrow H_3N_3B_3Cl_3 + 9\,HCl$$

B,B',B''-トリクロロボラジン中の Cl 原子は，$LiBH_4$ のような試薬からの水素化物イオンで置換することができて，ボラジンが生成する．

$$3\,LiBH_4 + H_3N_3B_3Cl_3 \xrightarrow{THF} H_3N_3B_3H_3 + 3\,LiCl + 3\,THF\cdot BH_3$$

> **問題 13・4** メチルアミンと三塩化ホウ素から出発して N,N',N''-トリメチル-B,B',B''-トリメチルボラジンを合成する反応を示せ.

13・10 金属ホウ化物

要点 金属ホウ化物には,遊離のホウ素のアニオン,互いに連結したクロソホウ素多面体,ホウ素の六角形網状構造などがある.

多くの金属ホウ化物をつくるには,単体のホウ素と金属との高温での直接反応が有用である.カルシウムおよびその他の電気的にきわめて陽性な金属とホウ素とが反応して MB_6 の組成のものができるのはその例である.

$$Ca(l) + 6B(s) \longrightarrow CaB_6(s)$$

金属ホウ化物には,単独の B 原子を含むものから,鎖,平面でひだ状になった網,およびクラスターの状態のものに至る多種多様な構造がある.そのため,金属ホウ化物の組成は広範囲にわたっている.最も簡単な金属ホウ化物は遊離の B^{3-} イオンをもっている金属過剰化合物である.これらの化合物では M_2B の化学式をもつものが一般的で,ここで M は 3d-ブロックの中央から後の方の金属(Mn から Ni に至る)の一つであり,低い酸化状態をもつ.金属ホウ化物でもう一つの重要な種類は,平面状またはひだ状の六角形の網状構造で組成が MB_2 のものである(図 13・7).これらの化合物は,主として,Mg, Al, d-ブロックのはじめの方の金属(たとえば第 4 周期の Sc から Mn まで)および U などの電気的に陽性な金属から生成する(BOX 13・4).

電気的に陽性な金属 M のホウ素過剰化合物で,代表的な MB_6 や MB_{12} の構造はさらに興味深い.これらの化合物では B 原子がつながって,相互に連結したかごの入り組んだ網状構造ができている.MB_6 化合物(電気的に陽性な s-ブロック金属,たとえば Na, K, Ca, Sr, Ba によってつくられる化合物)の場合は,B_6 の八面体がそれぞれの頂点で結合して立方晶の骨格をつくっている(図 13・8).互いにつながった B_6 のクラスターは,それと結合しているカチオンの種類に応じて,-1,-2,-3 の電荷をもっている.MB_{12} 化合物の場合は,通常見られる二十面体よりはむしろ連結した立方八面体(**25**)によって B 原子の網状構造がつくられている.電気的に陽性で比較的重い金属,特に f-ブロック中の金属が,この種の化合物をつくる.

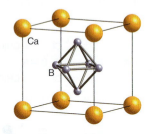

図 13・8 CaB_6 構造.B_6 八面体は,隣の B_6 八面体の頂点との間の結合でつながっていることに注目せよ.この結晶は CsCl の類似体である.すなわち 8 個の Ca 原子が中心の B_6 八面体を取囲んでいる.

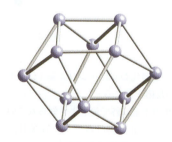

25 B_{12} 立方八面体

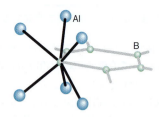

図 13・7 AlB_2 構造.六角形の層をはっきりと示すために単位格子の外側にある B 原子も表示してある.

13・11 高次のボランおよび水素化ホウ素

要点 水素化ホウ素および多面体形水素化ホウ素イオン中の結合は,3c,2e 結合と通常の 2c,2e 結合とで近似することができる.

本節ではかご状のボランおよび水素化ホウ素の構造と性質とを説明するが,それらの中には Stock の系列,B_nH_{n+4} および B_nH_{n+6} とともに,もっと最近になって発見された閉じた多面体形アニオン $[B_nH_n]^{2-}$ が含まれている.水素化ホウ素は興味深い化合物として長年研究されてきたが,応用が開拓されたのはごく最近のことである(BOX 13・5).

ホウ素クラスター化合物は,完全に非局在化された分子軌道中の電子が分子全体の安定性に寄与しているという立場から考察するのが最もよい.しかし,場合によっては,3 個の原子のグループをひとまとめにして,ジボラン(**1**)の場合のような 3c,2e 結合でそれらの各グループが連結しているとみなすとうまく説明できることがある.もっと複

BOX 13・4　二ホウ化マグネシウム超伝導体

二ホウ化マグネシウム MgB_2 は安価な化合物で，実験室では50年以上前から知られている．2001年にこの単純な化合物が超伝導を示すことが見いだされた（§24・6）．秋光純と共同研究者らは MgB_2 を冷却すると電気抵抗が0になることを偶然に発見した．当時，彼らは既知の高温超伝導体の特性を向上するために用いられる材料の評価を行っていた．彼らの発見により世界中でこの新しい超伝導体に対する研究が巻き起こった．

バルクの物質では MgB_2 の転移温度は38Kであり，この温度を超える超伝導体はもっと複雑な構造をもつペロブスカイト型の銅酸化物のみである（§24・6）．初期の測定の多くは試薬瓶から直接得られる MgB_2 粉末を対象に行われた．高品質の MgB_2 は，加圧下で約950℃においてホウ素とマグネシウムの微粒子を一緒に加熱すれば合成できる．薄膜，ワイヤー，テープもつくられており，超伝導磁石，マイクロ波通信，発電などへの応用の可能性が秘められている．

二ホウ化マグネシウムは単純な構造で，B原子はグラファイトと同様の層を形成し，これがマグネシウム原子の層と交互に繰返される．Mgは，B原子から成る骨格構造に2個の価電子を供給する．Bの伝導帯に供与される電子の数が変わると，転移温度は大きく影響を受ける．Mg原子の一部をAlで置換すると転移温度は下がり，Cuでドーピングすると上昇する．MgB_2 の転移温度 T_c は理論的な予測よりも約15K高い．この違いは，2個の電子がクーパー対を形成するのに必要となる格子振動に基づいて説明されている．クーパー対は抵抗を受けずに物質内を移動する．

雑なボラン類では，3c,2e結合の三つの中心がBHB橋かけ結合である可能性があるが，正三角形の頂点に三つのB原子が存在し，3個のB原子の sp^3 混成軌道が正三角形の中心で重なり合うようにしてできる結合 (**26**) である可能性もある．構造を示す図を簡潔にするために，以後の図では構造中にある3c,2e結合を普通は示さないことにしよう．

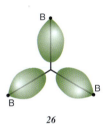

26

(a) ウェイド則

要点　ウェイド則で多面体形水素化ホウ素の構造を予想できる．水素化ホウ素には，単純な多面体のクロソ構造，より開放的なニド構造やアラクノ構造がある．

Kenneth Wadeは1970年代に，電子の数（特殊な方法で数えたもの），化学式および分子の形の間の相関関係を確立した．いわゆる**ウェイド則**（Wade's rule）はデルタヘドロン（三角面多面体，deltahedron，ギリシャ文字のデルタΔに似た三角形の面からできていることによる）とよばれる一群の多面体について成立する規則である．この規則には2通りの使い方がある．まず，ボラン類の分子およびアニオンの場合には，化学式がわかればその分子またはイオンが一般にどんな形かを予測することができる．一方，ウェイド則は，電子の数を用いて表現することもできるので，カルボランやp-ブロッククラスターのようなホ

BOX 13・5　がん治療のためのホウ素化合物

脳，頭，首にあるがんに対して，低エネルギー中性子線とともにホウ素化合物を照射する方法は，有望な新しい放射線療法である．ホウ素中性子捕捉療法（<u>b</u>oron <u>n</u>eutron-<u>c</u>apture <u>t</u>herapy, BNCT）では，がん細胞に優先的に結合するようにした，^{10}B で標識したホウ素化合物を患者に注射する．中性子線を照射すると，^{10}B は核分裂してヘリウム核（α粒子）と $^7Li^+$ 核を生成し，約2.4MeVのエネルギーを放出する．

$$^{10}_{5}B + ^{1}_{0}n \longrightarrow ^{4}_{2}He + ^{7}_{3}Li$$

この応用に最も期待されているホウ素化合物は，多面体形水素化ホウ素であり，臨床現場では $Na_2B_{12}H_{11}SH$ が使用されている．正常な細胞に毒性の影響を与えることなく，がん細胞のみにホウ素を導入しなければならないことが，この手法の進展を妨げている．最近開発された炭化ホウ素のナノ粒子がブレークスルーとして期待されている．このナノ粒子を取出した患者自身のT細胞に導入し，それを患者に戻すことで，T細胞はがん細胞に到達し，炭化ホウ素ナノ粒子を運搬する．ペプチドで炭化ホウ素ナノ粒子をコートすれば，細胞への導入量が向上するだけでなく，蛍光色素で標識すれば体内でのナノ粒子の追跡も可能となる．

ウ素以外の原子を含む類似物質に拡張することができる. ここでは, 形を予測するのに化学式がわかれば十分なホウ素クラスターに重点をおくが, その他のクラスターにも応用できるように, 骨格電子数の数え方をも述べることにしよう.

デルタヘドロンは 2 個の電子を供給する BH 基 (**27**) を構成単位として組立てられていると仮定する. 骨格電子を数える際には, B−H 結合に使われている電子を除いて, それ以外のすべての価電子――骨格を保持するのに役立っているように見えるかどうかにはかかわりなく――を骨格電子として数える. ここで"骨格"とは, 各 BH を構成単位としてつくられるクラスターの骨組みのことである. もし一つの B 原子に 2 個の H 原子が付いていれば, B−H 結合の中の一つだけを構成単位として取扱う. たとえば, B_5H_{11} では, "末端" H 原子が 2 個付いた B 原子があるが, 一つの BH 単位だけを構成単位として, それ以外の電子の組は骨格の部分として取扱って"骨格電子"とみなす. 一つの BH 基からは骨格に対して 2 個の電子の寄与がある (B 原子は 3 個, H 原子は 1 個の電子を提供するが, それら 4 個の中の 2 個は B−H 結合に使われる).

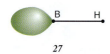

27

実例　B_4H_{10} (**10**) 中の骨格電子の数を勘定する場合, BH 構成単位の数と H の数を考慮する. 4 個の BH 構成単位から 4×2＝8 個の骨格電子, 余分の 6 個の H 原子からさらに 6 個の骨格電子, したがって全部で 14 個の骨格電子がある. これらの電子による 7 組の骨格電子対は **28** に示すように分布している. すなわち, 2 対は両端の末端 B−H 結合に, 4 対は四つの B−H−B 橋かけに, 1 対は中央の B−B 結合に用いられている.

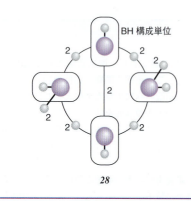

28

ウェイド則 (表 13・3) によると, 化学式が $[B_nH_n]^{2-}$ で $(n+1)$ 対の骨格電子をもつ物質の構造は, 閉じたデルタヘドロンの各頂点に B 原子があって, B−H−B 結合のないクロソ構造である. この系列のアニオンは n 個の BH 基からの n 対の骨格電子に加えて, 2−の電荷から二つの電子をもつ. この系列では n＝5〜12 のものが知られていて, その例には, 三方両錐形の $[B_5H_5]^{2-}$ イオン, 八面体形の $[B_6H_6]^{2-}$ イオンおよび二十面体形の $[B_{12}H_{12}]^{2-}$ イオンがある. *closo*-水素化ホウ素やそれらのカルボラン類似体 (§13・12) は主として熱的に安定で, 反応性は高くない.

化学式が B_nH_{n+4} のホウ素クラスターはニド構造である. これらのクラスターは, *closo*-ボランが頂点を一つ失ってできると考えられるもので, B−B 結合とともに B−H−B 結合をもつ. B_5H_9 はその例である. 5×2+4＝14 個あるいは 7 対の骨格電子をもつ. $(n+1)$ 則 (表 13・3) によれば, n 個の頂点をもつ多面体デルタヘドロンとなる. この場合, n＝6 だが, B 原子は五つしかないので, クラスターは六つの頂点をもつ八面体の一つの頂点が欠損したものになる. クラスターは八面体構造の頂点の一つが欠損したものである (**7**). 一般には, *nido*-ボランの熱的安定性は *closo*-ボランとつぎに述べる *archno*-ボランの中間である.

> **メモ**　ここでは変数 n を二つの異なる背景で用いていることに気づかなければならない. 水素化ホウ素の一般化学式で n はたとえば B_nH_{n+4} と用いる. しかしながら, クラスターの電子対の数を数えるときも同様に n を用いている.

化学式が B_nH_{n+6} クラスターの構造はアラクノ構造で, *closo*-ボラン多面体から頂点が二つ失われたものと考えることができる (B−H−B 結合をもっていなければならない). *arachno*-ボランの一例はペンタボラン(11) (B_5H_{11}) である. 5×2+6＝16 個あるいは 8 対の骨格電子をもつ. $(n+1)$ 則に従えば, n＝7 なので, その構造は七つの頂点をもつ多面体から二つの頂点を除いたものとなる (**8**). ほとんどの *arachno*-ボランと同じように, ペンタボラン(11) は室温で熱的に不安定で, 反応性がきわめて高い.

表 13・3　水素化ホウ素の分類

型	化学式[1]	例
closo-(クロソ)	$[B_nH_n]^{2-}$	$[B_5H_5]^{2-}$〜$[B_{12}H_{12}]^{2-}$
nido-(ニド)	B_nH_{n+4}	B_2H_6, B_5H_9, B_6H_{10}
arachno-(アラクノ)	B_nH_{n+6}	B_4H_{10}, B_5H_{11}
hypho-(ヒホ)[2]	B_nH_{n+8}	なし[3]

[1] 場合によってはプロトンを除去できる. たとえば, $[B_5H_8]^-$ は B_5H_9 の脱プロトン反応の結果である.
[2] この名称はギリシャ語の"網"から来ている.
[3] 誘導体がいくつか知られている.

例題 13・5 ウェイド則を利用する

$[B_6H_6]^{2-}$ の構造をその化学式から,またその電子数から推定せよ.

解 $[B_6H_6]^{2-}$ という化学式は,$[B_nH_n]^{2-}$ で表される水素化ホウ素類に属し,それはクロソ化合物の特徴である.一方,骨格電子対の数を勘定し,それから構造を推定することができる.各 B 原子につき B–H 結合が一つと仮定すると,考慮すべき BH 構成単位は6個であるから,電子の数は12個の骨格電子と -2 の電荷に基づく2個とになる.すなわち,$6 \times 2 + 2 = 14$ 個の電子あるいは7組の電子対,つまり $(n+1)$ で $n=6$ となる.頂点が失われていない八面体形構造が考えられる.

問題 13・5 (a) B_4H_{10} には骨格電子対がいくつあるか.また,この物質の構造はどの種類に属するか.その構造を描け.(b) $[B_5H_8]^-$ の構造を予想せよ.

(b) ウェイド則の起源

要点 closo-ボランの分子軌道は BH 構成単位から組立てることができる.各 BH 単位からの寄与は,クラスターの中心を向く1個の動径原子軌道と,多面体に対して垂直な2個の接線 p 軌道とである.

ウェイド則の正当性は分子軌道の計算で証明されている.第一の規則,すなわち $(n+1)$ 則を取上げて,分子軌道による説明を示してみよう.特に,$[B_6H_6]^{2-}$ のエネルギーは,この規則から予測されるように,その構造が八面体形クロソ構造の場合に低くなることを示そう.

B–H 結合には B 原子の1個の電子と一つの軌道とが使われているが,3個の軌道と2個の電子とが骨格結合のために残っている.これらの軌道中の一つは**動径軌道**(radial orbital)とよばれるもので,ホウ素の sp 混成で(**26** の場合のように)分子断片の内側を指向しているものと考えることができる.ホウ素の p 軌道で残っている二つは**接線軌道**(tangential orbital)で,動径軌道に垂直である(**29**).

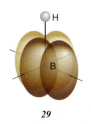

29

八面体形 $[B_6H_6]^{2-}$ クラスター中のこれら 18 軌道の 18 個の対称適合線形結合の形は,付録4中の図から推定することができる.それらの中で結合性のものを図 13・9 に示す.

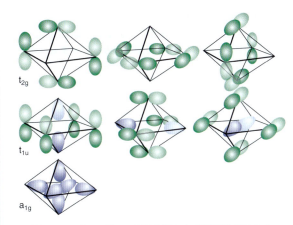

図 13・9 $[B_6H_6]^{2-}$ の動径軌道および接線軌道による結合性分子軌道.相対的なエネルギーは $a_{1g} < t_{1u} < t_{2g}$ の順である.

エネルギーが最低となる分子軌道は完全に対称的 (a_{1g}) で,これらは動径軌道がすべて同位相で寄与した場合にできる.計算によるとつぎにエネルギーの高い軌道は,それぞれ4個の接線軌道と2個の動径軌道との組合わせから成る t_{1u} 軌道であることがわかる.これら3個の縮退軌道の上には3個の接線軌道性の t_{2g} 軌道があって,全部で7個の結合性軌道になる.したがって,全部で7個の結合性軌道が骨格上に非局在化していて,それらと残り 11 個の主として反結合性の軌道との間には大きなエネルギーギャップがある(図 13・10).

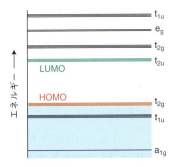

図 13・10 $[B_6H_6]^{2-}$ の B 原子骨格の模式的な分子軌道エネルギー準位.結合性軌道の形は図 13・9 に示してある.

ここで収容すべき電子対は,6個の B 原子のそれぞれから1対ずつと全体として -2 の電荷による1対とで,全部で7対である.これら7対の電子対はすべて,7個の結合骨格軌道に入ってそれらを満たすことができるので,$(n+1)$ 則のとおり安定な構造ができる.中性の八面体形 B_6H_6 分子はまだ知られていないが,この分子は t_{2g} 結合性軌道を満たすには電子が不足していることに注目してほしい.同様の考察がすべてのクロソ構造に当てはまる.

(c) 構造上の相互関係

要点 クロソ構造，ニド構造，アラクノ構造の間には，概念的には，BH ユニットを順次取去って H または電子を追加したものであるという関係がある．

BH ユニットをつぎつぎと取去ると同時に適当な数の電子と H 原子とを付け足していくと，同数の骨格電子をもつクラスターをつくることができる．この事実から，クロソ，ニド，アラクノ化合物の構造の間にきわめて有用な相互関係が導びかれる．この方法は，各種のホウ素クラスターの構造を考察するのによい方法だが，それらが化学的にどのようにして互いに変化するかを示すものではない．

図 13・11 はこの考え方を詳しく説明している．この図では，八面体形の $closo\text{-}[B_6H_6]^{2-}$ アニオンから BH ユニット 1 個と電子 2 個を取去り，代わりに 4 個の H 原子を付け足すと，$closo\text{-}[B_6H_6]^{2-}$ アニオンが四方錐形の $nido\text{-}B_5H_9$ ボランになる．さらに同様の過程（1 個の BH 構成単位を除去して 2 個の H 原子を付加する）で $nido\text{-}B_5H_9$ が蝶に似た $arachno\text{-}B_4H_{10}$ ボランになる．これら三つのボランはいずれも 14 個の骨格電子をもっているが，B 原子 1 個当たりの骨格電子数が増えるにつれて構造が開放的になってくる．多くのボラン類についてこの種の相互関係を模式的に示したのが図 13・12 である．

(d) 高次のボランおよび水素化ホウ素の合成

要点 小さなボランを大きなボランに変える一つの方法は，熱分解に続いて急冷することである．

B_4H_{10}, B_5H_9, $B_{10}H_{14}$ を含む高次のボランや水素化ホウ素の大部分のものをつくる方法は，気相中で B_2H_6 を制御された条件下で熱分解することで，これは Stock が発見し，後に多くの研究者によって完成された方法である．この合成過程に対して提出されている機構で鍵になっている第一段階は B_2H_6 の解離と，その結果生じた BH_3 とボラン断片との縮合である．たとえば，ジボランの熱分解でテトラボラン (10) が生成する機構はつぎのように考えられる．

$$B_2H_6 \longrightarrow BH_3 + BH_3$$
$$B_2H_6 + BH_3 \longrightarrow B_3H_7 + H_2$$
$$BH_3 + B_3H_7 \longrightarrow B_4H_{10}$$

B_nH_{n+6} ($arachno\text{-}$) 系列のものが不安定であるようにテトラボラン (10) B_4H_{10} はきわめて不安定なので，その合成は特に難しい．収率を上げるには，熱い反応容器から出てくる生成物を冷たい容器表面上で直ちに急冷する．より安定な B_nH_{n+4} ($nido\text{-}$) 系列に属するものの熱分解合成は，急冷を行わなくとも，よい収率で進行する．したがって B_5H_9 や $B_{10}H_{14}$ は熱分解反応で容易に合成される．さらに最近では，これらの強引ともいえる熱分解反応に代わり，後で述べるもっと特異的な方法が用いられている．

(e) ボランおよび水素化ホウ素に特有な反応

要点 ボランに特徴的な反応にはつぎのようなものがある．NH_3 によるジボランやテトラボランからの BH_2 の開裂，大きな水素化ホウ素の塩基による脱プロトン反応，水素化ホウ素と水素化ホウ素イオンからより大きな水素化ホウ素アニオンができる反応，ペンタボランやより大きな水素化ホウ素中の水素をアルキル基で置換するフリーデル・クラフツ型の置換反応である．

ホウ素クラスターとルイス塩基との反応で特徴的なものには，クラスターからの BH_n の開裂，クラスターの脱プロトン反応，クラスターの拡大，1 個以上のプロトンの引き抜きがある．すべてのボランは反応性が高く，空気や水分に敏感であり，加水分解しやすい．加水分解により，ホウ酸と水素が生成される．この反応の結果はボランの化学組成の決定に利用できる．

$$B_nH_m + 3n\,H_2O \longrightarrow n\,B(OH)_3 + \frac{3n+m}{2}H_2$$

ルイス塩基開裂反応はジボランとの関連において §13・6b ですでに紹介した．強固な高次ボラン B_4H_{10} では，開裂によっていくつかの B–H–B 結合が切れてクラスターの部分的な分解が起こる．

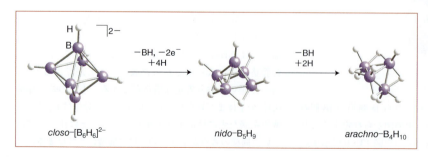

図 13・11　B_6 クロソ八面体形構造，B_5 ニド四方錐形構造，B_4 アラクノ蝶形構造の間の相互関係

大きなボラン $B_{10}H_{14}$ では開裂よりはむしろ脱プロトン反応が容易に進行する．

$$B_{10}H_{14} + N(CH_3)_3 \longrightarrow [NH(CH_3)_3]^+[B_{10}H_{13}]^-$$

生成物であるアニオンの構造は，ホウ素クラスター上の電子数を変えないままで，3c,2e BHB 架橋からの脱プロトン反応が起こることを示している．3c,2e BHB 結合から 2c,2e 結合を生ずるこの脱プロトン反応は，結合の大きな破壊を伴わずに進行する．

$$\underset{H}{B}\diagdown\underset{}{\overset{H}{}}\diagup\underset{H}{B} \longrightarrow [B-B]^- + H^+$$

水素化ホウ素のブレンステッド酸性度は，近似的には分子の大きさとともに増大する（$B_4H_{10} < B_5H_9 < B_{10}H_{14}$）．この傾向はクラスターが大きいほど電荷の非局在化が大きいことに関連するもので，メタノールよりもフェノールの酸性度が高いことが電荷の非局在化で説明されるのとほとんど同様である．上に示したようにデカボラン(14)は弱い塩基のトリメチルアミンで脱プロトン反応が起こるが，B_5H_9 を脱プロトンするにははるかに強い塩基であるメチルリチウムが必要である．この事実は酸性度の違いをよく示している．

小さなアニオン性の水素化ホウ素に一番特徴的なのは，それらの水素化物的性質である．その例として，BH_4^- は

$$BH_4^- + H^+ \longrightarrow \frac{1}{2}B_2H_6 + H_2$$

の反応で水素化物イオンを容易に相手に引き渡すが，$[B_{10}H_{10}]^{2-}$ イオンは強酸性溶液中でさえもそのままで存在する．事実，オキソニウム塩である $(H_3O)_2B_{10}H_{10}$ を結晶化させることさえ可能である．

ボランと水素化ホウ素との間のクラスター構成反応は，高次の水素化ホウ素イオンをつくるのに便利な過程である．

$$5K[B_9H_{14}] + 2B_5H_9 \xrightarrow[85\ ^\circ C]{ポリエーテル,} 5K[B_{11}H_{14}] + 9H_2$$

その他の水素化ホウ素類，たとえば $[B_{10}H_{10}]^{2-}$ をつくるのにも同様の反応が用いられる．また，この形式の反応は広範囲の多核水素化ホウ素の合成に利用されている．^{11}B

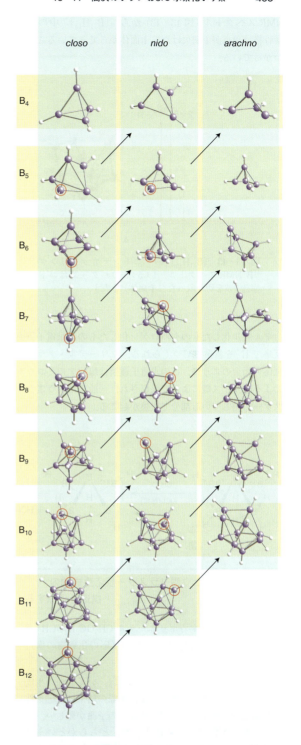

図 13・12　closo-, nido-, arachno- ボラン類，およびヘテロ原子ボラン類の構造間の関係．同数の骨格電子をもつものを斜めの線で結んである．B–H 構成単位以外の水素原子および電荷は省略してある．円で囲んだ原子が最初に取除かれ，右上の構造を生じる〔R. W. Rudolph, *Acc. Chem. Res.*, **9**, 446 (1976) による〕．

NMRスペクトル（図13・13）から，[$B_{11}H_{14}$]$^-$中のホウ素骨格は頂点が1個欠けた二十面体からできていることがわかっている．

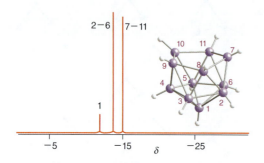

図 13・13 [$B_{11}H_{14}$]$^-$のプロトンデカップリング ^{11}B NMRスペクトル．1:5:5のパターンはニド構造（頭を切り取った二十面体）を表す．

アルキル化したものやハロゲン化したものは求電子置換反応でH$^+$を置換してつくられる．フリーデル・クラフツ反応の場合のように，この求電子置換は塩化アルミニウムのようなルイス酸によって触媒され，一般にはホウ素クラスターの閉じている部分で置換が起こる．

例 題 13・6 ホウ素クラスター反応生成物の構造を予想する

162℃で沸騰するポリエーテル CH$_3$OC$_2$H$_4$OCH$_3$ 還流中における B$_{10}$H$_{14}$ と LiBH$_4$ の反応の生成物の構造を予想せよ．

解 ホウ素クラスターの反応では，いくつかの生成物ができる可能性が多く，また実際の結果は反応条件に敏感なことが多いので，生成物の予測が難しい．ここでは，酸性のボラン B$_{10}$H$_{14}$ が，どちらかといえば激しい条件の下で，水素化物的性質をもつアニオン BH$_4^-$と接触していることに注目しよう．したがって水素の発生が期待される．

$$B_{10}H_{14} + Li[BH_4] \xrightarrow{\text{エーテル, R}_2\text{O}} Li[B_{10}H_{13}] + R_2OBH_3 + H_2$$

このような生成物の組合わせから見て，中性の BH$_3$ 錯体がさらに [$B_{10}H_{13}$]$^-$と縮合してもっと大きな水素化ホウ素を生ずる可能性が示唆される．事実，それがこれらの条件下で見られる結果である．

$$Li[B_{10}H_{13}] + R_2OBH_3 \longrightarrow Li[B_{11}H_{14}] + H_2 + R_2O$$

過剰の LiBH$_4$ が存在するとクラスター構成が継続して，きわめて安定な二十面体の [$B_{12}H_{12}$]$^{2-}$ アニオンが生ずることがわかっている．

$$Li[\textit{nido}\text{-}B_{11}H_{14}] + Li[BH_4] \longrightarrow$$
$$Li_2[\textit{closo}\text{-}B_{12}H_{12}] + 3H_2$$

問題 13・6 Li[$B_{10}H_{13}$] と Al$_2$(CH$_3$)$_6$ との反応でできると思われる生成物は何か．

13・12 メタロボランとカルボラン

要点 主要族および d-ブロックの金属は，BHM 架橋またはもっと丈夫な B-M 結合をつくることによって，水素化ホウ素分子中に組込むことができる．多面体形水素化ホウ素中の BH の代わりに CH を導入してできるカルボランの電荷は，出発物質よりも1単位だけ正になる．カルボランアニオンは，ホウ素を含む有機金属化合物の有用な前駆物質である．

メタロボラン（metalloborane）は金属を含むホウ素クラスターである．金属が水素橋かけを通して水素化ホウ素イオンに結合していることもある．より一般的には，より丈夫なメタロボラン類では金属-ホウ素の直接結合ができている．主要族金属のメタロボランで二十面体形骨格をもつものの例は *closo*-[$B_{11}H_{11}AlCH_3$]$^{2-}$ (**30**) である．これは Na$_2$[$B_{11}H_{13}$] 中の酸性の水素とトリメチルアルミニウムとの相互作用によってつくられる．

$$2[B_{11}H_{13}]^{2-} + Al_2(CH_3)_6 \xrightarrow{\Delta}$$
$$2[B_{11}H_{11}AlCH_3]^{2-} + 4CH_4$$

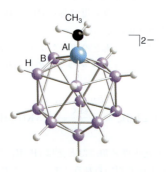

30 *closo*-[$B_{11}H_{11}AlCH_3$]$^{2-}$

B_5H_9 を $Fe(CO)_5$ と一緒に加熱すると，ペンタボランを金属化した類似体が生成する (**31**)．一般に，ボラン類は金属試薬とよく反応する．反応は多面体のかごのいくつかの部位で発現する．そのため，それぞれの成分を単離できるメタロボランの複雑な混合物として得られる．

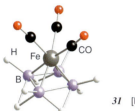

31 $[Fe(CO)_3B_4H_8]$

多面体のボランや水素化ホウ素と密接な関係があるものに**カルボラン**〔carborane, より形式的には**カルバボラン** (carbaborane)〕がある．これは B 原子と C 原子との両方をもっているクラスターの一群である．ここでウェイド則の一般性を見ていこう．BH^- と CH とは等電子的であり，アイソローバル†である (**32**)．そこでウェイド則を使って多面体形水素化ホウ素とカルボランとの間には関連があることが期待される．たとえば，$C_2B_3H_5$ は，B−H 結合あるいは C−H 結合それぞれからの $(5×2)$ 個の電子と，それぞれの C からの付加的な電子をあわせて 12 個の電子，あるいは 6 個の電子対をもっている．$(n+1)$ 則からこの分子は五つの頂点をもつ多面体か三方両錘 (**33**) であることが予想される．ウェイド則では炭素原子の位置を予想することはできない．構造をもっと明確にするためには，分光学的手法を用いる必要がある．

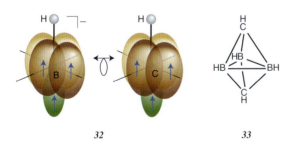

32   **33**

カルボランは一般にボランをアセチレン（またはエチン）と反応させて合成される．

$$B_5H_9 + C_2H_2 \xrightarrow[500\sim600\,°C]{C_2H_2,} 1{,}5\text{-}C_2B_3H_5 + 1{,}6\text{-}C_2B_4H_6 + 2{,}4\text{-}C_2B_5H_7$$

† 訳注: 二つの分子断片のフロンティア軌道の数，形および対称性，電子数が類似していれば，構造や反応性にも類似性があること．

例題 13・7　ウェイド則を用いてカルボランの構造を予想する

$C_2B_5H_7$ の構造を予想せよ．

解　骨格電子の数は，$7×2+2 = 16$ である．あるいは八つの骨格電子対をもつ．$(n+1)$ 則からこの分子は七つの頂点をもつ多面体の五方両錘であると予想される．七つの頂点原子があるので，クロソ構造である (**34**)．

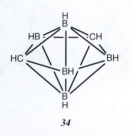

34

問題 13・7　$C_2B_4H_6$ の構造を予想せよ．

デカボラン (14) から *closo*-1,2-$B_{10}C_2H_{12}$ (**35**) への変換は興味深い反応である．この合成反応の第一段階は次式左のような，デカボランの H_2 分子のチオエーテル (Set) による置換である．

$$B_{10}H_{14} + 2\,Set_2 \longrightarrow B_{10}H_{12}(Set_2)_2 + H_2$$

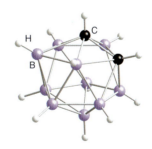

35　*closo*-1,2-$B_{10}C_2H_{12}$

この反応で二つの H 原子が失われるが，付加するチオエーテルが電子対を供給してこれを補償するので，電子の数は変わらない．反応生成物はアルキンの付加によりカルボランに変化する．

$$B_{10}H_{12}(Set_2)_2 + C_2H_2 \longrightarrow B_{10}C_2H_{12} + 2\,Set_2 + H_2$$

エチンの 4 個の π 電子が二つのチオエーテル分子（二つの 2 電子供与体）および H_2 分子（2 個の電子を伴って抜ける）と置き換わる．全体で 2 個の電子が失われ，このため構造は出発物質のニド型からクロソ型の生成物に変わる．この

クロソ型生成物には，隣接する(1,2)位置にC原子があって，これはエチンが元になっていることを反映している．このcloso-カルボランは空気中で安定で，分解を起こさずに加熱することができる．不活性雰囲気中500℃では1,7-$B_{10}C_2H_{12}$（**36**）に異性化し，つぎに700℃では1,12-異性体（**37**）への異性化が起こる．

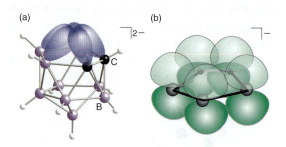

図 **13・14** (a) $[B_9C_2H_{11}]^{2-}$ と (b) $[C_5H_5]^{-}$ との間のアイソローバルな関係．見やすくするためにH原子は省略してある．

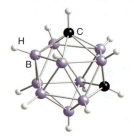
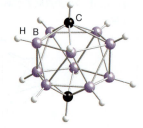

36 closo-1,7-$B_{10}C_2H_{12}$ **37** closo-1,12-$B_{10}C_2H_{12}$

closo-$B_{10}C_2H_{12}$ 中で炭素に結合しているH原子はきわめて穏やかな酸性であるから，これらの化合物をブチルリチウムでリチウム化することができる．

$$B_{10}C_2H_{12} + 2\,LiC_4H_9 \longrightarrow B_{10}C_2H_{10}Li_2 + 2\,C_4H_{10}$$

これらのジリチオカルボランはよい求核試薬で，有機リチウム化合物に特有な多くの反応がある（§11・17）．この方法でさまざまなカルボラン誘導体を合成することができる．たとえば，CO_2 との反応ではジカルボン酸カルボランが生じる．

$$B_{10}C_2H_{10}Li_2 \xrightarrow{(1)\,2\,CO_2,\,(2)\,2\,H_2O} B_{10}C_2H_{10}(COOH)_2$$

同様に，I_2 との反応ではジヨードカルボランが，NOClとの反応では $B_{10}C_2H_{10}(NO)_2$ が生成する．

1,2-$B_{10}C_2H_{12}$ はきわめて安定であるが，強塩基中ではこのクラスターを部分的に破壊し，つぎにNaHで脱プロトンすることで nido-$[B_9C_2H_{11}]^{2-}$ が生成する．

$$B_{10}C_2H_{12} + EtO^- + 2\,EtOH \longrightarrow [B_9C_2H_{12}]^- + B(OEt)_3 + H_2$$

$$Na[B_9C_2H_{12}] + NaH \longrightarrow Na_2[B_9C_2H_{11}] + H_2$$

これらの反応で重要なのは nido-$[B_9C_2H_{11}]^{2-}$（図13・14a）が優れた配位子だからである．この配位子はシクロペンタジエニル配位子（$[C_5H_5]^-$，図13・14b）とよく似た役割を演ずる．後者は有機金属化学で広く用いられている配位子である．

$$2\,Na_2[B_9C_2H_{11}] + FeCl_2 \xrightarrow{THF} 2\,NaCl + Na_2[Fe(B_9C_2H_{11})_2]$$

$$2\,Na[C_5H_5] + FeCl_2 \xrightarrow{THF} 2\,NaCl + Fe(C_5H_5)_2$$

合成法の詳細は省略するが，金属に配位した広範囲のカルボラン化合物を合成することができる．顕著な特徴はカルボラン配位子をもつ多重サンドイッチ化合物（**38**および**39**）が容易にできることである．高い負電荷をもつ配位子 $[B_3C_2H_5]^{4-}$ は，負電荷が低く，したがって弱い供与体である $[C_5H_5]^-$ に比べて，積み重なったサンドイッチ構造の化合物をつくる傾向がはるかに大きい．

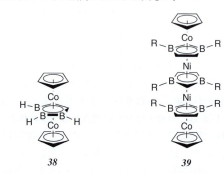

38   **39**

例題 13・8　カルボラン誘導体の合成を計画する

デカボラン(14)および適当に選んだその他の試薬から出発し，1,2-$B_{10}C_2H_{10}[Si(CH_3)_3]_2$ を合成する反応の化学方程式を示せ．

解　1,2-closo-$B_{10}C_2H_{12}$ 中のC原子に結合しているHはごく弱い酸性を示すので，Liを付加するにはブチルリチウムを使うのが最も容易である．そこで，まずデカボランから 1,2-$B_{10}C_2H_{12}$ をつくる．

$$B_{10}H_{14} + 2\,SR_2 \longrightarrow B_{10}H_{12}(SR_2)_2 + H_2$$
$$B_{10}H_{12}(SR_2)_2 + C_2H_2 \longrightarrow B_{10}C_2H_{12} + 2\,SR_2 + H_2$$

つぎにこの生成物をアルキルリチウムでリチウム化する．この反応では，アルキルカルボアニオンが，少し酸性の水素原子を $B_{10}C_2H_{12}$ から引き抜いて，それを Li^+ で置換する．

$$B_{10}C_2H_{12} + 2\,LiC_4H_9 \longrightarrow B_{10}C_2H_{10}Li_2 + 2\,C_4H_{10}$$

ここで生成したカルボランを用いて Si(CH$_3$)$_3$Cl を求核置換すると目的のものが得られる.

$$B_{10}C_2H_{10}Li_2 + 2\,Si(CH_3)_3Cl \longrightarrow B_{10}C_2H_{10}[Si(CH_3)_3]_2 + 2\,LiCl$$

問題 13・8 1,2-B$_{10}$C$_2$H$_{12}$ と適当に選んだその他の試薬とからポリマー前駆物質である 1,7-B$_{10}$C$_2$H$_{10}$[Si(CH$_3$)$_2$Cl]$_2$ をつくる合成法を提案せよ.

13・13 アルミニウムおよびガリウムの水素化物

要点 LiAlH$_4$ および LiGaH$_4$ は,MH$_3$L$_2$ 錯体をつくるのに有用な前駆物質である.LiAlH$_4$ は,SiH$_4$ のような半金属(メタロイド)の水素化物の合成においても H$^-$ イオン源として用いられる.水素化アルキルアルミニウムは,アルケンのカップリングに利用される.

水素化アルミニウム AlH$_3$ は固体である.Al$_2$(C$_2$H$_5$)$_4$H$_2$ のような水素化アルキルアルミニウムはよく知られた分子化合物で,Al—H—Al 3c,2e 結合をもっている(§2・11).この種の水素化物はアルケンのカップリング反応に用いられるが,その最初の段階は,ヒドロホウ素化(§13・6c)の場合のように,C=C 二重結合への AlH の付加である.ガリウムの水素化物の誘導体のいくつかは少し前から知られていたが,純粋な Ga$_2$H$_6$ が合成されたのは比較的最近のことである.インジウムおよびタリウムの水素化物はきわめて不安定である.

アルミニウムまたはガリウムのハロゲン化物が LiH と複分解が進行すると,水素化アルミニウムリチウム LiAlH$_4$ またはそれに類似の水素化ガリウムリチウム LiGaH$_4$ が生成する.

$$4\,LiH + ECl_3 \xrightarrow{\Delta,\text{エーテル}} LiEH_4 + 3\,LiCl \quad (E = Al, Ga)$$

リチウム,アルミニウム,水素を直接反応させると,反応条件によって LiAlH$_4$ または Li$_3$AlH$_6$ のいずれかが生ずる.これらの化合物と AlCl$_4^-$ や AlF$_6^{3-}$ のようなハロゲン化物錯体との形式的な類似性に注目する必要がある.

AlH$_4^-$ および GaH$_4^-$ イオンは四面体形で,BH$_4^-$ よりもはるかに水素化物的性質の強い化合物である.BH$_4^-$ の水素化物的性質が低いことは,アルミニウムやガリウムに比べてホウ素の電気陰性度が高いことと一致し,BH$_4^-$ は AlH$_4^-$ や GaH$_4^-$ よりも共有結合性が強い.たとえば,NaAlH$_4$ は水と激しく反応するが,NaBH$_4$ の塩基性水溶液は,すでに述べたように,合成に利用することができる.また,AlH$_4^-$ や GaH$_4^-$ は BH$_4^-$ よりもはるかに強い還元剤である.LiAlH$_4$ は市販されていて,強い水素化物イオン源として,また還元剤として広く利用される.

種々の非金属元素のハロゲン化物との反応では,AlH$_4^-$ が複分解における水素化物イオン源として作用する.たとえば,テトラヒドロフラン(THF)溶液中で水素化アルミニウムリチウムと四塩化ケイ素とが反応するとシランが発生する.

$$LiAlH_4 + SiCl_4 \xrightarrow{\text{THF}} LiAlCl_4 + SiH_4$$

この重要な反応様式における一般則は,電気陰性度の低い方の元素(この例では Al)から高い方の元素(この例では Si)に H$^-$ が移動するということである.

制御されたプロトリシス条件のもとでは,AlH$_4^-$ や GaH$_4^-$ からアルミニウムやガリウムの水素化物錯体が生成する.

$$LiEH_4 + [(CH_3)_3NH]Cl \longrightarrow (CH_3)_3N\text{–}EH_3 + LiCl + H_2$$
$$(E = Al, Ga)$$

BH$_3$ 錯体とは著しく対照的に,これらの錯体には第二の塩基分子が付加してアルミニウムやガリウムの水素化物五配位錯体ができる.

$$(CH_3)_3N\text{–}EH_3 + N(CH_3)_3 \longrightarrow [(CH_3)_3N]_2EH_3$$
$$(E = Al, Ga)$$

この挙動は,第3周期以降の p-ブロック元素に五および六配位の超原子価化合物(§2・6b)をつくる傾向があることと一致する.

13・14 アルミニウム,ガリウム,インジウム,タリウムの三ハロゲン化物

要点 アルミニウム,ガリウム,インジウムは,いずれも,+3 の酸化状態をとりやすい.それらの三ハロゲン化物はルイス酸である.他の同族元素と比べてタリウムの三ハロゲン化物はやや不安定である.

Al, Ga, In はハロゲンとの直接反応でハロゲン化物を生ずるが,これらの電気的に陽性な金属は HCl または HBr の気体とも反応し,この経路の方が一般にはハロゲン化物をつくるのに便利である.

$$2\,Al(s) + 6\,HCl(g) \xrightarrow{100\,°C} 2\,AlCl_3(s) + 3\,H_2(g)$$

AlF$_3$ および GaF$_3$ は,Na$_3$AlF$_6$(氷晶石)や Na$_3$GaF$_6$ という型の塩を生成する.これらの塩には八面体錯イオン [MF$_6$]$^{3-}$ が含まれている.氷晶石は天然に存在し,工業的なアルミニウムの製造では合成氷晶石の融液がボーキサイトの溶媒として用いられる.

13族元素のハロゲン化物のルイス酸性度は,これらの元素の相対的な化学的硬さを反映している.すなわち,硬いルイス塩基(分子中の電子対供与原子 O のために硬い塩基である酢酸エチルのような)に対しては,受容体元素の軟らかさが増すにつれてそのハロゲン化物のルイス酸性度

が低くなる．したがって，ルイス酸性度の順序は $BCl_3 > AlCl_3 > GaCl_3$ のようになる．これに対して，軟らかいルイス塩基（分子中のS原子のために軟らかい塩基である硫化ジメチル Me_2S のような）に対しては，受容体元素の軟らかさが増すにつれてそのハロゲン化物のルイス酸性度が高くなり，$GaX_3 > AlX_3 > BX_3$ ($X = Cl$ または Br) のようになる．

三塩化アルミニウムは他のアルミニウム化合物を合成するうえで有効な出発物質である．

$$AlCl_3(sol) + 3\,LiR(sol) \longrightarrow AlR_3(sol) + 3\,LiCl(s)$$

この反応は，主要族の有機金属化合物の調製で重要な**金属交換反応** (transmetallation) の一例である．金属交換反応では，生成するハロゲン化物はより電気的に陽性な元素との化合物であり，この化合物の高い格子エンタルピーが反応の"駆動力"とみなされる（例題13・9参照）．$AlCl_3$ の主要な工業的用途は有機合成におけるフリーデル・クラフツ触媒である．

タリウムの三ハロゲン化物は同族の軽い元素の三ハロゲン化物と比べるときわめて不安定である．三ヨウ化タリウムは Tl^{III} ではなくむしろ Tl^{I} の化合物であり，I^- ではなく I_3^- イオンを含むという点は，うっかりすると見落としがちである．このことは標準電位を考えると確かめられる．標準電位から，ヨウ化物により Tl^{III} は速やかに Tl^{I} に還元されることがわかる．

$$Tl^{3+}(aq) + 2\,e^- \longrightarrow Tl^+(aq) \qquad E^{\ominus} = +1.25\,V$$
$$I_3^-(aq) + 2\,e^- \longrightarrow 3\,I^-(aq) \qquad E^{\ominus} = +0.536\,V$$

しかし，過剰量のヨウ化物イオンが存在すると錯体の生成により Tl^{III} が安定化する．

$$TlI_3(s) + I^-(aq) \longrightarrow TlI_4^-(aq)$$

アルミニウムおよびそれよりも重い同族体のハロゲン化物は，より高い配位数をとるという一般的傾向があるため，2個以上のルイス塩基と反応することができる．

$$AlCl_3 + N(CH_3)_3 \longrightarrow Cl_3AlN(CH_3)_3$$
$$Cl_3AlN(CH_3)_3 + N(CH_3)_3 \longrightarrow Cl_3Al[N(CH_3)_3]_2$$

13・15 アルミニウム，ガリウム，インジウム，タリウムの低酸化状態のハロゲン化物

要点 +1の酸化状態は，アルミニウムからタリウムへとしだいに安定になる．

すべての AlX 化合物，GaF，InF は不安定な気体状の化学種で，固相では不均化する．

$$3\,AlX(s) \longrightarrow 2\,Al(s) + AlX_3(s)$$

ガリウム，インジウム，タリウムの他の一ハロゲン化物はもっと安定である．ガリウムの一ハロゲン化物は GaX_3 と金属ガリウムとの1:2の比率での反応によってつくることができる．

$$GaX_3(s) + 2\,Ga(s) \longrightarrow 3\,GaX(s) \qquad (X = Cl, Br, I)$$

塩化物からヨウ化物に変わると安定性は増す．+1 の酸化状態の安定性は $Ga[AlX_4]$ のような錯体の生成によって増加する．見かけ上2価の GaX_2 は GaX_3 と金属ガリウムを2:1の比率で加熱すると調製できる．

$$2\,GaX_3(s) + Ga(s) \xrightarrow{\Delta} 3\,GaX_2(s) \qquad (X = Cl, Br, I)$$

GaX_2 という化学式は誤解を招きやすい．というのは，この固体や，そのほか一見2価に見える塩には Ga^{II} が含まれていないからである．それらは Ga^{I} と Ga^{III} とを含む混合酸化状態の化合物 $Ga^{I}[Ga^{III}Cl_4]$ なのである．より重い金属でも $InCl_2$，$TlBr_2$ のような混合酸化状態のハロゲン化物が知られている．これらの塩の中には M-X 距離の短い MX_4^- 錯体があることから M^{3+} イオンの存在がわかり，またハロゲン化物イオンとの間隔が長くかつ多少不規則な金属原子があることから M^+ の存在がわかる．実際，混合酸化状態のイオン化合物の生成と M-M 結合をもつ化合物の生成との間にはわずかの違いしかない．たとえば，非水溶媒中で $GaCl_2$ を $[N(CH_3)_4]Cl$ の溶液と混合すると $[N(CH_3)_4]_2[Cl_3Ga-GaCl_3]$ ができるが，この化合物中のアニオンは，Ga-Ga 結合をもつエタン類似構造のものである．

インジウムの一ハロゲン化物は，単体の直接の反応あるいは金属インジウムと HgX_2 を加熱すると得られる．塩化物からヨウ化物に向かって安定性は増す．安定性は $In[AlX_4]$ のような錯体の生成によって増加する．Ga^{I} と In^{I} のハロゲン化物は，水に溶かすと両者ともに不均化を起こす．

$$3\,MX(s) \longrightarrow 2\,M(s) + M^{3+}(aq) + 3\,X^-(aq)$$
$$(M = Ga, In; X = Cl, Br, I)$$

Tl^{3+} が生じにくいため，タリウム(I)は水中でも不均化に対して安定である．タリウム(I)のハロゲン化物は，水溶性の Tl^{I} の塩の酸性水溶液に HX を作用させると得られる．フッ化タリウム(I)はひずんだ塩化ナトリウム型構造であるのに対し，TlCl と TlBr は塩化セシウム型構造（§3・9）である．黄色の TlI は斜方晶の層状構造であるが，圧力を加えると塩化セシウム型構造をもつ赤色の TlI に変化する．ヨウ化タリウム(I)は電離放射線を検出するための光電子増倍管に用いられる．

インジウムとタリウムの低酸化状態のハロゲン化物はほかにも知られている．TlX_2 は実際には $Tl^{I}[Tl^{III}X_4]$ であり，Tl_2X_3 は $Tl^{I}_3[Tl^{III}X_6]$ である．In_4Br_6 は $In^{I}_6[In^{III}Br_6]_2$ である．

例題 13・9 13族のハロゲン化物の反応を予測する

つぎの物質間の反応の化学反応式を記せ(反応しない場合は"反応しない"と示せ).
(a) トルエン中の $AlCl_3$ と $(C_2H_5)_3NGaCl_3$
(b) トルエン中の $(C_2H_5)_3NGaCl_3$ と GaF_3
(c) 水中の $TlCl$ と NaI

解 (a) 三塩化物は優れたルイス酸である. Al^{III} は Ga^{III} よりも強くて硬いルイス酸であるから, つぎの反応を予想することができる.

$$AlCl_3 + (C_2H_5)_3NGaCl_3 \longrightarrow (C_2H_5)_3NAlCl_3 + GaCl_3$$

(b) フッ化物はイオン性である. GaF_3 は格子エンタルピーがきわめて大きく, したがってよいルイス酸ではないから, 反応は起こらない.

(c) Tl^I はどちらかというと化学的に軟らかいので Cl^- よりは軟らかい I^- と結合する.

$$TlCl(s) + NaI(aq) \longrightarrow TlI(s) + NaCl(aq)$$

ハロゲン化銀と同様に Tl^I のハロゲン化物の水への溶解度は低いから, この反応はおそらくきわめてゆっくりと進行するであろう.

問題 13・9
つぎの物質間の化学反応式を, その理由とともに記せ (反応しない場合は"反応しない"と示せ).
(a) $(CH_3)_2SAlCl_3$ と $GaBr_3$
(b) 酸性水溶液中における $TlCl$ とホルムアルデヒド $HCHO$〔ヒント: ホルムアルデヒドは CO_2 と H^+ へ酸化されやすい〕.

13・16 アルミニウム, ガリウム, インジウム, タリウムのオキソ化合物

要点 アルミニウムとガリウムはα形およびβ形の酸化物を生成する. 酸化物ではこれらの元素は+3の酸化状態をとる. タリウムは酸化状態が+1である酸化物を生じる. タリウムの過酸化物も存在する.

Al_2O_3 の最も安定な形であるα-アルミナは, 非常に硬く耐火性の物質である. 鉱物の状態ではコランダム (corundum, 鋼玉) として知られており, また宝石の状態のものがサファイア (sapphire) やルビー (ruby), これらの違いは不純物として含まれる金属イオンの種類に依存する. サファイアの青い色は, 不純物である Fe^{2+} から Ti^{4+} イオンへの電荷移動遷移によるものである (§20・5). α-アルミナ中の Al^{3+} のごく少量が Cr^{3+} で置換されているものがルビーである. α-アルミナおよびガリア Ga_2O_3 の構造は, O^{2-} イオンの六方最密 (hcp) 配列からできていて, その規則配列中の八面体間隙の $\frac{2}{3}$ に金属イオンが入っている.

水酸化アルミニウムを 900 ℃ 以下の温度で脱水するとγ-アルミナが生成する. この物質は準安定な多結晶で, 欠陥を含むスピネル型構造 (§3・9b) をとり, きわめて大きな表面積をもっている. また, この物質はクロマトグラフィーにおける固定相として, また不均一触媒や触媒担体として用いられるが, その理由の一部は表面に酸や塩基の部位があるためである (§25・10).

Ga_2O_3 のα形とγ形は Al_2O_3 のα形およびγ形と同じ構造をもつ. β-Ga_2O_3 は準安定で, 立方最密充填 (ccp) 構造をとり, Ga^{III} はひずんだ八面体間隙と四面体間隙を占める. したがって, (Al^{III} と比べて) イオン半径が大きいにもかかわらず Ga^{III} イオンの半分は四配位位置に存在する. 先に述べたように, この配位状態は充満した $3d^{10}$ 殻の効果に基づくと考えられる. インジウムとタリウムは In_2O_3 と Tl_2O_3 を生成する. タリウムはまた, Tl^I の酸化物や過酸化物, すなわち, Tl_2O や Tl_2O_2 をも生じる.

インジウムスズ酸化物 (indium tin oxide, ITO) は SnO_2 を 10 質量パーセント含む In_2O_3 であり, n型半導体である. 可視域で透明で電気伝導性をもつ. 物理気相堆積法やイオン線スパッタ法により, 表面に薄膜として堆積する. おもな用途は, 液晶ディスプレイ, プラズマディスプレイ, タッチパネル, 太陽電池, 有機発光ダイオードに用いる透明導電性コーティングである. また, 赤外線反射鏡や双眼鏡, 望遠鏡, 眼鏡の反射防止コーティングにも利用される. ITO の融点は 1900 ℃ なので, ジェットエンジンやガスタービンなど過酷な環境で利用するひずみゲージとして有用である.

13・17 ガリウム, インジウム, タリウムの硫化物

要点 ガリウム, インジウム, タリウムは多くの硫化物を生成し, その構造も多岐にわたる.

アルミニウムの硫化物は Al_2S_3 のみである. この化合物は高温で単体同士が直接反応することにより生じる.

$$2\,Al(s) + 3\,S(s) \xrightarrow{\Delta} Al_2S_3(s)$$

水溶液中で硫化アルミニウムは速やかに加水分解を受ける.

$$Al_2S_3(s) + 6\,H_2O(l) \longrightarrow 2\,Al(OH)_3(aq) + 3\,H_2S(g)$$

α形, β形, γ形の硫化アルミニウムが存在する. α形とβ形の構造はウルツ鉱型構造 (§3・9) に基づく. α-Al_2S_3 では S^{2-} イオンが六方最密充塡構造をとり, Al^{3+} イオンが四面体間隙の $\frac{2}{3}$ を規則的に占める. β-Al_2S_3 では Al^{3+} が四面体間隙の $\frac{2}{3}$ を無秩序に占有する. γ形はγ-Al_2O_3 と同じ構造をとる.

表 13・4 ガリウム，インジウム，タリウムのいくつかの硫化物

硫化物	構造
GaS	Ga–Ga 結合をもつ層状構造
α-Ga$_2$S$_3$	欠陥ウルツ鉱型構造（六方晶系）
γ-Ga$_2$S$_3$	欠陥閃亜鉛鉱型構造（立方晶系）
InS	In–In 結合をもつ層状構造
β-In$_2$S$_3$	欠陥スピネル型（γ-Al$_2$O$_3$ 類似）
TlS	頂点共有型 Tl^{III}S$_4$ 四面体の鎖
Tl$_4$S$_3$	[Tl^{III}S$_4$] および Tl^{I}[Tl^{III}S$_3$] 四面体の鎖

ガリウム，インジウム，タリウムの硫化物はアルミニウムの硫化物よりもずっと種類が豊富で多様であって，異なる多くの型の構造をもつ．いくつかの例を表 13・4 に示す．硫化物の多くは半導体で，光伝導体あるいは発光体でもあるため，電子工学素子として利用される．

13・18 15 族元素との化合物

要点 アルミニウム，ガリウム，インジウムは，リン，ヒ素，アンチモンと反応して，半導体としての性質をもつ物質を生じる．

13 族と 15 族（窒素族）の元素間の化合物はケイ素やゲルマニウムと等電子的な物質で，半導体として働くため，商業的および工業的に重要である（§14・1 および §24・19）．窒化物はウルツ鉱型構造をとり，リン化物，ヒ化物，アンチモン化物はすべて閃亜鉛鉱型構造をもつ（§3・9）．13 族と 15 族（依然として，III–V 族という表記はよく使われている）の二元系化合物はすべて高温，高圧での単体同士の直接の反応によってつくることができる．

$$\text{Ga(s)} + \text{As(s)} \longrightarrow \text{GaAs(s)}$$

最も広く利用される 13-15 族半導体は，ヒ化ガリウム GaAs で，この化合物は集積回路，発光ダイオード，レーザーダイオードなどの素子として利用されている．ヒ化ガリウムのバンドギャップはケイ素と同程度で，他の 13-15 族化合物より大きい（表 13・5）．ヒ化ガリウムは電子工学への応用においてケイ素よりも優れている．これはヒ化ガリウムの方が電子の移動度が高く，250 GHz を超える周波数領域でも機能を発揮できるからである．GaAs に基づく素子は，またケイ素系の素子より電気的なノイズが低い．13-15 族半導体の短所の一つは，湿度の高い空気中で分解するので，一般に窒素のような不活性雰囲気中に保つか，あるいは完全に封入しなければならない点である．

表 13・5 298 K におけるバンドギャップ

	E_g/eV
GaAs	1.35
GaSb	0.67
InAs	0.36
InSb	0.16
Si	1.11

13・19 ジントル相

要点 13 族の元素は 1 族あるいは 2 族の元素とジントル相を形成する．ジントル相は不良導体で反磁性である．

13 族の元素は 1 族あるいは 2 族の元素とジントル相（§3・8c）を形成する．ジントル相は 2 種類の金属から成る化合物で，もろく，反磁性，不良導体である．よって，これらの化合物は合金とは異なる．ジントル相は陽性元素である 1,2 族の元素と適度に陰性な p-ブロックの金属あるいは半金属（メタロイド）との間で形成される．これらの化合物はイオン性で，1 族あるいは 2 族の金属からより電気的陰性な元素へ電子移動している．そのアニオンは"ジントルイオン"と称され，完全なオクテットを形成する価電子をもち，高分子化する．カチオンはアニオンによる格子の中に存在する．NaTl は高分子性のアニオンによる共有結合性のダイヤモンド型構造をもち，Na$^+$ イオンがアニオン格子内に存在する．Na$_2$Tl の場合，高分子性アニオンは四面体の Tl$_4^{8-}$ である．ジントルアニオンは，テトラアルキルアンモニウムイオン（1 族あるいは 2 族イオンを置換する）を含む塩と反応させることで単離できる．あるいはクリプタンド†によって包接することで単離できる．ジントル相として存在する化合物のいくつかは，導電性と常磁性を示す．たとえば，K$_8$In$_{11}$ は In$_{11}^{8-}$ アニオンで構成される．In$_{11}^{8-}$ は 1 構成単位ごとに一つの電子を局在化させる．

13・20 有機金属化合物

最も重要な 13 族元素の有機金属化合物は，B ならびに Al の化合物である．ホウ素は金属ではないが，有機ホウ素化合物は一般に有機金属化合物であるとみなされる．

(a) 有機ホウ素化合物

要点 有機ホウ素化合物は電子不足のルイス酸である．テトラフェニルホウ酸イオンは重要なイオンである．

BR$_3$ の型の有機ホウ素化合物はアルケンのジボランによるヒドロホウ素化によって合成できる．

$$\text{B}_2\text{H}_6 + 6\,\text{CH}_2=\text{CH}_2 \longrightarrow 2\,\text{B(CH}_2\text{CH}_3)_3$$

---

† 訳注：巨大な環状配位子．

あるいはグリニャール試薬（§12・13）からも調製できる．

$$(C_2H_5)_2O{:}BF_3 + 3\,RMgX \longrightarrow BR_3 + 3\,MgXF + (C_2H_5)_2O$$

アルキルボランは加水分解を受けないが，自然発火しやすい．アリールボランの方が安定である．アリールボランはすべて単量体で平面構造をしている．他のホウ素化合物と同様に有機ホウ素化合物は電子不足で，その結果，ルイス酸として働き，容易に付加物を生じる．

重要なアニオンにテトラフェニルホウ酸イオン $[B(C_6H_5)_4]^-$ がある．より一般的には BPh_4^- と書かれ，テトラヒドリドホウ酸イオン BH_4^- （§13・6）と似ている．単純な付加反応でナトリウム塩が得られる．

$$BPh_3 + NaPh \longrightarrow Na^+[BPh_4]^-$$

このナトリウム塩は水に溶けるが，大きな1価のカチオンの塩はたいてい水に不溶である．したがって，このアニオンは沈殿剤として有用で，重量分析に利用される．

(b) 有機アルミニウム化合物

要点 メチルアルミニウムとエチルアルミニウムは二量体である．アルキル基がかさ高くなると単量体になる．

アルキルアルミニウム化合物は実験室規模では水銀化合物との金属交換反応によってつくることができる．

$$2\,Al + 3\,Hg(CH_3)_2 \longrightarrow Al_2(CH_3)_6 + 3\,Hg$$

トリメチルアルミニウムは工業的には金属アルミニウムとクロロメタンとから $Al_2Cl_2(CH_3)_4$ を生成する反応を利用して製造される．この中間化合物はさらにナトリウムで還元され，$Al_2(CH_3)_6$ (**40**) が分別蒸留で分離される．

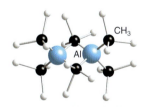

40 $Al_2(CH_3)_6$

アルキルアルミニウムの二量体の構造はハロゲン化アルミニウムの二量体と似ているが，結合は異なる．ハロゲン化物では，橋かけの Al–Cl–Al は 2c,2e 結合である．すなわち，各 Al–Cl 結合は電子対を含んでいる．アルキルアルミニウムの二量体では，Al–C–Al 結合は末端の Al–C 結合より長い．このことから，Al–C–Al は 3c,2e 結合であり，Al–C–Al 単位に一組の結合電子対が共有され，ジボラン B_2H_6 （§13・6）と類似した結合をつくっていることがわかる．

トリエチルアルミニウムと高次のアルキルアルミニウム化合物は，高温，高圧において金属アルミニウム，適切なアルケン，水素ガスから合成される．

$$2\,Al + 3\,H_2 + 6\,CH_2{=}CH_2 \xrightarrow[10\sim 20\,MPa]{60\sim 110\,°C} Al_2(CH_2CH_3)_6$$

この方法は比較的コストがかからない．そのため，アルキルアルミニウム化合物の工業的な応用は多岐にわたる．トリエチルアルミニウムは単量体の $Al(C_2H_5)_3$ として表されることが多い．この化合物は工業的にきわめて重要なアルミニウムの有機金属錯体である．トリエチルアルミニウムはチーグラー・ナッタ重合触媒に利用される（§25・18）．

立体的な因子がアルキルアルミニウムの構造に大きな影響を与える．二量体が生成すると，長く弱い橋かけ結合は容易に切れる．配位子がかさ高くなるほどこの傾向は強くなる．したがって，たとえばトリフェニルアルミニウムは二量体であるが，トリメシチルアルミニウム〔ここでメシチル基は 2,4,6-$(CH_3)_3C_6H_2$- である〕は単量体である．

(c) Ga, In, Tl の有機金属化合物

要点 シクロペンタジエニル配位子との反応では，酸化数 I の化合物のみが形成される．

Ga^{III}, In^{III}, Tl^{III} は平面三角形構造の有機化合物を形成する．R_3Tl (R = Me, Et, Ph) は，THF のような有機溶媒に可溶で，反応性が高く，空気に敏感な化合物である．Ga^{III} と In^{III} の有機化合物は，金属と R_2Hg の直接反応により合成される．この合成に溶媒は不用で，R_3Ga や R_3In は容易に単離できる．Tl の有機化合物は一ハロゲン化物 R_2TlX（この化合物は空気や水に安定で，有機溶媒に不溶である）から合成される．

$$R_2TlX + R'Li \longrightarrow R_2TlR' + LiX$$

R_3Tl 化合物は炭素–炭素結合形成に有用である．

$$R_3Tl + R'COCl \longrightarrow R_2TlCl + R'COR$$
$$(R = Me, Et, Ph; \; R' = アルキル基，アリル基)$$

Me_3Ga や Me_3In は気体では単量体の平面三角形分子であるが，固相では三量体を形成する．Ph_3Ga や Ph_3In は平面三角形構造が積層しており，Ga あるいは In は上下のフェニル環の間に存在する．一ハロゲン化物 R_2GaX や R_2InX は固相中では積層構造である（**41**）．フッ化物 Me_2GaF や Et_2GaF は六員環構造である（**42**）．

シクロペンタジエニル配位子 $C_5H_5^-$ (**43**参照) とのみ，Ga^I，In^I，Tl^I は安定な有機化合物を形成する．この種の化合物は，他の金属の有機化合物を合成する際の，便利なシクロペンタジエニル配位子の供給源となる (右式)．

C_5H_5In (**43**) は，In^{III} の中間体を経由して合成される．

$$InCl_3 + 3\,NaC_5H_5 \longrightarrow (C_5H_5)_3In + 3\,NaCl$$
$$(C_5H_5)_3In \longrightarrow (C_5H_5)In + (C_5H_5)_2$$

C_5H_5In は，唯一の可溶な In^I 化合物で，酸 HX とともに用いることで C_5H_6 と InX を生じる．

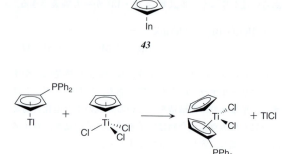

参 考 書

R. B. King, "Inorganic Chemistry of the Main Group Elements", John Wiley & Sons (1994).

D. M. P. Mingos, "Essential Trends in Inorganic Chemistry", Oxford University Press (1998). 構造と結合の視点からの無機化学の概観．

N. C. Norman, "Periodicity and the s- and p-Block Elements", Oxford University Press (1997). s-ブロック元素の化学の本質的な傾向と特徴の全般を含む．

"Encyclopedia of inorganic chemistry", ed. by R. B. King, John Wiley & Sons (2005).

C. E. Housecroft, "Boranes and Metalloboranes", Ellis Horwood (2005).
ボラン化学の入門書．

C. Benson, "The Periodic Table of the Elements and Their Chemical Properties", Kindle edition, MindMelder.com (2009).

練 習 問 題

13・1 ホウ素の単離に対して，化学方程式を書き，反応条件を述べよ．

13・2 (a) BF_3，(b) $AlCl_3$，(c) B_2H_6 における結合を記述せよ．

13・3 BF_3，BCl_3，$AlCl_3$ をルイス酸性度が高くなる順に並べよ．この順序に照らしてみて，つぎの反応の化学方程式を書け (反応しない場合は "反応しない" と記すこと)．
(a) $BF_3N(CH_3)_3 + BCl_3 \longrightarrow$
(b) $BH_3CO + BBr_3 \longrightarrow$

13・4 三臭化タリウム (1.11 g) が 0.257 g の NaBr と定量的に反応して生成物 A を生じた．A の化学式を推測せよ．カチオンとアニオンが何であるか示せ．

13・5 化合物 A, B, C を示せ．

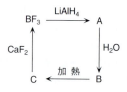

13・6 B_2H_6 は空気中で存在できるか．もし存在できないなら，反応式を書け．

13・7 (a) B_5H_{11}，(b) B_4H_{10} においてプロトンデカップリングで測定した ^{11}B NMR スペクトルから，環境の異なるボロンがいくつ存在するか予想せよ．

13・8 (a) $(CH_3)_2C=CH_2$，(b) $CH\equiv CH$ のヒドロホウ素化による生成物を予想せよ．

13・9 ジボランはロケットの推進剤に利用されている．以下の値を用いて 1.00 kg のジボランが放出するエネルギーを算出せよ．$\Delta_f H^\ominus/(kJ\,mol^{-1})$: $B_2H_6 = 31$，$H_2O = -242$，$B_2O_3 = -1264$．燃焼反応は $B_2H_6(g) + 3O_2(g) \longrightarrow 3H_2O(g) + B_2O_3(s)$ で表される．ジボランを燃料として用いる問題点は何か．

13・10 BCl_3 を出発物質とし，その他の試薬を適当に選んで，ルイス酸キレート試薬 $F_2B-C_2H_4-BF_2$ を合成する方法を考案せよ．

13・11 $NaBH_4$ が与えられたとき，適当に選択した炭化水素と補助的な試薬ならびに溶媒を用いて，(a) $B(C_2H_5)_3$，(b) Et_3NBH_3 を合成するための反応式と条件を示せ．

13・12 ホウ素の構造によく出てくる B_{12} 単位を描き，C_2 軸に沿って眺めた姿を示せ．

13・13 B_6H_{10} と B_6H_{12} とではどちらが熱的により安定であると思うか．ボランの熱的安定性を判定する一般則を示せ．

13・14 B_5H_9 にはいくつの骨格電子が存在するか．

13・15 (a) ペンタボラン(9) の空気酸化に対する化学方程式 (各反応物および生成物の状態を含む) を示せ．
(b) 内燃機関の燃料にペンタボランを用いることにはどのような欠点 (価格は別として) が考えられるか．

13・16 (a) $B_{10}H_{14}$ をその化学式からクロソ, ニド, アラクノのいずれかに分類せよ.

(b) ウェイド則を用いてデカボラン(14)の骨格電子対の数を決定せよ.

(c) 価電子を数えて, $B_{10}H_{14}$ のクラスター価電子の数は(b) で決定した数に等しいことを証明せよ.

13・17 ウェイド則を用いて, (a) B_5H_{11}, (b) $B_4H_7^-$ の分子の構造を予想せよ.

13・18 1 mol の水素化ホウ素の加水分解により, 15 mol の H_2 と 6 mol の $B(OH)_3$ が生成した. 化合物を同定し, 構造を提案せよ.

13・19 B_4H_{10}, B_5H_9, 1,2-$B_{10}C_2H_{12}$ の構造と分子名を答えよ.

13・20 $B_{10}H_{14}$ と, 適当に選んだその他の試薬とから出発して, $[Fe(nido\text{-}B_9C_2H_{11})_2]^{2-}$ を合成する化学反応式を示し, 生成物の構造を描け.

13・21 ウェイド則を用いて $NB_{11}H_{12}$ のもっともらしい構造を予想せよ.

13・22 (a) 層状 BN とグラファイト(§14・5)との, 構造上の類似点および相違点は何か.

(b) Na および Br_2 に対するそれらの反応性を比較せよ.

(c) 構造および反応性における相違に対する合理的な説明を示せ.

13・23 BCl_3 と, 適当に選んだその他の試薬とから出発して, ボラジン類である (a) $Ph_3N_3B_3Cl_3$, および, (b) $Me_3N_3B_3H_3$ を合成する方法を考案せよ. また, 生成物の構造を描け.

13・24 つぎの水素化ホウ素, B_2H_6, $B_{10}H_{14}$, B_5H_9 をブレンステッド酸性度が高くなる順に並べて, それらの中の一つを脱プロトンしたものに考えられる構造を描け.

13・25 ボランは分子 B_2H_6 として存在し, トリメチルボランは単量体 $B(CH_3)_3$ として存在する. さらに, 両者の中間的な組成をもつ化合物の分子式が, $B_2H_5(CH_3)$, $B_2H_4(CH_3)_2$, $B_2H_3(CH_3)_3$, $B_2H_2(CH_3)_4$ となることが見いだされている. これらの事実に基づき, 後者の一系列の化学種に予想される構造と結合を記述せよ.

13・26 ^{11}B NMR は, ホウ素化合物の構造を推定するのにきわめてよい分光学的な手段である. $^{11}B-^{11}B$ スピン-スピン結合(カップリング)がないような条件下では, 付加している H 原子の数を共鳴線(多重線)の分裂の仕方から決めることができる. BH は二重線, BH_2 は三重線, BH_3 は四重線を与える. また, ニド型およびアラクノ型クラスターの閉じた側面にある B 原子は, 開いた面にあるものよりも遮蔽されているのが普通である. B−B または B−H−B スピン-スピン結合がないと仮定し, (a) BH_3CO, (b) $[B_{12}H_{12}]^{2-}$ の ^{11}B NMR スペクトルの一般的な形を予測せよ.

13・27 13 族の化学に関するつぎの記述中の誤りを指摘して訂正せよ. 訂正に際して使った原理や化学的な一般則をも示せ.

(a) 13 族中の元素はすべて非金属である.

(b) 族の下の方の元素ほど化学的な硬さが増加することは, 元素が重くなるにつれて親酸素性および親フッ素性が大きくなることに表れている.

(c) BX_3 のルイス酸性度は, X が F から Br へ行くにつれ増大するが, これは Br−B π 結合がより強くなることで説明できる.

(d) arachno-水素化ホウ素の骨格電子数は $2(n+3)$ で, nido-水素化ホウ素よりも安定である.

(e) 一系列の nido-水素化ホウ素は, 大きいものほど酸性度が強い.

(f) 層状窒化ホウ素は構造的にグラファイトに似ていて, HOMO と LUMO との間のエネルギー間隔が小さいので電気の良導体である.

演習問題

13・1 適当な分子軌道プログラムを用いて closo-$[B_6H_6]^{2-}$ に対する波動関数およびエネルギー準位を計算せよ. その結果から, B−B 結合に主として関与する軌道に対する分子軌道エネルギー図を描き, 軌道の形をスケッチせよ. このアニオンについて本章で定性的に述べたことと, これらの軌道とを定性的に比べてみよ. 計算した波動関数において B−H 結合と B−B 結合とはきれいに分離しているだろうか.

13・2 R. J. Gillespie は彼の論文, '共有結合性分子およびイオン結合性分子: BF_3 と SiF_4 が気体であるのに対し BeF_2 と AlF_3 が高融点の固体であるのはなぜか' [*J. Chem. Educ.*, **75**, 923 (1998)] において, BF_3 と SiF_4 の結合が主としてイオン結合性に分類できる場合があることを示している. 彼の考察をまとめ, 気体状分子の結合に対する従来の視点とどこが違うかを説明せよ.

13・3 C, N, B から成るナノチューブが C. Colliex らによって合成されている [*Science*, **278**, 653 (1997)].

(a) これらのナノチューブの性質でカーボンナノチューブより優れている点は何か.

(b) これらの化合物を作製する方法を概説せよ.

(c) これらのナノチューブの構造のおもな特徴は何か. また, この特徴はどのように応用されるか.

13・4 M. Montiverde は 'MgB_2 の超伝導転移温度の圧力依存性' [*Science*, **292**, 75 (2001)] を議論した.

(a) MgB_2 の超伝導を説明するために提案されている二つの理論の基礎を述べよ.

(b) MgB_2 の T_c (転移温度) は圧力に対してどのように変化するか.

このことから超伝導に対してどのような知見が得られるか.

13・5 Z. W. Pan, Z. R. Dai, Z. L. Wang の論文〔*Science*, **291**, 1947 (2001)〕の参考文献を手始めに利用することで,13族元素のワイヤー状のナノ物質に関する解説を書け.In_2O_3のナノベルトがどのようにつくられるかを示し,典型的なナノベルトの大きさを述べよ.

13・6 A. S. Weller, M. Shang, T. P. Fehlner の論文'メタラボラン化学における新しい構造モチーフ: [$(Cp^*W)_3(\mu$-$H)B_8H_8$], [$(Cp^*W)_2B_7H_9$], および [$(Cp^*Re)_2B_7H_7(Cp^*=\eta^5$-$C_5Me_5)$] の合成,物性測定と固体構造'〔*Organometallics*, **18**, 853 (1999)〕では,いくつかの新しいボロンが豊富なメタロボランの合成と特性評価について議論している.$(Cp^*W)_2B_7H_9$ の ^{11}B NMR と ^1H NMR スペクトルを描画し解説せよ.

13・7 ホウ素中性子捕捉療法 (BNCT) はいくつかの腫瘍の治療に用いられてきた.BNCT に代わって,ガドリニウム中性子線捕捉療法 (GNCT) が注目を集めてきている.二つの療法を比較,対比せよ.薬剤の体内での運搬,放射線学的特徴,生物学的応用を議論せよ.

14 族 元 素

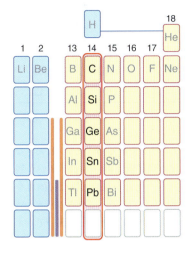

14 族元素はおそらく間違いなくすべての元素の中で最も重要である．炭素は地球上の生命の根本であり，ケイ素は地殻中の岩石の形で自然環境の物理的な構造の根源をなす．14 族の元素は，非金属の炭素からよく知られた金属であるスズや鉛まで，その性質は非常に多様である．すべての 14 族元素は他の元素と二元系化合物をつくる．さらに，ケイ素は多様な種類の網目骨格から成る固体を形成する．14 族元素の有機化合物の多くは市場において重要である．

14 族元素，すなわち炭素，ケイ素，ゲルマニウム，スズ，鉛はきわめて多様な化学的，物理的性質を呈する．炭素はもちろん生命の構成単位であり，有機化学の中心元素である．本章では，無機化学における炭素に焦点を当てる．ケイ素は自然環境において広範囲に分布し，スズと鉛は工業や製造プロセスで広く応用されている．

A: 総 論
- 14・1 元 素
- 14・2 単純な化合物
- 14・3 無限構造の
  ケイ素-酸素化合物

B: 各 論
- 14・4 産出と単離
- 14・5 ダイヤモンドと
  グラファイト
- 14・6 他の構造の炭素
- 14・7 水素化物
- 14・8 ハロゲンとの化合物
- 14・9 炭素の酸素化合物と
  硫黄化合物
- 14・10 ケイ素と酸素の
  単純な化合物
- 14・11 ゲルマニウム，スズ，
  鉛の酸化物
- 14・12 窒素との化合物
- 14・13 炭化物
- 14・14 ケイ化物
- 14・15 無限構造の
  ケイ素-酸素化合物
- 14・16 有機ケイ素化合物と
  有機ゲルマニウム
  化合物
- 14・17 有機金属化合物

参考書
練習問題
演習問題

A: 総 論

14 族（炭素族）の元素は，自然界や工業においてかなり重要なものであるとともに，多種多様で興味深い物理的および化学的性質をもっている．第 22 章では有機金属化合物，第 25 章では触媒といったように，本書全体にわたり多くの状況に応じて炭素について議論する．本節の目的は 14 族の化学の基礎にある．

14・1 元 素

要点 族の最上位の元素は非金属である．スズと鉛は金属である．鉛以外の元素はいくつかの同素体がある．

14 族の軽い元素である炭素は非金属で，ケイ素とゲルマニウムは半金属（メタロイド）である．また，スズと鉛は金属である．14 族を下に行くほど金属性が増す現象は p-ブロック元素に顕著な性質で，族の下になるほどイオン半径が大きくなり，それに関連してイオン化エネルギーが減少することに基づいて理解できる（表 14・1）．重い元素ほどイオン化エネルギーは小さいので，族の下ほど金属はカチオンを生じやすい．

電子配置の ns^2np^2 が示すように，化合物中では 14 族元素の酸化状態は +4 であることが多い．おもな例外は鉛で，最も一般的な酸化状態は +2 であって，14 族の最大の酸化数より 2 だけ小さい．このように低酸化状態が安定であるのは不活性電子対効果（§9・5）の一例であり，p-ブロック元素に特徴的な性質である．

炭素とケイ素の電気陰性度は水素に似ており，水素やアルキル基とたくさんの共

表 14・1 14 族元素の性質

	C	Si	Ge	Sn	Pb
融点 /°C	3730 (グラファイト昇華)	1410	937	232	327
原子半径 /pm	77	118	122	140	175
イオン半径†, $r(M^{2+})$/pm			73	93	119
$r(M^{4+})$/pm			53	69	78
第一イオン化エネルギー, I_1/(kJ mol^{-1})	1086	786	762	708	716
電気陰性度（ポーリングの値）	2.6	1.9	2.0	2.0	2.3
電子親和力, E_a/(kJ mol^{-1})	122	134	116	116	35
$E^{\ominus}(M^{4+}, M^{2+})$/V				+0.15	+1.69
$E^{\ominus}(M^{2+}, M)$/V				−0.14	−0.13

† 訳注：代表的な構造の場合，シャノンの値を優先した．

有結合化合物をつくる．炭素とケイ素は，硬いアニオンである O^{2-} と F^- に大きな親和力をもっているという意味で，それぞれ強い**親酸素元素**（oxophile）かつ**親フッ素元素**（fluorophile）である（§4・9）．これらの元素の親酸素性は炭酸塩やケイ酸塩のような一連のオキソアニオンの存在で明らかである．これらの元素とは対照的に，鉛は，I^- イオンや S^{2-} イオンのような軟らかいアニオンと，硬いアニオンとの化合物よりも安定な化合物をつくる．したがって，鉛は化学的に軟らかい元素に分類される．

ダイヤモンド（diamond）と**グラファイト**（graphite，黒鉛，鉱物名は石墨）は，ほぼ純粋な炭素の形態であり，鉱山から採掘されたり，実験室で合成される．もっと純度の低い形態が多く存在し，たとえば石炭の熱分解で生成する**コークス**（coke）や炭化水素の不完全燃焼で生じる**油煙**（lampblack）などである．ケイ素は自然環境で広く分布し，地殻中の 26 質量パーセントはケイ素でできている．ケイ素は，砂，水晶，アメジスト，めのう，オパールとして存在するだけでなく，石綿（アスベスト），長石，粘土，雲母中にも存在する．ゲルマニウムはそれほど多く存在しないが，天然には**ゲルマナイト**（germanite）鉱石 $Cu_{13}Fe_2Ge_2S_{16}$ や亜鉛鉱石，石炭中に存在する．スズは**スズ石**（cassiterite）鉱物 SnO_2 として存在し，鉛は**方鉛鉱**（galena）PbS として存在する．

単体炭素の一般的な二つの結晶形態であるダイヤモンドとグラファイトは著しく異なる．ダイヤモンドは完全な絶縁体であるが，グラファイトは良導体である．ダイヤモンドは知られている天然物質では最も硬いが，グラファイトは軟らかい．ダイヤモンドは透明だが，グラファイトは黒い．このような物理的特性の大きな違いは，二つの同素体の構造と化学結合が異なることに起因する．

ダイヤモンドでは，それぞれの C 原子が正四面体の角にあり，隣接する C 原子と結合距離 154 pm の単結合を形成する（図 14・1）．その結果，強固で共有結合性の三次元構造となる．グラファイトは平面的なグラフェンの積層構造で構成され，それぞれの C 原子は 142 pm の距離に隣接する三つの C 原子と結合している（図 14・2）．隣接する原子同士の σ 結合は sp^2 混成軌道の重なりで形成される．平面に垂直な p 軌道は，重なり合って π 結合を形成し，面内で非局在化する．C 原子による平面に平行にグラファイトは劈開し（おもな原因は不純物の存在である），滑りやすさの原因となる．ダイヤモンドも劈開できるが，結晶中の結合の方向がより対称的なので，熟練が必要である．

炭素の同素体はダイヤモンドとグラファイトだけではない．フラーレン（非公式

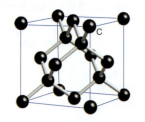

図 14・1* 立方晶ダイヤモンド型構造

図 14・2* グラファイトの構造．六員環は隣接している面ではなく，一つおきの面で重なっている．

には"バッキーボール"といわれる）は，1980年代に発見され，炭素の無機化学の新しい領域を拓いた．グラフェンとよばれるグラファイトの単一層は，グラファイトから分離できる．カーボンナノチューブは1990年代に発見され，グラフェンのようなチューブとバッキーボールのような半球のふたから構成される．

14族の元素で鉛以外のすべてのものは，ダイヤモンド型構造（図14・1）の固相を少なくとも一つもっている．立方晶のスズは灰色スズ (gray tin) あるいは α スズ (α-tin, α-Sn) とよばれ，室温では不安定である．これはそれよりも安定で一般的な相である白色スズ (white tin) または β スズ (β-tin, β-Sn) に転移する．白色スズでは著しくゆがんだ八面体形配列中に6個の最近接原子がある．白色スズを13.2℃まで冷却するともろい灰色スズに転移する．この相転移現象がはじめて見いだされたのは，中世ヨーロッパの大聖堂に置かれたオルガンのパイプに対してで，当時はスズの色の変化が悪魔の仕業であると信じられた．ナポレオン軍がロシアで敗北したのは，温度の低下により兵士の軍服に付いていた白色スズのボタンが灰色スズに変化し，ぼろぼろに砕けてしまったためだという伝説がある．

価電子帯と伝導帯との間のバンドギャップ（§3・19）は，通常絶縁体とされているダイヤモンドから，転移温度のすぐ下で金属のようにふるまう灰色スズへと確実に減少する．

単体の炭素は石炭やコークスとして，燃料や，鉱石から金属を単離するための還元剤として用いられる．グラファイトは潤滑剤や鉛筆の芯に利用される．ダイヤモンドは工業的な切削用具に使われている．ケイ素はバンドギャップが小さく半導体の性質をもつので，集積回路，コンピューターのチップ，太陽電池，その他の固体電子素子などへ幅広く応用される．シリカ (SiO_2) はガラスの製造の主原料である．ゲルマニウムはトランジスター作製用として初期に用いられた物質である．これは，ケイ素よりゲルマニウムの方が高純度化が容易であったためである．また，ゲルマニウムはケイ素よりバンドギャップが小さく（Geが0.72 eV，Siが1.11 eV），優れた真性半導体である．

スズは腐食に対して耐性があり，ブリキとして缶に利用される．青銅はスズと銅の合金で，一般にスズの含有量は質量で12％以下である．スズの含有量の高い青銅は鐘の製造に使われる．ハンダはスズと鉛の合金で，ローマ時代から用いられてきた．窓ガラスあるいはフロートガラスは溶けたガラスを溶融スズの表面に浮かせて製造される．窓ガラスの"スズ側"は紫外光で見ると酸化スズ(IV)により曇っている．トリアルキルスズ化合物とトリアリールスズ化合物は殺菌剤や殺虫剤として広く利用されている．

鉛は軟らかく展性に富むため水道管として使われてきたが，鉛の毒性が懸念されるため現在では多くの国で使用が法的に禁止されている．鉛は融点が低いためハンダとして用いられ，密度が高い（11.34 g cm^{-3}）ため弾薬や電離放射線の遮蔽に利用される．酸化鉛は屈折率を上げるためにガラスに加えられ，"鉛ガラス"あるいは"クリスタルガラス"が製造される．

14・2 単純な化合物

要点 すべての14族元素は，水素，酸素，ハロゲン，窒素と単純な二元系化合物をつくる．また，炭素とケイ素は金属と炭化物およびケイ化物を生成する．

すべての14族元素は4価の水素化物 EH_4 を生じる．さらに，炭素とケイ素はカテネーション（連鎖化）による一連の分子状水素化物を生成する．炭素は膨大な範囲の炭化水素化合物を生成する．これらは有機化学の視点から見るべきであるが，ここでは単純な炭化水素について手短に考察して，14族の他の元素の水素化物との比較を行う．

表14・2 平均結合エンタルピー，$B(X-Y)/(\text{kJ mol}^{-1})$

C−H	412	Si−H	318	Ge−H	288	Sn−H	250	Pb−H	<157
C−O	360	Si−O	466	Ge−O	350				
C=O	743	Si=O	642						
C−C	348	Si−Si	226	Ge−Ge	186	Sn−Sn	150	Pb−Pb	87
C=C	612								
C≡C	837								
C−F	484	Si−F	584	Ge−F	466				
C−Cl	338	Si−Cl	390	Ge−Cl	344	Sn−Cl	320	Pb−Cl	301

炭素は一連の単純な炭化水素であるアルカンを生成する．アルカンは一般式 C_nH_{2n+2} をもつ．長い鎖の炭化水素，すなわち，カテネーションを起こした炭化水素が安定であるのは，C−C ならびに C−H 結合が強く，結合エンタルピーが大きいためである（表14・2，§9・7）．炭素はまた，不飽和のアルケンやアルキンにおいて強い多重結合（表14・2）を形成する．C−C 結合の安定性と多重結合を形成する能力は，炭素化合物が多様で安定であることに大いに寄与している．

表14・2から E−E 結合エンタルピーが族の下に行くほど減少する様子が見てとれる．その結果，カテネーションの傾向は，C から Pb へと減少する．ケイ素はアルカンと類似した一連の化合物シラン (silane) を形成するが，最も長い鎖長でもケイ素を七つ含むヘプタシラン Si_7H_{16} である．シランは，類似構造の炭化水素と比べて，電子を多くもち，分子間力が大きいので揮発性は低い．よって，プロパン C_3H_8 は一般的な条件では気体であるが，ケイ素系の類似構造のトリシラン Si_3H_8 は沸点 53 °C の液体である．水素化物の安定性は族の下方ほど低下するので，スタナン SnH_4 やプルンバン PbH_4 を利用することは激しく制限される．

最も単純なハロゲン化炭素であるテトラハロメタンには，きわめて安定で揮発性の CF_4 から熱的に不安定な固体の CI_4 までのものがある．全ハロゲンで四ハロゲン化物をつくるのはケイ素とゲルマニウムであり，それらはすべて揮発性の分子化合物である．ゲルマニウムは不活性電子対効果（§9・5）の兆候を示すので，不揮発性の二ハロゲン化物も形成する．不活性電子対効果の兆候はスズや鉛ではより顕著となり，酸化数 II の化合物がより安定化する．

なじみ深い二つの炭素の酸化物は，CO と CO_2 である．それほど知られてはいない化合物として，亜酸化炭素 O=C=C=C=O がある．これら三つの化合物の物理的特性は表14・3にまとめている．CO 中の結合は短く強固（結合エンタルピーは 1076 kJ mol^{-1}）で力の定数が大きいことは注意すべきである．これらの性質はいずれも，ルイス構造 :C≡O: が示すように三重結合があることと一致する（§2・9）．二酸化炭素 CO_2 は一酸化炭素と多くの違いがある．CO_2 の結合は長く力の定数は CO と比べて小さい．それは三重結合ではなく，二重結合であることと一致す

表14・3 いくつかの炭素の酸化物の特性

酸化物	融点/°C	沸点/°C	(CO)/cm^{-1}	k(CO)/(N m^{-1})	結合距離/pm	
					CO	CC
CO	−199	−192	2145	1860	113	
CO_2	昇華性	−78	2449, 1318	1550	116	
OCCCO	−111	7	2290, 2200		128	116

る．グラファイトが濃硫酸や塩素酸カリウムのような強酸化剤と反応すると，酸化グラフアイトが生成し，その表面はエポキシ基やヒドロキシ基で修飾されている．これらの基が存在することで，グラファイトを劈開することにより酸化グラフェンを得ることができる．酸化グラフェンを還元することで，グラフェン様材料を合成できる．

ケイ素は酸素と高い親和性を示すので，非常に多くのケイ酸塩鉱物や合成ケイ素-酸素化合物が存在する．これらの化合物は，鉱物学，産業プロセス，実験室で重要である．最も単純なケイ素の酸化物は化学的に安定なシリカ（二酸化ケイ素）SiO_2 で，多くの形態で存在する．すべてのシリカは四面体 SiO_4 構造単位で構成される．まれにしか見られない高温相を除けば，ケイ酸の構造は，四配位ケイ素の四面体に限定される．よって，オルトケイ酸イオンは $[SiO_4]^{4-}$ (**1**)，二ケイ酸イオンは $[O_3SiOSiO_3]^{6-}$ (**2**) である．シリカや多くのケイ酸塩はゆっくりと結晶化する．適当な速度で融体を冷却すると非晶質固体の**ガラス** (glass) が得られる．いくつかの関連性から，これらのガラスは液体と似ている．液体と同様，規則的な構造は数原子間距離に限定される（たとえば単一の SiO_4 構造単位内）．しかし，液体とは異なり，これらのガラスの粘度は非常に高く，実際は固体のようにふるまう．

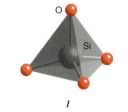

1

酸化ゲルマニウム(IV)はシリカと類似している．酸化ゲルマニウム(II) GeO は容易に Ge と GeO_2 に不均化する．酸化スズ(II) SnO は黒色あるいは赤色の多形で存在する．いずれの多形も空気中で加熱すると容易に SnO_2 に酸化される．鉛は茶色の酸化鉛(IV) PbO_2 を形成する．酸化鉛(II) PbO は赤色と黄色の形態がある．混合原子価酸化物 Pb_3O_4 は Pb^{IV} と Pb^{II} を含み，"鉛丹"として知られている．不活性電子対効果 (§9・5) は，Pb^{II} 酸化物と Pb^{IV} 酸化物の安定性から明確である．

炭素はシアン化水素 HCN，イオン性のシアン化物イオン CN^-，気体のシアン $(CN)_2$ を形成する．これらはすべてきわめて毒性が高い．ケイ素と窒素ガスを高温で直接反応することで，窒化ケイ素 Si_3N_4 を生じる．この物質は硬くて不活性であり，高温セラミックス材料として利用される．

炭素は金属や半金属（メタロイド）と多くの二元系炭化物を形成する．1, 2族の金属はイオン性塩炭化物，d-ブロックの金属は炭化金属，ホウ素とケイ素は共有性固体を生じる．炭化ケイ素は研磨剤カーボランダムとして広く利用されている．

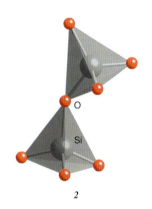

2

14・3 無限構造のケイ素-酸素化合物

要点 ケイ素は酸素と単純な二元系化合物をつくるばかりではなく，無限網目骨格をもつ多種類の固体を生成する．このような化合物は工業的にも多方面で応用される．

Si 原子の一部を Al 原子で置換すると，ケイ酸塩そのものに比べて構造がさらに多様なものになる可能性が出てくる．アルミノケイ酸塩ゼオライトは，分子ふるい，ミクロ多孔触媒，触媒担体として広く利用されている．アルミニウムの状態は Al^{III} であるので，アルミノケイ酸塩中で Si^{IV} の代わりに Al^{III} が存在すると全電荷が 1 単位だけ負になる．したがって，Si 原子 1 個を Al 原子 1 個で置換するごとに H^+，Na^+，$\frac{1}{2}Ca^{2+}$ のようなカチオンを付加する必要がある．これらの付け加えたカチオンはアルミノケイ酸塩の性質に著しい影響を及ぼす．

リチウム，マグネシウム，鉄などの金属を含有する各種の層状アルミノケイ酸塩は，多くの重要な鉱物であり，それには粘土，タルク（滑石），種々の雲母がある．単純な層状アルミノケイ酸塩の例は，<u>カオリナイト</u> (kaolinite) $Al_2(OH)_4Si_2O_5$ 鉱物で，実用的には陶土として利用されたり，医療に応用されている．古くから下痢の治療薬として用いられてきた．また最近の応用では，この鉱物は血の凝固をもたらすことから，カオリナイトのナノ粒子を含浸した包帯を止血用途に用いたりする．

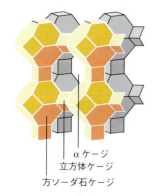

図 14・3 A型ゼオライトの骨格.図中には方ソーダ石ケージ(面取りした八面体),小さな立方体ケージ,中央の大きなケージを示している.

1) "ゼオライト"という呼称は,ギリシャ語の"沸騰石"に由来する.地質学者がある種の岩石が炎であぶると沸騰しているように見えることを発見した.

タルク(talc)鉱物である $Mg_3(OH)_2Si_4O_{10}$ 中では,Mg^{2+}イオンとOH^-イオンが,$[Si_4O_{10}]^{4-}$アニオン層にサンドイッチされている.この配置は電気的に中性であり,結果としてタルクは容易に層間で剥離するので,タルクは広く知られている滑るような感触をもたらす.白雲母 $KAl_2(OH)_2Si_3AlO_{10}$ は Al^{III} が Si^{IV} を一つ置換することで帯電した層から成る.結果として生じる負の電荷は,周期的な層の間に存在する K^+ により電荷を補償される.この静電的な結合により,白雲母はタルクほど軟らかくはないが,容易に劈開し薄板となる.アルミノケイ酸塩の三次元ネットワークから成る多くの鉱物がある.たとえば長石(feldspar)は最も重要な造岩鉱物である.

モレキュラーシーブ(分子ふるい,molecular sieve)は結晶性のミクロ多孔性アルミノケイ酸塩で,分子レベルの大きさの開口をもつ開放構造をしている.これらの材料は開口の大きさより小さな分子だけを吸収し,分子の大きさにより分離することに用いられるために"分子ふるい"とよばれている.分子ふるいの一種であるゼオライト[1](zeolite)は,アルミノケイ酸塩骨格中のトンネルやかご中にカチオン(一般的には 1, 2 族)を取込んだ構造をしている(図 14・3).分子ふるい機能に加えて,ゼオライトは,周辺の溶液中のイオンと取込んだイオンを交換するので,イオン交換樹脂として利用される.ゼオライトはまた,形態選択性をもつ不均一触媒として利用される(第 25 章).

B:各論

この節では,14 族元素の化学を詳細に議論する.族の下方の元素ほど連結構造化合物を形成する傾向が減少する理由や金属的性質が増大する理由を説明する.

14・4 産出と単離

要点 単体の炭素はグラファイトやダイヤモンドの形で採掘される.単体のケイ素は SiO_2 の炭素アーク還元で単離される.はるかに存在量の少ないゲルマニウムは亜鉛鉱石中に含まれている.

炭素はダイヤモンドかグラファイトとして産出するが,いくつかの形態の結晶性は低い.1996 年のノーベル化学賞は Richard Smalley, Robert Curl, Harold Kroto に授与された.受賞理由は新しい炭素の同素体である C_{60} の発見で,この物質は建築家の Buckminster Fuller によって設計された幾何学的なドームにちなんでバックミンスターフラーレンと名付けられている(§14・6 参照).炭素は二酸化炭素として大気中に存在し,天然水にも溶けている.また,水に不溶の炭酸カルシウムや炭酸マグネシウムにも含まれている.

単体のケイ素は,電気アーク炉中の高温でシリカ SiO_2 を炭素で還元して製造される.

$$SiO_2(s) + 2C(s) \longrightarrow Si(s) + 2CO(g)$$

ゲルマニウムは存在比が低く,一般に濃縮された形では天然に存在していない.ゲルマニウムは GeO_2 を一酸化炭素あるいは水素で還元すると得られる(§5・16).スズはスズ石 SnO_2 を電気炉の中でコークスで還元してつくる.鉛を得るにはその硫化物鉱石を酸化物に変えてから溶鉱炉の中で炭素で還元する.

14・5 ダイヤモンドとグラファイト

要点 ダイヤモンドは立方晶構造である.グラファイトは二次元的な炭素のシートが重なり合ってできている.これらのシートの間には酸化剤または還元剤が電子移動を伴って入り込むことができる.

ダイヤモンドは知られている物質中では最も熱伝導率が高い.これはダイヤモンドの構造を通じて熱運動がきわめて効果的に三次元方向に分散されるためである(図 14・1).熱伝導率の測定は偽造ダイヤモンドを識別する際に利用される.永続性,清明度,高い屈折率により,ダイヤモンドは最も重要な宝石原石の一つである.

グラファイトの原子平面に平行に劈開しがちな特性(図 14・2)は,不純物の存在に大きく依存し,滑り性の原因である.これらのグラフェン層間は 335 pm と大きく離れていて,層同士の間の力は弱いことがわかる.あまり適切とはいえないが,この力を"ファンデルワールス力"とよぶことがあり,層の間の空間は**ファンデルワールスギャップ**(van der Waals gap)とよばれている(ファンデルワールス力とよばれる理由は,普通の不純なグラファイトである酸化黒鉛の場合,これらの力は弱く,分子間力に似ているからである).ダイヤモンドとは異なり,グラファイトは軟らかくわずかに金属光沢があり,永続性もなく,魅力

BOX 14・1 合成ダイヤモンド

多くの試みが失敗に終わったあと，1955年にグラファイトとd金属を1500～2000 Kと7 GPaの高温，高圧下で加熱することでダイヤモンドが合成された．ダイヤモンドの作製にはグラファイトと金属がともに融解することが必要であり，このため合成の温度は金属の融点に依存する．d金属（典型的にはニッケルである）はグラファイトを溶解し，溶けにくいダイヤモンド相が結晶化する．生じるダイヤモンドの大きさ，形，色は合成条件に依存する．低温で合成すると，黒色の不純物の混入した結晶となる．高温の合成では色が薄く純度が高い結晶が生じる．一般的な不純物は大きなひずみを発生させずにダイヤモンド格子に入り込むことのできる化学種である．ダイヤモンドにはグラファイトや触媒の金属が不純物として含まれることが多い．たとえば，ニッケルの格子の大きさはダイヤモンドに近いので，ニッケルの微結晶がダイヤモンド格子中に含まれる可能性がある．

ダイヤモンドの結晶は小さいダイヤモンド結晶を種晶として成長させることができるが，新たに成長した箇所は均一でなく間隙があり不純物が含まれることが多い．炭素源をダイヤモンドとし，種晶を育成装置の低温部に設置すれば，もっと高品質のダイヤモンドが生成する．温度によって溶解度に差が生じるため，ダイヤモンドは制御された条件下でゆっくりと結晶化し，高品質のものが生じる．この方法では，最大で1カラット（200 mg）のダイヤモンドが1週間かけて結晶化する．

温度と圧力が十分に高ければ，金属触媒がなくてもグラファイトから直接，ダイヤモンドを合成することができる．衝撃合成法（デュポン法，Du Pont method）では，強烈な爆発で発生する高圧をグラファイトに加える．グラファイトの温度と圧力は数ミリ秒で1000 Kと30 GPaに達し，グラファイトの一部がダイヤモンドに変わる．静圧法（static pressure method）では，高圧装置においてグラファイトをコンデンサーからの放電で加熱する．3300～4500 K，13 GPaにおいて多結晶ダイヤモンドの塊が得られる．この方法では炭化水素を炭素源として使うことができる．ナフタレンやアントラセンのような芳香族化合物ではグラファイトが得られるが，パラフィンろうやショウノウのような脂肪族化合物ではダイヤモンドができる．

ダイヤモンドの高圧合成は費用がかかり扱いが厄介であるため，低圧合成が非常に注目されている．実際，ずいぶん前から，空気のない状態で加熱した基板表面にC原子を蒸着するとグラファイトに混じって微小なダイヤモンド結晶が生成することが知られている．C原子はメタンの熱分解によって得られ，この熱分解で同時に生じる水素原子の存在がグラファイトよりもダイヤモンドの生成に非常に有利に働いている．水素原子がダイヤモンドよりもグラファイトと速やかに反応して揮発性の炭化水素をつくることが特徴の一つで，これにより望ましくないグラファイトが除去される．この作製過程は完全なものではないが，合成されたダイヤモンド薄膜の応用の範囲は，切削用具やドリルなどでの磨耗に対する表面の強化から，電子素子の構成にまで広がっている．たとえば，ホウ素でドーピングしたダイヤモンド薄膜は非常に電気伝導性が高く，電気化学では電極として用いられる．

これまでの高温，高圧での合成より環境にやさしく安価な方法として，新規で有望なものに炭化ケイ素を利用する方法がある．大気圧下，1300 Kという比較的低温で，Cl_2ガスとH_2ガスの存在下において炭素はダイヤモンドとして単離される．

的とはいえない．

室温および大気圧下におけるダイヤモンドからグラファイトへの変換は自発変化（$\Delta_{trs}G^{\ominus} = -2.90 \text{ kJ mol}^{-1}$）であるが，普通の条件下では測定できるような速度では進行せず，太陽系よりも古いダイヤモンドが隕石から単離されている．ダイヤモンドはグラファイトよりも高密度（3.51 g cm^{-3}，グラファイトは2.26 g cm^{-3}）の相であるから，高圧下ではダイヤモンドの方が有利になる．d金属を触媒とする高温・高圧過程によって多量のダイヤモンド研磨材が工業的に製造されている（BOX 14・1）．ホウ素を含有するダイヤモンドはピエゾ抵抗効果（圧力が加わると抵抗が変化する）を示し，シリカの表面に塗布して高温圧力センサーに利用されている．

グラファイトの電気伝導性や化学的性質の多くは，その非局在π結合の構造と密接に関連している．グラファイトの面に垂直な方向への電気伝導率は低く（25 ℃で5 S cm^{-1}），温度が高くなると増大する．これはグラファイトが垂直方向については半導体であることを示している．面に平行な方向の電気伝導率ははるかに高い（25 ℃で30 kS cm^{-1}）が，温度の上昇とともに減少する．この性質は，グラファイトがこの方向には金属導体であることを示している．より正確には，グラファイトは垂直方向については半金属（セミメタル）[2]である．この効果は，真空炉中，高温で炭化水素ガスを分解して得られる熱分解黒鉛において最も顕著である．このようにして生成するグラファイトは非常に純度が高く，望ましい機械的，熱的，電気的性質

---

[2] 半金属（セミメタル）は，価電子帯と伝導帯のバンドギャップが0であるが，フェルミ準位における状態密度が0となる材料である（§3・19）．

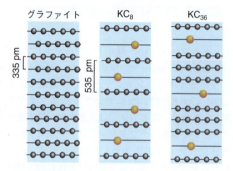

図 14・4 カリウム-グラファイト化合物. 層間原子の 2 通りの入り方を示す.

を示す. 熱分解黒鉛は, イオンビーム用のグリッド, 熱絶縁体, ロケットノズル, ヒーターの部品, 電極材料として利用される.

グラファイトは層間に入り込んだ原子やイオンに対して電子供与体としても, また電子受容体としても働いて, **層間化合物** (intercalation compound) をつくることができる. たとえば, K 原子はその価電子を π^* バンドの空軌道に供与してグラファイトを還元し, その結果生じた K^+ イオンは層の間に入り込む (図 14・4). π^* バンドに与えられた電子は移動できるので, グラファイトのアルカリ金属層間化合物は高い電気伝導率をもつ. この化合物の化学量論的な組成はカリウムの量と反応条件とによって決まる. アルカリ金属イオンが炭素の層ごとに入り込むか, 2 層ごとに入り込むかといった, **ステージング** (staging) として知られる過程で生じる興味深い一連の構造に関連して, 化合物の化学量論組成が変化する (図 14・4).

グラファイトを硫酸と硝酸との混合物とともに加熱すると**黒鉛複硫酸塩** (graphite bisulfate) とよばれる物質が生成する. これは π バンドから電子を除去することによってグラファイトが酸化される例である. この反応では, π バンドから電子が取去られ, HSO_4^- イオンが層間に入り込んで, 近似的に $(C_{24})^+HSO_4^-$ の化学式をもつ物質ができる. この酸化的挿入反応では, 充満した π バンドからの電子を除去することによって, 純グラファイトよりも電気伝導率が高くなる. この過程は電子受容性ドーパントを使って p 型シリコンをつくるのに類似のものである (§3・20). 黒鉛複硫酸塩が水と反応すると, 層状構造が壊れる. その後, 高温で脱水すると, 非常に柔軟性に富んだグラファイトができる. この**グラファイトテープ** (graphite tape) は, 密封用のガスケット, バルブ, ブレーキライニングに利用される. グラファイトが, HNO_3, $KClO_3$, $KMnO_4$ のような強力な酸化剤で酸化されると, 酸化グラファイトが生成する. 酸化グラファイトの層は, エポキシ基やヒド

BOX 14・2　グラフェン, すばらしい材料

グラフェンは一層のグラファイトである. 六角形に配置した炭素原子から成る単一層で, 他の層とは完全に独立している (図 B14・1). 英国マンチェスター大学の Andre Geim と Konstantin Novoselov によるグラフェンに関する革新的な仕事が 2010 年ノーベル物理学賞を受賞した. グラフェンは驚くべき特性をもつために, たびたびすばらしい材料として引用される. グラフェンは既知の材料の中でも最も強く, その破壊強度は約 $40\,N\,m^{-1}$ で, 建築構造用鋼の 200 倍も大きい. 記録されている中で最も高い熱伝導率を示し, 他の結晶と比べて弾性が優れていて, 20% まで延伸できる. グラフェンはまた, いくつかの興味深い特性をもつ. たとえば, 温度上昇で収縮する, あるいは高い柔軟性と脆性を同時に示す. 折りたたむことができるが, 大きなゆがみがかかると砕け散る. ガスを通さない. グラフェンの高い電気伝導性は最も興味をひく物性であり, 近い将来に情報処理デバイスのケイ素を置き換えると予想されている. しかし, 依然として多くの課題がある. バンドギャップがないため, 永久に導電性で電気特性を切替えることはできない.

現在のところ, グラフェンの技術開発は, 純粋なグラフェンシートの大量合成法がないことで停滞している.

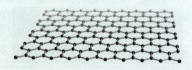

図 B14・1

最もきれいなグラフェンの表面を創出する方法は, グラファイトの結晶から表面を引きはがして作製する剝離法である. この方法はよく"スコッチテープ法"とよばれる. 簡単にスコッチテープを用いて実行可能であるが, 利用価値の高い一片を, グラファイトの断片から分離することは時間がかかるし効率的ではない. 単純で安価なグラフェンの作製法は, その利用に革命をもたらす. それ故, 実用的にも学術的にも, 新しい方法を求めて, この分野の研究が盛んに行われている. いくつかの有望な方法として, ナトリウム金属をエタノールとともに数日加熱する, 炭化水素前駆体を化学蒸着する, グラファイトロッド缶で放電する, (一般的なアルカンと水の反応ではなく) グラフェンと水のフィッシャー・トロプシュ合成酸化グラフェンの還元, 単層カーボンナノチューブの解裂などがある.

ロキシ基により修飾され，グラファイトシートのエッジはカルボキシ基で修飾される．水中で溶解するとグラファイト層が剥離し，酸化グラフェンの単一層となる．酸化グラフェンは，グラフェンの前駆体として注目を集めている (BOX 14・2)．しかし，現状では，得られたグラフェンは多くの不純物と構造欠陥を内包している．

ハロゲンはグラファイトと層間化合物を生成する際に交番現象を示す．グラファイトはフッ素と反応して"フッ化黒鉛"を生じる．これは化学式 CF_n ($0.59<n<1$) で表される不定比化合物である．この化合物は n が小さいと黒色で，n が 1 に近づくと無色になる．フッ化黒鉛は高真空系の潤滑剤やリチウム電池の正極として用いられる．高温では反応生成物に C_2F や C_4F も含まれる．塩素はグラファイトとゆっくりと反応して C_8Cl を生成するが，ヨウ素はまったく反応しない．対照的に，臭素は容易に層間に入り，C_8Br, $C_{16}Br$, $C_{20}Br$ などステージングの異なる化合物を生じる．

14・6 他の構造の炭素

炭素はフラーレンや関連化合物に加えていくつかの低結晶性形態で存在する．

(a) 炭素クラスター

要点 不活性雰囲気中で炭素電極間に電気的なアーク放電を施すと，フラーレンが生成する．

金属や非金属のクラスター化合物は数十年間にわたって知られてきたが，1980 年代におけるサッカーボール型の C_{60} クラスターの発見は，科学界においてもまた一般紙上においても大きな興奮を巻き起こした．このような関心の多くは，炭素がありふれた元素で，新しい構造の炭素分子の発見はありそうに思えなかったことに起因しているのは明らかである．

不活性雰囲気中で炭素電極間にアーク放電を行うと，大量のすすとともに相当量の C_{60} が，また C_{70}, C_{76}, C_{84} のような関連**フラーレン類**(fullerenes)がごく少量生成する．フラーレン類は炭化水素またはハロゲン化炭化水素溶媒に溶かして，アルミナカラム上のクロマトグラフィーで分離することができる．C_{60} の構造は，低温における固体ではX線結晶解析で，また気相中では電子線回折で決定されている．この分子は炭素の五員環および六員環からできていて，気相中における全体的な対称性は二十面体である (**3**)．

フラーレンを還元して [60]フラーリド $C_{60}{}^{n-}$ ($n=1$〜12) の塩をつくることができる．アルカリ金属のフラーリドは K_3C_{60} のような組成をもつ固体である．K_3C_{60} の構造は C_{60} イオンの面心立方配列からできていて，K^+ イオンは，C_{60} イオン 1 個当たり 1 個の八面体間隙と 2 個の四面体間隙とを占めている (図 14・5)．この化合物は室温では金属的で，18 K 以下では超伝導体である．超伝導を示す塩にはほかに，超伝導転移温度 (T_c) が 33 K である Rb_2CsC_{60}, $T_c=40$ K の Cs_3C_{60} がある．E_3C_{60} 化合物の超伝導性は，伝導電子が C_{60} 分子に供与され，C_{60} の分子軌道が重なり合うためこの電子が移動できると考えれば説明できる (§ 24・20)．

(b) フラーレン-金属錯体

要点 フラーレン多面体は可逆的多電子還元を受け，d 金属の有機金属化合物や OsO_4 と錯体をつくる．

フラーレンを効率よく合成する方法が開発されて，その酸化還元ならびに配位化学が大いに研究されている．アルカリ金属フラーリドの生成は先に述べたが，非水溶媒中で C_{60} は電気化学的に可逆 5 段階の酸化還元を行う (図 14・6)．これらの現象は，フラーレンは，適当な金属と組

図 14・5* K_3C_{60} の構造．完全な単位格子は面心立方である (固体の C_{60} そのものの構造は図 3・16 に示されている)．

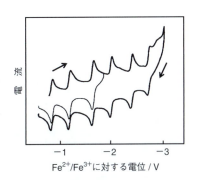

図 14・6 低温，DMF/トルエン中，C_{60} のサイクリックボルタモグラム．参照電極はフェロセン (Fc)

合わせると，求電子試薬または求核試薬として働く可能性があることを示唆している．この予想は，電子過剰の白金(0)ホスフィン錯体が C_{60} を攻撃する際に事実として観測される．この場合，Pt 原子はフラーレン分子中の 1 対の炭素原子に橋をかけて **4** のような化合物ができる．この反応は，二重結合にまたがって白金-ホスフィン錯体が付加するよく知られた反応に似ている．η^6-ベンゼンクロム錯体（§22・19）との類似から，金属原子は C_{60} の六角面に配位しうると考えられるが，η^6 錯体[†]の生成が見られていないのは，C $2p\pi$ 軌道が放射状に出ている（**5**）ため，フラーレン分子の六角面の中心上に金属原子があると，その d 軌道との重なりが弱いからだとされている．

C_{60} の化学的性質は，電子過剰金属錯体との相互作用に関するものだけではない．求電子性の強い酸化剤（ピリジン中の OsO_4）との反応では，アルケンと OsO_4 との付加物に似たオキソ橋かけ錯体（**7**）が生成する．

かご型フラーレン分子の外側に金属原子が存在する錯体に加えて，C_{60} 分子の内部に 1 個以上の原子が収容される**内包フラーレン**（endohedral fullerene）がつくられている．このような錯体は，C_{60} のかごの中に M 原子が存在するという意味で $M@C_{60}$ のように表現される．高温（>600 ℃）および高圧（>2000 atm）では，不活性気体の原子や分子で小さいものはかごの中に誘導され，たとえば $H_2@C_{60}$ などが生じる．一方で，金属でドーピングした炭素棒を電気的にアーク放電すると，内包される原子の周りにかご状炭素分子が生成し，$La@C_{82}$ や $La_3@C_{106}$ のような大きな分子が生じることも多い．

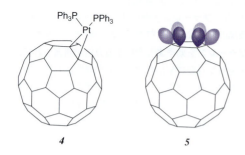

4　　　**5**

フラーレンの六角面と単一の金属中心との相互作用が貧弱であるのに対して，複数の金属原子が配列をつくって広がっているトリルテニウムクラスター $[Ru_3(CO)_{12}]$ は C_{60} と反応して，その六角面上に $[Ru_3(CO)_9]$ がかぶさったものをつくる．この過程では 3 個の CO 配位子が置換される（**6**）．3 個の金属原子がつくる比較的大きな三角形は，放射状に配列している C $2p\pi$ 軌道と重なり合うのに都合のよい形をつくっている．

(c) カーボンナノチューブ

フラーレン研究の重要な成果の一つは，**カーボンナノチューブ**（carbon nanotube）の発見である．カーボンナノチューブは，フラーレンとグラフェンの両方に深く関連している．グラフェンは六角形に配置した炭素原子の単一層である（BOX 14・2）．カーボンナノチューブは，一つ以上の同心円筒形のチューブで，概念的にはグラフェンシートを巻き上げたものである．ナノチューブの末端は，半球状の六つの五員環から成るフラーレン様キャップで閉じられている（図 14・7）．単一のグラフェンシートから成るナノチューブは単層ナノチューブ（single-walled nanotube, SWNT）として知られている．チューブの直径は 1 nm 程度で，ナノチューブの特性はどのようにグラフェンが巻いているのか，あるいは直径と長さにより異なる．多層ナノチューブ（multiwalled nanotube, MWNT）は複数のグラフェンシートから成る同心状のグラフェンチューブから構成され，"ロシア人形"モデルといわれる．あるいは，一枚のグラフェンが巻き上がって形成する．これは"羊皮紙"モデルといわれる．**ナノバッド**（nanobud）はカーボンナノチューブとフラーレンが一体化している．フラーレ

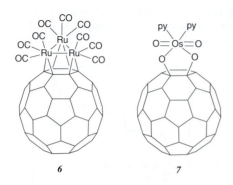

6　　　**7**

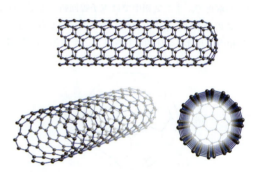

図 14・7　閉じた単層カーボンナノチューブの構造

[†] 訳注：この場合，C_{60} の六員環の C 原子がすべて一つの金属原子（イオン）に配位するような錯体．

ンがナノチューブの外壁に共有結合しており，錠のように働いて，ナノチューブ同士が互いに滑ることを抑制する．グラフェン化カーボンナノチューブ g-CNT は，グラフェンの断片が多層カーボンナノチューブの外壁に沿って分布している．このような g-CNT は大きな表面積の三次元骨格をもつ．ナノチューブの合成が多くの研究を活発化しており，その化合物は，水素貯蔵や触媒だけではなく，高い機械強度の防弾チョッキなどに広く実際に利用されている．第24章においてより詳しく解説する．

(d) 不完全結晶性の炭素

要点 無定形炭素や部分的に結晶化した炭素は微粒子の形で得られ，吸着剤やゴムの強化剤として大量に使われている．また，炭素繊維は高分子物質の強度を高める．

炭素には結晶性が低い形態のものがたくさんある．これらの不完全結晶性のものには**カーボンブラック** (carbon black)，**活性炭** (activated carbon)，**炭素繊維** (carbon fiber) があって，工業的にとても重要である．完全な X 線解析に適するような単結晶をつくることができないので，これらの物質の構造は定かではない．しかし，現在の知識では，これらの構造はグラファイトに似ているが，結晶性の程度と粒子の形とが異なるものと思われる．

カーボンブラックはきわめて細かく分散した形の炭素である．この物質は，酸素不足の条件下で炭化水素を燃焼させることによって，年間 8 Mt を超える規模でつくられている．カーボンブラックの構造としては，グラファイトのような平板の積み重ねと，フラーレンを思わせる多層球体との両方が提案されている（図 14·8）．カーボンブラックは，顔料，（このページで使われているような）印刷インク，自動車タイヤなどのゴム製品の充填剤として大量に使われている．ゴムにカーボンブラックを混ぜると強度と耐摩耗性とが著しく改善され，また日光による劣化が少なくなる．

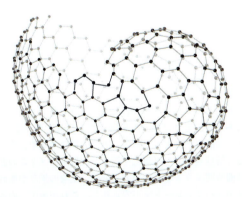

図 14·8 提案されているすすの構造．湾曲した C 原子の網目が不完全に閉じているもの．グラファイト類似の構造も提出されている．

活性炭はやし殻などの有機物を条件を制御しながら熱分解することでつくられる．この物質は粒子が小さいために，（場合によっては $1000~m^2~g^{-1}$ を超えるような）大きな表面積をもっている．したがって，飲料水中の有機汚染物，空気中の有毒ガス，反応混合物中の不純物のような分子に対してきわめて効果的な吸着剤である．表面の六角形の薄板の縁の部分は，カルボキシ基やヒドロキシ基のような酸化生成物で覆われているという証拠がある（**8**）．活性炭の表面活性の中にはこの構造で説明できるものもある．

8

炭素繊維は，アスファルト繊維または合成繊維を適当な条件の下で熱分解してつくられ，テニスラケットや航空機部品のようなさまざまな高強度プラスチック製品中に組込まれる．炭素繊維の構造はグラファイトに似ているが，層をつくっているのは広がった薄板ではなく繊維の軸に平行なリボンである．同じ面内における結合は（グラファイトの場合に似て強く），炭素繊維はきわめて高い引張り強さをもっている．

例題 14·1 ダイヤモンドおよびホウ素中の結合を比較する

単体ホウ素中の各 B 原子は他の 5 個の B 原子と結合しているが，ダイヤモンド中の各 C 原子は 4 個の最隣接原子と結合している．この相違を説明せよ．

解 それぞれの原子の価電子と結合形成に利用できる軌道を考慮しなければならない．B 原子および C 原子はいずれも，結合に利用できる 4 個の軌道（1 個の s と 3 個の p）をもっている．しかし，1 個の C 原子には 4 個の価電子，すなわち各軌道に 1 個ずつがあるので，その電子と軌道とをすべて使って 4 個の隣接 C 原子と 2c,2e 結合をつくることができる．これに対して B の電子は 1 個少ないから，その軌道を全部使うと 3c,2e 結合ができる．この三中心結合の生成によってもう一つの B 原子が結合の起こる距離内に運び込まれる．

問題 14·1 グラファイトが，(a) カリウム，(b) 臭素と反応するとグラファイトの電子構造がどのように変化するかについて述べよ．

14・7 水素化物

14族の元素は水素と反応し4価の水素化物 EH_4 を形成する．炭素とケイ素は鎖状に連結した分子を形成する．

(a) 炭化水素

要点 鎖状に連結した炭化水素の安定性は，高い C−C, C−H 結合エンタルピーのためである．

メタン CH_4 は最も単純な炭化水素である．メタンは無臭で可燃性の気体である．自然界では大規模な地下の鉱床に見いだされ，そこから天然ガスとして取出されて家庭用および工業用燃料として使われている．

$$CH_4(g) + 2\,O_2(g) \longrightarrow CO_2(g) + 2\,H_2O\,(l)$$
$$\Delta_{comb}H^{\ominus} = -882\,\text{kJ mol}^{-1}$$

この燃焼反応を除けば，メタンはあまり反応性に富んでいない．メタンは水による加水分解を受けないし（BOX 14・3），紫外線にさらされたときだけハロゲンと反応する．

$$CH_4(g) + Cl_2(g) \xrightarrow{h\nu} CH_3Cl(g) + HCl(g)$$

ブタン C_4H_{10}（沸点 $-1\,°C$）までのアルカンは気体で，炭素の数が 5〜17 のアルカンは液体となり，もっと重い炭化水素は固体である．鎖状に連結した炭化水素は，C−C 結合と C−H 結合の高い結合エンタルピーのために，実際安定である．

(b) シラン類

要点 シランは還元剤である．白金錯体を触媒として，ヒドロシリル化反応が進行する．また，アルコールと反応して $Si(OR)_4$ を生成する．

シラン SiH_4 は工業的には，NaCl と $AlCl_3$ との溶融塩混合物中，高圧水素下で SiO_2 をアルミニウムで還元するこ

BOX 14・3 メタンクラスレート：海底からの化石燃料

メタンクラスレート（メタン包接化合物）は結晶性の固体で，低温においてメタン分子の周りで氷が結晶化すると生成する．メタンクラスレートはメタンハイドレート（methane hydrate, メタン水和物）あるいは天然ガスハイドレート（natural gas hydrate, 天然ガス水和物）ともよばれ，過去には寒冷期にこの化合物の生成のためガスのパイプラインが詰まるという重要な問題が生じた．メタンハイドレートはエタンやプロペンのような他の小さい気体分子を含むこともある．異なるいくつかのクラスレートの構造が知られている．構造 I として知られる最も一般的なものは，単位格子に 46 個の H_2O 分子と最大で 8 個の CH_4 分子を含む．最近，メタンクラスレートは有望なエネルギー源として注目されている．これは，$1\,m^3$ のクラスレート当たり最大で $164\,m^3$ のメタンガスが発生するからである．

メタンクラスレートは海底の堆積物下に見いだされている．メタンが海底下の地層から断層に沿って移動し，冷たい海水に接して結晶化することによってメタンクラスレートが生成すると考えられている．クラスレートに含まれるメタンは，海底の低酸素環境下における細菌による有機物の分解によっても生じる．堆積の速度が速く有機炭素の濃度の高い場所では，堆積物中の細孔に含まれる水の酸素の濃度は低く，嫌気細菌によってメタンがつくられる．固体のメタンクラスレート層の下部には，堆積物中に遊離したガスの気泡として大量のメタンが存在している可能性がある．メタンハイドレートは低温，高圧下で安定である．このような条件のため，また，細菌によるメタン生成に比較的大量の有機物が必要である

ため，メタンクラスレートが存在するのは主として高緯度で大陸の海岸に沿った地域に限られる．大陸の海岸では有機物の供給量が多いためメタンの発生量も十分であり，水温も凝固点に近い．北極や南極ではメタンハイドレートは一般に永久凍土層の存在に関係している．永久凍土層のメタンの貯蔵量は北極では炭素の量で約 400 Gt と見積もられているが，南極については見積もりがない．海洋の貯蔵量は炭素の量として 10211 Tt と推定されている．

近年，多くの政府がメタンハイドレートを化石燃料として使うことに興味を示している．ばく大な貯蔵量のメタンハイドレートが海底や永久凍土層に存在することがわかって，メタンハイドレートをエネルギー源としてどのように使用するかに関して実地探査や研究が行われている．1960 年代と 1970 年代に旧ソ連が永久凍土層からメタンハイドレートを得ようと試みたがうまくいかなかった．メタンクラスレートの鉱床が海底の堆積物中にどのように存在しているかについては十分にわかっていないため，単離の計画も立てられず，掘削が行われた場所も非常に少ない．

メタンクラスレートから将来メタンを単離できる可能性はあるが，それは深刻な影響抜きには考えられない．メタンは温室効果ガスであるため，大量に大気中に放出すると地球規模での温暖化を招く．大気中のメタンの濃度は間氷期よりも氷河期の方が低い．気象の擾乱が海底のメタンハイドレートを不安定化し，これが海中での地すべりのきっかけとなり，ばく大な量のメタンを発生させる可能性がある．

とによってつくられる．この反応を理想化して表すとつぎのようになる．

$$6\,H_2(g) + 3\,SiO_2(s) + 4\,Al(s) \longrightarrow 3\,SiH_4(g) + 2\,Al_2O_3(s)$$

シラン類はアルカンよりずっと反応性に富み，その安定性は鎖の長さが増すと減少する．アルカンと比べて安定性に乏しいことは，C-CやC-H結合と比べて，Si-SiやSi-H結合の結合エンタルピーが小さいためである（表14・2）．シランそのものであるSiH_4は空気中で自然発火し，ハロゲンとはきわめて激しく反応して，水に接触すると加水分解される．炭化水素と比べてシランが高い反応性をもつのは，求核試薬の攻撃を受けやすくしているケイ素の大きな原子半径，Si-H結合の高い分極，付加物の生成を促進する低エネルギー準位のd軌道の存在などのためである．シランは水溶液中で還元剤でもある．たとえば，Fe^{3+}を含む脱酸素した水溶液中にシランを通気するとFe^{3+}がFe^{2+}に還元される．

ケイ素と水素との間の結合は，中性の水の中では容易には加水分解されないが，強酸中や微量の塩基が存在する場合には速やかに加水分解される．同様に，アルコール分解は，触媒量のアルコキシドによって加速される．

$$SiH_4 + 4\,ROH \xrightarrow{\Delta,\;OR^-} Si(OR)_4 + 4\,H_2$$

速度論的研究によると，この反応はつぎのような構造を介して進行することがわかる．すなわち，OR^-がSi原子を攻撃する一方，水素化物イオン的な水素原子とプロトン的な水素原子との間に一種の水素結合（H⋯H）ができることによってH_2が発生する．

ヒドロホウ素化（§13・6c）に対応するケイ素の反応は**ヒドロシリル化**（hydrosilylation），すなわち，アルケンおよびアルキンの多重結合にSiHが付加する反応である．この反応は，ラジカル中間体が生ずるような条件（300°Cまたは紫外線照射）の下で進行させることができて，工業的および実験室的な合成において利用される．実際には，白金錯体を触媒とするはるかに穏やかな条件下で反応させるのが普通である．

$$CH_2=CH_2 + SiH_4 \xrightarrow[\text{2-プロパノール}]{\Delta,\;H_2PtCl_6,} CH_3CH_2SiH_3$$

この反応は，アルケンとシランとの両方がPt原子に結合した中間体を介して進行するというのが現在の考えである．

シランは，太陽電池のような半導体素子の製造や，アルケン類のヒドロシリル化に用いられる．シランを工業的につくるには，水素，二酸化ケイ素，アルミニウムを高圧下で反応させる．

例題 14・2　鎖状に連結した化学種の生成を調べる

表14・2の結合エンタルピーのデータと以下のデータとを用いて，$C_2H_6(g)$と$Si_2H_6(g)$の標準生成エンタルピーを計算せよ．

$$\Delta_{vap}H^{\ominus}(C,\text{グラファイト}) = 715\,kJ\,mol^{-1}$$
$$\Delta_{atom}H^{\ominus}(Si, s) = 439\,kJ\,mol^{-1}$$
$$B(H-H) = 436\,kJ\,mol^{-1}$$

解　生成エンタルピーは，反応において切断する結合と生成する結合の結合エンタルピーの差として計算できる．よって，$C_2H_6(g)$と$Si_2H_6(g)$の形成の反応式は，

$$2\,C(\text{グラファイト}) + 3\,H_2(g) \longrightarrow C_2H_6(g)$$
$$2\,Si(s) + 3\,H_2(g) \longrightarrow Si_2H_6(g)$$

となる．よって生成エンタルピーを計算すると，

$$\Delta_f H^{\ominus}(C_2H_6, g)$$
$$= [2(715)+3(436)]-[348+6(412)]\,kJ\,mol^{-1}$$
$$= -82\,kJ\,mol^{-1}$$
$$\Delta_f H^{\ominus}(Si_2H_6, g)$$
$$= [2(439)+3(436)]-[226+6(318)]\,kJ\,mol^{-1}$$
$$= -52\,kJ\,mol^{-1}$$

C_2H_6の生成エンタルピーがより負の値であることは，C-H結合エンタルピーがSi-H結合エンタルピーと比べて大きいという事実で大部分が説明できる．

問題 14・2　表14・2の結合エンタルピーのデータと上記のデータとを用いて，CH_4とSiH_4の標準生成エンタルピーを計算せよ．

(c) ゲルマン，スタンナン，プルンバン

要点　熱的な安定性は，ゲルマン，スタンナン，プルンバンへ向かって減少する．

ゲルマンGeH_4およびスタンナンSnH_4は，テトラヒドロフラン溶液中における各元素の四塩化物と$LiAlH_4$との反応によって合成することができる．プルンバンPbH_4は，マグネシウム-鉛合金のプロトリシスによって痕跡量が合成されているが，きわめて不安定である．四水素化物の安定性は，$SiH_4 < GeH_4 > SnH_4 > PbH_4$となり，交番効果（§9・2c）の一例である．これら三つの元素の水素化物はすべてアルキル基またはアリール基があると安定になる．たとえば，トリメチルプルンバン$(CH_3)_3PbH$は$-30°C$で分解し始めるが，室温で数時間はそのまま存在し続けることができる．

14・8 ハロゲンとの化合物

ケイ素，ゲルマニウム，スズはすべてのハロゲンと反応して四ハロゲン化物を生じる．炭素はフッ化物のみを生じる．鉛は安定な二ハロゲン化物をつくる．

(a) 炭素のハロゲン化物

要点 炭素-ハロゲン結合中のハロゲンは求核試薬で置換される．有機金属求核試薬を使うと新しいM-C結合ができる．多ハロゲン化炭素とアルカリ金属との混合物は爆発を起こす危険物である．

四フッ化炭素CF_4は無色気体，CCl_4は重い液体，CBr_4は淡黄色固体，CI_4は赤い固体である．テトラハロメタンの安定性は，CF_4からCI_4へと低下する（表14・4）．フッ素中で単体炭素を含む炭素含有化合物を燃焼することで，CF_4が生成する．その他のテトラハロメタンは，メタンとハロゲンから合成される．

$$CH_4(g) + 4Cl_2(g) \longrightarrow CCl_4(l) + 4HCl(g)$$

広範囲の誘導体を合成するおもな経路は，主として，これらのテトラハロメタンおよび類似の部分的にハロゲン化されたアルカン類の1個またはそれ以上のハロゲンを求核置換することである．図14・9には，無機化学の観点から有用で興味あるいくつかの反応の概略が示してある．ハロゲンを完全に置換するか，または酸化的付加を行うことによって起こる金属-炭素結合の生成反応に特に注目しよう．

求核置換の速度はフッ素からヨウ素へとF≪Cl<Br<Iの順で著しく増大する．すべてのテトラハロメタンは加水分解

$$CX_4(l または g) + 2H_2O(l) \longrightarrow CO_2(g) + 4HX(aq)$$

に関して熱力学的に不安定である．しかし，C-F結合の場合には分解速度が極端に遅いので，ポリテトラフルオロエチレンのようなフルオロカーボンポリマーは耐水性がきわめて高い．

テトラハロメタンはアルカリ金属のような強い還元剤で還元される．たとえば四塩化炭素とナトリウムとの反応ではきわめて大きいエネルギーが発生する．

$$CCl_4(l) + 4Na(s) \longrightarrow 4NaCl(s) + C(s)$$
$$\Delta_r G^{\ominus} = -249\,kJ\,mol^{-1}$$

CCl_4やその他の多ハロゲン化炭素ではこの種の反応が爆発的な激しさで起こりうるので，それらを乾燥するのにナトリウムのようなアルカリ金属を決して使ってはならない．ポリテトラフルオロエテンをアルカリ金属や強還元性の有機金属化合物に接触させると，その表面でもこれに類似の反応が進行する．フルオロカーボンはその他のフッ素含有分子とともに多くの興味ある性質を示す．たとえば，揮発性が高く，電子求引性が強い（BOX 17・2）．

四塩化炭素は，以前，研究室における溶媒，ドライクリーニング液，冷媒，消火器に広く利用されていた．しかし，温室効果ガスであることや発がん性から，四塩化炭素の利用は1980年代から急激に減少した．

ハロゲン化カルボニル（carbonyl halide）（表14・5）は平面状分子で，有用な中間体である．これらの化合物中で一番簡単なのはホスゲン$OCCl_2$（**9**）で，これは極度に有毒な気体である．ホスゲンは塩素と一酸化炭素との反応で大量につくられる．

$$CO(g) + Cl_2(g) \xrightarrow{200\,°C,\,木炭} OCCl_2(g)$$

表14・4 テトラハロメタンの性質

	CF_4	CCl_4	CBr_4	CI_4
融 点 / °C	−187	−23	90	171 分解
沸 点 / °C	−128	77	190	昇華
$\Delta_f G^{\ominus}/(kJ\,mol^{-1})$	−879	−65	148	>0

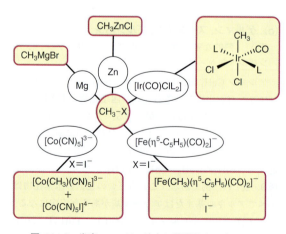

図14・9 炭素-ハロゲン結合に特徴的ないくつかの反応（X=ハロゲン）

表14・5 ハロゲン化カルボニルの性質

	OCF_2	$OCCl_2$	$OCBr_2$
融 点 / °C	−114	−128	
沸 点 / °C	−83	8	65
$\Delta_f G^{\ominus}/(kJ\,mol^{-1})$	−619	−205	−111

ホスゲンの利用価値は，塩素の求核置換であり，それによってカルボニル化合物やイソシアン酸塩を容易につくることにある（図14・10）．ホスゲンを加水分解すると，炭酸$(HO)_2CO$よりはむしろCO_2となるのは，CO_2の二重結合の安定性のためである．

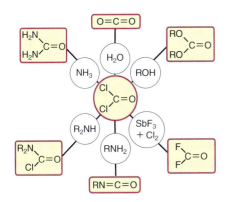

図 14・10　ホスゲン $OCCl_2$ の特徴的な反応

(b) ケイ素およびゲルマニウムとハロゲンとの化合物

要点　ケイ素は超原子価遷移状態をとることができるが，炭素はそれができない．そのため，ハロゲン化ケイ素は，ハロゲン化炭素に比べて，容易に置換反応を起こす．

四ハロゲン化ケイ素中で最も重要なのは四塩化ケイ素で，これは単体同士の直接反応，あるいは炭素共存下でのシリカの塩素化でつくられる．

$$Si(s) + 2Cl_2(g) \longrightarrow SiCl_4(l)$$
$$SiO_2(s) + 2Cl_2(g) + 2C(s) \xrightarrow{\Delta} SiCl_4(l) + 2CO(g)$$

ケイ素およびゲルマニウムのハロゲン化物は穏やかなルイス酸である．これらには，1個または2個の配位子が付加して五配位または六配位の錯体ができる．

$$SiF_4(g) + 2F^-(aq) \longrightarrow SiF_6^{2-}(aq)$$
$$GeCl_4(l) + N\equiv CCH_3(l) \longrightarrow Cl_4GeN\equiv CCH_3(s)$$

ケイ素およびゲルマニウムの四ハロゲン化物の加水分解は迅速で，その過程は模式的につぎのように表される．

$$EX_4 + 2H_2O \longrightarrow EX_4(OH_2)_2 \longrightarrow EO_2 + 4HX$$
（$E=Si$ または Ge，$X=$ハロゲン）

これに対応する四ハロゲン化炭素の加水分解速度ははるかに遅い．それは，立体的な障害によってC原子に水分子が付きにくく，中間体のアクア錯体ができにくいためである．

ハロシランの置換反応は詳細に研究されている．この反応は対応する炭素類似体の反応よりも進行しやすいが，それはケイ素原子がその配位圏を容易に広げて，侵入してくる求核試薬を迎え入れることができるからである．これらの置換反応の立体化学によると，最も電気的に陰性な置換基がアキシアル位を占めている五配位中間体ができることがわかっている．さらに，これらの置換基の位置がアキシアルな関係からずれていく．H^-イオンは脱離しやすくないが，アルキル基はさらに脱離しにくい．

ここで注目すべき点は，HがR^4置換基で置換されるがその立体配置は保持されたままなことである．

(c) スズと鉛のハロゲン化物

要点　スズは二ハロゲン化物と四ハロゲン化物を生成する．鉛では二ハロゲン化物のみが安定である．

スズ(II)塩の水溶液ならびに非水溶液は穏和な還元剤として効果的であるが，空気による酸化が下式のように自発的に速やかに起こるので，これらの溶液は不活性雰囲気中に保存しなければならない．

$$Sn^{2+}(aq) + \frac{1}{2}O_2(g) + 2H^+(aq) \longrightarrow Sn^{4+}(aq) + H_2O(l)$$
$$E^\ominus = +1.08 \text{ V}$$

二ハロゲン化スズと四ハロゲン化スズはどちらもよく知られている．スズの四塩化物，四臭化物，四ヨウ化物は分子化合物であるが，四フッ化スズはSnF_6が最密充填したイオン固体と考えると整合性のある構造をしている．四フッ化鉛もイオン固体と考えられるが，不活性電子対効果が現れる結果として，$PbCl_4$は不安定で共有結合性の黄色の油状であるが，室温で$PbCl_2$とCl_2に分解する．四臭化鉛と四ヨウ化鉛は知られていない．よって，二ハロゲン化物が鉛の主要なハロゲン化物である．スズと鉛の二ハロゲン化物における中心金属原子の周りのハロゲン原子の配列は，単純な四面体あるいは八面体配位からひずんでいることが多い．これは，立体化学に影響を及ぼす孤立電子対の存在によるものである．ひずんだ構造が現れる傾向は小さいF^-イオンが配位する場合に顕著になり，ハロゲン化物イオンが大きいとひずみの少ない構造が見られる．

Sn^{IV}およびSn^{II}はいずれも多様な錯体をつくる．たとえば，$SnCl_4$は酸性溶液中で$[SnCl_5]^-$や$[SnCl_6]^{2-}$のような錯イオンを生じる．非水溶液中ではさまざまな電子供与体が比較的強いルイス酸である$SnCl_4$と相互作用し

て，cis-$[SnCl_4(OPMe_3)_2]$のような錯体を生成する．水溶液および非水溶液中でSn^{II}は$[SnCl_3]^-$のようなトリハロ錯体をつくる．$[SnCl_3]^-$の三方錐構造から，立体化学に影響を及ぼす孤立電子対の存在が明らかとなる (**10**)．$[SnCl_3]^-$はd金属イオンに対して軟らかい電子対供与体として作用する．$[SnCl_3]^-$のこの能力によって生じる特異な物質の一例は赤色のクラスター化合物$Pt_3Sn_8Cl_{20}$で，これは三方両錐形である (**11**)．

14・9 炭素の酸素化合物と硫黄化合物

要点 一酸化炭素は鉄の製造の鍵をにぎる還元剤で，また，d金属の化学ではよく出てくる配位子である．二酸化炭素は，配位子としては一酸化炭素に比べてはるかに重要性が低い．二酸化炭素は炭酸の酸無水物である．炭素と硫黄の化合物である CS と CS_2 は，これらに対応する酸化物とよく似た構造をもつ．

炭素は CO，CO_2 および亜酸化物 O＝C＝C＝C＝O（表14・3）を形成する．CO を利用する反応には，溶鉱炉中での金属酸化物の還元（§5・16）や H_2 製造のための水性ガスシフト反応（§10・4）がある．

$$CO(g) + H_2O(g) \rightleftharpoons CO_2(g) + H_2(g)$$

触媒についての第25章では，一酸化炭素から酢酸，アルデヒド類への変換について述べる．CO 分子のブレンステッド塩基性度はきわめて低く，また中性の電子対供与体に対するルイス酸性度は無視できるほど小さい．しかし，CO はそのルイス酸性度が低いにもかかわらず，高圧で多少温度を上げると強いルイス塩基の攻撃を受ける．たとえば，水酸化物イオンと反応してギ酸イオンHCO_2^-を生ずる．

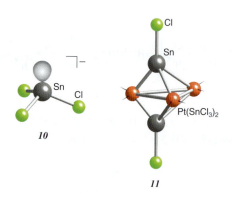

BOX 14・4 炭素サイクル

地球上のすべての生物が炭素を基盤としているので，炭素サイクルは特に関心の高いものとなっている．地球規模で見た場合，酸素サイクル（BOX 16・1）を同時に考えずに生物系の炭素サイクルを議論することはできない．これら二つのサイクルが密接に関連する様子を図 B14・2 に示す．地球の大気中に含まれる二酸化炭素の濃度が増し，それが温室効果を高めて地球規模での温暖化をもたらす可能性があることから，炭素サイクルに対して科学者の注目が集まっている．

地球が最初に冷やされたとき酸素は存在せず，液体の水がはじめに生じ，CO_2 がおもな大気のガスであった．初期の微生物は光合成や無機化学反応である化学合成無機栄養反応 (chemolithotrophy) を行ってエネルギーを生み出し，このエネルギーを用いて二酸化炭素や炭酸水素イオンを細胞の機能に必要な有機分子に還元していた．初期の地球上で光合成を行っていた最初の微生物はもっと単純な形の O_2 を放出しない光合成を利用していた．これらの非酸素過程のいくつかは現在の細菌にも残っていて，CO_2 の還元に H_2S，S_8，チオ硫酸塩，H_2，有機酸のような分子が利用される．これらの分子は水に比べると供給が限られるので，O_2 を発生させない光合成では少量の二酸化炭素が還元されるにすぎない．

最近（といってもここ20億年）の光合成過程では，電子供給源として水を利用し，酸素を副生物として放出している．酸素発生型光合成が発展すると，大量のバイオマスが生成し，以前と比べて2〜3桁も多くのバイオマスを維持している．

光合成では CO_2 が有機化合物に還元され，H_2O が O_2 に酸化される（§26・9と§26・10）．酸素発生型光合成は高等植物の葉緑体，多くの藻類，シアノバクテリア（ラン色細菌）において行われる．本質的には，酸素発生型光合成では H_2O の分解の副生物として O_2 が生じ，一方の生成物である"水素原子"は CO_2 の生成に利用される．最初にこの過程が起こったとき，発生した O_2 は毒性で，たいていの生体分子を破壊する能力のある活性な酸素種を生み出した．

図 B14・2 の生物学的サイクルにおける質量収支は定量的には完全ではない．火山の噴火からの CO_2 の供給とケイ酸塩固体の風化に伴う CO_2 の消費があるのに対し，酸素と有機炭素に関しては，純粋な地球化学的な供給源はない．よって，サイクルを真に完全なものにするには，O_2 が蓄積しないはずであって，サイクルの上側で光合成によって生じた O_2 はすべてサイクルの下側で呼吸と燃焼により消費されることになる．一方，サイクルを回るたびに，還元された炭素の一部はバイオマスとして堆積物中に埋まる．これらはたいてい陸上植物や，浅い海盆や湖に存在する藻類である．この埋蔵された少量のバイオマスは徐々に酸化を受けなくなり，そのうちのいくらかは炭化水素の化石燃料に変換される．地質年代にわたる年月を経て，この地中の還元状態の有機物質

$$\text{CO}(g) + \text{OH}^-(aq) \longrightarrow \text{HCO}_2^-(aq)$$

同様に,メトキシドイオン CH_3O^- と反応して酢酸イオン CH_3CO_2^- を与える.

一酸化炭素は酸化状態の低い金属原子に対して優れた配位子である(§22・5).よく知られている一酸化炭素の毒性はこの性質の一例である.たとえば,一酸化炭素はヘモグロビン中の Fe 原子と結合し,O_2 の付加を妨げて被害者を窒息させる.興味深いのは,高圧下で B_2H_6 と CO とから H_3BCO をつくることができて,これは簡単なルイス酸に CO が配位するまれな例である.これに似た安定性をもつ錯体を BF_3 からはつくることができない.この事実によって BH_3 は軟らかい酸に,BF_3 は硬い酸に分類される.

二酸化炭素はきわめて弱いルイス酸にすぎない.たとえば,酸性水溶液中では,水が錯形成して H_2CO_3 となっているのはわずかな分子にすぎないが,pH が高くなると OH^- が C 原子に配位して炭酸水素イオン HCO_3^- ができる.この反応は非常に遅い.しかし,生命にとっては CO_2 と HCO_3^- が速やかに平衡に達することが非常に重要であるため,この反応は Zn 含有酵素の炭酸デヒドラターゼ(カルボニックアンヒドラーゼ,§26・9a)が触媒となって促進される.この酵素により反応は約 10^9 倍も速くなる.

二酸化炭素は,温室効果(greenhouse effect)にかかわりあいがあるいくつかの多原子分子の中の一つである.大気中の多原子分子は可視光線を通過させる.しかし,これらの多原子分子は,振動準位間の遷移で赤外線を吸収するので,地球から熱がじかに放射するのを妨げる.社会の工業化以後大気中の CO_2 が相当に増えていることを示す有力な証拠がある.過去においては,自然は深い海の中での炭酸カルシウムの沈殿などによって,大気中の CO_2 濃度を一定に保ってきた.しかし,今日では,水中深く CO_2 が拡散していく速度は,大気中への CO_2 の流入の増加を打ち消すには遅すぎるように思われる(BOX 14・4).CO_2,CH_4,N_2O,クロロフルオロカーボン類といった温室効果ガスの濃度が増えつつあることを納得させるに足る証拠があり,それらが地球の温度に影響を及ぼしつつあることは明らかである.大気中の CO_2 の増大速度を緩和する方法の一つとして,二酸化炭素隔離(carbon dioxide sequestration)(BOX 14・5)が提唱されており,工業排気中の CO_2 をアミンと反応させて捕獲する.その後,

が蓄積され,石炭,ケツ(頁)岩(シェール),石油,天然ガスに変化し,われわれの化石燃料の蓄えとなる.

数億年かけて,化石燃料の蓄えを生み出す過程は,同時に大気中に O_2 を生じ,初めは高濃度であった CO_2 の減少に寄与した.初期の地球では海中にばく大な量の鉄(II)が存在したため,地球的な規模での O_2 の蓄積はゆっくりと進行した.鉄(II)は O_2 により酸化され,しま状の鉄(III)の地層を生み出した.いったん鉄(II)と還元状態の硫黄が消費されると,O_2 は大気中にたまり始め,約10億年前にほぼ現在の濃度に達した.

現在,われわれは地質年代的にはきわめて短い期間に,化石燃料を取出し,燃やしている.これにより,酸素と炭素の関係が乱されている.燃焼反応は明らかに大きな要因であるが,自然にあるいは人間生活によっても石油や天然ガスは地殻表面に達する.燃焼に用いられない石油や天然ガスは生物分解を受けて CO_2 を発生することもあり,これで図 B14・3 の炭素サイクルは完成する.生分解は好気生物によって行われ,ほとんど例外なく鉄を含む酵素が利用される.

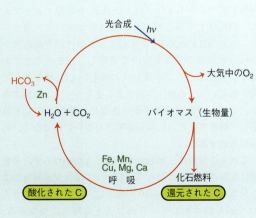

図 B14・2 炭素サイクルのおもな元素

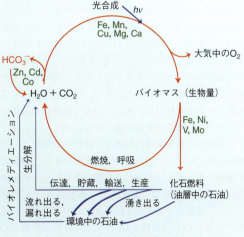

図 B14・3 修正された炭素サイクル

CO$_2$ を解放してから加圧液化して地下に送液する．多くの場合は，ガスや石油の井戸に戻して，それらを押し出すことでさらなる採掘に利用する．この技術は現状では非常に高価で，大規模採掘場では実用に移されていない．

CO$_2$ のおもな化学的性質は図 14・11 に要約してある．経済的な観点から重要な反応は，CO$_2$ とアンモニアとから炭酸アンモニウム (NH$_4$)$_2$CO$_3$ ができる反応で，この物質は温度を上げると，尿素 CO(NH$_2$)$_2$ に直接変化する．尿素は有用な肥料，家畜の飼料添加物，そして化学中間体である．CO$_2$ を利用するもう一つの重要な産業は，清涼飲料業界である．CO$_2$ を加圧下で溶解させることで，心地よい酸味のある炭酸 H$_2$CO$_3$ を生じ，圧力が取除かれると，泡として溶液から出てくる．有機化学では，CO$_2$ とカルボアニオンを反応させ，カルボン酸を生じる反応がよく知られている．還元的ペントースリン酸回路 (reductive pentose phosphate cycle, カルビン回路) として知られるきわめて重要な生物学的過程では，"ルビスコ"として知られる酵素中の Mg^{2+} イオンに配位した五炭糖エノラート配位子中の電子過多の C=C 二重結合と反応して，(1 年間に 100 Gt もの量の) CO$_2$ が有機分子中に"固定"される (§26・9)．

CO$_2$ の金属錯体 (**12**) は知られてはいるがまれで，金属

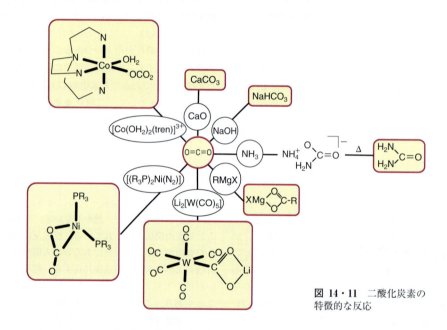

図 14・11 二酸化炭素の特徴的な反応

BOX 14・5 大気中の CO$_2$ レベルを低下させる

産業革命以来の化石燃料使用量の増大は，大気中の CO$_2$ のレベルを引き上げ，温室効果による気候変動に寄与している．大気中の CO$_2$ の増加を最小レベルに抑える方法を見いだすことは，21 世紀における最も重要な挑戦の一つである．エネルギーをより効率的に使用することや使用量を抑制することで，炭素を基盤とする化石燃料への依存は減少できる．一方，核燃料や再生可能エネルギーなどの低炭素燃料の利用は増大している．

大気中の二酸化炭素の制御は二酸化炭素隔離よっても進められている．この方法では，大気中から二酸化炭素を取除くとともに，地下への長期保存を行う．大気中の CO$_2$ のおもな起源は，発電所による石炭やガスの燃焼である．典型的な新型の 1 GW クラスの石炭火力発電所の排出する CO$_2$ は年間 6 Mt に及ぶ．排気ガスから CO$_2$ を捕集する大気浄化装置を追加するだけで，放出は大幅に抑制できる．一つの方法は，各種のアミンの水溶液を利用してガスから CO$_2$ (および H$_2$S) を取除くことである．CO$_2$ はアミンと反応して固体のカルバミン酸アンモニウム NH$_2$COONH$_4$ を生じる．この方法の問題の一つは，水溶液がガス気流中で蒸発してしまうことである．しかしながら，不揮発性の新しい CO$_2$ 捕集剤が開発されている．その一つがアミンをもつイオン液体である．これらの低温溶融イオン性塩は可逆的に CO$_2$ と反応し，機能させるのに水を必要としないだけでなく，再利用可能である．

これらの技術は，知られているにもかかわらず，発電所に実装されるには至っていない．二酸化炭素隔離により発電所の出力は 25〜40% 低下し，専用の施設でさえ 20〜90% のエネルギー算出コストの増大につながる．既存の発電所ではより大きなコスト増となる．

カルボニルに比べると重要性がはるかに低い。酸化状態が低く電子過剰な金属中心との相互作用においては、中性のCO_2分子がルイス酸として働き、結合を支配するのは金属原子からCO_2の反結合性π軌道への電子対供与である。これはアルケンと電子過剰金属との反応と同様である（§22・9）。

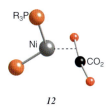

12

超臨界流体CO_2（臨界温度より上で高度に圧縮された二酸化炭素、§4・13）は溶媒としての重要な用途がある。その応用は、コーヒー豆からのカフェイン除去から、"環境にやさしい化学"戦略の要件を満たす溶媒として、従来型の溶媒の代替として用いるものまである。

一酸化炭素および二酸化炭素の硫黄類似体であるCSおよびCS_2が知られている。前者は不安定な短寿命の分子で、後者は生成に際してエネルギーを吸収する（$\Delta_f G^{\ominus} = +65 \text{ kJ mol}^{-1}$）。CSの錯体（*13*）および$CS_2$の錯体（*14*）がいくつか存在していて、それらの構造はCOやCO_2がつくる錯体に似ている。CS_2は塩基性水溶液中で加水分解して炭酸イオンCO_3^{2-}とトリチオ炭酸イオンCS_3^{2-}との混合物を生ずる。

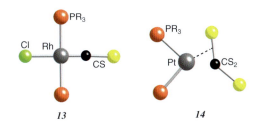

13　　　　*14*

例題 14・3　一酸化炭素の反応を利用する合成を提案する

^{13}COは^{13}Cで標識した多くの化合物をつくるときの出発物質である。これを用いて$CH_3{}^{13}CO_2^-$を合成する方法を提案せよ。

解　$LiCH_3$のような強い求核試薬はCO_2を容易に攻撃して酢酸イオンを生ずることに着目する。そこで、^{13}COを$^{13}CO_2$に酸化し、つぎにそれを$LiCH_3$と反応させるのが適当な方法と思われる。この第一段階では固体のMnO_2のような強酸化剤を用いることができ、直接酸化の場合のように過剰のO_2を使わずにすむ。

$$^{13}CO(g) + 2 MnO_2(s) \xrightarrow{\Delta} {}^{13}CO_2(g) + Mn_2O_3(s)$$
$$4\,{}^{13}CO_2(g) + Li_4(CH_3)_4(et) \longrightarrow 4\,Li[CH_3{}^{13}CO_2](et)$$

ここでetはエーテル溶液を表す（他の方法は$[Rh^I_2(CO)_2]^-$と^{13}COとの反応である。この反応の基礎は第25章で議論する）。

問題 14・3　^{13}COから出発して$D^{13}CO_2^-$を合成する方法を提案せよ。

14・10　ケイ素と酸素の単純な化合物

要点　シリカ、多数の金属ケイ酸塩鉱物、およびシリコーンポリマーにはSi—O—Si結合が存在する。

Si原子が中心でO原子が頂点にあるような四面体でSiO_4構造単位を表すと、複雑なケイ酸塩構造を理解しやすいことが多い。この場合、原子を省略してSiO_4単位を簡単な四面体として描くことが多い。末端にある各O原子はSiO_4構造単位の電荷に対して-1の寄与をするが、共有されている各O原子の寄与は0である。したがって、オルトケイ酸イオン（*1*）は$[SiO_4]^{4-}$、二ケイ酸イオン（*2*）は$[O_3SiOSiO_3]^{6-}$、またシリカ（二酸化ケイ素）のSiO_2単位はO原子がすべて共有されているから全体として電荷をもたない。

電荷収支に関する上記の原則を念頭におくと、SiO_4単位が無限につながった一重の鎖または環で、各Si原子につき2個の共有O原子があるものは、$[(SiO_3)^{2-}]_n$の化学式と電荷とをもっていることは明らかであろう。このような環状メタケイ酸イオンを含む化合物の一例は$[Si_6O_{18}]^{12-}$イオン（*15*）をもつベリル（beryl、緑柱石）$Be_3Al_2Si_6O_{18}$である。ベリルはベリリウムのおもな原料である。宝石のエメラルドはAl^{3+}が部分的にCr^{3+}イオンで置換されているベリルである。ヒスイ（硬玉）として販売されている2種類の鉱石の一つであるヒスイ輝石（jadeite）$NaAl(SiO_3)_2$中には鎖状メタケイ酸塩（*16*）が存在する。この鉱石の緑色はごく少量の鉄の不純物による。このほかの立体配置をもつ一重鎖のものもある。それに加えて二重鎖のケイ酸塩があって、その中には商業的に石綿（アスベスト）として知られている一群の鉱物がある（BOX 14・6）。

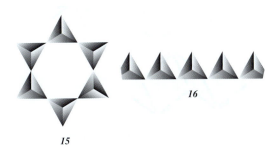

15　　　　*16*

BOX 14・6 石綿(アスベスト)

石綿(アスベスト,生石灰との対比でギリシャ語の"消せない"に由来する)は,自然界に存在する6種類の繊維状の鉱物に適用される一般的な術語である.このうち実際に商品化されているのは3種類である.白石綿すなわちクリソタイルは $Mg_3Si_2O_5(OH)_4$ の組成式をもち,層状ケイ酸塩構造である.顕微鏡で観察すると繊維がもつれ合って塊状になっていることがわかる.茶石綿(アモサイト)と青石綿(クロシドライト)は角閃石の一種である.角閃石は二重鎖構造のケイ酸塩であり,顕微鏡で見ると個々が針状結晶として観察される.

繊維状の石綿は工業あるいは家庭での応用の観点から非常に魅力的な性質をもっている.この性質とは,熱的安定性,耐熱性,生分解を受けない特性,多くの化学物質の攻撃に対する耐性,低い電気伝導率である.石綿はその熱的性質やマトリックス(母材)を強化する性質のために最もよく利用されている.記録に残る石綿の最初の利用は紀元前2000年のフィンランドで,陶器の強化のために用いられた.Marco Polo は繊維状の石綿を防火用の材料として用いた.産業革命によって石綿の需要は増え,1900年までには石綿強化セメント薄板が建造物への使用を目的として大量に生産され始めた.20世紀に入っても1960年代までは世界的に生産量が増え続けたが,石綿の曝露による健康障害が問題化し,使用の制限あるいは禁止に至った.石綿の健康障害は呼吸器疾患であり,細長い繊維を吸引することで発生する.石綿は,高濃度で長期間の曝露で発生する肺線維症である石綿肺(アスベスト症),石綿肺に関係することが多い肺がん,胸腔や腹腔の内面にできるまれながんである悪性中皮腫の原因である.それぞれの石綿が健康に及ぼす影響は同じではない.最も有害な石綿は針状の角閃石である.

今日でもまだ,セメントや有機物質の樹脂のようなマトリックス中に固定された状態では石綿が使用されている.石綿の代替材料としては熱絶縁性を利用するための応用ではガラス繊維やバーミキュライト(蛭石)が用いられる.繊維強化セメントへの応用ではセルロース繊維やポリプロピレンのような合成繊維が使われてきている.

実例 環状ケイ酸イオン $[Si_3O_9]^{n-}$ は,Si と O 原子が交互に並んだ六員環と,Si 一つにつき二つずつ合計六つの末端 O 原子から成る.それぞれの末端 O 原子は -1 の電荷をもつので,全体で -6 の電荷となる.別の視点で述べると,ケイ素と酸素の典型的な酸化数は IV と $-II$ なので,全体で -6 の電荷のアニオンとなる.

ケイ酸塩ガラスの物理的性質は,その組成によって著しく変化する.たとえば,溶融石英(無定形 SiO_2)は約 1600 ℃,ホウケイ酸塩ガラス(この物質には酸化ホウ素が含まれている,§13・8)は約 800 ℃で軟化するが,ソーダ石灰ガラスはさらに低い温度で軟化する.ケイ酸塩ガラス中では Si-O-Si のつながりが骨格をつくって強度に寄与していることを考えれば,軟化点の変化を理解することができる.ソーダ石灰ガラスの場合のように Na_2O や CaO のような塩基性酸化物が組込まれると,それらは SiO_2 溶融物と反応して Si-O-Si のつながりを末端 SiO 基に変化させるので,軟化温度が低くなるのである.シリコーンポリマーの -Si-O-Si- 構造は,まったく異なる一連の性質を示す.これについては本章で後述する.

14・11 ゲルマニウム,スズ,鉛の酸化物

要点 Ge から Pb へと族を下方に行くほど +2 の酸化状態の安定性は増す.

ゲルマニウム(II)酸化物 GeO は還元剤であり,容易に Ge と GeO_2 に不均化する.ゲルマニウム(IV)酸化物 GeO_2 は,四面体形四配位の GeO_4 単位でできている.GeO_2 はルチル型構造に似た六配位の結晶としても存在し,ガラス状態では溶融シリカに類似している.ケイ酸塩やアルミノケイ酸塩に類似したゲルマニウムの化合物も知られている(§14・15).

黒色の多形では Sn^{II} イオンは四配位であるが(図 14・12),Sn^{II} の周りの O^{2-} イオンは Sn^{II} の片方の側に正方形を形成し,Sn の孤立電子対がこの正方形の逆方向に向いている.この構造は,立体化学に影響を及ぼす孤立電子対が金属原子上に存在することに基づき合理的に説明でき,

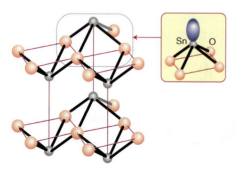

図 14・12 黒色多形の SnO の構造.SnO_4 単位の四方錐の底面は平行な層をなす.

アニオンの層が一つおきに失われている蛍石型構造(§3・9)として記述することもできる．赤色の SnO は同じような構造をもち，熱，圧力，アルカリによる処理で黒色型に変換できる．

空気のない状態で加熱すると，SnO は Sn と SnO_2 に不均化する．SnO_2 は天然には鉱物のスズ石として存在し，ルチル型構造(§3・9)をもつ．ガラスやうわぐすり(釉)に溶けにくいので，乳白剤や顔料の担体としてセラミックのうわぐすりを不透明にするために大量に用いられる．

鉛の酸化物は構造学的にきわめて興味深い．赤色のPbO は黒色の SnO と同じ構造をもち，立体化学に影響する孤立電子対が存在する(図 14・12)．鉛はまた，混合原子価の酸化物を生成する．最もよく知られているものは"鉛丹"Pb_3O_4 で，八面体位置の Pb^{IV} と不規則な六配位位置の Pb^{II} を含んでいる．PbO 距離の短い原子が Pb^{IV} であるとして，これら二つの位置の鉛に異なった酸化数を当てはめることができる．えび茶色の酸化鉛(IV)PbO_2 はルチル型構造の結晶である．不活性電子対効果のためにより安定な Pb^{II} へ還元しようとするために，PbO_2 は酸化性である．この酸化物は鉛蓄電池の正極の成分である(BOX 14・7)．

14・12 窒素との化合物

要点 シアン化物イオン CN^- は多くの d 金属イオンと錯体をつくる．CN^- は，シトクロム c オキシダーゼのような酵素の活性部位に配位するので，きわめて有毒である．

シアン化水素 HCN は，メタンとアンモニアとを高温で触媒を使って結合させると大量につくられる．この物質は，ポリメタクリル酸メチルやポリアクリロニトリルのような広く使われているポリマーの合成における中間体として用いられる．また，きわめて揮発性で(沸点 26 ℃)，CN^- イオンのように猛毒である．CN^- と CO 分子とは等電子的なので，この両者は鉄ポルフィリン分子と錯体をつくる．それゆえ，CN^- の毒性は，いくつかの点で，CO の毒性に似ている．しかし，CO はヘモグロビン中の Fe に結合して酸素欠乏を起こすのに対して，CN^- の標的はシトクロム c オキシダーゼ(ミトコンドリア中に存在する酵素で，酸素を水に還元する)の活性部位で，エネルギーの生成を妨害して速やかに大打撃を与える．

負に荷電した CN^- イオンは中性配位子の CO と違って強いブレンステッド塩基($pK_a = 9.4$)で，はるかに弱いルイス酸 π 受容体である．CO 配位子は，π 系を通して電子密度を取除くので，酸化数 0 の金属と配位結合を形成する．しかしながら，CN^- イオンは主として正の酸化状態の金属イオンと配位化合物をつくる．たとえば，ヘキサシアニド鉄(II)酸錯体 $[Fe(CN)_6]^{4-}$ 中における Fe^{2+} との結合がその例である．

有毒で可燃性の気体であるシアノゲン $(CN)_2$ (**17**) は，ハロゲンに類似していることから**プソイドハロゲン**(擬ハロゲン，pseudohalogen)とよばれている．これは分解して・CN ラジカルを生じ，FCN，ClCN のようなプソイドハロゲン間化合物を生成する．同様に，CN^- は**プソイドハロゲン化物イオン**(pseudohalide ion)の一つである(§17・7)．

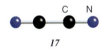

17

Si と N_2 とを高温で直接反応させると窒化ケイ素 Si_3N_4 が生成する．この物質はきわめて硬く，不活性で，高温セ

BOX 14・7 鉛蓄電池

鉛蓄電池の化学は注目に値する．鉛蓄電池は最も成功した二次電池であるだけでなく，電池の作用における速度論と熱力学の役割を示してくれるからである．

完全に充電した状態では正極の活物質(電気活性物質)は PbO_2 で，負極では金属鉛である．電解質は希硫酸である．この組合わせの特徴の一つは，両極での鉛を含む反応物と生成物が不溶であることである．電池から電流が流れるとき，正極では PbO_2 中の Pb^{IV} が Pb^{II} に還元され，Pb^{II} は硫酸の存在下で不溶性の $PbSO_4$ として電極に析出する．負極では鉛が Pb^{II} に変換され，Pb^{II} はやはり硫酸塩として析出する．全反応は下式のようになる．

電位差は約 2 V で，水溶液を電解質とした電池ではきわめて高い．この値は水の O_2 への酸化に必要な電位 1.23 V をはるかに超えている．鉛蓄電池の優れている点は，PbO_2 電極上での H_2O の酸化と鉛電極上での H_2O の還元に対する過電圧が高い(すなわち，これらの反応速度が遅い)ところである．

正 極： $PbO_2(s) + HSO_4^-(aq) + 3 H^+(aq) + 2 e^- \longrightarrow PbSO_4(s) + 2 H_2O(l)$
負 極： $Pb(s) + SO_4^{2-}(aq) \longrightarrow PbSO_4(s) + 2 e^-$

全反応： $PbO_2(s) + 2 HSO_4^-(aq) + 2 H^+(aq) + Pb(s) \longrightarrow 2 PbSO_4(s) + 2 H_2O(l)$

ラミック材料に利用される．現在の工業研究プロジェクトでは，繊維状やその他の形の窒化ケイ素を熱分解で生成しうるような有機ケイ素–窒素化合物の利用に重点がおかれている．トリメチルアミンのケイ素類似体であるトリシリルアミン (H_3Si)$_3$N はルイス塩基性度がきわめて低い．この物質の構造は平面形か，または流動構造（二つ以上の等価な構造間のエネルギー障壁が低く，互いに速やかに変換する構造）である．結合に d 軌道が寄与し，窒素の周りには sp^2 混成軌道ができて孤立電子対が π 結合を通じて非局在化するので，低い塩基性度と平面構造が生じると考えられてきた．しかし，最近の量子力学的な計算では，d 軌道が非局在化に寄与するものの，このために平面構造になるわけではないことが明らかとなっている．Si の電気陰性度は C より小さいので，Si–N 結合は C–N 結合より極性が大きい．この差のためトリシリルアミン中のシリル基間には反発的な長距離力（静電力）が働き，平面構造をもたらす．

14・13 炭化物

炭素と金属および炭素と半金属（メタロイド）との二元系化合物である多数の**炭化物**（carbide）は，つぎの三つの主要な種類に分類すると都合がよい．

- **塩類似炭化物**（saline carbide）は多くがイオン固体である．これらの化合物は1族や2族の元素およびアルミニウムからつくられる．
- **金属類似炭化物**（metallic carbide）は金属伝導性で金属光沢をもっている．これらの化合物は d-ブロックおよび f-ブロック元素からつくられる．
- **半金属類似炭化物**（metalloid carbide）は硬い共有結合性の固体で，ホウ素およびケイ素からつくられる．

これらの異なる種類の化合物が周期表中でどのように分布しているかを図 14・13 にまとめてある．この図中には炭素と電気陰性元素との分子状二元系化合物も入れてあるが，それらは通常は炭化物とみなされないものである．この分類は，化学的および物理的性質を関連づけるのにたいそう役立つ．しかし，（無機化学ではしばしばそうであるように）それぞれの種類の間の境界は明確でないことがある．

(a) 塩類似炭化物

要点 電気的にきわめて陽性な金属の金属–炭素化合物は塩類似である．非金属の炭化物は機械的に硬く，半導体である．

1族および2族の金属の塩類似炭化物はつぎの3種類に分けることができる．すなわち，KC_8 のような**グラファイト層間化合物**（graphite intercalation compound），C_2^{2-} アニオンを含む**二炭化物**（dicarbide）（別名"アセチリド"），および形式的に C^{4-} アニオンを含む**メチド**（methide）である．

グラファイト層間化合物は1族の金属でつくられる（§11・12）．これらの化合物は酸化還元過程，特にアルカリ金属の蒸気または金属–アンモニア溶液とグラファイトとの反応によって生成する．たとえば，封管中 300 °C でグラファイトとカリウム蒸気とを接触させると KC_8 が生成する．この物質中のアルカリ金属イオンはグラファイトの層の間に規則正しく配列している（図 14・14）．KC_8 や KC_{16} のように金属と炭素との比が異なる一連のアルカリ金属–グラファイト層間化合物を合成することができる．

二炭化物は1族，2族（§12・9），ランタノイドを含む電気的に陽性な広範囲の金属から生成する．ある種の二炭化物では C_2^{2-} イオンの C–C 距離がきわめて短い（たとえば CaC_2 中では 119 pm）．このことは，C_2^{2-} が [C≡N]$^-$ や N≡N と等電子的な三重結合イオン [C≡C]$^{2-}$ であることと合致している．ある種の二炭化物は塩化ナトリウム型に似た構造をもっているが，球状の Cl^- が亜鈴型の [C≡C]$^{2-}$ に置き換わることで，結晶が一つの軸方向に伸びる結果，正方晶対称になる（図 14・15）．ランタノイドの二

図 14・13 周期表中における炭化物の分布．炭素の分子化合物は炭化物ではないが，表を完成させるために表中に入れてある．

凡例: イオン性（塩類似），金属類似，半金属類似，分子状，不明．

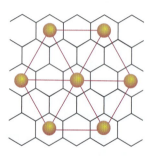

図 14・14 グラファイトの層間化合物である KC_8 では，層間に K 原子が対称的な配列で並ぶ（図 14・4 に層に平行な方向から見た図をあげてある）．

炭化物ではC–C結合の長さが相当に長く,この場合の構造が単純な三重結合ではうまく表せないことを示している.

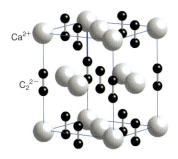

図 14・15* 炭化カルシウム型構造.この構造は,塩化ナトリウム型構造に似ていることに注目せよ.C_2^{2-}は球状ではないので,単位格子が一つの軸方向に伸びている.したがって,この結晶は立方晶というよりは正方晶である.

例題 14・4 二炭化物の結合次数を予想する

分子軌道法を用いてC_2^{2-}アニオンの結合次数を予想せよ.

解 図2・18に示した分子軌道エネルギー準位図を用いて,10電子を配置する.この操作により,$1\sigma_g^2 1\sigma_u^2 1\pi_u^4 2\sigma_g^2$配置であることがわかる.結合次数$b$は,$\frac{1}{2}(n-n^*) = \frac{1}{2}(8-2) = 3$である.

問題 14・4 C_2^{2-}をC_2^{-}に酸化したら,結合距離と結合強度はどうなるか予想せよ.

メチドあるいはメタニドとして知られているBe_2CやAl_4C_3のような炭化物は塩類似炭化物と半金属類似炭化物との中間のもので,このアニオンがC^{4-}のように見えるのは単に形式上のことである.メチドの結晶構造は,球状のイオンが単純に詰め込まれたときに予想されるようなものではない.この事実は,炭化物中には,純粋なイオン結合に予測されるような方向性のない結合とは違って,C原子に対して方向性をもった結合があることを示している.

1族および2族の塩類似炭化物およびアセチリドの主要な合成経路はきわめてわかりやすい.

高温における単体の直接反応:

$$Ca(g) + 2C(s) \xrightarrow{>2000\,°C} CaC_2(s)$$

直接反応のもう一つの例は,グラファイト層間化合物の生成であるが,それははるかに低い温度で行われる.インターカレーションの方が容易に進行するのは,グラファイト層の間にイオンが滑り込むときにC–C共有結合は壊れないからである.

高温における金属酸化物と炭素との反応:

$$CaO(s) + 3C(s) \xrightarrow{2000\,°C} CaC_2(l) + CO(g)$$

この方法で粗製の炭化カルシウムがアーク電気炉中で生成する.ここで炭素は酸素を除去する還元剤と炭化物をつくる炭素源との両方の役割を果たす.

金属–アンモニア溶液とエチン(アセチレン)との反応:

$$2Na(am) + C_2H_2(g) \longrightarrow Na_2C_2(s) + H_2(g)$$

amはアンモニア溶液を表す.この反応は穏やかな条件下で,出発物質のエチンの炭素–炭素結合をそのままにして進行する.エチン分子はきわめて弱いブレンステッド酸であるから($pK_a = 25$),この反応は非常に活性な金属と弱酸(酸化剤H^+をもつ)とからH_2と金属の二炭化物とができる酸化還元反応とみなすことができる.

塩類似炭化物とメチドでは炭素上の電子密度が高いので,それらは酸化およびプロトン化を受けやすい.たとえば,二炭化カルシウムは弱い酸である水と反応してエチンを生ずる.

$$CaC_2(s) + 2H_2O(l) \longrightarrow Ca(OH)_2(s) + HC\equiv CH(g)$$

この反応は,ブレンステッド酸(H_2O)から弱い酸($HC\equiv CH$)の共役塩基(C_2^{2-})へのプロトン移動反応であると考えれば容易に理解できる.二炭化カルシウムが産出する地方では,石油から生産するよりも安く簡便なので,この反応はエチレンの工業的生産法の基礎となる.同様に,ベリリウムメチドを加水分解すると,メタンが生じる.

$$Be_2C(s) + 4H_2O(l) \longrightarrow Be(OH)_2(s) + CH_4(g)$$

グラファイト層間化合物KC_8を制御された条件の下で加水分解または酸化すると,グラファイトが再生し,金属の水酸化物または酸化物が生成する.

$$2KC_8(s) + 2H_2O(g) \longrightarrow$$
$$16C(グラファイト) + 2KOH(s) + H_2(g)$$

(b) 金属類似炭化物

要点 d金属の炭化物は,金属原子が八面体形に炭素原子を取囲んでいる硬い物質のことが多い.

金属類似炭化物の大部分はd金属でつくられる.たとえばCo_6Mo_6CやFe_3Mo_3Cである.金属類似炭化物は,金属の八面体間隙中にC原子が侵入した形の構造をもつことが多いので,**侵入型炭化物** (interstitial carbide)とよばれることがある.実際,金属と金属炭化物の構造は違うことが多い.たとえば,金属タングステンは体心構造であるのに対して,炭化タングステン(WC)は六方最密構造である."侵入型炭化物"という名称は,金属類似炭化物がまっとうな化合物ではないという間違った印象を与え

る．実際には，金属類似炭化物の硬度やその他の性質は，強い金属-炭素結合があることを示している．この種の炭化物のいくつかは経済的に有用な物質である．たとえば，炭化タングステンは，切断機やダイヤモンドをつくるのに用いるような高圧装置に利用される．また，セメンタイト（鉄の炭化物で組成 Fe_3C）は鋼鉄や鋳鉄の主成分である．

組成が MC の金属類似炭化物は金属原子の fcc または hcp 配列をもっていて，C 原子が八面体間隙の中に入っている．fcc 配列の場合には塩化ナトリウム型構造になる．組成が M_2C の炭化物中の C 原子は，金属原子でつくられた最密構造の八面体間隙の半数だけを占有している．八面体間隙中の C 原子は，6 個の金属原子に囲まれている．したがって，形式的には **超配位状態**（hypercoordinate）である（すなわち，異常に高い配位数である）が，この結合は，炭素の 2s および 2p 軌道と，それを取囲んでいる金属原子の d 軌道（およびおそらくその他の原子価軌道）とからつくられる非局在分子軌道で表すことができる．

最密構造の八面体間隙中に C 原子が存在する簡単な化合物は $r_C/r_M < 0.59$ の場合に生成することが経験的にわかっている．ここで，r_C は C の共有結合半径，r_M は M の金属結合半径である．この関係は窒素や酸素を含む金属化合物でも成立する．

(c) 半金属類似炭化物

要点 ホウ素とケイ素は非常に硬い B_4C や Si_2C を形成する．

ケイ素やホウ素は半金属類似炭化物を形成する．炭化ホウ素はきわめて硬いセラミック材料で，戦車，防弾チョッキ，あるいは切断具や耐摩耗性皮膜などの工業用とで利用される．核反応容器では中性子線吸収材として利用される．炭化ホウ素は B_2O_3 を電気炉中で炭素共存下で還元することで合成される．

$$2\,B_2O_3(s) + 7\,C(s) \longrightarrow B_4C(s) + 6\,CO(g)$$

化学式は通常 B_4C とされるが，その構造は複雑で化合物は炭素を欠損している．より現実に即した表記は $B_{12}C_3$ であり，電子欠損は $B_{12}C_2$ 構造の存在により説明される．化合物のこの表記の正当性は，構造を考慮すると明らかである．炭化ホウ素は，正二十面体構造の B_{12} が C-B-C 架橋により囲まれて菱面体晶配置している（図 14・16）．SiO_2 を炭素と一緒に加熱すると，CO を放出して，炭化ケイ素 SiC が生成する．この非常に硬い材料は，<u>カーボランダム</u>（carborundum）研磨剤として広く利用されている．SiC の粒は高温処理により互いに結合し，車のブレーキやクラッチ，防弾チョッキに利用されるような硬いセラミックスを形成する．炭化ケイ素は，発光ダイオードや高温高電圧半導体として電子的な用途にも利用されている．炭化ケイ素は 200 以上の異なる結晶系として存在する．最も一般的な多形は α-SiC で，六方晶系ウルツ鉱型構造（図 3・35）であり，1700 ℃ 以上で合成される．β-SiC は 1700 ℃ 以下で合成され，立方晶系閃亜鉛鉱型構造（図 3・6）であり，表面積が大きいため不均一触媒の担体としての利用が期待されている．

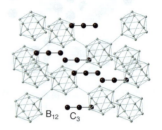

図 14・16 正二十面体 B_{12} を含む炭化ホウ素の構造

14・14 ケイ化物

要点 ケイ素-金属化合物（ケイ化物）には，遊離の Si，Si_4 の四面体単位，または Si 原子の六角形の網目をもつものがある．

ケイ素は，その隣のホウ素や炭素と同様に，金属と広範囲の二元系化合物をつくる．それらの**ケイ化物**（silicide）の中には遊離の Si 原子を含んでいるものもある．たとえば，鋼鉄の製造で重要な役割を演ずるフェロシリコン Fe_3Si は，Fe 原子の面心立方格子（fcc）の一部を Si で置換したものとみなすことができる．K_4Si_4 のような化合物は，P_4 と等電子的な遊離の四面体クラスターアニオン $[Si_4]^{4-}$ を含んでいる．f-ブロック元素の多くは化学式が MSi_2 の化合物をつくるが，それらは図 13・7 に示すような AlB_2 構造の六角形の層をもっている．

14・15 無限構造のケイ素-酸素化合物

ケイ素は酸素と単純な二元系化合物をつくるばかりではなく，無限網目骨格をもつ多種類の固体を生成する．このような化合物は工業的にも多方面で応用される．アルミノケイ酸塩は粘土，鉱物，岩石として自然界に存在する．アルミノケイ酸塩の一つであるゼオライトは，モレキュラーシーブ（分子ふるい），触媒，触媒担体として広く利用されている．これらの化合物は，第 24 章と第 25 章でより詳しく議論する．

(a) アルミノケイ酸塩

要点 ケイ酸塩骨格中のケイ素をアルミニウムで置換してアルミノケイ酸塩を生成することができる．もろい層状アルミノケイ酸塩は，粘土やいくつかの一般的な鉱物の主要成分である．

Si 原子の一部を Al 原子で置換すると，ケイ酸塩そのものに比べて構造がさらに多様なものになる可能性が出てくる．鉱物の世界が多様性に富んでいるのは主として，このようにしてできたアルミノケイ酸塩のためである．すでに見てきたように，γ-アルミナ中では八面体間隙と四面体間隙との両方の中に Al^{3+} イオンが存在する（§3・3）．アルミニウムのこのような多様性はアルミノケイ酸塩でも見られる．すなわち，Al は四面体位置の Si を置換したり，ケイ酸塩の骨組みの外側の八面体環境に入り込んだり，また，もっとまれではあるが，それ以外の配位数をとったりする可能性がある．アルミニウムの状態は Al^{III} であるので，アルミノケイ酸塩中で Si^{IV} の代わりに Al^{III} が存在すると全電荷が1単位だけ負になる．したがって，Si 原子1個を Al 原子1個で置換するごとに H^+，Na^+，$\frac{1}{2}Ca^{2+}$ のようなカチオンを付加する必要がある．これから見ていくように，これらの付け加えたカチオンはアルミノケイ酸塩の性質に著しい影響を及ぼす．

Li, Mg, Fe のような金属を含む各種の層状アルミノケイ酸塩は，重要な鉱物の多くをつくっており，それらの中には粘土，タルク（滑石），種々の雲母などがある．ある種の層状アルミノケイ酸塩では，繰返し単位が図 14・17 に示す構造のケイ酸塩層になっている．この型の簡単な（簡単というのは，付加的な元素が含まれていないという意味である）アルミノケイ酸塩の例はカオリナイト $Al_2(OH)_4Si_2O_5$ という鉱物で，これは実用的には陶土（china clay）として用いられる．これらの電気的に中性の層同士は，どちらかといえば弱い水素結合で重なっているので，この種の鉱物は劈開しやすく，層間に水を取込みやすい．

もっと大きなグループをつくっているアルミノケイ酸塩の中には，Al^{3+} イオンがケイ酸塩の層の間にサンドイッチされているもの（図 14・18）がある．このような鉱物の一つにパイロフィライト（葉ロウ石）(pyrophyllite) $Al_2(OH)_2Si_4O_{10}$ がある．八面体位置の二つの Al^{3+} イオンを3個の

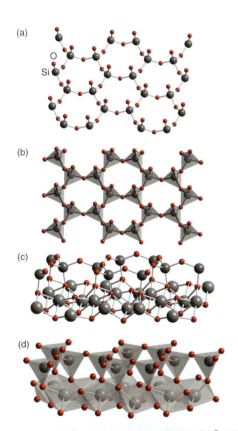

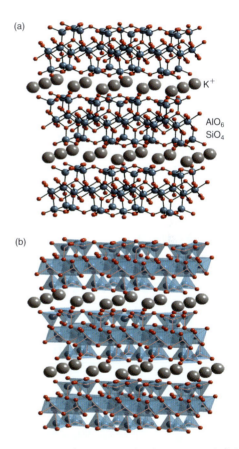

図 14・17 (a)* SiO_4 四面体の網目構造と (b)* 四面体を用いた表示．(c)* 上記の網目構造との側面図と (d)* 多面体を用いた表示．(c)と(d)の構造は M が Mg の白石綿（クリソタイル）重層に対するものである．M が Al^{3+} で底層の各アニオンが OH^- 基で置換されているものは，1:1粘土鉱物のカオリナイトの構造に近い．

図 14・18 (a)*白雲母 $KAl_2(OH)_2Si_3AlO_{10}$ のような 2:1粘土鉱物の構造．この場合には荷電した層の間（交換可能なカチオンの位置）に K^+ が，配位数4の位置に Si^{4+} が，配位数6の位置に Al^{3+} が存在する．(b)* 多面体を用いた表現．タルクでは八面体位置に Mg^{2+} があって，頂点および底面上の O 原子は OH 基で置換されている．

表14・6 ゼオライトの用途

機能	応用
イオン交換	洗剤中の水の軟化用
分子の吸着	気体の選択的分離 ガスクロマトグラフィー
固体酸	モル質量の高い炭化水素を分解して燃料や石油化学中間体用にする 芳香族化合物を分子形状選択的にアルキル化，異性化して石油化学中間体やポリマー中間体用にする

Mg^{2+}イオンで置換するとタルク $Mg_3(OH)_2Si_4O_{10}$ が得られる．タルク（やパイロフィライト）中での繰返し層は電気的に中性であり，その結果，タルクは層と層との間で劈開しやすい．白雲母 $KAl_2(OH)_2Si_3AlO_{10}$ の構造はパイロフィライト中の Si^{IV} 原子一つを1個の Al^{III} 原子で置換したものなので，白雲母の層は電荷をもっている．その結果生ずる負電荷は繰返し層間に存在する K^+ イオンによって打ち消されている．この静電的な引力のために白雲母はタルクのように軟らかくはない．

三次元のアルミノケイ酸塩骨格に基づいた鉱物がたくさんある．たとえば，岩を形作っている鉱物の最も重要な種類に属する長石類（花コウ岩の成分でもある）はこの種のものである．長石のアルミノケイ酸塩骨格は SiO_4 または AlO_4 四面体のすべての頂点を共有してできている．この三次元網目構造中の空隙には K^+ や Ba^{2+} のようなイオンが入っている．正長石（orthoclase）$KAlSi_3O_8$ および曹長石（albite）$NaAlSi_3O_8$ はその二つの例である．

(b) ミクロ多孔性固体

要点 ゼオライトアルミノケイ酸塩の構造中には大きく開いたケージやチャネル（通路）がある．その結果，イオン交換や分子吸着のような有用な性質が発現する．

モレキュラーシーブ（分子ふるい）は，分子程度の大きさの孔が空いている開放構造をもったアルミノケイ酸塩結晶である．構造決定への挑戦，想像力に富んだ合成化学，および重要な実用的応用が結集された結果，ゼオライトのように内部にカチオン（一般には1，2族）を捕集できるアルミノケイ酸塩骨格から成る"ミクロ細孔"物質が合成され，そしてその性質が明らかになってきた．固体化学の大きな勝利の表れであるといえる．ケージの構造は結晶構造で決まるので，きわめて規則的で，また大きさは厳密に決まっている．その結果，モレキュラーシーブはシリカゲルや活性炭のような高表面積固体よりも高い選択性で分子を捕捉する．シリカゲルや活性炭では，モレキュラーシーブと違って，小さな粒子間の不規則なすき間に分子が捕らえられる．

ゼオライトは，形状による分子の選択性の不均一触媒としても用いられる．たとえば，ガソリンのオクタン価を高めるのに使う1,2-ジメチルベンゼン（o-キシレン）の合成には ZSM-5 型ゼオライトが用いられる．このゼオライトのケージやチャネルの形と大きさとで触媒過程が制御されるので，o-キシレン以外のキシレン類は生成しない．これらおよび他の応用は表14・6にまとめてあるが，さらに第24章と第25章で論ずることにする．

多くの天然ゼオライトに加えて，ケージの大きさやケージ内部の化学的性質が特定されているようなものが合成されている．これらの合成ゼオライトは大気圧下でつくられることもあるが，高圧オートクレーブ中でつくられることの方が多い．合成ゼオライトの開いた構造は，反応混合物中に加えておいた水和カチオンまたは NR_4^+ のように大きなカチオンの周りにできると思われる．たとえば，オートクレーブ中でコロイド状シリカをテトラプロピルアンモニウム水酸化物水溶液とともに100℃から200℃の間に加熱すると，おもに $[N(C_3H_7)_4]OH(SiO_2)_{48}$ の組成をもつ微結晶生成物ができる．これを空気中500℃で処理すると第四級アンモニウムカチオンのC, H, Nが燃えてゼオライ

表14・7 モレキュラーシーブの組成と性質

モレキュラーシーブ	組成	隘路の直径/pm	化学的性質
A	$Na_{12}[(AlO_2)_{12}(SiO_2)_{12}]\cdot xH_2O$	400	小さな分子を吸着する；イオン交換体，親水性
X	$Na_{86}[(AlO_2)_{86}(SiO_2)_{106}]\cdot xH_2O$	800	中程度の大きさの分子を吸着する；イオン交換体，親水性
チャバザイト	$Ca_2[(AlO_2)_4(SiO_2)_8]\cdot xH_2O$	400～500	小さな分子を吸着する；イオン交換体，親水性
ZSM-5	$Na_3[(AlO_2)_3(SiO_2)_{93}]\cdot xH_2O$	550	穏やかな親水性
ALPO-5	$AlPO_4\cdot xH_2O$	800	穏やかな親水性
シリカライト	SiO_2	600	疎水性

トに変化する．出発物質中に表面積の大きなアルミナを加えておくとアルミノケイ酸塩ゼオライトができる．

ケージや隘路の大きさが異なる多種多様なゼオライトが合成されている（表14・7）．それらの構造の基本は，近似的に四面体のMO_4単位で，それはほとんどの場合SiO_4およびAlO_4である．ゼオライト構造中にはこのような四面体の構成単位がたくさんあるので，多面体表示を避けてSiやAl原子の位置を強調するのが普通である．このような図では，4本の線分の交点にSiまたはAl原子が，そして線分上に橋かけO原子が存在する（図14・19）．

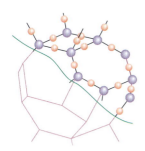

図 14・19 八面体の骨格表示（八面体の4回回転軸に垂直に面取りした），ならびにSiおよびO原子と骨格表示との関係．Si原子は面取りした八面体の各頂点上に，O原子はほぼ各辺上にあることに注目せよ．

この**骨格表示**（framework representation）は，ゼオライト中のケージやチャネルの形についてはっきりした印象を与えるという利点をもっている．いくつかの例を図14・20に示す．

ゼオライトの中で重要な大きな一群を占めているのは"方ソーダ石ケージ（ソーダライトケージ）"を基本とするものである．方ソーダ石ケージ（図14・3）は，八面体の各頂点を切り落としてできる面取りした八面体である（**18**）．面取りによって各頂点には四角形の面が残り，八面体の三角形の面が正六角形に変化する．"A型ゼオライト"として知られている物質では，方ソーダ石ケージの四角形の面が酸素架橋で結合したものが8個つながって全体として立方体形になり，その中心にα**ケージ**（α cage）とよばれる大きな空洞ができている．αケージは八角形の面を共有していて，開口部の直径は420 pmである．したがって，水やその他の小さな分子はこの面を通って拡散しαケージを満たすことができる．しかし，ファンデルワールス直径が420 pmよりも大きい分子は，八角形の面が小さすぎるので，αケージ中に入り込むことができない．

> **実例** 方ソーダ石ケージを表すときに用いられる面取りされた八面体中の4回回転軸および6回回転軸を特定するために，相対する対の四角形面を通して4回回転軸が一つあるので，全部で3本の4回回転軸があることに注意しなければならない．同様に，相対する六角形の面を通って4本の6回回転軸がある．

アルミノケイ酸塩ゼオライト骨格上の電荷は，ケージ中に存在するカチオンによって中和されている．A型ゼオライトではNa^+イオンが存在していて，その化学式は$Na_{12}(AlO_2)_{12}(SiO_2)_{12} \cdot xH_2O$である．水溶液とのイオン交換によって，d-ブロックのカチオンやNH_4^+を含む多くのイオンを挿入することができる．したがって，ゼオライトは水の軟化に用いられる．また，界面活性剤の効力を減少させる2価および3価のカチオンを除去する目的で，洗濯用洗剤の一成分として使用されている．かつては，植物の栄養素であるポリリン酸塩をこの目的に使っていたが，ポリリン酸塩は天然水中に入っていって藻類の成長を促進するので，今ではその代わりにゼオライトが一部使われている．

ゼオライトの性質は，適切なケージや隘路の大きさを選ぶことで制御できるが，それに加えて，極性分子や非極性分子に対する親和力を考えてゼオライトの極性に従って選択することができる（表14・7）．電荷を補償するイオンをつねに含んでいるアルミノケイ酸塩ゼオライトは，H_2OやNH_3のような極性分子に強い親和力をもっている．これに対して，ほとんど純粋なシリカのモレキュラーシーブ

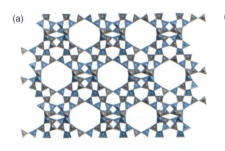

18

図 14・20 二つのゼオライト骨格構造．(a)*X型ゼオライト，(b)*ZSM-5．どちらの場合も，骨格を形成するSiO_4四面体のみを示している．電荷補償カチオンや水分子は省略している．

には正味の電荷がなく，穏やかな疎水性といってもよいほど非極性である．もう一群の疎水性ゼオライトはリン酸アルミニウム骨格を基盤とするもので，それは $AlPO_4$ が Si_2O_4 と等電子的で，その骨格がシリカ同様電荷をもたないからである．

ゼオライトの化学で興味深いことの一つは，ゼオライトケージ中で小さな分子から大きな分子を合成できることである．ひとたび組立てられた大きな分子は大きすぎてケージの中から出られないので，瓶の中の船の模型のようなことになる．たとえば，Y型ゼオライト中の Na^+ をイオン交換によって Fe^{2+} で置換すると Fe^{2+}-Y型ゼオライトができる．これをフタロニトリルと加熱すると，フタロニトリルがゼオライト中に拡散し，Fe^{2+} の周りに集まって鉄フタロシアニン (**19**) ができるが，これは大きすぎてケージから出られない．

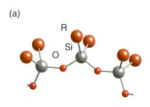

19

14・16 有機ケイ素化合物と有機ゲルマニウム化合物

要点 メチルクロロシランはシリコーンポリマーを製造するうえで重要な出発物質である．シリコーンポリマーの性質は橋かけ結合の程度によって決まり，液体，ゲル，樹脂のいずれの状態にもなりうる．テトラアルキルあるいはテトラアリールゲルマニウム(IV)化合物は化学的熱的に安定である．

テトラアルキルケイ素およびテトラアリールケイ素はすべて単量体で，ケイ素を中心とした四面体構造をとる．炭素-ケイ素結合は強いので，これらの化合物はかなり安定である．$Si(SiH_3)_4$ とは対照的に，$Si(CH_3)_4$ は非反応性である．非反応性 $Si(CH_3)_3$ 基は，有機合成において不活性で，立体障害の大きな官能基が必要なときに，広く用いられている．テトラアルキル化物やテトラアリール化物の作製方法には多くのものがあり，たとえば次式のような反応が知られている．

$$SiCl_4 + 4\,LiR \longrightarrow SiR_4 + 4\,LiCl$$
$$SiCl_4 + LiR \longrightarrow SiRCl_3 + LiCl$$

ロコウ法 (Rochow process) はメチルクロロシランをつくるための低コストの工業的な方法で，得られるメチルクロロシランはシリコーンポリマーを製造するうえで重要な出発物質となる．

$$n\,MeCl + Si/Cu \longrightarrow Me_nSiCl_{4-n}$$

これらのメチルクロロシラン Me_nSiCl_{4-n} ($n = 1\sim3$) は加水分解によりシリコーンすなわちポリシロキサンを生じる．

$$Me_3SiCl + H_2O \longrightarrow Me_3SiOH + HCl$$
$$2\,Me_3SiOH \longrightarrow Me_3SiOSiMe_3 + H_2O$$

この反応で四面体形ケイ素と酸素原子が Si−O−Si 橋かけ結合を形成したオリゴマーが生成する．Me_2SiCl_2 の加水分解では鎖状あるいは環状の構造が生じ，$MeSiCl_3$ の加水分解では橋かけ結合したポリマーができる（図 14・21）．たいていのケイ素のポリマーは Si−O−Si 結合が基本となって構造がつくられることに着目すれば興味深い．対照的に炭素のポリマーは一般に C−C 結合から成る．これら

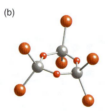

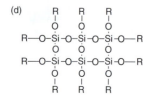

図 14・21 (a) 鎖状，(b) 環状，(c) 橋かけの，各構造のシリコーン．および (d) 架橋している断片を化学式で表す．

はSi-OおよびC-C結合の強さを反映している（表14・2）．

シリコーンポリマーは構造が多様で用途も広い．性質は重合と橋かけ結合の度合いに依存し，これらは反応物の選択と混合，硫酸のような脱水剤の使用，加熱温度に影響される．液体のシリコーンは炭化水素の油より安定である．しかも，炭化水素と異なり，粘度の温度変化はわずかである．このため，シリコーンは潤滑剤として使われる．たとえば油圧ブレーキのように特に不活性な流体が必要な場合にはそうである．シリコーンは疎水性が高く，靴や他の日用品の撥水加工用スプレーに使われている．モル質量の小さいシリコーンはシャンプー，コンディショナー，シェービングフォーム，頭髪用ジェル，歯磨き粉などの身だしなみを整える商品には不可欠で，"絹のような" 感触をもたらす．さまざまな精巧さの別の側面の例として，シリコーングリース，シリコーンオイル，シリコーン樹脂は，シーリング剤，潤滑剤，ワニス，防水剤，合成ゴム，水圧（油圧）装置の流体として利用される．液体のデカメチルシクロペンタシロキサンは環境にやさしいクリーニング液として広く利用されつつある．

有機ゲルマニウム（Ⅳ）化合物は，四面体 R_4Ge として存在する．有機ケイ素化合物と同様の反応により合成できる．

$$GeCl_4 + LiR \longrightarrow GeRCl_3 + LiCl$$
$$n\,RCl + Ge/Cu \longrightarrow R_nGeCl_{4-n}$$

テトラアルキル化合物あるいはテトラアリール化合物は，熱的に安定で化学的に不活性である．これらの化合物の利用は，ゲルマニウムが高価なので限定されているが，テトラメチルあるいはテトラエチルゲルマニウムは，マイクロエレクトロニクス分野で GeO_2 を化学蒸着する際の前駆体として利用されている．ゲルマニウムは，有機ゲルマニウム（Ⅱ）化合物も形成する．ゲルミレン R_2Ge はかさ高い R 基により安定化される．よって，ジメチルゲルミレン $(CH_3)_2Ge$ は非常に不安定であるが，ビス(2,4,6-ターシャリーブチルフェニル)ゲルミレン (**20**) は安定である．かさ高い官能基により阻害されるが，ゲルミレンは高分子化傾向がある．

$$n\,R_2GeCl_2 + 2n\,Li \longrightarrow (R_2Ge)_n + 2n\,LiCl$$

20

他の多くの化学反応は，カルベンの反応と類似反応であり（§22・15），炭素-ハロゲン結合や金属-炭素結合に挿入

できるので有機金属化学では重要である．

$$RX + R_2Ge \longrightarrow R_3GeX$$
$$R_2Ge \xrightarrow{R'Li} R_2R'GeLi \xrightarrow{-RLi} RR'Ge$$

14・17 有機金属化合物

要点 スズと鉛は4価の有機金属化合物をつくる．有機スズ化合物は殺かび剤や殺虫剤として使われる．

14族元素の有機金属化合物の多くは実用的に非常に重要である．しかし，鉛の使用は毒性のために多くの国で禁止されている．有機スズ化合物はポリ塩化ビニル（PVC）の安定化に利用され，また，船体の防汚剤，木材の防腐剤，殺虫剤として用いられる．一般に14族の有機金属化合物は4価で，結合の極性は低い．有機金属化合物の安定性はケイ素から鉛に向かって減少する．

有機スズ化合物は，さまざまな点で有機ケイ素化合物や有機ゲルマニウム化合物と異なっている．有機スズ化合物では +2 の酸化状態が現れやすく，配位数の範囲も広く，ハロゲン化物イオンの橋かけが存在することが多い．たいていの有機スズ化合物は無色の液体または固体で，空気や水に対して安定である．SnR_4 化合物の構造はすべて似ており，スズ原子は四面体配位構造をとる (**21**)．

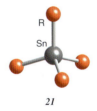

21

ハロゲン化物誘導体である R_3SnX は Sn-X-Sn の橋かけを含む場合が多く，鎖状構造を形成する．かさ高い R 基が存在すると構造に影響を及ぼす．たとえば，$(Me_3SnF)_n$ (**22**) では骨格となる Sn-F-Sn 結合はジグザグ形であり，Ph_3SnF では鎖は直線形，また，$(Me_3SiC)Ph_2SnF$ は単量体である．ハロアルキルスズはテトラアルキルスズより反応性に富み，テトラアルキル誘導体の合成にも適している．

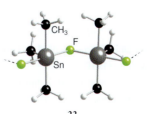

22

アルキルスズ化合物はさまざまな方法でつくることができる．グリニャール試薬を用いる方法と複分解（メタセシス）を利用する方法はその一例である．

$$SnCl_4 + 4\,RMgBr \longrightarrow SnR_4 + 4\,MgBrCl$$
$$3\,SnCl_4 + 2\,Al_2R_6 \longrightarrow 3\,SnR_4 + 2\,Al_2Cl_6$$

有機スズ化合物は主要族の有機金属化合物の中では最も用途が広く，世界的な規模での1年間の有機スズ錯体の工業的な生産量はおそらく50 ktを超える．これらは主としてPVCプラスチックの安定化に利用される．この添加物がないと，ハロゲン化したポリマーは熱，光，大気中の酸素によって迅速に劣化し，退色したもろい製品となる．劣化の最初の段階はHClの逸脱であり，この過程をひき起こす反応性のCl⁻をスズの安定化剤が捕捉する．有機スズ化合物は微生物を殺傷する効果があり，これも広く利用されている．殺かび剤，殺藻剤，木材の防腐剤，防汚剤などとして用いられる．しかし，船体の汚れや海洋生物（フジツボなど）の付着を防ぐために有機スズ化合物を広範囲で使用したことが環境問題をひき起こしている．高濃度の有機スズ化合物により，ある種の海洋生物が死滅し，他の種の成長や生殖に影響が出ているためである．現在では多くの国で25 mを超える大型の船舶への有機スズ化合物の使用を制限している．

テトラエチル鉛はガソリンのアンチノック剤として膨大な規模で生産されていたが，環境中の鉛の濃度に対する懸念から，使用が減りつつある．アルキル鉛化合物 PbR_4 は実験室レベルではグリニャール試薬や有機リチウム化合物を用いて合成できる．

$$2\,PbCl_2 + 4\,LiR \longrightarrow PbR_4 + 4\,LiCl + Pb$$
$$2\,PbCl_2 + 4\,RMgBr \longrightarrow PbR_4 + Pb + 4\,MgBrCl$$

これらの化合物はすべてPb原子の周りに四面体配位構造をもつ単量体分子である．ハロゲン化物誘導体は橋かけのハロゲン原子を含み鎖状構造となる場合がある．置換基がかさ高くなるほど単量体になりやすい．たとえば，$Pb(CH_3)_3Cl$ は橋かけのCl原子をもつ鎖状構造であるが (**23**)，メシチル誘導体 $Pb(Me_3C_6H_2)_3Cl$ は単量体である．

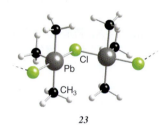

23

参 考 書

R. A. Layfield,'Highlights in Low-Coordinate Group 14 Organometallic Chemistry', *Organomet. Chem.*, **37**, 133 (2011). ケイ素，ゲルマニウム，スズ，鉛の有機元素化学の重要な進展に関する総説．

M. A. Pitt, D. W. Johnson,'Main Group Supramolecular Chemistry', *Chem. Soc. Rev.*, **36**, 1441 (2007).

A. Scnepf,'Metalloid Group 14 Cluster Compounds: An Introduction and Perspectives to this Novel Group of Cluster Compounds', *Chem. Soc. Rev.*, **36**, 745 (2007).

H. Berke,'The Invention of Blue and Purple Pigments in Ancient Times,' *Chem. Soc, Rev.*, **36**, 15 (2007). ケイ酸塩系顔料の利用に関する興味深い解説．

R. B. King,"Inorganic Chemistry of Main Group Elements", John Wiley & Sons (1994).

D. M. P. Mingos,"Essential Trends in Inorganic Chemistry", Oxford University Press (1998). 構造と結合の視点からの無機化学の概観．

N. C. Norman,"Periodicity and the s-and p-Block Elements", Oxford University Press (1997). p-ブロック元素の化学の本質的な傾向と特徴の全般を含む．

"Encyclopedia of Inorganic Chemistry", ed. by R. B. King, John Wiley & Sons (2005).

P. R. Birkett,'A Round-Up of Fullerene Chemistry', *Educ. Chem.*, **36**, 24 (1999). フラーレン化学の読みやすい総説．

J. Baggot,"Perfect Symmetry: The Accidental Discovery of Buckminsterfullerene", Oxford University Press (1994). フラーレンが発見される過程に関する一般的な記述．

P. J. F. Harris,"Carbon Nanotubes and Related Structures", Cambridge University Press (2002).

P. J. F. Harris,"Carbon Nanotubes Science: Synthesis, Properties and Applications", Cambridge University Press (2011).

P. W. Fowler, D. W. Manolopoulos, "An Atlas of Fullerenes", Dover Publications (2007).

練習問題

14·1 14族の化学に関するつぎの記述中に不正確な点があればすべて訂正せよ.
(a) この族中の元素はどれも金属ではない.
(b) きわめて高い圧力の下における炭素の熱力学的安定相はダイヤモンドである.
(c) CO_2 および CS_2 はともに弱いルイス酸で, その硬さは CO_2 から CS_2 へと増加する.
(d) ゼオライトはアルミノケイ酸塩だけからできている層状物質である.
(e) 炭化カルシウムが水と反応するとエチンができるが, この生成物は炭化カルシウム中にきわめて塩基性の C_2^{2-} イオンがあることを反映している.

14·2 p-ブロック元素の最も軽いものの物理的および化学的性質は, より重い元素とは異なることが多い. 炭素およびケイ素の (a) 構造と電気的性質, (b) 酸化物の物理的性質と構造, (c) 四ハロゲン化物のルイス酸塩基性を比較して類似点と相違点とを論ぜよ.

14·3 ケイ素は塩化フッ化物 $SiCl_3F, SiCl_2F_2, SiClF_3$ を生成する. これらの分子の構造を描け.

14·4 CH_4 が空気中で燃焼するのに対し, CF_4 ではそうならない理由を述べよ. CH_4 の燃焼エンタルピーは -888 $kJ\ mol^{-1}$ で, $C-H$ と $C-F$ の結合エンタルピーは, それぞれ $412\ kJ\ mol^{-1}$ と $489\ kJ\ mol^{-1}$ である.

14·5 SiF_4 は $(CH_3)_4NF$ と反応して $[(CH_3)_4N][SiF_5]$ を生成する.
(a) VSEPR 則を用いて, 生成物中のカチオンとアニオンの形を決定せよ.
(b) ^{19}F NMR スペクトルからは F の環境が 2 種類であることが示される. この事実を説明せよ.

14·6 環状アニオンの $[Si_4O_{12}]^{n-}$ の構造を描き, 電荷を計算せよ.

14·7 $Sn(CH_3)_4$ の ^{119}Sn MNR スペクトルの形状を予想せよ.

14·8 $Sn(CH_3)_4$ の ^1H MNR スペクトルの形状を予想せよ.

14·9 表 14·2 のデータとここに示した結合エンタルピーを用いて, CCl_4 と CBr_4 の加水分解のエンタルピーを計算せよ. 結合エンタルピー$/(kJ\ mol^{-1})$: $O-H = 463$, $H-Cl = 431$, $H-Br = 366$.

14·10 A から F の化合物を示せ.

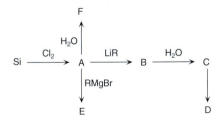

14·11 (a) 14族元素の酸化状態の相対的な安定性の傾向をまとめ, 不活性電子対効果を示す元素をあげよ.
(b) このことを念頭に置き, 次式の反応の化学方程式を書け (反応しない場合は "反応しない" と記すこと). また, 答えが上記の傾向に合っているか否かを説明せよ.
 (i) $Sn^{2+}(aq) + PbO_2(s)$ (過剰) $\longrightarrow$ (空気は除く)
 (ii) $Sn^{2+}(aq) + O_2$ (空気中) $\longrightarrow$

14·12 付録 3 のデータを用いて, 練習問題 14·11b の各反応の標準電位を求めよ. それぞれの反応に対し, この結果が定性的な評価と合うか否かを検討せよ.

14·13 ケイ素およびゲルマニウムをそれらの鉱石から抽出する反応の化学方程式と条件とを示せ.

14·14 (a) 炭素(ダイヤモンド)からスズ(灰色スズ)に至る元素についてバンドギャップ E_g に見られる傾向を述べよ.
(b) 温度を 20 °C から 40 °C に変えると, ケイ素の電気伝導率は増加するか減少するか.

14·15 なるべく参考資料を使わずに周期表を描き, 塩類似, 金属類似, 半金属類似炭化物をつくる元素を示せ.

14·16 つぎの化合物の製法, 構造, 分類を述べよ.
(a) KC_8
(b) CaC_2
(c) K_3C_{60}

14·17 K_2CO_3 と $HCl(aq)$ との反応および Na_4SiO_4 と酸性水溶液との反応に対する化学方程式を書け.

14·18 ヒスイ輝石中の $[SiO_3]_n^{2n-}$ およびカオリナイト中のシリカ-アルミナ骨格の一般的性質を述べよ.

14·19 (a) 1個の方ソーダ石ケージの骨格中にある橋かけ O 原子の数を決定せよ.
(b) 図 14·3 中の A 型ゼオライト構造の中心にある α ケージ多面体について述べよ.

14·20 パイロフィライトと白雲母とは密接な関係にあるアルミノケイ酸塩である. 両物質の物理的性質を述べ, それらの性質がアルミノケイ酸塩の組成や構造からどのようにして生じるかを説明せよ.

14·21 主として 14 族の元素やそれらの化合物がつくる不完全結晶性固体と無定形固体は工業で大いに応用されている. 本章で述べた無定形固体または不完全結晶性固体の例を四つあげて, それらの有用な性質を簡単に述べよ.

14·22 層状ケイ酸塩化合物 $CaAl_2(Al_2Si_2)O_{10}(OH)_2$ 中には, Si および Al がいずれも四配位状態になっているアルミノケイ酸塩の二重層がある. SiO_4 および AlO_4 単位間では頂点だけが共有されるようにして, この二重層に考えられる構造(斜めから見た)をスケッチせよ. Ca^{2+} が占めていると思われる位置をシリカ-アルミナ二重層と関連づけて論ぜよ.

演習問題

14・1 二酸化ケイ素,雲母,石綿,ケイ酸塩ガラスと関係づけながら,ケイ素の固体化学を論じよ.

14・2 君の友人の一人が英語を勉強していて,空想科学小説を読む講義を受講しているとしよう.小説の共通のテーマは,ケイ素が主成分の生物である.友人は,ケイ素が対象となっているのはなぜか,また,すべての生命が炭素を主成分としているのはなぜかについて考えている.ケイ素が主成分となる生命の可能性に賛成あるいは反対の意見を述べ,短い論文を作成せよ.

14・3 カール・マルクスは著書「資本論」の中で,"もしちょっとの努力で炭素をダイヤモンドに変換できたら,その価値は煉瓦以下に下落する"と述べている.現在のダイヤモンドの合成方法を論評し,それらの努力によってもダイヤモンドの価値が大きく下落しない理由を議論せよ.

14・4 Li Zongxi らは彼らの論文'メソポーラスシリカの生物医療応用'〔*Chem. Soc. Rev.*, **41**, 2590 (2012)〕の中で,メソポーラスシリカナノ粒子(mesoporous silica nanoparticle, MSNP)を,治療用薬剤を体内に運ぶ際の担体として利用することを議論している.MSNP のどのような特性が医療応用に適しているのか.薬剤の放出速度をどのように制御するのか説明せよ.MSNP の合成方法を概説し,最初に合成した化学者を答えよ.

14・5 論文'一酸化炭素を利用した治療に用いる薬剤分子の開発'〔*Chem. Soc. Rev.*, **41**, 3571 (2012)〕中で,著者らは病変組織を治療する際における治療用薬剤としての一酸化炭素の利用を議論している.一酸化炭素を治療用薬剤として用いる際の問題と,著者らがどのようにしてそれらを克服したのかを概説せよ.

14・6 論文'メタラカルボランとそれらの相互作用:理論的考察と応用性'〔*Chem. Soc. Rev.*, **41**, 3445 (2012)〕は,メタラカルボランの特性を議論し,コンピューターシミュレーションを用いてそれらを解析する方法を議論している.解明されたメタラカルボランの特性を概説し,それらをモデル化するための計算方法を解説せよ.

14・7 メソ多孔性を半導性と組合わせることで,興味深い特性の材料を生み出せる.そのような材料の合成は,S. Gerasimo らによる論文'六方晶メソ多孔性ゲルマニウム'〔*Science*, **313**, 817 (2006)〕で議論されている.このような材料の期待される利点をまとめ,どのようにメソ多孔性ゲルマニウムが合成されたのか述べよ.

14・8 'Ge(001) 表面に形成した傾斜した非対称 Sn-Ge 二量体の原子シーソースイッチ'〔*Science*, **315**, 1696 (2007)〕中で,K. Tomatsu らは分子スイッチの合成と操作について解説している.そのような分子がどのようにしてスイッチ動作をするのか説明し,現在の応用と今後の期待についてまとめよ.

15 族 元 素

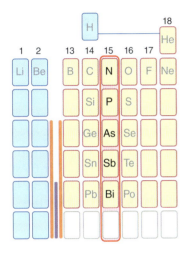

15族元素の化学的性質は非常に多様である．13族や14族で見られた単純な傾向は15族においても観察されるが，15族元素は広い範囲の酸化状態をもち，酸素と多くの複雑な化合物をつくるという点で，この傾向も複雑なものとなっている．窒素は大気の大部分を占め，生物圏にも広く分布している．リンは植物および動物のいずれにおいても生命維持のために不可欠である．著しく対照的に，ヒ素はよく知られた毒物である．

15族元素 —— 窒素，リン，ヒ素，アンチモン，ビスマス —— には生命，地質，工業にとって最も重要な元素のいくつかが含まれている．気体の窒素から金属のビスマスまでその範囲は広い．15族すなわち"窒素族"の元素は総括して**ニクトゲン**（pnictogen，窒素の性質である"窒息させる"という意味のギリシャ語から）とよばれることがあるが，この名称は広く使われているわけでもないし，公式に認められたものでもない．p-ブロックの他の族でもそうだが，15族の先頭にある元素，すなわち窒素と同族体との間には明らかな違いがある．窒素の配位数は一般に低く，また普通の条件下で気体の二原子分子として存在するのは族中で窒素だけである．

A: 総　論
- 15・1　元素と単体
- 15・2　単純な化合物
- 15・3　窒素の酸化物とオキソアニオン

B: 各　論
- 15・4　産出と単離
- 15・5　用　途
- 15・6　窒素の活性化
- 15・7　窒化物とアジ化物
- 15・8　リン化物
- 15・9　ヒ化物，アンチモン化物，ビスマス化物
- 15・10　水素化物
- 15・11　ハロゲン化物
- 15・12　ハロゲン化酸化物
- 15・13　窒素の酸化物とオキソアニオン
- 15・14　リン，ヒ素，アンチモン，ビスマスの酸化物
- 15・15　リン，ヒ素，アンチモン，ビスマスのオキソアニオン
- 15・16　縮合リン酸塩
- 15・17　ホスファゼン
- 15・18　ヒ素，アンチモン，ビスマスの有機金属化合物

参考書
練習問題
演習問題

A: 総　論

15族元素の性質は多様であり，これまでに学んできたp-ブロック元素と比べると，性質を原子半径や電子配置で合理的に説明するのは難しい．族の下方になるほど金属性が増し，族の最も下の元素では低酸化状態が安定であるといった一般的な傾向は見られるものの，元素が取りうる酸化状態が多いため，これらの傾向も複雑である．

15・1　元素と単体

要点　窒素は気体である．重い元素の単体はすべて固体で，いくつかの同素体が存在する．

この族の元素でN以外の単体はすべて普通の条件下で固体である．族の下の方の元素ほど一般に金属性が高い．しかし，重い方の元素の単体の電気伝導率は実際にはAsからBiへと減少するので（表15・1），上記の傾向はそう単純ではない．電気伝導率の通常の傾向，すなわち，族の下の方ほど高いという傾向は，重い元素ほど原子のエネルギー準位の間隔が狭く，したがって価電子帯と伝導帯との分離が小さいことを反映している（§3・19）．15族の伝導率に見られる反対の傾向は，そ

表 15・1 15 族元素のおもな性質

	N	P	As	Sb	Bi
融点/℃	−210	44(黄リン) 590(赤リン)	613 (昇華)	630	271
原子半径/pm	74	110	122	141	170
第一イオン化エネルギー, I_1/(kJ mol^{-1})	1402	1011	947	834	704
電気伝導率/(10^{-10} S m^{-1})		10	3.33	2.50	0.77
電気陰性度(ポーリングの値)	3.0	2.2	2.2	2.1	2.0
電子親和力, E_a/(kJ mol^{-1})	−8	72	78	103	105
B(E−H)/(kJ mol^{-1})	390	322	297	254	

† 訳注: 三重結合の P_2 の結合長が単結合(P_4 にみられる)より短いことを意味する.

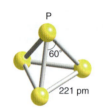

1 P_4, T_d

図 15・1 黒リンのひだ状に折れ曲がった層の一つ. 原子の三方錐形配位に注目せよ.

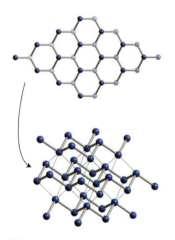

図 15・2 ビスマスの構造. 一つの折れ曲がった層(上の図)において, 各 Bi 原子には 3 個の最近接原子がある. また, 隣の層の 3 個の Bi 原子と弱く結合している.

れらの固体状態では分子的な性格が強くなければならないことを示している. 事実, As, Sb, Bi の固体は, 最近接原子が 3 個で, それよりかなり離れたところに 3 個の原子があるような構造をもっている. 短い結合に対する長い結合の相互作用の相対的な大きさは族の下になるほど小さくなる. これは族の下に行くほど分子が重合体化した構造になることを暗示している. Bi のバンド構造は, 伝導電子と正孔の密度が低いことを示している. このため Bi は半導体あるいは真の金属ではなく半金属(メタロイド)として分類するべきである.

15 族の単体の固体には, たくさんの同素体が存在する. 気体の N_2 分子の場合のように, P_2 は形式上三重結合で, その結合長は短い(189 pm)†. 第 3 周期の元素が形成する π 結合は第 2 周期の元素と比べると相対的に弱い. そのため P_2 の安定性は N_2 よりもかなり低い. 黄リン(白リン, white phosphorus)は四面体形の P_4 分子(**1**)からできているろう状固体である. 小さな P−P−P 角(60°)にもかかわらず, この分子は約 800 ℃ まで蒸気中でもそのままの形で存在するが, それ以上の温度では P_2 の平衡濃度が高くなってくる. 黄リンは非常に反応性に富み, 空気中で炎をあげて爆発的に燃え, P_4O_{10} を生じる. 赤リン(red phosphorus)は, 黄リンを不活性雰囲気中 300 ℃ で数日間加熱すると得られる. 通常は無定形固体の状態で得られるが, きわめて複雑な三次元網目構造の結晶性固体をつくることもできる. 黄リンとは違って赤リンは空気中で自然発火することはない. リンを高圧下で加熱すると一連の黒リン(black phosphorus)相が生成する. 黒リンは 550 ℃ 以下では熱力学的に最も安定な相である. これらの黒リン相の一つは角錐状の三配位 P 原子がつくるひだ状に折れ曲がった層で構成されている(図 15・1). 熱力学的な計算では元素の常温・常圧下における一番安定な相を基準に選ぶのが普通であるが, リンの場合はこれに反して黄リンが基準相に採用されている. それは他の相よりも, 黄リンの方が手に入れやすく, またその性質がよくわかっているからである.

ヒ素には黄色ヒ素(yellow arsenic)と灰色ヒ素(grey arsenic)あるいは金属ヒ素(metallic arsenic)の 2 種類の固相が存在する. 黄色ヒ素と気体のヒ素はどちらも四面体形の As_4 分子から成る. 黄色ヒ素は光にさらすとより安定な金属ヒ素に転移する. 金属ヒ素, およびアンチモンとビスマスの, 室温での構造は六員環から成るひだ状の層でできており, 各原子の最隣接には 3 個の原子がある. 前述のとおり, この層は互いに重なり合い, 隣の層には距離の遠い第二隣接の原子が 3 個存在している(図 15・2).

最近, ビスマスは放射性同位体であることが見いだされた. ビスマスは α 壊変し, 半減期は 1.9×10^{19} 年である. これは宇宙の現在の年齢よりはるかに長い.

窒素は質量で大気の 78% を占め, 二窒素 N_2 の形で容易に入手できる. 単体のリ

ンおよびリン酸をつくるときのおもな原料はリン鉱石である．これは，古代の生物が押しつぶされ密集して残った不溶性残がいで，主として<u>フッ素リン灰石</u>（フルオロアパタイト，fluorapatite）Ca$_5$(PO$_4$)$_3$F と <u>水酸リン灰石</u>（<u>ヒドロキシアパタイト</u>，hydroxyapatite）Ca$_5$(PO$_4$)$_3$OH からできている．化学的にもっと軟らかい元素であるヒ素，アンチモン，ビスマスは硫化物の鉱石中に見いだされることが多い．ヒ素は天然には <u>鶏冠石</u>（realgar）As$_4$S$_4$，<u>雄黄</u>（石黄，orpiment）As$_2$S$_3$，<u>ヒ石</u>（arsenolite）As$_2$O$_3$，<u>硫ヒ鉄鉱</u>（arsenopyrite）FeAsS のような鉱石中に存在する．アンチモンは輝安鉱（stibnite）Sb$_2$S$_3$ や硫安ニッケル鉱（ウルマン鉱，ullmanite）NiSbS などの鉱物として自然界に存在する．

15・2 単純な化合物

要点　15族元素は多くの元素と直接的に相互作用して二元系化合物を生じる．窒素の酸化数がⅤに達するのは，酸素およびフッ素と化合物をつくったときのみである．+5の酸化状態はリン，ヒ素，アンチモンでは一般的であるが，ビスマスではまれで，ビスマスでは+3の状態がより安定である．

15族元素が取りうる酸化状態が多様であることは，多くの場合，元素の電子配置 ns^2np^3 を考慮すれば理解できる．この電子配置から，最大の酸化数はⅤであることが示唆され，実際にそのようになっている．不活性電子対効果（§9・5）に基づけば，Bi では+3の酸化状態が安定になることが予想できるが，これも実際に観察される事実である．

窒素は非常に大きい電気陰性度をもち（窒素の値を大きく超えるのは，OとFのみである），たとえば N^{3-} イオンを含む窒化物やアンモニア NH$_3$ など多くの化合物において，窒素の酸化数は負になる．窒素が正の酸化数を取るのは，より電気陰性度の大きい元素であるOおよびFとの化合物中においてのみである．実際に窒素は族酸化状態（+5）を取りうるが，同族の他の元素がこの酸化状態を取るのに必要な条件よりもっと強い酸化条件下でのみ，Ⅴの酸化数となる．

窒素の際立った特徴のほとんどが，大きな電気陰性度，小さい原子半径，結合に利用できるd軌道をもたないことに起因している．よって，Nが単純な分子化合物において4より大きな配位数をもつことはめったにない．しかし，窒素より重い元素は PCl$_5$ や AsF$_6^-$ のように5や6といった配位数を取ることが頻繁にある．

窒素はほとんどすべての元素と二元系化合物である窒化物を生成する．窒化物は，塩類似窒化物，共有結合性窒化物，侵入型窒化物に分類できる．また，窒素は N$_3^-$ イオンを含むアジ化物を形成する．アジ化物イオンにおいて窒素の平均酸化数は $-\frac{1}{3}$ である．Nと同じく，Pは周期表のほとんどすべての元素と化合物をつくる．多くの種類のリン化物が存在し，組成式は M$_4$P から MP$_{15}$ まで変わる．P原子は環状，鎖状，かご状に配列している．たとえば，P$_7^{3-}$（**2**），(P$_8^{2-}$)$_n$（**3**），P$_{11}^{3-}$（**4**）などである．13族元素のIn および Ga のヒ化物とアンチモン化物は半導体である．

すべての15族元素は単純な水素化物を生成する（§10・6）．アンモニア NH$_3$（**5**）は刺激性で無色の気体で，高濃度の状態にさらされると有毒である．アンモニアは1族金属に対して優れた溶媒である．たとえば，-50℃において100gの液体アンモニアに330gのCsを溶かすことができる．得られる濃く着色した電気伝導性のある溶液は，溶媒和電子を含んでいる（§11・14）．アンモニウム塩の化学的性質は1族元素の塩，特に K$^+$ と Rb$^+$ の塩に非常によく似ている．アンモニウム塩は加熱によって分解する．硝酸アンモニウムはある種の爆薬の成分である．また，この化合物は肥料としても広く用いられている．窒素はまた，無色の液体のヒドラジン N$_2$H$_4$ を生成する．15族元素の他の水素化物は，ホスフィン（正式にはホスファン PH$_3$），アルシン（アルサン AsH$_3$），スチビン（スチバン SbH$_3$）であり，これらはす

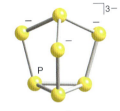

2 P$_7^{3-}$

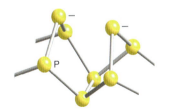

3 (P$_8^{2-}$)$_n$

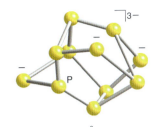

4 P$_{11}^{3-}$

5 アンモニア，NH$_3$，C_{3v}

べて有毒の気体である．

> **メモ** ホスファンはホスフィンの正しい公式名称であるが，ホスフィンの名称が広く使われているので，ここではこの名称を採用する．しかし，あまり一般的ではない化合物の AsH_3 および SbH_3 とその誘導体については公式名称のアルサンとスチバンを用いる．

P, As, Sb にはたくさんのハロゲン化物があって，それらは合成化学で重要なものである．三ハロゲン化物はすべての 15 族元素で知られている．しかし，五フッ化物は P〜Bi のすべてで知られているのに対し，五塩化物は P, As, Sb のみ，また五臭化物は P でしか知られていない．窒素は，中性の二元系ハロゲン化物中では，その族酸化数 (V) を取ることはないが，NF_4^+ の場合には族酸化状態に達している．おそらく N 原子が小さすぎるので NF_5 分子は立体的に不可能なのであろう．塩素または臭素で Bi^{III} を Bi^V に酸化するのが困難なのは，不活性電子対効果の一例である（§9・5）．五フッ化ビスマス BiF_5 は存在しているが，$BiCl_5$ や $BiBr_5$ は存在しない．

窒素は多くの酸化物ならびにオキソアニオンを生成する．これらは §15・3 において別途扱う．リン，ヒ素，アンチモン，ビスマスは酸化状態が +5 から +1 までの酸化物ならびにオキソアニオンを生じる．最も一般的な酸化状態は +5 であるが，ビスマスでは +3 の状態の重要性が増す．

リンを完全燃焼させると酸化リン(V) P_4O_{10} が生成する．個々の P_4O_{10} 分子はかご形構造をもっている．そのかごの中では P 原子の四面体が橋かけ O 原子で結合していて，各 P 原子には 1 個の末端 O 原子がある（**6**）．酸素の供給が限られている条件下での燃焼では酸化リン(III) P_4O_6 ができる．この分子は P_4O_{10} と同じ O 橋かけ骨格をもっているが末端 O 原子が欠けている（**7**）．ヒ素，アンチモン，ビスマスは As_2O_3, Sb_2O_3, Bi_2O_3 を生じる（§15・14）．

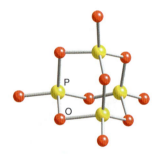

6 P_4O_{10}, T_d

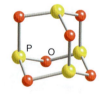

7 P_4O_6, T_d

15・3 窒素の酸化物とオキソアニオン

要点 硝酸イオンは強い酸化剤であるが，その反応は遅い．中間的な酸化状態の窒素は不均化反応を起こすことが多い．酸化二窒素は反応性に乏しい．

窒素は +5 から +1 までのすべての酸化状態のオキソ化合物ならびにオキソアニオンを生成する．硝酸 HNO_3 において窒素の酸化状態は +5 である．硝酸は，肥料，爆薬，さらには広範な種類の窒素含有化学製品の製造に用いられる主要な工業的化学薬品である．硝酸イオン NO_3^- はやや強い酸化剤である．濃硝酸を濃塩酸と混合するとオレンジ色で発煙性のある王水（aqua regia）が生じる．これは白金や金を溶解することのできる数少ない薬品である．硝酸の無水物は N_2O_5 である．これは $[NO_2^+][NO_3^-]$ の組成をもつ結晶性固体である．

酸化窒素(IV) は一般に二酸化窒素とよばれ，褐色の NO_2 ラジカルと無色の二量体 N_2O_4（四酸化二窒素）とが平衡状態にある混合物として存在する．二量体化

$$N_2O_4(g) \rightleftharpoons 2NO_2(g)$$

の平衡定数は，25 ℃ で $K = 0.115$ である．

亜硝酸 HNO_2 では窒素は N^{III} として存在する．亜硝酸は強い酸化剤である．亜硝酸の無水物である三酸化二窒素 N_2O_3 は青色の固体を生じ，これは -100 ℃ 以上で融解して青色の液体を生成する．この液体は NO と NO_2 に分解する．

酸化窒素(II)，すなわち NO は，一般には一酸化窒素とよばれ，奇電子分子である．しかし，NO_2 とは異なり，NO は気体状態で安定な二量体を形成しない．これ

は，NO_2 では奇数の電子が主として N 原子に局在しているのに対して，NO ではそうではなく，奇数の電子が二つの原子にほぼ均等に分布しているためである．1980 年代の終わりまで NO の生物学的に有益な役割は知られていなかったが，その後，NO が生体内で生み出され（§26・2），血圧の降下，神経伝達，殺菌といった機能を果たすことが明らかとなった．NO の生理学的な機能については数千もの学術論文が著されているが，NO の生化学に関するわれわれの基礎的な知識は未だにかなり不十分である．

亜酸化窒素という通称をもつ酸化二窒素 N_2O（特に NNO と書かれる）において，窒素の平均酸化数は I である．N_2O は無色で反応性に乏しい気体である．N_2O が即席ホイップクリームを泡立てるのに使われたことは，この気体が不活性であることを示す一つの例である．また，N_2O は温和な麻酔剤として何年もの間用いられた．しかし，このような使用は，望ましくない生理学的な副作用のため中止されている．特に，N_2O の慣用名である<u>笑気</u>（laughing gas）が示すとおり，副作用として軽いヒステリーをひき起こす．N_2O を酸素と 50：50 で混合した気体は，出産時や傷の縫合といった臨床処置における鎮痛剤として今でも用いられている．現在では N_2O は潜在的な温室効果ガスであると同時にクロロフルオロカーボンと同様にオゾン層破壊物質であると認識されている．

B：各　　論

この節では，15 族元素の化学の各論をまとめる．元素，とりわけ窒素とリンの取る広範囲の酸化状態について見ていく．

15・4　産出と単離

要点　窒素は液体空気の蒸留によって単離され，不活性気体として，また，アンモニア製造の原料として利用される．単体のリンは鉱物のフッ素リン灰石（フルオロアパタイト）や水酸リン灰石（ヒドロキシアパタイト）を炭素のアーク放電で還元して単離される．この方法で生成する黄リンは P_4 から成る分子状固体である．リン灰石（アパタイト）を硫酸で処理するとリン酸が生成する．リン酸は肥料や他の化学製品の原料となる．

窒素は液体空気の蒸留で大規模につくることができる．実験室で N_2 を蓄えたり扱ったりするうえで，液体窒素は非常に便利である．実験室規模では，N_2 よりも O_2 を通しやすい膜を使って室温で空気から酸素と窒素とを分離している（図 15・3）．

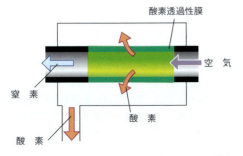

図 15・3　窒素と酸素とを分離する膜分離装置の模式図

リンは 1669 年に Hennig Brandt によってはじめて単離された．Brandt は，尿の色を誤って解釈し，尿と砂から金を取出そうと試み，代わりに白色の固体を得た．この固体は暗所で発光した．この元素はギリシャ語の"光をもたらすもの"の意味からリンと命名された．今日，リンは鉱物のフッ素リン灰石に対する濃硫酸の作用に基づいて製造されている．この反応でリン酸が生じるので，ひき続いてそこから単体のリンが抽出される．

$$Ca_5(PO_4)_3F(s) + 5 H_2SO_4(l) \longrightarrow$$
$$3 H_3PO_4(l) + 5 CaSO_4(s) + HF(g)$$

HF は汚染物質になる可能性があるので，ケイ酸塩と反応させて，より反応性の低い錯イオン SiF_6^{2-} として捕捉する．

リン鉱石を酸で処理したものには，完全に除去するのが難しい d 金属不純物が含まれているので，その利用は主として肥料や金属処理に限られる．最も純粋なリン酸やリン化合物はいまだにリン単体からつくられている．その理由は単体のリンは昇華によって精製できるからである．単体のリンは粗製のリン酸カルシウムから出発し，それを電気アーク炉中で炭素で還元してつくる．この場合，ケイ酸カルシウムのスラグができるようにシリカを（砂の形で）加えておく．

$$2 Ca_3(PO_4)_2(s) + 6 SiO_2(s) + 10 C(s) \xrightarrow{1500\ °C}$$
$$6 CaSiO_3(l) + 10 CO(g) + P_4(g)$$

このような高温ではスラグは溶けているので炉から容易に取除くことができる．リンは気化しているが，それを凝縮

させて固体にし，空気との反応を防ぐために水中に保存する．このようにしてつくったリンの大部分は燃やして P_4O_{10} とし，つぎにそれを水和すると純粋なリン酸ができる．

ヒ素は通常，銅あるいは鉛の溶鉱炉の煙道に生じる灰から取出されるが (BOX 15・1)，鉱石を酸素のない雰囲気で加熱しても得られる．

$$FeAsS(s) \xrightarrow{700\ ℃} FeS(s) + As(g)$$

輝安鉱を鉄とともに加熱すると，金属アンチモンと硫化鉄が生成し，アンチモンが単離される．

$$Sb_2S_3(s) + 3\,Fe(s) \longrightarrow 2\,Sb(s) + 3\,FeS(s)$$

ビスマスは蒼鉛土（ビスマイト）Bi_2O_3 や輝蒼鉛鉱 Bi_2S_3 として存在する．ビスマスの鉱物は，一般に銅，スズ，鉛，亜鉛の鉱物とともに産出し，還元によってこれらの単体を単離する際の副生物として取出される．

15・5 用途

要点 窒素はアンモニアおよび硝酸の工業的な製造に不可欠である．リンのおもな用途は肥料の製造である．

窒素のおもな用途は，化学工業の原料に用いることを除けば，金属製錬，石油精製，食品加工過程における不活性雰囲気に使うことである．窒素ガスは実験室で不活性雰囲気をつくるのに利用される．さらに液体窒素（沸点 −196 ℃ すなわち 77 K）は，工場でも実験室でも便利な冷却剤である．窒素のおもな工業的用途はハーバー・ボッシュ法 (Haber–Bosch process) によるアンモニアの製造 (§15・6) とオストワルト法 (Ostwald process) による硝酸への変換 (§15・13) である．アンモニアからは，肥料，プラスチック，爆薬など数多くの窒素化合物が得られる（図 15・4）．窒素はアミノ酸，核酸，タンパク質の一成分であるので生物学においても重要な役割を演じる．窒素サイクルは生態系の最も重要な過程の一つである (BOX 15・2 および §26・13)．

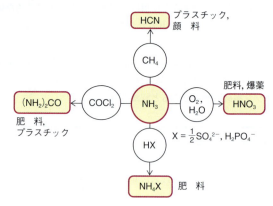

図 15・4 アンモニアの工業的利用

BOX 15・1 環境中のヒ素

環境におけるヒ素の毒性は地下水の汚染という問題をひき起こしている．ヒ素による汚染が最もひどいのはバングラデシュとそれに隣接するインド領の西ベンガル州で，数十万の人々がヒ素が原因の疾患であると診断されている．おもな三つの河川がこの領域に流れ込み，山からの鉄を多量に含む堆積物をもたらす．肥沃な三角州では盛んに農業が営まれ，たくさんの有機物質が浅い帯水層に浸出して，還元状態をつくりだす．地下水中のヒ素の濃度は鉄の濃度と相関があり，鉱物から酸化鉄や水酸化鉄が地下水に溶解する際にヒ素が溶出すると考えられている．

皮肉なことに，この問題は 1960 年代に始まった国際連合（国連）の支援計画に端を発しており，国連は汚染された地表水の代わりに清浄な飲料水を提供する目的で帯水層に費用のかからない掘抜き井戸を設置した．実際にこの井戸により，水によって伝染する病気の発生は減少し，人々の健康状態は大いに改善された．しかし，高濃度のヒ素は何年にもわたって認識されない状態で放置されていた．典型的な掘抜き井戸の深さは 20〜100 m である．地表に近い地下水はヒ素が高濃度になるほどの年月を経たものではない．また，100 m 以下では長い年月をかけて堆積物からヒ素が減少している．400 万の井戸のうちの半分もがバングラデシュのヒ素の基準値である 50 ppb を超えている（世界保健機関のガイドラインでは 10 ppb である）．一方で汚染のさらにひどい地域ではヒ素の濃度は日常的に 500 ppb を超えている．井戸水を処理してヒ素を除去する計画はいくつかあり，もっと深い汚染されていない帯水層に新しい井戸を掘ることも可能である．世界銀行が汚染を少なくする計画を調整しているが，何年にもわたる相当な努力が必要であろう．

ヒ素による疾病は 20 年もかかって進行する．最初の症状は皮膚の角化症で，これはがんに至る．肝臓と腎臓も悪化する．初期の症状はヒ素の摂取がなくなれば回復するが，いったんがん化すると効果的な治療はきわめて困難になる．ヒ素の人体への影響は生化学的にはよくわかっていない．ヒ酸塩が体内で As^{III} 錯体に還元され，錯体はおそらく SH 基と結合することによって作用する．実験室レベルでは，低濃度のヒ素ががん抑制遺伝子を作動させるホルモン受容体を抑制することがわかっており，これに基づいてヒ素とがんとの妥当な関連性が提案されている．

リンは花火製造，発煙弾，製鉄，合金に利用される．赤リンは砂と混合してマッチ箱の側薬として用いられる．マッチをするときの摩擦によって生じる熱は赤リンを黄リンに変える程度には十分な量であり，生成した黄リンが発火する．リン酸ナトリウムは洗剤，硬水軟化剤，ボイラーやパイプの湯あか防止などに利用される．高濃度のリン酸塩は洗浄力を高めるビルダーとして洗剤に加えられる．ビルダーは金属イオンと錯体を形成することにより硬水を軟水に変え，洗浄力を高める．自然環境にはリンは通常リン酸イオンの形で存在する．リンは（NおよびKとともに）植物の必須の栄養素である．しかし，多くの金属リン酸塩は溶解度が低いため土壌中で枯渇することが多く，このた

BOX 15・2 窒素サイクル

生物学的な系で利用される分子のほとんどは窒素を含む．たとえば，タンパク質，核酸，クロロフィル，多くの酵素とビタミン，その他さまざまな細胞の構成成分などがそうである．これらのすべての化合物中で，窒素は還元状態で存在し，酸化数はⅢをとっている．N_2 は地球の大気の最大の成分であるが，反応性に乏しいので有用性には限りがある．そのため生物圏の窒素要求は窒素固定の過程でもたらされる．したがって，生物学（ならびに科学技術）における大きな課題の一つは，N_2 を還元して取込み必要不可欠な窒素化合物とすることである．

図B15・1に窒素サイクル（窒素循環）を示す．このサイクルは，還元された窒素を含む化合物を供給して容易に利用できるようにするための一連の酸化還元反応とみなすことができる．この反応では酵素が触媒として作用する．微生物はほとんどすべてが無機物の形の窒素を互いに変換する役割を担っている．このような変換の触媒となる酵素は活性部位に Fe, Mo, Cu をもつ．窒素サイクルの酵素は§26・13で議論されている．窒素固定の酵素系は嫌気性条件で機能し，O_2 は速やかにかつ不可逆的に酵素を壊す．それにもかかわらず，窒素固定は好気性細菌でも起こる．ある種の高等植物では，窒素固定細菌は植物中の制御された環境，たとえば根粒といったO_2濃度の低い状態で生息している．植物は光合成で生じる還元状態の炭素化合物を細菌に供給し，細菌は固定された窒素を植物に与える．

生物学的な窒素固定には $-0.3\,\mathrm{V}$ 以下の還元電位が必要である．生体系では還元電位が -0.4 から $-0.5\,\mathrm{V}$ である還元型フェレドキシンならびにフラビンタンパク質が容易に利用できる（第27章）．これらの電位から窒素固定は熱力学的には可能であることがわかるが，速度論的にはそうではない．N_2 の還元における速度論的な障壁は明らかに，N_2 からアンモニアへの変換において酵素が結合した中間体をつくる必要があることに基づいている．生物は代謝エネルギーを利用して，N_2 固定の過程における重要な中間体をつくりだす．このエネルギーはアデノシン三リン酸（ATP）が加水分解してアデノシン二リン酸（ADP）と無機リン酸塩（P_i）に変換される際に得られるもので，$\Delta_r G^\ominus \approx -31\,\mathrm{kJ\,mol^{-1}}$ である．N_2 の還元には1分子の N_2 当たり16分子のATPが使われる．窒素固定の能力をもつ生物のほとんどは，利用可能な固定された窒素源（アンモニア，硝酸塩，亜硝酸塩）があればそれを用い，その場合，精巧な窒素固定系の反応は抑えられる．

窒素がいったん還元されると，生物は窒素を有機分子中に取込み，そこで窒素は細胞内の生合成経路に入り込む．生物が死に至りバイオマスが減少するときには，有機窒素化合物は分解し，条件に応じて NH_3 あるいは NH_4^+ の形で窒素を環境に放出する．

増加し続ける人口とその合成肥料への依存性は，窒素サイクルに多大な影響を及ぼしてきた．アンモニア合成はハーバー・ボッシュ法（§25・12）で行われるが，これにより地球上の生命にとって利用可能な固定された窒素が増えることになる．固定された窒素のうち3分の1から半分が，自然界の過程ではなく工業や農業の過程で生じている．アンモニアそのものに加えて，硝酸塩が工業的にアンモニアから製造され，肥料に使われている．アンモニアと硝酸塩は肥料として窒素サイクルに入り，自然のサイクルを構成するすべての箇所で窒素を増加させる．自然界において窒素が存在する領域は，過剰に窒素が入ってくることを受け入れることができない．そのような条件下では，硝酸塩や亜硝酸塩が地下水の不要な成分として堆積したり，湖，湿地，河川の三角州，海岸の地域の富栄養化を招いたりする．

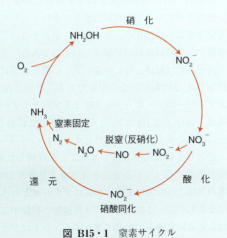

図 B15・1　窒素サイクル

めリン酸水素塩が配合肥料の重要な成分となる．生産されるリン酸の約90％が肥料の製造に使われる．また，リンは，骨や歯(主としてリン酸カルシウム)，細胞膜(脂肪酸のリン酸エステル)，DNAやRNAといった核酸，さらには生命体のエネルギー伝達の単位であるアデノシン三リン酸(ATP)の重要な成分である(§26・2)．ホスフィンPX_3は広く使われている配位子である(§7・1)．

ヒ素は集積回路やレーザーのような固体素子のドーパントとして用いられる．GaAs は 13-15 族 (Ⅲ-Ⅴ族) 半導体 (§13・18) であり，ケイ素より電子の移動度が高く，耐熱性に優れている．GaAs は携帯電話や衛星に応用されている．また，太陽電池や光学窓に利用される．As はよく知られた毒物であるが，同時にニワトリ，ネズミ，ヤギ，ブタには必須の微量元素であって，ヒ素が不足すると成長が抑制される (BOX 15・3)．また，As_2O_3 は抗白血病剤として用いられる (§27・1)．

アンチモンは半導体産業で赤外検出器や発光ダイオードの製造に用いられる．合金としても利用され，その場合，より強く硬い製品が得られる．酸化アンチモンは塩素化炭化水素系難燃剤の活性を高めるために用いられる．ここでは，酸化アンチモンが，ハロゲン化したラジカルの生成を促進する．

p-ブロック元素で族を下方に行くときに見られる一般的傾向のとおり，PからBiに至ると+5に比べて+3の酸化状態が安定になる．このため，Bi^V化合物は有効な酸化剤となる．ビスマス化合物の他のおもな用途は医学の分野である(§27・3)．次サリチル酸ビスマス$HOC_6H_4CO_2BiO$は抗生物質と併用して，消化性潰瘍治療薬となる．酸化ビスマス(Ⅲ)は痔核用クリームに含まれる．

この構造は，リンの電気陰性度が中程度 ($\chi_P = 2.06$) であることと相まって，P_4 がほどよい電子供与体配位子である可能性を示している．事実，d-ブロック金属と P_4 との錯体が知られている．

問題 15・1 (a) 図15・2 に示したビスマスの構造の単位に対してルイス構造を考えよ．このひだ状に折れ曲がった構造は VSEPR モデルと一致するか．(b) VSEPR モデルを用いて N_2 の結合の特徴を予想し，これを用いて窒素の性質を説明せよ．

15・6 窒素の活性化

要点 工業的なハーバー・ボッシュ法でアンモニアをつくるには高温，高圧が必要である．アンモニアは肥料の主要成分であり，また重要な化学中間体である．

窒素は多くの化合物中に存在するが，N_2 それ自身は二つのN原子間の三重結合のため著しく反応性に乏しい．少数の強還元剤が室温で N_2 分子に電子を与えて N−N 結合を切ることができるが，この還元反応は非常に強い還元剤と極端な条件を必要とするのが普通である．この反応の最も重要な例は室温における金属リチウムとのゆっくりした反応で，この場合 Li_3N が生ずる．同様に，周期表中で Li の右下にある Mg が空気中で燃えると酸化物とともに窒化物が生成する．

N_2 の反応が遅いのはいくつかの要因の結果と考えられる．その一つは N≡N 三重結合の強さ，したがって，それを切るための活性化エネルギーが高いことである(窒素に同素体がないこともこの結合が強いことで説明される)．もう一つの要因は N_2 中の HOMO-LUMO ギャップが比較的大きいことで (§2・8b)，そのため N_2 分子は単純な電子移動酸化還元過程に対して安定である．第三の要因は N_2 の分極率が低いことである．求電子および求核置換反応では極性の高い遷移状態が関与することが多いが，N_2 の低分極率はこのような遷移状態をできにくくしている．

安価な窒素の活性化法，すなわち，窒素を有用な化合物へ変換する方法はきわめて望ましいものである．そのような方法があれば経済，特に資金の乏しい農業経済に著しい影響を与えるにちがいないからである．§15・10で詳しく論ずるハーバー・ボッシュ法によるアンモニアの生産では高温，高圧下で H_2 と N_2 とを Fe 触媒上で結合させる．最近の研究の多くは，N_2 を活性化するのにハーバー・ボッシュ法よりも経済的な方法を得ることを目指したもので，細菌が室温で行っている方法を大きなより所としている．窒素の NH_4^+ への触媒変換はニトロゲナーゼという金属酵素によるもので，この反応はマメ科植物の根粒中に見いだされる窒素固定細菌の内部で進行する．ニトロゲナーゼが Fe, Mo, S を含む活性部位においてこの反応を起こす機構

例題 15・1 P_4 の電子構造と化学を調べる

P_4 のルイス構造を描き，P_4 が配位子として働く可能性を論ぜよ．

解 §2・1で述べた規則に従い，ルイス構造を描く．全部で 4×5 = 20 の価電子がある．おのおののP原子が他の3個のP原子と単結合をつくると，これに使われる12個の電子は説明がつく．残りの電子は8個で，換言すれば各P原子は一組の孤立電子対をもつ (8)．

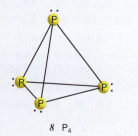

8 P_4

BOX 15・3 ヒ素化合物

"ヒ素化合物"(arsenical) はヒ素を含む化学物質の記述に使われる用語である．ヒ素とその化合物はきわめて毒性が強く，ヒ素化合物の応用はすべて，この広範囲の毒性に基づいている．

鉱物の鶏冠石やヒ石の形で存在する無機ヒ素化合物は，古代には潰瘍，皮膚病，ハンセン病の治療に用いられた．1900年代の初期に有機ヒ素化合物は梅毒の治療に有効であることがわかり，この領域の研究が増加した．この初期の治療方法は今ではペニシリンに取って代わられているが，有機ヒ素化合物は血液中の寄生虫が原因となって起こるトリパノソーマ症，すなわち睡眠病の治療に今日でも使われている．アルセノアミド $C_{11}H_{12}AsNO_5S_2$ は獣医学ではイヌに寄生するイヌシジョウチュウを処理する目的で用いられる．

アルサニル酸 $C_6H_8AsNO_3$ およびアルサニル酸ナトリウム $NaAsC_6H_8$ は抗生物質として使われ，家畜や家禽類の餌に入れてカビがはびこるのを防ぐ．別の強力な抗生物質は 10,10′-オキシビスフェノキシアルシン (OBPA) である．これはプラスチックの製造に広く用いられる．

ヒ素化合物は殺虫剤や除草剤としても利用される．メチルヒ酸一ナトリウム (MSMA) は綿や芝の収穫に際して，また，家庭の芝生の手入れにおいて雑草の繁茂を防ぐために用いられる．ヒ素を含む最初の殺虫剤はパリスグリーン(花緑青) $Cu(CH_3CO_2)_2\cdot 3Cu(AsO_2)_2$ で，1865年にコロラドハムシを駆除するために製造された．亜ヒ酸ナトリウム $NaAsO_2$ はバッタの繁殖を防ぐための毒餌や，家畜を寄生虫から守るための浸洗液として利用される．

無味無臭の As_2O_3 は，かつては一般的な毒薬であり，"相続薬"(inheritance powder) とまでよばれた．しかし，マーシュ試験(Marsh test) の方法が生み出され，はじめてヒ素の検出が可能となった．酸化ヒ素(Ⅲ) を硫酸および亜鉛と反応させると気体状のアルサンが発生する．

$$As_2O_3 + 6\,Zn + 6\,H_2SO_4 \longrightarrow 2\,AsH_3 + 6\,ZnSO_4 + 3\,H_2O$$

生じた AsH_3 に点火するとヒ素が生成する．ヒ素は黒色の粉末として確認することができる．

を対象とした研究はかなり多い．これに関連して1965年には金属の二窒素錯体が発見され，またほとんど同時にニトロゲナーゼには Mo が含まれることがわかった(§26・13)．このような研究の進展の結果，金属イオンが N_2 に配位して N_2 の還元を促進するような効果的な均一触媒ができるのではないかという明るい見通しが生まれた．実際にたくさんの N_2 錯体が合成されていて，ある場合には錯体の水溶液中に N_2 を通気するといった簡単な方法で N_2 錯体がつくられる．

$$[Ru(NH_3)_5(OH_2)]^{2+}(aq) + N_2(g) \longrightarrow [Ru(N_2)(NH_3)_5]^{2+}(aq) + H_2O(l)$$

N_2 が配位子として働くときの典型的な結合は，等電子的な CO 分子の場合のように，エンドオン結合 (9，§22・17) である．この Ru^{II} 錯体中の N–N 結合距離は遊離 N_2 分子中のものとほんのわずかしか違っていない．しかし，より還元性の強い中心金属に N_2 が配位する場合には N_2 の π^* 軌道中への電子密度の逆供与によって窒素–窒素結合が相当に長くなる．

室温，大気圧下における N_2 からアンモニアへの直接的な還元は，四座配位子であるトリアミドアミン $[(HIPTNCH_2CH_2)_3N]^{3-}$ を含むモリブデン触媒 (10) を用いて達成された[訳注: HIPT は hexa-iso-propyl-terphenyl の頭文字をとったもので，3,5-$(2,4,6$-$^iPr_3C_6H_2)_2C_6H_3$ を表す]．窒素は Mo 中心に配位し，プロトン源と還元剤が加えられると NH_3 に変換される．X線を用いた研究により，N_2 は立体的に保護されたモリブデンの位置で還元され，モリブデンは Mo^{III} と Mo^{VI} の間で変化を繰返すことが明らかになっている．

9 $[Ru(N_2)(NH_3)_5]^{2+}$

10 $[(HIPTNCH_2CH_2)_3N]MoN_2$

15・7 窒化物とアジ化物

窒素は他の元素と単純な二元系化合物を生じる．これらは窒化物とアジ化物に分類される．

(a) 窒化物

要点 窒化物は，塩類似窒化物，共有結合性窒化物，侵入型窒化物に分類できる．

金属窒化物は単体と窒素あるいはアンモニアとの直接の反応や，アミドの熱分解によってつくることができる．

$$6\,Li(s) + N_2(g) \longrightarrow 2\,Li_3N(s)$$
$$3\,Ca(s) + 2\,NH_3(l) \longrightarrow Ca_3N_2(s) + 3\,H_2(g)$$
$$3\,Zn(NH_2)_2(s) \longrightarrow Zn_3N_2(s) + 4\,NH_3(g)$$

NとH, O, ハロゲンとの化合物は別に扱う．

塩類似窒化物 (saline nitride) は窒化物イオン N^{3-} を含む化合物とみなすことができる．しかし，このイオンは高い負電荷をもっているので大きく分極しており（§1・7e），塩類似窒化物はかなり共有結合性をもっていると考えられる．塩類似窒化物はリチウムの窒化物 Li_3N や2族元素の窒化物 M_3N_2 である．

共有結合性窒化物 (covalent nitride) ではE-Nが共有結合であり，Nと結合している元素に依存して広範な性質が現れる．共有結合性窒化物の例は，窒化ホウ素 BN，シアノゲン $(CN)_2$，窒化リン P_3N_5，四窒化四硫黄 S_4N_4，二窒化二硫黄 S_2N_2 などである．これらの化合物は他の元素に関連した章や節で論じる．

窒化物の中で最も種類が多いのは，MN, M_2N, M_4N などの組成式をもつd-ブロック元素の**侵入型窒化物** (interstitial nitride) である．金属原子の立方最密充填あるいは六方最密充填格子において，N原子はすべてあるいは一部の八面体位置を占める．化合物は硬く不活性で，金属光沢と伝導性をもつ．これらは耐火物材料として広く利用され，るつぼ，高温反応容器，熱電対の鞘などに応用される．

窒化物イオン N^{3-} はd金属錯体の配位子として見いだされることが多い．窒化物イオンは負電荷が高く，かさが小さく，σ電子供与体ならびにπ電子供与体として効果的に作用する能力があるため，高酸化状態の金属を安定化することができる．配位結合している窒化物イオンと金属間の距離は短く，M≡Nと表されることが多い．錯体 [OsN(NH$_3$)$_5$]$^{2+}$ (**11**) が一つの例である．

(b) アジ化物

要点 アジ化物は毒性で不安定である．爆発物の起爆薬として使われる．アジ化物イオンは多くの金属錯体を形成する．

窒素が N_3^- として存在するアジ化物は，高温でナトリウムアミドを NO_3^- イオンあるいは N_2O で酸化すると合成できる．

$$3\,NH_2^- + NO_3^- \xrightarrow{175\,°C} N_3^- + 3\,OH^- + NH_3$$
$$2\,NH_2^- + N_2O \xrightarrow{190\,°C} N_3^- + OH^- + NH_3$$

アジ化物イオンのNの平均の酸化数は $-\frac{1}{3}$ である．このイオンは酸化二窒素 N_2O や CO_2 と等電子的であり，これら二つの分子のように直線形である．予想できるように強いブレンステッド塩基で，共役酸であるアジ化水素（ヒドラゾ酸）HN_3 の pK_a は 4.75 である．d-ブロックイオンに対するよい配位子でもある．しかし，$Pb(N_3)_2$ や $Hg(N_3)_2$ のような重金属の錯体や塩は衝撃に敏感な起爆薬であり，分解して金属と窒素を生じる．

$$Pb(N_3)_2(s) \longrightarrow Pb(s) + 3\,N_2(g)$$

NaN_3 のようなイオン性のアジ化物は熱力学的には不安定であるが，速度論的には不活性であり，室温で取扱うことができる．アジ化ナトリウムは毒性で防腐剤や害虫の駆除に使われる．アルカリ金属のアジ化物を加熱したり衝撃により起爆したりすると，爆発して N_2 を放出する．この反応は自動車のエアバッグの膨張に利用される．この場合，アジ化物の加熱は電気的な手段で行われる．

> **実例** 典型的なエアバッグは約 50 g の NaN_3 を含んでいる．常温，常圧（20 °C, 1.0 atm）でアジ化ナトリウムが爆発したときに発生する窒素の体積を計算するためには，分解反応 $2\,NaN_3(s) \rightarrow 2\,Na(s) + 3\,N_2(g)$ で生じる N_2 分子の量（物質量）を考える必要がある．生成する Na は KNO_3 と反応して，さらに N_2 を生じる．50 g のアジ化ナトリウムは 0.77 mol の NaN_3 を含み，ここから 1.2 mol の N_2 が発生する．この量は 20 °C, 1.0 atm で 28 dm^3 を占める．エアバッグは体積が限られているので，エアバッグ中の窒素の圧力は高くなり，乗員を防護することができる．

ポリ窒素カチオン N_5^+ (**12**) を含む化合物が N_3^- イオンや N_2F^+ イオンを含む化学種から合成されている．

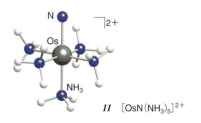

11 [OsN(NH$_3$)$_5$]$^{2+}$

12 N_5^+

たとえば，N_5AsF_6 は無水の HF 溶媒中で N_2FAsF_6 と HN_3 からつくられる．

$$N_2FAsF_6(sol) + HN_3(sol) \longrightarrow N_5AsF_6(sol) + HF(l)$$

この化合物は白色の固体で，250 ℃ 以上で爆発的に分解する．これは強力な酸化剤で，低温でも有機物質を発火させる．$(N_5)_2^{2+}$ の塩は無水 HF 中で N_5^+ の塩から複分解によってつくることができる．

$$2 N_5SbF_6(sol) + Cs_2SnF_6(sol) \longrightarrow$$
$$(N_5)_2SnF_6(sol) + 2 CsSbF_6(s)$$

生成物は白色の固体で，摩擦に対して敏感で 250 ℃ 以上で分解して N_5SnF_6 を生じる．生成物の N_5SnF_6 は 500 ℃ まで安定である．

15・8 リン化物

要点 リン化物には金属過剰もリン過剰もある．

リンと水素，酸素，ハロゲンとの化合物は別に論じる．他の元素のリン化物は不活性雰囲気中で赤リンと元素の単体とを加熱すると得られる．

$$n M + m P \longrightarrow M_nP_m$$

リン化物には多種類のものがあり，その組成は M_4P から MP_{15} まで変化する．これらには，M：P>1 である金属過剰リン化物，M：P=1 である一リン化物，M：P<1 であるリン過剰リン化物がある．金属過剰リン化物は通常きわめて不活性で，硬く，もろい耐火性の物質であり，高い電気伝導率と熱伝導率をもつ点でもともとの金属に似ている．構造は P 原子の周りに 6, 7, 8, 9 個の金属イオンがあり，三角柱の配列となっている (**13**)．一リン化物は金属原子の相対的な大きさに応じてさまざまな構造をとる．たとえば，AlP は閃亜鉛鉱型構造であり，SnP は塩化ナトリウム型構造，VP はヒ化ニッケル型構造をとる (§3・9)．リン過剰リン化物は融点が低く，金属過剰リン化物や一リン化物より不安定である．これらは導体というよりも半導体である．

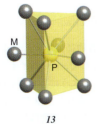

13

15・9 ヒ化物，アンチモン化物，ビスマス化物

要点 インジウムとガリウムのヒ化物とアンチモン化物は半導体である．

金属とヒ素，アンチモン，ビスマスの間にできる化合物は単体の直接の反応でつくられる．

$$Ni(s) + As(s) \longrightarrow NiAs(s)$$

13 族元素の In および Ga のヒ化物とアンチモン化物は半導体である．ヒ化ガリウム (GaAs) は最も重要で，集積回路，発光ダイオード，レーザーダイオードのような素子の作製に利用される．ヒ化ガリウムのバンドギャップはケイ素に近く，他の 13-15 族半導体のバンドギャップより大きい (表 13・5，§24・19)[†]．ヒ化ガリウムはケイ素より電子の移動度が大きく，素子の電気信号のノイズが少ないので，上記のような応用においてヒ化ガリウムはケイ素より優れている．ただし，ケイ素は安価であり，ケイ素のウェハーは GaAs より強度が強く加工が容易であるという点で，ケイ素は依然として GaAs より優位を保っている．また，ケイ素は GaAs と比べて環境上の問題も少ない．ヒ化ガリウムの集積回路は，通常，携帯電話，人工衛星の通信，レーダーシステムなどに利用される．

15・10 水素化物

すべての 15 族元素は水素と二元系化合物をつくる．EH_3 型の水素化物はすべて毒性である．窒素はまた，カテネーションを起こした水素化物であるヒドラジン N_2H_4 を生じる．

(a) アンモニア

要点 アンモニアはハーバー・ボッシュ法でつくられる．アンモニアは肥料や他の多くの有用な窒素含有化学薬品の製造に用いられる．

アンモニアは世界中でばく大な量が生産され，肥料としてや多くの化学薬品の製造における主要窒素源として使われている．すでに述べたように，地球規模での製造にはハーバー・ボッシュ法が利用されていて，この手法では N_2 と H_2 が高温 (450 ℃) かつ高圧 (100 atm) において，反応を促進する Fe 触媒上で直接結合する．

$$N_2(g) + 3 H_2(g) \longrightarrow 2 NH_3(g)$$

助触媒 (触媒の活性を高める化合物) は SiO_2，MgO，他の酸化物などである (§25・12)．反応は，速度論的に不活性な N_2 を活性化させるために高温で触媒存在下で行い，また，この作業温度では熱力学的に平衡定数が小さくなるので，それを克服するため高圧にしている．

[†] 訳注：ただし GaN などのバンドギャップは GaAs より大きい．

その当時(20世紀初頭)は未知の領域であった大規模な高圧技術から生じる化学的および工学的困難は新しい大問題であったため,その解決に対して二つのノーベル賞が授与されたほどである.賞の一つはこの化学的方法を開発した Fritz Haber に(1918年),もう一つはハーバー法を実行する最初のプラントを設計した化学技術者の Carl Bosch に与えられた(1931年).この方法は,ボッシュの功績をたたえて<u>ハーバー・ボッシュ法</u>(Haber-Bosch process)とよばれる.アンモニアは,肥料や多くの工業的に重要な窒素化合物など,たいていの窒素含有化合物の主要窒素源であるため,ハーバー・ボッシュ法が文明に及ぼした影響は大きい.この方法が開発される前は,肥料のおもな窒素源は,南アメリカで採掘され輸入された糞化石(鳥類の糞)や硝石であった.20世紀初頭にはヨーロッパ全土に飢饉が広がると予測されていたが,窒素系の肥料が広く行き渡ったために,この予測は現実のものとはならなかった.

アンモニアの沸点は −33°C で,同族の他の元素の水素化物よりも高い.これは広範な水素結合の影響を表している.液体アンモニアは,アルコール,アミン,アンモニウム塩,アミド,シアン化物のような溶質の非水溶媒として有効である.つぎの自己プロトリシス平衡で示されるように,液体アンモニア中での反応は水溶液中での反応に似ている.

$$2\,H_2O(l) \rightleftharpoons H_3O^+(aq) + OH^-(aq)$$
$$pK_w = 14.00\;(25\;°C)$$

$$2\,NH_3(l) \rightleftharpoons NH_4^+(am) + NH_2^-(am)$$
$$pK_{am} = 34.00\;(-33\;°C)$$

多くの反応は水溶液中での反応に類似している.たとえば,単純な酸塩基中和反応が次式のように起こる.

$$NH_4Cl(am) + NaNH_2(am) \rightleftharpoons NaCl(am) + 2\,NH_3(l)$$

アンモニアは水溶性の弱塩基である.

$$NH_3(aq) + H_2O(l) \rightleftharpoons NH_4^+(aq) + OH^-(aq)$$
$$pK_b = 4.75$$

アンモニウム塩の化学的性質は1族元素の塩,特に K^+ と Rb^+ の塩に非常によく似ている.これらの塩は水に可溶で,NH_4Cl のような強酸との塩の水溶液は次式の平衡に基づき酸性を示す.

$$NH_4^+(aq) + H_2O(l) \rightleftharpoons H_3O^+(aq) + NH_3(aq)$$
$$pK_a = 9.25$$

アンモニウム塩は加熱すると容易に分解し,ハロゲン化物,炭酸塩,硫酸塩といった多くの塩では分解によりアンモニアが発生する.

$$NH_4Cl(s) \longrightarrow NH_3(g) + HCl(g)$$
$$(NH_4)_2SO_4(s) \longrightarrow 2\,NH_3(g) + H_2SO_4(l)$$

NO_3^-,ClO_4^-,$Cr_2O_7^{2-}$ のようにアニオンが酸化力をもつ場合,NH_4^+ は N_2 や N_2O に酸化される.

$$NH_4NO_3(s) \longrightarrow N_2O(g) + 2\,H_2O(g)$$

硝酸アンモニウムを強熱したり起爆したりすると,2 mol の $NH_4NO_3(s)$ から 7 mol の気体分子が生じる.これは約 200 cm³ から約 140 dm³ への体積増加,すなわち 700 倍の体積増加に相当する.

$$2\,NH_4NO_3(s) \longrightarrow 2\,N_2(g) + O_2(g) + 4\,H_2O(g)$$

この性質のため硝酸アンモニウムは火薬として利用される.硝酸塩の肥料は炭酸カルシウムや硫酸アンモニウムと混ぜて安定化することが多い.リン酸塩は植物の栄養素であるので,硫酸アンモニウムと,リン酸水素アンモニウム $NH_4H_2PO_4$ および $(NH_4)_2HPO_4$ も肥料として用いられる.過塩素酸アンモニウムはロケット推進の固体燃料に含まれ,酸化剤として働く.

(b) ヒドラジンとヒドロキシルアミン

<u>要点</u> ヒドラジンはアンモニアより弱い塩基で,2種類の塩を生成する.

ヒドラジン N_2H_4 は発煙性で無色の液体で,アンモニアと同様の臭いがある.液体である範囲は水と似ている (2~114°C).このことから水素結合の存在が示唆される.液相においてヒドラジンは N−N 結合の周りで<u>ゴーシュ</u>(gauche) 配置をとる(**14**).

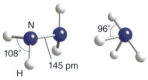

14 ヒドラジン,N_2H_4

ヒドラジンは<u>ラシヒ法</u>(Raschig process)で製造される.ここでは希薄水溶液中でアンモニアと次亜塩素酸ナトリウムが反応する.反応は何段階かを経て進むが,つぎのように単純化できる.

$$NH_3(aq) + NaOCl(aq) \longrightarrow NH_2Cl(aq) + NaOH(aq)$$
$$2\,NH_3(aq) + NH_2Cl(aq) \longrightarrow N_2H_4(aq) + NH_4Cl(aq)$$

競合する副反応があり,副反応では d 金属イオンが触媒として働く.

$$N_2H_4(aq) + 2\,NH_2Cl(aq) \longrightarrow N_2(g) + 2\,NH_4Cl(aq)$$

ゼラチンを反応混合物に添加すると d 金属イオンがゼラチンと錯体をつくるので,d 金属イオンを反応から除外することができる.このようにしてつくられたヒドラジンの希薄水溶液は蒸留によりヒドラジン水和物 $N_2H_4 \cdot H_2O$ の濃厚溶液に変わる.この生成物はヒドラジンより安価で液

相の温度範囲が広いので，実用的にはこちらの方が好んで用いられる．水和物を固体の NaOH や KOH のような乾燥剤の存在下で蒸留するとヒドラジンが得られる．

ヒドラジンはアンモニアより弱い塩基である．

$$N_2H_4(aq) + H_2O(l) \rightleftharpoons N_2H_5^+(aq) + OH^-(aq)$$
$$pK_{b1} = 7.93 \ (pK_{a2} = 6.07)$$

$$N_2H_5^+(aq) + H_2O(l) \rightleftharpoons N_2H_6^{2+}(aq) + OH^-(aq)$$
$$pK_{b2} = 15.05 \ (pK_{a1} = -1.05)$$

ヒドラジンは酸 HX と反応して 2 種類の塩 N_2H_5X と $N_2H_6X_2$ を生じる．

ヒドラジンとそのメチル誘導体 CH_3NHNH_2 および $(CH_3)_2NNH_2$ のおもな用途はロケット燃料である．ヒドラジンは発泡剤としても用いられ，ボイラーの水をヒドラジンで処理すると溶存酸素が捕獲され，管の酸化が防止される．N_2H_4 と $N_2H_5^+$ はともに還元剤で，貴金属の単離に利用される．

例題 15・2　ロケット燃料を見積もる

ヒドラジン N_2H_4 とジメチルヒドラジン $N_2H_2(CH_3)_2$ はロケット燃料として使われる．つぎのデータを用い，熱力学的にどちらが有効な燃料かを示せ．

	$\Delta_f H^\ominus / (kJ \ mol^{-1})$
$N_2H_4(l)$	+50.6
$N_2H_2(CH_3)_2(l)$	+42.0
$CO_2(g)$	-394
$H_2O(g)$	-242

解　(標準)燃焼エンタルピーを計算することによって，どちらの燃焼反応が多くの熱を発生するかを見積もる必要がある．燃焼反応は

$$N_2H_4(l) + O_2(g) \longrightarrow N_2(g) + 2H_2O(g)$$
$$N_2H_2(CH_3)_2(l) + 4O_2(g) \longrightarrow$$
$$N_2(g) + 4H_2O(g) + 2CO_2(g)$$

である．この反応(この場合，燃焼)のエンタルピーは

$$\Delta_c H^\ominus = \sum_{生成物} \Delta_f H^\ominus - \sum_{反応物} \Delta_f H^\ominus$$

から計算できて，N_2H_4 が $-535 \ kJ \ mol^{-1}$，$N_2H_2(CH_3)_2$ が $-1798 \ kJ \ mol^{-1}$ となる．ロケット燃料を選択する際の重要な因子は比エンタルピー(燃焼エンタルピーを燃料の質量で割ったもの)で，この値は N_2H_4 が $-16.7 \ kJ \ g^{-1}$，$N_2H_2(CH_3)_2$ が $-30.0 \ kJ \ g^{-1}$ である．よって，大量に使う場合でも $N_2H_2(CH_3)_2$ の方がよい燃料である．

問題 15・2　精製された炭化水素と液体水素もロケット燃料として用いられる．これらの燃料よりもジメチルヒドラジンが優位なのはどういう点か．

ヒドロキシルアミン NH_2OH (15) は無色で吸湿性の固体で，融点が低い (32 ℃)．普通は塩あるいは水溶液の形で用いる．ヒドロキシルアミンはアンモニアやヒドラジンより弱い塩基である．

$$NH_2OH(aq) + H_2O(l) \rightleftharpoons NH_3OH^+(aq) + OH^-(aq)$$
$$pK_b = 8.18$$

15　ヒドロキシルアミン, NH_2OH

無水ヒドロキシルアミンは，塩酸ヒドロキシルアミンの 1-ブタノール溶液にナトリウムブトキシド NaC_4H_9O (NaOBu) を添加してつくることができる．生成した NaCl は，沪過によって除き，ヒドロキシルアミンは沪液にエーテルを加えて沈殿させる．

$$[NH_3OH]Cl(sol) + NaOBu \longrightarrow$$
$$NH_2OH(sol) + NaCl(s) + BuOH(l)$$

ヒドロキシルアミンのおもな実用的用途は，ナイロン製造の中間体であるカプロラクタムの合成である．

(c) ホスフィン，アルサン，スチバン

要点　液体のホスフィン，アルサン，スチバンは，液体アンモニアと違って，水素結合で会合していない．これらのアルキルおよびアリール類似体は，はるかに安定で，有用な軟らかい配位子である．

アンモニアが窒素の化学で主導的な役割を演ずるのとは対照的に，15 族中で窒素より重い非金属元素の水素化物(特にホスフィン PH_3 とアルサン AsH_3)はきわめて有害で，それぞれの元素の化学に占める重要性は小さい．ホスフィンとアルサンは，いずれも，半導体工業においてケイ素のドーピングや，化学蒸着で GaAs のような半導体化合物をつくるのに使われている．ホスフィンやアルサンのような水素化物は，生成ギブズエネルギーが正なので，熱分解反応が進行する．

PH_3 を工業的につくる方法は塩基性溶液中における黄リンの不均化である．

$$P_4(s) + 3OH^-(aq) + 3H_2O(l) \longrightarrow$$
$$PH_3(g) + 3H_2PO_2^-(aq)$$

アルサンおよびスチバンは，ヒ素またはアンチモンと結合した電気的に陽性な金属を含む化合物のプロトリシスによって合成することができる．

$$Zn_3E_2(s) + 6\,H_3O^+(aq) \longrightarrow 2\,EH_3(g) + 3\,Zn^{2+}(aq) + 6\,H_2O(l)$$
$$(E = As, Sb)$$

ホスフィンとアルサンは，空気中で容易に発火する有毒な気体であるが，それらの有機誘導体である PR_3 や AsR_3 (R はアルキルまたはアリール基) ははるかに安定で，金属の配位化学において配位子として広く使われている．アンモニアやアルキルアミン配位子が硬い電子供与体の性質をもつのに対して，$P(C_2H_5)_3$ や $As(C_6H_5)_3$ のような有機ホスフィンや有機アルサンは軟らかい配位子である．したがって，それらは，低酸化状態の中心金属原子をもつ金属錯体中に組込まれることが多い．この錯体の安定度は，低酸化状態の金属の軟らかい電子受容体の性質および，軟らかい電子供与体と軟らかい電子受容体との結合の安定度と，相関関係がある (§4・9)．

15族の水素化物はすべて三方錐形であるが，族の下の方ほど結合角が減少する．

NH_3　106.6°　　PH_3　93.6°　　AsH_3　91.8°　　SbH_3　91.3°

結合角が大きく変化するのは，NH_3 から SbH_3 に至ると sp^3 混成軌道の広がりが減少するためと考えられてきたが，立体的な効果も大きい．E-H 結合の電子対は互いに反発する．この反発は NH_3 のように中心の元素 E が小さいと最大になり，四面体に近い構造において H 原子はなるべく互いに遠ざかろうとする．族の下方において中心の原子が大きくなると結合電子対間の反発が減少し，結合角は 90°に近くなる．

PH_3, AsH_3, SbH_3 では，それぞれの分子同士の間の水素結合は仮にあったとしてもごくわずかであることが図 10・6 の沸点から明白である．しかし，PH_3 および AsH_3 は HI のような強酸によってプロトン化することができ，これによってホスホニウムイオン PH_4^+ やアルソニウムイオン AsH_4^+ が生じる．

15・11　ハロゲン化物

すべての15族元素は少なくとも1種類のハロゲンと三ハロゲン化物をつくる．リン，ヒ素，アンチモンは安定な五ハロゲン化物を生成する．

(a)　ハロゲン化窒素

要点　NF_3 を除けば，窒素の三ハロゲン化物の安定性は限られていて，三ヨウ化窒素はきわめて爆発性である．

三フッ化窒素 NF_3 は窒素の二元系ハロゲン化合物の中では生成に伴いエネルギーが発生する唯一の化合物で，この三方錐形分子の反応性はあまり高くはない．たとえば NH_3 と違って，NF_3 はルイス塩基ではないが，それは電気陰性度の高い F 原子が孤立電子対を使えなくしているからである．NH_3 の N-H 結合の極性が $^{\delta-}N-H^{\delta+}$ であるのに対し，NF_3 中の N-F 結合では $^{\delta+}N-F^{\delta-}$ である．三フッ化窒素は，つぎの反応によって N^V 化合物である NF_4^+ にすることができる．

$$NF_3(l) + 2\,F_2(g) + SbF_3(l) \longrightarrow [NF_4^+][SbF_6^-](sol)$$

三塩化窒素 NCl_3 は生成に際して大きなエネルギーを吸収する化合物で，爆発しやすい黄色の油性液体である．この物質は塩化アンモニウム水溶液の電気分解によって工業的につくられる．このようにしてできた気体はかつて小麦粉の酸化漂白剤として利用されていた．窒素と塩素の電気陰性度は等しく，N-Cl 結合はほとんど極性がない．三臭化窒素 NBr_3 は爆発性で深赤色の油状物質である．三ヨウ化窒素 NI_3 は爆発性の固体である．窒素は臭素やヨウ素より電気陰性度が大きく，N-X 結合は $^{\delta-}N-X^{\delta+}$ のように極性を帯びる．形式的には N の酸化数は -III，ハロゲンの酸化数は I である．

(b)　重い元素のハロゲン化物

要点　窒素のハロゲン化物の安定性は限られているが，窒素より重い同族体は広範囲のハロゲン化物をつくる．三ハロゲン化物および五ハロゲン化物は，複分解によるハロゲン化物イオンの置換によって誘導体を合成するのに有用な出発物質である．

窒素を除く15族元素の三ハロゲン化物および五ハロゲン化物は合成化学において広く利用されている．それらの実験式は簡単だが，その裏に秘められている構造化学は興味深かつ変化に富んでいる．

三ハロゲン化物の範囲は，PF_3 (沸点 -102 ℃) や AsF_3 (沸点 63 ℃) のような気体や揮発性液体から BiF_3 (融点 649 ℃) のような固体にまで及んでいる．これらに共通の合成法は，対応する元素の単体とハロゲンとの直接反応である．リンの場合には三塩化リンとフッ化物との複分解で三フッ化リンが合成される．

$$2\,PCl_3(l) + 3\,ZnF_2(s) \longrightarrow 2\,PF_3(g) + 3\,ZnCl_2(s)$$

三塩化物 $PCl_3, AsCl_3, SbCl_3$ はプロトリシスや複分解を起こしやすいので，種々のアルキル，アリール，アルコキシ，アミノ誘導体の合成における有用な出発物質である．

$$ECl_3(sol) + 3\,EtOH(l) \longrightarrow E(OEt)_3(sol) + 3\,HCl(sol)$$
$$(E = P, As, Sb)$$

$$ECl_3(sol) + 6\,Me_2NH(sol) \longrightarrow E(NMe_2)_3(sol) + 3[Me_2NH_2]Cl(sol)$$
$$(E = P, As, Sb)$$

三フッ化リン PF_3 はいくつかの点で CO に似ているので興味ある配位子である．CO 分子と同じように PF_3 は弱い σ 供与体だが強い π 受容体で，カルボニル錯体に類似の PF_3 錯体が存在する．たとえば，$[Ni(PF_3)_4]$ は $[Ni(CO)_4]$ の類似体である（§22・18）．この π 受容体の性質は，P–F 反結合性 LUMO によるものである．この LUMO は，主として P の p 軌道の性質をもっている．また，三ハロゲン化物はトリアルキルアミンやハロゲン化物のようなルイス塩基に対して穏やかなルイス酸として作用する．たくさんのハロゲン化物錯体が単離されていて，たとえば $AsCl_4^-$ (**16**) や SbF_5^{2-} (**17**) のような簡単な単核化合物や，ハロゲン化物イオンで橋かけされた複雑な二核アニオンや多核アニオンが知られている．後者の例は重合した鎖 $\{[BiBr_3]^{2-}\}_n$ で，この鎖の中では Bi^I が Br 原子のゆがんだ八面体で囲まれている．

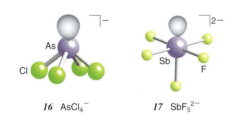

16 $AsCl_4^-$　　　**17** SbF_5^{2-}

五ハロゲン化物には PF_5（沸点 −85 ℃）や AsF_5（沸点 −53 ℃）のような気体から PCl_5（162 ℃ で昇華）や BiF_5（融点 154 ℃）のような固体までがある．これら五配位の気体分子は三方両錐形である．PF_5 や AsF_5 とは対照的に SbF_5 は粘性がきわめて高い液体で，F 原子橋かけによって分子が会合している．固体の SbF_5 中ではこれらの橋かけによって環状の四量体 (**18**) ができている．これは Sb^V に六配位をとる傾向があることを反映している．

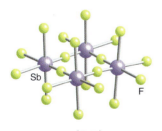

18 $(SbF_5)_4$

これに関連した現象が PCl_5 にも見られて，この物質は固体状態では $[PCl_4^+][PCl_6^-]$ として存在する．この場合，Cl^- イオンを一つの PCl_5 分子から他の PCl_5 分子へ移動させる駆動力になっているのは，イオン化によって格子エンタルピーが有利になることである．PCl_5 単位に比べて PCl_4 と PCl_6 単位の方が効率よく充填できることがさらに別の要因かもしれない．P, As, Sb, Bi の五フッ化物は強いルイス酸である（§4・6）．SbF_5 はきわめて強いル

イス酸で，たとえばアルミニウムのハロゲン化物よりもはるかに強い．SbF_5 や AsF_5 を無水 HF に加えると，<u>超酸</u>（superacid）が生じる（§4・14 参照）．

$$SbF_5(l) + 2 HF(l) \longrightarrow H_2F^+(sol) + SbF_6^-(sol)$$

五塩化物の中で，PCl_5 と $SbCl_5$ は安定であるが，$AsCl_5$ は非常に不安定である．この違いは交番現象の現れである（§9・2c）．$AsCl_5$ が不安定であるのは，3d 電子による遮蔽が弱いために有効核電荷が増加し，これが "d–ブロック収縮" と As の 4s 軌道のエネルギーの低下を招くからである．この結果，4s 電子を励起して $AsCl_5$ を生成するのが困難になる．

P および Sb の五ハロゲン化物は合成で非常に有用である．五塩化リン PCl_5 は実験室や工場において合成の出発物質として広く用いられている．その特性反応のいくつかを図 15・5 に示す．たとえば，PCl_5 とルイス酸との反応では PCl_4^+ の塩が，F^- のような簡単なルイス塩基との反応では PF_6^- のような六配位錯体が，NH_2 基をもつ化合物との反応では PN 結合が，そして H_2O または P_4O_{10} との相互作用ではどちらも $O=PCl_3$ が生成する．

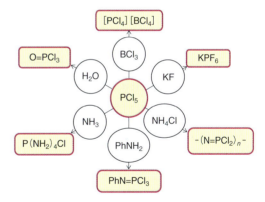

図 15・5　五塩化リンの利用

15・12　ハロゲン化酸化物

要点　ハロゲン化ニトロシルおよびハロゲン化ニトロイルは効果的なハロゲン化剤である．ハロゲン化ホスホリルは有機リン化合物誘導体の合成において工業的に重要である．

窒素はすべてのハロゲンに対してハロゲン化ニトロシル NOX およびハロゲン化ニトロイル NO_2X を生じる．ハロゲン化ニトロシルと NO_2F は，それぞれハロゲンと NO あるいは NO_2 との直接反応でつくられる．

$$2 NO(g) + Cl_2(g) \longrightarrow 2 NOCl(g)$$
$$2 NO_2(g) + F_2(g) \longrightarrow 2 NO_2F(g)$$

これらはすべて反応性に富む気体で，フッ化酸化物と塩化

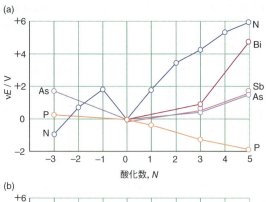

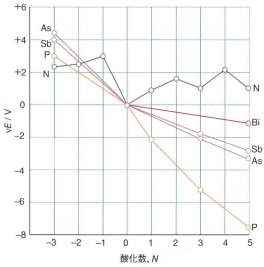

図 15・6 （a）酸性溶液および（b）塩基性溶液における窒素族元素のフロスト図〔訳注：ここでは酸化数をアラビア数字で表記．〕

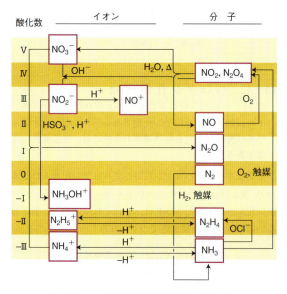

図 15・7 重要な窒素化合物間の相互変換

酸化物は有用なフッ素化剤および塩素化剤である．

リンは，室温での三ハロゲン化物 PX_3 と O_2 との反応により，容易にハロゲン化ホスホリルの $POCl_3$ や $POBr_3$ を生成する．同様にフッ化ホスホリルとヨウ化ホスホリルは，$POCl_3$ と金属フッ化物あるいは金属ヨウ化物との反応で下式のようにつくられる．

$$POCl_3(l) + 3\,NaF(s) \longrightarrow POF_3(g) + 3\,NaCl(s)$$

ハロゲン化ホスホリル分子はすべて四面体形で P=O 結合を含んでいる．POF_3 は気体，$POCl_3$ は無色の液体，$POBr_3$ は褐色の固体，POI_3 は紫色の固体である．これらはすべて加水分解を受けやすく，空気中で発煙し，ルイス酸と付加物をつくる．これらの化合物から有機リン化合物が合成できる．有機リン化合物は可塑剤，石油への添加剤，殺虫剤，界面活性剤への利用を目的として大量生産されている．たとえば，ハロゲン化ホスホリルとアルコールやフェノールとの反応では $(RO)_3PO$ が得られ，グリニャール試薬（§12・13）との反応では R_nPOCl_{3-n} が生成する．

$$3\,ROH(l) + POCl_3(l) \longrightarrow (RO)_3PO(sol) + 3\,HCl(sol)$$
$$n\,RMgBr(sol) + POCl_3(sol) \longrightarrow$$
$$R_nPOCl_{3-n}(sol) + n\,MgBrCl(s)$$

15・13 窒素の酸化物とオキソアニオン

要点 窒素–窒素化合物の反応で N_2 を放出または消費する反応は，常温および pH=7 では一般にきわめて遅い．

酸性水溶液中における 15 族元素の化合物の酸化還元の性質は，図 15・6 に示すフロスト図から推論することができる．図の右端における線の急な傾斜から，元素の +5 酸化状態の還元に対する熱力学的傾向がわかる．たとえば Bi_2O_5 はきわめて強い酸化剤である可能性をもっている．それは不活性電子対効果ならびに Bi^V が Bi^{III} になろうとする傾向と一致している．Bi_2O_5 のつぎに強い酸化剤は NO_3^- である．As^V および Sb^V はともにより穏やかな酸化剤で，リン酸の形での P^V は著しく弱い酸化剤である．

窒素は大気圏，生物圏，工場，実験室に広く存在しているので，その酸化還元特性は重要である．また，窒素の化学は大層複雑であるが，それは一つには窒素が多数の酸化状態を取りうるためであるとともに，熱力学的には有利な反応の速度がしばしば遅かったり，反応物質によって大きく変化したりするためである．N_2 分子は速度論的に不活性なので，N_2 を消費するような酸化還元反応は遅い．さらに，N_2 の生成も常に遅く，水溶液中では N_2 の生成が起こらないことが多い（図 15・7）．p-ブロックのいくつかの他の元素の場合と同じように，NO_3^- のような高い酸化状態のオキソアニオンの反応に対する障壁は，NO_2^- のよ

15・13 窒素の酸化物とオキソアニオン 495

表 15・2 窒素の酸化物

酸化数	化学式	名称(俗称)	構造(気相)	性　質
I	N_2O	一酸化二窒素 (亜酸化窒素)	 119 pm	無色の気体，あまり反応性ではない
II	NO	一酸化窒素 (酸化窒素)	 115 pm	無色で反応性の常磁性気体
III	N_2O_3	三酸化二窒素	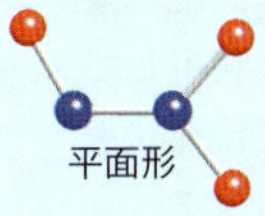 平面形	青い液体（融点 $-100\,°C$）， 気相中で NO と NO_2 に解離する
IV	NO_2	二酸化窒素	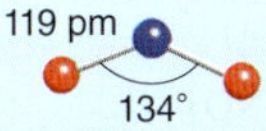 119 pm 134°	茶色で反応性の常磁性気体
IV	N_2O_4	四酸化二窒素	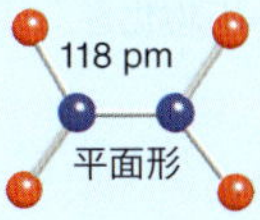 118 pm 平面形	無色の液体（融点 $-11\,°C$）， 気相中で NO_2 と平衡を保つ
V	N_2O_5	五酸化二窒素	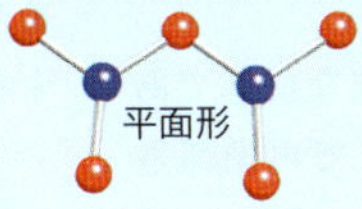 平面形	無色で不安定な結晶性のイオン固体 （昇華点 $32\,°C$）$[NO_2][NO_3]$

うに低い酸化状態のオキソアニオンの反応に対する障壁よりも大きい．また，pH が低いとオキソアニオンの酸化力が高くなる（§5・6）ことを覚えておくべきである．pH が低いとプロトン化のためにオキソアニオンによる酸化反応が促進されることも多い．プロトン化によって NO 結合の切断が起こりやすくなると考えられる．

窒素酸化物の性質のいくつかを表 15・2 に，窒素のオキソアニオンについては表 15・3 に要約しておく．この二つの表はこれらの化合物の性質を順に詳しく見ていく手助けになるであろう．

表 15・3 窒素のオキソイオン

酸化数	化学式	名称(俗称)	構造	性　質
I	$N_2O_2^{2-}$	ビス(オキシド硝酸) (N-N)(2-)イオン (次亜硝酸イオン)	 $2-$	通常，還元剤として作用
III	NO_2^-	ジオキシド硝酸(1-)イオン (亜硝酸イオン)	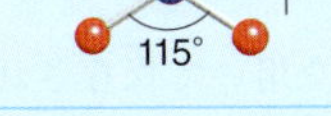 124 pm 115° $-$	弱塩基，酸化剤および還元剤として作用
III	NO^+	オキシド窒素(1+)イオン (ニトロソニウムイオン) (ニトロシルカチオン)	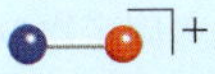 $+$	酸化剤でルイス酸，π 受容体配位子
V	NO_3^-	トリオキシド硝酸(1-)イオン (硝酸イオン)	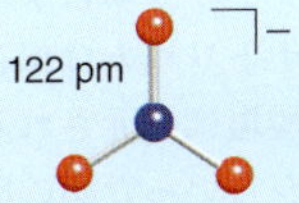 122 pm $-$	きわめて弱い塩基，酸化剤
V	NO_2^+	ジオキシド窒素(1+)イオン (ニトロイルカチオン)	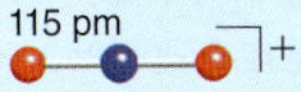 115 pm $+$	酸化剤，ニトロ化剤，ルイス酸

(a) 窒素(V)の酸化物とオキソアニオン

要点 硝酸イオンは室温では強い酸化剤であるが反応速度が遅い．強酸性にして加熱すると反応が速くなる．

N^V の最も普通の原料は硝酸 HNO_3 である．硝酸は主要な工業薬品で，肥料，爆薬，広範囲の窒素含有化学薬品の製造に用いられる．硝酸はオストワルト法を改良した方法でつくられるが，この方法では，N_2 をまず完全に還元された化合物である NH_3 にしてから，つぎにそれを高度に酸化された化合物の HNO_3 にする間接的な経路を利用している．すなわち，窒素をハーバー・ボッシュ法で酸化状態 -3 の NH_3 に還元してから $+4$ の酸化状態へ酸化する．

$$4\,NH_3(g) + 7\,O_2(g) \longrightarrow 6\,H_2O(g) + 4\,NO_2(g)$$
$$\Delta_r G^{\ominus} = -308.0\,kJ\,(mol\,NO_2)^{-1}$$

つぎに NO_2 を水中で温度を上げて N^{II} と N^V とへ不均化させる．

$$3\,NO_2(aq) + H_2O(l) \longrightarrow 2\,HNO_3(aq) + NO(g)$$
$$\Delta_r G^{\ominus} = -5.0\,kJ\,(mol\,HNO_3)^{-1}$$

これら二つの段階はいずれも熱力学的に有利な反応である．副生物である NO は O_2 で NO_2 に酸化して再循環させる．このような間接経路を使う理由は，N_2 の NO_2 への直接酸化は $\Delta_r G^{\ominus}(NO_2,g) = +51\,kJ\,mol^{-1}$ であって熱力学的に不利な反応だからである．この反応でエネルギーが吸収される理由は主として $N\equiv N$ 結合がきわめて強い（$950\,kJ\,mol^{-1}$）ことにある．

標準電位のデータは NO_3^- イオンがまずまず強い酸化剤であることを示唆しているが，希薄な酸溶液中ではこのイオンの反応は遅いのが普通である．NO 結合の切断は O 原子のプロトン化によって促進される．したがって，NO_3^- がプロトン化しているような濃硝酸では，HNO_3 が完全に脱プロトンしているような希硝酸に比べて反応が速やかに進行する．また熱力学的にも，硝酸イオンは pH が低いときの方が強い酸化剤である．濃硝酸が黄色になるのはその酸化力の現れで，濃硝酸は NO_2 への分解に関して不安定であることを示している．

$$4\,HNO_3(aq) \longrightarrow 4\,NO_2(aq) + O_2(g) + 2\,H_2O(l)$$

この分解は光や熱によって促進される．

NO_3^- イオンの還元反応で単一の生成物ができるのはまれである．その理由は，窒素はたくさんの低酸化状態をとることができるからである．たとえば，亜鉛のような強い還元剤は希 HNO_3 のかなりの部分を -3 の酸化状態にまで還元することができる．

$$HNO_3(aq) + 4\,Zn(s) + 9\,H^+(aq) \longrightarrow$$
$$NH_4^+(aq) + 3\,H_2O(l) + 4\,Zn^{2+}(aq)$$

亜鉛よりも弱い還元剤，たとえば銅では，濃い酸の中で酸化状態 $+4$ にまでしか反応が進まない．

$$2\,HNO_3(aq) + Cu(s) + 2\,H^+(aq) \longrightarrow$$
$$2\,NO_2(g) + Cu^{2+}(aq) + 2\,H_2O(l)$$

希薄な酸では $+2$ の酸化状態が有利になって NO が生成する．

$$2\,NO_3^-(aq) + 3\,Cu(s) + 8\,H^+(aq) \longrightarrow$$
$$2\,NO(g) + 3\,Cu^{2+}(aq) + 4\,H_2O(l)$$

王水 (aqua regia) は濃硝酸と濃塩酸の混合物で，分解生成物である $NOCl$ と Cl_2 が存在するため黄色を呈する．これらの揮発性の生成物が生じると王水はその能力を失う．

$$HNO_3(aq) + 3\,HCl(aq) \longrightarrow NOCl(g) + Cl_2(g) + 2\,H_2O(l)$$

"aqua regia" はラテン語で "王者の水" を意味し，金や白金のような貴金属を溶かす能力をもつことから錬金術師からこうよばれた．金は濃硝酸に非常にわずかではあるが溶解する．王水中では存在する Cl^- イオンが生成した Au^{3+} イオンと即座に反応して $[AuCl_4]^-$ を生じる．これにより，酸化反応の生成系から Au^{3+} が除かれる．

BOX 15・4 肉の保存処理における亜硝酸塩の役割

何世紀にもわたって肉は食塩を用いて保存されてきた．食塩によって肉から水分が抜け，細菌の繁殖に不可欠な湿気が失われる．この処理方法の副産物の一つは，なかには赤みを帯びて独特の味になる肉があることで，これは，食塩に微量含まれる硝酸ナトリウムによる現象であることがわかっている．硝酸ナトリウムは保存処理の最中に細菌の作用によって亜硝酸塩に還元される．今日ではベーコン，ハム，ソーセージといった類の肉の保存処理には亜硝酸ナトリウムが使われている．

亜硝酸塩はボツリヌス中毒の発症を遅らせ，酸敗の進行を抑え，香辛料の風味を保つ．亜硝酸塩は一酸化窒素に変わり，一酸化窒素は，保存処理を行っていない肉の天然の赤色を担う色素であるミオグロビンと結合する．ミオグロビン—一酸化窒素錯体は深赤色で，保存処理された肉に典型的な鮮やかなピンク色の色合いを生み出す．亜硝酸塩とミオグロビンの反応は，ベーコンでたまに見られる緑がかった色の原因にもなる．これは亜硝酸塩やけ (nitrite burn) とよばれ，ミオグロビンのヘム基が亜硝酸塩によってニトロソ化すると起こる．

$$\text{Au(s)} + \text{NO}_3^-(\text{aq}) + 4\,\text{Cl}^-(\text{aq}) + 4\,\text{H}^+(\text{aq}) \longrightarrow$$
$$[\text{AuCl}_4]^-(\text{aq}) + \text{NO(g)} + 2\,\text{H}_2\text{O(l)}$$

硝酸の無水物は N_2O_5 である．これは結晶性固体で，より正確には $[NO_2^+][NO_3^-]$ の組成をもち，硝酸を P_4O_{10} で脱水すると得られる．

$$4\,\text{HNO}_3(\text{l}) + \text{P}_4\text{O}_{10}(\text{s}) \longrightarrow 2\,\text{N}_2\text{O}_5(\text{s}) + 4\,\text{HPO}_3(\text{l})$$

この固体は 32℃ で昇華し，気体状の分子は解離して NO_2 と O_2 を生じる．この化合物は強い酸化剤で，硝酸の無水塩合成に用いることができる．

$$\text{N}_2\text{O}_5(\text{s}) + \text{Na(s)} \longrightarrow \text{NaNO}_3(\text{s}) + \text{NO}_2(\text{g})$$

例題 15・3 N^V, As^V および Bi^V の安定性における傾向を関連づける

N^V, As^V および Bi^V の化合物は，それらの間にある二つの元素の +5 酸化状態のものよりも強い酸化剤である．この事実を周期表中の傾向と関連づけよ．

解 先に第 9 章で論じた周期表におけるいくつかの傾向を考える必要がある．p-ブロック中の軽い元素は，周期表中でそのすぐ下にある元素よりも電気陰性度が高い．したがって，これらの軽い元素は一般に酸化されにくく，このためよい酸化剤である．窒素は正の酸化状態では一般によい酸化剤である．As^V 化合物は P や Sb の同様の化合物よりもかなり不安定である．これは交番現象によるもので，As では 3d 電子の小さい遮蔽効果のために Z_{eff} が大きくなっていることがその原因である．ビスマスは電気陰性度が窒素よりもはるかに低いが，不活性電子対効果によって +5 よりも +3 の酸化状態をとりやすい．

問題 15・3 リンまたは硫黄のどちらがより強い酸化剤かを周期表中の傾向から決定せよ．

(b) 窒素(IV) および窒素(III) の酸化物とオキソアニオン
要点 窒素の中間酸化状態は不均化することが多い．

窒素(IV) の酸化物は，茶色の NO_2 ラジカルと無色の二量体 N_2O_4 (四酸化二窒素) との平衡混合物として存在する．

$$\text{N}_2\text{O}_4(\text{g}) \rightleftharpoons 2\,\text{NO}_2(\text{g}) \quad K = 0.115\,(25\,℃)$$

N_2O_4 (**19**) が解離しやすいのは，N_2O_4 中の N-N 結合が長くまた弱いことに整合しており，これは不対電子の占めている分子軌道が N 原子に局在しているのではなく，NO_2 の三つの原子すべてにほぼ均等に広がっていることに起因する．この構造は等電子であるシュウ酸イオン $C_2O_4^{2-}$ と対照的である．$C_2O_4^{2-}$ では CO_2^- において電子は C 原子に大きく片寄っているので，C-C 結合が強い．

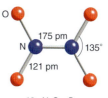

19 N_2O_4, D_{2h}

酸化窒素(IV) は有毒な酸化剤で，大気中，特に光化学スモッグ中に低濃度で存在する．塩基性水溶液中では N^{III} と N^V とに不均化して NO_2^- および NO_3^- イオンを生ずる (図 15・6).

$$2\,\text{NO}_2(\text{aq}) + 2\,\text{OH}^-(\text{aq}) \longrightarrow$$
$$\text{NO}_2^-(\text{aq}) + \text{NO}_3^-(\text{aq}) + \text{H}_2\text{O(l)}$$

オストワルト法の場合のような酸性溶液中での反応生成物は N^{III} の代わりに N^{II} であるが，これは亜硝酸が容易に不均化するからである．

$$3\,\text{HNO}_2(\text{aq}) \longrightarrow \text{NO}_3^-(\text{aq}) + 2\,\text{NO(g)} + \text{H}_3\text{O}^+(\text{aq})$$
$$(E^{\ominus} = +0.056\,\text{V}, K = 78)$$

亜硝酸 HNO_2 は下式のように強い酸化剤で，酸化剤としての反応は不均化よりも速い場合が多い (BOX 15・4).

$$\text{HNO}_2(\text{aq}) + \text{H}^+(\text{aq}) + \text{e}^- \longrightarrow \text{NO(g)} + \text{H}_2\text{O(l)}$$
$$(E^{\ominus} = +0.996\,\text{V})$$

亜硝酸による酸化反応の速度は酸によって増加するが，それは亜硝酸がニトロソニウムイオン NO^+ に変化する結果である．

$$\text{HNO}_2(\text{aq}) + \text{H}^+(\text{aq}) \longrightarrow \text{H}_2\text{NO}_2^+(\text{aq})$$
$$\longrightarrow \text{NO}^+(\text{aq}) + \text{H}_2\text{O(l)}$$

ニトロソニウムイオンは強いルイス酸で，アニオンやその他のルイス塩基と速やかに錯体をつくる．たとえば，SO_4^{2-} との錯体 $[O_3SONO]^-$ (**20**) や F^- との錯体 ONF (**21**) の場合のように，これらの錯体はそれ自身酸化を受けるとは限らない．たとえば，HNO_2 と I^- とが反応すると INO が速やかに生成し，下式のようになる．

$$\text{I}^-(\text{aq}) + \text{NO}^+(\text{aq}) \longrightarrow \text{INO(aq)}$$

20 O_3SONO^- **21** ONF

ひき続いて INO 2 分子間の律速二次反応

$$2\,INO(aq) \longrightarrow I_2(aq) + 2\,NO(g)$$

が起こることを示す十分な実験的証拠がある．配位力の弱いアニオンを含むニトロソニウム塩，たとえば [NO][BF$_4$] は実験室において手軽な酸化剤ならびに NO$^+$ の源として有用な試薬である．

亜硝酸の無水物である三酸化二窒素 N$_2$O$_3$ は低温で青色の固体で，$-100\,°C$ で融解して青色の液体を生じる．液体は NO と NO$_2$ に分解する．

$$N_2O_3(l) \longrightarrow NO(g) + NO_2(g)$$

NO$_2$ が褐色であるため，分解が進むと液体は徐々に緑色を帯びてくる．

(c) 酸 化 窒 素 (II)

要点 一酸化窒素は強い π 受容体配位子であり，都市の大気の厄介な汚染物質である．この分子は神経伝達物質として働く．

酸化窒素(II)は O$_2$ と反応して NO$_2$ を生ずるが，気相中でのこの反応の速度式は NO について二次である．それは過渡的な二量体 (NO)$_2$ ができて，それがつぎに O$_2$ 分子と衝突するからである．この反応が二次反応であるために，石炭火力発電所や内燃機関が大気中に放出した低濃度の NO が NO$_2$ に変換する速度は遅い．

NO は生成に際してエネルギーを吸収する物質であるから，適当な触媒があれば，汚染物質である NO を発生源の所で自然な大気中の気体 N$_2$ および O$_2$ に変換することができるはずである．ゼオライト中の Cu$^+$ は NO の分解を触媒することが見いだされていて，その機構もかなりよくわかってきている．しかし，この触媒系は副生物としてダイオキシンを生じることが懸念されており，世界的には用いられていないところもある．

(d) 低酸化状態の窒素-酸素化合物

要点 一酸化二窒素は，速度論的な理由で反応性が低い．

一酸化二窒素 N$_2$O は反応性に乏しい無色の気体で，溶融硝酸アンモニウムの均等化でつくられる．この反応ではアンモニウムカチオンが硝酸アニオンで酸化されるが，爆発しないように注意しなければならない．

$$NH_4NO_3(l) \xrightarrow{250\,°C} N_2O(g) + 2\,H_2O(g)$$

標準電位によると N$_2$O は酸性および塩基性溶液中で強い酸化剤のはずである．

$$N_2O(g) + 2\,H^+(aq) + 2\,e^- \longrightarrow N_2(g) + H_2O(l)$$
$$E^\ominus = +1.77\,V\ (pH = 0)$$

$$N_2O(g) + H_2O(l) + 2\,e^- \longrightarrow N_2(g) + 2\,OH^-(aq)$$
$$E^\ominus = +0.94\,V\ (pH = 14)$$

しかし，速度論的な問題が大きく，この気体は室温では多くの試薬に対して反応性をもたない．

例題 15・4 窒素のオキソアニオンおよびオキソ化合物の酸化還元特性を比較する

つぎの比較を行え．(a) 酸化剤としての NO$_3^-$ と NO$_2^-$，(b) 還元剤としての N$_2$H$_4$ と H$_2$NOH．

解 図 15・6 に含まれる窒素のフロスト図を参照し，§5・13 で述べた解釈を用いればよい．(a) NO$_3^-$ と NO$_2^-$ はともに強い酸化剤である．NO$_3^-$ の反応は遅いことが多いが，酸性溶液中では一般に速くなる．NO$_2^-$ イオンの反応は一般に NO$_3^-$ の反応より速く，酸性溶液中ではもっと速くなる．これらの反応では，共通して中間体 NO$^+$ が確認されている．

(b) ヒドラジンとヒドロキシルアミンとはともによい還元剤であるが，塩基性溶液中ではヒドラジンの方が強い還元剤である．

問題 15・4 (a) NO$_2$, NO, N$_2$O の空気中における酸化されやすさを比較せよ．(b) ヒドラジンおよびヒドロキシルアミンの合成に用いる反応を要約せよ．これらの反応を一番よく表すには電子移動過程とするのがよいか，あるいは求核置換とするのがよいか．

15・14 リン，ヒ素，アンチモン，ビスマスの酸化物

要点 リンの酸化物には P$_4$O$_6$ や P$_4$O$_{10}$ がある．これらはいずれも T_d 対称をもつかご形化合物である．ヒ素からビスマスへと行くにつれて，+5 の酸化状態が +3 に還元されやすくなる．

リンは酸化リン(V) P$_4$O$_{10}$ や酸化リン(III) P$_4$O$_6$ を生じる．1 個，2 個，3 個の O 原子が末端原子として P 原子に結合しているような中間組成のものを単離することもできる．これらの二つの酸化物は水和してそれぞれ対応する酸を生ずる．すなわち，P^V 酸化物からはリン酸 H$_3$PO$_4$ が，P^{III} 酸化物からはホスホン酸 H$_3$PO$_3$ ができる．§4・3 で述べたように，ホスホン酸では H 原子の一つが直接 P 原子に結合している．したがって，これは二塩基酸で，OPH(OH)$_2$ と表す方がよい．

酸化リン(V) の安定性が高いのとは対照的に，ヒ素，アンチモン，ビスマスは酸化数 III の酸化物，特に As$_2$O$_3$, Sb$_2$O$_3$, Bi$_2$O$_3$ をつくりやすい．気相中では，ヒ素(III) およびアンチモン(III) の酸化物の分子式は E$_4$O$_6$ で，その構造

は P_4O_6 と同じ四面体形である．ヒ素，アンチモン，ビスマスも酸化状態 +5 の酸化物をつくるが，Bi^V の酸化物は不安定で，その構造は決定されていない．これもまた不活性電子対効果の現れの一つである．

15・15 リン，ヒ素，アンチモン，ビスマスのオキソアニオン

要点 P^I，P^{III}，P^V の化学種で重要なオキソアニオンは，それぞれ，ホスフィン酸イオン $H_2PO_2^-$，ホスホン酸イオン HPO_3^{2-}，リン酸イオン PO_4^{3-} である．酸化状態が低い方の二つのオキソアニオンには P–H 結合があり，きわめて還元性であることは注目に値する．また，リン(V)は O で橋かけされた一連のポリリン酸塩も生成する．N^V とは対照的に P^V の化学種は強酸化性ではない．As^V は P^V よりも容易に還元される．

表 15・4 中のラチマー図からわかるように，単体の P および P^V 以外のリン化合物の大部分は強い還元剤である．黄リンは塩基性溶液中でホスフィン PH_3 (酸化数 −III) とホスフィン酸イオン (酸化数 I) とに不均化する (図 15・6)．

$$P_4(s) + 3\,OH^-(aq) + 3\,H_2O(l) \longrightarrow PH_3(g) + 3\,H_2PO_2^-(aq)$$

表 15・4 リンのラチマー図

	+5		+4		+3		+1		0		−3
酸性溶液:	H_3PO_4	−0.93 →	$H_4P_2O_6$	+0.38 →	H_3PO_3	−0.50 →	H_3PO_2	−0.51 →	P	−0.06 →	PH_3
			−0.28				−0.50				
塩基性溶液:	PO_4^{3-}		−1.12 →		HPO_3^{2-}	−1.57 →	$H_2PO_2^-$	−2.05 →	P	−0.89 →	PH_3
						−1.73					

表 15・5 リンのオキソアニオン

酸化数	化学式	名称(俗称)	構造	性質
I	$H_2PO_2^-$	ジヒドリドジオキシドリン酸(1−)イオン (ホスフィン酸イオン)	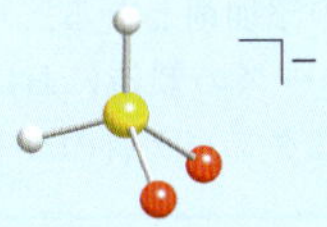	手軽な還元剤
III	HPO_3^{2-}	ヒドリドトリオキシドリン酸(2−)イオン (ホスホン酸イオン)	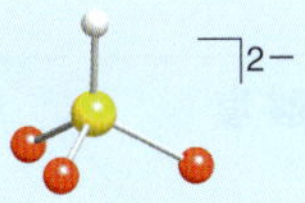	手軽な還元剤
IV	$P_2O_6^{4-}$	ビス(トリオキシドリン酸)(P–P)(4−)イオン (次亜二リン酸イオン)	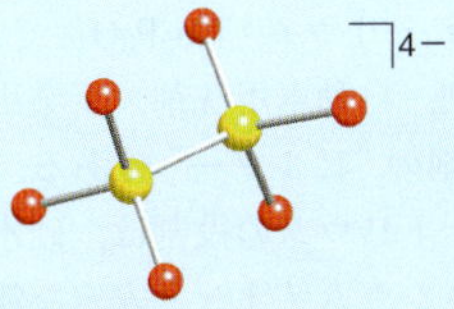	塩基性
V	PO_4^{3-}	テトラオキシドリン酸(3−)イオン (リン酸イオン) (オルトリン酸イオン)	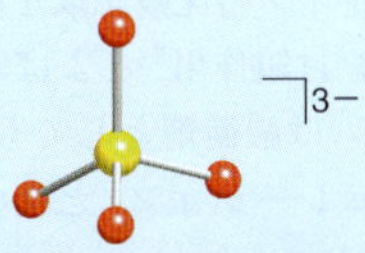	強塩基性
V	$P_2O_7^{4-}$	μ-オキシド-ビス(トリオキシドリン酸)(4−)イオン (二リン酸イオン)	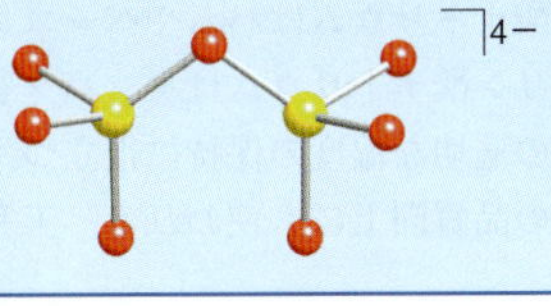	塩基性，鎖がもっと長い類似体が知られている

表 15・5 によく見られる P のオキソアニオン (BOX 15・5) をいくつかあげておく．ここで注目すべき点は，これらの構造中における P 原子の環境はほぼ四面体であることと，ホスフィン酸アニオンやホスホン酸アニオン中には P–H 結合があることである．HPO_3^{2-} やアルコキソホスフィンを含む各種の P^{III} オキソ酸およびオキソアニオンは，冷たい四塩化炭素溶液中のような穏やかな条件下で塩化リン(III) をソルボリシス (加溶媒分解) することによってうまく合成することができる．

$$PCl_3(l) + 3H_2O(l) \longrightarrow H_3PO_3(sol) + 3HCl(sol)$$

$$PCl_3(l) + 3ROH(sol) + 3N(CH_3)_3(sol) \longrightarrow$$
$$P(OR)_3(sol) + 3[HN(CH_3)_3]Cl(sol)$$

$H_2PO_2^-$ や HPO_3^{2-} を用いる還元は速やかに進むのが普通である．この速やかな反応の工業的な応用の一つは，$H_2PO_2^-$ を用いて $Ni^{2+}(aq)$ イオンを還元して，物体の表面を金属 Ni で被覆することである．この方法を"無電解めっき"という．

BOX 15・5 リン酸塩と食品工業

リンはリン酸塩の形で生命に必須のものであり，リン酸塩肥料は骨，魚，糞化石の形で古代から利用されていた．リン酸塩工業は 19 世紀半ばに始まった．この頃，硫酸を用いて骨やリン酸塩鉱物を分解し，より利用しやすいリン酸塩を作製していた．さらに経済的な方法が開発され，リン酸とリン酸塩の工業的応用が多様化した．

世界で生産されるリン酸のほぼ 90% が肥料の合成に使われるが，ほかにもいくつかの応用がある．最も重要なものの一つは食品工業である．リン酸の希薄水溶液は無害で酸味をもつので，清涼飲料の酸味料，ジャムやゼリーの pH 調整剤，砂糖の精製剤として広く利用される．

リン酸塩とリン酸水素塩には食品工業における多くの応用がある．リン酸二水素ナトリウム NaH_2PO_4 は食物の栄養補助剤として動物飼料の添加剤となる．リン酸水素二ナトリウム Na_2HPO_4 はチーズの製造における乳化剤として利用される．この塩はタンパク質のカゼインと反応して脂肪と水が分離するのを防ぐ．カリウム塩はナトリウム塩より水溶性があり，高価でもある．リン酸水素二カリウム塩 K_2HPO_4 は抗凝固剤としてコーヒー用のクリームに添加する．二カリウム塩はタンパク質と相互作用して，コーヒーの酸によって凝固が起こることを防ぐ．リン酸二水素カルシウム一水和物 $Ca(H_2PO_4)_2 \cdot H_2O$ は，パン，ケーキミックス，ふくらし粉入りの調合済み小麦粉に膨張剤として加える．$NaHCO_3$ (重曹) と一緒にしておくとパンを焼く過程で CO_2 が発生し，同時に $Ca(H_2PO_4)_2 \cdot H_2O$ が小麦粉中のタンパク質と反応するのでパン生地や練り粉の弾性や粘性を調整できる．リン酸水素カルシウム二水和物 $CaHPO_4 \cdot 2H_2O$ の最大の用途は，フッ素無添加の練り歯磨きに含まれる研磨剤である．二リン酸カルシウム $Ca_2P_2O_7$ はフッ素入り練り歯磨きに用いられる．リン酸カルシウム $Ca_3(PO_4)_2$ は砂糖や塩の流動調整剤である．

BOX 15・6 ポリリン酸塩

最も広範に使われているポリリン酸塩は三リン酸ナトリウム (トリポリリン酸ナトリウム) $Na_5P_3O_{10}$ である．おもな用途は，家庭用洗剤，自動車用洗剤，工業用洗浄剤などに含まれる合成洗剤の"ビルダー"である．このような応用での三リン酸ナトリウムの役割は，硬水中のカルシウムイオンやマグネシウムイオンと安定な錯体をつくり，効率的にこれらのイオンの沈殿生成を防ぐことである．これは"金属イオン封鎖作用"とよばれる過程である．三リン酸ナトリウムは緩衝剤としても作用し，汚れの成分の凝結 (フロキュレーション) と土の粒子の再付着を防ぐ．

食品添加用の三リン酸ナトリウムはハムやベーコンの保存に利用される．三リン酸ナトリウムはタンパク質と相互作用して，保存中の適切な湿度の保持に役立つ．鶏肉や海産物の加工食品の品質向上にも使われる．工業用の三リン酸ナトリウムは，上述の金属イオン封鎖作用によって硬水軟化剤として用いられる．また，紙パルプ工業や織物工業でも使われ，セルロースの結合を切る役割を担う．

三リン酸カリウムは三リン酸ナトリウムより水によく溶け，また高価であり，液体洗剤に用いられる．いくつかの応用では三リン酸ナトリウムカリウム $Na_3K_2P_3O_{10}$ を用い，水溶性と価格の両者で妥協を図っている．

三リン酸塩の洗剤としての使用と藻類の過剰な成長や天然水の富栄養化とは因果関係がある．このため多くの国では三リン酸塩の使用を制限しており，家庭用洗剤での使用も減りつつある．しかし，リン酸塩は欠くことのできない肥料として今でも広く使われており，むしろ洗剤よりも多くの量が，農地からの雨水による流出で川や湖に流れ込んでいる．

$$\text{Ni}^{2+}(\text{aq}) + 2\,\text{H}_2\text{PO}_2^-(\text{aq}) + 2\,\text{H}_2\text{O}(\text{l}) \longrightarrow$$
$$\text{Ni}(\text{s}) + 2\,\text{H}_2\text{PO}_3^-(\text{aq}) + \text{H}_2(\text{g}) + 2\,\text{H}^+(\text{aq})$$

図 15・6 に示された窒素族元素のフロスト図は，水溶液中でも同じような傾向を示し，その酸化力の強さはつぎの順に従う（$\text{PO}_4^{3-} \ll \text{AsO}_4^{3-} \approx \text{Sb(OH)}_6^- < \text{Bi}^{\text{V}}$）．$\text{AsO}_4^{3-}$ が動物に毒なのは，熱力学的に還元される傾向をもっていて，また速度論的にも還元されやすいためと思われる．すなわち，As^{V} は AsO_4^{3-} の形で PO_4^{3-} と同様の性質を示しやすく，細胞中に取込まれる可能性がある．細胞内では，AsO_4^{3-} は PO_4^{3-} と違って As^{III} の状態に還元され，それが毒物として働くと考えられる．その毒性は As^{III} が硫黄含有アミノ酸に対して親和力をもつことに起因するものであろう．ある種の細菌は Mo を補因子として含む亜ヒ酸オキシダーゼという酵素を生成し，これが As^{III} を As^{V} に変換することで As^{III} による毒性を軽減している．

15・16 縮合リン酸塩

要点 リン酸の脱水により，多くの PO_4 単位から成る鎖状や環状の構造が生成する．

リン酸 H_3PO_4 を 200 ℃ 以上に加熱すると縮合が起こり，二つの隣接する PO_4^{3-} 単位の間に橋かけの P－O－P 結合が生じる（§4・5）．この縮合の程度は加熱温度と加熱時間に依存する．

$$2\,\text{H}_3\text{PO}_4(\text{l}) \longrightarrow \text{H}_4\text{P}_2\text{O}_7(\text{l}) + \text{H}_2\text{O}(\text{g})$$
$$\text{H}_3\text{PO}_4(\text{l}) + \text{H}_4\text{P}_2\text{O}_7(\text{l}) \longrightarrow \text{H}_5\text{P}_3\text{O}_{10}(\text{l}) + \text{H}_2\text{O}(\text{g})$$

よって最も単純な縮合リン酸は $\text{H}_4\text{P}_2\text{O}_7$ である．工業的に最も重要な縮合リン酸塩は三リン酸ナトリウム $\text{Na}_5\text{P}_3\text{O}_{10}$ (**22**) である．これは洗濯用や食器洗い機用の洗剤や，その他の洗浄用の製品や水処理などに広く利用されている（BOX 15・6）．ポリリン酸塩は，多くのセラミックスの原料や食品添加剤としても用いられる．アデノシン三リン酸 (ATP) のような三リン酸塩は生命活動においてきわめて重要である（§26・2）．

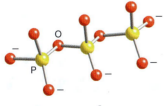

22 $\text{P}_3\text{O}_{10}^{5-}$

縮合リン酸塩の鎖の長さは，2 個の PO_4 単位の結合から，数千の構造単位から成る鎖をもつポリリン酸塩まで，広範囲である．二リン酸塩，三リン酸塩，四リン酸塩，五リン酸塩は単離されているが，縮合の程度がもっと大きいリン酸塩はつねに混合物として得られる．しかしながら，後者のような場合でも，平均の鎖の長さは高分子の分析に用いられる一般的な手法や滴定によって求められる．リン酸の三つの酸性度定数（訳注: 酸解離定数と同じ）が異なるのと同様に，ポリリン酸の 2 種類の OH 基の酸性度定数は違っている．1 分子当たり 2 個存在する末端の OH 基は弱酸性である．残りの OH 基は一つの P 原子当たり 1 個存在し，P 原子を介して OH 基の反対側に強い電子求引基である＝O 基が存在するため強い酸性を示す．弱酸と強酸のプロトンの比が平均の鎖の長さの目安になる．鎖の長いポリリン酸塩は粘度の高い液体またはガラスである．

> **例題 15・5** ポリリン酸の鎖の長さを滴定によって決定する
>
> ポリリン酸の試料を水に溶かし，希 NaOH 溶液で滴定した．二つの当量点が 16.8 cm³ と 28.0 cm³ で観察された．このポリリン酸塩の鎖の長さを決定せよ．
>
> **解** 2 種類の OH 基の比を決める必要がある．強酸性の OH 基が最初の 16.8 cm³ において当量点を迎え，二つの末端の OH 基が残りの 28.0 − 16.8 = 11.2 cm³ により滴定される．被滴定物質と滴定剤の濃度の関係は，一つの OH 基が 5.6 cm³ の滴定剤に相当することになるから（二つの OH 基の滴定に 11.2 cm³ が使われるので），1 分子当たり，(16.8 cm³)/(5.6 cm³) = 3 個の強酸性の OH 基が存在すると結論できる．二つの末端の OH 基をもち，さらに三つの OH 基をもつ分子は三リン酸塩である．

> **問 題 15・5** 塩基により滴定するとポリリン酸塩試料が 30.4 cm³ と 45.6 cm³ において終点を迎えた．鎖の長さを計算せよ．

NaH_2PO_4 を加熱し，水蒸気が抜けられるようにしておくと，*cyclo*-三リン酸アニオン $\text{P}_3\text{O}_9^{3-}$ (**23**) が生じる．この反応を閉鎖系で行うと生成するのはマッドレル塩 (Maddrell's salt) で，これは PO_4 単位の長い鎖状構造をもつ結晶性物質である．*cyclo*-四リン酸アニオン $\text{P}_4\text{O}_{12}^{4-}$ (**24**) は，P_4O_{10} を冷却した NaOH あるいは NaHCO_3 水溶液で処理すると得られる．

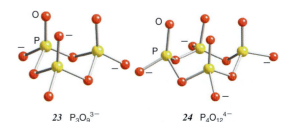

23 $\text{P}_3\text{O}_9^{3-}$ **24** $\text{P}_4\text{O}_{12}^{4-}$

15・17 ホスファゼン

要点: PN 化合物の範囲は広く,その中には環状および重合ホスファゼン類 $(PX_2N)_n$ が含まれている.ホスファゼンはきわめて柔軟なエラストマーをつくる.

リン-酸素化合物中の O 原子をアイソローバル[†1]な NR または NH 基で置き換えた類似体がたくさん存在している.たとえば P_4O_6 の類似体である $P_4(NR)_6$ (**25**) はその例である (§22・20c).そのほかに,OH または OR 基がアイソローバルな NH_2 または NR_2 基で置換された化合物もある.$P(OMe)_3$ の類似体である $P(NMe_2)_3$ はその一例である.さらに,PN の化学では,PN が構造の視点から SiO と等価であることを覚えておくと役に立つ.たとえば,R_2PN 単位 (**26**) をもつ鎖状や環状の各種のホスファゼン[†2]は R_2SiO 単位 (**27**) をもつシロキサン (§14・16) に類似している.

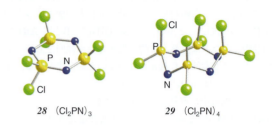

28 $(Cl_2PN)_3$ **29** $(Cl_2PN)_4$

通常 PPN^+ と略記される大きなカチオン,ビス(トリフェニルホスフィン)イミニウムカチオン $[Ph_3P=N=PPh_3]^+$ は大きなアニオンとの塩をつくるのにきわめて有用である.このカチオンの塩は,一般に,HMPA,ジメチルホルムアミド,さらにはジクロロメタンのような極性の非プロトン性溶媒に溶ける.

> **実例** PCl_5, NH_4Cl, $NaOCH_3$ から $[NP(OCH_3)_2]_4$ をつくるには,まず環状のクロロホスファゼンを合成する.
>
> $$4\,PCl_5 + 4\,NH_4Cl \xrightarrow{130\,°C} (Cl_2PN)_4 + 16\,HCl$$
>
> このクロロホスファゼンの Cl 原子はアルコキシドのような強いルイス塩基によって容易に置換されるので,これをつぎのように利用することができる.
>
> $$(Cl_2PN)_4 + 8\,NaOCH_3 \longrightarrow [(CH_3O)_2PN]_4 + 8\,NaCl$$

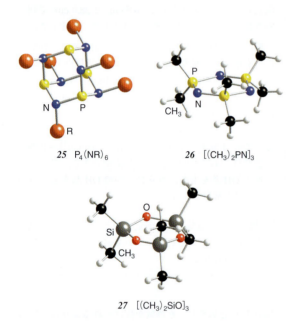

25 $P_4(NR)_6$ **26** $[(CH_3)_2PN]_3$

27 $[(CH_3)_2SiO]_3$

環状ジクロロホスファゼンは,もっと複雑なホスファゼンをつくるのによい出発物質で,容易に合成することができる.

$$n\,PCl_5 + n\,NH_4Cl \longrightarrow (Cl_2PN)_n + 4n\,HCl$$
$$n = 3\ \text{または}\ 4$$

クロロカーボン溶媒を用いると 130 °C 付近の温度では環状の三量体 (**28**) および四量体 (**29**) が生成する.この三量体を約 290 °C に加熱するとポリホスファゼンに変化する (BOX 15・7).三量体や四量体や重合体中の Cl 原子は他のルイス塩基で容易に置換される.

15・18 ヒ素,アンチモン,ビスマスの 有機金属化合物

ヒ素,アンチモン,ビスマスの有機金属化合物では,多くの場合,酸化状態が +3 か +5 である.元素の酸化状態

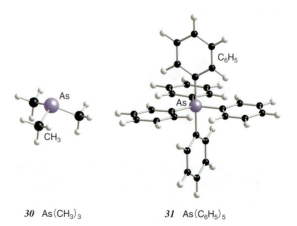

30 $As(CH_3)_3$ **31** $As(C_6H_5)_5$

---
†1 訳注: 二つの分子断片のフロンティア軌道の数,形および対称性,電子数が類似していれば,構造や反応性にも類似性があること.
†2 訳注: P=N 結合をもつ化合物をホスファゼンという.P が 3 価の場合と 5 価の場合がある.

> **BOX 15・7 ポリホスファゼンの生物医学的応用**
>
> 生分解性ポリマーは生体中では限られた時間しか存在しないので魅力的な生物医学的材料である．ポリホスファゼンは無害の副生物に分解し，P 原子上の置換基を変えることで物理的性質を変えられるので，生物医学的材料として非常に有用であることが実証されている．ポリホスファゼンは体内に人工物を埋め込む際の生体不活性な構造材料として使われる．たとえば，心臓の弁や血管を構成する構造材料や生体内での骨の再生を助ける生分解性の足場材料などである．後者の応用では，Ca^{2+} イオンと結合できるアルコキシ基を P-N 骨格に含んだ繊維状のポリホスファゼンが最適である．この高分子繊維は，患者の骨芽細胞(造骨細胞)と共存し，骨芽細胞が増殖し繊維の間の空間を占めるにつれて分解する．ポリホスファゼンは，この増殖の過程が進むにつれて一定の速度で加水分解し，また強度も保てるように設計されている．
>
> ポリホスファゼンは薬物送達(ドラッグデリバリー)システムでも利用される．生理活性分子をこの高分子構造中に捕獲するか，P-N 骨格に取込むと，高分子が分解する際に薬物が放出されることになる．高分子の骨格構造を変えれば分解速度は制御できるので，薬物送達の速度を調整できる．この方法で輸送される薬物にはシスプラチン，ドーパミン，ステロイドなどがある．
>
> $$(Cl_2PN)_n + 2n\, CF_3CF_2O^- \longrightarrow [(CF_3CF_2O)_2PN]_n + 2n\, Cl^-$$
>
> シリコーンゴムと同様に，ポリホスファゼンは低温でもゴム状態を保つ．これは，等電子構造の SiOSi 基で見られるのと同じように分子はらせん状になって，PNP 基が高い柔軟性を示すからである．

が $+3$ の化合物の例には $As(CH_3)_3$ (**30**)，$+5$ の状態の化合物の例には $As(C_6H_5)_5$ (**31**) がある．有機ヒ素化合物は細菌感染を防いだり，また除草剤や殺菌剤として一時広く利用された．しかし，それらの毒性が高いために，ヒ素の有機金属化合物にはもはや主要な市場利用価値はない．

(a) 酸化状態 +3

要点 15 族の有機金属化合物の安定性は，As>Sb>Bi の順に減少する．アリール化合物はアルキル化合物より安定である．

ヒ素(III)，アンチモン(III)，ビスマス(III) の有機金属化合物は，エーテル(et)溶媒中，グリニャール試薬，有機リチウム化合物，あるいは有機ハロゲン化物を用いて合成することができる．

$$AsCl_3(et) + 3\, RMgCl(et) \longrightarrow AsR_3(et) + 3\, MgCl_2(et)$$

$$2\, As(et) + 3\, RBr(et) \xrightarrow{Cu/\Delta} AsRBr_2(et) + AsR_2Br(et)$$

$$AsR_2Br(et) + R'Li(et) \longrightarrow AsR_2R'(et) + LiBr(et)$$

これらの化合物はすべて容易に酸化されるが，水に対しては安定である．一つの R 基に対して M-C 結合の強さは As>Sb>Bi の順に減少する．したがって，化合物の安定性も同じ順序となる．さらに，$(C_6H_5)_3As$ のようなアリール化合物は一般にアルキル化合物よりかなり安定である．ハロゲン置換の化合物 R_nMX_{3-n} がつくられ，構造や性質が調べられている．

15 族の有機金属化合物はすべてルイス塩基として働き，d 金属と錯体をつくる．塩基性は，As>Sb>Bi の順に減少する．アルキルアルサンおよびアリールアルサンの錯体は数多く合成されているが，スチバン錯体は少ししか知られていない．たとえば，diars[†] として知られている両座化合物 (**32**) は有用な配位子である．アリールアルサンおよびアルキルアルサンは軟らかい電子供与体の性質をもつので，軟らかい化学種である Rh^I, Ir^I, Pd^{II}, Pt^{II} との錯体がたくさんつくられている．しかし，硬さによる判断は近似的なものにすぎないから，より高い酸化状態にある金属のホスフィン錯体やアルサン錯体があっても不思議はない．たとえば，diars 配位子はパラジウムの珍しい酸化状態 $+4$ を安定化する (**33**)．

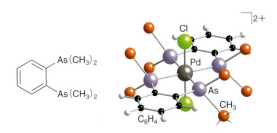

32 $C_6H_4[As(CH_3)_2]_2$, diars **33** $[PdCl_2(diars)_2]^{2+}$

diars の合成は，有機ヒ素化合物の合成においていくつか共通する反応のよい例である．その出発物質である $(CH_3)_2AsI$ は，グリニャール試薬やそれに類似のカルボアニオン試薬と AsI_3 との間の複分解ではうまくつくることができない．それは，有機基が緻密なものの場合，As 原子上の部分的な置換に対して，この反応が選択的ではない

[†] 訳注: 1,2-フェニレンビス(ジメチルアルサン)の配位子略号

からである．この反応の代わりに，ヒ素の単体にハロアルカン CH_3I を直接作用させて $(CH_3)_2AsI$ をつくることができる．

$$4 As(s) + 6 CH_3I(l) \longrightarrow 3 (CH_3)_2AsI(sol) + AsI_3(sol)$$

つぎの段階では $(CH_3)_2AsI$ へのナトリウムの作用を利用して $[(CH_3)_2As]^-$ をつくる．

$$(CH_3)_2AsI(sol) + 2 Na(sol) \longrightarrow Na[(CH_3)_2As](sol) + NaI(s)$$

つぎに，ここでできた強力な求核試薬 $[(CH_3)_2As]^-$ を用いて 1,2-ジクロロベンゼンの塩素を置換する．

エーテル中，5価の有機ヒ素化合物 R_5As を還元するか，有機ハロゲン化ヒ素化合物を Li と反応させると，ポリアルサン化合物 $(RAs)_n$ が得られる．

$$n \, RAsX_2(et) + 2n \, Li(et) \longrightarrow (RAs)_n(et) + 2n \, LiX(et)$$

As–As 結合は容易に切断されるので，R_2AsAsR_2 は非常に反応性に富む．この化合物は，酸素，硫黄，C=C 結合をもつ化学種と反応し，d 金属を含む化学種とは錯体を形成する．錯体中では，As–As 結合が切れるかもとのままの状態であるかのいずれかである．

6個までの単位が重合したポリアルサンが調べられている．ポリメチルアルサンは黄色で折れ曲がったパッカー配置の五員環 (**34**)，あるいは暗紫色のはしご状の構造 (**35**) として存在する．M–M 結合の強さは As > Sb > Bi の順に減少するので，ヒ素はカテネーションした有機金属化合物を形成するのに対し，ビスマスでは $R_2Bi-BiR_2$ のみが単離されている．

As, Sb, Bi は，M–C 単結合のみならず M=C 結合も形成する．よく調べられている化合物はアリール金属化合物で，金属原子はベンゼン環に似たヘテロ六員環の一部となる (**36**)．アルサベンゼン C_5H_5As は 200 °C まで安定で，スチバベンゼン C_5H_5Sb は単離できるが容易に重合し，ビスマベンゼン C_5H_5Bi は非常に不安定である．これらの化合物は典型的な芳香族の特徴を示すが，アルサベンゼンはベンゼンより 1000 倍反応性に富む．関連する化合物はアルソール，スチボール，ビスモール C_4H_4MH で，これらでは金属原子が五員環の一部を形成する (**37**)．

36 C_5H_5M

37 C_4H_5M

(b) 酸化状態 +5

要 点 テトラフェニルアルソニウムイオンは，その他の As^V の有機金属化合物をつくる出発物質である．

トリアルキルアルサンはハロアルカンに対して求核試薬として作用して，As^V を含むテトラアルキルアルソニウム塩を生成する．

$$As(CH_3)_3(sol) + CH_3Br(sol) \longrightarrow [As(CH_3)_4]Br(sol)$$

しかし，この形式の反応を用いてテトラフェニルアルソニウムイオン $[AsPh_4]^+$ をつくることはできない．それは，トリフェニルアルサンがトリメチルアルサンよりもはるかに弱い求核試薬だからである．その代わりにつぎの反応が合成に適している．

$$Ph_3As=O + PhMgBr \longrightarrow [AsPh_4]^+ Br^- + MgO$$

この反応は見慣れないものと思われるかもしれないが，As 原子上に付いている O^{2-} イオン（形式上は）を Ph^- アニオンが置換する結果，ヒ素が +5 の酸化状態のままでいるような化合物ができる複分解にすぎない．エネルギー的に非常に安定な化合物である MgO ができることもまたこの反応のギブズエネルギーに寄与していて，MgO の生成によって反応が正方向に駆動される．

テトラフェニルアルソニウム，テトラアルキルアンモニウム，テトラフェニルホスホニウムカチオンは，無機合成

34 $As_5(CH_3)_5$

35 $(AsMe)_n$

化学において，大きなアニオンを安定化するための大きなカチオンとして利用される．テトラフェニルアルソニウムイオンは，その他の As^V 有機金属化合物をつくる出発物質でもある．たとえば，テトラフェニルアルソニウム塩にフェニルリチウムを作用させると，As^V の化合物であるペンタフェニルヒ素 (**31**) が生成する．

$$[AsPh_4]Br(sol) + LiPh(sol) \longrightarrow AsPh_5(sol) + LiBr(s)$$

ペンタフェニルヒ素 $AsPh_5$ は，VSEPR モデルから予測されるように，三方両錐形である．われわれは，四方錐形構造と三方両錐形構造とではエネルギーが似ていることが多いことを見てきたが（§2・3），事実，$AsPh_5$ のアンチモン類似体 $SbPh_5$ は四方錐形である (**38**)．条件を注意深く制御して類似の反応を行わせると不安定な化合物 $As(CH_3)_5$ ができる．

38 $Sb(C_6H_5)_5$

参 考 書

R. B. King, "Inorganic Chemistry of Main Group Elements", John Wiley & Sons (1994).

D. M. P. Mingos, "Essential Trends in Inorganic Chemistry", Oxford University Press (1998). 構造と結合の視点からの無機化学の概観．

"Encyclopedia of Inorganic Chemistry", ed. by R. B. King, John Wiley & Sons (2005).

H. R. Allcock, "Chemistry and Applications of Polyphosphazenes", John Wiley & Sons (2002).

J. Emsley, "The Shocking History of Phosphorus: A Biography of the Devil's element", Pan (2001).

W. T. Frankenberger, "The Environmental Chemistry of Arsenic", Marcel Dekker (2001).

G. J. Leigh, "The World's Greatest Fix: A History of Nitrogen and Agriculture", Oxford University Press (2004).

N. N. Greenwood, A. Earnshaw, "Chemistry of the Elements", Butterworth-Heinemann (1997).

C. Benson, "The Periodic Table of the Elements and Their Chemical Properties", Kindle edition, MindMelder.com (2009).

練 習 問 題

15・1 15族の元素を列挙し，それぞれ，(a) 二原子気体，(b) 非金属，(c) 半金属（メタロイド），(d) 真の金属であるものを示せ．また，不活性電子対効果を示す元素を示せ．

15・2 水酸リン灰石（ヒドロキシアパタイト）から H_3PO_4 をつくる合成において，(a) 高純度のリン酸をつくる場合，(b) 肥料用のリン酸をつくる場合のそれぞれについて，各反応段階に対する完全な化学方程式を示せ．(c) これら二つの方法では価格に大差があることを説明せよ．

15・3 アンモニアは，(a) Li_3N の加水分解，または，(b) 高温，高圧における N_2 の H_2 による還元でつくることができる．適宜，N_2, Li, H_2 から出発して，各方法についての化学式を示せ．(c) 第二の方法の方が低価格であることを説明せよ．

15・4 式を用いて，NH_4NO_3 の水溶液が酸性になる理由を示せ．

15・5 一酸化炭素はよい配位子であり，毒性がある．等電子構造の N_2 分子が毒性をもたないのはなぜか．

15・6 普通に見られる窒素塩化物とリン塩化物とについて化学式と酸化状態の安定性とを比較，対照せよ．

15・7 VSEPR モデルを用いて，(a) PCl_4^+, (b) PCl_4^-, (c) $AsCl_5$ に対して考えられる構造を予測せよ．

15・8 つぎの各反応に対する化学方程式を示せ．
(a) 過剰の酸素による P_4 の酸化
(b) (a) の生成物と過剰の水との反応
(c) (b) の生成物と $CaCl_2$ 溶液との反応．生成物に名前を付けよ．

15・9 $NH_3(g)$ とその他適当に選んだ試薬とから出発して，つぎの物質を合成する化学方程式および条件を示せ．
(a) HNO_3 (b) NO_2^- (c) NH_2OH (d) N_3^-

15・10 $P_4O_{10}(s)$ の標準生成エンタルピーに対応する化学方程式を書け．反応物の構造，物理的状態 (s, l, g) および同素体を明記せよ．元素の最も安定な状態を基準状態とするという習慣からはずれている反応物があるか．

15・11 教科書を参照しないで，酸性溶液中でのリン（酸化状態 0 から +5）およびビスマス（酸化状態 0 から +5）に関するフロスト図の大体の形を描き，これら両元素の +3 および +5 酸化状態の相対的な安定性について論ぜよ．

15・12 NO_2^- による酸化反応は，pH を下げると一般に速くなるか遅くなるか．この反応の pH 依存性の機構を説明せよ．

15・13 同体積の一酸化窒素 (NO) と空気とを大気圧

下で混合すると迅速な反応が起こり NO_2 および N_2O_4 が生成する．しかし自動車排気ガス中の一酸化窒素は濃度が数 ppm 程度で，空気との反応は遅い．速度式と考えられる反応機構の観点からこの事実を説明せよ．

15・14 電極での窒素化合物の酸化還元反応はほとんどの場合遅いので，電気化学セル中でそれらの電位を測ることはできない．その代わりに，電気化学以外の熱力学データから酸化還元電位を決定しなければならない．$\Delta_f G^{\ominus}$(NH_3, aq) $= -26.5$ kJ mol^{-1} を用いて塩基性水溶液中における N_2/NH_3 系の標準電位を計算する方法を示せ．

15・15 つぎの試薬と PCl_5 との反応の化学方程式を記し，生成物の構造を示せ．
(a) 水 (1:1)　　(b) 過剰の水　　(c) $AlCl_3$
(d) NH_4Cl.

15・16 ^{31}P NMR を用いて PF_3 と POF_3 をどのように区別できるか説明せよ．

15・17 付録 3 のデータを使って，H_3PO_2 と Cu^{2+} との反応の標準電位を計算せよ．HPO_3^{2-} や $H_2PO_2^{-}$ は酸化剤または還元剤として有効か．

15・18 四面体形 P_4 分子は局在した 2c, 2e 結合によって記述することができる．骨格価電子の数を決定し，その結果から P_4 が *closo-*, *nido-*, *arachno-* (これらの用語は §13・11 で明記した) のどれであるかを決めよ．もし *closo-* でない場合には，1 個またはそれ以上の頂点を取去ると形式上 P_4 構造になるようなもとの *closo-* 多面体は何か．

15・19 A, B, C, D の化合物を示せ．

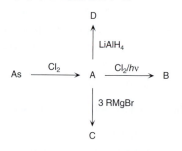

15・20 八面体形の $[AsF_4Cl_2]^{-}$ に対して可能な二つの幾何異性体を描き，それらが ^{19}F NMR によってどのように区別されるか説明せよ．

15・21 A, B, C, D, E に当てはまる窒素の化合物を示せ．

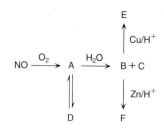

15・22 付録 3 のラチマー図を用い，酸性条件下で，N と P の化学種のうちどれが不均化するか判定せよ．

演習問題

15・1 一酸化窒素は生命系において重要な役割を担うことがわかっている．A. W. Carpenter と M. H. Schoenfisch によって著された論文 [*Chem. Soc. Rev.*, **41**, 3742(2012)] では NO の治療への応用が議論されている．主な応用について概観し，治療用の薬剤として気体状の NO を用いるときの欠点をまとめよ．医学上のさまざまな条件での NO による治療を可能にする NO 供与体の分子がどのようにして開発されてきたか説明せよ．

15・2 下水を処理して廃水中のリン酸塩の濃度を下げる方法を述べよ．実験室において水中のリン酸塩の濃度をモニターする方法を概説せよ．

15・3 五配位の窒素を含む化合物の性質が報告されている [A. Grohmann, J. Riede, H. Schmidbaur, *Nature*, **345**, 140 (1990)]．その化合物の，(a) 合成法および (b) 構造について述べ，(c) 結合を説明せよ．

15・4 二つの論文 [A. Lykknes, L. Kvittingen, 'ヒ素: 結局，それほど有害ではないのか？', *J. Chem. Educ.*, **80**, 497(2003) および J. S. Wang, C. M. Wai, '飲料水中のヒ素 —— 地球規模での環境問題', *J. Chem. Educ.*, **81**, 207 (2004)] は，ヒ素の毒性について相反する見解を示している．これらの文献を用い，ヒ素の有益な効果と有害な効果について批評せよ．

15・5 N. Tokitoh らが発表した論文 [*Science*, **277**, 78 (1997)] では Bi=Bi 二重結合を含む安定なビスムテンの合成と性質に関する説明がなされている．この化合物を合成するための化学反応式を記せ．立体的な保護に利用される基の名称を述べその構造を描け．生成物の単離はなぜ簡単なのか．この化合物の構造を決定するために使われた方法は何か．

15・6 Y. Zhang らによって著された論文 [*Inorg. Chem.*, **45**, 10446(2006)] ではポリホスファゼンの前駆体となるホスファゼンカチオンの合成について述べられている．ポリホスファゼンは環状 $(NPCl_2)_3$ の開環重合でつくられるが，この反応の開始剤がホスファゼンカチオンである．このカチオンの合成にどのようなルイス酸が使われたかを議論し，$(NPCl_2)_3$ の開環重合の反応機構を示せ．

15・7 論文'単一のモリブデン中心における二窒素のアンモニアへの触媒的還元' [*Science*, **301**, 76(2003)] において，D. V. Yandulov と R. R. Schrock は室温，大気圧下における窒素のアンモニアへの触媒的変換について述べている．この研究が工業的に重要となりうる理由を考察せよ．非生物学的な窒素の活性化の手法をまとめよ．

付録

1. イオン半径
2. 元素の電子的性質
3. 標準電位
4. 指標表
5. 対称適合軌道
6. 田辺・菅野ダイアグラム

付録 1 イオン半径

最も一般的な酸化状態と配位構造に対するイオン半径〔単位 ピコメートル (pm)〕をあげる．配位数は括弧内に示す．すべてのd-ブロック元素は記号 # を付けた化学種以外は低スピン状態で，記号 # の化学種の場合は高スピン状態の値を引用した．データのほとんどは R. D. Shannon, *Acta Cryst.*, **A32**, 751 (1976) から採用しており，この文献では他の配位構造の値も見ることができる．シャノンの値が知られていない場合にはポーリングのイオン半径を引用し，* で表した．

1	2	3	4	5	6	7	8	9	10	11	12	13	14	15	16	17	18
Li^+	Be^{2+}											B^{3+}	C^{4+}	N^{3-}	O^{2-}	F^-	Ne^+
59(4)	27(4)											11(4)	15(4)	146(4)	138(4)	131(4)	112*
76(6)	45(6)											27(6)	16(6)		140(6)	133(6)	
92(8)															142(8)		
														N^{3+}			
														16(6)			
Na^+	Mg^{2+}											Al^{3+}	Si^{4+}	P^{5+}	S^{2-}	Cl^-	Ar^+
99(4)	57(4)											39(4)	26(4)	17(4)	184(6)	181(6)	154*
102(6)	72(6)											54(6)	40(6)	29(5)			
118(8)	89(8)													38(6)			
														P^{3+}	S^{6+}	Cl^{7+}	
														44(6)	12(4)	8(4)	
															29(6)	27(6)	
														S^{4+}			
														37(6)			
K^+	Ca^{2+}	Sc^{3+}	Ti^{4+}	V^{5+}	Cr^{6+}	Mn^{7+}	Fe^{6+}	Co^{4+}	Ni^{4+}	Cu^{3+}	Zn^{2+}	Ga^{3+}	Ge^{4+}	As^{5+}	Se^{2-}	Br^-	Kr^+
137(4)	100(6)	75(6)	42(4)	36(4)	26(4)	25(4)	25(4)	40(4)	48(6)	54(6)	60(4)	47(4)	39(4)	34(4)	198(6)	196(6)	169*
138(6)	112(8)	87(8)	61(6)	54(6)	44(6)	46(6)		53(6)#			74(6)	62(6)	53(6)	46(6)			
151(8)			74(8)								90(8)						
			Ti^{3+}	V^{4+}	Cr^{5+}	Mn^{6+}	Fe^{4+}	Co^{3+}	Ni^{3+}	Cu^{2+}			Ge^{2+}	As^{3+}	Se^{6+}	Br^{7+}	
			67(6)	58(6)	49(6)	26(4)	59(6)	55(6)	56(6)	57(4)			73(6)	58(6)	28(4)	39(6)	
				72(8)						73(6)					42(6)		
			Ti^{2+}	V^{3+}	Cr^{4+}	Mn^{5+}	Fe^{3+}	Co^{2+}	Ni^{2+}	Cu^+					Se^{4+}		
			86(6)	64(6)	41(4)	33(4)	49(4)#	58(4)#	55(4)	60(4)					50(6)		
					55(6)		55(6)	65(6)	69(6)	77(6)							
							78(6)#	90(8)									
				V^{2+}	Cr^{3+}	Mn^{4+}	Fe^{2+}										
				79(6)	62(6)	39(4)	63(4)#										
						53(6)	61(6)										
							92(8)#										
					Cr^{2+}	Mn^{3+}											
					73(6)	58(6)											
						Mn^{2+}											
						67(6)											
						96(8)											

(次ページにつづく)

付録1. イオン半径 (つづき)

1	2	3	4	5	6	7	8	9	10	11	12	13	14	15	16	17	18
Rb$^+$	Sr^{2+}	Y^{3+}	Zr^{4+}	Nb^{5+}	Mo^{6+}	Tc^{7+}	Ru^{8+}	Rh^{5+}	Pd^{4+}	Ag^{3+}	Cd^{2+}	In^{3+}	Sn^{4+}	Sb^{5+}	Te^{6+}	I$^-$	Xe$^+$
152(6)	118(6)	90(6)	59(4)	48(4)	41(4)	37(4)	36(4)	55(6)	62(6)	67(4)	78(4)	62(4)	55(4)	60(6)	43(4)	220(6)	190*
161(8)	126(8)	102(8)	72(6)	64(6)	59(6)	56(6)				75(6)	95(6)	80(6)	69(6)		56(6)		
			84(8)	74(8)							110(8)	92(8)	81(8)				
				Nb^{4+}	Mo^{5+}	Tc^{5+}	Ru^{7+}	Rh^{4+}	Pd^{3+}	Ag^{2+}				Sb^{3+}	Te^{4+}	I^{7+}	Xe^{8+}
				68(6)	46(4)	60(6)	38(4)	60(6)	76(6)	79(4)				76(6)	66(4)	42(4)	40(4)
				79(8)	61(6)					94(6)					97(6)	53(6)	48(6)
				Nb^{3+}	Mo^{4+}	Tc^{4+}	Ru^{5+}	Rh^{3+}	Pd^{2+}	Ag$^+$							
				72(6)	65(6)	65(6)	57(6)	67(6)	64(4)	67(2)							
									86(6)	100(4)							
										115(6)							
					Mo^{3+}		Ru^{4+}		Pd$^+$								
					69(6)		62(6)		59(2)								
							Ru^{3+}										
							68(6)										
Cs$^+$	Ba^{2+}	La^{3+}	Hf^{4+}	Ta^{5+}	W^{6+}	Re^{7+}	Os^{8+}	Ir^{5+}	Pt^{5+}	Au^{5+}	Hg^{2+}	Tl^{3+}	Pb^{4+}	Bi^{5+}	Po^{6+}	At^{7+}	
167(6)	135(6)	103(6)	58(4)	64(6)	42(4)	38(4)	39(4)	57(6)	57(6)	57(6)	96(4)	75(6)	65(4)	76(6)	67(6)	62(6)	
174(8)	142(8)	116(8)	71(6)	74(8)	60(6)	53(6)					102(6)	89(6)	78(6)				
			83(8)								114(8)	98(8)	94(8)				
				Ta^{4+}	W^{5+}	Re^{6+}	Os^{7+}	Ir^{4+}	Pt^{4+}	Au^{3+}	Hg$^+$	Tl$^+$	Pb^{2+}	Bi^{3+}	Po^{4+}		
				68(6)	62(6)	55(6)	53(6)	63(6)	63(6)	68(4)	119(6)	150(6)	119(6)	103(6)	94(6)		
										85(6)		159(8)	129(8)	117(8)	108(8)		
				Ta^{3+}	W^{4+}	Re^{5+}	Os^{6+}	Ir^{3+}	Pt^{2+}	Au$^+$							
				72(6)	66(6)	58(6)	55(6)	68(6)	60(4)	137(6)							
									80(6)								
						Re^{4+}	Os^{5+}										
						63(6)	58(6)										
							Os^{4+}										
							63(6)										
Fr$^+$	Ra^{2+}																
180(6)	148(8)																
	170(12)																

ランタノイド

Ce^{4+}	Pr^{4+}	Nd^{3+}	Pm^{3+}	Sm^{3+}	Eu^{3+}	Gd^{3+}	Tb^{4+}	Dy^{3+}	Ho^{3+}	Er^{3+}	Tm^{3+}	Yb^{3+}	Lu^{3+}
87(6)	85(6)	98(6)	97(6)	96(6)	95(6)	94(6)	76(6)	91(6)	90(6)	89(6)	88(6)	87(6)	86(6)
97(8)	96(8)	111(8)	109(8)	108(8)	107(8)	105(8)	88(8)	103(8)	102(8)	100(8)	99(8)	99(8)	98(8)
Ce^{3+}	Pr^{3+}	Nd^{2+}		Sm^{2+}	Eu^{2+}		Tb^{3+}	Dy^{2+}			Tm^{2+}	Yb^{2+}	
101(6)	99(6)	129(8)		127(8)	117(6)		92(6)	107(6)			103(6)	102(6)	
114(8)	113(8)				125(8)		104(8)	119(8)			109(7)	114(8)	

アクチノイド

Th^{4+}	Pa^{5+}	U^{6+}	Np^{7+}	Pu^{6+}	Am^{4+}	Cm^{4+}	Bk^{4+}	Cf^{4+}	Es	Fm	Md	No^{2+}	Lr
94(6)	78(6)	52(4)	71(6)	71(6)	85(6)	85(6)	83(6)	82(6)				110(6)	
105(8)	91(8)	73(6)		95(8)	95(8)	93(8)	92(8)						
		86(8)											
	Pa^{4+}	U^{5+}	Np^{6+}	Pu^{5+}	Am^{3+}	Cm^{3+}	Bk^{3+}	Cf^{3+}					
	90(6)	76(6)	72(6)	74(6)	98(6)	97(6)	96(6)	95(6)					
	101(8)				109(8)								
	Pa^{3+}	U^{4+}	Np^{5+}	Pu^{4+}	Am^{2+}								
	104(6)	89(6)	75(6)	86(6)	126(8)								
		100(8)		96(8)									
		U^{3+}	Np^{4+}	Pu^{3+}									
		103(6)	87(4)	100(6)									
			98(8)										
			Np^{3+}										
			101(6)										
			Np^{2+}										
			110(6)										

付録 2 元素の電子的性質

原子の基底状態電子配置は，分光学的および磁気的性質の測定から実験的に決定される．それらの測定結果を次表に示す．これらは構成原理によって合理的に説明できる．構成原理では，利用できる軌道に電子をパウリの排他原理に従った特定の順番で付け加えていく．d−およびf−ブロックの元素では，電子−電子相互作用の影響をより忠実に取入れるために，順番が変わる箇所がある．$1s^2$ という閉殻配置は，ヘリウム原子の電子配置であるから，これを [He] で表す．ヘリウム以外の貴ガス原子の電子配置についても同じようにする．以下に表示する基底状態電子配置は S. Fraga, J. Karwowski, K. M. S. Saxena, "Handbook of Atomic Data", Elsevier (1976) から採用した．

ある元素 E の第一，第二，および第三イオン化エネルギーは，それぞれ，つぎの過程に必要なエネルギーである．

$$I_1: \quad E(g) \longrightarrow E^+(g) + e^-(g)$$
$$I_2: \quad E^+(g) \longrightarrow E^{2+}(g) + e^-(g)$$
$$I_3: \quad E^{2+}(g) \longrightarrow E^{3+}(g) + e^-(g)$$

電子親和力 E_{ea} は，気体状態の原子に電子が付くときに放出されるエネルギーである．

$$E_{ea}: \quad E(g) + e^-(g) \longrightarrow E^-(g)$$

ここに載せてある数値は種々の原典からのものであるが，特に，C. E. Moore, 'Atomic Energy Levels', NBS Circular 467, Washington (1970) および W. C. Martin, L. Hagan, J. Reader, J. Sugar, *J. Phys. Chem. Ref. Data*, **3**, 771 (1974) から採用した．アクチノイドの値は "The Chemistry of the Actinide Elements", ed. by J. J. Katz, G. T. Seaborg, L. R. Morss, Chapman and Hall (1986) から，また電子親和力は H. Hotop, W. C. Lineberger, *J. Phys. Chem. Ref. Data*, **14**, 731 (1985) からとった．

$J\,mol^{-1}$ と cm^{-1} との間の変換については裏見返しを見よ．

原子		電子配置	イオン化エネルギー			電子親和力
			I_1/eV	I_2/eV	I_3/eV	E_{ea}/eV
1	H	$1s^1$	13.60			+0.754
2	He	$1s^2$	24.59	54.42		−0.5
3	Li	[He]$2s^1$	5.320	75.63	122.4	+0.618
4	Be	[He]$2s^2$	9.321	18.21	153.85	≤0
5	B	[He]$2s^2\,2p^1$	8.297	25.15	37.93	+0.277
6	C	[He]$2s^2\,2p^2$	11.257	24.38	47.88	+1.263
7	N	[He]$2s^2\,2p^3$	14.53	29.60	47.44	−0.07
8	O	[He]$2s^2\,2p^4$	13.62	35.11	54.93	+1.461
9	F	[He]$2s^2\,2p^5$	17.42	34.97	62.70	+3.399
10	Ne	[He]$2s^2\,2p^6$	21.56	40.96	63.45	−1.2
11	Na	[Ne]$3s^1$	5.138	47.28	71.63	+0.548
12	Mg	[Ne]$3s^2$	7.642	15.03	80.14	≤0
13	Al	[Ne]$3s^2\,3p^1$	5.984	18.83	28.44	+0.441
14	Si	[Ne]$3s^2\,3p^2$	8.151	16.34	33.49	+1.385
15	P	[Ne]$3s^2\,3p^3$	10.485	19.72	30.18	+0.747
16	S	[Ne]$3s^2\,3p^4$	10.360	23.33	34.83	+2.077
17	Cl	[Ne]$3s^2\,3p^5$	12.966	23.80	39.65	+3.617
18	Ar	[Ne]$3s^2\,3p^6$	15.76	27.62	40.71	−1.0

(次ページにつづく)

(つづき)

原子		電子配置	イオン化エネルギー			電子親和力
			I_1/eV	I_2/eV	I_3/eV	E_{ea}/eV
19	K	[Ar] $4s^1$	4.340	31.62	45.71	+0.502
20	Ca	[Ar] $4s^2$	6.111	11.87	50.89	+0.02
21	Sc	[Ar] $3d^1 4s^2$	6.54	12.80	24.76	
22	Ti	[Ar] $3d^2 4s^2$	6.82	13.58	27.48	
23	V	[Ar] $3d^3 4s^2$	6.74	14.65	29.31	
24	Cr	[Ar] $3d^5 4s^1$	6.764	16.50	30.96	
25	Mn	[Ar] $3d^5 4s^2$	7.435	15.64	33.67	
26	Fe	[Ar] $3d^6 4s^2$	7.869	16.18	30.65	
27	Co	[Ar] $3d^7 4s^2$	7.876	17.06	33.50	
28	Ni	[Ar] $3d^8 4s^2$	7.635	18.17	35.16	
29	Cu	[Ar] $3d^{10} 4s^1$	7.725	20.29	36.84	
30	Zn	[Ar] $3d^{10} 4s^2$	9.393	17.96	39.72	
31	Ga	[Ar] $3d^{10} 4s^2 4p^1$	5.998	20.51	30.71	+0.30
32	Ge	[Ar] $3d^{10} 4s^2 4p^2$	7.898	15.93	34.22	+1.2
33	As	[Ar] $3d^{10} 4s^2 4p^3$	9.814	18.63	28.34	+0.81
34	Se	[Ar] $3d^{10} 4s^2 4p^4$	9.751	21.18	30.82	+2.021
35	Br	[Ar] $3d^{10} 4s^2 4p^5$	11.814	21.80	36.27	+3.365
36	Kr	[Ar] $3d^{10} 4s^2 4p^6$	13.998	24.35	36.95	−1.0
37	Rb	[Kr] $5s^1$	4.177	27.28	40.42	+0.486
38	Sr	[Kr] $5s^2$	5.695	11.03	43.63	+0.05
39	Y	[Kr] $4d^1 5s^2$	6.38	12.24	20.52	
40	Zr	[Kr] $4d^2 5s^2$	6.84	13.13	22.99	
41	Nb	[Kr] $4d^4 5s^1$	6.88	14.32	25.04	
42	Mo	[Kr] $4d^5 5s^1$	7.099	16.15	27.16	
43	Tc	[Kr] $4d^5 5s^2$	7.28	15.25	29.54	
44	Ru	[Kr] $4d^7 5s^1$	7.37	16.76	28.47	
45	Rh	[Kr] $4d^8 5s^1$	7.46	18.07	31.06	
46	Pd	[Kr] $4d^{10}$	8.34	19.43	32.92	
47	Ag	[Kr] $4d^{10} 5s^1$	7.576	21.48	34.83	
48	Cd	[Kr] $4d^{10} 5s^2$	8.992	16.90	37.48	
49	In	[Kr] $4d^{10} 5s^2 5p^1$	5.786	18.87	28.02	+0.3
50	Sn	[Kr] $4d^{10} 5s^2 5p^2$	7.344	14.63	30.50	+1.2
51	Sb	[Kr] $4d^{10} 5s^2 5p^3$	8.640	18.59	25.32	+1.07
52	Te	[Kr] $4d^{10} 5s^2 5p^4$	9.008	18.60	27.96	+1.971
53	I	[Kr] $4d^{10} 5s^2 5p^5$	10.45	19.13	33.16	+3.059
54	Xe	[Kr] $4d^{10} 5s^2 5p^6$	12.130	21.20	32.10	−0.8
55	Cs	[Xe] $6s^1$	3.894	25.08	35.24	
56	Ba	[Xe] $6s^2$	5.211	10.00	37.51	
57	La	[Xe] $5d^1 6s^2$	5.577	11.06	19.17	
58	Ce	[Xe] $4f^1 5d^1 6s^2$	5.466	10.85	20.20	
59	Pr	[Xe] $4f^3 6s^2$	5.421	10.55	21.62	
60	Nd	[Xe] $4f^4 6s^2$	5.489	10.73	22.07	
61	Pm	[Xe] $4f^5 6s^2$	5.554	10.90	22.28	
62	Sm	[Xe] $4f^6 6s^2$	5.631	11.07	23.42	
63	Eu	[Xe] $4f^7 6s^2$	5.666	11.24	24.91	
64	Gd	[Xe] $4f^7 5d^1 6s^2$	6.140	12.09	20.62	
65	Tb	[Xe] $4f^9 6s^2$	5.851	11.52	21.91	
66	Dy	[Xe] $4f^{10} 6s^2$	5.927	11.67	22.80	
67	Ho	[Xe] $4f^{11} 6s^2$	6.018	11.80	22.84	
68	Er	[Xe] $4f^{12} 6s^2$	6.101	11.93	22.74	

(つづき)

原子		電子配置	イオン化エネルギー			電子親和力
			I_1/eV	I_2/eV	I_3/eV	E_{ea}/eV
69	Tm	[Xe]$4f^{13} 6s^2$	6.184	12.05	23.68	
70	Yb	[Xe]$4f^{14} 6s^2$	6.254	12.19	25.03	
71	Lu	[Xe]$4f^{14} 5d^1 6s^2$	5.425	13.89	20.96	
72	Hf	[Xe]$4f^{14} 5d^2 6s^2$	6.65	14.92	23.32	
73	Ta	[Xe]$4f^{14} 5d^3 6s^2$	7.89	15.55	21.76	
74	W	[Xe]$4f^{14} 5d^4 6s^2$	7.89	17.62	23.84	
75	Re	[Xe]$4f^{14} 5d^5 6s^2$	7.88	13.06	26.01	
76	Os	[Xe]$4f^{14} 5d^6 6s^2$	8.71	16.58	24.87	
77	Ir	[Xe]$4f^{14} 5d^7 6s^2$	9.12	17.41	26.95	
78	Pt	[Xe]$4f^{14} 5d^9 6s^1$	9.02	18.56	29.02	
79	Au	[Xe]$4f^{14} 5d^{10} 6s^1$	9.22	20.52	30.05	
80	Hg	[Xe]$4f^{14} 5d^{10} 6s^2$	10.44	18.76	34.20	
81	Tl	[Xe]$4f^{14} 5d^{10} 6s^2 6p^1$	6.107	20.43	29.83	
82	Pb	[Xe]$4f^{14} 5d^{10} 6s^2 6p^2$	7.415	15.03	31.94	
83	Bi	[Xe]$4f^{14} 5d^{10} 6s^2 6p^3$	7.289	16.69	25.56	
84	Po	[Xe]$4f^{14} 5d^{10} 6s^2 6p^4$	8.42	18.66	27.98	
85	At	[Xe]$4f^{14} 5d^{10} 6s^2 6p^5$	9.64	16.58	30.06	
86	Rn	[Xe]$4f^{14} 5d^{10} 6s^2 6p^6$	10.75			
87	Fr	[Rn]$7s^1$	4.15	21.76	32.13	
88	Ra	[Rn]$7s^2$	5.278	10.15	34.20	
89	Ac	[Rn]$6d^1 7s^2$	5.17	11.87	19.69	
90	Th	[Rn]$6d^2 7s^2$	6.08	11.89	20.50	
91	Pa	[Rn]$5f^2 6d^1 7s^2$	5.89	11.7	18.8	
92	U	[Rn]$5f^3 6d^1 7s^2$	6.19	14.9	19.1	
93	Np	[Rn]$5f^4 6d^1 7s^2$	6.27	11.7	19.4	
94	Pu	[Rn]$5f^6 7s^2$	6.06	11.7	21.8	
95	Am	[Rn]$5f^7 7s^2$	5.99	12.0	22.4	
96	Cm	[Rn]$5f^7 6d^1 7s^2$	6.02	12.4	21.2	
97	Bk	[Rn]$5f^9 7s^2$	6.23	12.3	22.3	
98	Cf	[Rn]$5f^{10} 7s^2$	6.30	12.5	23.6	
99	Es	[Rn]$5f^{11} 7s^2$	6.42	12.6	24.1	
100	Fm	[Rn]$5f^{12} 7s^2$	6.50	12.7	24.4	
101	Md	[Rn]$5f^{13} 7s^2$	6.58	12.8	25.4	
102	No	[Rn]$5f^{14} 7s^2$	6.65	13.0	27.0	
103	Lr	[Rn]$5f^{14} 6d^1 7s^2$	4.6	14.8	23.0	

付録 3 標準電位

　ここに引用してある標準電位はラチマー図（§5・12）の形式で表してあって，周期表中のブロックに従って s, p, d, f の順に並べてある．括弧内のデータや化学種は不確かなものである．ほとんどのデータは，"Standard Potentials in Aqueous Solution", ed. by A. J. Bard, R. Parsons, J. Jordan, Marcel Dekker (1985) から採用したが，中には修正したものもある．アクチノイドのデータは L. R. Morss, "The Chemistry of the Actinide Elements", ed. by J. J. Katz, G. T. Seaborg, L. R. Morss, Vol. 2, Chapman and Hall (1986) から，また $[Ru(bpy)_3]^{3+/2+}$ の値は B. Durham, J. L. Walsh, C. L. Carter, T. J. Meyer, *Inorg. Chem.*, **19**, 860 (1980) からのものである．炭素化合物の電位ならびに若干の d-ブロック元素の電位は S. G. Bratsch, *J. Phys. Chem. Ref. Data*, **18**, 1 (1989) からとった．不安定なラジカルの標準電位については D. M. Stanbury, *Adv. Inorg. Chem.*, **33**, 69 (1989) を参照されたい．文献中では飽和カロメル電極 (SCE) に対する電位が報告されていることがあるが，その値を H^+/H_2 尺度に変換するには 0.2412 V を足せばよい．それ以外の参照電極の詳細については D. J. G. Ives, G. J. Janz, "Reference Electrodes", Academic Press (1961) を見られたい．

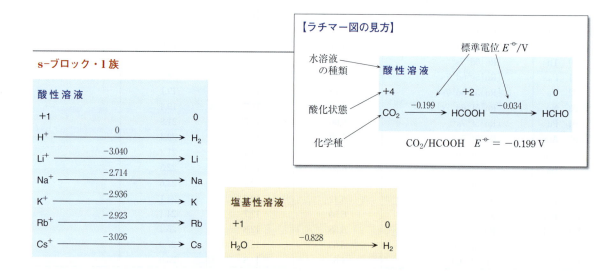

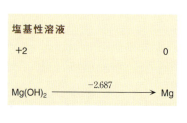

p-ブロック・13族

酸性溶液

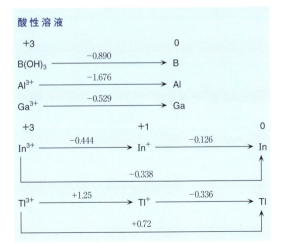

塩基性溶液

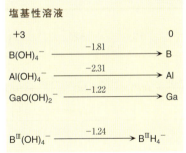

p-ブロック・14族

酸性溶液

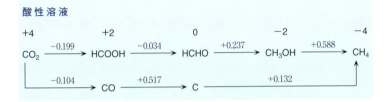

塩基性溶液

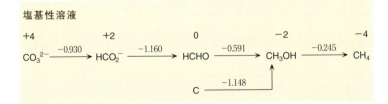

酸性溶液

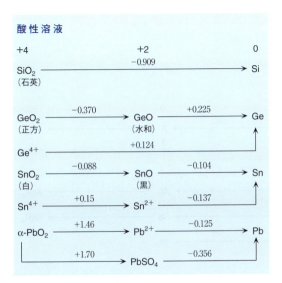

塩基性溶液

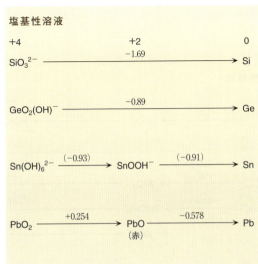

p-ブロック・15族

酸性溶液

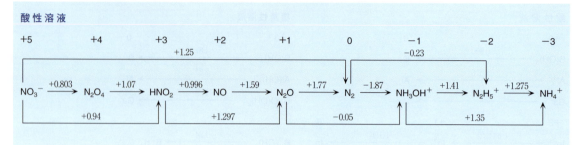

塩基性溶液

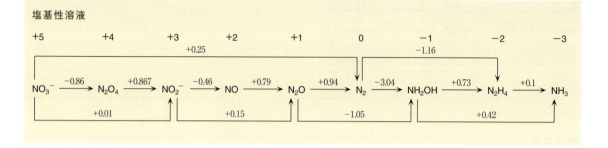

酸性溶液

塩基性溶液

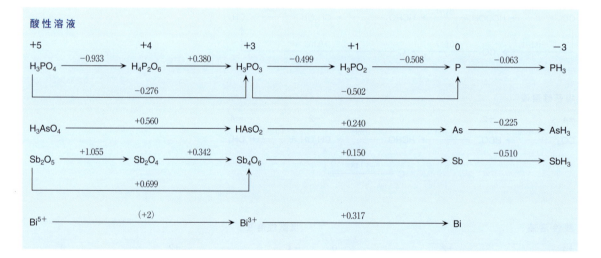

p-ブロック・16族

酸性溶液

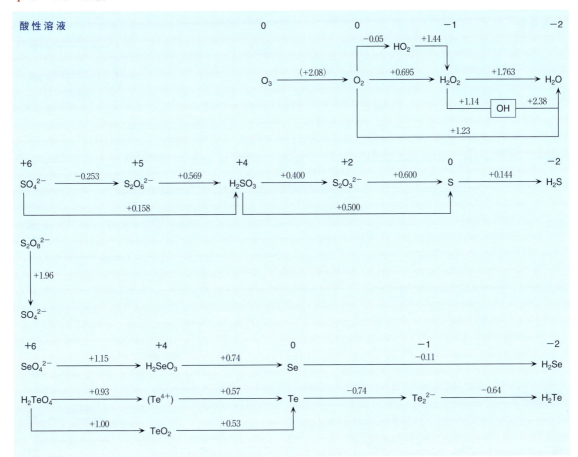

塩基性溶液

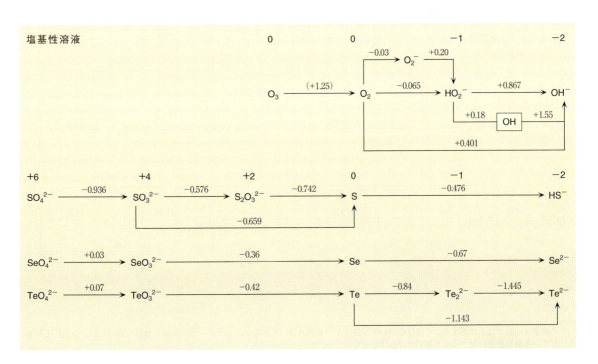

付録 3. 標準電位

p-ブロック・17族

酸性溶液

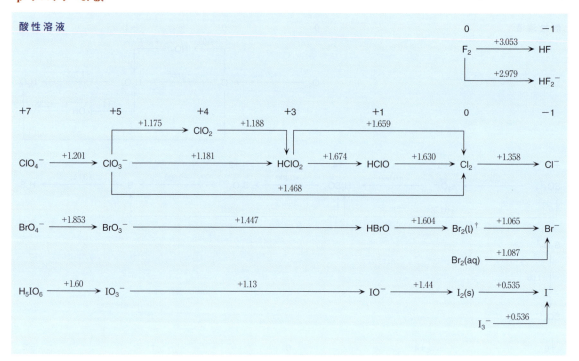

塩基性溶液

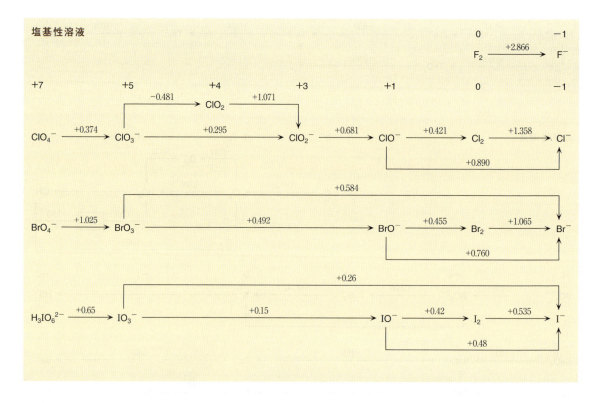

† 臭素は室温では水にあまりよく溶けないので，活量1の水溶液はつくれない．したがって，実際の計算ではつねに，$Br_2(l)$ と接触している飽和溶液に対する値を使わなければならない．

p-ブロック・18族

酸性溶液

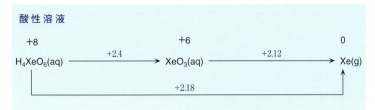

塩基性溶液

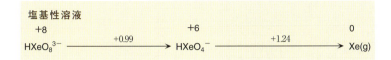

d-ブロック・3族

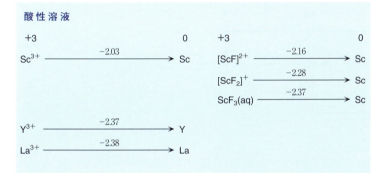

d-ブロック・4族

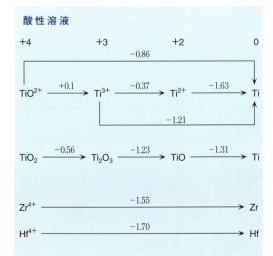

付録 3. 標 準 電 位

d−ブロック・5族

酸性溶液

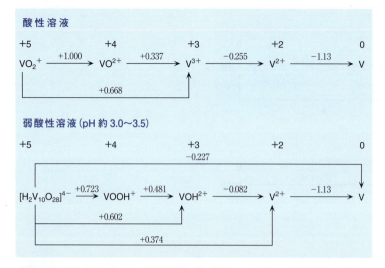

弱酸性溶液 (pH 約 3.0〜3.5)

塩基性溶液

酸性溶液

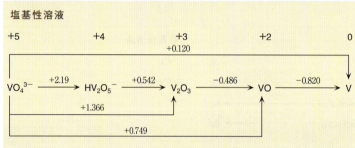

d−ブロック・6族

酸性溶液

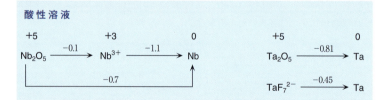

中性溶液

塩基性溶液

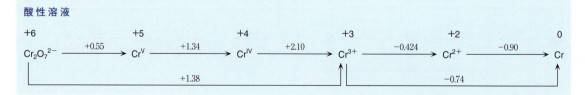

d-ブロック・6族（つづき）

酸性溶液

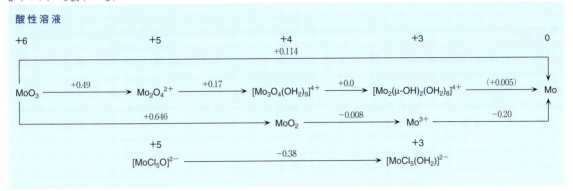

中性溶液

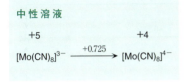

塩基性溶液

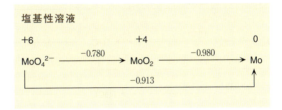

酸性溶液

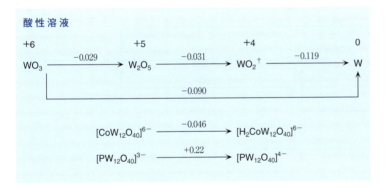

中性溶液

塩基性溶液

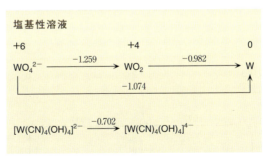

† +4状態の化学種は多分 $[W_3(\mu_3\text{-}O)(\mu\text{-}O)_3(OH_2)_9]^{4+}$ であろう．S. P. Gosh, E. S. Gould, *Inorg. Chem.*, **30**, 3662 (1991) を参照．

d-ブロック・7族

酸性溶液

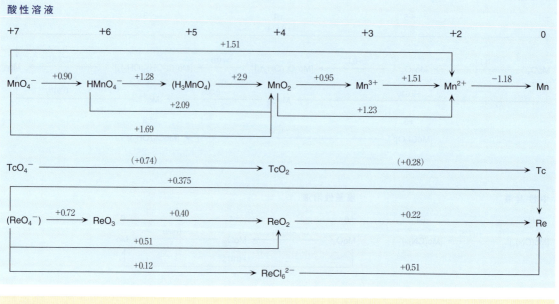

塩基性溶液

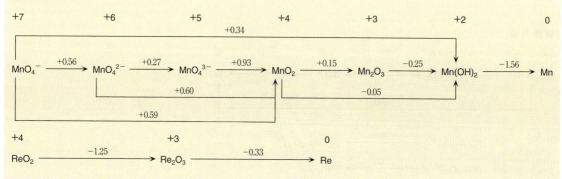

d-ブロック・8族

酸性溶液

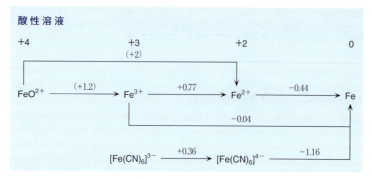

塩基性溶液

+6　　　　　　　+3　　　　　　　+2　　　　　　　0

FeO$_4^{2-}$ —(+0.55)→ FeO$_2^-$ —(−0.69)→ Fe(O)OH$^-$ —(−0.8)→ Fe

d–ブロック・8族（つづき）

酸性溶液

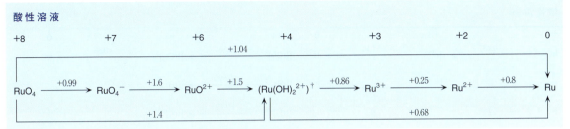

中性溶液

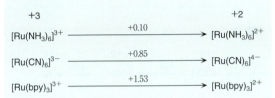

酸性溶液

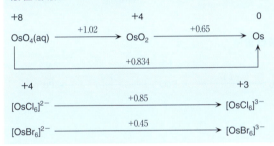

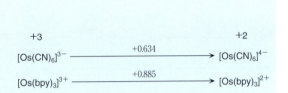

d–ブロック・9族

酸性溶液

$$\text{CoO}_2 \xrightarrow{+1.4} \text{Co}^{3+} \xrightarrow{+1.92} \text{Co}^{2+} \xrightarrow{-0.282} \text{Co}$$
（+4）　　　　（+3）　　　　（+2）　　　　（0）

中性溶液

$$[\text{Co(NH}_3)_6]^{3+} \xrightarrow{+0.058} [\text{Co(NH}_3)_6]^{2+}$$
$$[\text{Co(phen)}_3]^{3+} \xrightarrow{+0.33} [\text{Co(phen)}_3]^{2+}$$
$$[\text{Co(ox)}_3]^{3-} \xrightarrow{+0.57} [\text{Co(ox)}_3]^{4-}$$

塩基性溶液

$$\text{CoO}_2 \xrightarrow{(+0.7)} \text{Co(O)OH} \xrightarrow{(-0.22)} \text{Co(OH)}_2 \xrightarrow{-0.873} \text{Co}$$
（+4）　　　　（+3）　　　　（+2）　　　　（0）

酸性溶液

中性溶液

$$[\text{Rh(CN)}_6]^{3-} \xrightarrow{+0.9} [\text{Rh(CN)}_6]^{4-}$$

† +4状態のイオン種は $\text{H}_n[\text{Ru}_4\text{O}_6(\text{OH}_2)_{12}]^{(4+n)+}$ と思われる．A. Patel, D. T. Richen, *Inorg. Chem.*, **30**, 3792 (1991) を参照．

d−ブロック・9族（つづき）

酸性溶液

$IrO_2 \xrightarrow{+0.23} (Ir^{3+}) \xrightarrow{+1.16} Ir$ （+4 → +3 → 0）

$IrO_2 \xrightarrow{+0.93} Ir$

$[IrCl_6]^{2-} \xrightarrow{+0.867} [IrCl_6]^{3-} \xrightarrow{+0.86} Ir$

$[IrBr_6]^{2-} \xrightarrow{+0.805} [IrBr_6]^{3-}$

$[IrI_6]^{2-} \xrightarrow{+0.49} [IrI_6]^{3-}$

d−ブロック・10族

酸性溶液

$NiO_2 \xrightarrow{+1.59} Ni^{2+} \xrightarrow{-0.257} Ni$ （+4 → +2 → 0）

塩基性溶液

$NiO_2 \xrightarrow{+0.7} NiOOH \xrightarrow{+0.52} Ni(OH)_2 \xrightarrow{-0.72} Ni$ （+4 → +3 → +2 → 0）

中性溶液

$[Ni(NH_3)_6]^{2+} \xrightarrow{-0.49} Ni$ （+2 → 0）

酸性溶液

$PdO_2 \xrightarrow{+1.194} Pd^{2+} \xrightarrow{+0.915} Pd$

$[PdCl_6]^{2-} \xrightarrow{+1.288} [PdCl_4]^{2-} \xrightarrow{+0.60} Pd$

$[PdBr_4]^{2-} \xrightarrow{+0.60} Pd$

塩基性溶液

$PdO_2 \xrightarrow{+1.47} PdO \xrightarrow{+0.897} Pd$

酸性溶液

$PtO_2(s) \xrightarrow{+1.01} PtO(s) \xrightarrow{+0.98} Pt$

$[PtCl_6]^{2-} \xrightarrow{+0.726} [PtCl_4]^{2-} \xrightarrow{+0.758} Pt$

$[PtBr_6]^{2-} \xrightarrow{+0.613} [PtBr_4]^{2-} \xrightarrow{+0.581} Pt$

$[PtI_6]^{2-} \xrightarrow{+0.329} [PtI_4]^{2-} \xrightarrow{+0.40} Pt$

d−ブロック・11族

酸性溶液

$Cu^{2+} \xrightarrow{+0.159} Cu^{+} \xrightarrow{+0.520} Cu$

$Cu^{2+} \xrightarrow{+0.340} Cu$

$Cu^{2+} \xrightarrow{+1.12} [Cu(CN)_2]^{+} \xrightarrow{-0.44} Cu$

塩基性溶液

$Cu(OH)_2 \xrightarrow{-0.080} Cu_2O \xrightarrow{-0.36} Cu$

$[Cu(NH_3)_4]^{2+} \xrightarrow{+0.10} [Cu(NH_3)_2]^{+} \xrightarrow{-0.10} Cu$

d-ブロック・11族 (つづき)

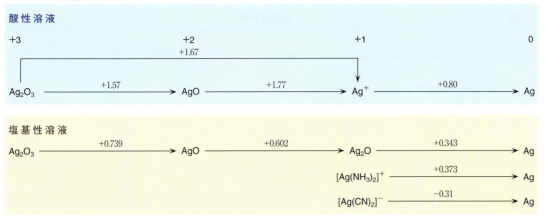

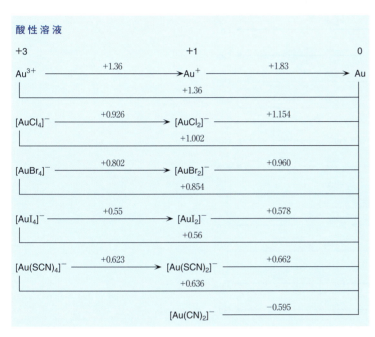

---

d-ブロック・12族

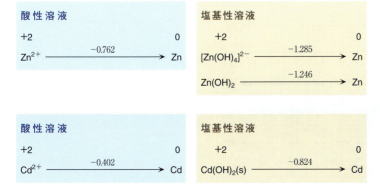

d-ブロック・11族（つづき）

酸性溶液

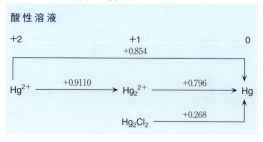

塩基性溶液

f-ブロック・ランタノイド

酸性溶液

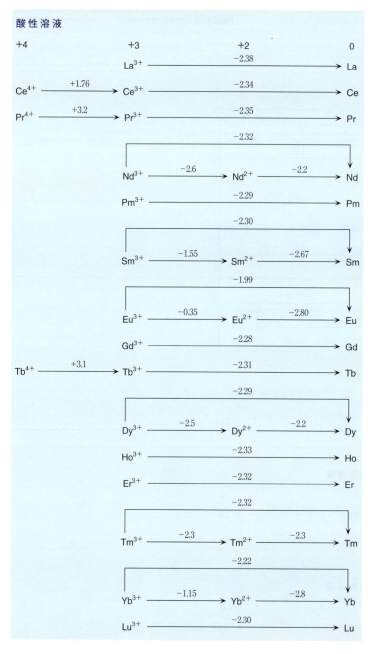

f-ブロック・アクチノイド

酸性溶液

| +6 | +5 | +4 | +3 | +2 | 0 |

$$Ac^{3+} \xrightarrow{-4.9} (Ac^{2+}) \xrightarrow{-0.7} Ac$$
$$Ac^{3+} \xrightarrow{-2.13} Ac$$

$$Th^{4+} \xrightarrow{-3.8} (Th^{3+}) \xrightarrow{-4.9} (Th^{2+}) \xrightarrow{+0.7} Th$$
$$Th^{4+} \xrightarrow{-1.83} Th$$

$$PaOOH^{2+} \xrightarrow{-0.05} Pa^{4+} \xrightarrow{-1.4} Pa^{3+} \xrightarrow{-5.0} Pa^{2+} \xrightarrow{+0.3} Pa$$
$$Pa^{4+} \xrightarrow{-1.47} Pa$$

$$UO_2^{2+} \xrightarrow{-0.163} UO_2^{+} \xrightarrow{+0.62} U^{4+} \xrightarrow{-0.52} U^{3+} \xrightarrow{-4.7} U^{2+} \xrightarrow{-0.1} U$$
$$UO_2^{2+} \xrightarrow{+0.27} U^{4+}$$
$$U^{3+} \xrightarrow{-1.66} U$$
$$U^{4+} \xrightarrow{-1.38} U$$

$$NpO_2^{2+} \xrightarrow{+1.24} NpO_2^{+} \xrightarrow{+0.64} Np^{4+} \xrightarrow{+0.15} Np^{3+} \xrightarrow{-4.7} (Np^{2+}) \xrightarrow{-0.3} Np$$
$$NpO_2^{2+} \xrightarrow{+0.94} Np^{4+}$$
$$Np^{3+} \xrightarrow{-1.79} Np$$
$$Np^{4+} \xrightarrow{-1.30} Np$$

$$PuO_2^{2+} \xrightarrow{+1.02} PuO_2^{+} \xrightarrow{+1.04} Pu^{4+} \xrightarrow{+1.01} Pu^{3+} \xrightarrow{-3.5} (Pu^{2+}) \xrightarrow{-1.2} Pu$$
$$PuO_2^{2+} \xrightarrow{+1.03} Pu^{4+}$$
$$Pu^{3+} \xrightarrow{-2.00} Pu$$
$$Pu^{4+} \xrightarrow{-1.25} Pu$$

$$AmO_2^{2+} \xrightarrow{+1.60} AmO_2^{+} \xrightarrow{+0.82} Am^{4+} \xrightarrow{+2.62} Am^{3+} \xrightarrow{-2.3} (Am^{2+}) \xrightarrow{-1.95} Am$$
$$AmO_2^{2+} \xrightarrow{+1.68} Am^{4+}$$
$$AmO_2^{+} \xrightarrow{+1.21} Am^{4+}$$
$$Am^{3+} \xrightarrow{-2.07} Am$$
$$Am^{4+} \xrightarrow{-0.90} Am^{3+}$$ (note: line from Am^{4+} to Am)

$$Cm^{4+} \xrightarrow{+3.1} Cm^{3+} \xrightarrow{-3.7} (Cm^{2+}) \xrightarrow{-1.2} Cm$$
$$Cm^{3+} \xrightarrow{-2.06} Cm$$

$$Bk^{4+} \xrightarrow{+1.67} Bk^{3+} \xrightarrow{-2.80} (Bk^{2+}) \xrightarrow{-1.6} Bk$$
$$Bk^{3+} \xrightarrow{-2.00} Bk$$

$$(Cf^{4+}) \xrightarrow{+3.2} Cf^{3+} \xrightarrow{-1.60} (Cf^{2+}) \xrightarrow{-2.06} Cf$$
$$Cf^{3+} \xrightarrow{-1.91} Cf$$

$$(Es^{4+}) \xrightarrow{+4.5} Es^{3+} \xrightarrow{-1.55} (Es^{2+}) \xrightarrow{-2.2} Es$$
$$Es^{3+} \xrightarrow{-1.98} Es$$

$$Fm^{3+} \xrightarrow{-1.15} Fm^{2+} \xrightarrow{-2.37} Fm$$

$$Md^{3+} \xrightarrow{-0.15} Md^{2+} \xrightarrow{-2.4} Md$$

$$No^{3+} \xrightarrow{+1.4} No^{2+} \xrightarrow{-2.5} No$$

付録4 指 標 表

 以下は無機化学で最もよく出会う点群に対する指標表である．各点群の記号は，シェーンフリースの記号（たとえば C_{3v}）で記してある．点群のうちで結晶点群であるもの（単位格子にも適用できる点群）には，国際表記またはヘルマン-モーガンの記号（たとえば $2/m$）を併記した．ヘルマン-モーガンの記号では，数字 n は n 回転軸を表し，文字 m は鏡映面を表す．斜線/は鏡映面が回転軸と直交していることを示し，数字の上の横線は回転と反転とを組合わせた対称操作を示す．

 p軌道およびd軌道の対称種は表の左側に示してある．たとえば，点群 C_{2v} では，p_x 軌道（これは x 軸方向を向いている）は B_1 対称をもつ．関数 x, y, z は，また，並進および電気双極子モーメントが対称操作によって受ける変換の特性をも示す．縮退した表現を張る1組の関数（たとえば，C_{3v} において x と y とは一緒になって表現 E を張る）は括弧でくくってある．表の右側の文字記号 R は，回転の変換特性を示す．h の値は点群の位数である．

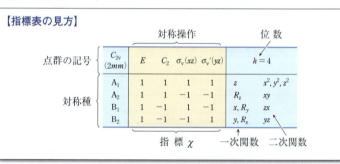

点群 C_1, C_s, C_i

C_1 (1)	E	$h=1$
A	1	

$C_s = C_h$ (m)	E	σ_h		$h=2$
A′	1	1	x, y, R_z	x^2, y^2, z^2, xy
A″	1	−1	z, R_x, R_y	yz, zx

$C_i = S_2$ ($\bar{1}$)	E	i		$h=2$
A_g	1	1	R_x, R_y, R_z	$x^2, y^2, z^2,$ xy, yz, zx
A_u	1	−1	x, y, z	

点群 C_n

C_2 (2)	E	C_2		$h=2$
A	1	1	z, R_z	x^2, y^2, z^2, xy
B	1	−1	x, y, R_x, R_y	yz, zx

C_3 (3)	E	C_3	C_3^2	$\varepsilon = \exp(2\pi i/3)$	$h=3$
A	1	1	1	z, R_z	x^2+y^2, z^2
E	$\begin{cases}1\\1\end{cases}$	$\begin{matrix}\varepsilon\\\varepsilon^*\end{matrix}$	$\begin{matrix}\varepsilon^*\\\varepsilon\end{matrix}$	$(x, y)(R_x, R_y)$	$(x^2-y^2, xy)(yz, zx)$

C_4 (4)	E	C_4	C_2	C_4^3		$h=4$
A	1	1	1	1	z, R_z	x^2+y^2, z^2
B	1	−1	1	−1		x^2-y^2, xy
E	$\begin{cases}1\\1\end{cases}$	$\begin{matrix}i\\-i\end{matrix}$	$\begin{matrix}-1\\-1\end{matrix}$	$\begin{matrix}-i\\i\end{matrix}$	$(x, y)(R_x, R_y)$	(yz, zx)

点群 C_{nv}

C_{2v} (2mm)	E	C_2	$\sigma_v(xz)$	$\sigma_v'(yz)$	$h=4$	
A_1	1	1	1	1	z	x^2, y^2, z^2
A_2	1	1	-1	-1	R_z	xy
B_1	1	-1	1	-1	x, R_y	zx
B_2	1	-1	-1	1	y, R_x	yz

C_{3v} (3m)	E	$2C_3$	$3\sigma_v$	$h=6$	
A_1	1	1	1	z	x^2+y^2, z^2
A_2	1	1	-1	R_z	
E	2	-1	0	$(x,y)(R_x, R_y)$	$(x^2-y^2, xy)(zx, yz)$

C_{4v} (4mm)	E	$2C_4$	C_2	$2\sigma_v$	$2\sigma_d$	$h=8$	
A_1	1	1	1	1	1	z	x^2+y^2, z^2
A_2	1	1	1	-1	-1	R_z	
B_1	1	-1	1	1	-1		x^2-y^2
B_2	1	-1	1	-1	1		xy
E	2	0	-2	0	0	$(x,y)(R_x, R_y)$	(zx, yz)

C_{5v}	E	$2C_5$	$2C_5^2$	$5\sigma_v$	$h=10, \alpha=72°$	
A_1	1	1	1	1	z	x^2+y^2, z^2
A_2	1	1	1	-1	R_z	
E_1	2	$2\cos\alpha$	$2\cos 2\alpha$	0	$(x,y)(R_x, R_y)$	(zx, yz)
E_2	2	$2\cos 2\alpha$	$2\cos\alpha$	0		(x^2-y^2, xy)

C_{6v} (6mm)	E	$2C_6$	$2C_3$	C_2	$3\sigma_v$	$3\sigma_d$	$h=12$	
A_1	1	1	1	1	1	1	z	x^2+y^2, z^2
A_2	1	1	1	1	-1	-1	R_z	
B_1	1	-1	1	-1	1	-1		
B_2	1	-1	1	-1	-1	1		
E_1	2	1	-1	-2	0	0	$(x,y)(R_x, R_y)$	(zx, yz)
E_2	2	-1	-1	2	0	0		(x^2-y^2, xy)

$C_{\infty v}$	E	$2C_\infty^\phi$ (注)	$\infty\sigma_v$	$h=\infty$	
$A_1(\Sigma^+)$	1	1	1	z	x^2+y^2, z^2
$A_2(\Sigma^-)$	1	1	-1	R_z	
$E_1(\Pi)$	2	$2\cos\phi$	0	$(x,y)(R_x, R_y)$	(zx, yz)
$E_2(\Delta)$	2	$2\cos 2\phi$	0		(xy, x^2-y^2)
⋮					

注: $\phi=\pi$ のときは 1 個のみ.

点群 D_n

D_2 (222)	E	$C_2(z)$	$C_2(y)$	$C_2(x)$	$h=4$	
A_1	1	1	1	1		x^2, y^2, z^2
B_1	1	1	-1	-1	z, R_z	xy
B_2	1	-1	1	-1	y, R_y	zx
B_3	1	-1	-1	1	x, R_x	yz

D_3 (32)	E	$2C_3$	$3C_2$	$h=6$	
A_1	1	1	1		x^2+y^2, z^2
A_2	1	1	-1	z, R_z	
E	2	-1	0	$(x,y)(R_x, R_y)$	$(x^2-y^2, xy)(zx, yz)$

点群 $D_{n\mathrm{h}}$

$D_{2\mathrm{h}}$ (mmm)	E	$C_2(z)$	$C_2(y)$	$C_2(x)$	i	$\sigma(xy)$	$\sigma(xz)$	$\sigma(yz)$		$h=8$
A_g	1	1	1	1	1	1	1	1		x^2, y^2, z^2
B_{1g}	1	1	-1	-1	1	1	-1	-1	R_z	xy
B_{2g}	1	-1	1	-1	1	-1	1	-1	R_y	zx
B_{3g}	1	-1	-1	1	1	-1	-1	1	R_x	yz
A_u	1	1	1	1	-1	-1	-1	-1		
B_{1u}	1	1	-1	-1	-1	-1	1	1	z	
B_{2u}	1	-1	1	-1	-1	1	-1	1	y	
B_{3u}	1	-1	-1	1	-1	1	1	-1	x	

$D_{3\mathrm{h}}$ ($\bar{6}m2$)	E	$2C_3$	$3C_2$	σ_h	$2S_3$	$3\sigma_\mathrm{v}$		$h=12$
A_1'	1	1	1	1	1	1		x^2+y^2, z^2
A_2'	1	1	-1	1	1	-1	R_z	
E'	2	-1	0	2	-1	0	(x, y)	(x^2-y^2, xy)
A_1''	1	1	1	-1	-1	-1		
A_2''	1	1	-1	-1	-1	1	z	
E''	2	-1	0	-2	1	0	(R_x, R_y)	(zx, yz)

$D_{4\mathrm{h}}$ ($4/mmm$)	E	$2C_4$	C_2 ($=C_4^2$)	$2C_2'$	$2C_2''$	i	$2S_4$	σ_h	$2\sigma_\mathrm{v}$	$2\sigma_\mathrm{d}$		$h=16$
A_{1g}	1	1	1	1	1	1	1	1	1	1		x^2+y^2, z^2
A_{2g}	1	1	1	-1	-1	1	1	1	-1	-1	R_z	
B_{1g}	1	-1	1	1	-1	1	-1	1	1	-1		x^2-y^2
B_{2g}	1	-1	1	-1	1	1	-1	1	-1	1		xy
E_g	2	0	-2	0	0	2	0	-2	0	0	(R_x, R_y)	(zx, yz)
A_{1u}	1	1	1	1	1	-1	-1	-1	-1	-1		
A_{2u}	1	1	1	-1	-1	-1	-1	-1	1	1	z	
B_{1u}	1	-1	1	1	-1	-1	1	-1	-1	1		
B_{2u}	1	-1	1	-1	1	-1	1	-1	1	-1		
E_u	2	0	-2	0	0	-2	0	2	0	0	(x, y)	

$D_{5\mathrm{h}}$	E	$2C_5$	$2C_5^2$	$5C_2$	σ_h	$2S_5$	$2S_5^3$	$5\sigma_\mathrm{v}$		$h=20, \alpha=72°$
A_1'	1	1	1	1	1	1	1	1		x^2+y^2, z^2
A_2'	1	1	1	-1	1	1	1	-1	R_z	
E_1'	2	$2\cos\alpha$	$2\cos 2\alpha$	0	2	$2\cos\alpha$	$2\cos 2\alpha$	0	(x, y)	
E_2'	2	$2\cos 2\alpha$	$2\cos\alpha$	0	2	$2\cos 2\alpha$	$2\cos\alpha$	0		(x^2-y^2, xy)
A_1''	1	1	1	1	-1	-1	-1	-1		
A_2''	1	1	1	-1	-1	-1	-1	1	z	
E_1''	2	$2\cos\alpha$	$2\cos 2\alpha$	0	-2	$-2\cos\alpha$	$-2\cos 2\alpha$	0	(R_x, R_y)	(zx, yz)
E_2''	2	$2\cos 2\alpha$	$2\cos\alpha$	0	-2	$-2\cos 2\alpha$	$-2\cos\alpha$	0		

点群 $D_{n\mathrm{h}}$（つづき）

$D_{6\mathrm{h}}$ $(6/mmm)$	E	$2C_6$	$2C_3$	C_2	$3C_2'$	$3C_2''$	i	$2S_3$	$2S_6$	σ_h	$3\sigma_\mathrm{d}$	$3\sigma_\mathrm{v}$	$h=24$	
A_{1g}	1	1	1	1	1	1	1	1	1	1	1	1		x^2+y^2, z^2
A_{2g}	1	1	1	1	−1	−1	1	1	1	1	−1	−1	R_z	
B_{1g}	1	−1	1	−1	1	−1	1	−1	1	−1	1	−1		
B_{2g}	1	−1	1	−1	−1	1	1	−1	1	−1	−1	1		
E_{1g}	2	1	−1	−2	0	0	2	1	−1	−2	0	0	(R_x, R_y)	(zx, yz)
E_{2g}	2	−1	−1	2	0	0	2	−1	−1	2	0	0		(x^2-y^2, xy)
A_{1u}	1	1	1	1	1	1	−1	−1	−1	−1	−1	−1		
A_{2u}	1	1	1	1	−1	−1	−1	−1	−1	−1	1	1	z	
B_{1u}	1	−1	1	−1	1	−1	−1	1	−1	1	−1	1		
B_{2u}	1	−1	1	−1	−1	1	−1	1	−1	1	1	−1		
E_{1u}	2	1	−1	−2	0	0	−2	−1	1	2	0	0	(x, y)	
E_{2u}	2	−1	−1	2	0	0	−2	1	1	−2	0	0		

$D_{\infty \mathrm{h}}$	E	$\infty C_2'$	$2C_\infty^\phi$	i	$\infty \sigma_\mathrm{v}$	$2S_\infty^\phi$	$h=\infty$	
$A_{1g}(\Sigma_g^+)$	1	1	1	1	1	1		z^2, x^2+y^2
$A_{1u}(\Sigma_u^+)$	1	−1	1	−1	1	−1	z	
$A_{2g}(\Sigma_g^-)$	1	−1	1	1	−1	1	R_z	
$A_{2u}(\Sigma_u^-)$	1	1	1	−1	−1	−1		
$E_{1g}(\Pi_g)$	2	0	$2\cos\phi$	2	0	$-2\cos\phi$	(R_x, R_y)	(zx, yz)
$E_{1u}(\Pi_u)$	2	0	$2\cos\phi$	−2	0	$2\cos\phi$	(x, y)	
$E_{2g}(\Delta_g)$	2	0	$2\cos 2\phi$	2	0	$2\cos 2\phi$		(xy, x^2-y^2)
$E_{2u}(\Delta_u)$	2	0	$2\cos 2\phi$	−2	0	$-2\cos 2\phi$		
⋮	⋮	⋮	⋮	⋮	⋮	⋮		

点群 $D_{n\mathrm{d}}$

$D_{2\mathrm{d}}=V_\mathrm{d}$ $(\overline{4}2m)$	E	$2S_4$	C_2	$2C_2'$	$2\sigma_\mathrm{d}$	$h=8$		
A_1	1	1	1	1	1		x^2+y^2, z^2	
A_2	1	1	1	−1	−1	R_z		
B_1	1	−1	1	1	−1		x^2-y^2	
B_2	1	−1	1	−1	1	z	xy	
E	2	0	−2	0	0	(x, y) (R_x, R_y)	(zx, yz)	

$D_{3\mathrm{d}}$ $(\overline{3}m)$	E	$2C_3$	$3C_2$	i	$2S_6$	$3\sigma_\mathrm{d}$	$h=12$		
A_{1g}	1	1	1	1	1	1		x^2+y^2, z^2	
A_{2g}	1	1	−1	1	1	−1	R_z		
E_g	2	−1	0	2	−1	0	(R_x, R_y)	(x^2-y^2, xy)	(zx, yz)
A_{1u}	1	1	1	−1	−1	−1			
A_{2u}	1	1	−1	−1	−1	1	z		
E_u	2	−1	0	−2	1	0	(x, y)		

点群 D_{nd} (つづき)

D_{4d}	E	$2S_8$	$2C_4$	$2S_8^3$	C_2	$4C_2'$	$4\sigma_d$		$h=16$
A_1	1	1	1	1	1	1	1		x^2+y^2, z^2
A_2	1	1	1	1	1	-1	-1	R_z	
B_1	1	-1	1	-1	1	1	-1		
B_2	1	-1	1	-1	1	-1	1	z	
E_1	2	$\sqrt{2}$	0	$-\sqrt{2}$	-2	0	0	(x,y)	
E_2	2	0	-2	0	2	0	0		(x^2-y^2, xy)
E_3	2	$-\sqrt{2}$	0	$\sqrt{2}$	-2	0	0	(R_x, R_y)	(zx, yz)

立方体群

T_d ($\bar{4}3m$)	E	$8C_3$	$3C_2$	$6S_4$	$6\sigma_d$		$h=24$
A_1	1	1	1	1	1		$x^2+y^2+z^2$
A_2	1	1	1	-1	-1		
E	2	-1	2	0	0		$(2z^2-x^2-y^2, x^2-y^2)$
T_1	3	0	-1	1	-1	(R_x, R_y, R_z)	
T_2	3	0	-1	-1	1	(x,y,z)	(xy, yz, zx)

O_h ($m3m$)	E	$8C_3$	$6C_2$	$6C_4$	$3C_2$ ($=C_4^2$)	i	$6S_4$	$8S_6$	$3\sigma_h$	$6\sigma_d$		$h=48$
A_{1g}	1	1	1	1	1	1	1	1	1	1		$x^2+y^2+z^2$
A_{2g}	1	1	-1	-1	1	1	-1	1	1	-1		
E_g	2	-1	0	0	2	2	0	-1	2	0		$(2z^2-x^2-y^2, x^2-y^2)$
T_{1g}	3	0	-1	1	-1	3	1	0	-1	-1	(R_x, R_y, R_z)	
T_{2g}	3	0	1	-1	-1	3	-1	0	-1	1		(xy, yz, zx)
A_{1u}	1	1	1	1	1	-1	-1	-1	-1	-1		
A_{2u}	1	1	-1	-1	1	-1	1	-1	-1	1		
E_u	2	-1	0	0	2	-2	0	1	-2	0		
T_{1u}	3	0	-1	1	-1	-3	-1	0	1	1	(x,y,z)	
T_{2u}	3	0	1	-1	-1	-3	1	0	1	-1		

二十面体群

I	E	$12C_5$	$12C_5^2$	$20C_3$	$15C_2$		$h=60$
A_1	1	1	1	1	1		$x^2+y^2+z^2$
T_1	3	$\frac{1}{2}(1+\sqrt{5})$	$\frac{1}{2}(1-\sqrt{5})$	0	-1	(x,y,z) (R_x, R_y, R_z)	
T_2	3	$\frac{1}{2}(1-\sqrt{5})$	$\frac{1}{2}(1+\sqrt{5})$	0	-1		
G	4	-1	-1	1	0		
H	5	0	0	-1	1		$(2z^2-x^2-y^2, x^2-y^2, xy, yz, zx)$

付録 5 対称適合軌道

下に示す表は，1行目に示した点群に属する分子 AB_n の中心原子の s, p, d 軌道の対称類を示す．ほとんどの場合，分子の主軸を z 軸にとってある．C_{2v} では，x 軸が分子面に垂直になっている．

次ページの以下に示す軌道図は，それぞれの点群に属する分子 AB_n の中心原子を取囲んでいる原子軌道の線形結合を示す．上から見た図で中心原子を表す点は，紙面内（D 群の場合）または紙面の手前（対応する C 群の場合）にある．原子軌道の位相の違い（振幅が $+1$ または -1）は異なる色で示してある．線形結合における軌道の係数の大きさに大差がある場合には，線形結合に対する原子軌道の寄与の相対的大きさに応じて，原子軌道を大きくしたり小さくしたりして描いてある．縮退した線形結合（E または T で標識したもの）の場合には，縮退した軌道を組合わせてつくられる独立な線形結合は，いずれも適切な対称性をもっている．実際問題として，これらの新しくつくられた線形結合は，ここに示したものと同じような形であるが，それらの節面を z 軸の周りにある任意の角度だけ回転したものになる．

分子軌道は，中心原子の軌道を同じ対称型の線形結合と結合させる（下表参照）ことによってつくられる．

中心原子上の軌道の対称種

	$D_{\infty h}$	C_{2v}	D_{3h}	C_{3v}	D_{4h}	C_{4v}	D_{5h}	C_{5v}	D_{6h}	C_{6v}	T_d	O_h
s	Σ_g^+	A_1	A_1'	A_1	A_{1g}	A_1	A_1'	A_1	A_{1g}	A_1	A_1	A_{1g}
p_x	Π_u	B_1	E'	E	E_u	E	E_1'	E_1	E_{1u}	E_1	T_2	T_{1u}
p_y	Π_u	B_2	E'	E	E_u	E	E_1'	E_1	E_{1u}	E_1	T_2	T_{1u}
p_z	Σ_u^+	A_1	A_2''	A_1	A_{2u}	A_1	A_2''	A_1	A_{2u}	A_1	T_2	T_{1u}
d_{z^2}	Σ_g^+	A_1	A_1'	A_1	A_{1g}	A_1	A_1'	A_1	A_{1g}	A_1	E	E_g
$d_{x^2-y^2}$	Δ_g	A_1	E'	E	B_{1g}	B_1	E_2'	E_2	E_{2g}	E_2	E	E_g
d_{xy}	Δ_g	A_2	E'	E	B_{2g}	B_2	E_2'	E_2	E_{2g}	E_2	T_2	T_{2g}
d_{yz}	Π_g	B_2	E''	E	E_g	E	E_1''	E_1	E_{1g}	E_1	T_2	T_{2g}
d_{zx}	Π_g	B_1	E''	E	E_g	E	E_1''	E_1	E_{1g}	E_1	T_2	T_{2g}

付録 5. 対称適合軌道

$D_{\infty h}$ C_{2v}	D_{3h} C_{3v}	D_{4h} C_{4v}
Σ_g^+ A_1	 A_1' A_1	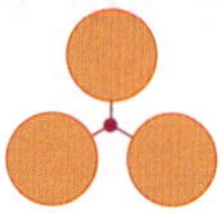 A_{1g} A_1 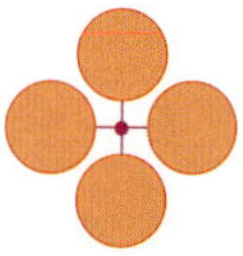
Π_g A_2	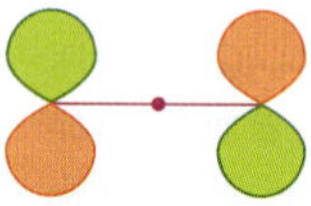 A_2' A_2	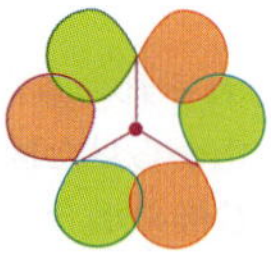 A_{2g} A_2 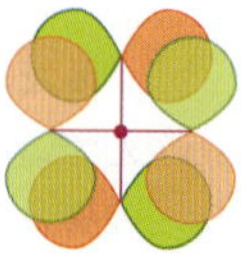
Π_u B_1	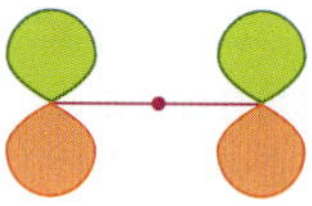 E' E	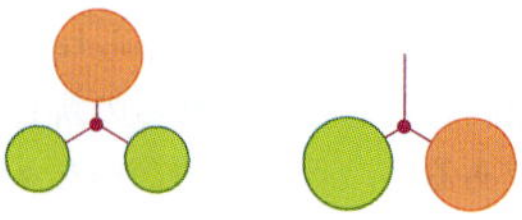 B_{1g} B_1 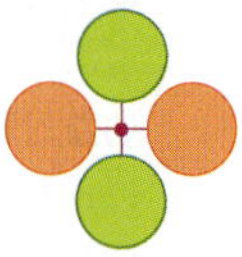
Σ_u^+ B_2	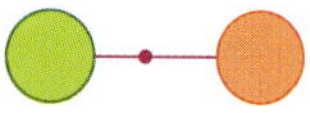 E' E	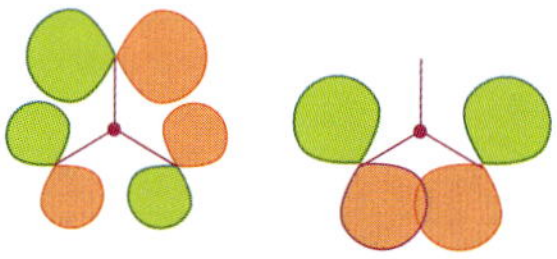 B_{2g} B_2 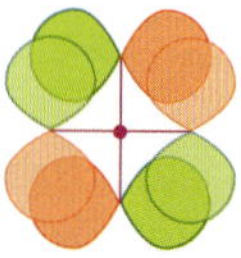
A_1	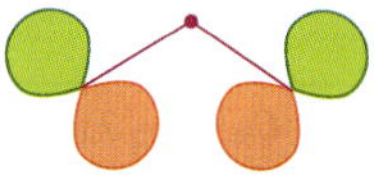 A_2'' A_1	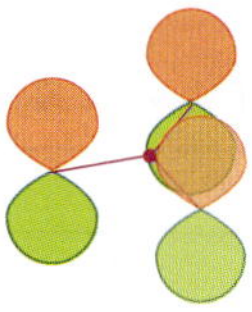 E_u E 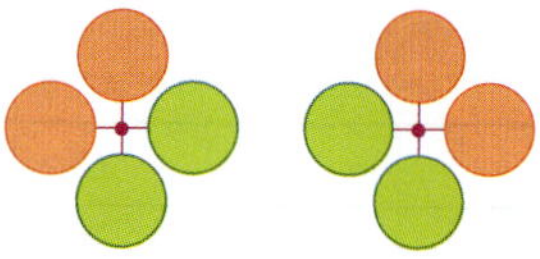
B_2	 E'' E	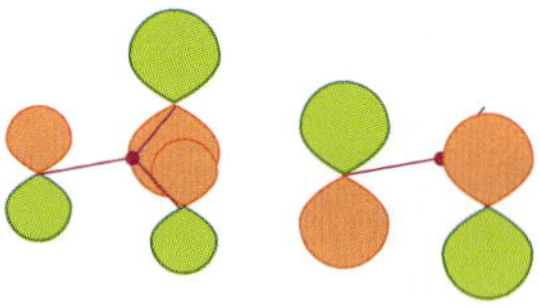 A_{2u} A_1 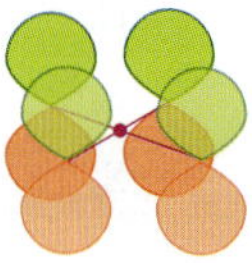
		E_g E 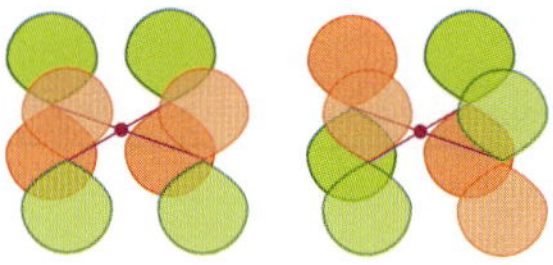
		B_{2u} B_2 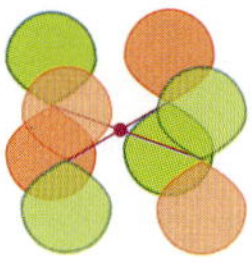

付録 5. 対称適合軌道　　A27

D_{5h} C_{5v}		D_{6h} C_{6v}		D_{6h} C_{6v}	
A_1' A_1	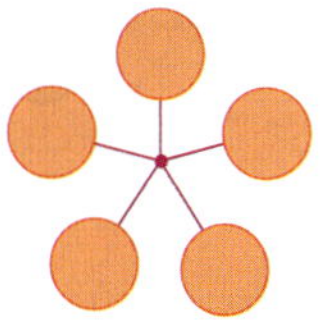	A_{1g} A_1	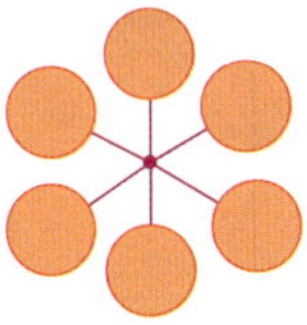	A_{2u} A_1	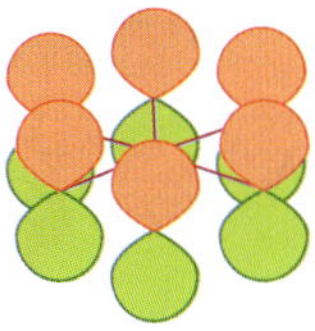
A_2' A_2	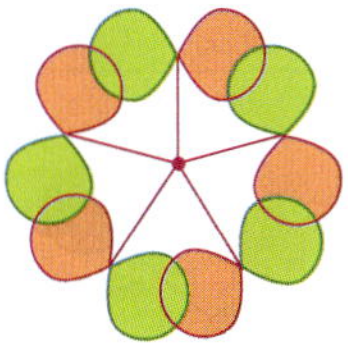	A_{2g} A_2	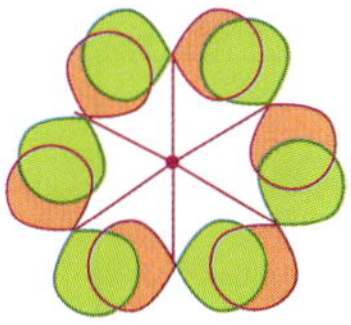		
E_1' E_1	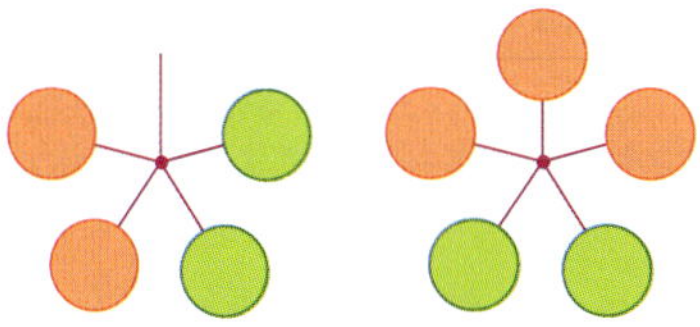	B_{1u} B_1	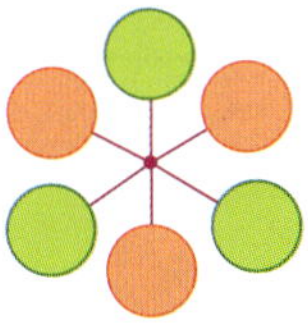	B_{2g} B_1	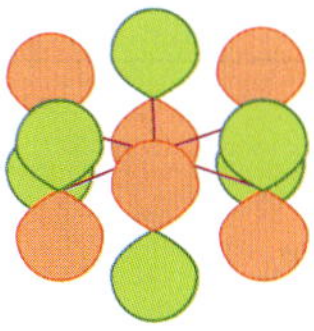
E_2' E_2	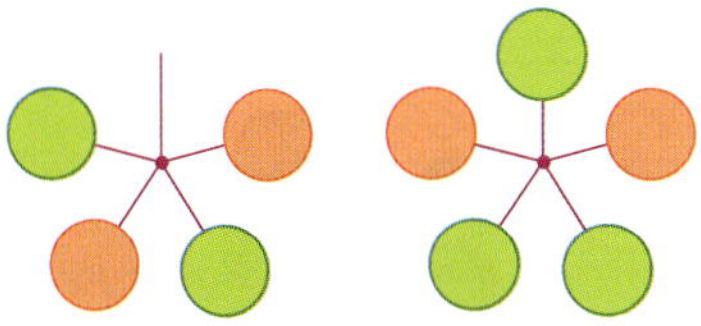	B_{2u} B_2	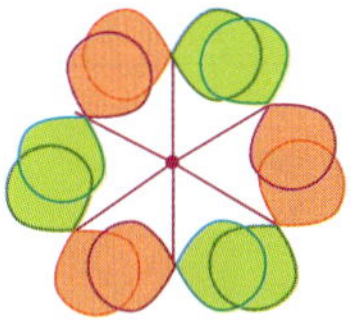		
A_2'' A_1	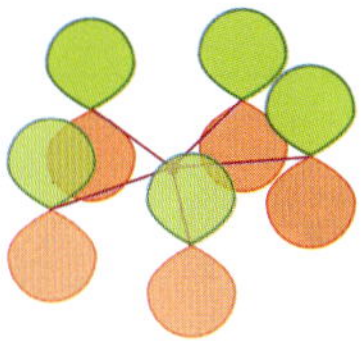	E_{1u} E_1	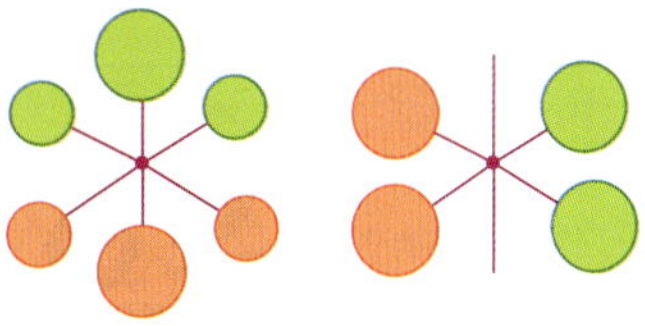		
E_1'' E_1	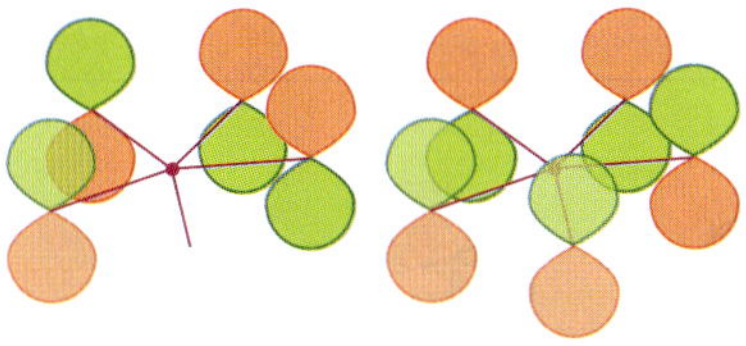	E_{2g} E_2	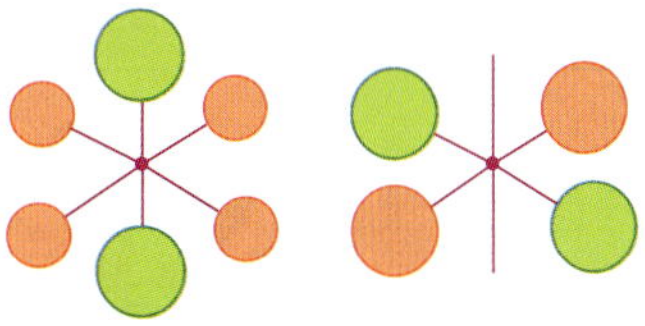		
E_2'' E_2	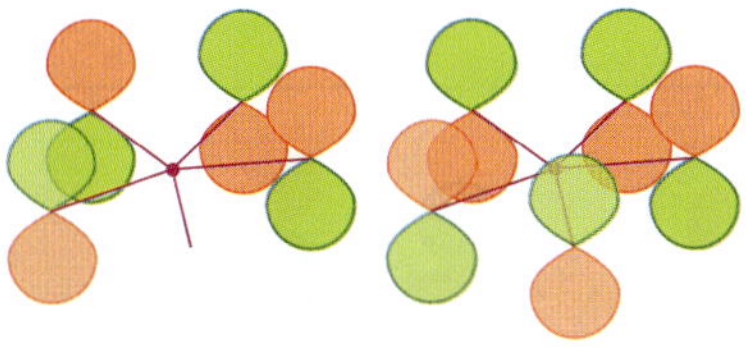	E_{1g} E_1	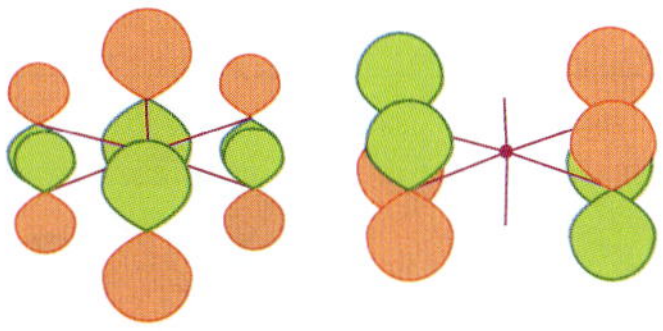		
		E_{2u} E_2	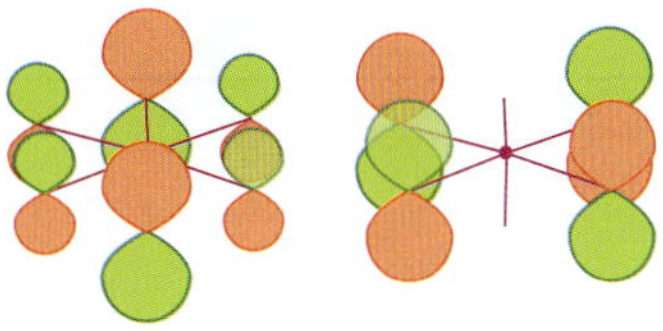		

A28 付録 5. 対称適合軌道

T_d		T_d			
A_1	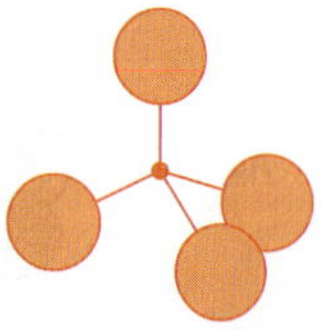	T_2			

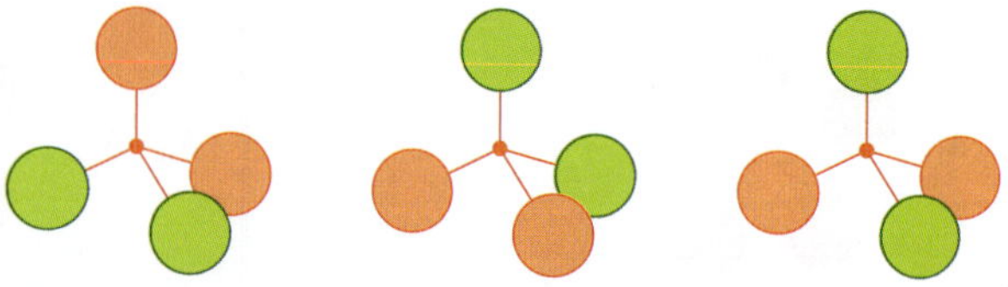

O_h		O_h		
A_{1g}	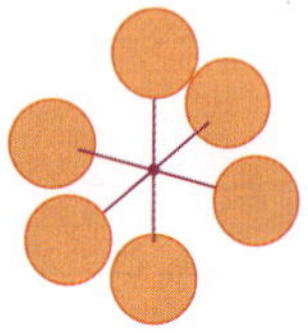	E_g		
T_{1u}				
T_{1u}				
T_{2g}				
T_{1g}				
T_{2u}				

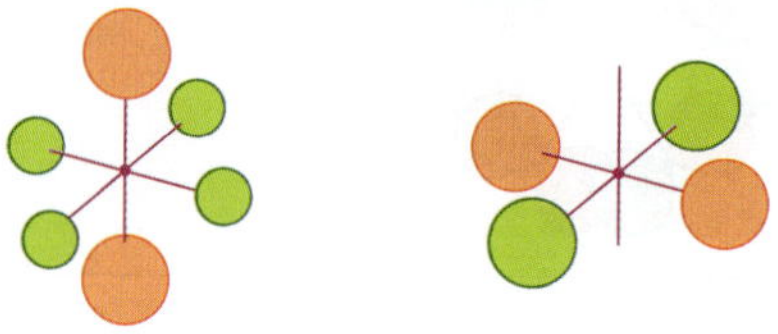

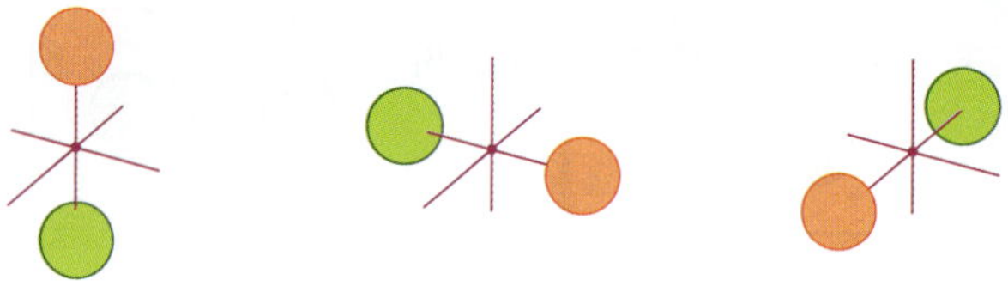

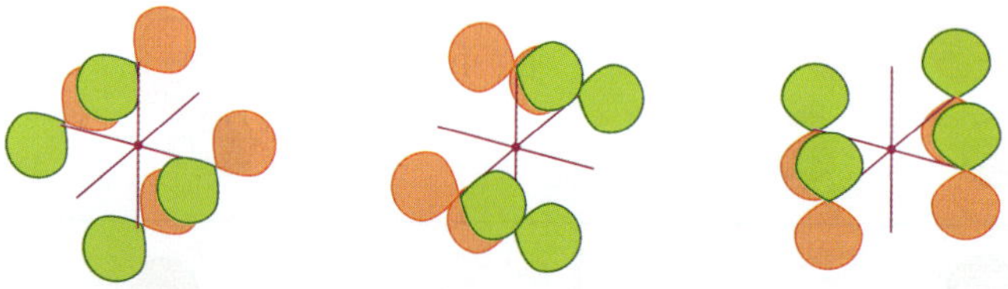

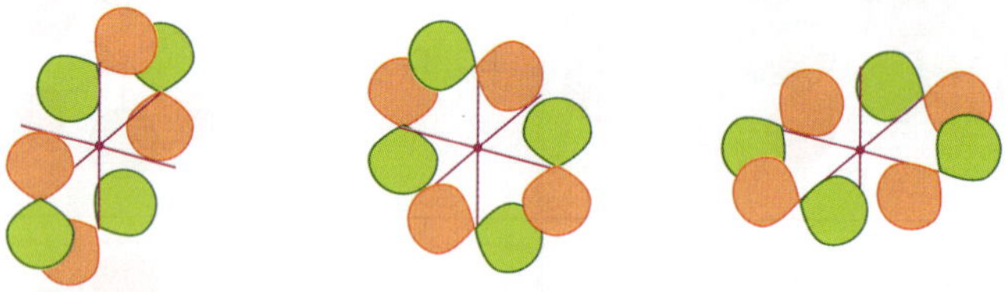

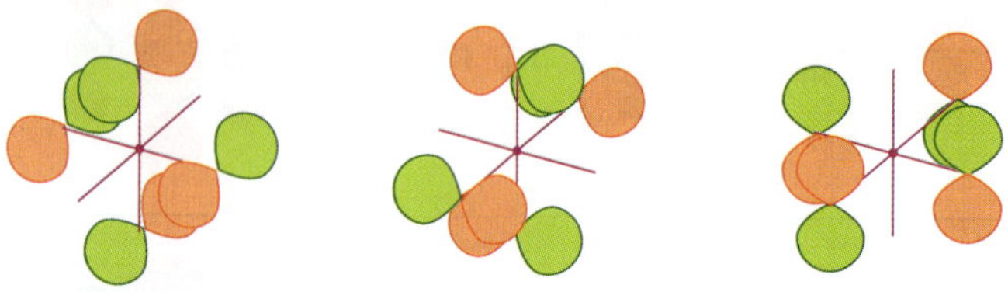

付録 6　田辺・菅野ダイアグラム

ここでは，d^2 から d^8 までの電子配置をもつ八面体錯体の田辺・菅野ダイアグラムをまとめておく．これらの図は，§20・4 に出てくるもので，項エネルギーと配位子場の強さとの関係を示している．項エネルギー E および配位子場分裂 Δ_O はいずれも，ラカーパラメーター B に対する比，E/B および Δ_O/B の形で表してある．多重度の異なる項も，ラカーパラメーター C にしかるべき値（各図に記載した）を選ぶことによって，同じ図の中に入れてある．この図では，項エネルギーを測るのに，いつも基底状態のエネルギーを原点に取ってある．その結果，d^4 から d^8 までの電子配置では，配位子場の強さが大きくなって，高スピン項が低スピン項に入れ替わるところで傾斜が不連続になる．また，非交差則によれば，同じ対称性をもつ電子状態のエネルギー曲線は交差せずに混じり合わねばならない．図中の線が，多くの場合に，直線ではなく曲線になっていることは，この混じり合いによるものである．項の標識は，点群 O_h のものである．

このような図をはじめて導入したのは田辺と菅野の論文〔Y. Tanabe, S. Sugano, *J. Phys. Soc. Jpn.*, **9**, 753（1954）〕である．田辺・菅野ダイアグラムを用いると，観測した遷移のエネルギーの比を図に当てはめることによって，パラメーター Δ_O および B が求められる．あるいはまた，もし配位子場パラメーターがわかっていれば，配位子場スペクトルを予測することができる．

1. d^2 ($C=4.428B$ とする)

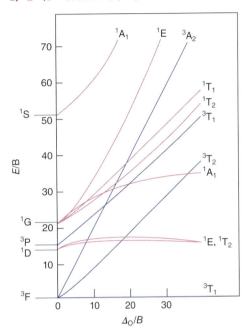

2. d^3 ($C=4.502B$ とする)

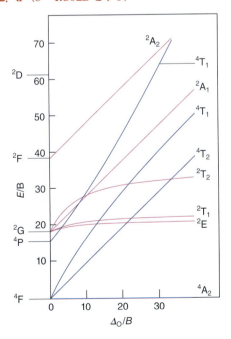

3. d^4 ($C=4.611B$ とする)

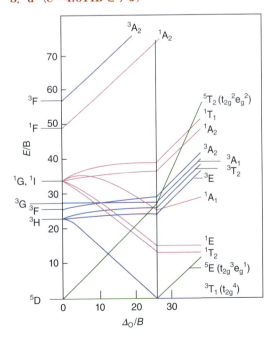

4. d^5 ($C=4.477B$ とする)

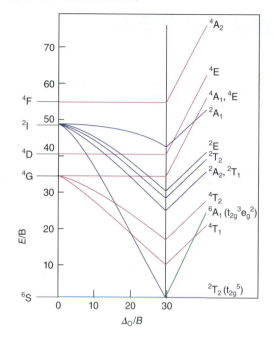

5. d^6 ($C=4.808B$ とする)

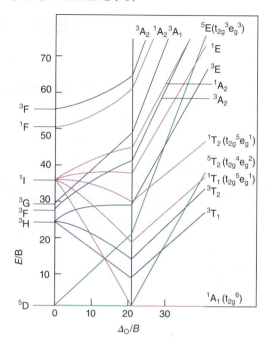

6. d^7 ($C=4.633B$ とする)

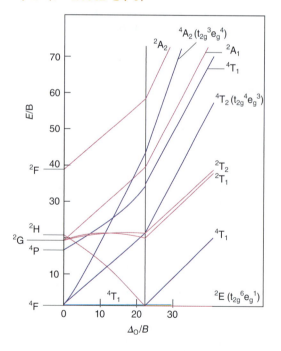

7. d^8 ($C=4.709B$ とする)

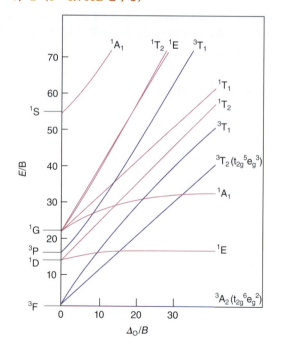

和文索引

あ

i 223
I, I_h(点群) 227, 361, 362, *A24*
IR(赤外) 281
IR 活性 287
IR 分光法 286, 287
アイソトポマー 303, 354
アイソトポログ 354
アイソローバル 437
ITO → インジウムスズ酸化物
アインシュタインの相対性理論 4
亜鉛-銅合金 124
青石綿 466
アキシアル 260
アキシアル位 43
アクア 249
アクア酸 146
悪性中皮腫 466
アクセプター原子 247
アクセプターバンド 130
アクチニド 27
アクチノイド 24, 27
アザン 359
亜酸化炭素 450
亜酸化窒素 483, 495
亜酸化物 384
アジ化ナトリウム 488
アジ化物 488
アジ化物イオン 488
亜硝酸 482, 497
亜硝酸イオン 495
亜硝酸塩 496
亜硝酸塩やけ 496
アスベスト → 石綿
アスベスト症 → 石綿肺
アセチリド 468
アセチルアセトナト 249
アデノシン 5′-三リン酸 154
アデノシン 5′-二リン酸 154
アナターゼ 277
アニオン過剰酸化物 131
アニオン不足酸化物 131
アノード 186
アノード処理 195
亜ヒ酸ナトリウム 487
アブイニシオ法 65
アミド硫酸 149
アミノボラン 429

アミン-ボラン 428
アメジスト 123, 448
アモサイト 466
アラクノ構造 420, 432, 434
あられ石 407
アラン 359
亜硫酸 141, 150
アリールアルサン 503
アリールボラン 443
アルカライドイオン 389
アルカリ金属 24, 373〜393
アルカリ金属水素化物 363
アルカリ金属ハロゲン化物 381
アルカリ電解質形燃料電池 188
アルカリ土類金属 24, 394
アルキルアルサン 503
アルキルアルミニウム 443
アルキルカリウム 391
アルキルナトリウム 391
アルキルベリリウム 411
アルキルボラン 443
アルキルリチウム 392
アルサニル酸 487
アルサニル酸ナトリウム 487
アルサベンゼン 504
アルサン 359, 481, 487, 491
アルシン 359, 481
アルセノアミド 487
アルソニウムイオン 492
アルソール 504
アルニコ 91
α ケージ 473
α 粒子 6
アルマン 359
アルミナ 122
α-アルミナ 419, 441
アルミナムハイドライド 351
アルミニウム 211, 216, 415〜436
アルミノケイ酸塩 177, 471
アルミノケイ酸塩ゼオライト 451, 473
アレニウス式 130
アンチモン 479〜506
アンチモン化物 489
安定領域
　　天然水の―― 209
　　水の―― 196
アンミン 249
アンモニア 137, 168, 351, 359, 481, 484, 486, 489
　　――の紫外光電子スペクトル 60
　　――の点群 223

――の分子軌道 60
――の分子軌道エネルギー準位図 61
――分子の指標表 229
――分子の対称適合線形結合 238
――分子の対称要素 223
――分子の分子軌道 239
アンモニアソーダ法 399
アンモニアボラン 418, 428
アンモニウムイオン 141
アンモニウム塩 490

い

e(軌道) 61, 239
E(対称種) 230
E(対称操作) 222
ESI 303
emf 187
イオン液体 174
イオン化 299
イオン化異性 258
イオン化エネルギー 27, 189, 300, 323, 332, *A3*
イオン化エンタルピー 28, 107
イオン結合 69, 74
　　――のエネルギー論 106〜118
イオン交換 472
イオン交換膜電解槽 380
イオン固体 92〜106
　　――の熱安定性 114
イオンサイクロトロン共鳴型 303
イオン性塩化物 340
イオン性酸化物 341
イオン性水素化物 351, 381, 400
イオンチャネル 391
イオンの半径比 103
イオン半径 25, 26, 67
　　――と配位数 101
　　シャノンの―― *A1*
イオンモデル 92
異核スピン結合 292
異核二原子分子 55
鋳型効果 270
EC 過程 311
石綿 448, 465
石綿肺 466
位数 229, *A20*
異性化 258〜265
(+)-異性体 263

(−)-異性体 263
異性体シフト 298
イソチオシアナト 250
一塩化ヨウ素 57
位置座標 9
一時硬水 407
一時硬度 397
一次スペクトル 292
1 族元素 373〜393
　　――のオキソ酸 385
　　――の原子半径 374
　　――の酸化物 383
　　――の水酸化物 385
　　――の水素化物 381
　　――の水和 388
　　――の第一イオン化エネルギー 374
　　――の窒化物と炭化物 387
　　――の配位化合物 390
　　――のハロゲン化物 381
　　――の有機金属化合物 391
　　――の溶解度 388
　　――の硫化物, セレン化物, テルル化物 384
1 電子過程 311
一リン化物 489
一冠四方逆角柱 257
一冠八面体 256
一酸化炭素 450, 463
　　――の分子軌道エネルギー準位図 56
一酸化窒素 482, 495
一酸化鉄 123
一酸化二窒素 495, 498
一般原子価結合法 65
EDAX 307
EDS 307
EPR 295
EPR 分光計 296
イメージング 7
色中心 121, 122
インジウム 415〜436
インジウムスズ酸化物 8, 441

う

ウェイド則 431, 433
ウスタイト 123
ウラン 6
ウラン鉱物 395
ウルツカップリング 412

---

* *A1* などは付録のページ数を表す.

ウルツ鉱型構造 96
ウルマン鉱 481
ウンデカ 250
雲母 448

え

a(軌道) 61
a_1(軌道) 239
A(対称種) 229
永久硬水 407
AFM 312
AFC 188
ALPO-5 472
A型ゼオライト 452, 472, 473
A15相 91
液体アンモニア 172, 389, 490
液体水素 350
液体窒素 483
液体天然ガス 350
エクアトリアル 260
エクアトリアル位 43
S_n(対称操作) 224
SiO_4四面体 471
SEM 312
SALC 237〜241, 244
SOFC 188
SOMO → 単電子被占軌道
ESCA(エスカ) 300
s軌道 11, 14, 15, 237
SQUID 309
SGM 314
SWNT 456
sバンド 126
SPM 313
sp^3混成軌道 47
s-ブロック(元素) 24, 157
s-ブロック水素化物 363
エタノール 168, 350
エタン酸 → 酢酸
エチルアルミニウム 443
エチルベリリウム 411
エチレンジアミンテトラアセタト 249
エチレンジアミン四酢酸 251
XRF 307
XAS 301
X型ゼオライト 472
X線回折 275〜281
X線吸収スペクトル 301
X線吸収端近傍構造 301
X線吸収端近傍微細構造 301
X線光電子分光法 300
Xバンド分光計 296
XPS 300
HOMO → 最高被占軌道
hcp 79
ATP 154
ADP 154
エナンチオマー → 鏡像異性体
Ni-MH電池 367
NMR(核磁気共鳴) 282, 289
NMRスペクトル 291
NMR分光計 291
n回回映軸 224
n回回転 223
n回回転軸 223

n型半導体 130
エネルギーキャリア 350, 364
エネルギー準位
　水素型原子の—— 10, 11
　多電子原子の—— 19
エネルギー分散型X線分析 307
エネルギー分散型分光法 307
エネルギー密度 350
エバンス法 309
FET 132
fac異性体 261
f軌道 15
fcc 79, 80
エプソム塩 399
F中心 122
FTIR 289
FT-ICR 303
f-ブロック(元素) 24, 331, A3
f-ブロック水素化物 365
エミッター 132
mer異性体 261
MAS-NMR 295
MALDI 303
MO理論 48
MWNT 456
エメラルド 122, 398, 465
エメリー 421
エリンガム図 212
エルポット面 66
l-異性体 263
LCAO → 原子軌道の線形結合
LUMO → 最低空軌道
エレクトライド 391
エレクトロスプレーイオン化法 303
塩化アルミニウム 158
塩化アンモニウム 95
塩化カドミウム型構造 98, 403
塩化カリウム 378
塩化カルシウム 403
塩化銀 120
塩化酸化物 493
塩化水素 359
塩化スズ 158
塩化セシウム型構造 95, 375, 381
塩化ナトリウム 378
塩化ナトリウム型構造 94, 110, 375, 381
塩化物 339
——の標準生成エンタルピー 340
塩化ベリリウム 401
塩化マグネシウム 403
塩基 136〜181
塩基性酸化物 151, 337
塩基性炭酸銅 197
塩基性度定数 139
塩基性溶媒 171
塩基対 361
塩酸 141
煙硝 401
炎色試験 374, 395
延性 74
塩素酸 141
塩素酸カリウム 378
エンタルピー 106, 119
鉛丹 451, 467
エンドオン結合 487
エントロピー 106, 119

エントロピー効果 269
塩類似水素化物 337, 351, 363, 381, 400
塩類似炭化物 468
塩類似窒化物 488

お

O_h(点群) 225, 227, 255, A24
黄色ヒ素 480
王水 342, 482, 496
黄銅 22, 87, 88, 124
黄リン 480, 485, 499
オキサザボロリジン 165
オキサラト 249
オキシダン 359
オキシド 249
オキシド窒素(1+)イオン 495
μ-オキシドービス(トリオキシドリン酸)(4−)イオン 499
10,10′-オキシビスフェノキシアルシン 487
オキソアニオン
　窒素の—— 482, 494
　リンの—— 499
オキソ化合物 441
オキソ酢酸ベリリウム 410
オキソ酸 146, 148
　1族元素の—— 385
オキソ酸塩
　2族元素の—— 406
オキソニウムイオン 137, 141, 337
オクタ 250
オクタキス 250
オクテット 38, 155
オクテット則 38
オーステナイト 89
オストワルト法 484, 496
オゾン化物 384
オゾン化物イオン 384
オパール 448
ORTEP(オルテップ)図 279
オルトケイ酸イオン 451, 465
オルト水素 355
オルトリン酸 141
オルトリン酸イオン 499
オールレッド・ロコウの電気陰性度 33, 34
折れ線形(分子) 41, 233
オングストローム 276
温室効果 463

か

外因性欠陥 118
外因性点欠陥 121
回映 224
回映軸 224
外圏錯体 248
回折 9, 275
回折パターン 276
　単結晶X線—— 279
　粉末X線—— 277
回折法 275

灰チタン石(ペロブスカイト) 99
回転 223
回転軸 223, 230, A20
解離定数 267
過塩素酸 141
過塩素酸アンモニウム 490
カオリナイト 451, 471
化学合成無機栄養反応 462
化学シフト 291
化学的還元 210
化学的酸化 215
化学分析 304〜312
核間距離 44
核結合エネルギー 4
核子 3
核磁気共鳴 → NMR
核磁気モーメント 290
核四極共鳴 314
核四極子モーメント 290
核子数 4
核スピン 290, 354
角節面 13, 14
核電荷 16
核燃焼 4
角波動関数 13
核分裂 5
隔膜電解槽 380
核融合 4, 5, 354
核融合サイクル 4
確率分布 49
確率密度 9, 49
重なり形配座 226
過酸化ナトリウム 383
過酸化物 383
過酸化物イオン 383
過酸化マグネシウム 404
カソード 186
硬い酸・塩基 163
硬い/軟らかい酸・塩基則 410
活性炭 457
活量 139
κ表記法 250
活量 139
カテナンド 271
カテナン配位子 271
カテネーション 330, 344, 449
過電圧 217
価電子 38
　——の電子配置 321
価電子殻 24
価電子帯 129
ガドリニウム錯体 265
カーナル石 378
ガーネット 122
カプスチンスキー式 114
貨幣金属 342
過ホウ酸ナトリウム 427
カーボナタイト 407
カーボランダム 470
カーボンナノチューブ 449, 456
カーボンブラック 457
可約表現 236, 242
ガラス 451
ガリア 441
カリウム 373〜393
ガリウム 415〜436
ガリウム錯体 265
カリーチ 377
カルシウム 394〜414
カルシウム二水素化物 355

か

カルシウムヒドロキシアパタイト　408
ガルバニ電池　186
カルバボラン　420, 437
カルビン回路　464
カルボナト　249
カルボニル　249
カルボラン　420, 437
カルボラン化合物　438
岩　塩　377
岩塩型構造 → 塩化ナトリウム型構造
がん化学療法（剤）　233, 259
間　隙　81, 88
還　元　182〜221
　　水による――　195
還元剤　182
還元的ペントースリン酸回路　464
還元電位　183〜193, 310
　　水の――　194
還元電位図　201
還元反応　185
還元半反応　183
換算質量　286
乾式製錬　213
干　渉　9, 275
　　波動関数の――　10
環状ジクロロホスファゼン　502
干渉図形　287
環状配位子　255
環状メタケイ酸イオン　465
カーン石　415
含窒素ヘテロ環有機化合物　364
貫　入　17
γ粒子　6
簡　約　236, 242
簡約公式　243

き

輝安鉱　481, 484
幾何異性　261
幾何異性体　258
規格化　9
貴ガス　24
ギ　酸　141, 168
基準振動　286
基準振動モード　233〜235, 241
黄水晶　123
輝蒼鉛鉱　484
基底系　49
基底状態の電子配置　16, 19, A3
起電力　187
軌　道　237〜242
軌道エネルギー　19
軌道角運動量　10, 11
軌道角運動量量子数　10
軌道近似　49
軌道近似法　16
貴な性質　342
擬ハロゲン　426, 467
ギブズエネルギー　106, 119
基本音　286
逆位置欠陥　121
逆スピネル型構造　100
逆対称伸縮振動　233〜235, 287
逆バイアス　131
既約表現　228, 236, 242
逆蛍石型構造　97, 406
キャリヤー　128
求核試薬　155
吸光度　283
吸光分光法　281〜289
吸　収　287
吸収端　301
求電子試薬　155
求電子置換反応　436
吸熱性水素化物　360
九配位子錯体　256
cubic-I　85
cubic-P　83, 85
キュベット　283
鏡　映　223
鏡映面　223, 230, A20
強塩基　141
境界条件　9
境界面　14
強　酸　140
強磁性　280
鏡　像　223
鏡像異性体　231, 260, 262
　　――の分割　264
協同結合　368
共　鳴　40
共鳴混成体　40
共鳴周波数　291
共鳴法　289〜299
共鳴ラマン分光法　288
鏡　面　223
共役塩基　138
共役酸　138
共有結合　38, 69
共有結合性窒化物　488
共有結合性ハロゲン化物　340
共有結合半径　25, 66
局在化　62
局在軌道　63
極座標　12
極　性　69
極性分子　230
キラリティー　
　　――と光学異性　262
　　異性化と――　258〜265
　　配位子の――　264
キラル　260
キラル中心　264
キラル分子　231
キレート　250
キレート効果　251, 269
キレート配位子　250
均一解離　358
均一結合解離　349
金錯体　265
金酸イオン　251
銀酸イオン　251
禁制律　233
金　属　22, 329
　　――の原子半径　86
　　――の多形　85
金属-アンモニア溶液　389
金属過剰リン化物　489
金属カルボニル　236
金属間化合物　88, 91
金属クラスター　257
金属結合　69, 74
金属結合半径　25, 67, 86
金属交換反応　391, 440
金属錯体　247
金属酸化物　342
金属水素化物電池　367
金属性　329
金属伝導　128
金属導体　125
金属ヒ素　480
金属ホウ化物　417, 430
金属有機構造体（MOF）　364
金属類似水素化物　337, 351, 365
金属類似炭化物　468
均等化反応　198

く

グーイ天秤　309
空格子点　119, 121, 122
苦灰石　394, 398, 406
クープマンズの定理　300
クラウス法　216
グラウバー塩　389
18-クラウン-6　390
グラファイト　448, 452
グラファイト層間化合物　468
グラファイトテープ　454
グラフェン　448, 454
グラフェン化カーボンナノチューブ　457
グリシナト　249
クリスタルガラス　449
クリソタイル　466, 471
グリニャール試薬　397, 399, 411, 412, 443
クリプタンド　442
クリプタンド221　390
クリプタンド222　390
クリンカー　400
クロシドライト　466
クロソ構造　420, 432, 434
クロリド　249
クロルアルカリ工業　379
クロルアルカリ法　356
クロロフィル　265, 397, 411
クロロフルオロカーボン　463
クーロンエネルギー　110
クーロン相互作用　109
クーロンポテンシャル　110
クーロンポテンシャルエネルギー　132
クーロン力　13, 92
群　論　222

け

ケイ化物　470
鶏冠石　481
蛍光X線分析　307
蛍光定量法　285
蛍光分光光度計　285
蛍光分光分析　285
蛍光分光法　285
ケイ酸塩　451
ケイ酸塩ガラス　466
ケイ酸ナトリウム　386
ケイ酸ベリリウムアルミニウム　122
計算モデリング　64
形状記憶合金　91
ケイ素　215, 447〜478
ケイ素結晶　130
欠　陥　118
欠陥濃度　119
結合異性　258
結合エネルギー　4
結合エンタルピー　69, 335
　　――と結合次数　58
　　結合長と――　59
結合解離エンタルピー　67, 144
結合距離　279
結合クラスター法　65
結合次数　57
　　結合エンタルピーと――　58
　　結合長と――　58
結合性軌道　50, 52, 55
結合性分子軌道　126, 433
結合長　66
　　――と結合エンタルピー　59
　　――と結合次数　58
結合電子対　43
結合の強さ　67
結　晶　275
結晶系　76, 276
結晶格子　75
結晶構造　75
結晶場　248
結晶点群　A20
結晶溶媒　253
ケテラーの三角形　69, 87
ゲルマナイト　448
ゲルマニウム　447〜478
ゲルマン　359, 459
ゲルミレン　475
けん化　136
嫌気性細菌　348
原子化エンタルピー　326
原子価殻軌道　49, A25
原子価殻電子対反発（VSEPR）モデル　41
原子核合成　4
原子価結合（VB）理論　44
原子価状態　34
原子間力顕微鏡法　312
原子軌道　9, 48
　　――の重なり　126
　　水素型原子の――　10
原子軌道の線形結合（LCAO）　49, A25
原子吸光分光光度計　305
原子吸光分析　304
原子交換欠陥　121
原子構造　3〜37
原子質量定数　302
原子のスペクトル
　　水素の――　7
原子半径　25, 26, 322
　　1族元素の――　374
　　金属の――　86
原子番号　3
原子量　22
原子炉　6
元　素
　　――の原子核合成　4
　　――の分類　22

元素組成 304
顕微鏡法 312〜314

こ

銅 89
広域X線吸収微細構造 301
高温超伝導体 280
光学異性 260
　　キラリティーと—— 262
光学異性体 258, 260
光学活性 231, 260
光学分割法 264
交換エネルギー 20
抗がん剤 265, 279
鋼玉 421, 441
合金 22, 87
交差分極 295
光子 6, 9
格子 75
高次イオン化エネルギー 28
格子エネルギー 106
格子エンタルピー 106〜118, 409, 428
　——と水和エンタルピー 117
　塩化ナトリウム型構造の—— 111
格子定数 76, 124, 276
格子点 75
硬水軟化剤 380, 404
高スピン(錯体) 323, A1, A29
構成原理 19, 53, A3
合成ダイヤモンド 453
構造マップ 105
高速イオン伝導体 387
高速原子衝撃 302
剛体球 75, 78
光電子スペクトル 51
光電子分光法 299
高電子密度領域 41
恒等操作 222
交替現象 323, 416, 455
交番効果 459
五塩化リン 493
氷の構造(I_h) 361, 362
黒鉛 → グラファイト
黒鉛複硫酸塩 454
黒色火薬 401
コークス 215, 448
極超微細構造 297
黒リン 480
五酸化二窒素 495
ゴーシュ 490
固体
　——の構造 74〜135
　——の電気伝導率 125
　——の電子構造 125〜132
固体NMR 294
固体高分子形燃料電池 188
固体酸 177, 472
固体酸化物形燃料電池 188
骨格表示 473
五配位錯体 255, 260
コバルト 84
五方両錐形 256
固有欠陥 118
固有点欠陥 119

固溶体 87, 124
コランダム 421, 441
孤立電子対 38
　分子形と—— 43
孤立電子対の配向 362
ゴールドシュミット半径 86
ゴールドシュミット分類 328
ゴールドシュミット補正 86
コレクター 132
コンクリート 400
コーン・シャム方程式 65
混成 63
混成軌道 47

さ

サイクリックボルタンメトリー 310
最高被占軌道(HOMO) 32, 54, 127, 155
最小基底系 51
再生可能エネルギー 348
最低空軌道(LUMO) 32, 54, 155
最密充填構造 78, 81, 84
錯形成 161
　——と標準電位 199
酢酸 141, 168
酢酸ベリリウム 410
錯体 154
　——の立体配置 253〜258
　——命名法 248〜252
錯滴定 269
鎖状メタケイ酸塩 465
サファイア 121, 122, 421, 441
サブ原子価化合物 336
作用電極 310
酸 136〜181
三塩化アルミニウム 440
三塩化窒素 492
酸塩基反応 136
酸化 182〜221
　——水による 195
酸化アルミニウム 195, 122
酸化アンチモン 486
酸解離定数 → 酸性度定数
酸化カルシウム 398, 399, 404
酸化還元 310
酸化還元安定性 193〜201
酸化還元系 183
酸化還元反応 182
酸化還元半反応 183
三角柱 255
三角面多面体 431
酸化グラファイト 451, 454
酸化グラフェン 451, 455
酸化ゲルマニウム 451
酸化剤 182
酸化状態 70, 330
　——の安定性 116, 204
酸化状態図 204
酸化数 70, 183
　窒素の—— 481
酸化スズ 451
酸化チタン(Ⅳ) 98
酸化窒素 495
酸化窒素(Ⅱ) 482, 498
酸化窒素(Ⅳ) 482, 497

酸化的付加 368
酸化鉛 451
酸化二窒素 483
酸化バリウム 337
酸化ビスマス(Ⅲ) 486
酸化物 337
　1族元素の—— 383
　2族元素の—— 403
　窒素の—— 482, 494
酸化物イオン 141
酸化ベリリウム 396, 399, 403
酸化マグネシウム 195, 396, 398, 399, 404
酸化リン(Ⅲ) 482, 498
酸化リン(Ⅴ) 482, 498
Ⅲ-Ⅴ族半導体 → 13-15族半導体
三座配位子 250
三酸化硫黄 159, 337
三酸化二窒素 482, 495, 498
三斜晶 76
三臭化窒素 492
三重結合 38
三重縮退軌道 61
三重水素 4, 348
参照電極 310
酸性雨 136
酸性酸化物 151, 337
酸性度定数 138, 141
酸性度パラメーター 166
酸性プロトン 146
酸性溶媒 171
酸素族 24
三中心二電子結合 359
3電極電気化学セル 310
三配位錯体 254
三ハロゲン化ホウ素 157, 418, 425
三フッ化臭素 169
三フッ化窒素 492
三フッ化ホウ素 157
三フッ化リン 492
三方晶 76
三方錐形(分子) 39, 41, 223
三方ひずみ 255
三方両錐形(分子) 41, 227, 255
三方両錐錯体 260
三ヨウ化窒素 492
三ヨウ化物イオン 160
散乱 275
散乱中心 275
cyclo-三リン酸アニオン 501
三リン酸カリウム 500
三リン酸ナトリウム 500, 501
三リン酸ナトリウムカリウム 500

し

ジ 250, 251
C_1(点群) 225, 227, A20
C_2(点群) 225, 25, A20
C_{2v}(点群) 225, 227, 259, 261, A21
C_{3v}(点群) 225, 227, 261, A21
C_{4v}(点群) 255, A21
$C_{\infty v}$(点群) 225, 227, A21
C_n(対称操作) 223
C_s(点群) 225, 227, A20
次亜硝酸イオン 495
ジアステレオマー 264

シアニド 249
次亜二リン酸イオン 499
シアノゲン 467, 488
1,2-ジアミノエタン 249, 250
シアン 451
シアン化カリウム 378
シアン化水素 451, 467
シアン化水素酸 141
シアン化物イオン 451
ジアンミンクロリド白金(Ⅱ)錯体 259
CE過程 311
ジイミン配位子 270
g因子 296
ジエチレントリアミン 249
CHN分析 305
C.N. 79
シェーンフリースの記号 225, A20
ジオキシド硝酸(1−)イオン 495
ジオキシド窒素(1+)イオン 495
紫外(UV) 281
紫外・可視分光光度計 282
紫外・可視分光法 282
紫外光電子スペクトル
　アンモニアの—— 60
　二窒素の—— 51
紫外光電子分光法 51, 300
四角面一冠三角柱 256
ジガラン 359
磁化率 309
時間分解測定 296
磁気回転比 290
磁気共鳴 289
磁気構造 281
磁気散乱 281
色相環 284
磁気測定 309
磁気微細結合 298
磁気モーメント 297
四極子結合 298
磁気量子数 10, 11
磁気力顕微鏡法 313
σ(対称操作) 223
$σ_h$(対称操作) 223
$σ_v$(対称操作) 223
σ軌道 52
$σ_g$軌道 52
$σ_u$軌道 52
σ供与体 270
σ供与性配位子 256
σ結合 44
シクロペンタジエニル 249
シクロペンタジエニル配位子 444
自己イオン化 139
自己プロトリシス 139, 490
自己プロトリシス定数 139
　溶媒の—— 167
自己無撞着場 65
示差走査熱量測定法 308
示差熱分析 308
次サリチル酸ビスマス 486
支持電解質 310
ccp 79, 80
ジシレン類 23
シス異性体 259, 261
シス-トランス異性体 293
シスプラチン 265, 279
湿式製錬 214

和文索引

質量磁化率　310
質量数　3
質量電荷比　302
質量分析　302
質量分析計　302
シトクロム c オキシダーゼ　265, 467
CPMAS-NMR　295
ジヒドリドジオキシドリン酸(1−)イオン　499
指　標　228, *A20*
指標表　228, *A20*
四方逆角柱　256
脂肪酸リン酸エステル　486
四方錐形　41, 255
四方錐錯体　260
ジボラン　64, 359, 418, 422
ジメチル水銀　254
ジメチルスルホキシド　168
四面体 SiO_4 構造単位　451
四面体形(分子)　41, 227
四面体間隙　81
四面体錯体　254, 260
射影演算子　244
弱塩基　141
弱　酸　140
遮　蔽　17, 291
遮蔽定数　17
斜方晶→直方晶　76
斜方ひずみ　255
臭化カリウム　378
臭化水素　359
臭化水素酸　141
周　期　23
周期性　321〜346
周期表　22
15 族元素　479〜506
　　──の水素化物　489
　　──のハロゲン化物　492
　　──のルイス酸　159
シュウ酸イオン　497
13-15 族半導体　442, 486, 489
13 族元素　415〜446
　　──のルイス酸　157
重　水　354
重水素　4, 289, 348
重水素化　289, 354
重曹→炭酸水素ナトリウム
重炭酸ソーダ→炭酸水素ナトリウム
ジュウテリウム　4, 348, 354
17 族元素
　　──のルイス酸　160
十二面体形　256
周波数　287
14 族元素　447〜478
　　──の水素化物　458
　　──のハロゲン化物　460
　　──の有機金属化合物　475
　　──のルイス酸　158
16 族元素
　　──のルイス酸　159
縮合反応　270
縮合リン酸塩　501
縮　重　11
縮　退　11, *A20*, *A25*
縮退度　230
主　軸　223
d-酒石酸　264
主要族元素　24, 330

主量子数　10, 105
シュレーディンガー方程式　9, 16, 286
シュレンク平衡　412
準結晶　90
順バイアス　132
昇　位　46
昇華エンタルピー　189
笑　気　483
衝撃合成法　453
硝　酸　141, 482, 484, 496
硝酸アンモニウム　207, 481, 490
硝酸イオン　482, 495, 496
硝酸カリウム　378, 387, 401
硝酸ナトリウム　387, 496
消衰係数　283
消石灰　398, 399, 404
状態密度　128
食塩電解法　356
ショットキー欠陥　119, 122
シラン　359, 370, 450, 458
シリカ　122, 449, 451
シリカゲル　177
シリカライト　472
シリコーンポリマー　474
試料振動型磁力計　309
シルト(沈泥)　407
白雲母　452, 471, 472
白石綿　466, 471
芯　17
親気元素　328
シンクロトロン放射　279
人工元素　7
人工光合成　357
人工葉　357
親酸素元素　448
伸縮振動　286
真性半導体　129
親石元素　328
真　鍮　22, 87, 124
親鉄元素　328
振　動　241
振動エネルギー　286
親銅元素　328
振動スペクトル　236, 287
振動分光法　286
ジントル相　90, 389, 442
侵入型固溶体　87
侵入型炭化物　469
侵入型窒化物　488
振　幅
　　波動関数の──　10
親フッ素元素　448

す

水　銀　85
水銀電解槽　380
水酸化カリウム　378, 385
水酸化カルシウム　405
水酸化ナトリウム　378, 385
水酸化バリウム　405
水酸化物
　　1 族元素の──　385
　　2 族元素の──　403
水酸化ベリリウム　396, 405
水酸化マグネシウム　396, 405

水酸化リチウム　385
水酸リン灰石　481
水　晶　448
水蒸気改質器　350
水蒸気改質法　355
水性ガス　355
水性ガスシフト反応　356, 462
水　素　4, 49, 347〜372
　　──原子のスペクトル　7
　　──の分子軌道エネルギー準位図　50
　　VB 理論による──分子の記述　44
水素イオン
　　──の還元反応　185
水素移動度　366
水素化アルミニウム　419, 439
水素化アルミニウムリチウム　439
水素化ガリウムリチウム　439
水素化カルシウム　176, 365
水素化触媒　365
水素化ジルコニウム　365
水素型原子　6〜15
　　──のエネルギー準位　10, 11
　　──の原子軌道　10
　　──の動径波動関数　12, 13
　　──の動径分布関数　14
水素カチオン　348
水素化ナトリウム　364, 381
水素化物　337, 351
　　1 族元素の──　381
　　2 族元素の──　400
　　14 族元素の──　458
　　15 族元素の──　489
　　ホウ素の──　422
水素化物イオン　348
水素化物移動剤　367
水素化物移動試薬　353
水素化物ギャップ　365
水素化物供与体　360
水素化物供与能　366
水素化物親和力　360, 366
水素化物性　353
水素化物性度　366, 367
水素化物的尺度　353
水素化分解　369
水素化ベリリウム　396, 400
水素化ホウ素　417, 420, 430
水素化マグネシウム　365, 396, 398, 401, 402
水素吸蔵媒体　366
水素結合　344, 360
　　──と赤外スペクトル　362
水素スポンジ　366
水素脆性　351
水素貯蔵　417
水素貯蔵材料　364, 402, 424
水素燃料電池　417
水素分子　44
水平化効果
　　溶媒の──　167
水　和
　　1 族元素の──　388
　　2 族元素の──　409
水和異性　258
水和エンタルピー　189, 409
　　格子エンタルピーと──　117
水和硝酸ベリリウム　409
　　──分子の分子軌道　49

スズ　447〜478
α スズ　449
β スズ　449
スズ石　448, 467
スズ酸イオン　251
スタンナン　359, 459
スチバベンゼン　504
スチバン　359, 481, 491
スチビン　359, 481
スチボール　504
ステアリン酸リチウム　378
ステージング　454
18-8 ステンレス　89
ステンレス鋼　87, 89
ストークス線　288
ストップトフロー法　284
ストロンチウム　394〜414
スパレーション　280
スピネル　100, 404
スピネル型構造　100
スピン　12, 51, 290, 354
スピン角運動量　12
スピン磁気量子数　12
スピン状態　309
スピン-スピン結合　292
スピン-スピン結合定数　292
スピン相関　19
スピン対　44
スルファン　359
スルフィド　250
スレーター則　16

せ

静圧法　453
正　孔　129
正四面体形　39
正スピネル型構造　100
生成エンタルピー　187
生成定数　266
生石灰　398
生体系標準状態　194
生体鉱物　395, 408
正長石　472
静電気力顕微鏡　313
静電パラメーター　114, 145
静電ポテンシャル面　66
静電力　13, 92
青　銅　87, 449
正二十面体 B_{12}　417, 421, 470
生物学的水素サイクル　348
生分解性ポリマー　503
正方晶　76
正方ひずみ　255
製　錬　211
ゼオライト　177, 380, 452, 472
石　黄　481
赤外(IR)　281
赤外活性　232〜237, 287
赤外スペクトル
　　水素結合と──　362
赤外分光法　286, 287
石　灰　350, 448
石炭のガス化　355
石　墨　448
石　綿　448, 465
石綿肺　466

石油（ガソリン） 350
赤リン 480, 485
セシウム 373〜393
セシウム時計 378
節 13
絶縁体 125, 129
石灰華 408
石灰岩 398
石灰水 405
石灰石 395, 406
石灰乳 408
雪花セッコウ 409
セッコウ 397, 409
接線軌道 433
絶対配置 262
ZSM-5 472
節　面 14, 50, 52
セミメタル 22, 128, 453
セメンタイト 470
セメント 400
セラン 359
セレン化水素 359
セレン化物 384
ゼロ点エネルギー 287
閃亜鉛鉱型構造 96, 428
遷移元素 24
閃ウラン鉱 399
線形群 226
セン晶石 100
全生成定数 267
銑　鉄 215

そ

蒼鉛土 484
層間化合物 182, 454
双極子モーメント 230
走査型電子顕微鏡 314
走査型トンネル顕微鏡法 312
走査型プローブ顕微鏡法 312
走査型静電容量顕微鏡法 313
相続薬 487
相対論的効果 27
曹長石 472
族 24
族酸化数（族酸化状態） 330
速度論的効果 271
ソーダ石灰ガラス 466
ソーダ灰 385
ソーダライトケージ 473
SOMO → 単電子被占軌道
ソルベー法 386, 399

た

第一イオン化エネルギー 28, 29, 324, A3
　1族元素の── 374
第一原理計算 65
第一配位圏 248
ダイオード 131
ダイオードアレイ検出器 283, 284
対角関係 344, 376, 397, 416
大環状効果 269

大環状配位子 269, 270
第三イオン化エネルギー A3
対称開裂 423
対称種 228, A20
対称種の記号 229, 230, A20
対称伸縮振動 287, 233〜235
対称性 A20
　軌道の── 237〜242
　分子の── 222〜246
対称操作 222, 225, A20
対称適合線形結合 237, A25
対称要素 222
体心格子 76, 83
体心立方 76, 85
体心立方単位格子 76
対電極 310
タイトバインディング近似 126
第二イオン化エネルギー 28, A3
大面積検出器 279
ダイヤモンド 123, 448, 452
ダイヤモンド型構造 449
太陽エネルギー 356
第四級アンモニウムイオン 232
大理石 395, 406
ダウンズ法 377
多塩基酸 141
　──の逐次プロトン移動平衡 142
多核錯体 257
多　形
　金属の── 85
多　型 78
多結晶 276
多原子分子 45, 59
多座配位子 250, 255, 269, 397, 410
多重サンドイッチ化合物 438
多層ナノチューブ 456
脱遮蔽 291
多電子原子 6, 16〜35
　──のエネルギー準位 19
田辺・菅野ダイアグラム A29
多配置自己無撞着場 65
多面体形水素化ホウ素 430
タリウム 415〜436
タルク 452, 472
単位格子 75, A20
単位格子定数 76
単位胞 75
炭化カルシウム 406
炭化カルシウム型構造 469
単核酸 148
炭化ケイ素 451, 470
炭化水素 458
炭化水素改質法 355
炭化タングステン 88, 469
炭化物 468
　1族元素の── 387
　2族元素の── 406
炭化ベリリウム 396, 406
炭化ホウ素 470
タングステン 78
タングステン型構造 85
単結合 38
単結晶 276
単結晶X線回折 278
単結晶回折法 276
単座配位子 250
炭　酸 141, 150, 464
炭酸アンモニウム 464

炭酸塩
　──の熱分解 114
炭酸カリウム 378, 386
炭酸カルシウム 397, 399, 404, 406, 407, 408
炭酸水素イオン 141
炭酸水素カリウム 387
炭酸水素カルシウム 407
炭酸水素ナトリウム 385, 386
炭酸水素マグネシウム 407
炭酸銅(Ⅱ)水和物 197
炭酸ナトリウム 385, 386, 399
炭酸バリウム 399
炭酸ベリリウム 406
炭酸リチウム 378, 386
単斜硫黄 279
単斜晶 76
単純格子 76
単純立方 83, 85
単純立方単位格子 76, 85
胆　石 408
炭　素 447〜478
単層ナノチューブ 456
炭素クラスター 455
炭素鋼 87
炭素サイクル 462
炭素繊維 457
単電子被占軌道（SOMO） 54
チオシアナト 250
チオシアナト-κS 250
チオシアナト-κN 250
チオラト 250
チオ硫酸イオン 149
力の定数 286
置　換 162
置換オキソ酸 149
置換型固溶体 87
置換反応 162
逐次生成定数 267
逐次プロトン移動平衡
　多塩基酸の── 142
チーグラー・ナッタ重合触媒 443
窒化ガリウム 422
窒化カルシウム 406
窒化ケイ素 451, 467
窒化ナトリウム 388
窒化物 387, 406, 488
窒化物イオン 370, 488
　1族元素の── 387
　2族元素の── 406
窒化ベリリウム 406
窒化ホウ素 418, 419, 427, 488
窒化リチウム 176, 387
窒化リン 488
窒　素 479〜506
　──族元素のフロスト図 494
　──のオキソアニオン 482, 494
　──の酸化数 481
　──の酸化物 482, 494
　──のフロスト図 205
窒素化合物 494
窒素固定 485
窒素サイクル 485
窒素循環 485

窒素族 479
茶石綿 466
チャバザイト 472
中心金属原子 247
中性子 3, 6
中性子回折 280
中性溶媒 171
超々微細構造 297
超塩基 176
超原子価 62
超原子価化合物 46, 158, 439
超　酸 159, 175, 493
超酸化カリウム 384
超酸化水素 383
超酸化物 383
超酸化物イオン 383
長　石 448, 452
長石類 472
超伝導体 126
超伝導量子干渉計 309
超配位状態 470
超微細構造 297
超臨界水 175
超臨界二酸化炭素 175
超臨界流体 175
超臨界流体 CO_2 465
調和振動子 286
直接メタノール燃料電池 189
直線形（分子） 41, 227
直線形錯体 253
直方晶 76
チョクラルスキー法 215

つ, て

つじつまのあう場 65
強い相互作用 3, 4
強め合う干渉 10, 50, 275

t（軌道） 61
T（対称種） 230
T_d（点群） 225, 227, 254, A24
D_{2h}（点群） 225, 255, 259, A22
D_{3h}（点群） 225, 227, 254, 255, A22
D_{4h}（点群） 225, 227, 254, 255, 261, A22
$D_{\infty h}$（点群） 225, 227, 253, A23
D_{3d}（点群） 255, A23
diars 配位子 503
低圧ナトリウム 8
TEM 314
d-異性体 263
DSC 308
DFT 65
TMS 291
DMSO 168
DMFC 189
TOF 303
d軌道 11, 15
d金属カルボニル 56
d金属錯体 296, 323
TG 307
低スピン（錯体） 323, A1, A29
ディーゼル 350
DTA 308
dバンド 127
d-ブロック金属 53

和文索引

d-ブロック（元素） 24, A3
　　　——の酸化状態 331
　　　——のフロスト図 332
d-ブロック収縮 493
d-ブロック水素化物 365
デカ 250
デカキス 250
デカップリング 295
テクネチウム 7
テクネチウム錯体 265
鉄 4, 85, 86, 211
　　　——のプールベ図 208
鉄-クロム合金 92
鉄鉱石 215
鉄酸イオン 251
鉄フタロシアニン 474
鉄ペンタカルボニル 282
鉄みょうばん 420
テトラ 250, 251
1,4,8,11-テトラアザシクロテトラ
　　　　　　　　　デカン 250
テトラアリールケイ素 474
テトラアルキルケイ素 474
テトラエチル鉛 476
テトラオキシドリン酸(3−)
　　　　　　　　　イオン 499
テトラキス 250, 251
テトラハロメタン 450, 460
テトラヒドリドアルミン酸 351
テトラヒドリドアルミン酸リチウム
　　　　　　　　　359
テトラヒドリドホウ酸 351
テトラヒドリドホウ酸アルカリ金属
　　　　　　　　　418
テトラヒドリドホウ酸イオン
　　　　　　　　　424
テトラヒドリドホウ酸ナトリウム
　　　　　　　　　359
テトラフェニルアルソニウムイオン
　　　　　　　　　504
テトラフェニルホウ酸イオン
　　　　　　　　　443
テトラメチルエチレンジアミン
　　　　　　　　　392
テトラメチルシラン 291
デュプレット 38
デュポン法 453
テラン 359
δ軌道 53
デルタヘドロン 431
テルル化水素 359
テルル化物 384
電解 215, 216
電界効果トランジスター 132
電荷移動錯体 160
電荷移動遷移 160
電荷担体 128
電気陰性度 32, 55, 68, 105, 111, 144, 325
　　　オールレッド・ロコウの——
　　　　　　　　　33, 34
　　　ポーリングの—— 33, 34, 69, 325
　　　マリケンの—— 33
電気化学系列 190
電気化学測定 310
電気化学的抽出 216
電気双極子モーメント 111, 230, 232

電気素量 6
電気伝導率 125
電気分解 211
　　　水の—— 356
点群 225, A20
点群対称 222
典型元素 24
点欠陥 118
電子 6
電子殻 11
電子過剰化合物 359
電子化物 172, 391
電磁気力 3
電子顕微鏡法 312, 314
電子構造
　　　固体の—— 125〜132
電子取得エンタルピー 31, 32, 107
電子衝撃イオン化 302
電子常磁性共鳴 295
電子親和力 31, 32, 144, 323, A3
電子スピン 12
電子スピン共鳴 295
電子スペクトル 282
電子相関 65
電子対供与体 154, 247
電子対受容体 154, 247
電子適正化合物 359
電磁波 7, 9, 281
電子配置 54, A3
　　　価電子の—— 321
　　　基底状態の—— 16, 19, A3
電子非局在化 270
電子不足 418
電子不足化合物 64, 359
電子ボルト 10
展性 74
伝導帯 129
電熱原子化法 305
天然ガス 350
天然ガス水和物 458
天然ガスハイドレート 458
天然水
　　　——の安定領域 209

と

銅 211
銅-亜鉛合金 89
同位体 3
　　　テクネチウムの—— 7
同位体置換体 354
投影図 78
透過型電子顕微鏡 314
等核スピン結合 292
等核二原子分子 45, 51
　　　——の分子軌道エネルギー
　　　　　　　　　準位図 52
等吸収点 284
銅-金合金 121
動径軌道 433
動径節 13
動径波動関数
　　　水素型原子の—— 12, 13
動径分布関数 13
　　　水素形原子の—— 14
銅酸イオン 251
同素体 330, 480

導体 127
動的同位体効果 354
等電子密度面 65
陶土 471
ドデカ 250
ドナー-アクセプター錯体 160
ドナー原子 247
ドナーバンド 130
ドーパント 121
ドーピング 130
ド・ブロイの関係 280
ドラゴー・ウェイランド式 166
ドラッグデリバリー 503
トランジスター 132
トランス異性体 259, 261
トランスメタル化反応 391, 411
トリ 250, 251
トリウム硝酸塩 257
トリオキシド硝酸(1−)イオン
　　　　　　　　　495
トリシクロヘキシルホスフィン
　　　　　　　　　250, 254
トリシリルアミン 468
トリス 250, 251
トリス(2-アミノエチル)アミン
　　　　　　　　　250
トリチウム 4, 348, 354
トリフェニルホスフィン 250
トリフルオロメチルスルホン酸
　　　　　　　　　149
トリポダル 255
トリポリリン酸ナトリウム 500
トリメチルホスフィン 250
トルマリン 122
トレーサー 354
トロナ 386, 399
ドロマイト 394, 398, 406

な

内圏錯体 248
内包フラーレン 456
ナトリウム 373〜393
ナトリウム硫黄電池 385
ナトリウムイオン交換 380
ナトリウム街路灯 8
七配位錯体 256
ナノバッド 456
鉛 447〜478
鉛ガラス 449
鉛酸イオン 251
鉛蓄電池 467

に

二塩基酸 142
ニクトゲン 479
二ケイ酸イオン 451, 465
二元系化合物 337
二元系水素化合物 351
二元系水素化合物合成 369
二座配位子 250
二酸化硫黄 159
二酸化ケイ素 451

二酸化炭素 450, 463
　　　——の分子の基準振動 234
二酸化炭素隔離 463
二酸化チタン 277
二酸化窒素 482, 495
二重結合 38
二重縮退軌道 61
二重置換反応 162
二十面体群 227, A24
二水素 347
2族元素 394〜414
　　　——のオキソ酸塩 406
　　　——の酸化物 403
　　　——の水酸化物 403
　　　——の水素化物 400
　　　——の水和 409
　　　——の炭化物 406
　　　——の窒化物 406
　　　——の配位化合物 410
　　　——のハロゲン化物 401
　　　——の有機金属化合物 411
　　　——の溶解度 409
　　　——の硫化物 403
二炭化物 468
二窒二硫黄 488
二窒素 45
　　　——の紫外光電子スペクトル
　　　　　　　　　51
　　　VB理論による——の記述 45
二窒素錯体 487
ニクロール 91
二中心二電子結合 359
Ni-Cd（ニッカド）電池 367
ニッケル 4
ニッケル-カドミウム蓄電池 367
ニッケル-水素化物電池 367
ニッケル水素電池 367
ニド構造 420, 432, 434
ニトラト 249
ニトリト 250
ニトリト-κN 249
ニトリト-κO 249
ニトロ 250
ニトロイルカチオン 495
ニトロゲナーゼ 486
ニトロシルカチオン 495
ニトロソニウムイオン 495
二配位錯体 253
二ホウ化マグネシウム超伝導体
　　　　　　　　　431
二面角 223
ニュートリノ 6
尿素 464
二リン酸イオン 153, 499
二リン酸カルシウム 500

ね，の

ねじれ形配座 226
熱安定性
　　　イオン固体の—— 114
熱化学半径 114
熱重量測定 307
熱振動だ円体 279
熱天秤 307
熱分解
　　　炭酸塩の—— 114

熱分析　307
熱力学的効果　271
ネルンスト式　192
ネルンストの平衡条件　310
燃料電池　188

農業用石灰　407
ノ　ナ　407
ノナキス　250

は

配　位　155
4:4配位　96,97
6:3配位　98
6:6配位　94
8:4配位　97,98
8:8配位　95
配位異性　258
配位異性体　258
配位化合物　247〜274
　1族元素の――　390
　2族元素の――　410
配位狭角　251
配位原子　247
配位子　247,492
　――のキラリティー　264
　――の名称　249,250
配位子場安定エネルギー　268
配位数　79,86,248,253,335
　イオン半径と――　101,A1
灰色スズ　449
灰色ヒ素　480
バイオマス　348
バイオミネラリゼーション　408
バイオレメディエーション　404
倍　音　287
π軌道　52
π_g軌道　52
π_u軌道　52
π逆供与　368
π結合　45
π　酸　164
π受容体　270
倍数接頭辞　250
ハイゼンベルクの不確定性原理　9
配置間相互作用　65
バイファンクショナル化合物　165
バイポーラ・トランジスター　132
バイヤー法　217
パイロフィライト　471
パウリの排他原理　17,51,A3
白　亜　395,406
白雲母　452,471,472
白スズ　449
白リン　480
バサル　260
波　数　8,287
Vaskaの化合物　368
パスカルの三角形　293
八隅子則→オクテット則　38
八配位錯体　256
八面体形(分子)　41,223,227
八面体間隙　81
八面体構造　255
八面体錯体　261
　――の伸縮振動　242

波　長　8
発煙硫酸　159
白金族金属　342
発光分光法　281〜289
パッシェン系列　8
発熱性水素化物　360
バテライト　407,408
波動関数　44
　――の干渉　10
　――の振幅　10
　ボルンの――解釈　9
波動と粒子の二重性　9
ハートリー・フォック法　65
花緑青　487
ハーバー・ボッシュ法　484,486,490
パラジウム-銀合金　366
パラ水素　355
バリウム　394〜414
パリスグリーン　487
バリノマイシン　391
張る(既約表現)　242
バルマー系列　8
ハロゲン　24
ハロゲン化アリールマグネシウム　397,412
ハロゲン化アルキルマグネシウム　397,412
ハロゲン化カルボニル　460
ハロゲン化窒素　492
ハロゲン化ニトロイル　493
ハロゲン化ニトロシル　493
ハロゲン化物　339,440
　1族元素の――　381
　2族元素の――　401
　14族元素の――　460
　15族元素の――　492
ハロゲン化ホスホリル　494
反強磁性　280
半金属(セミメタル)　22,128,453
半金属(メタロイド)　22,128,329
半金属類似炭化物　468
半経験的方法　65
反結合性軌道　50,52,55
反結合性分子軌道　126
反　射　276
半充填殻　20
反ストークス線　288
半占軌道→単電子被占軌道
ハンダ　449
反　跳　298
反　転　52
反転操作　223
反転中心　223,230
バンド　126
半導体　125,129,131
バンドギャップ　126,130
バンド構造　126,130
バンド幅　128
反応エンタルピー　67
半反応　183

ひ

b(軌道)　61
B(対称種)　229
PEMFC　188

pH　138,193
PN化合物　502
BNCT　431
比エンタルピー　350
非化学量論性　123
非化学量論的化合物　123
ヒ化ガリウム　422,442,489
p型半導体　130
ヒ化ニッケル型構造　97
ヒ化物　489
光イオン化　300
p軌道　11,14
非共有電子対→孤立電子対
非局在軌道　63
非金属　22,329
非経験的軌道法　65
非結合性軌道　51
非結合電子対→孤立電子対
飛行時間型　303
ヒ酸水素イオン　141
BJT　132
bcc　85
B_{12}立方八面体　430
微小体積要素　9
ピジョン法　211
ビス　250,251
ヒスイ輝石　465
非水溶媒　167〜175
ビス(オキシド硝酸)(N-N)(2-)イオン　495
1,2-ビス(ジフェニルホスフィノ)エタン　249
ビス(ジフェニルホスフィノ)メタン　249
ビスジホスフィン d 金属錯体　366,367
ビス(トリオキシドリン酸)(P-P)(4-)イオン　499
ビス(トリフェニルホスフィン)イミニウムカチオン　502
ビスマイト　484
ビスマス　85,479〜506
ビスマス化物　489
ビスマベンゼン　504
ビスモール　504
ヒ　石　481
ヒ　素　479〜506
ヒ素化合物　487
非対称開裂　423
非弾性中性子散乱　314
ビッグバン　3
ピッチブレンド　399
ヒドラジン　481,490
ヒドラジン水和物　490
ヒドリド　249
ヒドリド錯体　367
ヒドリドトリオキシドリン酸(2-)イオン　499
ヒドリド配位子　367
ヒドロキシアパタイト　481
ヒドロキシド　249
ヒドロキシルアミン　490,491
ヒドロキソ酸　146
ヒドロゲナーゼ　265,369
ヒドロゲナーゼ機能類似体　369
ヒドロシリル化　459
ヒドロニウムイオン　137,337
ヒドロホウ素化　424
pバンド　126

ppm　291
(2,2′-)ビピリジン　199,249,270
p-ブロック(元素)　24
ヒ　ホ　432
比誘電率　145
ヒューム・ロザリー　88
表現の簡約　236,242,A20
氷州石　407
標準解離エンタルピー　107
標準還元電位　186
標準原子化エンタルピー　107
標準昇華エンタルピー　107
標準状態　185
標準生成エンタルピー　107,340
　塩化物の――　332
標準生成ギブズエネルギー　267
標準電位　186,A6
　錯形成と――　199
　溶解性と――　200
標準電池電位　186
標準反応エンタルピー　166
標準反応エントロピー　192,212
標準反応ギブズエネルギー　106,185,204,211
標準偏差　279
氷晶石　439
表面酸　176
ピリジニウムイオン　141
ピリジン　250
ビルダー　485,500

ふ

ファヤンスの規則　35
ファラデー天秤　309
ファンアーケル・ケテラーの三角形　69
ファンデルワールスギャップ　452
ファンデルワールス相互作用　111
ファンデルワールス半径　67
ファンデルワールス力　452
VSEPR(原子価殻電子対反発)モデル　41
VSEPR理論　362
VB(原子価結合)理論
　――による二窒素の記述　45
　――による水素分子の記述　44
　――による水分子の記述　45
フェナントロリン　270
1,2-フェニレンビス(ジメチルアルサン)　503
フェライト　89
フェルミ準位　127
フェロシリコン　470
フォトダイオード　131
不確定性原理　9
不活性電子対効果　331,416,447,450,481
不完全なオクテット　418
不均一解離　358
不均一結合解離　349
不均一酸塩基反応　176
不均一触媒　177
不均化　343

和文索引　A39

不均化反応　198, 203
副殻　11
複合欠陥　118
複合ベリリウム酸　403
複分解　162, 370
複分解反応　411
不純物半導体　130
プソイドハロゲン　426, 467
プソイドハロゲン化物イオン
　　　　　　　　426, 467
フタロシアニン　269
t-ブチルベリリウム　411
ブチルリチウム　392
不対電子　280, 296, 309
不対電子軌道 → 単電子被占軌道
フッ化黒鉛　455
フッ化酸化物　493
フッ化水素　55, 137, 172, 359, 403
　　——の分子軌道エネルギー
　　　　　　　準位図　56
フッ化水素酸　141, 168
フッ化ベリリウム　401
フッ素リン灰石　481, 483
不定比化合物　123, 455
不定比性　123
不動態化　195
ブラケット系列　8
フラストレイテッド・ルイスペア
　　　　　　　　165
ブラッグの式　275
[60]フラーリド　455
フラーレン　80, 448
フラーレン-金属錯体　455
フラーレン類　455
プランク定数　8
フランシウム　373
フーリエ変換　287
フーリエ変換型の赤外分光器
　　　　　　　　289
ブリキ　449
フリーデル・クラフツ
　　　アルキル化反応　158
フリーデル・クラフツ触媒　440
フリーデル・クラフツ反応　436
フルオリド　249
フルオロアパタイト　481
フルオロ硫酸　149, 168, 175
ブルッカイト　277
プールベ図　196, 312
　　鉄の——　208
　　マンガンの——　210
プルンバン　459
プレエッジ　301
フレーム原子化法　305
フレンケル欠陥　120
ブレンステッド塩基　137, 370
ブレンステッド酸　136〜154, 360
フロスト図　204
　　——の解釈　206
　　塩基性　207
　　酸素の——　205
　　窒素族元素の——　494
　　窒素の——　205
　　d-ブロック元素の——　332
　　マンガンの——　207
プロチウム　348
ブロック　23
プロトン　3, 137, 348
プロトン移動　311

プロトン移動平衡　137
プロトン獲得エンタルピー　143
プロトン供与体　137
プロトン受容体　137
プロトン親和力　143
プロトン性　353
プロトン的　424
2-プロパノール　362
プローブ　313
ブロミド　249
フロンティア軌道　32, 54
分割
　　鏡像異性体の——　264
分極能　35
分極率　35, 105, 111, 232
分光光度法　284
分散相互作用　111
分子軌道　48, 49
　　——の組立て　239
　　——の記号　239
　　アンモニアの——　60
分子軌道エネルギー準位図
　　アンモニアの——　61
　　一塩化ヨウ素の——　57
　　一酸化炭素の——　56
　　水素の——　50
　　等核二原子分子の——　52
　　フッ化水素の——　56
　　硫化フッ素の——　62
分子軌道理論　48〜125〜132
分子形
　　——と高電子密度領域　41
　　——と孤立電子対　43
分子構造　278
分子状水素化物　337, 351, 358
分子振動　232〜237, 241, 286
分子認識 AFM　313
分子の吸着　472
分子の対称性　222〜246
分子ふるい　452, 472
分子ポテンシャルエネルギー
　　　　　　　曲線　44
分子力学法　65
分布図　142
粉末X線回折　276
粉末回折計　276
粉末法　276
分率座標　77

へ

閉殻　20
平均結合エンタルピー　67, 68, 450
平衡結合長　66
並進対称性　75
平面三角形(分子)　41, 227
平面四角形(分子)　41, 223, 227
平面四角形錯体　254, 259
平面四角形パラジウム錯体　233
ベガード則　124
ヘキサ　250
ヘキサアクア鉄(III)イオン　146
1,4,7,10,13,16-ヘキサオキサシク
　　　ロオクタデカン　249
ヘキサシアニド鉄(II)酸錯体　467
ヘキサス　250

ベース　132
β粒子　6
ヘテロダイヤモンド　421
ヘプタ　250
ヘプタキス　250
ヘプタシラン　450
ヘモグロビン　265
ヘリウム　4
ヘリウム原子　16
ベリー疑回転　260
ペリドット　122
ベリリウム　394〜414
ベリリウム酸塩　409
ベリル　122, 394, 398, 465
ベリロセン　411
ヘルマン・モーガンの記号　A20
ペロブスカイト → 灰チタン
ペロブスカイト型構造　99, 124, 404
変角振動　233〜235, 286
ペンタ　250
4,7,13,16,21-ペンタオキサ-1,10-
　　　ジアザビシクロ[8.8.5]
　　　　　　　トリコサン　249
ペンタキス　250
ペンタフェニルヒ素　504
ペンタボラン　420

ほ

ボーアの原子模型　14
ボーア半径　14
方位量子数　10
方鉛鉱　448
方解石　407
ホウケイ酸塩ガラス　418, 421,
　　　　　　　　427, 466
ホウ砂　415
ホウ酸　141, 421, 426
ホウ酸エステル　427
包接水和物　362
ホウ素　415〜436
　　——の水素化物　422
ホウ素クラスター　420, 430
方ソーダ石ケージ　452, 473
ホウ素中性子捕捉療法　431
ボーキサイト　415
補色　284
ホスゲン　460
ホスファゼン　502
ホスファン　359, 481
ホスフィン　359, 481, 486, 491, 499
ホスフィン酸イオン　499
ホスホニウムイオン　492
ホスホン酸　149, 498
ホスホン酸イオン　499
蛍石　122, 403
蛍石型構造　97, 396
ポテンシャルエネルギー　12, 111
HOMO → 最高被占軌道
ホモレプティック錯体　368
ボラジン　419, 429
ボラン　418, 422
ポリアルサン化合物　504
ポリオキソ化合物　153
ポリタイプ　78, 84
ポリ窒素カチオン　488
ポリホウ酸塩　427

ポリホスファゼン　503
ポリメチルアルサン　504
ポリリン酸塩　153, 500
ポーリングの規則　149
ポーリングの電気陰性度　33, 34,
　　　　　　　69, 325
ホール・エルー法　216, 421
ポルックス石　373, 378
ポルフィリン錯体　254, 255
ボルンの式　145
ボルンの波動関数解釈　9
ボルン・ハーバーサイクル　107
ボルン・マイヤー式　109, 132
ボルン・ランデ式　132
ポロニウム　85
ボロハイドライド　351

ま

マグネサイト　398
マグネシア乳　117, 399
マグネシウム　211, 394〜414
マグネシウム-アルミニウム合金
　　　　　　　　399
摩擦力顕微鏡法　313
マジック角度　294
マジック角度回転　294
マジック酸　175
マーシュ試験　487
マッドレル塩　501
マーデルング定数　109, 110
マトリックス支援レーザー脱離
　　　　イオン化法　303
マトリックス分離法　289
マリケンの電気陰性度　33
マルテンサイト　89
マンガン
　　——のプールベ図　210
　　——のフロスト図　207

み, む

ミオグロビン　255
水　137, 168, 351, 359
　　——による還元　195
　　——による酸化　195
　　——の安定領域　196
　　——の還元電位　194
　　——の点群　226
　　——分子の指標表　229
　　——分子の振動　233
　　——分子の対称要素　223, 224
　　VB理論による——分子
　　　　　　　の記述　45
水のイオン積　139
水の電気分解　356
水分解　356
密度汎関数理論　65
ミョウバン　378, 420
ミョウバン鉱物　420

無水硫酸　173
無電解めっき　500
紫水晶　123

め, も

名　称　249, 250
　　　　配位子の——　248
命名法　248〜252
メスバウアー効果　297
メスバウアースペクトル　298
メスバウアー分光器　298
メタセシス　162, 411
メタニド　469
メタノール　350
メタラボラン　420
メタリン酸イオン　153
メタロイド　22, 128, 329
メタロボラン　420, 436
メタン　351, 359, 458
メタンクラスレート　458
メタン酸 → ギ酸
メタン水和物　458
メタンハイドレート　458
メタン包接化合物　458
メチド　468
メチルアルミニウム　443
メチルクロロシラン　474
メチルナトリウム　391
メチルヒ酸一ナトリウム　487
メチルベリリウム　411
メチルリチウム　392
めのう　448
メラー・プレセット摂動論　65
面心格子　76
面心立方　79
面心立方単位格子　76
面像板（イメージングプレート）
　　　　279

モ　ノ　250, 251
MOF　364
モリブデン触媒　487
モル吸光係数　283
モル質量　22
モル体積　23
モレキュラーシーブ　452, 472

や 行

焼きセッコウ　409
薬物送達　503
軟らかい / 硬い酸・塩基則　410
軟らかい酸・塩基　163
ヤーン・テラー効果　255

雄　黄　481
有機アルサン　492
有機アルミニウム化合物　443
有機金属化合物　502
　　1 族元素の——　391
　　2 族元素の——　411
　　13 族の元素——　442
　　14 族の元素——　475

有機ケイ素化合物　474
有機ゲルマニウム化合物　474
有機スズ化合物　475
有機ヒ素化合物　502
有機ホウ素化合物　442
有機ホスフィン　492
有機マグネシウム化　412
有機リチウム化合物　392
融合温度　294
有効核電荷　17, 18
有効磁気モーメント　309
有効質量　286
有孔虫類　408
有効プロトン親和力　144
融　点　327
油　煙　448
UPS　300
UV（紫外）　281
UV・可視吸収スペクトル　282
UV・可視分光法　282
溶解エンタルピー　117
溶解性
　　——と標準電位　200
溶解度　117
　　1 族元素の——　388
　　2 族元素の——　409
溶解度積　200
ヨウ化カドミウム型構造　98
ヨウ化水素　359
ヨウ化水素酸　141
溶鉱炉　215
陽　子　3, 6, 354
陽電子　6
溶　媒
　　——の自己プロトリシス定数
　　　　167
　　——の水平化効果　167
溶媒系定義　170
溶媒和　145
溶媒和エンタルピー　145
溶媒和電子　172
溶融石英　466
葉ロウ石　471
ヨージド　249
弱め合う干渉　10, 50
四酸化二窒素　169, 174, 482, 495,
　　　　497
四軸型回折装置　279
四水酸化ベリリウム酸イオン　396
四窒化四硫黄　488
四配位錯体　254
四メタリン酸イオン　153
cyclo-四リン酸アニオン　501
cyclo-四リン酸イオン　153

ら, り

ライマン系列　7
ラジウム　394〜414
ラジオ波　282

ラジカルアニオン　391
ラジカル連鎖反応　358
ラシヒ法　490
ラチマー図　201, A6
　　リンの——　499
ラマン活性　232〜237, 287
ラマン分光法　286, 287
ランタニド　27
ランタノイド　24, 27
ランタノイド収縮　27, 323
ランベルト・ベールの法則　283

リチア雲母　377
リチア輝石　373, 377
リチウム　17, 373〜393
リチウムイオン電池　350, 379
リチウム一次電池　379
リチウム空気電池　379
リチウム電池　379
リチウム二次電池　379
立体化学的に不活性　43
立体効果　270
立体障害　253
立体配置　253〜258
立方最密充填　79, 83
立方晶　76
立方晶ダイヤモンド型構造　448
立方晶窒化ホウ素　428
立方体群　227, A24
立方体構造　257
リートベルト解析　277
硫安ニッケル鉱　481
硫化亜鉛　96
硫化アルミニウム　441
硫化水素　141, 142, 359
硫化水素イオン　141
硫化バリウム　399, 405
硫化物　441
　　1 族元素の——　384
　　2 族元素の——　403
硫化フッ素　62
　　——の分子軌道エネルギー
　　　　準位図　62
硫　酸　141, 146, 168
硫酸アンモニウム　490
硫酸カリウム　378
硫酸カルシウム　409
硫酸カルシウム二水和物
　　　　397, 399
硫酸水素イオン　141
硫酸鉄(II)七水和物　248
硫酸銅(II)水和物　197
硫酸ナトリウム　387
硫酸バリウム　400, 409
流動構造　293
硫ヒ鉄鉱　481
リュードベリ定数　7
菱苦土石　398
両座配位子　250, 258
量子化　9
量子サイズ効果　285
量子数　10
量子ドット　285

両　性　137
両性酸化物　152
菱面体晶　76
菱面体晶系ホウ素　417
緑柱石 → ベリル
リ　ン　479〜506
　　——のオキソアニオン　499
　　——のラチマー図　499
リン過剰リン化物　489
リン化物　489
リン酸　141, 498, 501
リン酸イオン　485, 499
リン酸塩　500
リン酸カルシウム　483, 486, 500
リン酸水素アンモニウム　490
リン酸水素イオン　141
リン酸水素カルシウム二水和物
　　　　500
リン酸水素二カリウム塩　500
リン酸水素二ナトリウム　500
リン酸ナトリウム　485
リン酸二水素イオン　141
リン酸二水素カルシウム一水和物
　　　　500
リン酸二水素ナトリウム　500

る〜ろ

類　228
ルイス塩基　154, 247, 348
ルイス構造　38〜48
ルイス酸　154〜167, 247, 348,
　　　　418, 443
　　13 族の——　157
　　14 族の——　158
　　15 族の——　159
　　16 族の——　159
　　17 族の——　160
　　s-ブロック元素の——　157
ルイス酸性度　423
ルチル　277
ルチル型構造　98
ルテノセン分子　231
ルビー　121, 122, 421, 441
ルビジウム　373〜393
LUMO → 最低空軌道

レイリー散乱　288
レクトライド　172
レドックス反応　182
連続波　290

六酢酸一酸化四ベリリウム　410
六座配位子　251
六配位錯体　255
ロコウ法　474
六方最密充填　79, 83
六方晶　76
ローブ　10
ロンドン相互作用　111

欧 文 索 引

A

ab initio method 65
absorbance 283
acac 249
acceptor atom 247
acceptor band 130
acetylacetonato 249
acidic oxide 151
acidic proton 146
acidity constant 138
actinide 27
actinoid 27
activated carbon 457
AFC 188
AFM 312
agricultural lime 407
Ahrland, S. 163
albite 472
alkalide ion 389
alkali metal 373
alkaline earth metal 394
alkaline fuel cell 188
alloy 87
Allred, A. L. 34
Allred-Rochow electronegativity 34
alnico 91
α cage 473
α-tin 449
alternation effect 323
alum 420
ambidentate ligand 250
amine-borane 428
ammine 249
amphiprotic 137
amphoteric oxide 152
angular node 13, 14
anode 186
antibonding orbital 50
antifluorite structure 97
anti-site defect 121
antispinel structure 100
anti-Stokes line 288
antisymmetric stretch vibration 287
a_1 orbital 239
A15 phase 91
aqua 249
aqua acid 146
aqua regia 482, 496
arachno- 432
arachno structure 420

area-detector 279
argentate 251
argonite 407
Arkel, A. van 69
Arrhenius 136
arsenical 487
arsenolite 481
arsenopyrite 481
atmophile 328
atomic force microscopy 312
atomic number 3
atomic orbital 9
atomic radius 25
atom-interchange defect 121
Aufbau principle 19
aurate 251
austenite 89
autoprotolysis 139
autoprotolysis constant 139
azimuthal quantum number 10

B

Balmer series 8
band 126
band gap 126
basicity constant 139
basic oxide 151
basis set 49
bauxite 415
Bayer process 217
bcc 76
Berry pseudorotation 260
beryl 465
β-tin 449
bidentate ligand 250
Big Bang 3
binding energy 4
biological standard state 194
biomineral 395
bipolar junction transistor 132
2,2′-bipyridine 249
bis 250
1,2-bis(diphenylphosphino)ethane 249
bis(diphenylphosphino)methane 249
bite angle 251
BJT 132
black phosphorus 480
block 23
BNCT 431
body-centered cubic 76
body-centered lattice 76

Bohr, N. 8
Bohr radius 14
bond dissociation enthalpy 67
bonding orbital 50
bond order 57
borax 415
Born equation 145
Born-Haber cycle 107
Born-Landé equation 132
Born-Mayer equation 109
boron neutron-capture therapy 431
Bosch, C. 490
boundary surface 14
bpy 199, 249, 270
Brackett series 8
Bragg's equation 275
Brandt, H. 483
Broglie, L.de 9
bromido 249
Brønsted acid 137
Brønsted base 137
Brønsted, J. 137
building-up principle 19
Bunsen, R. 378

C

cadmium-chloride structure 98
cadmium-iodide structure 98
caesium-chloride structure 95
calcite 407
caliche 377
carbaborane 420, 437
carbide 468
carbonato 249
carbon black 457
carbon dioxide sequestration 463
carbon fiber 457
carbon nanotube 456
carbonyl 249
carbonyl halide 460
carborane 420, 437
carborundum 470
cassiterite 448
catenand 271
cathode 186
CC 65
ccp 79
center of inversion 223
CE process 311
chalcophile 328
character 228
character table 228

charge-transfer complex 160
charge-transfer transition 160
Chatt, J. 163
chelate 250
chelate effect 251, 269
chemical shift 291
chemolithotrophy 462
china clay 471
chiral 260
chiral molecule 231
chloralkali process 357
chlorido 249
CHN analysis 305
CI 65
class 228
clathrate hydrate 362
Claus process 216
clinker 400
closed shell 20
close-packed structure 78
closo- 432
closo structure 420
C.N., 79
coal gasification 355
color center 121
complex 154, 247
complex formation 161
comproportionation 198
computer modelling 64
condensation reaction 270
conduction band 129
configuration interaction 65
conjugate acid 138
conjugate base 138
constructive interference 10
continuous wave 290
coordinate 155
6:6 coordination 94
coordination compound 247
coordination isomerism 258
coordination number 79, 248
core 17
corundum 441
coupled cluster theory 65
covalent bond 38
covalent nitride 488
covalent radius 25, 66
Cp 249, 295
CPMAS-NMR 295
cross-polarization 295
18-crown-6 249
2.2.1 crypt 249
cryptand221 249
crystal structure 75
crystal system 76
cubic closest packing 79

cubic group 227
cubic-I 85
cubic-P 85
cuprate 251
Curie, M. 399
Curie, P. 399
Curl, R. 452
CW 290
cyanido 249
cyclam 250
cyclic voltammetry 310
cyclopentadienyl 249
Czochralski process 215

D

dative 155
Davies, N. R. 163
d band 127
deca 250
decakis 250
defect 118
degeneracy 11
deltahedron 431
δ orbital 53
density functional theory 65
density of states 128
deshielding 291
destructive interference 10
DFT 65
di 250
diagonal relationship 344
1,2-diaminoethane 249
diamond 448
diaphragm cell 380
diastereomer 264
dicarbide 468
dien 249
diethylenetriamine 249
differential scanning calorimetry 308
differential thermal analysis 308
diffraction 275
diffraction pattern 276
diffuse 11
dihedral 223
dihydrogen 347
diode array detector 284
diprotic acid 142
direct methanol fuel cell 189
d-isomer 263
dispersion interaction 111
displacement 162
disproportionation 198
dissociation constant 267
distribution diagram 142
DMFC 189
DMSO 168
dodeca 250
donor 360
donor-acceptor complex 160
donor atom 247
donor band 130
dopant 121
d orbital 11
double bond 38
double decomposition 162

double displacement reaction 162
Down's process 377
dppe 249
dppm 249
Drago-Wayland equation 166
DSC 308
DTA 308
Du Pont method 453

E

EC process 311
EDAX 307
EDS 307
edta 249, 269
effective mass 286
effective nuclear charge 17
effective proton affinity 144
EI 302
electride 172, 391
electrochemical series 190
electrolytically 215
electrolytic soda process 356
electromagnetic force 3
electromotive force 187
electron affinity 32
electron configuration 16
electron correlation 65
electron-deficient compound 64, 359
electronegativity 33
electron-gain enthalpy 31
electronic spectrum 282
electron impact ionization 302
electron microscopy 312
electron paramagnetic resonance 295
electron-precise compound 359
electron-rich compound 359
electron shell 11
electron spectroscopy for chemical analysis 300
electron spin resonance 295
electrophile 155
electrospray ionization 303
electrostatic force microscopy 313
electrostatic parameter 114
electrostatic potential surface 66
electrothermal atomization 305
Ellingham diagram 212
elpot 66
embrittelement 351
emf 187
emission spectroscopy 285
en 249
enantiomer 231, 260
endohedral fullerene 456
endothermic hydride 360
energy-dispersive analysis of X-ray 307
energy-dispersive spectroscopy 307
e orbital 239
EPR 295
equilibrium bond length 66
ESCA 300

ESI 303
ESR 295
ethylenediaminetetraacetato 249
Evans method 309
EXAFS 301
exchange energy 20
exclusion rule 233
exothermic hydride 360
extended defect 118
extended X-ray absorption fine structure 301
extinction coefficient 283
extrinsic defect 118, 121
extrinsic semiconductor 130

F

FAB 302
face-centered cubic 79
face-centered lattice 76
Fajan's rule 35
Faraday balance 309
fast atom bombardment 302
fcc 79
F-center 122
feldspar 452
Fermi level 127
ferrate 251
ferrite 89
ferrido 249
FET 132
field effect transistor 132
first ionization energy 28
first-order spectrum 292
first-principles calculation 65
flame atomization 305
fluorapatite 481
fluoresce spectroscopy 285
fluorido 249
fluorite structure 97
fluorometry 285
fluorophile 448
Foraminifera 408
force constant 286
formation constant 266
four-circle diffractometer 279
Fourier transformation 287
fractional coordinate 77
framework representation 473
Frenkel defect 120
Frenkel, J. 119
frictional force microscopy 313
frontier orbital 32, 54
Frost diagram 204
FTIR 289
fuel cell 188
Fuller, B. 452
fullerenes 455
fundamental 11

G

galena 448
gallstone 408
galvanic cell 186
gauche 490

g-CNT 457
Geim, A. 454
generalized valence bond 65
geometric isomerism 258
germanite 448
g factor 296
glass 451
gly 249
glycinato 249
Goldschmidt classification 328
Goldschmidt, V. 86
Gouy balance 309
graphite 448
graphite bisulfate 454
graphite intercalation compound 468
graphite tape 454
gray tin 449
greenhouse effect 463
grey arsenic 480
Grignard reagent 412
ground state 16
group 24
group theory 222
GVB 65

H

Haber-Bosch process 484, 490
Haber, F. 490
half-filled shell 20
half-reaction 183
Hall, C. 217
Hall-Héroult process 217
hard acid, hard base 163
hard/soft acid-base 410
Hartree-Fock method 65
hcp 79
Heisenberg, W. 8
hepta 250
heptakis 250
Héroult, P. 217
heteronuclear coupling 292
hexagonal closest packing 79
1,4,7,10,13,16-hexaoxacyclooctadecane 249
highest occupied molecular orbital 54
hole 81
HOMO 54, 155
homonuclear coupling 292
homonuclear diatomic molecule 45
Hund's rule 19
hybrid orbital 47
hydration isomerism 258
hydride gap 365
hydridic 353
hydridicity scale 353
hydrido 249
hydrocarbon reforming 355
hydrogen bond 360
hydrogenic atom 6
hydrometallurgy 214
hydrosilylation 459
hydroxido 249
hydroxoacid 146

hydroxyapatite 481
hypercoordinate 470
hyperfine structure 297
hypervalent compound 46
hypho- 432

I

iceland spar 407
icosahedral group 227
ICR 303
identity operation 222
image plate 279
impurity semiconductor 130
indium tin oxide 8, 441
inert-pair effect 331
infrared 281
infrared spectroscopy 286, 287
inheritance powder 487
inner-sphere complex 248
insulator 125
intercalation compound 182, 454
intermetallic compound 88
interstitial carbide 469
interstitial nitride 488
interstitial solid solution 87
intrinsic defect 118
intrinsic semiconductor 129
inverse-spinel structure 100
inversion 52
inversion operation 223
iodido 249
ion channel 391
ion cyclotron resonance 303
ion-exchange membrane cell 380
ionic bonding 74
ionic hydride 351
ionic model 92
ionic radius 25
ionization energy 28
ionization enthalpy 28
ionization isomerism 258
IR 281
IR active 287
irreducible representation 228, 236
isodensity surface 65
(+)-isomer 263
(−)-isomer 263
isomer shift 298
isosbestic point 284
isotope 3
isotopologue 354
isotopomer 303, 354
ITO 8, 441

J〜L

jadeite 465
JCPDS 277
Joint Committee on Powder Diffraction Standards 277
kaolinite 451
Kapustinskii, A. F. 113
Kapustinskii equation 114
Kepler, J. 79
kernite 415
Ketelaar, J. 69
Ketelaar triangle 69
kinetic isotope effect 354
Kohn-Sham equation 65
Koopmans' theorem 300
Kroto, H. 452

Lambert-Beer's low 283
lampblack 448
lanthanide 27
lanthanoid 27
lanthanoid contraction 27
Latimer diagram 201
lattice 75
lattice constant 76
lattice enthalpy 106
lattice point 75
laughing gas 483
LCAO 49
leveling effect 167
Lewis acid 154
Lewis base 154
Lewis, G. N. 38, 154
Lewis structure 38
LFSE 268
ligand 247
ligand field stabilization energy 268
lime water 405
linear combination of atomic orbital 49
linkage isomerism 258
l-isomer 263
lithophile 328
London interaction 111
lone pair 38
lowest unoccupied molecular orbital 54
low pressure sodium 8
Lowry, T. 137
LPS 8
LUMO 54
Lyman series 8

M

macrocyclic effect 270
macrocyclic ligand 270
Maddrell's salt 501
Madelung constant 109
magic-angle spinning 294
magnetic force microscopy 313
magnetic quantum number 10
magnetic resonance 289
magnetic structure 281
magnetogyric ratio 290
MALDI 303
many-electron atom 6
Marsh test 487
martensite 89
MAS 294
MAS-NMR 295
mass number 3
mass spectrometry 302

matrix-assisted laser desorption/ionization 303
matrix isolation 289
MCSCF 65
mean bond enthalpy 68
Mendeleev, D. 22
mercury cell 380
metal 22
metal-ammonia solution 389
metal cluster 257
metallaborane 420
metallic arsenic 480
metallic bonding 74
metallic carbide 468
metallic conductor 125
metallic hydride 351
metallic radius 25
metalloborane 420
metalloid 128
metalloid carbide 468
metal-organic framework 364
metaphosphate ion 153
metathesis 162
methane hydrate 458
methide 468
Meyer, L. 23
milk of lime 408
minimal basis set 51
mirror plane 223
MO 48
molar absorption coefficient 283
molar absorptivity 283
molecular hydride 351
molecular mechanics method 65
molecular orbital 48
molecular orbital energy level diagram 50
molecular orbital theory 48
molecular potential energy curve 44
molecular recognition AFM 313
molecular sieve 452
Møller-Plesset 65
mono 250
monodentate ligand 250
mononuclear acid 148
Mössbauer effect 297
Mössbauer spectrum 298
Mulliken electronegativity 33
Mulliken, R. 33
multi-configurations self-consistent field 65
multidentate ligand 250
multiwalled nanotube 456
MWNT 456

N

nanobud 456
natural gas hydrate 458
near-edge X-ray absorption fine structure 301
Nernst equation 192
NEXAFS 301
n-fold rotation 223
n-fold rotation axis 223
n-fold rotatory reflection 224
n-fold rotatory reflection axis 224

nickel-arsenide structure 97
nido- 432
nido structure 420
Nitinol 91
nitrato 249
nitrite burn 496
nitrito-κN 249
nitrito-κO 249
NMR 282
nodal plane 14
node 13
nona 250
nonakis 250
nonbonding electron pair 38
nonbonding orbital 51
nonmetal 22
nonstoichiometric compound 123
normal mode 286
normal spinel structure 100
Novoselov, K. 454
n-type semiconductor 130
nuclear fission 6
nuclear fusion 5
nuclear magnetic resonance 282
nucleon number 4
nucleophile 155

O

Oak Ridge Thermal Ellipsoid Plot Program 279
octa 250
octahedral hole 81
octakis 250
octet rule 38
Olah, G. 176
oleum 159
optical activity 260
optical isomer 260
optical isomerism 260
optically active 231
orbital angular momentum quantum number 10
orbital approximation 16
order 229
organomagnesiation 412
orpiment 481
ORTEP 279
orthoclase 472
Ostwald process 484
outer-sphere complex 248
overall formation constant 267
overpotential 217
overtone 287
ox 249
oxalato 249
oxidant 182
oxidation 182
oxidation number 70
oxidation state 70
oxidation state diagram 204
oxidative addition 368
oxidizing agent 182
oxido 249
oxoacid 146
oxonium ion 137
oxophile 448

P

parts per million 291
Paschen series 8
passivation 195
Pauli exclusion principle 17
Pauling, L. 33
Pauling's rule 149
p band 126
Pearson, R.G. 163
PEMFC 188
penetration 17
penta 250
pentakis 250
4,7,13,16,21-pentaoxa-1,10-diaza-bicyclo[8.8.5]tricosane 249
period 23
periodic table 22
perovskite structure 99
PES 299
phen 270
photodiode 132
photoelectron spectroscopy 299
π acid 164
π backdonation 368
π bond 45
Pidgeon process 211
π orbital 52
Planck constant 8
plaster of Paris 409
plumbate 251
pnictogen 479
point defect 118
point group 225
point-group symmetry 222
polarizability 35
polarizing ability 35
polar molecule 230
pollucite 373
polydentate ligand 250
polyelectron atom 6
polymorphism 85
polynuclear complex 257
polyprotic acid 141
polytype 78
p orbital 11
positive hole 129
Pourbaix diagram 196
Pourbaix, M. 208
powder diffractometer 276
powder method 276
ppm 291
primary coordination sphere 248
primitive cubic 85
primitive lattice 76
principal 11
principal axis 223
principal quantum number 10
probability density 9
promotion 46
proton affinity 143
proton-exchange membrane fuel cell 188
proton-gain enthalpy 143
protonic 353
pseudohalide ion 467

pseudohalogen 426
p-type semiconductor 130
py 250
pyridine 250
pyrometallurgy 213
pyrophyllite 471

Q, R

quantization 9
quantum number 10

radial distribution function 13
radial node 13
radial orbital 433
radiofrequency 282
radius ratio 103
Raman active 287
Raman spectroscopy 286
Raschig process 490
realgar 481
redox couple 183
redox reaction 182
red phosphorus 480
reducible representation 236
reducing agent 182
reducing a representation 236
reductant 182
reduction 182
reduction potential diagram 201
reflection 276
resonance 40
resonance hybrid 40
resonance Raman spectroscopy 288
RF 282
Rietveld method 277
Rochow, E. 34
Rochow process 474
rock-salt structure 94
rotation 224
rotation axis 224
rotation-reflection axis 224
rotatory reflection 224
ruby 441
rutile structure 98
Rydberg constant 7
Rydberg, J. 7

S

SALC 237
saline carbide 468
saline hydride 351
saline nitride 488
sapphire 441
s band 126
scanning capacitance microscopy 313
scanning electron microscope 314
scanning probe microscopy 312
scanning tunnelling microscopy 312

SCF 65
Schlenk equilibrium 412
Schoenflies symbol 225
Schottky defect 119
Schottky, W. 119
Schrödinger, E. 8
Schrödinger equation 9
second ionization energy 28
self-consistent field 65
SEM 314
semiconductor 125
semi-empirical method 65
semimetal 22
shape-memory alloy 91
sharp 11
Shechtman, D. 90
shielding 17
shielding constant 17
siderophile 328
σ bond 44
σ-donor ligands 256
σ orbital 52
silane 450
silicide 470
single bond 38
single-crystal diffraction 276
single-walled nanotube 456
singly occupied molecular orbital 54
slaked lime 404
Slater's rule 17
Smalley, R. 452
smelting 211
soda ash 385
sodium bicarbonate 385
sodium-chloride structure 94
SOFC 188
soft acid, soft base 163
solid acid 177
solid oxide fuel cell 188
solid solution 124
solubility product 200
solvated electron 172
Solvay process 386
solvent of crystallization 253
solvent-system definition 170
SOM 54
s orbital 11
spallation 280
spectroflurometry 285
spectrophotometry 284
sphalerite structure 96
sp^3 hybrid orbital 47
spin 12
spin correlation 19
spinel structure 100
spin magnetic quantum number 12
spin pairing 44
spin–spin coupling 292
spin–spin coupling constant 292
SPM 313
Sproul, G. 69
SQUID 309
stability field 196
staging 454
18/8 stainless 89
standard cell potential 186
standard potential 186

standard reduction potential 186
stannate 251
static pressure method 453
steam reforming 355
stepwise formation constant 267
stereochemically inert 43
stibnite 481
STM 312
Stock, A. 429
Stokes line 288
stopped flow technique 284
strong acid 140
strong base 141
strong force 4
strong interaction 3
structure map 105
subshell 11
substitution 162
substitutional solid solution 87
substitution reaction 162
sulfido 250
superacid 159
superbase 176
superconducting quantum interference device 309
superconductor 126
supercritical 175
surface acid 176
SWNT 456
symmetric cleavage 423
symmetric stretch vibration 287
symmetry-adapted linear combination 237
symmetry element 222
symmetry operation 222
symmetry species 228
synchrotron radiation 279
synergic bonding 368

T

talc 452
tangential orbital 433
TEM 314
templating effect 270
tetra 250
1,4,8,11-tetraazacyclotetradecane 250
tetrahedral hole 81
tetrakis 250
tetramethylsilane 291
TG 307
thermal analysis 307
thermochemical radius 114
thermogravimetry 307
thiocyanato-κN 250
thiocyanato-κS 250
tight-binding approximation 126
time-of-flight 303
TMS 291
TOF 303
tracer 354
transmetallation 411
transmetallation reaction 391
transmission electron microscope 314
travertine 408

tren 250
tricyclohexylphosphine 250
tridentate ligand 250
trimethylphosphine 250
triphenylphosphine 250
triple bond 38
tripodal 255
tris(2-aminoethyl)amine 250
trona 386

U

ullmanite 481
ultraviolet 281
ultraviolet photoelectron spectroscopy 300
ultraviolet-visible spectroscopy 282
uncertainty principle 9
undeca 250

unidentate ligand 250
unit cell 75
unit cell parameter 76
unshared electron pair 38
unsymmetrical cleavage 423
UPS 300
UV 281

V

valence band 129
valence-bond theory 44
valence shell 24
valence shell electron pair repulsion model 41
valence state 34
van Arkel-Ketelaar triangle 69
van der Waals gap 452
van der Waals interaction 111
van der Waals radius 67
vaterite 408

VB 44
Vegard's rule 124
vibrating sample magnetometer 309
VSEPR 41
VSM 309

W

Wade, K. 431
Wade's rule 431
water gas 355
wave function 9
wave-particle duality 9
weak acid 140
weak base 141
Werner, A. 247
white phosphorus 480
white tin 449
Wurtz coupling 412
wurtzite structure 96

X〜Z

XANES 301
XAS 300
XPS 300
X-ray absorption near-edge structure 301
X-ray absorption spectrum 301
X-ray fluorescence analysis 307
X-ray photoelectron spectroscopy 300
XRF 307

yellow arsenic 480

zeolite 177
zero-point energy 287
zinc-blende structure 96
Zintl phase 90

化学式索引

Ag
AgBr 111
AgCl 111
$[AgCl_2]^-$ 253
AgF 111
AgI 97, 111
$[H_3NAgNH_3]^+$ 343

Al
Al 416
$Al(BH_4)_3$ 364, 424
$[AlBr_4]^-$ 254
Al_4C_3 469
$Al_2(CH_3)_6$ 443
$AlCl_3$ 440
Al_2Cl_6 158, 419
AlF_3 439
AlFe 96
AlH_3 359, 419, 439
AlH_4^- 351, 360, 370, 439
Al_2O_3 121, 122, 215, 216, 419, 441
$Al_2(OH)_2Si_4O_{10}$ 471
$Al_2(OH)_4Si_2O_5$ 451, 471
Al_2S_3 441
$Be_3Al_2(SiO_3)_6$ 122, 394, 398
$Be_3Al_2Si_6O_{18}$ 465
$KAl_2(OH)_2Si_3AlO_{10}$ 452, 471, 472
$KAl(SO_4)_2 \cdot 12H_2O$ 420
$KAlSi_3O_8$ 472
$LiAlH_4$ 359, 439
$MAl(SO_4)_2 \cdot 12H_2O$ 420
$M_2SO_4Al_2(SO_4)_3 \cdot nH_2O$ 378
$MgAl_2O_4$ 100, 404
Na_3AlF_6 439
$NaAlH_4$ 419
$Na_{12}(AlO_2)_{12}(SiO_2)_{12} \cdot xH_2O$ 473
$NaAl(SiO_3)_2$ 465
$NaAlSi_3O_8$ 472
$ZnAl_2O_4$ 100

As
As 480
As_4 480
$As(CH_3)_3$ 502
$As(C_6H_5)_3$ 492
$As(C_6H_5)_5$ 502
$As_5(CH_3)_5$ 504
$AsCl_3$ 492
$[AsCl_4]^+$ 254
$AsCl_4^-$ 493
$AsCl_5$ 493
AsF_3 492
AsF_5 493
AsH_3 359, 481, 487, 492
AsH_4^+ 492
$(AsMe)_n$ 504
AsO_4^{3-} 501
As_2O_3 481, 486, 487, 498
$[AsPh_4]^+$ 504
$AsPh_5$ 505
As_2S_3 481
As_4S_4 481
$[(CH_3)_2As]^-$ 504
C_5H_5As 504
$C_6H_4[As(CH_3)_2]_2$ 503
$(CH_3)_2AsI$ 503
$C_6H_8AsNO_3$ 487
$C_{11}H_{12}AsNO_5S_2$ 487
$Cu(CH_3CO_2)_2 \cdot 3Cu(AsO_2)_2$ 487
FeAsS 481, 484
GaAs 442, 486, 489
$HAsO_4^{2-}$ 141
InAs 442
N_5AsF_6 489
$NaAsC_6H_4$ 487
$NaAsO_2$ 487
NiAs 97
$(RAs)_n$ 504

Au
Au^+ 343
$[Au(CN)_2]^-$ 216
$[AuCl_4]^-$ 254
$[AuI_2]^-$ 343
CuAu 121
Cu_3Au 88

B
B 416
^{10}B 431
B_2 53
B_{12} 417
BBr_3 418, 425
BBr_4^- 426
B_2C_{14} 426
B_4C 470
B_4C_{14} 426
$B(CH_3)_3$ 155
$[B(C_6H_5)_4]^-$ 443
$B_4C_2H_6$ 421
$nido\text{-}[B_9C_2H_{11}]^{2-}$ 438
$closo\text{-}1,2\text{-}B_{10}C_2H_{12}$ 437
$closo\text{-}1,7\text{-}B_{10}C_2H_{12}$ 438
$closo\text{-}1,12\text{-}B_{10}C_2H_{12}$ 438
BCN 421
BCl_3 418, 425
BCl_4^- 426
BF_3 40, 41, 42, 48, 64, 157, 225, 227, 418
BF_4^- 39, 426
BH_4^- 351, 360, 424
B_2H_6 64, 225, 337, 359, 418, 422, 423
B_4H_8 423
B_4H_{10} 422, 432
$arachno\text{-}B_4H_{10}$ 434
$[B_5H_5]^{2-}$ 420
B_5H_9 420, 422, 423, 435
$nido\text{-}B_5H_9$ 434
B_5H_{11} 420, 422
$B_6H_6^{2-}$ 433
$[B_6H_6]^{2-}$ 420
$closo\text{-}[B_6H_6]^{2-}$ 434
B_6H_{10} 423
$B_{10}H_{14}$ 423, 435
$[B_{11}H_{14}]^-$ 436
$[B_{12}H_{12}]^{2-}$ 420
$closo\text{-}[B_{11}H_{11}AlCH_3]^{2-}$ 436
BI_3 418, 425
BN 418, 428, 488
$B_3N_3H_6$ 419, 429
$B_3N_3H_9Cl_3$ 429
B_2O_3 338, 418, 427
$[B_3O_6]^{3-}$ 427
$B(OH)_3$ 141, 148, 421, 426
$[B_3O_3(OH)_4]^-$ 427
$[B_4O_5(OH)_4]^{2-}$ 427
BPh_4^- 443
$Al(BH_4)_3$ 424
$(C_6H_2Me_3)_2P(C_6F_4)B(C_6F_5)_2$ 165
CaB_6 430
$Cl_2B\text{-}N(^iPr)_2$ 429
$[Fe(CO)_3B_4H_8]$ 437
$LiBH_4$ 418
MgB_2 431
$N_3B_3H_{12}$ 429
NH_2BH_2 429
NH_3BH_3 418, 428
NH_3BH_2COOH 428
$NaBH_4$ 359
$NaBO_3 \cdot 4H_2O$ 427
$Na_2[B_2(O_2)_2(OH)_4] \cdot 6H_2O$ 427
$Na_2B_4O_5(OH)_4 \cdot 8H_2O$ 415
$Zr(BH_4)_4$ 424

Ba
Ba 395
$BaCO_3$ 43
$BaCl_2$ 403
BaF_2 396, 402
BaH_2 363
BaO 107, 337, 396
BaO_2 404
$Ba(OH)_2$ 405
$BaSO_4$ 405, 409

Be
Be 395
Be_2 53
$Be_3Al_2(SiO_3)_6$ 122, 394, 398
$Be_3Al_2Si_6O_{18}$ 465
$BeBr_2$ 401
Be_2C 396, 406, 469
$Be(CH_3)_2$ 411
$Be(C_5H_5)_2$ 411
$BeCO_3$ 406
$BeCl_2$ 401
$[BeCl_4]^{2-}$ 254
$BeCl_2(O(C_2H_5)_2)_2$ 402
BeF_2 402
BeH_2 359
BeH_4 396
$Be(Hal)_2$ 157
BeI_2 401
$Be(NO_3)_2$ 409
$Be(NO_3)_2 \cdot 4H_2O$ 409
BeO 107, 396, 399, 403
$Be(OH)_2$ 396, 405
$[Be(OH)_4]^{2-}$ 396
$Be_4O(O_2CCH_3)_6$ 409, 410
BeH_2 401

Bi
Bi 480
BiF_3 492
BiF_5 493
Bi_2O_3 484, 498
Bi_2S_3 484
C_5H_5Bi 504
$HOC_6H_4CO_2BiO$ 486

Br
Br^- 249
Br_2 160
HBr 359

C
C 448
C^{4-} 468
C_2 53
C_2^{2-} 468
C_{60} 80, 455
C_{60}^{n-} 455
C_{70} 455
C_{76} 455

化学式索引　A47

C_{84}　455
CBr_4　460
CCl_4　460
CF_4　63, 460
CF_n　455
CH_4　41, 46, 224, 225, 291, 337, 351, 359, 458
C_2H_2　225
$C_5H_5^-$　249, 444
$CHBrClF$　232
CH_3CH_3　226
CH_3CH_2OH　168
CH_3COOH　141, 168
C_5H_5M　504
CI_4　460
CN^-　249, 451, 467
$(CN)_2$　451, 467, 488
CO　56, 57, 225, 249, 289, 450, 462
CO_2　41, 225, 227, 234, 450, 462
CO_3^{2-}　41, 249
$C_2O_4^{2-}$　497
CO_2:$AlCl_3$　175
$CO(NH_2)_2$　464
CO_2:$OC(R)CH_3$　175
CS　465
CS_2　465
Al_4C_3　469
B_4C　470
Be_2C　469
CaC_2　95, 468
Cs_3C_{60}　455
Fe_3C　470
$[Fe(CN)_6]^{4-}$　467
$H_3@C_{60}$　456
$HC_5H_5N^+$　141
HCN　41, 141, 451, 467
HCO_3^-　141
H_2CO_3　141, 148, 150, 464
$HCOOH$　141, 168
KC_8　388, 468
KC_{16}　468
K_3C_{60}　455
$La@C_{82}$　456
$La_3@C_{106}$　456
$M@C_{60}$　456
$(NH_4)_2CO_3$　464
Na_2C_2　469
$OCBr_2$　460
$OCCCO$　450
$OCCl_2$　460
OCF_2　460
Rb_2CsC_{60}　455
Si_4C　470
SiC　470
WC　88, 469

Ca
Ca　395
CaB_6　430
CaC_2　95, 406, 468
$CaCO_3$　43, 394, 398, 407
$CaCO_3 \cdot MgCO_3$　394, 398
$CaCl_2$　340, 403
CaF_2　97, 107, 122, 396, 402
CaH_2　176, 351, 355, 363
$Ca(HCO_3)_2$　407
CaI_2　403

Ca_3N_2　406
$Ca(NO_3)_2 \cdot 4H_2O$　409
CaO　107, 396, 398, 404
CaO_2　404
$Ca(OH)_2$　398, 405
$Ca_3(PO_4)_2$　500
$CaSO_4 \cdot 2H_2O$　397, 399, 409
$CaTiO_3$　99

Cd
$CdCl_2$　98
CdI_2　98
$CdSe/ZnS$　285

Ce
$[Ce(NO_3)_6]^{2-}$　257, 335
CeO_2　78, 107

Cl
Cl^-　249, 342
Cl_2　343
$ClBr_3$　304
ClF_3　291
ClO_4^-　345
HCl　359
$HClO_3$　141
$HClO_4$　141

Co
Co　84
$[CoCl_4]^{2-}$　254
$[CoCl_2(en)_2]^+$　252, 262
cis-$[CoCl_2(en)_2]^+$　262
$trans$-$[CoCl_2(en)_2]^+$　262
$CoCl_2 \cdot 6H_2O$　253
$[CoCl_2(NH_3)_4]^+$　252
cis-$[CoCl_2(NH_3)_4]Cl$　263
$trans$-$[CoCl_2(NH_3)_4]Cl$　263
$[Co(edta)]^-$　251
$[Co(en)_3]^{2+}$　251
Δ-$[Co(en)_3]^{3+}$　262
Λ-$[Co(en)_3]^{3+}$　262
$[Co_2(en)_2(NO_2)_2]^+$　264
$[l-|Co(en)_2(NO_2)_2|]_2[Sb_2$-$(d$-$C_4H_4O_6)_2]$　264
$[Co(NH_3)_6]^{3+}$　247, 251
$[Co(NH_3)_6]Cl_3$　247
$[Co(NH_3)_6][Cr(CN)_6]$　258
$[Co(NH_3)_5(NO_2)]^{2+}$　258
$[Co(NH_3)_5][TlCl_6]$　95
Co_3O_4　100
Δ-$[Co(ox)_3]^{3-}$　262
Λ-$[Co(ox)_3]^{3-}$　262
$[Cr(NH_3)_6][Co(CN)_6]$　258
$[(H_3N)_5CoOCo(NH_3)_5]^{4+}$　252

Cr
$CrCl_3 \cdot 6H_2O$　258
$[CrCl(OH_2)_5]Cl_2 \cdot H_2O$　258
$[CrCl_2(OH_2)_4]Cl \cdot 2H_2O$　258
$[Cr(edta)]^-$　252
$[Cr(edta)]^-$　264
$[Cr(NH_3)_6][Co(CN)_6]$　258
CrO_4^{2-}　254, 339
Cr_2O_3　131
$[Cr(OH_2)_6]^{3+}$　339
$[Cr(OH_2)_6]Cl_3$　258

$[Co(NH_3)_6][Cr(CN)_6]$　258
$FeCr$　92
$NiCr_2O_4$　100

Cs
Cs　69, 374
$Cs_2Al_2Si_4O_{12} \cdot nH_2O$　373
$Cs_4Al_4Si_9O_{26} \cdot H_2O$　378
Cs_5Bi_4　389
$CsBr$　95, 107
Cs_3C_{60}　388, 455
$CsCl$　77, 95, 107
$[Cs(18$-$crown$-$6)_2]^+e^-$　391
CsF　69, 107
Cs_4Ge_9　389
CsH　107, 363
CsI　95, 107
CsO_2　95
Cs_2O_2　383
$Cs_2SO_4Al_2(SO_4)_3 \cdot 24H_2O$　378
Rb_2CsC_{60}　455

Cu
Cu^+　343
$CuAu$　121
Cu_3Au　88
$[CuBr_4]^{2-}$　254
$CuCN$　253
CuI　131
$[Cu(NH_3)_2]^+$　343
CuO　131
Cu_2O　131, 338
Cu_2S　211
$CuSO_4 \cdot 5H_2O$　308
$CuZn$　88, 96
$Cu_{1-x}Zn_x$　124
$[(H_2O)Cu(\mu$-$CH_3CO_2)_4Cu(OH_2)]$　257

D
D_2　354
D_2O　354

F
F^-　249
F_2　53, 57, 69
HF　55, 137, 168, 359, 362
HSO_3F　175
$O_2S(CF_3)(OH)$　149
$O_2SF(OH)$　149

Fe
α-Fe　85
β-Fe　86
γ-Fe　86
δ-Fe　86
$[Fe(bpy)_3]^{2+}$　268
$[Fe(bpy)_2(OH_2)_2]^{2+}$　268
$FeBr_2$　98
Fe_3C　470
$[Fe_2(C_8H_8)(CO)_5]$　295
$[Fe(CN)_6]^{3-}$　310
$[Fe(CN)_6]^{4-}$　310, 467
$[Fe(CO)_5]$　261, 282, 293
$[Fe(CO)_3B_4H_8]$　437
$[FeCl_4]^{2-}$　254
$FeCr$　92

$[Fe(NCS)(OH_2)_5]^{2+}$　252
FeO　131, 338
$Fe_{1-x}O$　123
Fe_2O_3　131, 215
Fe_3O_4　100, 215
$[Fe(OH_2)_6]^{2+}$　252
$[Fe(OH_2)_6]^{3+}$　146
$[Fe(OH_2)_5(SCN)]^{2+}$　266
$[[Fe(OH_2)_6]^{2+}] \cdot SO_4^{2-} \cdot H_2O$　248
FeS　97, 131
FeS_2　95
$FeSO_4 \cdot 7H_2O$　299
$[Fe_4S_4(SR)_4]^{2-}$　257
Fe_3Si　470
$FeTiH_x$　366
$AlFe$　96
$K_4[Fe(CN)_6] \cdot 3H_2O$　299
$KFe(SO_4)_2 \cdot 12H_2O$　420
$La_{1-x}Sr_xFeO_3$　124
Mg_2FeH_6　368
$ZnFe_2O_4$　100

Ga
Ga　416
$GaAs$　442, 486, 489
GaF_3　439
GaH_4^-　439
Ga_2H_6　359, 439
Ga_2O_3　420, 441
GaS　442
Ga_2S_3　442
$GaSb$　442
$LiGaH_4$　439
Me_3Ga　443
Na_3GaF_6　439
Ph_3Ga　443

Ge
Ge　448
GeH_4　291, 359, 459
GeO　451
GeO_2　451, 466
$Cu_{13}Fe_2Ge_2S_{16}$　448
KGe　91
K_4Ge_4　91
Nb_3Ge　91
R_2Ge　475

H
H　280
^1_1H　4, 348, 354
$^2_1H(D)$　4, 289, 348, 354
$^3_1H(T)$　4
H^+　348
$H^+(aq)$　337
H^-　249, 348
H_2　44, 225, 347, 349
H_2^+　349
H_3^+　349
$HAsO_4^{2-}$　141
HBr　141, 359
$H_3@C_{60}$　456
$HC_5H_5N^+$　141
HCN　41, 141
HCO_3^-　141
H_2CO_3　141, 148, 150
$HCOOH$　141, 168

化学式索引

HCl 141, 225, 359
HClO$_3$ 141
HClO$_4$ 141
HF 55, 141, 168, 173, 175, 337, 359, 362
(HF)$_n$ 361
HI 141, 359
HNO$_3$ 141, 148
HO$_2$ 383
H$_2$O 41, 63, 168, 223, 224, 225, 226, 233, 240, 249, 337, 351, 359
H$_2$O$_2$ 225, 232
H$_3$O$^+$ 137, 141
H$_9$O$_4^+$ 137
HPO$_4^{2-}$ 141
H$_2$PO$_4^-$ 141
H$_3$PO$_3$ 149
H$_3$PO$_4$ 141, 142, 148
HS$^-$ 141
H$_2$S 141, 142, 216, 359
HSO$_3^-$ 149
HSO$_4^-$ 141, 149
H$_2$SO$_3$ 141
H$_2$SO$_4$ 141, 148, 168, 173
HSO$_3$F 175
H$_2$SO$_3$F 168
H$_2$Se 359
H$_2$Te 359
HeH$^+$ 349
[(CO)$_5$W-μH-W(CO)$_5$]$^-$ 368

Hg
Hg 304
α-Hg 85
β-Hg 85
Hg$_2^{2+}$ 53, 258
[Hg$_2$Cl$_2$] 258

I
I$^-$ 249
I$_2$ 160
I$_3^-$ 160
ICl 57
IF$_7$ 42
IO(OH)$_5$ 41
HI 359

In
In 416
InAs 442
InCl$_5^{2-}$ 42
In$_2$O$_3$ 420
InS 442
β-In$_2$S$_3$ 442
InSb 442
C$_5$H$_5$In 444
K$_8$In$_{11}$ 442
Me$_3$In 443
Ph$_3$In 443

Ir
trans-[Ir(CO)Cl(PMe$_3$)$_2$] 254
[Ir(CO)Cl(PPh$_3$)$_2$] 368
[Ir(COH$_2$)Cl(PPh$_3$)$_2$] 369
[IrCl(PMe$_3$)$_3$] 263
[IrCl$_3$(PMe$_3$)$_3$] 263

K
K 374
KAl$_2$(OH)$_2$Si$_3$AlO$_{10}$ 452, 471, 472
KAl(SO$_4$)$_2$·12H$_2$O 420
KAlSi$_3$O$_8$ 472
KC$_8$ 388, 468
KC$_{16}$ 468
K$_3$C$_{60}$ 388, 455
K$_6$C$_{60}$ 388
KCN 95
K$_2$CO$_3$ 378
KCl 107, 340
KCl·MgCl$_2$·6H$_2$O 378
KClO$_4$ 401
KFe(SO$_4$)$_2$·12H$_2$O 420
KGa 389
KGe 91
K$_4$Ge$_4$ 91
KH 107
KI 107
K$_8$In$_{11}$ 442
KNO$_3$ 114, 387
KO$_2$ 383
KO$_3$ 384
K$_2$O 383
KOH 385
K$_2$S$_5$ 385
K$_4$Si$_4$ 470

La
[La(bpyO$_2$)$_4$]$^{3+}$ 257
La@C$_{82}$ 456
La$_3$@C$_{106}$ 456
LaNi$_5$ 91, 366
LaNi$_5$H$_6$ 364, 366
La$_{1-x}$Sr$_x$FeO$_3$ 124

Li
Li 280, 374
Li$_2$ 53
LiAlH$_4$ 359, 439
LiAlSi$_2$O$_6$ 373, 377
LiBH$_4$ 364, 418
LiBr 111
LiC$_6$ 388
Li$_2$C$_2$ 388
Li(C$_4$H$_9$) 392
Li$_4$(CH$_3$)$_4$ 392
Li$_6$(CH$_3$)$_6$ 392
Li$_2$CO$_3$ 386
LiCl 111
LiF 102, 107, 111
LiGaH$_4$ 439
LiH 107, 351, 363, 370
LiI 107, 110, 111
Li$_3$N 176, 387, 486, 488
LiNH$_2$ 364
Li$_2$NH 364
LiNO$_3$ 387
LiNiO$_2$ 95
Li$_2$O 97, 107, 383
Li$_2$O$_2$ 383
LiOH 385
LiOH·8H$_2$O 385, 389
[(BuLi)$_2$(TMEDA)$_2$] 392

Mg
Mg 395
MgAl$_2$O$_4$ 100, 404
MgB$_2$ 431
MgCO$_3$ 43, 398
MgCl 112
MgCl$_2$ 403
[Mg(edta)(OH$_2$)]$^{2-}$ 410
MgEtBr(OEt$_2$)$_2$ 412
MgF$_2$ 107, 402
Mg$_2$FeH$_6$ 368
MgH$_2$ 363, 364, 396, 401, 402
[Mg$_8$H$_{10}$]$^{6+}$ 402
MgI$_2$ 403
Mg$_3$N$_2$ 406
MgO 107, 109, 211, 399, 404
MgO$_2$ 404
Mg(OH) 399
Mg(OH)$_2$ 117, 396, 398, 405
Mg$_3$(OH)$_2$Si$_4$O$_{10}$ 452, 472
MgS 106
MgSO$_4$·7H$_2$O 399
Mg$_3$Si$_2$O$_5$(OH)$_4$ 466
MgZn$_2$ 88
CaCO$_3$·MgCO$_3$ 394, 398

Mn
[Mn(acac)$_3$] 232, 262
MnCl$_2$ 99
MnI$_2$ 98
MnO 131, 281, 338
MnO$_2$ 131
MnO$_4^-$ 184, 191, 331, 339
[MnO$_4$]$^-$ 254, 345
Mn$_3$O$_4$ 100
[Mn(OH$_2$)$_6$]$^{2+}$ 248, 339
[Mn(OH$_2$)$_5$SO$_4$] 248
[Mn(OH$_2$)$_6$]$^{2+}$SO$_4^{2-}$ 248
(CO)$_5$Mn-SnCl$_3$ 158
[(OC)$_5$Mn-Mn(CO)$_5$] 258

Mo
[Mo(η$_6$-C$_6$H$_6$)(CO)$_2$PMe$_3$] 303
[Mo(CN)$_8$]$^{3-}$ 257, 335
[Mo(CN)$_8$]$^{4-}$ 253
[Mo(CNR)$_7$]$^{2+}$ 256
MoF$_6$ 340
[MoO$_4$]$^{2-}$ 254
MoS$_2$ 256
NiMoZn 357

N
N 480
N^{3-} 488
N$_2$ 45, 53, 57, 480, 486
N$_2^+$ 58
N$_3^-$ 370, 488
N$_5^+$ 488
(N$_5$)$_2^{2+}$ 489
N$_5$AsF$_6$ 489
N$_3$B$_3$H$_{12}$ 429
NBr$_3$ 492
N(CH$_2$CH$_2$NH$_2$)$_3$ 250
N(CH$_3$)$_4$F·4H$_2$O 363
NCS$^-$ 250
NCl$_3$ 335, 492
ND$_3$ 370
NF$_3$ 492
NH$_3$ 41, 60, 137, 168, 172, 223, 225, 229, 238, 239, 241, 249, 337, 351, 359, 481, 492
NH$_4^+$ 141, 335
N$_2$H$_4$ 481, 490
NH$_2$BH$_2$ 429
NH$_3$BH$_3$ 418, 428
NH$_3$BH$_2$COOH 428
NH(CH$_2$CH$_2$NH$_2$)$_2$ 249
NH$_2$CH$_2$CH$_2$NH$_2$ 249
NH$_2$CH$_2$CO$_2^-$ 249
(NH$_4$)$_2$CO$_3$ 464
NH$_4$Cl 95
NHF$_2$ 225
N$_2$H$_4$·H$_2$O 490
NH$_4$H$_2$PO$_4$ 490
(NH$_4$)$_2$HPO$_4$ 490
NH$_4$NO$_3$ 207, 490
NH$_2$OH 491
NI$_3$ 492
NO 482, 495, 497, 498
NO$^+$ 495, 497
NO$_2$ 482, 495, 497, 498
NO$_2^+$ 495
NO$_2^-$ 41, 249, 250, 495, 497
NO$_3^-$ 40, 41, 48, 249, 342, 482, 495, 496, 497
N$_2$O 483, 495, 498
N$_2$O$_2^{2-}$ 495
N$_2$O$_3$ 482, 495, 498
N$_2$O$_4$ 174, 225, 482, 495, 497
N$_2$O$_5$ 482, 495, 497
NOCl 343, 493
NO$_2$F 493
NO$_2$SO$_4$·10H$_2$O 389
NOX 493
NO$_2$X 493
N$_5$SnF$_6$ 489
BN 418, 428, 488
B$_3$N$_3$H$_6$ 419, 429
B$_3$N$_3$H$_9$Cl$_3$ 429
CH$_3$NHNH$_2$ 491
(CH$_3$)$_2$NNH$_2$ 491
CN$^-$ 249, 451, 467
(CN)$_2$ 451, 467, 488
CO(NH$_2$)$_2$ 464
Cl$_2$B-N(^{i}Pr)$_2$ 429
HC$_5$H$_5$N$^+$ 141
HCN 41, 141, 451, 467
HNO$_2$ 482, 497
HNO$_3$ 141, 148, 482, 496
(H$_3$Si)$_3$N 468
Hg(N$_3$)$_2$ 488
[(HIPTNCH$_2$CH$_2$)$_3$N]MoN$_2$ 487
INO 497
Li$_3$N 176, 486, 488
M$_3$N$_2$ 488
MeNHCH$_2$CH$_2$NHMe 264
NaN$_3$ 488
ONF 497
O$_2$S(NH$_2$)OH 149
[O$_3$SONO]$^-$ 497
[OsN(NH$_3$)$_5$]$^{2+}$ 488
P$_3$N$_5$ 488
Pb(N$_3$)$_2$ 488
[Ru(N$_2$)(NH$_3$)$_5$]$^{2+}$ 487

S_2N_2 488
S_4N_4 488
Si_3N_4 467

Na
Na 374
$NaAlH_4$ 419
Na_3AlF_6 439
$Na_{12}(AlO_2)_{12}(SiO_2)_{12} \cdot xH_2O$ 473
$NaAl(SiO_3)_2$ 465
$NaAlSi_3O_8$ 472
$NaBH_4$ 359, 418
NaBr 107
Na_2C_2 469
Na_2C_{60} 388
$NaCH_3$ 391
Na_2CO_3 386
NaCl 94, 107, 109, 129, 377
$[Na(cryptand\ 222)]^+Na^-$ 391
NaF 107
Na_3GaF_6 439
NaH 107, 363, 370, 381
$NaHCO_3$ 386
NaI 107
$Na_{96}In_{91}M_2$ 389
$Na_{172}In_{192}M_2$ 389
NaN_3 388, 488
$NaNO_3$ 387
Na_2O 383
Na_2O_2 383
NaOH 385
$[Na(OH_2)_6]^+$ 247
$Na_2O \cdot xSiO_2$ 386
Na_2SO_4 387
NaTl 88, 442
Na_2Tl 442
Na_5Zn_{21} 88

Nb
Nb_3Ge 91

Nd
$[Nd(OH_2)_9]^{3+}$ 256, 335

Ni
NiAs 97
$[NiBr_4]^{2-}$ 254
$[Ni(CN)_4]^{2-}$ 254
$[Ni(CN)_5]^{3-}$ 260
$[Ni_2(CN)_6]^{4-}$ 389
$[Ni(CO)_4]$ 236, 247
$[Ni(CO)_3(py)]$ 252
$NiCl_2$ 99
$NiCr_2O_4$ 100
NiMoZn 357
$[Ni(NH_3)_6]^{2+}$ 266
$[Ni(NH_3)_n(OH_2)_{6-n}]^{2+}$ 268
$[Ni(OH_2)_6]^{2+}$ 266
NiS 97
$NiTe_2$ 98
$LaNi_5$ 91, 366
$LaNi_5H_5$ 366
$LaNi_5H_6$ 364
$LiNiO_2$ 95

O
O 280
O^{2-} 141
O_2 53, 300
O_2^- 58, 249, 383
O_2^{2-} 57, 383
O_3 40, 41
O_3^- 384
OCS 225, 227
OH^- 249
$OPH(OH)_2$ 149
$O_2S(CF_3)(OH)$ 149
$O_2SF(OH)$ 149
$O_2S(NH_2)OH$ 149
$O_2S(OH)_2$ 146
H_2O 41, 168, 359
$P_2O_7^{4-}$ 153
$P_4O_{12}^{4-}$ 153

Os
$[Os^{II}(bpy)_2(OH_2)(py)]^{2+}$ 311
OsO_4 331, 339

P
P 480
P_2 480
P_4 480, 486, 499
P_7^{3-} 481
$(P_8^{2-})_n$ 481
P_{11}^{3-} 481
$P(CH_3)_3$ 250
$P(C_2H_5)_3$ 492
$P(C_6H_5)_3$ 250
$P(C_6H_{11})_3$ 250
PCl_3 225, 335, 492
PCl_4^+ 42
PCl_5 41, 42, 46, 64, 225, 227, 335, 493
PCl_6^- 41, 335
PCy_3 254
PF_3 39, 492
PF_5 493
PH_2 336
PH_3 359, 481, 491, 492, 499
PH_4^+ 492
P_3N_5 488
$P_4(NR)_6$ 502
PO_4^{3-} 499
$P_2O_6^{4-}$ 499
$P_2O_7^{4-}$ 153, 499
$P_3O_9^{3-}$ 501
P_4O_6 482, 498
P_4O_{10} 482, 498
$P_4O_{12}^{4-}$ 153, 501
$POBr_3$ 494
$POCl_3$ 225, 494
POF_3 494
POI_3 494
$(C_6H_2Me_3)_2P(C_6F_4)B(C_6F_5)_2$ 165
$[(CH_3)_2PN]_3$ 502
$CaHPO_4 \cdot 2H_2O$ 500
$Ca(H_2PO_4)_2 \cdot H_2O$ 500
$Ca_2P_2O_7$ 500
$Ca_3(PO_4)_2$ 483
$Ca_5(PO_4)_3F$ 481, 483
$Ca_5(PO_4)_3OH$ 481
$(Cl_2PN)_3$ 502
$(Cl_2PN)_4$ 502
HPO_3^{2-} 499
HPO_4^{2-} 141
$H_2PO_3^-$ 499
$H_2PO_4^-$ 141
H_3PO_3 149, 498
H_3PO_4 141, 142, 148, 498, 501
$H_4P_2O_7$ 501
K_2HPO_4 500
$NH_4H_2PO_4$ 490
$(NH_4)_2HPO_4$ 490
NaH_2PO_4 500
Na_2HPO_4 500
$Na_3K_2P_3O_{10}$ 500
$Na_5P_3O_{10}$ 500, 501
$[Ni(PF_3)_4]$ 493
$OPH(OH)_2$ 149
$[Ph_3P=N=PPh_3]^+$ 502
$[Ru(H)_2(H_2)_2(PCyp_3)]$ 368

Pb
Pb 448
$Pb(CH_3)_3Cl$ 476
$PbCl_2$ 461
$PbCrO_4$ 283
PbF_2 120
PbH_4 459
$Pb(Me_3C_6H_2)_3Cl$ 476
PbO 451, 467
PbO_2 451, 467
Pb_3O_4 451, 467
$PbSO_4$ 467
$(CH_3)_3PbH$ 459

Pd
$[PdCl_4]^{2-}$ 254
$[PdCl_2(diars)_2]^{2+}$ 503
$[PdCl_2(NH_3)_2]$ 234
$cis\text{-}[PdCl_2(NH_3)_2]$ 233, 235, 243
$trans\text{-}[PdCl_2(NH_3)_2]$ 233, 235

Po
α-Po 85

Pt
$[PtBrCl(PR_3)_2]$ 260
$[PtBr_2(NH_3)_4]Cl_2$ 258
$[PtCl_4]^{2-}$ 227, 244, 251, 253
$[PtCl(dien)]^+$ 264
$[PtCl_2(NH_3)_2]$ 259, 279
$[PtCl_2(NH_3)_4]^{2+}$ 252
$[PtCl_2(NH_3)_4]Br_2$ 258
$cis\text{-}[PtCl_2(PEt_3)_2]$ 293
$trans\text{-}[PtCl_2(PEt_3)_2]$ 293
PtF_6 334
$[Pt(NH_3)_4]^{2+}$ 254, 343
$[Pt(PCy_3)_3]$ 254

Ra
Ra 395
$RaCl_2$ 403

Rb
Rb 374
Rb_3C_{60} 389
Rb_2CsC_{60} 455
RbH 107, 363
Rb_2In_3 389
Rb_2O 383
Rb_9O_2 384

Re
$[Re_2Cl_8]^{2-}$ 251
$[ReCl_6]^{2-}$ 256
$[ReH_9]^{2-}$ 257, 368
$[Re(SCPh=CPhS)_3]$ 256
$[Cl_4ReReCl_4]^{2-}$ 53

Rh
$[Rh(CO)_2I_2]^-$ 252
$[RhCl(PPh_3)_3]$ 254
$fac\text{-}[RhH(C\equiv CR)_2(PMe_3)_3]$ 262
$mer\text{-}cis\text{-}[RhH(C\equiv CR)_2(PMe_3)_3]$ 262
$mer\text{-}trans\text{-}[RhH(C\equiv CR)_2(PMe_3)_3]$ 262
$[RhMe(PMe_3)_4]$ 294

Ru
$[RuCl(NH_3)_4(SO_2)]^+$ 159
$[Ru(en)_3]^{2+}$ 264
$[Ru(H)_2(H_2)_2(PCyp_3)]$ 368

S
S_2^- 250
S_4^{2+} 224
SCN^- 250
SCl_2 340
SF_2 340
SF_4 43, 293
SF_6 41, 46, 62, 224, 225, 340
SF_5CF_3 65
SH_4 458
S_2N_2 488
S_4N_4 488
SO_2 159, 216
SO_3 41, 159, 338
SO_3^{2-} 41, 42
SO_4^{2-} 41, 248
$S_2O_3^{2-}$ 149
SO_2Cl_2 225
SOF_4 41
$[Fe(OH_2)_6]^{2+}] \cdot SO_4^{2-} \cdot H_2O$ 248
HS^- 141
H_2S 141, 142, 216, 359
HSO_3^- 149
HSO_4^- 141, 149
H_2SO_3 141
H_2SO_4 141, 146, 148, 168, 173
HSO_3F 175
H_2SO_3F 168
$[Mn(OH_2)_6]^{2+}SO_4^{2-}$ 248
$O_2S(CF_3)(OH)$ 149
$O_2SF(OH)$ 149
$O_2S(NH_2)OH$ 149
$O_2S(OH)_2$ 146

Sb
Sb 480
$Sb(C_6H_5)_5$ 505
$SbCl_3$ 492
$SbCl_5$ 493
SbF_5 159, 175, 493

SbF_5^{2-} 493
SbH 492
SbH_3 359, 481
Sb_2O_3 498
$Sb(Ph)_5$ 41
Sb_2S_3 481, 484
C_5H_5Sb 504
$[l-[Co(en)_2(NO_2)_2]]_2\text{-}[Sb_2(d\text{-}C_4H_2O_6)_2]$ 264
GaSb 442
InSb 442
NiSbS 481

Sc
$ScCl_3$ 340

Se
CdSe/ZnS 285
H_2Se 359

Si
Si 442, 448
$[Si_4]^{4-}$ 470
SiC 97, 215, 470
Si_4C 470
$Si(CH_3)_4$ 291
$[Si(C_6H_5)(OC_6H_4O)_2]^-$ 158
$SiCl_4$ 225, 461
SiF_4 156
$[SiF_6]^{2-}$ 156
SiH_4 359, 370
Si_7H_{16} 450
SiHBrClF 225
Si_3N_4 451, 467
SiO_2 122, 215, 449
$[SiO_4]^{4-}$ 451, 465
$[Si_3O_9]^{6-}$ 295
$[Si_3O_{10}]^{8-}$ 295
$[Si_6O_{18}]^{12-}$ 465
$Al_2(OH)_2Si_4O_{10}$ 471
$Al_2(OH)_4Si_2O_5$ 451, 471
$Be_3Al_2(SiO_3)_6$ 122
$Be_3Al_2Si_6O_{18}$ 465
$[(CH_3)_2SiO]_3$ 502
Fe_3Si 470
$(H_3Si)_3N$ 468
$KAl_2(OH)_2Si_3AlO_{10}$ 452, 471, 472
$KAlSi_3O_8$ 472
K_4Si_4 470
$Mg_3(OH)_2Si_4O_{10}$ 452, 472
$Mg_3Si_2O_5(OH)_4$ 466
$NaAl(SiO_3)_2$ 465
$NaAlSi_3O_8$ 472
$Na_{12}(AlO_2)_{12}(SiO_2)_{12} \cdot xH_2O$ 473
$[O_3SiOSiO_3]^{6-}$ 451, 465

Sn
Sn 448
α-Sn 449
β-Sn 449
$SnCl_3^-$ 158, 462
$SnCl_4$ 461
$[SnCl_5]^-$ 461
$[SnCl_6]^{2-}$ 461
SnH_4 359, 459
SnO 451
SnO_2 98, 448, 451, 467
SnR_4 475
$(CO)_5Mn\text{-}SnCl_3$ 158
$(Me_3SiC)Ph_2SnF$ 475
$(Me_3SnF)_n$ 475
N_5SnF_6 489
Ph_3SnF 475
$Pt_3Sn_8Cl_{20}$ 462

Sr
Sr 395
$SrCO_3$ 43
$SrCl_2$ 107, 396
SrF_2 396, 402
SrH_2 363
SrO 107, 396
SrO_2 404
$SrTiO_3$ 404
$La_{1-x}Sr_xFeO_3$ 124

Ta
$[TaCl_4(PR_3)_3]$ 256

Tc
Tc 6
$[TcH_9]^{2-}$ 368

Te
$Te(OH)_6$ 146
H_2Te 359
$NiTe_2$ 98

Th
$[Th(C_2O_4)_4(OH_2)_2]^{4-}$ 335
$[Th(NO_3)_4(OH_2)_3]$ 257, 335
$[Th(OH_2)_2(ox)_4]^{4-}$ 257

Ti
$TiCl_4$ 340
TiF_4 340
TiO 127, 338
TiO_2 98, 107, 278, 283
$[Ti(OH_2)_6]^{3+}$ 283
$CaTiO_3$ 99
$FeTiH_x$ 366
$SrTiO_3$ 404

Tl
Tl 416
TlBr 440
TlCl 104, 440
TlI 95, 440
Tl_2O 338, 420
Tl_2O_2 420
Tl_2O_3 420
TlS 442
Tl_4S_3 442

$[Co(NH_3)_6][TlCl_6]$ 95
NaTl 88, 442
Na_2Tl 442

U
$[UO_2(OH_2)_5]^{2+}$ 256

V
$[VO_4]^{3-}$ 254

W
WC 88, 469
$[W(CO)_3(H_2)(P^iPr_3)_2]$ 368
WF_6 340
WS_2 256
$[(CO)_5W\text{-}\mu H\text{-}W(CO)_5]^-$ 368

Xe
$Xe_4(CCl_4)_8(H_2O)_{68}$ 363
XeF_4 41, 223, 225, 288
XeF_5^- 42

Zn
$ZnAl_2O_4$ 100
$ZnFe_2O_4$ 100
ZnO 97, 131
ZnS 77, 96, 285
CdSe/ZnS 285
CuZn 88, 96
$Cu_{1-x}Zn_x$ 124
$MgZn_2$ 88
Na_5Zn_{21} 88
NiMoZn 357

Zr
$Zr(BH_4)_4$ 424
$[Zr(CH_3)_6]^{2-}$ 256
$[ZrF_7]^{3-}$ 256
ZrO_2 121
$[Zr(ox)_4]^{4-}$ 257
ZrS_2 98

田中　勝久
1961年 大阪府に生まれる
1986年 京都大学大学院工学研究科修士課程 修了
現 京都大学大学院工学研究科 教授
専攻 固体化学，無機化学
工学博士

安部　武志
1968年 大阪府に生まれる
1996年 京都大学大学院工学研究科博士課程 修了
現 京都大学大学院工学研究科 教授
専攻 工業電気化学，炭素材料化学
博士(工学)

北川　進
1951年 京都府に生まれる
1979年 京都大学大学院工学研究科博士課程 修了
現 京都大学理事，副学長
　同大学高等研究院物質-細胞統合システム拠点
　　　　　　　　　　　　　　　　　　　特別教授
専攻 錯体化学
工学博士

髙橋　雅英
1967年 大阪府に生まれる
1996年 神戸大学大学院自然科学研究科博士課程 修了
現 大阪公立大学大学院工学研究科 教授
専攻 無機材料化学
博士(理学)

平尾　一之
1951年 大阪府に生まれる
1979年 京都大学大学院工学研究科博士課程 修了
現 公益財団法人 京都高度技術研究所
　　京都市成長産業創造センター センター長，
　　桂イノベーションセンター センター長
京都大学 名誉教授，特任教授
専攻 ナノマテリアルサイエンス，無機材料科学
工学博士

第2版 第1刷 1996年 3 月22日 発行
第3版 第1刷 2001年 3 月22日 発行
第4版 第1刷 2008年 1 月22日 発行
第6版 第1刷 2016年 9 月 6 日 発行
第6刷 2024年10月10日 発行

シュライバー
アトキンス 無機化学(上)(第6版)

©2016

訳者代表　田　中　勝　久
発行者　　石　田　勝　彦
発　行　株式会社 東京化学同人
東京都文京区千石3丁目36-7(〒112-0011)
電話 (03)3946-5311・FAX (03)3946-5317
URL： https://www.tkd-pbl.com/

印　刷　株式会社 木元省美堂
製　本　株式会社 松岳社

ISBN978-4-8079-0898-1
Printed in Japan
無断転載および複製物(コピー，電子データなど)の無断配布，配信を禁じます．

よく用いられる単位と関係

298.15 K で，$RT = 2.4790 \text{ kJ mol}^{-1}$ および $RT/F = 25.693 \text{ mV}$

1 atm = 101.325 kPa = 760 Torr（正確に）

1 bar = 10^5 Pa

1 eV $\hat{=}$ $1.602\,18 \times 10^{-19}$ J $\hat{=}$ 96.485 kJ mol^{-1} $\hat{=}$ 8065.5 cm^{-1}

1 cm^{-1} $\hat{=}$ 1.986×10^{-23} J $\hat{=}$ 11.96 J mol^{-1} $\hat{=}$ 0.1240 meV

1 cal$_\text{th}$ = 4.184 J（正確に）

1 D（デバイ）$\approx 3.335\,64 \times 10^{-30}$ C m

1 G（ガウス）= 10^{-4} T（テスラ）

1 Å（オングストローム）= 10^{-10} m = 100 pm

1 M = 1 mol dm^{-3}

$\hat{=}$ は，…に対応の意.

基礎物理定数の値

物 理 量	記 号	数値と単位
真空中の光速度	c	$299\,792\,458$ m s^{-1}
電気素量	e	$1.602\,176\,634 \times 10^{-19}$ C
ファラデー定数	$F = eN_\text{A}$	$9.648\,53 \times 10^4$ C mol^{-1}
ボルツマン定数	k（他の記号と紛らわしいときは k_B とする）	$1.380\,649 \times 10^{-23}$ J K^{-1}
		8.6173×10^{-5} eV K^{-1}
気体定数	$R = kN_\text{A}$	$8.314\,46$ J K^{-1} mol^{-1}
		$8.205\,74 \times 10^{-2}$ dm^3 atm K^{-1} mol^{-1}
プランク定数	h	$6.626\,070\,15 \times 10^{-34}$ J s
	$\hbar = h/2\pi$	$1.054\,57 \times 10^{-34}$ J s
アボガドロ定数	N_A	$6.022\,140\,76 \times 10^{23}$ mol^{-1}
原子質量定数	m_u	$1.660\,54 \times 10^{-27}$ kg
電子の静止質量	m_e	$9.109\,38 \times 10^{-31}$ kg
真空の誘電率	ε_0	$8.854\,19 \times 10^{-12}$ J^{-1} C^2 m^{-1}
	$4\pi\varepsilon_0$	$1.112\,65 \times 10^{-10}$ J^{-1} C^2 m^{-1}
ボーア磁子	$\mu_\text{B} = e\hbar/2m_\text{e}$	$9.274\,01 \times 10^{-24}$ J T^{-1}
核磁子	$\mu_\text{N} = e\hbar/2m_\text{p}$	$5.050\,78 \times 10^{-27}$ J T^{-1}
ボーア半径	$a_0 = 4\pi\varepsilon_0\hbar^2/m_\text{e}e^2$	$5.291\,77 \times 10^{-11}$ m
リュードベリ定数	$R = m_\text{e}e^4/8h^3c\varepsilon_0^2$	$1.097\,37 \times 10^5$ cm^{-1}

SI 接頭語

a	f	p	n	μ	m	c	d	k	M	G	T
アト	フェムト	ピコ	ナノ	マイクロ	ミリ	センチ	デシ	キロ	メガ	ギガ	テラ
atto	femto	pico	nano	micro	milli	centi	deci	kilo	mega	giga	tera
10^{-18}	10^{-15}	10^{-12}	10^{-9}	10^{-6}	10^{-3}	10^{-2}	10^{-1}	10^3	10^6	10^9	10^{12}

ギリシャ文字と読み

A	α	アルファ	H	η	イータ	N	ν	ニュー	T	τ	タウ
B	β	ベータ	Θ	θ	シータ	Ξ	ξ	グザイ	Y	υ	ウプシロン
Γ	γ	ガンマ	I	ι	イオタ	O	o	オミクロン	Φ	ϕ	ファイ
Δ	δ	デルタ	K	κ	カッパ	Π	π	パイ	X	χ	カイ
E	ε	イプシロン	Λ	λ	ラムダ	P	ρ	ロー	Ψ	ψ	プサイ
Z	ζ	ゼータ	M	μ	ミュー	Σ	σ	シグマ	Ω	ω	オメガ